les maths en tête

ALGÈBRE
PROBABILITÉS

3e édition

Xavier GOURDON

Ancien élève de l'école polytechnique

ellipses

Du même auteur chez le même éditeur

Analyse, Les maths en tête, 3e édition, 456 pages, 2020.

ISBN 9782340-056763
©Ellipses Édition Marketing S.A., 2021
8/10 rue la Quintinie 75015 Paris

www.editions-ellipses.fr

Avant-propos de la troisième édition

Cette troisième édition du tome Algèbre accompagne celle du tome Analyse des maths en tête. L'évolution principale est un nouveau chapitre portant sur les probabilités, domaine qui a enrichit le programme de mathématiques des classes préparatoires scientifiques. Comme dans le reste de l'ouvrage, il contient les rappels de cours et des compléments à connaitre ; l'accent a été mis sur les techniques et les thèmes les plus classiques des probabilités, dans l'esprit des épreuves proposées aux concours des grandes écoles scientifiques. Cette nouvelle édition comporte également des extensions d'exercices, renforçant les thèmes que l'étudiant doit connaître, des améliorations de preuves, de nouveaux exercices et problèmes, toujours dans l'esprit du programme. Enfin, malgré le soin porté à la rédaction de cet ouvrage, il reste toujours des coquilles et je remercie les internautes (par le biais d'un forum) et Daniel Khoshnoudirad pour les compilations d'erreurs que j'ai pu récupérer, et qui ont été prises en compte.

xavier.gourdon_livres@yahoo.fr

Avant-propos de la deuxième édition

Plus de dix ans après la sortie de la première édition, cet ouvrage est encore largement utilisé pour la préparation des concours (grandes écoles, agrégation). Les retours de mes lecteurs (grâce à internet notamment) sont nombreux et m'ont encouragé à réaliser cette deuxième édition. Cette dernière contient des corrections de coquilles, quelques retouches et améliorations de preuves et solutions, ainsi que quelques exercices et problèmes supplémentaires dans l'esprit de l'édition précédente. Une nouvelle annexe (annexe C) propose une introduction aux fractions continues.

J'espère que les améliorations de cette deuxième édition seront utiles à mes lecteurs pour la préparation de leur concours. Je remercie chaleureusement les personnes qui m'ont aidé à apporter ces améliorations, en particulier les internautes dont les commentaires ont étés nombreux. Enfin, cette deuxième édition doit beaucoup à la patience de ma femme Laurence et de mes enfants, Gaspard, Anne-Sybille et Léopoldine ; je suis infiniment reconnaissant de leur support pendant les longues journées et soirées passées à cette mise à jour.

Avant-propos de la première édition

Cet ouvrage propose aux étudiants des classes de mathématiques spéciales (programme M') des rappels et des compléments de cours assez complets, ainsi que des exercices et des problèmes corrigés. Il pourra également intéresser les élèves préparant l'agrégation.

L'ouvrage est orienté sur la relation étroite qui existe entre le cours et les exercices. Dans le fond, une bonne lecture du cours amène à s'interroger sur chaque résultat présenté : à quel niveau intervient-il dans l'articulation du cours, quelles en sont les conséquences, que se passe-t-il si on modifie les hypothèses ? Dans cet esprit, de multiples remarques ponctuent les parties de cours, mettant en avant ses subtilités, et faisant le lien avec les exercices qui suivent.

Les parties de cours ne sont pas un substitut au cours du professeur, mais plutôt un résumé exhaustif qui l'éclaire d'une façon différente. Les compléments sont des résultats très classiques qui ne figurent pas au programme mais dont la connaissance est utile et parfois indispensable pour mener à bien un exercice ou un problème. Les résultats présentés sont démontrés lorsqu'ils sont à la limite du programme ou lorsqu'ils constituent un point important dont la démonstration met en place des techniques instructives que l'étudiant doit connaître et savoir maîtriser.

À la fin de chaque section, on trouve une liste d'exercices de difficultés progressives, classiques ou parfois originaux, qui constituent une illustration du cours qui les précède. Je me suis efforcé à chaque fois de passer en revue tous les problèmes qui tournent autour du thème de l'exercice. Les nombreuses références au cours sont là pour inviter le lecteur à s'y reporter, le but étant de savoir et de comprendre précisément les résultats que l'on utilise.

Une liste de problèmes ponctue la fin de chaque chapitre, ces problèmes étant des exercices plus longs, plus difficiles ou plus originaux que les précédents et faisant appel à l'ensemble du cours du chapitre. à la fin de certains chapitres, on trouve des sujets d'étude introduisant des théories élégantes dans le thème du chapitre. Deux annexes présentent des curiosités mathématiques liées au programme d'algèbre.

Les résultats du cours ou les exercices les plus importants sont indiqués par une flèche dans la marge de gauche.

Je tiens enfin à remercier toutes les personnes qui m'ont aidé, Erwan Berni, Georges Papadopoulo et Alexia Stefanou pour la relecture de certains chapitres, le PROJET ALGORITHMES grâce à qui j'ai pu donner à mon ouvrage sa version typographique actuelle et la collection ELLIPSES pour avoir accueilli mon travail.

Je serais reconnaissant à ceux de mes lecteurs qui me feront parvenir leurs remarques sur cette première édition.

Xavier Gourdon

Table des matières

Chapitre 1

Arithmétique, Groupes et Anneaux

Jusqu'au début du vingtième siècle, l'algèbre désignait essentiellement l'étude de la résolution d'équations algébriques (en témoigne la dénomination du *théorème fondamental de l'algèbre*). Avec la résolution des équations algébriques apparut, de manière plus ou moins confuse, la notion de nombre complexe : on utilisa le symbole $\sqrt{-1}$. Parallèlement, la théorie des congruences se développa.

Ainsi, de nouveaux objets mathématiques entrèrent en scène. Bientôt, les mathématiciens y virent des analogies étroites qu'ils cherchèrent à expliquer : l'algèbre devint progressivement l'étude abstraite des structures algébriques, jusqu'à ce que connaît l'étudiant d'aujourd'hui.

1. Arithmétique sur les entiers

Nous supposons acquises les notions de base sur l'ensemble des entiers naturels $\mathbb{N}$ et des entiers relatifs $\mathbb{Z}$, ainsi que les calculs dans l'anneau quotient $\mathbb{Z}/n\mathbb{Z}$. Une étude plus approfondie de ce dernier fait l'objet de la section 3 de ce chapitre.

1.1. Divisibilité - pgcd, ppcm

Définition 1. Soient a et b deux entiers relatifs. On dit que a *divise* b (ou que b est un *multiple* de a), et on note $a \mid b$, s'il existe un entier n tel que $b = an$. Si a ne divise pas b, on note $a \nmid b$.

Proposition 1 (Division euclidienne). *Soient $a \in \mathbb{Z}$, $b \in \mathbb{N}^*$. Il existe un unique couple $(q, r) \in \mathbb{Z} \times \mathbb{N}$ tel que*

$$a = bq + r, \quad \textit{avec} \quad 0 \leq r \leq b - 1.$$

q s'appelle le quotient, *r le* reste, *de la division euclidienne de a par b.*

Classes de congruence modulo n.

Définition 2. Soit n un entier naturel non nul. On note $n\mathbb{Z} = \{nk, k \in \mathbb{Z}\}$. Si x et y sont deux entiers, on note $x \equiv y \pmod{n}$ si $x - y \in n\mathbb{Z}$. et on dit alors que x et y sont *congrus modulo n*.

Définition 3. Soit n un entier naturel non nul. L'anneau quotient de $\mathbb{Z}$ par $n\mathbb{Z}$ est noté $\mathbb{Z}/n\mathbb{Z}$. On note généralement $\overline{x}$ (ou $\dot{x}$) la classe d'un entier x dans $\mathbb{Z}/n\mathbb{Z}$. Ainsi, $\mathbb{Z}/n\mathbb{Z} = \{\overline{0}, \overline{1}, \dots, \overline{n-1}\}$.

PGCD.

Définition 4.
- Soient $a_1, \dots, a_n$ des entiers. Il existe un unique entier naturel d tel que $a_1\mathbb{Z} + \cdots + a_n\mathbb{Z} = d\mathbb{Z}$. Ainsi défini, d s'appelle le *pgcd* de $a_1, \dots, a_n$ et on note $d = \text{pgcd}(a_1, \dots, a_n)$. L'entier d est aussi le plus grand entier naturel divisant tous les a_i $(1 \leq i \leq n)$.
- Lorsque $\text{pgcd}\,(a_1, \dots, a_n) = 1$, on dit que les entiers $a_1, \dots, a_n$ sont premiers entre eux *dans leur ensemble*. Lorsque $\text{pgcd}\,(a_i, a_j) = 1$ dès que $i \neq j$, les entiers a_i sont dits premiers entre eux *deux à deux*.

Remarque 1. – Des entiers premiers entre eux deux à deux sont premiers entre eux dans leur ensemble.
– Il résulte de la définition du pgcd que les diviseurs communs à une famille d'entiers sont les diviseurs du pgcd.
– Lorsque $a_1, \dots, a_n$ sont des entiers, on a

$$\forall a \in \mathbb{Z}, \qquad \operatorname{pgcd}(aa_1, \dots, aa_n) = |a| \operatorname{pgcd}(a_1, \dots, a_n).$$

– Le pgcd de deux entiers a et b se note aussi $a \wedge b$.

→ THÉORÈME 1 (BEZOUT). *Des entiers $a_1, \dots, a_n$ sont premiers entre eux dans leur ensemble si et seulement s'il existe des entiers $u_1, \dots, u_n$ tels que $u_1a_1 + \cdots + u_na_n = 1$.*

Remarque 2. Lorsque deux entiers a et b sont premiers entre eux, le théorème de Bezout assure l'existence d'un couple $(u, v) \in \mathbb{Z}^2$ tel que $au + bv = 1$. Il existe un moyen pratique de calculer un tel couple (u, v), appelé algorithme d'Euclide (voir l'exercice 2).

→ THÉORÈME 2 (GAUSS). *Soient a, b et c trois entiers. Si a divise le produit bc et si a et b sont premiers entre eux, alors a divise c.*

PROPOSITION 2. *Si un entier a est premier avec des entiers $b_1, \dots, b_n$, alors a est premier avec le produit $b_1 \dots b_n$.*

PROPOSITION 3. *Soient $a_1, \dots, a_n$ n entiers premiers entre eux* deux à deux *et b un entier. Le produit $a_1 \cdots a_n$ divise b si et seulement si pour tout i, a_i divise b.*

PPCM.

DÉFINITION 5. Soient $a_1, \dots, a_n$ des entiers. Il existe un unique entier naturel d tel que $a_1\mathbb{Z} \cap \cdots \cap a_n\mathbb{Z} = d\mathbb{Z}$. Ainsi défini, d s'appelle le *ppcm* de $a_1, \dots, a_n$ et on note $d = \operatorname{ppcm}(a_1, \dots, a_n)$. L'entier d est aussi le plus petit entier naturel non nul multiple de tous les a_i $(1 \leq i \leq n)$.

Remarque 3. – Il résulte de cette définition que les multiples communs à une famille d'entiers sont les multiples de leur ppcm.
– On a facilement

$$\forall a \in \mathbb{Z}, \qquad \operatorname{ppcm}(aa_1, \dots, aa_n) = |a| \operatorname{ppcm}(a_1, \dots, a_n).$$

– Le ppcm de deux entiers a et b se note aussi $a \vee b$.

PROPOSITION 4. *Soient $a_1, \dots, a_n$ des entiers premiers entre eux deux à deux. Alors*

$$\operatorname{ppcm}(a_1, \dots, a_n) = |a_1 \cdots a_n|.$$

PROPOSITION 5. *Pour deux entiers a et b, on a* $\operatorname{pgcd}(a, b) \times \operatorname{ppcm}(a, b) = |ab|$.

1.2. Nombres premiers

DÉFINITION 6. On dit qu'un entier naturel $p \geq 2$ est un *nombre premier* si ses seuls diviseurs sont $p, -p, 1$ et -1.

→ THÉORÈME 3 (THÉORÈME FONDAMENTAL DE L'ARITHMÉTIQUE). *Tout entier naturel $n \geq 2$ s'écrit de manière unique à l'ordre prés sous la forme*

$$n = p_1^{\alpha_1} \cdots p_k^{\alpha_k}, \qquad (*)$$

où les p_i sont des nombres premiers distincts et les α_i des entiers naturels non nuls. La relation $(*)$ s'appelle la décomposition de n en facteurs premiers.

Remarque 4. – Tout entier n, $|n| \geq 2$, est divisible par un nombre premier.

— Si $n = p_1^{\alpha_1} \cdots p_k^{\alpha_k}$ et $m = p_1^{\beta_1} \cdots p_k^{\beta_k}$, où les p_i sont des nombres premiers distincts et les α_i, β_i des entiers naturels, alors $\mathrm{pgcd}(n,m) = p_1^{\gamma_1} \cdots p_k^{\gamma_k}$ et $\mathrm{ppcm}(n,m) = p_1^{\delta_1} \cdots p_k^{\delta_k}$ où $\gamma_i = \inf(\alpha_i, \beta_i)$ et $\delta_i = \sup(\alpha_i, \beta_i)$.

PROPOSITION 6. *Si un nombre premier p ne divise pas un entier a, alors p et a sont premiers entre eux.*

PROPOSITION 7. *Si un nombre premier divise un produit d'entiers $a_1 \cdots a_n$, il divise au moins l'un des facteurs a_i de ce produit.*

PROPOSITION 8. *L'ensemble des nombres premiers est infini.*

Démonstration. Raisonnons par l'absurde et supposons qu'il y ait un nombre fini de nombres premiers. Soit N le plus grand d'entre eux. Posons $M = N! + 1$ et désignons par p un nombre premier divisant M. Comme $p \leq N$, on a $p \mid (N!)$, donc $p \mid (M - N!) = 1$, ce qui est absurde. □

PROPOSITION 9. *Soit p un nombre premier et k un entier, $1 \leq k \leq p-1$. Alors $p \mid \binom{p}{k}$.*

PROPOSITION 10. *Soit $n \geq 2$ un entier. L'anneau $\mathbb{Z}/n\mathbb{Z}$ est un corps si et seulement si n est premier.*

→ THÉORÈME 4 (FERMAT). *Soit $p \geq 2$ un nombre premier. Alors*

$$\forall a \in \mathbb{Z}, \qquad a^p \equiv a \pmod p$$

et

$$\forall a \in \mathbb{Z}, p \nmid a, \qquad a^{p-1} \equiv 1 \pmod p.$$

THÉORÈME 5 (WILSON). *Un entier $p \geq 2$ est un nombre premier si et seulement si*

$$(p-1)! \equiv -1 \pmod p.$$

Démonstration. Condition nécessaire. Si $p = 2$ ou $p = 3$, c'est évident. Pour traiter le cas $p > 3$, on commence par rechercher les éléments x du groupe multiplicatif $(\mathbb{Z}/p\mathbb{Z})^*$ égaux à leur inverse. Ils vérifient $x^2 = \overline{1}$, c'est-à-dire $(x - \overline{1})(x + \overline{1}) = \overline{0}$. Les seuls éléments de $(\mathbb{Z}/p\mathbb{Z})^*$ égaux à leurs inverses sont donc $x = \overline{1}$ et $x = \overline{-1}$. On range les autres $\overline{2}, \overline{3}, \ldots, \overline{p-2}$ en $\frac{p-3}{2}$ paires d'éléments $\{x_i, y_i\}$ telles que $x_i y_i = \overline{1}$. Si $k = \frac{p-3}{2}$, on peut écrire

$$\overline{2} \cdot \overline{3} \cdots \overline{p-2} = \prod_{i=1}^{k} (x_i y_i) = \overline{1} \quad \text{donc} \quad (p-1)! \equiv -1 \pmod p.$$

Condition suffisante. Supposons p non premier, et notons a un diviseur de p vérifiant $1 < a < p$. On a $a \mid [(p-1)! + 1]$ par hypothèse, et $a \mid (p-1)!$ puisque $1 < a < p$, donc $a \mid 1$ ce qui est absurde. □

1.3. Exercices

EXERCICE 1. Déterminer les triplets $(a, b, c) \in (\mathbb{N}^*)^3$ tels que

$$(i)\ \mathrm{ppcm}(a,b) = 42 \qquad (ii)\ \mathrm{pgcd}(a,c) = 3 \qquad (iii)\ a + b + c = 29.$$

Solution. D'après (ii), $3 \mid a$ et $3 \mid c$, donc $3 \mid (a + c)$. Comme $b = 29 - (a + c)$, b n'est pas un multiple de 3, et 3 étant premier, $3 \wedge b = 1$. En utilisant (i) on a $b \mid 42 = 3 \times 14$ et d'après le théorème de Gauss, $b \mid 14$. Donc $b \in \{1, 2, 7, 14\}$. Mais $29 - b = a + c$ est divisible par 3, ce qui restreint les valeurs possibles de b à 2 et 14.

— Si $b = 2$, $a \in \{21, 42\}$ d'après (i). Mais $a \leq 29$ d'après (iii), donc $a = 21$ et $c = 6$ avec (iii).
— Si $b = 14$, $a \in \{3, 6, 21, 42\}$ d'après (i). La relation (iii) entraîne $a \leq 29 - b = 15$, d'où $a \in \{3, 6\}$. Si $a = 3$, $c = 12$ par (iii) ; si $a = 6, c = 9$.

Nécessairement, on a donc $(a, b, c) = (21, 2, 6)$, $(3, 14, 12)$ ou $(6, 14, 9)$. Réciproquement, on vérifie facilement que ces triplets sont solution.

→ Exercice 2. **1/** Soient a et $b \geq 2$ deux entiers naturels non nuls premiers entre eux. Montrer que

$$\exists!(u_0, v_0) \in \mathbb{N}^2, \quad u_0 a - v_0 b = 1, \quad \text{avec} \quad u_0 < b \text{ et } v_0 < a \qquad (*)$$

et exprimer en fonction de u_0, v_0, a et b tous les couples $(u, v) \in \mathbb{Z}^2$ solutions de $ua - vb = 1$.

2/ Déterminer deux entiers u et v vérifiant $47u + 111v = 1$.

Solution. **1/** Le théorème de Bezout assure l'existence de deux entiers u_1 et v_1 vérifiant $u_1 a - v_1 b = 1$. On effectue ensuite la division euclidienne de u_1 par b : $u_1 = bq + u_0$, avec $0 \leq u_0 < b$. On obtient $(bq + u_0)a - v_1 b = 1 = u_0 a - v_0 b$, avec $v_0 = v_1 - aq$. Donc $-1 \leq v_0 b = u_0 a - 1 < u_0 a < ba$, et en divisant par $b \geq 2$, on tire $0 \leq v_0 < a$. Ainsi, notre couple (u_0, v_0) vérifie l'assertion $(*)$. Ceci étant, considérons un couple (u, v) vérifiant $ua - vb = 1$. En retranchant à $(*)$, on obtient

$$(u - u_0)a = (v - v_0)b. \qquad (**)$$

Ceci montre que $a \mid (v - v_0)b$ et comme a et b sont premiers entre eux, le théorème de Gauss entraîne $a \mid (v - v_0)$. Soit $k \in \mathbb{Z}$ tel que $v = v_0 + ka$. En remplaçant dans $(**)$, on obtient $(u, v) = (u_0 + kb, v_0 + ka)$. Ceci prouve que le couple (u_0, v_0) est bien l'unique couple vérifiant la propriété $(*)$, et réciproquement, on vérifie facilement que les couples de cette forme sont solutions de $ua - vb = 1$.

2/ Les nombres 47 et 111 sont premiers entre eux, u et v existent donc. Nous allons les déterminer grâce à l'algorithme d'Euclide. On effectue d'abord la division euclidienne de 111 par 47

$$111 = 47 \times 2 + 17,$$

puis on itère en divisant toujours le dividende par le reste, jusqu'à ce que le reste égale 1 :

$$47 = 17 \times 2 + 13, \quad 17 = 13 \times 1 + 4, \quad 13 = 4 \times 3 + 1.$$

On part maintenant de $1 = 13 - 4 \times 3$ et on remonte :

$1 = 13 - 4 \times 3 = 13 - (17 - 13 \times 1) \times 3 = 4 \times 13 - 3 \times 17 = 4 \times (47 - 17 \times 2) - 3 \times 17 = 4 \times 47 - 11 \times 17 = 4 \times 47 - 11 \times (111 - 47 \times 2) = 26 \times 47 - 11 \times 111$, d'où le résultat avec $u = 26$ et $v = -11$.

Remarque. Il existe des résultats analogues sur les polynômes (voir l'exercice 3 page 60).

Exercice 3. **a)** Montrer que pour tout entier naturel n, $5 \mid (2^{3n+5} + 3^{n+1})$.

b) Montrer que pour tout entier n, $30 \mid (n^5 - n)$.

c) Quel est le reste de la division euclidienne de $16^{(2^{1000})}$ par 7 ?

Solution. **a)** On a $2^5 \equiv 2 \pmod 5$ et $2^{3n} \equiv 8^n \equiv 3^n \pmod 5$ donc $2^{3n+5} \equiv 2 \cdot 3^n \pmod 5$ et $2^{3n+5} + 3^{n+1} \equiv 2 \cdot 3^n + 3 \cdot 3^n \equiv 0 \pmod 5$.

b) D'après le théorème de Fermat, $n^5 \equiv n \pmod 5$, c'est-à-dire $5 \mid (n^5 - n)$.
De même, $n^3 \equiv n \pmod 3$ donc $n^5 \equiv n^3 \cdot n^2 \equiv n \cdot n^2 \equiv n^3 \equiv n \pmod 3$, *i. e.* $3 \mid (n^5 - n)$.
Les entiers n et n^5 ayant même parité, on a aussi $2 \mid (n^5 - n)$.
De plus 2, 3 et 5 sont premiers entre eux deux à deux, et finalement $30 = 2 \cdot 3 \cdot 5$ divise $(n^5 - n)$.

c) Posons $N = 16^{(2^{1000})}$. Il s'agit de déterminer la classe de congruence de N modulo 7. Comme $16 \equiv 2 \pmod 7$, on a déjà $N \equiv 2^{2^{1000}} \pmod 7$. En vue d'utiliser la relation $2^6 \equiv 1 \pmod 7$ (théorème de Fermat), recherchons le reste de la division de 2^{1000} par 6. La relation $4^2 \equiv 4$

(mod 6) permet d'obtenir, par récurrence sur n, la relation $4^n \equiv 4 \pmod 6$, vraie pour tout n. En particulier, $2^{1000} \equiv 4^{500} \equiv 4 \pmod 6$, donc il existe un entier naturel q tel que $2^{1000} = 6q+4$.

Il ne reste qu'à écrire

$$N \equiv 2^{6q+4} \equiv (2^6)^q \cdot 2^4 \equiv 1^q 2^4 \equiv 2^4 \equiv 2 \pmod 7,$$

et le reste recherché est 2.

EXERCICE 4 (NOMBRES DE MERSENNE, NOMBRES DE FERMAT). **a)** *Nombres de Mersenne.* Soient $a \geq 2$ et $n \geq 2$ deux entiers. Si $a^n - 1$ est un nombre premier, montrer que $a = 2$ et que n est un nombre premier (un nombre de la forme $2^p - 1$ où p est un nombre premier, est appelé *nombre de Mersenne*).
b) *Nombres de Fermat.* Soit $n \in \mathbb{N}^*$. Si $2^n + 1$ est un nombre premier, montrer que n est une puissance de 2.

Solution. **a)** L'identité $x^n - 1 = (x-1)(x^{n-1} + \cdots + x + 1)$ montre que

$$\forall x \in \mathbb{N}, x \geq 2, \qquad (x-1) \text{ divise } (x^n - 1). \qquad (*)$$

L'entier $a^n - 1$ étant premier, on en déduit $a - 1 = 1$, c'est-à-dire $a = 2$.

Écrivons $n = pq$ où p et q sont deux entiers naturels. On a $a^n - 1 = 2^n - 1 = (2^q)^p - 1$ de sorte que $(2^q - 1)$ divise $a^n - 1$ d'après $(*)$, ce qui entraîne $q = 1$ ou $q = n$ puisque $a^n - 1$ est premier. L'entier n est donc premier.

b) Lorsque n est impair, l'identité $x^n + 1 = (x+1)(x^{n-1} - \cdots + x^2 - x + 1)$ entraîne

$$\forall x \in \mathbb{N}, \forall n \in \mathbb{N}, n \text{ impair }, \qquad (x+1) \text{ divise } (x^n + 1). \qquad (**)$$

Si n n'est pas une puissance de 2, n a au moins un facteur impair $p > 1$. Écrivons $n = pq$ avec $q \in \mathbb{N}^*$. L'entier $2^n + 1 = (2^q)^p + 1$ est divisible par $(2^q + 1)$ d'après $(**)$, donc non premier. Ainsi, n doit être une puissance de 2.

Remarque. La réciproque du résultat de la question a) est fausse. Par exemple, $2^{11} - 1 = 23 \times 49$ n'est pas premier. Cependant, on peut tester facilement la primalité des nombres de Mersenne grâce au test suivant (test de Lucas).

> *Soit* (Y_n) *la suite définie par* $Y_0 = 2$ *et* $Y_{n+1} = 2Y_n^2 - 1$. *Si* $n \geq 3$, $2^n - 1$ *est premier si et seulement si* $(2^n - 1) \mid Y_{n-2}$.

Ce test a permis de trouver le plus grand nombre premier connu en 2020 : $2^{82\,589\,933} - 1$, nombre d'un peu moins de 25 millions de chiffres, établi en 2018 avec le test de Lucas. On ignore s'il y a une infinité de nombres de Mersenne premiers ou pas. Notons que les nombres de Mersenne apparaissent dans les nombres parfaits (voir l'exercice 10 page 16).

– *Nombres de Fermat.* Fermat avait vérifié que $2^{2^n} + 1$ était premier pour $0 \leq n \leq 4$ et pensait que $2^{2^n} + 1$ était premier pour tout n. Mais Euler montra que $2^{2^5} + 1 = 641 \times 6700417$, et on a jusqu'ici trouvé aucun autre nombre de Fermat premier. On ne sait même pas s'il y en a ! Le sujet d'étude 2 page 49 donne un test de primalité simple des nombres de Fermat.

EXERCICE 5. Soit A la somme des chiffres de 4444^{4444} (écrit dans le système décimal) et B la somme des chiffres de A. Que vaut C, la somme des chiffres de B ?

Solution. L'exercice repose essentiellement sur la remarque suivante.

> *Tout entier naturel N est congru à la somme de ses chiffres (en base 10) modulo 9.* $(*)$

En effet. On peut écrire $N = a_0 + a_1 \cdot 10 + \cdots + a_p \cdot 10^p$, où les a_i sont des entiers compris entre 0 et 9. La congruence $10 \equiv 1 \pmod 9$ entraîne $10^i \equiv 1 \pmod 9$ pour tout i donc

$$N = \sum_{i=0}^{p} a_i 10^i \equiv \sum_{i=0}^{p} a_i \pmod 9.$$

On applique maintenant ce résultat. On a $C \equiv B \equiv A \equiv 4444^{4444} \pmod 9$. D'après $(*)$, $4444 \equiv 16 \equiv -2 \pmod 9$ donc $4444^3 \equiv (-2)^3 \equiv 1 \pmod 9$, et comme $4444 = 3 \cdot 1481 + 1$, on a $4444^{4444} = (4444^3)^{1481} \cdot 4444 \equiv 1 \cdot (-2) \equiv 7 \pmod 9$. Finalement,

$$C \equiv 7 \pmod 9. \qquad (**)$$

Majorons maintenant C de manière à montrer $C = 7$. Le nombre 4444^{4444} étant inférieur à $10000^{5000} = 10^{20000}$, il a au plus 20000 chiffres. Donc A vaut au plus $9 \times 20000 = 180000$, donc a au plus 6 chiffres, donc B vaut au plus $6 \times 9 = 54$, donc $C \leq 5 + 9 = 14$. De $(**)$, on tire $C = 7$.

Remarque. C'est la propriété $(*)$ qui explique le principe de la preuve par 9 que l'on effectue dans les classes de l'école primaire.

EXERCICE 6. Soit $P = X^n + c_1 X^{n-1} + \cdots + c_{n-1} X + c_n$ un polynôme à coefficients entiers. Montrer qu'une racine rationnelle de P est nécessairement entière.

Solution. Soit $x = a/b$ une racine rationnelle de P ($a \in \mathbb{Z}$, $b \in \mathbb{N}^*$, $a \wedge b = 1$). On a

$$0 = b^n P\left(\frac{a}{b}\right) = a^n + c_1 a^{n-1} b + \cdots + c_{n-1} a b^{n-1} + c_n b^n$$

donc

$$a^n = -b\Big(c_1 a^{n-1} + \cdots + c_{n-1} a b^{n-2} + c_n b^{n-1}\Big),$$

ce qui montre que b divise a^n. Les entiers a et b étant premiers entre eux, ceci n'est possible que si $b = 1$, d'où le résultat.

Remarque. On en déduit en particulier que la racine n-ième de tout entier N est soit entière, soit irrationnelle (considérer le polynôme $X^n - N$).

EXERCICE 7. Montrer qu'il y a une infinité de nombres premiers de la forme $6k - 1$, $k \in \mathbb{N}^*$.

Solution. Raisonnons par l'absurde en supposant qu'il n'y en ait qu'un nombre fini. Désignons par N le plus grand d'entre eux. L'entier $M = -1 + 6(N!)$ est impair donc $2 \nmid M$. De même, $M \equiv -1 \pmod 3$ donc $3 \nmid M$.

Soit p un facteur premier de M. Si p est de la forme $6k - 1$, alors $p \leq N$ donc $p \mid (6 \cdot N!)$, d'où $p \mid (6N! - M) = 1$, ce qui est impossible. Le nombre p n'est donc pas de la forme $6k - 1$. De plus $p \notin \{2, 3\}$ comme on l'a vu plus haut, donc p est de la forme $6k + 1, k \in \mathbb{N}^*$. Dans la décomposition $M = p_1^{\alpha_1} \cdots p_n^{\alpha_n}$ de M en facteurs premiers, on a donc $p_i \equiv 1 \pmod 6$ pour tout i, d'où $M \equiv 1 \pmod 6$, ce qui est absurde car $M \equiv -1 \pmod 6$ par construction.

Remarque. On peut démontrer de la même manière qu'il y a une infinité de nombres premiers de la forme $4k - 1$. Il existe un théorème plus général (théorème de Dirichlet, 1837) qui dit :

> $\forall (a, b) \in (\mathbb{N}^*)^2$, $a \wedge b = 1$, *il existe une infinité de nombres premiers de la forme* $ak + b, k \in \mathbb{N}$.

Malheureusement, ce résultat n'a encore jamais pu être obtenu par des moyens élémentaires et simples. On peut cependant le démontrer dans certains cas particuliers (voir le problème 5 page 40, la partie 6/ du sujet d'étude 2 page 49 ou le problème 11 page 99).

En notant $\pi_{a,b}(x)$ le nombre de nombres premiers $\leq x$ de la forme $ak+b$, le théorème de Dirichlet assure également que lorsque $a \wedge b = 1$, on a $\pi_{a,b}(x) \sim_{x\to+\infty} \pi(x)/\varphi(a)$ (où $\pi(x)$ désigne le nombre de nombres premiers $\leq x$ et $\varphi(a)$ l'indicateur d'Euler de a).

EXERCICE 8. **a)** Montrer qu'il n'existe pas de polynôme P non constant à coefficients entiers, tel que $P(n)$ soit premier pour tout entier n supérieur à un certain rang N.
b) On considère un polynôme P à k variables et à coefficients entiers. On pose $f(n) = P(n, 2^n, 3^n, \ldots, k^n)$, et on suppose $\lim_{n\to\infty} f(n) = +\infty$ (ceci pour éviter des fonctions comme $f(n) = 2^n 5^n - 10^n + 7$). Montrer que $f(n)$ ne peut pas être un nombre premier pour tout entier n supérieur à un certain rang N.

Solution. **a)** Supposons qu'un tel polynôme existe. Écrivons $P = \sum_{k=0}^n a_k X^k$. L'entier $p = P(N) = \sum_{k=0}^n a_k N^k$ est premier. Or tout entier naturel r vérifie

$$P(N+rp) = \sum_{k=0}^{n} a_k (N+rp)^k \equiv \sum_{k=0}^{n} a_k N^k \equiv 0 \pmod p,$$

autrement dit $P(N+rp)$ est divisible par p pour tout entier naturel r. Comme $P(N+rp)$ est premier, on a $P(N+rp) = p$ pour tout entier naturel r. Ainsi, le polynôme $P(X) - p$ a une infinité de racines, il est donc nul, ce qui est contraire aux hypothèses.

b) Supposons l'existence d'une telle fonction. Un peu d'attention montre que f peut se mettre sous la forme

$$f(n) = \sum_{r=1}^{m} \left(\sum_{s=0}^{q_r} c_{r,s} n^s \right) a_r^n,$$

où les a_r et $c_{r,s}$ sont entiers, avec $1 \leq a_1 < a_2 < \cdots < a_m$. Comme $\lim_{n\to\infty} f(n) = +\infty$, on peut supposer $f(N) > a_m > \cdots > a_1 \geq 1$ (quitte à augmenter N). Notons p le nombre premier $p = f(N)$. On a

$$\forall \ell \in \mathbb{N}, \forall s \in \mathbb{N}, \qquad [N + \ell p(p-1)]^s \equiv N^s \pmod p,$$

et d'après le théorème de Fermat, lorsque $1 \leq r \leq m$ on a

$$a_r^{p-1} \equiv 1 \pmod p \qquad \text{donc} \qquad \forall \ell \in \mathbb{N}, \quad a_r^{N+\ell p(p-1)} \equiv a_r^N \pmod p.$$

Finalement,

$$\forall \ell \in \mathbb{N}, \quad [N + \ell p(p-1)]^s a_r^{N+\ell p(p-1)} \equiv N^s a_r^N \pmod p,$$

et ceci pour tous les entiers r, s donc $f[N + \ell p(p-1)] \equiv f(N) \equiv 0 \pmod p$. Ceci étant vrai pour tout entier naturel ℓ, on aboutit à une absurdité.

EXERCICE 9. Pour tout entier naturel n, on pose $F_n = 2^{2^n} + 1$ (nombres de Fermat).
a) Montrer que les nombres $(F_n)_{n\in\mathbb{N}}$ sont premiers entre eux deux à deux.
b) En déduire une autre démonstration du fait qu'il y a une infinité de nombres premiers.

Solution. **a)** Si $n \in \mathbb{N}$, $k \in \mathbb{N}^*$, il s'agit de montrer que F_n et F_{n+k} sont premiers entre eux. La relation

$$F_{n+k} - 1 = 2^{2^{n+k}} = \left(2^{2^n}\right)^{2^k} = (F_n - 1)^{2^k}$$

entraîne

$$F_{n+k} - 1 \equiv (F_n - 1)^{2^k} \equiv (-1)^{2^k} \equiv 1 \pmod{F_n}$$

donc $F_n \mid (F_{n+k} - 2)$. Ainsi, le pgcd d de F_n et F_{n+k} divise $F_{n+k} - 2$. Comme de plus $d \mid F_{n+k}$, d divise 2, et F_n étant impair, on a nécessairement $d = 1$.

b) Pour tout $n \in \mathbb{N}$, notons p_n un facteur premier de F_n. Les F_n étant premiers entre eux deux à deux, les $(p_n)_{n\in\mathbb{N}}$ sont distincts deux à deux. On a donc trouvé une infinité de nombres premiers.

Remarque. Profitons en ici pour rappeler quelques résultats dans l'histoire des nombres premiers. Les grecs savaient déjà qu'il y en avait une infinité. Le gros résultat suivant fut le théorème des nombres premiers.

> *Si* $\forall x > 0$, $\pi(x)$ *désigne le nombre de nombres premiers inférieurs à* x, *on a* $\pi(x) \sim x/\log(x)$ *lorsque* x *tend vers l'infini.*

Il fut démontré pour la première fois et presque simultanément par J. Hadamard et C. De la Vallée Poussin en 1896. Les démonstrations les plus classiques de ce résultat font appel à la fonction ζ de Riemann. Une preuve en est proposée en annexe du tome d'Analyse (à partir de la deuxième édition).

EXERCICE 10 (NOMBRES PARFAITS). **1/a)** Pour tout entier naturel non nul n, on note $\sigma(n)$ la somme des diviseurs de n. Exprimer $\sigma(n)$ en fonction des termes intervenant dans la décomposition de n en facteurs premiers. Montrer que

$$n \wedge m = 1 \quad \Longrightarrow \quad \sigma(nm) = \sigma(n)\sigma(m). \qquad (*)$$

b) On dit qu'un entier naturel non nul n est parfait s'il est égal à la somme de ses diviseurs autres que lui même (*i. e.* si $\sigma(n) = 2n$). Si $2^p - 1$ est un nombre premier, montrer que $n = 2^{p-1}(2^p - 1)$ est un nombre parfait.
c) Réciproquement, démontrer qu'un nombre parfait pair n est de la forme $2^{p-1}(2^p - 1)$, où $2^p - 1$ est nécessairement un nombre premier.

2/ (Nombres parfaits impairs). **a)** (Théorème d'Euler). Montrer que s'il existe un nombre parfait impair n, alors il est nécessairement de la forme

$$n = p^{1+4\alpha}Q^2 \quad \text{avec} \quad p \text{ premier, } p \equiv 1 \pmod 4,\ \alpha \in \mathbb{N}, \text{ et } Q \in \mathbb{N}^* \text{ avec } p \wedge Q = 1.$$

(Indication : à partir de la décomposition en facteurs premiers $n = \prod p_i^{\alpha_i}$, étudier la valeur de $\sigma(p_i^{\alpha_i})$ modulo 4.)
b) Montrer qu'un nombre parfait impair a au moins 3 facteurs premiers distincts.

Solution. **1/a)** Si $n = p_1^{\alpha_1} \cdots p_k^{\alpha_k}$ est la décomposition de n en facteurs premiers, on a

$$\sigma(n) = \sum_{\substack{0\le\beta_1\le\alpha_1 \\ \cdots \\ 0\le\beta_k\le\alpha_k}} p_1^{\beta_1}p_2^{\beta_2}\cdots p_k^{\beta_k} = \prod_{i=1}^{k}(1 + p_i + \cdots + p_i^{\alpha_i}) = \prod_{i=1}^{k}\left(\frac{p_i^{\alpha_i+1} - 1}{p_i - 1}\right).$$

La propriété $(*)$ en découle immédiatement.

b) On applique les résultats de la question précédente pour écrire

$$\sigma(n) = \sigma[2^{p-1}(2^p - 1)] = \sigma(2^{p-1})\sigma(2^p - 1) = (2^p - 1)2^p = 2n.$$

c) La réciproque est plus délicate. Comme n est pair, il existe un entier $p \geq 2$ tel que $n = 2^{p-1}m$ avec m impair. Le fait que $2^{p-1} \wedge m = 1$ nous autorise à utiliser $(*)$, de sorte que $\sigma(n) = \sigma(2^{p-1})\sigma(m) = (2^p - 1)\sigma(m)$. Or $\sigma(n) = 2n = 2^p m$ donc $(2^p - 1) \mid 2^p m$, et comme $(2^p - 1) \wedge 2^p = 1$, d'après le théorème de Gauss on a $(2^p - 1) \mid m$. Autrement dit, il existe $\ell \in \mathbb{N}^*$ tel que $m = (2^p - 1)\ell$. La relation $2^p m = 2n = \sigma(n) = (2^p - 1)\sigma(m)$ entraîne $\sigma(m) = 2^p \ell = m + \ell$.

Si $\ell > 1$, m a au moins trois diviseurs distincts qui sont 1, ℓ et m, d'où $\sigma(m) \geq m + \ell + 1$, ce qui est absurde. Donc $\ell = 1$, $m = 2^p - 1$ et $\sigma(m) = m + \ell = m + 1$; on en déduit que les seuls diviseurs de m sont 1 et m, donc m est un nombre premier. En résumé, on doit avoir $n = 2^{p-1}(2^p - 1)$ où $2^p - 1$ est un nombre premier.

2/a) Considérons la décomposition de n en facteurs premiers $n = p_1^{\alpha_1} \cdots p_k^{\alpha_k}$. D'après 1/a), on a $\sigma(n) = \sigma(p_1^{\alpha_1}) \cdots \sigma(p_k^{\alpha_k})$. Comme n est un nombre impair, on a $2n \equiv 2 \pmod 4$. Si n est parfait, alors $\sigma(n) = 2n$ donc $\sigma(p_1^{\alpha_1}) \cdots \sigma(p_k^{\alpha_k}) \equiv 2 \pmod 4$. Ceci implique forcément qu'il existe un et un seul indice i pour lequel $\sigma(p_i^{\alpha_i}) \equiv 2 \pmod 4$ et que les autres vérifient $\sigma(p_i^{\alpha_i}) \equiv \pm 1 \pmod 4$. Quitte à renuméroter les p_i, on peut donc supposer que

$$\sigma(p_1^{\alpha_1}) \equiv 2 \pmod 4 \quad \text{et} \quad \forall i \geq 2,\ \sigma(p_i^{\alpha_i}) \equiv \pm 1 \pmod 4. \qquad (**)$$

Les p_i sont des nombres premiers impairs car n est impair. Nous traitons deux cas selon que $p_i \equiv -1$ ou $1 \pmod 4$.

(i) Si $p_i \equiv -1 \pmod 4$, alors l'égalité $\sigma(p_i^{\alpha_i}) = 1 + p_i + \cdots + p_i^{\alpha_i}$ entraîne

$$\sigma(p_i^{\alpha_i}) \equiv 1 + (-1) + \cdots + (-1)^{\alpha_i} \equiv \begin{cases} 0 \pmod 4 & \text{si } \alpha_i \text{ est impair,} \\ 1 \pmod 4 & \text{si } \alpha_i \text{ est pair.} \end{cases}$$

D'après $(**)$ on en déduit $i \geq 2$ et α_i est forcément un nombre pair.

(ii) Lorsque $p_i \equiv 1 \pmod 4$, on a

$$\sigma(p_i^{\alpha_i}) = 1 + p_i + \cdots + p_i^{\alpha_i} \equiv \alpha_i + 1 \pmod 4.$$

Avec $(**)$, on en déduit que $\alpha_1 \equiv 1 \pmod 4$ et que α_i est pair pour $i \geq 2$.

En résumé, on a forcément $p_1 \equiv 1 \pmod 4$, $\alpha_1 \equiv 1 \pmod 4$ et dans tous les cas, α_i est pair lorsque $i \geq 2$. Le résultat en découle avec $p = p_1$, $\alpha = (\alpha_1 - 1)/4$ et $Q = p_2^{\alpha_2/2} \cdots p_k^{\alpha_k/2}$.

b) Soit $n = p_1^{\alpha_1} \cdots p_k^{\alpha_k}$ la décomposition en facteurs premiers de n, avec $p_1 < p_2 < \ldots < p_k$. Si n est parfait, l'égalité $\sigma(n) = 2n$ entraîne

$$2 = \frac{\sigma(n)}{n} = \prod_{i=1}^{k} \frac{\sigma(p_i^{\alpha_i})}{p_i^{\alpha_i}} = \prod_{i=1}^{k} \left(1 + \frac{1}{p_i} + \cdots + \frac{1}{p_i^{\alpha_i}}\right) \leq \prod_{i=1}^{k} \frac{1}{1 - 1/p_i}. \qquad (***)$$

Si $k = 1$, on a $p_1 \geq 3$ et $(***)$ entraîne $2 \leq (1 - 1/p_1)^{-1} \leq 3/2$ ce qui est absurde. Si $k = 2$, alors $p_1 \geq 3$ et $p_2 \geq 5$, donc d'après $(***)$ on a $2 \leq (1 - 1/p_1)^{-1}(1 - 1/p_2)^{-1} \leq (3/2) \cdot (5/4) = 15/8$ ce qui est absurde. Donc $k \geq 3$.

Remarque. On ne connaît aucun nombre parfait impair, on ne sait même pas s'il y en a. Outre le résultat 2/a), on sait que s'il en existe un alors il a au moins 1500 chiffres décimaux et il a au moins 10 facteurs premiers distincts dont le plus grand est supérieur à 10^8.

EXERCICE 11 (THÉORÈME DE LIOUVILLE). Soit $p > 5$ un entier. Montrer que l'équation en $m \in \mathbb{N}^*$

$$(p - 1)! + 1 = p^m$$

n'a pas de solution.

Solution. Comme $p > 5$, $(p-1)! + 1$ est impair donc p^m est impair, donc p est impair. Or $p > 5$ donc $2 < \frac{p-1}{2} < p - 1$, d'où

$$(p-1)^2 = 2 \cdot \left(\frac{p-1}{2}\right) \cdot (p-1) \quad \text{divise} \quad (p-1)!.$$

Ceci étant, supposons $(p-1)! + 1 = p^m$. Comme $(p-1)! = p^m - 1$, $(p-1)^2$ divise $p^m - 1 = (p-1)(1 + p + \cdots + p^{m-1})$, donc $(p-1)$ divise $1 + p + \cdots + p^{m-1}$. Or $p \equiv 1 \pmod{p-1}$ donc $1 + p + \cdots + p^{m-1} \equiv m \pmod{p-1}$, ce qui prouve $(p-1) \mid m$. Ceci montre $m \geq p - 1$ donc $p^m \geq p^{p-1} > (p-1)^{p-1} > (p-1)!$, et finalement $(p-1)! + 1 < p^m$ et l'équation proposée n'a pas de solution.

Exercice 12 (Critère de factorisabilité des nombres de Mersenne). **a)** Soit p un nombre premier de la forme $4k+3$ avec $k \in \mathbb{N}^*$. Montrer que $2^{(p-1)/2} \equiv (-1)^{k+1} \pmod p$.
b) On rappelle que les nombres de Mersenne sont les nombres de la forme $M_p = 2^p - 1$ où p est un nombre premier (voir l'exercice 4). Si p est un nombre premier de la forme $4k+3$ ($k \in \mathbb{N}^*$) et si $2p+1$ est premier, montrer que M_p n'est pas premier.

Solution. **a)** Posons

$$N = 2^{(p-1)/2}\left(\frac{p-1}{2}\right)! = 2^{(p-1)/2}(2k+1)!.$$

L'astuce est de donner une autre expression de N modulo p. On écrit

$$N \equiv 2^{(p-1)/2}(1 \cdot 2 \cdots \frac{p-1}{2}) \equiv 2 \cdot 4 \cdots (p-1) \pmod p,$$

ou encore

$$N \equiv (2 \cdot 4 \cdots (2k)) \cdot ((2k+2) \cdots (4k) \cdot (4k+2)) \pmod p.$$

Les congruences

$$\begin{cases} 2k+2 & \equiv & -(2k+1) & \pmod p \\ 2k+4 & \equiv & -(2k-1) & \pmod p \\ \dots & \dots & \dots & \dots \\ 4k+2 & \equiv & -1 & \pmod p \end{cases}$$

entraînent

$$(2k+2) \cdot (2k+4) \cdots (4k) \cdot (4k+2) \equiv (-1)^{k+1}(2k+1) \cdot (2k-1) \cdots 3 \cdot 1 \pmod p$$

donc

$$N \equiv (2 \cdot 4 \cdots (2k)) \cdot (-1)^{k+1}((2k+1) \cdots 3 \cdot 1) \pmod p,$$

d'où

$$2^{(p-1)/2}(2k+1)! \equiv N \equiv (-1)^{k+1}(2k+1)! \pmod p,$$

d'où le résultat car comme p est premier et $2k+1 < p$, on a $(2k+1)! \not\equiv 0 \pmod p$.

b) Supposons $p = 4k+3$ premier, ainsi que $q = 2p+1 = 8k+7$. Le résultat précédent appliqué à $q = 4(2k+1)+3$ donne

$$2^{(q-1)/2} \equiv 2^p \equiv (-1)^{2k+2} \equiv 1 \pmod q$$

donc $2^p - 1 \equiv 0 \pmod{2p+1}$. Autrement dit, $2p+1$ divise $M_p > 2p+1$ et M_p n'est pas premier.

Remarque. En appliquant b) aux petits nombres premiers, on montre que M_p n'est pas un nombre premier pour $p = 11, 23, 83, 131, 179, 191, 239, 251$.

Exercice 13. Résoudre $x^2 + y^2 = z^2$, avec $(x, y, z) \in (\mathbb{N}^*)^3$. (Indication : se ramener au cas où x, y et z sont premiers entre eux, puis étudier leur parité.)

Solution. Quitte à tout diviser par $\text{pgcd}(x, y, z)^2$, on peut supposer x, y et z premiers entre eux dans leur ensemble. On vérifie alors facilement que x, y et z sont premiers entre eux deux à deux.

– Étudions la parité de x, y et z. Tout nombre impair $N = 2n+1$ vérifie $N^2 = 4n^2 + 4n + 1 \equiv 1 \pmod 4$. Donc si x et y sont impairs, $x^2 + y^2 \equiv 2 \pmod 4$, donc z est pair et on aboutit à une absurdité car $z^2 \equiv 0 \pmod 4$. L'un des entiers x ou y est donc pair, par exemple x. Comme x, y et z sont premiers entre eux deux à deux, y et z sont impairs.

– On écrit

$$\left(\frac{x}{2}\right)^2 = \left(\frac{z-y}{2}\right)\left(\frac{z+y}{2}\right)$$

(z et y étant impairs, $\frac{z-y}{2}$ et $\frac{z+y}{2}$ sont entiers). Ceci montre que $\frac{z-y}{2}$ et $\frac{z+y}{2}$ sont des carrés d'entiers. Si tel n'était pas le cas, la décomposition de $(\frac{x}{2})^2$ en facteurs premiers entraînerait l'existence d'un nombre premier p divisant $\left(\frac{z-y}{2}\right)$ et $\left(\frac{z+y}{2}\right)$. L'entier p diviserait $\left(\frac{z-y}{2}+\frac{z+y}{2}\right)=z$ et $\left(\frac{z+y}{2}-\frac{z-y}{2}\right)=y$ ce qui est impossible car $y \wedge z = 1$.

– Finalement, il existe $(n,m) \in \mathbb{N}^2$, tel que $\frac{z-y}{2}=n^2$ et $\frac{z+y}{2}=m^2$. On en déduit $x=2mn$, $y=m^2-n^2$ et $z=m^2+n^2$. Réciproquement, ce triplet est solution. La solution du problème général est donc

$$(x,y) \text{ ou } (y,x)=(2kmn, k(m^2-n^2)); \quad z=k(m^2+n^2) \qquad k \in \mathbb{N}^*, (m,n) \in \mathbb{N}^2, m>n.$$

Remarque. Cet exercice est un cas particulier de l'équation $x^n+y^n=z^n$. Fermat énonça en 1637 que pour tout entier $n \geq 3$, cette équation n'a pas de solution $(x,y,z) \in (\mathbb{Z}^*)^3$, et affirmait qu'il en possédait une démonstration. La prétendue preuve n'a jamais été retrouvée et les mathématiciens, après de très nombreuses recherches aux cours des siècles suivants, ont sérieusement douté de l'existence de la preuve de Fermat. Une démonstration complète du théorème de Fermat a finalement été trouvée en 1993 par le mathématicien anglais Andrew Wiles, résolvant ainsi le problème le plus célèbre des mathématiques. Inutile de dire que le niveau de la preuve dépasse largement celui des classes préparatoires.

– Pour ceux que la théorie des nombres intéresse, on ne peut que conseiller l'excellent ouvrage de Hardy et Wright : *An Introduction to the Theory of Numbers*.

2. Groupes

2.1. Généralités

DÉFINITION 1. On appelle *groupe* un ensemble G muni d'une loi interne $*$ telle que

(i) La loi $*$ est *associative* (*i. e.* pour tous x,y,z dans G, $(x*y)*z=x*(y*z)$).

(ii) Il existe un *élément neutre* e (*i. e.* pour tout $x \in G$, $x*e=e*x=x$).

(iii) Tout élément a un *symétrique* (*i. e.* pour tout $x \in G$, il existe $y \in G$ tel que $x*y=y*x=e$).

Si la loi $*$ est commutative, on parle de groupe *commutatif* (ou *abélien*).

Remarque 1. – L'élément neutre e de $(G,*)$ est unique.
– Pour tout $x \in G$, x a un unique symétrique, souvent noté x^{-1}.

DÉFINITION 2. Soit $(G,*)$ un groupe ; on dit que $H \subset G$ est un *sous-groupe* de G si la restriction de la loi $*$ à H lui confère une structure de groupe.

Exemple 1. L'ensemble $\mathbb{Z}$ des entiers, muni de la loi d'addition, est un groupe. Pour tout $n \in \mathbb{N}$, $n\mathbb{Z}$ est un sous-groupe de $(\mathbb{Z},+)$. Réciproquement, on peut démontrer que tous les sous-groupes de $(\mathbb{Z},+)$ sont de la forme $n\mathbb{Z}$ avec $n \in \mathbb{N}$.

Dorénavant, la loi $*$ d'un groupe sera notée multiplicativement (la notation additive est réservée aux groupes abéliens).

PROPOSITION 1. *Soit G un groupe et $H \subset G$. L'ensemble H est un sous-groupe de G si et seulement si $H \neq \varnothing$ et pour tout couple $(x,y) \in H$ on a $xy^{-1} \in H$.*

PROPOSITION 2. *Une intersection de sous-groupes d'un groupe G est un sous-groupe de G.*

Remarque 2. Le résultat est faux dans le cas d'une réunion (voir l'exercice 2).

DÉFINITION 3. Soit $(G,\cdot)$ un groupe. On appelle *centre* de G, noté $\mathcal{Z}(G)$, l'ensemble des éléments de G commutant avec tous les éléments de G. L'ensemble $\mathcal{Z}(G)$ est un sous-groupe de G.

DÉFINITION 4. Si G est un groupe fini, Card(G) s'appelle *l'ordre* de G.

→ THÉORÈME 1 (LAGRANGE). *Soit G un groupe fini. L'ordre de tout sous-groupe H de G divise l'ordre de G.*

Démonstration. La relation $x \mathcal{R} y \iff xy^{-1} \in H$ est une relation d'équivalence. Si on note $\dot{x}$ la classe de $x \in G$, on a $\dot{x} = Hx = \{zx, z \in H\}$. (En effet : $y \in \dot{x} \iff y \mathcal{R} x \iff yx^{-1} \in H \iff y \in Hx$).

Pour tout $x \in G$, l'application $H \to Hx \quad y \mapsto yx$ est une bijection comme on le vérifie facilement, donc $\text{Card}(Hx) = \text{Card}(H)$. Ainsi, les classes ont toutes Card(H) éléments. Les classes d'équivalences formant une partition de G, on a donc $\text{Card}(G) = n\,\text{Card}(H)$ où $n = \text{Card}(G/\mathcal{R})$ désigne le nombre de classes d'équivalence. □

Remarque 3. — Les classes utilisées dans la preuve du théorème (de la forme Hx) sont appelées *classes à droite* suivant le sous-groupe H. On aurait aussi pu considérer la relation d'équivalence définie par $x \mathcal{R} y \iff x^{-1}y \in H$, dont les classes sont de la forme xH et sont appelées *classes à gauche* suivant H.
— L'entier Card$(G/\mathcal{R})$ est appelé *indice de* H dans G, et noté $[G : H]$. On a $\text{Card}(G) = [G : H] \times \text{Card}(H)$.

Sous-groupes distingués.

DÉFINITION 5. Soit G un groupe. Un sous-groupe H de G est dit *distingué* (ou *normal*, ou *invariant*) dans G si pour tout $x \in G$, $xH = Hx$.

Exemple 2. — Tout sous-groupe d'un groupe abélien G est distingué dans G.
— Le centre $\mathcal{Z}(G)$ d'un groupe G est distingué dans G. Plus généralement, tout sous-groupe de $\mathcal{Z}(G)$ est un sous-groupe distingué dans G.

Remarque 4. Lorsque H est un sous-groupe distingué de G, on note parfois $H \lhd G$. Il faut prendre garde à cette notation qui n'est pas transitive. Autrement dit, si $L \lhd H$ et si $H \lhd G$, il est faux d'écrire $L \lhd G$.

Le résultat qui suit est parfois un moyen pratique de montrer qu'un sous-groupe est distingué.

PROPOSITION 3. *Soit G un groupe. Un sous-groupe H de G est distingué dans G si et seulement si pour tout $x \in G$, $xHx^{-1} \subset H$.*

Groupes quotient. Soit G un groupe. On recherche les relations d'équivalence $\mathcal{R}$ sur G telles que $G/\mathcal{R}$ soit un groupe. Un moyen naturel de faire de $G/\mathcal{R}$ un groupe est de le munir de la loi $\overline{x} \cdot \overline{y} = \overline{(xy)}$ (la notation $\overline{x}$ désigne la classe de l'élément x). Encore faut-il que $\overline{(xy)}$ ne dépende pas des représentants x et y des classes $\overline{x}$ et $\overline{y}$, c'est-à-dire que si $x \mathcal{R} x'$ et $y \mathcal{R} y'$, on veut $(xy) \mathcal{R} (x'y')$. Si tel est le cas, on dit que $\mathcal{R}$ est *compatible avec la structure de groupe*.

On montre que les relations d'équivalence compatibles avec la structure de groupe sont les relations $x \mathcal{R} y \iff xy^{-1} \in H$, où H est un sous-groupe distingué de G (dans ce cas, les classes à gauche suivant H coïncident avec les classes à droite suivant H). Muni de la loi quotient définie plus haut, l'ensemble quotient $G/\mathcal{R}$ est alors un groupe appelé *groupe quotient* et noté G/H. Si G est fini, on a $\text{Card}(G) = \text{Card}(G/H) \cdot \text{Card}(H)$.

Exemple 3. Si n est un entier naturel non nul, $n\mathbb{Z}$ est un sous-groupe du groupe additif $(\mathbb{Z}, +)$. Ce dernier étant commutatif, on est même assuré du fait que $n\mathbb{Z}$ est un sous-groupe distingué de $\mathbb{Z}$. Ainsi, on peut définir le groupe quotient $\mathbb{Z}/n\mathbb{Z}$ (défini tel quel, $\mathbb{Z}/n\mathbb{Z}$ ne possède qu'une structure additive ; la structure d'anneau de $\mathbb{Z}/n\mathbb{Z}$ n'est introduite que lorsque l'on parle d'anneau quotient — voir l'exemple 3 de la partie 3.2).

Morphismes de groupes. Dans ce paragraphe, G et G' désignent deux groupes, dont les éléments neutres sont notés respectivement e et e'.

DÉFINITION 6. Soit $\varphi : G \to G'$ une application. On dit que φ est un *morphisme de groupes* si pour tous $x, y \in G$, $\varphi(xy) = \varphi(x)\varphi(y)$.
- Si φ est bijective, on dit que φ est un *isomorphisme* de groupes ; si de plus $G' = G$, on dit que φ est un *automorphisme* du groupe G.
- L'ensemble $\varphi^{-1}(\{e'\})$ est appelé *noyau* de φ et noté $\operatorname{Ker}\varphi$. Le morphisme φ est injectif si et seulement si $\operatorname{Ker}\varphi = \{e\}$.

PROPOSITION 4. *Soit $\varphi : G \to G'$ un morphisme de groupes, H et H' deux sous-groupes de G, G'. Alors*
- *$\varphi(H)$ est un sous-groupe de G', distingué si H est distingué dans G et si φ est surjectif.*
- *$\varphi^{-1}(H')$ est un sous-groupe de G, distingué dans G si H' est distingué dans G'.*

En particulier, $\{e'\}$ étant distingué dans G', $\operatorname{Ker}\varphi = \varphi^{-1}(\{e'\})$ est distingué dans G. De plus, le groupe quotient $G/\operatorname{Ker}\varphi$ est isomorphe à $\varphi(G)$.

→ *Remarque* 5. Ce dernier résultat est important. En particulier, si $\varphi : G \to G'$ est un morphisme surjectif, le groupe G' est isomorphe à $G/\operatorname{Ker}\varphi$. Cet isomorphisme est souvent utilisé lors de la résolution d'un exercice ou d'un problème sur les groupes.

Groupe des automorphismes intérieurs.

DÉFINITION 7. Soit G un groupe. Pour tout $a \in G$, l'application $\varphi_a : G \to G \quad x \mapsto axa^{-1}$ est un automorphisme de G. L'ensemble $\mathcal{A} = \{\varphi_a, a \in G\}$, muni de la loi de composition, est un groupe (on a d'ailleurs $\varphi_a \circ \varphi_b = \varphi_{ab}$), appelé *groupe des automorphismes intérieurs* de G.

2.2. Génération d'un groupe

Dans toute cette partie, G désigne un groupe, dont l'élément neutre est noté e.

DÉFINITION 8. Soit $A \subset G$. Il existe un plus petit sous-groupe H de G contenant A, qui est l'ensemble des éléments de G qui s'écrivent comme le produit d'éléments de A et d'inverses d'éléments de A. On l'appelle sous-groupe *engendré par* A et on note $H = \langle A \rangle$. Lorsque l'ensemble $A = \{x_1, \ldots, x_n\}$ est fini, on note aussi $H = \langle x_1, \ldots, x_n \rangle$.

Exemple 4. Pour tout $a \in G$, $\langle a \rangle = \{a^m \mid m \in \mathbb{Z}\}$. Si deux éléments a et b de G commutent, alors $\langle a, b \rangle = \{a^m b^n \mid (m, n) \in \mathbb{Z}^2\}$.

DÉFINITION 9.
- Un groupe G est dit *monogène* s'il existe $a \in G$ tel que $G = \langle a \rangle$. Si de plus G est fini, on dit que G est *cyclique*.
- Un groupe G est dit de *type fini* s'il existe un nombre fini d'éléments $a_1, \ldots, a_n$ de G tels que $G = \langle a_1, \ldots, a_n \rangle$. Un tel n-uplet $(a_1, \ldots, a_n)$ est appelé *système de générateurs* de G.

Remarque 6.
- Tout groupe monogène est abélien.
- Pour tout entier naturel non nul n, $(\mathbb{Z}/n\mathbb{Z}, +)$ est un groupe cyclique. De plus, tout groupe cyclique à n éléments est isomorphe à $(\mathbb{Z}/n\mathbb{Z}, +)$.

DÉFINITION 10. Un élément a de G est dit *d'ordre* $p \in \mathbb{N}^*$ si $\langle a \rangle$ est fini d'ordre p. L'ordre de a est aussi le plus petit entier naturel non nul p tel que $a^p = e$, et on a $\langle a \rangle = \{e, a, \ldots, a^{p-1}\}$.

→ THÉORÈME 2. *Si G est fini d'ordre n, alors l'ordre de tout élément de G divise n. En particulier, tout élément a de G vérifie $a^n = e$.*

THÉORÈME 3. *Soit a un élément de G d'ordre p. On a l'équivalence* $(a^q = e) \iff (p \mid q)$.

THÉORÈME 4. *Si l'ordre de G est un nombre premier, le groupe G est cyclique, engendré par tout élément différent de l'élément neutre.*

PROPOSITION 5. *Si G est cyclique d'ordre n, $G = \langle a \rangle$, alors*

$$(\langle a^k \rangle = G) \quad \iff \quad (k \wedge n = 1).$$

Démonstration. Comme $G = \langle a \rangle$, l'assertion $\langle a^k \rangle = G$ est équivalente à l'existence d'un entier v tel que $a^{kv} = a$. Ceci s'écrit aussi $a^{kv-1} = e$, ou encore $n \mid (kv - 1)$, c'est-à-dire $\exists u, v \in \mathbb{Z} \mid kv - 1 = un$, ce qui équivaut d'après le théorème de Bezout à $k \wedge n = 1$. □

2.3. Groupe symétrique

DÉFINITION 11. Pour tout entier naturel n non nul, on note $\mathcal{S}_n$ le groupe des permutations de $\{1, \ldots, n\}$ (muni de la loi de composition). Le groupe $\mathcal{S}_n$ est appelé *groupe symétrique* d'indice n. Si $s \in \mathcal{S}_n$, on note $s = \left(\begin{smallmatrix} 1 & 2 & \cdots & n \\ s(1) & s(2) & \cdots & s(n) \end{smallmatrix}\right)$.

Remarque 7. On a $\mathrm{Card}(\mathcal{S}_n) = n!$.

DÉFINITION 12. Lorsque $i \neq j$, on appelle *transposition* sur i, j la permutation notée $\tau_{i,j}$ permutant les éléments i et j :

$$\tau_{i,j} = \begin{pmatrix} 1 & \cdots & i-1 & \mathbf{i} & i+1 & \cdots & j-1 & \mathbf{j} & j+1 & \cdots & n \\ 1 & \cdots & i-1 & \mathbf{j} & i+1 & \cdots & j-1 & \mathbf{i} & j+1 & \cdots & n \end{pmatrix}.$$

THÉORÈME 5. *Tout élément de $\mathcal{S}_n$ se décompose en produit de transpositions.*

DÉFINITION 13. Si $s \in \mathcal{S}_n$ et $a \in \{1, \ldots, n\}$, on appelle *orbite* de a suivant s l'ensemble $\mathcal{O}_s(a) = \{s^k(a), k \in \mathbb{Z}\}$.

DÉFINITION 14. Soit $\gamma \in \mathcal{S}_n$. On dit que γ est un *cycle* si parmi les $\mathcal{O}_\gamma(a)$, $1 \leq a \leq n$, il n'existe qu'une seule orbite non réduite à un élément. Autrement dit s'il existe $p \geq 2$ et $a \in \{1, \ldots, n\}$ tels que

$$\mathcal{O}_\gamma(a) = \{a, \gamma(a), \ldots, \gamma^{p-1}(a)\} \quad \text{et} \quad \forall x \notin \mathcal{O}_\gamma(a),\ \gamma(x) = x.$$

L'orbite $\mathcal{O}_\gamma(a)$ est appelé *support* du cycle, son cardinal la *longueur* du cycle, et on note $\gamma = (a, \gamma(a), \ldots, \gamma^{p-1}(a))$.

Exemple 5. — Une transposition est un cycle de longueur 2.
- Dans $\mathcal{S}_5$, $s = (1, 3, 5) = \left(\begin{smallmatrix} 1 & 2 & 3 & 4 & 5 \\ 3 & 2 & 5 & 4 & 1 \end{smallmatrix}\right)$ est un cycle de support $\{1, 3, 5\}$ et de longueur 3.
- L'élément $s = \left(\begin{smallmatrix} 1 & 2 & 3 & 4 \\ 2 & 1 & 4 & 3 \end{smallmatrix}\right)$ de $\mathcal{S}_4$ n'est pas un cycle (deux orbites, $\{1, 2\}$ et $\{3, 4\}$).

Remarque 8. — Des cycles à supports disjoints commutent.
- L'ordre d'un cycle dans le groupe $\mathcal{S}_n$ est sa longueur.

→ THÉORÈME 6. *Toute permutation $s \neq \mathrm{Id}$ se décompose de manière unique à l'ordre prés en un produit de cycles dont les supports sont deux à deux disjoints.*

Exemple 6. — $\left(\begin{smallmatrix} 1 & 2 & 3 & 4 \\ 2 & 1 & 4 & 3 \end{smallmatrix}\right) = (1, 2) \cdot (3, 4) = (3, 4) \cdot (1, 2)$.
- $\left(\begin{smallmatrix} 1 & 2 & 3 & 4 & 5 & 6 & 7 \\ 2 & 6 & 5 & 1 & 3 & 4 & 7 \end{smallmatrix}\right) = (1, 2, 6, 4) \cdot (3, 5) \cdot (7) = (3, 5) \cdot (1, 2, 6, 4) \cdot (7) = (3, 5) \cdot (7) \cdot (1, 2, 6, 4)$.

Signature d'une permutation.

DÉFINITION 15. Soit $s \in \mathcal{S}_n$. On appelle *signature* de s le produit

$$\varepsilon(s) = \prod_{1 \leq i < j \leq n} \frac{s(j) - s(i)}{j - i}.$$

On a $\varepsilon(s) \in \{-1, 1\}$. Si $\varepsilon(s) = 1$ (resp. $\varepsilon(s) = -1$), s est dite *paire* (resp. *impaire*).

PROPOSITION 6. *Si s et t sont deux éléments de $\mathcal{S}_n$ alors $\varepsilon(st) = \varepsilon(s)\varepsilon(t)$.*

Remarque 9.
- Une transposition est de signature -1.
- La proposition précédente exprime le fait que $\varepsilon : \mathcal{S}_n \to \{-1, 1\}$ est un morphisme de groupe. L'ensemble $\mathcal{A}_n = \varepsilon^{-1}(\{1\}) = \operatorname{Ker} \varepsilon$ est un sous-groupe distingué de $\mathcal{S}_n$, d'indice 2 : on a $\operatorname{Card}(\mathcal{A}_n) = n!/2$ et $\mathcal{A}_n$ s'appelle le *groupe alterné* d'indice n.

PROPOSITION 7. *La signature d'un cycle de longueur p est $(-1)^{p-1}$.*

Démonstration. Soit $s = (a_1, a_2, \cdots, a_p)$ un cycle de longueur p. Le cycle s peut se décomposer sous la forme $s = (a_1, a_p) \cdot (a_1, a_{p-1}) \cdots (a_1, a_3) \cdot (a_1, a_2)$, c'est le produit de $p - 1$ transpositions. Une transposition étant de signature -1, on en déduit le résultat. □

2.4. Groupe opérant sur un ensemble

Dans cette partie, G désigne un groupe dont l'élément neutre est noté e, X un ensemble quelconque.

DÉFINITION 16. On dit que G *opère* sur X s'il existe une application

$$G \times X \to X \quad (s, x) \mapsto s \cdot x$$

telle que

(i) $\forall (s, t) \in G^2, \forall x \in X,\ s \cdot (t \cdot x) = (st) \cdot x$

(ii) $\forall x \in X,\ e \cdot x = x$.

(Remarquer l'analogie avec un espace vectoriel sur un corps $\mathbb{K}$.)

Exemple 7.
- Le groupe G opère sur lui même par l'application

$$G \times G \to G \qquad (s, x) \mapsto sx.$$

- Le groupe des permutations S d'un ensemble X opère sur X par l'application

$$S \times X \to X \qquad (s, x) \mapsto s(x).$$

Équivalence d'intransitivité. Dans ce paragraphe, G est un groupe opérant sur un ensemble X.

DÉFINITION 17. La relation sur X définie par

$$x \mathcal{T} y \iff \exists s \in G,\ y = s \cdot x$$

est une relation d'équivalence, appelée relation *d'intransitivité*. La classe d'équivalence d'un élément x de X est $G_x = \{s \cdot x \mid s \in G\}$, on l'appelle *classe d'intransitivité* (ou *orbite*, ou *trajectoire*) de x.

DÉFINITION 18. Le *stabilisateur* d'un élément x de X est le sous-ensemble de G défini par $S_x = \{s \in G \mid s \cdot x = x\}$.

PROPOSITION 8. *Pour tout élément x de X, S_x est un sous-groupe de G.*

Démonstration. L'ensemble S_x n'est pas vide car $e \in S_x$. Par ailleurs, pour tout $s, t \in G$ on a $t \cdot x = x$ donc $x = t^{-1} \cdot (t \cdot x) = t^{-1} \cdot x$. Ainsi, $(st^{-1}) \cdot x = s \cdot (t^{-1} \cdot x) = s \cdot x = x$, d'où $st^{-1} \in S_x$.
□

THÉORÈME 7. *Si G est fini, pour tout $x \in X$ on a* $\mathrm{Card}(G) = \mathrm{Card}(G_x) \cdot \mathrm{Card}(S_x)$.

Démonstration. On fixe x. Soit $\mathcal{R}_x$ la relation d'équivalence sur G définie par : $s \,\mathcal{R}_x\, t \iff s \cdot x = t \cdot x$. On a $s \,\mathcal{R}_x\, t \iff (t^{-1}s) \cdot x = x \iff t^{-1}s \in S_x \iff s \in tS_x$. Les classes d'équivalences sont donc de la forme tS_x, $t \in G$, ce qui montre qu'elles sont toutes de cardinal $\mathrm{Card}(S_x)$. Il y a autant de classes d'équivalences que de valeurs prises par $s \cdot x$, $s \in G$, c'est-à-dire qu'il y a $\mathrm{Card}(G_x)$ classes d'équivalence. Donc $\mathrm{Card}(G) = \mathrm{Card}(G_x) \cdot \mathrm{Card}(S_x)$. □

COROLLAIRE 1 (ÉQUATION AUX CLASSES). *Si X et G sont finis, en désignant par Θ une partie de X contenant exactement un représentant de chacune des classes d'intransitivité, on a*

$$\mathrm{Card}(X) = \sum_{x \in \Theta} \mathrm{Card}(G_x) = \sum_{x \in \Theta} \frac{\mathrm{Card}(G)}{\mathrm{Card}(S_x)}.$$

Application aux automorphismes intérieurs.

THÉORÈME 8. *Soit G un groupe fini. Il existe une famille finie de sous-groupes stricts de G (*i.e. *$\neq \{e\}$ et $\neq G$) $(H_i)_{i \in I}$ telle que*

$$\mathrm{Card}(G) = \mathrm{Card}(\mathcal{Z}(G)) + \sum_{i \in I} \frac{\mathrm{Card}(G)}{\mathrm{Card}(H_i)}$$

où $\mathcal{Z}(G)$ désigne le centre du groupe G.

Démonstration. Faisons opérer G sur lui même par les automorphismes intérieurs : $G \times G \to G$, $(s, x) \mapsto \varphi_s(x) = sxs^{-1}$. Si $x \in G$, on a $G_x = \{sxs^{-1} \mid s \in G\}$ et $S_x = \{s \in G \mid sx = xs\}$ (dans ce cas, S_x est aussi appelé *centralisateur* ou *normalisateur* de x). D'après le corollaire précédent il existe $\Theta \subset G$ tel que

$$\mathrm{Card}(G) = \sum_{x \in \Theta} \frac{\mathrm{Card}(G)}{\mathrm{Card}(S_x)}.$$

Or $S_x = G \iff \forall s \in G,\ sx = xs \iff x \in \mathcal{Z}(G)$. En notant $\Theta' = \Theta \setminus \mathcal{Z}(G)$, on a donc

$$\mathrm{Card}(G) = \sum_{x \in \mathcal{Z}(G)} \frac{\mathrm{Card}(G)}{\mathrm{Card}(S_x)} + \sum_{x \in \Theta'} \frac{\mathrm{Card}(G)}{\mathrm{Card}(S_x)} = \mathrm{Card}(\mathcal{Z}(G)) + \sum_{x \in \Theta'} \frac{\mathrm{Card}(G)}{\mathrm{Card}(S_x)},$$

d'où le théorème car les $(S_x)_{x \in \Theta'}$ constituent une famille finie de sous-groupes stricts de G (ce sont des sous-groupes d'après la proposition 8, différents de G car $x \notin \mathcal{Z}(G)$, différents de $\{e\}$ car $\{e, x\} \subset G_x$). □

Remarque 10. Ce dernier résultat est très puissant car il permet d'avoir des renseignements sur $\mathrm{Card}(\mathcal{Z}(G))$ connaissant *a priori* la forme des ordres des sous-groupes de G (voir l'exercice 11 page 29, le problème 9 page 44 et le problème 11 page 45). Cependant, cette formule n'est pas au programme de mathématiques spéciales et il faut au besoin savoir la redémontrer.

2.5. Exercices

EXERCICE 1. Soit G un groupe quelconque, soient $x, y \in G$. On suppose que xy est d'ordre fini p dans G. Montrer que yx est également fini d'ordre p.

Solution. Si x et y commutent, c'est bien sûr évident. Plaçons nous maintenant dans le cas général. On commence par remarquer que pour tout $n \in \mathbb{N}^*$,

$$(xy)^n = \underbrace{(xy) \cdots (xy)}_{n \text{ termes}} = x \underbrace{(yx) \cdots (yx)}_{n-1 \text{ termes}} y = x(yx)^{n-1}y.$$

Ainsi, en désignant par e l'élément neutre de G, on a

$$(xy)^n = e \iff x(yx)^{n-1}y = e \iff yx(yx)^{n-1}y = y \iff (yx)^n = e$$

ce qui prouve que les ordres de xy et de yx sont identiques.

EXERCICE 2. Soient G un groupe et H_1, H_2 deux sous-groupes de G.
a) On suppose que $H_1 \cup H_2$ est un sous-groupe de G. Montrer que $H_1 \subset H_2$ ou $H_2 \subset H_1$.
b) Si les ordres de H_1 et H_2 sont finis et premiers entre eux, que dire de $H_1 \cap H_2$?

Solution. **a)** Raisonnons par l'absurde. Si $H_1 \not\subset H_2$ et $H_2 \not\subset H_1$, il existe $x_1 \in H_1$, $x_1 \notin H_2$ et il existe $x_2 \in H_2$, $x_2 \notin H_1$. Comme $H_1 \cup H_2$ est un sous-groupe, le produit x_1x_2 appartient à $H_1 \cup H_2$. Si $x_1x_2 \in H_1$, alors $x_2 = x_1^{-1}(x_1x_2) \in H_1$, ce qui est absurde. De même, on parvient à une absurdité en supposant $x_1x_2 \in H_2$. D'où le résultat.

b) On sait que $H_1 \cap H_2$ est un sous-groupe de H_1 et H_2. Ainsi, l'ordre de $H_1 \cap H_2$ divise l'ordre de H_1 et l'ordre de H_2, et vaut donc 1. Finalement, en désignant par e l'élément neutre de G, on a $H_1 \cap H_2 = \{e\}$.

EXERCICE 3. Soient G un groupe et H_1, H_2 deux sous-groupes de G. On pose $H_1H_2 = \{xy \mid x \in H_1, y \in H_2\}$.
a) A quelle condition nécessaire et suffisante H_1H_2 est-il un sous-groupe de G ?
b) Si H_1 et H_2 sont finis et si $H_1 \cap H_2 = \{e\}$ (où e désigne l'élément neutre de G), montrer $\mathrm{Card}(H_1H_2) = \mathrm{Card}(H_1) \cdot \mathrm{Card}(H_2)$.
c) On suppose G abélien, H_1 et H_2 d'ordres finis p et q, où p et q sont deux nombres premiers distincts. Montrer que H_1H_2 est un sous-groupe cyclique de G.

Solution. **a)** Nous allons montrer que H_1H_2 est un sous-groupe de G si et seulement si $H_1H_2 = H_2H_1$.
Condition nécessaire. Soit $a \in H_1H_2$. Alors $a^{-1} \in H_1H_2$ autrement dit $\exists (x,y) \in H_1 \times H_2, a^{-1} = xy$. Ainsi $a = y^{-1}x^{-1}$, d'où $a \in H_2H_1$. Donc $H_1H_2 \subset H_2H_1$.

Il reste à montrer l'inclusion réciproque. Soit $a = yx \in H_2H_1$ avec $x \in H_1$ et $y \in H_2$. Comme $a^{-1} = x^{-1}y^{-1} \in H_1H_2$, on a $a \in H_1H_2$ car H_1H_2 est un sous-groupe. Ainsi, $H_2H_1 \subset H_1H_2$.
Condition suffisante. Bien sûr, $H_1H_2 \neq \varnothing$. Soient $a, b \in H_1H_2$. Il s'agit de montrer $ab^{-1} \in H_1H_2$. Écrivons $a = a_1a_2$ et $b = b_1b_2$, avec $a_1, b_1 \in H_1$ et $a_2, b_2 \in H_2$. On a $ab^{-1} = a_1a_2b_2^{-1}b_1^{-1} = a_1yx$ avec $y = a_2b_2^{-1} \in H_2$ et $x = b_1^{-1} \in H_1$. Comme $H_1H_2 = H_2H_1$, il existe $(x', y') \in H_1 \times H_2$ tel que $yx = x'y'$. Donc $ab^{-1} = a_1x'y' = (a_1x')(y') \in H_1H_2$, d'où le résultat.

b) Considérons l'application

$$\varphi : H_1 \times H_2 \to H_1H_2 \quad (x_1, x_2) \mapsto x_1x_2.$$

Elle est surjective (par construction de l'ensemble d'arrivée H_1H_2), et injective car si $\varphi(x_1, x_2) = \varphi(y_1, y_2)$, alors $x_1x_2 = y_1y_2$ donc $y_1^{-1}x_1 = y_2x_2^{-1}$, d'où $y_1^{-1}x_1 \in H_1 \cap H_2 = \{e\}$, donc $x_1 = y_1$ et donc $x_2 = y_2$. Finalement, φ est une bijection, donc $\mathrm{Card}(H_1) \cdot \mathrm{Card}(H_2) = \mathrm{Card}(H_1H_2)$.

c) Le groupe G étant ici abélien, on a $H_1H_2 = H_2H_1$ donc H_1H_2 est un sous-groupe de G d'après a). Par ailleurs, on a $\mathrm{Card}(H_1H_2) = pq$ d'après *b)* car $H_1 \cap H_2 = \{e\}$ (voir l'exercice précédent, question b)).

Les sous-groupes H_1 et H_2 sont cycliques car leur ordre est un nombre premier. Soient $x \in H_1$ et $y \in H_2$ tels que $H_1 = \langle x \rangle$ et $H_2 = \langle y \rangle$. Montrons que $H_1H_2 = \langle xy \rangle$. Il s'agit de prouver que l'élément xy est d'ordre $pq = \mathrm{Card}(H_1H_2)$. Le fait que $(xy)^n = e$ entraîne $x^n = (y^{-1})^n$. Or $H_1 \cap H_2 = \{e\}$, donc $x^n = (y^{-1})^n = e$, donc $p \mid n$ et $q \mid n$, et p et q étant premiers entre eux (car premiers et distincts), $pq \mid n$. Donc l'ordre de xy est supérieur à pq et comme il est toujours inférieur à $\mathrm{Card}(H_1H_2) = pq$, son ordre est bien pq.

EXERCICE 4. Soient $G_1, \dots, G_n$ des groupes cycliques d'ordres respectifs $\alpha_1, \dots, \alpha_n$. Donner une condition nécessaire et suffisante portant sur les α_i pour que le groupe $G = G_1 \times \cdots \times G_n$ soit cyclique.

Solution. Commençons par montrer le résultat suivant :

LEMME. *Pour tout i, soit x_i un élément de G_i d'ordre β_i. Alors $x = (x_1, \dots, x_n)$ est d'ordre* $\mathrm{ppcm}(\beta_1, \dots, \beta_n)$ *dans $G_1 \times \cdots \times G_n$.*

Preuve. Pour $1 \leq i \leq n$, notons e_i l'élément neutre de G_i, de sorte que $e = (e_1, \dots, e_n)$ est l'élément neutre de G. On a : $(x^p = e) \iff (\forall i, x_i^p = e_i) \iff (\forall i, \beta_i \mid p)$. Le plus petit entier naturel non nul p tel que $x^p = e$ est donc le plus petit multiple communs aux β_i, d'où le lemme.

Montrons maintenant la condition nécessaire et suffisante :

> *Le groupe G est cyclique si et seulement si les α_i sont premiers entre eux deux à deux.*

Condition nécessaire. Soit $x = (x_1, \dots, x_n)$ engendrant G. Il est clair que pour tout i, x_i engendre G_i, donc est d'ordre α_i. D'après le lemme, l'ordre de x est $\mathrm{ppcm}(\alpha_1, \dots, \alpha_n)$. Comme x engendre G, son ordre est aussi $\mathrm{Card}(G) = \alpha_1 \cdots \alpha_n$. Donc $\mathrm{ppcm}(\alpha_1, \dots, \alpha_n) = \alpha_1 \cdots \alpha_n$, ce qui entraîne que les α_i sont premiers entre eux deux à deux.
Condition suffisante. Pour tout i, considérons $x_i \in G_i$ d'ordre α_i (x_i existe puisque G_i est cyclique par hypothèse). D'après le lemme, $x = (x_1, \dots, x_n)$ est d'ordre $\mathrm{ppcm}(\alpha_1, \dots, \alpha_n)$ dans G, et ce dernier terme égale $\alpha_1 \cdots \alpha_n = \mathrm{Card}(G)$ puisque les α_i sont premiers entre eux deux à deux. Finalement, $G = \langle x \rangle$ est cyclique.

EXERCICE 5. Soit G un groupe, e son élément neutre. On suppose que tout élément x de G vérifie $x^2 = e$.
a) Montrer que G est un groupe abélien.
b) Si G est fini et si $G \neq \{e\}$, montrer qu'il existe un entier n tel que G soit isomorphe au groupe $[(\mathbb{Z}/2\mathbb{Z})^n, +]$.

Solution. **a)** Si $x \in G$ l'égalité $x^2 = e$ s'écrit aussi $x = x^{-1}$. Si x et y sont dans G, on a donc $xy = (xy)^{-1} = y^{-1}x^{-1} = yx$.

b) Soit $(x_1, \dots, x_n)$ un système de générateurs minimal de G (il en existe car G est fini). Si $\dot{\alpha} = \dot{\beta}$ dans $\mathbb{Z}/2\mathbb{Z}$, alors $2 \mid \alpha - \beta$ donc pour $x \in G$, $x^\alpha = x^\beta$. Ceci permet d'affirmer que l'application

$$\varphi : [(\mathbb{Z}/2\mathbb{Z})^n, +] \to G \quad (\dot{\alpha_1}, \dots, \dot{\alpha_n}) \mapsto x_1^{\alpha_1} \cdots x_n^{\alpha_n}$$

est bien définie. Le groupe G étant abélien, φ est un morphisme de groupe, et il est surjectif par définition d'un système de générateurs. Montrons que φ est injectif. Soit $(\dot{\alpha_1}, \dots, \dot{\alpha_n}) \in \operatorname{Ker}\varphi$. S'il existe i tel que $\dot{\alpha_i} = \dot{1}$, par exemple $\dot{\alpha_n} = \dot{1}$, l'égalité $x_1^{\alpha_1} \cdots x_{n-1}^{\alpha_{n-1}} x_n = e$ entraîne $x_n = x_n^{-1} = x_1^{\alpha_1} \cdots x_{n-1}^{\alpha_{n-1}}$. Donc $(x_1, \dots, x_{n-1})$ est un système de générateurs, ce qui est absurde puisque $(x_1, \dots, x_n)$ est un système de générateurs *minimal*. Finalement $\operatorname{Ker}\varphi = \{(\dot{0}, \dots, \dot{0})\}$ et φ est injectif. C'est un isomorphisme.

EXERCICE 6. Soit $n \in \mathbb{N}^*$, $n \geq 2$. Montrer que tout élément du groupe des permutations $\mathcal{S}_n$ s'écrit comme le produit de transpositions de la forme $(i, i+1)$ avec $1 \leq i \leq n-1$.

Solution. Soit P le sous-ensemble des permutations de $\mathcal{S}_n$ qui s'écrivent comme le produit de transpositions de la forme $(i, i+1)$. Soient i et j deux entiers vérifiant $1 \leq i < j \leq n$. Le cycle $(i, i+1, \dots, j)$ s'écrit sous la forme

$$(i, i+1, \dots, j) = (i, i+1)(i+1, i+2) \cdots (j-1, j)$$

donc $(i, i+1, \ldots, j) \in P$. De même,

$$(j, j-1, \ldots, i) = (j-1, j) \cdots (i+1, i+2)(i, i+1) \in P.$$

Or lorsque $1 \leq i < j \leq n$, on a

$$(i, j) = (j, j-1, \ldots, i+1)(i, i+1, \ldots, j)$$

donc toute transposition appartient à P. Comme toute permutation peut s'écrire sous forme d'un produit de transpositions, on en déduit $P = \mathcal{S}_n$.

EXERCICE 7. On rappelle que le groupe alterné $\mathcal{A}_n$ d'indice n est le sous-groupe de $\mathcal{S}_n$ constitué des permutations paires. Si $n \geq 3$, montrer que les cycles de longueur 3 engendrent $\mathcal{A}_n$.

Solution. Puisque tout élément de $\mathcal{S}_n$ peut s'écrire comme un produit de transpositions et qu'une transposition est de signature -1, $\mathcal{A}_n$ est aussi l'ensemble des produits pairs de transpositions.

Appelons $\mathcal{A}'_n$ le sous-groupe de $\mathcal{S}_n$ engendré par les cycles de longueur 3. On a $\mathcal{A}'_n \subset \mathcal{A}_n$ car un cycle de longueur 3 est de signature 1 (voir la proposition 7). Montrons maintenant $\mathcal{A}_n \subset \mathcal{A}'_n$. D'après la remarque précédente, il suffit de prouver que le produit de deux transpositions est dans $\mathcal{A}'_n$. Ceci est vrai car :

— Si i, j, k, l sont distincts deux à deux, $(i, j)(k, l) = (i, j, k)(j, k, l)$

— Si i, j, k sont distincts deux à deux, $(i, j)(i, k) = (i, k, j)$.

— Si $i \neq j$, $(i, j)(j, i) = \mathrm{Id}$.

EXERCICE 8. On rappelle que si G est un groupe fini et H un sous-groupe de G, l'indice de H dans G est l'entier $[G : H] = \frac{\mathrm{Card}(G)}{\mathrm{Card}(H)}$.

Soit $p \geq 5$ un nombre premier. Si H est un sous-groupe du groupe symétrique $\mathcal{S}_p$ tel que $[\mathcal{S}_p : H] \leq p-1$, montrer que $[\mathcal{S}_p : H] \in \{1, 2\}$. (Indications : Montrer que H contient tous les cycles de longueur p puis utiliser le résultat de l'exercice précédent.)

Solution. Montrons d'abord que H contient tous les cycles de longueur p. Soit $\gamma \in \mathcal{S}_p$ un cycle de longueur p. Pour tout entier i, l'ensemble $\gamma^i H$ est de cardinal $\mathrm{Card}(H)$. Comme H est d'indice $\leq p-1$ dans $\mathcal{S}_p$, les ensembles $H, \gamma H, \ldots, \gamma^{p-1} H$ ne peuvent pas être deux à deux disjoints (sinon $\mathrm{Card}(\mathcal{S}_p) \geq \sum_{i=0}^{p-1} \mathrm{Card}(\gamma^i H) = p \cdot \mathrm{Card}(H)$). Donc il existe deux entiers i et j, $0 \leq i < j \leq p-1$, tels que $\gamma^i H \cap \gamma^j H \neq \varnothing$. On en déduit facilement $\gamma^{j-i} \in H$. Or $1 \leq j-i < p$ donc γ^{j-i} engendre le sous-groupe $\langle \gamma \rangle$ d'ordre p (voir le théorème 4 page 22), ce qui entraîne $\gamma \in \langle \gamma^{j-i} \rangle \subset H$.

- Montrons maintenant que H contient tous les cycles d'ordre 3. Comme $p > 3$, il suffit de remarquer que H contenant tous les cycles d'ordre p, on a

$$(i, j, k) = (k, j, i, a_1, a_2, \ldots, a_{p-3})(i, k, j, a_{p-3}, \ldots, a_2, a_1) \in H.$$

- D'après le résultat de l'exercice précédent, H contient donc $\mathcal{A}_p$, le groupe alterné d'indice d'indice p. Donc $\mathrm{Card}(H) \geq \mathrm{Card}(\mathcal{A}_p) = \frac{1}{2}\mathrm{Card}(\mathcal{S}_p)$, d'où $[\mathcal{S}_p : H] \in \{1, 2\}$.

Remarque. Ce résultat appliqué avec $p = 5$ montre qu'il n'existe pas de sous-groupe de $\mathcal{S}_5$ d'ordre 30 ou 40, bien que $\mathrm{Card}(\mathcal{S}_5) = 120$. Ainsi, un entier peut diviser l'ordre d'un groupe fini sans qu'il n'existe de sous-groupe d'ordre cet entier.

EXERCICE 9. Soit G un groupe fini d'ordre pair $2n$ ($n \in \mathbb{N}^*$).

a) Soit H un sous-groupe de G d'ordre n. Montrer que H est distingué dans G.

b) On suppose qu'il existe deux sous-groupes H_1 et H_2 de G d'ordre n et tels que $H_1 \cap H_2 = \{e\}$, où e désigne l'élément neutre de G. Montrer que $n = 1$ ou $n = 2$.
c) On suppose qu'il existe deux sous-groupes H_1 et H_2 de G, distincts et tout deux d'ordre n. Montrer que $H = H_1 \cap H_2$ est un sous-groupe distingué dans G. En déduire que l'ordre de G est un multiple de 4.

Solution. **a)** Il s'agit de montrer : $xH = Hx$ pour tout $x \in G$.

— Si $x \in H$, on a $xH = Hx = H$.
— Si $x \notin H$, $xH \cap H = \varnothing$ (en effet, si $y \in xH \cap H$, il existe $a \in H$ tel que $y = xa$ donc $x = ya^{-1} \in H$, absurde), c'est-à-dire $xH \subset G \setminus H$. Or xH et $G \setminus H$ sont de cardinal n, donc $xH = G \setminus H$. On montrerait de même que $Hx = G \setminus H$, donc $xH = Hx$.

b) Comme $\mathrm{Card}(H_1 \cup H_2) = \mathrm{Card}(H_1) + \mathrm{Card}(H_2) - \mathrm{Card}(H_1 \cap H_2) = 2n - 1$, il existe $\alpha \in G$, $\alpha \notin H_1$, $\alpha \notin H_2$, tel que $G = H_1 \cup H_2 \cup \{\alpha\}$.

Si $n = 1$, c'est terminé. Sinon $n \geq 2$. On remarque alors que

$$\forall (x, y) \in (H_1 \setminus \{e\}) \times (H_2 \setminus \{e\}), \qquad xy = \alpha.$$

(En effet. Si $xy \in H_1$, alors $y \in x^{-1}H_1 = H_1$ donc $y \in H_1 \cap H_2 = \{e\}$, donc $y = e$, ce qui est absurde ; de même, $xy \notin H_2$.) Ceci n'est possible que si $\mathrm{Card}(H_1 \setminus \{e\}) = \mathrm{Card}(H_2 \setminus \{e\}) = 1$, c'est-à-dire $n = 2$. D'où le résultat.

c) D'après a), H_1 et H_2 sont distingués dans G donc pour tout $x \in G$, $xH = xH_1 \cap xH_2 = H_1x \cap H_2x = Hx$, ce qui prouve que H est distingué dans G.

Notons π la surjection canonique de G dans le groupe quotient G/H. Comme H est un sous-groupe de H_1, $\pi(H_1) = H_1/H$ est de cardinal $\frac{\mathrm{Card}(H_1)}{\mathrm{Card}(H)} = \frac{n}{\mathrm{Card}(H)}$. De même, $\pi(H_2) = H_2/H$ est de cardinal $\frac{n}{\mathrm{Card}(H)}$. Or $(H_1/H) \cap (H_2/H) = (H_1 \cap H_2)/H$ est réduit à l'élément neutre de G/H. Le groupe quotient G/H étant d'ordre $\frac{2n}{\mathrm{Card}(H)}$, on peut appliquer b) à G/H, H_1/H et H_2/H ce qui donne $\frac{n}{\mathrm{Card}(H)} \in \{1, 2\}$. Comme $H_1 \neq H_2$, on a $\mathrm{Card}(H) = \mathrm{Card}(H_1 \cap H_2) < n$ donc $\frac{n}{\mathrm{Card}(H)} = 2$. Finalement, $\mathrm{Card}(G) = 2n = 4\,\mathrm{Card}(H)$, d'où le résultat.

Exercice 10 (Exposant d'un groupe abélien fini). Soit G un groupe abélien fini.
a) Si x, y sont deux éléments de G d'ordres respectifs m et n, avec $m \wedge n = 1$, quel est l'ordre de xy ?
b) On appelle *exposant* de G le plus grand des ordres des éléments de G et on le note r. Montrer que r divise $\mathrm{Card}(G)$ et que si $x \in G$, l'ordre de x divise r.
c) Montrer que r a les mêmes facteurs premiers que $\mathrm{Card}(G)$. En déduire que pour tout facteur premier p de $\mathrm{Card}(G)$, il existe un élément de G d'ordre p.

Solution. **a)** Si $(xy)^p = e$ alors $x^p = (y^{-1})^p$ donc $x^p \in \langle y \rangle$, d'où $(x^p)^n = x^{pn} = e$, donc $m \mid pn$. Or $m \wedge n = 1$ donc d'après le théorème de Gauss, $m \mid p$. De même $n \mid p$ et les entiers m et n étant premiers entre eux, $mn \mid p$. Or $(xy)^{mn} = (x^m)^n (y^n)^m = e$, l'ordre de xy est donc mn.

b) Par définition de r, il existe un élément x de G d'ordre r et on a $r \mid \mathrm{Card}(G)$ d'après le théorème 2 page 21.

Soit $y \in G$, q son ordre. Il s'agit de montrer que $q \mid r$. Supposons $q \nmid r$. En écrivant la décomposition en facteurs premiers de q et r, on voit qu'il existe un nombre premier p vérifiant

$$\begin{cases} q = p^\alpha q' \\ r = p^\beta r' \end{cases} \qquad \text{avec} \quad \alpha > \beta \geq 0 \quad \text{et} \quad p \wedge q' = p \wedge r' = 1.$$

Or $a = x^{p^\beta}$ est d'ordre r' et $b = y^{q'}$ est d'ordre p^α. D'après a), ab est donc d'ordre $r'p^\alpha > r$, ce qui contredit la définition de r. Donc $q \mid r$.

c) Soit $(x_1, \ldots, x_n)$ un système de générateurs de G. Notons $r_1, \ldots, r_n$ les ordres de $x_1, \ldots, x_n$. Considérons l'application

$$\varphi \,:\, \langle x_1 \rangle \times \cdots \times \langle x_n \rangle \to G \qquad (y_1, \ldots, y_n) \mapsto y_1 \cdots y_n.$$

Le groupe G étant abélien, φ est un morphisme de groupes. De plus, φ est surjectif (puisque $(x_1, \ldots, x_n)$ est un système de générateurs de G), donc G est isomorphe au groupe quotient $(\langle x_1 \rangle \times \cdots \times \langle x_n \rangle)/ \operatorname{Ker} \varphi$, donc

$$\operatorname{Card}(G) \times \operatorname{Card}(\operatorname{Ker} \varphi) = \operatorname{Card}(\langle x_1 \rangle \times \cdots \times \langle x_n \rangle) = r_1 \cdots r_n,$$

donc $\operatorname{Card}(G) \mid r_1 \cdots r_n$. Or tous les r_i divisent r d'après b), donc $\operatorname{Card}(G) \mid r^n$. On en déduit que tout facteur premier p de $\operatorname{Card}(G)$ divise r.

Soit p un facteur premier de $\operatorname{Card}(G)$. On vient de prouver que $p \mid r$ donc on peut écrire $r = pr'$ avec r' entier. Si on choisit un élément x de G d'ordre r, l'élément $x^{r'}$ est d'ordre p, d'où le résultat.

Remarque. Les résultats de cet exercice permettent de montrer que si $\mathbb{K}$ est un corps commutatif et G un sous-groupe fini du groupe multiplicatif $(\mathbb{K}^*, \times)$, alors G est cyclique. En effet. Soit r l'exposant de G. $\mathbb{K}$ étant un corps commutatif, l'équation $x^r = 1$ a au plus r solutions dans $\mathbb{K}$, donc au plus r solutions dans G. Or $\forall x \in G, x^r = 1$ d'après b). On en déduit $\operatorname{Card}(G) \leq r$, et comme $r \mid \operatorname{Card}(G)$, on a $r = \operatorname{Card}(G)$ et le résultat annoncé.

– Ce dernier résultat est également une conséquence du problème 7 page 42.

– En l'appliquant au corps $\mathbb{Z}/p\mathbb{Z}$ (où p est un nombre premier), on démontre que le groupe multiplicatif $(\mathbb{Z}/p\mathbb{Z})^*$ est cyclique, résultat non évident *a priori*.

Exercice 11 (Les p-groupes). Soit p un nombre premier et G un groupe fini d'ordre p^α avec $\alpha \in \mathbb{N}^*$ (on dit que G est un p-groupe).

a) Montrer que $\mathcal{Z}(G)$, le centre de G, est différent de $\{e\}$, où e désigne l'élément neutre de G. (On pourra utiliser l'équation aux classes — voir le théorème 8 page 24).

b) Que dire si $\alpha = 1$? si $\alpha = 2$?

c) Montrer que pour tout entier m, $0 \leq m \leq \alpha$, il existe un sous-groupe de G d'ordre p^m.

Solution. **a)** D'après le théorème 8, il existe une famille finie $(H_i)_{i \in I}$ de sous-groupes stricts de G telle que

$$\operatorname{Card}(G) = \operatorname{Card}(\mathcal{Z}(G)) + \sum_{i \in I} \frac{\operatorname{Card}(G)}{\operatorname{Card}(H_i)}. \qquad (*)$$

Pour tout $i \in I$, H_i est un sous-groupe strict de G donc d'après le théorème de Lagrange, son ordre divise $\operatorname{Card}(G) = p^\alpha$, de sorte qu'il existe un entier β_i, $1 \leq \beta_i < \alpha$, tel que $\operatorname{Card}(H_i) = p^{\beta_i}$. Donc pour tout $i \in I$, p divise $\frac{\operatorname{Card}(G)}{\operatorname{Card}(H_i)} = p^{\alpha - \beta_i}$. Or $p \mid \operatorname{Card}(G)$ donc d'après $(*)$, $p \mid \operatorname{Card}(\mathcal{Z}(G))$. Comme de plus $\operatorname{Card}(\mathcal{Z}(G)) \geq 1$ car $e \in \mathcal{Z}(G)$, ceci entraîne $\operatorname{Card}(\mathcal{Z}(G)) \geq p$.

b) Si $\alpha = 1$, G est cyclique d'après le théorème 4.

Si $\alpha = 2$, comme $\mathcal{Z}(G)$ est un sous-groupe de G, différent de $\{e\}$ d'après a), on a forcément $\operatorname{Card}(\mathcal{Z}(G)) \in \{p, p^2\}$. Nous allons montrer que $\mathcal{Z}(G) = G$ en raisonnant par l'absurde. Supposons $\operatorname{Card}(\mathcal{Z}(G)) = p$. Soit $x \in G$, $x \notin \mathcal{Z}(G)$. L'ensemble $S_x = \{u \in G \mid ux = xu\}$ (appelé normalisateur de x) est un sous-groupe de G. Or $x \in S_x$ et $\mathcal{Z}(G) \subset S_x$, donc $\operatorname{Card}(S_x) \geq p + 1$. Comme $\operatorname{Card}(S_x) \mid p^2 = \operatorname{Card}(G)$, ceci entraîne $\operatorname{Card}(S_x) = p^2$ donc $S_x = G$, et par définition de S_x, on a $x \in \mathcal{Z}(G)$, ce qui est contradictoire. Finalement $\operatorname{Card}(\mathcal{Z}(G)) = p^2$, c'est-à-dire G est abélien.

c) Nous allons montrer ce résultat par récurrence sur $\alpha \in \mathbb{N}^*$. (Le principe est de considérer le quotient par un sous-groupe distingué d'ordre p pour se ramener à l'hypothèse de récurrence).

– Si $\alpha = 1$, le résultat est évident.

– Supposons le résultat vrai pour α, montrons le pour $\alpha + 1$. Soit m, $0 \leq m \leq \alpha + 1$. Si $m = 0$, $\{e\}$ est un sous-groupe d'ordre p^m et le résultat est montré. Sinon, supposons $m \geq 1$. D'après a), $\mathcal{Z}(G)$ est différent de $\{e\}$. Soit $x \in \mathcal{Z}(G), x \neq e$. L'ordre de x divisant $p^{\alpha+1}$, il est de la forme p^β avec $\beta \geq 1$. Donc $y = x^{p^{\beta-1}}$ est d'ordre p, et le groupe $H = \langle y \rangle$ est d'ordre p. Par ailleurs, c'est un sous-groupe de $\mathcal{Z}(G)$ et il est donc distingué dans G. Le groupe quotient G/H est d'ordre p^α et d'après l'hypothèse de récurrence, il existe un sous-groupe K de G/H d'ordre p^{m-1}. Soit π la surjection canonique de G dans G/H et considérons $F = \pi^{-1}(K)$. Comme π est un morphisme de groupes, F est un sous-groupe de G, et par ailleurs $K = \pi(F)$ est isomorphe à $F/\operatorname{Ker}\pi = F/H$ ce qui entraîne $\operatorname{Card}(F) = \operatorname{Card}(K) \times \operatorname{Card}(H) = p^m$. D'où le résultat.

Remarque. Ce résultat est un cas particulier du théorème de Sylow (voir le problème 9 page 44).

Exercice 12 (Un théorème de Cauchy sur les groupes finis). On suppose que la théorie des groupes opérant sur un ensemble est connue (voir la partie 2.4).

Soit G un groupe fini (non forcément abélien) d'ordre h, et soit p un nombre premier divisant h. On note

$$S = \{(a_1, \dots, a_p) \in G^p \mid a_1 \cdots a_p = e\},$$

où e désigne l'élément neutre de G, et on note γ le cycle $(1, 2, \dots, p) \in \mathcal{S}_p$.

a) On fait opérer $\langle \gamma \rangle$ sur S en posant

$$\forall k \in \mathbb{Z}, \qquad \gamma^k(a_1, \dots, a_p) = (a_{\gamma^k(1)}, \dots, a_{\gamma^k(p)}).$$

Déterminer le cardinal des orbites.

b) (*Théorème de Cauchy*). Démontrer que le nombre de solutions dans G de l'équation $x^p = e$ est un multiple de p.

En déduire qu'il existe au moins un élément d'ordre p dans G.

Solution. **a)** Pour tout $x \in S$, on note G_x l'orbite de x et S_x son stabilisateur. On sait que l'on a $p = \operatorname{Card}(\langle\gamma\rangle) = \operatorname{Card}(G_x) \times \operatorname{Card}(S_x)$, et p étant premier, $\operatorname{Card}(G_x) = 1$ ou $\operatorname{Card}(G_x) = p$.

b) L'application $f : S \to G^{p-1} \quad (a_1, \dots, a_p) \mapsto (a_1, \dots, a_{p-1})$ est bijective puisque chaque élément $(a_1, \dots, a_{p-1})$ de G^{p-1} a un unique antécédent par f qui est $(a_1, \dots, a_{p-1}, (a_1 \cdots a_{p-1})^{-1})$. Donc $\operatorname{Card}(S) = \operatorname{Card}(G^{p-1}) = h^{p-1}$.

Soit Θ une partie de S contenant exactement un représentant de chaque orbite G_x. Soit $A = \{x \in S \mid \operatorname{Card}(G_x) = 1\}$. Soit $\Theta' = \Theta \setminus A$. D'après a), $\forall x \in \Theta'$, $\operatorname{Card}(G_x) = p$. Or

$$h^{p-1} = \operatorname{Card}(S) = \sum_{x\in\Theta} \operatorname{Card}(G_x) = \operatorname{Card}(A) + \sum_{x\in\Theta'} \operatorname{Card}(G_x).$$

Comme de plus $p \mid h$, on en déduit que $p \mid \operatorname{Card}(A) = h^{p-1} - p\operatorname{Card}(\Theta')$. Par définition de A, A est l'ensemble des p-uplets $(x, \dots, x)$ tels que $x^p = e$. Le nombre $\operatorname{Card}(A)$ représente donc le nombre de solutions de $x^p = e$, et comme $p \mid \operatorname{Card}(A)$, on en déduit le théorème de Cauchy.

On a $e^p = e$, ce qui entraîne $\operatorname{Card}(A) \geq 1$, et comme $p \mid \operatorname{Card}(A)$, $\operatorname{Card}(A) \geq p$. Donc il existe $x \in G$, $x \neq e$ tel que $x^p = e$. Le nombre p étant premier, x est d'ordre p.

Remarque. Ce résultat entraîne que lorsqu'un nombre premier p divise l'ordre d'un groupe, il existe un sous-groupe de cardinal p. On savait que c'était déjà vrai dans le cas d'un groupe abélien (voir l'exercice 10). Le problème 9 page 44 généralise ce dernier résultat.

3. Anneaux

3.1. Définitions

DÉFINITION 1. Soit A un ensemble muni de deux lois internes notées “ $+$” et “$\cdot$”. On dit que $(A, +, \cdot)$ est un *anneau* si :

(i) $(A, +)$ est un groupe abélien,

(ii) la loi $\cdot$ est associative,

(iii) le loi $\cdot$ est distributive par rapport à la loi $+$.

Si la loi $\cdot$ admet un élément neutre, on parle d'anneau *unitaire* ; si la loi $\cdot$ est commutative, on parle d'anneau *commutatif*; un élément de A est dit *inversible* s'il l'est pour la loi $\cdot$.

Notation. Le neutre de la loi $+$ est souvent noté 0, celui de la loi $\cdot$ est noté 1 (ou e).

Dans toute la suite, $(A, +, \cdot)$ désigne un anneau.

DÉFINITION 2. Un élément a de A est dit *diviseur de* 0 à droite (resp. à gauche) si $a \neq 0$ et s'il existe $b \neq 0$ tel que $ab = 0$ (resp. $ba = 0$).

DÉFINITION 3. Un anneau A est dit *intègre* s'il est sans diviseur de zéro, autrement dit si $(a \neq 0, b \neq 0 \Longrightarrow ab \neq 0)$.

DÉFINITION 4. Un élément $a \in A$ est dit *nilpotent* s'il existe un entier naturel non nul n tel que $a^n = 0$. *L'indice* (ou *l'ordre*) *de nilpotence* de a est le plus petit entier naturel non nul n tel que $a^n = 0$.

DÉFINITION 5. Un sous-ensemble B de A est dit un *sous-anneau* de A si $(B, +, \cdot)$ est un anneau.

Exemple 1.
- $\mathbb{Z}$ est un anneau unitaire intègre.
- $\mathbb{Z}/8\mathbb{Z}$ est un anneau non intègre ($\dot{2} \cdot \dot{4} = \dot{0}$), dans lequel $\dot{2}$ est nilpotent d'indice 3.
- L'ensemble des matrices carrées $\mathcal{M}_n(\mathbb{R})$, muni des opérations classiques d'addition et de multiplication de matrices, est un anneau unitaire non intègre.

3.2. Idéaux

DÉFINITION 6. Soit $I \subset A$. On dit que I est un *idéal* de l'anneau A si

(i) $(I, +)$ est un sous-groupe de $(A, +)$,

(ii) $\forall (x, a) \in I \times A$, $ax \in I$ et $xa \in I$.

Remarque 1.
- Un idéal est un sous-anneau.
- La notion d'idéal est en quelque sorte l'analogue pour les anneaux de la notion de sous-groupe distingué. En revanche, la notion de sous-anneau est beaucoup moins utilisée que la notion de sous-groupe.
- Si A est commutatif et si $x \in A$, l'ensemble $xA = \{xa, a \in A\}$ est un idéal de A.
- Si A est unitaire et si $1 \in I$ où I est un idéal de A, la propriété (ii) d'un idéal entraîne que $I = A$. Si un idéal I de A possède un élément inversible x de A, alors $1 = x^{-1}x \in I$ d'après (ii) et donc $I = A$.
- Lorsque $I \subset A$ vérifie (i) et vérifie seulement $ax \in I$ (resp. $xa \in I$) pour tout $(x, a) \in I \times A$, on dit que I est un idéal *à gauche* (resp. *à droite*) de A. Si I est à la fois idéal à gauche et idéal à droite de A, I est donc un idéal de A (on précise parfois en disant que I est un idéal *bilatère*).

PROPOSITION 1. *Une intersection d'idéaux de A est un idéal de A. Une somme* finie *d'idéaux de A est un idéal de A.*

DÉFINITION 7. Soit $(A, +, \cdot)$ un anneau *commutatif*. Un idéal I de A est dit *principal* s'il existe $x \in A$ tel que $I = xA$. On note alors $I = (x)$ et on dit que I est engendré par x.

L'anneau A est dit *principal* s'il est *commutatif, unitaire, intègre* et si tous les idéaux de A sont principaux.

Exemple 2. Les anneaux $\mathbb{Z}$ et $\mathbb{R}[X]$ sont principaux.

Anneaux quotients. Comme pour les groupes, on peut définir la notion de quotient sur les anneaux. Étant donnée une relation d'équivalence $\mathcal{R}$ sur A, on cherche à faire de $A/\mathcal{R}$ un anneau en le munissant des lois $\overline{x+y} = \overline{x} + \overline{y}$ et $\overline{x \cdot y} = \overline{x} \cdot \overline{y}$ (où $\overline{x}$ désigne la classe de x). Si ces lois sont bien définies (c'est-à-dire que $\overline{x+y}$ et $\overline{xy}$ ne dépendent pas des représentants choisis de $\overline{x}$ et $\overline{y}$), on dit que $\mathcal{R}$ est compatible avec la structure d'anneau. On montre que les relations d'équivalence compatibles avec la structure d'anneau sont de la forme $x \mathcal{R} y \iff x - y \in I$, où I est un idéal de A. Si tel est le cas, $A/\mathcal{R}$ est un anneau (muni des lois définies plus haut) appelé *anneau quotient* et noté A/I.

Exemple 3. Pour tout entier $n > 0$, $n\mathbb{Z}$ est un idéal de $\mathbb{Z}$ et on peut définir l'anneau quotient $\mathbb{Z}/n\mathbb{Z}$.

Morphismes d'anneaux.

DÉFINITION 8. Soient A et A' deux anneaux. On appelle *morphisme d'anneaux* de A dans A' toute application $f : A \to A'$ telle que $f(x+y) = f(x)+f(y)$ et $f(xy) = f(x)f(y)$ pour tous $x, y \in A$. Lorsque f est bijective, on parle d'*isomorphisme* d'anneaux. L'ensemble noté $\operatorname{Ker} f = f^{-1}(\{0\})$ est appelé *noyau* de f. C'est un idéal de A qui vérifie : (f est injective $\iff \operatorname{Ker} f = \{0\}$).

PROPOSITION 2. *Soient A et A' deux anneaux et $f : A \to A'$ un morphisme d'anneaux.*
- *Si I est un idéal de A et si f est* surjectif, *alors $f(I)$ est un idéal de A'.*
- *Si I' est un idéal de A', $f^{-1}(I')$ est un idéal de A.*
- *L'image et l'image réciproque par f d'un sous-anneau est un sous-anneau.*
- *Le sous-anneau $f(A)$ est isomorphe à l'anneau quotient $A/\operatorname{Ker} f$.*

Remarque 2. La dernière assertion de la proposition est importante. C'est souvent le moyen le plus pratique pour montrer qu'un anneau est isomorphe à un anneau quotient.

Caractéristique d'un anneau.

DÉFINITION 9. Soit A un anneau unitaire dont l'élément neutre pour la loi $\cdot$ est noté e. Soit le morphisme d'anneaux $f : \mathbb{Z} \to A \quad n \mapsto ne$.
- Si $\operatorname{Ker} f = \{0\}$, (*i. e.* $ne = 0 \Longrightarrow n = 0$), on dit que A est *caractéristique* 0.
- Si $\operatorname{Ker} f \neq \{0\}$, alors $\operatorname{Ker} f$ étant un idéal de l'anneau principal $\mathbb{Z}$, il existe un unique entier naturel non nul c tel que $\operatorname{Ker} f = c\mathbb{Z}$. L'image $f(\mathbb{Z})$ est isomorphe à $\mathbb{Z}/c\mathbb{Z}$. L'entier c est aussi le plus petit entier > 0 tel que $ce = 0$. On dit alors que A est de *caractéristique* c. On a d'ailleurs $ne = 0 \iff c \mid n$.

PROPOSITION 3. *La caractéristique d'un anneau unitaire intègre est* 0 *ou un nombre premier.*

Démonstration. Si la caractéristique c d'un anneau A unitaire intègre est non nulle et si c n'est pas premier, on peut écrire $c = ab$ avec $1 < a < c$ et $1 < b < c$. Donc $0 = ce = (ae)(be)$, et A étant intègre on en déduit $ae = 0$ ou $be = 0$, absurde car c est le plus petit entier > 0 tel que $ce = 0$. □

3.3. Groupe des inversibles d'un anneau unitaire

On rappelle que les élément d'un anneau unitaire $(A, +, \cdot)$ inversibles pour la loi $\cdot$ sont appelés les *inversibles* de l'anneau A.

DÉFINITION 10. L'ensemble des inversibles d'un anneau unitaire A, muni de la loi multiplicative, est un groupe appelé *groupe des inversibles* de A.

PROPOSITION 4. *Soit un entier $n \geq 2$ et k un entier. L'élément $\dot{k}$ (classe de k dans $\mathbb{Z}/n\mathbb{Z}$) est inversible dans $\mathbb{Z}/n\mathbb{Z}$ si et seulement si $k \wedge n = 1$.*

→ THÉORÈME 1 (DES CHINOIS). *Soient m et n deux entiers naturels non nuls premiers entre eux. Les anneaux $(\mathbb{Z}/m\mathbb{Z}) \times (\mathbb{Z}/n\mathbb{Z})$ et $\mathbb{Z}/mn\mathbb{Z}$ sont isomorphes.*

Démonstration. On considère l'application

$$f \ : \ \mathbb{Z} \to \mathbb{Z}/m\mathbb{Z} \times \mathbb{Z}/n\mathbb{Z} \quad x \mapsto (\dot{x}, \overline{x}).$$

C'est un morphisme d'anneaux, de noyau $\operatorname{Ker} f = \{x \in \mathbb{Z} \mid \ m \mid x \text{ et } n \mid x\}$. Comme $m \wedge n = 1$, on a aussi $\operatorname{Ker} f = \{x \in \mathbb{Z} \mid \ mn \mid x\} = mn\mathbb{Z}$. Donc $f(\mathbb{Z})$ et $\mathbb{Z}/mn\mathbb{Z}$ sont isomorphes. En particulier, $\operatorname{Card}(f(\mathbb{Z})) = \operatorname{Card}(\mathbb{Z}/mn\mathbb{Z}) = mn$ et donc $f(\mathbb{Z}) = \mathbb{Z}/m\mathbb{Z} \times \mathbb{Z}/n\mathbb{Z}$. Finalement, on vient de montrer que $\mathbb{Z}/mn\mathbb{Z}$ et $\mathbb{Z}/m\mathbb{Z} \times \mathbb{Z}/n\mathbb{Z}$ sont isomorphes. □

Remarque 3.
- En procédant par récurrence sur p, on montre que si $n_1, \ldots, n_p$ sont premiers entre eux deux à deux, alors $\mathbb{Z}/n_1 \cdots n_p\mathbb{Z}$ et $\mathbb{Z}/n_1\mathbb{Z} \times \cdots \times \mathbb{Z}/n_p\mathbb{Z}$ sont isomorphes.
- La surjectivité de l'application f prouve que si $m \wedge n = 1$, alors

  $$(\forall a, b \in \mathbb{Z}, \exists x \in \mathbb{Z}), \quad x \equiv a \pmod{m} \quad \text{et} \quad x \equiv b \pmod{n}.$$

  Dans la pratique, la méthode de recherche d'un tel élément x peut se faire comme suit.
  - On cherche u et v tels que $um + vn = 1$ grâce à l'algorithme d'Euclide (voir l'exercice 2 page 12)
  - Il suffit alors de prendre $x = a + um(b - a)$ (par exemple).

Indicateur d'Euler.

DÉFINITION 11. Soit un entier $n > 1$. Notons G_n le groupe des inversibles de $\mathbb{Z}/n\mathbb{Z}$. On appelle *indicateur d'Euler* de n l'entier $\varphi(n) = \operatorname{Card}(G_n)$. D'après la proposition 4, $\varphi(n)$ est aussi le nombre d'entiers $k \in \{1, 2, \cdots, n\}$ tels que $k \wedge n = 1$.

Remarque 4. En vertu de la proposition 5 page 22, le nombre de générateurs d'un groupe cyclique d'ordre n (typiquement $\mathbb{Z}/n\mathbb{Z}$) est $\varphi(n)$.

THÉORÈME 2 (EULER). *Soit un entier $n > 1$. Si k est un entier premier avec n, on a $k^{\varphi(n)} \equiv 1 \pmod{n}$.*

Démonstration. Si $k \wedge n = 1$, alors $\dot{k}$ est élément du groupe G_n des inversibles de $\mathbb{Z}/n\mathbb{Z}$ d'après la proposition 4. Comme l'ordre de G_n vaut $\varphi(n)$, on en déduit $\dot{k}^{\varphi(n)} = \dot{1}$ dans $\mathbb{Z}/n\mathbb{Z}$, d'où le résultat. □

Ce dernier résultat généralise le théorème de Fermat. Le calcul de $\varphi(n)$ fait l'objet de la proposition suivante.

PROPOSITION 5. *Soit $n \geq 2$ un entier, $n = p_1^{\alpha_1} \cdots p_k^{\alpha_k}$ sa décomposition en facteurs premiers. Alors*

$$\varphi(n) = p_1^{\alpha_1 - 1} \cdots p_k^{\alpha_k - 1}(p_1 - 1) \cdots (p_k - 1) = n\left(1 - \frac{1}{p_1}\right) \cdots \left(1 - \frac{1}{p_k}\right).$$

Démonstration. Soit p un nombre premier et $\alpha \in \mathbb{N}^*$. Alors k n'est pas premier avec p^α si et seulement si $p \mid k$. L'ensemble des nombres de $\{1, 2, \ldots, p^\alpha\}$ non premiers avec p est donc $\{p, 2p, 3p, \ldots, (p^{\alpha-1})p\}$. Ce dernier étant de cardinal $p^{\alpha-1}$, on en tire $\varphi(p^\alpha) = p^\alpha - p^{\alpha-1} \quad (*)$.

– Si m et n sont premiers entre eux, d'après le théorème des Chinois, $\mathbb{Z}/m\mathbb{Z}\times\mathbb{Z}/n\mathbb{Z}$ est isomorphe à $\mathbb{Z}/mn\mathbb{Z}$. En restreignant l'isomorphisme à $G_m \times G_n$, on voit que $G_m \times G_n$ est isomorphe à G_{mn}. Donc $\varphi(mn) = \varphi(m)\varphi(n) \quad (**)$.

– Si maintenant $n \geq 2$ est un entier dont la décomposition en facteurs premiers est $n = p_1^{\alpha_1} \cdots p_k^{\alpha_k}$, on a d'après $(**)$ $\varphi(n) = \varphi(p_1^{\alpha_1}) \cdots \varphi(p_k^{\alpha_k})$, d'où le résultat d'après $(*)$. □

Remarque 5. En particulier si p est un nombre premier, $\varphi(p) = p - 1$ et on retrouve le théorème de Fermat avec le théorème 2.

PROPOSITION 6. *Pour tout entier $n \geq 2$, on a* $n = \sum_{d|n} \varphi(d)$.

Démonstration. Considérons les fractions

$$\frac{1}{n}, \frac{2}{n}, \dots, \frac{n-1}{n}, \frac{n}{n}.$$

Nous cherchons à les mettre sous forme irréductible $\frac{a}{d}$ ou d doit nécessairement diviser n. Pour chaque d divisant n, il y a $\varphi(d)$ numérateurs a possibles (puisque le nombre d'entiers a tels que $a \wedge d = 1$ est $\varphi(d)$). Comme il y a en tout n fractions, on en déduit le résultat. □

3.4. Exercices

EXERCICE 1. Soit A un anneau unitaire dont l'élément neutre pour la loi $\cdot$ est noté 1.
a) Soit $x \in A$ nilpotent. Montrer que $1 - x$ est inversible.
b) Si $n \in \mathbb{N}^*$ (et x toujours nilpotent), simplifier l'expression

$$U_n = (1+x)(1+x^2)\cdots(1+x^{2^n}) = \prod_{k=0}^{n}(1+x^{2^k}).$$

Solution. **a)** Soit p l'indice de nilpotence de x, de sorte que $x^p = 0$. On a

$$(1-x)(1+x+\cdots+x^{p-1}) = (1+x+\cdots+x^{p-1})(1-x) = 1 - x^p = 1,$$

d'où le résultat car on a prouvé que $xy = yx = 1$ avec $y = 1 + x + \cdots + x^{p-1}$.

b) On va montrer par récurrence sur $n \in \mathbb{N}$ que $U_n = (1-x)^{-1}(1-x^{2^{n+1}})$.
- Pour $n = 0$ c'est vrai car $(1-x)U_0 = (1-x)(1+x) = 1 - x^2$, d'où $U_0 = (1-x)^{-1}(1-x^2)$.
- Supposons $U_{n-1} = (1-x)^{-1}(1-x^{2^n})$. Alors $U_n = U_{n-1}(1+x^{2^n}) = (1-x)^{-1}(1-x^{2^{n+1}})$.

Remarque. Le résultat a) appliqué aux matrices carrées entraîne que si N est une matrice nilpotente, alors $I - N$ est inversible (ceci reste vrai dès que $\|N\| < 1$ — où $\|\cdot\|$ est une norme d'algèbre sur les matrices, voir le tome analyse sur les espaces vectoriels normés).

EXERCICE 2 (ANNEAU DE BOOLE). Soit A un anneau tel que tout élément de A soit idempotent (*i. e.* $\forall x \in A, x^2 = x$).
a) Si $x \in A$, montrer que $2x = 0$. Montrer que A est commutatif.
b) Montrer que si $x, y \in A$ alors $xy(x+y) = 0$. Que dire si A est intègre ?

Solution. **a)** Si $x \in A$, alors $(2x)^2 = 2x$ donc $4x^2 = 2x$, ce qui entraîne $4x = 2x$ puis $2x = 0$. Ceci s'écrit encore $x = -x$.

Si $x, y \in A$, $(x+y)^2 = x + y$ donc $x^2 + xy + yx + y^2 = x + y = x^2 + y^2$, d'où on tire $xy + yx = 0$, donc $xy = -yx = yx$.

b) Si $x, y \in A$, alors $xy(x+y) = xyx + xy^2 = x^2y + xy^2 = 2xy = 0$.

– Si A est intègre, alors A a au plus deux éléments. En effet, sinon il existe $x, y \in A$ distincts et différents de 0. Donc $(x+y) \neq 0$ (sinon $x = -y = y$) et A étant intègre $xy(x+y) \neq 0$, absurde.

EXERCICE 3 (RADICAL D'UN IDÉAL). Soit A un anneau commutatif unitaire et I un idéal de A. On appelle radical de I l'ensemble noté $\sqrt{I} = \{x \in A \mid \exists n \in \mathbb{N}^*, x^n \in I\}$.
a) Montrer que $\sqrt{I}$ est un idéal de A.
b) Déterminer le radical d'un idéal de $\mathbb{Z}$.

Solution. **a)** - Montrons tout d'abord que $(\sqrt{I}, +)$ est un sous-groupe de $(A, +)$. Il est clair que $0 \in \sqrt{I}$ puisque $I \subset \sqrt{I}$. Par ailleurs, si $x \in \sqrt{I}$ alors $-x \in \sqrt{I}$ puisque le fait que $x^n \in I$ entraîne $(-1)^n x^n = (-x)^n \in I$. Prenons maintenant $x, y \in \sqrt{I}$. Il existe m et $n \in \mathbb{N}^*$ tels que $x^m \in I$ et $y^n \in I$. L'anneau A étant commutatif, la formule du binôme entraîne

$$(x+y)^{m+n-1} = y^n \cdot \sum_{k=0}^{m-1} \binom{m+n-1}{k} x^k y^{m-1-k} + x^m \cdot \sum_{k=m}^{m+n-1} \binom{m+n-1}{k} x^{k-m} y^{m+n-1-k}$$

et puisque I est un idéal, ce terme appartient à I. Donc $x + y \in \sqrt{I}$.

– Enfin, si $a \in A$ et si $x \in \sqrt{I}$, il existe $n \in \mathbb{N}^*$ tel que $x^n \in I$ et donc A étant commutatif, $(ax)^n = a^n x^n \in I$. Donc $ax \in \sqrt{I}$. Finalement, $\sqrt{I}$ est un idéal de A.

b) Soit I un idéal de $\mathbb{Z}$. L'anneau des entiers étant principal, il existe $n \in \mathbb{N}^*$ tel que $I = n\mathbb{Z}$. Si $n = 0$, on a bien sûr $\sqrt{I} = 0$ et si $n = 1$, $\sqrt{I} = \mathbb{Z}$. Sinon $n \geq 2$, et on écrit la décomposition de n en produit de facteurs premiers $n = p_1^{\alpha_1} \cdots p_k^{\alpha_k}$. Montrons que $\sqrt{I} = p_1 \cdots p_k \mathbb{Z}$.

— On a $\sqrt{I} \subset p_1 \cdots p_k \mathbb{Z}$. En effet. Si $x \in \sqrt{I}$ alors il existe $m \in \mathbb{N}^*$ tel que $x^m \in n\mathbb{Z}$, donc $n \mid x^m$, donc $\forall i, 1 \leq i \leq k, p_i \mid x^m$, donc $\forall i, 1 \leq i \leq k, p_i \mid x$ d'où $p_1 \cdots p_k \mid x$ puisque les p_i sont premiers entre eux deux à deux (ils sont premiers et distincts).

— On a $p_1 \cdots p_k \mathbb{Z} \subset \sqrt{I}$. En effet. Soit $x \in p_1 \cdots p_k \mathbb{Z}$. Il existe $r \in \mathbb{Z}$ tel que $x = p_1 \cdots p_k r$. Si $m = \max_{1 \leq i \leq k} \alpha_i$, on a $n = p_1^{\alpha_1} \cdots p_k^{\alpha_k} \mid x^m = p_1^m \cdots p_k^m r^m$ donc $x^m \in I$, ou encore $x \in \sqrt{I}$.

EXERCICE 4 (IDÉAL PREMIER, IDÉAL MAXIMAL). Soit A un anneau commutatif unitaire.
a) Un idéal $\mathcal{P} \neq A$ de A est dit premier si pour $x, y \in A$ le fait que $xy \in \mathcal{P}$ entraîne $x \in \mathcal{P}$ ou $y \in \mathcal{P}$. Montrer que $\mathcal{P}$ est un idéal premier si et seulement si l'anneau quotient $A/\mathcal{P}$ est intègre.
b) Un idéal $\mathcal{M} \neq A$ de A est dit maximal si les seuls idéaux contenant $\mathcal{M}$ sont $\mathcal{M}$ et A. Montrer que $\mathcal{M}$ est un idéal maximal si et seulement si $A/\mathcal{M}$ est un corps.
c) Montrer que tout idéal maximal est premier.
d) Si l'anneau A est principal, montrer qu'un idéal premier $\mathcal{P} \neq \{0\}$ est maximal.

Solution. **a)** Si $x \in A$, notons $\dot{x}$ sa classe dans $A/\mathcal{P}$. Alors

$$(\mathcal{P} \text{ est premier}) \iff (xy \in \mathcal{P} \Longrightarrow x \text{ ou } y \in \mathcal{P})$$
$$\iff (\dot{x} \cdot \dot{y} = \dot{0} \Longrightarrow \dot{x} = \dot{0} \text{ ou } \dot{y} = \dot{0}) \iff (A/\mathcal{P} \text{ est intègre}).$$

b) *Condition nécessaire.* Soit $\mathcal{M}$ un idéal maximal. Soit $x \in A$ tel que $\dot{x}$ (classe de x dans $A/\mathcal{M}$) vérifie $\dot{x} \neq 0$. Alors $x \notin \mathcal{M}$ de sorte que $\mathcal{M} + (x) = A$ (en effet, $I = \mathcal{M} + (x)$ est un idéal contenant $\mathcal{M}$, différent de $\mathcal{M}$ puisque $x \notin \mathcal{M}$, donc $I = A$). Donc il existe $a \in A$ et $m \in \mathcal{M}$ tels que $1 = m + ax$, ce qui s'écrit $\dot{1} = \dot{a}\dot{x}$. L'anneau $A/\mathcal{M}$ est donc un corps.
Condition suffisante. Soit I un idéal de A tel que $\mathcal{M} \subset I$ et $\mathcal{M} \neq I$. Soit $a \in I$, $a \notin \mathcal{M}$. On a $\dot{a} \neq \dot{0}$ de sorte que $A/\mathcal{M}$ étant un corps, il existe $b \in A$, $\dot{a}\dot{b} = \dot{1}$. Donc il existe $m \in \mathcal{M}$, $ab = 1 + m$, d'où $1 = ab - m \in I$. Donc $I = A$ et $\mathcal{M}$ est maximal.

c) Soit $\mathcal{M}$ un idéal de A maximal. L'anneau quotient $A/\mathcal{M}$ est un corps donc un anneau intègre, donc $\mathcal{M}$ est premier.

d) Soit I un idéal de A tel que $\mathcal{P} \subset I$ et $\mathcal{P} \neq I$. Comme A est principal, il existe $m \in \mathcal{P}$ tel que $\mathcal{P} = (m)$ et il existe $a \in I$, $I = (a)$. Comme $m \in I$, il existe $q \in A$ tel que $m = aq$. L'idéal $\mathcal{P}$ étant premier, on a $a \in \mathcal{P}$ ou $q \in \mathcal{P}$. Or $a \notin \mathcal{P}$ sinon $\mathcal{P} = I$. Donc $q \in \mathcal{P}$, de sorte qu'il existe $p \in A$ tel que $q = mp$. Donc $m = aq = amp$ d'où $m(1 - ap) = 0$ d'où $ap = 1$ (car A est principal donc intègre et $m \neq 0$ sinon $\mathcal{P} = 0$). Or $ap \in I$, donc $1 \in I$, donc $I = A$, d'où le résultat.

Exercice 5. Soit $n \geq 2$ un entier. Si a est un entier premier avec n montrer

$$a^{n!} \equiv 1 \pmod{n}.$$

Solution. D'après le théorème d'Euler, on sait que $a^{\varphi(n)} \equiv 1 \pmod{n}$ où φ désigne l'indicateur d'Euler. Le résultat sera donc démontré si on prouve $\varphi(n) \mid n!$, ce qui est immédiat car $\varphi(n) \leq n$.

Exercice 6 (Anneaux noethériens). On dit qu'un anneau commutatif unitaire A est *noethérien* si tout idéal I de A est engendré par un nombre fini d'éléments (*i. e.* il existe $x_1, \ldots, x_k \in I$ tels que $(x_1) + \cdots + (x_k) = I$). Montrer que A est noethérien si et seulement s'il n'existe pas de suite d'idéaux de A strictement croissante au sens de l'inclusion.

Solution. Condition nécessaire. Soit $(I_n)_{n\in\mathbb{N}}$ une suite croissante d'idéaux de A. On vérifie facilement que $I = \cup_{n\in\mathbb{N}} I_n$ est un idéal de A. Il est donc engendré par un nombre fini d'éléments $x_1, \ldots, x_p \in I$. Or chaque x_i appartient à $I = \cup_{n\in\mathbb{N}} I_n$ et donc il existe n_i tel que $x_i \in I_{n_i}$. Si $N = \sup_{1\leq i\leq p} n_i$, la suite (I_n) étant croissante, tous les x_i $(1 \leq i \leq p)$ appartiennent à I_N, et donc $I = (x_1) + \cdots + (x_p) \subset I_N$. Par ailleurs $I_N \subset I$ puisque $I = \cup_{i\in\mathbb{N}} I_n$. Donc $I_N = I$, ce qui entraîne que la suite (I_n) est stationnaire pour $n \geq N$.
Condition suffisante. Soit I un idéal de A. Supposons que I ne puisse pas être engendré par un nombre fini d'éléments. Sous cette hypothèse, nous allons construire une suite (x_n) d'éléments de I tels que $x_{n+1} \notin (x_1) + \cdots + (x_n)$.

- On choisit un élément $x_1 \in I$.
- $x_1, \ldots, x_n \in I$ étant supposés construits, on sait que $(x_1) + \cdots + (x_n) \neq I$ car I ne peut pas être engendré par un nombre fini d'éléments. On choisit alors $x_{n+1} \in I$, $x_{n+1} \notin (x_1) + \cdots + (x_n)$.

Ainsi, si on pose $I_n = (x_1) + \cdots + (x_n)$, la suite (I_n) est une suite d'idéaux de A strictement croissante au sens de l'inclusion, ce qui est contraire aux hypothèses. Donc I peut être engendré par un nombre fini d'éléments, d'où le résultat.

Remarque. Tout anneau principal est noethérien.

4. Problèmes

Problème 1 (Cryptographie : le système de chiffrement RSA). On se donne deux nombres premiers p et q distincts et on pose $n = pq$. Soient c, d deux entiers tels que $cd \equiv 1 \pmod{\varphi(n)}$ où φ désigne l'indicateur d'Euler. Montrer que pour tout $t \in \mathbb{Z}$, on a $t^{cd} \equiv t \pmod{n}$.

Solution. Les nombres p et q étant premiers et distincts, on a $\varphi(n) = (p-1)(q-1)$. Soit $k \in \mathbb{Z}$ tel que $cd = 1 + k\varphi(n)$. Soit $t \in \mathbb{Z}$. Pour prouver que $t^{cd} \equiv t \pmod{n}$, il suffit de prouver $t^{cd} \equiv t \pmod{p}$ et $t^{cd} \equiv t \pmod{q}$ (conséquence de l'isomorphisme de $\mathbb{Z}/p\mathbb{Z} \times \mathbb{Z}/q\mathbb{Z}$ et $\mathbb{Z}/pq\mathbb{Z}$). Prouvons par exemple $t^{cd} \equiv t \pmod{p}$ (le calcul modulo q est analogue).

— Si $t \wedge p = 1$ alors $t^{p-1} \equiv 1 \pmod{p}$ (théorème de Fermat) donc $t^{cd} \equiv (t^{p-1})^{k(q-1)}t \equiv t \pmod{p}$.
— Si $t \wedge p \neq 1$, alors p divise t, et alors on a $t^{cd} \equiv t \equiv 0 \pmod{p}$.

Remarque. L'application $g : \mathbb{Z}/n\mathbb{Z} \to \mathbb{Z}/n\mathbb{Z}\quad \dot{t} \mapsto \dot{t}^c$ s'appelle une fonction de *chiffrement*, $f : \dot{t} \mapsto \dot{t}^d$ fonction de *déchiffrement*. L'exercice affirme que $f \circ g(\dot{t}) = \dot{t}$. On peut donc chiffrer un message (représenté par un élément $\dot{t}$ de $\mathbb{Z}/n\mathbb{Z}$) avec g, puis on le déchiffre avec f. Le couple (n, c) est appelé la *clef publique*, l'entier d la *clef secrète*. La sécurité de ce système repose sur le fait que connaissant la clef publique, il est très difficile de déterminer d : un moyen consiste par exemple à factoriser n pour trouver p et q, ce qui est encore impossible à réaliser lorsque p et q sont grands, typiquement (pour l'année 2020) de l'ordre de 150 à 200 chiffres (le record est la factorisation d'un nombre entier sans forme particulière de 250 chiffres, obtenue en 2020 après 2700 années de calcul distribué). Ainsi, tout le monde peut chiffrer mais seuls ceux connaissant la clef secrète peuvent déchiffrer. Ce système de chiffrement est apparu en 1976. Il est appelé RSA (du nom des inventeurs Rivest, Shamir et Adleman) et est couramment utilisé aujourd'hui car il est extrêmement robuste. Son apparition explique l'intérêt que l'on porte aujourd'hui aux algorithmes de factorisation et de primalité.

PROBLÈME 2 (NOMBRES PSEUDO-PREMIERS ET NOMBRES DE CARMICHAEL). Le théorème de Fermat affirme que si n est premier et si $a \wedge n = 1$, alors $a^{n-1} \equiv 1 \pmod{n}$. Le but du problème est d'étudier la réciproque.

1/ (Nombres pseudo-premiers). Soit un entier $a \geq 2$. Un entier n est dit *pseudo-premier* en base a (ce que l'on note brièvement pp-a) si n n'est pas premier et si $a^{n-1} \equiv 1 \pmod{n}$. Si $p > 2$ est un nombre premier ne divisant pas $a(a^2 - 1)$, montrer que $n = (a^{2p} - 1)/(a^2 - 1)$ est un nombre pp-a. En déduire qu'il existe une infinité de nombres pp-a.

2/ (Nombres de Carmichael). Un entier $n \geq 2$ est appelé *nombre de Carmichael* si n n'est pas un nombre premier et si pour tout entier a, $a^n \equiv a \pmod{n}$ (en particulier, pour tout entier a premier avec n, n est pp-a).
a) Si $n = p_1 \cdots p_k$ (où les p_i sont des nombres premiers distincts) et si $p_i - 1 \mid n - 1$ pour tout i, montrer que n est un nombre de Carmichael.
b) Réciproquement, montrer que tout nombre de Carmichael peut se mettre sous la forme $n = p_1 \cdots p_k$ où les p_i sont des nombres premiers distincts et où $p_i - 1 \mid n - 1$ pour tout i. (Indication : On pourra utiliser le fait que si p est premier, le groupe multiplicatif $(\mathbb{Z}/p\mathbb{Z})^*$ est cyclique — voir la remarque de l'exercice 10 page 28).
c) Montrer qu'un nombre de Carmichael a au moins 3 facteurs premiers.
d) Soit $n = pqr$ un nombre de Carmichael à trois facteurs premiers $p < q < r$. Si p est fixé, montrer que q et r sont bornés.

Solution. **1/** Remarquons tout d'abord que $n = (\frac{a^p-1}{a-1})(\frac{a^p+1}{a+1}) = (a^{p-1} + \cdots + a + 1) \cdot (a^{p-1} - a^{p-2} + \cdots - a + 1)$ est un entier composé. Ceci étant, on a $a^{2p} = 1 + n(a^2 - 1)$, de sorte que $a^{2p} \equiv 1 \pmod{n}$ $(*)$. Le résultat sera donc acquis si on montre que $2p \mid n - 1$. On a

$$(a^2 - 1)(n - 1) = a^{2p} - a^2 = a(a^{p-1} - 1)(a^p + a).$$

D'après le théorème de Fermat, $p \mid (a^{p-1} - 1)$ puisque par hypothèse p ne divise pas a. On a donc $p \mid (a^2 - 1)(n - 1)$. Or p ne divise pas $a^2 - 1$, donc p est premier avec $a^2 - 1$ (car p est premier) et d'après le théorème de Gauss, $p \mid n - 1$. Or $n - 1 = a^{2p-2} + \cdots + a^4 + a^2$ est une somme paire de termes de même parité, donc $2 \mid n - 1$. Comme 2 et p sont premiers entre eux, on en déduit $2p \mid n - 1$, donc n est pp-a d'après $(*)$.

Il n'y a qu'un nombre fini de nombres premiers p divisant $a(a^2-1)$. Comme il y a une infinité de nombres premiers, on en déduit qu'il y a une infinité de nombres premiers $p>2$ ne divisant pas $a(a^2-1)$, donc une infinité de nombres pp-a.

2/ a) Soit a un entier et soit i, $1 \leq i \leq k$. Si $p_i \nmid a$, le théorème de Fermat entraîne $a^{p_i-1} \equiv 1 \pmod{p_i}$, et comme $p_i - 1$ divise $n-1$, on en déduit $a^{n-1} \equiv 1 \pmod{p_i}$, donc $a^n \equiv a \pmod{p_i}$. Cette dernière égalité reste évidemment vraie si $p_i \mid a$. Ainsi, pour tout entier a on a montré $a^n \equiv a \pmod{p_i}$. Ceci s'écrit aussi $p_i \mid (a^n - a)$. Ceci étant vrai pour tout i, on en déduit $n = p_1 \cdots p_k \mid (a^n - a)$ puisque les p_i sont premiers entre eux deux à deux. On a donc bien $a^n \equiv a \pmod{n}$.

b) Soit n un nombre de Carmichael et p un nombre premier divisant n. Comme n est un nombre de Carmichael, n divise $p^n - p$, et comme $p^2 \nmid p^n - p$ (car $n \geq 2$), on en déduit $p^2 \nmid n$.

– On peut donc écrire $n = p_1 \cdots p_k$, où les p_i sont des nombres premiers distincts. Soit i, $1 \leq i \leq k$. Il est bien connu que $(\mathbb{Z}/p_i\mathbb{Z})^*$ est un groupe cyclique, donc il existe un entier a tel que $\dot{a}$ soit d'ordre $p_i - 1$ dans $(\mathbb{Z}/p_i\mathbb{Z})^*$. Comme n est un nombre de Carmichael, on a $n \mid a^n - a$ donc $p_i \mid a^n - a$, ou encore $a^n \equiv a \pmod{p_i}$. Comme $\dot{a} \in (\mathbb{Z}/p_i\mathbb{Z})^*$, on en déduit $a^{n-1} \equiv 1 \pmod{p_i}$. Or l'ordre $\dot{a}$ dans $(\mathbb{Z}/p_i\mathbb{Z})^*$ est $p_i - 1$, donc $p_i - 1 \mid n-1$. Ceci est vrai pour tout i, d'où le résultat.

c) Supposons que $n = (a+1)(b+1)$ soit un nombre de Carmichael avec $a+1$ et $b+1$ premiers et $a \neq b$. On a $n = ab + a + b + 1$. Or $a \mid n-1$ donc $a \mid b = (n-1-ab-a)$; de même $b \mid a$. Donc $a = b$, ce qui impossible d'après la question précédente.

d) Comme n est un nombre de Carmichael, on a $q - 1 \mid n-1$, et donc $q-1 \mid (n-1)-(q-1) = q(pr-1)$. Or $q \wedge (q-1) = 1$ donc d'après le théorème de Gauss, $q - 1 \mid pr - 1$. De même $r - 1 \mid pq - 1$, donc finalement $(q-1)(r-1) \mid (pr-1)(pq-1)$. Ceci entraîne

$$(q-1)(r-1) \mid (pr-1)(pq-1) - p^2(q-1)(r-1) = p^2(r+q) - p(r+q) + 1 - p^2,$$

d'où on tire $(q-1)(r-1) < p^2(r+q)$. Comme $q < r$, on a donc $(q-1)^2 < 2p^2 r \quad (*)$. Nous avons vu plus haut que $r - 1 \mid pq - 1$, ce qui entraîne $r \leq pq$ donc $r^2 \leq p^2q^2$, et d'après $(*)$ $r^2 < p^2 4p^2 r$, donc $r < 4p^4$. En remplaçant cette dernière inégalité dans $(*)$ on tombe sur $q < \sqrt{8}p^3 + 1$.

En résumé, on a prouvé que $q < \sqrt{8}p^3 + 1$ et $r < 4p^4$. Donc si p est fixé, q et r sont bornés.

Remarque. Le plus petit nombre de Carmichael est $561 = 3 \cdot 11 \cdot 17$. Les suivants sont 1105, 1729, 2465, 2821.

– On sait depuis 1992 qu'il existe une infinité de nombres de Carmichael, et que si x est assez grand, il y a au moins $x^{2/7}$ nombres de Carmichael inférieurs à x.

PROBLÈME 3 (QUELQUES TESTS DE PRIMALITÉ). **a)** Soit un entier $n \geq 2$ vérifiant

$$\exists a \in \mathbb{Z}, (a^{n-1} \equiv 1 \pmod{n} \quad \text{et} \quad \forall q \mid (n-1),\ q \text{ premier},\ a^{(n-1)/q} \not\equiv 1 \pmod{n}).$$

Montrer que n est un nombre premier.
b) Soit $n \geq 2$ un entier, $n - 1 = p_1^{\alpha_1} \cdots p_k^{\alpha_k}$ la décomposition en facteurs premiers de $n-1$. On suppose que pour tout i, $1 \leq i \leq k$, il existe un entier a_i tel que

$$a_i^{n-1} \equiv 1 \pmod{n} \quad \text{et} \quad a_i^{(n-1)/p_i} \not\equiv 1 \pmod{n}.$$

Montrer que n est un nombre premier.
c) Soit $p > 2$ premier, et soit $h \in \mathbb{N}$ tel que $1 \leq h \leq p-1$. On pose $n = 1 + hp^2$. Si

$$2^{n-1} \equiv 1 \pmod{n} \quad \text{et} \quad 2^h \not\equiv 1 \pmod{n},$$

montrer que n est premier. (Indication : utiliser l'ordre de $\dot{2}$ pour montrer qu'il existe un nombre premier q divisant n avec $p \mid q - 1$.)

Solution. **a)** Soit m l'ordre de $\dot{a}$ dans le groupe des inversibles de $\mathbb{Z}/n\mathbb{Z}$. Nous allons montrer que $m = n-1$. Supposons $m < n-1$. Comme $a^{n-1} \equiv 1 \pmod n$, $m \mid n-1$ et donc il existe un nombre premier q divisant $n-1$ tel que $m \mid (n-1)/q$. Ceci entraîne que $a^{(n-1)/q} \equiv 1 \pmod n$, ce qui est contraire aux hypothèses.

Donc $m = n-1$, ce qui prouve que le groupe des inversibles de $\mathbb{Z}/n\mathbb{Z}$ admet au moins $n-1$ éléments, ce qui n'est possible que si n est premier. D'où le résultat.

b) Pour tout i, notons m_i l'ordre de $\dot{a}_i$ dans le groupe des inversibles de $\mathbb{Z}/n\mathbb{Z}$. Comme $a_i^{n-1} \equiv 1 \pmod n$, on a $m_i \mid n-1 = \prod_j p_j^{\alpha_j}$. Comme de plus $a_i^{(n-1)/p_i} \not\equiv 1 \pmod n$, on a aussi $m_i \nmid p_i^{\alpha_i - 1} \prod_{j \neq i} p_j^{\alpha_j}$. Ces relations concernant m_i permettent d'affirmer que $p_i^{\alpha_i} \mid m_i$, et donc $p_i^{\alpha_i} \mid \varphi(n)$ (où φ désigne l'indicateur d'Euler) puisque l'ordre de a_i divise l'ordre du groupe des inversibles de $\mathbb{Z}/n\mathbb{Z}$ qui est $\varphi(n)$. Ceci étant vrai pour tout i, on en déduit, les p_i étant premiers distincts, que $n - 1 = \prod_i p_i^{\alpha_i} \mid \varphi(n)$, donc que $\varphi(n) \geq n-1$. Donc le groupe des inversibles de $\mathbb{Z}/n\mathbb{Z}$ comporte au moins $n-1$ éléments, ce qui n'est possible que si n est premier.

c) Soit m l'ordre de $\dot{2}$ dans le groupe des inversibles de $\mathbb{Z}/n\mathbb{Z}$. On a $2^{n-1} \equiv 1 \pmod n$ donc $m \mid n-1 = hp^2$. Or $2^h \not\equiv 1 \pmod n$ donc $m \nmid h$. Finalement, $p \mid m$ (si $p \nmid m$, alors p étant premier $m \wedge p^2 = 1$ et donc $m \mid h$ d'après le théorème de Gauss). Comme m divise l'ordre du groupe des inversibles de $\mathbb{Z}/n\mathbb{Z}$ qui est $\varphi(n)$, on en déduit $p \mid \varphi(n)$ $(*)$.

Si $n = p_1^{\alpha_1} \cdots p_k^{\alpha_k}$ désigne la décomposition de n en facteurs premiers, on sait que $\varphi(n) = p_1^{\alpha_1 - 1} \cdots p_k^{\alpha_k - 1}(p_1 - 1) \cdots (p_k - 1)$. Comme $p \nmid n = 1 + hp^2$, on a $p \neq p_i$ pour tout i donc il existe d'après $(*)$ un indice i tel que $p \mid p_i - 1$. Autrement dit, il existe un facteur premier q de n tel que $q \equiv 1 \pmod p$. Soit r l'entier vérifiant $qr = n$. On a $qr \equiv n \equiv 1 + hp^2 \equiv 1 \pmod p$, donc $r \equiv 1 \pmod p$. En résumé, on a montré qu'il existe q premier, $q \mid n$ et r entier tels que $qr = n$ avec $q = 1 + up$, $r = 1 + vp$, $u, v \in \mathbb{N}$. Le nombre q étant premier on a d'ailleurs $u \geq 2$ (si $u = 0$, $q = 1$ et si $u = 1$, q est pair).

Supposons $r > 1$. Alors $v \geq 1$. Or on a $1 + hp^2 = n = qr = (1 + up)(1 + vp)$ donc $hp = (uv)p + (u + v)$, ce qui entraîne

$$(i) \quad uv < h \leq p - 1 \qquad \text{et} \qquad (ii) \quad (u + v) \geq p \ \text{ car } \ p \mid (u + v) \neq 0.$$

Comme $u \geq 2$, (i) entraîne $v < (p-1)/2$, et d'après (ii) $u \geq 1 + p/2$, donc toujours d'après (i), $v < (p-1)/(1 + \frac{p}{2}) < 2$. Finalement $v = 1$, ce qui est absurde car (i) entraînerait $u < p - 1$ et (ii) entraînerait $u \geq p - 1$.
On a donc forcément $r = 1$, ce qui entraîne que $n = q$ est premier.

Remarque. Le test c) fut utilisé avec le nombre premier $p = 2^{127} - 1$ pour montrer que $n = 1 + 190p^2$ est premier (Miller et Wheeler, 1951). Les tests de primalité de ce type permettent de prouver de manière efficace la primalité de nombres entiers ayant une forme particulière. Par exemple, le record du plus grand nombre premier connu en 2020 est un *nombre de Mersenne* (de la forme $2^p - 1$ avec p premier), d'un peu moins de 25 millions de chiffres, établi en 2018 en utilisant le test de Lucas (décrit dans la remarque de l'exercice 4 page 13). Tester la primalité d'un nombre entier donné, sans forme particulière, est un problème algorithmique beaucoup plus difficile (jusqu'en 2020, les records de tests de primalité de nombres sans forme particuliere, établissent la primalité d'entiers de quelques dizaines de milliers de décimales).

PROBLÈME 4. Soit $m \in \mathbb{N}^*$, $m \geq 2$. Donner une condition nécéssaire et suffisante sur $a \in \mathbb{N}^*$ pour qu'il existe une application $f \; : \mathbb{N} \to \mathbb{N}$ vérifiant $f^m(n) = n + a$ pour tout $n \in \mathbb{N}$ (ici f^m désigne la composition m fois de f avec elle même $f^m = f \circ f^{m-1}$).

Solution. On va prouver que la condition nécéssaire et suffisante recherchée est que m divise a. La condition est bien suffisante, si $m \mid a$, il suffit de choisir pour f la fonction $f(n) = n + (a/m)$.

Supposons maintenant qu'il existe $f\ :\mathbb{N}\to\mathbb{N}$ vérifiant $f^m(n)=n+a$ pour tout $n\in\mathbb{N}$. On a

$$\forall n\in\mathbb{N},\qquad f(n+a)=f(f^m(n))=f^{m+1}(n)=f^m(f(n))=f(n)+a.$$

Un récurrence immédiate sur k entraine ensuite $f(n+ka)=f(n)+ka$ pour tout $(n,k)\in\mathbb{N}^2$. Ainsi la valeur de $f(n+ka)$ modulo a ne dépend pas de k, on peut donc définir la fonction $\widetilde{f}$ de $\mathbb{Z}/a\mathbb{Z}$ sur lui-même par $\widetilde{f}(\overline{n})=\overline{f(n)}$. Cette fonction vérifie $\widetilde{f}^m=\mathrm{Id}$. On en déduit que $\widetilde{f}$ est une permutation de $\mathbb{Z}/a\mathbb{Z}$, et que dans sa décomposition $c_1\cdots c_p$ en produit de cycles de supports disjoints, chaque cycle c_i vérifie $c_i^m=\mathrm{Id}$. En particulier la longueur ℓ_i de c_i divise m. Nous allons montrer que $\ell_i=m$. Pour cela raisonnons par l'absurde et supposons que $\alpha_i=m/\ell_i>1$. Soit $\overline{x_i}$ un des éléments du support de c_i, choisi de sorte que $x_i<a$. On a $c_i^{\ell_i}=\mathrm{Id}$, donc il existe $k_i\in\mathbb{N}$ tel que $f^{\ell_i}(x_i)=x_i+ak_i$. En posant $g=f^{\ell_i}$, on a donc $g(x_i)=x_i+ak_i$. L'identité $f(n+ak)=f(n)+ka$, pour tout n, entraîne, avec une récurrence facile sur j, que $f^j(n+ak)=f^j(n)+ak$ pour tout $j\in\mathbb{N}$, en particulier $g(n+ak)=g(n)+ak$ pour tout $k\in\mathbb{N}$. Comme $g(x_i)=x_i+ak_i$ une récurrence sur j donne ensuite $g^j(x_i)=x_i+ajk_i$. On en déduit

$$x_i+a=f^m(x_i)=g^{\alpha_i}(x_i)=x_i+a\alpha_ik_i.$$

Ceci entraîne $\alpha_ik_i=1$, ce qui est absurde. Donc $\ell_i=m$ pour tout i, donc $a=\sum_{i=1}^p\ell_i=pm$ et le résultat est prouvé.

Problème 5 (Quelques cas particuliers du théorème de Dirichlet).
1/ a) Soit $p>2$ un nombre premier. Montrer que $-\overline{1}$ est un carré dans $\mathbb{Z}/p\mathbb{Z}$ si et seulement si $p\equiv 1 \pmod 4$.
b) En déduire qu'il existe une infinité de nombres premiers de la forme $1+4n$, $n\in\mathbb{N}$.

2/ (Un résultat plus général). Soient un nombre premier $p>2$ et un entier $m\geq 1$. Montrer que l'ensemble $\mathcal{P}_m$ des nombres premiers de la forme $1+2^mpn$ ($n\in\mathbb{N}$), est infini. (Indication. Si $\mathcal{P}_m$ est fini, considérer un nombre premier q divisant $(M^p+1)/(M+1)$ où $M=K^{2^{m-1}}$, $K=p(\prod_{n\in\mathcal{P}_m}n)$, et montrer que $q\in\mathcal{P}_m$).

Solution. **1/ a)** *Condition nécessaire.* Supposons qu'il existe $x\in\mathbb{Z}/p\mathbb{Z}$, $x^2=-\overline{1}$. Le groupe multiplicatif $(\mathbb{Z}/p\mathbb{Z})^*$ étant d'ordre $p-1$ (car p est premier), on a $x^{p-1}=\overline{1}$. Donc $(x^2)^{(p-1)/2}=(-\overline{1})^{(p-1)/2}=\overline{1}$, ce qui n'est possible que si $(p-1)/2$ est pair. D'où la condition nécessaire.
Condition suffisante. C'est plus difficile. Donnons deux méthodes.

— *Première méthode.* Comme p est premier, $\mathbb{Z}/p\mathbb{Z}$ est un corps. L'équation $x^{(p-1)/2}=\overline{1}$ a donc au plus $(p-1)/2$ solutions dans $\mathbb{Z}/p\mathbb{Z}$. Comme $(\mathbb{Z}/p\mathbb{Z})^*$ contient $p-1>(p-1)/2$ éléments, il existe $x\in(\mathbb{Z}/p\mathbb{Z})^*$ tel que $y=x^{(p-1)/2}\neq\overline{1}$. On a $y^2=x^{p-1}=\overline{1}$ donc $(y-\overline{1})(y+\overline{1})=\overline{0}$, donc $y=-\overline{1}$ (car $y\neq\overline{1}$). Or $p\equiv 1 \pmod 4$, donc il existe un entier k tel que $(p-1)/2=2k$. Si $z=x^k$, on a donc $z^2=x^{2k}=x^{(p-1)/2}=y=-\overline{1}$, d'où le résultat.

— *Seconde méthode* (cette méthode est moins générale que la précédente). Soit l'entier k tel que $p=1+4k$. Comme p est premier, on a d'après le théorème de Wilson

$$1\cdot 2\cdots(2k)\cdot(2k+1)\cdots(4k-1)\cdot(4k)\equiv -1 \pmod{4k+1},$$

ce qui s'écrit aussi

$$1\cdot 2\cdots(2k)\cdot(-2k)\cdots(-1)\equiv -1 \pmod p$$

ou encore

$$(-1)^{2k}(1\cdot 2\cdots(2k))^2\equiv -1 \pmod p.$$

Si on pose $x=1\cdot 2\cdots(2k)$, ceci s'écrit $\overline{x}^2=-\overline{1}$ dans $\mathbb{Z}/p\mathbb{Z}$, d'où le résultat.

b) Supposons qu'il y ait un nombre fini de nombres premiers de la forme $4k+1, k\in\mathbb{N}$. Soit p le plus grand d'entre eux et soit $N=1+(p!)^2$. Soit un nombre premier q divisant N. Alors $(p!)^2\equiv -1 \pmod q$, donc $-\overline{1}$ est un carré dans $\mathbb{Z}/q\mathbb{Z}$ et donc q est de la forme $4k+1, k\in\mathbb{N}$

d'après a). Donc $q \le p$, donc $q \mid p!$, donc $q \mid 1 = N - (p!)^2$, ce qui est absurde. Il y a donc une infinité de nombres premiers de la forme $4k+1$, $k \in \mathbb{N}$.

2/ Supposons $\mathcal{P}_m$ fini. Suivons l'indication en considérant l'entier $N = (M^p+1)/(M+1) = M^{p-1} - M^{p-2} + \cdots - M + 1$ avec $M = K^{2^{m-1}}$ où $K = p(\prod_{n\in\mathcal{P}_m} n)$. Comme $N > 1$, il existe un nombre premier q divisant N. On a $M^p + 1 \equiv 0 \pmod q$ donc

$$K^{2^{m-1}p} \equiv M^p \equiv -1 \pmod q \quad \text{et} \quad K^{2^m p} \equiv 1 \pmod q.$$

L'égalité de droite montre que l'ordre r de $\overline{K}$ dans le groupe multiplicatif $(\mathbb{Z}/q\mathbb{Z})^*$ divise $2^m p$. L'égalité de gauche montre que $r \nmid 2^{m-1}p$. Comme p est premier, on a donc $r = 2^m$ ou $r = 2^m p$. Si $r = 2^m$, comme N divise

$$(M^2)^{p-1} + \cdots + M^2 + 1 = \frac{M^{2p}-1}{M^2-1} = \frac{M^p-1}{M-1} \cdot \frac{M^p+1}{M+1}$$

et que $M^2 = K^{2^m} \equiv 1 \pmod q$, on a

$$0 \equiv (M^2)^{p-1} + \cdots + M^2 + 1 \equiv p \pmod q$$

donc $q \mid p$, donc $q \mid M$, ce qui est absurde vu que $q \mid M^p + 1$. Ainsi, $r = 2^m p$ et comme l'ordre de tout élément de $(\mathbb{Z}/q\mathbb{Z})^*$ divise $q-1$, on a $2^m p \mid q-1$ c'est-à-dire $q \in \mathcal{P}_m$. Ceci entraîne $q \mid M$ ce qui est impossible. L'ensemble $\mathcal{P}_m$ est donc infini.

Remarque. Ces résultats sont des cas particuliers du théorème de Dirichlet (voir la remarque qui suit l'exercice 7 page 14). D'autres formes particulières du théorème de Dirichlet font l'objet du sujet d'étude 2 page 49 ou du problème 11 page 99.

PROBLÈME 6 (ANNEAUX EUCLIDIENS). **1/** Soit A un anneau commutatif unitaire intègre. On dit que A est *euclidien* s'il existe une application $f : A^* = A \setminus \{0\} \to \mathbb{N}$ telle que

(i) $\forall x, y \in A^*, \quad f(xy) \ge f(y)$,

(ii) $\forall a \in A$, $\forall b \in A^*$, $\exists (q,r) \in A^2$, tel que $a = bq + r$, avec $r = 0$ ou $f(r) < f(b)$.

a) Si A est euclidien, montrer que A est principal.
b) Si l'application f vérifie l'hypothèse supplémentaire

(iii) $\forall x, y \in A^*, x \ne y, \quad f(x-y) \le \sup\{f(x), f(y)\}$,

montrer que le couple (q,r) dans (ii) est unique.
c) Caractériser les éléments inversibles d'un anneau unitaire euclidien.

2/ Soit l'*anneau des entiers de Gauss* $\mathbb{Z}[i] = \{x + iy \mid (x,y) \in \mathbb{Z}^2\}$.
a) Montrer que si $z \in \mathbb{C}$, il existe $z_0 \in \mathbb{Z}[i]$ tel que $|z - z_0| < 1$.
b) En déduire que $\mathbb{Z}[i]$ est un anneau principal.
c) Quels sont les inversibles de $\mathbb{Z}[i]$?

Solution. **1/ a)** Soit I un idéal de A. Si $I = \{0\}$, I est évidemment principal. Si $I \ne \{0\}$, on considère l'ensemble $\Gamma = \{f(x) \mid x \in I^*\} \subset \mathbb{N}$. Soit $a \in I^*$ tel que $f(a) = \inf \Gamma$. Prenons maintenant un élément $x \in I$. D'après (ii),

$$\exists (q,r) \in A^2, \qquad (x = aq + r \quad \text{avec} \quad f(r) < f(a) \quad \text{ou} \quad r = 0).$$

Remarquons que $r = x - aq \in I$. Si $r \ne 0$, alors $f(r) < f(a)$ ce qui est absurde puisque $r \in I^*$ et $f(a) = \inf \Gamma$. Donc $r = 0$, donc $x = aq$. On vient de montrer que $I \subset (a)$. Réciproquement, comme $a \in I$, on a $(a) \subset I$. Donc $I = (a)$ et A est principal.

b) Soit $(a,b) \in A \times A^*$. Soient deux couples (q,r) et (q',r') vérifiant (ii) pour (a,b). L'égalité $bq + r = bq' + r'$ s'écrit aussi $b(q-q') = r' - r$. Si $q \ne q'$, on a $r' - r \ne 0$ et $f(b) \le f[b(q-q')] = f(r'-r)$ $\ (*)$. Si $r = 0$ (le cas $r' = 0$ se traite en échangeant les rôles de (q,r) et (q',r')),

$(*)$ entraîne $f(b) \leq f(r') < f(b)$, ce qui est absurde. Si $r \neq 0$ et $r' \neq 0$, alors $(*)$ entraîne $f(b) \leq \sup\{f(r), f(r')\} < f(b)$, ce qui est également absurde. On a donc forcément $q = q'$ et donc $r = r'$.

c) Soit $\alpha = \inf\{f(x) \mid x \in A^*\}$. Nous allons montrer que $x \in A^*$ est inversible si et seulement si $f(x) = \alpha$.
Condition nécessaire. Si x est inversible, alors il existe $y \in A^*$, $xy = 1$. Donc $\forall z \in A^*$, $f(z) = f[x(yz)] \geq f(x)$ d'après (i), donc $f(x) = \alpha$.
Condition suffisante. Appliquant (ii) à $(a, b) = (1, x)$, on voit qu'il existe $(q, r) \in A^2$ tel que $1 = qx + r$ avec $r = 0$ ou $f(r) < f(x)$. Cette dernière assertion est impossible car $f(x) = \alpha$, donc $r = 0$ et donc $bx = 1$. L'élément x est donc inversible (on a aussi $xb = 1$ car A est commutatif).

2/ a) Soit $z = x + iy \in \mathbb{C}$, $(x, y) \in \mathbb{R}^2$. En désignant par $x_0, y_0 \in \mathbb{Z}$ les entiers les plus proches de x et y, on a $|x - x_0| \leq 1/2$ et $|y - y_0| \leq 1/2$. Ainsi l'entier de Gauss $z_0 = x_0 + iy_0 \in \mathbb{Z}[i]$ vérifie $|z - z_0|^2 = (x - x_0)^2 + (y - y_0)^2 \leq 1/2$, donc $|z - z_0| < 1$.

b) D'après le résultat de la question 1/a), il suffit de montrer que $\mathbb{Z}[i]$ est euclidien. Soit $(a, b) \in \mathbb{Z}[i] \times \mathbb{Z}[i]^*$. D'après la question précédente, il existe $q \in \mathbb{Z}[i]$ tel que $|q - a/b| < 1$. En posant $r = a - bq$, on a donc $a = bq + r$ avec $|r| = |b||a/b - q| < |b|$, ce qui montre qu'en prenant $f(z) = |z|^2 = x^2 + y^2$ pour $z = x + iy \in \mathbb{Z}[i]^*$, (ii) est vérifié. Or pour tout $x \in \mathbb{Z}[i]^*$, $f(x) \geq 1$, donc $\forall y \in \mathbb{Z}[i]^*$, $f(xy) = f(x)f(y) \geq f(y)$. La condition (i) est donc vérifiée. Finalement, $\mathbb{Z}[i]$ est euclidien.

c) D'après 1/c), les inversibles de $\mathbb{Z}[i]$ sont les éléments z vérifiant $f(z) = |z|^2 = 1$. Ce sont donc 1, -1, i et $-i$.

Remarque. Les anneaux euclidiens généralisent les propriétés de la division euclidienne des anneaux $\mathbb{Z}$ et $\mathbb{K}[X]$ (on a $f(x) = |x|$ pour $\mathbb{Z}$ et $f(P) = \deg(P)$ pour $\mathbb{K}[X]$).

PROBLÈME 7. Soit G un groupe fini tel que pour tout entier $d \geq 1$, l'équation $x^d = e$ (où e désigne le neutre de G) a au plus d solutions dans G. Montrer que G est un groupe cyclique.

Solution. Notons n l'ordre du groupe G. Pour tout entier d divisant n, notons Ψ_d l'ensemble des éléments de G d'ordre d. L'ordre de tout élément de G divise n, donc la famille $(\Psi_d)_{d|n}$ forme une partition de G. Si $\psi_d = \text{Card}(\Psi_d)$, on a donc $\sum_{d|n} \psi_d = n \qquad (*)$.

Nous allons maintenant montrer que si $d \mid n$, $\psi_d \leq \varphi(d) \qquad (**)$ où φ désigne l'indicateur d'Euler. Si $\psi_d = 0$, c'est terminé. Sinon $\psi_d \geq 1$ et donc il existe $x_0 \in \Psi_d$. Tous les éléments x de $\langle x_0 \rangle$ vérifient alors $x^d = 1$. Or $\langle x_0 \rangle$ a d éléments et l'équation $x^d = e$ a au plus d solutions. Les éléments qui vérifient $x^d = e$ sont donc les éléments de $\langle x_0 \rangle$. Donc $\Psi_d \subset \langle x_0 \rangle$ et Ψ_d correspond donc à l'ensemble des générateurs de $\langle x_0 \rangle$ qui, d'après la proposition 5 page 22, est de cardinal $\varphi(d)$. Donc $\psi_d = \varphi(d)$, d'où $(**)$.

Or $\sum_{d|n} \varphi(d) = n$ (voir proposition 6 page 34). De $(*)$ et $(**)$ on en déduit que pour tout diviseur d de n, on a $\psi_d = \varphi(d)$. En particulier $\psi_n = \varphi(n) > 0$, donc il existe au moins un élément d'ordre n, d'où le résultat.

Remarque. Il découle de ce problème le résultat annoncé dans la remarque de l'exercice 10 page 28.

PROBLÈME 8. **1/** Pour tout $n \in \mathbb{N}^*$, $n \geq 3$, on note D_n le *n-ième groupe diédral*, constitué des isométries du plan qui conservent l'ensemble des sommets du polygône régulier de n cotés défini par $P_n = \{S_k \mid 0 \leq k \leq n - 1\}$ où $S_k = (\cos 2k\pi/n, \sin 2k\pi/n)$.
a) Montrer que D_n est un groupe d'ordre $2n$, non abélien.

b) Déterminer le centre de D_n.
2/a) Soit G un groupe fini non-abélien. Montrer que $G/\mathcal{Z}(G)$ est non-cyclique. Montrer que $G/\mathcal{Z}(G)$ peut être abélien.
b) Montrer que la probabilité p que deux éléments de G commutent est inférieur à $5/8$, et exhiber un cas où on a $p = 5/8$.

Solution. **1/a)** Le sous-groupe D_n^+ de D_n formé de ses isométries directes, est constitué des rotations qui conservent P_n, c'est donc l'ensemble des rotations r_k d'angle $2k\pi/n$ pour $0 \leq k \leq n-1$. Par ailleurs, P_n est conservé par la symétrie σ par rapport à l'axe $y = 0$. On en déduit $\{\sigma^j r_1^k \mid j \in \{0,1\}, 0 \leq k < n\} \subset D_n$. Réciproquement si $\mu \in D_n$, alors soit μ est une isométrie directe donc $\mu = r_k = r_1^k$ pour $0 \leq k < n$, soit $\sigma\mu$ est une isométrie directe, donc $\sigma\mu = r_1^k$ pour $0 \leq k < n$, donc $\mu = \sigma r_1^k$. On a donc $D_n = \{\sigma^j r_1^k \mid j \in \{0,1\}, 0 \leq k < n\}$ et comme les $\sigma^j r_1^k$ pour $j \in \{0,1\}, 0 \leq k < n$ sont tous distincts, on a bien $|D_n| = 2n$.

D_n est non-abélien, car $\sigma r_1(S_0) = \sigma(S_1) = S_{n-1}$ et $r_1\sigma(S_0) = r_1(S_0) = S_1$, donc $\sigma r_1 \neq r_1\sigma$.

b) Soit $\mu \in \mathcal{Z}(D_n)$. On a $\sigma\mu = \mu\sigma$, en particulier $\sigma\mu(S_0) = \mu\sigma(S_0) = \mu(S_0)$, donc $\mu(S_0)$ est invariant par σ, donc $\mu(S_0)$ est sur l'axe $y = 0$.

— Si n est impair, ceci entraîne $\mu(S_0) = S_0$ (car $\mu(S_0) \in P_n$, et le seul point de P_n sur $y = 0$ est S_0). Les seules isométries de D_n qui conservent S_0 sont Id et σ ; comme $\mu \in \mathcal{Z}(D_n)$ et $\sigma r_1 \neq r_1\sigma$ (vu plus haut), on a donc forcément $\mu = \mathrm{Id}$, donc $\mathcal{Z}(D_n) = \{\mathrm{Id}\}$.

— Si n est pair, les points S_k de l'axe $y = 0$ sont S_0 et $S_{n/2}$ donc $\mu(S_0) \in \{S_0, S_{n/2}\}$. Si $\mu(S_0) = S_0$ on a vu plus haut que $\mu = \mathrm{Id}$. Si $\mu(S_0) = S_{n/2}$, alors $\mu = \sigma^j r_1^{n/2}$ avec $j \in \{0,1\}$. Comme $r_1\mu = \mu r_1$ ceci entraîne

$$r_1\sigma^j(S_{n/2-1}) = r_1\mu(S_{n-1}) = \mu r_1(S_{n-1}) = \mu(S_0) = S_{n/2}.$$

Lorsque $j = 1$, on a $r_1\sigma^j(S_{n/2-1}) = S_{n/2+2} \neq S_{n/2}$, on a donc forcément $j = 0$ et $\mu = r_1^{n/2}$. Réciproquement, si $\mu = r_1^{n/2}$, on a $\mu\sigma = \sigma\mu$ (pour tout k, on a $\mu\sigma(S_k) = \mu S_{n-k} = S_{n/2-k}$ et $\sigma\mu(S_k) = \sigma S_{n/2+k} = S_{n/2-k}$), donc pour tout j, k, $\mu(\sigma^j r_1^k) = \sigma^j \mu r_1^k = \sigma^j r_1^{k+n/2} = (\sigma^j r_1^k)\mu$. Finalement, on a montré $\mathcal{Z}(D_n) = \{\mathrm{Id}, r_1^{n/2}\}$.

2/a) Raisonnons par l'absurde et supposons $G/\mathcal{Z}(G)$ cyclique. Soit $h \in G$ tel que $\overline{h}$ engendre $G/\mathcal{Z}(G)$ (où $\overline{g}$ désigne la classe d'équivalence de $g \in G$). Soient $a, b \in G$. On peut écrire $\overline{a} = \overline{h}^i$ et $\overline{b} = \overline{h}^j$, autrement dit il existe $g, g' \in \mathcal{Z}(G)$ tels que $a = h^i g$ et $b = h^j g'$. Donc $ab = (h^i g)(h^j g') = gh^i h^j g' = gh^{i+j}g' = g'h^{i+j}g = g'h^j h^i g = ba$. Ainsi a et b commutent pour tous les couples $(a, b) \in G^2$, donc G est abélien ce qui est absurde.

Le groupe quotient $G/\mathcal{Z}(G)$ peut etre abélien, comme c'est le cas pour $G = D_4$; dans ce cas, $D_4/\mathcal{Z}(D_4) = D_4/\{\mathrm{Id}, r_1^2\} = \{\overline{\mathrm{Id}}, \overline{\sigma}, \overline{r_1}, \overline{\sigma r_1}\}$ est isomorphe à $(\mathbb{Z}/2\mathbb{Z})^2$ qui est abélien (notons par ailleurs que le plus petit groupe non abélien est d'ordre 6, et est isomorphe à D_3).

b) Notons $n = |G|$. La probabilité p que deux éléments de G commutent est donnée par

$$p = \frac{|\{(a,b) \in G^2 \mid ab = ba\}|}{|G|^2} = \frac{1}{n^2}\sum_{a \in G} |G_a|, \qquad \text{où} \qquad G_a = \{b \in G \mid ab = ba\}.$$

Pour tout $a \in G$, G_a est un sous-groupe de G. Si $a \in \mathcal{Z}(G)$ on a $G_a = G$, et si $a \notin \mathcal{Z}(G)$, $|G_a|$ divise $|G|$ et $|G_a| < |G|$ donc $|G_a| \leq n/2$. On en déduit

$$n^2 p = \sum_{a \in \mathcal{Z}(G)} |G_a| + \sum_{a \notin \mathcal{Z}(G)} |G_a| \leq n|\mathcal{Z}(G)| + (n - |\mathcal{Z}(G)|)\frac{n}{2} = \frac{n}{2}|\mathcal{Z}(G)| + \frac{n^2}{2}. \qquad (*)$$

Comme G est non-abélien, d'après 2/a) le groupe quotient $G/\mathcal{Z}(G)$ n'est pas cyclique, donc son ordre n'est pas un nombre premier, donc $|G/\mathcal{Z}(G)| \geq 4$. On en déduit $|\mathcal{Z}(G)| \leq n/4$. En remplaçant dans (*) on en déduit $p \leq 5/8$.

L'égalité se produit lorsque $|\mathcal{Z}(G)| = n/4$ et $|G_a| = n/2$ pour tout $a \notin \mathcal{Z}(G)$, ce qui est le cas pour le groupe diédral $G = D_4$.

PROBLÈME 9 (THÉORÈME DE SYLOW). **a)** Soit G un groupe abélien fini. Soit p un nombre premier divisant l'ordre de G. Montrer qu'il existe un sous-groupe de G d'ordre p (sans utiliser le résultat de l'exercice 10 page 28 ou de l'exercice 12 page 30).
b) Soit G un groupe fini d'ordre h, non supposé abélien. Démontrer le *théorème de Sylow* : Si $p^\alpha \mid h$ où p est un nombre premier et $\alpha \in \mathbb{N}$, alors il existe un sous-groupe de G d'ordre p^α. (Indication : on pourra procéder par récurrence sur $\mathrm{Card}(G)$ en utilisant l'équation aux classes — voir le théorème 8 page 24.)

Solution. **a)** On procède de manière analogue à la question c) de l'exercice 10 page 28. G étant fini, il existe un système de générateurs $(x_1, \dots, x_n)$ de G. Notons $r_1, \dots, r_n$ les ordres de $x_1, \dots, x_n$. Considérons l'application

$$\varphi : \langle x_1 \rangle \times \cdots \times \langle x_n \rangle \to G \qquad (y_1, \dots, y_n) \mapsto y_1 \cdots y_n.$$

Le groupe G étant abélien, φ est un morphisme de groupes. De plus, φ étant surjectif (puisque $(x_1, \dots, x_n)$ est un système de générateurs de G), G est isomorphe à $(\langle x_1 \rangle \times \cdots \times \langle x_n \rangle)/\mathrm{Ker}\, \varphi$, donc $\mathrm{Card}(G) \times \mathrm{Card}(\mathrm{Ker}\, \varphi) = \mathrm{Card}(\langle x_1 \rangle \times \cdots \times \langle x_n \rangle) = r_1 \cdots r_n$, donc $\mathrm{Card}(G) \mid r_1 \cdots r_n$. Donc $p \mid r_1 \cdots r_n$, donc il existe r_i tel que $p \mid r_i$. Si $r_i = pq$, $q \in \mathbb{N}^*$, alors $x = x_i^q$ est d'ordre p et $H = \langle x \rangle$ est un sous-groupe de G d'ordre p.

b) Procédons par récurrence sur $h = \mathrm{Card}(G)$.

– Si $\mathrm{Card}(G) = 1$, c'est évident.

– Sinon, supposons le résultat vrai pour les groupes d'ordres $< h = \mathrm{Card}(G)$. Si $\alpha = 0$, c'est évident, sinon $\alpha \geq 1$. D'après le théorème 8 page 24 il existe une famille finie $(H_i)_{i \in I}$ de sous-groupes stricts de G telle que

$$h = \mathrm{Card}(G) = \mathrm{Card}(\mathcal{Z}(G)) + \sum_{i \in I} \frac{h}{\mathrm{Card}(H_i)}. \qquad (*)$$

Deux cas se présentent :
- Il existe $i \in I$ tel que $p^\alpha \mid \mathrm{Card}(H_i)$. Comme $\mathrm{Card}(H_i) < \mathrm{Card}(G)$, d'après l'hypothèse de récurrence il existe un sous-groupe H de H_i d'ordre p^α. Ainsi H est un sous-groupe de G d'ordre p^α.
- Pour tout $i \in I$, $p^\alpha \nmid \mathrm{Card}(H_i)$. Comme $p^\alpha \mid h$, p divise $h/\mathrm{Card}(H_i)$ pour tout $i \in I$. D'après l'équation aux classes $(*)$, on a donc $p \mid \mathrm{Card}(\mathcal{Z}(G))$, et $\mathcal{Z}(G)$ étant un groupe commutatif, il existe un sous-groupe C de $\mathcal{Z}(G)$ d'ordre p d'après a). Comme $C \subset \mathcal{Z}(G)$, C est distingué dans G. Soit π la surjection canonique de G dans G/C. L'ordre du groupe quotient G/C est $\mathrm{Card}(G)/\mathrm{Card}(C) = h/p < h = \mathrm{Card}(G)$ et comme $p^{\alpha-1} \mid \mathrm{Card}(G/C)$, on sait d'après l'hypothèse de récurrence qu'il existe un sous-groupe H' de G/C d'ordre $p^{\alpha-1}$. Le sous-groupe $H = \pi^{-1}(H')$ est donc d'ordre $\mathrm{Card}(C)\mathrm{Card}(H') = p^\alpha$. D'où le résultat.

PROBLÈME 10. Soit G un groupe fini et H un sous-groupe de G. On suppose que $\mathrm{Card}(G) = p\,\mathrm{Card}(H)$ où p est le plus petit facteur premier de $\mathrm{Card}(G)$. Montrer que H est distingué dans G.

Solution. Considérons la relation d'équivalence sur G définie par

$$x \mathcal{R} y \iff x^{-1} y \in H.$$

La classe d'équivalence d'un élément $x \in G$ est de la forme $\overline{x} = xH$ (classe à gauche suivant H). Notons X l'ensemble quotient $G/\mathcal{R}$. Pour les mêmes raisons que dans la démonstration du théorème de Lagrange, $\mathrm{Card}(X) = \mathrm{Card}(G)/\mathrm{Card}(H) = p$. Fixons $g \in G$. Pour tout $x \in G$ la classe $\overline{gx}$ ne dépend pas du représentant x de $\overline{x}$ car

$$x \mathcal{R} y \Longrightarrow x^{-1} y \in H \Longrightarrow (gx)^{-1}(gy) = x^{-1} y \in H \Longrightarrow gx \mathcal{R} gy.$$

Ainsi, l'application

$$\sigma_g : X \to X \quad \overline{x} \mapsto \overline{gx}$$

est bien définie, et il est facile de vérifier que c'est une permutation de X. Comme $\sigma_{gg'} = \sigma_g \circ \sigma'_g$, l'application

$$\varphi : G \to \mathcal{S} \quad g \mapsto \sigma_g$$

(où $\mathcal{S}$ désigne le groupe des permutations de X) est un morphisme de groupes. On en déduit que $\operatorname{Im}\varphi$ est isomorphe à $G/\operatorname{Ker}\varphi$, donc que $\operatorname{Card}(\operatorname{Im}\varphi) = \operatorname{Card}(G)/\operatorname{Card}(\operatorname{Ker}\varphi)$. De plus $\operatorname{Im}\varphi$ est un sous-groupe de $\mathcal{S}$, donc $\operatorname{Card}(\operatorname{Im}\varphi) \mid \operatorname{Card}(\mathcal{S}) = p!$. Finalement,

$$\frac{\operatorname{Card}(G)}{\operatorname{Card}(\operatorname{Ker}\varphi)} \mid p!\,.$$

Comme p est premier et que c'est le plus petit facteur premier de $\operatorname{Card}(G)$, on en déduit facilement que $\operatorname{Card}(G)/\operatorname{Card}(\operatorname{Ker}\varphi)$ divise p. Ainsi, $\operatorname{Card}(\operatorname{Ker}\varphi) \geq \operatorname{Card}(G)/p = \operatorname{Card}(H)$. Un peu d'attention montre que

$$\operatorname{Ker}\varphi = \{g \in G \mid \forall x \in G,\ x^{-1}gx \in H\}, \qquad (*)$$

en particulier $\operatorname{Ker}\varphi \subset H$. Comme $\operatorname{Card}(\operatorname{Ker}\varphi) \geq \operatorname{Card}(H)$, ceci entraîne $\operatorname{Ker}\varphi = H$. D'après $(*)$, ceci s'écrit $\forall g \in H, \forall x \in G,\ x^{-1}gx \in H$, c'est-à-dire que H est distingué dans G.

PROBLÈME 11. **1/** Soit G un groupe. Si $A \subset G$, on note $A' = \{x \in G \mid \forall a \in A, ax = xa\}$.

a) Si $A \subset G$, montrer que A' est un sous-groupe de G.

b) Soit D un sous-groupe de G distingué dans G. On note $\mathcal{A}(D)$ le groupe des automorphismes de D.

α) Montrer que D' est distingué dans G et que G/D' est isomorphe à un sous-groupe de $\mathcal{A}(D)$.

β) Si D est d'ordre m premier, montrer que $\mathcal{A}(D)$ est isomorphe au groupe multiplicatif $(\mathbb{Z}/m\mathbb{Z})^*$.

2/ Soit G un groupe fini *non abélien* d'ordre pq, où p et q sont des nombres premiers, avec $p < q$. On note e le neutre de G.

a) Montrer que le centre $\mathcal{Z}(G)$ de G est réduit à $\{e\}$.

b) Montrer qu'il existe dans G au moins un sous-groupe d'ordre q (on pourra utiliser l'équation aux classes, voir le théorème 8 page 24).

c) Montrer qu'il n'existe qu'un seul sous-groupe K de G d'ordre q, et que K est distingué dans G.

d) Montrer que $K = K'$ puis que $p \mid (q-1)$.

3/ Soit G un groupe d'ordre pq avec p et q premiers, $p < q$ et $p \nmid (q-1)$. Montrer que G est cyclique (on pourra utiliser le résultat a) du problème 9 page 44).

Solution. **1/a)** On a $e \in A'$. Par ailleurs, si $x \in A'$, alors pour tout $a \in A$, $ax = xa$ donc en multipliant à gauche et à droite par x^{-1}, $x^{-1}a = ax^{-1}$. Ainsi, $x^{-1} \in A'$. Il ne reste plus qu'à montrer que si $x, y \in A'$, alors $xy \in A'$, ce qui est le cas car si $a \in A$, $a(xy) = (ax)y = (xa)y = x(ay) = x(ya) = (xy)a$.

b) α) Soient $x \in G$ et $y \in D'$. Le sous-groupe D étant distingué dans G, on a $x^{-1}ax \in D$ pour tout $a \in D$, donc $(x^{-1}ax)y = y(x^{-1}ax)$, ce qui entraîne $a(xyx^{-1}) = (xyx^{-1})a$ et ceci pour tout $a \in D$, donc $xyx^{-1} \in D'$, ce qui prouve que D' est distingué dans G.

– Pour tout $a \in G$, on note $\varphi_a : D \to G \quad x \mapsto \varphi_a(x) = axa^{-1}$. C'est un morphisme injectif, et D étant distingué dans G, φ_a est une bijection de D sur D. Autrement dit, φ_a est un automorphisme de D. Notons $\mathcal{A}' = \{\varphi_a \mid a \in G\}$. C'est un sous-groupe de $\mathcal{A}(D)$ pour la loi de composition.

Soit $f : G \to \mathcal{A}' \quad a \mapsto \varphi_a$. L'application f est un morphisme de groupe surjectif. Par ailleurs, $\operatorname{Ker} f = \{a \in G \mid \forall x \in D,\ \varphi_a(x) = x\} = D'$, donc $G/\operatorname{Ker} f = G/D'$ est isomorphe à $\mathcal{A}'$, qui est un sous-groupe de $\mathcal{A}(D)$.

β) L'ordre de D étant un nombre premier, D est cyclique donc il existe $x_0 \in D$ tel que $D = \langle x_0 \rangle$.

Pour tout entier p, $m \nmid p$, on note $\varphi_p : D \to D \quad x \mapsto x^p$. Comme D est abélien (car cyclique), φ_p est un morphisme de groupe. Or si $x^p = e$ alors $x = e$ (sinon x est d'ordre m donc $m \mid p$, contradictoire). En d'autres termes, $\operatorname{Ker} \varphi_p = \{e\}$. Le morphisme φ_p est donc injectif, donc bijectif (φ_p va de D dans D et D est fini). En résumé, on a montré que $\varphi_p \in \mathcal{A}(D)$.

– Soit $f : (\mathbb{Z}/m\mathbb{Z})^* \to \mathcal{A}(D) \quad \dot{p} \mapsto \varphi_p$.

f est bien définie (si $\dot{p} = \dot{q}$, alors $m \mid (p - q)$ donc $\varphi_p = \varphi_q$).

f est un morphisme de groupe : $\varphi_{pq} = \varphi_p \circ \varphi_q$.

f est injective. En effet, si $\dot{p} \in \operatorname{Ker} f$, alors $\varphi_p = \mathrm{Id}_D$ donc $x_0^p = x_0$ donc $p \equiv 1 \pmod{m}$. Ainsi, $\operatorname{Ker} f = \{\dot{1}\}$.

f est surjective. En effet. Soit $\varphi \in \mathcal{A}(D)$. Il existe $p, 1 \le p \le m - 1$, tel que $\varphi(x_0) = x_0^p$ (car si $\varphi(x_0) = e$ alors $\forall k, \varphi(x_0^k) = e$ et φ n'est pas bijective). Soit $y \in D$. Il existe $q \in \mathbb{Z}$ tel que $y = x_0^q$, donc $\varphi(y) = \varphi(x_0^q) = \varphi(x_0)^q = x_0^{pq} = y^p$. Donc $\varphi = \varphi_p = f(\dot{p})$.

f est donc un isomorphisme, d'où le résultat.

2/a) Soit p_1 l'ordre de $\mathcal{Z}(G)$. Supposons $p_1 > 1$. L'ensemble $\mathcal{Z}(G)$ est un sous-groupe de G donc $p_1 \mid pq = \operatorname{Card}(G)$ donc $p_1 \in \{p, q\}$ car G n'est pas abélien. Le centre de G est distingué dans G, et le groupe quotient $G/\mathcal{Z}(G)$ est d'ordre pq/p_1, donc premier, donc cyclique. Soit $a \in G$ tel que $\dot{a}$ (la classe de a dans $G/\mathcal{Z}(G)$) engendre $G/\mathcal{Z}(G)$. Si $x \in G$, il existe un entier n tel que $\dot{x} = \dot{a}^n$, autrement dit il existe $y \in \mathcal{Z}(G)$ tel que $x = ya^n$. On voit donc que x commute avec a, et ceci pour tout $x \in G$. Donc $a \in \mathcal{Z}(G)$, donc $\dot{a} = \dot{e}$, ce qui est absurde puisque $\dot{a}$ engendre $G/\mathcal{Z}(G) \neq \{\dot{e}\}$. Donc $p_1 = 1$.

b) D'après le théorème 8 page 24, il existe une famille finie de sous-groupes stricts $(H_i)_{i \in I}$ de G telle que

$$pq = \operatorname{Card}(G) = \operatorname{Card}(\mathcal{Z}(G)) + \sum_{i \in I} \frac{pq}{\operatorname{Card}(H_i)}.$$

S'il n'existe aucun sous-groupe de G d'ordre q, alors pour tout i on a forcément $\operatorname{Card}(H_i) = p$ (car $\operatorname{Card}(H_i) \mid pq$, $\neq 1$, $\neq pq$ et $\neq q$). L'équation aux classes s'écrit donc $pq = 1 + q\operatorname{Card}(I)$, donc $1 = q(p - \operatorname{Card}(I))$, absurde. Il existe donc au moins un sous-groupe de G d'ordre q.

c) Supposons qu'il existe deux sous-groupes distincts K_1 et K_2 d'ordre q. Alors $K_1 \cap K_2 = \{e\}$ (car $K_1 \cap K_2$ est un sous-groupe de K_1, son cardinal divise donc q, donc vaut 1 ou q — car q est premier . Si son ordre est q, c'est que $K_1 = K_2$). L'application $f : K_1 \times K_2 \to G \quad (x_1, x_2) \mapsto x_1 x_2$ est donc injective (si $x_1 x_2 = y_1 y_2$, alors $x_1^{-1} y_1 = x_2 y_2^{-1} \in K_1 \cap K_2$ donc $x_1^{-1} y_1 = x_2 y_2^{-1} = e$). Donc $\operatorname{Card}(G) \ge \operatorname{Card}(K_1 \times K_2) = q^2$, absurde car $p < q$. Il n'y a donc qu'un seul sous-groupe K d'ordre q.

– Montrons que K est distingué dans G. Si $x \in K$ et si $a \in G$, alors $(axa^{-1})^q = ax^q a^{-1} = aea^{-1} = e$, donc axa^{-1} est d'ordre q ou 1 (q est premier), donc $axa^{-1} \in K$ d'après l'unicité d'un sous-groupe d'ordre q. Le sous-groupe K est donc distingué dans G.

d) Le sous-groupe K étant cyclique (car d'ordre q premier), il est commutatif. Donc $K \subset K'$. Or K' est un sous-groupe de G, donc $\operatorname{Card}(K') \mid pq$. Or $\operatorname{Card}(K') \ge \operatorname{Card}(K) = q > p > 1$ donc $\operatorname{Card}(K') \in \{q, pq\}$. Si $\operatorname{Card}(K') = pq$, c'est que $K' = G$ et en retournant à la définition de K', ceci entraîne $K \subset \mathcal{Z}(G) = \{e\}$, ce qui est absurde. Donc $\operatorname{Card}(K') = q$, donc $K = K'$.

– D'après 1/b), $K' = K$ étant distingué dans G, G/K' est isomorphe à un sous-groupe de $\mathcal{A}(K)$. Donc $p = \operatorname{Card}(G)/K$ divise $\operatorname{Card}(\mathcal{A}(K))$. Or d'après 1/b)$\beta$), $\mathcal{A}(K)$ est isomorphe à $(\mathbb{Z}/q\mathbb{Z})^*$. Donc $\operatorname{Card}(\mathcal{A}(K)) = q - 1$, donc $p \mid (q - 1)$.

3/ Comme $p \nmid (q - 1)$, G est abélien d'après 2/. D'après la question a) du problème 9, on peut donc trouver deux sous-groupes H_1 et H_2 de G d'ordre p et q. Les nombres p et q étant premiers, H_1 et H_2 sont cycliques et donc il existe $x \in H_1$ d'ordre p et $y \in H_2$ d'ordre q. L'élément $z = xy$ est alors d'ordre pq (si $z^m = e$ alors $x^m = y^{-m}$ donc $x^{mq} = e$ donc $p \mid mq$ donc $p \mid m$ d'après le théorème de Gauss ; de même $q \mid m$ donc $pq \mid m$), donc $G = \langle z \rangle$ est cyclique.

Remarque. Le résultat de cet exercice est un cas particulier du résultat suivant : si G est un groupe fini d'ordre n et si n et $\varphi(n)$ sont premiers entre eux (où φ désigne l'indicateur d'Euler), alors G est cyclique.

– Nous avons redémontré dans 2/a) le résultat de la question 2/a) du problème 8 page 42, qui affirme que pour G non abélien, $G/\mathcal{Z}(G)$ ne peut pas être cyclique.

5. Sujets d'étude

Sujet d'étude 1 (Théorème de Tchébycheff). Pour tout $x \in \mathbb{R}$, on note $[x]$ sa partie entière. Si $n \geq 2$, on note $\mathcal{P}(n)$ l'ensemble des nombres premiers $\leq n$, et $\pi(n) = \text{Card}(\mathcal{P}(n))$. Enfin, si $n \in \mathbb{N}^*$ et si p est un nombre premier, on note $v_p(n)$ le plus grand entier naturel α tel que $p^\alpha \mid n$ (*valuation p-adique* de n).

1/ Montrer que si n est un entier, $n \geq 2$, le coefficient binomial C_{2n}^n vérifie

$$\frac{4^n}{2\sqrt{n}} < C_{2n}^n < 4^n.$$

2/a) Si $k \in \mathbb{N}^*$, montrer $C_{2k+1}^k < 4^k$.
b) En déduire que pour $n \geq 2$, $P_n = \prod_{p \in \mathcal{P}(n)} p < 4^n$.
3/ Montrer que si $n \geq 14$, $\pi(n) \leq n/2 - 1$.
4/ Si $n \in N$ et p est premier, montrer

$$v_p(n!) = \sum_{i=1}^{\infty} \left[\frac{n}{p^i}\right].$$

5/ Soient p un nombre premier. Montrer que $p^r \leq 2n$, où $r = v_p(C_{2n}^n)$. En déduire $C_{2n}^n \leq (2n)^{\pi(2n)}$.
6/ Soit $n > 2$. Soit p premier, $2n/3 < p \leq n$. Montrer que $p \nmid C_{2n}^n$.
7/ Soit $n \geq 2$. On note $\mathcal{P} = \mathcal{P}(2n) \setminus \mathcal{P}(n)$ et $R_n = \prod_{p \in \mathcal{P}} p$. Si $n \geq 98$, montrer

$$\frac{4^{n/3}}{2\sqrt{n}(2n)^{\sqrt{n/2}}} < R_n < (2n)^{\pi(2n)-\pi(n)}.$$

8/ Si $x \in \mathbb{R}$, $x \geq 7$, montrer que $2^x \geq 18x$. Si $x \geq 5$, montrer que $2^x \geq 6x$. En déduire que si $n \in \mathbb{N}$, $n \geq 450$, $R_n > 2n$.
9/a) Montrer que si $n \in \mathbb{N}$, $n > 5$, il existe au moins deux nombres premiers p tels que $n < p < 2n$.
b) En déduire le théorème de Tchébycheff : Si n est un entier, $n \geq 4$, alors il existe au moins un nombre premier p vérifiant $n < p < 2n - 2$.

Solution. **1**/ La majoration de C_{2n}^n est une conséquence de l'identité du binôme, qui entraîne

$$C_{2n}^n < \sum_{k=0}^{2n} C_{2n}^k = (1+1)^{2n} = 4^n.$$

Montrons l'autre inégalité par récurrence sur $n \geq 2$. Pour $n = 2$, c'est vrai car $C_4^2 = 6 > 4^2/(2\sqrt{2})$. Supposons le résultat vrai pour n, montrons le pour $n+1$. On écrit

$$C_{2n+2}^{n+1} = 2\frac{2n+1}{n+1}C_{2n}^n > \frac{2(2n+1)}{n+1} \cdot \frac{4^n}{2\sqrt{n}} = \frac{2n+1}{2\sqrt{4n(n+1)}\sqrt{n+1}}4^{n+1},$$

et il suffit alors de voir que $4n(n+1) < (2n+1)^2 = 1 + 4n(n+1)$.

2/a) On écrit tout simplement

$$2C_{2k+1}^k = C_{2k+1}^k + C_{2k+1}^{k+1} < \sum_{n=0}^{2k+1} C_{2k+1}^n = 2^{2k+1} = 2.4^k.$$

b) Procédons par récurrence sur n.

- Pour $n = 2$ c'est vrai car $P_2 = 2 < 4^2$.

- Supposons le résultat vrai jusqu'au rang $n-1$. Si n est pair, alors $P_n = P_{n-1} < 4^{n-1} < 4^n$. Sinon n est impair. Soit $k \in \mathbb{N}$ tel que $n = 2k+1$. Pour tout nombre premier p tel que $k+2 \leq p \leq 2k+1$, p divise $k!C_{2k+1}^k = (k+2)\cdots(2k+1)$. Or p est premier avec $k!$, donc d'après le théorème de Gauss, $p \mid C_{2k+1}^k$. Si N désigne le produit des nombres premiers p tels que $k+2 \leq p \leq 2k+1$, on a donc $N \mid C_{2k+1}^k$, donc $N \leq C_{2k+1}^k < 4^k$. Or $P_{k+1} < 4^{k+1}$. Donc $P_{2k+1} = NP_{k+1} < 4^k 4^{k+1} = 4^{2k+1}$.

3/ On vérifie facilement que $\pi(14) = 6 = 14/2 - 1$.
Supposons $n \geq 15$. Parmi $1, 2, \ldots, n$, les $[n/2] - 1$ nombres pairs $4, 6, \ldots, 2[n/2]$ sont composés. Par ailleurs $1, 9$ et 15 ne sont pas premiers. On trouve donc au moins $([n/2]-1)+3 = [n/2]+2$ nombres composés parmi $1, 2\ldots, n$. Donc $\pi(n) \leq n - ([n/2]+2) \leq n - (n/2+1) = n/2 - 1$.

4/ Si $k \in \mathbb{N}^*$, $v_p(k)$ s'interprète comme l'exposant de p dans la décomposition de k en facteurs premiers. Donc $v_p(n!) = \sum_{k=1}^n v_p(k)$. Par commodité, nous utilisons le symbole de Kronecker défini par $\delta_k^i = 1$ si $p^i \mid k$, $\delta_k^i = 0$ si $p^i \nmid k$. On a bien sûr $v_p(k) = \sum_{i=1}^\infty \delta_k^i$, de sorte que

$$v_p(n!) = \sum_{k=1}^n v_p(k) = \sum_{k=1}^n \left(\sum_{i=1}^\infty \delta_k^i\right) = \sum_{i=1}^\infty \left(\sum_{k=1}^n \delta_k^i\right).$$

Pour tout i, $\sum_{k=1}^n \delta_k^i$ représente le nombre d'entiers k, $1 \leq k \leq n$ tels que $p^i \mid k$. Ces entiers sont de la forme ℓp^i où $\ell \in \mathbb{N}^*$ et $\ell \leq n/p^i$, donc au nombre de $[n/p^i]$. Donc $v_p(n!) = \sum_{i=1}^\infty [n/p^i]$.

5/ Notre point de départ est la formule suivante (conséquence immédiate du résultat de la question précédente) :

$$r = v_p(C_{2n}^n) = v_p[(2n)!] - 2v_p(n!) = \sum_{k=1}^\infty \left(\left[\frac{2n}{p^k}\right] - 2\left[\frac{n}{p^k}\right]\right). \qquad (*)$$

Lorsque $x \in \mathbb{R}$, les inégalités $2x-1 < [2x] \leq 2x$ et $x-1 < [x] \leq x$ entraînent $-1 < [2x]-2[x] < 2$, et comme $[2x]-2[x]$ est entier, on a

$$0 \leq [2x] - 2[x] \leq 1. \qquad (**)$$

Lorsque $p^k > 2n$, $[2n/p^k] = [n/p^k] = 0$ donc on peut se restreindre dans la somme $(*)$ aux indices k tels que $p^k \leq 2n$, ou encore $k \leq \log(2n)/\log p$, ce qui entraîne

$$r = v_p(C_{2n}^n) = \sum_{1\leq k\leq \log(2n)/\log p} \left(\left[\frac{2n}{p^k}\right] - 2\left[\frac{n}{p^k}\right]\right) \leq \sum_{1\leq k\leq \log(2n)/\log p} 1 \leq \frac{\log(2n)}{\log p}.$$

On en déduit $p^r \leq 2n$. Finalement, ceci conduit à l'inégalité

$$C_{2n}^n = \prod_{p\in\mathcal{P}(2n)} p^{v_p(C_{2n}^n)} \leq \prod_{p\in\mathcal{P}(2n)} (2n) = (2n)^{\pi(2n)}.$$

6/ Les hypothèses sur p s'écrivent aussi $2n/p < 3$ et $n \geq p$, donc $[2n/p] \leq 2$ et $[n/p] \geq 1$. Les inégalités $(**)$ entraînent alors nécessairement $[2n/p] - 2[n/p] = 0$. Lorsque $k \geq 2$, on a $p^k \geq p^2 > 4n^2/9$, ce qui pour $n \geq 5$ donne $p^k > 2n$ et donc $[2n/p^k] = [n/p^k] = 0$. Ainsi

$$\forall n \geq 5, \quad v_p(C_{2n}^n) = \sum_{k=1}^\infty \left(\left[\frac{2n}{p^k}\right] - 2\left[\frac{n}{p^k}\right]\right) = 0,$$

d'où le résultat si $n \geq 5$. Lorsque $n = 3$ ou $n = 4$, on a nécessairement $p = 3$. Or $C_6^3 = 20$ et $C_8^4 = 70$ ne sont pas divisibles par 3, le résultat est donc démontré pour tout $n \geq 3$.

7/ Il est clair que

$$R_n = \prod_{p\in\mathcal{P}} p < \prod_{p\in\mathcal{P}} (2n) = (2n)^{\pi(2n)-\pi(n)}.$$

- Comme pour 2/b), on voit que $R_n \mid C_{2n}^n$. Soit $Q_n \in \mathbb{N}^*$ tel que $C_{2n}^n = R_n Q_n$. D'après 5/, si p est premier, $n < p \leq 2n$, on a $p \nmid Q_n$. Donc tout nombre premier p divisant Q_n vérifie $p \leq n$. D'après 6/, on a même $p \leq 2n/3$. Le produit des nombres premiers de Q_n sera donc au plus égal à $P_{[2n/3]}$, donc inférieur à $4^{2n/3}$.

D'après 5/, l'exposant de p dans la décomposition de Q_n en facteurs premiers ne sera > 1 que si $p < \sqrt{2n}$. D'après 3/, comme $\sqrt{2n} \geq \sqrt{2\cdot 98} = 14$, ce nombre de facteurs premiers de Q_n est inférieur à $[\sqrt{2n}]/2 - 1$, donc strictement inférieur à $\sqrt{2n}/2 = \sqrt{n/2}$. Le produit des puissances de ces nombres premiers divisant Q_n sera donc au plus égal à $(2n)^{\sqrt{n/2}}$, et finalement

$$Q_n \leq 4^{2n/3}(2n)^{\sqrt{n/2}}$$

et comme $R_n Q_n = C_{2n}^n$, on tire de 1/

$$R_n Q_n > \frac{4^n}{2\sqrt{n}} \quad \text{donc} \quad R_n > \frac{4^{n/3}}{2\sqrt{n}(2n)^{\sqrt{n/2}}}.$$

8/ La première partie de cette question se résout facilement (en utilisant par exemple une étude de fonctions ou une récurrence sur x). Traitons maintenant la seconde partie. Lorsque $n \geq 450$, on a $\sqrt{2n}/6 \geq 5$ donc $2^{\sqrt{2n}/6} > \sqrt{2n}$, d'où

$$2^{n/3} = (2^{\sqrt{2n}/6})^{\sqrt{2n}} > (\sqrt{2n})^{\sqrt{2n}} = (2n)^{\sqrt{n/2}}. \qquad (***)$$

On a aussi $2n/9 \geq 7$, donc $2^{2n/9} > 4n$ donc $2^{n/3} > (4n)^{3/2} > 4n\sqrt{n}$. En combinant cette dernière inégalité avec $(***)$, on obtient

$$\frac{4^{n/3}}{(2n)^{\sqrt{n/2}}} > 2^{n/3} > 4n\sqrt{n},$$

d'où le résultat d'après 7/.

9/a) D'après 8/ et 7/, si $n \geq 450$, on a $(2n)^{\pi(2n)-\pi(n)} > R_n > 2n$, donc $\pi(2n) - \pi(n) \geq 2$.

Il reste à vérifier le résultat pour $6 \leq n \leq 450$. Les nombres premiers 7, 11, 13, 19, 23, 37, 43, 73, 83, 139, 163, 277, 317, 547, 631 suffisent à l'affirmer.

b) Pour $n = 4$ c'est vrai $(4 < 5 < 6)$ ainsi que pour $n = 5$ $(5 < 7 < 8)$. Pour $n \geq 6$, il existe d'après 9/a) deux nombres premiers p tels que $n < p < 2n$, donc il en existe au moins un vérifiant $n < p < 2n - 2$.

Remarque. Ce résultat fut conjecturé par J. Bertrand en 1845 et démontré pour la première fois par Tchébycheff en 1850.

Sujet d'étude 2 (Symbole de Legendre et applications). Soit $p > 2$ un nombre premier. Pour alléger les notations, on note $\mathbb{F}_p$ le corps $\mathbb{Z}/p\mathbb{Z}$ et $p' = (p-1)/2$. Pour tout $x \in \mathbb{R}$, on note $[x]$ sa partie entière.

1/ Calculer le cardinal de l'ensemble $(\mathbb{F}_p^*)^2 = \{x^2 \mid x \in \mathbb{F}_p^*\}$.

2/ Si $x \in \mathbb{Z}$, $p \nmid x$, on note $(\frac{x}{p}) = 1$ si $\dot{x} \in (\mathbb{F}_p^*)^2$, $(\frac{x}{p}) = -1$ sinon (*symbole de Legendre*).

a) Si $p \nmid x$, montrer que $(\frac{x}{p}) \equiv x^{p'} \pmod{p}$, puis montrer

$$\forall x, y,\ p \nmid x,\ p \nmid y, \quad \left(\frac{xy}{p}\right) = \left(\frac{x}{p}\right)\left(\frac{y}{p}\right).$$

b) Calculer $(\frac{-1}{p})$.

3/ Soit $S = \{\dot{1}, \dot{2}, \dots, \dot{p'}\}$ et soit $a \in \mathbb{Z}$, $p \nmid a$. Si $s \in \mathbb{N}$, $1 \leq s \leq p'$, on peut écrire de manière unique $\dot{a}\dot{s} = e_s(a)\dot{s}_a$ avec $e_s(a) \in \{-1, 1\}$ et $\dot{s}_a \in S$.
a) Montrer que l'application $f : S \to S \quad \dot{s} \mapsto \dot{s}_a$ est bijective.
b) Soit $\mu_a = \text{Card}\{s \in S \mid e_s(a) = -1\}$. Montrer $(\frac{a}{p}) = (-1)^{\mu_a}$.

4/ (Loi de réciprocité quadratique.) Soit $q > 2$ premier, $q \neq p$. On note $q' = (q-1)/2$.
a) On considère les sommes

$$S_{q,p} = \sum_{s=1}^{p'} \left[\frac{sq}{p}\right] \quad \text{et} \quad S_{p,q} = \sum_{s=1}^{q'} \left[\frac{sp}{q}\right].$$

Montrer que $S_{p,q} + S_{q,p} = p'q'$.
b) Montrer que $S_{q,p} \equiv \mu_q \pmod 2$.
c) En déduire la *loi de réciprocité quadratique*

$$\left(\frac{p}{q}\right)\left(\frac{q}{p}\right) = (-1)^{p'q'}.$$

Application 1. **5/a)** (Un test de primalité.) Soient h et m deux entiers tels que $m \geq 2$ et $1 \leq h \leq 2^m - 1$. On pose $n = h2^m + 1$. Soit $p > 2$ premier tel que $(\frac{n}{p}) = -1$. Montrer que n est premier si et seulement si $p^{(n-1)/2} \equiv -1 \pmod n$.
b) (Test de Pépin). On rappelle que les nombres de Fermat sont les nombres de la forme $F_k = 2^{2^k} + 1$ où $k \in \mathbb{N}^*$ (voir l'exercice 4 page 13). Montrer que F_k est un nombre premier si et seulement si $3^{(F_k-1)/2} \equiv -1 \pmod{F_k}$.

Application 2. **6/a)** Soit $p > 3$ un nombre premier. Montrer que $-\dot{3}$ est un carré dans $\mathbb{F}_p$ si et seulement si $p \equiv 1 \pmod 6$. En déduire qu'il existe une infinité de nombres premiers de la forme $6n + 1$.
b) Soit $p > 5$ un nombre premier. Montrer que $\dot{5}$ est un carré dans $\mathbb{F}_p$ si et seulement si $p \equiv \pm 1 \pmod{10}$. En déduire qu'il existe une infinité de nombres premiers de la forme $10n - 1$, $n \in \mathbb{N}$.

Solution. **1/** L'application $\varphi : \mathbb{F}_p^* \to (\mathbb{F}_p^*)^2 \quad x \mapsto x^2$ est un morphisme de groupe surjectif. Or $x \in \text{Ker}\,\varphi \iff x^2 = \dot{1} \iff (x - \dot{1})(x + \dot{1}) = \dot{0} \iff x \in \{-\dot{1}, \dot{1}\}$. Donc $\text{Card}(\text{Ker}\,\varphi) = 2$, donc $\text{Card}\Big((\mathbb{F}_p^*)^2\Big) = \text{Card}(\mathbb{F}_p^*)/\text{Card}(\text{Ker}\,\varphi) = (p-1)/2 = p'$.

2/a) Si $x \in (\mathbb{F}_p^*)^2$, alors il existe $y \in \mathbb{F}_p^*$ tel que $x = y^2$ et donc $x^{p'} = y^{p-1} = \dot{1}$. L'équation $x^{p'} - 1$ ayant au plus p' racines dans le corps $\mathbb{F}_p^*$, comme $\text{Card}\Big((\mathbb{F}_p^*)^2\Big) = p'$ on en déduit l'équivalence $(x^{p'} = \dot{1}) \iff (x \in (\mathbb{F}_p^*)^2)$. Or si $x \in \mathbb{F}_p^*$, $x^{p-1} = x^{2p'} = \dot{1}$ donc $(x^{p'} - \dot{1})(x^{p'} + \dot{1}) = \dot{0}$ donc $x^{p'} \in \{-\dot{1}, \dot{1}\}$. Donc si $x \notin (\mathbb{F}_p^*)^2$, $x^{p'} = -\dot{1}$, d'où le résultat.
On a donc

$$\left(\frac{xy}{p}\right) \equiv (xy)^{p'} \equiv (x^{p'})(y^{p'}) \equiv \left(\frac{x}{p}\right)\left(\frac{y}{p}\right) \pmod p$$

et comme $p > 2$, on en déduit le résultat.
b) D'après 2/a), $(\frac{-1}{p}) \equiv (-1)^{p'} \pmod p$, et comme $p > 2$ et que $(\frac{-1}{p}) \in \{-1, 1\}$, $(\frac{-1}{p}) = (-1)^{p'}$.

3/a) Remarquons que si $\dot{s} \in S$, alors $f(\dot{s}) = e_s(a)\dot{a}\dot{s}$. Ceci étant, f est injective. En effet, si $f(\dot{s}) = f(\dot{s}')$, alors $e_s(a)\dot{a}\dot{s} = e_{s'}(a)\dot{a}\dot{s}'$ donc $e_s(a)\dot{s} = e_{s'}(a)\dot{s}'$, donc p divise $e_s(a)s - e_{s'}(a)s' = n$. Or $|n| \leq |s| + |s'| \leq 2p' < p$, donc $n = 0$, ce qui prouve $e_s(a)s = e_{s'}(a)s'$ et en passant aux valeurs absolues $s = s'$. L'application f est injective et comme le cardinal de l'ensemble de départ est égal à celui de l'ensemble d'arrivée, f est bijective.

b) On écrit

$$\left(\frac{a}{p}\right)\left(\prod_{\dot s\in S}\dot s\right)=\dot a^{p'}(\dot 1\cdot\dot 2\cdots\dot p')=\dot a(\dot 2\dot a)\cdots(\dot p'\dot a)=\left(\prod_{\dot s\in S}e_s(a)\right)\left(\prod_{\dot s\in S}\dot s_a\right).$$

Comme f est bijective, $\prod_{\dot s\in S}\dot s=\prod_{\dot s\in S}\dot s_a$, et ce terme étant non nul, on obtient

$$\left(\frac{a}{p}\right)\equiv\prod_{\dot s\in S}e_s(a)\equiv(-1)^{\mu_a}\pmod p,$$

d'où le résultat.

4/a) Nous allons établir la preuve à l'aide d'un dessin (voir la figure ci contre). Remarquons déjà que p et q étant premiers et distincts, ils sont premiers entre eux. Autrement dit, dans la figure, aucun point à coordonnées (i,j) entières $(1\le i\le p',\ 1\le j\le q')$ ne rencontre la diagonale OC. Soit $s\in\mathbb{N}$, $1\le s\le p'$. $[sq/p]$ représente le nombre de points à coordonnées entières, d'abscisse s, d'ordonnée >0, se trouvant sous la diagonale OC. Le nombre $S_{q,p}=\sum_{s=1}^{p'}[sq/p]$ représente donc le nombre de points à coordonnées entières d'ordonnées >0 dans le rectangle $OPRQ$ se trouvant sous la diagonale OC. Pour des raisons analogues, $S_{p,q}$ représente le nombre de points à coordonnées entières d'abscisse >0 dans le rectangle $OPRQ$ se trouvant au dessus de la diagonale OC. La somme $S_{p,q}+S_{q,p}$ est donc le nombre de points à coordonnées entières dans le rectangle $OPRQ$ d'abscisse et d'ordonnées >0, c'est-à-dire $S_{p,q}+S_{q,p}=p'q'$.

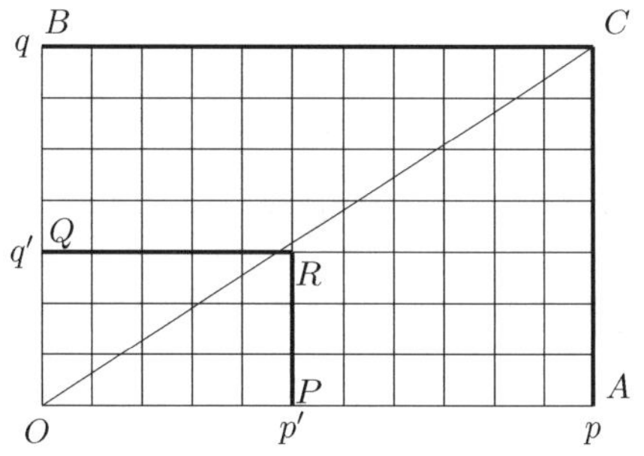

FIGURE 1. La diagonale OC sépare les points de $OPRQ$ en deux régions.

b) Lorsque $s\in\mathbb{N}$, $1\le s\le p'$, on écrit $sq=p[sq/p]+u_s$, où $1\le u_s\le p-1$. On a la propriété suivante :

$$\text{Si } u_s\le p',\quad u_s=s_q\ \text{ et }\ e_s(q)=1\,;\qquad \text{si } u_s>p',\quad u_s=p-s_q\ \text{ et }\ e_s(q)=-1.$$

Par sommation de l'égalité $sq=p[sq/p]+u_s$ on obtient

$$\sum_{s=1}^{p'}sq=p\sum_{s=1}^{p'}\left[\frac{sq}{p}\right]+\sum_{s=1}^{p'}u_s=pS_{q,p}+\sum_{s=1}^{p'}u_s. \qquad (*)$$

Par ailleurs, en travaillant modulo 2 on a

$$\sum_{s=1}^{p'}u_s\equiv\sum_{e_s(q)=1}s_q+\sum_{e_s(q)=-1}(p-s_q)\equiv\sum_{e_s(q)=1}s_q+\mu_q p+\sum_{e_s(q)=-1}s_q\pmod 2,$$

$$\equiv\sum_{s=1}^{p'}s_q+\mu_q p\equiv\sum_{s=1}^{p'}s+\mu_q\pmod 2.$$

En injectant ceci dans l'identité $(*)$ on obtient

$$q\sum_{s=1}^{p'}s\equiv pS_{q,p}+\sum_{s=1}^{p'}s+\mu_q\equiv S_{q,p}+\sum_{s=1}^{p'}s+\mu_q\pmod 2.$$

Comme $q \equiv 1 \pmod 2$ ce résultat entraîne que $S_{q,p}$ et μ_q ont la même parité.

c) D'après 4/b), $S_{q,p}$ et μ_q ont la même parité ; pour les mêmes raisons, $S_{p,q}$ et μ_p ont également même parité. Donc d'après 3/b)

$$\left(\frac{p}{q}\right)\left(\frac{q}{p}\right) = (-1)^{\mu_p}(-1)^{\mu_q} = (-1)^{S_{p,q}+S_{q,p}} = (-1)^{p'q'},$$

cette dernière égalité provenant de 4/a).

5/a) *Condition nécessaire.* Comme $m \geq 2$, $n' = (n-1)/2$ est pair, donc d'après la loi de réciprocité quadratique

$$\left(\frac{p}{n}\right) = \left(\frac{n}{p}\right) = -1,$$

ce qui d'après 2/a) entraîne $p^{(n-1)/2} \equiv -1 \pmod n$.
Condition suffisante. Soit q un facteur premier de n ($q \neq p$ car $p \wedge n = 1$). On a

$$p^{(n-1)/2} \equiv -1 \pmod q, \qquad p^{n-1} \equiv 1 \pmod q, \qquad p^{q-1} \equiv 1 \pmod q.$$

En désignant par d l'ordre de $\dot p$ dans $(\mathbb{Z}/q\mathbb{Z})^*$, on a donc

$$d \nmid \frac{n-1}{2}, \quad d \mid (n-1) \quad \text{et} \quad d \mid q-1.$$

Les deux premières assertions s'écrivent aussi $d \nmid 2^{m-1}h$ et $d \mid 2^m h$, donc $2^m \mid d$ et $2^m \mid (q-1)$. Soit $x \in \mathbb{N}^*$ tel que $q = 2^m x + 1$. Si r est tel que $n = qr$, de $n \equiv 1 \equiv q \pmod{2^m}$ on tire $r \equiv 1 \pmod{2^m}$ donc il existe $y \in \mathbb{N}$, $r = 2^m y + 1$. Donc

$$n = qr = (2^m x + 1)(2^m y + 1) = 2^m(2^m xy + x + y) + 1$$

d'où on tire $2^m xy < 2^m xy + x + y = h < 2^m$, donc $y = 0$, et donc $n = q$ est premier.

b) On veut appliquer le test précédent avec $h = 1$ et $m = 2^k \geq 2$. Comme $2^m \equiv (-1)^m \equiv 1 \pmod 3$, on a $n \equiv 2 \pmod 3$ donc $(\frac{n}{3}) = -1$ comme on le vérifie facilement. Le test précédent s'applique donc (avec p=3), d'où le résultat.

6/a) D'après la loi de réciprocité quadratique

$$\left(\frac{3}{p}\right)\left(\frac{p}{3}\right) = (-1)^{1\times p'} \quad \text{donc} \quad \left(\frac{3}{p}\right) = (-1)^{p'}\left(\frac{p}{3}\right).$$

On a donc, en utilisant 2/a) et 2/b)

$$\left(\frac{-3}{p}\right) = \left(\frac{-1}{p}\right)\left(\frac{3}{p}\right) = (-1)^{p'}(-1)^{p'}\left(\frac{p}{3}\right) = \left(\frac{p}{3}\right). \qquad (**)$$

Si $p \equiv 1 \pmod 3$, alors $(\frac{p}{3}) = 1$; si $p \equiv 2 \pmod 3$, alors $(\frac{p}{3}) = -1$. D'après (**), $-\dot 3$ est donc un carré dans $\mathbb{F}_p$ si et seulement si $p \equiv 1 \pmod 3$, autrement dit si et seulement si $p = 1 + 3k$ avec $k \in \mathbb{N}^*$, ou encore $p = 1 + 6n$ avec $n \in \mathbb{N}^*$ car k doit être pair.

Supposons qu'il y ait un nombre fini de nombres premiers de la forme $1+6n$. Nous les notons $p_1, \cdots, p_k$. On pose $N = 1 + 2^2 3(p_1 \cdots p_k)^2$. Soit p un nombre premier divisant N. Comme $6 \mid N - 1$, on a $p > 3$. Par ailleurs

$$-1 \equiv 2^2 3(p_1 \cdots p_k)^2 \pmod p \qquad \text{donc} \qquad -3 \equiv (2 \cdot 3 \cdot p_1 \cdots p_k)^2 \pmod p,$$

donc $-\dot 3$ est un carré dans $\mathbb{F}_p$, donc $p \equiv 1 \pmod 6$, donc il existe i tel que $p = p_i$. Mais alors $p \mid N - 1$, ce qui est absurde puisque $p = p_i$ divise N. D'où le résultat.

b) D'après la loi de réciprocité quadratique

$$\left(\frac{5}{p}\right)\left(\frac{p}{5}\right) = (-1)^{2p'} = 1 \quad \text{donc} \quad \left(\frac{5}{p}\right) = \left(\frac{p}{5}\right). \qquad (***)$$

On vérifie facilement que les carrés dans $\mathbb{F}_5^*$ sont $-\dot 1$ et $\dot 1$. D'après (***), 5 est donc un carré dans $\mathbb{F}_p$ si et seulement si $p \equiv \pm 1 \pmod 5$, c'est-à-dire $p = \pm 1 + 5k$, $k \in \mathbb{N}^*$, où encore $p = \pm 1 + 10n$, $n \in \mathbb{N}^*$ car k doit être pair pour que p soit premier.

Supposons qu'il y ait un nombre fini de nombres premiers de la forme $10n-1$, $n \in \mathbb{N}^*$. Nous les notons $p_1, \cdots, p_k$. Posons $N = -1 + 2^2 3^2 5 (p_1 \cdots p_k)^2$. Soit p un nombre premier divisant N. Comme $(2 \cdot 3 \cdot 5) \mid N+1$, $p > 5$. Par ailleurs,

$$1 \equiv 2^2 3^2 5 (p_1 \cdots p_k)^2 \pmod p \quad \text{donc} \quad 5 \equiv (2 \cdot 3 \cdot 5 p_1 \cdots p_k)^2 \pmod p,$$

donc $\dot{5}$ est un carré dans $\mathbb{F}_p$. Donc $p \equiv \pm 1 \pmod{10}$. Si $p \equiv -1 \pmod{10}$, alors il existe i tel que $p = p_i$ et donc $p \mid N+1$, ce qui est absurde puisque $p \mid N$. Nous venons donc de montrer que tout diviseur premier p de N vérifie $p \equiv 1 \pmod{10}$, ce qui en écrivant la décomposition en facteurs premiers de N entraîne $N \equiv 1 \pmod{10}$. Ceci est absurde puisque la forme de N entraîne $N \equiv -1 \pmod{10}$. Il y a donc une infinité de nombres premiers de la forme $10n-1$, $n \in \mathbb{N}^*$.

Remarque. On retrouve avec la question 2/b) le résultat 1/a) du problème 5 (page 40). Le résultat de 6/a) est un cas particulier de la question 2/ de ce même problème.

– Les nombres de Fermat F_k sont premiers pour $k \leq 4$. On n'a jusqu'ici jamais trouvé d'autres nombres de Fermat premiers, et on ne sait pas s'il y en a. On sait que F_k n'est pas premier pour $5 \leq k \leq 32$. Le test de Pépin a été utilisé en 1999 pour montrer que F_{24} n'est pas premier.

Sujet d'étude 3 (Sur les entiers somme de deux carrés). Le but de ce sujet d'étude est de donner une condition nécessaire et suffisante sur n pour qu'un entier n soit somme de deux carrés.

On note $\mathcal{A}_2 = \{x^2 + y^2 \mid (x,y) \in \mathbb{Z}^2\}$. On suppose connu le résultat 1/a) du problème 3 : Si $p > 2$ est premier, alors

$$-\dot{1} \text{ est un carré dans } \mathbb{Z}/p\mathbb{Z} \iff p \equiv 1 \pmod 4 \qquad (*).$$

1/ Si X et Y appartiennent à $\mathcal{A}_2$, montrer que $XY \in \mathcal{A}_2$.

2/ Soit p un nombre premier tel que $p \equiv 1 \pmod 4$.
a) Montrer qu'il existe un entier m, $1 \leq m < p$, tel que $mp \in \mathcal{A}_2$.
b) Soit $m_0 = \inf\{m \in \mathbb{N}^* \mid mp \in \mathcal{A}_2\}$. Supposons $m_0 > 1$. Montrer qu'il existe deux entiers x_1 et y_1 tels que $x_1^2 + y_1^2 = m_1 m_0$, avec m_1 un entier vérifiant $1 \leq m_1 < m_0$.
c) Montrer qu'il existe deux entiers X et Y tels que $X^2 + Y^2 = m_1 p$. Conclure.

3/ Démontrer le résultat suivant : Un entier $n > 0$ est somme de deux carrés d'entiers si et seulement si tous les facteurs premiers de n de la forme $4m+3$, $m \in \mathbb{N}$, ont un exposant pair dans la décomposition en facteurs premiers de n.

Solution. **1/** Soit $X = x_1^2 + x_2^2$ et $Y = y_1^2 + y_2^2$ deux éléments de $\mathcal{A}_2$. On peut écrire X et Y comme le carré des modules des nombres complexes $x = x_1 + ix_2$ et $y = y_1 + iy_2$. Il suffit ensuite de remarquer que $XY = |xy|^2 = (x_1x_2 + y_1y_2)^2 + (x_1y_2 - x_2y_1)^2$.

2/a) D'après $(*)$, $-\dot{1}$ est un carré dans $\mathbb{Z}/p\mathbb{Z}$. Autrement dit, il existe $x \in \mathbb{Z}$,tel que $-1 \equiv x^2 \pmod p$. On peut même choisir x tel que $0 \leq x \leq p-1$. Comme $x^2 + 1 \equiv 0 \pmod p$, il existe $m \in \mathbb{Z}$ tel que $x^2 + 1 = mp$, et comme $0 \leq x \leq p-1$, on a $0 < m < p$, d'où le résultat.

b) Par hypothèse, il existe x, $y \in \mathbb{Z}$ tels que $x^2 + y^2 = m_0 p \qquad (**)$. Si m_0 divise x et y, alors $m_0^2 \mid (x^2 + y^2)$ donc $m_0 \mid p$, ce qui est absurde puisque $1 < m_0 \leq m < p$. Donc m_0 ne divise pas x ou ne divise pas y. En désignant par c et d les entiers les plus proches de x/m_0 et y/m_0, les entiers $x_1 = x - cm_0$ et $y_1 = y - dm_0$ vérifient

$$|x_1| \leq \frac{1}{2} m_0, \quad |y_1| \leq \frac{1}{2} m_0 \quad \text{et} \quad x_1^2 + y_1^2 > 0.$$

Or $x_1 \equiv x \pmod{m_0}$ et $y_1 \equiv y \pmod{m_0}$ donc $x_1^2 + y_1^2 \equiv x^2 + y^2 \equiv 0 \pmod{m_0}$, et donc il existe $m_1 \in \mathbb{N}$ tel que $x_1^2 + y_1^2 = m_1 m_0$. Comme $x_1^2 + y_1^2 > 0$, $m_1 > 0$. Par ailleurs, $x_1^2 + y_1^2 \leq (m_0/2)^2 + (m_0/2)^2 = m_0^2/2$ donc $m_1 < m_0$.
c) Multipliant $(**)$ par l'égalité $x_1^2 + y_1^2 = m_1 m_0$, on obtient

$$m_0^2 m_1 p = (x^2 + y^2)(x_1^2 + y_1^2) = (xx_1 + yy_1)^2 + (xy_1 - x_1 y)^2.$$

Mais

$$\begin{cases} xx_1 + yy_1 &= x(x - cm_0) + y(y - dm_0) &= m_0 X & \text{avec } X = p - cx - dy \in \mathbb{Z} \\ xy_1 - x_1 y &= x(y - dm_0) - y(x - cm_0) &= m_0 Y & \text{avec } Y = cy - dx \in \mathbb{Z}/ \end{cases}$$

Donc $m_1 p = X^2 + Y^2 \in \mathcal{A}_2$. Or $1 \leq m_1 < m_0$ ce qui est contraire à l'hypothèse de minimalité faite sur m_0. Donc $m_0 = 1$, c'est-à-dire $p \in \mathcal{A}_2$.

3/ *Condition nécessaire.* Soit $n = x^2 + y^2$ (avec $x, y \in \mathbb{Z}$) et p un facteur premier de n tel que son exposant dans la décomposition de n en facteurs premiers soit impair. Notons $d = \text{pgcd}\,(x, y)$. Les nombres $X = x/d$ et $Y = y/d$ sont des entiers qui vérifient $X \wedge Y = 1$. Comme $n = d^2(X^2 + Y^2)$ et que l'exposant de p dans la décomposition de n en facteurs premiers est impair, on a forcément $p \mid X^2 + Y^2$. Or $p \nmid X$ (sinon $p \mid X$ donc $p \mid Y$, absurde car $X \wedge Y = 1$), $\dot{X}$ est donc non nul dans $\mathbb{Z}/p\mathbb{Z}$. Comme $\dot{X}^2 + \dot{Y}^2 = \dot{0}$ dans $\mathbb{Z}/p\mathbb{Z}$, on a $-\dot{1} = (\dot{X}^{-1}\dot{Y})^2$ donc $-\dot{1}$ est un carré dans $\mathbb{Z}/p\mathbb{Z}$, donc $p = 2$ ou $p \equiv 1 \pmod 4$ d'après $(*)$. D'où la condition nécessaire.
Condition suffisante. Soient $p_1, \ldots, p_k$ les facteurs premiers de n dont l'exposant dans la décomposition en facteurs premiers de n est impair. On peut écrire $n = m^2 p_1 \cdots p_k$, où $m \in \mathbb{N}^*$. Par hypothèse, pour tout i on a $p_i \not\equiv 3 \pmod 4$, ce qui, les p_i étant des nombres premiers, entraîne $p_i \equiv 1 \pmod 4$ ou $p_i = 2$. Donc $p_i \in \mathcal{A}_2$ (d'après 2/ et parce que $2 = 1^2 + 1^2 \in \mathcal{A}_2$). Donc d'après 1/, $p_1 \cdots p_k \in \mathcal{A}_2$. Or $m^2 = m^2 + 0^2 \in \mathcal{A}_2$, et toujours d'après 1/, $n = (m^2)(p_1 \cdots p_k) \in \mathcal{A}_2$. D'où le résultat.

Remarque. Ce résultat fut complété par Jacobi qui montra que si $d_1(n)$ (resp. $d_3(n)$) désigne le nombre de diviseurs de n de la forme $4n + 1$ (resp. $4n + 3$), alors

$$\text{Card}\{(x, y) \in \mathbb{Z}^2 \mid n = x^2 + y^2\} = 4\Big(d_1(n) - d_3(n)\Big).$$

Sujet d'étude 4 (Tout entier est somme de quatre carrés). Le but de ce sujet d'étude est de montrer que tout entier naturel est somme de quatre carrés. On note $\mathcal{A}_4 = \{x^2 + y^2 + z^2 + t^2 \mid (x, y, z, t) \in \mathbb{Z}^4\}$ et $\mathbb{Z}[i] = \{x + iy \mid (x, y) \in \mathbb{Z}^2\}$ (anneau des entiers de Gauss).

1/ Soient x, y, z et t des nombres complexes. Vérifier que

$$(|x|^2 + |y|^2)(|z|^2 + |t|^2) = |x\bar{z} + y\bar{t}|^2 + |xt - yz|^2.$$

En déduire que si X et $Y \in \mathcal{A}_4$, alors $XY \in \mathcal{A}_4$.

2) Soit $p > 2$ un nombre premier.
a) Montrer qu'il existe $x, y \in \mathbb{Z}$ tels que $-1 \equiv x^2 + y^2 \pmod p$. (On pourra utiliser le résultat de la question 1/ du sujet d'étude 2 page 49).
b) En déduire qu'il existe $m \in \mathbb{N}$, $1 \leq m < p$ tel que $mp \in \mathcal{A}_4$.
Soit m_0 le plus petit entier > 0 tel que $m_0 p \in \mathcal{A}_4$. Supposons $m_0 > 1$.
c) Montrer que m_0 est impair.
d) Montrer qu'il existe $x, y \in \mathbb{Z}[i]$ tel que $m_0 p = |x|^2 + |y|^2$.
e) Montrer qu'il existe c et $d \in \mathbb{Z}[i]$ tels que $z = x - cm_0$ et $t = y - dm_0$ vérifient $|z|^2 + |t|^2 = m_0 m_1$ avec $1 \leq m_1 < m_0$.
f) En utilisant 1/, montrer que $m_1 p \in \mathcal{A}_4$. Conclure.

3/ En déduire le *théorème de Lagrange* : tout entier naturel est somme de quatre carrés d'entiers.

Solution. **1/** Pour la première partie de la question, il suffit d'écrire

$$\begin{aligned}|x\bar{z}+y\bar{t}|^2+|xt-yz|^2 &= (x\bar{z}+y\bar{t})(\bar{x}z+\bar{y}t)+(xt-yz)(\overline{xt-yz})\\ &= (|xz|^2+|yt|^2+x\bar{z}\bar{y}t+\bar{x}zy\bar{t})+(|xt|^2+|yz|^2-xt\bar{y}\bar{z}-\bar{x}\bar{t}yz)\\ &= |xz|^2+|yt|^2+|xt|^2+|yz|^2=(|x|^2+|y|^2)(|z|^2+|t|^2).\end{aligned}$$

Maintenant, considérons $X=x_1^2+x_2^2+x_3^2+x_4^2$ et $Y=y_1^2+y_2^2+y_3^2+y_4^2$ deux éléments de $\mathcal{A}_4$. Appliquons la relation précédente avec $x=x_1+ix_2$, $y=x_3+ix_4$, $z=y_1+iy_2$ et $t=y_3+iy_4$. On a $X=|x|^2+|y|^2$ et $Y=|z|^2+|t|^2$. Le carré du module d'un élément de $\mathbb{Z}[i]$ étant la somme de deux carrés d'entiers, on en déduit que $XY=|x\bar{z}+y\bar{t}|^2+|xt-yz|^2$ est somme de quatre carrés d'entiers, d'où le résultat.

2/a) D'après la question 1/ du sujet d'étude 2, on a $\mathrm{Card}\{x^2 \mid x\in(\mathbb{Z}/p\mathbb{Z})^*\}=(p-1)/2$. En comptant $\dot{0}$, on voit donc que $\Gamma=\{x^2 \mid x\in\mathbb{Z}/p\mathbb{Z}\}$ a $(p+1)/2$ éléments. De l'injectivité de l'application $\mathbb{Z}/p\mathbb{Z}\to\mathbb{Z}/p\mathbb{Z}$ $\ y\mapsto -1-y$, on voit que $\Gamma'=\{-1-y^2 \mid y\in\mathbb{Z}/p\mathbb{Z}\}$ a aussi $(p+1)/2$ éléments. Donc $\Gamma\cap\Gamma'\neq\varnothing$ (car si $\Gamma\cap\Gamma'=\varnothing$, alors $p=\mathrm{Card}(\mathbb{Z}/p\mathbb{Z})\geq\mathrm{Card}(\Gamma)+\mathrm{Card}(\Gamma')=p+1$, absurde), ce qui entraîne l'existence de $x,y\in\mathbb{Z}/p\mathbb{Z}$ tels que $-\dot{1}-y^2=x^2$, d'où le résultat.

b) D'après la question précédente, il existe $x,y\in\mathbb{Z}$ tels que $-1\equiv x^2+y^2 \pmod p$. On peut même supposer $0\leq x<p$ et $0\leq y<p$, et quitte à changer x en $p-x$, y en $p-y$, supposer $0\leq x\leq(p-1)/2$ et $0\leq y\leq(p-1)/2$. Comme $p \mid 1+x^2+y^2$, il existe $m\in\mathbb{Z}$ tel que $1+x^2+y^2=mp$. Donc $0<mp\leq 1+2(\frac{p-1}{2})^2<p^2$, d'où $1\leq m<p$.

c) Supposons m_0 pair. Soient $x_1,x_2,x_3,x_4\in\mathbb{Z}$ tels que $m_0p=x_1^2+x_2^2+x_3^2+x_4^2$. Comme m_0 est pair, les éléments x_1,x_2,x_3,x_4 sont (i) soit tous pairs, (ii) soit tous impairs, (iii) soit deux d'entre eux sont pairs et deux sont impairs, et quitte à renuméroter, on peut supposer x_1,x_2 pairs et x_3,x_4 impairs. Dans tous les cas, les éléments

$$\frac{x_1-x_2}{2},\quad \frac{x_1+x_2}{2},\quad \frac{x_3-x_4}{2},\quad \frac{x_3+x_4}{2}$$

sont des entiers. Comme

$$\frac{m_0}{2}p=\left(\frac{x_1-x_2}{2}\right)^2+\left(\frac{x_1+x_2}{2}\right)^2+\left(\frac{x_3-x_4}{2}\right)^2+\left(\frac{x_3+x_4}{2}\right)^2,$$

l'hypothèse de minimalité de m_0 est contredite. Donc m_0 est impair.

d) Si $x_1,x_2,x_3,x_4\in\mathbb{Z}$ sont tels que $m_0p=x_1^2+x_2^2+x_3^2+x_4^2$, si $x=x_1+ix_2$ et $y=x_3+ix_4\in\mathbb{Z}[i]$, alors $m_0p=|x|^2+|y|^2$.

e) Montrons auparavant le résultat suivant :

$$\forall Z=a+ib\in\mathbb{C},\ \exists Z'\in\mathbb{Z}[i]\quad\text{tel que}\quad |Z-Z'|^2\leq\frac{1}{2}. \qquad (*)$$

Il suffit en effet de prendre $Z'=a'+ib'$ où a' et b' sont des entiers tels que $|a-a'|\leq 1/2$ et $|b-b'|\leq 1/2$. On a alors $|Z-Z'|^2=|a-a'|^2+|b-b'|^2\leq(1/2)^2+(1/2)^2=1/2$.

D'après $(*)$, il existe $c\in\mathbb{Z}[i]$ tel que $|x/m_0-c|^2\leq 1/2$. Autrement dit, si $z=x-m_0c$, on a $|z|^2\leq m_0^2/2$. Comme $|z|^2$ est un entier et que m_0 est impair, on a même $|z|^2<m_0^2/2$. De même, il existe $d\in\mathbb{Z}[i]$ tel que $t=y-dm_0$ vérifie $|t|^2<m_0^2/2$. Or

$$|z|^2+|t|^2=|x|^2+|y|^2-m_0[(x\bar{c}+\bar{x}c)+(y\bar{d}+\bar{y}d)]=m_0(p-[(x\bar{c}+\bar{x}c)+(y\bar{d}+\bar{y}d)],$$

donc m_0 divise $|z|^2+|t|^2$. Soit $m_1\in\mathbb{N}$ tel que $|z|^2+|t|^2=m_1m_0$. On tire des majorations de $|z|^2$ et $|t|^2$ que $m_1<m_0$. Par ailleurs $m_1>0$ car si $m_1=0$, alors $z=t=0$ donc $x=cm_0$ et $y=dm_0$ donc $pm_0=|x|^2+|y|^2=|m_0|^2(|c|^2+|d|^2)$, donc $m_0 \mid p$ ce qui est absurde car $1<m_0<p$ (d'après 2/a)). Donc $1\leq m_1<m_0$ d'où le résultat.

f) En multipliant les égalités $m_0p=|x|^2+|y|^2$ et $m_0m_1=|z|^2+|t|^2$, on obtient d'après 1/

$$m_0^2m_1p=|x\bar{z}+y\bar{t}|^2+|xt-yz|^2. \qquad (**)$$

Or

$$x\bar{z}+y\bar{t} = x(\bar{x}-\bar{c}m_0)+y(\bar{y}-\bar{d}m_0) = |x|^2+|y|^2-m_0(x\bar{c}+y\bar{d}) = m_0\alpha, \quad \alpha = p-xc-yd \in \mathbb{Z}[i].$$

Par ailleurs, $xt - yz = -dm_0x + cm_0y = m_0\beta$ où $\beta = -dx + cy \in \mathbb{Z}[i]$. D'après (**), on peut écrire $m_1p = |\alpha|^2 + |\beta|^2$, et comme le carré du module d'un élément de $\mathbb{Z}[i]$ est la somme de deux carrés d'entiers, $m_1p \in \mathcal{A}_4$. Ceci contredit l'hypothèse de minimalité faite sur m_0. On a donc $m_0 = 1$, c'est-à-dire $p \in \mathcal{A}_4$.

3/ D'après 2/, tout nombre premier $p > 2$ est somme de quatre carrés. Il en est de même de $p = 2 = 1^2 + 1^2 + 0^2 + 0^2$. Tout nombre premier est donc élément de $\mathcal{A}_4$. Si n est un entier, n peut s'écrire comme le produit de nombres premiers d'après le théorème fondamental de l'arithmétique, et donc $n \in \mathcal{A}_4$ d'après 1/. D'où le résultat.

Remarque. Il faut au minimum additionner quatre carrés d'entiers pour représenter tout entier naturel n, comme le montre le cas de $n = 7$.

– On peut se poser le problème plus général suivant. Étant donné un entier $k \geq 2$, que vaut $g(k)$, le plus petit entier $m > 0$ tel que tout entier est somme de m puissances k-ièmes d'entiers, et que vaut $G(k)$, le plus petit entier $m > 0$ tel que tout entier suffisamment grand est somme de m puissances k-ièmes d'entiers ? La recherche (et l'existence) de $g(k)$ et $G(k)$ s'appelle le *problème de Waring*. Nous venons de montrer que $g(2) = 4$. On peut montrer que $G(2) = 4$. On sait par exemple que $g(3) = 9$ et $4 \leq G(3) \leq 7$, $g(4) = 19$ et $G(4) = 16$, $g(5) = 37$ et $6 \leq G(5) \leq 17$.

Chapitre 2

Corps, Polynômes et Fractions Rationnelles

HISTORIQUEMENT, la recherche des solutions des équations polynomiales précède l'étude des polynômes. Elle marque l'entrée des mathématiques dans une nouvelle ère. En effet, la première en date des grandes découvertes en mathématiques allant nettement au delà des connaissances de l'antiquité est la formule de résolution de l'équation du troisième degré $x^3 - px = q$ obtenue sans doute au début du seizième siècle par Scipione del Ferro, professeur à l'université de Bologne. Cardan est le premier à rendre publique cette formule vers 1545. Vers 1540, Ferrari, élève de Cardan, obtient la formule de résolution de l'équation du quatrième degré. L'équation du cinquième degré tient cependant les mathématiciens en échec pendant 200 ans ; ce n'est qu'en 1826 qu'Abel démontre qu'il est impossible de donner des formules explicites de type de celles données pour les degrés inférieurs pour les solutions des équations de degré supérieur ou égal à 5. Quelques années plus tard, Galois donne un critère de résolubilité par radicaux de toutes les équations polynomiales. La théorie des polynômes est née.

Parallèlement, on essaye de démontrer le théorème fondamental de l'Algèbre (tout polynôme complexe de degré n a n racines complexe). On s'y attaque vers 1746, d'abord en essayant de donner une démonstration purement algébrique, avant de s'apercevoir qu'il fallait utiliser les propriétés topologiques de $\mathbb{R}$. Lagrange en publia une démonstration dans ses mémoires en 1771.

1. Corps, polynômes et arithmétique dans $\mathbb{K}[X]$

1.1. Corps

DÉFINITION 1. Soit $\mathbb{K}$ un ensemble muni de deux lois internes "$+$" et "$\cdot$". On dit que $(\mathbb{K}, +, \cdot)$ est un *corps* si

(i) $(\mathbb{K}, +)$ est un groupe abélien.

(ii) $(\mathbb{K}^*, \cdot)$ est un groupe.

(iii) La loi $\cdot$ est distributive par rapport à la loi $+$.

Remarque 1. — Si la loi $\cdot$ est commutative, on parle de corps *commutatif*.
- Il revient au même de dire qu'un corps est un anneau unitaire dans lequel tout élément non nul est inversible.
- Les corps les plus couramment rencontrés sont $\mathbb{Q}, \mathbb{R}, \mathbb{C}$ et $\mathbb{Z}/p\mathbb{Z}$ (p premier).

DÉFINITION 2. Soit $(\mathbb{L}, +, \cdot)$ un corps et $\mathbb{K} \subset \mathbb{L}$. On dit que $\mathbb{K}$ est un *sous-corps* de $\mathbb{L}$ si la restriction à $\mathbb{K}$ des lois $+$ et $\cdot$ lui confère une structure de corps (on dit aussi que $\mathbb{L}$ est un *surcorps* ou une *extension* de $\mathbb{K}$).

Remarque 2. Si $\mathbb{K}$ est un sous-corps commutatif de $\mathbb{L}$, $\mathbb{L}$ est un $\mathbb{K}$-espace vectoriel.

Avec la définition de la caractéristique d'un anneau donnée page 32, on a :

PROPOSITION 1. *La caractéristique d'un corps est* 0 *ou un nombre premier.*

Démonstration. Immédiat car un corps est un anneau unitaire intègre (cf. proposition 3 p. 32) □

Exemple 1. Les corps $\mathbb{Q}$, $\mathbb{R}$ et $\mathbb{C}$ sont de caractéristique 0 ; si p est un nombre premier, le corps $\mathbb{Z}/p\mathbb{Z}$ est de caractéristique p.

Corps premier, sous-corps premier.

DÉFINITION 3. Un corps est dit *premier* s'il n'admet pas d'autres sous-corps que lui même.

Exemple 2. Les corps $\mathbb{Q}$, $\mathbb{Z}/p\mathbb{Z}$ (où p est un nombre premier) sont premiers.

DÉFINITION 4. Soit $(\mathbb{K}, +, \cdot)$ un corps dont l'élément neutre de $(\mathbb{K}^*, \cdot)$ est noté e.
- Si $\mathbb{K}$ est de caractéristique 0, alors $\mathbb{Q}_1 = \{\frac{ne}{me}, (n, m) \in \mathbb{Z} \times \mathbb{Z}^*\}$ est un corps premier isomorphe à $\mathbb{Q}$. C'est le *sous-corps premier* de $\mathbb{K}$.
- Si $\mathbb{K}$ est de caractéristique p premier, l'application $f : \mathbb{Z} \to \mathbb{K} \quad n \mapsto ne$ est un morphisme d'anneaux et $\operatorname{Ker} f = p\mathbb{Z}$. Donc $\mathbb{Z}/\operatorname{Ker} f = \mathbb{Z}/p\mathbb{Z}$ est isomorphe à $\mathbb{K}' = f(\mathbb{Z})$, donc $\mathbb{K}'$ est un corps premier. C'est le *sous-corps premier* de $\mathbb{K}$.

Exemple 3. Le corps $\mathbb{Q}$ est le sous-corps premier de $\mathbb{R}$ (ou de $\mathbb{C}$). Le corps $\mathbb{Z}/p\mathbb{Z}$ est le sous-corps premier de $\mathbb{Z}/p\mathbb{Z}$ (où p est un nombre premier).

1.2. Polynômes

DÉFINITION 5. Soit A un anneau commutatif unitaire. On appelle *polynôme à une indéterminée* à coefficients dans A toute suite $(a_n)_{n\in\mathbb{N}}$ d'éléments de A tous nuls à partir d'un certain rang.

Les polynômes sont munis des opérations usuelles d'addition et de produit de polynômes. On rappelle que tout polynôme $P = (a_i)_{i\in\mathbb{N}}$ à une indéterminée à coefficients dans A s'écrit $P = \sum_{i\in\mathbb{N}} a_i X^i$ où X désigne la suite $X = (0, 1, 0, \cdots, 0, \cdots)$ et où 1 désigne l'élément neutre de A pour la multiplication. On appelle *degré* de P, l'entier $\deg(P) = \max\{i \in \mathbb{N} \mid a_i \neq 0\}$ (par convention $\deg(P) = -\infty$ si $P = 0$). L'ensemble des polynômes à une indéterminée à coefficients dans A est noté $A[X]$. C'est un anneau commutatif unitaire, intègre si A est un anneau intègre. Si $A = \mathbb{K}$ est un corps, $\mathbb{K}[X]$ est un $\mathbb{K}$-espace vectoriel.

DÉFINITION 6. Soit A un anneau commutatif *unitaire*.
- On dit que P, $Q \in A[X]$ sont *associés* s'il existe $\lambda \in A$ inversible tel que $P = \lambda Q$.
- On dit que $P \in A[X]$ est *unitaire* si son *coefficient dominant* (*i. e.* le coefficient du monôme de plus haut degré de P) est égal à l'élément neutre 1 de la multiplication.

1.3. Arithmétique dans $\mathbb{K}[X]$

Dans toute cette section, $\mathbb{K}$ désigne un corps commutatif.

Le caractère euclidien (donc principal) de l'anneau des polynômes $\mathbb{K}[X]$ lui confère une structure arithmétique tout-à-fait analogue à celle sur les entiers. Pour cette raison, nous ne passerons en revue que les propriétés arithmétiques de $\mathbb{K}[X]$ les plus importantes.

→ THÉORÈME 1 (DIVISION EUCLIDIENNE). *Soient A, $B \in \mathbb{K}[X]$, $B \neq 0$. Alors*

$$\exists!(Q, R) \in \mathbb{K}[X]^2 \quad \textit{tel que} \quad A = BQ + R \quad \textit{avec} \quad \deg(R) < \deg(B).$$

Remarque 3. Dans le cas de $\mathcal{A}[X]$ où $\mathcal{A}$ est un anneau commutatif unitaire, si le coefficient dominant de B est inversible, alors

$$(\exists(Q, R) \in \mathcal{A}[X]^2), \qquad A = BQ + R \quad \text{avec} \quad \deg(R) < \deg(B).$$

Si de plus $\mathcal{A}$ est intègre, il y a unicité du couple (Q, R). Ceci est en particulier vrai sur $\mathbb{Z}[X]$ si B est unitaire.

→ THÉORÈME 2. *L'anneau $\mathbb{K}[X]$ est principal.*

Remarque 4. Ceci est faux sur $\mathcal{A}[X]$ lorsque $\mathcal{A}$ n'est pas un corps (voir l'exercice 1).

DÉFINITION 7. Soient $P_1, \ldots, P_n$ des polynômes de $\mathbb{K}[X]$. L'unique polynôme unitaire P engendrant l'idéal $(P_1) + \cdots + (P_n)$ s'appelle le *pgcd* des polynômes $P_1, \ldots, P_n$. Il est noté $\mathrm{pgcd}\,(P_1, \ldots, P_n)$. C'est aussi le diviseur unitaire de plus haut degré divisant tous les P_i.

DÉFINITION 8. Des polynômes $P_1, \ldots, P_n \in \mathbb{K}[X]$ sont dits *premiers entre eux dans leur ensemble* si on a $\mathrm{pgcd}(P_1, \ldots, P_n) = 1$. Ils sont dits *premiers entre eux deux à deux* si $\forall i \neq j$, $\mathrm{pgcd}(P_i, P_j) = 1$.

On définit également, comme dans $\mathbb{Z}$, la notion de ppcm de n polynômes.

THÉORÈME 3 (BEZOUT). *Des polynômes $P_1, \ldots, P_n \in \mathbb{K}[X]$ sont premiers entre eux dans leur ensemble si et seulement s'il existe $U_1, \ldots, U_n \in \mathbb{K}[X]$ tels que $U_1P_1 + \cdots + U_nP_n = 1$.*

Remarque 5.
- Lorsque $P, Q \in \mathbb{K}[X]$ sont premiers entre eux, on peut même avoir $UP + VQ = 1$ avec $\deg(U) < \deg(Q)$ et $\deg(V) < \deg(P)$ (voir la remarque de l'exercice 3, page 60).
- Comme dans $\mathbb{Z}$, il découle du théorème de Bezout le théorème de Gauss : Si $P \mid QR$ et si $\mathrm{pgcd}\,(P, Q) = 1$, alors $P \mid R$.

Ce qui dans $\mathbb{Z}$ joue le rôle des nombres premiers est ici appelé polynôme irréductible. Plus précisément :

DÉFINITION 9. Un polynôme $P \in \mathbb{K}[X]$ est dit *irréductible* dans $\mathbb{K}[X]$ si P n'est pas constant (*i. e.* $\deg(P) \geq 1$) et si ses seuls diviseurs dans $\mathbb{K}[X]$ sont les constantes non nulles et les polynômes associés à P.

Remarque 6. Attention. Un polynôme irréductible dans $\mathbb{K}[X]$ ne l'est pas forcément dans $\mathbb{L}[X]$ où $\mathbb{L}$ est un surcorps de $\mathbb{K}$. Par exemple, $P = X^2 + 1$ est irréductible dans $\mathbb{R}[X]$, mais pas dans $\mathbb{C}[X]$ puisque $P = (X - i)(X + i)$.

Comme dans $\mathbb{Z}$, on a le résultat suivant.

→ THÉORÈME 4. *Soit $P \in \mathbb{K}[X]$ un polynôme non nul. Alors P se décompose de manière unique à l'ordre prés sous la forme*

$$P = \lambda P_1^{\alpha_1} \cdots P_k^{\alpha_k}$$

où $\lambda \in \mathbb{K}^*$, $\alpha_i \in \mathbb{N}^*$ et les P_i des polynômes distincts, unitaires et irréductibles dans $\mathbb{K}[X]$.

Rappelons enfin le théorème de division selon les puissances croissantes (l'algorithme associé peut être utilisé sur une fraction rationnelle, pour calculer son développement limité, ou pour calculer la partie principale relative à un pôle multiple dans sa décomposition en éléments simples, dont un exemple est donné page 76).

THÉORÈME 5 (DIVISION SELON LES PUISSANCES CROISSANTES). *Soient $A, B \in \mathbb{K}[X]$, le coefficient du terme constant de B étant non nul. Soit $k \in \mathbb{N}^*$. Alors*

$$(\exists!(Q_k, R_k) \in \mathbb{K}[X]^2), \qquad A = BQ_k + X^{k+1}R_k \quad \textit{avec} \quad \deg(Q_k) \leq k.$$

1.4. Exercices

EXERCICE 1. Soit A un anneau commutatif unitaire intègre. Montrer que A est un corps si et seulement si $A[X]$ est un anneau principal.

Solution. La condition nécessaire est une question de cours. Montrons la condition suffisante. Soit $a \in A$, $a \neq 0$. Il s'agit de montrer que a est inversible. Comme $A[X]$ est principal, il existe $P \in A[X]$ tel que $(a) + (X) = (P)$. Comme $a \in (P)$, il existe $Q \in A[X]$ tel que $a = PQ$. On en déduit, $A[X]$ étant intègre, que $P \in A$.

Comme $P \in (a) + (X)$, il existe U et $V \in A[X]$ tels que $aU + XV = P$. Si $b \in A$ désigne le coefficient du terme constant de U, on en déduit $ab = P$ puisque P est constant.

Comme $X \in (P)$, il existe $Q \in A[X]$ tel que $PQ = X$. Si $c \in A$ désigne le coefficient du terme en X de Q, on a donc $Pc = 1$. Finalement, on a $abc = Pc = 1$, et A étant commutatif, $a(bc) = (bc)a = 1$ donc a est inversible. D'où le résultat.

Exercice 2. Soient $A = X^a - 1$ et $B = X^b - 1 \in \mathbb{K}[X]$, avec $a, b \in \mathbb{N}^*$. Quel est le pgcd de A et de B ?

Solution. Nous allons déterminer pgcd (A, B) grâce à l'algorithme d'Euclide. Rappelons en le principe. On effectue à partir de A et B des divisions euclidiennes successives. On écrit

$$A = BQ_0 + R_0 \quad \text{avec} \quad Q_0, R_0 \in \mathbb{K}[X] \quad \text{et} \quad \deg(R_0) < \deg(B),$$

et on recommence, en divisant toujours le dividende par le reste :

$$B = R_0Q_1 + R_1 \quad \text{avec} \quad Q_1, R_1 \in \mathbb{K}[X] \quad \text{et} \quad \deg(R_1) < \deg(R_0).$$

Au rang k, on fait

$$R_{k-1} = R_kQ_{k+1} + R_{k+1} \quad \text{avec} \quad Q_{k+1}, R_{k+1} \in \mathbb{K}[X] \quad \text{et} \quad \deg(R_{k+1}) < \deg(R_k).$$

La suite $(\deg(R_k))_{k\in\mathbb{N}}$ décroît strictement et donc il existe $n \in \mathbb{N}^*$ tel que $R_n = 0$ et $R_{n-1} \neq 0$. On remarque alors que pgcd $(A, B) =$ pgcd $(B, R_0) = \cdots =$ pgcd (R_{n-1}, R_n), de sorte qu' a une constante multiplicative près, pgcd $(A, B) = R_{n-1}$ (cet algorithme reste valable dans $\mathbb{Z}$).

Avant d'appliquer l'algorithme, remarquons d'abord que si $m \geq n \in \mathbb{N}^*$ et si $m = nq + r$ est la division euclidienne dans $\mathbb{Z}$ de m par n, on a

$$X^m - 1 = (X^n - 1)(X^{m-n} + X^{m-2n} + \cdots + X^{m-qn}) + (X^{m-qn} - 1).$$

Comme $m - qn = r < m$, cette égalité constitue la division euclidienne de $X^m - 1$ par $X^n - 1$. Nous venons donc de montrer que

le reste de la division euclidienne de $X^m - 1$ par $X^n - 1$ est $X^r - 1$ où r est le reste de la division euclidienne de m par n. $(*)$

Appliquons l'algorithme d'Euclide (dans $\mathbb{Z}$) à a et b :

$$\begin{aligned} a &= bq_0 + r_0, \quad 0 \leq r_0 < b, \\ b &= r_0q_1 + r_1, \quad 0 \leq r_1 < r_0, \\ &\cdots \\ r_{k-1} &= r_kq_{k+1} + r_{k+1}, \quad 0 \leq r_{k+1} < r_k. \end{aligned}$$

On s'arrête au rang n lorsque $r_n = 0 \neq r_{n-1}$. Comme pour les polynômes, on a

$$\text{pgcd}\,(a, b) = \text{pgcd}\,(b, r_0) = \cdots = \text{pgcd}\,(r_{n-1}, r_n) = r_{n-1}.$$

D'après le principe $(*)$, si les R_k désignent les polynômes introduits plus haut, on a $R_0 = X^{r_0} - 1, R_1 = X^{r_1} - 1, \cdots, R_{n-1} = X^{r_{n-1}} - 1, R_n = 0$. Donc $\text{pgcd}(A, B) = R_{n-1} = X^{r_{n-1}} - 1 = X^{\text{pgcd}(a,b)} - 1$.

Exercice 3. Déterminer l'ensemble des polynômes $P \in \mathbb{R}[X]$ tels que

$$P \equiv 1 \pmod{(X - 1)^3} \quad \text{et} \quad P \equiv -1 \pmod{(X + 1)^3}.$$

Solution. Notons Γ l'ensemble des polynômes P vérifiant la condition requise. Un polynôme P appartient à Γ si et seulement s'il existe $U, V \in \mathbb{R}[X]$ tels que

$$\begin{cases} P &= 1 + U(X-1)^3 \\ P &= -1 + V(X+1)^3 \end{cases} \quad \text{ou encore} \quad \begin{cases} P &= 1 + U(X-1)^3 \\ 1 + U(X-1)^3 &= -1 + V(X+1)^3 \end{cases}.$$

En d'autres termes, Γ représente l'ensemble des polynômes de la forme $1 + U(X-1)^3$ où U appartient à l'ensemble

$$\Delta = \{U \in \mathbb{R}[X] \mid \exists V \in \mathbb{R}[X],\ U(X-1)^3 + V(X+1)^3 = 2\}. \qquad (*)$$

Au facteur 2 près, on est ramené au problème de trouver les couples (U, V) tels que $U(X-1)^3 + V(X+1)^3 = 1$. C'est un problème classique qui rentre dans le cadre du résultat suivant.

Lemme. Soient P, $Q \in \mathbb{K}[X]$, premiers entre eux. Alors il existe $(U_0, V_0) \in \mathbb{K}[X]^2$ tel que $U_0P + V_0Q = 1$, et les couples (U, V) solution de $UP + VQ = 1$ vérifient :

$$UP + VQ = 1 \quad (U, V \in \mathbb{K}[X]) \quad \iff \quad \exists R \in \mathbb{K}[X], \quad U = U_0 + RQ, V = V_0 - RP.$$

Preuve. L'existence de (U_0, V_0) est assurée par le théorème de Bezout. Si $UP + VQ = 1$ on a $(U - U_0)P + (V - V_0)Q = 0$ donc $(U - U_0)P = -(V - V_0)Q$. Donc $P \mid (V - V_0)Q$ et comme P et Q sont premiers entre eux, d'après le théorème de Gauss, $P \mid V - V_0$. Donc il existe $R \in \mathbb{K}[X]$ tel que $V = V_0 - RP$, et en remplaçant dans l'équation $(U - U_0)P = -(V - V_0)Q$, on tire $U = U_0 + RQ$. Réciproquement, on vérifie facilement que ce couple est solution. D'où le lemme.

Les polynômes $X - 1$ et $X + 1$ étant premiers entre eux, il en est de même des polynômes $P = (X-1)^3$ et $Q = (X+1)^3$, et le lemme s'applique donc. On détermine U_0 et V_0 en utilisant l'algorithme d'Euclide (déjà rencontré dans l'exercice précédent, et de manière similaire à l'exercice 2 page 12 dans $\mathbb{Z}$), ce qui donne : .

$$\begin{aligned}
(X+1)^3 &= (X-1)^3 + 6X^2 + 2,\\
(X-1)^3 &= (6X^2+2)\left(\frac{X}{6} - \frac{1}{2}\right) + \frac{8}{3}X,\\
6X^2 + 2 &= \left(\frac{8}{3}X\right)\left(\frac{9}{4}X\right) + 2.
\end{aligned}$$

Maintenant, on remonte les calculs (la méthode s'appelle *algorithme d'Euclide étendu*) :

$$\begin{aligned}
2 &= (6X^2+2) - \left[(X-1)^3 - (6X^2+2)\left(\frac{X}{6} - \frac{1}{2}\right)\right]\left(\frac{9}{4}X\right)\\
&= \left(-\frac{9}{4}X\right)(X-1)^3 + (6X^2+2)\left[\left(\frac{X}{6} - \frac{1}{2}\right)\frac{9}{4}X + 1\right]\\
&= \left(-\frac{9}{4}X\right)(X-1)^3 + \left[(X+1)^3 - (X-1)^3\right]\left(\frac{3}{8}X^2 - \frac{9}{8}X + 1\right)\\
&= \left(-\frac{3}{8}X^2 - \frac{9}{8}X - 1\right)(X-1)^3 + \left(\frac{3}{8}X^2 - \frac{9}{8}X + 1\right)(X+1)^3.
\end{aligned}$$

Ainsi, les polynômes

$$U_0 = -\frac{3}{16}X^2 - \frac{9}{16}X - \frac{1}{2} \quad \text{et} \quad V_0 = \frac{3}{16}X^2 - \frac{9}{16}X + \frac{1}{2}$$

vérifient $U_0(X-1)^3 + V_0(X+1)^3 = 1$. Le lemme entraîne que l'ensemble défini dans $(*)$ est égal à $\Delta = \{U_0 + R(X+1)^3,\ R \in \mathbb{R}[X]\}$, on a donc

$$\Gamma = \left\{1 + (2U_0 + R(X+1)^3)(X-1)^3 \mid R \in \mathbb{R}[X]\right\}, \quad \text{avec} \quad U_0 = -\frac{3}{16}X^2 - \frac{9}{16}X - \frac{1}{2}.$$

Remarque. On peut tirer du lemme un résultat analogue à celui de la question a) de l'exercice 2 page 12, qui ici s'exprime sous la forme suivante.

> *Si P et $Q \in \mathbb{K}[X]$ sont premiers entre eux, alors il existe un unique couple $(U_0, V_0) \in (\mathbb{K}[X])^2$ tel que $U_0P + V_0Q = 1$ avec $\deg(U_0) < \deg(Q)$ et $\deg(V_0) < \deg(P)$.*

(Pour montrer ce résultat, partir d'une solution $UP + VQ = 1$ puis effectuer la division euclidienne de U par Q.)

EXERCICE 4 (LEMME DE GAUSS ET CRITÈRE D'EISENSTEIN). **1/ a)** Soient P, $Q \in \mathbb{Z}[X]$ et p un nombre premier. On suppose que p divise tous les coefficients du produit PQ. Montrer que p divise tous les coefficients de P ou tous les coefficients de Q.
b) (Lemme de Gauss). Si $P \in \mathbb{Z}[X]$, on note $c(P)$ le pgcd des coefficients de P (et $c(P) = 1$ si $P = 0$). Montrer que si P, $Q \in \mathbb{Z}[X]$, alors $c(PQ) = c(P)c(Q)$.

2/ Montrer que si $\Phi \in \mathbb{Z}[X]$ est irréductible dans $\mathbb{Z}[X]$, il est irréductible dans $\mathbb{Q}[X]$.

3/ a) (Critère d'Eisenstein). Soit $n \in \mathbb{N}^*$ et $P = a_nX^n + \cdots + a_1X + a_0 \in \mathbb{Z}[X]$. On suppose qu'il existe un nombre premier p tel que

$$\text{(i)}\quad \forall k,\ 0 \leq k \leq n-1,\ p \mid a_k \qquad \text{(ii)}\quad p \nmid a_n \qquad \text{(iii)}\quad p^2 \nmid a_0.$$

Montrer que P est irréductible dans $\mathbb{Q}[X]$.
b) *Application.* Soit p un nombre premier et $\Phi(X) = X^{p-1} + \cdots + X + 1$. Montrer que Φ est irréductible dans $\mathbb{Q}[X]$.

Solution. **1/ a)** Si $a \in \mathbb{Z}$, on note $\overline{a}$ sa classe dans $\mathbb{Z}/p\mathbb{Z}$. Si $P = a_nX^n + \cdots + a_1X + a_0 \in \mathbb{Z}[X]$, on note $\overline{P} = \overline{a}_nX^n + \cdots + \overline{a}_1X + \overline{a}_0 \in \mathbb{Z}/p\mathbb{Z}[X]$. Si p divise tous les coefficients de PQ, on a, avec ces notations : $\overline{PQ} = \overline{P} \cdot \overline{Q} = \overline{0}$. Comme $\mathbb{Z}/p\mathbb{Z}$ est intègre, $\mathbb{Z}/p\mathbb{Z}[X]$ est intègre. Donc $\overline{P} = \overline{0}$ ou $\overline{Q} = \overline{0}$, d'où le résultat.
Remarque : on peut également résoudre cette question "à la main", sans passer par $\mathbb{Z}/p\mathbb{Z}$.

b) Soient $P, Q \in \mathbb{Z}[X]$. Il est clair que $P_1 = \frac{1}{c(P)}P$ et $Q_1 = \frac{1}{c(Q)}Q$ sont dans $\mathbb{Z}[X]$, et on a $c(P_1) = c(Q_1) = 1$. Si $c(P_1Q_1) > 1$, alors il existe un nombre premier p divisant $c(P_1Q_1)$. D'après 1/a), on a donc $p \mid c(P_1)$ ou $p \mid c(Q_1)$, ce qui est absurde. Donc $c(P_1Q_1) = 1$, ce qui entraîne $c(PQ) = c(P)c(Q)c(P_1Q_1) = c(P)c(Q)$.

2/ Soient $P, Q \in \mathbb{Q}[X]$ tels que $\Phi = PQ$. Soient $\alpha, \beta \in \mathbb{N}^*$ tels que $P_1 = \alpha P$ et $Q_1 = \beta Q \in \mathbb{Z}[X]$. On a $\alpha\beta\Phi = P_1Q_1$ donc d'après le lemme de Gauss

$$\alpha\beta \cdot c(\Phi) = c(P_1)c(Q_1).$$

Posons $P_2 = \frac{1}{c(P_1)}P_1$ et $Q_2 = \frac{1}{c(Q_1)}Q_1$. Ces polynômes sont à coefficients entiers. Par ailleurs,

$$\alpha\beta\Phi = c(P_1)c(Q_1)P_2Q_2 = \alpha\beta \cdot c(\Phi)P_2Q_2.$$

Si $P_3 = c(\Phi)P_2$, on a donc $\Phi = P_3Q_2$ avec P_3, $Q_2 \in \mathbb{Z}[X]$. Comme Φ est irréductible dans $\mathbb{Z}[X]$, on a nécessairement $\deg(P_3) = 0$ ou $\deg(Q_2) = 0$, donc $\deg(P) = 0$ ou $\deg(Q) = 0$, ce qui prouve que Φ est bien irréductible dans $\mathbb{Q}[X]$.

3/ a) Supposons P réductible dans $\mathbb{Q}[X]$. D'après la question précédente, Φ est réductible dans $\mathbb{Z}[X]$ et donc il existe Q, $R \in \mathbb{Z}[X]$ tels que $P = QR$, avec $a = \deg(Q) \geq 1$ et $b = \deg(R) \geq 1$. Dans $\mathbb{Z}/p\mathbb{Z}$, on a, d'après les hypothèses, $\overline{P} = \overline{a}_nX^n$. Écrivons $Q = \sum_{i=0}^a q_iX^i$ et $R = \sum_{i=0}^b r_iX^i$. Dans $\mathbb{Z}/p\mathbb{Z}[X]$, on a $\overline{P} = \overline{QR}$ donc $\overline{a}_nX^n = \overline{QR}$, donc $\overline{Q} = \overline{q}_aX^a$ et $\overline{R} = \overline{r}_bX^b$. Ceci entraîne $\overline{q}_0 = \overline{r}_0 = \overline{0}$, donc $p \mid q_0$ et $p \mid r_0$, donc $p^2 \mid q_0r_0 = a_0$, ce qui est contraire aux hypothèses. Finalement, P est irréductible dans $\mathbb{Q}[X]$.

b) L'astuce est d'utiliser le critère d'Eisenstein en considérant $\Phi(X+1)$. L'identité $(X-1)\Phi(X) = X^p - 1$ entraîne $X\,\Phi(X+1) = (X+1)^p - 1$, d'où on tire

$$\Phi(X+1) = \sum_{k=1}^{p} \binom{p}{k} X^{k-1}.$$

Il est maintenant facile de vérifier que $\Phi(X+1)$ satisfait les hypothèses du critère d'Eisenstein avec le nombre premier p (rappelons que si p est premier et si $1 \leq k \leq p-1$, alors $p \mid \binom{p}{k}$), donc $\Phi(X+1)$ est irréductible dans $\mathbb{Q}[X]$. Donc $\Phi(X)$ est irréductible dans $\mathbb{Q}[X]$.

Remarque. Le résultat 3/ b) est un cas particulier d'un résultat général concernant les polynômes cyclotomiques (voir le problème 10, page 97).

2. Fonction polynôme, racines d'un polynôme

Dans toute cette section, $\mathbb{K}$ désigne un corps commutatif.

2.1. Fonction polynôme

Soit A une $\mathbb{K}$-algèbre (c'est-à-dire un $\mathbb{K}$-espace vectoriel muni d'un produit interne — noté ici multiplicativement — faisant de A un anneau et tel que si $\lambda \in \mathbb{K}$, et $x, y \in A$, alors $\lambda(xy) = (\lambda x)y = x(\lambda y)$) non nécessairement commutative (par exemple $A = \mathbb{K}$, $A = \mathbb{K}[X]$ ou $A = \mathcal{M}_n(\mathbb{K})$).

Pour tout $F = a_0 + a_1 X + \cdots + a_n X^n \in \mathbb{K}[X]$, on note $\widetilde{F}$ l'application

$$\widetilde{F} : A \to A \qquad x \mapsto \sum_{i=0}^{n} a_i x^i.$$

— Si $F, G \in \mathbb{K}[X]$, on a $\widetilde{F+G} = \widetilde{F} + \widetilde{G}$ et $\widetilde{FG} = \widetilde{F}\widetilde{G}$.

— Si $A = \mathbb{K}[X]$, on note $F \circ G = \widetilde{F}(G)$. Pour toute $\mathbb{K}$-algèbre A, on a alors $\widetilde{F \circ G} = \widetilde{F} \circ \widetilde{G}$.

Remarque 1. En général il n'y a pas d'ambiguïté, la *fonction polynôme* $x \mapsto \widetilde{F}(x)$ est notée plus simplement $x \mapsto F(x)$.

2.2. Racines d'un polynôme

DÉFINITION 1. Soit $F \in \mathbb{K}[X]$ et $\mathbb{L}$ une extension de $\mathbb{K}$. On dit que $a \in \mathbb{L}$ est une *racine* (ou un *zéro*) de F si $F(a) = 0$.

PROPOSITION 1. *Soit $a \in \mathbb{K}$ et $F \in \mathbb{K}[X]$. L'élément a est une racine de F si et seulement si $X - a$ divise F.*

DÉFINITION 2. Soit $F \in \mathbb{K}[X]$, $a \in \mathbb{K}$ et $h \in \mathbb{N}^*$. On dit que a est une racine d'*ordre* h de F si $(X-a)^h \mid F$ et $(X-a)^{h+1} \nmid F$.

PROPOSITION 2. *Soit $F \in \mathbb{K}[X]$ et $a_1, \ldots, a_r \in \mathbb{K}$ des racines de F d'ordre $h_1, \ldots, h_r$ (les a_i étant deux à deux distincts). Alors il existe $Q \in \mathbb{K}[X]$ tel que*

$$F(X) = (X - a_1)^{h_1} \cdots (X - a_r)^{h_r} Q(X) \quad \text{et} \quad \forall i,\ Q(a_i) \neq 0.$$

Conséquence. Si $F \in \mathbb{K}[X]$ est de degré $n \geq 1$, alors F a au plus n racines (comptées avec leur ordre de multiplicité).

Remarque 2. Attention ! La proposition précédente est fausse lorsque l'on remplace le corps $\mathbb{K}$ par un anneau. Par exemple, dans $\mathbb{Z}/8\mathbb{Z}$, le polynôme $F = \dot{4}X \in \mathbb{Z}/8\mathbb{Z}[X]$ a 3 racines $\dot{0}, \dot{2}$ et $\dot{4}$, mais $\deg(F) = 1$.

PROPOSITION 3. *Soit $F \in \mathbb{K}[X]$ tel que pour tout $x \in \mathbb{K}$, $F(x) = 0$. Si $\mathbb{K}$ est infini, on a $F = 0$.*

Remarque 3. Si $\mathbb{K}$ est fini, le résultat précédent est faux. Par exemple, si on note $a_1, \ldots, a_n$ les éléments de $\mathbb{K}$, le polynôme $F = (X - a_1) \cdots (X - a_n)$ est non nul et pourtant tous les éléments x de $\mathbb{K}$ vérifient $P(x) = 0$. Il ne faut donc pas confondre polynôme et fonction polynôme. Par contre, si $\mathbb{K}$ est infini, la proposition précédente nous dit qu'il y a bijection entre $\mathbb{K}[X]$ et les fonctions polynômes de $\mathbb{K}$ dans $\mathbb{K}$.

DÉFINITION 3. Un polynôme $F \in \mathbb{K}[X]$ est dit *scindé* (ou *dissocié*) sur $\mathbb{K}$ si on peut écrire

$$F = \lambda (X - a_1)^{h_1} \cdots (X - a_r)^{h_r}$$

avec $\lambda \in \mathbb{K}$ et pour tout i, $a_i \in \mathbb{K}$ et $h_i \in \mathbb{N}^*$.

Remarque 4. Deux polynômes F et G de $\mathbb{K}[X]$ scindés sur $\mathbb{K}$ sont premiers entre eux si et seulement s'ils n'ont aucune racine commune.

THÉORÈME 1 (RELATIONS ENTRE COEFFICIENTS ET RACINES). *Soit un polynôme*

$$P = a_0 X^n + a_1 X^{n-1} + \cdots + a_{n-1} X + a_n \in \mathbb{K}[X], \qquad a_0 \neq 0,$$

scindé sur $\mathbb{K}$, *dont les racines (comptées avec leur ordre de multiplicité) sont* $x_1, \ldots, x_n$ *(de sorte que* $P = a_0(X - x_1) \cdots (X - x_n)$*). Alors*

$$\forall p \in \{1, \ldots, n\}, \quad \sigma_p = \sum_{1 \leq i_1 < \cdots < i_p \leq n} x_{i_1} \cdots x_{i_p} = (-1)^p \frac{a_p}{a_0}.$$

En particulier

$$\sigma_1 = \sum_{i=1}^{n} x_i = -\frac{a_1}{a_0}, \qquad \sigma_2 = \sum_{1 \leq i < j \leq n} x_i x_j = \frac{a_2}{a_0}, \qquad \sigma_n = \prod_{i=1}^{n} x_i = (-1)^n \frac{a_n}{a_0}.$$

2.3. Dérivation dans $\mathbb{K}[X]$

DÉFINITION 4. Soit $F = a_0 + a_1 X + \cdots + a_n X^n \in \mathbb{K}[X]$. On appelle *polynôme dérivé* de F le polynôme $F' = a_1 + 2a_2 X + \cdots n a_n X^{n-1}$.

Remarque 5. — Si F est constant, $F' = 0$. La réciproque est vraie si $\mathbb{K}$ est de caractéristique 0, fausse en caractéristique non nulle (par exemple si $F = X^2 + \dot{1} \in \mathbb{Z}/2\mathbb{Z}[X]$, on a $F' = \dot{2}X = \dot{0}$ et pourtant F n'est pas une constante).

— Les règles de dérivations de somme, produit et composée pour les polynômes sont identiques aux règles de dérivations usuelles sur les fonctions dérivables. D'ailleurs, sur $\mathbb{R}[X]$, la fonction polynôme dérivé coïncide avec la dérivée de la fonction polynôme. Comme pour les fonctions dérivées, on note F'' le polynôme dérivé de F', et par récurrence sur $n \in \mathbb{N}*$ on définit $F^{(n)}$ le polynôme dérivé de $F^{(n-1)}$.

THÉORÈME 2 (FORMULE DE TAYLOR). *Si le corps* $\mathbb{K}$ *est de caractéristique nulle, tout polynôme* F *de* $\mathbb{K}[X]$ *de degré inférieur ou égal à* n *vérifie*

$$\forall a \in \mathbb{K}, \quad F(X) = F(a) + \frac{(X-a)}{1!} F'(a) + \cdots + \frac{(X-a)^n}{n!} F^{(n)}(a).$$

Une conséquence importante de la formule de Taylor est la caractérisation de l'ordre d'une racine :

→ THÉORÈME 3. *Si le corps* $\mathbb{K}$ *est de caractéristique* 0, *et si* $F \in \mathbb{K}[X]$, $F \neq 0$, *alors* $a \in \mathbb{K}$ *est racine d'ordre* h *de* F *si et seulement si*

$$(i) \quad \forall i, 0 \leq i \leq h-1, \ F^{(i)}(a) = 0 \qquad (ii) \quad F^{(h)}(a) \neq 0.$$

Remarque 6. — Le cas de $F = X^3 \in \mathbb{Z}/3\mathbb{Z}[X]$ et $a = \dot{0}$ montre que ceci est faux en caractéristique non nulle (a est racine d'ordre 3 de F et pourtant $F^{(3)}(a) = \dot{0}$).

– Le résultat du théorème reste vrai en caractéristique quelconque pour caractériser les racines *simples*. Plus précisément, on a le résultat suivant.

Si $F \in \mathbb{K}[X]$, $F \neq 0$, *et si* $a \in \mathbb{K}$, *alors* a *est racine simple de* F *si et seulement si* $F(a) = 0$ *et* $F'(a) \neq 0$.

En effet. Si $F = (X - a)G$, alors $F' = G + (X - a)G'$ donc $F'(a) = G(a)$ et on en déduit facilement le résultat.

2.4. Polynômes d'interpolation de Lagrange

Soient $a_1, \dots, a_n \in \mathbb{K}$, deux à deux distincts, et $b_1, \dots, b_n \in \mathbb{K}$. Nous allons prouver qu'il existe un unique polynôme $L \in \mathbb{K}[X]$, $\deg(L) \leq n-1$, tel que $\forall i,\ L(a_i) = b_i$.

— *Existence.* Pour $1 \leq i \leq n$, on pose
$$L_i = \frac{(X-a_1)\cdots(X-a_{i-1})(X-a_{i+1})\cdots(X-a_n)}{(a_i-a_1)\cdots(a_i-a_{i-1})(a_i-a_{i+1})\cdots(a_i-a_n)}$$
(les polynômes L_i s'appellent des *polynômes d'interpolation de Lagrange*). On a $L_i(a_i) = 1$ et pour tout $j \neq i$, $L_i(a_j) = 0$. Si $L = \sum_{i=1}^n b_i L_i$, on a alors $L(a_i) = b_i L_i(a_i) = b_i$ pour tout i et comme $\deg(L) \leq n-1$, L convient.

— *Unicité.* Supposons que F et G conviennent. On pose $H = F - G$. Pour tout $i, 1 \leq i \leq n$, on a $H(a_i) = F(a_i) - G(a_i) = b_i - b_i = 0$. Le polynôme H a donc au moins n racines. Or $\deg(H) \leq n-1$, donc d'après la conséquence de la proposition 2, $H = 0$, c'est-à-dire $F = G$.

Remarque 7. Il existe une autre expression utile de L. Posons $\Phi = (X-a_1)\cdots(X-a_n)$ et pour tout i, $1 \leq i \leq n$, Φ_i le polynôme tel que $\Phi = (X-a_i)\Phi_i$. Par dérivation, on obtient $\Phi' = \Phi_i + (X-a_i)\Phi_i'$ et donc $\Phi'(a_i) = \Phi_i(a_i)$, d'où on tire
$$L_i(X) = \frac{\Phi_i(X)}{\Phi_i(a_i)} = \frac{\Phi(X)}{(X-a_i)\Phi'(a_i)} \quad \text{donc} \quad L(X) = \Phi(X)\left(\sum_{i=1}^n \frac{b_i}{(X-a_i)\Phi'(a_i)}\right).$$

Remarque 8. Plus généralement, on peut définir l'*interpolation de Hermite* en imposant au polynôme interpolant des conditions sur l'évaluation et les dérivées aux abscisses a_i (voir l'exercice 7 page 70).

2.5. L'anneau quotient $\mathbb{K}[X]/(P)$

Notation. - Si $P \in \mathbb{K}[X]$, on note (P) l'idéal $(P) = \{PQ \mid Q \in \mathbb{K}[X]\}$.
- Si $A,\ B \in \mathbb{K}[X]$, on note $A \equiv B \pmod P$ lorsque $A - B \in (P)$.

Soit $P \in \mathbb{K}[X]$, $P \neq 0$. Comme (P) est un idéal de $\mathbb{K}[X]$, le quotient $\mathbb{K}[X]/(P)$ définit une structure d'anneau (voir la partie 3.2 du chapitre I). Si $A \in \mathbb{K}[X]$, la classe de A dans $\mathbb{K}[X]/(P)$ est $\dot{A} = A + (P) = \{A + PQ \mid Q \in \mathbb{K}[X]\}$. On a par ailleurs
$$\dot{A} = \dot{B} \iff A \equiv B \pmod P \iff P \mid (B - A).$$

THÉORÈME 4. *Soit $P \in \mathbb{K}[X]$, $\deg(P) \geq 1$. Alors $\mathbb{K}[X]/(P)$ est une $\mathbb{K}$-algèbre de dimension finie $n = \deg(P)$. Si on note $x = \dot{X}$, la famille $(1, x, \dots, x^{n-1})$ en est une base.*

Démonstration. L'anneau quotient $\mathbb{K}[X]/(P)$ est évidemment une $\mathbb{K}$-algèbre. Montrons que la famille $(1, x, \dots, x^{n-1})$ en est une base.

- C'est une famille génératrice. En effet. Soit $A \in \mathbb{K}[X]$. Il existe $Q,\ R \in \mathbb{K}[X]$ tels que $A = PQ + R$ avec $\deg(R) < n = \deg(P)$. Donc $\dot{A} = \dot{R} \subset \mathrm{Vect}(1, x, \dots, x^{n-1})$.

- C'est une famille libre. Si $a_0 + a_1 x + \cdots + a_{n-1}x^{n-1} = \dot{0}$, alors le polynôme $A = a_0 + a_1 X + \cdots + a_{n-1}X^{n-1}$ vérifie $\dot{A} = 0$. Donc $P \mid A$, et comme $\deg(A) < \deg(P)$, on a $A = 0$, donc $a_0 = a_1 = \ldots = a_{n-1} = 0$. □

PROPOSITION 4. *Soit $P \in \mathbb{K}[X]$, $\deg(P) \geq 1$. L'anneau $\mathbb{K}[X]/(P)$ est un corps si et seulement si P est irréductible.*

Démonstration. Condition nécessaire. Si P est réductible, alors il existe Q et $R \in \mathbb{K}[X]$ tels que $P = QR$, avec $1 \leq \deg(Q) < \deg(P)$ et $1 \leq \deg(R) < \deg(P)$. Donc $\dot{0} = \dot{Q}\dot{R}$ avec $\dot{Q} \neq \dot{0}$ et $\dot{R} \neq \dot{0}$, ce qui est absurde puisque $\mathbb{K}[X]/(P)$ est un corps par hypothèse. Donc P est irréductible.
Condition suffisante. Supposons P irréductible. Soit $A \in \mathbb{K}[X]$, $\dot{A} \neq \dot{0}$. Le polynôme P ne divise pas A et P étant irréductible, P et A sont premiers entre eux. D'après le théorème de Bezout, il

existe $U, V \in \mathbb{K}[X]$ tels que $UP + VA = 1$, d'où $\dot{V}\dot{A} = \dot{1}$. Donc $\dot{A}$ est inversible, et ceci dès que $\dot{A} \neq \dot{0}$. Finalement, $\mathbb{K}[X]/(P)$ est un corps. □

Remarque 9. Ce résultat est analogue à la proposition 10 page 11 (ici aussi, on voit que les propriétés arithmétiques de $\mathbb{Z}$ et de $\mathbb{K}[X]$ sont semblables.)

2.6. Corps des racines d'un polynôme

Toutes les extensions de corps considérées dans cette sous partie seront commutatives.
Notation. Si $\mathbb{L}$ est une extension de corps de $\mathbb{K}$, pour tout $A \subset \mathbb{L}$ on note $\mathbb{K}(A)$ le plus petit sous-corps de $\mathbb{L}$ contenant $\mathbb{K}$ et A (il existe, c'est l'intersection des sous-corps de $\mathbb{L}$ contenant $\mathbb{K}$ et A). Lorsque $A = \{a_1, \cdots, a_n\}$ est fini, on note souvent $\mathbb{K}(A) = \mathbb{K}(a_1, \ldots, a_n)$ pour alléger les notations.

Remarque 10. Si A et B sont deux parties de $\mathbb{L}$, on a facilement $\mathbb{K}(A)(B) = \mathbb{K}(A \cup B)$.

PROPOSITION 5. *Soit $P \in \mathbb{K}[X]$ irréductible dans $\mathbb{K}[X]$. Il existe une extension $\mathbb{L}$ de $\mathbb{K}$ telle que P admette une racine x dans $\mathbb{L}$.*

Démonstration. D'après la proposition 4, $\mathbb{L} = \mathbb{K}[X]/(P)$ est un corps. L'injection canonique $\varphi : \mathbb{K} \to \mathbb{L} \quad a \mapsto \dot{a}$ (c'est une injection car $\deg(P) \geq 1$) permet d'identifier les éléments de $\mathbb{K}$ et de $\varphi(\mathbb{K})$. Ainsi, $\mathbb{L}$ apparaît comme une extension de $\mathbb{K}$. En posant $x = \dot{X} \in \mathbb{L}$, on voit que $P(x) = \dot{P} = 0$. □

THÉORÈME 5. *Soit $F \in \mathbb{K}[X]$, $\deg(F) \geq 1$. Alors il existe une extension $\mathbb{L}$ de $\mathbb{K}$ sur laquelle le polynôme F soit scindé.*

Démonstration. Nous allons procéder par récurrence sur $n = \deg(F)$. Pour $n = 1$, c'est évident. Supposons le résultat vrai jusqu'à $n - 1$ et montrons le pour n. Soit G un facteur irréductible de F, et H tel que $F = GH$. D'après la proposition précédente, il existe une extension $\mathbb{L}_1$ de $\mathbb{K}$ dans laquelle G admette une racine a_1. On peut écrire $G = (X - a_1)G_1$ avec $G_1 \in \mathbb{L}_1[X]$, et donc $F = (X - a_1)F_1$ avec $F_1 = G_1 H \in \mathbb{L}_1[X]$. Comme $\deg(F_1) = n - 1$, il existe d'après l'hypothèse de récurrence une extension $\mathbb{L}$ de $\mathbb{L}_1$ telle que F_1 soit scindé sur $\mathbb{L}$. Dans $\mathbb{L}[X]$, F est donc scindé. □

Remarque 11. Une telle extension $\mathbb{L}$ de $\mathbb{K}$ dans laquelle F soit scindé s'appelle un *corps de dissociation* de F. Dans ce corps, on peut écrire

$$F = \lambda(X - a_1) \cdots (X - a_n) \quad \text{avec} \quad \lambda \in \mathbb{K}^* \quad \text{et} \quad a_1, \ldots, a_n \in \mathbb{L}.$$

Le corps $\mathbb{L}_1 = \mathbb{K}(a_1, \ldots, a_n)$ est le plus petit sous-corps de $\mathbb{L}$ sur lequel F soit scindé. On peut montrer que $\mathbb{L}_1$ ainsi défini est unique à un isomorphisme près (l'unicité n'est pas immédiate car il n'y a pas unicité du corps de dissociation $\mathbb{L}$). On l'appelle *corps des racines* du polynôme F.

DÉFINITION 5. Un corps $\mathbb{K}$ est dit *algébriquement clos* si tout polynôme de $\mathbb{K}[X]$ de degré ≥ 1 a au moins une racine dans $\mathbb{K}$.

Remarque 12. Une récurrence immédiate sur le degré montre que si $\mathbb{K}$ est un corps algébriquement clos, tout polynôme de $\mathbb{K}[X]$ est scindé sur $\mathbb{K}$.

– On peut montrer que tout corps $\mathbb{K}$ admet une extension $\mathbb{L}$ algébriquement close (théorème de Steinitz). La plus petite extension $\mathbb{L}$ vérifiant cette propriété est unique à un isomorphisme près, et on l'appelle *clôture algébrique* de $\mathbb{K}$. Nous ne démontrerons pas ce résultat. On a cependant le résultat suivant.

THÉORÈME 6 (THÉORÈME FONDAMENTAL DE L'ALGÈBRE). *Le corps $\mathbb{C}$ des nombres complexes est algébriquement clos.*

Remarque 13. Deux preuves différentes de ce résultat sont proposées dans le problème 4 page 90.

– Le théorème fondamental de l'algèbre entraîne que les polynômes irréductibles de $\mathbb{C}[X]$ sont de degré 1. On montre que les polynômes irréductibles de $\mathbb{R}[X]$ sont les polynômes de degré 1 et les polynômes de la forme $aX^2 + bX + c$ avec $b^2 - 4ac < 0$.

2.7. Exercices

EXERCICE 1. Montrer qu'un corps fini n'est pas algébriquement clos.

Solution. Soit $\mathbb{K} = \{a_1, \ldots, a_n\}$ un corps fini. Le polynôme $P = 1 + (X - a_1) \cdots (X - a_n) \in \mathbb{K}[X]$ vérifie $P(a_i) = 1$ pour tout i. Donc P n'a pas de racine dans $\mathbb{K}$, et $\mathbb{K}$ n'est pas algébriquement clos.

EXERCICE 2. **a)** Si $n \in \mathbb{N}$, $n \geq 2$, factoriser $P_n = (X+1)^n - (X-1)^n$ dans $\mathbb{C}[X]$.
b) En déduire pour tout $p \in \mathbb{N}^*$ la valeur de

$$A_p = \sum_{k=1}^{p} \cot^2\left(\frac{k\pi}{2p+1}\right) \quad \text{et} \quad B_p = \prod_{k=1}^{p} \cot\left(\frac{k\pi}{2p+1}\right).$$

Solution. **a)** Il s'agit de trouver les racines de P_n. Comme 1 n'est pas racine de P_n, on peut écrire

$$P_n(z) = 0 \iff \left(\frac{z+1}{z-1}\right)^n = 1 \iff \exists k,\ 0 \leq k \leq n-1,\quad \frac{z-1}{z+1} = e^{2ik\pi/n}.$$

Le cas $k = 0$ est à exclure car on ne peut pas avoir $\frac{z-1}{z+1} = 1$. Si $1 \leq k \leq n-1$, l'équivalence

$$\frac{z+1}{z-1} = e^{2ik\pi/n} \iff z = \frac{e^{2ik\pi/n}+1}{e^{2ik\pi/n}-1} = \frac{e^{ik\pi/n} + e^{-ik\pi/n}}{e^{ik\pi/n} - e^{-ik\pi/n}} = -i\cot\left(\frac{k\pi}{n}\right),$$

montre que z est une racine de P_n si et seulement s'il existe $k \in \{1, \ldots, n-1\}$ tel que $z = -i\cot\left(\frac{k\pi}{n}\right)$. Ainsi on a trouvé $n-1$ racines distinctes de P_n. Le monôme de plus haut degré de P_n étant $2nX^{n-1}$, P_n est de degré $n-1$ et

$$P_n = 2n \prod_{k=1}^{n-1} \left(X + i\cot\left(\frac{k\pi}{n}\right)\right).$$

b) Notons

$$c_k = \cot\left(\frac{k\pi}{2p+1}\right).$$

La relation de symétrie $c_{2p+1-k} = -c_k$ montre que $A_p = \frac{1}{2}\sum_{k=1}^{2p} c_k^2$. Les racines de P_{2p+1} sont les $u_k = -ic_k$ (avec $1 \leq k \leq 2p$). Comme

$$P_{2p+1}(X) = 2(2p+1)X^{2p} + 2\binom{2p+1}{3}X^{2p-2} + \cdots$$

les relations entre coefficients et racines (voir le théorème 1 page 64) montrent que

$$\sigma_1 = \sum_{k=1}^{2p} u_k = 0 \quad \text{et} \quad \sigma_2 = \sum_{1 \leq k < \ell \leq 2p} u_k u_l = \frac{2\binom{2p+1}{3}}{2(2p+1)} = \frac{p(2p-1)}{3}.$$

Donc

$$A_p = \frac{1}{2}\sum_{k=1}^{2p} c_k^2 = -\frac{1}{2}\sum_{k=1}^{2p} u_k^2 = -\frac{1}{2}(\sigma_1^2 - 2\sigma_2) = \frac{p(2p-1)}{3}.$$

– Par ailleurs, le terme constant de P_{2p+1} est 2 et son coefficient dominant est $2(2p+1)$, donc le produit de ses racines est $2/(2(2p+1)) = 1/(2p+1)$, donc

$$B_p = \prod_{k=1}^{p} \cot\left(\frac{k\pi}{2p+1}\right) = \left((-1)^p \prod_{k=1}^{2p} \cot\left(\frac{k\pi}{2p+1}\right)\right)^{1/2} = \left(\prod_{k=1}^{2p} u_k\right)^{1/2} = \frac{1}{\sqrt{2p+1}}.$$

EXERCICE 3. **a)** Montrer que pour tout $n \in \mathbb{N}$, $n \geq 2$, le polynôme

$$P_n = 1 + \frac{1}{1!}X + \frac{1}{2!}X^2 + \cdots + \frac{1}{n!}X^n$$

n'a que des racines simples dans $\mathbb{C}$.

b) Montrer que pour tout $n \geq 2$, le polynôme $P_n = X^n - X + 1$ n'a que des racines simples dans $\mathbb{C}$.

Solution. **a)** Supposons que P_n ait une racine multiple $z_0 \in \mathbb{C}$. Alors $P_n(z_0) = P_n'(z_0) = 0$ et comme $P_n' = P_{n-1}$, on a $P_{n-1}(z_0) = 0$, donc $z_0^n/n! = (P_n - P_{n-1})(z_0) = 0$ d'où $z_0 = 0$. Ceci entraîne $P_n(z_0) = P_n(0) = 1 \neq 0$, ce qui est absurde. Le polynôme P_n n'a donc que des racines simples dans $\mathbb{C}$.

b) Supposons que P_n ait une racine multiple $z_0 \in \mathbb{C}$. Alors $P_n(z_0) = P_n'(z_0) = 0$, c'est-à-dire $z_0^n - z_0 + 1 = nz_0^{n-1} - 1 = 0$. Donc $z_0^n - z_0 + 1 = 0$ et $z_0^n = z_0/n$, d'où $z_0(1/n - 1) + 1 = 0$, c'est-à-dire $z_0 = n/(n-1)$. Ceci entraîne

$$P_n'(z_0) = nz_0^{n-1} - 1 = n\left(\frac{n}{n-1}\right)^{n-1} - 1 > n - 1 > 0,$$

ce qui est absurde. Le polynôme P_n n'a donc que des racines simples dans $\mathbb{C}$.

EXERCICE 4. **1/** Soit $P \in \mathbb{Q}[X]$ irréductible dans $\mathbb{Q}[X]$. Montrer que P n'a que des racines simples dans $\mathbb{C}$.

2/ (Deux applications) **a)** Soit $P \in \mathbb{Q}[X]$ un polynôme ayant une racine $\lambda \in \mathbb{C}$ d'ordre de multiplicité $\mu > \deg(P)/2$. Montrer que $\lambda \in \mathbb{Q}$.

b) Soit $P \in \mathbb{Q}[X]$, $\deg(P) = 2n+1$ avec $n \in \mathbb{N}^*$, tel que P admette une racine d'ordre n. Si $n \geq 2$, montrer que P admet une racine dans $\mathbb{Q}$.

Solution. **1/** Il suffit de montrer d'après le théorème 3 que P et P' n'ont aucune racine commune, ce qui équivaut (voir la remarque 4) à montrer que P et P' sont premiers entre eux dans $\mathbb{C}[X]$, ce qui n'est qu'un cas particulier du résultat plus général suivant (d'ailleurs utile !).

> LEMME. *Soit $\mathbb{K}$ un corps commutatif, $\mathbb{L}$ un surcorps commutatif de $\mathbb{K}$. Soient P et $Q \in \mathbb{K}[X]$ deux polynômes premiers entre eux dans $\mathbb{K}[X]$. Alors P et Q sont premiers entre eux dans $\mathbb{L}[X]$.*

En effet, cela provient de l'égalité de Bezout. Il existe U et $V \in \mathbb{K}[X]$ tel que $UP + VQ = 1$, égalité qui reste évidemment vraie dans $\mathbb{L}[X]$, d'où le lemme. Maintenant le polynôme P étant irréductible dans $\mathbb{Q}[X]$, P et P' sont premiers entre eux dans $\mathbb{Q}[X]$ (car $\deg(P') < \deg(P)$) donc dans $\mathbb{C}[X]$ d'après le lemme précédent.

2/a) Soit $P = \alpha P_1 \cdots P_k$ la décomposition de P en facteurs irréductibles de $\mathbb{Q}[X]$. Parmi $P_1, \ldots, P_k$, il y a r polynômes dont λ soit racine, par exemple $P_1, \ldots, P_r$. Si $\lambda \notin \mathbb{Q}$, comme

$P_1, \cdots, P_r$ sont à coefficients rationnels, on a $\deg(P_i) \geq 2$ pour $1 \leq i \leq r$. Or d'après 1/, les P_i étant irréductibles, λ est racine simple de P_i pour $1 \leq i \leq r$. Donc $\mu = r$. Donc

$$\deg(P) = \sum_{i=1}^{k} \deg(P_i) \geq \sum_{i=1}^{r} \deg(P_i) \geq 2r = 2\mu,$$

ce qui est contraire aux hypothèses car $\mu > \deg(P)/2$. On a donc forcément $\lambda \in \mathbb{Q}$.

b) Par hypothèse, il existe une racine $\lambda \in \mathbb{C}$ d'ordre n de P. Supposons que P n'ait aucune racine dans $\mathbb{Q}$. Alors dans la factorisation de P en facteurs irréductibles de $\mathbb{Q}[X]$, $P = \alpha P_1 \cdots P_k$, on a $\deg(P_i) \geq 2$ pour tout i.

Parmi $P_1, \ldots, P_k$, il y a r polynômes dont λ soit racine, par exemple $P_1, \ldots, P_r$. D'après 1/, les P_i étant irréductibles, λ est racine simple de P_i pour $1 \leq i \leq r$. Donc $r = n$ (et donc $k \geq r = n$).

– On a $k = n$. En effet. Si $k > n$, alors

$$\deg P = \sum_{i=1}^{k} \deg(P_i) \geq 2k \geq 2n + 2,$$

ce qui est incompatible avec l'hypothèse $\deg P \leq 2n + 1$.

– Donc $P = \alpha P_1 \cdots P_n$. Le degré de P étant impair, il existe un polynôme P_i de degré impair, par exemple $\deg(P_1)$ impair. Comme de plus $\deg(P_1) \geq 2$, on a $\deg(P_1) \geq 3$.

– Il existe un polynôme P_i de degré 2 (sinon pour tout i, $\deg(P_i) \geq 3$ donc $2n + 1 = \deg(P) = \sum_{i=1}^{n} \deg(P_i) \geq 3n$, absurde car $n \geq 2$), par exemple $\deg(P_2) = 2$. Effectuons la division euclidienne de P_1 par P_2 : $P_1 = QP_2 + R$, avec $R \in \mathbb{Q}[X]$ et $\deg(R) < \deg(P_2) = 2$. On a $R \neq 0$ car P_1 est irréductible et $\deg(P_1) > \deg(P_2)$. Or λ est racine de R (car $P_1(\lambda) = 0 = Q(\lambda)P_2(\lambda) + R(\lambda) = R(\lambda)$), donc comme $R \neq 0$ et $\deg(R) \leq 1$, on en déduit $\lambda \in \mathbb{Q}$, ce qui est contradictoire. Le polynôme P admet donc au moins une racine rationnelle.

Remarque. Si $n = 1$, le résultat 2/b) est faux (prendre par exemple $P = X^3 - 2$).

EXERCICE 5. Déterminer les polynômes P non constants de $\mathbb{C}[X]$ vérifiant

$$P(X^2) = P(X)P(X+1). \qquad (*)$$

Solution. Soit $P \in \mathbb{C}[X]$ vérifiant $(*)$ avec $\deg(P) \geq 1$. Soit α une racine de P.

Comme $P(\alpha^2) = P(\alpha)P(\alpha + 1) = 0$, α^2 est une racine de P. En itérant le procédé, on voit que $\alpha^2, \alpha^4, \ldots, \alpha^{2^n}, \ldots$ sont des racines de P. Le polynôme P n'ayant qu'un nombre fini de racines, on doit avoir

$$\alpha = 0 \quad \text{ou} \quad |\alpha| = 1. \qquad (**)$$

D'après $(*)$, $P[(\alpha - 1)^2] = P(\alpha - 1)P(\alpha) = 0$, donc $(\alpha - 1)^2$ est une racine de P. D'après $(**)$, on doit avoir $|(\alpha - 1)^2| = 0$ ou $|(\alpha - 1)^2| = 1$, c'est-à-dire

$$\alpha = 1 \quad \text{ou} \quad |\alpha - 1| = 1. \qquad (***)$$

D'après $(**)$ et $(***)$, on a soit (i) $\alpha = 0$, soit (ii) $\alpha = 1$, soit (iii) $|\alpha - 1| = |\alpha| = 1$. On vérifie facilement que la condition (iii) s'écrit aussi $\alpha = 1 + j$ ou $\alpha = 1 + j^2$ où $j = \exp(2i\pi/3)$. Or $(\alpha - 1)^2$ est une racine de P donc d'après $(**)$, $|(\alpha - 1)^2 - 1| \in \{0, 1\}$, et comme $|j^2 - 1| > 1$ et $|(j^2)^2 - 1| = |j - 1| > 1$, on voit que les solutions (iii) ne conviennent pas.

Nécessairement, on a donc $\alpha \in \{0, 1\}$. Ainsi, le polynôme P est de la forme $P = \lambda X^p (X-1)^q$, $\lambda \in \mathbb{C}^*$. Comme P vérifie $(*)$, on a

$$\lambda X^{2p}(X^2 - 1)^q = \lambda^2 X^p (X-1)^q (X+1)^p X^q,$$

d'où on déduit $p = q$ et $\lambda = 1$.

Réciproquement, si P est de la forme $X^p(X - 1)^p$, on vérifie facilement que P vérifie $(*)$. Les solutions sont donc les polynômes de la forme $X^p(X-1)^p$, $p \in \mathbb{N}^*$.

→ EXERCICE 6. **a)** Soit $P \in \mathbb{C}[X]$, $\deg(P) \geq 2$. Montrer que les racines de P' appartiennent à l'enveloppe convexe des racines de P.
b) Que dire sur les racines de P' si $P \in \mathbb{R}[X]$ a toutes ses racines réelles ?

Solution. **a)** Soient $a_1, \dots, a_n$ les racines de P, comptées avec leur ordre de multiplicité, de sorte que si β désigne le coefficient dominant de P, $P = \beta(X - a_1) \cdots (X - a_n)$. On a facilement

$$\frac{P'(X)}{P(X)} = \sum_{i=1}^{n} \frac{1}{X - a_i}.$$

Soit a une racine de P'. Si a est une racine de P, le résultat est évident. Sinon

$$0 = \frac{P'(a)}{P(a)} = \sum_{i=1}^{n} \frac{1}{a - a_i} = \sum_{i=1}^{n} \frac{\overline{a} - \overline{a_i}}{|a - a_i|^2},$$

et en passant au conjugué

$$\sum_{i=1}^{n} \frac{a - a_i}{|a - a_i|^2} = 0 \quad \text{donc} \quad \left(\sum_{i=1}^{n} \frac{1}{|a - a_i|^2} \right) a = \sum_{i=1}^{n} \frac{a_i}{|a - a_i|^2},$$

d'où le résultat.

b) D'après a), les racines de P' sont réelles. On a même plus de renseignements sur leur localisation. Soient $a_1, \dots, a_p$ les racines de P avec $a_1 < \cdots < a_p$, d'ordre de multiplicité $\alpha_1, \cdots, \alpha_p$, de sorte que si β est le coefficient dominant de P, $P = \beta(X - a_1)^{\alpha_1} \cdots (X - a_p)^{\alpha_p}$. D'après le théorème de Rolle, pour tout $i \in \{1, \dots p - 1\}$, il existe $b_i \in]a_i, a_{i+1}[$ tel que $P'(b_i) = 0$. On a ainsi trouvé $p - 1$ racines de P'.

– Pour tout i tel que $\alpha_i \geq 2$, a_i est racine de P' d'ordre de multiplicité $\alpha_i - 1$ (voir le théorème 3). Comptées avec leur ordre de multiplicité, on a ainsi localisé $(p-1) + \sum_{i=1}^{p} (\alpha_i - 1) = (\sum_i \alpha_i) - 1 = \deg(P) - 1 = \deg(P')$ racines. On a donc localisé toutes les racines de P' : ce sont les $b_i \in]a_i, a_{i+1}[$ et les a_i tels que $\alpha_i \geq 2$.

→ EXERCICE 7 (INTERPOLATION DE HERMITE). Soit $p \in \mathbb{N}^*$, p entiers naturels non nuls $n_1, \dots, n_p$ et $n = \sum_{i=1}^{p} n_i$.
a) Soit $\mathbb{K}$ un corps commutatif de caractéristique nulle, et $x_1, \dots, x_p \in \mathbb{K}$, deux à deux distincts. Soient des points $y_{i,k}$ de $\mathbb{K}$, définis pour $1 \leq i \leq p$ et $0 \leq k < n_i$. Montrer qu'il existe un unique polynôme $P \in \mathbb{K}[X]$ tel que $\deg(P) < n$ et tel que

$$\forall (i, k) \in \mathbb{N}^* \times \mathbb{N}, 1 \leq i \leq p, 0 \leq k < n_i, \quad P^{(k)}(x_i) = y_{i,k}.$$

b) Soit I un intervalle de $\mathbb{R}$ et $f : I \to \mathbb{R}$ une fonction de classe $\mathcal{C}^n$. On considère p points $x_1 < \dots < x_p$ de I. Si P est le polynôme d'interpolation de Hermite de degré $< n$ vérifiant $P^{(k)}(x_i) = f^{(k)}(x_i)$ pour $1 \leq i \leq p$ et $0 \leq k < n_i$, montrer que

$$\forall x \in I, \exists \xi \in I, \quad f(x) - P(x) = \frac{f^{(n)}(\xi)}{n!} \prod_{i=1}^{p} (x - x_i)^{n_i}. \qquad (*)$$

Solution. **a)** Notons $\mathcal{P}_n$ le s.e.v des polynômes de $\mathbb{K}[X]$ de degré $< n$, et considérons l'application linéaire

$$\varphi : \mathcal{P}_n \to \mathbb{K}^n \quad P \mapsto (P(x_1), \dots, P^{(n_1-1)}(x_1); \dots ; P(x_p), \dots, P^{(n_p-1)}(x_p)).$$

Il s'agit de montrer que φ est bijective. Calculons son noyau $\operatorname{Ker} \varphi$. Supposons $\varphi(P) = 0$ avec $P \in \mathcal{P}_n$. Pour $i = 1, \dots, p$, on a $P^{(k)}(x_i) = 0$ pour $0 \leq k < n_i$, donc x_i est une racine d'ordre

$h_i \geq n_i$ d'après le théorème 3 page 64. Ceci étant vrai pour tout i, on peut donc écrire P sous la forme

$$P = Q\prod_{i=1}^{p}(X - x_i)^{h_i} \quad \text{avec} \quad Q \in \mathbb{K}[X].$$

Si $Q \neq 0$, on a $\deg P \geq \sum_{i=1}^{p} h_i \geq \sum_{i=1}^{p} n_i = n$, ce qui est impossible puisque $P \in \mathcal{P}_n$. Donc $Q = 0$, ce qui entraîne $\operatorname{Ker}\varphi = \{0\}$. Donc φ est injective. Comme l'e.v d'arrivée $\mathbb{K}^n$ de l'application linéaire φ a même dimension que son e.v de départ $\mathcal{P}_n$, on en déduit d'après le théorème du rang que φ est bijective.

b) Soit $x \in I$. S'il existe i tel que $x = x_i$ le résultat $(*)$ est immédiat puisque $f(x_i) = P(x_i)$. Dans le cas contraire, on considère $A \in \mathbb{R}$ tel que

$$\varphi_x : I \to \mathbb{R} \quad t \mapsto f(t) - P(t) - A\prod_{i=1}^{p}(t - x_i)^{n_i}$$

vérifie $\varphi_x(x) = 0$. La fonction φ_x est de classe $\mathcal{C}^n$. En comptant avec les ordres de multiplicité, (l'ordre de multiplicité k d'un zéro α d'une fonction g de classe $\mathcal{C}^n$ est le plus grand entier $k \leq n$ tel que $g(\alpha) = \ldots = g^{(k-1)}(\alpha) = 0$) φ_x a au moins $n+1$ zéros car $\varphi_x(x) = 0$ par construction, et $\varphi_x^{(k)}(x_i) = 0$ pour $1 \leq i \leq p$ et $0 \leq k < n_i$. On remarque maintenant que pour toute fonction $g : I \to \mathbb{R}$ de classe $\mathcal{C}^m$, qui a au moins $m+1$ zéros sur I, la fonction g' a au moins m zéros sur I (la preuve est immédiate en remarquant qu'un zéro de g d'ordre $k \geq 2$, est un zéro de g' d'ordre $k-1$, et qu'entre deux zéros de g il y a au moins un zéro de g' d'après le théorème de Rolle). Ainsi φ_x' a au moins n zéros sur I, φ_x'' au moins $n-1$ zéros, ..., $\varphi_x^{(n)}$ a au moins 1 zéro sur I. Donc il existe $\xi \in I$ tel que $\varphi_x^{(n)}(\xi) = 0$, ce qui s'écrit aussi $f^{(n)}(\xi) - n!A = 0$, d'où le résultat.

EXERCICE 8. Donner la forme des polynômes $P \in \mathbb{R}[X]$ scindés sur $\mathbb{R}$, de degré $n \geq 2$, à racines toutes distinctes $a_1 < a_2 < \cdots < a_n$, tels que

$$\forall i, 1 \leq i \leq n-1, \qquad P'\left(\frac{a_i + a_{i+1}}{2}\right) = 0. \qquad (*)$$

Solution. Nous allons montrer que les polynômes vérifiant la condition sont ceux de degré 2. Si $P = \alpha(X - a_1)(X - a_2)$ est de degré 2 (avec $a_1 < a_2$ et $\alpha \in \mathbb{R}$), on a $P' = \alpha(2X - a_1 - a_2)$ donc P vérifie la condition $(*)$.

Si maintenant $P = \alpha\prod_{i=1}^{n}(X - a_i)$ est de degré $n \geq 3$ ($a_1 < \cdots < a_n$, $\alpha \neq 0$), on écrit $P = (X - a_1)(X - a_2)Q$ avec $Q = \alpha\prod_{i=3}^{n}(X - a_i)$. Par dérivation, on obtient

$$P'(X) = (2X - a_1 - a_2)Q(X) + (X - a_1)(X - a_2)Q'(X).$$

Si P vérifie $(*)$, on a donc $Q'(\frac{a_1+a_2}{2}) = 0$, ce qui est impossible car

— Si $\deg(Q) = 1$, Q' est une constante non nulle.

— Si $\deg(Q) \geq 2$, Q' s'annule au moins une fois sur chaque intervalle $]a_i, a_{i+1}[$ ($2 \leq i \leq n-1$) d'après le théorème de Rolle, donc Q' a au moins $n-3$ racines distinctes dans l'intervalle $]a_2, a_n[$. Comme $\deg(Q') = n-3$, on en déduit que toutes les racines de Q' sont dans $]a_2, a_n[$ et comme $\frac{a_1+a_2}{2} \notin]a_2, a_n[$, on aboutit à une contradiction.

EXERCICE 9 (PRINCIPE DU MAXIMUM). Soit $P \in \mathbb{C}[X]$ un polynôme non constant. Soit $r > 0$. Montrer

$$\forall z_0 \in \mathbb{C}, \ |z_0| < r, \quad |P(z_0)| < \sup_{|z|=r} |P(z)|.$$

Solution. Tout découle du résultat suivant.

LEMME. $\forall a \in \mathbb{C}$, $\forall \rho > 0$, $\exists b \in \mathbb{C}$, $|b-a| < \rho$ *tel que* $|P(b)| > |P(a)|$.

En effet. Quitte à multiplier P par $e^{i\psi}$ avec $\psi \in \mathbb{R}$ bien choisi, on peut supposer $P(a) \in \mathbb{R}^+$. Soit $n = \deg P$, et posons $Q(X) = P(X+a) = \sum_{i=0}^n q_i X^i$. On a $q_0 = Q(0) = P(a) \in \mathbb{R}^+$. Par ailleurs, $q_n \neq 0$ de sorte que $k = \inf\{i \mid 1 \leq i \leq n, q_i \neq 0\}$ existe. On peut écrire

$$Q(z) = q_0 + q_k z^k(1+\varphi(z)) \quad \text{avec} \quad \lim_{z\to 0} \varphi(z) = 0.$$

Il existe ρ', $0 < \rho' < \rho$ tel que $\forall z \in \mathbb{C}$, $|z| \leq \rho'$, $|\varphi(z)| \leq 1/2$. Écrivons $q_k = |q_k|e^{i\theta}$, $\theta \in \mathbb{R}$. Soit $z_0 = \rho' e^{-i\theta/k}$. On a $Q(z_0) = q_0 + |q_k|\rho'^k[1+\varphi(z_0)]$, donc comme $q_0 \in \mathbb{R}^+$:

$$|Q(z_0)| \geq \left|q_0 + |q_k|\rho'^k\right| - \left||q_k|\rho'^k\varphi(z_0)\right| \geq q_0 + |q_k|\rho'^k - \frac{1}{2}|q_k|\rho'^k = q_0 + \frac{1}{2}|q_k|\rho'^k > q_0 = |Q(0)|.$$

Si $b = a + z_0$, on a donc $|b-a| = \rho' < \rho$ et $|P(b)| = |Q(z_0)| > |Q(0)| = |P(a)|$, d'où le lemme.

Montrons maintenant le résultat demandé. L'ensemble $C = \{z \in \mathbb{C}, |z| \leq r\}$ est compact, et l'application $z \mapsto |P(z)|$ étant continue

$$\exists z_1 \in \mathbb{C}, \ |z_1| \leq r, \quad |P(z_1)| = \sup_{|z|\leq r} |P(z)|. \qquad (*)$$

Si $|z_1| < r$, le lemme entraîne l'existence de $z_2 \in \mathbb{C}$, $|z_2| < r$ tel que $|P(z_2)| > |P(z_1)|$, ce qui est absurde d'après $(*)$. Donc $|z_1| = r$ et donc $\sup_{|z|\leq r}|P(z)| = \sup_{|z|=r}|P(z)|$, d'où : Si $z_0 \in \mathbb{C}$, $|z_0| < r$, $|P(z_0)| < \sup_{|z|\leq r}|P(z)| = \sup_{|z|=r}|P(z)|$.

Remarque. On trouve dans le tome d'analyse (voir le chapitre sur les fonctions de plusieurs variables) un résultat équivalent sur les fonctions *harmoniques*.

– Plus généralement, le lemme permet également de montrer que pour tout compact $C \subset \mathbb{C}$, on a : $\forall z_0 \in \overset{\circ}{C}$, $|P(z_0)| < \sup_{z\in \mathrm{Fr}(C)}|P(z)|$ où $\mathrm{Fr}(C)$ désigne la frontière de C.

EXERCICE 10. Soit $n \in \mathbb{N}^*$ et $z_1, \ldots, z_n$ des nombres complexes de module 1. Montrer qu'il existe $z \in \mathbb{C}$, de module 1, tel que $\prod_{k=1}^n |z - z_k| = 1$.

Solution. Soit le polynôme $P(X) = \prod_{k=1}^n (X - z_k)$. On a $|P(0)| = \prod_{k=1}^n |z - z_k| = 1$, et d'après le principe du maximum (voir l'exercice précédent) on en déduit $\sup_{|z|=1}|P(z)| > |P(0)| = 1$. Donc il existe $z_0 \in \mathbb{C}$, $|z_0| = 1$, tel que $|P(z_0)| > 1$. Soit $\alpha, \beta \in \mathbb{R}$ tel que $z_0 = e^{i\alpha}$ et $z_1 = e^{i\beta}$. La fonction $f : \mathbb{R} \to \mathbb{R} \quad \theta \mapsto |P(e^{i\theta})|$ est continue. Comme $f(\alpha) = 0$ et $f(\beta) > 1$, le théorème des valeurs intermédiaires nous assure l'existence de $\theta \in \mathbb{R}$ tel que $f(\theta) = 1$. En notant $z = e^{i\theta}$ ceci s'écrit $\prod_{k=1}^n |z - z_k| = 1$.

Remarque. La clé de l'exercice est l'inégalité

$$|P(0)| \leq \sup_{|z|=1} |P(z)|. \qquad (*)$$

On peut la retrouver sans utiliser le principe du maximum, à partir de l'identité $P(0) = \frac{1}{2\pi}\int_0^{2\pi} P(e^{i\theta})\,d\theta$, qui est un cas particulier ($k = 0$) de l'identité suivante

$$\forall P = \sum_{j=0}^n a_j X^j \in \mathbb{C}[X], \qquad \forall k \in \{0, \ldots, n\}, \quad a_k = \frac{1}{2\pi}\int_0^{2\pi} P(e^{i\theta})e^{-ik\theta}\,d\theta.$$

(à rapprocher de l'identité (*) de la remarque 18 page 348, sur les fonctions caractéristiques). La preuve est immédiate, il suffit d'écrire

$$\int_0^{2\pi} P(e^{i\theta})e^{-ik\theta}\,d\theta = \sum_{j=0}^n a_j \int_0^{2\pi} e^{ij\theta}e^{-ik\theta}\,d\theta = \sum_{j=0}^n a_j \int_0^{2\pi} e^{i(j-k)\theta}\,d\theta$$

puis de remarquer que $\int_0^{2\pi} e^{i\ell\theta}\, d\theta = 2\pi$ si $\ell = 0$, $= 0$ si $\ell \in \mathbb{Z}^*$. On peut également prouver l'inégalité (*) à partir de l'identité $P(0) = \frac{1}{m}\sum_{k=0}^{m-1} P(\omega^k)$ avec $\omega = e^{2i\pi/m}$ (qu'on retrouve dans le problème 1 page 87 sur la transformée de Fourier discrète d'un polynôme) vraie dès que $m > n$, qui montre l'existence de k tel que $|P(0)| \leq |P(\omega^k)|$. .

EXERCICE 11. On considère n entiers distincts $a_1, a_2, \cdots, a_n$.
a) Prouver que $P = (X - a_1)(X - a_2)\cdots(X - a_n) - 1$ est irréductible dans $\mathbb{Z}[X]$ (c'est-à-dire que si $P = FG$ avec $F, G \in \mathbb{Z}[X]$, alors F ou G est constant).
b) Prouver que $P = (X - a_1)^2(X - a_2)^2\cdots(X - a_n)^2 + 1$ est irréductible dans $\mathbb{Z}[X]$.

Solution. **a)** Supposons P réductible dans $\mathbb{Z}[X]$. Il existe deux polynômes $F, G \in \mathbb{Z}[X]$, $\deg(F) < n$ et $\deg(G) < n$, tels que

$$P(X) = (X - a_1)(X - a_2)\cdots(X - a_n) - 1 = F(X)G(X).$$

Pour tout i, $1 \leq i \leq n$, on a $F(a_i)G(a_i) = -1 \quad (*)$. Comme F et G sont à coefficients entiers, $F(a_i)$ et $G(a_i)$ sont entiers. Avec $(*)$, on en déduit que pour $1 \leq i \leq n$, $F(a_i) = -G(a_i) = \pm 1$. Le polynôme $F+G$ s'annule donc aux points a_i, $1 \leq i \leq n$. Or $\deg(F+G) \leq \sup\{\deg(F), \deg(G)\} < n$, ce qui entraîne la nullité de $F + G$. Donc $F = -G$, d'où $P = -F^2$. Cette dernière égalité est impossible puisque P est unitaire et que $-F^2$ ne l'est pas. D'où le résultat.

b) Supposons P réductible dans $\mathbb{Z}[X]$. Il existe $F, G \in \mathbb{Z}[X]$, $\deg(F) \geq 1$ et $\deg(G) \geq 1$, tels que

$$P = (X - a_1)^2(X - a_2)^2\cdots(X - a_n)^2 + 1 = F(X)G(X).$$

On peut supposer F et G unitaires (l'égalité précédente entraîne que les coefficients dominants de F et G sont égaux tout deux soit à 1, soit à -1). Soit $k = \deg(F)$, $\ell = \deg(G)$, de sorte que $k + \ell = 2n$.

La forme de P montre que pour tout réel x, $P(x) \geq 1$. Ainsi, P ne s'annule pas sur $\mathbb{R}$, il en est donc de même de F et G qui alors gardent un signe constant sur $\mathbb{R}$. De plus F et G sont unitaires et prennent donc des valeurs > 0 sur $\mathbb{R}$.

Pour tout i, $1 \leq i \leq n$, $F(a_i)G(a_i) = 1 \quad (**)$. Comme de plus $F(a_i)$ et $G(a_i)$ sont entiers et positifs, on en déduit que pour tout i, $F(a_i) = G(a_i) = 1$.

Si $k = \deg(F) < \ell = \deg(G)$, alors $k < n$. Or pour tout i, $F(a_i) = 1$; autrement dit, le polynôme $F - 1$ s'annule en n points donc est nul (son degré est $< n$). Finalement $F = 1$, ce qui est absurde car $\deg(F) \geq 1$. De même l'inégalité $\ell < k$ est impossible. On a donc $\deg(F) = \deg(G) = n$.

D'après $(**)$, pour tout i, $1 \leq i \leq n$, $F(a_i) = G(a_i)$. Le polynôme $F - G$ s'annule donc en n points. Or $\deg(F-G) \leq n-1$ (F et G sont de degré n et sont tout deux unitaires), donc $F-G = 0$. Donc $F = G$. Finalement, on a $P(X) = F(X)^2$, c'est-à-dire $F(X)^2 - (X - a_1)^2\cdots(X - a_n)^2 = 1$ ou encore

$$[F - (X - a_1)\cdots(X - a_n)][F + (X - a_1)\cdots(X - a_n)] = 1,$$

égalité impossible à réaliser. Le polynôme P est donc irréductible dans $\mathbb{Z}[X]$.

Remarque. On peut également montrer que $(X - a_1)^4\cdots(X - a_n)^4 + 1$ est irréductible dans $\mathbb{Z}[X]$, mais c'est plus difficile.

– En fait, les polynômes exhibés sont irréductibles dans $\mathbb{Q}[X]$. En effet, d'après le lemme de Gauss (voir l'exercice 4 page 62) tout polynôme de $\mathbb{Z}[X]$ irréductible dans $\mathbb{Z}[X]$ est irréductible dans $\mathbb{Q}[X]$.

EXERCICE 12 (QUELQUES POLYNÔMES IRRÉDUCTIBLES). Si $F = a_0 + a_1X + \cdots a_nX^n \in \mathbb{Z}[X]$, on note (pour $p \in \mathbb{N}^*$), $\overline{F} = \overline{a_0} + \overline{a_1}X + \cdots + \overline{a_n}X^n \in \mathbb{Z}/p\mathbb{Z}[X]$ où pour tout i, $\overline{a_i}$ désigne la classe de a_i dans $\mathbb{Z}/p\mathbb{Z}$.

1/ Si $P \in \mathbb{Z}[X]$, unitaire, est tel que $\overline{P} \in \mathbb{Z}/p\mathbb{Z}[X]$ est irréductible dans $\mathbb{Z}/p\mathbb{Z}[X]$, montrer que P est irréductible dans $\mathbb{Z}[X]$. La réciproque est elle vraie ?

2/ Montrer que $F = X^4 + X + 1$ est irréductible dans $\mathbb{Z}[X]$.

3/ Soit $p \in \mathbb{N}^*$ un nombre premier et $F = X^p - X - 1 \in \mathbb{Z}[X]$.
a) Soit α une racine de $\overline{F}$ dans le corps des racines de $\overline{F}$. Montrer que les racines de $\overline{F}$ sont exactement $\alpha, \alpha + \overline{1}, \cdots, \alpha + \overline{p-1}$.
b) En déduire que $\overline{F}$ est irréductible dans $\mathbb{Z}/p\mathbb{Z}[X]$, et que F est irréductible dans $\mathbb{Z}[X]$.

Solution. **1/** C'est immédiat. Si $P = FG$ avec $F, G \in \mathbb{Z}[X]$, unitaires, alors $\overline{P} = \overline{F}\,\overline{G}$ dans $\mathbb{Z}/p\mathbb{Z}[X]$. Comme $\overline{P}$ est irréductible dans $\mathbb{Z}/p\mathbb{Z}[X]$, ceci entraîne $\deg(\overline{F}) = 0$ ou $\deg(\overline{G}) = 0$. Les polynômes F et G étant unitaires, on a $\deg(F) = \deg(\overline{F})$ et $\deg(G) = \deg(\overline{G})$ et donc F ou G est constant, ce qui prouve l'irréductibilité de P dans $\mathbb{Z}[X]$ (P est alors irréductible dans $\mathbb{Q}[X]$, voir l'exercice 4 page 62). La réciproque est fausse. Par exemple, $P = X^2 - 2X - 1$ est irréductible dans $\mathbb{Z}[X]$ et pourtant $\overline{P} = (X - \overline{1})^2$ n'est pas irréductible dans $\mathbb{Z}/2\mathbb{Z}[X]$.

2/ On va montrer que $\overline{F}$ est irréductible dans $\mathbb{Z}/2\mathbb{Z}[X]$, ce qui prouvera le résultat en vertu de 1/. Supposons $\overline{F} = PQ$ avec $P, Q \in \mathbb{Z}/2\mathbb{Z}[X]$, $\deg(P) \geq 1$, $\deg(Q) \geq 1$.

Le polynôme $\overline{F}$ n'a aucune racine dans $\mathbb{Z}/2\mathbb{Z}$, donc $\deg(P) = \deg(Q) = 2$.

Le coefficient dominant et le coefficient constant de $\overline{F}$ étant égaux à $\overline{1}$, P et Q sont nécessairement de la forme

$$P = X^2 + aX + \overline{1} \quad \text{et} \quad Q = X^2 + bX + \overline{1}, \qquad a, b \in \mathbb{Z}/2\mathbb{Z}.$$

Donc $\overline{F} = X^4 + X + \overline{1} = PQ = X^4 + (a + b)(X^3 + X) + (\overline{2} + ab)X^2 + \overline{1}$, et donc le coefficient de X^3 est égal à celui de X dans $\overline{F}$, ce qui est absurde étant donnée la forme de $\overline{F}$.

3/a) Notons $\mathbb{K}$ le corps des racines de $\overline{F}$, α une racine de $\overline{F}$ dans $\mathbb{K}$. Le corps $\mathbb{K}$ étant de caractéristique p (car surcorps de $\mathbb{Z}/p\mathbb{Z}$), on a

$$\forall x \in \mathbb{K}, \qquad \overline{F}(x) = \overline{F}(x) - \overline{F}(\alpha) = x^p - \alpha^p - (x - \alpha) = (x - \alpha)^p - (x - \alpha)$$

(pour se convaincre de la dernière égalité, développer $(x-\alpha)^p$ par la formule du binôme et utiliser le fait que $p \mid \binom{p}{k}$ si $1 \leq k \leq p-1$). Donc $x \in \mathbb{K}$ est une racine de $\overline{F}$ si et seulement si $x - \alpha$ est une racine de $X^p - X$, c'est-à-dire si et seulement si $x - \alpha \in \{\overline{0}, \overline{1}, \ldots, \overline{p-1}\}$ (les racines du polynôme $X^p - X$ sont $\overline{0}, \overline{1}, \ldots, \overline{p-1}$ en vertu du théorème de Fermat).

b) Soit G un facteur irréductible unitaire de $\overline{F}$ dans $\mathbb{Z}/p\mathbb{Z}[X]$. Notons $k = \deg(G)$. D'après la question précédente, les racines de G dans $\mathbb{K}$ sont de la forme $\alpha + a_1, \cdots, \alpha + a_k$ où les a_i sont dans $\mathbb{Z}/p\mathbb{Z}$. De plus G étant unitaire, le coefficient du monôme de degré $k-1$ de G est au signe près la somme de ses racines. Comme G a ses coefficients dans $\mathbb{Z}/p\mathbb{Z}$, on en déduit que $\sum_{i=1}^{k}(\alpha + a_i) \in \mathbb{Z}/p\mathbb{Z}$, et comme les $a_i \in \mathbb{Z}/p\mathbb{Z}$, $k\alpha \in \mathbb{Z}/p\mathbb{Z}$. Or $\alpha \notin \mathbb{Z}/p\mathbb{Z}$ (sinon $\overline{F}(\alpha) = (\alpha^p - \alpha) + \overline{1} = \overline{1} \neq \overline{0}$). Le fait que $k\alpha \in \mathbb{Z}/p\mathbb{Z}$ entraîne donc que $\overline{k} = \overline{0}$ et donc $k = p$ puisque $1 \leq k \leq p$. Donc G est de degré p ce qui entraîne que $\overline{F} = G$ est irréductible dans $\mathbb{Z}/p\mathbb{Z}$. Donc F est irréductible dans $\mathbb{Z}[X]$ d'après la question 1/.

Exercice 13 (Polynômes de Tchébycheff). **a)** Montrer que pour tout $n \in \mathbb{N}^*$, il existe un unique polynôme $T_n \in \mathbb{R}[X]$ tel que $\forall \theta \in \mathbb{R}$, $T_n(\cos\theta) = \cos n\theta$ et calculer le coefficient dominant de T_n (les T_n s'appellent les *polynômes de Tchébycheff*).
b) Montrer que tout $P \in \mathbb{R}[X]$ unitaire de degré $n \in \mathbb{N}^*$, on a $\|P\|_\infty \geq 2^{1-n}$ où on note $\|P\|_\infty = \sup_{t\in[-1,1]} |P(t)|$.

Solution. **a)** En posant $x = \cos\theta$, on voit que $T_n(\cos\theta) = \cos n\theta$ si et seulement si

$$T_n(x) = \Re[(\cos\theta + i\sin\theta)^n] = \sum_{k=0}^{[n/2]} C_n^{2k} \cos^{n-2k}\theta\,(-\sin^2\theta)^k = \sum_{k=0}^{[n/2]} C_n^{2k} x^{n-2k}(x^2-1)^k. \qquad (*)$$

Ceci montre l'existence et l'unicité de T_n, dont la forme polynomiale est donnée par le dernier membre de $(*)$. D'après $(*)$, T_n est de degré n et son coefficient dominant est $\sum_{k=0}^{[n/2]} C_n^{2k} = 2^{n-1}$.

b) Remarquons déjà que l'identité $T_n(\cos\theta) = \cos n\theta$ entraîne $\|T_n\|_\infty = 1$. Donc le polynôme unitaire $U_n = 2^{1-n}T_n$ vérifie $\|U_n\|_\infty = 2^{1-n}$. Soit $P \in \mathbb{R}[X]$ unitaire et de degré n. Raisonnons par l'absurde et supposons $\|P\|_\infty < 2^{1-n} = \|U_n\|_\infty$. Le polynôme $Q = U_n - P$ est de degré $\leq n-1$ (car P et U_n sont unitaires et de degré n). En posant $x_k = \cos k\pi/n$, on remarque maintenant que $T_n(x_k) = \cos k\pi = (-1)^k$ pour $0 \leq k \leq n$. Donc $Q(x_k) = (-1)^k 2^{1-n} - P(x_k)$, et comme $|P(x_k)| \leq \|P\|_\infty < 2^{1-n}$ ceci montre que $Q(x_k)$ est non nul et a le signe de $(-1)^k$. Ainsi, les $n+1$ points $(x_k)_{0\leq k\leq n}$ vérifient $-1 = x_n < x_{n-1} < \ldots < x_1 < x_0 = 1$ et Q change de signe entre x_{k+1} et x_k (pour $0 \leq k \leq n-1$). Donc Q a au moins n racines, et comme $\deg(Q) < n$ on a forcément $Q = 0$, donc $P = U_n$ ce qui est absurde puisque $\|P\|_\infty < 2^{1-n}$ par hypothèse.

Remarque. La propriété de mini-max $\|P\|_\infty \geq \|U_n\|_\infty$ pour tout $P \in \mathbb{R}[X]$ unitaire et de degré n est remarquable, et fait de la famille (T_n) des polynômes de Tchébycheff une base commode pour l'interpolation polynomiale.

3. Fractions rationnelles

Dans toute cette partie, $\mathbb{K}$ désigne un corps commutatif.

3.1. Généralités

L'anneau $\mathbb{K}[X]$ étant intègre, son corps des fractions existe bien. On le note $\mathbb{K}(X)$.

PROPOSITION 1. *Soit $F \in \mathbb{K}(X), F \neq 0$. On peut écrire $F = P/Q$ avec P et $Q \in \mathbb{K}[X]$, Q unitaire, P et Q premiers entre eux, et ceci de manière unique. L'écriture P/Q s'appelle la* forme réduite *de F.*

DÉFINITION 1. Soit $F \in \mathbb{K}(X), F \neq 0$, $F = N/D$ sa forme réduite. Un élément $a \in \mathbb{K}$ est dit *pôle* de F d'ordre h si a est racine de D d'ordre h.

De la même que pour les fonctions polynômes, on peut associer à toute fraction rationnelle $F = N/D$ une *fonction rationnelle* définie en tout point x de $\mathbb{K}$ qui n'est pas un pôle de F, par $x \mapsto F(x) = N(x)/D(x)$. Si $F, G \in \mathbb{K}(X)$ et $x \in \mathbb{K}$ n'est pas pôle de F ou G, on a $(F+G)(x) = F(x) + G(x)$, $(FG)(x) = F(x)G(x)<$.

THÉORÈME 1 (DÉCOMPOSITION EN ÉLÉMENTS SIMPLES). *Soit $F \in \mathbb{K}(X), F \neq 0$, N/D sa forme réduite. Soit $D = D_1^{\alpha_1} \cdots D_n^{\alpha_n}$ la décomposition de D en facteurs irréductibles de $\mathbb{K}[X]$. On peut écrire, de manière unique*

$$F = E + \sum_{i=1}^{n} \left(\sum_{j=1}^{\alpha_i} \frac{A_{i,j}}{D_i^j} \right)$$

avec $E \in \mathbb{K}[X]$, $A_{i,j} \in \mathbb{K}[X]$ et $\deg(A_{i,j}) < \deg(D_i)$. Le polynôme E s'appelle la partie entière *de F et s'obtient comme le quotient de la division euclidienne de N par D.*

Les deux parties suivantes s'attachent à donner des méthodes de calcul des *éléments simples* $A_{i,j}/D_i^j$ pour $\mathbb{K} = \mathbb{C}$ et $\mathbb{K} = \mathbb{R}$.

3.2. Pratique de la décomposition dans $\mathbb{C}(X)$

Il est indispensable de bien savoir décomposer en éléments simples (on s'en sert en particulier pour le calcul de primitives de fractions rationnelles).

Soit $F \in \mathbb{C}(X), F \neq 0$, de forme réduite N/D. Le corps $\mathbb{C}$ étant algébriquement clos, on peut écrire $D = (X - a_1)^{\alpha_1} \cdots (X - a_n)^{\alpha_n}$ avec $a_i \in \mathbb{C}$ pour tout i et $\alpha_i \in \mathbb{N}^*$. Appliquant le théorème précédent, on voit que l'on peut écrire de manière unique

$$F = E + \sum_{i=1}^{n} \left(\sum_{j=1}^{\alpha_i} \frac{a_{i,j}}{(X - a_i)^j} \right) \quad \text{avec} \quad a_{i,j} \in \mathbb{C} \text{ et } E \in \mathbb{C}[X].$$

Nous avons déjà vu plus haut que E s'obtient comme le quotient de la division euclidienne de N par D. Pour tout i, le terme $\displaystyle\sum_{j=1}^{\alpha_i} \frac{a_{i,j}}{(X - a_i)^j}$ s'appelle *partie principale* de F relative au pôle a_i. Nous allons donner des méthodes pratiques de calcul des $a_{i,j}$.

Partie principale relative à un pôle simple. Soit $F \in \mathbb{C}(X)$, $F \neq 0$, N/D sa forme réduite. Soit a un pôle simple de F. La partie principale de F relative à a est de la forme $\dfrac{\lambda}{X - a}$ avec $\lambda \in \mathbb{C}$, et on peut écrire $F = \dfrac{N}{D} = \dfrac{\lambda}{X - a} + G$ avec $G \in \mathbb{C}(X)$, a n'étant pas un pôle de G. On peut également écrire $D = (X - a)D_1$ avec $D_1 \in \mathbb{C}[X]$ et $D_1(a) \neq 0$, de sorte que

$$\frac{N}{D_1} = \lambda + (X - a)G \quad \text{donc} \quad \lambda = \frac{N(a)}{D_1(a)}. \tag{$*$}$$

Par ailleurs, l'égalité $D' = D_1 + (X - a)D_1'$ donne $D'(a) = D_1(a)$, ce qui donne un autre moyen de calculer λ :

$$\lambda = \frac{N(a)}{D'(a)}. \tag{$**$}$$

Remarque 1. $(*)$ et $(**)$ s'utilisent dans des circonstances différentes : $(*)$ quand on connaît une forme explicite de D_1, $(**)$ sinon (voir les exemples qui suivent).

Exemple 1. — Soit $F = \dfrac{X + 3}{(X - 1)(X + 2)}$, et $F = \dfrac{a}{X - 1} + \dfrac{b}{X + 2}$ sa décomposition en éléments simples. Grâce à $(*)$, on trouve $a = 4/3$ et $b = -1/3$.

— Soit $F = \dfrac{P}{X^n - 1}$, avec $P \in \mathbb{C}[X]$, $\deg(P) < n$. Notons $\omega = e^{2i\pi/n}$. On a $X^n - 1 = \displaystyle\prod_{k=0}^{n-1} (X - \omega^k)$, donc $F = \displaystyle\sum_{k=0}^{n-1} \frac{a_k}{X - \omega^k}$, $a_k \in \mathbb{C}$. Grâce à $(**)$, on trouve

$$a_k = \frac{P(\omega^k)}{n(\omega^k)^{n-1}} = \frac{\omega^k}{n} P(\omega^k), \quad \text{donc} \quad F = \frac{1}{n} \sum_{k=0}^{n-1} \frac{\omega^k P(\omega^k)}{X - \omega^k}.$$

Partie principale relative à un pôle multiple. Soit $F \in \mathbb{C}[X]$, N/D sa forme réduite, et $a \in \mathbb{C}$ un pôle d'ordre $h \geq 2$ de F. On peut écrire $D = (X - a)^h D_0$ avec $D_0 \in \mathbb{C}[X]$ et $D_0(a) \neq 0$. Posons $D_1(T) = D_0(T + a)$, $N_1(T) = N(T + a)$ et $F_1(T) = F(T + a)$. On a $F_1(T) = \dfrac{N_1(T)}{T^h D_1(T)}$. Ainsi, si $N_1 = (a_h + \cdots + a_1 T^{h-1})D_1 + T^h S$, $(S \in \mathbb{C}[X])$ est la division selon les puissances croissantes de N_1 par D_1 à l'ordre $h - 1$, on a :

$$F_1(T) = \frac{a_1}{T} + \frac{a_2}{T^2} + \cdots + \frac{a_h}{T^h} + \frac{S(T)}{D_1(T)}$$

et donc

$$F(X) = \frac{a_1}{X - a} + \cdots + \frac{a_h}{(X - a)^h} + \frac{S(X - a)}{D_0(X)}.$$

On a ainsi obtenu la partie principale relative au pôle a.

Exemple 2. Recherchons la partie principale de $F = \dfrac{X+3}{(X-1)^4(X+1)}$ relative au pôle 1 d'ordre 4. On a, avec les notations précédentes, $N_1(T) = T+4$ et $D_1(T) = T+2$. On effectue la division euclidienne de $T+4$ par $T+2$ selon les puissances croissantes à l'ordre 3, ce qui donne

$$\begin{array}{llll|l} 4 & +T & & & 2+T \\ \cline{5-5} & -T & & & 2 - \frac{1}{2}T + \frac{1}{4}T^2 - \frac{1}{8}T^3 \\ & & \frac{1}{2}T^2 & & \\ & & & \frac{-1}{4}T^3 & \end{array}$$

On en déduit que la partie principale de F relative au pôle 1 est

$$\frac{-1}{8(X-1)} + \frac{1}{4(X-1)^2} - \frac{1}{2(X-1)^3} + \frac{2}{(X-1)^4}.$$

En pratique, on n'utilise cette méthode que si l'ordre du pôle est grand (typiquement supérieur à 3 ou 4). La plupart du temps, on procède par identification en donnant à X certaines valeurs particulières et en utilisant certaines propriétés de F comme la parité, le fait que F est à coefficients réels, et en utilisant la remarque suivante : Si a est un pôle d'ordre h de F, on peut écrire $F = \dfrac{N}{(X-a)^h D_0}$, $D_0(a) \neq 0$, et

$$F = \frac{a_1}{X-a} + \cdots + \frac{a_h}{(X-a)^h} + G,$$

a n'étant pas un pôle de G. En multipliant cette dernière égalité par $(X-a)^h$, on obtient

$$\frac{N}{D_0} = a_h + (X-a)\left[a_{h-1} + \cdots + a_1(X-a)^{h-2} + (X-a)^{h-1}G\right].$$

En donnant à X la valeur a, on trouve un moyen commode de calculer a_h :

$$a_h = \frac{N(a)}{D_0(a)}. \qquad (***)$$

Exemple 3. $F = \dfrac{X+2}{(X+1)^2(X-2)^2}$ se décompose en éléments simples sous la forme

$$F = \frac{a}{X-2} + \frac{b}{(X-2)^2} + \frac{c}{X+1} + \frac{d}{(X+1)^2}.$$

En utilisant la relation $(***)$, on trouve $b = 4/9$ et $d = 1/9$.

Par ailleurs, en multipliant F par X, en regardant X comme un nombre réel et en le faisant tendre vers $+\infty$, on trouve (i) $\;0 = a + c$. Or $F(0) = \frac{1}{2} = \frac{-a}{2} + \frac{b}{4} + c + d$, donc (ii) $\;\frac{5}{9} = -a + 2c$. De (i) et (ii), on trouve $a = \frac{-5}{27}$ et $c = \frac{5}{27}$.

D'autres décompositions en éléments simples dans $\mathbb{C}(X)$ sont traitées à l'exercice 1.

3.3. Pratique de la décomposition dans $\mathbb{R}(X)$

On trouve dans $\mathbb{R}(X)$ les deux types d'éléments simples suivants :

$$\frac{\alpha}{(X-a)^n},\ (\alpha, a \in \mathbb{R}), \qquad \frac{\alpha X + \beta}{(X^2 + pX + q)^n},\ (\alpha, \beta, p, q \in \mathbb{R}, p^2 - 4q < 0.)$$

Ceux du premier type sont appelés éléments simples de *première espèce*, ceux du second type des éléments simples de *seconde espèce*.

Pour décomposer $F \in \mathbb{R}(X)$ en éléments simples dans $\mathbb{R}(X)$, on peut

— Soit décomposer F en éléments simples dans $\mathbb{C}(X)$ et regrouper les termes conjugués (en général à éviter).

— Soit procéder par identification, en utilisant les propriétés de F (parité, ...). Des exemples sont traités dans l'exercice 2.

3.4. Exercices

EXERCICE 1. Décomposer en éléments simples dans $\mathbb{C}(X)$ les fractions rationnelles suivantes :

$$\text{a)}\quad F = \frac{X}{(X^2-1)^2(X^2+1)}. \qquad \text{b)}\quad F = \frac{X^4}{X^5+1}.$$

Solution. **a)** On commence par scinder le dénominateur de F dans $\mathbb{C}[X]$, ce qui donne

$$(X^2-1)^2(X^2+1) = (X-1)^2(X+1)^2(X+i)(X-i).$$

On peut donc écrire

$$F = \frac{a}{X-1} + \frac{b}{(X-1)^2} + \frac{a'}{X+1} + \frac{b'}{(X+1)^2} + \frac{c}{X-i} + \frac{c'}{X+i}, \qquad a, b, c, a', b', c' \in \mathbb{C}.$$

Comme F est impaire, l'unicité de la décomposition de F en éléments simples permet d'identifier la décomposition de $F(X)$ et de $-F(-X)$, ce qui donne $a = a'$ et $b = -b'$.

De plus F est à coefficients réels, donc $F(X) = \overline{F}(X)$ et par identification $c = \overline{c'}$.

La relation (***) de la partie 3.2 donne $b = \frac{1}{8}$ et $c = \frac{i}{4 \cdot 2i} = \frac{1}{8}$. Donc $b' = -\frac{1}{8}$ et $c' = \frac{1}{8}$.

Multipliant F par X, regardant X comme un nombre réel et en le faisant tendre vers $+\infty$, on tire $0 = a + a' + c + c'$. Donc $2a = a + a' = -(c' + c) = -\frac{1}{4}$, d'où $a = a' = -\frac{1}{8}$.

b) Recherchons les racines de $X^5 + 1$. On a

$$x^5 + 1 = 0 \iff x^5 = -1 = e^{i\pi} \iff x = e^{i(\pi/5 + 2k\pi/5)} = \omega_k, \quad (k \in \{0, 1, 2, 3, 4\}).$$

Ainsi les $(\omega_k)_{0 \leq k \leq 4}$ sont 5 racines distinctes du dénominateur de F, et comme ce dernier est de degré 5, tous les pôles de F sont simples. On obtient le coefficient de la partie principale $a_k/(X - \omega_k)$ de F en utilisant l'identité (**) page 76, qui donne $a_k = \omega_k^4/(5\omega_k^4) = 1/5$. Donc

$$F = \frac{1}{5}\sum_{k=0}^{4} \frac{1}{X - \omega_k}.$$

EXERCICE 2. Décomposer en éléments simples dans $\mathbb{R}(X)$ les fractions rationnelles suivantes.

$$\text{a)}\quad F = \frac{X^2}{(X^4+X^2+1)^2}. \qquad \text{b)}\quad F = \frac{1}{X(X^2+1)^2}.$$

$$\text{c)}\quad F = \frac{X^7+2}{(X^2+X+1)^3}. \qquad \text{d)}\quad F = \frac{1}{X^{2n}-1},\ n \in \mathbb{N}^*.$$

Solution. **a)** On a $(X^4 + X^2 + 1)^2 = (X^2 + X + 1)^2(X^2 - X + 1)^2$ donc

$$\exists a, b, c, d, e, f, g, h \in \mathbb{R}, \quad F = \frac{aX+b}{X^2+X+1} + \frac{cX+d}{(X^2+X+1)^2} + \frac{eX+f}{X^2-X+1} + \frac{gX+h}{(X^2-X+1)^2}.$$

Comme F est paire, l'unicité de la décomposition en éléments simples permet d'obtenir

$$e = -a, \quad f = b, \quad g = -c, \quad h = d.$$

Multipliant F par $(X^2 + X + 1)^2$ puis en remplaçant X par $j = e^{2i\pi/3}$, on obtient

$$cj + d = \frac{j^2}{(j^2 - j + 1)^2} = \frac{j^2}{4j^2} = \frac{1}{4} \quad \text{donc} \quad c = 0 \text{ et } d = \frac{1}{4}.$$

On a $F(0) = 0 = b + d + f + h = 2b + \frac{1}{2}$, d'où $b = -\frac{1}{4}$.

On a $F(i) = -1 = \frac{ai+b}{i} - (ci+d) - \frac{ei+f}{i} - (gi+h)$, donc $-1 = 2a + \frac{(b-f)}{i} - i(c+g) - (d+h) = 2a - 2d = 2a - \frac{1}{2}$, d'où $a = -\frac{1}{4}$.

Finalement on a trouvé

$$a = -\frac{1}{4}, \quad b = -\frac{1}{4}, \quad c = 0, \quad d = \frac{1}{4}, \quad e = \frac{1}{4}, \quad f = -\frac{1}{4}, \quad g = 0, \quad h = \frac{1}{4}.$$

b) Il existe $a, b, c, d, e \in \mathbb{R}$ tels que $F = \dfrac{a}{X} + \dfrac{bX+c}{X^2+1} + \dfrac{dX+e}{(X^2+1)^2}$. La fraction F est impaire, donc $c = e = 0$. D'après la relation $(*)$ de la partie 3.2, on a $a = 1$. Multiplions F par $(X^2+1)^2$ puis remplaçons X par i. On obtient $\frac{1}{i} = di + e = di$ donc $d = -1$.

Multipliant F par X, regardant X comme un nombre réel et en le faisant tendre vers $+\infty$, on obtient $0 = a + b$, donc $b = -a = -1$.

c) Il s'agit d'un cas classique, qui se traite par divisions euclidiennes successives. On trouve $X^7 + 2 = (X^2 + X + 1)(X^5 - X^4 + X^2 - X) + (X + 2)$, d'où

$$F = \frac{X^7+2}{(X^2+X+1)^3} = \frac{X+2}{(X^2+X+1)^3} + \frac{X^5 - X^4 + X^2 - X}{(X^2+X+1)^2}. \qquad (*)$$

On recommence, en divisant cette fois ci $X^5 - X^4 + X^2 - X$ par $X^2 + X + 1$. On obtient $X^5 - X^4 + X^2 - X = (X^2 + X + 1)(X^3 - 2X^2 + X + 2) - 4X - 2$, donc

$$\frac{X^5 - X^4 + X^2 - X}{(X^2+X+1)^2} = -\frac{4X+2}{(X^2+X+1)^2} + \frac{X^3 - 2X^2 + X + 2}{X^2+X+1}. \qquad (**)$$

De même la division $X^3 - 2X^2 + X + 2 = (X^2 + X + 1)(X - 3) + (3X + 5)$ entraîne

$$\frac{X^3 - 2X^2 + X + 2}{X^2+X+1} = \frac{3X+5}{X^2+X+1} + X - 3. \qquad (***)$$

De $(*)$, $(**)$ et $(***)$, on tire

$$F = \frac{X+2}{(X^2+X+1)^3} - \frac{4X+2}{(X^2+X+1)^2} + \frac{3X+5}{X^2+X+1} + (X-3).$$

Ce procédé est facile et à retenir.

d) On décompose d'abord dans $\mathbb{C}(X)$. On pose $\omega = e^{i\pi/n}$, de sorte que $X^{2n} - 1 = \prod_{k=0}^{2n-1}(X - \omega^k)$. Donc $F = \displaystyle\sum_{k=0}^{2n-1} \frac{a_k}{X - \omega^k}$, où d'après l'identité $(**)$ page 76, $a_k = \dfrac{1}{2n(\omega^k)^{2n-1}} = \dfrac{\omega^k}{2n}$.

Il ne reste plus qu'à regrouper les termes conjugués. Lorsque $1 \leq k \leq n-1$, on a

$$\frac{\omega^k}{X - \omega^k} + \frac{\omega^{(2n-k)}}{X - \omega^{(2n-k)}} = \frac{\omega^k}{X - \omega^k} + \frac{\overline{\omega}^k}{X - \overline{\omega}^k} = \frac{2\cos(k\pi/n)X - 2}{X^2 - 2\cos(k\pi/n)X + 1},$$

donc

$$F = \frac{1}{2n} \sum_{k=0}^{2n-1} \frac{\omega^k}{X - \omega^k} = \frac{1}{2n}\left(\frac{1}{X-1} - \frac{1}{X+1} + \sum_{k=1}^{n-1} \frac{2\cos(k\pi/n)X - 2}{X^2 - 2\cos(k\pi/n)X + 1}\right).$$

Exercice 3. **a)** Soit $n \in \mathbb{N}^*$. Montrer qu'il existe $P_n \in \mathbb{R}[X]$ de degré n tel que

$$X^n + \frac{1}{X^n} = P_n\left(X + \frac{1}{X}\right).$$

b) Pour tout $n \in \mathbb{N}^*$, décomposer la fraction rationnelle $F_n = 1/P_n$ en éléments simples dans $\mathbb{R}(X)$.

Solution. **a)** On procède par récurrence sur $n \in \mathbb{N}^*$. Pour $n = 1$, c'est évident en prenant $P_1(X) = X$. Supposons le résultat vrai jusqu'au rang $n-1$ et démontrons le au rang n. On a

$$\left(X + \frac{1}{X}\right)^n = \sum_{k=0}^{n} \binom{n}{k} X^{n-k} \left(\frac{1}{X}\right)^k = X^n + \frac{1}{X^n} + \sum_{k=1}^{m} \binom{n}{k} \left(X^{n-2k} + \frac{1}{X^{n-2k}}\right) + r_n,$$

où $m = [(n-1)/2]$ est la partie entière de $(n-1)/2$ et où $r_n = \binom{n}{n/2}$ si n est pair, $r_n = 0$ si n est impair. On peut donc écrire

$$X^n + \frac{1}{X^n} = \left(X + \frac{1}{X}\right)^n - \sum_{k=1}^{m} \binom{n}{k} P_{n-2k}\left(X + \frac{1}{X}\right) - r_n,$$

Ainsi, $P_n(X) = X^n - \sum_{k=1}^{m} \binom{n}{k} P_{n-2k}(X) - r_n$ vérifie la propriété requise, et on a bien $\deg P_n = n$.

b) Commençons par chercher les pôles de F_n, qui sont les racines de P_n. On a

$$P_n\left(x + \frac{1}{x}\right) = 0 \iff x^n + \frac{1}{x^n} = 0 \iff x^{2n} = -1 \iff x = \omega_k = e^{i(2k+1)\pi/(2n)} \quad (k \in \mathbb{Z}).$$

Ainsi, pour tout $k \in \mathbb{Z}$, la valeur

$$x_k = \omega_k + \frac{1}{\omega_k} = e^{i(2k+1)\pi/(2n)} + e^{-i(2k+1)\pi/(2n)} = 2\cos\frac{(2k+1)\pi}{2n}$$

est une racine de P_n. On remarque que les x_k sont deux à deux distincts lorsque $0 \le k \le n-1$, et comme $\deg(P_n) = n$, ceci montre que $x_0, x_1, \dots, x_{n-1}$ sont les racines de P_n et qu'elles sont simples. Maintenant, on peut écrire (grâce à la relation $(**)$ page 76)

$$F_n = \frac{1}{P_n} = \sum_{k=0}^{n-1} \frac{1}{P_n'(x_k)} \cdot \frac{1}{X - x_k}. \qquad (*)$$

Il ne reste plus qu'à remarquer, après dérivation de la relation $P_n(X + 1/X) = X^n + 1/X^n$, que

$$\left(1 - \frac{1}{\omega_k^2}\right) P_n'\left(\omega_k + \frac{1}{\omega_k}\right) = n\omega_k^{n-1} - \frac{n}{\omega_k^{n+1}} = \frac{n}{\omega_k}(\omega_k^n - \omega_k^{-n})$$

donc

$$P_n'(x_k) = \frac{n}{\omega_k - \omega_k^{-1}}(\omega_k^n - \omega_k^{-n}) = n\frac{\sin\frac{(2k+1)\pi}{2}}{\sin\frac{(2k+1)\pi}{2n}} = (-1)^k \frac{n}{\sin\frac{(2k+1)\pi}{2n}},$$

d'où la décomposition en éléments simples de F_n en reportant cette égalité dans $(*)$.

EXERCICE 4. Pour tout $F \in \mathbb{C}(X)$, on note $D_F = \mathbb{C} \setminus \{a_1, \dots, a_n\}$, où $a_1, \dots, a_n$ sont les pôles de F, et on identifie F avec la fonction rationnelle $D_F \to \mathbb{C}$ $\ z \mapsto F(z)$.
a) Si $F \in \mathbb{C}(X)$ est non constante, montrer que

$$(i) \quad F(D_F) = \mathbb{C} \quad \text{ou} \quad (ii) \quad \exists \alpha \in \mathbb{C} \mid F(D_F) = \mathbb{C} \setminus \{\alpha\}$$

et caractériser les fractions rationnelles F vérifiant l'assertion (ii).
b) Si $F, G \in \mathbb{C}(X)$, et si G n'est pas une constante qui est un pôle de F, il est possible de définir la composée $F \circ G \in \mathbb{C}(X)$. Donner la forme des fractions rationnelles F et $G \in \mathbb{C}(X)$ telles que la fraction rationnelle $F \circ G$ soit un polynôme.

Solution. **a)** Soit $F = N/D$ la forme réduite de F. Par hypothèse, F est non constante donc l'un au moins des polynômes N, D est non constant. Pour tout $\lambda \in \mathbb{C}$, l'équation $F(z) = \lambda$ $(z \in D_F)$ est équivalente à $(N - \lambda D)(z) = 0$ $(z \in \mathbb{C})$. (En effet, si $(N - \lambda D)(z) = 0$ alors on doit avoir $D(z) \neq 0$ sinon N et D ont une racine commune, donc $z \in D_F$). Deux cas se présentent :

(i) Pour tout $\lambda \in \mathbb{C}$, le polynôme $N - \lambda D$ est non constant. Le corps des nombres complexes étant algébriquement clos, $N - \lambda D$ admet une racine z_λ pour tout $\lambda \in \mathbb{C}$. Ainsi, pour tout $\lambda \in \mathbb{C}$, $F(z_\lambda) = \lambda$ et on en déduit $F(D_F) = \mathbb{C}$.

(ii) Il existe $\alpha \in \mathbb{C}$ tel que $N - \alpha D$ est constant. Pour tout $\lambda \neq \alpha$, le polynôme $N - \lambda D$ est non constant (si $N - \lambda D$ est constant pour $\lambda \neq \alpha$, il est facile de voir que l'on doit avoir N et D constants, ce qui est contraire aux hypothèses) donc admet au moins une racine z_λ qui vérifie $F(z_\lambda) = \lambda$. Ainsi, $\mathbb{C} \setminus \{\alpha\} \subset F(D_F)$. De plus, le polynôme $N - \alpha D$ est une constante non nulle (si elle est nulle, F est constant égal à α), donc l'équation $N - \alpha D = 0$ n'a pas de solution. Finalement, $F(D_F) = \mathbb{C} \setminus \{\alpha\}$.

Les fractions rationnelles $F = N/D$ vérifiant (ii) sont celles vérifiant $\exists c \in \mathbb{C}^* \mid N - \alpha D = c$. Ainsi, $F = N/D = (\alpha D + c)/D = \alpha + c/D$ est de la forme $F = \alpha + 1/P$ où P est un polynôme non constant et réciproquement, une fraction rationnelle de cette forme vérifie (ii).

b) Si F est constant, $F \circ G = F$ est toujours un polynôme. De même, si G est constant et si G n'est pas un pôle de F, $F \circ G$ est une constante donc un polynôme.

Supposons maintenant F et G non constants. Si α est un pôle de F, on a $\lim_{\substack{z \to \alpha \\ z \neq \alpha}} |F(z)| = +\infty$, donc si $\alpha = G(\beta) \in G(D_G)$, le théorème de composition des limites entraîne

$$\lim_{\substack{z \to \beta \\ z \neq \beta}} |F \circ G(z)| = +\infty$$

ce qui est impossible si $F \circ G$ est un polynôme. Ainsi nous venons de montrer

Si $F \circ G$ est un polynôme, tout pôle de F appartient à $\mathbb{C} \setminus G(D_G)$. (*)

D'après la question précédente, l'ensemble $\mathbb{C} \setminus G(D_G)$ a au plus un élément, ce qui montre que nécessairement F a au plus un pôle.

— Si F n'a pas de pôle, c'est-à-dire si F est un polynôme, alors si $F \circ G$ est un polynôme, G est un polynôme. En effet, si G admet un pôle β, alors $\lim_{\substack{z \to \beta \\ z \neq \beta}} |G(z)| = +\infty$ et le polynôme F étant non constant on en déduit

$$\lim_{\substack{z \to \beta \\ z \neq \beta}} |F \circ G(z)| = +\infty \quad \text{car} \quad \lim_{|z| \to +\infty} |F(z)| = +\infty,$$

et $F \circ G$ ne peut donc pas être un polynôme.

— Si F admet un seul pôle α, on peut écrire F sous la forme

$$F = \frac{P(X - \alpha)}{(X - \alpha)^h}, \qquad P \in \mathbb{C}[X] \quad \text{et} \quad h \in \mathbb{N}^*.$$

Pour que $F \circ G$ soit un polynôme, la propriété (*) entraîne $\mathbb{C} \setminus G(D_G) = \{\alpha\}$. Comme G n'est pas constant (le cas G constant a été traité plus haut), d'après la question a), ceci entraîne $G = \alpha + 1/Q$ où Q est un polynôme non constant. On a alors

$$F \circ G = \frac{P(1/Q)}{(1/Q)^h} = Q^h P(1/Q).$$

En écrivant $P = \sum_{k=0}^n a_k X^k$ (où $n = \deg P$), ceci s'écrit aussi $F \circ G = \sum_{k=0}^n a_k Q^{h-k}$, et ceci est un polynôme si et seulement si $n = \deg(P) \leq h$.

Réciproquement, il est facile de vérifier que les solutions trouvées conviennent. Finalement, $F \circ G$ est un polynôme si et seulement si l'une des conditions suivantes est vérifiée :

(i) F est constant.

(ii) G est constant et n'est pas un pôle de F.

(iii) F et G sont des polynômes.

(iv) $F = \dfrac{P(X)}{(X - \alpha)^h}$ où $P \in \mathbb{C}[X]$ et $\deg(P) \leq h$, et $G = \alpha + 1/Q$ où $Q \in \mathbb{C}[X]$.

Exercice 5. **1/** Déterminer les polynômes de $\mathbb{C}[X]$ qui laissent stable le cercle unité $\mathbb{U} = \{z \in \mathbb{C} \mid |z| = 1\}$ de $\mathbb{C}$.
2/ Déterminer les fractions rationnelles de $\mathbb{C}(X)$ qui laissent stable $\mathbb{U}$.

Solution. **1/** Pour tout polynôme $P = a_0 + \cdots + a_n X^n \in \mathbb{C}[X]$ de degré $n \in \mathbb{N}$, on note P^* le polynôme défini par

$$P^*(X) = \overline{a}_0 X^n + \overline{a}_1 X^{n-1} + \cdots + \overline{a}_n = X^n \overline{P}(1/X).$$

Lorsque $z \in \mathbb{U}$, on a $1/z = \overline{z}$ donc $P^*(z) = z^n \overline{P}(\overline{z}) = z^n \overline{P(z)}$, et lorsque P stabilise $\mathbb{U}$ on a donc $P(z)P^*(z) = z^n |P(z)|^2 = z^n$. Ainsi, le polynôme $P(X)P^*(X) - X^n$ s'annule sur $\mathbb{U}$, donc une infinité de fois, donc c'est le polynôme nul. On en déduit $P(X)P^*(X) = X^n$, et comme $\deg(P) = n$ il existe $\lambda \in \mathbb{C}^*$ tel que $P(X) = \lambda X^n$ et $P^*(X) = 1/\lambda$. Comme $|P(1)| = 1$ on a forcément $|\lambda| = 1$, donc finalement $P(X) = \lambda X^n$ avec $|\lambda| = 1$.

Réciproquement, il est immédiat que tout polynôme de cette forme stabilise le cercle unité.

2/ Soit $F \in \mathbb{C}(X)$ laissant stable $\mathbb{U}$. On peut écrire F sous la forme $F = X^n P/Q$ où $n \in \mathbb{Z}$ et $P, Q \in \mathbb{C}[X]$ sont premiers entre eux, avec $P(0) \neq 0$ et $Q(0) \neq 0$. Soit $a = \deg P$, $b = \deg Q$. Pour tout $z \in \mathbb{U}$ qui n'est pas un zéro de Q ou de Q^*, on peut écrire

$$\frac{P^*(z)}{Q^*(z)} = \frac{z^a \overline{P(z)}}{z^b \overline{Q(z)}}, \qquad \text{donc} \qquad \frac{P(z)}{Q(z)} \frac{P^*(z)}{Q^*(z)} = z^{a-b} \frac{|P(z)|^2}{|Q(z)|^2} = z^{a-b} \left| \frac{P(z)}{Q(z)} \right|^2 = z^{a-b}.$$

Si $a \geq b$, on en déduit que le polynôme $P(X)P^*(X) - X^{a-b} Q(X)Q^*(X)$ s'annule sur $\mathbb{U}$ (sauf eventuellement sur les zéros de Q et Q^*), donc il s'annule une infinité de fois, donc il est nul. Donc $P(X)P^*(X) = X^{a-b} Q(X)Q^*(X)$. Comme $P(0)Q(0) \neq 0$ on a $\deg P^* = \deg P = a$ et $\deg Q^* = \deg Q = b$, donc l'égalité implique $2a = a - b + 2b = a + b$ donc $a = b$. Donc $PP^* = QQ^*$. Si $a < b$, un raisonnement similaire à partir de $Q(X)Q^*(X) - X^{b-a} P(X)P^*(X)$ aboutit à la même conclusion.

On a donc $Q \mid PP^*$ et comme P et Q sont premiers entre eux, on en déduit $Q \mid P^*$. On a vu que ces polynômes ont même degré, on en déduit l'existence de $\alpha \in \mathbb{C}^*$ tel que $Q = \alpha P^*$, donc $F = (X^n/\alpha) P(X)/P^*(X)$. Donc $F = \beta X^m P(X)/\overline{P}(1/X)$ avec $\beta = 1/\alpha$ et $m = n - a$. Comme $F(1) \in \mathbb{U}$ on a forcément $\beta \in \mathbb{U}$. Réciproquement, on vérifie facilement que tout fraction rationnelle de la forme $F(X) = \beta X^m P(X)/\overline{P}(1/X)$ avec $m \in \mathbb{Z}$, $\beta \in \mathbb{U}$ et $P \in \mathbb{C}[X]$ $(P \neq 0)$ stabilise bien le cercle unité.

4. Polynômes à plusieurs indéterminées

4.1. Généralités

Soit A un anneau commutatif unitaire. L'anneau $A[X]$ est aussi commutatif unitaire. On peut donc définir l'anneau des polynômes à une indéterminée à coefficients dans $A[X]$. C'est $A[X][Y]$, noté aussi $A[X, Y]$, appelé anneau des *polynômes à coefficients dans A à deux indéterminées*. Les éléments de $A[X, Y]$ sont ceux de la forme

$$P = \sum_{i,j} a_{i,j} X^i Y^j, \quad a_{i,j} \in A$$

où la somme sur (i, j) est finie. Par récurrence, on définit même

$$A[X_1, \ldots, X_n] = A[X_1, \ldots, X_{n-1}][X_n],$$

anneau des polynômes à coefficients dans A à n indéterminées.

— Si $A = \mathbb{K}$ est un corps commutatif, $\mathbb{K}[X_1, \cdots, X_n]$ est une $\mathbb{K}$-algèbre, dont $\{X_1^{i_1} \cdots X_n^{i_n} \mid (i_1, \ldots, i_n) \in \mathbb{N}^n\}$ est une base.
— Si A est intègre, $A[X_1, \ldots, X_n]$ est un anneau intègre.

Si $n \geq 2$, et $\mathbb{K}$ est un corps, $\mathbb{K}[X_1, \cdots, X_n]$ n'est pas un anneau principal (en revanche c'est un anneau factoriel, ce qui lui confère des propriétés arithmétiques ; cette notion n'est pas au programme de mathématiques spéciales).

DÉFINITION 1 (DEGRÉ PARTIEL). Soit $P \in A[X_1, \ldots, X_n]$ et i, $1 \leq i \leq n$. On peut écrire $P = \sum_j P_j X_i^j$ avec pour tout j, $P_j \in A[X_1, \ldots, X_{i-1}, X_{i+1}, \ldots, X_n]$. On appelle *degré partiel* de P selon X_i le degré de P considéré comme polynôme en X_i et on le note $\deg_{X_i}(P)$ (avec les notations précédentes, $\deg_{X_i}(P) = \sup\{j \mid P_j \neq 0\}$).

DÉFINITION 2 (DEGRÉ TOTAL). Le degré total d'un monôme $aX_1^{i_1} \cdots X_n^{i_n}$, $a \neq 0$, est $i_1 + \cdots + i_n$. Si $P \in A[X_1, \ldots, X_n]$, le *degré total* de P, noté $\deg(P)$, est le plus grand degré total des monômes qui forment P.

De même que dans $\mathbb{K}[X]$, on peut définir dans $\mathbb{K}[X_1, \ldots, X_n]$ des fonctions polynôme de n variables. On a en particulier le résultat suivant.

PROPOSITION 1. *Soit* $\mathbb{K}$ *un corps commutatif* infini *et un polynôme* $P \in \mathbb{K}[X_1, \ldots, X_n]$. *Si* $P(x_1, \ldots, x_n) = 0$ *pour tout* n*-uplet* $(x_1, \ldots, x_n)$ *de* $\mathbb{K}^n$, *on a* $P = 0$.

Remarque 1. — Comme pour les polynômes à une indéterminée, ce résultat est faux si $\mathbb{K}$ est un corps fini. Par exemple dans $\mathbb{Z}/p\mathbb{Z}[X_1, \ldots, X_n]$ (p premier), le polynôme $P = (X_1)(X_1 - \overline{1}) \cdots (X_1 - (\overline{p-1}))X_2 \cdots X_n$ est non nul et pourtant, pour tout $x_1, \ldots, x_n \in \mathbb{Z}/p\mathbb{Z}$, $P(x_1, \ldots, x_n) = 0$.
— Attention, même si $\mathbb{K}$ est un corps infini, on peut avoir $P(x_1, \ldots, x_n) = 0$ pour une infinité de n-uplets $(x_1, \ldots, x_n)$ sans que $P = 0$ (prendre par exemple $P(X,Y) = X - Y$ sur $\mathbb{R}[X,Y]$).

4.2. Polynômes symétriques

DÉFINITION 3. Un polynôme $P \in A[X_1, \ldots, X_n]$ est dit *symétrique* si pour tout $\sigma \in \mathcal{S}_n$ (où $\mathcal{S}_n$ désigne le groupe symétrique d'indice n), $P(X_{\sigma(1)}, \ldots, X_{\sigma(n)}) = P(X_1, \ldots, X_n)$.

Exemple 1. Dans $\mathbb{R}[X,Y,Z]$, $P = XY + YZ + ZX$ est symétrique.

DÉFINITION 4 (SYMÉTRISÉ D'UN MONÔME). Soit $M = X_1^{\alpha_1} \cdots X_n^{\alpha_n} \in A[X_1, \cdots X_n]$. Si $\sigma \in \mathcal{S}_n$, on pose $M_\sigma = X_{\sigma(1)}^{\alpha_1} \cdots X_{\sigma(n)}^{\alpha_n}$. Le polynôme $\displaystyle\sum_{M_\sigma \text{ distincts}} M_\sigma$ est symétrique dans $A[X_1, \ldots, X_n]$. On l'appelle *symétrisé* de M dans $A[X_1, \ldots, X_n]$ et on le note $\sum M$.

Exemple 2. Dans $\mathbb{K}[X_1, X_2]$, $\sum X_1^2 X_2 = X_1^2 X_2 + X_1 X_2^2$.

Dans $\mathbb{K}[X_1, X_2, X_3]$, $\sum X_1^2 X_2 = X_1^2 X_2 + X_1 X_2^2 + X_2^2 X_3 + X_3^2 X_2 + X_1^2 X_3 + X_1 X_3^2$. (On voit sur cet exemple que les symétrisés d'un monôme dans $A[X_1, \ldots, X_m]$ et dans $A[X_1, \ldots, X_n]$ sont différents si $n \neq m$).

Polynômes symétriques élémentaires. On appelle polynômes *symétriques élémentaires* de $A[X_1, \ldots, X_n]$ les polynômes notés Σ_p ($1 \leq p \leq n$) et définis par

$$\Sigma_p = \sum X_1 \cdots X_p = \sum_{i_1 < \cdots < i_p} X_{i_1} \cdots X_{i_p}.$$

On a en particulier

$$\Sigma_1 = \sum X_1 = X_1 + \cdots + X_n, \quad \Sigma_2 = \sum X_1 X_2 = \sum_{i<j} X_i X_j, \quad \Sigma_n = X_1 \cdots X_n.$$

Les polynômes symétriques élémentaires vérifient l'égalité fondamentale

$$(T - X_1) \cdots (T - X_n) = T^n - \Sigma_1 T^{n-1} + \Sigma_2 T^{n-2} + \cdots + (-1)^{n-1} \Sigma_{n-1} T + (-1)^n \Sigma_n.$$

En particulier, si $P = X^n + a_1X^{n-1} + \cdots + a_n$ est un polynôme de $\mathbb{K}[X]$ scindé sur $\mathbb{K}$ et si $u_1, \ldots, u_n$ sont ses racines, alors $\forall i,\ 1 \leq i \leq n,\ (-1)^i a_i = \Sigma_i(u_1, \ldots, u_n)$.

Remarque 2. Si $\Phi \in A[X_1, \ldots, X_n]$, alors $\Phi[\Sigma_1(X_1, \ldots, X_n), \ldots, \Sigma_n(X_1, \ldots, X_n)]$ est un polynôme symétrique de $A[X_1, \ldots, X_n]$. La réciproque est vraie : tout polynôme symétrique peut se mettre sous cette forme. Plus précisément, on a le théorème suivant :

→ THÉORÈME 1. *Soit A un anneau commutatif unitaire et $P \in A[X_1, \ldots, X_n]$ un polynôme symétrique dans $A[X_1, \ldots, X_n]$. Il existe un unique polynôme $\Phi \in A[X_1, \ldots, X_n]$ tel que $P = \Phi(\Sigma_1, \ldots, \Sigma_n)$.*

Remarque 3. Une preuve classique de ce résultat consiste à utiliser la *méthode de Waring* dont le principe est de faire diminuer la hauteur de P en lui retranchant le produit d'une constante et de polynômes symétriques élémentaires. Un cas typique d'utilisation de cette méthode fait l'objet de l'exercice 1.

Exemple 3. Dans $A[X_1, \ldots, X_n]$, $\sum X_1^2 = \Sigma_1^2 - 2\Sigma_2$ et $\sum X_1^2 X_2 = \Sigma_1\Sigma_2 - 3\Sigma_3$.

Remarque 4. Ce théorème entraîne le résultat suivant. Soit $P \in \mathbb{Z}[X]$ un polynôme *unitaire*. Les fonctions symétriques $\sigma_1, \ldots, \sigma_n$ de ses racines $u_1, \ldots, u_n$ sont donc entières. Si $F \in \mathbb{Z}[X_1, \ldots, X_n]$ est symétrique, alors $F(u_1, \ldots, u_n) \in \mathbb{Z}$ (l'existence de $G \in \mathbb{Z}[X_1, \ldots, X_n]$ tel que $F = G(\Sigma_1, \ldots, \Sigma_n)$, entraîne $F(u_1, \ldots, u_n) = G(\sigma_1, \ldots, \sigma_n) \in \mathbb{Z}$).

4.3. Exercices

EXERCICE 1. Exprimer les polynômes P suivants comme un polynôme Φ en les polynômes symétriques élémentaires σ_i.
a) $P = X^3 + Y^3 + Z^3 \in \mathbb{R}[X, Y, Z]$.
b) $P = \sum X_1^2 X_2^2 X_3 \in \mathbb{R}[X_1, \ldots, X_n]$ pour $n \geq 5$.

Solution. **a)** On a $(X+Y+Z)^3 = X^3 + Y^3 + Z^3 + 3X^2Y + 3X^2Z + 3Y^2X + 3Y^2Z + 3Z^2X + 3Z^2Y + 6XYZ$, et donc $X^3 + Y^3 + Z^3 = \Sigma_1^3 - 6\Sigma_3 - 3\sum X^2Y$. Or $\sum X^2Y = \Sigma_1\Sigma_2 - 3\Sigma_3$. Finalement, on a $P = \Sigma_1^3 - 3\Sigma_1\Sigma_2 + 3\Sigma_3$.

b) Rappelons que la méthode générale (méthode de Waring) pour trouver le polynôme Φ consiste à faire diminuer la hauteur de P (la hauteur de P est la plus grande des hauteurs de ses monômes, la hauteur d'un monôme $aX_1^{\alpha_1} \cdots X_n^{\alpha_n}$ étant $(\alpha_1, \ldots, \alpha_n)$, ordonnée par l'ordre lexicographique).

Ici, le monôme le plus haut de P est $X_1^2X_2^2X_3$. On va donc commencer par retrancher P à $(\sum X_1X_2)(\sum X_1X_2X_3) = \Sigma_2\Sigma_3$. Calculons ce dernier terme. Chaque monôme de $\Sigma_2\Sigma_3$ est de degré total 5 (produit de deux monômes de degré total 2 et 3) et est moins haut que $X_1^2X_2^2X_3$. On peut donc écrire

$$\exists a, b, c, \quad \Sigma_2\Sigma_3 = a\sum X_1^2X_2^2X_3 + b\sum X_1^2X_2X_3X_4 + c\sum X_1X_2X_3X_4X_5.$$

Le nombre a est le coefficient de $X_1^2X_2^2X_3$ dans $\Sigma_2\Sigma_3$. C'est donc le nombre de manières de former $X_1^2X_2^2X_3$ par un monôme de Σ_2 multiplié par un monôme de Σ_3. Il n'y a qu'une seule façon de faire ceci. C'est $X_1^2X_2^2X_3 = (X_1X_2)(X_1X_2X_3)$, donc $a = 1$.
– De même, on a $b = 3$ car les façons d'écrire $X_1^2X_2X_3X_4$ comme le produit d'un monôme de Σ_2 par un monôme de Σ_3 sont

$$X_1^2X_2X_3X_4 = (X_1X_2)(X_1X_3X_4) = (X_1X_3)(X_1X_2X_4) = (X_1X_4)(X_1X_2X_3).$$

– On trouve de même $c = \binom{5}{2} = 10$.

– Finalement, on a $P - \Sigma_2\Sigma_3 = -3\sum X_1^2X_2X_3X_4 - 10\sum X_1X_2X_3X_4X_5$. Par des méthodes analogues aux précédentes, on trouve

$$\Sigma_1\Sigma_4 = \sum X_1^2X_2X_3X_4 + 5\sum X_1X_2X_3X_4X_5,$$

et donc $\sum X_1^2 X_2 X_3 X_4 = \Sigma_1\Sigma_4 - 5\Sigma_5$. Finalement, on a

$$P = \Sigma_2\Sigma_3 - 3(\Sigma_1\Sigma_4 - 5\Sigma_5) - 10\Sigma_5 = \Sigma_2\Sigma_3 - 3\Sigma_1\Sigma_4 + 5\Sigma_5.$$

Remarque. Il est conseillé dans ce type de calcul de vérifier les résultats, en donnant par exemple à n, $X_1, \dots, X_n$ des valeurs particulières.

EXERCICE 2. Soit $P = X^3 + pX + q \in \mathbb{R}[X]$ et α, β, γ ses racines complexes.
a) Calculer $\Delta = (\alpha-\beta)^2(\beta-\gamma)^2(\gamma-\alpha)^2$ en fonction de p et q.
b) En déduire une condition nécessaire et suffisante portant sur p et q pour que P ait trois racines réelles.

Solution. **a)** Posons $\sigma_1 = \alpha+\beta+\gamma$, $\sigma_2 = \alpha\beta+\beta\gamma+\gamma\alpha$, $\sigma_3 = \alpha\beta\gamma$. La relation entre coefficients et racines d'un polynôme (voir le théorème 1 page 64) donne $\sigma_1 = 0$, $\sigma_2 = p$ et $\sigma_3 = -q$.

Comme Δ est symétrique en α, β, γ, on peut l'exprimer comme un polynôme en σ_1, σ_2, σ_3. Plutôt que de calculer directement ce polynôme (les manipulations sont lourdes), nous allons utiliser une technique dont les calculs sont plus simples.

Supposons dans un premier temps $q \neq 0$, c'est-à-dire $\alpha\beta\gamma = \sigma_3 \neq 0$, de sorte que α, β et γ sont non nuls. On a $(\alpha-\beta)^2 = \alpha^2+\beta^2-2\alpha\beta$. Or $\alpha^2+\beta^2+\gamma^2 = \sigma_1^2 - 2\sigma_2 = -2p$, donc

$$(\alpha-\beta)^2 = -2p-\gamma^2-2\alpha\beta = -2p-\gamma^2+\frac{2q}{\gamma}.$$

On montrerait de même

$$(\beta-\gamma)^2 = -2p-\alpha^2+\frac{2q}{\alpha} \quad \text{et} \quad (\gamma-\alpha)^2 = -2p-\beta^2+\frac{2p}{\beta}.$$

Finalement, on a

$$\Delta = \prod_{x \text{ racine de } P} \left(-2p - x^2 + \frac{2q}{x}\right).$$

Recherchons un polynôme Q dont les racines sont les $y = -2p - x^2 + 2q/x$ $(x = \alpha, \beta, \gamma)$.

$$\begin{cases} x^3+px+q &= 0 \\ -2p-x^2+2q/x &= y \end{cases} \iff \begin{cases} x^2 &= -p-q/x \\ y &= -p+3q/x \end{cases} \iff \begin{cases} 0 &= 1+p/x^2+q/x^3 \\ x &= 3q/(y+p) \end{cases}$$

$$\iff 1 + p\left(\frac{y+p}{3q}\right)^2 + q\left(\frac{y+p}{3q}\right)^3 = 0 \iff y^3+6py^2+9p^2y+(4p^3+27q^2) = 0.$$

Donc $Q = X^3 + 6pX^2 + 9p^2X + (4p^3+27q^2)$. Le nombre Δ apparaissant comme le produit des racines de Q, on en déduit $\Delta = -(4p^3+27q^2)$.

Ceci est vrai pour $q \neq 0$. Si $q = 0$, alors une des racines de P est nulle, par exemple α, et alors $\Delta = \beta^2\gamma^2(\beta-\gamma)^2$. Or $\sigma_1 = 0 = \beta+\gamma$, donc $\gamma = -\beta$ et donc $\Delta = \beta^4 \cdot (2\beta)^2 = 4\beta^6$. Il ne reste plus qu'à remarquer que $p = \sigma_2 = \beta\gamma = -\beta^2$, et donc $\Delta = -4p^3$.

Finalement, dans tous les cas, $\Delta = -(4p^3+27q^2)$.

b) Le polynôme $P \in \mathbb{R}[X]$ est de degré impair et admet donc au moins une racine dans $\mathbb{R}$ (c'est classique ! Comme $\lim_{x\to+\infty} P(x)P(-x) = -\infty$, il existe $a > 0$ tel que $P(a)$ et $P(-a)$ aient des signes opposés, et P étant continue, il existe $x \in]-a, a[$ tel que $P(x) = 0$ d'après le théorème des valeurs intermédiaires). Notons par exemple α une telle racine réelle. Deux cas se présentent.

— *Premier cas.* β et γ sont réelles. Alors $\Delta = (\alpha-\beta)^2(\beta-\alpha)^2(\gamma-\alpha)^2 \geq 0$.

— *Second cas.* β et γ sont non réelles. Alors elles sont complexes conjuguées. Autrement dit, on peut écrire $\beta = x+iy$ et $\gamma = x-iy$ avec $x, y \in \mathbb{R}$, $y \neq 0$. On a alors

$$\Delta = \Big((\alpha-\beta)(\alpha-\gamma)\Big)^2(\beta-\gamma)^2 = \Big(|\alpha-\beta|^2\Big)^2(2iy)^2 = -4y^2|\alpha-\beta|^4 < 0.$$

Finalement, on voit que P a trois racines réelles si et seulement si $\Delta = -(4p^3+27q^2) \geq 0$.

Remarque. Ce dernier résultat peut également s'obtenir à partir des formules de Cardan donnant les racines de P en fonction de ses coefficients (voir l'annexe A).

– Le nombre Δ s'appelle le *discriminant* de P. De manière générale, pour tout polynôme Q de degré $n \geq 2$ dont on note $x_1, \dots, x_n$ les racines, le discriminant de Q est défini par $\Delta = \prod_{i<j}(x_i - x_j)^2$. Comme Δ est symétrique en les x_i, il s'exprime comme un polynôme en les coefficients de Q. On voit par ailleurs que Q n'admet que des racines simples si et seulement si $\Delta \neq 0$.

→ EXERCICE 3 (IDENTITÉS DE NEWTON). Soit un entier $n \geq 2$. On appelle *sommes de Newton* les polynômes

$$S_p = \sum_{i=1}^{n} X_i^p \in \mathbb{R}[X_1, \dots, X_n].$$

Comme S_p est symétrique, il s'exprime comme polynôme en les polynômes symétriques élémentaires : $S_p = \Phi_p(\Sigma_1, \dots, \Sigma_n)$. On se propose de donner des formules simples permettant de calculer le polynôme Φ_p.

a) Soit $(x_1, \dots, x_n) \in \mathbb{R}^n$. Pour tout $p \in \mathbb{N}^*$, on pose $s_p = \sum_{i=1}^{n} x_i^p$ et pour tout i, on pose $\sigma_i = \Sigma_i(x_1, \dots, x_n)$, $\sigma_i' = (-1)^i \sigma_i$. Soit $P = \prod_{i=1}^{n}(X - x_i)$. En partant de l'identité $P' = \sum_{i=1}^{n} \frac{P}{X - x_i}$, montrer

$$\forall k,\ 1 \leq k \leq n-1, \quad S_k - \Sigma_1 S_{k-1} + \cdots + (-1)^{k-1}\Sigma_{k-1}S_1 + (-1)^k k\Sigma_k = 0. \qquad (*)$$

b) Pour tout $p \in \mathbb{N}$, donner une relation entre $S_{n+p}, S_{n+p-1}, \dots, S_p$.

Solution. On a $P = X^n + \sigma_1' X^{n-1} + \cdots + \sigma_{n-1}' X + \sigma_n'$. Pour tout i, la division euclidienne de P par $X - x_i$ donne

$$\frac{P}{X - x_i} = X^{n-1} + (x_i + \sigma_1')X^{n-2} + (x_i^2 + \sigma_1' x_i + \sigma_2')X^{n-3} + \cdots$$
$$\cdots + (x_i^{n-1} + \sigma_1' x_i^{n-2} + \cdots + \sigma_{n-2}' x_i + \sigma_{n-1}'). \qquad (**)$$

En sommant l'égalité $(**)$ pour $1 \leq i \leq n$, on trouve

$$P' = \sum_{i=1}^{n} \frac{P}{X - x_i} = nX^{n-1} + (s_1 + n\sigma_1')X^{n-2} + (s_2 + \sigma_1' s_1 + n\sigma_2')X^{n-3} + \cdots$$
$$\cdots + (s_{n-1} + \sigma_1' s_{n-2} + \cdots + \sigma_{n-2}' s_1 + n\sigma_{n-1}').$$

Or on sait que $P' = nX^{n-1} + (n-1)\sigma_1' X^{n-2} + \cdots + \sigma_{n-1}'$. En identifiant les coefficients, on trouve

$$\forall k, 1 \leq k \leq n-1, \quad s_k + s_{k-1}\sigma_1' + \cdots + s_1 \sigma_{k-1}' + k\sigma_k' = 0.$$

Autrement dit, si $P_k = S_k - S_{k-1}\Sigma_1 + \cdots + (-1)^{k-1} S_1 \Sigma_{k-1} + (-1)^k k \Sigma_k$, on a $P_k(x_1, \cdots, x_n) = 0$, et ceci pour tout $(x_1, \dots, x_n) \in \mathbb{R}^n$, donc $P_k = 0$ $(1 \leq k \leq n-1)$ d'où le résultat.

b) Il suffit de remarquer que

$$\forall i, \quad x_i^{p+n} + \sigma_1' x_i^{p+n-1} + \cdots + \sigma_{n-1}' x_i^{p+1} + \sigma_n' x_i^p = x_i^p P(x_i) = 0,$$

et en sommant cette égalité pour $1 \leq i \leq n$:

$$s_{p+n} + \sigma_1' s_{p+n-1} + \cdots + \sigma_{n-1}' s_{p+1} + \sigma_n' s_p = 0.$$

Ceci étant vrai pour tout $(x_1, \dots, x_n) \in \mathbb{R}^n$, on en déduit que

$$S_{p+n} - \Sigma_1 S_{p+n-1} + \cdots + (-1)^{n-1}\Sigma_{n-1} S_{p+1} + (-1)^n \Sigma_n S_p = 0.$$

Remarque. En procédant par récurrence sur p, ces formules permettent de trouver facilement les polynômes en $\Sigma_1, \dots, \Sigma_n$ égaux à S_p. Elles peuvent en particulier s'inverser (pour $1 \leq p \leq n$), ce qui prouve que les Σ_i ($1 \leq i \leq n$) s'expriment comme des polynômes en les S_i ($1 \leq i \leq n$). Donc tout polynôme symétrique de $\mathbb{R}[X_1, \ldots, X_n]$ peut s'exprimer comme un polynôme en les sommes de Newton $S_1, \ldots, S_n$.

5. Problèmes

Problème 1 (Transformée de Fourier discrète d'un polynôme). On se fixe un entier $n \geq 1$ et on note $\omega = e^{2i\pi/n}$.

a) Pour tout polynôme $P \in \mathbb{C}[X]$, on définit les polynômes

$$\mathcal{F}_d(P) = \sum_{k=0}^{n-1} P(\omega^k)X^k \quad \text{et} \quad \overline{\mathcal{F}}_d(P) = \sum_{k=0}^{n-1} P(\omega^{-k})X^k \in \mathbb{C}[X].$$

Si $P \in \mathbb{C}[X]$ et $\deg(P) \leq n-1$, montrer que $\overline{\mathcal{F}}_d\left[\mathcal{F}_d(P)\right] = nP$.

b) *Conséquence.* Soit $P \in \mathbb{Z}[X]$ vérifiant

$$(i) \quad \forall j \in \mathbb{Z}, |P(\omega^j)| \leq 1 \qquad (ii) \quad \exists k \in \{0, 1, \ldots, n-1\} \text{ tel que } P(\omega^k) = 0.$$

Montrer que $(X^n - 1)$ divise P.

Solution. **a)** Écrivons $P = a_0 + a_1X + \cdots + a_{n-1}X^{n-1}$. Si $0 \leq k \leq n-1$, le coefficient de X^k dans $\overline{\mathcal{F}}_d[\mathcal{F}_d(P)]$ est

$$[\mathcal{F}_d(P)](\omega^{-k}) = \sum_{j=0}^{n-1} P(\omega^j)\omega^{-jk} = \sum_{j=0}^{n-1}\left[\sum_{i=0}^{n-1} a_i\omega^{ij}\right]\omega^{-jk}$$

$$= \sum_{0 \leq i,j \leq n-1} a_i\omega^{(i-k)j} = \sum_{i=0}^{n-1} a_i\left[\sum_{j=0}^{n-1}(\omega^{i-k})^j\right]. \qquad (*)$$

Lorsque $0 \leq i \leq n-1$, $\xi = \omega^{i-k}$ est une racine n-ième de l'unité égale à 1 si et seulement si $i = k$, donc

$$\sum_{j=0}^{n-1}(\omega^{i-k})^j = \begin{cases} 0 & \text{si } i \neq k \\ n & \text{si } i = k \end{cases}.$$

Ainsi, $(*)$ s'écrit $[\mathcal{F}_d(P)](\omega^{-k}) = na_k$. Donc

$$\overline{\mathcal{F}}_d[\mathcal{F}_d(P)] = \sum_{k=0}^{n-1}[\mathcal{F}_d(P)](\omega^{-k})X^k = \sum_{k=0}^{n-1} na_kX^k = nP.$$

b) Commençons par effectuer la division euclidienne de P par $X^n - 1$: $P = (X^n - 1)Q + R$, $\deg(R) \leq n-1$ et $(Q, R) \in \mathbb{Z}[X]$ (le quotient et le reste sont à coefficients entiers car $X^n - 1$ est unitaire, voir la remarque 3 de la partie 1.3 — page 58). Pour tout entier j, on a $P(\omega^j) = R(\omega^j)$ dont R vérifie également (i) et (ii). Or $\deg(R) \leq n-1$, donc d'après a),

$$R = \frac{1}{n}\overline{\mathcal{F}}_d[\mathcal{F}_d(R)] = \sum_{j=0}^{n-1}\frac{[\mathcal{F}_d(R)](\omega^{-j})}{n}X^j. \qquad (**)$$

Or $\mathcal{F}_d(R)(\omega^{-j}) = \sum_{i=0}^{n-1} R(\omega^i)\omega^{-ij}$, donc $|\mathcal{F}_d(R)(\omega^{-j})| \leq \sum_{i=0}^{n-1}|R(\omega^i)|$, et R vérifiant (i) et (ii), cette dernière inégalité entraîne

$$\left|\frac{\mathcal{F}_d(R)(\omega^{-j})}{n}\right| \leq \frac{n-1}{n} < 1. \qquad (***)$$

D'après (**), comme R est à coefficients entiers, on a $\frac{1}{n}\mathcal{F}_d(R)(\omega^{-j}) \in \mathbb{Z}$, donc d'après (***), $\frac{1}{n}\mathcal{F}_d(R)(\omega^{-j}) = 0$, et ceci pour tout j, $0 \le j \le n-1$. De (**) on en déduit $R = 0$ et donc $X^n - 1$ divise P.

PROBLÈME 2. **1/** Soit $P \in \mathbb{C}[X]$ tel que $\forall n \in \mathbb{N},\ P(n) \in \mathbb{Z}$.
a) Montrer que $P \in \mathbb{Q}[X]$.
b) Plus précisément, si $d = \deg(P)$, montrer que $d!P \in \mathbb{Z}[X]$.

2/ Soit $F \in \mathbb{C}(X)$ une fraction rationnelle telle que pour tout entier $n \in \mathbb{N}$ qui n'est pas un pôle de F, $F(n) \in \mathbb{Q}$. Montrer que $F \in \mathbb{Q}(X)$.

3/ Soit $F \in \mathbb{C}(X)$ une fraction rationnelle vérifiant : pour tout entier $n \in \mathbb{N}$ qui n'est pas un pôle de F, $F(n) \in \mathbb{Z}$. Montrer que F est un polynôme de $\mathbb{Q}[X]$.

Solution. **1/ a)** Si P est constant, le résultat est évident. Sinon $d = \deg(P) \ge 1$. Considérons les polynômes d'interpolation de Lagrange $L_k = \prod_{\substack{0 \le i \le d \\ i \ne k}} \left(\frac{X-i}{k-i}\right)$ pour $0 \le k \le d$, de sorte que si $j \in \mathbb{N}$, $0 \le j \le d$, $L_k(j) = 0$ si $j \ne k$ et $L_k(k) = 1$. Le polynôme $Q = \sum_{k=0}^{d} P(k)L_k$ prend les mêmes valeurs que P aux $d+1$ points $0, 1, \ldots, d$. Autrement dit, $P - Q$ s'annule en $d+1$ points. Or $\deg(P-Q) \le d$, donc $P - Q = 0$, et donc $P = Q = \sum_{k=0}^{d} P(k)L_k \in \mathbb{Q}[X]$ car $P(k) \in \mathbb{Z}$ et $L_k \in \mathbb{Q}[X]$.

b) Il suffit s'écrire $d!\,L_k = (-1)^{d-k}\dfrac{d!}{k!(d-k)!} \prod_{\substack{0 \le i \le d \\ i \ne k}} (X-i) = (-1)^{d-k}\dbinom{d}{k} \prod_{\substack{0 \le i \le d \\ i \ne k}} (X-i) \in \mathbb{Z}[X]$

donc $d!\,P = \sum_{k=0}^{d} P(k) \cdot d!\,L_k \in \mathbb{Z}[X]$.
Remarque : On ne peut pas faire mieux. Par exemple, $P = X(X-1)\cdots(X-d+1)/d!$ est de degré d et vérifie $\forall n \in \mathbb{N}$, $P(n) \in \mathbb{Z}$.

2/ Nous allons montrer le résultat plus fort suivant : si $F \in \mathbb{C}(X)$ est tel que $F(n) \in \mathbb{Q}$ pour une infinité d'entiers naturels n, alors $F \in \mathbb{Q}(X)$.

En notant $F = P/Q$ la forme réduite de F, où P et $Q \in \mathbb{C}[X]$ sont premiers entre eux, nous allons prouver le résultat par récurrence sur $r = \deg(P) + \deg(Q)$ (si $F = 0$, il n'y a rien à montrer).

– Lorsque $r = 0$, P et Q sont constants et le résultat est évident.

– Supposons le résultat vrai jusqu'au rang $r-1$ et montrons le au rang r. Quitte à considérer $1/F$, on peut supposer $\deg(P) \ge \deg(Q)$. Soit $a \in \mathbb{N}$ tel que $P(a)/Q(a) \in \mathbb{Q}$. Notons

$$G = \frac{1}{X-a}\left[F(X) - \frac{P(a)}{Q(a)}\right] = \frac{P^*}{Q} \qquad \text{où} \qquad P^*(X) = \frac{P(X)Q(a) - Q(X)P(a)}{Q(a)(X-a)}.$$

On a $P^* \in \mathbb{C}[X]$ et $\deg(P^*) < \deg(P)$. De plus $G(n) \in \mathbb{Q}$ pour une infinité de $n \in \mathbb{N}$. On peut donc appliquer l'hypothèse de récurrence qui entraîne $G \in \mathbb{Q}(X)$. Donc $F = (X-a)G + P(a)/Q(a) \in \mathbb{Q}(X)$.

3/ D'après 2/, $F \in \mathbb{Q}(X)$. Écrivons $F = E + P/Q$, où E, P et Q sont des polynômes de $\mathbb{Q}[X]$ avec $\deg(P) < \deg(Q)$. Soit $\alpha \in \mathbb{N}^*$ tel que $\alpha E \in \mathbb{Z}[X]$. Comme $\deg(P) < \deg(Q)$ on a $\lim_{n \to +\infty} P(n)/Q(n) = 0$ et donc il existe $N > 0$ tel que pour tout $n > N$, $|\alpha P(n)/Q(n)| < 1$. Or $\alpha E \in \mathbb{Z}[X]$, donc pour tout $n \in \mathbb{N}, n > N$, $\alpha P(n)/Q(n) = \alpha F(n) - \alpha E(n) \in \mathbb{Z}$. On en déduit $P(n) = 0$ pour tout $n \in \mathbb{N}$ tel que $n > N$. Ceci implique $P = 0$ et donc $F = E \in \mathbb{Q}[X]$.

PROBLÈME 3. Soit $P = X^n + a_1 X^{n-1} + \cdots + a_{n-1}X + a_n \in \mathbb{C}[X]$. On note $\rho \geq 0$ le plus grand des modules des racines de P, et on suppose que les a_i ne sont pas tous nuls, de sorte que $\rho \neq 0$.

1/ a) Montrer que $\rho \leq \sup\{1, \sum_{i=1}^n |a_i|\}$.
b) Montrer que $\rho \leq 1 + \sup_{1\leq i\leq n} |a_i|$.

2/ a) On pose $f(x) = x^n - \left(|a_1|\,x^{n-1} + \cdots + |a_{n-1}|\,x + |a_n|\right)$. Montrer que f admet une unique racine strictement positive α, que si $0 < x < \alpha$ alors $f(x) < 0$, et que si $x > \alpha$ alors $f(x) > 0$. Prouver ensuite $(2^{1/n} - 1)\,\alpha \leq \rho \leq \alpha$.
b) Si $R = \sup_{1\leq k\leq n} |a_k|^{1/k}$, montrer $R/n \leq \rho \leq 2R$.

Solution. **1/a)** Si $\rho \leq 1$, c'est terminé. Sinon, considérons $\alpha \in \mathbb{C}$ une racine de P telle que $|\alpha| = \rho$. L'égalité $P(\alpha) = 0$ s'écrit aussi $\alpha^n = -a_1\alpha^{n-1} - \cdots - a_{n-1}\alpha - a_n$, donc

$$\alpha = -a_1 - \frac{a_2}{\alpha} - \cdots - \frac{a_{n-1}}{\alpha^{n-2}} - \frac{a_n}{\alpha^{n-1}},$$

ce qui entraîne

$$\rho = |\alpha| \leq |a_1| + \frac{|a_2|}{\rho} + \cdots + \frac{|a_n|}{\rho^{n-1}}. \qquad (*)$$

Comme $\rho \geq 1$, on en déduit $\rho \leq |a_1| + |a_2| + \cdots + |a_n|$.

b) Si $\rho \leq 1$, c'est terminé. Sinon, en posant $a = \sup_{1\leq i\leq n} |a_i|$, l'inégalité $(*)$ entraîne

$$\rho \leq a + \frac{a}{\rho} + \cdots + \frac{a}{\rho^{n-1}} \leq a\left(\sum_{p=0}^{+\infty} \frac{1}{\rho^p}\right) = \frac{a}{1 - 1/\rho}$$

et donc $\rho - 1 \leq a$ d'où $\rho \leq 1 + a$.

2/a) La fonction $g(x) = f(x)/x^n$ est croissante (somme de fonctions croissantes) strictement sur $]0, +\infty[$. De plus, $\lim_{x\to 0^+} g(x) = -\infty$ et $\lim_{x\to+\infty} g(x) = 1$. Ceci montre qu'il existe $a > 0$ et $b > a$ tels que $g(a) < 0$ et $g(b) > 0$. D'après le théorème des valeurs intermédiaires, il existe donc $\alpha > 0$ (compris entre a et b) tel que $g(\alpha) = 0$. Comme g est strictement croissante, on a $g(x) < 0$ pour $0 < x < \alpha$ et $g(x) > 0$ pour $x > \alpha$. Comme $f(x) = x^n g(x)$, on en déduit

$$f(\alpha) = 0, \quad f(x) < 0 \text{ pour } 0 < x < \alpha, \quad f(x) > 0 \text{ pour } x > \alpha. \qquad (**)$$

Ceci étant, l'inégalité $(*)$ entraîne $f(\rho) \leq 0$, d'où on tire $\rho \leq \alpha$ d'après $(**)$.

Il reste à prouver l'inégalité $(2^{1/n} - 1)\,\alpha \leq \rho$. L'expression des coefficients d'un polynôme en fonction de ses racines montre que $|a_k| \leq \binom{n}{k}\rho^k$ pour $1 \leq k \leq n$, donc

$$\forall x > 0, \qquad \sum_{k=1}^{n} |a_k| x^{n-k} \leq \sum_{k=1}^{n} \binom{n}{k} \rho^k x^{n-k} = (\rho + x)^n - x^n,$$

ce qui entraîne

$$\forall x > 0, \qquad f(x) \geq x^n - \left((\rho + x)^n - x^n\right) = 2x^n - (\rho + x)^n.$$

Le terme $2x^n - (\rho + x)^n$ s'annule lorsque $2^{1/n}x = \rho + x$, c'est-à-dire lorsque $x = \dfrac{\rho}{2^{1/n} - 1}$. Ainsi, $f\left(\dfrac{\rho}{2^{1/n} - 1}\right) \geq 0$ et on en déduit grâce à $(**)$ que $\dfrac{\rho}{2^{1/n} - 1} \geq \alpha$, ou encore $\rho \geq (2^{1/n} - 1)\,\alpha$.

b) Pour montrer $\rho \leq 2R$ il suffit de montrer $\alpha \leq 2R$ d'après la question précédente. En vertu de l'assertion $(**)$, on se ramène donc à prouver que $f(2R) \geq 0$. Par définition de R, on a $|a_k| \leq R^k$ pour tout k, $1 \leq k \leq n$. Si $r = 2R$, on a donc $|a_k|\,r^{n-k} \leq r^n/2^k$, d'où

$$|a_1|\,r^{n-1} + \cdots + |a_{n-1}|\,r + |a_n| \leq r^n \left(\frac{1}{2} + \cdots + \frac{1}{2^n}\right) \leq r^n,$$

d'où $f(r) = f(2R) \geq 0$.

– Montrons $R/n \leq \rho$. On a vu plus haut que $|a_k| \leq \binom{n}{k}\rho^k$ pour $1 \leq k \leq n$. Or $\binom{n}{k} = n \cdots (n-k+1)/k! \leq n^k$, donc $|a_k| \leq n^k \rho^k$, donc si $1 \leq k \leq n$, $\dfrac{|a_k|^{1/k}}{n} \leq \rho$, d'où le résultat.

PROBLÈME 4 (THÉORÈME FONDAMENTAL DE L'ALGÈBRE). Le but du problème est de prouver que tout polynôme de $\mathbb{C}[X]$ de degré ≥ 1 admet au moins une racine dans $\mathbb{C}$, c'est-à-dire que le corps $\mathbb{C}$ est algébriquement clos.

1/ *Première méthode.* Soit $P \in \mathbb{C}[X]$, unitaire, $\deg(P) \geq 1$.
a) Montrer qu'il existe $z_0 \in \mathbb{C}$ tel que $|P(z_0)| = \inf_{z\in\mathbb{C}} |P(z)|$.
b) Montrer que $P(z_0) = 0$.

2/ *Seconde méthode.* Soit $P \in \mathbb{R}[X]$ unitaire, $d = \deg(P) = 2^n q$ avec q impair et $d \geq 1$. On veut montrer par récurrence sur $n \in \mathbb{N}$ que P admet au moins une racine dans $\mathbb{C}$.
a) α) Montrer le résultat pour $n = 0$.
β) Supposons le résultat vrai jusqu'au rang $n-1$. On sait (voir le théorème 5 page 66) qu'il existe une extension de corps $\mathbb{K}$ de $\mathbb{C}$ et $x_1, \ldots, x_d \in \mathbb{K}$ tels que $P = \prod_{i=1}^d (X - x_i)$. Pour tout $c \in \mathbb{R}$ et pour $1 \leq i < j \leq d$, on pose $y_{i,j}(c) = x_i + x_j + c\,x_i x_j$. Montrer que pour tout $c \in \mathbb{R}$, il existe (i_c, j_c) tels que $y_{i_c,j_c}(c) \in \mathbb{C}$.
γ) Montrer qu'il existe $c \in \mathbb{R}$ tel que $x_{i_c} + y_{i_c}$ et $x_{i_c} y_{i_c} \in \mathbb{C}$. Conclure.
b) En déduire le théorème fondamental de l'algèbre.

Solution. **1/ a)** Écrivons $P = X^n + a_1 X^{n-1} + \cdots + a_{n_1} X + a_n$. Pour tout $z \in \mathbb{C}^*$, on a $P(z) = z^n(1 + \frac{a_1}{z} + \cdots + \frac{a_n}{z^n})$, donc $\lim_{|z|\to+\infty} |P(z)| = +\infty$, et donc il existe $M > 0$ tel que pour tout nombre complexe z tel que $|z| > M$, on ait $|P(z)| > |P(0)|$. Ceci entraîne

$$\inf_{z\in\mathbb{C}} |P(z)| = \inf_{|z|\leq M} |P(z)|.$$

Or $K = \{z \in \mathbb{C} \mid |z| \leq M\}$, fermé borné de $\mathbb{C}$, est compact, et l'application $z \mapsto |P(z)|$ étant continue, il existe $z_0 \in K$ tel que $|P(z_0)| = \inf_{z\in K} |P(z)|$. On a donc $|P(z_0)| = \inf_{z\in\mathbb{C}} |P(z)|$.

b) Raisonnons par l'absurde. Si $P(z_0) \neq 0$, posons

$$Q(X) = \frac{P(z_0 + X)}{P(z_0)} = \sum_{i=0}^{n} b_i X^i.$$

Ici, $b_0 = Q(0) = 1$ et $b_n \neq 0$, donc $k = \inf\{i \in \mathbb{N},\ 1 \leq i \leq n \mid b_i \neq 0\}$ existe bien. On peut d'ailleurs écrire

$$Q(z) = 1 + b_k z^k (1 + \varphi(z)) \quad \text{avec} \quad \lim_{z\to 0} \varphi(z) = 0.$$

Soit $r > 0$ tel que $|\varphi(z)| \leq 1/2$ pour $|z| \leq r$. Écrivons $b_k = |b_k| e^{i\theta}$, $\theta \in \mathbb{R}$. Soit $z = re^{-i(\theta+\pi)/k}$. On a

$$Q(z) = 1 - |b_k| r^k (1 + \varphi(z)).$$

Quitte à diminuer $r > 0$ on peut supposer $|b_k| r^k < 1$, et donc

$$|Q(z)| \leq |1 - |b_k| r^k| + |b_k r^k \varphi(z)| \leq \left(1 - |b_k| r^k\right) + \frac{1}{2}|b_k| r^k = 1 - \frac{1}{2}|b_k|\, r^k < 1.$$

Ceci prouve que $|P(z + z_0)|/|P(z_0)| < 1$, donc que $|P(z + z_0)| < |P(z_0)|$, ce qui est absurde car $|P(z_0)| = \inf_{z\in\mathbb{C}} |P(z)|$. On a donc bien $P(z_0) = 0$.

2/a)α) Si $n = 0$, alors $\deg(P) = q$ est impair. Le polynôme P étant à coefficient réels et unitaire, $P(x)$ est équivalent à x^q lorsque $x \to +\infty$ où lorsque $x \to -\infty$, donc q étant impair,

$$\lim_{x\to+\infty} P(x) = +\infty \quad \text{et} \quad \lim_{x\to-\infty} P(x) = -\infty.$$

On en déduit qu'il existe $a \in \mathbb{R}^+$ tel que $P(a) > 0$ et $P(-a) < 0$. La fonction polynôme P étant continue sur $\mathbb{R}$, d'après le théorème des valeurs intermédiaires il existe $c \in]-a, a[$ tel que $P(c) = 0$. D'où α).

β) Fixons $c \in \mathbb{R}$. Soit $Q = \prod_{1 \leq i < j \leq d}(X - y_{i,j}(c))$. Les coefficients de Q sont des polynômes symétriques à coefficients réels en les x_i, et donc (voir le théorème 1 page 84) ce sont des polynômes à coefficients réels en les fonctions symétriques élémentaires des x_i, qui sont eux mêmes les coefficients de P donc réels ; ainsi, les coefficients de Q sont réels, c'est-à-dire $Q \in \mathbb{R}[X]$.

On a $\deg(Q) = \text{Card}\{(i,j),\ 1 \leq i < j \leq d\} = \sum_{j=1}^{d}(j-1) = d(d-1)/2 = 2^{n-1}q(d-1)$, où $q(d-1)$ est impair (car q est impair et d est pair). On peut donc appliquer à Q l'hypothèse de récurrence, ce qui entraîne l'existence de (i_c, j_c) tel que $y_{i_c,j_c}(c) \in \mathbb{C}$.

γ) Notons $\Gamma = \{(i,j) \in \mathbb{N}^2, 1 \leq i < j \leq d\}$. D'après la question β), on peut construire une application $\mathbb{R} \to \Gamma \quad c \mapsto (i_c, j_c)$ telle que pour tout $c \in \mathbb{R}$, $y_{i_c,j_c}(c) \in \mathbb{C}$. Comme $\mathbb{R}$ est infini et Γ fini, cette application n'est pas injective donc il existe $(c, c') \in \mathbb{R}^2$ avec $c \neq c'$, tels ques $(i_c, j_c) = (i_{c'}, j_{c'})$. Posons $(r, s) = (i_c, j_c)$. Du fait que

$$(x_r + x_s) + c(x_r x_s) \in \mathbb{C} \quad \text{et} \quad (x_r + x_s) + c'(x_r x_c) \in \mathbb{C}$$

avec $c \neq c'$, on tire $S = x_r + x_s \in \mathbb{C}$ et $P = x_r x_s \in \mathbb{C}$. Les éléments x_r et x_s sont donc les racines de $X^2 - SX + P \in \mathbb{C}[X]+$, ce qui permet facilement de conclure que $x_r \in \mathbb{C}$ et $x_s \in \mathbb{C}$. Le polynôme P a donc au moins une racine complexe (on en a même trouvé deux, x_r et x_s).

b) Le raisonnement par récurrence de a) prouve que tout polynôme à coefficients réels a au moins une racine dans $\mathbb{C}$. On veut maintenant prouver le résultat dans $\mathbb{C}[X]$. Soit $F = \sum_{i=0}^{d} a_i X^i \in \mathbb{C}[X]$. On pose $\overline{F} = \sum_{i=0}^{d} \overline{a_i} X^i$, et on voit que $P = F\overline{F} \in \mathbb{R}[X]$. Le polynôme P admet donc au moins une racine complexe α, donc $F(\alpha)\overline{F}(\alpha) = 0$, et donc $F(\alpha) = 0$ ou $\overline{F}(\alpha) = 0$. Si $F(\alpha) = 0$, c'est terminé, sinon $\overline{F}(\alpha) = 0$ donc $F(\overline{\alpha}) = 0$, d'où le résultat.

Remarque. La deuxième méthode, plus longue, présente l'avantage de n'utiliser qu'une simple conséquence de la topologie : tout polynôme de $\mathbb{R}[X]$ de degré impair admet une racine réelle, résultat connu au dix-huitième siècle.

PROBLÈME 5. Soit $P \in \mathbb{R}[X]$ un polynôme non constant tel que

$$\forall n \in \mathbb{N}, \exists m \in \mathbb{N}, \qquad P(n) = m^2.$$

1/a) Pour toute suite réelle $u = (u_n)_{n \in \mathbb{N}}$, on note $\Delta u = (\Delta u_n)_{n \in \mathbb{N}}$ la suite définie par $\Delta u_n = u_{n+1} - u_n$. Ainsi défini, Δ est un endomorphisme sur l'e.v. des suites réelles. D'après les hypothèses, il existe une suite $(f_n)_{n \in \mathbb{N}}$ d'entiers naturels tels que $P(n) = f_n^2$ pour tout $n \in \mathbb{N}$. En notant $p = \deg P > 0$, montrer que pour tout $k \in \mathbb{N}$, $\Delta^k f_n = O(n^{p/2-k})$.
b) Montrer que $\Delta^p f_n$ est nulle à partir d'un certain rang, et en déduire la forme de la suite (f_n) à partir d'un certain rang.

2/ En déduire qu'il existe $Q \in \mathbb{R}[X]$ tel que $P = Q^2$.

Solution. **1/a)** On écrit d'abord P sous la forme $P = a_0 X^p + a_1 X^{p-1} + \cdots + a_p$ avec $a_0 \neq 0$. Comme P est positif sur $\mathbb{N}$ on a forcément $a_0 > 0$. On écrit ensuite

$$\forall n \in \mathbb{N}^*, \qquad f_n = \sqrt{P(n)} = n^{p/2}\left(a_0 + \frac{a_1}{n} + \cdots + \frac{a_p}{n^p}\right)^{1/2} = n^{p/2} g(1/n),$$

où $g(u) = (a_0 + a_1 u + \cdots + a_p u^p)^{1/2}$ est définie et de classe $\mathcal{C}^\infty$ sur un voisinage de 0, donc admet un développement limité en 0 de la forme $g(u) = b_0 + b_1 u + \cdots + b_{k-1} u^{k-1} + O(u^k)$. Ainsi, lorsque n est suffisamment grand, on peut écrire

$$f_n = \sum_{j=0}^{k-1} b_j\, n^{p/2-j} + O(n^{p/2-k}),$$

donc

$$\Delta^k f_n = \sum_{j=0}^{k-1} b_j\, \Delta^k(n^{p/2-j}) + O(n^{p/2-k}).$$

Nous allons prouver que pour tout $\alpha \in \mathbb{R}$, $\Delta^k n^\alpha = O(n^{\alpha-k})$ ce qui prouvera le résultat souhaité compte tenu de l'estimation précédente. On procède par récurrence sur k. Pour $k = 0$ c'est immédiat. Supposons le résultat vérifié pour k et montrons le pour $k+1$. On écrit d'abord $(n+1)^\alpha - n^\alpha = n^\alpha h_\alpha(1/n)$ où $h_\alpha(u) = (1+u)^\alpha - 1$ est de classe $\mathcal{C}^\infty$ sur un voisinage de 0, nulle en 0, donc on peut écrire $h_\alpha(u) = c_1 u + \cdots + c_k u^k + O(u^{k+1})$, donc

$$\Delta^{k+1} n^\alpha = \Delta^k((n+1)^\alpha - n^\alpha) = \sum_{j=1}^{k} c_j\, \Delta^k(n^{\alpha-j}) + O(n^{\alpha-k-1}).$$

L'hypothèse de récurrence entraîne $\Delta^k(n^{\alpha-j}) = O(n^{\alpha-j-k})$, on en déduit que chaque terme de la somme précédente est un $O(n^{\alpha-k-1})$, donc $\Delta^{k+1}n^\alpha = O(n^{\alpha-k-1})$, ce qui achève la récurrence.

b) Comme (f_n) est une suite d'entiers, la suite $(\Delta^p f_n)$ également. Or $\Delta^p f_n = O(n^{-p/2})$ d'après la question précédente, donc $(\Delta^p f_n)$ converge vers 0, et comme cette suite est entière, elle est nulle à partir d'un certain rang N. Or une suite $(u_n)_{n\geq N}$ verifiant $\Delta^p u_n = 0$ est forcément une suite polynomiale de degré $< p$. En effet, les suites $(u_n)_{n\geq N}$ vérifiant $\Delta^p u = 0$ suivent une récurrence linéaire d'ordre p, donc elles forment un $\mathbb{R}$-espace vectoriel de dimension p. Par ailleurs toute suite polynomiale (u_n) de degré $< p$ vérifie $\Delta^p u_n = 0$ (immédiat par récurrence sur p, car si $v_n = F(n)$ est polynomiale de degré d alors $\Delta v_n = v_{n+1} - v_n = F(n+1) - F(n)$ est polynomiale de degré $d-1$), et comme les suites polynomiales de degré $< p$ forment un e.v de dimension p on a bien déterminé l'ensemble des suites possibles. Donc $(f_n)_{n\geq N}$ est polynomiale de degré $< p$.

2/ La question précédente assure l'existence de $Q \in \mathbb{R}[X]$ tel que $f_n = Q(n)$ pour $n \geq N$. On a ainsi $P(n) = Q^2(n)$ pour tout entier $n \geq N$, donc le polynôme $P - Q^2$ s'annule une infinité de fois, donc est nul, donc $P = Q^2$ est bien le carré d'un polynome.

Remarque. Le polynôme Q vérifie également $Q(n) \in \mathbb{Z}$ pour tout $n \in \mathbb{N}$ donc d'après la partie 1/ du problème 2 page 88, on a $d!Q \in \mathbb{Z}[X]$, où $d = \deg Q$.

– Nous aurions pu résoudre 1/a) en prouvant que $f(x) = \sqrt{P(x)}$ vérifie, pour x assez grand, l'existence de $\theta \in [0,1]$ tel que $\Delta^k f(x) = f^{(k)}(x + n\theta)$ (en procèdant par récurrence sur k à partir de l'égalité des accroissements finis), puis en montrant que $f^{(k)}(x) = O(x^{p/2-k})$ (par exemple par récurrence sur k en dérivant k fois l'égalité $f^2 = P$).

PROBLÈME 6 (EXISTENCE DE NOMBRES TRANSCENDANTS, NOMBRES DE LIOUVILLE). On rappelle qu'un nombre complexe α est *algébrique* sur $\mathbb{Q}$ si il existe un polynôme $P \in \mathbb{Z}[X]$ non nul, tel que $P(\alpha) = 0$. Dans le cas contraire, α est dit *transcendant.* On se propose de prouver par deux méthodes différentes l'existence de nombres transcendants.

1/ *Méthode non constructiviste.* Montrer que l'ensemble des nombres réels algébriques sur $\mathbb{Q}$ est dénombrable. Conclure.

2/ *Méthode constructiviste.* **a)** Soit $a \in \mathbb{R}$ algébrique sur $\mathbb{Q}$, racine de $P \in \mathbb{Z}[X]$, $\deg(P) = n > 0$. Si $a \notin \mathbb{Q}$, montrer que

$$\exists \alpha > 0,\ \forall (p,q) \in \mathbb{Z}\times\mathbb{N}^*, \qquad \left|a - \frac{p}{q}\right| \geq \frac{\alpha}{q^n}.$$

(Indication. On pourra remarquer que $q^n P(p/q) \in \mathbb{Z}$.)

b) (Nombres de Liouville). Soit $a \in \mathbb{R}$, $a \notin \mathbb{Q}$, tel que

$$\forall k \in \mathbb{N}^*,\ \exists (p,q) \in \mathbb{Z}\times\mathbb{N}^*, q \geq 2 \quad \text{tel que} \quad \left|a - \frac{p}{q}\right| < \frac{1}{q^k}$$

(a est appelé *nombre de Liouville*). Montrer que a est transcendant.
c) Montrer que $a = \sum_{k=0}^{+\infty} 10^{-k!}$ est un nombre de Liouville.

Solution. **1/** Pour tout $n \in \mathbb{N}^*$, notons $\mathbb{Z}_n[X] = \{P \in \mathbb{Z}[X] \mid \deg(P) \leq n\}$. L'application $\mathbb{Z}^{n+1} \to \mathbb{Z}_n[X] \quad (a_0, \ldots, a_n) \mapsto a_0 + \cdots + a_n X^n$ est bijective. Ainsi, $\mathbb{Z}^{n+1}$ étant dénombrable, $\mathbb{Z}_n[X]$ est dénombrable, et donc $\mathbb{Z}[X] = \cup_{n \in \mathbb{N}} \mathbb{Z}_n[X]$ est dénombrable (réunion dénombrable d'ensembles dénombrables).

Pour tout $P \in \mathbb{Z}[X]$, $\deg(P) \geq 1$, l'ensemble noté $R(P)$ des racines de P est fini. Si A désigne l'ensemble des nombres réels algébriques sur $\mathbb{Q}$, on a donc

$$A = \bigcup_{\substack{P \in \mathbb{Z}[X] \\ \deg(P) \geq 1}} R(P)$$

et donc A est dénombrable (réunion dénombrable d'ensembles finis).

L'ensemble des nombres réels n'étant pas dénombrable, on en déduit qu'il existe dans $\mathbb{R}$ des nombres transcendants.

2/ a) On a $P(a) = 0$ et P n'a qu'un nombre fini de racines, donc

$$(\exists \eta > 0), \forall x \in [a - \eta, a + \eta], x \neq a, \quad P(x) \neq 0.$$

— Si $p/q \in [a - \eta, a + \eta]$, alors $p/q \neq a$ (car $a \notin \mathbb{Q}$ par hypothèse), donc $P(p/q) \neq 0$. Or $q^n P(p/q) \in \mathbb{Z}$, et ce terme étant non nul, $|q^n P(p/q)| \geq 1$. D'après l'inégalité des accroissements finis, si $M = \sup_{x \in [a-\eta, a+\eta]} |P'(x)|$, on a

$$\left|P\left(\frac{p}{q}\right)\right| = \left|P\left(\frac{p}{q}\right) - P(a)\right| \leq M \left|\frac{p}{q} - a\right| \quad \text{donc} \quad \left|\frac{p}{q} - a\right| \geq \frac{1}{M} \left|P\left(\frac{p}{q}\right)\right| \geq \frac{1}{Mq^n}.$$

— Si $p/q \notin [a - \eta, a + \eta]$, alors $|p/q - a| > \eta > \eta/q^n$.
On conclut de tout ceci que $\alpha = \inf\{1/M, \eta\}$ convient.

b) Supposons a algébrique. D'après la question précédente,

$$\exists n \in \mathbb{N}^*, \exists \alpha > 0, \forall (p, q) \in \mathbb{Z} \times \mathbb{N}^*, \quad \left|a - \frac{p}{q}\right| \geq \frac{\alpha}{q^n}.$$

Fixons $k \in \mathbb{N}^*$, $k \geq n$, tel que $2^{n-k} < \alpha$. Par hypothèse, il existe $(p, q) \in \mathbb{Z} \times \mathbb{N}^*$, $q \geq 2$, tel que $|a - p/q| < 1/q^k$. On a donc $\alpha/q^n \leq |a - p/q| < 1/q^k$, donc $\alpha < q^{n-k} \leq 2^{n-k} < \alpha$, ce qui est absurde. Le nombre réel a est donc transcendant.

c) Le développement décimal de a n'est pas périodique, donc $a \notin \mathbb{Q}$.
Soit $n \in \mathbb{N}^*$. Le nombre $p = 10^{n!}(\sum_{k=0}^{n} 10^{-k!})$ est un entier ≥ 2, et avec $q = 10^{n!}$, on a

$$\left|a - \frac{p}{q}\right| q^n = 10^{nn!} \left(\sum_{k=n+1}^{+\infty} 10^{-k!} \right) = \sum_{k=n+1}^{+\infty} 10^{nn! - k!} \leq \sum_{k=n+1}^{+\infty} 10^{n-k} = \frac{1}{9}$$

(lorsque $k \geq n + 1$ nous avons utilisé la majoration $nn! - k! = n![n - (n + 1) \cdots k] \leq n - k$). Ainsi, on a

$$\left|a - \frac{p}{q}\right| q^n < 1, \quad \text{c'est-à-dire} \quad \left|a - \frac{p}{q}\right| < \frac{1}{q^n}$$

et ceci est possible pour tout $n \in \mathbb{N}^*$. Finalement, le réel a un nombre de Liouville, donc transcendant.

Remarque. Le résultat 2/ date de 1844 et est historiquement la première preuve d'existence de nombres transcendants. Il n'admet pas de réciproque. Par exemple, π est transcendant, et on sait que $|\pi - p/q| < 1/q^{7.104}$ n'a qu'un nombre fini de solutions (Zeilberger, Zudilin, 2020). Ainsi π n'est pas un nombre de Liouville.

– La preuve 1/ est plus récente. Les notions d'équipotence introduites par Cantor datent en effet de la fin du XIX-ième siècle.

– S'il est relativement simple, avec 2/, de construire des nombres transcendants, il est beaucoup plus difficile de dire si un nombre donné est transcendant ou non. Le sujet d'étude 2 page 107 démontre que e et π sont transcendants.

Problème 7 (Nombres algébriques). Soient $\mathbb{K}$ et $\mathbb{L}$ deux corps commutatifs, $\mathbb{K}$ étant un sous-corps de $\mathbb{L}$. On dit que $a \in \mathbb{L}$ est algébrique sur $\mathbb{K}$ s'il existe $P \in \mathbb{K}[X]$, $P \neq 0$, tel que $P(a) = 0$.

1/ Pour tout $a \in \mathbb{L}$, on pose $\mathbb{K}[a] = \{P(a) \mid P \in \mathbb{K}[X]\}$ et $I_a = \{P \in \mathbb{K}[X] \mid P(a) = 0\}$.
a) Soit $a \in \mathbb{L}$ algébrique sur $\mathbb{K}$. Montrer que $\mathbb{K}[a]$ est un corps, et que c'est un $\mathbb{K}$-espace vectoriel de dimension finie.
b) Montrer que si le $\mathbb{K}$-espace vectoriel $\mathbb{K}[a]$ est de dimension finie, alors a est algébrique sur $\mathbb{K}$.

2/ Si $\mathbb{K}_1 \subset \mathbb{K}_2$ sont deux corps commutatifs, on note $[\mathbb{K}_2 : \mathbb{K}_1] \in \mathbb{N}^* \cup \{+\infty\}$ la dimension de $\mathbb{K}_2$ considéré comme un $\mathbb{K}_1$-espace vectoriel.
a) Soient $\mathbb{K}_1 \subset \mathbb{K}_2 \subset \mathbb{K}_3$ trois corps commutatifs. Montrer l'équivalence

$$([\mathbb{K}_2 : \mathbb{K}_1] < +\infty \text{ et } [\mathbb{K}_3 : \mathbb{K}_2] < +\infty) \iff ([\mathbb{K}_3 : \mathbb{K}_1] < +\infty).$$

b) Soit $a_1, \dots, a_n \in \mathbb{L}$. On rappelle que la notation $\mathbb{K}(a_1, \dots, a_n)$ désigne le plus petit sous-corps de $\mathbb{L}$ contenant $\mathbb{K}$ et $a_1, \dots, a_n$. Montrer que $a_1, \dots, a_n$ sont algébriques sur $\mathbb{K}$ si et seulement si $[\mathbb{K}(a_1, \dots, a_n) : \mathbb{K}] < +\infty$.
c) Montrer que $\mathbb{A}$, l'ensemble des nombres algébriques sur $\mathbb{K}$, est un corps.

3/ Si $\mathbb{L}$ est algébriquement clos, montrer que $\mathbb{A}$ est algébriquement clos.

Solution. **1/a)** Comme I_a est un idéal non nul de l'anneau principal $\mathbb{K}[X]$, donc il existe un unique polynôme $P \in \mathbb{K}[X]$ unitaire tel que $I_a = (P)$.

Le polynôme P est irréductible dans $\mathbb{K}[X]$. En effet, si $P = QR$ avec $Q, R \in \mathbb{K}[X]$, alors $0 = P(a) = Q(a)R(a)$ et donc $Q(a) = 0$ ou $R(a) = 0$, donc Q ou R appartient à $I_a = (P)$ donc $\deg(Q) \geq \deg(P)$ ou $\deg(R) \geq \deg(P)$, ce qui prouve l'irréductibilité de P. (P s'appelle le *polynôme minimal* de a, $\deg(P)$ le *degré* de a).

L'application $\varphi : \mathbb{K}[X] \to \mathbb{L} \quad F \mapsto F(a)$ est un morphisme d'anneaux. Or $\operatorname{Ker} \varphi = I_a = (P)$, donc $\operatorname{Im} \varphi = \mathbb{K}[a]$ est isomorphe à $\mathbb{K}[X]/(P)$. Le polynôme P étant irréductible, c'est donc un corps (voir proposition 4 page 65) de dimension $\deg(P)$ en tant que $\mathbb{K}$-espace vectoriel.

b) Soit n la dimension du $\mathbb{K}$-espace vectoriel $\mathbb{K}[a]$. La famille $(1, a, \dots, a^n)$ constitue un système de $n+1$ vecteurs de $\mathbb{K}[a]$, ces vecteurs sont donc liés. Autrement dit, il existe $x_0, \dots, x_n \in \mathbb{K}$ tels que $x_0 + x_1 a + \cdots + x_n a^n = 0$, avec les $(x_i)_{0 \leq i \leq n}$ non tous nuls. Donc si $P = \sum_{i=0}^n x_i X^i$, $P(a) = 0$ et $P \neq 0$. Donc a est algébrique sur $\mathbb{K}$.

2/a) *Condition nécessaire.* $[\mathbb{K}_2 : \mathbb{K}_1] < +\infty$ donc $\mathbb{K}_2$ est isomorphe comme $\mathbb{K}_1$-espace vectoriel à $\mathbb{K}_1^{[\mathbb{K}_2:\mathbb{K}_1]}$. De même $\mathbb{K}_3$ est isomorphe comme $\mathbb{K}_2$-espace vectoriel à $\mathbb{K}_2^{[\mathbb{K}_3:\mathbb{K}_2]}$, *a fortiori* isomorphe comme $\mathbb{K}_1$-espace vectoriel à $\mathbb{K}_2^{[\mathbb{K}_3:\mathbb{K}_2]}$ (comme $\mathbb{K}_1 \subset \mathbb{K}_2$, tout isomorphisme de $\mathbb{K}_2$-espace vectoriel est un isomorphisme de $\mathbb{K}_1$-espace vectoriel), donc isomorphe comme $\mathbb{K}_1$-espace vectoriel à $(\mathbb{K}_1^{[\mathbb{K}_2:\mathbb{K}_1]})^{[\mathbb{K}_3:\mathbb{K}_2]}$, donc à $\mathbb{K}_1^{[\mathbb{K}_2:\mathbb{K}_1]\cdot[\mathbb{K}_3:\mathbb{K}_2]}$. Donc $[\mathbb{K}_3 : \mathbb{K}_1] = [\mathbb{K}_3 : \mathbb{K}_2] \cdot [\mathbb{K}_2 : \mathbb{K}_1] < +\infty$.
Condition suffisante. $\mathbb{K}_2 \subset \mathbb{K}_3$ donc $[\mathbb{K}_2 : \mathbb{K}_1] \leq [\mathbb{K}_3 : \mathbb{K}_1] < +\infty$.

Montrons maintenant $[\mathbb{K}_3 : \mathbb{K}_2] < +\infty$. Comme $[\mathbb{K}_3 : \mathbb{K}_1] < +\infty$, il existe une base finie $e_1, \dots, e_n$ du $\mathbb{K}_1$-espace vectoriel $\mathbb{K}_3$. On remarque alors que $e_1, \dots, e_n$ est une famille génératrice finie de $\mathbb{K}_3$ vu comme un $\mathbb{K}_2$ espace vectoriel. Donc $[\mathbb{K}_3 : \mathbb{K}_2] < +\infty$.

b) *Condition nécessaire.* Procédons par récurrence sur $n \in \mathbb{N}^*$. Pour $n = 1$, c'est une conséquence de 1/. Supposons le résultat vrai au rang n, montrons le au rang $n+1$. D'après l'hypothèse de récurrence,

$$[\mathbb{K}(a_1, \dots, a_n) : \mathbb{K}] < +\infty. \qquad (*)$$

L'élément a_{n+1} est algébrique sur $\mathbb{K}$, *a fortiori* sur $\mathbb{K}(a_1, \ldots, a_n)$. Le résultat 1/ reste évidemment vrai si on remplace $\mathbb{K}$ par $\mathbb{K}(a_1, \ldots, a_n) \subset \mathbb{L}$, donc

$$[\mathbb{K}(a_1, \ldots, a_n)(a_{n+1}) : \mathbb{K}(a_1, \ldots, a_n)] < +\infty.$$

Or $\mathbb{K}(a_1, \ldots, a_n)(a_{n+1}) = \mathbb{K}(a_1, \ldots, a_{n+1})$, donc cette dernière assertion s'écrit

$$[\mathbb{K}(a_1, \ldots, a_{n+1}) : \mathbb{K}(a_1, \ldots, a_n)] < +\infty. \qquad (**)$$

De $(*)$ et $(**)$, on tire d'après 2/ a) $[\mathbb{K}(a_1, \ldots, a_{n+1}) : \mathbb{K}] < +\infty$, d'où la condition nécessaire. *Condition suffisante.* Pour tout i, $\mathbb{K}[a_i] \subset \mathbb{K}(a_i) \subset \mathbb{K}(a_1, \ldots, a_n)$, donc $\mathbb{K}[a_i]$ est un $\mathbb{K}$-espace vectoriel de dimension finie, et donc a_i est algébrique sur $\mathbb{K}$ d'après 1/b).

c) Soient $(x, y) \in \mathbb{A}^2$. On a $\mathbb{K}(x - y) \subset \mathbb{K}(x, y)$ donc comme $[\mathbb{K}(x, y) : \mathbb{K}] < +\infty$, on a $[\mathbb{K}(x - y) : \mathbb{K}] < +\infty$, et donc $x - y \in \mathbb{A}$ d'après 2/b). De même si $y \neq 0$, comme $\mathbb{K}(xy^{-1}) \subset \mathbb{K}(x, y)$, on tire $xy^{-1} \in \mathbb{A}$. Finalement, $\mathbb{A}$ est un corps.

3/ Soit $P = a_0 + a_1X + \cdots a_nX^n \in \mathbb{A}[X]$, $P \neq 0$. Le corps $\mathbb{L}$ étant algébriquement clos, il existe $a \in \mathbb{L}$ tel que $P(a) = 0$, et donc d'après 1/a) appliqué au corps $\mathbb{K}(a_0, \ldots, a_n)$, $\mathbb{K}(a_0, \ldots, a_n)[a]$ est un corps (donc égal à $\mathbb{K}(a_0, \ldots, a_n)(a) = \mathbb{K}(a_0, \ldots, a_n, a)$) de dimension finie comme $\mathbb{K}(a_0, \ldots, a_n)$-espace vectoriel. Autrement dit, $[\mathbb{K}(a_0, \ldots, a_n, a) : \mathbb{K}(a_0, \ldots, a_n)] < +\infty$. Or $[\mathbb{K}(a_0, \ldots, a_n) : \mathbb{K}] < +\infty$ d'après 2/b), donc d'après 2/a), $[\mathbb{K}(a_0, \ldots, a_n, a) : \mathbb{K}] < +\infty$, et donc $a \in \mathbb{A}$ d'après 2/b), d'où le résultat.

Remarque. En particulier, l'ensemble $\mathbb{A}$ des nombres complexes algébriques sur $\mathbb{Q}$ est un corps algébriquement clos. On l'appelle la *clôture algébrique* de $\mathbb{Q}$ (c'est la plus petite extension de $\mathbb{Q}$ algébriquement close).

PROBLÈME 8 (THÉORÈME DE KRONECKER). Soit $P \in \mathbb{Z}[X]$ un polynôme *unitaire* de degré $n \geq 1$ et irréductible dans $\mathbb{Q}[X]$. On suppose que toutes les racines de P sont de module ≤ 1. Montrer qu'alors $P = X$ ou bien il existe $k \in \mathbb{N}^*$ tel que $P \mid (X^k - 1)$. (Indication. On pourra utiliser le résultat suivant, conséquence d'un exercice du tome d'Analyse : Si $\alpha \in \mathbb{R} \setminus \mathbb{Q}$, alors $(\forall \varepsilon > 0, \exists n \in \mathbb{N}^*)$, $|e^{2i\pi n\alpha} - 1| < \varepsilon$.)

Solution. Soient $\alpha_1, \ldots, \alpha_n$ les racines de P. Notons $a \in \mathbb{Z}$ le terme constant de P. Le polynôme P étant unitaire, on a $\alpha_1 \cdots \alpha_n = (-1)^n a$. S'il existe i tel que $|\alpha_i| < 1$, par exemple $|\alpha_1| < 1$, alors $|a| = |\alpha_1| \cdot |\alpha_2 \cdots \alpha_n| \leq |\alpha_1| < 1$, et comme $a \in \mathbb{Z}$, $a = 0$. Donc X divise P, et P étant irréductible et unitaire, $P = X$.

Dans le cas contraire, on a $|\alpha_i| = 1$ pour tout i. Considérons pour tout entier $k \geq 1$

$$\pi_k = (\alpha_1^k - 1)(\alpha_2^k - 1) \cdots (\alpha_n^k - 1).$$

Pour tout k, π_k s'écrit comme un polynôme à coefficients entiers symétrique en les α_i, et donc $\pi_k \in \mathbb{Z}$ d'après la remarque 4 page 84. Nous allons montrer qu'il existe k tel que $\pi_k = 0$. Comme $|\alpha_1| = 1$, il existe $\theta \in \mathbb{R}$ tel que $\alpha_1 = e^{2i\pi\theta}$. Si $\theta \in \mathbb{Q}$, alors il existe $k \in \mathbb{N}^*$ tel que $k\theta \in \mathbb{Z}$, donc $\alpha_1^k = e^{2i\pi k\theta} = 1$, donc $\pi_k = 0$. Sinon, $\theta \in \mathbb{R} \setminus \mathbb{Q}$. Compte tenu de la majoration $|\alpha_i^k - 1| \leq 2$, l'expression de π_k entraîne $|\pi_k| \leq |\alpha_1^k - 1| \cdot 2^{n-1}$. Or $\theta \in \mathbb{R} \setminus \mathbb{Q}$ donc (on utilise l'indication) il existe $k \in \mathbb{N}^*$ tel que $|\alpha_1^k - 1| < 2^{1-n}$, ce qui entraîne $|\pi_k| < 1$ et comme π_k est un entier, on a forcément $\pi_k = 0$.

Il existe donc $k \in \mathbb{N}^*$ tel que $\pi_k = 0$, ce qui entraîne l'existence de i tel que $\alpha_i^k = 1$, par exemple $\alpha_1^k = 1$. Soit $X^k - 1 = P_1 \cdots P_r$ la décomposition de $X^k - 1$ en polynômes irréductibles unitaires de $\mathbb{Q}[X]$. Comme α_1 est racine de $X^k - 1$, il existe i tel que $P_i(\alpha_1) = 0$, par exemple $P_1(\alpha_1) = 0$. Ainsi, P_1 et P ont α_1 comme racine commune et ne sont donc pas premiers entre eux dans $\mathbb{Q}[X]$ (l'égalité de Bezout $UP_1 + VP = 1$ appliquée à α_1 mène à une contradiction). Ces polynômes, étant de plus irréductibles et unitaires, sont donc égaux. En définitive $P = P_1$ divise $X^k - 1$.

Remarque. Dans le second cas, P est un polynôme irréductible dans $\mathbb{Q}[X]$ divisant $X^k - 1$. C'est donc un polynôme cyclotomique (voir le problème 10).

PROBLÈME 9 (THÉORÈME DE L'ÉLÉMENT PRIMITIF). **1/** Soit $\mathbb{K}$ un corps commutatif de caractéristique nulle (donc $\mathbb{K}$ est infini) et $\mathbb{L}$ un surcorps commutatif de $\mathbb{K}$. Le corps $\mathbb{L}$ est un $\mathbb{K}$-espace vectoriel. S'il est de dimension finie, on va montrer qu'il existe $x \in \mathbb{L}$ tel que $\mathbb{L} = \mathbb{K}[x] = \{P(x), P \in \mathbb{K}[X]\}$.
a) Pour tout $x \in \mathbb{L}$, montrer qu'il existe un unique polynôme unitaire de degré minimal $M_x \in \mathbb{K}[X]$ tel que $M_x(x) = 0$ (M_x s'appelle le *polynôme minimal* de x). Montrer que M_x est irréductible dans $\mathbb{K}[X]$.
b) On rappelle que pour $a_1, \ldots, a_m \in \mathbb{L}$, $\mathbb{K}(a_1, \ldots, a_m)$ désigne le plus petit sous-corps de $\mathbb{L}$ contenant $\mathbb{K}$ et $a_1, \ldots, a_m$. Soient $x, y \in \mathbb{L}$. On veut montrer qu'il existe $z \in \mathbb{L}$ tel que $\mathbb{K}(x, y) = \mathbb{K}(z)$. On sait (voir le théorème 5 page 66) qu'il existe un surcorps $\mathbb{M}$ de $\mathbb{L}$, commutatif, sur lequel $M_x M_y$ soit scindé. Autrement dit, dans $\mathbb{M}[X]$, on peut écrire

$$M_x = \prod_{i=1}^{p}(X - x_i), \ M_y = \prod_{j=1}^{q}(X - y_j) \quad (\text{avec } x = x_1, y = y_1).$$

α) Montrer qu'il existe $t \in \mathbb{K}^*$ tel que les nombres $x_i + t y_j$ ($1 \leq i \leq p$, $1 \leq j \leq q$) soient deux à deux distincts.
β) On pose $z = x + ty$. Montrer le pgcd de $M_y(X)$ et $M_x(z - tX)$ dans $\mathbb{K}(z)[X]$ est $X - y$.
γ) Montrer que $\mathbb{K}(z) = \mathbb{K}(x, y)$.
c) Montrer qu'il existe $x \in \mathbb{L}$ tel que $\mathbb{L} = \mathbb{K}[x]$.

2/ Montrer que ce résultat reste vrai si $\mathbb{K}$ est fini.

Solution. **1/a)** Si n désigne la dimension du $\mathbb{K}$-espace vectoriel $\mathbb{L}$, les $n+1$ vecteurs $1, x, \ldots, x^n$ de $\mathbb{L}$ sont linéairement dépendants sur $\mathbb{K}$. Donc il existe $P \in \mathbb{K}[X]$, $P \neq 0$, tel que $P(x) = 0$.

Donc $I_x = \{P \in \mathbb{K}[X] \mid P(x) = 0\}$ est différent de $\{0\}$. L'ensemble I_x étant un idéal de l'anneau principal $\mathbb{K}[X]$, il existe $M_x \in \mathbb{K}[X]$, unitaire, tel que $I_x = (M_x)$. Tout polynôme P unitaire s'annulant en x est donc un multiple de M_x. Ceci suffit pour affirmer que M_x est l'unique polynôme unitaire de plus bas degré s'annulant en x.

Supposons $M_x = PQ$ avec $P, Q \in \mathbb{K}[X]$. On a $P(x)Q(x) = M_x(x) = 0$ donc $P(x) = 0$ ou $Q(x) = 0$, donc $\deg(P) \geq \deg(M_x)$ ou $\deg(Q) \geq \deg(M_x)$, et donc M_x est irréductible dans $\mathbb{K}[X]$.

b) α) Les x_i sont distincts. En effet, M_x étant irréductible, M_x et M_x' sont premiers entre eux dans $\mathbb{K}[X]$ (car $\deg(M_x') < \deg(M_x)$ et $M_x' \neq 0$, $\mathbb{K}$ étant de caractéristique non nulle). Donc il existe $U, V \in \mathbb{K}[X]$ tels que $UM_x + VM_x' = 1$, égalité qui vaut aussi dans $\mathbb{M}[X]$. Les polynômes M_x et M_x' sont donc premiers entre eux dans $\mathbb{M}[X]$ et n'ont donc aucune racine commune dans $\mathbb{M}$. On en déduit que M_x n'a que des racines simples et les x_i sont donc distincts. De même, les y_j sont distincts.

Soit

$$\Gamma = \left\{ \frac{x_i - x_{i'}}{y_{j'} - y_j} \;\middle|\; 1 \leq i, i' \leq p, 1 \leq j \neq j' \leq q \right\}.$$

L'ensemble Γ est fini et $\mathbb{K}$ est infini, donc il existe $t \in \mathbb{K}^*$, $t \notin \Gamma$. Ainsi choisi, t convient (l'égalité $x_i + ty_j = x_{i'} + ty_{j'}$ entraîne en effet $t \in \Gamma$ si $j \neq j'$ et $i = i'$ si $j = j'$).

β) Plaçons nous pour commencer dans $\mathbb{M}[X]$. Soit $a \in \mathbb{M}$ une racine commune de $M_y(X)$ et $M_x(z - tX)$. Il existe j tel que $a = y_j$ et il existe i tel que $z - ta = x_i$, et donc $z = x_i + ty_j$. Or par définition, $z = x_1 + ty_1$ donc d'après α) $x_i = x_1$ et $y_j = y_1$, donc $a = y_1 = y$. Par conséquent, dans $\mathbb{M}$, y est la seule racine commune à $M_y(X)$ et $M_x(z - tX)$. Ces polynômes étant scindés sur $\mathbb{M}$ à racines toutes simples, on en déduit que le pgcd de ces polynômes dans $\mathbb{M}[X]$ est $X - y$ $\quad (*)$.

Ceci étant, soit $D(X)$ le pgcd de $M_y(X)$ et $M_x(z-tX)$ dans $\mathbb{K}(z)[X]$. On peut écrire

$$M_y(X) = P_1(X)D(X) \quad \text{et} \quad M_x(z-tX) = P_2(X)D(X), \quad \text{avec} \quad P_1, P_2 \in \mathbb{K}(z)[X],$$

où P_1 et P_2 sont premiers entre eux dans $\mathbb{K}(z)[X]$. Donc il existe $U, V \in \mathbb{K}(z)[X]$ tels que $UP_1 + VP_2 = 1$, égalité qui vaut aussi dans $\mathbb{M}[X]$, donc P_1 et P_2 sont premiers entre eux dans $\mathbb{M}[X]$. Le pgcd de $M_y(X)$ et $M_x(z-tX)$ dans $\mathbb{M}[X]$ est donc $D(X)$, d'où le résultat demandé d'après $(*)$.

γ) D'après β), $y \in \mathbb{K}(z)$. La relation $x = z - ty$ montre que $x \in \mathbb{K}(z)$. Donc $\mathbb{K}(x,y) \subset \mathbb{K}(z)$. Or $z = x + ty$ donc $\mathbb{K}(z) \subset \mathbb{K}(x,y)$. Finalement, on a prouvé que $\mathbb{K}(z) = \mathbb{K}(x,y)$.

c) L'utilisation du résultat 1/b)γ) permet de montrer par récurrence sur m que si $a_1, \dots, a_m \in \mathbb{L}$, alors il existe $z \in \mathbb{L}$ tel que $\mathbb{K}(a_1, \dots, a_m) = \mathbb{K}(z)$.

Ceci étant, soit $a_1, \dots, a_n$ une base du $\mathbb{K}$-espace vectoriel $\mathbb{L}$. On a $\mathbb{L} = \mathbb{K}(a_1, \dots, a_n)$, et donc il existe $x \in \mathbb{L}$ tel que $\mathbb{L} = \mathbb{K}(a_1, \dots, a_n) = \mathbb{K}(x)$.

Il reste à montrer que $\mathbb{K}(x) = \mathbb{K}[x]$. Considérons le morphisme d'anneau $\varphi : \mathbb{K}[X] \to \mathbb{K}[x] \quad P \mapsto P(x)$. Avec les notations de 1/a), on voit que $\operatorname{Ker} \varphi = \{P \mid P(x) = 0\} = I_x = (M_x)$. Comme φ est surjective, $\mathbb{K}[x]$ est isomorphe à $\mathbb{K}[X]/\operatorname{Ker} \varphi = \mathbb{K}[X]/(M_x)$ qui est un corps car M_x est irréductible (voir la proposition 4 page 65). L'anneau $\mathbb{K}[x]$ est donc un corps, et donc $\mathbb{K}(x) \subset \mathbb{K}[x]$. L'inclusion réciproque étant évidente, on a montré $\mathbb{K}[x] = \mathbb{K}(x) = \mathbb{L}$.

2/ Si $\mathbb{K}$ est fini, $\mathbb{L}$ est fini (c'est un $\mathbb{K}$-espace vectoriel de dimension finie). On sait (voir la remarque de l'exercice 10 page 10) que $(\mathbb{L}^*, \cdot)$ est un groupe cyclique. Soit x l'engendrant. On voit facilement que $\mathbb{L} = \mathbb{K}[x]$.

Remarque. Cet exercice utilise le résultat suivant, qu'il est utile de garder en mémoire.

> *Si $P, Q \in \mathbb{K}[X]$ et si $\mathbb{L}$ est un surcorps de $\mathbb{K}$ alors les pgcd de P et Q dans $\mathbb{K}[X]$ et dans $\mathbb{L}[X]$ coïncident.*

PROBLÈME 10 (POLYNÔMES CYCLOTOMIQUES). Pour tout $n \in \mathbb{N}^*$, on note $U_n = \{e^{2ik\pi/n} \mid k \in \mathbb{Z}\} \subset \mathbb{C}$. On dit qu'un élément $x \in U_n$ est une *racine primitive n-ième de l'unité* si x engendre le groupe multiplicatif U_n. On note Π_n l'ensemble des racines primitives n-ièmes de l'unité, et on définit le *polynôme cyclotomique* d'indice n par

$$\Phi_n = \prod_{\xi \in \Pi_n} (X - \xi).$$

1/ a) Calculer Φ_p lorsque p est un nombre premier.
b) Montrer que $X^n - 1 = \prod_{d|n} \Phi_d$. En déduire que pour tout $n \in \mathbb{N}^*$, $\Phi_n \in \mathbb{Z}[X]$.

2/ On veut prouver que les Φ_n sont irréductibles dans $\mathbb{Q}[X]$.
a) Montrer que l'on peut écrire $\Phi_n = F_1 F_2 \cdots F_r$ avec les $F_i \in \mathbb{Z}[X]$, unitaires et irréductibles dans $\mathbb{Q}[X]$ (on pourra utiliser le lemme de Gauss, voir l'exercice 4 page 62).
b) Soit ξ une racine de F_1 dans $\mathbb{C}$. Soit p un nombre premier tel que $p \nmid n$. Montrer qu'il existe $i \in \mathbb{N}$, $1 \leq i \leq r$ tel que $F_i(\xi^p) = 0$.
c) Pour tout $F = \sum_{k=0}^m a_k X^k \in \mathbb{Z}[X]$, on pose $\overline{F} = \sum_{k=0}^m \overline{a_k} X^k \in \mathbb{Z}/p\mathbb{Z}[X]$ ($\overline{x}$ désignant la classe dans $\mathbb{Z}/p\mathbb{Z}$ de $x \in \mathbb{Z}$). Montrer que pour tout $F \in \mathbb{Z}[X]$, $\overline{F}(X^p) = [\overline{F}(X)]^p$.
d) Montrer que dans $\mathbb{Z}/p\mathbb{Z}[X]$, $\overline{\Phi_n}$ n'est divisible par le carré d'aucun polynôme non constant.
e) Montrer que $i = 1$, c'est-à-dire que $F_1(\xi^p) = 0$.
f) Montrer que pour tout entier k premier avec n, $F_1(\xi^k) = 0$. Conclure.

Solution. **1/** Posons $\omega = e^{2i\pi/n}$, de sorte que $U_n = \langle \omega \rangle$. D'après la proposition 5 page 22, on a $\Pi_n = \{\omega^k \mid 1 \leq k \leq n-1, k \wedge n = 1\}$, et donc $\deg(\Phi_n) = \varphi(n)$ où φ désigne l'indicateur d'Euler.

a) Le nombre p étant premier, on a ici $\Pi_p = \{\omega^k \mid 1 \leq k \leq p-1\}$ (où $\omega = e^{2i\pi/p}$), et donc

$$\Phi_p = \frac{1}{X-1} \prod_{\xi \in U_p} (X - \xi) = \frac{X^p - 1}{X-1} = 1 + X + \cdots + X^{p-1}.$$

b) Soit $\omega = e^{2i\pi/n}$. Soit k, $0 \leq k \leq n-1$. Soit d l'ordre de ω^k dans U_n. On a $d \mid n$. Par ailleurs $(\omega^k)^d = 1$, donc $\omega^k \in U_d$, et ω^k étant d'ordre d, on a même $\omega^k \in \Pi_d$. Ainsi, $(X - \omega^k)$ divise Φ_d donc divise $\prod_{d|n} \Phi_d$. Les valeurs ω^k $(0 \leq k \leq n-1)$ étant distinctes, on en déduit que $X^n - 1 = \prod_{k=0}^{n-1}(X - \omega^k)$ divise $\prod_{d|n} \Phi_d$. Ces polynômes étant de plus unitaires et de même degré (car $\sum_{d|n} \deg(\Phi_d) = \sum_{d|n} \varphi(d) = n$), ils sont égaux.

Montrons maintenant par récurrence sur $n \in \mathbb{N}^*$ que $\Phi_n \in \mathbb{Z}[X]$. Pour $n = 1$, c'est vrai car $\Phi_1 = X - 1$. Supposons le résultat vrai jusqu'au rang $n-1$ et montrons le au rang n. D'après l'hypothèse de récurrence, le polynôme $P = \prod_{\substack{d|n \\ d \neq n}} \Phi_d \in \mathbb{Z}[X]$. Par ailleurs, on a $X^n - 1 = \Phi_n P$. Comme P est unitaire, on peut effectuer la division euclidienne de $X^n - 1$ par P dans $\mathbb{Z}[X]$ (voir la remarque 3 page 58) :

$$(\exists\, Q, R \in \mathbb{Z}[X]), \qquad X^n - 1 = PQ + R \quad \text{avec} \quad \deg(R) < \deg(P).$$

Il y a unicité du couple (Q, R) dans $\mathbb{C}[X]$ donc dans $\mathbb{Z}[X]$, et comme $X^n - 1 = P\Phi_n$ on en déduit $R = 0$ et $\Phi_n = Q$. Donc $\Phi_n \in \mathbb{Z}[X]$, ce qui achève le raisonnement par récurrence.

2/a) Soit $\Phi_n = G_1 \cdots G_r$ la décomposition de Φ_n en facteurs irréductibles unitaires de $\mathbb{Q}[X]$. Pour tout i, il existe $\alpha_i \in \mathbb{N}^*$ tel que $\alpha_i G_i \in \mathbb{Z}[X]$. On a $\alpha_1 \cdots \alpha_r \Phi_n = (\alpha_1 G_1) \cdots (\alpha_r G_r)$. Utilisons le lemme de Gauss (voir l'exercice 4 page 62, dont on reprend les notations). Comme $c(\Phi_n) = 1$ (car Φ_n est unitaire), on a

$$\alpha_1 \cdots \alpha_r = c(\alpha_1 \cdots \alpha_r \Phi_n) = \prod_{i=1}^{r} c(\alpha_i G_i). \qquad (*)$$

Pour tout i, le polynôme $F_i = \alpha_i G_i / c(\alpha_i G_i)$ est dans $\mathbb{Z}[X]$ et d'après $(*)$, on a $\Phi_n = F_1 \cdots F_r$. Pour tout i, $F_i \in \mathbb{Z}[X]$ est irréductible dans $\mathbb{Q}[X]$ et est forcément unitaire puisque Φ_n est unitaire.

b) L'élément ξ est racine de F_1 donc de Φ_n, donc $\xi \in \Pi_n$. Or p est premier et $p \nmid n$, donc $p \wedge n = 1$, et donc $\xi^p \in \Pi_n$, d'où ξ^p est racine de Φ_n. Il existe donc i tel que $F_i(\xi^p) = 0$.

c) On montre cette relation par récurrence sur $m \in \mathbb{N}$, où $m = \deg(F)$. Pour $m = 0$, c'est évident. Supposons le résultat vrai jusqu'au rang $m-1$ et montrons au rang m. Écrivons $F = \sum_{k=0}^{m} a_k X^k = G + a_m X^m$. D'après l'hypothèse de récurrence, on a $\overline{G}(X)^p = \overline{G}(X^p)$. Or

$$\overline{F}^p = (\overline{G} + \overline{a_m} X^m)^p = \overline{G}^p + \overline{a_m}^p X^{mp} + \sum_{k=1}^{p-1} \binom{p}{k} \overline{G}^k\, \overline{a_m}^{n-k} X^{(p-k)m},$$

et comme $\overline{a_m}^p = \overline{a_m}$ et que pour $1 \leq k \leq p-1$, $p \mid \binom{p}{k}$, on en déduit

$$\overline{F}(X)^p = \overline{G}(X)^p + \overline{a_m} X^{mp} = \overline{G}(X^p) + \overline{a_m}(X^p)^m = \overline{F}(X^p).$$

d) Supposons $\overline{\Phi}_n = \overline{Q}^2 \overline{P}$ dans $\mathbb{Z}/p\mathbb{Z}[X]$. On peut écrire $X^n - 1 = \Phi_n R$ d'après 1/b), avec $R = \prod_{\substack{d|n \\ d \neq n}} \Phi_d \in \mathbb{Z}[X]$, et donc $X^n - \overline{1} = \overline{\Phi}_n \overline{R} = \overline{Q}^2 \overline{S}$ (avec $S = PR$), d'où par dérivation

$$\overline{n} X^{n-1} = 2\overline{Q}\,\overline{Q}'\overline{S} + \overline{Q}^2 \overline{S}' = \overline{Q}(2\overline{Q}'\overline{S} + \overline{Q}\,\overline{S}').$$

Donc $\overline{Q} \mid \overline{n} X^n$. Or $\overline{Q} \mid (\overline{n} X^n - \overline{n})$ donc $\overline{Q}$ divise la différence, c'est-à-dire $\overline{Q} \mid \overline{n}$. Or $p \nmid n$ donc $\overline{n} \neq 0$, et donc $\overline{Q}$ est constant.

e) Comme $F_i(\xi^p) = 0$, $F_1(X)$ et $F_i(X^p)$ admettent ξ comme racine commune donc ne sont pas premiers entre eux dans $\mathbb{Q}[X]$ (l'égalité de Bezout $U(X)F_1(X) + V(X)F_i(X^p) = 1$ avec $U, V \in \mathbb{Q}[X]$ appliquée à $X = \xi$ mène à une contradiction). De plus F_1 est irréductible dans $\mathbb{Q}[X]$ donc $F_1(X) \mid F_i(X^p)$ dans $\mathbb{Q}[X]$. Comme F_1 est unitaire, $F_1(X)$ divise $F_i(X^p)$ dans $\mathbb{Z}[X]$ (voir la remarque 3 de la partie 1.3, page 58). On en déduit que $\overline{F_1}(X) \mid \overline{F_i}(X^p) = \overline{F_i}(X)^p$. Ceci étant, soit $\overline{P} \in \mathbb{Z}/p\mathbb{Z}[X]$ un facteur irréductible de $\overline{F_1}$ dans $\mathbb{Z}/p\mathbb{Z}[X]$. On a $\overline{P} \mid \overline{F_i}(X)^p$ donc $\overline{P} \mid \overline{F_i}(X)$. Par conséquent, si $i \neq 1$, on a forcément $\overline{P}^2 \mid \overline{\Phi}_n = \overline{F_1} \cdots \overline{F_r}$, ce qui est impossible d'après la question précédente. On a donc $i = 1$.

f) Soit k premier avec n. Écrivons $k = p_1 p_2 \cdots p_s$, les p_i étant des nombres premiers. Nous allons prouver par récurrence sur s que $F_1(\xi^k) = 0$. Pour $s = 1$, c'est le résultat de la question précédente. Supposons la résultat vrai au rang $s - 1$ et montrons le au rang s. Comme $k \wedge n = 1$, on a $p_1 \cdots p_{s-1} \wedge n = 1$, donc d'après l'hypothèse de récurrence $F_1(\xi^{p_1 \cdots p_{s-1}}) = 0$. Or $p_s \wedge n = 1$ donc $F_1[(\xi^{p_1 \cdots p_{s-1}})^{p_s}] = F_1(\xi^k) = 0$, ce qui achève le raisonnement par récurrence.

Pour tout nombre premier k premier avec n, on a donc $F_1(\xi^k) = 0$. Or $\xi \in \Pi_n$ donc $\Pi_n = \{\xi^k \mid k \wedge n = 1\}$. Tous les éléments de Π_n sont donc des racines de F_1, ce qui prouve que $\Phi_n = F_1$, donc Φ_n est irréductible dans $\mathbb{Q}[X]$.

Remarque. Avec 1/a) et 2/, on retrouve le résultat 3/b) de l'exercice 4 page 62.

PROBLÈME 11 (THÉORÈME DE DIRICHLET, VERSION FAIBLE). Ce problème réutilise les résultats sur les polynômes cyclotomiques de la question 1/ du problème précédent.

Soit entier naturel $n \geq 2$. L'objectif du problème est de montrer qu'il y a une infinité de nombres premiers p vérifiant $p \equiv 1 \pmod{n}$.

a) Soit p un nombre premier. Montrer que s'il existe $a \in \mathbb{Z}$ et $h \in \mathbb{Z}[X]$ tels que $X^n - 1 \equiv (X - a)^2 h(X) \pmod{p}$ (*i.e.* si $X^n - \overline{1} \in \mathbb{Z}/p\mathbb{Z}[X]$ admet une racine d'ordre ≥ 2 dans $\mathbb{Z}/p\mathbb{Z}$), alors p divise n.

b) Soit $a \in \mathbb{N}$. Montrer que si un nombre premier p divise $\Phi_n(a)$ (où $\Phi_n(X)$ désigne le polynôme cyclotomique d'indice n), alors $p \equiv 1 \pmod{n}$ ou $p \mid n$.

c) Montrer qu'il existe une infinité de nombres premiers de la forme $kn + 1$, avec $k \in \mathbb{N}$.

Solution. **a)** Si $X^n - 1 \equiv (X - a)^2 h(X) \pmod{p}$, alors en substituant X par $X + a$ on obtient $(X + a)^n - 1 \equiv X^2 h(X + a) \pmod{p}$. Ainsi, les coefficients des termes de degré 0 et 1 du polynôme $(X + a)^n - 1$ sont divisibles par p. Ceci s'écrit $p \mid (a^n - 1)$ et $p \mid \binom{n}{1} a^{n-1} = na^{n-1}$. Comme $p \mid (a^n - 1)$, $p \nmid a$ donc a est premier avec p. Comme $p \mid na^{n-1}$ et que p est premier avec a^{n-1} (car premier avec a), on a donc $p \mid n$.

b) La propriété $X^n - 1 = \prod_{d \mid n} \Phi_d$ des polynômes cyclotomiques (voir la question 1/b) du problème précédent) entraîne l'existence d'un polynôme $F \in \mathbb{Z}[X]$ tel que $X^n - 1 = \Phi_n F$. On a donc $a^n - 1 = \Phi_n(a) F(a)$, et comme $F(a) \in \mathbb{Z}$, on a $p \mid (a^n - 1)$, autrement dit $a^n \equiv 1 \pmod{p}$. Notons m l'ordre de $\bar{a}$ dans le sous groupe multiplicatif $(\mathbb{Z}/p\mathbb{Z})^*$. Comme $\bar{a}^n = \overline{1}$ dans $\mathbb{Z}/p\mathbb{Z}$, on a $m \mid n$. On traite maintenant deux cas selon la valeur de m.

– Si $m = n$, alors $\bar{a}$ est d'ordre n, donc n divise le cardinal du sous groupe $(\mathbb{Z}/p\mathbb{Z})^*$. Autrement dit $n \mid (p - 1)$, c'est-à-dire $p \equiv 1 \pmod{n}$.

– Sinon on a $m < n$. Comme $m \mid n$, on a

$$X^n - 1 = \prod_{d \mid n} \Phi_d = \Phi_n \left(\prod_{d \mid m} \Phi_d \right) \left(\prod_{d \mid n,\, d \nmid m,\, d \neq n} \Phi_d \right) = \Phi_n \cdot (X^m - 1) \left(\prod_{d \mid n,\, d \nmid m,\, d \neq n} \Phi_d \right). \quad (*)$$

Par hypothèse, on a $p \mid \Phi_n(a)$ donc $\Phi_n(a) \equiv 0 \pmod{p}$, et par ailleurs $a^m \equiv 1 \pmod{p}$. Autrement dit, $\bar{a}$ est racine de $\overline{\Phi}_n$ et de $X^m - \overline{1}$ dans $\mathbb{Z}/p\mathbb{Z}[X]$. D'après $(*)$, ceci entraîne le fait que $\bar{a}$ est racine au moins double de $X^n - \overline{1}$, donc $p \mid n$ d'après la question précédente.

c) Raisonnons par l'absurde et supposons qu'il n'y ait qu'un nombre fini de nombres premiers de la forme $1 + kn$. Nous les notons $p_1, \ldots, p_m$. On considère l'entier $N = \Phi_n(\alpha)$ avec $\alpha = np_1 \cdots p_m$. On a $N \equiv a_0 \pmod{\alpha}$, où a_0 est le coefficient constant de Φ_n. L'identité $X^n - 1 = \prod_{d \mid n} \Phi_d$ entraîne $-1 = \prod_{d \mid n} \Phi_d(0)$ et comme les $\Phi_d(0)$ sont entiers, on a forcément $a_0 = \Phi_n(0) = \pm 1$. Ainsi, $N \equiv \pm 1 \pmod{\alpha}$. Or $|N| \geq 2$ (Π_n désignant l'ensemble des racines primitives n-ièmes de l'unité, on a $|N| = |\Phi_n(\alpha)| = \prod_{\xi\in\Pi_n} |\alpha - \xi|$, et comme $\alpha \geq n$, on a $|\alpha - \xi| > 1$ pour tout $\xi \in \Pi_n$ donc $|N| > 1$). Il existe donc un nombre premier p divisant N. D'après la question précédente, on doit avoir $p \mid n$ ou $p \equiv 1 \pmod n$. Mais ceci est impossible étant donnée la congruence $N \equiv \pm 1 \pmod{np_1 \cdots p_m}$.

Remarque. La version forte du théorème de Dirichlet est discutée dans la remarque qui suit l'exercice 7 page 14.

Problème 12 (Théorème de Wedderburn : tout corps fini est commutatif). Pour faire ce problème, il est nécessaire de connaître la partie 1/ du problème 10 page 97 ainsi que l'équation aux classes (voir le corollaire 1 page 24).

Soit $\mathbb{K}$ un corps fini. On veut montrer que $\mathbb{K}$ est commutatif. Pour cela, on procède par récurrence sur $\mathrm{Card}(\mathbb{K})$. Si $\mathrm{Card}(\mathbb{K}) = 2$, le résultat est évident. On suppose maintenant que pour tout corps $\mathbb{L}$ tel que $\mathrm{Card}(\mathbb{L}) < \mathrm{Card}(\mathbb{K})$, $\mathbb{L}$ est commutatif $(*)$. Nous allons montrer que $\mathbb{K}$ est lui aussi commutatif. Nous raisonnerons par l'absurde en supposant $\mathbb{K}$ non commutatif.

a) Montrer que le centre de $\mathbb{K}$ défini par $\mathcal{Z} = \{x \in \mathbb{K} \mid \forall y \in \mathbb{K}, xy = yx\}$ est un sous-corps de $\mathbb{K}$. Prouver ensuite qu'il existe $n \in \mathbb{N}$, $n \geq 2$, tel que $\mathrm{Card}(\mathbb{K}) = q^n$ où $q = \mathrm{Card}\mathcal{Z}$.

b) Pour tout $x \in \mathbb{K}$, on pose $\mathbb{K}_x = \{y \in \mathbb{K} \mid yx = xy\}$. Prouver qu'il existe un entier d divisant n tel que $\mathrm{Card}(\mathbb{K}_x) = q^d$.

c) Montrer que l'on peut écrire

$$\mathrm{Card}(\mathbb{K}^*) = q - 1 + \sum_{\substack{d|n \\ d\neq n}} \lambda_d \frac{q^n - 1}{q^d - 1}, \quad \text{avec} \quad \forall d, \lambda_d \in \mathbb{Z}.$$

d) En observant que le polynôme cyclotomique Φ_n divise $(X^n - 1)/(X^d - 1)$ si $d \mid n$, $d \neq n$, montrer que $\mathbb{K}$ est commutatif.

Solution. **a)** Nous aurons besoin du lemme suivant.

> Lemme. *Soient* $\mathbb{L}_1 \subset \mathbb{L}_2$ *deux corps finis, avec* $\mathbb{L}_1$ *commutatif. Alors il existe* $k \in \mathbb{N}^*$ *tel que* $\mathrm{Card}(\mathbb{L}_2) = (\mathrm{Card}(\mathbb{L}_1))^k$.

En effet, $\mathbb{L}_1$ étant un sous-corps commutatif de $\mathbb{L}_2$, $\mathbb{L}_2$ est un $\mathbb{L}_1$-espace vectoriel, de dimension finie k car $\mathbb{L}_2$ est fini. Le corps $\mathbb{L}_2$ est donc isomorphe comme $\mathbb{L}_1$-espace vectoriel à $\mathbb{L}_1^k$, et on en déduit que $\mathrm{Card}(\mathbb{L}_2) = \mathrm{Card}(\mathbb{L}_1^k) = (\mathrm{Card}(\mathbb{L}_1))^k$.

Ceci étant, on vérifie facilement que $\mathcal{Z}$ est un sous corps commutatif de $\mathbb{K}$. D'après le lemme, il existe donc $n \in \mathbb{N}^*$ tel que $\mathrm{Card}(\mathbb{K}) = (\mathrm{Card}(\mathcal{Z}))^n$. Or $\mathbb{K} \neq \mathcal{Z}$ (car $\mathbb{K}$ n'est pas commutatif alors que $\mathcal{Z}$ l'est), donc $n > 1$, d'où le résultat.

b) On remarque ici aussi que pour tout x, $\mathbb{K}_x$ est un sous corps de $\mathbb{K}$. Si $\mathbb{K}_x = \mathbb{K}$, alors on a $\mathrm{Card}(\mathbb{K}_x) = \mathrm{Card}(\mathbb{K}) = q^n$. Sinon, $\mathbb{K}_x$ est strictement inclus dans $\mathbb{K}$ et donc d'après $(*)$, $\mathbb{K}_x$ est commutatif. On peut donc appliquer le lemme qui entraîne l'existence de $k \in \mathbb{N}^*$ tel que $\mathrm{Card}(\mathbb{K}) = (\mathrm{Card}(\mathbb{K}_x))^k$ $(**)$. Par ailleurs, $\mathcal{Z}$ est aussi un sous-corps commutatif de $\mathbb{K}_x$, donc d'après le lemme il existe $d \in \mathbb{N}^*$ tel que $\mathrm{Card}(\mathbb{K}_x) = (\mathrm{Card}\mathcal{Z})^d = q^d$. Avec $(**)$, on trouve donc $q^n = \mathrm{Card}(\mathbb{K}) = (\mathrm{Card}(\mathbb{K}_x))^k = (q^d)^k = q^{dk}$. Donc $n = dk$, ce qui entraîne que $d \mid n$, d'où le résultat.

c) C'est l'équation aux classes appliquée au groupe multiplicatif $(\mathbb{K}^*, \cdot)$. En effet, le centre de ce groupe est $\mathcal{Z}^*$. Avec les notations de la partie 2.4 du chapitre I, on a

$$\mathrm{Card}(\mathbb{K}^*) = \mathrm{Card}\mathcal{Z}^* + \sum_{x\in\theta'} \frac{\mathrm{Card}(\mathbb{K}^*)}{\mathrm{Card}(S_x)}$$

où S_x désigne le stabilisateur de x, c'est-à-dire $S_x = \{y \in \mathbb{K}^* \mid xy = yx\} = \mathbb{K}_x^*$. D'après la question précédente, il existe donc $d \in \mathbb{N}^*$ divisant n tel que $\mathrm{Card}(S_x) = q^d - 1$, et $d \neq n$ (car

$x \in \theta'$ et $\theta' \cap \mathcal{Z}^* = \varnothing$). Si maintenant pour tout $d \mid n$, λ_d désigne le nombre de $x \in \theta'$ tel que $\mathrm{Card}(S_x) = q^d - 1$, on peut réécrire l'équation aux classes sous la forme

$$q^n - 1 = \mathrm{Card}(\mathbb{K}^*) = (q-1) + \sum_{\substack{d|n \\ d \neq n}} \lambda_d \left(\frac{q^n - 1}{q^d - 1}\right). \qquad (***)$$

d) Si $d \mid n$, $d \neq n$, on a

$$X^n - 1 = \Phi_n \prod_{e|n,\, e\neq n} \Phi_e = \Phi_n \left(\prod_{e|d} \Phi_e\right) \left(\prod_{e|n,\, e\neq n,\, e\nmid d} \Phi_e\right) = \Phi_n \cdot (X^d - 1) \left(\prod_{e|n,\, e\neq n,\, e\nmid d} \Phi_e\right),$$

donc Φ_n divise $(X^n - 1)/(X^d - 1)$ dans $\mathbb{Z}[X]$. Ceci étant vrai pour tout diviseur d de n distinct de n, Φ_n divise $\sum_{\substack{d|n \\ d\neq n}} \lambda_d \frac{X^n - 1}{X^d - 1}$ dans $\mathbb{Z}[X]$. Comme de plus Φ_n divise $X^n - 1$ dans $\mathbb{Z}[X]$, il divise $\left[(X^n - 1) - \sum_{\substack{d|n \\ d\neq n}} \lambda_d \frac{X^n - 1}{X^d - 1}\right]$ dans $\mathbb{Z}[X]$. Donc $\Phi_n(q)$ divise $\left[(q^n - 1) - \sum_{\substack{d|n \\ d\neq n}} \lambda_d \frac{q^n - 1}{q^d - 1}\right]$, et ce dernier égale $q - 1$ d'après $(***)$. Donc $|\Phi_n(q)| \leq q - 1$. Or $n \geq 2$ donc $|\Phi_n(q)| = \prod_{\xi \in \Pi_n} |q - \xi| > \prod_{i=1}^{\varphi(n)} |q - 1| \geq |q - 1|$, ce qui est absurde. Le corps fini $\mathbb{K}$ est donc commutatif. Le raisonnement par récurrence est ainsi achevé et montre que tout corps fini est commutatif.

Remarque. Si on veut trouver un corps non commutatif, il faut donc que celui ci soit infini. Hamilton fut le premier en 1843 à exhiber un corps non commutatif : le corps $\mathbb{H}$ des *quaternions* ($\mathbb{H}$ est un surcorps de $\mathbb{C}$. Ses éléments sont des quadruplets $a+bi+cj+dk$, munis de la loi d'addition usuelle et d'une loi de multiplication associative et distributive par rapport à l'addition, vérifiant $ij = -ji = k$, $jk = -kj = i$, $ki = -ik = j$ et $i^2 = j^2 = k^2 = -1$. Le lecteur pourra bien sûr vérifier que l'on a bien affaire à un corps).

PROBLÈME 13 (POLYNÔMES DE TCHÉBYCHEFF ET APPLICATIONS). Soit $I = [-1, 1]$. On muni $\mathcal{C}(I, \mathbb{C})$ (espace vectoriel des fonctions continues de I dans $\mathbb{C}$) de la norme $\|\,.\,\|_\infty$ définie pour tout $f \in \mathcal{C}(I, \mathbb{C})$ par $\|f\|_\infty = \sup_{x\in I} |f(x)|$. De même, si $f : \mathbb{R} \to \mathbb{C}$ est 2π-périodique, on note $\|f\|_\infty = \sup_{x\in\mathbb{R}} |f(x)|$.

Pour tout $n \in \mathbb{N}^*$, on note $T_n : I \to \mathbb{R} \quad x \mapsto \cos[n \arccos(x)]$ et $U_n = T'_{n+1}/(n+1)$.

1/ Montrer que T_n et U_n sont des fonctions polynômes de degré n. Après avoir explicité U_n, calculer $\|T_n\|_\infty$ et $\|U_n\|_\infty$.

2/ Soit $n \in \mathbb{N}^*$. Pour $1 \leq i \leq n$, on pose $x_i = \cos \frac{(2i-1)\pi}{2n}$. Montrer

$$\forall P \in \mathbb{C}[X], \deg(P) \leq n - 1, \quad P(X) = \frac{1}{n} \sum_{i=1}^{n} (-1)^{i-1} \sqrt{1 - x_i^2}\, P(x_i) \frac{T_n(X)}{X - x_i}.$$

3/ a) Soit $P \in \mathcal{C}(I, \mathbb{C})$ une fonction polynôme de degré $n - 1$ telle que pour tout $x \in I$, $|\sqrt{1 - x^2} P(x)| \leq 1$. Montrer que $\|P\|_\infty \leq n$.

b) Soit $S : \mathbb{R} \to \mathbb{C} \quad \theta \mapsto \sum_{k=1}^{n} \mu_k \sin(k\theta)$ avec les $\mu_k \in \mathbb{C}$. Si $\|S\|_\infty = 1$, montrer que

$$\forall \theta \in \mathbb{R} \smallsetminus \pi\mathbb{Z}, \quad \left|\frac{S(\theta)}{\sin\theta}\right| \leq n.$$

4/ *Inégalité de Bernstein.* Soit $g : \mathbb{R} \to \mathbb{C} \quad \theta \mapsto \sum_{k=-n}^{n} \lambda_k e^{ik\theta}$, où les $\lambda_k \in \mathbb{C}$. Montrer que $\|g'\|_\infty \leq n \|g\|_\infty$.

5/ *Inégalité de Markov.* Soit $P \in \mathbb{C}[X]$, $\deg(P) = n \in \mathbb{N}^*$. On regarde P comme un élément de $\mathcal{C}(I, \mathbb{C})$. Montrer que $\|P'\|_\infty \leq n^2 \|P\|_\infty$.

Solution. **1/** Soit $x \in I$. Posons $\theta = \arccos(x)$, de sorte que $x = \cos\theta$. On a

$$T_n(x) = \Re\left[(\cos\theta + i\sin\theta)^n\right] = \sum_{k=0}^{[n/2]} \binom{n}{2k} \cos^{n-2k}\theta(-\sin^2\theta)^k = \sum_{k=0}^{[n/2]} \binom{n}{2k} x^{n-2k}(x^2-1)^k.$$

Ainsi, T_n est une fonction polynôme de degré n (son terme dominant est $\sum_{0 \leq 2k \leq n} \binom{n}{2k} \neq 0$). Donc $U_n = T'_{n+1}/(n+1)$ également, et par ailleurs, lorsque $x \in]-1,1[$ on a

$$U_n(x) = \frac{T'_{n+1}(x)}{n+1} = -\frac{n+1}{\sqrt{1-x^2}} \cdot \left(-\frac{\sin[(n+1)\arccos(x)]}{n+1}\right) = \frac{\sin[(n+1)\arccos(x)]}{\sin[\arccos(x)]}. \qquad (*)$$

Calculons maintenant $\|T_n\|_\infty$ et $\|U_n\|_\infty$. Lorsque $x \in I$, la forme $T_n(x) = \cos[n\arccos(x)]$, entraîne $|T_n(x)| \leq 1$, et comme $T_n(1) = 1$, on a $\|T_n\|_\infty = 1$. Lorsque $x \in]-1,1[$, A partir de l'inégalité $|\sin(n\theta)| \leq n|\sin(\theta)|$ (que l'on obtient immédiatement par récurrence sur n), la forme $(*)$ montre que pour $x \in]-1,1[$, $|U_n(x)| \leq n+1$. Or $\lim_{\substack{x\to 1\\ x\neq 1}} U_n(x) = n+1$. Donc $\|U_n\|_\infty = n+1$.

2/ Si $1 \leq i \leq n$, on a $T_n(x_i) = \cos[n\arccos(x_i)] = \cos[(2i-1)\pi/2] = 0$. Les n valeurs distinctes $(x_i)_{1\leq i\leq n}$ sont donc des racines de T_n. Or $\deg(T_n) = n$, donc il existe $\lambda \neq 0$ tel que $T_n(X) = \lambda(X - x_1)\cdots(X - x_n)$.

L'interpolation de Lagrange assure l'existence d'un unique polynôme de degré $\leq n-1$ égal à $P(x_i)$ en x_i (voir la page 65). Ce polynôme est donc P et on a

$$P(X) = T_n(X) \sum_{i=1}^{n} \frac{P(x_i)}{(X - x_i)T'_n(x_i)}.$$

La forme $(*)$ donne $T'_n(x_i) = nU_{n-1}(x_i) = (-1)^{i-1}n/\sqrt{1-x_i^2}$, d'où le résultat.

3/ a) L'hypothèse $|\sqrt{1-x^2}P(x)| \leq 1$ entraîne, compte tenu du résultat de la question précédente et du fait que $T_n(x) > 0$ et $x - x_i > 0$ pour $x_1 < x \leq 1$, l'inégalité

$$\forall x \in]x_1, 1], \quad |P(x)| \leq \frac{1}{n}\sum_{i=1}^{n}\left|\frac{T_n(x)}{x - x_i}\right| = \frac{1}{n}\sum_{i=1}^{n}\frac{T_n(x)}{x - x_i} = \frac{1}{n}T'_n(x) = U_{n-1}(x) \leq n.$$

On montrerait de même l'inégalité $|P(x)| \leq n$ lorsque $x \in [-1, x_n[$.

Si maintenant $x \in [x_n, x_1]$, alors

$$\sqrt{1-x^2} \geq \sqrt{1-x_1^2} = \sin\left(\frac{\pi}{2n}\right) \geq \frac{2}{\pi}\cdot\frac{\pi}{2n} = \frac{1}{n}$$

(l'inégalité $\sin\theta \geq \frac{2}{\pi}\theta$ sur $[0,\pi/2]$ est une conséquence de la concavité du sinus sur $[0,\pi/2]$), donc $|P(x)| \leq 1/\sqrt{1-x^2} \leq n$, d'où le résultat.

b) L'expression $(*)$ donnant U_n s'écrit aussi $\forall\theta \in \mathbb{R} \setminus \pi\mathbb{Z}$, $U_{n-1}(\cos\theta) = \sin(n\theta)/\sin(\theta)$.

Si P désigne le polynôme $\sum_{k=1}^{n} \mu_k U_{k-1}$, son degré est $\leq n-1$ et on a $P(\cos\theta) = S(\theta)/\sin\theta$ pour $\theta \notin \pi\mathbb{Z}$. Or $\|S\|_\infty = 1$, donc pour tout θ, $|P(\cos\theta)| \cdot |\sin\theta| \leq 1$, ce qui entraîne que pour tout $x \in I$, $|P(x)|\sqrt{1-x^2} \leq 1$. Donc d'après la question précédente, on a $\|P\|_\infty \leq n$, ce qui entraîne que pour tout $\theta \notin \pi\mathbb{Z}$, $|S(\theta)/\sin\theta| \leq n$.

4/ Fixons $\theta_0 \in \mathbb{R}$. Quitte à diviser g par $\|g\|_\infty$, on peut supposer $\|g\|_\infty = 1$ (si $g = 0$, le résultat est évident). Soit S l'application définie sur $\mathbb{R}$ par $S(\theta) = \frac{1}{2}[g(\theta_0+\theta) - g(\theta_0-\theta)]$. Comme $\frac{1}{2}[e^{ik(\theta_0+\theta)} - e^{ik(\theta_0-\theta)}] = i(\sin k\theta)e^{ik\theta_0}$, on voit que S a la forme de 3/b), et donc si $\theta \notin \pi\mathbb{Z}$, $|S(\theta)/\sin\theta| \leq n$. On en déduit

$$|g'(\theta_0)| = \left|\lim_{\substack{\theta\to 0\\ \theta\neq 0}} \frac{S(\theta)}{\theta}\right| = \left|\lim_{\substack{\theta\to 0\\ \theta\neq 0}} \frac{S(\theta)}{\sin\theta}\right| \leq n.$$

Ceci est vrai pour tout $\theta_0 \in \mathbb{R}$, d'où le résultat.

5/ Là encore, quitte à diviser P par $\|P\|_\infty$, on peut supposer $\|P\|_\infty = 1$ (le cas $P = 0$ est évident). Posons $g(\theta) = P(\cos\theta) = P[(e^{i\theta} + e^{-i\theta})/2]$. Cette application a la forme de l'application g de 4/, et donc on a

$$\forall \theta \in \mathbb{R}, \quad |g'(\theta)| = |\sin\theta| \cdot |P'(\cos\theta)| \leq n.$$

Cette inégalité entraîne que sur $[-1, 1]$, on a $\sqrt{1-x^2}|P'(x)| \leq n$, donc d'après 3/a), $|P'(x)| \leq n^2$ sur I. D'où le résultat.

Remarque. Les polynômes T_n (resp. U_n) s'appellent les *polynômes de Tchébycheff de première espèce* (resp. *de deuxième espèce*). Ce sont des *polynômes orthogonaux*, dont l'étude générale fait l'objet du sujet d'étude 3 page 110.

– On retrouve les polynômes de Tchébycheff de première espèce dans l'exercice 13 page 74, ou il est démontré qu'ils vérifient la propriété de mini-max suivante : le minimum de $\|P\|_\infty$ lorsque P parcourt les polynômes unitaires de degré n est égal à $2^{1-n}\|T_n\|_\infty = 2^{1-n}$.

PROBLÈME 14. Pour tout $n \in \mathbb{N}^*$, on note $\pi(n)$ le nombre de nombres premiers p vérifiant $p \leq n$. Le but du problème est d'obtenir des minorations intéressantes de $\pi(n)$, en utilisant des intégrales de polynômes à coefficients entiers. Pour tout $n \in \mathbb{N}$, on note $\mathbb{Z}_n[X]$ l'ensemble des polynômes de degré $\leq n$ à coefficients entiers.

1/a) Pour tout $k \in \mathbb{N}$, on considère l'ensemble

$$E_k = \{P \in \mathbb{Z}_k[X] \mid P(1-X) = (-1)^k P(X)\}$$

et on note $\mathbb{Z}_k[X(1-X)] = \{P(X(1-X)) \mid P \in \mathbb{Z}_k[X]\}$. Montrer que pour tout $k \in \mathbb{N}$, on a $E_{2k} = \mathbb{Z}_k[X(1-X)]$ et $E_{2k+1} = (1-2X)\,\mathbb{Z}_k[X(1-X)]$.

b) Pour tout $P \in \mathbb{R}[X]$, on note $\|P\|_\infty = \sup_{t\in[0,1]} |P(t)|$. Montrer que pour tout $k \in \mathbb{N}$, il existe $P_k \in E_k$ tel que

$$\|P_k\|_\infty = m_k, \quad \text{où} \quad m_k = \inf_{P\in\mathbb{Z}_k[X], P\neq 0} \|P\|_\infty.$$

2/a) Pour tout $n \in \mathbb{N}^*$, on note $d_n = \operatorname{ppcm}(1, 2, \ldots, n)$. Montrer que $d_n \leq n^{\pi(n)}$.

b) Soit $P \in \mathbb{Z}[X]$ de degré n tel que $I(P) = \int_0^1 P(t)\,dt \neq 0$. Montrer que $|I(P)| \geq 1/d_{n+1}$.

c) Soit $P \in \mathbb{Z}[X]$ non nul tel que $\|P\|_\infty < 1$. Montrer que

$$\pi(n) \geq C(P)\frac{n}{\log n} + O\left(\frac{1}{\log n}\right) \quad \text{avec} \quad C(P) = -\frac{1}{\deg(P)} \log \|P\|_\infty.$$

Cette borne inférieure motive la recherche de polynômes $P \in \mathbb{Z}[X]$ maximisant $C(P)$.

3/a) Pour tout $k \in \mathbb{N}^*$, on note $C_k = -(\log m_k)/k$. Calculer C_2 et en déduire une première borne inférieure sur $\pi(n)$.

b) Calculer C_5 puis une nouvelle borne inférieure sur $\pi(n)$ (on pourra utiliser l'inégalité de Markov $\|P'\|_\infty \leq 2(\deg P)^2 \|P\|_\infty$, conséquence de la question 5/ du problème précédent).

Solution. **1/a)** Montrons d'abord le résultat pour E_{2k}. L'inclusion $\mathbb{Z}_k[X(1-X)] \subset E_{2k}$ est immédiate. Pour montrer l'inclusion réciproque, on procède par récurrence sur k. Pour $k = 0$ c'est immédiat. Supposons le résultat vrai au rang $k-1$ et montrons le au rang $k \in \mathbb{N}^*$. Soit $P \in E_{2k}$. Le polynôme $P(X) - P(0)$ s'annule en $X = 0$ ainsi qu'en $X = 1$ par symétrie. On peut donc écrire $P(X) - P(0) = X(1-X)Q(X)$ où $Q \in \mathbb{Q}[X]$. La division euclidienne d'un polynôme à coefficients entiers par un polynôme dont le terme dominant vaut ± 1 est à coefficients entiers, donc $Q \in \mathbb{Z}[X]$ (voir la remarque 3 page 58). De plus $Q \in E_{2k-2}$, et il suffit d'appliquer l'hypothèse de récurrence à Q pour montrer que $P = P(0) + X(1-X)Q \in \mathbb{Z}_k[X(1-X)]$.

Il s'agit maintenant de montrer $E_{2k+1} \subset (1-2X)\mathbb{Z}_k[X(1-X)]$. Soit $P \in E_{2k+1}$. On a $P(1/2) = (-1)^{2k+1}P(1/2) = -P(1/2)$ donc $P(1/2) = 0$. Ainsi, P est divisible par $(1-2X)$ donc il existe $Q \in \mathbb{Q}[X]$ tel que $P = (1-2X)Q$. Lorsque $|x| < 1/2$, l'égalité

$$Q(x) = \frac{P(x)}{1-2x} = P(x)(1+2x+4x^2+\cdots)$$

montre que les coefficients de $Q(x)$ (vu comme une série entière) sont entiers, donc $Q \in \mathbb{Z}[X]$. On conclut en remarquant que $Q \in E_{2k}$.

b) On montre d'abord l'existence de $Q_k \in \mathbb{Z}_k[X]$ tel que $\|Q_k\|_\infty = m_k$. On remarque que l'ensemble $\Gamma = \{P \in \mathbb{Z}_k[X] \setminus \{0\} \mid \|P\| \leq 1 + m_k\}$ est fini (les normes dans le s.e.v de dimension finie $\mathbb{R}_k[X]$ sont équivalentes, donc si $P = \sum_{\ell=0}^k a_\ell X^\ell \in \Gamma$ il existe $A > 0$ tel que $\sum_{\ell=0}^k |a_\ell| \leq A\,\|P\|_\infty \leq B = A(1+m_k)$). Donc il existe $Q_k \in \Gamma$ tel que $\|Q_k\|_\infty = \inf_{P\in\Gamma} \|P\|_\infty$, et comme $\inf_{P\in\Gamma} \|P\|_\infty = m_k$ par définition de Γ, on a bien le résultat voulu.

On considère maintenant les deux polynômes

$$R_1(X) = XQ_k(X) + (-1)^k(1-X)Q_k(1-X), \quad R_2(X) = (1-X)Q_k(X) + (-1)^k XQ_k(1-X).$$

Ces polynômes sont de degré $\leq k$ (le terme éventuel de degré $k+1$ s'annule) et on a $R_i(X) = (-1)^k R_i(1-X)$ donc $R_i \in E_k$. Lorsque $t \in [0,1]$ on a $|R_i(t)| \leq t\|Q_k\|_\infty + (1-t)\|Q_k\|_\infty = \|Q_k\|_\infty$, donc $\|R_i\|_\infty \leq m_k$. Le déterminant $\begin{vmatrix} X & (-1)^k(1-X) \\ (1-X) & (-1)^k X \end{vmatrix} = (-1)^k(2X-1)$ est non nul, donc $Q_k(X)$ et $Q_k(1-X)$ s'expriment linéairement en fonction de R_1 et R_2 donc l'un des deux polynômes R_1, R_2 est non nul. Il suffit alors de choisir P_k comme l'un non nul de ces deux polynômes.

2/a) Notons $k = \pi(n)$ et $p_1, \ldots, p_k$ les nombres premiers $\leq n$. On a $d_n = \prod_{i=1}^k p_i^{\alpha_i}$ où pour tout i, α_i est la plus grande puissance de p_i dans la décomposition en facteurs premiers des n premiers entiers. Ainsi, $p_i^{\alpha_i} \leq n$, donc $d_n \leq n^k = n^{\pi(n)}$.

b) En écrivant $P = \sum_{k=0}^n a_k X^k$, on a $I(P) = \sum_{k=0}^n a_k/(k+1)$ donc en réduisant au même dénominateur, on voit que $I(P) = m/d_{n+1}$ avec $m \in \mathbb{Z}$. Comme $m \in \mathbb{Z}^*$, on en déduit le résultat.

c) Notons $k = \deg(P)$. Pour tout $\alpha \in \mathbb{N}^*$, le polynôme $P^{2\alpha} \in \mathbb{Z}[X]$ est positif non nul et de degré $2k\alpha$, donc $I(P^{2\alpha}) \geq 1/d_{2k\alpha+1}$. Par ailleurs $I(P^{2\alpha}) \leq \|P\|_\infty^{2\alpha}$ ce qui entraîne

$$(2k\alpha+1)^{\pi(2k\alpha+1)} \geq d_{2k\alpha+1} \geq \frac{1}{I(P^{2\alpha})} \geq \frac{1}{\|P\|_\infty^{2\alpha}} \quad \text{donc} \quad \pi(2k\alpha+1) \geq \frac{2k\alpha}{\log(2k\alpha+1)} C(P).$$

On en déduit facilement le résultat demandé.

3/a) D'après 1/b), il existe $P \in \mathbb{Z}_1[X(1-X)]$ tel que $\|P\|_\infty = m_2$. Le polynôme P a la forme $P = a + bX(1-X)$ avec $a, b \in \mathbb{Z}$. Comme $m_2 \leq \|X(1-X)\|_\infty = 1/4$, on doit avoir $|a| = |P(0)| \leq m_2 \leq 1/4$ donc $a = 0$. On en conclut que $P = bX(1-X)$ et forcément, $b = \pm 1$. Ainsi, $m_2 = 1/4$ donc $C_2 = \log 2$. On en conclut grâce à la question précédente que $\pi(n) \geq (\log 2)n/\log n + O(1/\log n)$.

b) La question 1/b) assure qu'il existe P de la forme $P = (1-2X)[a + bX(1-X) + cX^2(1-X)^2]$ avec $a, b, c \in \mathbb{Z}$ tel que $\|P\|_\infty = m_5$. Comme $m_5 \leq m_2 < 1$, on a forcément $a = P(0) = 0$. Un calcul facile montre que $Q = (1-2X)X^2(1-X)^2$ vérifie $\|Q\|_\infty = 5^{-5/2}$. D'après l'inégalité de Markov on a donc

$$|b| = |P'(0)| \leq \|P'\|_\infty \leq 2 \cdot 5^2 \|P\|_\infty \leq 2 \cdot 5^2 \frac{1}{5^{5/2}} = \frac{2}{\sqrt{5}} < 1$$

donc $b = 0$. Ainsi, P est de la forme $P = c(1-2X)X^2(1-X)^2$, et on a forcément $c = \pm 1$ donc $P = \pm Q$. Donc $m_5 = \|Q\|_\infty = 5^{-5/2}$, d'où $C_5 = \log(5)/2$. Ceci donne la minoration $\pi(n) \geq \frac{\log(5)}{2} n/\log n + O(1/\log n)$ pour n suffisamment grand.

Remarque. Nous avons montré $\pi(n) \geq C_k\, n/\log n + O(1/\log n)$ dans 3/a) et 3/b), avec $C_2 \simeq 0,6931$ et $C_5 \simeq 0,8047$. Le théorème des nombres premiers (dont une démonstration est proposée en annexe du tome d'analyse — à partir de la deuxième édition) assure que $\pi(n) \sim n/\log n$. Cependant on ne peut pas, en utilisant la technique du problème, obtenir des minorations du type $\pi(n) \geq C\,n/\log(n) + O(1/\log n)$ avec C arbitrairement proche de 1 (en effet, on peut montrer que $C_k \leq 0,866$ pour tout k).

– Ce type de minoration de $\pi(n)$ est à rapprocher du théorème de Tchébycheff (voir le sujet d'étude 1 page 47). En effet, les questions 1/ et 5/ de ce sujet d'étude entraînent facilement la minoration $\pi(2n) \geq (\log 2 + o(1))\frac{2n}{\log 2n}$.

6. Sujets d'étude

SUJET D'ÉTUDE 1. Soit p un nombre premier. On note $\mathbb{F}_p = \mathbb{Z}/p\mathbb{Z}$.

1/ Soit $\mathbb{K}$ un corps commutatif contenant $\mathbb{F}_p$. Montrer que pour tout $R \in \mathbb{F}_p[X]$ et pour tout $x \in \mathbb{K}$, on a pour tout $n \in \mathbb{N}$ la relation $R(x^{p^n}) = \big(R(x)\big)^{p^n}$.

2/a) Soit $Q \in \mathbb{F}_p[X]$, irréductible dans $\mathbb{F}_p[X]$, de degré d. Soit $n \in \mathbb{N}^*$. Montrer que $Q \mid (X^{p^n} - X)$ si et seulement si $d \mid n$.
b) Pour tout $n \in \mathbb{N}^*$, on note K_p^n l'ensemble des polynômes unitaires irréductibles de $\mathbb{F}_p[X]$, de degré n. Montrer que

$$X^{p^n} - X = \prod_{d|n} \left(\prod_{Q \in K_p^d} Q \right).$$

3/a) Pour tout $n \in \mathbb{N}^*$, on note $I_p^n = \mathrm{Card}(K_p^n)$. Montrer que $p^n = \sum_{d|n} dI_p^d$.
b) Montrer que pour tout $n \in \mathbb{N}^*$, $I_p^n \neq 0$.

4/ Une application aux corps finis (on rappelle que tout corps fini est commutatif, voir le problème 11 page 100).
a) Soit $\mathbb{K}$ un corps fini. Montrer qu'il existe un nombre premier p et un entier $n \in \mathbb{N}^*$ tels que $\mathrm{Card}(\mathbb{K}) = p^n$. Réciproquement, si p est un nombre premier et si $n \in \mathbb{N}^*$, montrer qu'il existe un corps fini $\mathbb{K}$ de cardinal p^n.
b) Soit $\mathbb{K}$ un surcorps de $\mathbb{F}_p$ tel que $\mathrm{Card}(\mathbb{K}) = p^n$ avec $n \in \mathbb{N}^*$. Soit $P \in K_p^n$. Montrer qu'il existe $x \in \mathbb{K}$ tel que $P(x) = 0$.
c) En déduire que deux corps finis de même cardinal sont isomorphes.

Solution. **1/** Le corps $\mathbb{K}$ contenant $\mathbb{F}_p$, il est de caractéristique p. On peut donc écrire

$$\forall x, y \in \mathbb{K}, \quad (x+y)^p = x^p + y^p + \sum_{k=1}^{p-1} \binom{p}{k} x^k y^{p-k} = x^p + y^p$$

car si $1 \leq k \leq p-1$, $p \mid \binom{p}{k}$.

En procédant par récurrence sur n, on en déduit que pour tout $n \in \mathbb{N}$, $(x+y)^{p^n} = x^{p^n} + y^{p^n}$, puis par récurrence sur k, on montre que pour tout $(x_1, \ldots, x_k) \in \mathbb{K}^k$, pour tout $n \in \mathbb{N}$,

$$(x_1 + \cdots + x_k)^{p^n} = x_1^{p^n} + \cdots + x_k^{p^n}.$$

Par ailleurs, pour tout $a \in \mathbb{F}_p$, $a^p = a$ donc (par récurrence), pour tout $n \in \mathbb{N}$, $a^{p^n} = a$.

Ceci étant, soit $R = a_0 + a_1 X + \cdots + a_d X^d \in \mathbb{F}_p[X]$. Pour tout $x \in \mathbb{K}$,, on a

$$R(x)^{p^n} = \left(\sum_{i=0}^{d} a_i x^i \right)^{p^n} = \sum_{i=0}^{d} a_i^{p^n} (x^i)^{p^n} = \sum_{i=0}^{d} a_i (x^{p^n})^i = R(x^{p^n}).$$

2/a) Le polynôme Q étant irréductible dans $\mathbb{F}_p[X]$, $\mathbb{K} = \mathbb{F}_p[X]/(Q)$ est un corps ; $\mathbb{K}$ est d'ailleurs un $\mathbb{F}_p$-espace vectoriel de dimension d, donc isomorphe (comme $\mathbb{F}_p$-espace vectoriel) à $\mathbb{F}_p^d$, d'où $\mathrm{Card}(\mathbb{K}) = \mathrm{Card}(\mathbb{F}_p^d) = p^d$. Le groupe multiplicatif $\mathbb{K}^*$ est donc d'ordre $p^d - 1$, et donc pour tout

$y \in \mathbb{K}^*$, $y^{p^d-1} = 1$, ce qui entraîne que pour tout $y \in \mathbb{K}$, $y^{p^d} = y$, et par récurrence sur k :

$$\forall y \in \mathbb{K},\ \forall k \in \mathbb{N}, \quad y^{p^{kd}} = y. \tag{$*$}$$

Ceci étant, montrons l'équivalence demandée.

Condition suffisante. Supposons $d \mid n$. En notant $\overline{X}$ la classe de X dans le corps $\mathbb{F}_p[X]/(Q) = \mathbb{K}$, on a d'après $(*)$, $\overline{X}^{p^{kd}} = \overline{X}$ pour tout $k \in \mathbb{N}$. Comme $d \mid n$, on en déduit $\overline{X}^{p^n} = \overline{X}$, c'est-à-dire $Q \mid (X^{p^n} - X)$.

Condition nécessaire. Supposons $Q \mid (X^{p^n} - X)$, c'est-à-dire $\overline{X}^{p^n} = \overline{X}$. Soit $y \in \mathbb{K}$. Il existe $R \in \mathbb{F}_p[X]$ tel que $y = R(\overline{X})$, donc $y^{p^n} = R(\overline{X})^{p^n} = R(\overline{X}^{p^n}) = R(\overline{X}) = y \quad (**)$. Effectuons maintenant la division euclidienne de n par d : $n = qd + r$, $0 \leq r \leq d-1$. La relation $(**)$ s'écrit $(y^{p^{qd}})^{p^r} = y$, et d'après $(*)$, on a $y^{p^r} = y$. On a donc $y^{p^r-1} = 1$ pour tout $y \in \mathbb{K}^*$. Or $\mathbb{K}^*$, sous groupe multiplicatif fini d'un corps commutatif, est cyclique (voir la remarque de l'exercice 10 page 28). On peut donc choisir $y \in \mathbb{K}^*$ d'ordre $p^d - 1$. Or on a vu que $y^{p^r-1} = 1$. comme $0 \leq r < d$, ceci entraîne $r = 0$, c'est-à-dire $d \mid n$.

b) Commençons par montrer que $X^{p^n} - X$ est sans facteur carré non constant dans $\mathbb{F}_p[X]$. Supposons $X^{p^n} - X = Q^2 P$, avec $P, Q \in \mathbb{F}_p[X]$. Par dérivation, on a $p^n X^{p^n-1} - 1 = 2QQ'P + Q^2P'$ donc $Q \mid (p^n X^{p^n-1} - 1) = -1$ ($p^n = 0$ dans $\mathbb{F}_p$), et donc Q est constant.

Le résultat précédent entraîne que dans la décomposition de $X^{p^n} - X$ en facteurs irréductibles de $\mathbb{F}_p[X]$: $X^{p^n} - X = \prod_{i=1}^{k} Q_i^{\alpha_i}$, on a $\alpha_i = 1$ pour tout i. Or d'après la question précédente, pour tout i on a $Q_i \in K_p^d$ avec $d \mid n$. On en tire $(X^{p^n} - X) \mid \prod_{d|n} \left(\prod_{Q \in K_p^d} Q \right)$.

Pour tout entier d, $d \mid n$, et pour tout $Q \in K_p^d$, on a $Q \mid (X^{p^n} - X)$. Ces facteurs Q étant irréductibles, ils sont premiers entre eux deux à deux, et donc $\prod_{d|n} \left(\prod_{Q \in K_p^d} Q \right) \mid (X^{p^n} - X)$. On conclut à l'égalité en remarquant que ces polynômes sont unitaires.

3/a) L'identité souhaitée se déduit de 2/b) en passant aux degrés.

b) Le résultat précédent entraîne que pour tout $n \in \mathbb{N}^*$, $nI_p^n \leq \sum_{d|n} dI_p^d = p^n$. Si on fixe maintenant $n \in \mathbb{N}^*$, on en déduit

$$nI_p^n = p^n - \sum_{\substack{d|n \\ d \neq n}} dI_p^d \geq p^n - \sum_{\substack{d|n \\ d \neq n}} p^d \geq p^n - \sum_{d=1}^{n-1} p^d = p^n - \frac{p^n - p}{p-1} > 0.$$

4/a) Soit p la caractéristique de $\mathbb{K}$. On a $p \neq 0$ car $\mathbb{K}$ est fini, et p est un nombre premier (voir la proposition 1 page 57). Notons e l'élément unité de $\mathbb{K}$. L'application $\varphi :\ \mathbb{Z} \to \mathbb{K} \quad n \mapsto ne$ est un morphisme d'anneaux et $\operatorname{Ker} \varphi = p\mathbb{Z}$. Si $\mathbb{K}' = \operatorname{Im} \varphi \subset \mathbb{K}$, $\mathbb{K}'$ est isomorphe à $\mathbb{Z}/\operatorname{Ker} \varphi = \mathbb{Z}/p\mathbb{Z} = \mathbb{F}_p$ et c'est donc un sous-corps de $\mathbb{K}$ isomorphe à $\mathbb{F}_p$ ($\mathbb{K}'$ s'appelle le sous corps premier de $\mathbb{K}$, voir la définition 4 page 58). Le corps $\mathbb{K}$ apparaît alors comme étant un $\mathbb{K}'$-espace vectoriel, de dimension finie n car $\mathbb{K}$ est fini. Le corps $\mathbb{K}$ est donc isomorphe (comme $\mathbb{K}'$-espace vectoriel) à $\mathbb{K}'^n$, donc $\operatorname{Card}(\mathbb{K}) = \operatorname{Card}(\mathbb{K}'^n) = (\operatorname{Card}(\mathbb{K}'))^n = (\operatorname{Card}(\mathbb{F}_p))^n = p^n$.

Réciproquement, soit p un nombre premier et $n \in \mathbb{N}^*$. D'après 3/b), $K_p^n \neq \varnothing$. Soit $P \in K_p^n$. $\mathbb{K} = \mathbb{F}_p[X]/(P)$ est un corps (car P est irréductible), de cardinal p^n car $\mathbb{K}$ est un $\mathbb{F}_p$-espace vectoriel de dimension n.

b) Le groupe multiplicatif $\mathbb{K}^*$ étant de cardinal $p^n - 1$, pour tout $x \in \mathbb{K}^*$, $x^{p^n-1} = 1$, donc pour tout $x \in \mathbb{K}$, $x^{p^n} = x$. Autrement dit, les éléments de $\mathbb{K}$ sont tous racine du polynôme $X^{p^n} - X$. Le degré de ce polynôme étant $p^n = \operatorname{Card}(\mathbb{K})$, on en déduit que les racines de $X^{p^n} - X$ sont exactement les éléments de $\mathbb{K}$. Or d'après 2/b), $P \mid (X^{p^n} - X)$, donc il existe $x \in \mathbb{K}$ tel que $P(x) = 0$.

c) Soit $P_0 \in K_p^n$, soit $\mathbb{K}$ un corps de cardinal p^n. La caractéristique de $\mathbb{K}$ est p (en effet, c'est un nombre premier qui de plus divise p^n car $(\mathbb{K}, +)$ est un groupe d'ordre p^n), et on a vu au 4/a) que $\mathbb{F}_p$ est isomorphe à un sous-corps de $\mathbb{K}$. Autrement dit, à un isomorphisme près, $\mathbb{K}$ est un surcorps de $\mathbb{F}_p$, et donc d'après 4/b), il existe $x_0 \in \mathbb{K}$ tel que $P_0(x_0) = 0$.

Soit Φ le morphisme $\mathbb{F}_p[X] \to \mathbb{K}\quad Q \mapsto Q(x_0)$. On a $\operatorname{Ker}\Phi = \{Q \in \mathbb{F}_p[X] \mid Q(x_0) = 0\}$. C'est un idéal de $\mathbb{F}_p[X]$ donc principal. Soit P unitaire tel que Ker $\Phi = (P)$. On a $P_0 \in$ Ker $\Phi = (P)$ et P_0 est irréductible, donc $P = P_0$, et donc Ker $\Phi = (P_0)$. Donc Im Φ est isomorphe à $\mathbb{F}_p[X]/\operatorname{Ker}\Phi = \mathbb{F}_p[X]/(P_0)$. Ce dernier est un $\mathbb{F}_p$-espace vectoriel de dimension n, donc de cardinal p^n, et donc Im Φ est de cardinal p^n. Or $\operatorname{Card}(\mathbb{K}) = p^n$, donc $\operatorname{Im}\Phi = \mathbb{K}$.

En résumé, $\mathbb{K}$ est isomorphe au corps $\mathbb{F}_p[X]/(P_0)$, et ceci pour tout corps $\mathbb{K}$ à p^n éléments. Deux corps de même cardinal sont donc isomorphes.

Sujet d'étude 2 (Transcendance de e et de π). **1/** Si $F \in \mathbb{C}[X]$, $(\deg(F) = n)$, on définit (avec $F^{(0)} = F$ par convention) :

$$\mathcal{D}(F) = \sum_{k=0}^{+\infty} F^{(k)} = \sum_{k=0}^{n} F^{(k)} = F + F' + \cdots + F^{(n)}.$$

a) Si $F \in \mathbb{C}[X]$ et $a \in \mathbb{C}$, montrer que

$$e^a \mathcal{D}(F)(0) = a\int_0^1 e^{a(1-t)} F(at)\, dt + \mathcal{D}(F)(a).$$

b) Soit $Q \in \mathbb{Z}[X]$ et $p \in \mathbb{N}$, $p \geq 2$. Si $F(X) = Q(X)X^{p-1}/(p-1)!$, montrer que $\mathcal{D}(F)(0)$ est un entier vérifiant $\mathcal{D}(F)(0) \equiv Q(0) \pmod{p}$.

2/ (Transcendance de e). On rappelle qu'un nombre transcendant est un nombre non algébrique sur $\mathbb{Q}$. Supposons e algébrique. Alors il existe $Q \in \mathbb{Z}[X]$, $Q \neq 0$, tel que $Q(e) = 0$. Soit $n = \deg(Q)$. Pour tout nombre premier p, on note

$$F_p(X) = \frac{X^{p-1}}{(p-1)!}[(X-1)\cdots(X-n)]^p.$$

a) Si $k \in \mathbb{N}$, $1 \leq k \leq n$, montrer que $\mathcal{D}(F_p)(k)$ est un entier divisible par p.

b) Si $k \in \mathbb{N}$, $1 \leq k \leq n$, montrer que $\displaystyle\lim_{p\to+\infty} \int_0^1 e^{k(1-t)} F_p(kt)\, dt = 0$.

c) Conclure.

3/ (Transcendance de π). Supposons π algébrique sur $\mathbb{Q}$.

a) Montrer qu'alors $i\pi$ est algébrique.

Il existe donc $Q = dX^n + d_1X^{n-1} + \cdots + d_{n-1}X + d_n \in \mathbb{Z}[X]$, $d \neq 0$, tel que $Q(i\pi) = 0$. Soient $\omega_1, \ldots, \omega_n$ les racines de Q, de sorte que $Q = d(X-\omega_1)\cdots(X-\omega_n)$.

b) Si $\Phi \in \mathbb{Z}[X_1, \ldots, X_n]$ est symétrique, montrer que $\Phi(d\omega_1, \ldots, d\omega_n)$ est un entier.

Comme il existe k tel que $\omega_k = i\pi$, on a $\prod_{k=1}^n (1 + e^{\omega_k}) = 0$, ce qui en développant s'écrit aussi

$$1 + \sum_{j=1}^{2^n-1} e^{\alpha_j} = 0,$$

$\alpha_1, \ldots, \alpha_{2^n-1}$ étant les nombres de la forme $\sum_{i\in I}\omega_i$, I étant une partie non vide de $\{1, \ldots, n\}$. Supposons que C de ces $2^n - 1$ nombres soient nuls. Si $m = 2^n - 1 - C$, on peut, quitte à renuméroter, supposer que les α_j non nuls sont $\alpha_1, \ldots, \alpha_m$.

c) Montrer que si un polynôme $\Phi \in \mathbb{Z}[X_1, \ldots, X_m]$ est symétrique dans $\mathbb{Z}[X_1, \ldots, X_m]$, alors $\Phi(d\alpha_1, \ldots, d\alpha_m)$ est entier.

Pour tout nombre premier p, on pose

$$F_p(X) = \frac{d^{mp+p-1}X^{p-1}}{(p-1)!}\left[(X-\alpha_1)\cdots(X-\alpha_m)\right]^p.$$

d) Montrer que $\sum_{k=1}^{m} \mathcal{D}(F_p)(\alpha_k)$ est un entier divisible par p.
e) En procédant comme au 2/, conclure.

Solution. **1/a)** On pose $f(t) = e^{-at}\mathcal{D}(F)(at)$. Comme $\mathcal{D}(F)' = \mathcal{D}(F) - F$, on a pour tout $t \in [0,1]$: $f'(t) = -ae^{-at}\mathcal{D}(F)(at) + ae^{-at}\mathcal{D}(F)'(at) = -ae^{-at}F(at)$, et donc par intégration $f(1) - f(0) = -a\int_0^1 e^{-at}F(at)\,dt$, d'où le résultat compte tenu de la valeur de f.

b) Écrivons $Q = \sum_{k=0}^{n} a_k X^k$, de sorte que $F = \sum_{k=0}^{n} a_k \frac{X^{k+p-1}}{(p-1)!}$. Alors

$$\mathcal{D}(F)(0) = \sum_{k=0}^{n} a_k \frac{(k+p-1)!}{(p-1)!} = a_0 + \sum_{k=1}^{n} a_k(k+p-1)\cdots p,$$

donc $\mathcal{D}(F)(0)$ est un entier qui vérifie $\mathcal{D}(F)(0) \equiv a_0 \equiv Q(0) \pmod p$.

2/a) Fixons $k \in \mathbb{N}$, $1 \leq k \leq n$. Si $G(X) = F_p(X+k)$, on voit facilement que G a la forme $G(X) = \frac{X^{p-1}}{(p-1)!}X \cdot H(X)$ avec $H \in \mathbb{Z}[X]$, donc d'après 1/b), $N = \mathcal{D}(G)(0) = \mathcal{D}(F_p)(k)$ est un entier vérifiant $N \equiv 0 \pmod p$.

b) Si $t \in [0,1]$, $e^{k(1-t)}|F_p(kt)| \leq e^k k^{p-1}(n^n)^p/(p-1)!$, donc

$$\left|\int_0^1 e^{k(1-t)}F_p(kt)\,dt\right| \leq n^n e^k \frac{(kn^n)^{p-1}}{(p-1)!}.$$

Or $\lim_{p\to+\infty}(kn^n)^{p-1}/(p-1)! = 0$, d'où 2/b).

c) Écrivons $Q = a_0 + a_1X + \cdots + a_nX^n$, avec $Q(e) = 0$ et $Q \neq 0$. Quitte à diviser Q par X, on peut supposer $a_0 \neq 0$.

Pour tout nombre premier p, on a d'après 1/a)

$$\left(\sum_{k=0}^{n} a_k e^k\right)\mathcal{D}(F_p)(0) = S_p + T_p \quad \text{avec} \quad S_p = \sum_{k=0}^{n} a_k k \int_0^1 e^{k(1-t)}F_p(kt)\,dt,\ T_p = \sum_{k=0}^{n} a_k\mathcal{D}(F_p)(k).$$

Or $\sum_{k=0}^{n} a_k e^k = Q(e) = 0$, donc $0 = S_p + T_p$ $(*)$. D'après 2/a), pour $k \in \mathbb{N}$, $1 \leq k \leq n$, on a $\mathcal{D}(F_p)(k) \equiv 0 \pmod p$ donc d'après 1/b) :

$$T_p = \sum_{k=0}^{n} a_k\mathcal{D}(F_p)(k) \equiv a_0\mathcal{D}(F_p)(0) \equiv a_0(-1)^{pn}(n!)^p \pmod p.$$

Or $a_0 \neq 0$, et donc pour tout nombre premier p supérieur à $\max\{|a_0|, n\}$, on a $T_p \not\equiv 0 \pmod p$. T_p est donc un entier non nul, et vérifie donc $|T_p| \geq 1$. Or d'après 2/b), $\lim_{p\to\infty} S_p = 0$, ce qui est absurde d'après $(*)$. Le nombre réel e est donc transcendant.

3/a) Avec le résultat du problème 5, c'est immédiat. En effet, l'ensemble des nombres algébriques étant un corps, si π est algébrique, comme i est algébrique (racine de X^2+1), $i\pi$ est algébrique.

Nous allons néanmoins montrer ce résultat directement. Si π est algébrique, il existe $n \in \mathbb{N}^*$ et $a_0, \dots, a_n \in \mathbb{Z}$, $a_n \neq 0$, tels que $a_0 + a_1\pi + \cdots + a_n\pi^n = 0$. En notant $\theta = i\pi$, on a

$$(a_0 - a_2\theta^2 + \cdots) - i(a_1\theta - a_3\theta^3 + \cdots) = 0,$$

et en posant $Q = (a_0 - a_2X^2 + \cdots)^2 + (a_1X - a_3X^3 + \cdots)^2 \in \mathbb{Z}[X]$, on a donc $Q(\theta) = Q(i\pi) = 0$ et $Q \neq 0$. D'où le résultat.

b) Les nombres complexes $d\omega_1, \dots, d\omega_n$ sont les racines du polynôme $d^{n-1}Q(X/d) = X^n + d_1X^{n-1} + dd_2X^{n-2} + \cdots + d^{n-2}d_{n-1}X + d^{n-1}d_n = R(X)$. Ce polynôme est unitaire à coefficients entiers, donc toute expression polynomiale à coefficients entiers et symétrique en les racines de $R(X)$, est un entier (voir la remarque 4 page 84), d'où le résultat.

c) Le polynôme Φ étant symétrique dans $\mathbb{Z}[X_1, \dots, X_m]$, il existe $P \in \mathbb{Z}[X_1, \dots, X_m]$ tel que $\Phi = P(\Sigma_1^*, \dots, \Sigma_m^*)$, les Σ_i^* désignant les fonctions symétriques élémentaires de $\mathbb{Z}[X_1, \dots, X_m]$.

Si on note Σ_i les fonctions symétriques élémentaires de $\mathbb{Z}[X_1, \dots, X_{2^n-1}]$, on a facilement

$$\forall i, 1 \le i \le m, \quad \sigma_i = \Sigma_i^*(d\alpha_1, \dots, d\alpha_m) = \Sigma_i(d\alpha_1, \dots, d\alpha_m, 0, \dots, 0) = \Sigma_i(d\alpha_1, \dots, d\alpha_{2^n-1}).$$

Nous allons montrer que les σ_i sont entiers, ce qui prouvera le résultat compte tenu du fait que $\Phi(d\alpha_1, \dots, d\alpha_m) = P(\sigma_1, \dots, \sigma_m)$ et que $P \in \mathbb{Z}[X_1, \dots, X_n]$. Notons $\mathcal{P}$ l'ensemble des parties non vides de $\{1, \dots, n\}$, et désignons par I la bijection de $J = \{1, \dots, 2^n - 1\}$ vers $\mathcal{P}$ telle que $\alpha_j = \sum_{i \in I(j)} \omega_i$. Pour tout $j \in J$ on note $M_j = \sum_{i \in I(j)} X_i$. Le polynôme

$$Q_i(X_1, \dots, X_n) = \Sigma_i(M_1, \dots, M_{2^n-1}) \in \mathbb{Z}[X_1, \dots, X_n]$$

est symétrique dans $\mathbb{Z}[X_1, \dots, X_n]$ (puisqu'une permutation des indéterminées $(X_i)_{1 \le i \le n}$ donne lieu à une permutation des $(M_j)_{1 \le j < 2^n}$ et que Σ_i est symétrique dans $\mathbb{Z}[X_1, \dots, X_{2^n-1}]$). Comme $d\alpha_j = M_j(d\omega_1, \dots, d\omega_n)$, on a

$$\sigma_i = \Sigma_i(d\alpha_1, \dots, d\alpha_{2^n-1}) = Q_i(d\omega_1, \dots, d\omega_n)$$

d'où on déduit $\sigma_i \in \mathbb{Z}$ d'après 3/b) puisque Q_i est symétrique dans $\mathbb{Z}[X_1, \dots, X_n]$.

d) On peut aussi écrire $F_p(X)$ sous la forme

$$F_p(X) = \frac{1}{(p-1)!} (dX)^{p-1} \left[(dX - d\alpha_1) \cdots (dX - d\alpha_m) \right]^p. \qquad (**)$$

Un peu d'attention montre alors que le polynôme $G(X) = (p-1)! \sum_{k=1}^m F_p(X + \alpha_k)$ a pour coefficients des polynômes symétriques à coefficients entiers en les $(d\alpha_k)_{1 \le k \le m}$, et donc d'après 3/c), $G(X) \in \mathbb{Z}[X]$. Or pour tout k, $1 \le k \le m$, $X^p \mid F_p(X + \alpha_k)$, donc $X^p \mid G(X)$, et donc il existe $H \in \mathbb{Z}[X]$ tel que $G(X) = X^p H(X)$. Finalement, on a montré que $F(X) = \sum_{k=1}^m F_p(X + \alpha_k)$ s'écrit sous la forme $F(X) = \frac{X^p}{(p-1)!} H(X)$, et donc d'après 1/b),

$$\mathcal{D}(F)(0) = \sum_{k=1}^m \mathcal{D}(F_p)(\alpha_k) \equiv 0 \pmod p.$$

e) L'égalité de 3/b) s'écrit $(C+1) + \sum_{j=1}^m e^{\alpha_j} = 0$ avec $C \in \mathbb{N}$ et d'après 1/a), en posant

$$S_p = \sum_{k=1}^m \alpha_k \int_0^1 e^{\alpha_k(1-t)} F_p(\alpha_k t)\, dt, \quad T_p = (C+1)\mathcal{D}(F_p)(0), \quad U_p = \sum_{k=1}^m \mathcal{D}(F_p)(\alpha_k),$$

on a $0 = S_p + T_p + U_p \quad (***)$. Or pour tout k, pour tout p, pour tout $t \in [0,1]$,

$$|F_p(\alpha_k t)| \le \frac{|d|^{mp+p-1} M^{p-1}}{(p-1)!} [(2M)^m]^p = |d|^m (2M)^m \frac{K^{p-1}}{(p-1)!}$$

où $M = \sup_{1 \le k \le n} |\alpha_k|$ et $K = |d|^{m+1} M (2M)^m$ sont des constantes. On en déduit que

$$\left| \int_0^1 e^{\alpha_k(1-t)} F_p(\alpha_k t)\, dt \right| \le e^M |d|^m (2M)^m \frac{K^{p-1}}{(p-1)!},$$

et donc $\lim_{p \to +\infty} \int_0^1 e^{\alpha_k(1-t)} F_p(\alpha_k t)\, dt = 0$, et ceci pour tout k, donc

$$\lim_{p \to +\infty} S_p = 0. \qquad (****)$$

D'après $(**)$, on peut écrire

$$F_p(X) = \frac{X^{p-1}}{(p-1)!} \cdot \left(\sum_{\ell=0}^{mp} a_\ell X^\ell \right),$$

où les a_ℓ sont des polynômes à coefficients entiers symétriques en $d\alpha_1, \dots, d\alpha_m$, donc d'après 3/c) les a_ℓ sont entiers. Par ailleurs, on vérifie facilement que $a_0 = (-1)^{mp} d^{p-1} (d\alpha_1 \cdots d\alpha_m)^p = d^{p-1} L^p$ où $L = (-1)^m (d\alpha_1 \cdots d\alpha_m)$ est une constante, entière d'après 3/c). D'après 1/b), on voit donc que $\mathcal{D}(F_p)(0)$ est un entier vérifiant $\mathcal{D}(F_p)(0) \equiv a_0 \pmod p$. Finalement, on obtient $T_p \equiv (C+1) a_0 \equiv (C+1) d^{p-1} L^p \pmod p$. Comme de plus $U_p \equiv 0 \pmod p$ d'après 3/d), on voit que $T_p + U_p \equiv (C+1) d^{p-1} L^p \pmod p$. Donc si $p > \sup\{C+1, d, L\}$ est un nombre premier, $T_p + U_p$ est un entier non nul, donc $|T_p + U_p| \ge 1$. De $(***)$, on tire alors $|S_p| \ge 1$, ce qui est absurde d'après $(****)$. Le nombre π est donc transcendant.

Remarque. La transcendance de π a été démontrée pour la première fois par Lindemann en 1882, qui a établit de manière plus générale que si α_i et β_i sont algébriques (avec les α_i non nuls et les β_i distincts), alors $\sum \alpha_i e^{\beta_i} \neq 0$.

– Un autre résultat célèbre de transcendance est le théorème de Gelfond-Schneider (1934), qui affime que Si α et β sont algébriques, $\alpha \notin \{0,1\}$, $\beta \notin \mathbb{Q}$, alors α^β est transcendant.

– On connaît peu de classes de nombres transcendants. On sait que e, π, $\log 2$, $\log 3/\log 2$, e^π, $\Gamma(1/4)$ sont transcendants, mais on ne sait même pas si 2e, 2^π, π^e, $e+\pi$, $\zeta(5)$ ou γ (constante d'Euler) sont irrationnels (on sait que $\zeta(3)$ est irrationnel).

– On peut démontrer assez facilement que π^2 (donc π) est irrationnel (voir le chapitre intégration du tome analyse). Ceci est aussi une conséquence de la transcendance de π.

– En démontrant la transcendance de π, Lindemann résolvait le célèbre problème de la quadrature du cercle. Ce problème consiste à tracer à l'aide d'une règle et d'un compas un carré ayant même aire qu'un disque donné. Le transcendance de π montre que ce problème est insoluble (on montre en effet que tout point construit avec une règle et un compas à partir du cercle unité a des coordonnées algébriques).

SUJET D'ÉTUDE 3 (POLYNÔMES ORTHOGONAUX). Soit I un intervalle réel non réduit à un singleton, et $w : I \to \mathbb{R}$ une fonction continue strictement positive sur I. On suppose que pour tout $n \in \mathbb{N}$, la fonction $x \mapsto x^n w(x)$ est intégrable sur I. On note $\mathcal{C}$ l'ensemble des fonctions continues $f : I \to \mathbb{R}$ telles que $x \mapsto f^2(x)w(x)$ est intégrable sur I. Les fonctions polynômes appartiennent à $\mathcal{C}$ d'après l'hypothèse sur w.

1/a) Montrer que $\mathcal{C}$ est un espace vectoriel, et que

$$\langle f, g\rangle = \int_I f(x)g(x)w(x)\,dx$$

définit un produit scalaire sur $\mathcal{C}$. On munit $\mathcal{C}$ de ce produit scalaire et on note $\|\cdot\|$ la norme associée.

b) Montrer qu'il existe une unique base (P_n) de l'e.v des polynômes $\mathbb{R}[X]$, orthonormale pour ce produit scalaire, et vérifiant $\deg P_n = n$ pour tout $n \in \mathbb{N}$ et telle que le coefficient dominant γ_n de P_n est positif. Les P_n sont appelés *polynômes orthogonaux* associés à w.

c) Montrer que les polynômes P_n vérifient une relation de récurrence de la forme

$$\forall n \geq 2, \quad P_n(X) = (a_n X + b_n)P_{n-1}(X) + c_n P_{n-2}(X) \qquad (*)$$

pour des suites réelles (a_n), (b_n) et (c_n) que l'on explicitera.

d) (Formule de Darboux). En déduire que le *noyau* $K_n(x,y) = \sum_{i=0}^n P_i(x)P_i(y)$ vérifie

$$\forall n \in \mathbb{N}, \forall (x,y) \in \mathbb{R}^2, x \neq y, \quad \sum_{i=0}^n P_i(x)P_i(y) = \frac{\gamma_n}{\gamma_{n+1}} \frac{P_{n+1}(x)P_n(y) - P_n(x)P_{n+1}(y)}{x-y}$$

et calculer également $K_n(x,y)$ lorsque $x = y$.

2/ (Zéros des polynômes orthogonaux).

a) Montrer que pour tout $n \in \mathbb{N}^*$, P_n a n zéros réels distincts dans l'intervalle I.

b) Montrer qu'entre deux zéros consécutifs de P_{n+1}, il y a un et un seul zéro de P_n.

c) Soit $f \in \mathcal{C}$ et $n \in \mathbb{N}$. Soit f_n le meilleur approximant de f, au sens de la norme $\|\cdot\|$, dans $\mathrm{Vect}(P_0, \dots, P_n)$. Montrer que $f - f_n$ s'annule au moins en $n+1$ points à l'intérieur de I.

3/ (Quadrature de Gauss). Soit $n \in \mathbb{N}^*$. On note $x_1 < \ldots < x_n$ les zéros de P_n.
a) Montrer qu'il existe des nombres réels uniques $\lambda_1, \ldots, \lambda_n$ tels que

$$\forall Q \in \mathbb{R}[X], \deg(Q) < 2n, \qquad \int_I Q(x)w(x)\,dx = \sum_{i=1}^{n} \lambda_i Q(x_i). \qquad (**)$$

Montrer $\lambda_i > 0$ pour tout i.
b) Montrer que

$$\forall i, 1 \leq i \leq n, \qquad \lambda_i = -\frac{\gamma_{n+1}}{\gamma_n} \frac{1}{P_{n+1}(x_i)P_n'(x_i)}.$$

c) Montrer l'unicité des nombres réels $(x_i)_{1 \leq i \leq n}$ et $(\lambda_i)_{1 \leq i \leq n}$ vérifiant l'identité $(**)$.
d) Si I est un segment de $\mathbb{R}$, et $f : I \to \mathbb{R}$ est de classe $\mathcal{C}^{2n}$, montrer que

$$\left| \int_I f(x)w(x)\,dx - \sum_{i=1}^{n} \lambda_i f(x_i) \right| \leq \frac{1}{\gamma_n^2} \frac{\sup_{x \in I} |f^{(2n)}(x)|}{(2n)!}.$$

(Indication : utiliser le résultat de l'exercice 7 page 70).

Solution. **1/a)** Si $f \in \mathcal{C}$ il est immédiat que $\lambda f \in \mathcal{C}$ pour tout $\lambda \in \mathbb{R}$, et si $f, g \in \mathcal{C}$ alors $(f+g)^2 w$ est intégrable puisque positive et majorée par $[(f+g)^2 + (f-g)^2]w = 2(f^2+g^2)w$. Ainsi, $\mathcal{C}$ est bien un espace vectoriel.

L'application $(f, g) \mapsto \langle f, g \rangle$ est un produit scalaire : en effet, c'est une forme bilinéaire symétrique, elle est positive car $w > 0$, et elle est bien définie car si $\int_I f^2 w = 0$, alors la fonction $f^2 w$ étant continue et positive, ceci entraîne $f^2 w = 0$ donc $f = 0$ car w ne s'annule pas.

b) Il est immédiat que le procédé d'orthogonalisation de Schmidt s'étend à une famille dénombrable de vecteurs. Ainsi, à partir de la base canonique $(X^n)_{n \in \mathbb{N}}$ de $\mathbb{R}[X]$, on peut former une famille libre $(P_n)_{n \in \mathbb{N}}$ orthogonale pour le produit scalaire φ telle que $P_0 = 1$ et pour tout n, $P_n = X^n + r_n$ avec $r_n \in \mathrm{Vect}(P_0, \ldots, P_{n-1})$. Une récurrence immédiate sur n montre alors que $\deg(P_n) = n$ pour tout n. Par construction du procédé d'orthonormalisation de Schmidt, on a

$$\mathrm{Vect}(1, X, \ldots, X^n) = \mathrm{Vect}(P_0, \ldots, P_n)$$

pour tout n, ce qui prouve que la famille libre orthogonale $(P_n)_{n \in \mathbb{N}}$ est une base de $\mathbb{R}[X]$. En normant les polynômes P_n, on obtient alors une base orthonormale de $\mathbb{R}[X]$, et le coefficient dominant de P_n est bien positif.

Une telle base est bien unique. En effet, supposons qu'une autre base (Q_n) vérifiant les mêmes propriétés diffère de (P_n). Soit k le plus petit indice tel que $Q_k \neq P_k$. Comme $\deg Q_k = k$ on peut écrire $Q_k = \sum_{i=0}^{k} \lambda_i P_i$ avec les $\lambda_i \in \mathbb{R}$. Lorsque $0 \leq i < k$, on a $\lambda_i = \langle Q_k, P_i \rangle = \langle Q_k, Q_i \rangle = 0$, donc $Q_k = \lambda_k P_k$. On a $1 = \|Q_k\|^2 = \lambda_k^2 \|P_k\|^2 = \lambda_k^2$, donc $\lambda_k = 1$ ou $\lambda_k = -1$. Comme les coefficients dominants de P_k et Q_k sont strictement positifs, on a forcément $\lambda_k = 1$, donc $P_k = Q_k$ ce qui est absurde.

c) Supposons la relation $(*)$ vérifiée. En la projetant sur les vecteurs P_n, P_{n-1} et P_{n-2} on obtient

$$1 = a_n \langle XP_{n-1}, P_n \rangle, \qquad 0 = a_n \langle XP_{n-1}, P_{n-1} \rangle + b_n \qquad 0 = a_n \langle XP_{n-1}, P_{n-2} \rangle + c_n. \qquad (***)$$

Montrons que $\langle XP_{n-1}, P_n \rangle$ est non nul en explicitant sa valeur. Comme XP_{n-1} est de degré n, il existe des réels λ_k tels que

$$XP_{n-1} = \sum_{k=0}^{n} \lambda_k P_k,$$

ce qui entraîne $\langle XP_{n-1}, P_n \rangle = \lambda_n$, et l'égalité des coefficients dominants donne $\gamma_{n-1} = \lambda_n \gamma_n$ donc finalement $\langle XP_{n-1}, P_n \rangle = \gamma_{n-1}/\gamma_n$. De même, on a

$$\langle XP_{n-1}, P_{n-2} \rangle = \int_I P_{n-1}(x) x P_{n-2}(x) w(x)\,dx = \langle P_{n-1}, XP_{n-2} \rangle = \langle XP_{n-2}, P_{n-1} \rangle = \frac{\gamma_{n-2}}{\gamma_{n-1}}.$$

Finalement, les trois égalités (∗∗∗) sont équivalentes à

$$a_n = \frac{\gamma_n}{\gamma_{n-1}}, \qquad b_n = -\frac{\gamma_n \langle XP_{n-1}, P_{n-1}\rangle}{\gamma_{n-1}}, \qquad c_n = -\frac{\gamma_n\gamma_{n-2}}{\gamma_{n-1}^2}.$$

Réciproquement, le choix de ces valeurs entraîne que la projection de (∗) le long des vecteurs P_n, P_{n-1} et P_{n-2} est vérifiée. Les deux termes de (∗) sont également égaux le long des vecteurs P_k pour $k < n-2$ car $\langle XP_{n-1}, P_k\rangle = \langle P_{n-1}, XP_k\rangle = 0$ vu que $\deg(XP_k) < n-1$ donc $XP_k \in \mathrm{Vect}(P_0, \dots, P_{n-2})$. Ainsi, nous avons démontré que le choix des valeurs a_n, b_n et c_n entraîne que (∗) est vrai le long de chaque vecteur P_k pour $k \leq n$, et comme les polynômes de (∗) sont de degré $\leq n$, cela montre que (∗) est bien vérifié.

d) On procède par récurrence sur n. Pour $n = 0$ la relation est vraie car

$$\frac{\gamma_0}{\gamma_1} \cdot \frac{P_1(x)P_0(y) - P_1(y)P_0(x)}{x-y} = \frac{\gamma_0}{\gamma_1} \cdot \frac{\gamma_0(P_1(x) - P_1(y))}{x-y} = \frac{\gamma_0}{\gamma_1}\gamma_0\gamma_1 = \gamma_0^2 = P_0(x)P_0(y).$$

Supposons maintenant la formule de Darboux vraie au rang $n-1$ et montrons la au rang n. En remplaçant les expressions de $P_{n+1}(x)$ et $P_{n+1}(y)$ par la formule obtenue dans la question précédente, on obtient

$$\frac{P_{n+1}(x)P_n(y) - P_n(x)P_{n+1}(y)}{x-y} = a_{n+1}P_n(x)P_n(y) + c_{n+1}\frac{P_{n-1}(x)P_n(y) - P_n(x)P_{n-1}(y)}{x-y},$$

ce qui compte tenu des valeurs de a_{n+1} et c_{n+1} obtenues précédemment entraîne

$$\frac{\gamma_n}{\gamma_{n+1}} \frac{P_{n+1}(x)P_n(y) - P_n(x)P_{n+1}(y)}{x-y} = P_n(x)P_n(y) + \frac{\gamma_{n-1}}{\gamma_n}\frac{P_n(x)P_{n-1}(y) - P_{n-1}(x)P_n(y)}{x-y}.$$

Compte tenu de l'hypothèse de récurrence, ceci démontre bien la formule de Darboux lorsque $x \neq y$.

Pour calculer $K_n(x,x)$ on calcule la limite de $K_n(x, x+h)$ lorsque $h \neq 0$ tend vers 0. En substituant $P_n(x+h)$ et $P_{n+1}(x+h)$ par leur développement limité à l'ordre 1 dans la formule précédente appliquée à $y = x+h$, on obtient

$$K_n(x, x+h) = \frac{\gamma_n}{\gamma_{n+1}} \frac{P_{n+1}(x)(P_n(x) + hP_n'(x) + o(h)) - (P_{n+1}(x) + hP_{n+1}'(x) + o(h))P_n(x)}{(-h)}$$

ce qui en faisant tendre h vers 0 donne

$$K_n(x,x) = \frac{\gamma_n}{\gamma_{n+1}}(P_{n+1}'(x)P_n(x) - P_n'(x)P_{n+1}(x)).$$

2/a) Fixons $n \in \mathbb{N}^*$ et notons $k \in \mathbb{N}$ le nombre de zéros de P_n dans I d'ordre de multiplicité impaire. Si on note $\alpha_1, \cdots, \alpha_k$ ces zéros et $Q = (X-\alpha_1)\cdots(X-\alpha_k)$ (avec $Q = 1$ si $k = 0$), le polynôme P_nQ garde un signe constant sur I.

Supposons $k \leq n-1$. Alors $Q \in \mathrm{Vect}(1, X, \dots, X^{n-1}) = \mathrm{Vect}(P_0, \dots, P_{n-1})$. De plus pour tout $k \leq n-1$, $\langle P_n, P_k\rangle = 0$. On en conclut $\langle P_n, Q\rangle = 0 = \int_I P_n(t)Q(t)w(t)\,dt$. Or la fonction $t \mapsto P_n(t)Q(t)w(t)$ est continue et garde un signe constant sur I, donc $P_nQ\,w = 0$, et comme $w > 0$, ceci entraîne $P_nQ = 0$ sur I, ce qui est impossible vu que P_nQ est un polynôme non nul.

Donc $k \geq n$, et comme $\deg(P_n) = n$, P_n a n racines distinctes dans I.

b) La formule obtenue précédemment pour $K_n(x,x)$ montre que pour tout zéro α de P_{n+1}, on a

$$P_{n+1}'(\alpha)P_n(\alpha) = P_{n+1}'(\alpha)P_n(\alpha) - P_n'(\alpha)P_{n+1}(\alpha) = \frac{\gamma_{n+1}}{\gamma_n}\sum_{i=0}^{n} P_i(\alpha)^2 \geq \frac{\gamma_{n+1}}{\gamma_n}P_0(\alpha)^2 > 0.$$

Maintenant considérons deux zéros consécutifs α et β de P_{n+1}. La fonction P_{n+1} garde un signe constant sur $[\alpha, \beta]$, par exemple positif. Comme $P_{n+1}(\alpha) = 0$ on en déduit $P_{n+1}'(\alpha) \geq 0$, de même on obtient $P_{n+1}'(\beta) \leq 0$. Compte tenu de l'inégalité $P_{n+1}'(\alpha)P_n(\alpha) > 0$, on en déduit $P_n(\alpha) > 0$. De même, l'inégalité $P_{n+1}'(\beta)P_n(\beta) > 0$ entraîne $P_n(\beta) < 0$. Ainsi P_n change de signe dans $]\alpha, \beta[$ donc contient au moins un zéro dans cet intervalle. Comme P_{n+1} a $n+1$ zéros dans I, P_n a un zéro dans chacun des n intervalles délimités par deux zéros consécutifs de P_n. Or P_n a n zéros donc il n'y en a qu'un seul entre deux zéros consécutifs de P_{n+1}.

c) La propriété de projection sur un s.e.v de dimension finie (voir la proposition 2 page 254) assure que f_n est la projection orthogonale de f sur $\text{Vect}(P_0, \ldots, P_n) = \text{Vect}(1, \ldots, X^n)$. Donc $f - f_n$ est orthogonal à ce sous espace, c'est-à-dire $\langle f - f_n, Q\rangle = 0$ pour tout polynôme Q de degré $\leq n$. On procède ensuite de manière analogue à la solution de la question 2/a), (sauf qu'ici, on ne peut pas utiliser la notion de zéro de multiplicité impaire). Raisonnons par l'absurde et supposons que $f - f_n$ ne s'annule qu'en k points $x_1 < \ldots < x_k$ de l'intérieur de I, avec $k \leq n$. Par commodité, notons x_0 et x_{k+1} les extrémités de l'intervalle I. Sur chaque intervalle $]x_j, x_{j+1}[$ la fonction continue $f - f_n$ ne s'annule pas donc garde un signe constant. Notons $1 \leq j_1 < \ldots < j_\ell \leq k$ les indices j pour lesquels $f - f_n$ change de signe entre $]x_{j-1}, x_j[$ et $]x_j, x_{j+1}[$. La fonction $f - f_n$ garde un signe constant sur chacun des intervalles $]x_0, x_{j_1}[$, $]x_{j_1}, x_{j_2}[$, ..., $]x_{j_\ell}, x_{k+1}[$ et change de signe à chaque x_{j_m}. Ainsi, le polynôme défini par $Q = \prod_{m=1}^{\ell}(X - x_{j_m})$ (ou $Q = 1$ si $\ell = 0$) est tel que $(f - f_n)Q$ garde un signe constant sur I tout entier. Donc la fonction continue $(f - f_n)Qw$ garde également un signe constant sur I, et comme $\deg(Q) \leq n$ on a $\langle f - f_n, Q\rangle = \int_I (f - f_n)Qw = 0$ donc $(f - f_n)Qw = 0$, donc $(f - f_n)Q = 0$. Ceci entraîne que $f - f_n$ s'annule sauf éventuellement aux zéros de Q, et par continuité $f - f_n = 0$ sur I tout entier. Ceci est absurde car on a supposé que $f - f_n$ ne s'annulait qu'en un nombre fini de points. Donc $f - f_n$ s'annule bien en au moins $n + 1$ points de l'intérieur de I.

3/a) Montrons l'existence des (λ_i). Notons L_i le polynôme de Lagrange de degré $< n$ qui vérifie $L_i(x_i) = 1$ et $L_i(x_j) = 0$ pour $j \neq i$. Soit $Q \in \mathbb{R}[X]$, $\deg(Q) < 2n$, et considérons le polynôme d'interpolation de Lagrange $L(X) = \sum_{i=1}^n Q(x_i)L_i(X)$ qui vérifie $Q(x_i) = L(x_i)$ pour tout i. Le polynôme $Q - L$ s'annule aux points x_i, donc il existe un polynôme R tel que $Q - L = P_n R$. On a $\deg(R) = \deg Q - \deg P_n < n$, donc $\langle P_n, R\rangle = 0$, donc $\int_I (Q - L)(x)w(x)\,dx = 0$. On en déduit

$$\int_I Q(x)w(x)\,dx = \int_I L(x)w(x)\,dx = \int_I \left(\sum_{i=1}^n Q(x_i)L_i(x)\right) w(x)\,dx = \sum_{i=1}^n \lambda_i Q(x_i)$$

avec $\lambda_i = \int_I L_i(x)w(x)\,dx$. Les λ_i sont bien uniques, car l'expression (**) appliquée au polynôme de Lagrange L_i montre qu'on a forcément $\lambda_i = \int_I L_i(x)w(x)\,dx$. Enfin, l'expression (**) appliquée à $Q = L_i^2$ (dont le degré est $\leq 2n - 2$) entraîne $0 < \int_I L_i(x)^2 w(x)\,dx = \lambda_i$.

b) L'idée est de calculer de deux manières différentes l'expression $\int_I K_n(x, x_i)L_i(x)w(x)\,dx$. Comme $\deg(K_n(X, x_i)L_i(X)) < 2n$, on peut appliquer l'expression (**) ce qui donne

$$\int_I K_n(x, x_i)L_i(x)w(x)\,dx = \sum_{j=1}^n \lambda_j K_n(x_j, x_i)L_i(x_j) = \lambda_i K_n(x_i, x_i). \qquad (****)$$

En utilisant maintenant l'expression du noyau K_n, on obtient

$$\int_I K_n(x, x_i)L_i(x)w(x)\,dx = \sum_{j=0}^n P_j(x_i) \int_I P_j(x)L_i(x)w(x)\,dx = \sum_{j=0}^n P_j(x_i)\langle P_j, L_i\rangle.$$

Par ailleurs, $\deg(L_i) < n$ donc $L_i \in \text{Vect}(P_0, \ldots, P_{n-1})$ donc on peut écrire $L_i = \sum_{k=0}^{n-1} \mu_k P_k$ avec les $\mu_k \in \mathbb{R}$, dont l'expression précédente entraîne

$$\int_I K_n(x, x_i)L_i(x)w(x)\,dx = \sum_{j=0}^n P_j(x_i) \sum_{k=0}^n \mu_k \langle P_j, P_k\rangle = \sum_{j=0}^n P_j(x_i)\mu_j = L_i(x_i) = 1.$$

Avec (****), on en déduit $\lambda_i = 1/K_n(x_i, x_i)$, d'où le résultat souhaité grâce à l'expression obtenue dans 1/d) pour $K_n(x, x)$.

c) Supposons l'identité (**) vraie pour des nombres (x_i) et (λ_i), avec $x_1 < \ldots < x_n$. Alors le polynôme $Q = \prod_{i=1}^n (X - x_i)$ vérifie

$$\forall P \in \mathbb{R}[X], \deg(P) < n, \qquad \int_I Q(x)P(x)w(x)\,dx = \sum_{i=1}^n \lambda_i Q(x_i)P(x_i) = 0$$

autrement dit on a $\langle Q, P\rangle = 0$ pour tout polynôme P de degré $< n$. Donc $Q = \sum_{i=0}^{n} \langle Q, P_i\rangle P_i = \langle Q, P_n\rangle P_n$, autrement dit Q et P_n sont proportionnels, ce qui entraîne que les (x_i) sont les racines de P_n, et sont donc uniques. Nous avons déjà vu qu'alors les (λ_i) étaient uniques, d'où le résultat.

d) Soit P le polynôme d'interpolation de Hermite, $\deg(P) < 2n$, tel que $P(x_i) = f(x_i)$ et $P'(x_i) = f'(x_i)$ pour tout i. D'après l'exercice 7 page 70, on a

$$\forall x \in I, \quad |f(x) - P(x)| \leq M \prod_{i=1}^{n} (x - x_i)^2 \quad \text{avec} \quad M = \frac{\sup_{t\in I} |f^{(2n)}(t)|}{(2n)!}.$$

Comme $P_n(x) = \gamma_n \prod_{i=1}^{n}(x - x_i)$ on en déduit, par intégration

$$\int_I |f(x) - P(x)| w(x)\, dx \leq \int_I M \frac{P_n^2(x)}{\gamma_n^2} w(x)\, dx = \frac{M}{\gamma_n^2}\langle P_n, P_n\rangle = \frac{M}{\gamma_n^2}$$

Par ailleurs, comme $f(x_i) = P(x_i)$, on a $\int_I P(x)w(x)\,dx = \sum_{i=1}^{n} \lambda_i f(x_i)$ donc

$$\int_I f(x)w(x)\,dx - \sum_{i=1}^{n} \lambda_i f(x_i) = \int_I (f(x) - P(x))w(x)\,dx$$

d'où le résultat souhaité à partir de la majoration $\int_I |f - P|w$ obtenue juste au dessus.

Remarque. Les polynômes orthogonaux classiques sont les suivants :

(i) Lorsque $I =]-1, 1[$ et $w(x) = (1-x^2)^{-1/2}$, les P_n sont les *polynômes de Tchébycheff de première espèce*, et vérifient $P_n(x) = T_n(x) = \cos(n \arccos(x))$ (déjà rencontrés dans l'exercice 13 page 74 et le problème 13 page 101).

(ii) Lorsque $I =]-1, 1[$ et $w(x) = (1-x^2)^{1/2}$, les P_n sont les *polynômes de Tchébycheff de seconde espèce*, et vérifient $P_n(x) = U_n(x) = \frac{1}{n+1}T'_{n+1}(x)$.

(iii) Lorsque $I = [-1, 1]$ et $w(x) = 1$, les P_n sont les *polynômes de Legendre*. Ils vérifient $P_n(x) = \frac{1}{2^n n!}\frac{d^n}{dx^n}(1 - x^2)^n$.

(iv) Lorsque $I =]-\infty, +\infty[$ et $w(x) = e^{-x^2}$, les P_n sont les *polynômes d'Hermite*.

(v) Lorsque $I = [0, +\infty[$ et $w(x) = e^{-x}$, les P_n sont les *polynômes de Laguerre*.

Chapitre 3

Algèbre linéaire : généralités

HISTORIQUEMENT, l'algèbre linéaire naît de l'étude des systèmes linéaires. Abordés dès 1678 par Leibnitz, Maclaurin en 1748 donne les formules de résolution à deux ou trois inconnues, complétées dans le cas général par Cramer en 1754. À partir de là, Vandermonde puis Laplace ont l'idée de définir un déterminant d'ordre n par récurrence sur n, en le développant par rapport une ligne ou une colonne.

D'autre part, dans les *Recherches Arithmétiques*, Gauss avait adopté, pour désigner une transformation linéaire, une notation sous forme de tableau : la notation matricielle. Il y définit même le produit de deux matrices. Ce passage devait suggérer à Cauchy la règle du produit de deux déterminants, publiée en 1815 dans un mémoire.

Jusqu'alors, les concepts de déterminant et de matrice sont encore très liés. En 1826, Cauchy, cherchant à déterminer les axes principaux d'une surface du second degré, introduit le polynôme caractéristique d'une matrice. Avec Cayley et Sylvester, au milieu du dix-neuvième siècle, la théorie des matrices se développe.

On en est encore au plan et à l'espace. La familiarisation des mathématiciens aux déterminants et aux matrices s'accroissant, elle suggère à ceux ci la conception d'un espace à n dimensions. Mais il fallait oser ! Vers 1843-1845, Cayley et Grassmann franchissent le pas et parlent d'espaces à n dimensions. Cayley se fonde sur la généralisation de la géométrie analytique des coordonnées et introduit les n-uplets $(x_1, \ldots, x_n)$. Grassmann a quant à lui l'idée de développer une "analyse géométrique", capable de calculer sur des grandeurs orientées de façon intrinsèque (c'est-à-dire indépendante du choix des coordonnées). Il donne la définition de l'indépendance linéaire d'un système de vecteurs et celle de la dimension d'un sous-espace vectoriel. Enfin c'est Peano qui, en 1888, axiomatise l'algèbre linéaire. Jusqu'en 1930, c'est le point de vue des matrices et des coordonnées qui prédominera, par rapport à un point de vue plus intrinsèque des espaces vectoriels.

Remarques préliminaires. On abrégera souvent "espace vectoriel" par "e.v", "sous-espace vectoriel" par "s.e.v".

Dans toute la suite, $\mathbb{K}$ désigne un corps commutatif.

1. Espaces vectoriels

1.1. Généralités

DÉFINITION 1. On appelle $\mathbb{K}$-*espace vectoriel* (ou e.v sur $\mathbb{K}$) un ensemble E muni d'une loi interne (notée $+$) et d'une loi externe (notée $\cdot$) admettant $\mathbb{K}$ comme ensemble d'opérateurs et vérifiant :

(i) $(E, +)$ est un groupe abélien.

(ii) Pour tout $(x, y) \in E^2$ et $(\lambda, \mu) \in \mathbb{K}^2$,

a) $\lambda \cdot (x + y) = \lambda \cdot x + \lambda \cdot y$, b) $(\lambda + \mu) \cdot x = \lambda \cdot x + \mu \cdot x$,

c) $\lambda \cdot (\mu \cdot x) = (\lambda\mu) \cdot x$, d) $1 \cdot x = x$.

Remarque 1. — Cette définition entraîne : $(\lambda \cdot x = 0) \iff (\lambda = 0 \quad \text{ou} \quad x = 0)$.
— On dit que E est une $\mathbb{K}$-*algèbre* s'il existe de plus une loi interne, notée $\circ$, vérifiant
(i) $(E, +, \circ)$ est un anneau,
(ii) $\forall (x,y) \in E^2$, $\forall \lambda \in \mathbb{K}$, $\lambda \cdot (x \circ y) = (\lambda \cdot x) \circ y = x \circ (\lambda \cdot y)$.

Exemple 1. Les ensembles suivant sont des $\mathbb{K}$-espaces vectoriels : $\mathbb{K}$, $\mathbb{K}^n$ (muni des lois $(x_1, \ldots, x_n) + (y_1, \ldots, y_n) = (x_1 + y_1, \ldots, x_n + y_n)$ et $\lambda \cdot (x_1, \ldots, x_n) = (\lambda x_1, \ldots, \lambda x_n)$), toute extension de corps $\mathbb{L}$ de $\mathbb{K}$, l'ensemble des fonctions d'un ensemble Ω dans $\mathbb{K}$, $\mathbb{K}[X]$, $\mathbb{K}[X_1, \ldots, X_n]$.

DÉFINITION 2. Les éléments d'un $\mathbb{K}$-e.v s'appellent des *vecteurs*, ceux de $\mathbb{K}$ des *scalaires*.

DÉFINITION 3. Soit $(E, +, \cdot)$ un $\mathbb{K}$-e.v et $F \subset E$. On dit que F est un *sous-espace vectoriel* de E si $(F, +, \cdot)$ est un $\mathbb{K}$-e.v.

Exemple 2. Les ensembles $\{0\}$ et E sont des s.e.v de E ; $\mathbb{K}_n[X] = \{P \in \mathbb{K}[X], \deg(P) \leq n\}$ est un s.e.v de $\mathbb{K}[X]$; $\mathcal{C}(\mathbb{R}, \mathbb{R})$ (ensemble des fonctions continues de $\mathbb{R}$ dans $\mathbb{R}$) est un s.e.v du $\mathbb{R}$-e.v des fonctions de $\mathbb{R}$ dans $\mathbb{R}$; si $P \in \mathbb{K}[X]$, l'idéal (P) est un s.e.v de $\mathbb{K}[X]$.

PROPOSITION 1. *Soit $(E, +, \cdot)$ un $\mathbb{K}$-e.v et $F \subset E$. Alors $(F, +, \cdot)$ est un s.e.v de E si et seulement si*

$$(i) \quad F \neq \varnothing \qquad (ii) \quad \forall (x,y) \in F^2, \forall (\lambda, \mu) \in \mathbb{K}^2, \ \lambda x + \mu y \in F.$$

Remarque 2. On montre rarement directement qu'un ensemble est un e.v, mais souvent que c'est un s.e.v d'un e.v connu (à l'aide de la proposition précédente).

PROPOSITION 2. *Soit E un $\mathbb{K}$-e.v et $(E_i)_{i \in I}$ une famille de s.e.v de E. Alors $\cap_{i \in I} E_i$ est un s.e.v de E.*

Remarque 3. Attention, ce théorème est faux pour la réunion (voir l'exercice 1).

Somme de sous-espaces vectoriels.

DÉFINITION 4. Soit E un $\mathbb{K}$-e.v, $(E_i)_{i \in I}$ une famille de s.e.v de E. On note $\sum_{i \in I} E_i = \{\sum_{i \in I} x_i \mid$ les $x_i \in E_i$ étant tous nuls sauf un nombre fini$\}$. L'ensemble $\sum_{i \in I} E_i$ est un s.e.v de E appelé *somme* des s.e.v $(E_i)_{i \in I}$.

DÉFINITION 5. Soient $E_1, \ldots, E_n$ n sous-espaces vectoriels d'un $\mathbb{K}$-e.v E. On dit que E est *somme directe* de $E_1, \ldots, E_n$ si tout vecteur $x \in E$ s'écrit de manière unique sous la forme $x = x_1 + \cdots + x_n$ où $\forall i, x_i \in E_i$. On note alors $E = E_1 \oplus \cdots \oplus E_n = \oplus_{i=1}^n E_i$.

Remarque 4. Si $E = E_1 \oplus \cdots \oplus E_n$, on a bien sûr $E = \sum_{i=1}^n E_i = E_1 + \cdots + E_n$.

PROPOSITION 3. *Soient E_1 et E_2 deux s.e.v d'un $\mathbb{K}$-e.v E. Alors $E = E_1 \oplus E_2$ si et seulement si $E = E_1 + E_2$ et $E_1 \cap E_2 = \{0\}$.*

Remarque 5. — Cette proposition est fausse s'il y a plus de deux s.e.v.
— On dit que n s.e.v $E_1, \ldots, E_n$ sont en somme directe si $\sum_{i=1}^n E_i = \oplus_{i=1}^n E_i$. On a le résultat pratique suivant : Les $(E_i)_{1 \leq i \leq n}$ sont en somme directe si et seulement si l'égalité $x_1 + \cdots + x_n = 0$ avec $\forall i, x_i \in E_i$, entraîne $\forall i, x_i = 0$.

Familles génératrices, familles libres.

DÉFINITION 6. Soit $(x_i)_{i \in I}$ une famille de vecteurs d'un $\mathbb{K}$-e.v E. On appelle *combinaison linéaire* des $(x_i)_{i \in I}$ toute somme $\sum_{i \in I} \lambda_i x_i$ où pour tout i, $\lambda_i \in \mathbb{K}$ et où les λ_i sont tous nuls sauf un nombre fini.

— L'ensemble F des combinaisons linéaires des $(x_i)_{i \in I}$ est un s.e.v de E noté $\mathrm{Vect}(x_i)_{i \in I}$. C'est le plus petit s.e.v de E contenant tous les x_i.

DÉFINITION 7. Soit E un $\mathbb{K}$-e.v et $A \subset E$. On note $\operatorname{Vect} A = \operatorname{Vect}(a)_{a\in A}$. On dit que A est une partie *génératrice* de E (ou $(a)_{a\in A}$ une famille *génératrice* de E) si $\operatorname{Vect} A = E$.

DÉFINITION 8. Soit $(x_i)_{i\in I}$ une famille d'un $\mathbb{K}$-e.v E. Alors (i) et (ii) sont équivalents :

(i) Toute combinaison linéaire vérifiant $\sum_{i\in I} \lambda_i x_i = 0$ vérifie $\forall i,\ \lambda_i = 0$.

(ii) Aucun vecteur de la famille n'est combinaison linéaire des autres.

Une famille de vecteurs vérifiant (i) ou (ii) est dite *libre* (on dit aussi que les vecteurs $(x_i)_{i\in I}$ sont *linéairement indépendants*). Dans le cas contraire, la famille est dite *liée*.

Citons enfin le théorème qui est à la base de la théorie sur la dimension des espaces vectoriels.

THÉORÈME 1. *Dans un e.v E engendré par un nombre fini n de vecteurs (c'est-à-dire $\exists(x_1,\dots,x_n) \in E^n, E = \operatorname{Vect}(x_1,\dots,x_n)$), toute famille libre a au plus n éléments.*

1.2. Bases et dimension d'un espace vectoriel

Base d'un espace vectoriel.

DÉFINITION 9. Une famille libre et génératrice d'un e.v E est appelée une *base* de E.

PROPOSITION 4. *Soit E un $\mathbb{K}$-e.v admettant une base $(e_i)_{i\in I}$. Alors tout vecteur x de E s'écrit de manière unique comme combinaison linéaire des $(e_i)_{i\in I}$: $x = \sum_{i\in I} \lambda_i x_i$ (avec les λ_i tous nuls sauf un nombre fini) . Les $(\lambda_i)_{i\in I}$ s'appellent les* coordonnées *de x dans la base $(e_i)_{i\in I}$.*

Exemple 3. La famille $(e_i)_{1\le i\le n}$ (où $e_i = (0,\dots,0,1,0,\dots,0)$, le 1 se trouvant à la i-ième coordonnée), est une base de $\mathbb{K}^n$ appelée *base canonique* de $\mathbb{K}^n$.

– La famille $(X^n)_{n\in\mathbb{N}}$ est une base de $\mathbb{K}[X]$ appelée *base canonique* de $\mathbb{K}[X]$.

DÉFINITION 10. On dit qu'un $\mathbb{K}$-e.v E est de *dimension finie* s'il existe une famille génératrice finie de E. Dans la cas contraire, on dit que E est de *dimension infinie*.

L'existence de base en dimension finie est assurée par le théorème suivant.

THÉORÈME 2. *Soit E un $\mathbb{K}$-e.v de dimension finie, $\mathcal{G}$ un système fini de générateurs de E, $\mathcal{L} \subset \mathcal{G}$ un système libre. Alors il existe une base B de E telle que $\mathcal{L} \subset B \subset \mathcal{G}$.*

Conséquences en dimension finie.

— Tout $\mathbb{K}$-e.v de dimension finie admet une base.
— De toute famille génératrice de E on peut extraire une base de E.
— Toute partie libre peut être complétée en une base (résultat connu sous le nom de *théorème de la base incomplète*).

Remarque 6. Le théorème 2 reste vrai en dimension infinie, mais sa démonstration fait appel à l'axiome du choix.

Théorie de la dimension.

THÉORÈME 3. *Soit E un $\mathbb{K}$-e.v de dimension finie. Toutes les bases de E ont même cardinal n. L'entier n s'appelle* dimension *de E, et est noté $\dim_{\mathbb{K}} E$ (avec par convention $\dim_{\mathbb{K}} E = 0$ si $E = \{0\}$).*

PROPOSITION 5. *Soit E un $\mathbb{K}$-e.v de dimension finie $n \in \mathbb{N}^*$. Alors*

— *Tout système libre de n vecteurs de E est une base de E.*
— *Tout système générateur de n vecteurs de E est une base de E.*

PROPOSITION 6. *Soit E un $\mathbb{K}$-e.v de dimension finie $n \in \mathbb{N}^*$. Soient $E_1,\dots,E_k$ k s.e.v de E. Alors $E = E_1 \oplus \cdots \oplus E_k$ si et seulement si $E = E_1 + \cdots + E_k$ et $n = \sum_{\ell=1}^{k} \dim E_\ell$.*

PROPOSITION 7. *Soit E un $\mathbb{K}$-e.v et E_1, E_2 deux s.e.v de E de dimension finie. Alors E_1+E_2 est un s.e.v de dimension finie et* $\dim(E_1+E_2) = \dim E_1 + \dim E_2 - \dim(E_1 \cap E_2)$.

COROLLAIRE 1. *Soit E un $\mathbb{K}$-e.v de dimension finie, E_1 et E_2 deux s.e.v de E. Alors (i), (ii) et (iii) sont équivalents :*

(i) $E = E_1 \oplus E_2$.

(ii) $\dim E = \dim E_1 + \dim E_2$ *et* $E_1 \cap E_2 = \{0\}$.

(iii) $\dim E = \dim E_1 + \dim E_2$ *et* $E = E_1 + E_2$.

Si (i), (ii) ou (iii) est vérifié, on dit que E_2 est un supplémentaire *de E_1 dans E.*

Remarque 7. Si F est un s.e.v de E, il y a en général une infinité de supplémentaires de F dans E.

1.3. Exercices

EXERCICE 1. Soit $\mathbb{K}$ un corps commutatif et E un $\mathbb{K}$-e.v.
a) Soient F et G deux s.e.v de E. Si $F \cup G$ est un s.e.v de E, montrer que $F \subset G$ ou $G \subset F$.
b) Soit $k \geq 2$ et $(V_i)_{1\leq i\leq k}$ une famille finie de k s.e.v stricts de E (*i. e.* pour tout i, $V_i \neq \{0\}$ et $V_i \neq E$). Si $E = V_1 \cup \cdots \cup V_k$, montrer que $\mathbb{K}$ est fini et que $k \geq \mathrm{Card}(\mathbb{K}) + 1$. Cette inégalité peut-elle être une égalité ?

Solution. **a)** Raisonnons par l'absurde et supposons que $F \not\subset G$ et $G \not\subset F$, de sorte qu'il existe $x \in F$, $x \notin G$, et il existe $y \in G$, $y \notin F$. Le vecteur $x+y$ est dans le s.e.v $F \cup G$, donc $x+y \in F$ ou $x+y \in G$. Supposons par exemple $x+y \in F$. Comme F est un s.e.v et que $x \in F$, on a $(x+y) - x \in F$, c'est-à-dire $y \in F$, ce qui est absurde. D'où le résultat.

b) C'est plus délicat. Quitte à retirer V_1, on peut supposer $V_1 \not\subset (V_2 \cup \cdots \cup V_k)$. Il existe donc $x \in V_1$ tel que $x \notin V_2 \cup \cdots \cup V_k$. Or $(V_2 \cup \cdots \cup V_k) \not\subset V_1$ (sinon $V_1 = E$), donc il existe $y \in V_2 \cup \cdots \cup V_k$ tel que $y \notin V_1$.

Si $\lambda \in \mathbb{K}$, alors $y + \lambda x \in E$. Or $y + \lambda x \notin V_1$ (sinon $y \in V_1$ car $x \in V_1$), donc pour tout $\lambda \in \mathbb{K}$, il existe $i_\lambda \in \{2, \ldots, k\}$ tel que $y + \lambda x \in V_{i_\lambda}$. L'application $\mathbb{K} \to \{2, \ldots, k\}$ $\lambda \mapsto i_\lambda$ est injective (en effet, si $i_\lambda = i_\mu$, alors $y + \lambda x$ et $y + \mu x \in V_{i_\lambda}$ donc $(\lambda - \mu)x \in V_{i_\lambda}$, et comme $x \notin V_{i_\lambda}$, on doit avoir $\lambda = \mu$). De cette injectivité, on déduit que $\mathrm{Card}(\mathbb{K}) \leq \mathrm{Card}\{2, \ldots, k\} = k - 1$, d'où l'inégalité souhaitée.

Cette inégalité peut être une égalité. Par exemple, si $\mathbb{K} = \mathbb{Z}/2\mathbb{Z}$ et $E = \mathbb{K}^2$, si $V_1 = \{(\dot{0}, \dot{0}), (\dot{0}, \dot{1})\}$, $V_2 = \{(\dot{0}, \dot{0}), (\dot{1}, \dot{0})\}$ et $V_3 = \{(\dot{0}, \dot{0}), (\dot{1}, \dot{1})\}$, alors V_1, V_2 et V_3 sont des s.e.v stricts de E et $V_1 \cup V_2 \cup V_3 = E$.

EXERCICE 2. Montrer que dans le $\mathbb{R}$-e.v des fonctions continues de $\mathbb{R}$ dans $\mathbb{R}$, les familles de fonctions suivantes sont des familles libres :
a) $(f_\lambda)_{\lambda\in\mathbb{R}}$ où $f_\lambda : \mathbb{R} \to \mathbb{R}$ $x \mapsto e^{\lambda x}$.
b) $(f_\lambda)_{\lambda\in\mathbb{R}^+}$ où $f_\lambda : \mathbb{R} \to \mathbb{R}$ $x \mapsto \cos(\lambda x)$.
c) $(f_\lambda)_{\lambda\in\mathbb{R}}$ où $f_\lambda : \mathbb{R} \to \mathbb{R}$ $x \mapsto |x - \lambda|$.

Solution. **a)** Supposons cette famille liée, de sorte qu'il existe $(\lambda_i)_{1\leq i\leq n} \in \mathbb{R}^n$ et $(\mu_i) \in \mathbb{R}^n$ tels que $\sum_{i=1}^n \mu_i f_{\lambda_i} = 0$ avec les μ_i non tous nuls. Quitte à retirer des termes, on peut supposer $\mu_i \neq 0$ pour tout i. Quitte à réordonner des termes, on peut même supposer $\lambda_1 > \lambda_2 > \cdots > \lambda_n$. On a

$$\lim_{x\to+\infty} e^{-\lambda_1 x}\left(\sum_{i=1}^n \mu_i e^{\lambda_i x}\right) = \lim_{x\to+\infty} \sum_{i=1}^n \mu_i e^{(\lambda_i - \lambda_1)x} = \mu_1,$$

car pour $i \geq 2$, $\lambda_i - \lambda_1 < 0$. Or $\sum_i \mu_i f_{\lambda_i} = 0$, et cette limite est donc nulle, donc $\mu_1 = 0$, ce qui est contradictoire.

b) Montrons par récurrence sur $n \in \mathbb{N}^*$ que si $\sum_{i=1}^n \mu_i f_{\lambda_i} = 0$ (avec les λ_i distincts dans $\mathbb{R}^+$), alors pour tout i, $\mu_i = 0$. Pour $n = 1$ c'est évident. Supposons maintenant le résultat vrai jusqu'au rang $n-1$ et montrons le au rang n. Si $\sum_{i=1}^n \mu_i f_{\lambda_i} = 0 \quad (*)$, les (λ_i) distincts dans $\mathbb{R}^+$, par double dérivation, on obtient $\sum_{i=1}^n \mu_i(-\lambda_i^2 f_{\lambda_i}) = 0 \quad (**)$. En multipliant l'égalité $(*)$ par λ_n^2 et en l'ajoutant à $(**)$, on obtient $\sum_{i=1}^{n-1} \mu_i(\lambda_i^2 - \lambda_n^2) f_{\lambda_i} = 0$, donc d'après l'hypothèse de récurrence, pour tout $1 \le i \le n-1$, $\mu_i(\lambda_i^2 - \lambda_n^2) = 0$. Les λ_i étant positifs et distincts. on en déduit $\mu_i = 0$ pour $1 \le i \le n-1$. Donc d'après $(*)$, $\mu_n f_{\lambda_n} = 0$, d'où $\mu_n = 0$. Finalement on a montré $\mu_i = 0$ pour $1 \le i \le n$.

c) Supposons la famille $(f_\lambda)_{\lambda \in \mathbb{R}}$ liée. Alors il existe $\lambda_0 \in \mathbb{R}$ tel que f_{λ_0} s'écrive comme une combinaison linéaire des $(f_\lambda)_{\lambda \ne \lambda_0}$, autrement dit :

$$\exists n \in \mathbb{N}^*, \exists \lambda_1, \dots, \lambda_n \in \mathbb{R} \setminus \{\lambda_0\},\ \exists \mu_1, \dots, \mu_n \in \mathbb{R}, \quad f_{\lambda_0} = \sum_{i=1}^n \mu_i f_{\lambda_i}.$$

Or pour tout $i \ge 1$, $\lambda_i \ne \lambda_0$ donc f_{λ_i} est dérivable au point λ_0 (l'application $x \mapsto |x - \lambda|$ est dérivable partout sauf en λ), d'où on tire que $\sum_{i=1}^n \mu_i f_{\lambda_i}$ est dérivable en λ_0, ce qui est absurde car ceci égale f_{λ_0}. D'où le résultat.

Remarque. On aurait pu résoudre le a) comme on l'a fait pour b). L'avantage de cette dernière méthode est qu'elle aurait permit de conclure même si l'intervalle de définition des (f_λ) n'était pas $\mathbb{R}$ tout entier.

EXERCICE 3. Soit E un $\mathbb{K}$-espace vectoriel de dimension finie, et A et B deux s.e.v de E de même dimension r. Montrer que A et B admettent un supplémentaire commun (*i. e.* il existe un s.e.v S de E tel que $A \oplus S = B \oplus S = E$).

Solution. Nous allons effectuer une récurrence descendante sur $r \le \dim E$. Si $r = \dim E$, c'est évident car $\{0\}$ est un supplémentaire commun à A et à B. Supposons le résultat vérifié au rang $r+1 \le \dim E$ et démontrons le au rang r.

On a $A \cup B \ne E$. En effet, supposons $A \cup B = E$. Comme $A \not\subset B$ (sinon $E = A \cup B = B$), il existe $x \in A$ tel que $x \notin B$. De même, il existe $y \in B$, $y \notin A$. Or $x + y \in E = A \cup B$, donc $x + y \in A$ ou $x + y \in B$, par exemple $x + y \in A$. Alors $y = (x+y) - x \in A$, ce qui est absurde. On a donc bien $A \cup B \ne E$.

Donc il existe $x \in E$, $x \notin A \cup B$. Soit $A' = A + \mathrm{Vect}(x)$, $B' = B + \mathrm{Vect}(x)$. On a $\dim A' = \dim B' = r + 1$, donc d'après l'hypothèse de récurrence, il existe un s.e.v S' de E tel que $A' \oplus S' = B' \oplus S' = E$. Si $S = S' + \mathrm{Vect}(x)$, on a donc $E = A' \oplus S' = A \oplus \mathrm{Vect}(x) \oplus S' = A \oplus S$ et $E = B' \oplus S' = B \oplus \mathrm{Vect}(x) \oplus S' = B \oplus S$, d'où le résultat.

2. Applications linéaires

2.1. Généralités

DÉFINITION 1. Soient E et F deux $\mathbb{K}$-e.v et $f : E \to F$ une application. On dit que f est *linéaire* si

$$\forall (x, y) \in E^2,\ \forall (\lambda, \mu) \in \mathbb{K}^2, \quad f(\lambda x + \mu y) = \lambda f(x) + \mu f(y).$$

L'ensemble des applications linéaires de E dans F est un $\mathbb{K}$-e.v noté $\mathcal{L}(E, F)$.

Exemple 1. — L'application $\varphi : \mathcal{C}([0,1], \mathbb{R}) \to \mathbb{R} \quad f \mapsto \int_0^1 f(t)\,dt$ est linéaire.
— Si $\lambda \in \mathbb{K}$, l'application $\varphi : E \to E \quad x \mapsto \lambda x$ est linéaire.

Remarque 1. — Une application linéaire de E dans $\mathbb{K}$ est appelée *forme linéaire*.

— Une application linéaire de E dans E est appelée *endomorphisme*.
— Si f est linéaire, alors $f(0) = 0$.
— La composée de deux applications linéaires est linéaire.
— Si $f : E \to F$ est linéaire et bijective, on dit que f est un *isomorphisme* de $\mathbb{K}$-e.v. L'application $f^{-1} : F \to E$ est aussi linéaire.
— Si $f \in \mathcal{L}(E, F)$, la linéarité de f entraîne que pour connaître (resp. pour définir) f, il suffit de la connaître (resp. définir) sur une base de E.

PROPOSITION 1. *L'image (ou l'image réciproque) d'un s.e.v par une application linéaire est un s.e.v.*

DÉFINITION 2. Soient E et F des $\mathbb{K}$-e.v et $f \in \mathcal{L}(E, F)$. On appelle *noyau* de f l'ensemble noté $\operatorname{Ker} f = f^{-1}(\{0\}) = \{x \in E \mid f(x) = 0\}$. On appelle image de f l'ensemble noté $\operatorname{Im} f = f(E)$. Les ensembles $\operatorname{Ker} f$ et $\operatorname{Im} f$ sont des s.e.v. Par ailleurs, f est injective si et seulement si $\operatorname{Ker} f = \{0\}$.

DÉFINITION 3. Soient E et F des $\mathbb{K}$-e.v et $f \in \mathcal{L}(E, F)$. Si $\operatorname{Im} f$ est de dimension finie, on dit que f est de rang fini, et l'entier $\dim(\operatorname{Im} f)$ est appelé *rang* de f, noté $\operatorname{rg} f$.

2.2. Espaces vectoriels quotients

DÉFINITION 4. Soit E un $\mathbb{K}$-e.v et F un s.e.v de E. La relation $\mathcal{R}$ définie par ($x \mathcal{R} y \iff x - y \in F$) est une relation d'équivalence sur E. L'espace quotient est noté E/F, et c'est un $\mathbb{K}$-e.v muni des lois $\bar{x} + \bar{y} = \overline{x + y}$, $\lambda \bar{x} = \overline{\lambda x}$.

DÉFINITION 5. Soit E un $\mathbb{K}$-e.v, F un s.e.v de E. Si E/F est de dimension finie, on dit que F est de *codimension finie* dans E. On appelle alors *codimension* de F dans E l'entier $\operatorname{codim}_E F = \dim(E/F)$. Si $\operatorname{codim}_E F = 1$, on dit que F est un *hyperplan* de E.

PROPOSITION 2. *Soit E un $\mathbb{K}$-e.v. Un s.e.v F de E est de codimension finie dans E si et seulement si F admet un supplémentaire S dans E de dimension finie. On a alors* $\dim S = \operatorname{codim}_E F$.

Démonstration. Condition nécessaire. Supposons E/F de dimension finie. Pour tout $x \in E$, on note $\dot{x}$ sa classe dans E/F. Soit $(\dot{e}_1, \dots, \dot{e}_n)$ une base de E/F. Soit $S = \operatorname{Vect}(e_i)_{1 \leq i \leq n}$. Alors
— $F \cap S = \{0\}$ car si $x = \sum_{i=1}^n \lambda_i e_i \in F \cap S$, alors $\dot{x} = \dot{0} = \sum_{i=1}^n \lambda_i \dot{e}_i$ et donc pour tout i, $\lambda_i = 0$.
— $F + S = E$. En effet, soit $x \in E$. Il existe $\lambda_1, \dots, \lambda_n \in \mathbb{K}$ tels que $\dot{x} = \sum_{i=1}^n \lambda_i \dot{e}_i$. Si $y = \sum_{i=1}^n \lambda_i e_i$, on a donc $z = x - y \in F$ (car $\dot{z} = \dot{x} - \dot{y} = \dot{0}$) et $x = z + y$, $y \in S$.

Donc $F \oplus S = E$, et $\dim S = n = \dim(E/F) = \operatorname{codim}_E F$.

Condition suffisante. Supposons $F \oplus S = E$, où S est de dimension finie n. Soit $(e_1, \dots, e_n)$ une base de S. Nous montrons que $(\dot{e}_1, \dots, \dot{e}_n)$ est une base de E/F.
— $(\dot{e}_1, \dots, \dot{e}_n)$ est une famille génératrice de E/F. En effet, si $x \in E$, il existe $y \in F$ et $z \in S$ tel que $x = y + z$ et donc $\dot{x} = \dot{y} + \dot{z} = \dot{z} \in \operatorname{Vect}(\dot{e}_1, \dots, \dot{e}_n)$.
— $(\dot{e}_1, \dots, \dot{e}_n)$ est une famille libre. En effet, si $\sum_{i=1}^n \lambda_i \dot{e}_i = \dot{0}$, alors $\sum_{i=1}^n \lambda_i e_i \in F$ donc est nul car $F \cap S = \{0\}$. Donc pour tout i, $\lambda_i = 0$.

Finalement, on a donc $\operatorname{codim}_E F = \dim(E/F) = n = \dim S$. □

COROLLAIRE 1. *Si E est un $\mathbb{K}$-e.v de dimension finie, si F est un s.e.v de E, alors F est de codimension finie dans E et* $\operatorname{codim}_E F = \dim E - \dim F$.

Factorisation d'une application linéaire.

THÉORÈME 1. *Soient E et F deux $\mathbb{K}$-e.v et $f \in \mathcal{L}(E, F)$. Alors $\operatorname{Im} f$ est isomorphe à $E/\operatorname{Ker} f$.*

THÉORÈME 2. *Soit E un $\mathbb{K}$-e.v de dimension finie, F un $\mathbb{K}$-e.v et $f \in \mathcal{L}(E, F)$. Alors f est de rang fini et* $\dim E = \dim(\operatorname{Ker} f) + \dim(\operatorname{Im} f) = \dim(\operatorname{Ker} f) + \operatorname{rg} f$.

COROLLAIRE 2. *Soit $f \in \mathcal{L}(E,F)$ où E et F sont deux $\mathbb{K}$-e.v de même dimension finie. Alors :*

$$(f \text{ est bijective}) \iff (f \text{ est injective}) \iff (f \text{ est surjective}).$$

Remarque 2. Ce dernier résultat est très important. Il est faux en dimension infinie ; par exemple, $f : \mathbb{R}[X] \to \mathbb{R}[X] \quad P \mapsto P'$ est linéaire surjective mais pas bijective.

2.3. Algèbre des endomorphismes

Les endomorphismes sont des applications linéaires très importantes. Ils vérifient de nombreuses propriétés et c'est pour cela qu'on les étudie plus particulièrement. Dans toute la suite de cette section, E désigne un $\mathbb{K}$-e.v.

On note $\mathcal{L}(E) = \mathcal{L}(E,E)$. Muni de la loi $\circ$ de composition, $\mathcal{L}(E)$ est une $\mathbb{K}$-algèbre unitaire. On note $\mathcal{G}\ell(E)$ l'ensemble des endomorphismes bijectifs (encore appelés *automorphismes*) de E. Muni de la loi $\circ$ de composition, $\mathcal{G}\ell(E)$ est un groupe appelé *groupe linéaire* de E.

DÉFINITION 6. On dit que $f \in \mathcal{L}(E)$ est une *homothétie* de rapport $\lambda \in \mathbb{K}$ si $f = \lambda \operatorname{Id}_E$ (où Id_E désigne l'application identité de E).

Remarque 3. L'ensemble des homothéties de rapport non nul forme un sous-groupe de $\mathcal{G}\ell(E)$. On montre à l'exercice 6 page 124 que c'est le centre du groupe $\mathcal{G}\ell(E)$.

PROPOSITION 3. *Soit $f \in \mathcal{L}(E)$. Alors f est une homothétie si et seulement si pour tout $x \in E$, la famille $(x, f(x))$ est liée.*

Démonstration. Condition nécessaire. C'est immédiat.
Condition suffisante. Par hypothèse, pour tout $x \in E$, il existe $\lambda_x \in \mathbb{K}$ tel que $f(x) = \lambda_x \cdot x$. Fixons $x_0 \in E$, $x_0 \neq 0$. Nous allons montrer que pour tout $x \in E$ $(x \neq 0)$, $\lambda_x = \lambda_{x_0}$.

— Si $x \in \mathbb{K}x_0$ et $x \neq 0$, alors il existe $\mu \in \mathbb{K}$ tel que $x = \mu x_0$. Donc $\lambda_x x = f(x) = \mu f(x_0) = \mu \lambda_{x_0} x_0 = \lambda_{x_0}(\mu x_0) = \lambda_{x_0} x$. On en conclut $\lambda_x = \lambda_{x_0}$.
— Sinon x et x_0 forment une famille libre, et on a alors

$$\lambda_{x+x_0}(x + x_0) = f(x + x_0) = f(x) + f(x_0) = \lambda_x x + \lambda_{x_0} x_0,$$

donc comme (x, x_0) est libre, $\lambda_{x_0+x} = \lambda_{x_0} = \lambda_x$, d'où le résultat.

□

Projecteurs et symétries.

DÉFINITION 7. Soient E_1 et E_2 deux s.e.v de E tels que $E_1 \oplus E_2 = E$, de sorte que

$$\forall x \in E,\ \exists!(x_1, x_2) \in E_1 \times E_2 \quad \text{tel que} \quad x = x_1 + x_2.$$

L'application $p : E \to E \quad x \mapsto x_1$ est linéaire et s'appelle *projection* sur E_1 parallèlement à E_2. On a $\operatorname{Ker} p = E_2$, $\operatorname{Im} p = E_1$ et $p \circ p = p$.

DÉFINITION 8. Un endomorphisme $p \in \mathcal{L}(E)$ est appelé *projecteur* si $p \circ p = p$.

PROPOSITION 4. *Soit $p \in \mathcal{L}(E)$. Alors p est un projecteur si et seulement si p est la projection sur* $\operatorname{Im} p$ *parallèlement à* $\operatorname{Ker} p$. *On a alors $E = \operatorname{Ker} p \oplus \operatorname{Im} p$.*

Remarque 4. Si p est un projecteur, alors $y \in \operatorname{Im} p$ si et seulement si $y = p(y)$.

DÉFINITION 9. Soient E_1 et E_2 deux s.e.v de E tels que $E = E_1 \oplus E_2$, de sorte que

$$\forall x \in E,\ \exists!(x_1, x_2) \in E_1 \times E_2 \quad \text{tel que} \quad x = x_1 + x_2.$$

L'application $s : E \to E \quad x \mapsto x_1 - x_2$ s'appelle *symétrie* par rapport à E_1 parallèlement à E_2. On a $s \in \mathcal{L}(E)$ et si p est la projection sur E_1 parallèlement à E_2, $s = 2p - \operatorname{Id}_E$.

PROPOSITION 5. *Supposons que la caractéristique du corps $\mathbb{K}$ soit différente de 2. Alors $s \in \mathcal{L}(E)$ est une symétrie si et seulement si $s \circ s = \mathrm{Id}_E$. Si $p = \frac{1}{2}(s + \mathrm{Id}_E)$, p est un projecteur et s est la symétrie par rapport à $\mathrm{Im}\, p$ parallèlement à $\mathrm{Ker}\, p$.*

Remarque 5. Si $\mathbb{K}$ est de caractéristique 2, on peut avoir $s^2 = \mathrm{Id}_E$ sans que s soit une symétrie (prendre par exemple s telle que $[s] = \begin{pmatrix} 1 & 1 \\ 0 & 1 \end{pmatrix} \in \mathcal{M}_2(\mathbb{Z}/2\mathbb{Z})$).

2.4. Exercices

EXERCICE 1. Soit E un $\mathbb{K}$-e.v de dimension finie et F un $\mathbb{K}$-e.v.
a) Soient $f, g \in \mathcal{L}(E, F)$. Montrer les inégalités

$$|\operatorname{rg} f - \operatorname{rg} g| \leq \operatorname{rg}(f+g) \leq \operatorname{rg} f + \operatorname{rg} g.$$

b) Soient deux endomorphismes $f,\ g \in \mathcal{L}(E)$ tels que $fg = 0$ et $f + g$ est inversible. Montrer que $\operatorname{rg} f + \operatorname{rg} g = \dim E$.

Solution. **a)** $\mathrm{Im}(f+g) = (f+g)(E) \subset f(E) + g(E)$, donc

$$\operatorname{rg}(f+g) = \dim(\mathrm{Im}(f+g)) \leq \dim[f(E) + g(E)] \leq \dim f(E) + \dim g(E) = \operatorname{rg} f + \operatorname{rg} g.$$

Comme $f = (f+g) + (-g)$ et que $\operatorname{rg} g = \operatorname{rg}(-g)$, on a aussi $\operatorname{rg} f \leq \operatorname{rg}(f+g) + \operatorname{rg} g$. De même, $\operatorname{rg} g \leq \operatorname{rg}(f+g) + \operatorname{rg} f$. On en déduit finalement que $|\operatorname{rg} f - \operatorname{rg} g| \leq \operatorname{rg}(f+g)$.

b) Comme $f + g$ est inversible, $\operatorname{rg}(f+g) = \dim E$, donc d'après a),

$$\operatorname{rg} f + \operatorname{rg} g \geq \operatorname{rg}(f+g) = \dim E. \qquad (*)$$

Comme $fg = 0$, on a $\mathrm{Im}\, g \subset \mathrm{Ker}\, f$, donc $\operatorname{rg} g \leq \dim(\mathrm{Ker}\, f) = \dim E - \operatorname{rg} f$, c'est-à-dire $\operatorname{rg} f + \operatorname{rg} g \leq \dim E$. Avec $(*)$, on en déduit le résultat.

EXERCICE 2. Soit E un $\mathbb{K}$-e.v (où $\mathbb{K}$ est de caractéristique différente de 2), et $p, q \in \mathcal{L}(E)$ deux projecteurs.
a) Montrer que $p + q$ est un projecteur si et seulement si $p \circ q = q \circ p = 0$.
b) Montrer que si $p + q$ est un projecteur,

$$\mathrm{Im}(p+q) = \mathrm{Im}\, p \oplus \mathrm{Im}\, q \quad \text{et} \quad \mathrm{Ker}(p+q) = \mathrm{Ker}\, p \cap \mathrm{Ker}\, q.$$

Solution. **a)** *Condition nécessaire.* Comme $p+q$ est un projecteur, on a $(p+q)^2 = p+q$, c'est-à-dire $p^2 + p \circ q + q \circ p + q^2 = p + q$. Or $p^2 = p$ et $q^2 = q$, donc $p \circ q + q \circ p = 0 \quad (*)$. En composant $(*)$ par p à droite, on obtient $p \circ q \circ p + q \circ p^2 = 0 = p \circ q \circ p + q \circ p$. En composant $(*)$ par p à gauche, on obtient $p^2 \circ q + p \circ q \circ p = 0 = p \circ q + p \circ q \circ p$. On en déduit $p \circ q = q \circ p$, et d'après $(*)$, $\mathbb{K}$ étant de caractéristique différente de 2, $p \circ q = q \circ p = 0$.
Condition suffisante. C'est immédiat car $(p+q)^2 = p^2 + p \circ q + q \circ p + q^2 = p^2 + q^2 = p + q$.

b) Montrons que $\mathrm{Im}(p+q) = \mathrm{Im}\, p \oplus \mathrm{Im}\, q$.

- On a déjà $\mathrm{Im}\, p \cap \mathrm{Im}\, q = \{0\}$. En effet. Soit $y \in \mathrm{Im}\, p \cap \mathrm{Im}\, q$. Il existe x et $x' \in E$ tels que $y = p(x) = q(x')$. Donc $p(y) = p^2(x) = p \circ q(x') = 0$ d'après la question précédente. Or $p^2(x) = p(x) = y$, donc $y = 0$.

- Il nous reste à montrer que $\mathrm{Im}(p+q) = \mathrm{Im}\, p + \mathrm{Im}\, q$. L'inclusion $\mathrm{Im}(p+q) \subset \mathrm{Im}\, p + \mathrm{Im}\, q$ est immédiate. Montrons l'inclusion réciproque. Soit $y \in \mathrm{Im}\, p + \mathrm{Im}\, q$, de sorte qu'il existe x et $x' \in E$ tels que $y = p(x) + q(x')$. On a alors $(p+q)(y) = p^2(x) + qp(x) + q^2(x') + pq(x') = p(x) + q(x') = y$, donc $y = (p+q)(y) \in \mathrm{Im}(p+q)$, d'où le résultat.

Montrons maintenant que $\mathrm{Ker}(p+q) = \mathrm{Ker}\, p \cap \mathrm{Ker}\, q$. L'inclusion $\mathrm{Ker}\, p \cap \mathrm{Ker}\, q \subset \mathrm{Ker}(p+q)$ est immédiate. Montrons l'inclusion réciproque. Soit $x \in \mathrm{Ker}(p+q)$. Comme $p(x) + q(x) = 0$, on a, en composant par p à droite $p^2(x) + q \circ p(x) = 0$ d'où $p(x) = 0$. De même, en composant par q à droite, on obtient $p \circ q(x) + q^2(x) = 0 = q(x)$. Donc $x \in \mathrm{Ker}\, p \cap \mathrm{Ker}\, q$.

EXERCICE 3. Soit E un $\mathbb{K}$-e.v de dimension finie, soit $f \in \mathcal{L}(E)$. Montrer l'équivalence

$$(E = \operatorname{Im} f \oplus \operatorname{Ker} f) \iff (\operatorname{Im} f = \operatorname{Im} f^2).$$

Cette équivalence reste-t-elle vraie en dimension infinie ?

Solution. Condition nécessaire. On a $f(E) \subset E$ donc $f^2(E) = f[f(E)] \subset f(E)$, c'est-à-dire $\operatorname{Im} f^2 \subset \operatorname{Im} f$. Montrons maintenant $\operatorname{Im} f \subset \operatorname{Im} f^2$. Soit $y = f(x) \in \operatorname{Im} f$. Il existe $(x_1, x_2) \in \operatorname{Im} f \times \operatorname{Ker} f$ tel que $x = x_1 + x_2$, donc $y = f(x) = f(x_1) \in \operatorname{Im} f^2$.

Condition suffisante. Soit $x \in E$. On a $f(x) \in \operatorname{Im} f = \operatorname{Im} f^2$ donc il existe $x' \in E$ tel que $f(x) = f^2(x')$. Donc $f[x - f(x')] = 0$, d'où $y = x - f(x') \in \operatorname{Ker} f$. Si $z = f(x') \in \operatorname{Im} f$, on a donc $x = y + z$ avec $y \in \operatorname{Ker} f$ et $z \in \operatorname{Im} f$. Autrement dit, on vient de montrer $E = \operatorname{Im} f + \operatorname{Ker} f$. Comme de plus $\dim(\operatorname{Im} f) + \dim(\operatorname{Ker} f) = \dim E$, on en déduit $E = \operatorname{Im} f \oplus \operatorname{Ker} f$ (voir le corollaire 1 page 118).

En dimension infinie, ce résultat est faux. Par exemple, si $f \in \mathcal{L}(\mathbb{R}[X])$ est définie par $f(P) = P'$, on a $\operatorname{Im} f^2 = \mathbb{R}[X] = \operatorname{Im} f$ et pourtant $\operatorname{Im} f$ et $\operatorname{Ker} f$ ne sont pas en somme directe ($\operatorname{Im} f = \mathbb{R}[X]$ et $\operatorname{Ker} f \neq \{0\}$).

EXERCICE 4. Soit E un $\mathbb{K}$-e.v (de dimension quelconque), F et G deux s.e.v de E tels que (i) $G \subset F$ et (ii) F et G sont de même codimension finie dans E. Montrer que $F = G$.

Solution. Pour tout $x \in E$, on note $\overline{x}$ sa classe dans E/G, $\dot{x}$ sa classe dans E/F. Si $\overline{x} = \overline{y}$, alors $\dot{x} = \dot{y}$ (car $\overline{x - y} = \overline{0}$ donc $x - y \in G$ donc $x - y \in F$, c'est-à-dire $\dot{x} = \dot{y}$).

Considérons l'application $f : E/G \to E/F \quad \overline{x} \mapsto \dot{x}$. Elle est linéaire et surjective donc bijective car E/G et E/F sont des $\mathbb{K}$-e.v de même dimension finie (voir le corollaire 2). L'application f est donc injective, de sorte que si $x \in F$, $\dot{x} = \dot{0}$ alors $\overline{x} = \overline{0}$, *i. e.* $x \in G$. En d'autres termes, $F \subset G$. Comme $G \subset F$ par hypothèse, on a $F = G$.

EXERCICE 5 (SUITES EXACTES). **a)** Soient $E_0, E_1, \ldots, E_n$ des $\mathbb{K}$-e.v de dimension finie ; on note $\alpha_k = \dim E_k$. On suppose qu'il existe n applications linéaires $f_0, f_1, \ldots, f_{n-1}$ telles que pour tout k, $f_k \in \mathcal{L}(E_k, E_{k+1})$, et vérifiant

(i) f_0 est injective,

(ii) $\forall k,\ 1 \leq k \leq n-1,\ \operatorname{Im} f_{k-1} = \operatorname{Ker} f_k$,

(iii) f_{n-1} est surjective.

(On dit que $(f_0, \ldots, f_{n-1})$ constitue une *suite exacte.*) Montrer que $\sum_{k=0}^{n} (-1)^k \alpha_k = 0$.

b) (Application). Soit E un $\mathbb{K}$-e.v, F et G deux s.e.v de E de codimension finie dans E. Montrer que $F + G$ et $F \cap G$ sont de codimension finie dans E et que

$$\operatorname{codim}_E(F + G) = \operatorname{codim}_E F + \operatorname{codim}_E G - \operatorname{codim}_E(F \cap G).$$

Solution. **a)** L'assertion (ii) entraîne $\dim(\operatorname{Ker} f_k) = \operatorname{rg} f_{k-1}$ pour $1 \leq k \leq n-1$, donc

$$\forall k,\ 1 \leq k \leq n-1, \quad \alpha_k = \dim(\operatorname{Ker} f_k) + \operatorname{rg} f_k = \operatorname{rg} f_{k-1} + \operatorname{rg} f_k.$$

Or $\alpha_0 = \operatorname{rg} f_0$ car f_0 est injective, et $\alpha_n = \operatorname{rg} f_{n-1}$ car f_{n-1} est surjective. On en déduit

$$\sum_{k=0}^{n} (-1)^k \alpha_k = (\operatorname{rg} f_0) - (\operatorname{rg} f_0 + \operatorname{rg} f_1) + \cdots + (-1)^{n-1}(\operatorname{rg} f_{n-2} + \operatorname{rg} f_{n-1}) + (-1)^n \operatorname{rg} f_{n-1} = 0.$$

b) Pour tout $x \in E$, on note $\dot{x}$ sa classe dans $E/(F \cap G)$, $\overline{x}$ dans E/F, $\widehat{x}$ dans E/G et $\tilde{x}$ dans $E/(F + G)$. Définissons

$$f : E/(F \cap G) \to E/F \times E/G \quad \dot{x} \mapsto (\overline{x}, \widehat{x})$$

et

$$g: E/F \times E/G \to E/(F+G) \quad (\bar{x}, \widehat{y}) \mapsto (\widetilde{x-y}).$$

Nous allons montrer que (f, g) constitue une suite exacte.

— f est bien une application, car si $\dot{x} = \dot{y}$, alors $x - y \in F \cap G$ donc $\bar{x} = \bar{y}$ (car $x - y \in F$) et $\widehat{x} = \widehat{y}$ (car $x - y \in G$).

— g est aussi une application, car si $(\bar{x}, \widehat{y}) = (\overline{x'}, \widehat{y'})$, on a $x - x' \in F$ et $y - y' \in G$, donc $(x - x') - (y - y') = (x - y) - (x' - y') \in F + G$, c'est-à-dire $\widetilde{x-y} = \widetilde{x'-y'}$.

— Il est clair que f et g sont linéaires.

— f est injective, car si $(\bar{x}, \widehat{x}) = (\bar{0}, \widehat{0})$, $x \in F$ et $x \in G$ donc $x \in F \cap G$, c'est-à-dire $\dot{x} = \dot{0}$. Comme $E/F \times E/G$ est de dimension finie (car E/F et E/G le sont), l'injectivité de f permet d'affirmer que $F \cap G$ est de codimension finie (en effet, si $E/(F \cap G)$ était de dimension infinie, on pourrait trouver dans $E/(F \cap G)$ une famille libre contenant plus d'éléments que la dimension de $E/F \times E/G$, absurde car l'image de cette famille libre par f injective est aussi une famille libre).

— g est surjective car si $\tilde{z} \in E/(F+G)$, $\tilde{z} = g(\bar{z}, \widehat{0})$. Donc $E/F \times E/G$ étant de dimension finie, $E/(F+G) = g(E/F \times E/G)$ est de dimension finie.

— $\operatorname{Im} f = \operatorname{Ker} g$. En effet, on a déjà $\operatorname{Im} f \subset \operatorname{Ker} g$ car $g(f(\dot{x})) = g(\bar{x}, \widehat{x}) = \widetilde{x-x} = \widetilde{0}$. On a également $\operatorname{Ker} g \subset \operatorname{Im} f$ car si $(\bar{x}, \widehat{y}) \in \operatorname{Ker} g$, $x - y \in F + G$ donc il existe $x_1 \in F$ et $y_1 \in G$ tels que $x - y = x_1 - y_1$. Donc $x - x_1 = y - y_1 = u$, d'où $\bar{x} = \bar{u}$ et $\widehat{y} = \widehat{u}$, donc $(\bar{x}, \widehat{y}) = f(\dot{u}) \in \operatorname{Im} f$.

On est donc dans les conditions d'application de a), ce qui nous donne

$$\dim(E/(F \cap G)) - \dim(E/F \times E/G) + \dim(E/(F+G)) = 0,$$

d'où le résultat car $\dim(E/F \times E/G) = \dim(E/F) + \dim(E/G)$.

EXERCICE 6 (CENTRE DU GROUPE LINÉAIRE). Soit E un $\mathbb{K}$-e.v de dimension finie. Quel est le centre du groupe linéaire $\mathcal{G}\ell(E)$ (*i. e.* l'ensemble des $f \in \mathcal{G}\ell(E)$ tels que $\forall g \in \mathcal{G}\ell(E)$, $fg = gf$) ?

Solution. Nous allons montrer le résultat suivant. Si $f \in \mathcal{L}(E)$ commute avec tous les éléments de $\mathcal{G}\ell(E)$, alors f est une homothétie. En particulier, le centre de $\mathcal{G}\ell(E)$ est $\{\lambda \operatorname{Id}_E \mid \lambda \in \mathbb{K}^*\}$.

Soit $f \in \mathcal{L}(E)$ tel que $\forall g \in \mathcal{G}\ell(E)$, $gf = fg$. Supposons que f ne soit pas une homothétie. D'après la proposition 3 page 121, il existe $u \in E$, $u \neq 0$, tel que la famille $(u, f(u))$ forme une famille libre. Complétons là en une base $(u, f(u), e_3, \dots, e_n)$ de E. Définissons $g \in \mathcal{L}(E)$ sur cette base comme suit

$$g(u) = u, \quad g(f(u)) = u + f(u), \quad \forall i \geq 3,\ g(e_i) = e_i.$$

On a $g \in \mathcal{G}\ell(E)$ car g transforme une base de E en une base de E. Or $g \circ f(u) = u + f(u)$ et $f \circ g(u) = f(u)$, donc $f \circ g \neq g \circ f$ car $u \neq 0$. Finalement, f est une homothétie.

EXERCICE 7. Soit E un $\mathbb{K}$-e.v de dimension finie n. Soit $f \in \mathcal{L}(E)$. On suppose qu'il existe $x_0 \in E$ tel que $B = (f(x_0), f^2(x_0), \dots, f^n(x_0))$ forme une base de E.

a) Montrer que f est bijective.

b) Montrer qu'il existe $(a_0, \dots, a_{n-1}) \in \mathbb{K}^n$ tel que $f^n + a_{n-1}f^{n-1} + \cdots + a_1 f + a_0 \operatorname{Id}_E = 0$ (sans utiliser, bien sûr, le théorème de Cayley-Hamilton).

Solution. **a)** Soit $y \in E$. Comme $(f(x_0), \dots, f^n(x_0))$ est une base de E, il existe $(\lambda_i)_{1 \leq i \leq n} \in \mathbb{K}^n$ tels que $y = \lambda_1 f(x_0) + \cdots + \lambda_n f^n(x_0)$, donc $y = f[\lambda_1 x_0 + \lambda_2 f(x_0) + \cdots + \lambda_n f^{n-1}(x_0)] \in \operatorname{Im} f$, et ceci pour tout $y \in E$. L'application f est donc surjective, donc bijective car c'est un endomorphisme en dimension finie.

b) Comme B forme une base de E, il existe $\lambda_1, \dots, \lambda_n \in \mathbb{K}$ tels que $f^{n+1}(x_0) = \lambda_n f^n(x_0) + \cdots + \lambda_1 f(x_0)$. Posons $g = f^{n+1} - \lambda_n f^n - \cdots - \lambda_1 f$. On a $g(x_0) = 0$. Or

$$\forall i, 1 \leq i \leq n, \quad g[f^i(x_0)] = f^{n+i+1}(x_0) - \lambda_n f^{n+i}(x_0) - \cdots - \lambda_1 f^{i+1}(x_0) = f^i[g(x_0)] = 0,$$

autrement dit g s'annule sur la base B, donc $g = 0$. En composant g à gauche par f^{-1}, on obtient $f^n - \lambda_n f^{n-1} - \cdots - \lambda_1 \operatorname{Id}_E = 0$.

3. Matrices

3.1. Généralités

DÉFINITION 1. Soient p et $q \in \mathbb{N}^*$. On appelle *matrice* de type (p, q) ou matrice à p lignes et q colonnes à coefficients dans $\mathbb{K}$, toute famille $(a_{i,j})_{\substack{1 \leq i \leq p \\ 1 \leq j \leq q}}$ avec pour tout (i, j), $a_{i,j} \in \mathbb{K}$. On note cette matrice de la manière suivante

$$p \text{ lignes} \left\{ \overbrace{\begin{pmatrix} a_{1,1} & a_{1,2} & \cdots & a_{1,q} \\ a_{2,1} & a_{2,2} & \cdots & a_{2,q} \\ \vdots & \vdots & \ddots & \vdots \\ a_{p,1} & a_{p,2} & \cdots & a_{p,q} \end{pmatrix}}^{q \text{ colonnes}} \right. .$$

DÉFINITION 2. L'ensemble des matrices de type (p, q) à coefficients dans $\mathbb{K}$ est noté $\mathcal{M}_{p,q}(\mathbb{K})$.
- (Cas $q = 1$). Un élément de $\mathcal{M}_{p,1}(\mathbb{K})$ s'appelle une matrice *colonne*.
- (Cas $p = 1$). Un élément de $\mathcal{M}_{1,q}(\mathbb{K})$ s'appelle une matrice *ligne*.
- (Cas $p = q$). Les éléments de $\mathcal{M}_{p,p}(\mathbb{K})$ s'appellent des matrices *carrées*. On note $\mathcal{M}_p(\mathbb{K}) = \mathcal{M}_{p,p}(\mathbb{K})$, appelé ensemble des matrices carrées d'*ordre* (ou de *taille*) p.

DÉFINITION 3. Soit $A = (a_{i,j})_{\substack{1 \leq i \leq p \\ 1 \leq j \leq q}} \in \mathcal{M}_{p,q}(\mathbb{K})$. On appelle matrice *transposée* de A et on note ${}^{\mathrm{t}}A$ la matrice $B = (b_{i,j})_{\substack{1 \leq i \leq q \\ 1 \leq j \leq p}} \in \mathcal{M}_{q,p}(\mathbb{K})$ avec $b_{i,j} = a_{j,i}$.

Remarque 1.
- La représentation sous forme de tableau de la matrice ${}^{\mathrm{t}}A$ est le symétrique de celle de A par rapport à la diagonale constituée des coefficients $a_{i,i}$.
- Pour toute matrice A, ${}^{\mathrm{t}}({}^{\mathrm{t}}A) = A$.

DÉFINITION 4 (DÉFINITIONS RELATIVES AUX MATRICES CARRÉES). Soit $n \in \mathbb{N}^*$ et une matrice $A = (a_{i,j})_{\substack{1 \leq i \leq n \\ 1 \leq j \leq n}} \in \mathcal{M}_n(\mathbb{K})$.
- Les $(a_{i,i})_{1 \leq i \leq n}$ s'appellent les *éléments diagonaux* de A.
- La *diagonale principale* de A est l'ensemble de ses éléments diagonaux.
- Si $a_{i,j} = 0$ pour $i > j$, A est dite *triangulaire* (ou *trigonale*) *supérieure* $\begin{pmatrix} \ddots & & \ddots \\ & \ddots & \\ 0 & & \ddots \end{pmatrix}$.
- Si $a_{i,j} = 0$ pour $i < j$, A est dite *triangulaire* (ou *trigonale*) *inférieure* $\begin{pmatrix} \ddots & & 0 \\ & \ddots & \\ \ddots & & \ddots \end{pmatrix}$.
- Si $a_{i,j} = 0$ pour $i \neq j$, A est dite *diagonale*.
- S'il existe $\lambda \in \mathbb{K}$ tel que pour tout i, $a_{i,i} = \lambda$ et pour tout $i \neq j$, $a_{i,j} = 0$, on dit que A est une matrice *scalaire*.
- Si pour tout (i, j), $a_{i,j} = a_{j,i}$ (de manière équivalente si ${}^{\mathrm{t}}A = A$), A est dite *symétrique*.
- Si pour tout (i, j), $a_{i,j} = -a_{j,i}$ (de manière équivalente si ${}^{\mathrm{t}}A = -A$), A est dite *antisymétrique*. Dans ce cas, si $\mathbb{K}$ est de caractéristique différente de 2, les éléments diagonaux de A sont nuls.

3.2. Matrices et applications linéaires

Soient E et F deux $\mathbb{K}$-e.v de dimension finie, $\dim E = q \in \mathbb{N}^*$, $\dim F = p \in \mathbb{N}^*$. Soit $B = (e_1, \dots, e_q)$ une base de E, $B' = (e'_1, \dots, e'_p)$ une base de F. Soit $f \in \mathcal{L}(E, F)$. Pour tout j, $1 \leq j \leq q$, on peut écrire $f(e_j) = \sum_{i=1}^{p} a_{i,j} e'_i$ où les $a_{i,j} \in \mathbb{K}$. La matrice $A = (a_{i,j})_{\substack{1 \leq i \leq p \\ 1 \leq j \leq q}}$ est appelée matrice de f dans les bases B et B' et notée $[f]_B^{B'}$. Il revient au même de dire que les vecteurs colonnes de la matrice $[f]_B^{B'}$ sont les coordonnées dans la base B' des images par f des vecteurs composant la base B.

On munit $\mathcal{M}_{p,q}(\mathbb{K})$ des opérations suivantes :
- Si $A = (a_{i,j})_{\substack{1 \leq i \leq p \\ 1 \leq j \leq q}}$ et $B = (b_{i,j})_{\substack{1 \leq i \leq p \\ 1 \leq j \leq q}}$, on définit $A + B = (a_{i,j} + b_{i,j})_{\substack{1 \leq i \leq p \\ 1 \leq j \leq q}}$.
- Si $A = (a_{i,j})_{\substack{1 \leq i \leq p \\ 1 \leq j \leq q}}$ et $\lambda \in \mathbb{K}$, on définit $\lambda A = (\lambda a_{i,j})_{\substack{1 \leq i \leq p \\ 1 \leq j \leq q}}$.

Muni de ces opérations, $\mathcal{M}_{p,q}(\mathbb{K})$ est un $\mathbb{K}$-e.v. Si pour tout (i, j), $1 \leq i \leq p$, $1 \leq j \leq q$, $E_{i,j}$ désigne la matrice dont tous les éléments sont nuls sauf celui d'indice (i, j) qui vaut 1, les $E_{i,j}$ $(1 \leq i \leq p, 1 \leq j \leq q)$ forment une base de $\mathcal{M}_{p,q}(\mathbb{K})$ appelée *base canonique* de $\mathcal{M}_{p,q}(\mathbb{K})$. Ceci entraîne en particulier le résultat suivant.

PROPOSITION 1. *Le $\mathbb{K}$-e.v $\mathcal{M}_{p,q}(\mathbb{K})$ est de dimension finie pq.*

Fixons deux bases B de E et B' de F. L'application

$$\Phi : \mathcal{L}(E, F) \to \mathcal{M}_{p,q}(\mathbb{K}) \quad f \mapsto [f]_B^{B'}$$

est un isomorphisme de $\mathbb{K}$-e.v. En particulier, $\dim(\mathcal{L}(E, F)) = \dim(\mathcal{M}_{p,q}(\mathbb{K})) = pq = (\dim E) \cdot (\dim F)$.

Multiplication de matrices.

DÉFINITION 5. Soient $p, q, r \in \mathbb{N}^*$ et $A = (a_{i,j})_{\substack{1 \leq i \leq p \\ 1 \leq j \leq q}} \in \mathcal{M}_{p,q}(\mathbb{K})$, $B = (b_{i,j})_{\substack{1 \leq i \leq q \\ 1 \leq j \leq r}} \in \mathcal{M}_{q,r}(\mathbb{K})$. On définit la matrice $C = (c_{i,j})_{\substack{1 \leq i \leq p \\ 1 \leq j \leq r}} \in \mathcal{M}_{p,r}(\mathbb{K})$ par $c_{i,j} = \sum_{k=1}^{q} a_{i,k} b_{k,j}$. La matrice C est appelée produit des matrices A et B et on note $C = AB$.

Remarque 2.
- Attention, le produit de A par B ne peut être réalisé que si le nombre de lignes de B est égal au nombre de colonnes de A.
- Le produit de matrices est associatif (mais pas commutatif) et distributif par rapport à l'addition.
- Soit $f \in \mathcal{L}(E, F)$, B une base de E, B' une base de F. Soit $x \in E$ et $y = f(x)$. On note X la matrice colonne dont les éléments sont les coordonnées de x dans la base B, Y la matrice colonne dont les éléments sont les coordonnées de $y = f(x)$ dans la base B'. On a alors $Y = [f]_B^{B'} X$, au sens du produit de matrices défini plus haut.

PROPOSITION 2. *Soient E, F et G des $\mathbb{K}$-e.v de dimensions finies. Soit B une base de E, B' une base de F et B'' une base de G. Si $f \in \mathcal{L}(F, G)$ et $g \in \mathcal{L}(E, F)$, on a $[fg]_B^{B''} = [f]_{B'}^{B''} [g]_B^{B'}$.*

Remarque 3. (Produit par blocs). Si $M \in \mathcal{M}_{p,q}(\mathbb{K})$ et $M' \in \mathcal{M}_{q,r}(\mathbb{K})$,

$$M = \begin{pmatrix} \overbrace{A}^{r} & \overbrace{B}^{q-r} \\ C & D \end{pmatrix}, \quad M' = \begin{pmatrix} A' & B' \\ C' & D' \end{pmatrix} \begin{matrix} \}r \text{ lignes} \\ \}q-r \text{ lignes} \end{matrix}$$

alors

$$MM' = \begin{pmatrix} AA' + BC' & AB' + BD' \\ CA' + DC' & CB' + DD' \end{pmatrix}.$$

Tout se passe comme si on multipliait deux matrices 2×2, en prenant garde à l'ordre dans les produits (il n'y a pas commutativité).

3.3. Matrices carrées

Soit $n \in \mathbb{N}^*$. Le $\mathbb{K}$-e.v $\mathcal{M}_n(\mathbb{K}) = \mathcal{M}_{n,n}(\mathbb{K})$, muni de la loi produit sur les matrices, est un anneau (c'est même une $\mathbb{K}$-algèbre) unitaire (l'élément unité est la matrice identité, notée I_n, qui est une matrice scalaire dont les coefficients diagonaux sont égaux à 1). Cet anneau est non commutatif et non intègre dès que $n \geq 2$.

L'ensemble des éléments inversibles de l'anneau $\mathcal{M}_n(\mathbb{K})$ est un groupe appelé *groupe linéaire* d'indice n et noté $\mathcal{G}\ell_n(\mathbb{K})$.

Soit E un $\mathbb{K}$-e.v de dimension finie $n \in \mathbb{N}^*$, B une base de E. Si $f \in \mathcal{L}(E)$, on note $[f]_B = [f]_B^B$ et on l'appelle matrice de f dans la base B. L'application $\Phi : \mathcal{L}(E) \to \mathcal{M}_n(\mathbb{K})$ $f \mapsto [f]_B$ est un isomorphisme d'algèbre. Ceci entraîne que $A \in \mathcal{M}_n(\mathbb{K})$ est inversible si et seulement s'il existe $f \in \mathcal{L}(E)$, inversible, tel que $[f]_B = A$. D'où le corollaire suivant :

$$\begin{aligned}(A \in \mathcal{M}_n(\mathbb{K}) \text{ est inversible}) &\iff (\exists B \in \mathcal{M}_n(\mathbb{K}),\ AB = I_n)\\ &\iff (\exists B \in \mathcal{M}_n(\mathbb{K}),\ BA = I_n) \quad \text{et} \quad B = A^{-1}.\end{aligned}$$

3.4. Changement de base

Soit E un $\mathbb{K}$-e.v de dimension finie $n \in \mathbb{N}^*$, $B = (e_1, \ldots, e_n)$ et $B' = (e'_1, \ldots, e'_n)$ deux bases de E. Pour tout j, $1 \leq j \leq n$, on peut écrire $e'_j = \sum_{i=1}^n p_{i,j} e_i$ avec les $p_{i,j} \in \mathbb{K}$. La matrice $P = (p_{i,j})_{\substack{1\leq i\leq n\\ 1\leq j\leq n}}$ (dont les colonnes sont les coordonnées des vecteurs de B' dans la base B) s'appelle *matrice de passage* de B à B'. La matrice P est inversible. Si $x \in E$, si X (resp. X') désigne le vecteur colonne dont les éléments sont les coordonnées de x dans la base B (resp. dans la base B'), alors on a $X = PX'$.

Remarque 4. Attention à l'erreur courante qui consisterait à écrire $X' = PX$.

PROPOSITION 3. *Soient E et F deux $\mathbb{K}$-e.v de dimensions finies respectivement égales à p et q. Soient B_0 et B'_0 deux bases de E, P la matrice de passage de B_0 à B'_0, B_1 et B'_1 deux bases de F, Q la matrice de passage de B_1 à B'_1. Soit $f \in \mathcal{L}(E, F)$. Si $A = [f]_{B_0}^{B_1}$, $A' = [f]_{B'_0}^{B'_1}$, on a $A' = Q^{-1}AP$.*

DÉFINITION 6. Soient A, $B \in \mathcal{M}_{p,q}(\mathbb{K})$. On dit que A et B sont *équivalentes* s'il existe $P \in \mathcal{G}\ell_q(\mathbb{K})$ et $Q \in \mathcal{G}\ell_p(\mathbb{K})$ telles que $B = QAP$. La relation “est équivalente à” est une relation d'équivalence.

Remarque 5. On a vu un peu plus haut que les matrices d'une même application $f \in \mathcal{L}(E, F)$ dans des bases différentes sont équivalentes.

PROPOSITION 4. *Soit E un $\mathbb{K}$-e.v de dimension finie $n \in \mathbb{N}^*$, B et B' deux bases de E, P la matrice de passage de B à B'. Soit $f \in \mathcal{L}(E)$. Si $A = [f]_B$ et $A' = [f]_{B'}$, alors $A' = P^{-1}AP$.*

DÉFINITION 7. Deux matrices A et $B \in \mathcal{M}_n(\mathbb{K})$ sont dites *semblables* s'il existe $P \in \mathcal{G}\ell_n(\mathbb{K})$ tel que $B = P^{-1}AP$. La relation de similitude est une relation d'équivalence.

3.5. Propriétés des transposées

PROPOSITION 5. — *Si A, $B \in \mathcal{M}_{p,q}(\mathbb{K})$, ${}^t(A + B) = {}^tA + {}^tB$.*
- *Si $A \in \mathcal{M}_{p,q}(\mathbb{K})$ et $\lambda \in \mathbb{K}$, ${}^t(\lambda A) = \lambda\, {}^tA$.*
- *Si $A \in \mathcal{M}_{p,q}(\mathbb{K})$ et $B \in \mathcal{M}_{q,r}(\mathbb{K})$, ${}^t(AB) = {}^tB\, {}^tA$.*
- *Soit $A \in \mathcal{M}_n(\mathbb{K})$. On a $A \in \mathcal{G}\ell_n(\mathbb{K})$ si et seulement si ${}^tA \in \mathcal{G}\ell_n(\mathbb{K})$ et dans ce cas, $({}^tA)^{-1} = {}^t(A^{-1})$.*

Remarque 6. La transposition inverse l'ordre dans les produits de matrices. Cette remarque peut parfois être utile dans les exercices.

3.6. Rang d'une matrice

DÉFINITION 8. Soit $A \in \mathcal{M}_{p,q}(\mathbb{K})$. On appelle rang de A le rang de ses vecteurs colonnes dans $\mathbb{K}^p$, et on le note rg A. Si A est la matrice d'une application linéaire f, on a $\operatorname{rg} A = \operatorname{rg} f$.

Remarque 7. — Si $A \in \mathcal{M}_{p,q}(\mathbb{K})$, alors $\operatorname{rg} A \leq \inf\{p, q\}$.
— Si $A \in \mathcal{M}_n(\mathbb{K})$, alors A est inversible si et seulement si $\operatorname{rg} A = n$.

→ THÉORÈME 1. *Soit $A \in \mathcal{M}_{p,q}(\mathbb{K})$. Si $r = \operatorname{rg} A \geq 1$, A est équivalente à la matrice* $J_r = \begin{pmatrix} I_r & 0 \\ 0 & 0 \end{pmatrix}$.

COROLLAIRE 1. *Deux matrices A et $B \in \mathcal{M}_{p,q}(\mathbb{K})$ sont équivalentes si et seulement si* $\operatorname{rg} A = \operatorname{rg} B$.

DÉFINITION 9. Soit $A = (a_{i,j})_{\substack{1 \leq i \leq p \\ 1 \leq j \leq q}} \in \mathcal{M}_{p,q}(\mathbb{K})$, et soient deux sous-ensembles non vides $I \subset \{1, \ldots, p\}$ et $J \subset \{1, \ldots, q\}$. La matrice $B = (a_{i,j})_{\substack{i \in I \\ j \in J}}$ s'appelle matrice *extraite* de A, A s'appelle une matrice *bordante* de B.

THÉORÈME 2. *Soit $A \in \mathcal{M}_{p,q}(\mathbb{K})$. Le rang de A est le plus grand des ordres des matrices carrées inversibles extraites de A.*

COROLLAIRE 2. *Le rang de toute matrice est égal au rang de sa transposée.*

Remarque 8. En d'autres termes, le corollaire précédent dit que le rang des vecteurs colonnes d'une matrice est égal au rang de ses vecteurs ligne.

– Dans la pratique, pour trouver le rang d'une matrice, on utilise le résultat suivant : on ne change pas le rang d'une matrice en multipliant une colonne par un scalaire non nul, ou en ajoutant a une colonne une combinaison linéaire des autres colonnes (même chose sur les lignes). Par exemple, en opérant sur les lignes,

$$\operatorname{rg}\begin{pmatrix} 2 & 1 & 3 & -3 \\ -1 & 2 & 1 & 4 \\ 1 & 1 & 2 & -1 \end{pmatrix} = \operatorname{rg}\begin{pmatrix} 2 & 1 & 3 & -3 \\ 0 & 3 & 3 & 3 \\ 1 & 1 & 2 & -1 \end{pmatrix}$$
$$= \operatorname{rg}\begin{pmatrix} 2 & 1 & 3 & -3 \\ 0 & 1 & 1 & 1 \\ 2 & 2 & 4 & -2 \end{pmatrix} = \operatorname{rg}\begin{pmatrix} 2 & 1 & 3 & -3 \\ 0 & 1 & 1 & 1 \\ 0 & 1 & 1 & 1 \end{pmatrix} = 2.$$

3.7. Trace d'un endomorphisme

DÉFINITION 10. Soit $A = (a_{i,j})_{1 \leq i,j \leq n} \in \mathcal{M}_n(\mathbb{K})$. On appelle *trace* de A le scalaire $\operatorname{tr} A = \sum_{i=1}^{n} a_{i,i}$. L'application $A \mapsto \operatorname{tr} A$ est une forme linéaire.

PROPOSITION 6. — *Si A et $B \in \mathcal{M}_n(\mathbb{K})$, $\operatorname{tr}(AB) = \operatorname{tr}(BA)$.*
— *Si $A \in \mathcal{M}_n(\mathbb{K})$, $\operatorname{tr} A = \operatorname{tr}({}^{t}A)$.*
— *Si A et $B \in \mathcal{M}_n(\mathbb{K})$ sont semblables, alors $\operatorname{tr} A = \operatorname{tr} B$.*

Remarque 9. La trace d'un produit de deux matrices ne dépend pas de l'ordre dans lequel on les multiplie, mais ceci n'est pas vrai lorsque le produit a trois termes ou plus. On peut écrire $\operatorname{tr}(ABC) = \operatorname{tr}(CAB) = \operatorname{tr}(BCA)$, mais en général on a $\operatorname{tr}(ABC) \neq \operatorname{tr}(ACB)$.

La dernière assertion de la proposition précédente permet la définition suivante.

DÉFINITION 11. Soit E un $\mathbb{K}$-e.v de dimension finie, B une base de E et $f \in \mathcal{L}(E)$. Alors la trace de la matrice $[f]_B$ ne dépend pas de la base B choisie. Cette valeur s'appelle la trace de f et est notée $\operatorname{tr} f$.

PROPOSITION 7. *Soit E un $\mathbb{K}$-e.v de dimension finie, $p \in \mathcal{L}(E)$ un projecteur. Alors* $\operatorname{tr} p = (\operatorname{rg} p)1_{\mathbb{K}}$ *(où $1_{\mathbb{K}}$ désigne l'élément unité de $\mathbb{K}$). En particulier, si $\mathbb{K} = \mathbb{R}$ ou $\mathbb{K} = \mathbb{C}$ alors* $\operatorname{tr} p = \operatorname{rg} p$.

Démonstration. Comme p est un projecteur, $\operatorname{Im} p \oplus \operatorname{Ker} p = E$. Soit $r = \operatorname{rg} p$, $(e_1, \dots, e_r)$ une base de $\operatorname{Im} p$ et $(e_{r+1}, \dots, e_n)$ une base de $\operatorname{Ker} p$. Alors $B = (e_1, \dots, e_n)$ est une base de E et la matrice de p dans cette base est $[p]_B = \left(\begin{smallmatrix} I_r & 0 \\ 0 & 0 \end{smallmatrix}\right)$, donc $\operatorname{tr} p = (\operatorname{rg} p)1_{\mathbb{K}}$. □

3.8. Exercices

EXERCICE 1 (MATRICES DIAGONALEMENT DOMINANTES). On considère une matrice $A = (a_{i,j})_{1 \le i,j \le n} \in \mathcal{M}_n(\mathbb{C})$ vérifiant

$$\forall i,\ 1 \le i \le n, \qquad \sum_{\substack{1 \le j \le n \\ j \ne i}} |a_{i,j}| < |a_{i,i}|.$$

Montrer que A est inversible.

Solution. Il s'agit de montrer que $\operatorname{rg} A = n$, c'est-à-dire que les n vecteurs colonnes de A forment une famille libre. Pour cela, raisonnons par l'absurde en supposant ces n vecteurs liés, ce qui s'écrit

$$\exists \lambda_1, \dots, \lambda_n \in \mathbb{C} \quad \text{tels que} \quad \forall i \in \{1, \dots, n\}, \sum_{j=1}^{n} \lambda_j a_{i,j} = 0,$$

les λ_i étant non tous nuls. Soit k tel que $|\lambda_k| = \sup_{1 \le j \le n} |\lambda_j|$. Alors $\lambda_k \ne 0$ et

$$\sum_{j=1}^{n} \lambda_j a_{k,j} = 0 \quad \text{donc} \quad a_{k,k} = -\sum_{\substack{1 \le j \le n \\ j \ne k}} \frac{\lambda_j}{\lambda_k} a_{k,j}, \quad \text{d'où} \quad |a_{k,k}| \le \sum_{\substack{1 \le j \le n \\ j \ne k}} \frac{|\lambda_j|}{|\lambda_k|} |a_{k,j}| \le \sum_{\substack{1 \le j \le n \\ j \ne k}} |a_{k,j}|,$$

ce qui est contraire aux hypothèses.

EXERCICE 2. Soit $n \in \mathbb{N}^*$ et soit la matrice

$$M = \begin{pmatrix} 1 & 1 & 1 & \cdots & 1 \\ 0 & C_1^1 & C_2^1 & \cdots & C_n^1 \\ \vdots & \ddots & C_2^2 & \cdots & C_n^2 \\ \vdots & & \ddots & \ddots & \vdots \\ 0 & \cdots & \cdots & 0 & C_n^n \end{pmatrix} \in \mathcal{M}_{n+1}(\mathbb{R}).$$

Montrer que M est inversible et calculer M^{-1}.

Solution. On note $\mathbb{R}_n[X] = \{P \in \mathbb{R}[X] \mid \deg(P) \le n\}$. Soit l'endomorphisme $f :\ \mathbb{R}_n[X] \to \mathbb{R}_n[X] \quad P(X) \mapsto P(X+1)$. La famille $B = (1, X, \dots, X^n)$ est une base de $\mathbb{R}_n[X]$, et on voit facilement que M est la matrice de f dans la base B. Or f est inversible, son inverse étant $g :\ P(X) \mapsto P(X-1)$. Donc M est inversible, et

$$M^{-1} = [f^{-1}]_B = [g]_B = \begin{pmatrix} 1 & -1 & 1 & \cdots & (-1)^n \\ 0 & C_1^1 & -C_2^1 & \cdots & (-1)^{n-1} C_n^1 \\ \vdots & \ddots & C_2^2 & \cdots & (-1)^{n-2} C_n^2 \\ \vdots & & \ddots & \ddots & \vdots \\ 0 & \cdots & \cdots & 0 & C_n^n \end{pmatrix}.$$

EXERCICE 3. Soient A et $B \in \mathcal{M}_n(\mathbb{K})$ telles que $AB = A + B$. Montrer que A et B commutent (*i. e.* montrer que $AB = BA$).

Solution. Comme $AB = A + B$, on a $I_n - A - B + AB = I_n$ donc $(I_n - A)(I_n - B) = I_n$. Donc $I_n - A$ est inversible, son inverse est $(I_n - B)$, donc $(I_n - B)(I_n - A) = I_n$, ce qui en développant donne $BA = B + A = A + B$.

EXERCICE 4. **a)** On considère la matrice

$$M = \begin{pmatrix} 0 & m_{1,2} & \cdots & m_{1,n} \\ \vdots & 0 & \ddots & \vdots \\ \vdots & & \ddots & m_{n-1,n} \\ 0 & \cdots & \cdots & 0 \end{pmatrix} \in \mathcal{M}_n(\mathbb{R}).$$

Montrer (sans utiliser le théorème de Cayley-Hamilton) que M est nilpotente.

b) Soit $M = \begin{pmatrix} 3 & 1 & 0 \\ 0 & 3 & 2 \\ 0 & 0 & 3 \end{pmatrix} \in \mathcal{M}_3(\mathbb{R})$. Pour tout entier $p \geq 1$, calculer M^p.

Solution. **a)** Soit $(e_1, \ldots, e_n)$ la base canonique de $\mathbb{R}^n$ (e_i est le vecteur colonne dont tous les éléments sont nuls sauf le i-ième qui vaut 1). La forme de la matrice M montre que

$$Me_1 = 0 \quad \text{et} \quad \forall i \geq 2, \ Me_i = \sum_{k=1}^{i-1} m_{k,i} e_k \in \text{Vect}(e_1, \ldots, e_{i-1}).$$

Montrons par récurrence sur $p \in \{1, \ldots, n\}$ que pour tout i, $1 \leq i \leq p$, on a $M^p e_i = 0$. Pour $p = 1$ c'est vrai car $Me_1 = 0$. Supposons le résultat vrai au rang $p - 1$, montrons le au rang p. Si $1 \leq i \leq p - 1$, l'égalité $M^{p-1} e_i = 0$ entraîne $M^p e_i = 0$, et si $i = p$:

$$M^p e_p = M^{p-1}(Me_p) = M^{p-1}\left(\sum_{k=1}^{p-1} m_{k,p} e_k\right) = \sum_{k=1}^{p-1} m_{k,p}(M^{p-1} e_k) = 0.$$

- En particulier, le résultat est vrai pour $p = n$ ce qui entraîne que M^n s'annule sur tous les vecteurs de la base canonique de $\mathbb{R}^n$, donc est nul.

b) On écrit $M = 3I_3 + N$ où $N = \begin{pmatrix} 0 & 1 & 0 \\ 0 & 0 & 2 \\ 0 & 0 & 0 \end{pmatrix}$. D'après la question précédente, $N^3 = 0$. Comme I_3 et N commutent, on peut écrire

$$\forall p \in \mathbb{N}^*, \ M^p = \sum_{k=0}^{p} \binom{p}{k} N^k (3I_3)^{p-k} = 3^p I_3 + p3^{p-1} N + \frac{p(p-1)}{2} 3^{p-2} N^2.$$

Comme $N = \begin{pmatrix} 0 & 1 & 0 \\ 0 & 0 & 2 \\ 0 & 0 & 0 \end{pmatrix}$ et $N^2 = \begin{pmatrix} 0 & 0 & 2 \\ 0 & 0 & 0 \\ 0 & 0 & 0 \end{pmatrix}$, ceci donne $M^p = 3^{p-2} \begin{pmatrix} 9 & 3p & p(p-1) \\ 0 & 9 & 6p \\ 0 & 0 & 9 \end{pmatrix}$.

Remarque. Au a), une étude plus poussée aurait permis de montrer que la matrice M^p a tout ses coefficients nuls en dehors de la partie triangulaire supérieure des $n - p$ premières lignes et $n - p$ dernières colonnes. Autrement dit,

$$\forall p, 1 \leq p \leq n-1, \quad \text{on a} \quad M^p = \left(\begin{array}{ccc} & \times & \cdots & \times \\ & & \ddots & \vdots \\ & (0) & & \times \\ & & & \end{array}\right) \begin{array}{l} \left.\right\} n-p \text{ lignes} \\ \left.\right\} p \text{ lignes} \end{array}.$$

EXERCICE 5. Quelles sont les matrices $A \in \mathcal{M}_n(\mathbb{K})$ telles que $A^2 = 0$?

Solution. Soit f l'endomorphisme de $\mathbb{K}^n$ dont A est la matrice dans la base canonique de $\mathbb{K}^n$. On a $f^2 = 0$, donc $\operatorname{Im} f \subset \operatorname{Ker} f$. Soit $r = \operatorname{rg} f$. Si $r = 0$, on a $f = 0$. Sinon $r \geq 1$. Soit $(e_1, \dots, e_r)$ une base de $\operatorname{Im} f$. Comme $\operatorname{Im} f \subset \operatorname{Ker} f$, on peut compléter cette base en une base $(e_1, \dots, e_{n-r})$ de $\operatorname{Ker} f$ (au passage, on remarque que $r \leq n - r$ donc $r \leq n/2$). Pour $1 \leq i \leq r$, $e_i \in \operatorname{Im} f$ donc il existe $u_i \in \mathbb{K}^n$ tel que $f(u_i) = e_i$.

Montrons que $B = (e_1, \dots, e_{n-r}, u_1, \dots, u_r)$ est une base de $\mathbb{K}^n$. Il suffit de montrer que c'est une famille libre (il y a n éléments). Supposons $(\lambda_1 e_1 + \cdots + \lambda_{n-r} e_{n-r}) + (\mu_1 u_1 + \cdots + \mu_r u_r) = 0$ où les $\lambda_i, \mu_j \in \mathbb{K}$. En composant par f, on trouve $\mu_1 e_1 + \cdots + \mu_r e_r = 0$, donc $\forall i, \mu_i = 0$. Donc $\lambda_1 e_1 + \cdots + \lambda_{n-r} e_{n-r} = 0$, et donc $\forall i, \lambda_i = 0$. B est donc bien une base de $\mathbb{K}^n$. Dans cette base, f a pour matrice $M_r = \begin{pmatrix} 0 & I_r \\ 0 & 0 \end{pmatrix}$, avec $r \leq n/2$, et A est donc semblable à M.

Réciproquement, si $Au0$ ou si A est semblable à M_r avec $r \leq n/2$, alors $A^2 = 0$. Les matrices recherchées sont donc celles semblables à M_r avec $r \leq n/2$ et la matrice nulle.

EXERCICE 6. Soit $M \in \mathcal{M}_n(\mathbb{R})$ une matrice de trace nulle.
a) Montrer que M est semblable à une matrice n'ayant que des 0 sur la diagonale principale.
b) Montrer qu'il existe X et $Y \in \mathcal{M}_n(\mathbb{R})$ tels que $M = XY - YX$.

Solution. **a)** On va montrer ce résultat par récurrence sur $n \in \mathbb{N}^*$. Pour $n = 1$ c'est évident car $M = (\operatorname{tr} M) = (0)$. Supposons le résultat vérifié au rang $n - 1$ et montrons le au rang n. Soit f l'endomorphisme de $\mathbb{R}^n$ dont M est la matrice dans la base canonique de $\mathbb{R}^n$. Si $\forall x \in \mathbb{R}^n$, la famille $(x, f(x))$ est liée, alors f est une homothétie (voir la proposition 3 de la partie 2.3), c'est-à-dire qu'il existe $\lambda \in \mathbb{R}$ tel que $f = \lambda \operatorname{Id}_E$. Or $n\lambda = \operatorname{tr} f = \operatorname{tr} M = 0$ donc $\lambda = 0$ et donc $f = 0$, ce qui entraîne que la matrice M est nulle.

Sinon, il existe $x \in \mathbb{R}^n$ tel que la famille $(x, f(x))$ soit libre. Complétons cette famille en une base $B = (x, f(x), e_3, \dots, e_n)$ de $\mathbb{R}^n$. Dans cette base, on a

$$N = [f]_B = \left(\begin{array}{c|ccc} 0 & \times & \cdots & \times \\ \hline 1 & & & \\ 0 & & N' & \\ \vdots & & & \end{array}\right).$$

Or $0 = \operatorname{tr} f = \operatorname{tr} N = \operatorname{tr} N'$ donc d'après l'hypothèse de récurrence, il existe $Q \in \mathcal{G}\ell_{n-1}(\mathbb{R})$ telle que $Q^{-1}N'Q$ n'ait que des zéros sur la diagonale principale. Si $P = \left(\begin{array}{c|c} 1 & 0 \cdots 0 \\ \hline 0 & \\ \vdots & Q \\ 0 & \end{array}\right) \in \mathcal{G}\ell_n(\mathbb{R})$, on a donc

$$P^{-1}NP = \left(\begin{array}{c|c} 1 & 0 \cdots 0 \\ \hline 0 & \\ \vdots & Q^{-1} \\ 0 & \end{array}\right) N \left(\begin{array}{c|c} 1 & 0 \cdots 0 \\ \hline 0 & \\ \vdots & Q \\ 0 & \end{array}\right) = \left(\begin{array}{c|c} 0 & \times \cdots \times \\ \hline \times & \\ \vdots & Q^{-1}N'Q \\ \times & \end{array}\right) = \begin{pmatrix} 0 & \times & \cdots & \times \\ \times & 0 & \ddots & \vdots \\ \vdots & \ddots & \ddots & \times \\ \times & \cdots & \times & 0 \end{pmatrix}.$$

La matrice M, semblable à N, est donc semblable à cette dernière matrice, d'où le résultat.

b) D'après a), il existe $P \in \mathcal{G}\ell_n(\mathbb{R})$ telle que $M = P^{-1}NP$ où N est une matrice n'ayant que des zéros sur la diagonale principale. Notons $b_{i,j}$ les coefficients de la matrice N. Fixons

$$X = \begin{pmatrix} \alpha_1 & 0 & \cdots & 0 \\ 0 & \alpha_2 & \ddots & \vdots \\ \vdots & \ddots & \ddots & 0 \\ 0 & \cdots & 0 & \alpha_n \end{pmatrix} \in \mathcal{M}_n(\mathbb{R}), \quad \text{avec} \quad \alpha_i \neq \alpha_j \quad \text{si} \quad i \neq j.$$

Si $Y = (a_{i,j})_{1 \leq i,j \leq n} \in \mathcal{M}_n(\mathbb{R})$, un calcul rapide montre que $XY - YX = (\alpha_i a_{i,j} - \alpha_j a_{i,j})_{1 \leq i,j \leq n}$. En choisissant $a_{i,i} = 0$ pour tout i, et $a_{i,j} = b_{i,j}/(\alpha_i - \alpha_j)$ si $i \neq j$, on voit que $XY - YX = N$, donc $M = (P^{-1}XP)(P^{-1}YP) - (P^{-1}YP)(P^{-1}XP)$.

EXERCICE 7. Soit E un $\mathbb{R}$-e.v de dimension finie $n \in \mathbb{N}^*$. Soient $p_1, \ldots, p_k \in \mathcal{L}(E)$ des projecteurs. Montrer que $p = p_1 + \cdots + p_k$ est un projecteur si et seulement si $p_i \circ p_j = 0$ pour tout (i, j) tel que $i \neq j$.

Solution. Condition suffisante. Il suffit de remarquer que

$$p^2 = p_1^2 + \cdots + p_k^2 + \sum_{i \neq j} p_i \circ p_j = p_1^2 + \cdots + p_k^2 = p_1 + \cdots + p_k = p.$$

Condition nécessaire. D'après la proposition 7, le rang d'un projecteur égale sa trace, donc

$$\operatorname{rg} p = \operatorname{tr} p = \sum_{i=1}^{k} \operatorname{tr} p_i = \sum_{i=1}^{k} \operatorname{rg} p_i.$$

On a aussi

$$\operatorname{Im} p = (p_1 + \cdots + p_k)(E) \subset p_1(E) + \cdots + p_k(E) = \operatorname{Im} p_1 + \cdots + \operatorname{Im} p_k.$$

Ces deux dernières assertions permettent de conclure que

$$\operatorname{Im} p = \operatorname{Im} p_1 \oplus \cdots \oplus \operatorname{Im} p_k. \qquad (*)$$

Ceci étant, fixons i, $1 \leq i \leq k$. D'après $(*)$, si $x \in E$, $p_i(x) \in \operatorname{Im} p$ donc

$$p_i(x) = p(p_i(x)) = p_1 \circ p_i(x) + \cdots + p_i \circ p_i(x) + \cdots + p_k \circ p_i(x).$$

Comme $p_i \circ p_i(x) = p_i(x)$, on en déduit $\sum_{j \neq i} p_j \circ p_i(x) = 0$. Or pour tout j, $p_j \circ p_i(x) \in \operatorname{Im} p_j$ donc d'après $(*)$, l'écriture $\sum_{j \neq i} p_j \circ p_i(x) = 0$ entraîne $\forall j \neq i$, $p_j \circ p_i(x) = 0$. Ceci est vrai pour tout $x \in E$, donc si $j \neq i$, $p_j \circ p_i = 0$, d'où le résultat.

4. Dualité

Dans toute cette partie, E désigne un $\mathbb{K}$-espace vectoriel.

4.1. Généralités

DÉFINITION 1. On appelle *forme linéaire* sur E toute application linéaire de E dans $\mathbb{K}$. L'ensemble $\mathcal{L}(E, \mathbb{K})$ des formes linéaires sur E est aussi noté E^*. C'est un $\mathbb{K}$-e.v appelé espace *dual* de E.

Notation. Si $x \in E$ et $\varphi \in E^*$, on note parfois $\varphi(x) = \langle \varphi, x \rangle$.

DÉFINITION 2. On appelle *bidual* de E l'espace dual de E^*, noté E^{**}.

4.2. Étude du dual en dimension finie

Dans cette sous-partie, sauf mention contraire, E est de dimension finie $n \in \mathbb{N}^*$.

DÉFINITION 3. Soit $B = (e_1, \dots, e_n)$ une base de E. Pour tout i, $1 \leq i \leq n$, la forme linéaire e_i^* définie sur B par $e_i^*(e_j) = 0$ si $j \neq i$, $e_i^*(e_i) = 1$, s'appelle *forme linéaire coordonnée* d'indice i.

Remarque 1. Si E est de dimension infinie et $(e_i)_{i \in I}$ une base de E, on définit de même les formes linéaires coordonnées e_i^* pour $i \in I$.

THÉORÈME 1. *Soit $B = (e_1, \dots, e_n)$ une base de E. Alors $B^* = (e_1^*, \dots, e_n^*)$ est une base de E^* appelée base* duale *de B, et donc* $\dim E^* = \dim E$. *Pour tout $\varphi \in E^*$, on a $\varphi = \sum_{i=1}^n \varphi(e_i)\, e_i^*$.*

Démonstration. La famille B^* est libre, car l'égalité $\lambda_1 e_1^* + \cdots + \lambda_n e_n^* = 0$ appliquée aux vecteurs $e_1, \dots, e_n$ de E donne $\lambda_1 = \cdots = \lambda_n = 0$.

La famille B^* est génératrice. En effet, si $\varphi \in E^*$, alors pour tout $x \in E$, $x = \lambda_1 e_1 + \cdots + \lambda_n e_n$, on a

$$\varphi(x) = \sum_{i=1}^n \lambda_i\, \varphi(e_i) = \sum_{i=1}^n e_i^*(x)\, \varphi(e_i),$$

et ceci étant vrai pour tout $x \in E$, on a $\varphi = \sum_{i=1}^n \varphi(e_i)\, e_i^*$. □

Remarque 2. Si E est de dimension infinie et $(e_i)_{i \in I}$ une base de E, $(e_i^*)_{i \in I}$ est une famille libre de E^* mais non génératrice.

Bidual en dimension finie.

THÉORÈME 2. *Si $x \in E$, on note $\tilde{x} : E^* \to \mathbb{K} \quad \varphi \mapsto \varphi(x)$. On a $\tilde{x} \in E^{**}$ et l'application $f : E \to E^{**} \quad x \mapsto \tilde{x}$ est un isomorphisme.*

Démonstration. On vérifie facilement que $\tilde{x}$ est linéaire (*i. e.* que $\tilde{x} \in E^{**}$), ainsi que f.

Prouvons que f est injective. Soit $x \in \operatorname{Ker} f$. Si $x \neq 0$, on peut compléter x en une base $(x, e_2, \dots, e_n)$ de E. On a alors $x^*(x) = 1$, autrement dit $\tilde{x}(x^*) \neq 0$, donc $\tilde{x} \neq 0$. Donc $\operatorname{Ker} f = \{0\}$.

D'après le théorème 1, $\dim E^{**} = \dim E^* = \dim E$. Ainsi f est bijective, et c'est donc un isomorphisme. □

Remarque 3. — Cet isomorphisme est canonique (*i. e.* il ne dépend pas du choix d'une base). On convient alors d'identifier E et E^{**} en identifiant x à $\tilde{x}$ pour $x \in E$.
— En dimension infinie, $f : x \mapsto \tilde{x}$ est injective mais pas surjective.

Base antéduale.

PROPOSITION 1. *Soit $(f_1, \dots, f_n)$ une base de E^*. Il existe une unique base $(e_1, \dots, e_n)$ de E telle que pour tout i, $e_i^* = f_i$. Cette base s'appelle base* antéduale *de $(f_1, \dots, f_n)$.*

Démonstration. Existence. D'après le théorème 2, pour tout i, il existe $e_i \in E$ tel que $f_i^* = \tilde{e_i}$. Donc pour tout $j \neq i$, $f_i^*(f_j) = 0 = \tilde{e_i}(f_j) = f_j(e_i)$ et $f_i^*(f_i) = 1 = f_i(e_i)$. En résumé, $f_i(e_j) = 0$ si $j \neq i$ et $f_i(e_i) = 1$. On voit donc que pour tout i, $f_i = e_i^*$.
Unicité. Soit $(e_1, \dots, e_n)$ une base de E telle que pour tout i, $e_i^* = f_i$. Si $j \neq i$, $e_i^*(e_j) = f_i(e_j) = 0 = \tilde{e_j}(f_i)$ et pour tout i, $e_i^*(e_i) = f_i(e_i) = 1 = \tilde{e_i}(f_i)$. En résumé, on a montré que $\tilde{e_i}(f_j) = 0$ si $j \neq i$, $= 1$ si $j = i$. Autrement dit, $\tilde{e_i} = f_i^*$. D'après le théorème 2, il existe un unique vecteur e_i de E vérifiant $\tilde{e_i} = f_i^*$; les e_i sont donc uniques, d'où le théorème. □

Remarque 4. Nous verrons dans la partie 4.5 (page 136) des moyens de calcul de la base antéduale.

4.3. Orthogonalité

DÉFINITION 4. Des éléments $x \in E$ et $\varphi \in E^*$ sont dit *orthogonaux* si $\varphi(x) = \langle \varphi, x \rangle = 0$.

— Si $A \subset E$, on note $A^\perp = \{\varphi \in E^* \mid \forall x \in A, \varphi(x) = 0\}$. L'ensemble $A^\perp$ est un s.e.v de E^* appelé *orthogonal* de A.

— Si $B \subset E^*$, on note $B^\circ = \{x \in E \mid \forall \varphi \in B, \varphi(x) = 0\}$. L'ensemble B° est un s.e.v de E appelé *orthogonal* de B.

Remarque 5. Si $\varphi \in E^*$, alors $\{\varphi\}^\circ$ est le noyau de φ.

La proposition qui suit se prouve facilement.

PROPOSITION 2. — *Si $A_1 \subset A_2 \subset E$, alors $A_2^\perp \subset A_1^\perp$.*

— *Si $B_1 \subset B_2 \subset E^*$, alors $B_2^\circ \subset B_1^\circ$.*

— *Si $A \subset E$, alors $A^\perp = (\operatorname{Vect} A)^\perp$.*

— *Si $B \subset E^*$, alors $B^\circ = (\operatorname{Vect} B)^\circ$.*

Orthogonalité en dimension finie.

THÉORÈME 3. *Soit E un $\mathbb{K}$-e.v de dimension finie. Alors :*

(i) Si F est un s.e.v de E, $\dim F + \dim F^\perp = \dim E$ et $F^{\perp\circ} = F$.

(ii) Si G est un s.e.v de E^*, $\dim G + \dim G^\circ = \dim E$ et $G^{\circ\perp} = G$.

Démonstration. (i) Soit $r = \dim F$ et $(e_1, \dots, e_r)$ une base de F, que nous complétons en une base $(e_1, \dots, e_n)$ de E. On a $F = \operatorname{Vect}(e_1, \dots, e_r)$ donc d'après la proposition précédente, $F^\perp = \{e_1, \dots, e_r\}^\perp$. Soit $\varphi \in E^*$, $\varphi = \sum_{i=1}^n \lambda_i e_i^*$. Alors

$$(\varphi \in \{e_1, \dots, e_r\}^\perp) \iff (\forall i \in \{1, \dots, r\}, \quad 0 = \varphi(e_i) = \lambda_i).$$

Ainsi, $\varphi \in F^\perp$ si et seulement si $\varphi \in \operatorname{Vect}(e_{r+1}^*, \dots, e_n^*)$ d'où la première égalité de (i).

Maintenant, toujours d'après la proposition précédente, on a $F^{\perp\circ} = \{e_{r+1}^*, \dots, e_n^*\}^\circ$. Donc

$$\Big(x = \sum_{i=1}^n \alpha_i e_i \in F^{\perp\circ}\Big) \iff (\forall i \in \{r+1, \dots, n\}, \quad 0 = e_i^*(x) = \alpha_i),$$

ce qui prouve $F^{\perp\circ} = \operatorname{Vect}(e_1, \dots, e_r) = F$.

(ii) Soit $r = \dim G$, $(f_1, \dots, f_r)$ une base de G, complétée en une base $(f_1, \dots, f_n)$ de E^*. Soit $(e_1, \dots, e_n)$ une base antéduale de cette dernière, de sorte que $\forall i$, $f_i = e_i^*$. On a $G = \operatorname{Vect}(e_1^*, \dots, e_r^*)$ et en procédant comme plus haut, on trouve $G^\circ = \operatorname{Vect}(e_{r+1}, \dots, e_n)$ et $G^{\circ\perp} = \operatorname{Vect}(e_1^*, \dots, e_r^*) = G$. □

Consequence. En dimension finie, un sous-espace est égal à l'espace tout entier si et seulement si son orthogonal est nul.

Remarque 6. L'égalité $F^{\perp\circ} = F$ reste vraie en dimension infinie. Par contre l'égalité $B = B^{\circ\perp}$ est fausse en dimension infinie. Prenons par exemple $E = \mathbb{R}[X]$ et B le s.e.v de E^* engendré par les formes linéaires $\varphi_n : P \mapsto P^{(n)}(0)$ $(n \in \mathbb{N})$. Si $P \in B^\circ$, alors pour tout $n \in \mathbb{N}$, $P^{(n)}(0) = 0$ donc d'après la formule de Taylor, $P = 0$. Autrement dit, $B^\circ = \{0\}$, donc $B^{\circ\perp} = \{0\}^\perp = E^*$. On a donc $B \neq B^{\circ\perp} = E^*$ (par exemple, $\varphi : P \mapsto P(1)$ est dans E^* et on vérifie facilement que $\varphi \notin B$). Cependant l'inclusion $B \subset B^{\circ\perp}$ est vraie en dimension infinie.

En traduisant le théorème précédent en termes d'équations, on obtient le corollaire suivant.

COROLLAIRE 1 (ÉQUATIONS D'UN S.E.V EN DIMENSION FINIE). *Soit E un $\mathbb{K}$.e.v de dimension finie n.*

— *Soient p formes linéaires $\varphi_1, \dots, \varphi_p$ de E^* telles que $\operatorname{rg}(\varphi_1, \dots, \varphi_p) = r$. Le s.e.v $F = \{x \in E \mid \forall i, \varphi_i(x) = 0\}$ est de dimension $n - r$.*

— *Réciproquement, si F est un s.e.v de E de dimension q, il existe $n-q$ formes linéaires linéairement indépendantes $\varphi_1, \dots, \varphi_{n-q}$ telles que $F = \{x \in E \mid \forall i, 1 \leq i \leq n-q, \varphi_i(x) = 0\}$.*

PROPOSITION 3. *Soit E un $\mathbb{K}$-e.v de dimension finie et A_1 et A_2 deux s.e.v de E. Alors*

$$(i) \quad (A_1 + A_2)^\perp = A_1^\perp \cap A_2^\perp \qquad (ii) \quad (A_1 \cap A_2)^\perp = A_1^\perp + A_2^\perp.$$

Soient B_1 et B_2 deux s.e.v de E^*. Alors

$$(iii) \quad (B_1 + B_2)^\circ = B_1^\circ \cap B_2^\circ \qquad (iv) \quad (B_1 \cap B_2)^\circ = B_1^\circ + B_2^\circ.$$

La preuve est simple. Pour montrer chaque assertion, on montre une inclusion triviale puis l'égalité des dimensions grâce au théorème 3.

Orthogonalité et hyperplans.

PROPOSITION 4. *Soit $\varphi \in E^*$ une forme linéaire non nulle. Alors* $\operatorname{Ker}\varphi$ *est un hyperplan de E. Réciproquement, tout hyperplan de E est le noyau d'une forme linéaire non nulle.*

Démonstration. Soit $\varphi \in E^*$, $\varphi \neq 0$. On sait que $E/\operatorname{Ker}\varphi$ est isomorphe à $\operatorname{Im}\varphi = \mathbb{K}$, donc de dimension 1, ce qui n'est autre que de dire que $\operatorname{Ker}\varphi$ est un hyperplan de E.

Réciproquement, soit H un hyperplan de E. D'après la proposition 2 page 120, il existe un s.e.v $S = \mathbb{K}x_0$ de E de dimension 1 tel que $H \oplus S = E$. Si maintenant on définit $\varphi \in E^*$ par $\varphi(x) = 0$ si $x \in H$ et $\varphi(\lambda x_0) = \lambda$ sur S, on voit que $\operatorname{Ker}\varphi = H$. □

PROPOSITION 5. *Soit H un hyperplan de E. L'ensemble $H^\perp$ des formes linéaires sur E qui s'annulent sur H est une droite de E^*.*

Démonstration. D'après la proposition précédente, il existe $\varphi_0 \in E^*$ tel que $\operatorname{Ker}\varphi_0 = H$. Maintenant, soit $\varphi \in E^*$ une forme linéaire qui s'annule sur H. Soit $x_0 \in E$ tel que $H \oplus \mathbb{K}x_0 = E$. On a $\varphi_0(x_0) \neq 0$ (sinon φ_0 s'annule sur H et sur $\mathbb{K}x_0$ donc sur E, ce qui est absurde car $\operatorname{Ker}\varphi_0 = H$). Posons $\lambda = \varphi(x_0)/\varphi_0(x_0)$ et $\psi = \varphi - \lambda\varphi_0$. Comme φ et φ_0 s'annulent sur H, ψ s'annule sur H. Or par construction de λ, $\psi(x_0) = 0$. L'application ψ s'annule donc aussi sur $\mathbb{K}x_0$, donc sur E tout entier, et donc $\varphi = \lambda\varphi_0 \in \operatorname{Vect}(\varphi_0)$. Réciproquement, on vérifie facilement que si $\varphi \in \operatorname{Vect}(\varphi_0)$, alors φ s'annule sur H. □

Remarque 7. On peut montrer de manière plus générale que si F est un s.e.v de E de codimension finie, alors $F^\perp$ est un s.e.v de E^* de dimension $\operatorname{codim}_E F$.

4.4. Applications transposées

DÉFINITION 5. Soient E et F deux $\mathbb{K}$-e.v de dimension quelconque. Soit $u \in \mathcal{L}(E, F)$. Pour tout $f \in F^*$, on a $f \circ u \in E^*$. L'application linéaire $F^* \to E^* \quad f \mapsto f \circ u$ est appelée application *transposée* de u et notée ${}^t u$.

PROPOSITION 6. *Soient E et F deux $\mathbb{K}$-e.v. Si E et F sont de dimension finie, on a*

$$(i) \quad \operatorname{rg} u = \operatorname{rg}({}^t u) \qquad (ii) \quad \operatorname{Im}({}^t u) = (\operatorname{Ker} u)^\perp,$$

et en dimension quelconque

$$(iii) \quad \operatorname{Ker}({}^t u) = (\operatorname{Im} u)^\perp.$$

Démonstration. (i) est démontré dans l'étude des problèmes matriciels (voir partie 4.5 page 136).

(ii) Soit $g \in \operatorname{Im}({}^t u)$. Il existe $f \in F^*$ tel que $g = f \circ u$, donc pour tout $x \in \operatorname{Ker} u$, $g(x) = 0$, et donc $g \in (\operatorname{Ker} u)^\perp$. On vient donc de montrer que $\operatorname{Im}({}^t u) \subset (\operatorname{Ker} u)^\perp$. Or $\dim(\operatorname{Im} {}^t u) = \operatorname{rg} {}^t u = \operatorname{rg} u = \dim E - \dim(\operatorname{Ker} u) = \dim(\operatorname{Ker} u)^\perp$, d'où (ii).

(iii) Il suffit de remarquer que

$$\varphi \in \operatorname{Ker} {}^t u \iff \varphi \circ u = 0 \iff \operatorname{Im} u \subset \operatorname{Ker}\varphi \iff \varphi \in (\operatorname{Im} u)^\perp.$$

□

PROPOSITION 7. *Soient E, F, G trois $\mathbb{K}$-e.v, $u \in \mathcal{L}(E,F)$ et $v \in \mathcal{L}(F,G)$. Alors* ${}^t(v \circ u) = {}^tu \circ {}^tv$.

Démonstration. Il suffit d'écrire que si $g \in G^*$, $g \circ (v \circ u) = (g \circ v) \circ u = {}^tu(g \circ v) = {}^tu \circ [{}^tv(g)]$. □

PROPOSITION 8. *Supposons E de dimension finie. Soit $u \in \mathcal{L}(E)$. Un s.e.v F de E est stable par u si et seulement si $F^\perp$ est stable par ${}^tu$.*

Démonstration. Condition nécessaire. On a $u(F) \subset F$ donc pour tout $\varphi \in F^\perp$, comme $\varphi(F) = \{0\}$ on a $\varphi \circ u(F) = \{0\}$. Autrement dit, si $\varphi \in F^\perp$ on a ${}^tu(\varphi) \in F^\perp$. Finalement, $F^\perp$ est stable par ${}^tu$.
Condition suffisante. D'après le corollaire 1, il existe r formes linéaires $\varphi_1, \ldots, \varphi_r$ telles que $F = \cap_{i=1}^r \operatorname{Ker} \varphi_i$. En particulier, pour tout i, $F \subset \operatorname{Ker} \varphi_i$ c'est-à-dire que $\varphi_i \in F^\perp$. Maintenant, comme $F^\perp$ est stable par ${}^tu$, on a ${}^tu(\varphi_i) = \varphi_i \circ u \in F^\perp$ pour tout i, donc $\varphi_i \circ u(F) = \varphi_i[u(F)] = \{0\}$. Autrement dit, pour tout i, $u(F) \subset \operatorname{Ker} \varphi_i$ et donc $u(F) \subset \cap_{i=1}^r \operatorname{Ker} \varphi_i = F$, d'où la condition suffisante. □

→ *Remarque 8.*
- Ce résultat reste vrai en dimension infinie mais sa démonstration fait appel à l'axiome du choix.
- Cette proposition peut être très utile dans certains raisonnements par récurrence en dimension finie n relatifs aux réductions d'endomorphismes. En effet, si $x \in E^*$ est un vecteur propre de ${}^tu$, alors $\mathbb{K}x$ est stable par ${}^tu$ et donc $(\mathbb{K}x)^\circ$, hyperplan de E, est stable par u (appliquer la proposition à $F = (\mathbb{K}x)^\circ$). Le tour est joué, on est ramené en dimension $n-1$ (on trouve des raisonnements de ce type dans la démonstration du théorème de trigonalisation par exemple).

4.5. Problèmes matriciels

Applications transposées. Soient E et F deux $\mathbb{K}$-e.v de dimension finie, soit $p = \dim E$ et $q = \dim F$. Soit $u \in \mathcal{L}(E,F)$, B une base de E et B' une base de F. Soit $f \in F^*$, $(\alpha_1, \ldots, \alpha_q) = [f]_{B'}^{\mathbb{K}}$ sa matrice dans la base B'. Si $g = f \circ u$ et $(\beta_1, \ldots, \beta_p) = [g]_B^{\mathbb{K}}$, on a

$$(\beta_1, \ldots, \beta_p) = (\alpha_1, \ldots, \alpha_q)[u]_B^{B'}$$

donc en transposant ces matrices,

$$\begin{pmatrix} \beta_1 \\ \vdots \\ \beta_p \end{pmatrix} = {}^t[u]_B^{B'} \begin{pmatrix} \alpha_1 \\ \vdots \\ \alpha_q \end{pmatrix}.$$

De la définition d'une application transposée, on vérifie facilement que ceci équivaut à dire $[{}^tu]_{B^*}^{B'^*} = {}^t[u]_B^{B'}$, où B^* et B'^* sont les bases duales de B et B'. En d'autres termes, la matrice dans les bases duales de B et B' de ${}^tu$ est la transposée de la matrice de u dans les bases B et B'.

On déduit de ce résultat que $\operatorname{rg} {}^tu = \operatorname{rg} u$, résultat annoncé dans la proposition 6.

Changement de base dans le dual. Soit E un $\mathbb{K}$-e.v de dimension finie n. Soit $B = (e_1, \ldots, e_n)$ une base de E, $B^* = (e_1^*, \ldots, e_n^*)$ sa base duale. On se pose le problème suivant : quelle est dans la base B^* les coordonnées de la base duale B'^* d'une nouvelle base $B' = (\varepsilon_1, \ldots, \varepsilon_n)$ de E ?

Soit C la matrice de passage de la base B à la base B'. Soit $f \in E^*$, $(\alpha_1, \ldots, \alpha_n)$ sa matrice dans la base B^*, $(\beta_1, \ldots, \beta_n)$ sa matrice dans la base B'^*. Soit $x \in E$, X sa matrice (colonne) dans la base B, Y sa matrice dans la base B'. On a $X = CY$, et

$$f(x) = (\alpha_1, \ldots, \alpha_n)X = (\beta_1, \ldots, \beta_n)Y \quad \text{donc} \quad (\alpha_1, \ldots, \alpha_n)CY = (\beta_1, \ldots, \beta_n)Y,$$

et ceci pour tout Y donc $(\beta_1, \dots, \beta_n) = (\alpha_1, \dots, \alpha_n)C$. En d'autres termes,

$$\begin{pmatrix} \beta_1 \\ \vdots \\ \beta_n \end{pmatrix} = {}^{\mathrm{t}}C \begin{pmatrix} \alpha_1 \\ \vdots \\ \alpha_n \end{pmatrix} \quad \text{ou encore} \quad \begin{pmatrix} \alpha_1 \\ \vdots \\ \alpha_n \end{pmatrix} = ({}^{\mathrm{t}}C)^{-1} \begin{pmatrix} \beta_1 \\ \vdots \\ \beta_n \end{pmatrix}.$$

La matrice de passage de B^* à B'^* est donc ${}^tC^{-1}$ où C est la matrice de passage de B à B'.

4.6. Exercices

EXERCICE 1. Soit E un $\mathbb{K}$-e.v, $\varphi_1, \dots, \varphi_p \in E^*$ et $\varphi : E \to \mathbb{K}^p$ définie par $\varphi = (\varphi_1, \dots, \varphi_p)$. Montrer que φ est surjective si et seulement si $\varphi_1, \dots, \varphi_p$ sont linéairement indépendantes.

Solution. Condition nécessaire. Supposons $\lambda_1\varphi_1 + \cdots + \lambda_p\varphi_p = 0 \quad (*)$ avec les $\lambda_i \in \mathbb{K}$. Comme φ est surjective, si on fixe i, $1 \leq i \leq p$, il existe $x \in E$ tel que $\varphi_i(x) = 1$ et pour tout $j \neq i$, $\varphi_j(x) = 0$. Appliqué à $(*)$, ceci entraîne $\lambda_i = 0$, et ceci pour tout i, d'où la condition nécessaire. *Condition suffisante.* Soit $(e_1, \dots, e_p)$ la base canonique de $\mathbb{K}^p$, $(e_1^*, \dots, e_p^*)$ sa base duale. Soit $\psi \in (\operatorname{Im}\varphi)^\perp$. Écrivons $\psi = \lambda_1 e_1^* + \cdots + \lambda_p e_p^*$. Pour tout $x \in E$, $\psi(\varphi(x)) = 0 = \lambda_1\varphi_1(x) + \cdots + \lambda_p\varphi_p(x)$, donc $\lambda_1\varphi_1 + \cdots + \lambda_p\varphi_p = 0$, ce qui entraîne $\lambda_1 = \cdots = \lambda_p = 0$, donc $\psi = 0$. Autrement dit, on a montré $(\operatorname{Im}\varphi)^\perp = \{0\}$, donc $\operatorname{Im}\varphi = \mathbb{K}^p$, c'est-à-dire que φ est surjective.

EXERCICE 2. Soit E un $\mathbb{R}$-e.v de dimension 3, (e_1, e_2, e_3) une base de E. Soit $f_1^*, f_2^*, f_3^* \in E^*$ définis par

$$f_1^* = 2e_1^* + e_2^* + e_3^*, \quad f_2^* = -e_1^* + 2e_3^*, \quad f_3^* = e_1^* + 3e_2^*.$$

Montrer que (f_1^*, f_2^*, f_3^*) est une base de E^* et calculer la base (f_1, f_2, f_3) (en l'exprimant dans la base (e_1, e_2, e_3)) de E dont elle est la duale.

Solution. Les colonnes de la matrice

$$M = \begin{pmatrix} 2 & -1 & 1 \\ 1 & 0 & 3 \\ 1 & 2 & 0 \end{pmatrix}$$

sont les coordonnées des f_i^* dans la base (e_1^*, e_2^*, e_3^*). Pour montrer que (f_1^*, f_2^*, f_3^*) est une base de E^*, il faut montrer que le rang de la matrice M est égal à 3. Des opérations élémentaires sur les colonnes donnent

$$\operatorname{rg} M = \operatorname{rg} \begin{pmatrix} 2 & -5 & 1 \\ 1 & -2 & 3 \\ 1 & 0 & 0 \end{pmatrix} = \operatorname{rg} \begin{pmatrix} 2 & -5 & -\frac{13}{2} \\ 1 & -2 & 0 \\ 1 & 0 & 0 \end{pmatrix} = 3$$

(on vérifie en effet facilement que cette dernière matrice est inversible), (f_1^*, f_2^*, f_3^*) est donc bien une base de E^*.

On a vu (voir la partie 4.5) que la matrice M de passage de (e_1^*, e_2^*, e_3^*) à (f_1^*, f_2^*, f_3^*) est ${}^tC^{-1}$, C étant la matrice de passage de (e_1, e_2, e_3) à (f_1, f_2, f_3). Donc $M = {}^{\mathrm{t}}C^{-1}$, ce qui entraîne $C = {}^{\mathrm{t}}M^{-1} = ({}^{\mathrm{t}}M)^{-1}$. On calcule facilement $({}^{\mathrm{t}}M^{-1})$ (inverser le système $Y = {}^{\mathrm{t}}MX$ en un système donnant X en fonction de Y). On trouve

$$C = {}^{\mathrm{t}}M^{-1} = \frac{1}{13} \begin{pmatrix} 6 & -3 & -2 \\ -2 & 1 & 5 \\ 3 & 5 & -1 \end{pmatrix}.$$

Les coordonnées de f_1, f_2, f_3 dans la base (e_1, e_2, e_3) sont les vecteurs colonnes de $C = {}^{\mathrm{t}}M^{-1}$.

EXERCICE 3 (FORMES LINÉAIRES DE $\mathcal{M}_n(\mathbb{K})$). **a)** Soit $f \in \mathcal{M}_n(\mathbb{K})^*$ une forme linéaire sur $\mathcal{M}_n(\mathbb{K})$. Montrer qu'il existe $A \in \mathcal{M}_n(\mathbb{K})$ telle que pour tout $X \in \mathcal{M}_n(\mathbb{K})$, $f(X) = \operatorname{tr}(AX)$.
b) Déterminer les éléments $f \in \mathcal{M}_n(\mathbb{K})^*$ tels que pour tout $X, Y \in \mathcal{M}_n(\mathbb{K})$, $f(XY) = f(YX)$.

Solution. **a)** Si $A \in \mathcal{M}_n(\mathbb{K})$, on note f_A la forme linéaire sur $\mathcal{M}_n(\mathbb{K})$ définie par $f_A(X) = \operatorname{tr}(AX)$. Soit $\varphi : \mathcal{M}_n(\mathbb{K}) \to \mathcal{M}_n(\mathbb{K})^* \quad A \mapsto f_A$. C'est une application linéaire. Nous allons montrer que φ est bijective, ce qui prouvera le résultat. Soit $A = (a_{i,j})_{1\le i,j\le n} \in \operatorname{Ker}\varphi$. Alors pour tout (i,j), $\operatorname{tr}(AE_{i,j}) = a_{j,i} = 0$ ($E_{i,j}$ désignant la matrice de $\mathcal{M}_n(\mathbb{K})$ dont tous les coefficients sont nuls sauf celui d'indice (i,j) qui vaut 1), et donc $A = 0$. Donc $\operatorname{Ker}\varphi = \{0\}$, et φ est donc injective. Comme de plus $\dim(\mathcal{M}_n(\mathbb{K})^*) = \dim(\mathcal{M}_n(\mathbb{K}))$, φ est bijective, d'où le résultat.

b) Soit f une telle forme linéaire. D'après la question précédente, il existe $A = (a_{i,j})_{1\le i,j\le n} \in \mathcal{M}_n(\mathbb{K})$ telle que $f = f_A$, et on a pour tout $X, Y \in \mathcal{M}_n(\mathbb{K})$, $f(XY) = \operatorname{tr}(AXY) = f(YX) = \operatorname{tr}(AYX)$.

En particulier, pour tout (i,j,k) avec $i \neq k$ on a $\operatorname{tr}(AE_{i,j}E_{j,k}) = \operatorname{tr}(AE_{j,k}E_{i,j}) \quad (*)$. Or $E_{i,j}E_{j,k} = E_{i,k}$ et $E_{j,k}E_{i,j} = 0$ car $k \neq i$, donc $(*)$ s'écrit aussi $\operatorname{tr}(AE_{i,k}) = 0$, c'est-à-dire $a_{k,i} = 0$. Ceci étant vrai dès que $i \neq k$, on en déduit que A est une matrice diagonale.

Maintenant pour tout (i,j) on a $\operatorname{tr}(AE_{i,j}E_{j,i}) = \operatorname{tr}(AE_{j,i}E_{i,j})$, c'est-à-dire $\operatorname{tr}(AE_{i,i}) = \operatorname{tr}(AE_{j,j})$, donc $a_{i,i} = a_{j,j}$ et ceci pour tout (i,j). Ainsi, A est une matrice scalaire, donc il existe $\lambda \in \mathbb{K}$ tel que $f = \lambda \operatorname{tr}$. Réciproquement toute forme linéaire de cette forme répond au problème posé.

EXERCICE 4. On note $\mathbb{R}_n[X]$ l'espace vectoriel $\{P \in \mathbb{R}[X] \mid \deg(P) \le n\}$. Soit

$$\varphi : \mathbb{R}_n[X] \to \mathbb{R} \quad P \mapsto \int_{-1}^{1} \frac{P(t)\,dt}{1+t^2}.$$

a) Soient $x_0, \dots, x_n$ $n+1$ nombres réels distincts deux à deux. Démontrer qu'il existe $\lambda_0, \dots, \lambda_n \in \mathbb{R}$ tels que pour tout $P \in \mathbb{R}_n[X]$, $\varphi(P) = \sum_{i=0}^n \lambda_i P(x_i)$. Donner une méthode pratique de calcul des λ_i.
b) On suppose n impair. Démontrer qu'il existe n réels $x_1, \dots, x_n$ et $\lambda_1, \dots, \lambda_n \in \mathbb{R}$ tels que

$$\forall P \in \mathbb{R}_n[X], \quad \varphi(P) = \sum_{i=1}^{n} \lambda_i P(x_i).$$

Solution. **a)** L'application φ est une forme linéaire sur $\mathbb{R}_n[X]$. Par ailleurs, on a $\dim(\mathbb{R}_n[X]^*) = \dim(\mathbb{R}_n[X]) = n+1$ (une base de $\mathbb{R}_n[X]$ est $(1, X, \dots, X^n)$).

Ceci étant, pour tout i, $0 \le i \le n$, on définit la forme linéaire φ_i sur $\mathbb{R}_n[X]$ par $\varphi_i(P) = P(x_i)$. Nous allons montrer que les $(\varphi_i)_{0\le i\le n}$ forment une famille libre. Supposons $\sum_{i=0}^n \mu_i \varphi_i = 0 \quad (*)$. Pour tout k définissons $P_k = \prod_{\substack{0\le i\le n\\ i\neq k}} (X - x_i) \in \mathbb{R}_n[X]$. On a $\varphi_i(P_k) = 0$ si $k \neq i$, et donc en appliquant la relation $(*)$ à P_k, on trouve $\mu_k \prod_{i\neq k}(x_k - x_i) = 0$. Les x_i étant distincts, ceci entraîne $\mu_k = 0$, et ceci pour tout k.

Les $(\varphi_i)_{0\le i\le n}$ forment donc une famille libre de $n+1$ éléments de $\mathbb{R}_n[X]^*$. Comme $\mathbb{R}_n[X]^*$ est de dimension $n+1$, on en déduit que c'est une base de $\mathbb{R}_n[X]^*$. En particulier, il existe $\lambda_0, \dots, \lambda_n \in \mathbb{R}$ tels que $\varphi = \sum_{i=0}^n \lambda_i \varphi_i$, et donc

$$\forall P \in \mathbb{R}_n[X], \qquad \varphi(P) = \sum_{i=0}^{n} \lambda_i \varphi_i(P) = \sum_{i=0}^{n} \lambda_i P(x_i).$$

Donnons maintenant une méthode pratique de calcul de λ_k. Comme pour tout $i \neq k$, $P_i(x_k) = 0$, on trouve en appliquant la relation précédente à P_k que

$$\lambda_k P_k(x_k) = \varphi(P_k), \quad \text{donc} \quad \lambda_k = \frac{\varphi(P_k)}{\prod_{i\neq k}(x_k - x_i)}. \qquad (**)$$

b) Il s'agit en fait de choisir les $(x_i)_{0\leq i\leq n}$ de sorte que le coefficient λ_0 de $P(x_0)$ soit nul. D'après $(**)$, ceci sera vérifié si

$$\varphi(P_0) = \int_{-1}^{1} \frac{P_0(t)}{1+t^2}\,dt = 0,$$

ce qui sera le cas si l'intégrande est une fonction impaire. Pour cela, notons k l'entier tel que $n = 2k+1$ et fixons des nombres réels $0 < a_1 < \ldots < a_k$. Si $1 \leq i \leq k$, on pose $x_{2i-1} = a_i$ et $x_{2i} = -a_i$, et $x_{2k+1} = 0$, de sorte que

$$P_0(X) = \prod_{i=1}^{2k+1}(X - x_i) = X\prod_{i=1}^{k}(X^2 - a_k^2).$$

On s'aperçoit que $t \mapsto P_0(t)$ est une application impaire ; il en est donc de même de l'application $t \mapsto \dfrac{P_0(t)}{1+t^2}$, et donc $\lambda_0 = \displaystyle\int_{-1}^{1} \frac{P_0(t)}{1+t^2}\,dt = 0$, d'où le résultat. (Remarquons que l'on peut choisir x_0 comme l'on veut pourvu qu'il soit différent des x_i déjà choisis pour $1 \leq i \leq n$).

Remarque. Dans cadre de l'étude des polynômes orthogonaux (voir le sujet d'étude 3 page 110), on montre qu'il existe une identité du type $\varphi(P) = \sum_{i=1}^{n} \lambda_i P(x_i)$ (avec les x_i et λ_i bien choisis) valable pour tout polynôme de degré $< 2n$.

EXERCICE 5. Soit E un $\mathbb{R}$-e.v de dimension finie $n \in \mathbb{N}^*$.

1/ Soit $(e_1, \ldots, e_n)$ une famille de vecteurs de E, $(\varphi_1, \ldots, \varphi_n)$ une famille de formes linéaires sur E. Soit $f : E \to E \quad x \mapsto \sum_{i=1}^{n} \varphi_i(x)e_i$. On a $f \in \mathcal{L}(E)$. Montrer que $\operatorname{rg} f + n \geq \operatorname{rg}\{e_1, \ldots, e_n\} + \operatorname{rg}\{\varphi_1, \ldots, \varphi_n\}$. Peut-on remplacer n par une constante plus petite ?

2/ a) Soit $\varphi_1, \ldots, \varphi_r$ r formes linéaires sur E indépendantes et $e_1, \ldots, e_r$ r vecteurs de E indépendants. Soit $f \in \mathcal{L}(E)$ défini par $f(x) = \sum_{i=1}^{r} \varphi_i(x)e_i$. Quel est le rang de f ?
b) Soit $u \in \mathcal{L}(E)$, $\operatorname{rg} u = q \geq 1$ et $(e_1, \ldots, e_q)$ une base de $\operatorname{Im} u$. Montrer qu'il existe q formes linéaires $\varphi_1, \ldots, \varphi_q$ telles que pour tout $x \in E$, $u(x) = \sum_{i=1}^{q} \varphi_i(x)e_i$. Que dire de la famille $(\varphi_1, \ldots, \varphi_q)$?
c) Montrer que tout endomorphisme est la somme de deux automorphismes.

Solution. **1/** Soit $p = \operatorname{rg}\{e_1, \ldots, e_n\}$ et $q = \operatorname{rg}\{\varphi_1, \ldots, \varphi_n\}$. Soit $u \in \mathcal{L}(E, \mathbb{R}^n)$ définie par $u(x) = (\varphi_1(x), \ldots, \varphi_n(x))$ et soit $v \in \mathcal{L}(\mathbb{R}^n, E)$ définie par $v(x_1, \ldots, x_n) = \sum_{i=1}^{n} x_i e_i$, de sorte que $f = v \circ u$.

D'après le théorème 3 page 134, $\operatorname{Ker} u = \{x \in E \mid \forall i, \varphi_i(x) = 0\}$ est de dimension $n - q$, donc $\operatorname{rg} u = n - \dim(\operatorname{Ker} u) = q$. On a $\operatorname{Im} v = \operatorname{Vect}\{e_1, \ldots, e_n\}$ donc $\operatorname{rg} v = p$.

Ceci étant, on a $\operatorname{Im}(v \circ u) = v(\operatorname{Im} u)$. Soit $F = \operatorname{Im} u \cap \operatorname{Ker} v$ et S un supplémentaire de F dans $\operatorname{Im} u$ de sorte que $\operatorname{Im} u = F \oplus S$. Comme $S \cap \operatorname{Ker} v = \{0\}$, la restriction de v à S est injective donc $v(\operatorname{Im} u) = v(F) + v(S) = v(S)$ est de dimension $\dim S$. On en déduit $\operatorname{rg}(v \circ u) = \dim S$. Or $F \subset \operatorname{Ker} v$ donc $\dim F \leq \dim(\operatorname{Ker} v) = n - \operatorname{rg} v$, donc

$$\operatorname{rg} f = \operatorname{rg}(v \circ u) = \dim S = \operatorname{rg} u - \dim F \geq \operatorname{rg} u + \operatorname{rg} v - n = p + q - n,$$

d'où le résultat. On ne peut pas remplacer n par une constante plus petite (prendre tous les φ_i nuls et $(e_1, \ldots, e_n)$ une base de E).

Remarque : On a montré le résultat général suivant : pour tout (u, v), $\operatorname{rg}(v \circ u) \geq \operatorname{rg} u + \operatorname{rg} v - n$.

2/ a) On a $x \in \operatorname{Ker} f \iff \sum_{i=1}^r \varphi_i(x)e_i = 0$, et comme les e_i sont indépendants, ceci entraîne $\operatorname{Ker} f = \{x \in E \mid \forall i, \varphi_i(x) = 0\} = (\operatorname{Vect}\{\varphi_1, \dots, \varphi_r\})^\circ$. Les φ_i étant linéairement indépendants, on a donc $\dim(\operatorname{Ker} f) = n - \dim(\operatorname{Vect}\{\varphi_1, \dots, \varphi_r\}) = n - r$, d'où $\operatorname{rg} f = n - \dim(\operatorname{Ker} f) = r$.

b) Pour tout i, $1 \le i \le q$, il existe $\varepsilon_i \in E$ tel que $u(\varepsilon_i) = e_i$. La famille $(\varepsilon_i)_{1 \le i \le q}$ est libre car si $\sum_i \lambda_i \varepsilon_i = 0$, alors $0 = u(\sum_i \lambda_i \varepsilon_i) = \sum_i \lambda_i e_i$ donc pour tout i, $\lambda_i = 0$. Soit $(\varepsilon_{q+1}, \dots, \varepsilon_n)$ une base de $\operatorname{Ker} u$. Si $1 \le i \le q$, $\varepsilon_i \notin \operatorname{Ker} u$, on en déduit que $(\varepsilon_1, \dots, \varepsilon_n)$ est une base de E. On remarque maintenant que

$$\forall x = \sum_{i=1}^n x_i \varepsilon_i, \qquad u(x) = \sum_{i=1}^n x_i u(\varepsilon_i) = \sum_{i=1}^q \varepsilon_i^*(x) e_i.$$

On obtient donc le résultat en prenant $\varphi_i = \varepsilon_i^*$ pour $1 \le i \le q$. Il est clair que $(\varphi_1, \dots, \varphi_q)$ forme une famille libre.

c) Soit $u \in \mathcal{L}(E)$. D'après la question précédente, si $(e_1, \dots, e_q)$ est une base de $\operatorname{Im} u$, il existe q formes linéaires indépendantes $\varphi_1, \dots, \varphi_q$ telles que $u = \sum_{i=1}^q \varphi_i \cdot e_i$. Complétons $(e_1, \dots, e_q)$ en une base $(e_1, \dots, e_n)$ de E, et $(\varphi_1, \dots, \varphi_q)$ en une base $(\varphi_1, \dots, \varphi_n)$ de E^*. On pose

$$u_1 = \frac{1}{2}\sum_{i=1}^q \varphi_i \cdot e_i + \sum_{i=q+1}^n \varphi_i \cdot e_i \quad \text{et} \quad u_2 = \frac{1}{2}\sum_{i=1}^q \varphi_i \cdot e_i - \sum_{i=q+1}^n \varphi_i \cdot e_i.$$

D'après 2/a), $\operatorname{rg} u_1 = \operatorname{rg} u_2 = n$. Or $u = u_1 + u_2$. On peut donc écrire u comme somme de deux automorphismes.

5. Formes multilinéaires, déterminants

Dans toute cette partie, E désigne un $\mathbb{K}$-e.v.

5.1. Formes multilinéaires

DÉFINITION 1. Soient des $\mathbb{K}$-e.v $E_1, \dots, E_p$ et F. Une application

$$f : E_1 \times \cdots \times E_p \to F \quad (x_1, \dots, x_p) \mapsto f(x_1, \dots, x_p)$$

est dite *p-linéaire* si en tout point les p applications partielles sont linéaires. Si $p = 2$, f est dite *bilinéaire*. L'ensemble de ces applications est noté $\mathcal{L}(E_1, \dots, E_p, F)$. C'est un $\mathbb{K}$-e.v. Si $E_1 = \cdots = E_p = E$ et $F = \mathbb{K}$, on parle de *forme p-linéaire* sur E, et l'ensemble des formes p-linéaires sur E est noté $\mathcal{L}_p(E, \mathbb{K})$.

Exemple 1. — L'application $E^* \times E \to \mathbb{K} \quad (\varphi, x) \mapsto \varphi(x) = \langle \varphi, x \rangle$ est une forme bilinéaire.
— Si $\varphi_1, \dots, \varphi_p \in E^*$, l'application $E^p \to \mathbb{K} \quad (x_1, \dots, x_p) \mapsto \varphi_1(x_1) \cdots \varphi_p(x_p)$ est une forme p-linéaire sur E.

PROPOSITION 1. $\dim \mathcal{L}_p(E, \mathbb{K}) = (\dim E)^p$.

DÉFINITION 2. Soit $f \in \mathcal{L}_p(E, \mathbb{K})$.
— f est dite *alternée* si $f(x_1, \dots, x_p) = 0$ dès que deux vecteurs parmi les x_i sont égaux.
— f est dite *antisymétrique* si l'échange de deux vecteurs dans la suite $(x_1, \dots, x_p)$ donne à f des valeurs opposées.

Remarque 1. On montre facilement que f est antisymétrique si et seulement si pour tout $\sigma \in \mathcal{S}_p$ (groupe des permutations de $\{1, \dots, p\}$) et pour tout $(x_1, \dots, x_p) \in E^p$, on a

$$f(x_{\sigma(1)}, \dots, x_{\sigma(p)}) = \varepsilon(\sigma) f(x_1, \dots, x_p),$$

$\varepsilon(\sigma)$ étant la signature de σ.

THÉORÈME 1. *Soient $\mathbb{K}$ un corps commutatif de caractéristique différente de 2, E un $\mathbb{K}$-e.v et $f \in \mathcal{L}_p(E, \mathbb{K})$. Alors f est antisymétrique si et seulement si f est alternée.*

PROPOSITION 2. *Soit E un $\mathbb{K}$-e.v, $f \in \mathcal{L}_p(E, \mathbb{K})$ alternée. Si $(x_1, \ldots, x_p)$ est un système lié, alors $f(x_1, \ldots, x_p) = 0$.*

COROLLAIRE 1. *Soit f une forme p-linéaire alternée sur E. On ne change pas la valeur de $f(x_1, \ldots, x_p)$ en ajoutant à un des vecteurs x_i une combinaison linéaire des autres vecteurs.*

DÉFINITION 3 (ANTISYMÉTRISATION D'UNE FORME p-LINÉAIRE). Pour toute forme p-linéaire $f \in \mathcal{L}_p(E, \mathbb{K})$, on note

$$f^\natural : E^p \to \mathbb{K} \quad (x_1, \ldots, x_p) \mapsto \sum_{\sigma \in \mathcal{S}_p} \varepsilon(\sigma) f(x_{\sigma(1)}, \ldots, x_{\sigma(p)}).$$

Ainsi construite, $f^\natural$ est une forme p-linéaire alternée.

5.2. Déterminants

Dorénavant, E est de dimension finie $n \in \mathbb{N}^*$.

THÉORÈME 2. *L'ensemble des formes n-linéaires alternées sur un $\mathbb{K}$-e.v E de dimension n est un $\mathbb{K}$-e.v de dimension 1. De plus, il existe une et une seule forme n-linéaire alternée prenant la valeur 1 sur une base donnée de E.*

Démonstration. Soit $B = (e_1, \ldots, e_n)$ une base de E. On définit $d \in \mathcal{L}_n(E, \mathbb{K})$ par $d(x_1, \ldots, x_n) = e_1^*(x_1) \cdots e_n^*(x_n)$, de sorte que si pour tout i, $x_i = \sum_{j=1}^n x_{i,j} e_j$, $d(x_1, \ldots, x_n) = x_{1,1} \cdots x_{n,n}$, et $d^\natural(x_1, \ldots, x_n) = \sum_{\sigma \in \mathcal{S}_n} \varepsilon(\sigma) x_{\sigma(1),1} \cdots x_{\sigma(n),n}$. On a en particulier $d^\natural(e_1, \ldots, e_n) = 1$, donc $d^\natural \neq 0$.

Soit $f \in \mathcal{L}_n(E, \mathbb{K})$ une forme n-linéaire alternée. La n-linéarité de f entraîne que

$$f(x_1, \ldots, x_n) = \sum_{i_1, \ldots, i_n} x_{1,i_1} \cdots x_{n,i_n} f(e_{i_1}, \ldots, e_{i_n}).$$

Or si $i_k = i_l$ pour $k \neq l$, $f(e_{i_1}, \ldots, e_{i_n}) = 0$, et on a donc

$$f(x_1, \ldots, x_n) = \sum_{\sigma \in \mathcal{S}_n} x_{1,\sigma(1)} \cdots x_{n,\sigma(n)} f(e_{\sigma(1)}, \ldots, e_{\sigma(n)}) = f(e_1, \ldots, e_n) d^\natural(x_1, \ldots, x_n). \quad (*)$$

Donc $f \in \text{Vect}(d^\natural)$, et comme $d^\natural \neq 0$, ceci prouve que l'ensemble des formes n-linéaires alternées sur E est de dimension 1.

Si $f(e_1, \ldots, e_n) = 1$, $(*)$ prouve que $f = d^\natural$, d'où l'existence et l'unicité de la forme n-linéaire alternée valant 1 sur la base B. □

DÉFINITION 4. Soit $B = (e_1, \ldots, e_n)$ une base de E. Le théorème précédent affirme qu'il existe une et une seule forme n-linéaire alternée sur E prenant la valeur 1 sur la base B. On l'appelle *déterminant* dans la base B et on la note $\det_B$. Si $x_1, \ldots, x_n \in E$ ($x_i = \sum_{j=1}^n x_{i,j} e_j$), le déterminant de $(x_1, \ldots, x_n)$ dans la base B est

$$\det_B(x_1, \ldots, x_n) = \sum_{\sigma \in \mathcal{S}_n} \varepsilon(\sigma) x_{1,\sigma(1)} \cdots x_{n,\sigma(n)}.$$

Remarque 2. — En utilisant le théorème 2, on montre facilement que pour toute forme n-linéaire alternée f, on a $f(x_1, \ldots, x_n) = f(e_1, \ldots, e_n) \det_B(x_1, \ldots, x_n)$.

— (*Changement de base*). En particulier, si B et B' sont deux bases de E, alors $\det_{B'}(x_1, \ldots, x_n) = \det_{B'} B \cdot \det_B(x_1, \ldots, x_n)$. On en déduit $\det_{B'} B \cdot \det_B B' = 1$.

THÉORÈME 3. *Soient $x_1, \ldots, x_n \in E$. Les propositions suivantes sont équivalentes.*

(i) Les vecteurs $x_1, \ldots, x_n$ forment une famille liée.

(ii) Pour toute base B de E, $\det_B(x_1, \ldots, x_n) = 0$.

(iii) Il existe une base B de E telle que $\det_B(x_1, \ldots, x_n) = 0$.

Déterminant d'un endomorphisme.

DÉFINITION 5. Soit un endomorphisme $f \in \mathcal{L}(E)$ et $B = (e_1, \ldots, e_n)$ une base de E. Le scalaire $\det_B(f(e_1), \ldots, f(e_n))$ ne dépend pas de la base B choisie. On l'appelle *déterminant* de f et on le note $\det f$.

PROPOSITION 3. *(i) Si $f, g \in \mathcal{L}(E)$, $\det(f \circ g) = \det f \times \det g$.*
(ii) $\det \mathrm{Id}_E = 1$.
(iii) Soit $f \in \mathcal{L}(E)$. Alors ($f \in \mathcal{G}\ell(E) \iff \det f \neq 0$) et on a $\det(f^{-1}) = (\det f)^{-1}$.

Déterminant d'une matrice carrée.

DÉFINITION 6. Soit $A = (a_{i,j})_{1 \leq i,j \leq n} \in \mathcal{M}_n(\mathbb{K})$. On appelle *déterminant* de A, et on noté $\det A$, le déterminant de ses vecteurs colonnes dans la base canonique de $\mathbb{K}^n$. On a

$$\det A = \sum_{\sigma \in \mathcal{S}_n} \varepsilon(\sigma)\, a_{\sigma(1),1} \cdots a_{\sigma(n),n} = \sum_{\sigma \in \mathcal{S}_n} \varepsilon(\sigma)\, a_{1,\sigma(1)} \cdots a_{n,\sigma(n)}.$$

Remarque 3. Si $A = (a_{i,j})_{1 \leq i,j \leq n} \in \mathcal{M}_n(\mathbb{K})$, on note aussi le déterminant de A en l'écrivant sous la forme

$$\begin{vmatrix} a_{1,1} & \cdots & a_{1,n} \\ \vdots & & \vdots \\ a_{n,1} & \cdots & a_{n,n} \end{vmatrix}.$$

PROPRIÉTÉS. Soit $A \in \mathcal{M}_n(\mathbb{K})$. Alors :

- $\det A = \det({}^{\mathrm{t}}A)$.
- $\det A$ dépend linéairement des colonnes (resp. des lignes) de A.
- Pour tout $\lambda \in \mathbb{K}$, $\det(\lambda A) = \lambda^n \det A$.
- On a ($\det A \neq 0 \iff A \in \mathcal{G}\ell_n(\mathbb{K})$).
- Si on effectue une permutation $\sigma \in \mathcal{S}_n$ sur les colonnes (ou les lignes) de A, le déterminant de A est multiplié par $\varepsilon(\sigma)$ (signature de σ).
- Si A est triangulaire, $\det A$ est le produit des éléments diagonaux de A.
- On ne change pas la valeur d'un déterminant en ajoutant à une colonne une combinaison linéaire des autres colonnes. Même chose sur les lignes.
- Si A est la matrice de $f \in \mathcal{L}(E)$ dans une base de E, alors $\det f = \det A$.
- Si $A, B \in \mathcal{M}_n(\mathbb{K})$, $\det(AB) = \det A \cdot \det B$.
- Deux matrices semblables ont même déterminant.
- (Déterminant par blocs). Si

$$M = \left(\begin{array}{c|c} A & C \\ \hline 0 & B \end{array}\right) \in \mathcal{M}_n(\mathbb{K})$$

avec $A \in \mathcal{M}_p(\mathbb{K})$ et $B \in \mathcal{M}_{n-p}(\mathbb{K})$, alors $\det M = \det A \cdot \det B$.

Mineurs et cofacteurs.

DÉFINITION 7. Soit $A = (a_{i,j})_{1 \leq i,j \leq n} \in \mathcal{M}_n(\mathbb{K})$.

Pour tout (i, j), on appelle *mineur* de l'élément $a_{i,j}$ le déterminant $\Delta_{i,j}$ de la matrice obtenue en supprimant la i-ième ligne et la j-ième colonne de la matrice A. Le scalaire $A_{i,j} = (-1)^{i+j}\Delta_{i,j}$ s'appelle le *cofacteur* de $a_{i,j}$.

On appelle *mineurs principaux* de A les déterminants $\Delta_k = \det(a_{i,j})_{1 \leq i,j \leq k}$ pour $1 \leq k \leq n$.

PROPOSITION 4 (DÉVELOPPEMENT SELON UNE LIGNE OU UNE COLONNE). *Soit une matrice* $A = (a_{i,j})_{1 \leq i,j \leq n} \in \mathcal{M}_n(\mathbb{K})$, $A_{i,j}$ *les cofacteurs des éléments de* A. *Alors :*
— *(Développement par rapport à la* j*-ième colonne)* $\sum_{i=1}^n a_{i,j} A_{i,j} = \det A$.
— *(Développement par rapport à la* i*-ième ligne)* $\sum_{j=1}^n a_{i,j} A_{i,j} = \det A$.

DÉFINITION 8. Soit $A \in \mathcal{M}_n(\mathbb{K})$. La matrice $(A_{i,j})_{1 \leq i,j \leq n}$ des cofacteurs des éléments de A, est appelée *comatrice* de A et on la note $\mathrm{com}(A)$ ou encore $\widetilde{A}$.

PROPOSITION 5. *Soit* $A \in \mathcal{M}_n(\mathbb{K})$. *Alors* $A\,{}^t\widetilde{A} = {}^t\widetilde{A}A = (\det A) \cdot I_n$.

Exemple 2. La proposition précédente entraîne que si une matrice A est inversible, alors $A^{-1} = (1/\det A) \cdot {}^t\widetilde{A}$. Ce résultat appliqué aux matrices 2×2 entraîne que si $A = \left(\begin{smallmatrix} a & b \\ c & d \end{smallmatrix}\right) \in \mathcal{M}_2(\mathbb{K})$ est inversible, alors son inverse s'obtient par la formule $A^{-1} = \frac{1}{ad-bc}\left(\begin{smallmatrix} d & -b \\ -c & a \end{smallmatrix}\right)$.

Déterminant de Vandermonde. Beaucoup de déterminants sont classiques (voir les exercices). Nous allons étudier ici l'un des plus classiques appelé *déterminant de Vandermonde.* Pour $n \geq 2$ et pour tous $a_1, \ldots, a_n \in \mathbb{K}$, on note

$$V(a_1, \ldots, a_n) = \begin{vmatrix} 1 & a_1 & a_1^2 & \cdots & a_1^{n-1} \\ 1 & a_2 & a_2^2 & \cdots & a_2^{n-1} \\ \vdots & & & & \vdots \\ 1 & a_n & a_n^2 & \cdots & a_n^{n-1} \end{vmatrix}$$

(déterminant de Vandermonde de $a_1, \ldots, a_n$). Nous allons montrer que

$$V(a_1, \ldots, a_n) = \prod_{1 \leq i < j \leq n} (a_j - a_i).$$

Démonstration. On procède par récurrence sur n. Pour $n = 2$, c'est évident. Supposons le résultat vrai pour $n-1$ et montrons le pour n. Dans $V(a_1, \ldots, a_n)$, on retranche à chaque colonne a_1 fois la précédente (en commençant par la dernière colonne). On obtient

$$\begin{vmatrix} 1 & 0 & 0 & \cdots & 0 \\ 1 & a_2 - a_1 & a_2^2 - a_1 a_2 & \cdots & a_2^{n-1} - a_1 a_2^{n-2} \\ \vdots & \vdots & \vdots & & \vdots \\ 1 & a_n - a_1 & a_n^2 - a_1 a_n & \cdots & a_n^{n-1} - a_1 a_n^{n-2} \end{vmatrix} = \begin{vmatrix} a_2 - a_1 & a_2^2 - a_1 a_2 & \cdots & a_2^{n-1} - a_1 a_2^{n-2} \\ \vdots & \vdots & & \vdots \\ a_n - a_1 & a_n^2 - a_1 a_n & \cdots & a_n^{n-1} - a_1 a_n^{n-2} \end{vmatrix}$$

(après développement par rapport à la première ligne). On factorise ensuite chaque ligne par $(a_i - a_1)$, ce qui donne

$$V(a_1, \ldots, a_n) = (a_2 - a_1) \cdots (a_n - a_1) \cdot \begin{vmatrix} 1 & a_2 & \cdots & a_2^{n-2} \\ \vdots & \vdots & & \vdots \\ 1 & a_n & \cdots & a_n^{n-2} \end{vmatrix} = \left[\prod_{i=2}^n (a_i - a_1)\right] V(a_2, \ldots, a_n)$$

d'où le résultat car d'après l'hypothèse de récurrence, $V(a_2, \ldots, a_n) = \prod_{2 \leq i < j \leq n} (a_j - a_i)$. $\square$

5.3. Systèmes linéaires

On considère le système de p équations à q inconnues suivant :

$$\left\{\begin{array}{ccccccccc} a_{1,1}\,x_1 & + & a_{1,2}\,x_2 & + & \cdots & + & a_{1,q}\,x_q & = b_1 \\ a_{2,1}\,x_1 & + & a_{2,2}\,x_2 & + & \cdots & + & a_{2,q}\,x_q & = b_2 \\ \cdots & & & & & & \cdots & \cdots \\ a_{p,1}\,x_1 & + & a_{p,2}\,x_2 & + & \cdots & + & a_{p,q}\,x_q & = b_p \end{array}\right. . \qquad (S)$$

Systèmes de Cramer. Supposons que dans le système (S), $p = q = n$. Posons $A = (a_{i,j})_{1\leq i,j\leq n} \in \mathcal{M}_n(\mathbb{K})$, B la matrice colonne dont les composantes sont les $(b_i)_{1\leq i\leq n}$ et X la matrice colonne dont les composantes sont les $(x_i)_{1\leq i\leq n}$. Le système (S) s'écrit aussi $AX = B$, et on voit donc que (S) admet une unique solution X pour tout B si et seulement si $\det A \neq 0$. Dans ce cas, comme $B = x_1A_1 + \cdots + x_nA_n$ (les A_i désignant les vecteurs colonnes de la matrice A), on a, B_0 désignant la base canonique de $\mathbb{K}^n$,

$$\det_{B_0}(A_1, \ldots, A_{i-1}, B, A_{i+1}, \ldots, A_n) = x_i \det_{B_0}(A_1, \ldots, A_n) = x_i \det A.$$

On en déduit que les composantes x_i de X sont données par

$$x_i = \frac{\det_{B_0}(A_1, \ldots, A_{i-1}, B, A_{i+1}, \ldots, A_n)}{\det A}$$

(formules connues sous le nom de *formules de Cramer*).

Cas général. On note $A = (a_{i,j})_{\substack{1\leq i\leq p\\ 1\leq j\leq q}} \in \mathcal{M}_{p,q}(\mathbb{K})$. Soit $r = \operatorname{rg} A$. Il existe un déterminant Δ d'ordre r non nul extrait de A (d'après le théorème 2 page 128). Ainsi choisi, Δ s'appelle le *déterminant principal* du système (S) (il n'est en général pas unique).

— Les équations dont les indices sont ceux des lignes de Δ s'appellent les *équations principales.*

— Les inconnues dont les indices sont ceux des colonnes de Δ s'appellent les *inconnues principales.*

Notons I (resp. J) les indices des lignes (resp. des colonnes) de Δ, de sorte $\Delta = \det(a_{i,j})_{\substack{i\in I\\ j\in J}}$.

On appelle *déterminants caractéristiques* les déterminants d'ordre $r+1$ de la forme

$$\left|\begin{array}{c|c} (a_{i,j})_{\substack{i\in I\\ j\in J}} & (b_i)_{i\in I} \\ \hline (a_{k,j})_{j\in J} & b_k \end{array}\right| \quad \text{avec} \quad k \notin J.$$

Les déterminants caractéristiques n'existent que si $r < p$, et il y en a alors $p - r$.

Avec les notations que nous venons d'introduire, on a le

THÉORÈME 4 (ROUCHÉ - FONTENÉ). *Le système (S) admet des solutions si et seulement si $p = r$ ou les $p-r$ déterminants caractéristiques sont nuls. Le système est alors équivalent au système des équations principales, les inconnues principales étant déterminées par un système de Cramer à l'aide des inconnues non principales.*

Exemple 3. Soit le système (S) :

$$\left\{\begin{array}{rcrcrcrl} x_1 & + & 2x_2 & - & x_3 & + & x_4 & = 1 \\ x_1 & & & - & x_3 & - & x_4 & = 1 \\ -x_1 & + & x_2 & + & x_3 & + & 2x_4 & = m \end{array}\right. , \quad m \in \mathbb{R}.$$

Ici on a

$$A = \begin{pmatrix} 1 & 2 & -1 & 1 \\ 1 & 0 & -1 & -1 \\ -1 & 1 & 1 & 2 \end{pmatrix}.$$

Un calcul rapide montre que $\operatorname{rg} A = 2$. Nous choisissons le déterminant principal $\left|\begin{smallmatrix} 1 & 2 \\ 1 & 0 \end{smallmatrix}\right|$, issu de la matrice A en considérant ses deux premières lignes et ses deux premières colonnes. Il n'y a ici qu'un seul déterminant caractéristique, qui est

$$\begin{vmatrix} 1 & 2 & 1 \\ 1 & 0 & 1 \\ -1 & 1 & m \end{vmatrix} = -2(m+1).$$

D'après le théorème de Rouché-Fontené, (S) admet des solutions si et seulement si $m = -1$, et dans ce cas, le système (S) est équivalent au système

$$\begin{cases} x_1 + 2x_2 &= 1 + x_3 - x_4 \\ x_1 &= 1 + x_3 + x_4 \end{cases} \iff \begin{cases} x_1 &= 1 + x_3 + x_4 \\ x_2 &= -x_4 \end{cases}.$$

5.4. Exercices

Il existe plusieurs déterminants classiques qu'il faut savoir calculer. Les méthodes de calcul sont parfois astucieuses ; faites donc les exercices pour les connaître.

EXERCICE 1. Soit $n \geq 2$ un entier. Pour tout k, $1 \leq k \leq n-1$, on considère un polynôme $P_k = X^k + a_{k,1}X^{k-1} + \cdots + a_{k,k} \in \mathbb{R}[X]$. Si $x_1, \ldots, x_n \in \mathbb{R}$, calculer le déterminant

$$\Delta = \begin{vmatrix} 1 & P_1(x_1) & \cdots & P_{n-1}(x_1) \\ 1 & P_1(x_2) & \cdots & P_{n-1}(x_2) \\ \vdots & \vdots & & \vdots \\ 1 & P_1(x_n) & \cdots & P_{n-1}(x_n) \end{vmatrix}.$$

Solution. Après avoir retranché $a_{1,1}$ fois la première colonne à la deuxième, on obtient

$$\Delta = \begin{vmatrix} 1 & x_1 & P_2(x_1) & \cdots & P_{n-1}(x_1) \\ 1 & x_2 & P_2(x_2) & \cdots & P_{n-1}(x_2) \\ \vdots & \vdots & \vdots & & \vdots \\ 1 & x_n & P_2(x_n) & \cdots & P_{n-1}(x_n) \end{vmatrix}.$$

On retranche ensuite à la troisième colonne $a_{2,2}$ fois la première et $a_{2,1}$ fois la deuxième, et on remarque que la troisième colonne n'est plus composée que de x_i^2. On recommence ainsi jusqu'à parvenir à la dernière colonne, et on obtient finalement une expression en fonction du déterminant de Vandermonde

$$\Delta = \begin{vmatrix} 1 & x_1 & \cdots & x_1^{n-1} \\ 1 & x_2 & \cdots & x_2^{n-1} \\ \vdots & \vdots & & \vdots \\ 1 & x_n & \cdots & x_n^{n-1} \end{vmatrix} = V(x_1, \ldots, x_n) = \prod_{1 \leq i < j \leq n} (x_j - x_i).$$

EXERCICE 2. Soient $a, b \in \mathbb{K}$ et $x_1, \ldots, x_n \in \mathbb{K}$. On définit le déterminant d'ordre n

$$\Delta_n = \begin{vmatrix} x_1 & a & \cdots & a \\ b & x_2 & \ddots & \vdots \\ \vdots & \ddots & \ddots & a \\ b & \cdots & b & x_n \end{vmatrix}.$$

a) Si $a \neq b$, calculer Δ_n. (Indication : on pourra considérer le déterminant $\Delta_n(x)$ obtenu à partir de Δ_n en ajoutant x à chaque terme, et montrer que $\Delta_n(x)$ peut se mettre sous la forme $Ax + B$.)
b) On suppose ici que $\mathbb{K} = \mathbb{R}$. Calculer Δ_n si $a = b$.
c) Si $a = b$ et $\mathbb{K}$ est quelconque, calculer Δ_n.

Solution. **a)** Suivons l'indication et considérons, pour tout $x \in \mathbb{K}$, le déterminant

$$\Delta_n(x) = \begin{vmatrix} x_1 + x & a + x & \cdots & a + x \\ b + x & x_2 + x & \ddots & \vdots \\ \vdots & \ddots & \ddots & a + x \\ b + x & \cdots & b + x & x_n + x \end{vmatrix}.$$

En retranchant aux $n - 1$ premières colonnes la dernière, puis en développant par rapport à la dernière colonne, on voit qu'il existe $A, B \in \mathbb{K}$ tels que pour tout $x \in \mathbb{K}$, $\Delta_n(x) = Ax + B$. On remarque maintenant que $\Delta_n(-b)$ est le déterminant d'une matrice triangulaire supérieure dont les coefficients diagonaux sont les $x_i - b$, donc $\Delta_n(-b) = (x_1 - b) \cdots (x_n - b) = -Ab + B$. On obtient de même $\Delta_n(-a) = (x_1 - a) \cdots (x_n - a) = -Aa + B$. De ces deux valeurs, on en déduit

$$\Delta_n = B = \frac{b \prod_i (x_i - a) - a \prod_i (x_i - b)}{b - a}.$$

b) On fixe $a \in \mathbb{R}$, et on regarde Δ_n comme une fonction de b que nous notons $f(b)$. L'expression d'un déterminant d'une matrice en fonction de ses coefficients montre que la fonction $b \mapsto f(b)$ est continue sur $\mathbb{R}$. Maintenant, on a vu au a) que si $b \neq a$, alors

$$f(b) = \frac{bP(a) - aP(b)}{b - a} \quad \text{où} \quad P(x) = \prod_i (x_i - x).$$

Autrement dit, si $Q(x) = xP(a) - aP(x)$, on a $f(b) = \dfrac{Q(b) - Q(a)}{b - a}$. En faisant tendre b vers a, la continuité de f permet donc d'affirmer que

$$\Delta_n = f(a) = Q'(a) = P(a) - aP'(a) = \prod_i (x_i - a) + a \left(\sum_i \prod_{j \neq i} (x_j - a) \right). \qquad (*)$$

c) Ici on ne peut pas utiliser la méthode précédente. Donnons deux méthodes de résolution. La première méthode s'appuie sur les résultats précédents. Elle consiste, dans Δ_n, à substituer à b l'indéterminée X, donnant ainsi un déterminant que nous notons D. Le déterminant D a ses coefficients dans le corps $\mathbb{K}(X)$, et d'après a) (puisque X et a sont différents dans $\mathbb{K}(X)$) :

$$D = \frac{XP(a) - aP(X)}{X - a} \quad \text{où} \quad P = \prod_i (x_i - X) \in \mathbb{K}[X].$$

Posons $Q(X) = XP(a) - aP(X) \in \mathbb{K}[X]$. Comme $Q(a) = 0$, il existe $R \in \mathbb{K}[X]$ tel que $Q(X) = (X - a)R(X)$, de sorte que $D = R(X)$. Par dérivation, on obtient $Q'(X) = R(X) + (X - a)R'(X)$, donc $Q'(a) = R(a)$. Il ne reste plus qu'a substituer à X la constante a, ce qui entraîne $\Delta_n = R(a) = Q'(a) = P(a) - aP'(a)$, ce qui permet de retrouver l'expression $(*)$.

Nous proposons une deuxième méthode, plus directe. Notons A le vecteur colonne constitué uniquement de a, $(E_1, \ldots, E_n)$ la base canonique de $\mathbb{K}^n$, et $\alpha_k = x_k - a$. On a

$$\begin{aligned} \Delta_n &= \det(A + \alpha_1 E_1, \ldots, A + \alpha_n E_n) \\ &= \det(\alpha_1 E_1, \ldots, \alpha_n E_n) + \sum_{i=1}^{n} \det(\alpha_1 E_1, \ldots, \alpha_{i-1} E_{i-1}, A, \alpha_{i+1} E_{i+1}, \ldots, \alpha_n E_n) \\ &= \alpha_1 \cdots \alpha_n + \sum_{i=1}^{n} \alpha_1 \cdots \alpha_{i-1}\, a\, \alpha_{i+1} \cdots \alpha_n. \end{aligned}$$

Le passage à la deuxième ligne est obtenu par multilinearité du déterminant, en utilisant le fait que lorsque le vecteur colonne A apparait deux fois, le déterminant correspondant est nul. On en déduit le résultat (*) compte tenu de la valeur des α_i.

EXERCICE 3. Soit $M \in \mathcal{M}_n(\mathbb{Z})$ (*i. e.* une matrice à coefficients dans $\mathbb{Z}$). Donner une condition nécessaire et suffisante pour que M soit inversible et que $M^{-1} \in \mathcal{M}_n(\mathbb{Z})$.

Solution. Nous allons montrer que (M est inversible et $M^{-1} \in \mathcal{M}_n(\mathbb{Z})$) si et seulement si ($\det M = \pm 1$).
Condition nécessaire. On a $M \in \mathcal{M}_n(\mathbb{Z})$ donc $\det(M) \in \mathbb{Z}$. De même, $M^{-1} \in \mathcal{M}_n(\mathbb{Z})$ donc $\det(M^{-1}) = 1/\det(M) \in \mathbb{Z}$. Ainsi, $\det(M)$ est un entier d'inverse entier, d'où $\det(M) = \pm 1$.
Condition suffisante. On a $M \in \mathcal{M}_n(\mathbb{Z})$ donc les cofacteurs de M sont des entiers, donc la comatrice $\widetilde{M}$ de M vérifie $\widetilde{M} \in \mathcal{M}_n(\mathbb{Z})$. Or $\det(M) = \pm 1$ donc $1/\det(M) \in \mathbb{Z}$. Donc M est inversible et :

$$M^{-1} = \frac{1}{\det(M)}\,{}^{\mathrm{t}}\widetilde{M} \in \mathcal{M}_n(\mathbb{Z}).$$

EXERCICE 4. **a)** Soient $\alpha_1, \dots, \alpha_n$ et $\beta_1, \dots, \beta_n \in \mathbb{R}$. On note M la matrice

$$M = \begin{pmatrix} (\alpha_1+\beta_1)^{n-1} & (\alpha_1+\beta_2)^{n-1} & \cdots & (\alpha_1+\beta_n)^{n-1} \\ (\alpha_2+\beta_1)^{n-1} & (\alpha_2+\beta_2)^{n-1} & \cdots & (\alpha_2+\beta_n)^{n-1} \\ \vdots & \vdots & & \vdots \\ (\alpha_n+\beta_1)^{n-1} & (\alpha_n+\beta_2)^{n-1} & \cdots & (\alpha_n+\beta_n)^{n-1} \end{pmatrix} \in \mathcal{M}_n(\mathbb{R}).$$

Calculer le déterminant de M.
b) Soit $p \in \mathbb{N}$ et un entier n tel que $n \geq p+1$. Calculer $\Delta = \det A$ où A est la matrice

$$A = \begin{pmatrix} 1 & 2^p & \cdots & n^p \\ 2^p & 3^p & \cdots & (n+1)^p \\ \vdots & \vdots & & \vdots \\ n^p & (n+1)^p & \cdots & (2n-1)^p \end{pmatrix} \in \mathcal{M}_n(\mathbb{R}).$$

Solution. **a)** L'astuce est d'écrire M comme le produit de deux matrices. Si $m_{i,j}$ désigne l'élément d'indice (i,j) dans la matrice M, on a

$$m_{i,j} = \sum_{k=0}^{n-1} C_{n-1}^k \alpha_i^k \beta_j^{n-1-k} = \sum_{k=1}^{n} p_{i,k} q_{k,j} \qquad (*)$$

où $p_{i,k} = C_{n-1}^{k-1}\alpha_i^{k-1}$ et $q_{k,j} = \beta_j^{n-k}$. En d'autres termes, si $P = (p_{i,j})_{1 \leq i,j \leq n} \in \mathcal{M}_n(\mathbb{R})$ et $Q = (q_{i,j})_{1 \leq i,j \leq n} \in \mathcal{M}_n(\mathbb{R})$, la relation $(*)$ s'écrit $M = PQ$. On a donc $\det M = \det P \cdot \det Q$. Or le déterminant de P vaut

$$\begin{vmatrix} C_{n-1}^0 & C_{n-1}^1\alpha_1 & \cdots & C_{n-1}^{n-1}\alpha_1^{n-1} \\ C_{n-1}^0 & C_{n-1}^1\alpha_2 & \cdots & C_{n-1}^{n-1}\alpha_2^{n-1} \\ \vdots & \vdots & & \vdots \\ C_{n-1}^0 & C_{n-1}^1\alpha_n & \cdots & C_{n-1}^{n-1}\alpha_n^{n-1} \end{vmatrix} = C_{n-1}^0 C_{n-1}^1 \cdots C_{n-1}^{n-1} \begin{vmatrix} 1 & \alpha_1 & \cdots & \alpha_1^{n-1} \\ 1 & \alpha_2 & \cdots & \alpha_2^{n-1} \\ \vdots & \vdots & & \vdots \\ 1 & \alpha_n & \cdots & \alpha_n^{n-1} \end{vmatrix},$$

donc $\det P = C_{n-1}^0 \cdots C_{n-1}^{n-1} \prod_{i<j}(\alpha_j - \alpha_i)$. Par ailleurs,

$$\det Q = \begin{vmatrix} \beta_1^{n-1} & \cdots & \beta_n^{n-1} \\ \vdots & & \vdots \\ \beta_1 & \cdots & \beta_n \\ 1 & \cdots & 1 \end{vmatrix} = (-1)^{n(n-1)/2} \begin{vmatrix} 1 & \cdots & 1 \\ \beta_1 & \cdots & \beta_n \\ \vdots & & \vdots \\ \beta_1^{n-1} & \cdots & \beta_n^{n-1} \end{vmatrix}$$

(cette dernière égalité s'obtient en effectuant $(n-1) + \cdots + 2 + 1 = n(n-1)/2$ transpositions sur les lignes), donc $\det Q = (-1)^{n(n-1)/2} \prod_{i<j}(\beta_j - \beta_i)$.

On a donc

$$\det M = \det P \cdot \det Q = \left(\prod_{i=0}^{n-1} C_{n-1}^i\right)(-1)^{n(n-1)/2}\prod_{i<j}\left[(\alpha_j-\alpha_i)(\beta_j-\beta_i)\right].$$

b) Si $p+1=n$, alors d'après la question précédente appliquée à la matrice M avec $\alpha_i = i$ et $\beta_j = j-1$, on a

$$\det A = \left(\prod_{i=0}^{n-1} C_{n-1}^i\right)(-1)^{n(n-1)/2}\prod_{i<j}\left[(j-i)^2\right].$$

Or

$$\prod_{i<j}(j-i) = \prod_{j=2}^{n}\left[\prod_{i=1}^{j-1}(j-i)\right] = \prod_{j=2}^{n}(j-1)! = \prod_{j=1}^{n-1} j!$$

et

$$\left(\prod_{i=0}^{n-1} C_{n-1}^i\right) = \prod_{i=0}^{n-1}\left[\frac{(n-1)!}{i!(n-1-i)!}\right] = \frac{[(n-1)!]^n}{\left(\prod_{i=1}^{n-1} i!\right)^2},$$

donc finalement $\Delta = (-1)^{n(n-1)/2}\,[(n-1)!]^n$.

Si maintenant $n > p+1$, nous allons montrer que $\Delta = 0$. Notons $P = X^p \in \mathbb{R}[X]$ et pour tout $i \in \{1,\dots,n\}$, $P_i = P(X+i) = (X+i)^p$, de sorte que la matrice A s'écrit

$$A = \begin{pmatrix} P_1(0) & P_1(1) & \cdots & P_1(n-1) \\ P_2(0) & P_2(1) & \cdots & P_2(n-1) \\ \vdots & \vdots & & \vdots \\ P_n(0) & P_n(1) & \cdots & P_n(n-1) \end{pmatrix}.$$

Pour tout i, $P_i \in \mathbb{R}_p[X] = \{Q \in \mathbb{R}[X] \mid \deg Q \leq p\}$. Comme $\mathbb{R}_p[X]$ est un $\mathbb{R}$-e.v de dimension $p+1$ ($(1, X, \dots, X^p)$ en est une base) et que $n > p+1$, on en déduit que $P_1, \dots, P_n$ forme une famille liée. Donc il existe $\lambda_1, \dots, \lambda_n \in \mathbb{R}$, non tous nuls, tels que $\sum_{i=1}^n \lambda_i P_i = 0$, et donc pour tout j, $0 \leq j \leq n-1$, $\sum_{i=1}^n \lambda_i P_i(j) = 0$. Autrement dit, les vecteurs lignes de la matrice A sont linéairement dépendants, ce qui entraîne $\Delta = \det A = 0$.

Exercice 5. Soit $n \in \mathbb{N}^*$. Lorsque $p \leq n$, calculer le déterminant d'ordre $p+1$

$$\Delta_p = \begin{vmatrix} 1 & C_n^1 & C_n^2 & \cdots & C_n^p \\ 1 & C_{n+1}^1 & C_{n+1}^2 & \cdots & C_{n+1}^p \\ \vdots & \vdots & \vdots & & \vdots \\ 1 & C_{n+p}^1 & C_{n+p}^2 & \cdots & C_{n+p}^p \end{vmatrix}.$$

Solution. En retranchant à chacune des p dernières lignes la précédente (en commençant par la dernière), on obtient :

$$\Delta_p = \begin{vmatrix} 1 & C_n^1 & C_n^2 & \cdots & C_n^p \\ 0 & C_n^0 & C_n^1 & \cdots & C_n^{p-1} \\ \vdots & \vdots & \vdots & & \vdots \\ 0 & C_{n+p-1}^0 & C_{n+p-1}^1 & \cdots & C_{n+p-1}^{p-1} \end{vmatrix} = \begin{vmatrix} C_n^0 & C_n^1 & \cdots & C_n^{p-1} \\ \vdots & \vdots & & \vdots \\ C_{n+p-1}^0 & C_{n+p-1}^1 & \cdots & C_{n+p-1}^{p-1} \end{vmatrix} = \Delta_{p-1}$$

(on a utilisé la relation $C_{k+1}^{\ell+1} - C_k^{\ell+1} = C_k^\ell$). Donc $\Delta_p = \Delta_{p-1} = \cdots = \Delta_1 = 1$.

EXERCICE 6. **a)** Calculer le déterminant d'ordre n à coefficients dans $\mathbb{K}$

$$\Delta_n = \begin{vmatrix} a_1 + x_1 & a_1 & \cdots & a_1 \\ a_2 & a_2 + x_2 & \cdots & a_2 \\ \vdots & & \ddots & \vdots \\ a_n & \cdots & a_n & a_n + x_n \end{vmatrix}.$$

b) Calculer le déterminant d'ordre $n+1$ à coefficients dans $\mathbb{K}$

$$\Delta_n = \begin{vmatrix} x & a_1 & a_2 & \cdots & a_n \\ a_1 & x & a_2 & \cdots & a_n \\ \vdots & a_2 & \ddots & \ddots & \vdots \\ \vdots & \vdots & \ddots & \ddots & a_n \\ a_1 & a_2 & \cdots & a_n & x \end{vmatrix}.$$

Solution. **a)** Nous allons prouver par récurrence sur n que $\Delta_n = x_1 \cdots x_n + \sum_{j=1}^n (a_j \prod_{k \neq j} x_k)$. Le résultat est évidemment vrai pour $n = 1$. Supposons le vrai au rang $n-1$ et montrons le au rang n. En utilisant la linéarité du déterminant par rapport à la dernière colonne, on voit que

$$\Delta_n = \begin{vmatrix} a_1 + x_1 & a_1 & \cdots & a_1 \\ a_2 & \ddots & \cdots & a_2 \\ \vdots & \cdots & a_{n-1} + x_{n-1} & \vdots \\ a_n & \cdots & a_n & a_n \end{vmatrix} + \begin{vmatrix} a_1 + x_1 & a_1 & \cdots & 0 \\ a_2 & \ddots & \cdots & \vdots \\ \vdots & \cdots & a_{n-1} + x_{n-1} & 0 \\ a_n & \cdots & a_n & x_n \end{vmatrix} = D_1 + D_2.$$

Si on retranche, dans le déterminant D_1, la dernière colonne aux $n-1$ premières, on s'aperçoit que $D_1 = a_n x_1 \cdots x_{n-1}$. Par ailleurs, en développant D_2 par rapport à la dernière colonne, on obtient $D_2 = x_n \Delta_{n-1}$. Finalement, Δ_n est égal à

$$D_1 + D_2 = a_n x_1 \cdots x_{n-1} + x_n \left[x_1 \cdots x_{n-1} + \sum_{j=1}^{n-1} \left(a_j \prod_{\substack{1 \leq k \leq n-1 \\ k \neq j}} x_k \right) \right] = x_1 \cdots x_n + \sum_{j=1}^{n} \left(a_j \prod_{k \neq j} x_k \right).$$

b) En ajoutant les n premières colonnes à la dernière, on obtient

$$\Delta_n = \left(x + \sum_{i=1}^n a_i \right) \begin{vmatrix} x & a_1 & \cdots & a_{n-1} & 1 \\ a_1 & x & \cdots & \vdots & 1 \\ \vdots & a_2 & \ddots & a_{n-1} & \vdots \\ \vdots & \vdots & \ddots & x & \vdots \\ a_1 & a_2 & \cdots & a_n & 1 \end{vmatrix},$$

puis en retranchant, pour $1 \leq j \leq n$, à la j-ième colonne a_j fois la dernière,

$$\Delta_n = \left(x + \sum_{i=1}^n a_i \right) \begin{vmatrix} x - a_1 & \times & \cdots & \times & 1 \\ 0 & x - a_2 & \ddots & \vdots & \vdots \\ \vdots & 0 & \ddots & \times & \vdots \\ \vdots & \vdots & \ddots & x - a_n & 1 \\ 0 & 0 & \cdots & 0 & 1 \end{vmatrix} = \left(x + \sum_{i=1}^n a_i \right) \prod_{i=1}^n (x - a_i).$$

→ EXERCICE 7 (DÉTERMINANT DE CAUCHY). Soient $a_1, \dots, a_n \in \mathbb{K}$ et $b_1, \dots, b_n \in \mathbb{K}$ tels que pour tout (i,j), $a_i + b_j \neq 0$. Calculer le déterminant d'ordre n

$$\Delta_n = \det\left(\frac{1}{a_i + b_j}\right)_{1 \leq i,j \leq n}.$$

Solution. C'est classique. Il y a plusieurs moyens de procéder. Nous donnons ici une solution assez générale. Supposons dans un premier temps les a_i distincts deux à deux et $n \geq 2$. L'existence de la décomposition d'une fraction rationnelle en éléments simples permet d'affirmer

$$\exists \lambda_1, \dots, \lambda_n \in \mathbb{K}, \quad R(X) = \frac{(b_1 - X)\cdots(b_{n-1} - X)}{(X + a_1)\cdots(X + a_n)} = \frac{\lambda_1}{X + a_1} + \cdots + \frac{\lambda_n}{X + a_n}.$$

Le calcul des coefficients λ_k correspondant aux poles simples $(-a_k)$ est classique et donne

$$\forall k, \qquad \lambda_k = \frac{\prod_{i=1}^{n-1}(b_i + a_k)}{\prod_{i \neq k}(a_i - a_k)} \neq 0.$$

Si maintenant on note $L_1, \dots, L_n$ les lignes de Δ_n, on a

$$\Delta_n = \begin{vmatrix} L_1 \\ \vdots \\ L_{n-1} \\ L_n \end{vmatrix} = \frac{1}{\lambda_n} \begin{vmatrix} L_1 \\ \vdots \\ L_{n-1} \\ \sum_{i=1}^n \lambda_i L_i \end{vmatrix} = \frac{1}{\lambda_n} \begin{vmatrix} \frac{1}{a_1+b_1} & \cdots & \frac{1}{a_1+b_{n-1}} & \frac{1}{a_1+b_n} \\ \vdots & & \vdots & \vdots \\ \frac{1}{a_{n-1}+b_1} & \cdots & \frac{1}{a_{n-1}+b_{n-1}} & \frac{1}{a_{n-1}+b_n} \\ R(b_1) & \cdots & R(b_{n-1}) & R(b_n) \end{vmatrix}.$$

Compte tenu des égalités $R(b_i) = 0$ pour $1 \leq i \leq n-1$, le développement de ce dernier déterminant par rapport à la dernière ligne donne

$$\Delta_n = \frac{R(b_n)}{\lambda_n}\Delta_{n-1} = \frac{\prod_{i=1}^{n-1}(b_i - b_n)}{\prod_{i=1}^{n}(b_n + a_i)} \cdot \frac{\prod_{i=1}^{n-1}(a_i - a_n)}{\prod_{i=1}^{n-1}(b_i + a_n)} \cdot \Delta_{n-1}.$$

Sachant que $\Delta_1 = 1/(a_1 + b_1)$, une récurrence sur n donne

$$\Delta_n = \frac{\prod_{i<j}(a_j - a_i)\prod_{i<j}(b_j - b_i)}{\prod_{i,j}(a_i + b_j)}. \qquad (*)$$

Rappelons que nous avions supposé que les a_i étaient distincts deux à deux. Si maintenant deux des a_i sont égaux alors les deux lignes correspondantes dans Δ_n sont égales et donc $\Delta_n = 0$. L'égalité $(*)$ est donc vraie dans tous les cas.

Remarque. Cette méthode, ainsi que le résultat, sont à retenir. On peut par exemple calculer par cette technique un déterminant de Vandermonde.

– Grâce à ce résultat et à la formule $A^{-1} = {}^{t}\widetilde{A}/(\det A)$, il est facile d'inverser une matrice dont l'élément d'indice (i,j) est $1/(a_i + b_j)$ puisque les mineurs d'une telle matrice sont aussi des déterminants de Cauchy.

EXERCICE 8. Soient $\alpha_1, \dots, \alpha_n \in \mathbb{K}$. Calculer le déterminant

$$\Delta = \begin{vmatrix} 1 & \alpha_1 & \cdots & \alpha_1^{k-1} & \alpha_1^{k+1} & \cdots & \alpha_1^n \\ 1 & \alpha_2 & \cdots & \alpha_2^{k-1} & \alpha_2^{k+1} & \cdots & \alpha_2^n \\ \vdots & \vdots & & \vdots & \vdots & & \vdots \\ 1 & \alpha_n & \cdots & \alpha_n^{k-1} & \alpha_n^{k+1} & \cdots & \alpha_n^n \end{vmatrix}.$$

Solution. On introduit l'indéterminée X et on considère le déterminant

$$\Delta(X) = \begin{vmatrix} 1 & \alpha_1 & \cdots & \alpha_1^{k-1} & \alpha_1^k & \alpha_1^{k+1} & \cdots & \alpha_1^n \\ \vdots & \vdots & & \vdots & \vdots & \vdots & & \\ 1 & \alpha_n & \cdots & \alpha_n^{k-1} & \alpha_n^k & \alpha_n^{k+1} & \cdots & \alpha_n^n \\ 1 & X & \cdots & X^{k-1} & X^k & X^{k+1} & \cdots & X^n \end{vmatrix} \in \mathbb{K}[X].$$

Le déterminant Δ apparaît comme le mineur de l'élément X^k dans $\Delta(X)$. En développant $\Delta(X)$ par rapport à sa dernière ligne, on s'aperçoit que Δ est le coefficient de X^k multiplié par $(-1)^{n+k}$ dans le polynôme $\Delta(X)$. Or $\Delta(X)$ est un déterminant de Vandermonde :

$$\Delta(X) = V(\alpha_1, \ldots, \alpha_n, X) = \prod_{1 \leq i < j \leq n} (\alpha_j - \alpha_i) \prod_{i=1}^{n} (X - \alpha_i).$$

D'après ce que l'on a dit plus haut, on a donc l'égalité

$$\Delta = (-1)^{n+k}(-1)^{n-k}\sigma_{n-k} \cdot \prod_{1 \leq i < j \leq n} (\alpha_j - \alpha_i) = \sigma_{n-k} \cdot \prod_{1 \leq i < j \leq n} (\alpha_j - \alpha_i),$$

où σ_{n-k} désigne la valeur prise au point $(\alpha_1, \ldots, \alpha_n)$ par le polynôme symétrique élémentaire $\sum X_1 \cdots X_{n-k} \in \mathbb{K}[X_1, \ldots, X_n]$.

Remarque. On peut ainsi connaître les cofacteurs d'une matrice de Vandermonde, donc inverser une matrice de Vandermonde.

EXERCICE 9. Soit E un $\mathbb{K}$-espace-vectoriel, où $\mathbb{K}$ est un corps commutatif de caractéristique différente de 2, et soit $p \in \mathbb{N}^*$. Soit $f : E^p \to \mathbb{K}$ une forme p-linéaire. On suppose que $f(x_1, \ldots, x_p) = 0$ dès qu'il existe $k \in \mathbb{N}^*$, $k < p$, tel que $x_k = x_{k+1}$. Montrer que la forme p-linéaire f est alternée.

Solution. Soit $x = (x_1, \ldots, x_p) \in E^p$. Soit $k \in \mathbb{N}^*$, $k < p$. L'application

$$\varphi : E^2 \to \mathbb{K} \quad (u, v) \mapsto f(x_1, \ldots, x_{k-1}, u, v, x_{k+2}, \ldots, x_p)$$

est une forme bilinéaire, et elle est alternée d'après les hypothèses, donc antisymétrique (en effet, $\varphi(u + v, u + v) = 0 = \varphi(u, u) + \varphi(u, v) + \varphi(v, u) + \varphi(v, v)$ entraîne $\varphi(u, v) = -\varphi(v, u)$; c'est un cas particulier du théorème 1 page 141). Pour tout $\sigma \in \mathcal{S}_p$ (groupe des permutations de $\{1, \ldots, p\}$), on note $x_\sigma = (x_{\sigma(1)}, \ldots, x_{\sigma(p)})$. L'égalité $\varphi(x_k, x_{k+1}) = -\varphi(x_{k+1}, x_k)$ s'écrit aussi $f(x_\sigma) = -f(x) = \varepsilon(\sigma)f(x)$, où σ est la transposition $(k, k+1)$. Or les transpositions de la forme $(k, k+1)$ engendrent $\mathcal{S}_p$ (voir l'exercice 6 page 26), c'est-à-dire que pour tout $\sigma \in \mathcal{S}_p$, on peut écrire $\sigma = \tau_1 \cdots \tau_n$ où τ_i est une transposition de la forme $(k, k+1)$, donc

$$f(x_\sigma) = f(x_{\tau_1 \cdots \tau_n}) = \varepsilon(\tau_1) f(x_{\tau_2 \cdots \tau_n}) = \cdots = \varepsilon(\tau_1) \cdots \varepsilon(\tau_n) f(x)$$

autrement dit $f(x_\sigma) = \varepsilon(\sigma)f(x)$. Ceci est vrai pour tout $\sigma \in \mathcal{S}_p$ donc la forme p-linéaire f est antisymétrique, donc alternée d'après le théorème 1 page 141.

EXERCICE 10. Soit E un $\mathbb{K}$-espace vectoriel de dimension $n \in \mathbb{N}^*$, où $\mathbb{K}$ est un corps commutatif de caractéristique différente de 2. Soit f une forme n-linéaire alternée sur E. Pour tout $u \in \mathcal{L}(E)$, on définit :

$$f_u : E^n \to \mathbb{K} \qquad (x_1, \ldots, x_n) \mapsto \sum_{i=1}^{n} f(x_1, \ldots, x_{i-1}, u(x_i), x_{i+1}, \ldots, x_n).$$

Montrer que $f_u = \operatorname{tr}(u) f$.

Solution. Fixons $u \in \mathcal{L}(E)$. L'application f_u est une forme n-linéaire alternée comme on le vérifie facilement ; l'ensemble F des formes n-linéaires alternées de E étant un $\mathbb{K}$-espace vectoriel de dimension 1, on a donc :

$$(\forall f \in F, f \neq 0, \exists! \lambda_f \in \mathbb{K}), \qquad f_u = \lambda_f \cdot f.$$

Soit $g \neq 0$ une autre forme n-linéaire alternée. Il existe $\mu \in \mathbb{K}^*$ tel que $f = \mu g$. Donc $\lambda_f f = f_u = \mu g_u = (\mu \lambda_g) g$, et comme $f = \mu g$, on tire $\lambda_f = \lambda_g$. Le scalaire λ_f ne dépend donc pas de $f \in F$, mais seulement de u. On peut donc écrire :

$$\exists \lambda_u \in \mathbb{K}, \ \forall f \in F, \quad f_u = \lambda_u f. \tag{$*$}$$

Montrons maintenant que $\lambda_u = \operatorname{tr}(u)$. Soit $B = (e_1, \dots, e_n)$ une base de E, $A = (a_{i,j})_{1 \le i < j \le n}$ la matrice de u dans cette base. En appliquant $(*)$ à l'application det (déterminant dans la base B), qui est bien une forme n-linéaire alternée, on obtient $\det_u = \lambda_u \det$, donc $\lambda_u = \lambda_u \det(e_1, \dots, e_n) = \det_u(e_1, \dots, e_n)$, donc

$$\begin{aligned}
\lambda_u &= \sum_{i=1}^{n} \det(e_1, \dots, e_{i-1}, u(e_i), e_{i+1}, \dots, e_n) \\
&= \sum_{i=1}^{n} \det(e_1, \dots, e_{i-1}, \sum_{j=1}^{n} a_{j,i}\, e_j, e_{i+1}, \dots, e_n) \\
&= \sum_{i=1}^{n} \left(\sum_{j=1}^{n} a_{j,i} \det_B(e_1, \dots, e_{i-1}, e_j, e_{i+1}, \dots, e_n) \right) = \sum_{i=1}^{n} a_{i,i} = \operatorname{tr}(u).
\end{aligned}$$

EXERCICE 11. **a)** Soit $A \in \mathcal{M}_n(\mathbb{R})$. On note $\widetilde{A}$ sa comatrice. Donner le rang de $\widetilde{A}$ en fonction du rang de A.
b) Si $n \ge 3$, résoudre dans $\mathcal{M}_n(\mathbb{R})$ l'équation $A = \widetilde{A}$.

Solution. **a)** Si $\operatorname{rg} A = n$, l'égalité ${}^t\widetilde{A}A = (\det A) I_n$ entraîne $\widetilde{A} = (\det A)\, {}^tA^{-1}$, donc comme $\det A \neq 0$, $\operatorname{rg} \widetilde{A} = n$.

Si $\operatorname{rg} A = n - 1$, alors il existe un mineur d'un élément de A non nul (d'après le théorème 2 page 128), donc $\widetilde{A} \neq 0$. De plus, on a ${}^t\widetilde{A}A = (\det A) I_n = 0$ donc $\operatorname{Im} A \subset \operatorname{Ker} {}^t\widetilde{A}$, donc $\dim(\operatorname{Ker} {}^t\widetilde{A}) \ge n - 1$ et donc $\operatorname{rg} {}^t\widetilde{A} = \operatorname{rg} \widetilde{A} = n - \dim(\operatorname{Ker} {}^t\widetilde{A}) \le 1$. Comme on a vu que $\widetilde{A} \neq 0$, ceci entraîne $\operatorname{rg} \widetilde{A} = 1$.

Si $\operatorname{rg} A \le n - 2$, alors tous les cofacteurs de A sont nuls, donc $\operatorname{rg} \widetilde{A} = 0$.

b) L'égalité $A = \widetilde{A}$ entraîne l'égalité $\operatorname{rg} A = \operatorname{rg} \widetilde{A}$.

Si $\operatorname{rg} A \le n - 2$, alors d'après a), $\operatorname{rg} \widetilde{A} = 0$, donc $\operatorname{rg} A = 0$, donc $A = 0$.

Si $\operatorname{rg} A = n - 1$, alors $\operatorname{rg} \widetilde{A} = 1$, et donc $n - 1 = \operatorname{rg} A = \operatorname{rg} \widetilde{A} = 1$ donc $n = 2$, contraire aux hypothèses.

Si $\operatorname{rg} A = n$, alors $(\det A) I_n = {}^t\widetilde{A}A = {}^tAA$. Or $\det({}^tAA) = \det({}^tA)\det(A) = (\det A)^2$ et $\det[(\det A) I_n] = (\det A)^n$. Comme $\det A \neq 0$, on en déduit $(\det A)^{n-2} = 1$, et donc $\det A \in \{-1, 1\}$ car $\det A \in \mathbb{R}$. Si $A = (a_{i,j})$, le terme d'indice $(1,1)$ de ${}^tAA$ est $\sum_j a_{1,j}^2 \ge 0$, et comme ${}^tAA = (\det A) I_n$, ce terme vaut $\det A$. Donc $\det A \ge 0$, et donc $\det A = 1$.

Finalement, on a montré que $\det A = 1$ et ${}^tAA = I_n$. Réciproquement, si ${}^tAA = I_n$ et $\det A = 1$, comme ${}^t\widetilde{A}A = (\det A) I_n = I_n$, on a $\widetilde{A} = A$ car A est inversible.

Les matrices A vérifiant $\widetilde{A} = A$ sont donc la matrice nulle et les matrices A telles que $\det A = 1$ et ${}^tAA = I_n$ (ces dernières forment l'ensemble $\mathcal{O}_n^+$ des matrices orthogonales de déterminant 1, *i. e.* le groupe spécial orthogonal).

EXERCICE 12 (DÉTERMINANT CIRCULANT). Soit $n \in \mathbb{N}^*$ et $\omega = e^{2i\pi/n}$. On considère la matrice $\Omega = (\omega^{(i-1)(j-1)})_{1\leq i,j\leq n} \in \mathcal{M}_n(\mathbb{C})$.

a) Soient $a_1, \ldots, a_n \in \mathbb{C}$ et

$$A = \begin{pmatrix} a_1 & a_2 & a_3 & \cdots & a_n \\ a_n & a_1 & a_2 & \cdots & a_{n-1} \\ a_{n-1} & a_n & a_1 & \cdots & a_{n-2} \\ \vdots & \vdots & \vdots & & \vdots \\ a_2 & a_3 & a_4 & \cdots & a_1 \end{pmatrix} \in \mathcal{M}_n(\mathbb{C}).$$

Calculer $\det(A\Omega)$ et en déduire la valeur de $\det A$.

b) (Application). Si $\theta \in \mathbb{R}$, calculer le déterminant $n \times n$

$$\Delta(\theta) = \begin{vmatrix} \cos\theta & \cos 2\theta & \cdots & \cos n\theta \\ \cos n\theta & \cos\theta & \cdots & \cos(n-1)\theta \\ \vdots & \vdots & & \vdots \\ \cos 2\theta & \cos 3\theta & \cdots & \cos\theta \end{vmatrix}.$$

Solution. **a)** Un peu d'attention montre que le coefficient d'indice (i,j) du produit $A\Omega$ est $\omega^{(i-1)(j-1)}P(\omega^{j-1})$ où P désigne le polynôme $P = a_1 + a_2X + \cdots + a_nX^{n-1}$. Autrement dit,

$$A\Omega = \begin{pmatrix} P(1) & P(\omega) & \cdots & P(\omega^{n-1}) \\ P(1) & \omega P(\omega) & \cdots & \omega^{n-1}P(\omega^{n-1}) \\ \vdots & \vdots & & \vdots \\ P(1) & \omega^{n-1}P(\omega) & \cdots & \omega^{(n-1)(n-1)}P(\omega^{n-1}) \end{pmatrix}.$$

On en déduit

$$\det(A\Omega) = P(1)P(\omega)\cdots P(\omega^{n-1}) \begin{vmatrix} 1 & 1 & \cdots & 1 \\ 1 & \omega & \cdots & \omega^{n-1} \\ \vdots & \vdots & & \vdots \\ 1 & \omega^{n-1} & \cdots & \omega^{(n-1)(n-1)} \end{vmatrix} = P(1)P(\omega)\cdots P(\omega^{n-1})\det\Omega.$$

Comme $\det\Omega \neq 0$ (c'est un Vandermonde dont les paramètres sont deux à deux distincts), on en déduit $\det A = P(1)P(\omega)\cdots P(\omega^{n-1})$.

b) On pose $U_n = \{e^{2ik\pi/n} \mid k \in \mathbb{Z}\}$. Le résultat de la question précédente entraîne

$$\Delta(\theta) = \prod_{\omega\in U_n} (\cos\theta + \omega\cos 2\theta + \cdots + \omega^{n-1}\cos n\theta). \qquad (*)$$

Supposons dans un premier temps $\theta \notin \frac{2\pi}{n}\mathbb{Z}$. Si $\omega \in U_n$, on pose

$$S(\omega) = \cos\theta + \omega\,\cos 2\theta + \cdots + \omega^{n-1}\,\cos n\theta \quad \text{et} \quad T(\omega) = \sin\theta + \omega\,\sin 2\theta + \cdots + \omega^{n-1}\,\sin n\theta.$$

On a

$$S(\omega) + iT(\omega) = \frac{1}{\omega}\sum_{k=1}^{n}(\omega e^{i\theta})^k = e^{i\theta}\frac{1-e^{in\theta}}{1-\omega e^{i\theta}} \qquad \text{et} \qquad S(\omega) - iT(\omega) = e^{-i\theta}\frac{1-e^{-in\theta}}{1-\omega e^{-i\theta}}.$$

En effectuant la demi-somme des deux expressions précédentes, on en déduit, après calculs, que

$$S(\omega) = 2\sin\left(\frac{n\theta}{2}\right)\cdot\frac{\sin(\frac{n+2}{2}\theta) - \omega\sin(\frac{n\theta}{2})}{(1-\omega e^{i\theta})(1-\omega e^{-i\theta})}. \qquad (**)$$

Avec la formule $(*)$, on en déduit

$$\Delta(\theta) = \prod_{\omega\in U_n} S(\omega) = 2^n\sin^n\left(\frac{n\theta}{2}\right)\frac{\prod_{\omega\in U_n}\left(\sin(\frac{n+2}{2}\theta) - \omega\sin(\frac{n\theta}{2})\right)}{\prod_{\omega\in U_n}(1-\omega e^{i\theta})\prod_{\omega\in U_n}(1-\omega e^{-i\theta})}$$

Lorsque $a \in \mathbb{C}^*$, le polynôme $X^n - a^n$ a n racines simples qui sont les ωa avec $\omega \in U_n$, donc $X^n - a^n = \prod_{\omega \in U_n}(X - \omega a)$. En utilisant cette identité pour $a = \sin \frac{n\theta}{2}$ puis $a = e^{i\theta}$ et $a = e^{-i\theta}$, on en déduit

$$\Delta(\theta) = 2^n \sin^n\left(\frac{n\theta}{2}\right) \frac{\sin^n\left(\frac{(n+2)\theta}{2}\right) - \sin^n\left(\frac{n\theta}{2}\right)}{(1 - e^{ni\theta})(1 - e^{-ni\theta})}$$

et comme $(1 - e^{ni\theta})(1 - e^{-ni\theta}) = 4\sin^2\left(\frac{n\theta}{2}\right)$ on a finalement

$$\Delta(\theta) = 2^{n-2} \sin^{n-2}\left(\frac{n\theta}{2}\right)\left[\sin^n\left(\frac{n+2}{2}\theta\right) - \sin^n\left(\frac{n\theta}{2}\right)\right].$$

Nous avons démontré cette relation pour $\theta \notin \frac{2\pi}{n}\mathbb{Z}$. Le déterminant étant une fonction continue de ses coefficients (c'est un polynôme en ses coefficients), la fonction $\theta \mapsto \Delta(\theta)$ est continue, et par continuité on en déduit que la relation trouvée est valable pour tout $\theta \in \mathbb{R}$.

Remarque. Une autre démonstration de a) fait l'objet de l'exercice 4 page 190.

EXERCICE 13. Soient $a, b \in \mathbb{K}$ avec $a \neq b$. On pose

$$A_n = \begin{pmatrix} a+b & ab & 0 & \cdots & 0 \\ 1 & a+b & ab & \ddots & \vdots \\ 0 & 1 & a+b & \ddots & 0 \\ \vdots & \ddots & \ddots & \ddots & ab \\ 0 & \cdots & 0 & 1 & a+b \end{pmatrix} \in \mathcal{M}_n(\mathbb{K}).$$

Calculer $\det A_n$.

Solution. Supposons $n \geq 3$. En développant par rapport à la première ligne on obtient

$$\det A_n = (a+b)\det A_{n-1} - ab \begin{vmatrix} 1 & ab & 0 & \cdots & 0 \\ 0 & a+b & ab & \ddots & \vdots \\ 0 & 1 & a+b & \ddots & 0 \\ \vdots & 0 & \ddots & \ddots & ab \\ 0 & \cdots & \ddots & 1 & a+b \end{vmatrix},$$

puis en développant le dernier déterminant de cette égalité par rapport à la première colonne, $\det A_n = (a+b)\det A_{n-1} - ab \det A_{n-2}$. Sachant que

$$\det A_1 = a + b = \frac{a^2 - b^2}{a - b} \quad \text{et} \quad \det A_2 = a^2 + ab + b^2 = \frac{a^3 - b^3}{a - b},$$

on démontre facilement par récurrence sur n que $\det A_n = \dfrac{a^{n+1} - b^{n+1}}{a - b}$.

Remarque. Si $a = b$, une récurrence donne $\det A_n = (n+1)a^n$.

– À partir du résultat de cet exercice, on peut facilement calculer les déterminants de la forme

$$\begin{vmatrix} \beta & \gamma & & (0) \\ \alpha & \ddots & \ddots & \\ & \ddots & \ddots & \gamma \\ (0) & & \alpha & \beta \end{vmatrix}.$$

6. Problèmes

PROBLÈME 1. Résoudre dans $\mathcal{M}_n(\mathbb{R})$ l'équation $A^2 = -I_n$.

Solution. Comme $A^2 = -I_n$, on a $\det(A^2) = (\det A)^2 = (-1)^n$ donc n est pair. Soit $p \in \mathbb{N}^*$ tel que $n = 2p$. Soit f l'endomorphisme de $\mathbb{R}^n$ dont A est la matrice dans la base canonique de $\mathbb{R}^n$. On va démontrer, en procédant par récurrence sur k, le résultat suivant : pour tout k, $1 \leq k \leq p$, il existe $x_1, \ldots, x_k \in E = \mathbb{R}^n$ tels que $(x_1, f(x_1), \ldots, x_k, f(x_k))$ forme une famille libre.

Montrons ce résultat pour $k = 1$. Soit $x_1 \in E$, $x_1 \neq 0$. Si $\lambda x_1 + \mu f(x_1) = 0$, alors par composition par f, on tire $\lambda f(x_1) - \mu x_1 = 0$. Finalement, on en déduit :

$$(\lambda^2 + \mu^2)x_1 = \lambda\,[\lambda x_1 + \mu f(x_1)] - \mu\,[\lambda f(x_1) - \mu x_1] = 0.$$

Donc $\lambda^2 + \mu^2 = 0$, c'est-à-dire $\lambda = \mu = 0$. La famille $(x_1, f(x_1))$ est donc libre.

Supposons maintenant le résultat vrai au rang $k-1$ et montrons le au rang $k \leq p$. D'après l'hypothèse de récurrence, il existe $x_1, \ldots, x_{k-1} \in E$ tels que $(x_1, f(x_1), \ldots, x_{k-1}, f(x_{k-1}))$ forme une famille libre. Soit $F_{k-1} = \mathrm{Vect}\{x_1, f(x_1), \ldots, x_{k-1}, f(x_{k-1})\}$. On a $\dim F_{k-1} = 2k - 2 < 2p$, donc on peut choisir $x_k \in E$, $x_k \notin F_{k-1}$. Supposons maintenant une égalité du type :

$$\lambda_1 x_1 + \mu_1 f(x_1) + \cdots + \lambda_k x_k + \mu_k f(x_k) = 0.$$

Alors $\lambda_k x_k + \mu_k f(x_k) \in F_{k-1}$ et F_{k-1} étant stable par f, $f\,[\lambda_k x_k + \mu_k f(x_k)] = \lambda_k f(x_k) - \mu_k x_k \in F_{k-1}$. Donc : $(\lambda_k^2 + \mu_k^2)x_k = \lambda_k\,[\lambda_k x_k + \mu_k f(x_k)] - \mu_k\,[\lambda_k f(x_k) - \mu_k x_k] \in F_{k-1}$. Or $x_k \notin F_{k-1}$, donc $\lambda_k^2 + \mu_k^2 = 0$, d'où $\lambda_k = \mu_k = 0$. On a donc $\lambda_1 x_1 + \mu_1 f(x_1) + \cdots + \lambda_{k-1}x_{k-1} + \mu_{k-1} f(x_{k-1}) = 0$, donc d'après l'hypothèse de récurrence, $\forall i, \lambda_i = \mu_i = 0$.

Le cas particulier $k = p$, entraîne l'existence de $x_1, \ldots, x_p \in E$ tels que la famille $B = (x_1, f(x_1), \ldots, x_p, f(x_p))$ soit libre. Comme $n = 2p$, B est une base de E. La matrice A est donc semblable à

$$[f]_B = \begin{pmatrix} J & & (0) \\ & \ddots & \\ (0) & & J \end{pmatrix}, \qquad \text{où} \qquad J = \begin{pmatrix} 0 & -1 \\ 1 & 0 \end{pmatrix},$$

et réciproquement, si A est semblable à une matrice de cette forme, $A^2 = -I_n$.

→ PROBLÈME 2 (ENDOMORPHISMES NILPOTENTS, DÉCOMPOSITION DE FITTING). Soit E un $\mathbb{K}$-e.v de dimension finie $n \in \mathbb{N}^*$. Soit $f \in \mathcal{L}(E)$, nilpotent (*i. e.* il existe $p \in \mathbb{N}^*$ tel que $f^p = 0$). On note $q \in \mathbb{N}^*$ l'*indice de nilpotence* de f, défini par $q = \inf\{p \in \mathbb{N}^* \mid f^p = 0\}$.

1/ On veut montrer que $q \leq n$.
a) (Première méthode). Montrer que la suite $(\mathrm{Im}\, f^p)_{p \in \mathbb{N}}$ décroît strictement jusqu'à $p = q$ puis devient stationnaire. Conclure.
b) (Deuxième méthode). Montrer qu'il existe $x_0 \in E$ tel que $(x_0, f(x_0), \ldots, f^{q-1}(x_0))$ forme une famille libre. Conclure.

2/ Si $r = \dim(\mathrm{Ker}\, f)$, montrer que $r \neq 0$ et que $n/r \leq q \leq n + 1 - r$.

3/ (*Décomposition de Fitting.*) On ne suppose plus f nilpotent. Montrer qu'il existe un unique couple (F, G) de sous-espaces vectoriels de E stables par f, tels que $F \oplus G = E$, $f_{|F}$ est nilpotent et $f_{|G}$ est inversible.

Solution. **1/a)** Dans un premier temps, on ne suppose pas f nilpotente. Pour tout p, comme $f(E) \subset E$, on a $f^{p+1}(E) = f^p[f(E)] \subset f^p(E)$. La suite $(\mathrm{Im}\, f^p)_{p \in \mathbb{N}}$ est donc décroissante. Donc la suite d'entiers naturels $(\mathrm{rg}\, f^p)_{p \in \mathbb{N}}$ décroit, donc il existe un plus petit entier $s \in \mathbb{N}$ tel que $\mathrm{rg}\, f^{s+1} = \mathrm{rg}\, f^s$. Comme $\mathrm{Im}\, f^{s+1} \subset \mathrm{Im}\, f^s$ on en déduit $\mathrm{Im}\, f^{s+1} = \mathrm{Im}\, f^s$. Pour tout $p \geq s$, on a

$$\mathrm{Im}\, f^{p+1} = f^{p-s}[f^{s+1}(E)] = f^{p-s}[f^s(E)] = \mathrm{Im}\, f^p.$$

La suite $(\operatorname{Im} f^p)_{p\in\mathbb{N}}$ est donc stationnaire à partir du rang s. Comme la suite $(\operatorname{rg} f^p)_{p\in\mathbb{N}}$ décroit et par définition de s, on a $\operatorname{rg} f^{p+1} \leq \operatorname{rg} f^p - 1$ lorsque $p < s$. Une récurrence immédiate fournit $\operatorname{rg} f^p \leq \operatorname{rg} f^0 - p = n - p$ pour $0 \leq p \leq s$, en particulier $\operatorname{rg} f^s \leq \operatorname{rg} f^0 - s = n - s$. On en déduit $s \leq n$.

Pour conclure, on utilise l'hypothèse de nilpotence de f, pour noter que $\operatorname{Im} f^p$ est stationnaire à partir de $p = q$. On en déduit $q = s$, donc $q \leq n$.

b) Comme $f^{q-1} \neq 0$, il existe $x_0 \in E$ tel que $f^{q-1}(x_0) \neq 0$. Nous allons montrer que la famille $(x_0, f(x_0), \ldots, f^{q-1}(x_0))$ est libre. Si $\sum_{i=0}^{q-1} \lambda_i f^i(x_0) = 0$ avec les λ_i non tous nuls, on considère le plus petit entier k tel que $\lambda_k \neq 0$. On a $\sum_{i=k}^{q-1} \lambda_i f^i(x_0) = 0$, donc en composant par f^{q-1-k} à gauche,

$$\lambda_k f^{q-1}(x_0) + \lambda_{k+1} f^q(x_0) + \cdots + \lambda_{q-1} f^{2(q-1)-k}(x_0) = 0.$$

Comme $f^p = 0$ pour $p \geq q$, cette dernière égalité entraîne $\lambda_k f^{q-1}(x_0) = 0$, et comme $f^{q-1}(x_0) \neq 0$, $\lambda_k = 0$, ce qui est absurde. La famille considérée est donc libre. Elle a q éléments, donc $q \leq \dim E = n$.

2/ On a vu au 1/a) que si $p < q$, $\operatorname{rg} f^{p+1} \leq \operatorname{rg} f^p - 1$, ce qui entraîne que $0 = \operatorname{rg} f^q \leq \operatorname{rg} f - (q-1) = n - r - (q-1)$, donc $q \leq n - r + 1$.

Il reste à montrer l'inégalité $n/r \leq q$. Pour cela, commençons par montrer que

$$\forall p \in \mathbb{N}, \qquad \operatorname{rg} f^{p+1} = \operatorname{rg} f^p - \dim(\operatorname{Im} f^p \cap \operatorname{Ker} f). \qquad (*)$$

- Soit S un s.e.v de E tel que $(\operatorname{Im} f^p \cap \operatorname{Ker} f) \oplus S = \operatorname{Im} f^p$. On a $S \cap \operatorname{Ker} f \subset (\operatorname{Im} f^p \cap \operatorname{Ker} f) \cap S = \{0\}$, donc $S \cap \operatorname{Ker} f = \{0\}$. Ceci entraîne que $f_{|S}$ (restriction de f à S) est injective, et donc $\dim f(S) = \dim S$. Or $\operatorname{Im} f^{p+1} = f(\operatorname{Im} f^p) = f[(\operatorname{Im} f^p \cap \operatorname{Ker} f) \oplus S] = f(S)$, donc $\operatorname{rg} f^{p+1} = \dim f(S) = \dim S = \operatorname{rg} f^p - \dim(\operatorname{Im} f^p \cap \operatorname{Ker} f)$.

L'égalité $(*)$ entraîne que pour tout p, $\operatorname{rg} f^{p+1} \geq \operatorname{rg} f^p - r$. Ceci entraîne $0 = \operatorname{rg} f^q \geq \operatorname{rg} f^0 - qr = n - qr$, donc $q \geq n/r$.

3/ Rappelons que nous avons montré en 1/a) que $(\operatorname{Im} f^p)_{p\in\mathbb{N}}$ décroit strictement puis devient stationnaire à partir d'un certain rang s (f n'était pas supposé nilpotent dans cette preuve).

Supposons que F et G existent. Soit q l'indice de nilpotence de $f_{|F}$, de sorte que $f^q(F) = 0$. Pour tout $p \geq q$ on a $f^p(F) = f^{p-q}(f^q(F)) = 0$, et $f^p(G) = G$ car $f_{|G}$ est inversible. Comme $F \oplus G = E$, on en déduit que pour tout $p \geq q$, $\operatorname{Im} f^p = f^p(F) + f^p(G) = G$. Ainsi G est forcément la valeur stationnaire de la suite $(\operatorname{Im} f^p)_{p\in\mathbb{N}}$, donc $G = \operatorname{Im} f^s$ et $q \geq s$. Par ailleurs $f^q(F) = 0$ donc $F \subset \operatorname{Ker} f^q$. Or $n = \dim \operatorname{Ker} f^q + \dim \operatorname{Im} f^q = \dim \operatorname{Ker} f^q + \dim G$, et comme $n = \dim F + \dim G$ on en déduit $\dim F = \dim \operatorname{Ker} f^q$, donc $F = \operatorname{Ker} f^q$. Par définition de s on a $\operatorname{rg} f^s = \operatorname{rg} f^q$, donc $\dim \operatorname{Ker} f^q = n - \operatorname{rg} f^q = n - \operatorname{rg} f^s = \dim \operatorname{Ker} f^s$ et comme $\operatorname{Ker} f^s \subset \operatorname{Ker} f^q$ (car si $f^s(x) = 0$, on a $f^q(x) = f^{q-s}(f^s(x)) = 0$) on en déduit $F = \operatorname{Ker} f^q = \operatorname{Ker} f^s$. Ainsi si F et G existent, ils vérifient forcément $F = \operatorname{Ker} f^s$ et $G = \operatorname{Im} f^s$, ce qui assure leur unicité.

Réciproquement, définissons F et G par $F = \operatorname{Ker} f^s$ et $G = \operatorname{Im} f^s$. Il est immédiat que F et G sont stables par f.

— On a $F \cap G = \{0\}$ car si $x \in F \cap G$, on a $f^s(x) = 0$ et $x = f^s(y)$ avec $y \in E$, donc $f^{2s}(y) = 0$. Or $\operatorname{Ker} f^s \subset \operatorname{Ker} f^{2s}$ et $\dim \operatorname{Ker} f^s = n - \operatorname{rg} f^s = n - \operatorname{rg} f^{2s} = \dim \operatorname{Ker} f^{2s}$, donc $\operatorname{Ker} f^{2s} = \operatorname{Ker} f^s$. Donc $y \in \operatorname{Ker} f^s$, donc $x = f^s(y) = 0$. Comme $\dim F + \dim G = n$, on en déduit $F \oplus G = E$.

— Par définition de $F = \operatorname{Ker} f^s$, on a $f^s(F) = 0$ donc $f_{|F}$ est nilpotent.

— Par ailleurs on a $\operatorname{Im} f^{s+1} = \operatorname{Im} f^s$, ce qui s'écrit $f(G) = G$ donc $f_{|G}$ est surjective et comme c'est un endomorphisme en dimension finie, on en déduit que $f_{|G}$ est inversible.

Remarque. En particulier, 2/ montre que si f est nilpotent et si $\dim \operatorname{Ker} f = 1$, alors l'indice de nilpotence de f est $q = n$.

– Nous avons montré que dans tous les cas, $(\operatorname{Im} f^p)_{p\in\mathbb{N}}$ décroît strictement puis devient stationnaire à partir d'un certain rang s. L'entier s s'appelle *l'indice* de f. On montre facilement que la suite $(\operatorname{Ker} f^p)_{p\in\mathbb{N}}$ croît strictement puis devient stationnaire à partir de ce même rang s. On retrouve ce résultat dans la définition 2 page 202

Problème 3. **1/a)** Soit $N \in \mathcal{M}_n(\mathbb{R})$ une matrice nilpotente (*i. e.* il existe $p \in \mathbb{N}^*$ tel que $N^p = 0$) d'indice q (*i. e.* q est le plus petit entier naturel vérifiant $N^q = 0$). Montrer que $I_n - N$ est inversible et donner son inverse.
b) (Application). Montrer l'inversibilité et calculer l'inverse de la matrice

$$M = \begin{pmatrix} 1 & -a & 0 & \ddots \\ 0 & 1 & \ddots & 0 \\ \vdots & & \ddots & -a \\ 0 & \cdots & 0 & 1 \end{pmatrix} \in \mathcal{M}_n(\mathbb{R}).$$

2/a) Soit $N \in \mathcal{M}_n(\mathbb{R})$ une matrice nilpotente d'indice 2. Pour tout $p \in \mathbb{N}^*$, calculer $(I_n + N)^p$.
b) (Application). Soit $M = \begin{pmatrix} 1 & 1 \\ -1 & 3 \end{pmatrix} \in \mathcal{M}_2(\mathbb{R})$. Calculer M^{100}.

Solution. **1/a)** Il suffit de remarquer que $(I_n - N)(I_n + N + \cdots + N^{q-1}) = I_n - N^q = I_n$, donc $I_n - N \in \mathcal{G}\ell_n(\mathbb{R})$ et $(I_n - N)^{-1} = I_n + N + \cdots + N^{q-1}$.

b) On peut écrire $M = I_n - aN$ avec $N = \begin{pmatrix} 0 & I_{n-1} \\ 0 & 0 \end{pmatrix}$. Une récurrence facile donne

$$\forall p \in \mathbb{N}^*,\ 1 \leq p \leq n-1, \quad N^p = \begin{pmatrix} 0 & I_{n-p} \\ 0 & 0 \end{pmatrix} \quad \text{et } N^n = 0.$$

En appliquant 1/a), on voit donc que $M = I_n - aN$ est inversible et que

$$M^{-1} = I_n + aN + a^2N^2 + \cdots + a^{n-1}N^{n-1} = \begin{pmatrix} 1 & a & a^2 & \cdots & a^{n-1} \\ 0 & 1 & a & \ddots & \vdots \\ \vdots & \ddots & \ddots & \ddots & a^2 \\ \vdots & & \ddots & \ddots & a \\ 0 & \cdots & \cdots & 0 & 1 \end{pmatrix}.$$

2/a) Les matrices I_n et N commutant, on peut écrire

$$(I_n + N)^p = \sum_{k=0}^{p} \binom{p}{k} N^k I_n^{p-k} = \sum_{k=0}^{p} \binom{p}{k} N^k = \binom{p}{0} I_n + \binom{p}{1} N = I_n + pN.$$

b) Si $N = \begin{pmatrix} -1 & 1 \\ -1 & 1 \end{pmatrix}$, on a $M = 2I_2 + N$ et $N^2 = 0$, donc d'après la question précédente,

$$M^{100} = 2^{100} \left(I_2 + \frac{1}{2} N \right)^{100} = 2^{100}(I_2 + 50N) = 2^{100} \begin{pmatrix} -49 & 50 \\ -50 & 51 \end{pmatrix}.$$

Remarque. Au 1/a), on a forcément $q \leq n$. On peut montrer ce résultat sans faire appel au théorème de Cayley-Hamilton, en procédant comme suit. Soit f l'endomorphisme de $\mathbb{R}^n$ dont N est la matrice dans la base canonique B de $\mathbb{R}^n$. Pour tout entier r, l'égalité $[f^r]_B = N^r$ entraîne que les ordres de nilpotence de f et de N sont égaux. Or d'après le problème précédent, l'ordre r de nilpotence de f est $\leq n$, et donc $q \leq n$.

– On identifie souvent une matrice $M \in \mathcal{M}_n(\mathbb{K})$ et l'endomorphisme f de $\mathbb{K}^n$ dont M est la matrice dans la base canonique de $\mathbb{K}^n$. Si les vecteurs de $\mathbb{K}^n$ sont notés en matrices colonnes, on a $f(X) = MX$.

PROBLÈME 4. Soit E un ensemble et $f_1, f_2, \ldots, f_n$ n fonctions de E dans $\mathbb{K}$, formant un système libre dans le $\mathbb{K}$-espace vectoriel des fonctions de E dans $\mathbb{K}$. Démontrer qu'il existe n points $x_1, \ldots, x_n$ de E tels que la matrice $(f_i(x_j))_{1\le i,j\le n}$ soit inversible :
a) En procédant par récurrence sur $n \in \mathbb{N}^*$.
b) En considérant $F = \mathrm{Vect}(f_1, \ldots, f_n)$ et si $x \in E$ en notant $\tilde{x} : F \to \mathbb{K} \quad f \mapsto f(x)$, en montrant que $\exists x_1, \ldots, x_n \in E$ tels que $\tilde{x}_1, \ldots, \tilde{x}_n$ forment une base de F^*, dual de F.

Solution. **a)** Pour $n = 1$, c'est évident. Supposons le résultat vrai au rang $n-1$ et montrons le au rang n. On définit la fonction

$$\Delta : E \to \mathbb{K} \qquad x \mapsto \begin{vmatrix} f_1(x_1) & \cdots & f_1(x_{n-1}) & f_1(x) \\ f_2(x_1) & \cdots & f_2(x_{n-1}) & f_2(x) \\ \vdots & & \vdots & \vdots \\ f_n(x_1) & \cdots & f_n(x_{n-1}) & f_n(x) \end{vmatrix},$$

$x_1, \ldots, x_{n-1}$ étant pris tels que $\det(f_i(x_j))_{1\le i,j\le n-1} \neq 0$. En notant, pour tout i, Δ_i le mineur de l'élément $f_i(x)$ de Δ, on a, en développant $\Delta(x)$ par rapport à la dernière colonne :

$$\forall x \in E, \qquad \Delta(x) = \sum_{i=1}^{n} (-1)^{n+i} \Delta_i \cdot f_i(x).$$

Or $\Delta_n \neq 0$, et comme les (f_i) forment une famille libre, on ne peut avoir $\sum_{i=1}^{n} (-1)^{n+i} \Delta_i f_i(x) = 0$ pour tout x, donc $\exists x_n \in E,\ \Delta(x_n) \neq 0$, de sorte que $(f_i(x_j))_{1\le i,j\le n}$ est inversible.

b) Pour tout $x \in E$, l'application $\tilde{x} :\ F \to \mathbb{K} \quad f \mapsto f(x)$ est un élément de F^*. Soit $\Gamma = \{\tilde{x} \mid x \in E\}$. L'orthogonal de Γ dans F est :

$$\Gamma^\circ = \{f \in F \mid \forall x \in E, \tilde{x}(f) = 0\} = \{f \in F \mid \forall x \in E, f(x) = 0\} = \{0\}.$$

Soit $G = \mathrm{Vect}(\Gamma)$. On a $G^\circ = \Gamma^\circ = \{0\}$ donc $\dim G = \dim F - \dim G^\circ = \dim F = n$, et comme $G \subset F^*$ on en déduit $G = F^* = \mathrm{Vect}(\Gamma)$. Donc il existe $x_1, \ldots, x_n \in E$ tels que $(\widetilde{x_1}, \ldots, \widetilde{x_n})$ soit une base de F^*. Les vecteurs $\begin{pmatrix} \widetilde{x_j}(f_1) \\ \vdots \\ \widetilde{x_j}(f_n) \end{pmatrix}$ pour $1 \le j \le n$ sont donc linéairement indépendants, ce qui revient à dire que la matrice $A = [\widetilde{x_j}(f_i)]_{1\le i,j\le n} = [f_i(x_j)]_{1\le i,j\le n}$ est inversible.

PROBLÈME 5. Soit $n \in \mathbb{N}^*$ et $\alpha_1 < \ldots < \alpha_n$ des entiers naturels. On considère des nombres réels $x_1, \ldots, x_n$ deux à deux distincts et strictements positifs. Montrer que la matrice $M = (x_i^{\alpha_j})_{1\le i,j\le n} \in \mathcal{M}_n(\mathbb{R})$ est inversible (indication : commencer par le cas $\alpha_k = k-1$ sans utiliser le déterminant de Vandermonde).

Solution. On traite déja le cas particulier $\alpha_j = j-1$. On prouve l'inversibilité de M (sans utiliser l'expression du déterminant de Vandermonde qui permet d'affirmer que $\det M \neq 0$ dès que les x_i sont distincts), en remarquant que pour tout vecteur colonne $A = (a_i)_{1\le i\le n}$ de $\mathbb{R}^n$, on a

$$MA = \begin{pmatrix} 1 & x_1 & \cdots & x_1^{n-1} \\ \vdots & \vdots & & \vdots \\ 1 & x_n & \cdots & x_n^{n-1} \end{pmatrix} \begin{pmatrix} a_1 \\ \vdots \\ a_n \end{pmatrix} = \begin{pmatrix} P(x_1) \\ \vdots \\ P(x_n) \end{pmatrix}, \qquad P(X) = a_1 + a_2 X + \cdots + a_n X^{n-1}.$$

Si $MA = 0$ on a donc $P(x_i) = 0$ pour $1 \le i \le n$. Or les x_i sont distincts et $\deg P < n$ on a donc $P = 0$, donc $A = 0$. Ainsi M est bien inversible (ici l'hypothèse $x_i > 0$ est inutile).

Traitons maintenant le cas général. On va utiliser la même approche, mais c'est moins immédiat car le degré de P n'est pas forcément $< n$. De manière similaire au cas Vandermonde, pour tout vecteur colonne $A = (a_i)_{1\leq i\leq n}$ de $\mathbb{R}^n$, on a

$$MA = \begin{pmatrix} x_1^{\alpha_1} & \cdots & x_1^{\alpha_n} \\ \vdots & & \vdots \\ x_n^{\alpha_1} & \cdots & x_n^{\alpha_n} \end{pmatrix} \begin{pmatrix} a_1 \\ \vdots \\ a_n \end{pmatrix} = \begin{pmatrix} P(x_1) \\ \vdots \\ P(x_n) \end{pmatrix}, \qquad P(X) = a_1X^{\alpha_1} + a_2X^{\alpha_2} + \cdots + a_nX^{\alpha_n}. \ (*)$$

Le résultat va alors découler du lemme suivant :

LEMME. *Soit $n \in \mathbb{N}^*$ et $P \in \mathbb{R}[X]$ ayant au plus n coefficients non nuls, qui s'annule en n nombres réels distincts strictement positifs. Alors $P = 0$.*

Nous prouvons ce lemme en procédant par récurrence sur n. Pour $n = 1$ c'est immédiat. Supposons le résultat vrai pour $n-1$ et montrons le au rang n. Notons $0 < x_1 < \ldots < x_n$ des nombres réels tels que $P(x_i) = 0$ pour $1 \leq i \leq n$, où P est un polynôme ayant au plus n coefficients non nuls. Écrivons $P = \sum_{i=1}^n a_iX^{\alpha_i}$ ou $0 \leq \alpha_1 < \ldots < \alpha_n$. On a $P = X^{\alpha_1}Q$ où $Q = a_1 + \sum_{i=2}^n a_iX^{\alpha_i-\alpha_1}$, et $Q' = \sum_{i=2}^n (\alpha_i - \alpha_1)a_iX^{\alpha_i-\alpha_1}$, donc Q' a au plus $n-1$ coefficients non nuls. Par ailleurs, $Q(x_i) = 0$ pour $1 \leq i \leq n$ donc d'après le théorème de Rolle, Q' s'annule sur chaque intervalle ouvert $]x_i, x_{i+1}[$ pour $1 \leq i \leq n-1$, donc s'annule en $n-1$ nombres réels > 0 distincts. Les hypothèses de récurrence appliquées à Q' sont vérifiées, et on en déduit $Q' = 0$. Donc $P = a_1X_1^{\alpha_1}$, et comme $P(x_1) = 0$ on a forcément $a_1 = 0$. Le lemme est donc prouvé.

Supposons maintenant $MA = 0$. La formule (*) montre que $P = \sum_{i=1}^n a_iX^{\alpha_i}$ s'annule sur les n points distincts $x_1, \ldots, x_n$ qui sont > 0, on peut donc appliquer le lemme qui entraîne $P = 0$, donc $A = 0$. Donc M est inversible.

Remarque. Sans l'hypothèse $x_i > 0$ pour $1 \leq i \leq n$, le résultat est faux, comme le montre le contre-exemple $n = 2$, $(\alpha_1, \alpha_2) = (0, 2)$ et $(x_1, x_2) = (-1, 1)$.

PROBLÈME 6 (IDENTITÉ DE JACOBI, IDENTITÉ DE SYLVESTER). **1/** (*Identité de Jacobi*)
a) Soit $A \in \mathcal{G}\ell_n(\mathbb{K})$. On note $T = A^{-1}$ et on considère l'écriture par blocs

$$A = \begin{pmatrix} B & C \\ D & E \end{pmatrix} \quad \text{et} \quad T = \begin{pmatrix} W & X \\ Y & Z \end{pmatrix} \quad \text{avec} \quad B, W \in \mathcal{M}_r(\mathbb{K}),$$

où r vérifie $1 \leq r < n$. Montrer que $(\det A)(\det W) = \det E$.
b) Soient I et J deux sous-ensembles de $\{1, \ldots, n\}$ de même cardinal r et $A = (a_{i,j}) \in \mathcal{M}_n(\mathbb{K})$. On note $A_{I,J} = (a_{i,j})_{i\in I, j\in J}$ la matrice de $\mathcal{M}_r(\mathbb{K})$ obtenue à partir de A en ne conservant que les lignes d'indice $i \in I$ et les colonnes d'indice $j \in J$. Si $A \in \mathcal{G}\ell_n(\mathbb{C})$ et $T = A^{-1}$, montrer que

$$(\det A)(\det T_{J,I}) = (-1)^{S(I,J)}(\det A_{I^*,J^*}), \quad \text{avec} \quad S(I,J) = \sum_{i\in I} i + \sum_{j\in J} j,$$

où I^* et J^* sont les complémentaires de I et J dans $\{1, \ldots, n\}$.
2/ (*Identité de Sylvester.*) Soit $A = (a_{i,j}) \in \mathcal{M}_n(\mathbb{K})$ et $\widetilde{A} = (A_{i,j})$ sa comatrice. Soient I et J deux sous-ensembles de $\{1, \ldots, n\}$ de r éléments, avec $1 \leq r < n$. Montrer

$$\Gamma_{I,J} = (-1)^{S(I,J)} \cdot \Delta_{I,J} \cdot (\det A)^{r-1}$$

où $\Gamma_{I,J} = \det(\widetilde{A})_{I,J} = \det(A_{i,j})_{i\in I, j\in J}$ et où $\Delta_{I,J} = \det A_{I^*,J^*} = \det(a_{i,j})_{i\notin I, j\notin J}$.

Solution. **a)** En écrivant par blocs l'égalité $AT = I_n$ puis en considérant les blocs à gauche on obtient $BW + CY = I_r$ et $DW + EY = 0$. On en déduit

$$\begin{pmatrix} B & C \\ D & E \end{pmatrix} \begin{pmatrix} W & 0 \\ Y & I_{n-r} \end{pmatrix} = \begin{pmatrix} BW + CY & C \\ DW + EY & E \end{pmatrix} = \begin{pmatrix} I_r & C \\ 0 & E \end{pmatrix}$$

et en prenant le déterminant on a donc $(\det A)(\det W) = \det E$.

b) L'idée est de se ramener au cas précédent (qui correspond au cas où $I = J = \{1, \dots, r\}$) par permutation des indices. Considérons l'endomorphisme f de $\mathbb{K}^n$ dont A est la matrice dans la base canonique $B = (e_1, \dots, e_n)$ de $\mathbb{K}^n$. Notons $i_1 < \dots < i_r$ les éléments de I et $k_1 < \dots < k_{n-r}$ ceux de I^*, $j_1 < \dots < j_r$ les éléments de J et $\ell_1 < \dots < \ell_{n-r}$ ceux de J^*. Considérons les bases $B_I = (e_{i_1}, \dots, e_{i_r}, e_{k_1}, \dots, e_{k_{n-r}})$ et $B_J = (e_{j_1}, \dots, e_{j_r}, e_{\ell_1}, \dots, e_{\ell_{n-r}})$. La matrice de f dans les bases B_I et B_J s'écrit sous la forme par blocs $[f]_{B_I}^{B_J} = \left(\begin{smallmatrix} B & C \\ D & E \end{smallmatrix}\right)$, où $E = A_{I^*,J^*}$. De même on peut écrire $[f^{-1}]_{B_J}^{B_I} = \left(\begin{smallmatrix} W & X \\ Y & Z \end{smallmatrix}\right)$, avec $W = T_{J,I}$. La matrice $[f]_{B_I}^{B_J}$ est inversible, d'inverse $[f^{-1}]_{B_J}^{B_I}$. On peut donc appliquer le résultat de la question précédente, qui donne $(\det[f]_{B_I}^{B_J})(\det W) = \det E$. Si P_I (resp. P_J) désigne la matrice de passage de la base B à la base B_I (resp. B_J), on a $[f]_{B_I}^{B_J} = P_J^{-1} A P_I$, et donc

$$(\det P_J^{-1})(\det A)(\det P_I)(\det T_{J,I}) = \det A_{I^*,J^*}. \qquad (*)$$

Il reste à calculer $\det P_I$ et $\det P_J$. La matrice P_I est obtenue à partir de I_n en effectuant sur les colonnes la permutation σ définie par $\sigma(i_s) = s$ pour $1 \leq s \leq r$ et $\sigma(k_s) = r + s$ pour $1 \leq s \leq n - r$. On a donc $\det P_I = \varepsilon(\sigma) \det I_n = \varepsilon(\sigma)$, où $\varepsilon(\sigma)$ est la signature de σ. En notant $C(i,j)$ le cycle $(i, i+1, \dots, j)$, un peu d'attention montre que $\sigma = C(r, i_r) \cdots C(2, i_2) C(1, i_1)$. On a donc

$$\det P_I = \varepsilon(\sigma) = \prod_{s=1}^{r} \varepsilon(C(s, i_s)) = \prod_{s=1}^{r} (-1)^{i_s - s}.$$

De même on trouve $\det P_J = \prod_{s=1}^{r} (-1)^{j_s - s}$. Avec $(*)$ on en déduit finalement

$$\begin{aligned}(\det A)(\det T_{J,I}) &= (\det P_j)(\det P_I)^{-1}(\det A_{I^*,J^*}) \\ &= \prod_{s=1}^{r} (-1)^{i_s + j_s - 2s} \det A_{I^*,J^*} = (-1)^{S(I,J)} \det A_{I^*,J^*}.\end{aligned}$$

2/ Remarquons que le cas $r = 1$ est une conséquence immédiate de la définition des cofacteurs de A. Supposons donc $2 \leq r \leq n - 1$.

Lorsque $\det A = 0$, la comatrice de A est de rang 0 ou 1 (voir l'exercice 11 page 152), donc comme $r \geq 2$, on a $\Gamma_{I,J} = 0$, donc l'identité souhaitée est bien vérifiée.

Supposons maintenant $\det A \neq 0$. L'égalité $\widetilde{A} = (\det A)\, {}^{t}T$ avec $T = A^{-1}$ montre que $(\widetilde{A})_{I,J} = (\det A) T_{J,I}$, donc $\Gamma_{I,J} = (\det A)^r \det T_{J,I}$. On conclue aisément car d'après le résultat de la question 1/b), on a $(\det A) \det T_{J,I} = (-1)^{S(I,J)} \Delta_{I,J}$.

PROBLÈME 7. **a)** Soit $M \in \mathcal{M}_n(\mathbb{C})$. Montrer l'équivalence

$$(M \notin \mathcal{G}\ell_n(\mathbb{C})) \iff ((\exists P \in \mathcal{G}\ell_n(\mathbb{C})),\ \forall \lambda \in \mathbb{C}, P - \lambda M \in \mathcal{G}\ell_n(\mathbb{C})).$$

b) Soit $\varphi \in \mathcal{L}(\mathcal{M}_n(\mathbb{C}))$ telle que

$$\forall M \in \mathcal{G}\ell_n(\mathbb{C}), \qquad \varphi(M) \in \mathcal{G}\ell_n(\mathbb{C}).$$

Montrer que si $\varphi(M) \in \mathcal{G}\ell_n(\mathbb{C})$, alors $M \in \mathcal{G}\ell_n(\mathbb{C})$.

Solution. **a)** *Condition nécessaire.* Supposons M non inversible. Si $r = \operatorname{rg} M$, on sait que M est équivalente à la matrice $K_r = \left(\begin{smallmatrix} I_r & 0 \\ 0 & 0 \end{smallmatrix}\right)$, autrement dit il existe $A, B \in \mathcal{G}\ell_n(\mathbb{C})$ tels que $M = AK_rB$.

Posons $J = \begin{pmatrix} 0 & 1 \\ I_{n-1} & 0 \end{pmatrix} \in \mathcal{G}\ell_n(\mathbb{C})$. Pour tout $\lambda \in \mathbb{C}$ on a

$$J - \lambda K_r = \begin{pmatrix} -\lambda & 0 & \cdots & \cdots & 0 & 1 \\ 1 & \ddots & \ddots & & & 0 \\ 0 & \ddots & -\lambda & 0 & & \vdots \\ \vdots & \ddots & 1 & 0 & & \vdots \\ \vdots & & \ddots & \ddots & \ddots & \vdots \\ 0 & \cdots & \cdots & 0 & 1 & 0 \end{pmatrix}. \quad \left.\right\} r \text{ lignes} \qquad (*)$$

Le rang d'une matrice reste inchangé lorsque l'on ajoute à une ligne une combinaison linéaire des autres. En ajoutant à la r-ième ligne dans $(*)$ λ fois la suivante, on fait disparaître le $-\lambda$ se trouvant à la position (r, r). En itérant ainsi le procédé aux lignes d'indice $r-1, \ldots, 1$, on fait disparaître tous les $-\lambda$, de sorte que $\operatorname{rg}(J - \lambda K_r) = \operatorname{rg} J = n$. Ainsi, $J - \lambda K_r \in \mathcal{G}\ell_n(\mathbb{C})$, donc $A(J - \lambda K_r)B = P - \lambda M$ (avec $P = AJB \in \mathcal{G}\ell_n(\mathbb{C})$) est inversible pour tout $\lambda \in \mathbb{C}$, d'où la condition nécessaire.
Condition suffisante. Raisonnons par l'absurde et supposons M inversible. Si $Q = M^{-1}P$, on a

$$\forall \lambda \in \mathbb{C}, \qquad \det(P - \lambda M) = (\det M)(\det(Q - \lambda I_n)) \neq 0$$

donc $\det(Q - \lambda I_n) \neq 0$ pour tout $\lambda \in \mathbb{C}$. Ceci est impossible puisque $\det(Q - \lambda I_n)$ est un polynôme de degré n en λ (c'est le polynôme caractéristique de Q) donc s'annule au moins une fois sur $\mathbb{C}$. D'où la condition suffisante.

b) Raisonnons par l'absurde en supposant $M \notin \mathcal{G}\ell_n(\mathbb{C})$. D'après la question précédente, il existe $P \in \mathcal{G}\ell_n(\mathbb{C})$ telle que pour tout $\lambda \in \mathbb{C}$, $P - \lambda M \in \mathcal{G}\ell_n(\mathbb{C})$. En vertu de l'hypothèse faite sur φ et de la linéarité de φ, ceci entraîne

$$\forall \lambda \in \mathbb{C}, \qquad \varphi(P) - \lambda\varphi(M) \in \mathcal{G}\ell_n(\mathbb{C}),$$

donc d'après la question précédente, $\varphi(M) \notin \mathcal{G}\ell_n(\mathbb{C})$, ce qui est contradictoire. Finalement, on a $M \in \mathcal{G}\ell_n(\mathbb{C})$.

PROBLÈME 8. Soit $A = (a_{i,j})_{1 \leq i,j \leq n} \in \mathcal{M}_n(\mathbb{R})$.

1/ Soit $\psi : \mathbb{N}^* \to \mathbb{R}$ une fonction. Si pour tout (i, j),

$$a_{i,j} = \sum_{k|i \text{ et } k|j} \psi(k),$$

montrer que $\det A = \psi(1)\psi(2)\cdots\psi(n)$.

2/ (Applications). Calculer $\det A$ si

a) $a_{i,j}$ est le nombre de diviseurs communs à i et à j.

b) $a_{i,j}$ est la somme des diviseurs communs à i et à j.

c) $a_{i,j} = i \wedge j = \operatorname{pgcd}(i, j)$.

Solution. **1/** On définit la matrice $B = (b_{i,j})_{1 \leq i,j \leq n}$ par $b_{i,j} = 1$ si $i \mid j$, $b_{i,j} = 0$ si $i \nmid j$. Elle est triangulaire supérieure et n'a que des 1 sur la diagonale principale, donc $\det B = 1$. On définit aussi la matrice $C = (c_{i,j})_{1 \leq i,j \leq n}$ comme étant une matrice diagonale avec $c_{i,i} = \psi(i)$. On pose maintenant $D = {}^{\mathrm{t}}BCB = (d_{i,j})_{1 \leq i,j \leq n}$. Pour tout (i, j), on a

$$d_{i,j} = \sum_{k,\ell} b_{k,i} c_{k,\ell} b_{\ell,j} = \sum_{k} b_{k,i} \psi(k) b_{k,j} = \sum_{k|i \text{ et } k|j} \psi(k) = a_{i,j}.$$

Donc $D = A = {}^{\mathrm{t}}BCB$, et donc $\det A = \det({}^{\mathrm{t}}B) \cdot \det C \cdot \det B = \det C$. Le déterminant de la matrice diagonale C est le produit de ses coefficients diagonaux, donc $\det A = \psi(1) \cdots \psi(n)$.

2/ a) Il suffit d'appliquer 1/ avec $\psi(k) = 1$. On en tire $\det A = 1$.

b) On applique cette fois ci 1/ avec $\psi(k) = k$, et on en tire $\det A = n!$.

c) Remarquons d'abord que l'on a l'équivalence

$$(k \mid i \text{ et } k \mid j) \iff (k \mid \operatorname{pgcd}(i,j)).$$

Rappelons que φ, l'indicateur d'Euler, possède la propriété suivante : pour tout m, $\sum_{k|m} \varphi(k) = m$ (voir la proposition 6 page 34). On a donc

$$a_{i,j} = \operatorname{pgcd}(i,j) = \sum_{k|\operatorname{pgcd}(i,j)} \varphi(k) = \sum_{k|i \text{ et } k|j} \varphi(k)$$

et d'après 1/ appliqué à $\psi = \varphi$, on a $\det A = \varphi(1) \cdots \varphi(n)$.

PROBLÈME 9. Soient $n \geq 2$ un entier et $\mathbb{K}$ un corps commutatif. Montrer que tout hyperplan de $\mathcal{M}_n(\mathbb{K})$ contient au moins une matrice inversible.

Solution. Soit H un hyperplan de $\mathcal{M}_n(\mathbb{K})$. Il existe une forme linéaire non nulle φ de $(\mathcal{M}_n(\mathbb{K}))^*$ telle que $H = \operatorname{Ker}\varphi$. D'après l'exercice 3 de la partie 4.6 (page 138), il existe une matrice $A \in \mathcal{M}_n(\mathbb{K})$ telle que $\varphi(M) = \operatorname{tr}(AM)$ pour tout $M \in \mathcal{M}_n(\mathbb{R})$. Comme $\varphi \neq 0$, on a $A \neq 0$. Finalement, $H = \operatorname{Ker}\varphi = \{M \in \mathcal{M}_n(\mathbb{R}) \mid \operatorname{tr}(AM) = 0\}$. Il s'agit donc de montrer que

$$(\forall A \in \mathcal{M}_n(\mathbb{R}), A \neq 0, \exists M \in \mathcal{G\ell}_n(\mathbb{K})), \qquad \operatorname{tr}(AM) = 0. \qquad (*)$$

On se place dans un cas où A est plus simple. En posant $r = \operatorname{rg}(A) \geq 1$ (car $A \neq 0$), on sait que A est équivalente à la matrice par bloc $\left(\begin{smallmatrix} I_r & 0 \\ 0 & 0 \end{smallmatrix}\right)$ (voir le théorème 1 page 128), c'est-à-dire

$$\exists P, Q \in \mathcal{G\ell}_n(\mathbb{K}) \quad \text{tels que} \quad PAQ = J_r \quad \text{avec} \quad J_r = \begin{pmatrix} I_r & 0 \\ 0 & 0 \end{pmatrix}.$$

Fixons une matrice inversible M n'ayant que des 0 sur sa diagonale principale (on peut prendre par exemple $M = \left(\begin{smallmatrix} 0 & I_{n-1} \\ 1 & 0 \end{smallmatrix}\right)$). En écrivant la matrice M sous forme de blocs $M = \left(\begin{smallmatrix} A_r & B_r \\ C_r & D_r \end{smallmatrix}\right)$, avec $A_r \in \mathcal{M}_r(\mathbb{K})$, on a

$$J_r M = \begin{pmatrix} A_r & B_r \\ 0 & 0 \end{pmatrix},$$

ce qui montre que, comme M, la matrice $J_r M$ n'a que des 0 sur sa diagonale principale. Ainsi, $\operatorname{tr}(J_r M) = 0$. En posant $N = QMP \in \mathcal{G\ell}_n(\mathbb{K})$, on a $M = Q^{-1}NP^{-1}$ et

$$0 = \operatorname{tr}(J_r M) = \operatorname{tr}\left((PAQ)(Q^{-1}NP^{-1})\right) = \operatorname{tr}\left(P(AN)P^{-1}\right) = \operatorname{tr}(AN)$$

(deux matrices semblables ont même trace), d'où le résultat d'après $(*)$.

Remarque. Le problème suivant montre un résultat plus fort qui entraîne que la dimension maximale d'un sous-espace de $\mathcal{M}_n(\mathbb{K})$ ne contenant aucune matrice inversible est $n(n-1)$.

PROBLÈME 10. Soit $n \in \mathbb{N}^*$, $n \geq 2$, et $\mathbb{K}$ un corps commutatif infini. Soit V un sous-espace vectoriel non nul de $\mathcal{M}_n(\mathbb{K})$, tel que $p = \max\{\operatorname{rg} M \mid M \in V\}$ vérifie $p < n$. On veut montrer que $\dim V \leq np$.

1/ Montrer qu'on peut se ramener au cas où la matrice $J = \begin{pmatrix} I_p & 0 \\ 0 & 0 \end{pmatrix}$ appartient à V. On suppose ceci vérifié dans la suite. Montrer que toute matrice M de V s'écrit sous la forme

$$M = \begin{pmatrix} A & C \\ B & 0 \end{pmatrix} \qquad \text{avec} \quad A \in \mathcal{M}_p(\mathbb{K}), B \in \mathcal{M}_{n-p,p}(\mathbb{K}), C \in \mathcal{M}_{p,n-p}(\mathbb{K}) \quad \text{et} \quad BC = 0.$$

On note alors $A = a(M)$, $B = b(M)$ et $C = c(M)$.

2/a) Soit $M \in V$ telle que $c(M) = 0$. Montrer que $E \subset \operatorname{Ker} b(M)$, où E est le s.e.v de

$\mathbb{K}^p$ défini par $E = \cup_{N\in V} \operatorname{Im} c(N)$.

b) On note $r = \dim E$ et on considère une base $(e_1, \dots, e_r)$ de E, complétée en une base $(e_1, \dots, e_p)$ de $\mathbb{K}^p$. Montrer que l'application définie sur V par

$$\Phi \ : M = \begin{pmatrix} A & C \\ B & 0 \end{pmatrix} \mapsto (A, Be_{r+1}, \dots, Be_p, C)$$

(où $A = a(M)$, $B = b(M)$ et $C = c(M)$) est injective et en déduire que $\dim V \leq np$.

Solution. **1/** Par définition de p, il existe une matrice $M \in V$ telle que $\operatorname{rg} M = p$. La matrice M est donc équivalente à J, de sorte qu'il existe deux matrices $P, Q \in \mathcal{G}\ell_n(\mathbb{K})$ telles que $PMQ = J$. L'application $\mathcal{M}_n(\mathbb{K}) \to \mathcal{M}_n(\mathbb{K})$ $M \mapsto PMQ$ est un isomorphisme, il est donc équivalent de montrer que $W = PVQ$, s.e.v de $\mathcal{M}_n(\mathbb{K})$ qui contient J, vérifie $\dim W \leq np$. On peut donc supposer $J \in V$.

Soit $M \in V$, $M = \begin{pmatrix} A & C \\ B & D \end{pmatrix}$ son écriture par blocs avec $A \in \mathcal{M}_p(\mathbb{K})$. Comme V est un sous-espace vectoriel, pour tout $\lambda \in \mathbb{K}$ on a $M + \lambda J \in V$, donc $\operatorname{rg}(M + \lambda J) \leq p$. Soient i, j tels que $1 \leq i, j \leq n - p$. En restreignant la matrice $M + \lambda J$ aux indices de lignes $1, \dots, p, p+i$ et de colonnes $1, \dots, p, p+j$, on obtient une matrice extraite R_λ de M de taille $p+1$ qui s'écrit sous la forme $R_\lambda = \begin{pmatrix} A + \lambda I_p & C_j \\ B_i & d_{i,j} \end{pmatrix}$ où B_i est la i-ième ligne de B, C_j la j-ième colonne de C, et $d_{i,j}$ le coefficient d'indice (i, j) de D. Pour tout $\lambda \in \mathbb{K}$, $\operatorname{rg} R_\lambda \leq p$ donc $\det R_\lambda = 0$. Or $\det R_\lambda$ est un polynôme en λ ; il s'annule en une infinité de valeurs, donc ses coefficients sont nuls. En particulier son coefficient dominant, égal à $d_{i,j}$, est nul, donc $D = 0$. Calculons le coefficient de λ^{p-1} de $\det R_\lambda$. Notons $r_{k,\ell}$ les coefficients de R_λ et utilisons l'expression

$$\det R_\lambda = \sum_{\sigma \in \mathcal{S}_{p+1}} \Pi_\sigma, \qquad \Pi_\sigma = \prod_{k=1}^{p+1} r_{k,\sigma(k)}. \tag{*}$$

Les seuls coefficients de R_λ qui contiennent λ sont les $r_{k,k}$ avec $k \leq p$, donc le degré (en λ) de Π_σ est inférieur à $f_\sigma = |\{k \leq p \mid \sigma(k) = k\}|$. Ainsi, les termes de la somme (*) qui contribuent au coefficient de λ^{p-1} dans $\det R_\lambda$ sont ceux pour lequels $f_\sigma \geq p - 1$. Lorsque $f_\sigma = p$, on a forcément $\sigma(p+1) = p+1$ donc $\Pi_\sigma = 0$ puisqu'il contient le terme $r_{p+1,p+1}$ qui est nul (vu plus haut). Les permutations σ vérifiant $f_\sigma = p - 1$, sont les transpositions de la forme $\sigma = \tau_{k,p+1}$ où $k \leq p$, et dans ce cas le coefficient de λ^{p-1} dans Π_σ est égal à $r_{k,p+1} r_{p+1,k}$. Le coefficient de λ^{p-1} dans $\det R_\lambda$ est donc égal à

$$\det R_\lambda = \sum_{k=1}^{p} r_{k,p+1} r_{p+1,k} = B_i C_j.$$

Donc $B_i C_j = 0$, et vu que $B_i C_j$ est le coefficient d'indice (i, j) de BC, on en déduit $BC = 0$.

2/a) Pour toute matrice $N \in V$, on a $M + N \in V$, donc d'après le résultat précédent $0 = b(M + N)c(M + N)$, ce qui entraîne $0 = (b(M) + b(N))c(N) = b(M)c(N)$. Ainsi pour tout $N \in V$ on a $\operatorname{Im} c(N) \subset \operatorname{Ker} b(M)$. On en déduit le résultat.

b) Supposons $\Phi(M) = 0$ avec $M = \begin{pmatrix} A & C \\ B & 0 \end{pmatrix} \in V$. Alors $A = 0$ et $C = 0$. On a aussi $Be_k = 0$ pour $r < k \leq p$, et d'après la question précédente on a $Be_k = 0$ pour $k \leq r$. Donc B s'annule sur la base $(e_1, \dots, e_p)$, donc $B = 0$. L'application linéaire Φ vérifie donc $\operatorname{Ker} \Phi = \{0\}$.

L'image de Φ est incluse dans $\mathcal{M}_p(\mathbb{K}) \times (\mathbb{K}^{n-p})^{p-r} \times U$, où $U = \{c(M) \mid M \in V\}$. Or pour tout $M \in V$, on a $\operatorname{Im} c(N) \subset E$, donc le s.e.v. U est inclus (à un isomorphisme près) dans $\mathcal{L}(\mathbb{K}^{n-p}, E)$. On en déduit $\dim U \leq (n-p)r$ et

$$\dim \operatorname{Im} \Phi \leq \dim \mathcal{M}_p(\mathbb{K}) + (n-p)(p-r) + \dim U \leq p^2 + (n-p)(p-r) + (n-p)r = np.$$

On conclut en écrivant $\dim V = \dim \operatorname{Ker} \Phi + \dim \operatorname{Im} \Phi = \dim \operatorname{Im} \Phi$.

Remarque. L'égalité peut avoir lieu, par exemple le s.e.v V des matrices dont les $n - p$ dernières lignes sont nulles, vérifie $\dim V = np$, et on a $\max\{\operatorname{rg} M, M \in V\} = p$.

PROBLÈME 11. Soit $n \in \mathbb{N}^*$ et une application $p: \mathcal{M}_n(\mathbb{C}) \to \mathbb{R}^+$ vérifiant

(i) $\forall A \in \mathcal{M}_n(\mathbb{C}), \forall \lambda \in \mathbb{C}, \quad p(\lambda A) \leq |\lambda|\, p(A)$.

(ii) $\forall A, B \in \mathcal{M}_n(\mathbb{C}), \quad p(A+B) \leq p(A) + p(B)$.

(iii) $\forall A, B \in \mathcal{M}_n(\mathbb{C}), \quad p(AB) \leq p(A)p(B)$.

Montrer que $p = 0$ ou que p est une norme sur $\mathcal{M}_n(\mathbb{C})$.

Solution. Commençons par remarquer que d'après (i),

$$\forall \lambda \in \mathbb{C}^*, \forall A \in \mathcal{M}_n(\mathbb{C}), \qquad p(\lambda A) \leq |\lambda|\, p(A) = |\lambda|\, p\left(\frac{1}{\lambda}(\lambda A)\right) \leq |\lambda| \cdot \left|\frac{1}{\lambda}\right| p(\lambda A) = p(\lambda A),$$

ce qui entraîne $p(\lambda A) = |\lambda|\, p(A)$ pour tout $\lambda \in \mathbb{C}$.

Supposons $p \neq 0$. Pour montrer que p est une norme, il nous reste à prouver que $p(A) = 0$ implique $A = 0$. Pour cela, raisonnons par l'absurde en supposant $p(A) = 0$ et $A \neq 0$. Si $r = \operatorname{rg} A > 0$, on sait A est équivalente à la matrice $J_r = \left(\begin{smallmatrix} I_r & 0 \\ 0 & 0 \end{smallmatrix}\right)$ de sorte qu'il existe $P, Q \in \mathcal{G}\ell_n(\mathbb{C})$ telles que $J_r = PAQ$. D'après la propriété (iii), on a $p(J_r) = p(PAQ) \leq p(P)p(A)p(Q) = 0$, donc $p(J_r) = 0$. La propriété (iii) appliquée à l'égalité $J_1 = J_1 J_r$ donne $p(J_1) \leq p(J_1)p(J_r) = 0$, donc $p(J_1) = 0$. Désignons par D_i la matrice dont tous les coefficients sont nuls sauf celui d'indice (i,i) qui vaut 1. La matrice D_i est de rang 1, donc équivalente à la matrice J_1, et comme $p(J_1) = 0$, un raisonnement similaire au précédent donne $p(D_i) = 0$. Maintenant, l'assertion (ii) entraîne

$$p(I_n) = p(D_1 + \cdots + D_n) \leq p(D_1) + \cdots + p(D_n) = 0.$$

Donc pour toute matrice A, $p(A) = p(AI_n) \leq p(A)p(I_n) = 0$ donc $p(A) = 0$. Ainsi $p = 0$, ce qui est contraire aux hypothèses que nous avons faites. Finalement, on a montré que $p = 0$ ou que p est une norme sur $\mathcal{M}_n(\mathbb{C})$.

PROBLÈME 12. Soit $n \in \mathbb{N}^*$ et p un nombre premier.

1/ Montrer que pour $A, B \in \mathcal{M}_n(\mathbb{Z})$, on a $\operatorname{tr}(A+B)^p \equiv \operatorname{tr} A^p + \operatorname{tr} B^p \pmod p$.

2/ Montrer que pour tout $A \in \mathcal{M}_n(\mathbb{Z})$, $\operatorname{tr} A^p \equiv \operatorname{tr} A \pmod p$.

Solution. **1**/ Lorsque A et B commutent, la preuve est facile à partir de la linéarité de la trace, en écrivant

$$(A+B)^p = A^p + B^p + \sum_{k=1}^{p-1} \binom{p}{k} A^k B^{p-k},$$

et en remarquant que pour $1 \leq k \leq p-1$ on a $p \mid \binom{p}{k}$, et que $\operatorname{tr}(A^k B^{p-k})$ est un nombre entier.

Dans le cas général, on écrit

$$\operatorname{tr}(A+B)^p = \sum_{(M_1,\ldots,M_p)\in\{A,B\}^p} \operatorname{tr}(M_1 M_2 \cdots M_p) = \sum_{x\in\{A,B\}^p} T(x) \qquad (*)$$

où pour $x = (M_1, \ldots, M_p)$, nous avons noté $T(x) = \operatorname{tr}(M_1 \cdots M_p)$ On regroupe les termes identiques de cette expression. L'identité $\operatorname{tr}(PQ) = \operatorname{tr}(QP)$ appliquée à $P = M_1$ et $Q = M_2 \cdots M_p$ donne $\operatorname{tr}(M_1 M_2 \cdots M_p) = \operatorname{tr}(M_2 \cdots M_p M_1)$. En notant $\sigma(M_1, \ldots, M_p) = (M_{\sigma(1)}, \ldots, M_{\sigma(p)})$ pour $\sigma \in \mathcal{S}_p$ et en notant G le sous-groupe de $\mathcal{S}_p$ engendré par le cycle $\gamma = (1, 2, \ldots, p)$, on a ainsi $T(\sigma(x)) = T(x)$ pour tout $\sigma \in G$ (on fait ainsi opérer G sur $\{A,B\}^p$, voir la section 2.4 page 23). Les orbites $O_x = \{\sigma(x), \sigma \in G\}$ de $x \in \{A,B\}^p$ ont pour cardinal un nombre qui divise $|G| = p$, donc contiennent p éléments sauf lorsque $x = (A, \ldots, A)$ ou $x = (B, \ldots, B)$. Soit Θ une partie de $\{A,B\}^p$ contenant exactement un représentant des classes d'intransitivité (définie par $x\mathcal{R}y \iff y \in O_x$), et $\Theta^* = \Theta \setminus \{(A, \ldots, A), (B, \ldots, B)\}$. L'égalité (*) s'écrit

$$\operatorname{tr}(A+B)^p = \sum_{x\in\Theta} \sum_{y\in O_x} T(y) = \operatorname{tr} A^p + \operatorname{tr} B^p + \sum_{x\in\Theta^*} |O_x|\, T(x) \equiv \operatorname{tr} A^p + \operatorname{tr} B^p \pmod p$$

car pour tout $x \in \Theta^*$ on a $|O_x| = p$.

2/ On va montrer que l'ensemble $\Gamma = \{A \in \mathcal{M}_n(\mathbb{Z}) \mid \operatorname{tr}(A^p) \equiv \operatorname{tr}(A) \pmod p\}$ est égal à $\mathcal{M}_n(\mathbb{Z})$. Notons $E_{i,j}$ la matrice de la base canonique de $\mathcal{M}_n(\mathbb{R})$ dont tous les coefficients sont nuls sauf celui d'indice (i,j) qui vaut 1. Pour tout i on a $E_{i,i}^p = E_{i,i}$ donc $E_{i,i} \in \Gamma$. Si $i \neq j$ on a $E_{i,j}^p = 0$ et $\operatorname{tr} E_{i,j} = 0$ donc $E_{i,j} \in \Gamma$. Si $A \in \Gamma$, on a $kA \in \Gamma$ pour tout $k \in \mathbb{Z}$, car la propriété $k^p \equiv k \pmod p$ entraîne $\operatorname{tr}(kA)^p = k^p \operatorname{tr} A^p \equiv k \operatorname{tr} A^p \equiv k \operatorname{tr} A \pmod p$. La question 1/ montre qu'une somme de deux éléments de Γ est encore dans Γ, et par récurrence sur le nombre de termes de la somme on en déduit que toute somme finie d'éléments de Γ est dans Γ. Toute matrice $A \in \mathcal{M}_n(\mathbb{Z})$ s'écrit sous la forme $A = \sum_{i,j} a_{i,j} E_{i,j}$ avec $a_{i,j} \in \mathbb{Z}$ on en déduit donc que $A \in \Gamma$ pour tout $A \in \mathcal{M}_n(\mathbb{Z})$.

Remarque. On peut aussi prouver 2/ en trigonalisant A (en se plaçant dans le corps des racines de son polynôme caractéristique), puis en utilisant la propriété $(\lambda_1 + \cdots + \lambda_n)^p = \lambda_1^p + \cdots + \lambda_n^p$, vraie dans un corps de caractéristique p. 1/ en découle ensuite facilement.

PROBLÈME 13 (MATRICES DE TRANSVECTION). On se fixe un entier naturel non nul n et on note $\mathcal{S}\ell_n(\mathbb{K}) = \{M \in \mathcal{M}_n(\mathbb{K}) \mid \det M = 1\}$. Pour $i, j \in \{1, \ldots, n\}$, on note $E_{i,j}$ la matrice de $\mathcal{M}_n(\mathbb{K})$ dont tous les coefficients sont nuls sauf celui d'indice (i,j) qui vaut 1. On appelle *matrices de transvection* les matrices de la forme $I_n + \lambda E_{i,j}$ avec $i \neq j$ et $\lambda \in \mathbb{K}$, *matrices de dilatation* les matrices

$$S_n(\alpha) = \begin{pmatrix} 1 & 0 & \cdots & 0 \\ 0 & \ddots & \ddots & \vdots \\ \vdots & \ddots & 1 & 0 \\ 0 & \cdots & 0 & \alpha \end{pmatrix} \in \mathcal{M}_n(\mathbb{K}), \qquad \text{avec} \quad \alpha \in \mathbb{K}.$$

1/a) Montrer qu'une matrice de transvection est inversible et que son inverse est aussi une matrice de transvection.
b) Si $A \in \mathcal{G}\ell_n(\mathbb{K})$, montrer qu'il existe des matrices de transvection $B_1, \ldots, B_p, B'_1, \ldots, B'_q$ telles que $A = B_1 \cdots B_p \cdot S_n(\det A) \cdot B'_1 \cdots B'_q$.
2/ On appelle *commutateur* toute matrice pouvant se mettre sous la forme $ABA^{-1}B^{-1}$ avec $A, B \in \mathcal{S}\ell_n(\mathbb{K})$. Soit D le sous-groupe de $\mathcal{G}\ell_n(\mathbb{K})$ engendré par les commutateurs.
a) Montrer que $D = \mathcal{S}\ell_n(\mathbb{K})$ si $n \geq 3$.
b) Montrer que $D = \mathcal{S}\ell_n(\mathbb{K})$ si $n = 2$ et $\operatorname{Card}(\mathbb{K}) \geq 4$.

3/ On suppose $\operatorname{Card}(\mathbb{K}) \geq 4$ et $n \geq 2$. Soit φ un morphisme de groupe de $\mathcal{G}\ell_n(\mathbb{K})$ dans un groupe commutatif G.
a) Montrer qu'il existe un morphisme de groupes $g : \mathbb{K}^* \to G$ tel que $\varphi = g \circ \det$.
b) Si $G = \mathbb{K}^*$ et $\mathbb{K}$ est fini, montrer qu'il existe $p \in \mathbb{N}$ tel que pour tout $A \in \mathcal{G}\ell_n(\mathbb{K})$, $\varphi(A) = (\det A)^p$ (on pourra utiliser le fait que $(\mathbb{K}^*, \cdot)$ est cyclique, voir la remarque de l'exercice 10 page 28).

Solution. **1/a)** Il suffit de remarquer que lorsque $i \neq j$, $E_{i,j}^2 = 0$. Ainsi, $E_{i,j}$ est une matrice nilpotente d'indice 2, donc $(I_n + \lambda E_{i,j})(I_n - \lambda E_{i,j}) = I_n - \lambda^2 E_{i,j}^2 = I_n$. La matrice de transvection $I_n + \lambda E_{i,j}$ est donc inversible, et son inverse est la matrice de transvection $I_n - \lambda E_{i,j}$.

b) Soit $M \in \mathcal{G}\ell_n(\mathbb{K})$. Si $i \neq j$, on remarque que

(i) $(I_n + \lambda E_{i,j})M$ se déduit de M en ajoutant à la i-ième ligne de M λ fois la j-ième,

(ii) $M(I_n + \lambda E_{i,j})$ se déduit de M en ajoutant à la j-ième colonne de M λ fois la i ième.

Ceci étant, on va maintenant prouver le résultat par récurrence sur $n \in \mathbb{N}^*$. Pour $n = 1$, c'est évident car $A = (\det A)$. Supposons le résultat vrai au rang $n-1$ et montrons le au rang n. Soit $A \in \mathcal{G}\ell_n(\mathbb{K})$. Comme A est inversible, la première colonne de A est non nulle. Il existe donc une matrice de transvection $T_1 = I_n + \lambda E_{2,j}$ telle que le coefficient d'indice $(2,1)$ de T_1A soit non nul. On voit alors qu'il existe μ tel que si $T_2 = I_n + \mu E_{1,2}$, alors T_2T_1A ait son coefficient d'indice $(1,1)$ égal à 1. D'après (i), on voit maintenant que l'on peut trouver des matrices de transvection $B_1, \ldots, B_p$ (de la forme $I_n + \lambda E_{i,1}$) telles que

$$(B_1 \cdots B_p)(T_1T_2A) = \left(\begin{array}{c|ccc} 1 & \times & \cdots & \times \\ \hline 0 & \times & \cdots & \times \\ \vdots & \vdots & & \vdots \\ 0 & \times & \cdots & \times \end{array}\right),$$

puis d'après (ii), on voit que l'on peut trouver des matrices de transvection $B'_1, \ldots, B'_q$ (de la forme $I_n + \lambda E_{1,j}$) telles que

$$(B_1 \cdots B_pT_1T_2A)(B'_1 \cdots B'_q) = A' \quad \text{avec} \quad A' = \left(\begin{array}{c|ccc} 1 & 0 & \cdots & 0 \\ \hline 0 & & & \\ \vdots & & B & \\ 0 & & & \end{array}\right).$$

Or $\det A = \det B$ donc d'après l'hypothèse de récurrence, il existe des matrices de transvection $C_1, \ldots, C_r$ et $C'_1, \ldots, C'_s$ de $\mathcal{M}_{n-1}(\mathbb{K})$ telles que

$$B = C_1 \cdots C_r \cdot S_{n-1}(\det A) \cdot C'_1 \cdots C'_s.$$

Les matrices

$$D_i = \left(\begin{array}{c|ccc} 1 & 0 & \cdots & 0 \\ \hline 0 & & & \\ \vdots & & C_i & \\ 0 & & & \end{array}\right) \quad \text{et} \quad D'_j = \left(\begin{array}{c|ccc} 1 & 0 & \cdots & 0 \\ \hline 0 & & & \\ \vdots & & C'_j & \\ 0 & & & \end{array}\right)$$

sont des matrices de transvection de $\mathcal{M}_n(\mathbb{K})$, et on a

$$A' = D_1 \cdots D_r \cdot S_n(\det A) \cdot D'_1 \cdots D'_s$$

et donc

$$A = (T_2^{-1}T_1^{-1})(B_p^{-1} \cdot B_1^{-1})(D_1 \cdots D_r) \cdot S_n(\det A) \cdot (D'_1 \cdots D'_s)(B'_q)^{-1} \cdots (B'_1)^{-1},$$

d'où le résultat puisque l'on a vu plus haut que l'inverse d'une matrice de transvection est une matrice de transvection.

2/a) Tout d'abord, tout commutateur $ABA^{-1}B^{-1}$ est dans $\mathcal{S}\ell_n(\mathbb{K})$ puisque $\det(ABA^{-1}B^{-1}) = (\det A)(\det B)(\det A^{-1})(\det B^{-1}) = 1$. On en déduit donc $D \subset \mathcal{S}\ell_n(\mathbb{K})$.

Montrons maintenant que $\mathcal{S}\ell_n(\mathbb{K}) \subset D$. Soit $M \in \mathcal{S}\ell_n(\mathbb{K})$. D'après la question précédente, M est le produit de matrices de transvection, et D étant un groupe, il suffit donc de montrer que les matrices de transvection sont des commutateurs pour montrer que $M \in D$. Soit $T = I_n + \lambda E_{i,j}$ avec $i \neq j$ une matrice de transvection. Comme $n \geq 3$, il existe $k \in \{1, \ldots, n\}$ tel que $k \notin \{i, j\}$. On remarque alors que

$$T = (I_n + \lambda E_{i,k})(I_n + E_{k,j})(I_n - \lambda E_{i,k})(I_n - E_{k,j})$$

et comme $I_n - \lambda E_{i,k} = (I_n + \lambda E_{i,k})^{-1}$ et $I_n - E_{k,j} = (I_n + E_{k,j})^{-1}$, on en déduit que T est un commutateur, d'où le résultat.

b) Remarquons tout d'abord que si $(\alpha, \beta) \in \mathbb{K} \times \mathbb{K}^*$,

$$\begin{pmatrix} \beta & 0 \\ 0 & \beta^{-1} \end{pmatrix}\begin{pmatrix} 1 & \alpha \\ 0 & 1 \end{pmatrix}\begin{pmatrix} \beta^{-1} & 0 \\ 0 & \beta \end{pmatrix}\begin{pmatrix} 1 & -\alpha \\ 0 & 1 \end{pmatrix} = \begin{pmatrix} 1 & \alpha(\beta^2 - 1) \\ 0 & 1 \end{pmatrix}. \qquad (*)$$

On choisit maintenant β tel que $\beta^2 - 1 \neq 0$ et $\beta \neq 0$ (c'est possible car $\text{Card}(\mathbb{K}^*) \geq 3$ et l'équation polynomiale $\beta^2 - 1 = 0$ a au plus deux racines dans $\mathbb{K}$). La relation $(*)$ prouve alors que toute matrice du type $\left(\begin{smallmatrix} 1 & a \\ 0 & 1 \end{smallmatrix}\right)$ est un commutateur. De même, on montrerait que toute matrice du type $\left(\begin{smallmatrix} 1 & 0 \\ a & 1 \end{smallmatrix}\right)$ est un commutateur. Autrement dit, toutes les matrices de transvection sont des commutateurs, et comme à la question précédente, ceci suffit pour conclure que $D = \mathcal{S}\ell_n(\mathbb{K})$.

3/a) Notons e l'élément neutre de G. Si $M = ABA^{-1}B^{-1} \in \mathcal{G}\ell_n(\mathbb{K})$ est un commutateur, alors

$$\varphi(M) = \varphi(A)\varphi(B)\varphi(A^{-1})\varphi(B^{-1})$$

et le groupe G étant commutatif,

$$\varphi(M) = \varphi(A)\varphi(A^{-1})\varphi(B)\varphi(B^{-1}) = \varphi(AA^{-1})\varphi(BB^{-1}) = \varphi(I_n)^2 = e.$$

Comme $D = \mathcal{S}\ell_n(\mathbb{K})$ est engendré par les commutateurs, on en déduit que tout élément $M \in \mathcal{S}\ell_n(\mathbb{K})$ vérifie $\varphi(M) = e$.

Ceci étant, soit $A \in \mathcal{G}\ell_n(\mathbb{K})$. Soit $A' \in \mathcal{G}\ell_n(\mathbb{K})$ telle que $A = A'\,S_n(\det A)$. On a $\det A = \det A' \cdot \det(S_n(\det A))$ donc $\det A' = 1$ car $\det(S_n(\det A)) = \det A \neq 0$. Autrement dit, $A' \in \mathcal{S}\ell_n(\mathbb{K})$ et donc $\varphi(A') = e$, d'où on tire $\varphi(A) = \varphi(A')\varphi(S_n(\det A)) = \varphi(S_n(\det A))$. Si $g : \mathbb{K}^* \to G \quad \alpha \mapsto \varphi[S_n(\alpha)]$, g est un morphisme de groupe de $\mathbb{K}^*$ dans G, et on vient donc de montrer que $\varphi = g \circ \det$, d'où le résultat.

b) On recherche la forme de g. Le groupe $\mathbb{K}^*$ est cyclique donc il existe $a \in \mathbb{K}^*$ tel que $\mathbb{K}^* = \langle a \rangle$. En particulier, il existe $p \in \mathbb{N}$ tel que $g(a) = a^p$. Donc pour tout $x \in \mathbb{K}^*$, $x = a^q$, on a

$$g(x) = g(a^q) = g(a)^q = (a^p)^q = (a^q)^p = x^p,$$

et donc pour tout $A \in \mathcal{G}\ell_n(\mathbb{K})$, $\varphi(A) = g(\det A) = (\det A)^p$.

Problème 14. **a)** Soient A et $B \in \mathcal{M}_n(\mathbb{R})$ deux matrices semblables sur $\mathbb{C}$ (*i. e.* il existe $P \in \mathcal{G}\ell_n(\mathbb{C})$ telle que $A = P^{-1}BP$). Montrer que A et B sont semblables sur $\mathbb{R}$ (*i. e.* il existe $Q \in \mathcal{G}\ell_n(\mathbb{R})$, $A = Q^{-1}BQ$).
b) Plus généralement, soit $\mathbb{K}$ un corps infini et $\mathbb{L}$ une extension de $\mathbb{K}$. Soient A et $B \in \mathcal{M}_n(\mathbb{K})$ deux matrices semblables sur $\mathbb{L}$. Montrer que A et B sont semblables sur $\mathbb{K}$.

Solution. **a)** Soit $P \in \mathcal{G}\ell_n(\mathbb{C})$ telle que $A = P^{-1}BP$, ou encore $PA = BP$. Écrivons $P = P_1 + iP_2$ avec $P_1, P_2 \in \mathcal{M}_n(\mathbb{R})$. En égalant parties réelles et imaginaires, il vient $P_1A = BP_1$ et $P_2A = BP_2$. $(*)$ On définit le polynôme $\varphi(X) = \det(P_1 + XP_2) \in \mathbb{R}[X]$. Comme $\varphi(i) = \det P \neq 0$, φ est non nul et donc n'a qu'un nombre fini de racines, de sorte qu'il existe $x \in \mathbb{R}$ tel que $\varphi(x) \neq 0$, c'est-à-dire que $Q = P_1 + xP_2 \in \mathcal{M}_n(\mathbb{R})$ est inversible. De $(*)$ on tire $QA = BQ$ donc $A = Q^{-1}BQ$, d'où le résultat.

b) On procède un peu comme précédemment. Soit $P \in \mathcal{G}\ell_n(\mathbb{L})$ tel que $A = P^{-1}BP$, ou encore $PA = BP$. On écrit $P = (p_{i,j})_{1\leq i,j\leq n}$. Le corps $\mathbb{L}$ est un $\mathbb{K}$-e.v. Soit $E = \mathrm{Vect}(p_{i,j})_{1\leq i,j\leq n}$, s.e.v de $\mathbb{L}$ de dimension finie sur $\mathbb{K}$. Soit $(e_1, \dots, e_p)$ une base de E. Pour tout (i,j) on peut écrire $p_{i,j} = \sum_{k=1}^{p} p_{i,j,k}e_k$ avec les $p_{i,j,k} \in \mathbb{K}$. Pour tout k, on note $P_k = (p_{i,j,k})_{1\leq i,j\leq n} \in \mathcal{M}_n(\mathbb{K})$, de sorte que $P = e_1P_1 + \cdots + e_pP_p$. Comme $PA = BP$, on a pour tout k, $1 \leq k \leq p$, $P_kA = BP_k \quad (**)$. Posons $F(X_1, \dots, X_p) = \det(X_1P_1 + \cdots + X_pP_p) \in \mathbb{K}[X_1, \dots, X_p]$. On a $F \neq 0$ car $F(e_1, \dots, e_p) = \det(P) \neq 0$. Or $\mathbb{K}$ est un corps infini, donc F ne s'annule pas sur $\mathbb{K}^p$, et donc il existe $(x_1, \dots, x_p) \in \mathbb{K}^p$ tel que $F(x_1, \dots, x_p) \neq 0$. Si $Q = x_1P_1 + \cdots x_pP_p \in \mathcal{M}_n(\mathbb{K})$, on a donc $Q \in \mathcal{G}\ell_n(\mathbb{K})$ et d'après $(**)$, $QA = BQ$ donc $A = Q^{-1}BQ$, d'où le résultat.

Remarque. Le résultat reste vrai lorsque $\mathbb{K}$ est un corps fini (voir l'annexe B, page 400).

Problème 15 (Splines cubiques). Soit $I = [a,b]$ un segment de $\mathbb{R}$ avec $a < b$, $n \in \mathbb{N}$, $n \geq 2$ et $a = x_0 < x_1 < \ldots < x_n = b$ une subdivision de $[a,b]$. Une fonction $s : I \to \mathbb{R}$ est appelée *spline cubique* si elle est de classe $\mathcal{C}^2$ sur I et si pour tout i $(1 \leq i \leq n)$, la restriction de s à $[x_{i-1}, x_i]$ est une fonction polynôme de degré ≤ 3.
a) Soit $a_0 < a_1$ deux réels, et $z_0, z_1, q_0, q_1 \in \mathbb{R}$. Montrer l'existence et l'unicité d'un polynôme H de degré ≤ 3 tel que $H(a_0) = z_0$, $H'(a_0) = q_0$, $H(a_1) = z_1$, $H'(a_1) = q_1$, et expliciter la valeur de $H''(a_0)$ et $H''(a_1)$ en fonction de z_0, z_1, q_0, q_1 et $a_1 - a_0$.

b) On fixe dorénavant des nombres réels $(y_i)_{0\leq i\leq n}$ et p_0, p_n. On cherche une spline cubique vérifiant les trois conditions

$$\text{(i) } \forall i \in \{0,1,\ldots,n\}, \quad s(x_i) = y_i \qquad \text{(ii) } s'(a) = p_0 \qquad \text{(iii) } s'(b) = p_n. \qquad (*)$$

Soit s une fonction $\mathcal{C}^1$ sur I vérifiant $(*)$, et telle que pour $i = 1,\ldots,n$, la restriction s_i de s à $[x_{i-1}, x_i]$ soit polynomiale de degré ≤ 3. Exprimer sous forme d'un système linéaire une condition nécessaire et suffisante sur les inconnues $p_i = s'(x_i)$ $(1 \leq i \leq n-1)$ pour que s soit une spline cubique.
c) Montrer que ce système linéaire est inversible et en déduire l'existence et l'unicité d'une spline cubique s vérifiant $(*)$ (une telle spline est appelée *spline scellée*).
d) (*Théorème de Holladay*). On note H_2 l'espace vectoriel des fonctions de classe $\mathcal{C}^1$ sur I et dont la restriction à chaque intervalle $[x_{i-1}, x_i]$ $(1 \leq i \leq n)$ est de classe $\mathcal{C}^2$. On note H_2^* l'ensemble des fonctions de H_2 vérifiant les conditions $(*)$. Montrer qu'il existe une unique fonction $s \in H_2^*$ vérifiant

$$\int_a^b (s''(x))^2\,dx = \inf_{f\in H_2^*} \int_a^b (f''(x))^2\,dx$$

et que cette fonction s est la spline scellée vérifiant les conditions $(*)$. (Indication : si s est la spline scellée vérifiant $(*)$, montrer que $\int_a^b s''(f''-s'') = 0$ pour tout $f \in H_2^*$.)

Solution. **a)** L'existence et l'unicité du polynôme H de degré ≤ 3 vérifiant ces conditions d'interpolation est une conséquence du résultat de l'exercice 7 page 70. Nous allons retrouver ce résultat directement, et calculer explicitement $H''(a_0)$ et $H''(a_1)$ en fonction de z_0, z_1, q_0, q_1.

Notons $m_0 = H''(a_0)$ et $m_1 = H''(a_1)$. Comme H est polynomiale de degré ≤ 3, H'' est une fonction affine, donc par interpolation linéaire on obtient

$$H''(x) = \frac{m_0}{h}(a_1 - x) + \frac{m_1}{h}(x - a_0), \qquad h = a_1 - a_0.$$

Une double intégration de la formule précédente entraîne, après une manipulation simple, l'existence de $\alpha, \beta \in \mathbb{R}$ tels que

$$H(x) = \frac{m_0}{6h}(a_1-x)^3 + \frac{m_1}{6h}(x-a_0)^3 + \alpha(a_1-x) + \beta(x-a_0).$$

Les égalités $H(a_0) = z_0$ et $H(a_1) = z_1$ donnent les égalités $z_0 = \frac{m_0}{6}h^2 + \alpha h$ et $z_1 = \frac{m_1}{6}h^2 + \beta h$. On en déduit les valeurs de α et β et après substitution on obtient

$$H(x) = \frac{m_0}{6h}(a_1-x)^3 + \frac{m_1}{6h}(x-a_0)^3 + \left(\frac{z_0}{h} - \frac{m_0 h}{6}\right)(a_1-x) + \left(\frac{z_1}{h} - \frac{m_1 h}{6}\right)(x-a_0). \quad (**)$$

En dérivant cette expression, et en substituant x par a_0 et a_1, on obtient

$$q_0 = H'(a_0) = -\frac{m_0}{3}h - \frac{m_1}{6}h + \frac{z_1 - z_0}{h}, \qquad q_1 = H'(a_1) = \frac{m_1}{3}h + \frac{m_0}{6}h + \frac{z_1-z_0}{h}.$$

Ceci permet d'obtenir directement les valeurs m_0 et m_1 sous la forme

$$\frac{H''(a_0)}{2} = \frac{m_0}{2} = -\frac{2q_0+q_1}{h} + 3\frac{z_1-z_0}{h^2}, \qquad \frac{H''(a_1)}{2} = \frac{m_1}{2} = \frac{q_0+2q_1}{h} - 3\frac{z_1-z_0}{h^2}. \qquad (***)$$

Ainsi, partant de z_0, z_1, q_0, q_1 il y a une et une seule valeur possible pour m_0 et m_1, donc on a bien l'existence et l'unicité de H d'après la formule $(**)$.

b) Soit $p_i = s'(x_i)$. La restriction s_i de s à $[x_{i-1}, x_i]$ est un polynôme de degré ≤ 3 vérifiant $s_i(x_{i-1}) = y_{i-1}$, $s_i'(x_{i-1}) = p_{i-1}$, $s_i(x_i) = y_i$, $s_i'(x_i) = p_i$. D'après le résultat de la question précédente, s_i existe et est unique, ce qui définit s de manière unique dès que s vérifie $(*)$ et $s'(x_i) = p_i$ pour $i = 1,\ldots,n-1$. La seule condition manquante pour que s soit une spline cubique est qu'elle soit de classe $\mathcal{C}^2$. Ceci est équivalent à la condition $s_i''(x_i) = s_{i+1}''(x_i)$ pour $1 \leq i \leq n-1$, ce qui d'après la formule $(***)$ s'écrit aussi

$$\frac{p_{i-1}+2p_i}{h_{i-1}} - 3\frac{y_i - y_{i-1}}{h_{i-1}^2} = -\frac{2p_i + p_{i+1}}{h_i} + 3\frac{y_{i+1}-y_i}{h_i^2}, \qquad h_{i-1} = x_i - x_{i-1}, \quad h_i = x_{i+1} - x_i.$$

En résumé, s est une spline cubique si et seulement si le système linéaire suivant est satisfait :

$$\forall i \in \{1, \ldots, n-1\}, \quad \frac{p_{i-1}}{h_{i-1}} + 2p_i\left(\frac{1}{h_{i-1}} + \frac{1}{h_i}\right) + \frac{p_{i+1}}{h_i} = c_i, \qquad c_i = 3\frac{y_i - y_{i-1}}{h_{i-1}^2} + 3\frac{y_{i+1} - y_i}{h_i^2}.$$

c) En posant

$$\ell_i = \frac{1}{h_i} \quad \text{et} \quad d_1 = c_1 - \frac{p_0}{h_0}, \quad d_2 = c_2, \quad \ldots, \quad d_{n-2} = c_{n-2}, \quad d_{n-1} = c_{n-1} - \frac{p_n}{h_{n-1}}$$

le système linéaire précédent s'écrit aussi en fonction des inconnues $p_1, \ldots, p_{n-1}$ sous la forme

$$\begin{pmatrix} 2(\ell_0+\ell_1) & \ell_1 & 0 & \cdots & 0 \\ \ell_1 & 2(\ell_1+\ell_2) & \ell_2 & \ddots & \vdots \\ 0 & \ell_2 & \ddots & \ddots & 0 \\ \vdots & \ddots & \ddots & \ddots & \ell_{n-2} \\ 0 & \cdots & 0 & \ell_{n-2} & 2(\ell_{n-2}+\ell_{n-1}) \end{pmatrix} \begin{pmatrix} p_1 \\ p_2 \\ \vdots \\ \vdots \\ p_{n-1} \end{pmatrix} = \begin{pmatrix} d_1 \\ d_2 \\ \vdots \\ \vdots \\ d_{n-1} \end{pmatrix}.$$

Notons M la matrice carrée d'ordre $n-1$ du membre de gauche de cette égalité. Si $MX = 0$ avec $X = \begin{pmatrix} x_1 \\ \vdots \\ x_{n-1} \end{pmatrix}$, alors si k est tel que $|x_k| = \sup_i |x_i|$, la ligne k du système $MX = 0$ s'écrit $\ell_{k-1}x_{k-1} + 2(\ell_{k-1}+\ell_k)x_k + \ell_k x_{k+1} = 0$ (où on pose $x_0 = x_n = 0$). Ceci entraîne $2(\ell_{k-1}+\ell_k)x_k = -\ell_{k-1}x_{k-1} - \ell_k x_{k+1}$ donc $2(\ell_{k-1}+\ell_k)|x_k| \leq \ell_{k-1}|x_{k-1}| + \ell_k|x_{k+1}| \leq (\ell_{k-1}+\ell_k)|x_k|$ ce qui n'est possible que si $x_k = 0$ (nous venons d'utiliser la propriété que M est diagonalement dominante, voir l'exercice 1 page 129). On en déduit que $X = 0$, donc que M est inversible, ce qui prouve bien l'existence et l'unicité des inconnues $(p_i)_{1\leq i\leq n-1}$. D'après le résultat de la question précédente, ceci montre l'existence et l'unicité d'une spline cubique vérifiant les conditions $(*)$.

d) Soit s la spline scellée vérifiant les conditions $(*)$. Soit $f \in H_2^*$. On note $u = f - s$. On a

$$\int_a^b (f''(x))^2\,dx = \int_a^b (s''(x))^2\,dx + 2\int_a^b s''(x)u''(x)\,dx + \int_a^b (u''(x))^2\,dx. \qquad (****)$$

Sur $[x_{i-1}, x_i]$, la fonction s est égale à la fonction polynomiale s_i, sa dérivée troisième y est donc bien définie, et on peut écrire l'intégration par partie

$$\int_{x_{i-1}}^{x_i} s''(x)u''(x)\,dx = \left[s''(x)u'(x)\right]_{x_{i-1}}^{x_i} - \int_{x_{i-1}}^{x_i} s'''(x)u'(x)\,dx.$$

Comme $s = s_i$ est polynomiale de degré 3 sur $[x_{i-1}, x_i]$, la fonction s''' est constante sur cet intervalle. On peut donc écrire

$$\int_{x_{i-1}}^{x_i} s''(x)u''(x)\,dx = \left[s''(x)u'(x)\right]_{x_{i-1}}^{x_i} - s_i'''(x_i)\int_{x_{i-1}}^{x_i} u'(x)\,dx = \left[s''(x)u'(x)\right]_{x_{i-1}}^{x_i},$$

car comme f et s vérifient les conditions $(*)$, la fonction $u = f - s$ s'annule aux points x_i donc $\int_{x_{i-1}}^{x_i} u'(x)\,dx = u(x_i) - u(x_{i-1}) = 0$. En sommant cette relation sur i, on en déduit

$$\int_a^b s''(x)u''(x)\,dx = \left[s''(x)u'(x)\right]_a^b = s''(b)u'(b) - s''(a)u'(a) = 0$$

car comme f et s vérifie la condition (ii) et (iii) de $(*)$, on a $u'(a) = u'(b) = 0$. Finalement la formule $(****)$ s'écrit

$$\int_a^b (f''(x))^2\,dx = \int_a^b (s''(x))^2\,dx + \int_a^b (f''(x) - s''(x))^2\,dx.$$

On en déduit bien que $\int_a^b (s''(x))^2\,dx = \inf_{f\in H_2^*} \int_a^b (f''(x))^2\,dx$. La fonction s est bien la seule à atteindre ce minimum. En effet, considérons une autre fonction $f \in H_2^*$ qui l'atteint. La formule précédente entraîne $\int_a^b (f''(x) - s''(x))^2\,dx = 0$, donc $\int_{x_{i-1}}^{x_i} (f''(x) - s''(x))^2\,dx = 0$ pour tout i. Donc sur chaque intervalle $[x_{i-1}, x_i]$, $f'' - s''$ s'annule donc $(f - s)$ y est affine. Comme de plus

f et s vérifient $(*)$, $f - s$ s'annule aux extrémités de $[x_{i-1}, x_i]$ donc $f - s = 0$ sur $[x_{i-1}, x_i]$. On en déduit $f = s$, d'où le résultat.

Remarque. On définit également les splines cubiques dans le plan ou l'espace. Ces dernières sont utilisées en conception assistée par ordinateur, pour faire passer une courbe par des points donnés. Le théorème de Holladay exprime que ces courbes ont la propriété de "minimiser" la courbure tout en passant par les points.

– Les splines sont des courbes interpolantes qui oscillent moins que les polynômes d'interpolation de Lagrange, et elles évitent le phénomène de Runge (voir le tome Analyse).

– En remplaçant les conditions (ii) et (iii) de $(*)$ par $s''(a) = s''(b) = 0$, on définit de même les *splines cubiques naturelles*. Les propriétés d'existence et d'unicité, ainsi que le théorème de Holladay, restent vraies pour les splines naturelles. On peut également définir les splines d'ordre quelconque r, lorsque s est polynomiale de degré $< r$ sur $[x_{i-1}, x_i]$.

Chapitre 4

Réductions d'endomorphismes

L'ALGÈBRE linéaire au sens moderne se développe progressivement à partir des années 1840. Vers 1880, la théorie des systèmes d'équations linéaires généraux (sur $\mathbb{R}$ et $\mathbb{C}$) est enfin achevée, ainsi que celle des valeurs propres des matrices carrées et de la réduction de ces dernières à une forme canonique.

La notion générale de valeur propre d'un endomorphisme apparaît en fait au dix-huitième siècle, non à propos des transformations linéaires, mais dans la théorie des systèmes d'équations différentielles linéaires à coefficients constants, étudiés par Lagrange en 1762. Le théorème de Cayley-Hamilton apparaît quant à lui dans un mémoire de Cayley en 1858, démontré uniquement dans le cas $n = 2$ et $n = 3$. Les travaux de Cayley paraissent être pratiquement ignorés jusque vers 1880 et c'est grâce au développement de la théorie des formes bilinéaires notamment avec Cauchy, Sylvester, Hermite et Weierstrass, que l'étude des matrices est remise au goût du jour. Weierstrass obtient d'ailleurs la réduction dite de Jordan. C'est Frobenius qui, dans plusieurs mémoires publiés entre 1877 et 1880 tiendra le rôle de législateur dans ce domaine en développant de manière systématique les résultats obtenus, avant de parvenir à l'axiomatisation de l'algèbre linéaire par Peano en 1888.

Dans tout le chapitre, $\mathbb{K}$ désigne un corps commutatif.

1. Diagonalisation, trigonalisation

1.1. Généralités en dimension quelconque

La lettre E désigne un $\mathbb{K}$-e.v de dimension quelconque, f un endomorphisme de E.

DÉFINITION 1. Soit $\alpha \in \mathbb{K}$. Le scalaire α est dit

(i) Valeur *régulière* de f si $f - \alpha \operatorname{Id}_E$ est inversible.

(ii) Valeur *spectrale* de f si $f - \alpha \operatorname{Id}_E$ est non inversible.

(iii) Valeur *propre* de f si $f - \alpha \operatorname{Id}_E$ est non injective, autrement dit s'il existe $x \neq 0$ tel que $f(x) = \alpha x$, et on dit alors que x est *vecteur propre* de f attaché à la valeur propre α.

On appelle *spectre* de f l'ensemble de ses valeurs spectrales.

Remarque 1. — En dimension finie, (ii) et (iii) sont équivalents.

— 0 est valeur propre de f si et seulement si $\operatorname{Ker} f \neq \{0\}$.

— Pour une matrice $A \in \mathcal{M}_n(\mathbb{K})$, on dit que $\alpha \in \mathbb{K}$ est *valeur propre* de A s'il existe un vecteur $X \neq 0$ tel que $AX = \alpha X$. On dit alors que X est *vecteur propre* de A attaché à la valeur propre α. Si A est la matrice d'un endomorphisme f, α est valeur propre de A si et seulement si α est valeur propre de f.

DÉFINITION 2. Soit λ une valeur propre de f. L'ensemble $E_\lambda = \{x \in E \mid f(x) = \lambda x\} = \operatorname{Ker}(f - \lambda \operatorname{Id}_E)$ est un s.e.v de E stable par f, appelé *sous-espace propre* de f associé à la valeur propre λ.

THÉORÈME 1. *Soient $\lambda_1, \dots, \lambda_k$ des valeurs propres de f, distinctes deux à deux. Alors les sous-espaces propres $E_{\lambda_1}, \dots, E_{\lambda_k}$ sont en somme directe.*

1.2. Étude en dimension finie

La lettre E désigne désormais un $\mathbb{K}$-e.v de dimension finie $n \in \mathbb{N}^*$.

Polynôme caractéristique.

DÉFINITION 3. Soit $A \in \mathcal{M}_n(\mathbb{K})$. On appelle *polynôme caractéristique* de A le polynôme de $\mathbb{K}[X]$ défini par $P_A(X) = \det(A - XI_n)$.

Remarque 2. — Une matrice a même polynôme caractéristique que sa transposée.
— Deux matrices semblables ont même polynôme caractéristique.
— On a $P_A(0) = \det A$ (*i.e.* le coefficient constant de P_A est égal à $\det A$).

DÉFINITION 4. Soit $f \in \mathcal{L}(E)$. Le polynôme caractéristique de la matrice de f dans une base B de E ne dépend pas de la base B choisie. On l'appelle polynôme caractéristique de f et on le note P_f.

Remarque 3. Un endomorphisme $f \in \mathcal{L}(E)$ a même polynôme caractéristique que son application transposée ${}^t f$ (car $[{}^t f]_B = {}^t[f]_B$).

PROPOSITION 1. *λ est valeur propre de $f \in \mathcal{L}(E)$ si et seulement si $P_f(\lambda) = 0$.*

Remarque 4. Bien sûr, ce résultat reste vrai pour les matrices. En fait, en dimension finie, tout ce qui est vrai pour les endomorphismes est vrai pour les matrices et réciproquement (en effet, toute matrice $A \in \mathcal{M}_n(\mathbb{K})$ peut s'associer à l'endomorphisme de $\mathbb{K}^n$: $X \mapsto AX$, c'est-à-dire l'endomorphisme de $\mathbb{K}^n$ dont A est la matrice dans la base canonique de $\mathbb{K}^n$).

Remarque 5. — Si $\mathbb{K}$ est algébriquement clos (par exemple $\mathbb{K} = \mathbb{C}$), tout élément $f \in \mathcal{L}(E)$ a au moins une valeur propre $\lambda \in \mathbb{K}$.
— Pour montrer que λ est valeur propre d'une matrice A, on peut montrer que $\mathrm{rg}(A - \lambda I_n) < n$ (ce qui est parfois plus simple que de montrer $P_A(\lambda) = 0$). Par exemple si $n \geq 2$ et

$$A = \begin{pmatrix} a & 1 & \cdots & 1 \\ 1 & \ddots & \ddots & \vdots \\ \vdots & \ddots & \ddots & 1 \\ 1 & \cdots & 1 & a \end{pmatrix} \in \mathcal{M}_n(\mathbb{R}),$$

on voit que $\mathrm{rg}(A - (a-1)I_n) = 1 < n$ donc $a - 1$ est valeur propre de A et $\dim E_{a-1} = n - 1$.
— Dans la pratique, pour déterminer E_λ lorsque λ est valeur propre d'une matrice $A = (a_{i,j})_{1 \leq i,j \leq n} \in \mathcal{M}_n(\mathbb{K})$, on résout le système $AX = \lambda X$ qui s'écrit

$$\left\{\begin{array}{llclclclll} (a_{1,1} - \lambda) & x_1 & + & a_{1,2} & x_2 & + & \cdots & + & a_{1,n} & x_n & = 0 \\ a_{2,1} & x_1 & + & (a_{2,2} - \lambda) & x_2 & + & \cdots & + & a_{2,n} & x_n & = 0 \\ \cdots & \cdots & & & & & & & \cdots & \cdots & \\ a_{n,1} & x_1 & + & a_{n,2} & x_2 & + & \cdots & + & (a_{n,n} - \lambda) & x_n & = 0 \end{array}\right.$$

(voir l'exercice 1 page 177).

Coefficients du polynôme caractéristique d'une matrice. Soit $A \in \mathcal{M}_n(\mathbb{K})$. On peut écrire

$$P_A(X) = (-1)^n \left[X^n - \beta_1 X^{n-1} + \beta_2 X^{n-2} + \cdots + (-1)^{n-1}\beta_{n-1}X + (-1)^n \beta_n\right],$$

où $\beta_1 = \mathrm{tr}\, A$, $\beta_n = \det A$, et pour tout k, β_k est la somme des mineurs principaux de A d'ordre k (rappelons qu'un *mineur principal* d'ordre k est un mineur obtenu comme intersection de k lignes et de k colonnes de même numéros). En particulier, si $\widetilde{A}$ désigne la comatrice de A, $\beta_{n-1} = \mathrm{tr}\, \widetilde{A}$.

PROPOSITION 2. *Soit $f \in \mathcal{L}(E)$, F un s.e.v strict de E* (i.e. $F \neq E$ *et* $F \neq \{0\}$) *stable par f. Soit $g = f_{|F}$ la restriction de f à F. Alors $g \in \mathcal{L}(F)$ et P_g divise P_f.*

Démonstration. F étant stable par f, $g = f_{|F}$ est bien un endomorphisme de F. Ceci étant, soit $(e_1, \ldots, e_r)$ une base de F complétée en une base $\mathcal{B} = (e_1, \ldots, e_n)$ de E. La matrice de f dans $\mathcal{B}$ a la forme

$$[f]_{\mathcal{B}} = \left(\begin{array}{c|c} A & C \\ \hline 0 & B \end{array}\right) \quad \text{où} \quad A = [g]_{(e_1,\ldots,e_r)},$$

et donc

$$P_f = \det([f]_{\mathcal{B}} - XI_n) = \left|\begin{array}{c|c} A - XI_r & C \\ \hline 0 & B - XI_{n-r} \end{array}\right|$$
$$= \det(A - XI_r) \cdot \det(B - XI_{n-r}) = P_g \cdot \det(B - XI_{n-r}).$$

□

PROPOSITION 3. *Soit $f \in \mathcal{L}(E)$ un endomorphisme nilpotent. Alors $P_f = (-1)^n X^n$ (où $n = \dim E$).*

Démonstration. Nous donnons deux méthodes de démonstration de ce résultat. Soit $q \in \mathbb{N}^*$ tel que $f^q = 0$.

Première méthode. Soit A la matrice de f dans une base de E, $\mathbb{K}'$ le corps des racines de $P_A(X)$. Dans $\mathbb{K}'$, on peut écrire $P_A = (-1)^n \prod_i (X - \lambda_i)$. On peut bien sûr regarder A comme une matrice de $\mathcal{M}_n(\mathbb{K}')$. Pour tout i, λ_i est valeur propre de A, associé à un vecteur propre $X \neq 0$. Un calcul rapide donne $A^q X = \lambda_i^q X$, et comme $A^q = 0$, on en tire $\lambda_i = 0$. Donc $P_A = (-1)^n \prod_i (X - \lambda_i) = (-1)^n X^n$.

Seconde méthode. Nous allons montrer ce résultat sans faire appel au corps des racines de P_f, en procédant par récurrence sur $n \in \mathbb{N}^*$. Pour $n = 1$, c'est évident. Supposons le résultat vrai au rang $n - 1$, montrons le au rang n. On a $(\det f)^q = \det(f^q) = 0$, donc $\det f = 0$ et donc $\operatorname{Ker} f \neq \{0\}$. Soit $e_1 \in \operatorname{Ker} f$, $e_1 \neq 0$, de sorte que $f(e_1) = 0$. Complétons e_1 en une base B de E. Alors

$$[f]_B = \left(\begin{array}{c|c} 0 & \times \cdots \times \\ \hline 0 & M \end{array}\right) \quad \text{et} \quad 0 = [f^q]_B = ([f]_B)^q = \left(\begin{array}{c|c} 0 & \times \cdots \times \\ \hline 0 & M^q \end{array}\right),$$

donc $M^q = 0$, et d'après l'hypothèse de récurrence $P_M = (-1)^{n-1} X^{n-1}$, donc

$$P_f(X) = \left|\begin{array}{c|c} -X & \times \cdots \times \\ \hline 0 & M - XI_{n-1} \end{array}\right| = (-X) P_M = (-1)^n X^n.$$

□

Remarque 6. Un résultat plus fort sera donné à la remarque 6 page 187.

1.3. Endomorphismes diagonalisables

DÉFINITION 5. Soit $f \in \mathcal{L}(E)$. On dit que f est *diagonalisable* s'il existe une base de vecteurs propres de f. On dit que $A \in \mathcal{M}_n(\mathbb{K})$ est diagonalisable si A est semblable à une matrice diagonale.

Remarque 7. Un endomorphisme f est diagonalisable si et seulement si sa matrice dans une base quelconque de E est diagonalisable.

PROPOSITION 4. *Soit $f \in \mathcal{L}(E)$. Si P_f est scindé sur $\mathbb{K}$ et a toutes ses racines simples, alors f est diagonalisable.*

Démonstration. Écrivons $P_f = (-1)^n \prod_{i=1}^n (X - \lambda_i)$. Pour tout i, λ_i est valeur propre de f donc il existe x_i un vecteur propre de f associé à la valeur propre λ_i. D'après le théorème 1, les x_i forment une famille libre, à n éléments, et forment donc une base de E. □

PROPOSITION 5. *Soit $f \in \mathcal{L}(E)$, $\lambda \in \mathbb{K}$ une racine de P_f d'ordre de multiplicité h. Alors* $\dim E_\lambda \leq h$.

Démonstration. Le sous-espace propre E_λ est stable par f. Soit $g = f_{|E_\lambda} \in \mathcal{L}(E_\lambda)$. D'après la proposition 2, P_g divise P_f. Comme $g = \lambda \operatorname{Id}_{E_\lambda}$, on a $P_g = (\lambda - X)^{\dim E_\lambda}$, donc $\dim E_\lambda \leq h$. □

→ THÉORÈME 2. *Soit $f \in \mathcal{L}(E)$. Les propositions suivantes sont équivalentes.*

(i) f est diagonalisable.

(ii) P_f est scindé sur $\mathbb{K}$ et pour toute racine λ_i de P_f d'ordre de multiplicité h_i, $h_i = \dim E_{\lambda_i}$.

(iii) Il existe des valeurs propres $\lambda_1, \dots, \lambda_p$ de f vérifiant $E = E_{\lambda_1} \oplus \cdots \oplus E_{\lambda_p}$.

Démonstration. (i) $\Longrightarrow$ (ii). Soit B une base de vecteurs propres de f. La matrice M de f dans B est diagonale, et si $\lambda_1, \dots, \lambda_p$ désignent les valeurs propres de f, la diagonale de M est constituée des λ_i. Pour tout i, $1 \leq i \leq p$, notons h_i le nombre de fois que λ_i apparaît dans la diagonale de M, de sorte que $P_f = P_M = (-1)^n \prod_{i=1}^p (X - \lambda_i)^{h_i}$. Pour tout i, $1 \leq i \leq p$, il existe h_i vecteurs de la base B vérifiant $f(x) = \lambda_i x$, c'est-à-dire h_i vecteurs linéairement indépendants dans E_{λ_i}, donc $\dim E_{\lambda_i} \geq h_i$. Donc $\dim E_{\lambda_i} = h_i$ d'après la proposition précédente.

(ii) $\Longrightarrow$ (iii). Écrivons $P_f = (-1)^n \prod_{i=1}^p (X - \lambda_i)^{h_i}$, les λ_i étant distincts. Soit $F = \oplus_{i=1}^p E_{\lambda_i}$. On a $\dim F = \sum_{i=1}^p \dim E_{\lambda_i} = \sum_{i=1}^p h_i = \deg(P_f) = n$, donc $F = E$.

(iii) $\Longrightarrow$ (i). Si pour tout i, B_i désigne une base de E_{λ_i}, alors il est clair que $B = B_1 \cup \cdots \cup B_p$ est une base de vecteurs propres de f. □

PROPOSITION 6. *Soit $f \in \mathcal{L}(E)$ diagonalisable et F un s.e.v de E stable par f. Alors $f_{|F} \in \mathcal{L}(F)$ est diagonalisable.*

A ce stade du cours, ce résultat est non trivial. Il sera démontré ultérieurement dans ce chapitre (voir la conséquence du théorème 2 page 185).

1.4. Trigonalisation

DÉFINITION 6. Un endomorphisme $f \in \mathcal{L}(E)$ est dit *trigonalisable* s'il existe une base B de E dans laquelle la matrice de f soit triangulaire supérieure. On dit alors que la base B trigonalise f.

Une matrice $A \in \mathcal{M}_n(\mathbb{K})$ est dite trigonalisable si A est semblable à une matrice triangulaire supérieure.

Remarque 8. Un endomorphisme f est trigonalisable si et seulement si sa matrice dans une base quelconque de E est trigonalisable.

→ THÉORÈME 3. *Un endomorphisme $f \in \mathcal{L}(E)$ est trigonalisable si et seulement si son polynôme caractéristique P_f est scindé sur $\mathbb{K}$.*

Démonstration.

Condition nécessaire. C'est le plus facile. Soit B une base de trigonalisation de f. On a

$$T = [f]_B = \begin{pmatrix} \lambda_1 & \times & \cdots & \times \\ 0 & \lambda_2 & \ddots & \vdots \\ \vdots & \ddots & \ddots & \times \\ 0 & \cdots & 0 & \lambda_n \end{pmatrix} \in \mathcal{M}_n(\mathbb{K}),$$

donc $P_f = P_T = (-1)^n \prod_{i=1}^n (X - \lambda_i)$ est scindé sur $\mathbb{K}$.

Condition suffisante. Nous allons procéder par récurrence sur $n \in \mathbb{N}^*$. Pour $n = 1$, c'est évident. Supposons le résultat vrai au rang $n - 1$. Nous allons donner deux méthodes pour montrer le résultat au rang n.

Première méthode. Le polynôme caractéristique de l'application transposée ${}^t f$ vérifie $P_{{}^t f} = P_f$, don $P_{{}^t f}$ est scindé sur $\mathbb{K}$, donc d'après la proposition 1, ${}^t f$ admet un vecteur propre x dans le dual E^*, donc $\mathbb{K}x$ est stable par ${}^t f$. On en déduit que l'orthogonal H de $\mathbb{K}x$ dans E est un hyperplan stable par f (voir la proposition 8 page 136). D'après la proposition 2, le polynôme caractéristique de la restriction de f à H ($f_{|H}$ est bien un endomorphisme puisque H est stable par f) divise P_f donc est scindé sur $\mathbb{K}$, ce qui entraîne d'après l'hypothèse de récurrence l'existence d'une base $B_1 = (e_1, \dots, e_{n-1})$ de H dans laquelle $f_{|H}$ se trigonalise. Complétons cette base de H en une base $B = (e_1, \dots, e_n)$ de E. La base B triangule f car

$$[f]_B = \left(\begin{array}{ccc|c} & & & \times \\ & [f_{|H}]_{B_1} & & \vdots \\ & & & \times \\ \hline 0 & \cdots & 0 & \times \end{array}\right) = \begin{pmatrix} \times & \cdots & \cdots & \times \\ 0 & \ddots & & \vdots \\ \vdots & \ddots & \ddots & \vdots \\ 0 & \cdots & 0 & \times \end{pmatrix}.$$

Seconde méthode. D'après la proposition 1, il existe un vecteur propre e_1 de f. Complétons e_1 en une base $B = (e_1, \dots, e_n)$ de E, et notons $H = \mathrm{Vect}(e_2, \dots, e_n)$. On a

$$[f]_B = \left(\begin{array}{c|ccc} \alpha & \times & \cdots & \times \\ \hline 0 & & & \\ \vdots & & M & \\ 0 & & & \end{array}\right) \qquad \text{avec} \quad M \in \mathcal{M}_{n-1}(\mathbb{K}),$$

où M est la matrice de l'endomorphisme $g \in \mathcal{L}(H)$ défini par $g = p \circ f_{|H}$, où p est la projection sur H parallèlement à $\mathbb{K}e_1$. On a $P_f = (\alpha - X)P_M = (\alpha - X)P_g$, donc P_g est scindé sur $\mathbb{K}$, donc d'après l'hypothèse de récurrence, il existe une base $B_1 = (f_2, \dots, f_n)$ de H qui trigonalise g. La base $B' = (e_1, f_2, \dots, f_n)$ trigonalise f car on a

$$[f]_{B'} = \left(\begin{array}{c|ccc} \alpha & \times & \cdots & \times \\ \hline 0 & & & \\ \vdots & & [g]_{B_1} & \\ 0 & & & \end{array}\right).$$

□

Remarque 9. — La version matricielle de ce résultat est : une matrice $M \in \mathcal{M}_n(\mathbb{K})$ est trigonalisable si et seulement si son polynôme caractéristique est scindé sur $\mathbb{K}$.

— Si $f \in \mathcal{L}(E)$ est trigonalisable et si F est un s.e.v stable par f, alors l'endomorphisme $f_{|F}$ est trigonalisable (en effet, $P_{f_{|F}}$ divise P_f donc est scindé sur $\mathbb{K}$).

— Si $\mathbb{K}$ est algébriquement clos (par exemple $\mathbb{K} = \mathbb{C}$), tout endomorphisme du $\mathbb{K}$-espace vectoriel E est trigonalisable.

— La trigonalisation d'une matrice peut être intéressante pour montrer une propriété.

— Le produit de deux matrices triangulaires supérieures est triangulaire supérieure, ses coefficients diagonaux sont les produits des coefficients diagonaux :

$$\begin{pmatrix} \alpha_1 & \times & \cdots & \times \\ 0 & \alpha_2 & \ddots & \vdots \\ \vdots & \ddots & \ddots & \times \\ 0 & \cdots & 0 & \alpha_n \end{pmatrix} \begin{pmatrix} \beta_1 & \times & \cdots & \times \\ 0 & \beta_2 & \ddots & \vdots \\ \vdots & \ddots & \ddots & \times \\ 0 & \cdots & 0 & \beta_n \end{pmatrix} = \begin{pmatrix} \alpha_1\beta_1 & \times & \cdots & \times \\ 0 & \alpha_2\beta_2 & \ddots & \vdots \\ \vdots & \ddots & \ddots & \times \\ 0 & \cdots & 0 & \alpha_n\beta_n \end{pmatrix}.$$

— On verra dans la section 4 page 201 des réductions plus poussées.

1.5. Réductions simultanées

PROPOSITION 7. *Soient $f, g \in \mathcal{L}(E)$ tels que $f \circ g = g \circ f$. Alors*

(i) Tout sous-espace propre de f est stable par g (en particulier $\mathrm{Ker}\, f$*).*

(ii) $\mathrm{Im}\, f$ *est stable par* g.

Démonstration. (i) Soit E_λ un sous-espace propre de f. Pour tout $x \in E_\lambda$, $f[g(x)] = g[f(x)] = g(\lambda x) = \lambda g(x)$ donc $g(x) \in E_\lambda$.

(ii) Soit $y \in \mathrm{Im}\, f$, et $x \in E$ tel que $y = f(x)$. On a $g(y) = g[f(x)] = f[g(x)] \in \mathrm{Im}\, f$. □

→ Théorème 4 (Diagonalisation simultanée). *Si f et $g \in \mathcal{L}(E)$ sont diagonalisables et commutent, il existe une base commune de diagonalisation de f et g (on dit alors que f et g sont* codiagonalisables*).*

Démonstration. Soient $\lambda_1, \dots, \lambda_r$ les valeurs propres de f, $E_{\lambda_1}, \dots, E_{\lambda_r}$ les sous-espaces propres correspondants. Pour tout i, E_{λ_i} est stable par g. La restriction de g à E_{λ_i}, $g_{|E_{\lambda_i}}$, induit un endomorphisme de E_{λ_i}, diagonalisable d'après la proposition 6. Il existe donc une base B_i de E_{λ_i} de vecteurs propres de g (et bien sûr de f car $f_{|E_{\lambda_i}} = \lambda_i \,\mathrm{Id}_{E_{\lambda_i}}$). Or $E = \oplus_{i=1}^r E_{\lambda_i}$, donc $B = (B_1, \dots, B_r)$ est une base de diagonalisation commune de f et g. □

Remarque 10. La réciproque est vraie : si f et g se diagonalisent dans une même base, alors f et g commutent (il suffit de remarquer que f et g commutent sur cette base).

→ Théorème 5 (Trigonalisation simultanée). *Si f et $g \in \mathcal{L}(E)$ sont trigonalisables et commutent, alors il existe une base de trigonalisation commune de f et g (on dit alors que f et g sont* cotrigonalisables*).*

Démonstration. Préliminaire. Remarquons déjà que f et g ont un vecteur propre commun. En effet, f admet une valeur propre $\lambda \in \mathbb{K}$ (puisque f est trigonalisable). Le sous-espace propre E_λ est stable par g, et $g_{|E_\lambda}$ est trigonalisable (voir la remarque 9), donc admet un vecteur propre $x \in E_\lambda$. Finalement, x est un vecteur propre commun à f et g.

On procède maintenant par récurrence sur n. Pour $n = 1$, c'est évident. Supposons le résultat vrai au rang $n - 1$. Pour le montrer au rang n, nous donnons deux méthodes.

Première méthode. Comme $f \circ g = g \circ f$, on a ${}^t g \circ {}^t f = {}^t f \circ {}^t g$, donc d'après le préliminaire appliqué à ${}^t f$ et ${}^t g$, il existe un vecteur propre $x \in E^*$ commun à ${}^t f$ et à ${}^t g$. Ainsi, $\mathbb{K}x$ est stable par ${}^t f$ et ${}^t g$, donc l'orthogonal H de $\mathbb{K}x$ dans E, est un hyperplan de E stable par f et g. D'après l'hypothèse de récurrence, $f_{|H}$ et $g_{|H}$ sont trigonalisables dans une même base B' de H. Soit $e \in E$ tel que $B = (B', e)$ forme une base de E. Alors

$$[f]_B = \left(\begin{array}{ccc|c} & & & \times \\ & [f_{|H}]_{B'} & & \vdots \\ & & & \times \\ \hline 0 & \cdots & 0 & \times \end{array}\right)$$

et comme la matrice de $f_{|H}$ dans B' est triangulaire supérieure, on en déduit que $[f]_B$ est triangulaire supérieure. De même, $[g]_B$ est triangulaire supérieure, d'où le résultat au rang n.

Seconde méthode. Le préliminaire assure l'existence d'un vecteur propre x commun à f et à g. Complétons x en une base $B = (x, e_2, \dots, e_n)$ de E. On a

$$[f]_B = \left(\begin{array}{c|ccc} \alpha & \times & \cdots & \times \\ \hline 0 & & & \\ \vdots & & M & \\ 0 & & & \end{array}\right) \quad \text{et} \quad [g]_B = \left(\begin{array}{c|ccc} \beta & \times & \cdots & \times \\ \hline 0 & & & \\ \vdots & & N & \\ 0 & & & \end{array}\right).$$

Comme $P_f = (\alpha - X)P_M$, P_M est comme P_f scindé sur $\mathbb{K}$, donc M est trigonalisable. De même, N est trigonalisable. Or $fg = gf$, donc $[f]_B[g]_B = [g]_B[f]_B$, ce qui s'écrit

$$\left(\begin{array}{c|ccc} \times & \times & \cdots & \times \\ \hline 0 & & & \\ \vdots & & MN & \\ 0 & & & \end{array}\right) = \left(\begin{array}{c|ccc} \times & \times & \cdots & \times \\ \hline 0 & & & \\ \vdots & & NM & \\ 0 & & & \end{array}\right)$$

et donc $MN = NM$. Soit $B_1 = (e_2, \ldots, e_n)$ et $H = \operatorname{Vect} B_1$, hyperplan de E. On note p la projection sur H parallèlement à $\mathbb{K}x$. Soit $f_1 = p \circ f_{|H}$ et $g_1 = p \circ g_{|H} \in \mathcal{L}(H)$. Comme $[f_1]_{B_1} = M$ et $[g_1]_{B_1} = N$, f_1 et g_1 commutent donc d'après l'hypothèse de récurrence, il existe une base B_1 de H qui trigonalise à la fois f_1 et g_1. Dans la base $B' = (x, B_1)$ on a

$$[f]_{B'} = \left(\begin{array}{c|ccc} \times & \times & \cdots & \times \\ \hline 0 & & & \\ \vdots & & [f_1]_{B_1} & \\ 0 & & & \end{array}\right)$$

ce qui montre que $[f]_{B'}$ est triangulaire supérieure. De même $[g]_{B'}$ est triangulaire supérieure, d'où le résultat. □

Remarque 11. — La formulation matricielle de ces deux théorèmes est la suivante : Soient $A, B \in \mathcal{M}_n(\mathbb{K})$ diagonalisables (resp. trigonalisables) telles que $AB = BA$. Alors il existe $P \in \mathcal{G}\ell_n(\mathbb{K})$ telle que $P^{-1}AP$ et $P^{-1}BP$ soient diagonales (resp. triangulaires supérieures).
— La première méthode des démonstrations des théorèmes 3 et 5 montre l'intérêt de l'utilisation des applications transposées ${}^{\mathrm{t}}f \in \mathcal{L}(E^*)$ dans les raisonnements par récurrence (voir la partie 4 page 132 du chapitre III). Ce procédé est à retenir !

1.6. Exercices

Exercice 1. Diagonaliser ou trigonaliser dans $\mathcal{M}_n(\mathbb{C})$, en donnant la matrice de passage, les matrices suivantes.

a) $M = \begin{pmatrix} 0 & 2 & -1 \\ 3 & -2 & 0 \\ -2 & 2 & 1 \end{pmatrix}$. **b)** $M = \begin{pmatrix} 0 & 0 & 0 & 1 \\ 0 & 0 & -1 & 0 \\ 0 & 1 & 0 & 0 \\ -1 & 0 & 0 & 0 \end{pmatrix}$.

c) $M = \begin{pmatrix} 1 & 4 & -2 \\ 0 & 6 & -3 \\ -1 & 4 & 0 \end{pmatrix}$. **d)** $M = \begin{pmatrix} 2 & 2 & -3 \\ 5 & 1 & -5 \\ -3 & 4 & 0 \end{pmatrix}$.

Solution. **a)** On calcule le polynôme caractéristique de M :

$$P_M = \begin{vmatrix} -X & 2 & -1 \\ 3 & -2-X & 0 \\ -2 & 2 & 1-X \end{vmatrix} = \begin{vmatrix} 1-X & 2 & -1 \\ 1-X & -2-X & 0 \\ 1-X & 2 & 1-X \end{vmatrix} = (1-X) \begin{vmatrix} 1 & 2 & -1 \\ 1 & -2-X & 0 \\ 1 & 2 & 1-X \end{vmatrix}$$

$$= (1-X) \begin{vmatrix} 1 & 0 & 0 \\ 1 & -4-X & 1 \\ 1 & 0 & 2-X \end{vmatrix} = (1-X) \begin{vmatrix} -4-X & 1 \\ 0 & 2-X \end{vmatrix} = -(X-1)(X-2)(X+4).$$

D'après la proposition 1, M a donc trois valeurs propres qui sont 1, 2 et -4. Ces valeurs propres étant distinctes, M est donc diagonalisable d'après la proposition 4. Recherchons

– Un vecteur propre $X_1 = \left(\begin{smallmatrix} x \\ y \\ z \end{smallmatrix}\right)$ associé à la valeur propre 1 :

$$MX_1 = X_1 \iff \begin{cases} -x + 2y - z = 0 \\ 3x - 3y = 0 \\ -2x + 2y = 0 \end{cases} \iff \begin{cases} x = y \\ x = z \end{cases}.$$

Donc $X_1 = \left(\begin{smallmatrix} 1 \\ 1 \\ 1 \end{smallmatrix}\right)$ convient.

– Un vecteur propre $X_2 = \begin{pmatrix} x \\ y \\ z \end{pmatrix}$ associé à la valeur propre 2 :

$$MX_2 = 2X_2 \iff \left\{ \begin{array}{rcrcrl} -2x & + & 2y & - & z & = 0 \\ 3x & - & 4y & & & = 0 \\ -2x & + & 2y & - & z & = 0 \end{array} \right. \iff \left\{ \begin{array}{rcl} 3x & = & 4y \\ z & = & 2(y-x) \end{array} \right. .$$

Donc $X_2 = \begin{pmatrix} 4 \\ 3 \\ -2 \end{pmatrix}$ convient.

– Un vecteur propre $X_3 = \begin{pmatrix} x \\ y \\ z \end{pmatrix}$ associé à la valeur propre -4 :

$$MX_3 = -4X_3 \iff \left\{ \begin{array}{rcrcrl} 4x & + & 2y & - & z & = 0 \\ 3x & + & 2y & & & = 0 \\ -2x & + & 2y & + & 5z & = 0 \end{array} \right. \iff \left\{ \begin{array}{rcl} 3x + 2y & = & 0 \\ x & = & z \end{array} \right. .$$

Donc $X_3 = \begin{pmatrix} 2 \\ -3 \\ 2 \end{pmatrix}$ convient.

– L'endomorphisme $f \in \mathcal{L}(\mathbb{C}^3)$ ayant M pour matrice dans la base canonique de $\mathbb{C}^3$ est donc diagonalisable, et $B = (X_1, X_2, X_3)$ est une base de diagonalisation de f. On a

$$[f]_B = D = \begin{pmatrix} 1 & 0 & 0 \\ 0 & 2 & 0 \\ 0 & 0 & -4 \end{pmatrix} \quad \text{donc} \quad P^{-1}MP = D \quad \text{avec} \quad P = \begin{pmatrix} 1 & 4 & 2 \\ 1 & 3 & -3 \\ 1 & -2 & 2 \end{pmatrix}.$$

(P est la matrice de passage de la base canonique de $\mathbb{C}^3$ à la base B).

b) Un calcul donne $P_M = (X^2+1)^2 = (X+i)^2(X-i)^2$.

– On recherche E_i, le sous-espace propre associé à la valeur propre i. On a

$$M - iI_4 = \begin{pmatrix} -i & 0 & 0 & 1 \\ 0 & -i & -1 & 0 \\ 0 & 1 & -i & 0 \\ -1 & 0 & 0 & -i \end{pmatrix}.$$

On remarque que dans cette dernière matrice, la dernière colonne vaut i fois la première, c'est-à-dire qu'en sommant la première colonne à i fois la dernière, on tombe sur le vecteur nul. Autrement dit, $(M - iI_4)\begin{pmatrix} 1 \\ 0 \\ 0 \\ i \end{pmatrix} = 0$. De même, on trouve $(M - iI_4)\begin{pmatrix} 0 \\ 1 \\ -i \\ 0 \end{pmatrix} = 0$. On a donc

$$E_i = \text{Vect}\left\{ \begin{pmatrix} 1 \\ 0 \\ 0 \\ i \end{pmatrix}, \begin{pmatrix} 0 \\ 1 \\ -i \\ 0 \end{pmatrix} \right\}$$

(ces deux vecteurs forment une famille libre de E_i, donc une base de E_i car d'après la proposition 5, on a $\dim E_i \leq 2$). On en déduit en particulier que $\dim E_i = 2$.

En procédant de la même manière, on trouve que $\dim E_{-i} = 2$ et que

$$E_{-i} = \text{Vect}\left\{ \begin{pmatrix} 1 \\ 0 \\ 0 \\ -i \end{pmatrix}, \begin{pmatrix} 0 \\ 1 \\ i \\ 0 \end{pmatrix} \right\}.$$

D'après le théorème 2, M est donc diagonalisable et on a

$$P^{-1}MP = D \quad \text{avec} \quad D = \begin{pmatrix} i & 0 & 0 & 0 \\ 0 & i & 0 & 0 \\ 0 & 0 & -i & 0 \\ 0 & 0 & 0 & -i \end{pmatrix} \quad \text{et} \quad P = \begin{pmatrix} 1 & 0 & 0 & 1 \\ 0 & 1 & 1 & 0 \\ 0 & -i & i & 0 \\ i & 0 & 0 & -i \end{pmatrix}.$$

c) Ici $P_M = -(X-3)(X-2)^2$. Comme P_M a une racine double, M n'est pas forcément diagonalisable.

– Recherchons E_3, le sous-espace propre associé à la valeur propre 3. La résolution du système $MX = 3X$ montre que $E_3 = \text{Vect}\{\begin{pmatrix} 1 \\ 1 \\ 1 \end{pmatrix}\}$.

– Recherchons E_2, le sous-espace propre associé à la valeur propre 2. La résolution du système $MX = 2X$ montre que $E_2 = \mathrm{Vect}\{\begin{pmatrix} 4 \\ 3 \\ 4 \end{pmatrix}\}$. Donc $\dim E_2 = 1 < 2$, et donc M n'est pas diagonalisable.

On va donc trigonaliser M. Désignons par B la base canonique de $\mathbb{C}^3$, et soit $f \in \mathcal{L}(\mathbb{C}^3)$ telle que $[f]_B = M$. Soit

$$e_1 = \begin{pmatrix} 1 \\ 1 \\ 1 \end{pmatrix}, \quad e_2 = \begin{pmatrix} 4 \\ 3 \\ 4 \end{pmatrix}, \quad e_3 = \begin{pmatrix} 0 \\ 0 \\ 1 \end{pmatrix}.$$

La famille $B' = (e_1, e_2, e_3)$ est une base, et on a $E_3 = \mathrm{Vect}\, e_1$ et $E_2 = \mathrm{Vect}\, e_2$. On calcule les valeurs de f sur cette nouvelle base :

$$f(e_1) = 3e_1, \quad f(e_2) = 2e_2, \quad f(e_3) = \begin{pmatrix} -2 \\ -3 \\ 0 \end{pmatrix} = e_2 - 6e_1 + 2e_3,$$

donc la matrice de f dans la base B' est

$$[f]_{B'} = T = \begin{pmatrix} 3 & 0 & -6 \\ 0 & 2 & 1 \\ 0 & 0 & 2 \end{pmatrix}$$

donc si P est la matrice de passage de la base B à la base B',

$$P = \begin{pmatrix} 1 & 4 & 0 \\ 1 & 3 & 0 \\ 1 & 4 & 1 \end{pmatrix},$$

on a $P^{-1}[f]_B P = [f]_{B'}$, ou encore $P^{-1}MP = T$. Au passage, on remarque que les termes de la diagonale principale de la matrice triangulaire T sont les racines du polynôme caractéristique de M, répétés avec la même multiplicité. Ceci est cohérent car T et M étant semblables, elles ont même polynôme caractéristique.

d) Ici, $P_M = (1 - X)^3$. Un calcul donne $\mathrm{rg}(M - I_3) = 2$, donc $\dim E_1 = \dim[\mathrm{Ker}(M - I_3)] = 3 - \mathrm{rg}(M - I_3) = 1$. D'après le théorème 2, M n'est donc pas diagonalisable. Nous allons la trigonaliser. (C'est plus complexe qu'à la question précédente. Au c), on avait trouvé deux vecteurs propres indépendants. Il ne restait plus qu'à en trouver un troisième, formant une base avec les deux autres, puis à en exprimer l'image par M pour trigonaliser M. Ici il n'y a qu'un seul vecteur propre et cette méthode ne va pas fonctionner. Nous allons procéder comme dans la démonstration du théorème 3 de trigonalisation. Nous allons donner deux méthodes, correspondant chacune à l'une des deux démonstrations du théorème 3.)

– *Première méthode.* On note B la base canonique de $\mathbb{C}^3$. Soit $f \in \mathcal{L}(\mathbb{C}^3)$ telle que $[f]_B = M$.

On cherche un hyperplan stable par f. Soit B^* la base duale de B, de sorte que $[{}^t f]_{B^*} = {}^t M$. On a $P_{{}^t f} = P_{{}^t M} = P_M = (1 - X)^3$, 1 est donc valeur propre de ${}^t f$. Recherchons en un vecteur propre u. Si U désigne la matrice colonne de u dont les éléments sont les coordonnées de u dans la base B^*, on a ${}^t f(u) = u \iff {}^t MU = U$. En résolvant le système ${}^t MU = U$, on trouve que $U = \begin{pmatrix} -2 \\ 1 \\ 1 \end{pmatrix}$ convient. L'orthogonal H de $\mathbb{C}u$ dans $\mathbb{C}^3$ est stable par f. On a $H = \mathrm{Ker}\, u = \{\begin{pmatrix} x \\ y \\ z \end{pmatrix},\ -2x + y + z = 0\}$, dont $B_1 = (e_1, e_2) = (\begin{pmatrix} 1 \\ 0 \\ 2 \end{pmatrix}, \begin{pmatrix} 0 \\ 1 \\ -1 \end{pmatrix})$ forme une base. On trouve $f(e_1) = -4e_1 - 5e_2$ et $f(e_2) = 5e_1 + 6e_2$, donc

$$[f_{|H}]_{B_1} = \begin{pmatrix} -4 & 5 \\ -5 & 6 \end{pmatrix} = N.$$

Au passage, on remarque que $P_N = (X - 1)^2 = P_{f_{|H}}$ divise P_f, conformément à la proposition 2.

Nous allons maintenant trigonaliser N. On recherche d'abord un vecteur propre de N (qui est associé à la seule valeur propre 1). En résolvant $NY = Y$, on trouve que $Y = \begin{pmatrix} 1 \\ 1 \end{pmatrix}$ convient, donc que $f(e_1 + e_2) = e_1 + e_2$. On pose

$$e'_1 = e_1 + e_2 = \begin{pmatrix} 1 \\ 1 \\ 1 \end{pmatrix} \quad \text{et} \quad e'_2 = e_2 = \begin{pmatrix} 0 \\ 1 \\ -1 \end{pmatrix},$$

de sorte que (e'_1, e'_2) est une autre base de H. Un petit calcul donne $f(e'_1) = e'_1$ et $f(e'_2) = 5e'_1 + e'_2$. Si maintenant on pose $e'_3 = \begin{pmatrix} 0 \\ 0 \\ 1 \end{pmatrix}$, $B' = (e'_1, e'_2, e'_3)$ forme une base de $\mathbb{C}^3$ et $f(e'_3) = -3e'_1 - 2e'_2 + e'_3$, donc

$$[f]_{B'} = \begin{pmatrix} 1 & 5 & -3 \\ 0 & 1 & -2 \\ 0 & 0 & 1 \end{pmatrix} = T = P^{-1}[f]_B P \quad \text{avec} \quad P = \begin{pmatrix} 1 & 0 & 0 \\ 1 & 1 & 0 \\ 1 & -1 & 1 \end{pmatrix},$$

et donc $T = P^{-1}MP$.

– *Seconde méthode.* Commençons par rechercher un vecteur propre u_1 pour f associé à la valeur propre 1. Un petit calcul devenu maintenant routinier montre que $u_1 = \begin{pmatrix} 1 \\ 1 \\ 1 \end{pmatrix}$ convient. On pose maintenant $u_2 = \begin{pmatrix} 0 \\ 1 \\ 0 \end{pmatrix}$ et $u_3 = \begin{pmatrix} 0 \\ 0 \\ 1 \end{pmatrix}$, de sorte que $B_0 = (u_1, u_2, u_3)$ forme une base de $\mathbb{C}^3$. En exprimant les valeurs prises par f sur les vecteurs de B_0 dans cette même base, on trouve

$$[f]_{B_0} = \left(\begin{array}{c|cc} 1 & 2 & -3 \\ \hline 0 & -1 & -2 \\ 0 & 2 & 3 \end{array}\right).$$

Soit $H = \mathrm{Vect}(u_2, u_3)$ et soit p la projection sur H parallèlement à $\mathbb{C}u_1$. Soit $g = p \circ f_{|H} \in \mathcal{L}(H)$. La matrice de g dans la base (u_2, u_3) de H est

$$A = [g]_{(u_2,u_3)} = \begin{pmatrix} -1 & -2 \\ 2 & 3 \end{pmatrix}.$$

On a $P_A = P_g = (X-1)^2$. Recherchons un vecteur propre de g associé à la valeur propre 1. On remarque que $u'_2 = u_2 - u_3$ convient. On pose alors $u'_3 = u_2$, de sorte que (u'_2, u'_3) forme une nouvelle base de H. Dans la nouvelle base $B'_0 = (u_1, u'_2, u'_3)$ de $\mathbb{C}^3$, on trouve

$$[f]_{B'_0} = \begin{pmatrix} 1 & 5 & 2 \\ 0 & 1 & -2 \\ 0 & 0 & 1 \end{pmatrix} = T = P^{-1}[f]_B P \quad \text{avec} \quad P = \begin{pmatrix} 1 & 0 & 0 \\ 1 & 1 & 1 \\ 1 & -1 & 0 \end{pmatrix}.$$

Donc $T = P^{-1}MP$: on a trigonalisé M. On remarque au passage que les termes de la diagonale principale de la matrice triangulaire trouvée correspondent aux racines du polynôme caractéristique de la matrice M de départ.

Remarque. Pour suivre correctement les deux méthodes exposées au d), il est bon de relire les démonstrations du théorème 3. Bien sûr, on ne retrouve pas les mêmes matrices triangulaires et de passage à l'arrivée selon la méthode utilisée (il n'y a pas unicité).

EXERCICE 2. Soit E un $\mathbb{K}$-e.v de dimension finie et $f \in \mathcal{L}(E)$ un endomorphisme de rang 1. Donner une condition nécessaire et suffisante sur f pour que f soit diagonalisable. Que peut-on dire lorsque f n'est pas diagonalisable ?

Solution. On note $n = \dim E$. Par hypothèse, $\dim \operatorname{Ker} f = n - \operatorname{rg} f = n - 1$, autrement dit 0 est une valeur propre de f d'ordre $n-1$, donc racine du polynôme caractéristique P_f de f d'ordre au moins $n-1$. Par conséquent, il existe $\alpha \in \mathbb{K}$ tel que $P_f = (-1)^n X^{n-1}(X - \alpha)$. La somme des valeurs propres de f étant égale à la trace de f, on a $\alpha = \operatorname{tr} f$.

Ainsi, si $\operatorname{tr} f \neq 0$, f admet une valeur propre $\alpha \neq 0$. Les sous-espaces propres E_0 et E_α de f vérifient alors $\dim E_0 + \dim E_\alpha = n$ donc f est diagonalisable.

Lorsque $\operatorname{tr} f = 0$, 0 est la seule valeur propre de f. Si f était diagonalisable, f serait nulle, ce qui est absurde. Finalement, f est diagonalisable si et seulement si $\operatorname{tr} f \neq 0$.

Lorsque f n'est pas diagonalisable, c'est-à-dire lorsque $\operatorname{tr} f = 0$, on a $f^2 = 0$. En effet. Soit $e_1 \in E$ tel que $\operatorname{Im} f = \operatorname{Vect} e_1$. Complétons e_1 en une base $B = (e_1, \ldots, e_n)$ de E. Dans cette base, la matrice de f a la forme

$$[f]_B = \begin{pmatrix} \alpha_1 & \alpha_2 & \cdots & \alpha_n \\ 0 & 0 & \cdots & 0 \\ \vdots & \vdots & & \vdots \\ 0 & 0 & \cdots & 0 \end{pmatrix}.$$

Comme $\operatorname{tr} f = \alpha_1 = 0$, on a $[f]_B^2 = 0$, c'est-à-dire $f^2 = 0$.

EXERCICE 3. Soient $a_1, \ldots, a_{n-1}$ et $b_1, \ldots, b_{n-1}$ des nombres réels, avec $n \geq 3$. Donner une condition nécessaire et suffisante pour que la matrice

$$A = \begin{pmatrix} 0 & \cdots & 0 & b_1 \\ \vdots & & \vdots & \vdots \\ 0 & \cdots & 0 & b_{n-1} \\ a_1 & \cdots & a_{n-1} & 0 \end{pmatrix} \in \mathcal{M}_n(\mathbb{R})$$

soit diagonalisable dans $\mathcal{M}_n(\mathbb{R})$.

Solution. Si tous les a_i sont nuls, A est une matrice triangulaire dont les valeurs propres sont données par ses éléments diagonaux, montrant ainsi que toutes les valeurs propres de A sont nulles. Si A est diagonalisable, A est donc nulle et tous les b_i sont nuls. De même, si tous les b_i sont nuls et si A est diagonalisable, alors tous les a_i sont nuls.

Supposons maintenant les a_i non tous nuls et les b_i non tous nuls. Alors le rang de A est 2, ce qui montre que 0 est valeur propre de A et que le sous-espace propre E_0 associé est de dimension $n-2$. Notons $\lambda_1, \lambda_2 \in \mathbb{C}$ les deux autres valeurs propres de A. La somme des valeurs propres de A est sa trace donc $\lambda_1 + \lambda_2 = 0$. Il nous faut un autre renseignement pour pouvoir évaluer λ_1 et λ_2. Pour cela, on remarque que les valeurs propres de A^2 sont les carrés des valeurs propres de A (pour s'en persuader, trigonaliser A dans $\mathcal{M}_n(\mathbb{C})$), donc $\lambda_1^2 + \lambda_2^2 = \operatorname{tr}(A^2)$. Un petit calcul donne $\operatorname{tr}(A^2) = 2(\sum_{i=1}^{n-1} a_i\, b_i)$. Finalement on a montré

$$\lambda_1 + \lambda_2 = 0 \quad \text{et} \quad \lambda_1^2 + \lambda_2^2 = 2\left(\sum_{i=1}^{n-1} a_i\, b_i\right). \tag{$*$}$$

Si $\Delta = \sum_{i=1}^{n-1} a_i\, b_i < 0$, $(*)$ montre que λ_1 et λ_2 ne peuvent pas être des nombres réels (et donc A n'est pas diagonalisable dans $\mathcal{M}_n(\mathbb{R})$). Si maintenant $\Delta \geq 0$, $(*)$ montre que $\lambda_1 = -\lambda_2 = \sqrt{\Delta}$. Si $\Delta = 0$, $\lambda_1 = \lambda_2 = 0$ et A n'est pas diagonalisable sinon A serait nulle (sa seule valeur propre est 0). Si $\Delta > 0$, λ_1 et λ_2 sont réelles, distinctes et non nulles, et les sous-espaces propres $E_{\lambda_1}, E_{\lambda_2}$ associés sont de dimension 1. Dans ce cas, $\dim E_0 + \dim E_{\lambda_1} + \dim E_{\lambda_2} = n$, donc A est diagonalisable dans $\mathcal{M}_n(\mathbb{R})$.

De tout ceci, le lecteur conclura facilement que A est diagonalisable dans $\mathcal{M}_n(\mathbb{R})$ si et seulement si $A = 0$ ou $\Delta = \sum_{i=1}^{n-1} a_i\, b_i > 0$.

EXERCICE 4. Soit E un $\mathbb{K}$-e.v de dimension finie $n \in \mathbb{N}^*$. On considère une famille $(f_i)_{i\in I}$ d'endomorphismes de E commutant deux à deux.

a) Si les f_i sont diagonalisables, montrer que l'on peut les diagonaliser tous dans une même base.

b) Si les f_i sont trigonalisables, montrer que l'on peut les trigonaliser tous dans une même base.

Solution. **a)** Procédons par récurrence sur n. Pour $n = 1$, c'est évident. Supposons le résultat vrai jusqu'au rang $n-1$ et montrons le au rang n. Si tous les f_i sont des homothéties, c'est terminé.

Sinon il existe i_0 tel que f_{i_0} n'est pas une homothétie. Si on note $E_{\lambda_1}, \dots, E_{\lambda_r}$ ses sous-espaces propres, on a donc $r \geq 2$, et pour tout j, $\dim E_{\lambda_j} < n$. Par ailleurs, d'après la proposition 7 page 175, pour tout j, E_{λ_j} est stable par tous les f_i, et chaque $f_{i|E_{\lambda_j}}$ est diagonalisable d'après la proposition 6. Donc d'après l'hypothèse de récurrence il existe une base B_j de E_{λ_j} qui soit une base de diagonalisation de tous les $f_{i|E_{\lambda_j}}$. Donc $B = (B_1, \dots, B_r)$ est une base de diagonalisation de tous les $(f_i)_{i \in I}$.

b) Commençons par montrer par récurrence sur n qu'il existe un vecteur propre commun à tous les $(f_i)_{i \in I}$. Pour $n = 1$, c'est évident. Supposons le résultat vrai jusqu'au rang $n - 1$ et montrons le au rang n. Si tous les f_i sont des homothéties, c'est terminé. Sinon, il existe un endomorphisme f de la famille qui n'est pas une homothétie. Comme f est trigonalisable, f admet une valeur propre λ, donc un sous-espace propre correspondant E_λ. On a $\dim E_\lambda < n$ (car f n'est pas une homothétie) et E_λ est stable par tous les f_i. D'après l'hypothèse de récurrence, il existe donc un vecteur propre commun à tous les $f_{i|E_\lambda}$, qui est bien sûr un vecteur propre commun à tous les f_i.

Achevons la démonstration par récurrence sur n. Pour $n = 1$, c'est évident. Supposons le résultat vrai au rang $n - 1$ et montrons le au rang n. En appliquant le résultat précédent aux applications transposées ${}^{t}f_i$ (elles commutent également et sont également trigonalisables puisque $P_{{}^{t}f_i} = P_{f_i}$), on voit qu'il existe $x \in E^*$ un vecteur propre commun à tous les ${}^{t}f_i$. L'orthogonal H de $\mathbb{K}x$ dans E est donc un hyperplan de E stable par tous les f_i. D'après l'hypothèse de récurrence, il existe une base B de H trigonalisant tous les $f_{i|H}$. Soit $e \in E$ tel que $B' = (B, e)$ forme une base de E. On a pour tout $i \in I$

$$[f_i]_{B'} = \left(\begin{array}{ccc|c} \times & \cdots & \times & \times \\ & \ddots & \vdots & \vdots \\ (0) & & \times & \times \\ \hline 0 & \cdots & 0 & \times \end{array}\right),$$

donc la base B' trigonalise tous les f_i.

Remarque. Dans cette dernière partie de b), nous avons utilisé une technique analogue à celle de la première démonstration du théorème 5. On pourrait également procéder comme dans la seconde démonstration de ce théorème.

EXERCICE 5 (LEMME DE SCHUR). **a)** Soit E un $\mathbb{C}$-e.v de dimension finie. Soit $Q \subset \mathcal{L}(E)$ irréductible, c'est-à-dire que les seuls sous-espaces de E stables par tous les éléments de Q sont $\{0\}$ et E. Montrer que les seuls éléments commutant avec tous les éléments de Q sont les homothéties.
b) Si E est un $\mathbb{R}$-e.v de dimension finie, montrer que le résultat est faux dans le cas général. Quand peut-on dire qu'il est vrai ?

Solution. **a)** Soit $f \in \mathcal{L}(E)$ commutant avec tous les éléments de Q. Le corps $\mathbb{C}$ étant algébriquement clos, f admet au moins une valeur propre λ. Soit E_λ le sous-espace propre correspondant. On a $E_\lambda \neq \{0\}$. Par hypothèse sur f, pour tout $g \in Q$, on a $f \circ g = g \circ f$. D'après la proposition 7 page 175, E_λ est stable par tous les éléments de Q. Comme $E_\lambda \neq \{0\}$ et que Q est irréductible, ceci entraîne $E_\lambda = E$. Donc $f = \lambda\, \mathrm{Id}_E$ est une homothétie.

b) Sur un $\mathbb{R}$-e.v, le résultat est faux dans le cas général. Par exemple, en dimension 2, l'ensemble Q des rotations (voir la remarque 1 page 269) est irréductible car aucune droite n'est stable par toutes les rotations. Or tous les éléments de Q commutent avec tous les éléments de Q. Il existe donc des éléments de $\mathcal{L}(E)$ qui ne sont pas des homothéties qui commutent avec tous les éléments de Q.

Cependant, si $n = \dim E$ est impair, le résultat reste vrai. En effet, soit $f \in \mathcal{L}(E)$ commutant avec tous les éléments de Q. Le polynôme caractéristique P_f de f est un polynôme réel de degré impair, donc P_f admet au moins une racine réelle λ, donc f admet une valeur propre λ. En procédant comme au a), on en déduit que f est une homothétie.

Remarque. On en déduit que sur un $\mathbb{C}$-espace vectoriel de dimension finie, les éléments commutant avec tout ceux de $\mathcal{L}(E)$ sont les homothéties. Ce résultat est un cas particulier du résultat de l'exercice 6 page 124 dans le cas où $\mathbb{K} = \mathbb{C}$.

EXERCICE 6. Soit $\mathbb{K}$ un corps commutatif et A, B, C, $D \in \mathcal{M}_n(\mathbb{K})$ telles que $DC = CD$. Montrer que

$$\det\begin{pmatrix} A & B \\ C & D \end{pmatrix} = \det(AD - BC),$$

a) si D est inversible,
b) si $\mathbb{K}$ est de cardinal infini.

Solution. **a)** On part de la relation

$$\begin{pmatrix} A & B \\ C & D \end{pmatrix}\begin{pmatrix} D & 0 \\ -C & D^{-1} \end{pmatrix} = \begin{pmatrix} AD - BC & BD^{-1} \\ CD - DC & I_n \end{pmatrix} = \begin{pmatrix} AD - BC & BD^{-1} \\ 0 & I_n \end{pmatrix},$$

d'où l'égalité voulue en passant aux déterminants.

b) Cette fois, D n'est pas supposée inversible. La matrice D n'ayant qu'un nombre fini de valeurs propres et $\mathbb{K}$ étant infini, il existe une partie infinie Γ de $\mathbb{K}$ telle que pour tout $\lambda \in \Gamma$, $D - \lambda I_n$ soit inversible. D'après a), le polynôme $P \in \mathbb{K}[X]$ défini par

$$P(X) = \det\begin{pmatrix} A & B \\ C & D - XI_n \end{pmatrix} - \det[A(D - XI_n) - BC]$$

s'annule sur tout $\lambda \in \Gamma$. Comme Γ est infini, P est nul et donc $P(0) = 0$, d'où le résultat.

Remarque. En fait, si $\mathbb{K}$ est fini, le résultat reste vrai. En effet, $\mathbb{K}$ se plonge dans un corps infini $\mathbb{L}$ (prendre par exemple pour $\mathbb{L}$ le corps des fractions $\mathbb{K}(X)$) et il suffit alors d'appliquer b) en remplaçant $\mathbb{K}$ par $\mathbb{L}$.

EXERCICE 7. Soit E un $\mathbb{C}$-e.v de dimension finie $n \in \mathbb{N}^*$. Si $u, v \in \mathcal{L}(E)$, on pose $[u, v] = uv - vu$ (*crochet de Lie* de u et v). Soient f et $g \in \mathcal{L}(E)$.

1/ On suppose qu'il existe $\alpha \in \mathbb{C}^*$ tel que $[f, g] = \alpha f$.
a) Montrer que f est nilpotente. (Indication. On pourra calculer $[f^p, g]$ pour tout $p \in \mathbb{N}^*$.)
b) Montrer que f et g sont trigonalisables dans une même base.

2/ On suppose maintenant qu'il existe $\alpha, \beta \in \mathbb{C}^*$ tels que $[f, g] = \alpha f + \beta g$. Montrer qu'également, f et g sont trigonalisables dans une même base.

Solution. **1/ a)** Par récurrence sur $p \in \mathbb{N}^*$, on obtient facilement $[f^p, g] = \alpha p f^p$. Comme l'endomorphisme de $\mathcal{L}[\mathcal{L}(E)]$ défini par $L_g : h \mapsto [h, g]$ n'a qu'un nombre fini de valeurs propres (on est en dimension finie) et que pour tout $p \in \mathbb{N}^*$, $L_g(f^p) = \alpha p f^p$ avec $\alpha \neq 0$, on en déduit qu'il existe $p \in \mathbb{N}^*$ tel que $f^p = 0$.

b) Commençons par montrer que f et g ont un vecteur propre en commun. Le s.e.v $\operatorname{Ker} f$ est stable par g car

$$\forall x \in \operatorname{Ker} f, \quad f[g(x)] = g[f(x)] + \alpha f(x) = 0.$$

Or f étant nilpotente, on a $\operatorname{Ker} f \neq \{0\}$. Le corps $\mathbb{C}$ étant algébriquement clos, on en déduit que $g_{|\operatorname{Ker} f}$ admet au moins un vecteur propre x. Le vecteur x est également propre pour f car $x \in \operatorname{Ker} f$.

Ceci étant, montrons par récurrence sur $n \in \mathbb{N}^*$ que f et g sont trigonalisables dans une même base. Pour $n = 1$, c'est évident. Supposons le résultat vrai au rang $n-1$ et montrons le au rang n. Comme $fg - gf = \alpha f$, les applications transposées vérifient ${}^{\mathrm{t}}f\,{}^{\mathrm{t}}g - {}^{\mathrm{t}}g\,{}^{\mathrm{t}}f = (-\alpha)\,{}^{\mathrm{t}}f$. En appliquant le résultat précédent à ${}^{\mathrm{t}}f$ et ${}^{\mathrm{t}}g$, on voit donc qu'il existe un vecteur propre $x \in E^*$ commun à ${}^{\mathrm{t}}f$ et ${}^{\mathrm{t}}g$. L'orthogonal H de $\mathbb{C}x$ dans E est donc un hyperplan stable par f et g. Or $[f_{|H}, g_{|H}] = \alpha f_{|H}$, donc d'après l'hypothèse de récurrence il existe une base B de H dans laquelle $f_{|H}$ et $g_{|H}$ se trigonalisent. Soit $e \in E$ tel que $B' = (B, e)$ soit une base de E. Alors

$$[f]_{B'} = \left(\begin{array}{ccc|c} & & & \times \\ & [f_{|H}]_B & & \vdots \\ & & & \times \\ \hline 0 & \cdots & 0 & \times \end{array}\right),$$

donc la base B trigonalise f. On montrerait de même que la base B trigonalise g.

2/ On pose $f' = f + (\beta/\alpha)g$ et on remarque que $[f', g] = \alpha f'$. D'après 1/ b), f' et g sont donc trigonalisables dans une même base. Il en est donc de même pour $f' - (\beta/\alpha)g = f$ et g.

2. Polynômes d'endomorphismes

Dans toute cette partie, E désigne un $\mathbb{K}$-espace vectoriel de dimension finie $n \in \mathbb{N}^*$.

2.1. Généralités

Notation. Soit $P = a_0 + a_1 X + \cdots + a_p X^p \in \mathbb{K}[X]$. Conformément à la définition d'une fonction polynôme sur une $\mathbb{K}$-algèbre (voir la partie 2.1 page 63), on définit les fonctions polynômes sur $\mathcal{L}(E)$ ou $\mathcal{M}_n(\mathbb{K})$ comme suit :
- Pour tout $f \in \mathcal{L}(E)$, on note $P(f) = a_0 \operatorname{Id}_E + a_1 f + \cdots + a_p f^p \in \mathcal{L}(E)$.
- Pour tout $A \in \mathcal{M}_n(\mathbb{K})$, on note $P(A) = a_0 I_n + a_1 A + \cdots + a_p A^p \in \mathcal{M}_n(\mathbb{K})$.

Remarque 1. Si $f \in \mathcal{L}(E)$, $\forall P, Q \in \mathbb{K}[X]$ on a $P(f) \circ Q(f) = (PQ)(f)$. L'ensemble $\{P(f) \mid P \in \mathbb{K}[X]\}$ est une sous-algèbre *commutative* de $\mathcal{L}(E)$.

– Un polynôme d'une matrice triangulaire est une matrice triangulaire. Plus précisément, si $P \in \mathbb{K}[X]$ on a

$$M = \begin{pmatrix} \alpha_1 & \times & \cdots & \times \\ 0 & \alpha_2 & \ddots & \vdots \\ \vdots & \ddots & \ddots & \times \\ 0 & \cdots & 0 & \alpha_n \end{pmatrix} \implies P(M) = \begin{pmatrix} P(\alpha_1) & \times & \cdots & \times \\ 0 & P(\alpha_2) & \ddots & \vdots \\ \vdots & \ddots & \ddots & \times \\ 0 & \cdots & 0 & P(\alpha_n) \end{pmatrix}.$$

Ainsi, si M est trigonalisable, $P(M)$ également et les valeurs propres de $P(M)$ sont les valeurs prises par le polynôme P sur les valeurs propres de M.

PROPOSITION 1. *Soit $f \in \mathcal{L}(E)$ et $P \in \mathbb{K}[X]$ tel que $P(f) = 0$. Si λ est valeur propre de f, alors $P(\lambda) = 0$.*

Démonstration. Soit $x \neq 0$ un vecteur propre de f associé à la valeur propre λ. On a $f(x) = \lambda x$, donc $0 = P(f)(x) = P(\lambda)x$, d'où le résultat. □

Remarque 2. Attention, la réciproque est fausse. Par exemple, $P = X(X-1)$ annule Id_E, et pourtant 0 qui est racine de P n'est pas valeur propre de Id_E.

→ THÉORÈME 1 (DÉCOMPOSITION DES NOYAUX). *Soit $f \in \mathcal{L}(E)$ et $P = P_1 \cdots P_k \in \mathbb{K}[X]$, les polynômes P_i étant premiers entre eux deux à deux. Alors*

$$\operatorname{Ker} P(f) = \operatorname{Ker} P_1(f) \oplus \cdots \oplus \operatorname{Ker} P_k(f).$$

Démonstration. On procède par récurrence sur $k \geq 2$.

- Pour $k = 2$: P_1 et P_2 étant premiers entre eux, il existe (théorème de Bezout) U et $V \in \mathbb{K}[X]$ tels que $UP_1 + VP_2 = 1$.

Soit $x \in \operatorname{Ker} P_1(f) \cap \operatorname{Ker} P_2(f)$. On a $(UP_1 + VP_2)(f)(x) = x$, autrement dit $x = U(f) \circ P_1(f)(x) + V(f) \circ P_2(f)(x) = 0$. Donc $\operatorname{Ker} P_1(f) \cap \operatorname{Ker} P_2(f) = \{0\}$ $(*)$.

Soit $x \in \operatorname{Ker} P(f)$. On a $x = UP_1(f)(x) + VP_2(f)(x)$ $(**)$. Or

$$P_2(f)[UP_1(f)(x)] = UP_1P_2(f)(x) = U(f) \circ P(f)(x) = 0,$$

donc $UP_1(f)(x) \in \operatorname{Ker} P_2(f)$. De même, $VP_2(f)(x) \in \operatorname{Ker} P_1(f)$. De $(**)$, on tire $\operatorname{Ker} P(f) = \operatorname{Ker} P_1(f) + \operatorname{Ker} P_2(f)$, d'où le résultat pour $k = 2$ avec $(*)$.

– Supposons le résultat vrai au rang k et montrons le au rang $k + 1$. On a $P = Q_1Q_2$ avec $Q_1 = P_1 \cdots P_k$ et $Q_2 = P_{k+1}$. Les polynômes Q_1 et Q_2 sont premiers entre eux donc d'après le cas $k = 2$, $\operatorname{Ker} P(f) = \operatorname{Ker} Q_1(f) \oplus \operatorname{Ker} Q_2(f)$, et d'après l'hypothèse de récurrence, $\operatorname{Ker} Q_1(f) = \oplus_{i=1}^{k} \operatorname{Ker} P_i(f)$. Finalement,

$$\operatorname{Ker} P(f) = [\operatorname{Ker} P_1(f) \oplus \cdots \oplus \operatorname{Ker} P_k(f)] \oplus \operatorname{Ker} P_{k+1}(f) = \operatorname{Ker} P_1(f) \oplus \cdots \oplus \operatorname{Ker} P_{k+1}(f).$$

□

Remarque 3. — Ce théorème est important. Il reste vrai en dimension infinie.

— Il existe beaucoup d'autres résultats du même type. Par exemple, soit $f \in \mathcal{L}(E)$. Pour tout $\varphi \in \mathbb{K}[X]$, on note $I_\varphi = \operatorname{Im} \varphi(f)$ et $N_\varphi = \operatorname{Ker} \varphi(f)$. Soient $P, Q \in \mathbb{K}[X]$. Alors si $D =$pgcd(P, Q) et $M =$ppcm(P, Q), on a

$$N_P \cap N_Q = N_D, \quad N_P + N_Q = N_M, \quad I_P + I_Q = I_D, \quad I_P \cap I_Q = I_M.$$

Ces résultats se généralisent par récurrence à k polynômes.

→ THÉORÈME 2. *Soit $f \in \mathcal{L}(E)$. L'endomorphisme f est diagonalisable si et seulement s'il existe $P \in \mathbb{K}[X]$ scindé sur $\mathbb{K}$ ayant toutes ses racines simples tel que $P(f) = 0$.*

Démonstration. Condition nécessaire. Notons $\lambda_1, \ldots, \lambda_r$ les valeurs propres (distinctes) de f et $E_{\lambda_1}, \ldots, E_{\lambda_r}$ les sous-espaces propres correspondants. Soit $P = (X - \lambda_1) \cdots (X - \lambda_r) \in \mathbb{K}[X]$. Le polynôme P est scindé dans $\mathbb{K}[X]$ et a toutes ses racines simples. Par ailleurs, les polynômes $(X - \lambda_i)$ sont premiers entre eux deux à deux, donc d'après le théorème de décomposition des noyaux,

$$\operatorname{Ker} P(f) = \bigoplus_{i=1}^{r} \operatorname{Ker}(f - \lambda_i \operatorname{Id}_E) = \bigoplus_{i=1}^{r} E_{\lambda_i},$$

donc $\operatorname{Ker} P(f) = E$ car f est diagonalisable, c'est-à-dire $P(f) = 0$.

Condition suffisante. Écrivons $P = \alpha(X - \lambda_1) \cdots (X - \lambda_r)$ avec les $\lambda_i \in \mathbb{K}$ distincts et $\alpha \neq 0$. Les λ_i étant distincts, les polynômes $(X - \lambda_i)$ sont premiers entre eux deux à deux, donc d'après le théorème de décomposition des noyaux,

$$E = \operatorname{Ker} P(f) = \operatorname{Ker}(f - \lambda_1 \operatorname{Id}_E) \oplus \cdots \oplus \operatorname{Ker}(f - \lambda_r \operatorname{Id}_E). \qquad (*)$$

Soit $I = \{i \mid \operatorname{Ker}(f - \lambda_i \operatorname{Id}_E) \neq \{0\}\}$. Pour tout $i \in I$, λ_i est valeur propre de f et $E_{\lambda_i} = \operatorname{Ker}(f - \lambda_i \operatorname{Id}_E)$ n'est autre que le sous-espace propre correspondant. L'identité $(*)$ s'écrit $E = \oplus_{i \in I} E_{\lambda_i}$, donc f est diagonalisable d'après le théorème 2 page 174. □

Conséquence . Il découle de ce dernier théorème la proposition 6 page 174. En effet, soit $f \in \mathcal{L}(E)$ diagonalisable et F un s.e.v de E stable par f. Il existe $P \in \mathbb{K}[X]$ scindé sur $\mathbb{K}$, à racines toutes simples, tel que $P(f) = 0$. Alors $P(f_{|F}) = 0$, donc $f_{|F}$ est diagonalisable d'après le théorème 2.

2.2. Polynôme minimal

Soit $f \in \mathcal{L}(E)$, et soit $I = \{P \in \mathbb{K}[X] \mid P(f) = 0\}$. Le $\mathbb{K}$-e.v $\mathcal{L}(E)$ est de dimension n^2, la famille $\mathrm{Id}_E, f, \dots, f^{n^2}$ est donc liée. Autrement dit, il existe $(a_0, \dots, a_{n^2}) \neq (0, \dots, 0)$ tel que $a_0 \mathrm{Id}_E + a_1 f + \cdots + a_{n^2} f^{n^2} = 0$. Donc si $P = \sum_{i=0}^{n^2} a_i X^i$, $P(f) = 0$. Donc $I \neq \{0\}$.

On voit que I est un idéal de $\mathbb{K}[X]$. L'anneau $\mathbb{K}[X]$ étant principal, il existe un unique $P \in \mathbb{K}[X]$, P unitaire, tel que $I = (P) = P \cdot \mathbb{K}[X]$. Le polynôme P s'appelle le *polynôme minimal* de f. On le note Π_f. C'est le polynôme unitaire de plus bas degré annulant f, et si $Q(f) = 0$, alors $\Pi_f \mid Q$ (car $Q \in I = (\Pi_f)$).

Remarque 4.
- En dimension infinie. cette définition reste valable à condition qu'il existe un polynôme non nul P tel que $P(f) = 0$ et $P \neq 0$. On dit alors que f admet un polynôme minimal.
- En terme de polynôme minimal, le théorème 2 s'interprète comme suit : f est diagonalisable si et seulement si son polynôme minimal est scindé et a toutes ses racines simples.
- Si F est un s.e.v stable par f, alors $g = f_{|F}$ vérifie : Π_g divise Π_f (en effet, $\Pi_f(g) = 0$).

Proposition 2. *Soit $f \in \mathcal{L}(E)$. Un scalaire λ est valeur propre de f si et seulement si λ est racine de son polynôme minimal Π_f.*

Démonstration. Condition nécessaire. Cela résulte de la proposition 1.
Condition suffisante. Soit λ une racine de Π_f. Soit $P \in \mathbb{K}[X]$ tel que $\Pi_f = (X-\lambda)P$. On a $P(f) \neq 0$ car Π_f est le polynôme *minimal* de f et $\deg P < \deg \Pi_f$. Or $\Pi_f(f) = 0 = (f - \lambda \mathrm{Id}_E)P(f) = 0$, et comme $P(f) \neq 0$, on en déduit que $f - \lambda \mathrm{Id}_E$ n'est pas injectif, donc que λ est valeur propre de f. □

Remarque 5. Le polynôme minimal de f a donc les mêmes racines que le polynôme caractéristique de f.

2.3. Théorème de Cayley-Hamilton

→ Théorème 3 (Cayley-Hamilton). *Soit $f \in \mathcal{L}(E)$, P_f son polynôme caractéristique. Alors $P_f(f) = 0$.*

Démonstration. Nous proposons deux démonstrations de ce théorème.

Première démonstration. Soit $A \in \mathcal{M}_n(\mathbb{K})$ la matrice de f dans la base canonique de $\mathbb{K}^n$. Soit $\mathbb{L}$ le corps des racines de $P_A = P_f$. On regarde A comme une matrice de $\mathcal{M}_n(\mathbb{L})$. D'après le théorème de trigonalisation, il existe une matrice $T = (t_{i,j}) \in \mathcal{M}_n(\mathbb{L})$ triangulaire supérieure et semblable à A :

$$T = \begin{pmatrix} t_{1,1} & & (t_{i,j}) & \\ & t_{2,2} & & \\ & & \ddots & \\ 0 & & & t_{n,n} \end{pmatrix}.$$

On a $P_f = P_T = (-1)^n \prod_{i=1}^n (X - t_{i,i})$. Soit $(E_1, \dots, E_n)$ la base canonique de $\mathbb{L}^n$ (E_k est le vecteur colonne dont tous les éléments sont nuls sauf le k-ième qui vaut 1). Pour tout k, on pose $P_k = \prod_{i=1}^k (X - t_{i,i})$. Nous allons montrer par récurrence sur $k \in \{1, \dots, n\}$ que

$$\forall i \in \{1, \dots, k\}, \qquad [P_k(T)]E_i = 0. \qquad (*)$$

Pour $k = 1$, c'est vrai car $TE_1 = t_{1,1}E_1$, donc $(T - t_{1,1}I_n)E_1 = 0 = P_1(T)E_1$. Supposons le résultat vrai au rang $k-1$ et montrons le au rang k. On a

$$\forall i \in \{1,\dots,k-1\}, \qquad P_k(T)E_i = (T - t_{k,k}I_n)P_{k-1}(T)E_i = 0,$$

$$P_k(T)E_k = P_{k-1}(T)\cdot(T - t_{k,k}I_n)E_k = P_{k-1}(T)\left[\sum_{i=1}^{k-1} t_{i,k}E_i\right] = \sum_{i=1}^{k-1} t_{i,k}P_{k-1}(T)E_i = 0.$$

La propriété (*) est donc démontrée pour tout $k \in \{1,\dots,n\}$. Elle est vraie en particulier pour $k = n$, donc $P_n(T) = 0$. Or $P_T = P_n$ donc ceci s'écrit $P_T(T) = 0$, donc $P_f(f) = 0$.

Seconde démonstration (elle ne fait pas appel au corps des racines d'un polynôme).
PRÉLIMINAIRES. Nous montrons d'abord que le polynôme caractéristique de la matrice

$$A = \begin{pmatrix} 0 & \cdots & 0 & -a_0 \\ 1 & \ddots & \vdots & \vdots \\ & \ddots & 0 & -a_{p-2} \\ (0) & & 1 & -a_{p-1} \end{pmatrix} \in \mathcal{M}_p(\mathbb{K}).$$

est $P_A(X) = (-1)^p(X^p + a_{p-1}X^{p-1} + \cdots + a_0)$ (pour cette raison, la matrice A est appelée *matrice compagnon* du polynôme $X^p + a_{p-1}X^{p-1} + \cdots + a_0$). Pour montrer ce préliminaire, nous procédons par récurrence sur p. Pour $p = 1$, c'est évident. Supposons le résultat vrai au rang p, montrons le au rang $p+1$. En développant par rapport à la première ligne, on a

$$P_A(X) = \begin{vmatrix} -X & (0) & & -a_0 \\ 1 & \ddots & & \vdots \\ & \ddots & -X & -a_{p-1} \\ (0) & & 1 & -X - a_p \end{vmatrix}$$

$$= -X \begin{vmatrix} -X & (0) & & -a_1 \\ 1 & \ddots & & \vdots \\ & \ddots & -X & -a_{p-1} \\ (0) & & 1 & -X - a_p \end{vmatrix} + (-1)^{p+1}a_0 \begin{vmatrix} 1 & -X & & (0) \\ 0 & 1 & \ddots & \\ \vdots & \ddots & \ddots & -X \\ 0 & \cdots & 0 & 1 \end{vmatrix},$$

et donc d'après l'hypothèse de récurrence

$$P_A(X) = (-1)^{p+1}X(X^p + a_pX^{p-1} + \cdots + a_1) + (-1)^{p+1}a_0 = (-1)^{p+1}(X^{p+1} + a_pX^p + \cdots + a_1X + a_0).$$

Démontrons maintenant le théorème. Soit $x \in E$, $x \neq 0$. Il existe un plus petit entier $p > 0$ tel que la famille $(x, f(x), \dots, f^p(x))$ soit liée. La famille $(x, f(x), \dots, f^{p-1}(x))$ est donc libre et

$$(\exists a_0, \dots, a_{p-1} \in \mathbb{K}), \quad f^p(x) + a_{p-1}f^{p-1}(x) + \cdots + a_0x = 0. \qquad (**)$$

Complétons $(x, f(x), \dots, f^{p-1}(x))$ en une base $\mathcal{B}$ de E. Alors on a la forme par blocs

$$[f]_{\mathcal{B}} = \left(\begin{array}{c|c} A & B \\ \hline 0 & C \end{array}\right) \quad \text{avec } A = \begin{pmatrix} 0 & \cdots & 0 & -a_0 \\ 1 & \ddots & \vdots & \vdots \\ & \ddots & 0 & -a_{p-2} \\ (0) & & 1 & -a_{p-1} \end{pmatrix}.$$

Or $P_f = P_AP_C$, donc $P_f(f)(x) = P_C(f) \circ P_A(f)(x)$, et d'après le préliminaire et d'après (**),

$$P_A(f)(x) = (-1)^p(f^p(x) + a_{p-1}f^{p-1}(x) + \cdots + a_0x) = 0,$$

donc $P_f(f)(x) = 0$. Ceci est vrai pour tout x donc $P_f(f) = 0$. □

Remarque 6. — En d'autres termes, le théorème dit que le polynôme minimal de f divise son polynôme caractéristique. Avec la proposition 2, on en déduit que

$$\text{si } P_f = (-1)^n \prod_{i=1}^{r}(X - \lambda_i)^{r_i}, \quad \text{alors} \quad \Pi_f = \prod_{i=1}^{r}(X - \lambda_i)^{q_i}, \quad 1 \le q_i \le r_i.$$

— Ce théorème permet d'affirmer, compte tenu de la proposition 3 page 173, que $f \in \mathcal{L}(E)$ est nilpotent si et seulement si $P_f = (-1)^n X^n$.

2.4. Exercices

EXERCICE 1. Soit E un $\mathbb{K}$-e.v et $f \in \mathcal{L}(E)$ admettant un polynôme minimal. Si f est inversible, montrer que f^{-1} est un polynôme en f.

Solution. Montrons déjà que X ne divise pas le polynôme minimal Π_f de f. En effet, s'il existe $P \in \mathbb{K}[X]$ tel que $\Pi_f = XP$, alors $0 = \Pi_f(f) = f \circ P(f)$, et comme f est inversible, $P(f) = 0$. Comme $\deg P < \deg \Pi_f$, ceci contredit le fait que Π_f est le polynôme minimal de f.

Donc $X \nmid \Pi_f$. Comme X est irréductible, X et Π_f sont premiers entre eux, donc il existe $U, V \in \mathbb{K}[X]$ tels que $UX + V\Pi_f = 1$, d'où on tire $U(f) \circ f + V(f) \circ \Pi_f(f) = \mathrm{Id}_E$, c'est-à-dire $U(f) \circ f = \mathrm{Id}_E$. Donc $f^{-1} = U(f)$, d'où le résultat.

Remarque. En dimension finie, on aurait pu raisonner avec le polynôme caractéristique P_f de f : comme $P_f(0) = \det f \neq 0$, on a $X \nmid P_f$ et on procède ensuite comme plus haut.

– On peut également donner une forme explicite d'un polynôme U tel que $f^{-1} = U(f)$ en fonction du polynôme minimal : il suffit de prendre $U = (\Pi_f(0) - \Pi_f(X))/(\Pi_f(0)X)$.

EXERCICE 2. Soit $\mathbb{K}$ un corps commutatif fini à q éléments, E un $\mathbb{K}$-e.v de dimension finie et $f \in \mathcal{L}(E)$. Montrer que f est diagonalisable dans E si et seulement si $f^q = f$.

Solution. Commençons par montrer

$$X^q - X = \prod_{\alpha \in \mathbb{K}} (X - \alpha). \qquad (*)$$

Muni de la loi produit, $\mathbb{K}^*$ est un groupe multiplicatif à $q - 1$ éléments, donc pour tout $x \in \mathbb{K}^*$, $x^{q-1} = 1$, d'où pour tout $x \in \mathbb{K}$, $x^q = x$. On a ainsi déterminé q racines distinctes du polynôme $X^q - X$ qui est de degré q, d'où $(*)$.

Concluons. D'après le théorème 2, on peut affirmer que f est diagonalisable si et seulement s'il existe $P \in \mathbb{K}[X]$, scindé sur $\mathbb{K}$, à racines toutes simples, tel que $P(f) = 0$, autrement dit si et seulement s'il existe $P \in \mathbb{K}[X]$, $P \mid \prod_{\alpha \in \mathbb{K}}(X - \alpha) = X^q - X$ tel que $P(f) = 0$. En d'autres termes, f est diagonalisable si et seulement si $f^q - f = 0$.

→ EXERCICE 3. Soient E un $\mathbb{K}$-espace vectoriel et $f \in \mathcal{L}(E)$ admettant un polynôme minimal Π_f. Pour tout $x \in E$, on note P_x le polynôme unitaire de $\mathbb{K}[X]$ de plus bas degré tel que $P_x(f)(x) = 0$ (P_x s'appelle le polynôme minimal de x relatif à f).

1/a) Montrer l'existence et l'unicité de P_x. Si $P(f)(x) = 0$ avec $P \in \mathbb{K}[X]$, montrer que $P_x \mid P$.

b) Montrer que $E_x = \{P(f)(x) \mid P \in \mathbb{K}[X]\}$ est un s.e.v de dimension $\deg(P_x)$.

2/a) Si $E_x \cap E_y = \{0\}$, montrer que $P_{x+y} = \mathrm{ppcm}(P_x, P_y)$. Généraliser à p vecteurs $x_1, \ldots, x_p$.

b) Si P_x et P_y sont premiers entre eux, montrer $E_{x+y} = E_x \oplus E_y$. Généraliser à p vecteurs $x_1, \ldots, x_p$.

3/a) Soit $M \in \mathbb{K}[X]$ un facteur irréductible de Π_f, α sa multiplicité dans la décomposition de Π_f en facteurs irréductibles de $\mathbb{K}[X]$. Montrer qu'il existe $x \in \operatorname{Ker} M^\alpha(f)$ tel que $P_x = M^\alpha$.

b) Montrer qu'il existe $x \in E$ tel que $P_x = \Pi_f$.

Solution. **1/a)** Soit $I_x = \{P \in \mathbb{K}[X] \mid P(f)(x) = 0\}$. C'est un idéal de $\mathbb{K}[X]$, non réduit à $\{0\}$ car $\Pi_f \in I_x$. Il existe donc un unique polynôme unitaire $P_x \in \mathbb{K}[X]$ tel que $I_x = (P_x)$. Ainsi, P_x est le polynôme unitaire de plus bas degré tel que $P_x(f)(x) = 0$. Si maintenant $P(f)(x) = 0$, alors on a $P \in I_x = (P_x)$, donc $P_x \mid P$.

b) L'application linéaire

$$\varphi : \mathbb{K}[X] \to E_x \quad P \mapsto P(f)(x)$$

est surjective. On en déduit que le s.e.v E_x est isomorphe à $\mathbb{K}[X]/\operatorname{Ker}\varphi = \mathbb{K}[X]/(P_x)$, donc de dimension $\deg(P_x)$.

2/a) Notons $Q = \operatorname{ppcm}(P_x, P_y)$. Comme $P_{x+y}(f)(x+y) = 0$, on a $P_{x+y}(f)(x) = -P_{x+y}(f)(y)$. Ces deux vecteurs sont donc éléments de $E_x \cap E_y = \{0\}$, donc nuls. Donc d'après 1/ a), $P_x \mid P_{x+y}$ et $P_y \mid P_{x+y}$, d'où $Q \mid P_{x+y}$.

Or $P_x \mid Q$ donc $Q(f)(x) = 0$. De même, $Q(f)(y) = 0$, donc $Q(f)(x+y) = 0$. Donc $P_{x+y} \mid Q$, ce comme on a vu que $Q \mid P_{x+y}$, on en déduit $P_{x+y} = Q = \operatorname{ppcm}(P_x, P_y)$, ces deux polynômes étant unitaires.

- Par récurrence sur p, on montre maintenant facilement que si $E_{x_1}, \dots, E_{x_p}$ sont en somme directe, alors $P_{x_1+\cdots+x_p} = \operatorname{ppcm}(P_{x_1}, \dots, P_{x_p})$.

b) Montrons tout d'abord que $E_x \cap E_y = \{0\}$. Soit $z \in E_x \cap E_y$. Il existe $P, Q \in \mathbb{K}[X]$ tels que $z = P(f)(x) = Q(f)(y)$. Or

$$0 = P(f) \circ P_x(f)(x) = (PP_x)(f)(x) = P_x(f) \circ P(f)(x) = P_x(f)(z) = (P_xQ)(f)(y),$$

donc d'après 1/ a), $P_y \mid P_xQ$. Or P_x et P_y sont premiers entre eux, donc d'après le théorème de Gauss, $P_y \mid Q$, et donc $z = Q(f)(y) = 0$. Ainsi, on a bien $E_x \cap E_y = \{0\}$.

- D'après 2/ a), on a donc $P_{x+y} = \operatorname{ppcm}(P_x, P_y) = P_xP_y$, d'où

$$\dim E_{x+y} = \deg(P_{x+y}) = \deg(P_x) + \deg(P_y) = \dim E_x + \dim E_y. \qquad (*)$$

Par ailleurs lorsque $P \in \mathbb{K}[X]$, l'égalité $P(f)(x+y) = P(f)(x) + P(f)(y)$ entraîne l'inclusion $E_{x+y} \subset E_x + E_y = E_x \oplus E_y$, donc d'après $(*)$, $E_{x+y} = E_x \oplus E_y$.

Par récurrence sur p, on montre maintenant facilement que si $P_{x_1}, \dots, P_{x_p}$ sont premiers entre eux deux à deux, alors $E_{x_1+\cdots+x_p} = E_{x_1} \oplus \cdots \oplus E_{x_p}$.

3/a) On peut écrire $\Pi_f = M^\alpha N$ où $N \in \mathbb{K}[X]$ est premier avec M (donc avec M^α). D'après le théorème de décomposition des noyaux, on a

$$E = \operatorname{Ker} M^\alpha(f) \oplus \operatorname{Ker} N(f). \qquad (**)$$

Pour tout $x \in \operatorname{Ker} M^\alpha(f)$, on a $M^\alpha(f)(x) = 0$, donc d'après 1/ a), $P_x \mid M^\alpha$ et comme M est irréductible, il existe $\beta_x \leq \alpha$ tel que $P_x = M^{\beta_x}$. Il s'agit de montrer qu'il existe $x \in \operatorname{Ker} M^\alpha(f)$ tel que $\beta_x = \alpha$. Raisonnons par l'absurde et supposons le contraire, de sorte que pour tout $x \in \operatorname{Ker} M^\alpha(f)$, $P_x \mid M^{\alpha-1}$, *i. e.* $M^{\alpha-1}(f)(x) = 0$, autrement dit $\operatorname{Ker} M^\alpha(f) = \operatorname{Ker} M^{\alpha-1}(f)$. D'après $(**)$, $E = \operatorname{Ker} M^{\alpha-1}(f) \oplus \operatorname{Ker} N(f)$ ce qui d'après le théorème de décomposition des noyaux entraîne $\operatorname{Ker}(M^{\alpha-1}N(f)) = E$, ou encore $M^{\alpha-1}N(f) = Q(f) = 0$, ce qui contredit la minimalité du degré du polynôme minimal Π_f de f car $\deg Q < \deg \Pi_f$. Donc il existe $x \in \operatorname{Ker} M^\alpha(f)$ tel que $P_x = M^\alpha$.

b) Soit $\Pi_f = \prod_{i=1}^k M_i^{\alpha_i}$ la décomposition de Π_f en facteurs irréductibles de $\mathbb{K}[X]$. D'après la question précédente, pour tout i, il existe $x_i \in \operatorname{Ker} M_i^{\alpha_i}(f)$ tel que $P_{x_i} = M_i^{\alpha_i}$. D'après la question 2/b), on a donc $E_{x_1+\cdots+x_k} = E_{x_1} \oplus \cdots \oplus E_{x_k}$, et donc d'après la question 2/a), on a

$$P_{x_1+\cdots+x_k} = \prod_{i=1}^k P_{x_i} = \prod_{i=1}^k M_i^{\alpha_i} = \Pi_f,$$

d'où le résultat.

Exercice 4 (Diagonalisation d'un déterminant circulant). On considère la matrice circulante

$$A = \begin{pmatrix} a_1 & a_2 & \cdots & a_n \\ a_n & a_1 & \ddots & \vdots \\ \vdots & \ddots & \ddots & a_2 \\ a_2 & \cdots & a_n & a_1 \end{pmatrix} \in \mathcal{M}_n(\mathbb{C}).$$

En exprimant A comme un polynôme en la matrice

$$J = \begin{pmatrix} 0 & 1 & & (0) \\ \vdots & \ddots & \ddots & \\ 0 & & \ddots & 1 \\ 1 & 0 & \cdots & 0 \end{pmatrix} \in \mathcal{M}_n(\mathbb{C}),$$

diagonaliser A.

Solution. Si $B = (e_1, \ldots, e_n)$ désigne la base canonique de $\mathbb{C}^n$, J est la matrice de l'endomorphisme qui à e_i associe e_{i-1} si $i \geq 2$, et à e_1 associe e_n. Pour tout p, $1 \leq p \leq n-1$, J^p est donc la matrice qui à e_i associe e_{i-p} si $i > p$, à e_i associe e_{i+n-p} si $i \leq p$, autrement dit

$$\forall p, 1 \leq p \leq n-1, \qquad J^p = \begin{pmatrix} 0 & I_{n-p} \\ I_p & 0 \end{pmatrix}.$$

On en déduit que pour tout $\alpha_1, \ldots, \alpha_n \in \mathbb{C}$,

$$\sum_{i=1}^{n} \alpha_i J^{i-1} = \begin{pmatrix} \alpha_1 & \alpha_2 & \cdots & \alpha_n \\ \alpha_n & \alpha_1 & \ddots & \vdots \\ \vdots & \ddots & \ddots & \alpha_2 \\ \alpha_2 & \cdots & \alpha_n & \alpha_1 \end{pmatrix}.$$

Ceci montre en particulier que $A = P(J)$ où $P = \sum_{i=1}^n a_i X^{i-1}$. Ceci montre également que si $Q \in \mathbb{K}[X]$, $Q \neq 0$ et $\deg Q < n$, alors $Q(J) \neq 0$. Le polynôme minimal de J vérifie donc $\deg \Pi_J \geq n$. Or $J^n - I = 0$, on a donc $\Pi_J = X^n - 1$. Or Π_J divise le polynôme caractéristique P_J de J et $\deg P_J = n$, donc $P_J = (-1)^n \Pi_J = (-1)^n \prod_{k=0}^{n-1}(X - \omega^k)$, où $\omega = e^{2i\pi/n}$. D'après le théorème 2, J est donc diagonalisable, et il existe $Q \in \mathcal{G}\ell_n(\mathbb{C})$ telle que

$$Q^{-1}JQ = \begin{pmatrix} 1 & & & 0 \\ & \omega & & \\ & & \ddots & \\ 0 & & & \omega^{n-1} \end{pmatrix}.$$

On en déduit

$$Q^{-1}AQ = Q^{-1}P(J)Q = P(Q^{-1}JQ) = \begin{pmatrix} P(1) & & & 0 \\ & P(\omega) & & \\ & & \ddots & \\ 0 & & & P(\omega^{n-1}) \end{pmatrix}.$$

Remarque. On retrouve ainsi le résultat de l'exercice 12 page 153.

Exercice 5. Donner une condition nécessaire et suffisante sur $A \in \mathcal{M}_n(\mathbb{K})$ pour que la matrice par blocs $B = \begin{pmatrix} A & A \\ 0 & A \end{pmatrix} \in \mathcal{M}_{2n}(\mathbb{K})$ soit diagonalisable.

Solution. Notons F le s.e.v de $\mathbb{K}^{2n}$ engendré par les n premiers vecteurs de la base canonique de $\mathbb{K}^{2n}$. Le s.e.v F est stable par B. Si B est diagonalisable, sa restriction à F, qui n'est autre que A, est diagonalisable.

Allons plus loin. Si B est diagonalisable, il existe un polynôme $P \in \mathbb{K}[X]$, scindé sur $\mathbb{K}$, dont toutes les racines sont simples, tel que $P(B) = 0$. Par récurrence sur k, on a facilement $B^k = \begin{pmatrix} A^p & pA^p \\ 0 & A^p \end{pmatrix}$ pour tout $k \in \mathbb{N}$. De ceci, on déduit

$$0 = P(B) = \begin{pmatrix} P(A) & AP'(A) \\ 0 & P(A) \end{pmatrix}$$

donc $P(A) = AP'(A) = 0$. Comme $P(A) = 0$, on retrouve le fait que A est diagonalisable. Soit λ une valeur propre de A. Comme $AP'(A) = 0$, on a $\lambda P'(\lambda) = 0$. Or λ étant racine simple de P, on a $P'(\lambda) \neq 0$, donc $\lambda = 0$. En résumé, A est diagonalisable et $\lambda = 0$ est la seule valeur propre de A, autrement dit, $A = 0$.

Réciproquement, si $A = 0$, B est diagonalisable. Finalement, B est diagonalisable si et seulement si $A = 0$.

EXERCICE 6 (COMMUTANT D'UN ENDOMORPHISME). Soit E un $\mathbb{K}$-espace vectoriel de dimension finie $n \in \mathbb{N}^*$. Soit $f \in \mathcal{L}(E)$. On note Γ_f le s.e.v de $\mathcal{L}(E)$ défini par

$$\Gamma_f = \{g \in \mathcal{L}(E) \mid f \circ g = g \circ f\}.$$

1/a) Si f est diagonalisable, déterminer $\dim \Gamma_f$.
b) Si de plus les valeurs propres de f sont toutes distinctes, montrer que $\Gamma_f = \{P(f) \mid P \in \mathbb{K}[X]\}$.

2/ On suppose que le polynôme minimal Π_f de f est de degré n. En utilisant le résultat établi à l'exercice 3 (il existe $x \in E$, $P_x = \Pi_f$), montrer que $\Gamma_f = \{P(f),\ P \in \mathbb{K}[X]\}$.

Solution. **1/a)** Soient $\lambda_1, \dots, \lambda_r$ les valeurs propres de f, $E_{\lambda_1}, \dots, E_{\lambda_r}$ les sous-espaces propres correspondants.

Si $g \in \Gamma_f$, alors pour tout i, E_{λ_i} est stable par g.

Réciproquement, si E_{λ_i} est stable par g pour tout i, alors :

$$\forall x \in E_{\lambda_i}, \quad f \circ g(x) = \lambda_i g(x) = g \circ f(x),$$

donc comme $E = E_{\lambda_1} \oplus \cdots \oplus E_{\lambda_r}$, on a $g \in \Gamma_f$.

Donc $\Gamma_f = \{g \in \mathcal{L}(E) \mid \forall i, E_{\lambda_i} \text{ est stable par } g\}$. Pour tout i, soit B_i une base de E_{λ_i}, de sorte que $B = B_1 \cup \cdots \cup B_r$ est une base de E. Les matrices des endomorphismes de Γ_f dans la base B sont celles de la forme

$$\begin{pmatrix} M_1 & & 0 \\ & \ddots & \\ 0 & & M_r \end{pmatrix} \quad \text{avec} \quad \forall i, M_i \in \mathcal{M}_{\dim E_{\lambda_i}}(\mathbb{K}).$$

On voit donc que $\dim \Gamma_f = \sum_{i=1}^r (\dim E_{\lambda_i})^2$.

b) Nous donnons deux méthodes de résolution.

Première méthode. Ici, pour tout i, on a $\dim E_{\lambda_i} = 1$, donc $\dim \Gamma_f = \sum_{i=1}^n 1^2 = n$. Pour tout i, $\Pi_f(\lambda_i) = 0$ donc $(X - \lambda_i) \mid \Pi_f$, et comme les λ_i sont distincts deux à deux, $\prod_{i=1}^n (X - \lambda_i)$ divise Π_f, donc $\deg(\Pi_f) \geq n$. Or Π_f divise le polynôme caractéristique de f, donc $\deg(\Pi_f) \leq n$. On en déduit $\deg \Pi_f = n$.

Soit $C = \{P(f) \mid P \in \mathbb{K}[X]\}$. L'application

$$\varphi : \ \mathbb{K}[X] \to C \quad P \mapsto P(f)$$

est linéaire surjective, donc C est isomorphe comme $\mathbb{K}$-e.v à $\mathbb{K}[X]/\operatorname{Ker}\varphi = \mathbb{K}[X]/(\Pi_f)$, donc $\dim C = \deg(\Pi_f) = n$. Or $C \subset \Gamma_f$ et $\dim \Gamma_f = n$, donc $C = \Gamma_f$.

Seconde méthode. Pour tout i, $\dim E_{\lambda_i} = 1$ donc il existe $x_i \in E$ tel que $E_{\lambda_i} = \mathrm{Vect}(x_i)$. Soit $g \in \Gamma_f$. Pour tout i, E_{λ_i} est stable par $g \in \Gamma_f$, donc il existe $\mu_i \in \mathbb{K}$ tel que $g(x_i) = \mu_i x_i$ (au passage, on remarque que, $(x_1, \ldots, x_n)$ étant une base de E, g est diagonalisable). La théorie des polynômes d'interpolation de Lagrange (voir le chapitre II page 65) nous assure l'existence d'un polynôme P tel que $P(\lambda_i) = \mu_i$ pour tout i. Ainsi,

$$\forall i \in \{1, \ldots, n\}, \qquad P(f)(x_i) = P(\lambda_i)x_i = \mu_i x_i = g(x_i)$$

et comme $(x_1, \ldots, x_n)$ est une base de E, $P(f) = g$. Donc $\Gamma_f \subset \{P(f) \mid P \in \mathbb{K}[X]\}$. L'inclusion réciproque étant immédiate, on en déduit le résultat demandé.

2/ On utilise les notations de l'exercice 3. D'après la question 3/b) de l'exercice 3, il existe $x \in E$ tel que $P_x = \Pi_f$, donc $\deg(P_x) = n$ et d'après la question 1/b) du même exercice, $\dim E_x = \deg(P_x) = n$ donc $E_x = E$.

Soit $g \in \Gamma_f$. Comme $E_x = E$, il existe $P \in \mathbb{K}[X]$ tels que $g(x) = P(f)(x)$. Or pour tout $y = Q(f)(x) \in E_x$,

$$g(y) = g \circ Q(f)(x) = Q(f) \circ g(x) = Q(f) \circ P(f)(x) = P(f) \circ Q(f)(x) = P(f)(y).$$

Les endomorphismes g et $P(f)$ prennent donc la même valeur sur E_x. Or $E_x = E$, donc $g = P(f)$. On a donc montré que $\Gamma_f \subset \{P(f) \mid P \in \mathbb{K}[X]\}$. L'inclusion réciproque est évidente, d'où l'égalité.

Remarque. On aurait pu montrer 1/b), en utilisant 2/ car on avait montré que $\deg(\Pi_f) = n$ dans la première méthode.

– La réciproque de la question 2/ est vraie : si $\Gamma_f = \{P(f) \mid P \in \mathbb{K}[X]\}$, alors $\deg(\Pi_f) = n$, mais la démonstration est plus difficile (voir la dernière application de la théorie des invariants de similitude dans l'annexe B page 400).

3. Topologie sur les endomorphismes

Dans toute cette partie, E désigne un $\mathbb{K}$-espace vectoriel normé (avec $\mathbb{K} = \mathbb{R}$ ou $\mathbb{C}$).

Nous commençons par donner quelques rappels (l'étude générale des espaces vectoriels normés est traitée dans le chapitre de topologie du tome d'analyse). L'espace vectoriel des endomorphismes continus de E est noté $\mathcal{L}_c(E)$. On norme habituellement $\mathcal{L}_c(E)$ par : $\forall f \in \mathcal{L}_c(E)$, $|||f||| = \sup_{\|x\|=1} \|f(x)\|$. C'est une norme d'algèbre (*i. e.* elle vérifie $|||f \cdot g||| \leq |||f||| \cdot |||g|||$). Enfin, en dimension finie, tout endomorphisme est continu et toutes les normes sont équivalentes.

3.1. Quelques normes classiques en dimension finie

Soit $X = \begin{pmatrix} x_1 \\ \vdots \\ x_n \end{pmatrix}$ un vecteur de $\mathbb{K}^n$. On définit les normes suivantes sur $\mathbb{K}^n$:

$$\forall \alpha \geq 1, \quad \|X\|_\alpha = \left(\sum_{i=1}^{n} |x_i|^\alpha \right)^{1/\alpha} \qquad \text{et} \qquad \|X\|_\infty = \sup_{1 \leq i \leq n} |x_i|.$$

(La notation $\|X\|_\infty$ provient du fait que $\lim_{\alpha \to \infty} \|X\|_\alpha = \|X\|_\infty$).

Si E est un $\mathbb{K}$-e.v de dimension finie n, on peut le normer en privilégiant une base B de E et en écrivant que la norme de $x \in E$ est la norme du vecteur $X = \begin{pmatrix} x_1 \\ \vdots \\ x_n \end{pmatrix} \in \mathbb{K}^n$, où les x_i sont les coordonnées de x dans la base B.

Soit $M = (m_{i,j})_{1 \leq i,j \leq n} \in \mathcal{M}_n(\mathbb{K})$.

— $\|M\| = \sum_{1 \leq i,j \leq n} |m_{i,j}|$ définit une norme d'algèbre sur $\mathcal{M}_n(\mathbb{K})$.

— $\|M\| = \sup_{i,j} |m_{i,j}|$ définit une norme sur $\mathcal{M}_n(\mathbb{K})$, mais ce n'est pas une norme d'algèbre.
— Pour tout $\alpha \geq 1$, $\|M\|_\alpha = \sup_{\|X\|_\alpha=1} \|MX\|_\alpha$ définit une norme d'algèbre sur $\mathcal{M}_n(\mathbb{K})$. Au passage, notons que l'on peut montrer $\|M\|_\infty = \sup_i(\sum_j |m_{i,j}|)$ et $\|M\|_1 = \sup_j(\sum_i |m_{i,j}|)$.

Si E est un $\mathbb{K}$-e.v de dimension finie n, on peut normer $\mathcal{L}(E)$ en privilégiant une base B de E et en écrivant que la norme de u est celle de $[u]_B$ (matrice de u dans la base B) dans $\mathcal{M}_n(\mathbb{K})$.

3.2. Propriétés

Proposition 1. *Soit E un $\mathbb{K}$-e.v.n et $f \in \mathcal{L}_c(E)$. Soit λ une valeur propre de f. Alors $|\lambda| \leq \|f\|$.*

Démonstration. Soit $x \neq 0$ un vecteur propre de f pour la valeur propre λ. On a $\|f(x)\| \leq \|f\| \cdot \|x\|$. Or $\|f(x)\| = \|\lambda x\| = |\lambda| \cdot \|x\|$, donc $|\lambda| \leq \|f\|$. □

Proposition 2. *L'ensemble $\mathcal{G}\ell_n(\mathbb{K})$ est un ouvert dense dans $\mathcal{M}_n(\mathbb{K})$.*

Démonstration. L'application $\mathcal{M}_n(\mathbb{K}) \to \mathbb{K}$ $M \mapsto \det M$ est continue (car $\det M$ s'exprime comme un polynôme en les coefficients de M). L'ensemble $\mathbb{K}^*$ est ouvert dans $\mathbb{K}$, donc $\mathcal{G}\ell_n(\mathbb{K}) = (\det)^{-1}(\mathbb{K}^*)$ est ouvert.

Densité. Soit $M \in \mathcal{M}_n(\mathbb{K})$. Le polynôme caractéristique P_M de M n'a qu'un nombre fini de racines, donc

$$\exists \rho > 0 \quad \text{tel que} \quad \forall \lambda \in \mathbb{K}, 0 < |\lambda| < \rho, P_M(\lambda) \neq 0.$$

En d'autres termes, pour tout $\lambda \in \mathbb{K}$, $0 < |\lambda| < \rho$, $M - \lambda I_n \in \mathcal{G}\ell_n(\mathbb{K})$. Or $M = \lim_{\substack{\lambda\to 0\\ \lambda\neq 0}} (M - \lambda I_n)$. M est donc limite d'éléments de $\mathcal{G}\ell_n(\mathbb{K})$. □

Remarque 1. — Ce dernier résultat est important. Il est parfois aisé de montrer des propriétés sur $\mathcal{M}_n(\mathbb{K})$ en les montrant d'abord sur $\mathcal{G}\ell_n(\mathbb{K})$ puis en les étendant par densité (voir les exercices).
— Cette dernière proposition est également vraie pour les endomorphismes en dimension finie. De manière générale, algébriquement *et* topologiquement, tout ce qui est vrai pour les matrices est vrai pour les endomorphismes (en dimension finie) et réciproquement.
— En dimension infinie, $\mathcal{G}\ell_c(E)$ est ouvert si E est un espace de Banach (voir le chapitre topologie du tome d'analyse).

3.3. Séries entières d'endomorphismes

Ici, E désigne un $\mathbb{K}$-espace de Banach. Rappelons que dans ce cas, $\mathcal{L}_c(E)$, muni de la norme $\|f\| = \sup_{\|x\|=1} \|f(x)\|$, est un $\mathbb{K}$-espace de Banach.

Proposition 3. *Soit $z \mapsto \sum_{n=0}^{+\infty} a_n z^n$ la somme d'une série entière de rayon de convergence $0 < R \leq +\infty$. Alors si $f \in \mathcal{L}_c(E)$, $\|f\| < R$, la série $\sum_{n\in\mathbb{N}} a_n f^n$ converge et sa somme est élément de $\mathcal{L}_c(E)$. De plus, l'application*

$$\Gamma = \{f \in \mathcal{L}_c(E) \mid \|f\| < R\} \to \mathcal{L}_c(E) \quad f \mapsto \sum_{n=0}^{+\infty} a_n f^n$$

est continue.

Démonstration. Comme $\mathcal{L}_c(E)$ est un $\mathbb{K}$-espace de Banach, il suffit de montrer que si $\|f\| < R$, la série $\sum a_n f^n$ converge absolument, ce qui est immédiat puisque $\|a_n f^n\| \leq |a_n| \cdot \|f\|^n$ et que $\sum |a_n| \, \|f\|^n$ converge. La somme $\sum_{n=0}^{+\infty} a_n f^n$ existe donc et appartient à $\mathcal{L}_c(E)$.

Pour tout $r \in]0, R[$, on pose $\Gamma_r = \{f \in \mathcal{L}_c(E) \mid |||f||| \leq r\}$. La série de fonctions $f \mapsto \sum a_n f^n$ converge normalement sur Γ_r, puisque sur Γ_r, $|||a_n f^n||| \leq |a_n| \cdot |||f|||^n \leq |a_n| r^n$ et $\sum |a_n| r^n$ converge. Chacun des termes $f \mapsto a_n f^n$ est continu sur Γ_r. On en déduit que $f \mapsto \sum_{n=0}^{+\infty} a_n f^n$ est continue sur Γ_r, et ceci pour tout $r \in]0, R[$, donc sur Γ. □

Remarque 2. — Un résultat plus fin fait l'objet du problème 8 (page 221).
— La proposition 3 reste vraie sur $\mathcal{M}_n(\mathbb{K})$.

Conséquence . Soit $f \in \mathcal{L}_c(E)$, $|||f||| < 1$. Alors $\mathrm{Id}_E - f$ est inversible, et son inverse est $g = \sum_{n=0}^{+\infty} f^n$. En effet, g existe d'après la proposition précédente et $(\mathrm{Id}_E - f)g = g - fg = \sum_{n=0}^{+\infty} f^n - \sum_{n=1}^{+\infty} f^n = \mathrm{Id}_E$; de même, $g(\mathrm{Id}_E - f) = \mathrm{Id}_E$.

Exponentielles d'endomorphismes.

DÉFINITION 1. Soit $f \in \mathcal{L}_c(E)$. D'après la proposition 3,

$$g = \sum_{n=0}^{+\infty} \frac{1}{n!} f^n$$

existe et $g \in \mathcal{L}_c(E)$. L'endomorphisme g s'appelle *l'exponentielle* de f et on note $g = \exp(f) = e^f$.

Remarque 3. — On a $|||\exp(f)||| \leq e^{|||f|||}$. En effet, pour tout $n \in \mathbb{N}$,

$$\left|\left|\left| \sum_{k=0}^{n} \frac{1}{k!} f^k \right|\right|\right| \leq \sum_{k=0}^{n} \frac{|||f|||^k}{k!}$$

et le résultat se déduit en faisant tendre n vers $+\infty$.
— D'après la proposition 3, l'application $\mathcal{L}_c(E) \to \mathcal{L}_c(E) \quad f \mapsto \exp(f)$ est continue.

PROPOSITION 4. *Soit $u \in \mathcal{L}_c(E)$. Soit $v \in \mathcal{L}_c(E)$ inversible avec $v^{-1} \in \mathcal{L}_c(E)$. Alors $\exp(v^{-1}uv) = v^{-1}\exp(u)v$.*

Démonstration. Il suffit de remarquer que pour tout $n \in \mathbb{N}$ on a $(v^{-1}uv)^n = v^{-1}u^n v$, ce qui entraîne

$$\exp(v^{-1}uv) = \sum_{n=0}^{+\infty} \frac{(v^{-1}uv)^n}{n!} = \sum_{n=0}^{+\infty} \frac{v^{-1}u^n v}{n!} = v^{-1}\left(\sum_{n=0}^{+\infty} \frac{u^n}{n!}\right) v = v^{-1}\exp(u)v.$$

□

La version matricielle de ce résultat est

$$\forall M \in \mathcal{M}_n(\mathbb{K}),\ \forall P \in \mathcal{G}\ell_n(\mathbb{K}), \quad \exp(P^{-1}MP) = P^{-1}\exp(M)P.$$

Deux matrices semblables ont donc des exponentielles semblables.

PROPOSITION 5. *Soient $u, v \in \mathcal{L}_c(E)$ tels que $uv = vu$. Alors*

$$\exp(u+v) = \exp(u)\exp(v) = \exp(v)\exp(u).$$

Démonstration. La série $\sum_n (u+v)^n/n!$ est en fait un produit de Cauchy des deux séries $\sum_i u^i/i!$ et $\sum_j v^j/j!$, dont nous redémontrons ici la convergence. On pose

$$\Delta_n = \left(\sum_{i=0}^{n} \frac{u^i}{i!}\right)\left(\sum_{j=0}^{n} \frac{v^j}{j!}\right) - \sum_{k=0}^{n} \frac{(u+v)^k}{k!}$$

Il faut montrer que $\lim_{n\to+\infty} \Delta_n = 0$. Comme u et v commutent, on a

$$\forall k \in \mathbb{N}^*, \qquad \frac{(u+v)^k}{k!} = \sum_{i+j=k} \frac{1}{k!}\binom{k}{i} u^i v^j = \sum_{i+j=k} \frac{u^i}{i!} \cdot \frac{v^j}{j!},$$

donc

$$\Delta_n = \left(\sum_{i=0}^{n} \frac{u^i}{i!}\right)\left(\sum_{j=0}^{n} \frac{v^j}{j!}\right) - \sum_{i+j\leq n} \frac{u^i}{i!}\cdot\frac{v^j}{j!} = \sum_{\substack{n+1\leq i+j\leq 2n \\ 0\leq i,j\leq n}} \frac{u^i}{i!}\cdot\frac{v^j}{j!}$$

d'où on tire

$$\|\Delta_n\| \leq \sum_{\substack{n+1\leq i+j\leq 2n \\ 0\leq i,j\leq n}} \frac{\|u\|^i}{i!}\cdot\frac{\|v\|^j}{j!} = \left(\sum_{i=0}^{n} \frac{\|u\|^i}{i!}\right)\left(\sum_{j=0}^{n} \frac{\|v\|^j}{j!}\right) - \sum_{k=0}^{n} \frac{(\|u\|+\|v\|)^k}{k!}.$$

Lorsque n tend vers $+\infty$, ce dernier terme tend vers $e^{\|u\|}e^{\|v\|} - e^{\|u\|+\|v\|} = 0$, donc $\lim_{n\to+\infty} \Delta_n = 0$, d'où $\exp(u+v) = \exp(u)\exp(v)$. On a de même $\exp(v)\exp(u) = \exp(v+u) = \exp(u+v)$. □

Conséquence . Pour tout $u \in \mathcal{L}_c(E)$, $e^u e^{-u} = e^{-u}e^u = e^{u-u} = e^0 = \mathrm{Id}_E$, donc e^u est inversible et $(e^u)^{-1} = e^{-u}$.

Remarque 4. — Si u et v ne commutent pas, la proposition précédente est fausse en général.
- Si u et v commutent, alors u et $\exp(v)$ commutent.
- On a souvent affaire aux exponentielles de matrices lors de l'étude des équations différentielles linéaires (voir le tome d'analyse). En effet, les exponentielles de matrices vérifient les propriétés suivantes :
  - Soit $A \in \mathcal{M}_n(\mathbb{K})$. L'application $\mathbb{R} \to \mathcal{M}_n(\mathbb{K})$ $t \mapsto e^{tA}$ est dérivable, sa dérivée est Ae^{tA}. Si $X : \mathbb{R} \to \mathbb{K}^n$ est dérivable et si $\frac{dX}{dt} = AX$, alors pour tout $t \in \mathbb{R}$, $X(t) = e^{tA}X(0)$.
  - Si $A \in \mathcal{M}_n(\mathbb{K})$ est diagonalisable et a pour valeurs propres $\alpha_1, \ldots, \alpha_n$, alors $\exp(A)$ est diagonalisable et ses valeurs propres sont $e^{\alpha_1}, \ldots, e^{\alpha_n}$.
- Le calcul d'exponentielles de matrices est traité à la partie 3 page 206 du présent chapitre.

3.4. Exercices

→ EXERCICE 1 (DENSITÉ DES MATRICES DIAGONALISABLES DANS $\mathcal{M}_n(\mathbb{C})$). **a)** Montrer que l'ensemble des matrices diagonalisables de $\mathcal{M}_n(\mathbb{C})$ est dense dans $\mathcal{M}_n(\mathbb{C})$.
b) Que dire dans $\mathcal{M}_n(\mathbb{R})$?

Solution. **a)** Soit $A \in \mathcal{M}_n(\mathbb{C})$. Il s'agit de montrer que A est limite de matrices diagonalisables. Le corps $\mathbb{C}$ étant algébriquement clos, A est trigonalisable, donc

$$\exists P \in \mathcal{G}\ell_n(\mathbb{C}),\ P^{-1}AP = T \quad \text{avec} \quad T = \begin{pmatrix} \lambda_1 & \times & \cdots & \times \\ & \lambda_2 & \ddots & \vdots \\ & 0 & \ddots & \times \\ & & & \lambda_n \end{pmatrix}.$$

Soit $\mu = \inf\{|\lambda_i - \lambda_j|, \lambda_i \neq \lambda_j\} > 0$, $\mu = 1$ si les λ_i sont tous égaux. Pour tout $p \in \mathbb{N}^*$, on pose

$$T_p = \begin{pmatrix} \lambda_1 + \frac{\mu}{p} & \times & \cdots & \times \\ & \lambda_2 + \frac{\mu}{2p} & \ddots & \vdots \\ & (0) & \ddots & \times \\ & & & \lambda_n + \frac{\mu}{np} \end{pmatrix} = T + \frac{\mu}{p}\begin{pmatrix} 1 & & (0) \\ & \frac{1}{2} & \\ (0) & & \ddots \\ & & & \frac{1}{n} \end{pmatrix}.$$

Les valeurs propres de T_p, les $\lambda_i + (\mu/ip)$, sont deux à deux distinctes. En effet, supposons $i \neq j$:
- Si $\lambda_i = \lambda_j$, il est clair que $\lambda_i + (\mu/ip) \neq \lambda_j + (\mu/jp)$.
- Sinon $\lambda_i \neq \lambda_j$, donc si $\lambda_i + (\mu/ip) = \lambda_j + (\mu/jp)$, alors $|\lambda_i - \lambda_j| = \mu|(1/ip) - (1/jp)| < \mu$, absurde par construction de μ.

Pour tout $p \in \mathbb{N}^*$, T_p a donc toutes ses valeurs propres deux à deux distinctes, donc est diagonalisable. Or $T = \lim_{p\to+\infty} T_p$, donc $A = PTP^{-1} = \lim_{p\to+\infty} PT_pP^{-1}$ est limite de matrices diagonalisables, d'où le résultat.

b) Dans $\mathcal{M}_n(\mathbb{R})$, le résultat est faux. Nous donnons un contre-exemple. Soit $A = \left(\begin{smallmatrix} 0 & -1 \\ 1 & 0 \end{smallmatrix}\right) \in \mathcal{M}_2(\mathbb{R})$. On considère l'application

$$\Delta : \ \mathcal{M}_2(\mathbb{R}) \to \mathbb{R} \quad M \mapsto \Delta_M$$

où Δ_M désigne le discriminant du polynôme caractéristique P_M de M. Comme Δ_M s'exprime comme un polynôme en les coefficients de M, Δ est continue.

Si A était limite d'une suite $(A_n) \in \mathcal{M}_2(\mathbb{R})^{\mathbb{N}}$ de matrices diagonalisables dans $\mathcal{M}_2(\mathbb{R})$, on aurait $\Delta_n \geq 0$ pour tout n (car P_{A_n} est scindé sur $\mathbb{R}$), et donc Δ étant continue, $\Delta_A = \lim_{n\to+\infty} \Delta_{A_n} \geq 0$, ce qui est absurde car après calculs on trouve $\Delta_A = -4$.

Remarque. Grâce au résultat a), on peut parfois prouver certains résultats sur $\mathcal{M}_n(\mathbb{C})$ en les montrant d'abord pour les matrices diagonalisables, puis en les étendant par densité. Le lecteur pourra par exemple démontrer par cette méthode le théorème de Cayley-Hamilton pour les matrices complexes.

– Si $A \in \mathcal{M}_n(\mathbb{R})$ est trigonalisable, alors A est limite d'une suite de matrices diagonalisables de $\mathcal{M}_n(\mathbb{R})$ (la solution de la question a) ne repose en effet que sur l'hypothèse que A est trigonalisable).

→ EXERCICE 2. **a)** Soit $n \in \mathbb{N}^*$ et $A \in \mathcal{M}_n(\mathbb{C})$. Montrer que $\det(\exp(A)) = \exp(\mathrm{tr}(A))$.
b) Soit $M \in \mathcal{M}_n(\mathbb{R})$. Montrer que si M est l'exponentielle d'une matrice réelle, alors $\det(M) > 0$. Montrer que la réciproque est fausse (indication : montrer que la matrice $M = \left(\begin{smallmatrix} -1 & 1 \\ 0 & -1 \end{smallmatrix}\right)$ n'est pas un carré)

Solution. **a)** Le corps $\mathbb{C}$ étant algébriquement clos, on peut trigonaliser la matrice A, donc

$$\exists P \in \mathcal{G}\ell_n(\mathbb{C}), \qquad A = P^{-1}TP \quad \text{avec} \quad T = \begin{pmatrix} \lambda_1 & \times & \cdots & \times \\ & \lambda_2 & \ddots & \vdots \\ & & \ddots & \times \\ 0 & & & \lambda_n \end{pmatrix}.$$

La matrice T^k est une matrice triangulaire supérieure dont les coefficients diagonaux sont les λ_i^k, donc

$$\exp(T) = \sum_{k=0}^{+\infty} \frac{1}{k!} T^k = \sum_{k=0}^{+\infty} \frac{1}{k!} \begin{pmatrix} \lambda_1^k & \times & \cdots & \times \\ & \lambda_2^k & \ddots & \vdots \\ & & \ddots & \times \\ 0 & & & \lambda_n^k \end{pmatrix} = \begin{pmatrix} e^{\lambda_1} & \times & \cdots & \times \\ & e^{\lambda_2} & \ddots & \vdots \\ & & \ddots & \times \\ 0 & & & e^{\lambda_n} \end{pmatrix}.$$

Ceci entraîne

$$\det(\exp(T)) = \prod_{i=1}^{n} e^{\lambda_i} = \exp\left(\sum_{i=1}^{n} \lambda_i\right) = \exp(\mathrm{tr}(T)).$$

Comme A et T sont semblables, il en est de même de $\exp(A)$ et $\exp(T)$, et on en déduit

$$\det(\exp(A)) = \det(\exp(T)) = \exp(\mathrm{tr}(T)) = \exp(\mathrm{tr}(A)).$$

b) Si $M = \exp(A)$ avec $A \in \mathcal{M}_n(\mathbb{R})$, alors on a $\det(M) = \exp(\mathrm{tr}(A))$ d'après le résultat précédent, donc $\det(M) > 0$ car $\mathrm{tr}(A)$ est un nombre réel. La réciproque est fausse, comme le montre le contre-exemple de la matrice $M = \left(\begin{smallmatrix} -1 & 1 \\ 0 & -1 \end{smallmatrix}\right)$. Si M était l'exponentielle d'une matrice réelle A, la matrice réelle $N = \exp(\frac{1}{2}A)$ vérifierait $N^2 = \exp(A) = M$. Or ceci est impossible car en écrivant $N = \left(\begin{smallmatrix} a & b \\ c & d \end{smallmatrix}\right)$, on aurait

$$M = \begin{pmatrix} -1 & 1 \\ 0 & -1 \end{pmatrix} = N^2 = \begin{pmatrix} a^2+bc & ab+bd \\ ca+dc & cb+d^2 \end{pmatrix}.$$

Ceci entraîne $1 = b(a+d)$, donc $a+d$ est non nul. Les termes inférieurs gauches donnent $0 = c(a+d)$, donc $c = 0$. L'égalité des termes diagonaux donneraient alors $a^2 = -1$ et $d^2 = -1$, ce qui est impossible puisque a et d sont des nombres réels. Ainsi, la matrice M a bien un déterminant positif (on a $\det(M) = 1$) mais cette matrice réelle n'est pas l'exponentielle d'une matrice réelle.

Remarque. On peut montrer qu'une matrice réelle est l'exponentielle d'une matrice réelle si et seulement si elle est le carré d'une matrice réelle inversible.

– Toute matrice complexe inversible est l'exponentielle d'une matrice complexe (voir l'exercice 5 page 212).

→ Exercice 3. **1/** Soit $\mathbb{K}$ un corps commutatif. Soient $A, B \in \mathcal{M}_n(\mathbb{K})$.
a) Si $A \in \mathcal{G}\ell_n(\mathbb{K})$, montrer que P_{AB}, le polynôme caractéristique de AB, est égal à celui de BA, P_{BA}.
b) Si A est quelconque et $\mathbb{K} = \mathbb{R}$ ou $\mathbb{C}$, montrer, en utilisant un argument de densité, que le résultat reste vrai.
c) Si A est quelconque et $\mathbb{K}$ est infini, montrer que le résultat est encore vrai.

2/ $\mathbb{K}$ est un corps commutatif quelconque. Soient $p, q \in \mathbb{N}^*$. Soit $A \in \mathcal{M}_{p,q}(\mathbb{K})$ et $B \in \mathcal{M}_{q,p}(\mathbb{K})$. Comparer P_{AB} et P_{BA}.

Solution. **1/ a)** Il suffit de remarquer que les matrices AB et BA sont semblables, comme le montre la relation $BA = A^{-1}(AB)A$, elles ont donc même polynôme caractéristique.

b) On sait que $\mathcal{G}\ell_n(\mathbb{K})$ est dense dans $\mathcal{M}_n(\mathbb{K})$ (voir la proposition 2). On peut donc écrire $A = \lim_{n\to+\infty} A_n$ avec pour tout n, $A_n \in \mathcal{G}\ell_n(\mathbb{K})$. Or d'après a), pour tout n, $P_{A_nB} = P_{BA_n}$ et par continuité de l'application déterminant, en faisant tendre n vers $+\infty$, on en déduit $P_{AB} = P_{BA}$.

c) Le corps $\mathbb{K}$ étant infini, A n'ayant qu'un nombre fini de valeurs propres, il existe $\Gamma \subset \mathbb{K}$, Γ infini, tel que pour tout $\lambda \in \Gamma$, λ n'est pas valeur propre de A, i.e $A - \lambda I_n \in \mathcal{G}\ell_n(\mathbb{K})$. Fixons $x \in \mathbb{K}$. D'après 1/ a), on a

$$\forall \lambda \in \Gamma, \qquad P_{(A-\lambda I_n)B}(x) = P_{B(A-\lambda I_n)}(x).$$

Le polynôme $P_{(A-XI_n)B}(x) - P_{B(A-XI_n)}(x) \in \mathbb{K}[X]$ s'annule donc sur Γ, donc est nul puisque Γ est infini. En particulier, ce polynôme s'annule lorsque X prend la valeur 0, c'est à dire $P_{AB}(x) = P_{BA}(x)$. Ceci étant vrai pour tout $x \in \mathbb{K}$, on en déduit, $\mathbb{K}$ étant infini, que $P_{AB} = P_{BA}$.

2/ Soit $r = \operatorname{rg} A$. Supposons dans un premier temps que $r > 0$. On sait que A est équivalente à la matrice $\left(\begin{smallmatrix} I_r & 0 \\ 0 & 0 \end{smallmatrix}\right)$, c'est-à-dire

$$\exists P \in \mathcal{G}\ell_p(\mathbb{K}), \exists Q \in \mathcal{G}\ell_q(\mathbb{K}), \qquad A = P^{-1}\begin{pmatrix} I_r & 0 \\ 0 & 0 \end{pmatrix} Q.$$

Écrivons

$$B = Q^{-1}\begin{pmatrix} B_1 & B_3 \\ B_2 & B_4 \end{pmatrix} P$$

où $B_1 \in \mathcal{M}_r(\mathbb{K})$. On a

$$AB = P^{-1}\begin{pmatrix} B_1 & B_3 \\ 0 & 0 \end{pmatrix} P \quad \text{et} \quad BA = Q^{-1}\begin{pmatrix} B_1 & 0 \\ B_2 & 0 \end{pmatrix} Q$$

d'où

$$P_{AB} = \begin{vmatrix} B_1 - XI_r & B_3 \\ 0 & -XI_{p-r} \end{vmatrix} = (-1)^{p-r} X^{p-r} P_{B_1}.$$

De même, on trouve $P_{BA} = (-1)^{q-r} X^{q-r} P_{B_1}$. On a donc $(-X)^q P_{AB} = (-X)^p P_{BA}$. (Si $p = q$, on retrouve les résultats de 1/). Lorsque $r = \operatorname{rg} A = 0$, on a $A = 0$ et cette identité reste vraie.

Exercice 4. Soient n un entier naturel, $n \geq 2$, et $p \in \mathbb{N}$, $1 \leq p \leq n-1$.
a) Montrer que $\Gamma = \{A \in \mathcal{M}_n(\mathbb{R}) \mid \operatorname{rg} A \leq p\}$ est fermé dans $\mathcal{M}_n(\mathbb{R})$.
b) Déterminer l'adhérence de l'ensemble $\Delta = \{A \in \mathcal{M}_n(\mathbb{R}) \mid \operatorname{rg} A = p\}$.

Solution. **a)** Il suffit de montrer que l'ensemble

$$\Lambda = \mathcal{M}_n(\mathbb{R}) \setminus \Gamma = \{A \in \mathcal{M}_n(\mathbb{R}) \mid \operatorname{rg} A \geq p+1\}$$

est ouvert. Fixons $A = (a_{i,j})_{1 \leq i,j \leq n} \in \Lambda$. Comme $\operatorname{rg} A \geq p+1$, il existe une matrice carrée extraite de A inversible d'ordre $p+1$ (voir le théorème 2 page 128). Autrement dit, il existe I et J inclus dans $\{1, \ldots, n\}$ avec $\operatorname{Card} I = \operatorname{Card} J = p+1$, tels que la matrice extraite $A' = (a_{i,j})_{\substack{i \in I \\ j \in J}}$ vérifie $\det A' \neq 0$. Définissons l'application

$$\varphi : \mathcal{M}_n(\mathbb{R}) \to \mathbb{R} \quad B = (b_{i,j})_{1 \leq i,j \leq n} \mapsto \det(b_{i,j})_{\substack{i \in I \\ j \in J}}.$$

L'application φ s'exprime comme polynôme en certains des coefficients de B, elle est donc continue. Or $\varphi(A) = \det A' \neq 0$, donc il existe un voisinage $\mathcal{V}$ de A dans $\mathcal{M}_n(\mathbb{R})$ tel que pour tout $B \in \mathcal{V}$, $\varphi(B) \neq 0$. Autrement dit, pour tout $B \in \mathcal{V}$, la matrice extraite $(b_{i,j})_{\substack{i \in I \\ j \in J}}$ est inversible, donc $\operatorname{rg} B \geq p+1$. Ainsi, on a trouvé un voisinage de A inclus dans Λ. L'ensemble Λ est donc ouvert.

b) Nous allons montrer $\overline{\Delta} = \Gamma$.

D'après a), Γ est fermé. Or $\Delta \subset \Gamma$, donc $\overline{\Delta} \subset \Gamma$.

Montrons maintenant l'inclusion réciproque. Soit $A \in \Gamma$. Il s'agit de montrer que A est limite d'une suite de points de Δ. Si $\operatorname{rg} A = p$, alors $A \in \Delta$ et c'est terminé. Sinon, $r = \operatorname{rg} A < p$. On sait que A est équivalente à la matrice $\begin{pmatrix} I_r & 0 \\ 0 & 0 \end{pmatrix}$, ce qui s'écrit aussi

$$\exists P, Q \in \mathcal{G}\ell_n(\mathbb{R}), \quad A = P^{-1} \begin{pmatrix} I_r & 0 \\ 0 & 0 \end{pmatrix} Q.$$

Pour tout $m \in \mathbb{N}^*$, on note B_m la matrice définie par blocs par

$$B_m = \begin{pmatrix} I_r & 0 & 0 \\ 0 & \frac{1}{m} I_{p-r} & 0 \\ 0 & 0 & 0 \end{pmatrix} \in \mathcal{M}_n(\mathbb{R}).$$

Pour tout m, $\operatorname{rg} B_m = p$ donc $A_m = P^{-1} B_m Q$ est de rang p. Or $\lim_{m \to +\infty} B_m = \begin{pmatrix} I_r & 0 \\ 0 & 0 \end{pmatrix}$, donc $\lim_{m \to +\infty} A_m = A$ et pour tout m, $A_m \in \Delta$. On a donc $A \in \overline{\Delta}$.

Exercice 5. **a)** Soit $M \in \mathcal{M}_n(\mathbb{C})$. Pour tout $\varepsilon > 0$, montrer qu'il existe $P \in \mathcal{G}\ell_n(\mathbb{C})$ tel que

$$T = P^{-1} M P = \begin{pmatrix} t_{1,1} & & (t_{i,j}) \\ & t_{2,2} & \\ & & \ddots \\ 0 & & & t_{n,n} \end{pmatrix} \quad \text{avec} \quad \forall i < j, \ |t_{i,j}| < \varepsilon.$$

b) Soit $A \in \mathcal{M}_n(\mathbb{C})$. Montrer que A est nilpotente si et seulement s'il existe une suite de matrices $(A_p)_{p\in\mathbb{N}}$ vérifiant

$$\text{(i)}\quad \forall p, A_p \text{ est semblable à } A \qquad \text{(ii)}\quad \lim_{p\to+\infty} A_p = 0.$$

Solution. **a)** Soit f l'endomorphisme de $\mathbb{C}^n$ dont la matrice dans la base canonique de $\mathbb{C}^n$ est égale à M. Le corps $\mathbb{C}$ étant algébriquement clos, f est trigonalisable. Il existe donc une base $\mathcal{B} = (e_1, \ldots, e_n)$ de $\mathbb{C}^n$ telle que $[f]_{\mathcal{B}}$ (matrice de f dans la base $\mathcal{B}$) soit triangulaire supérieure. Écrivons $[f]_{\mathcal{B}} = (a_{i,j})_{1\le i,j\le n}$.

Pour tout $p \in \mathbb{N}^*$, $\mathcal{B}_p = (e_1, \frac{1}{p}e_2, \ldots, \frac{1}{p^{n-1}}e_n)$ est une base de $\mathbb{C}^n$. Calculons l'image par f de cette base, exprimée dans cette même base. Pour tout j, on a

$$f\left(\frac{1}{p^{j-1}}e_j\right) = \sum_{i=1}^{j} p^{1-j}a_{i,j}e_i = \sum_{i=1}^{j} p^{i-j}\, a_{i,j}\left(\frac{1}{p^{i-1}}\, e_i\right).$$

On en déduit

$$T_p = [f]_{\mathcal{B}_p} = \begin{pmatrix} a_{1,1} & \frac{a_{1,2}}{p} & \frac{a_{1,3}}{p^2} & \cdots & \frac{a_{1,n}}{p^{n-1}} \\ & a_{2,2} & \frac{a_{2,3}}{p} & & \frac{a_{2,n}}{p^{n-2}} \\ & & a_{3,3} & \ddots & \vdots \\ & 0 & & \ddots & \frac{a_{n-1,n}}{p} \\ & & & & a_{n,n} \end{pmatrix}.$$

Ceci étant, soit $\mu = \sup_{i,j} |a_{i,j}|$ et soit $p \in \mathbb{N}^*$ tel que $\mu/p < \varepsilon$. La matrice $T = T_p = (t_{i,j})_{1\le i,j\le n} = [f]_{\mathcal{B}_p}$ est triangulaire supérieure et pour tout $i < j$, $|t_{i,j}| = |a_{i,j} \cdot p^{i-j}| \le \mu/p < \varepsilon$. De plus T est semblable à $[f]_{\mathcal{B}}$ donc à M, d'où le résultat.

b) *Condition nécessaire.* D'après a), pour tout $p \in \mathbb{N}^*$, il existe $A_p = [a_{i,j}(p)]_{1\le i,j\le n} \in \mathcal{M}_n(\mathbb{C})$ semblable à A, triangulaire supérieure et telle que pour tout $i < j$, $|a_{i,j}(p)| < 1/p$. Or pour tout $i > j$, $a_{i,j}(p) = 0$ et pour tout i, $a_{i,i}(p) = 0$ (A_p étant nilpotente, ses valeurs propres $a_{i,i}(p)$ sont nulles). On en déduit que pour tout (i,j), $|a_{i,j}(p)| < 1/p$. Donc $\lim_{p\to+\infty} A_p = 0$, d'où le résultat.

Condition suffisante. Pour toute matrice $M \in \mathcal{M}_n(\mathbb{C})$, on note P_M son polynôme caractéristique. L'application $\mathcal{M}_n(\mathbb{C}) \to \mathbb{C}[X]$ $\;M \mapsto P_M$ est continue (en effet, les coefficients de P_M s'expriment comme des polynômes en les coefficients de M). Or $\lim_{p\to+\infty} A_p = 0$, on a donc $\lim_{p\to+\infty} P_{A_p} = P_0 = (-1)^n X^n$. Or pour tout p, A_p est semblable à A donc $P_{A_p} = P_A$. On en déduit $P_A = (-1)^n X^n$. Le théorème de Cayley-Hamilton entraîne alors $A^n = 0$.

EXERCICE 6. Soit $A \in \mathcal{M}_n(\mathbb{R})$ et une suite réelle (a_m) telle que $B = \sum_{m=0}^{+\infty} a_m A^m$ existe. Montrer qu'il existe $P \in \mathbb{R}[X]$ tel que $B = P(A)$.

Solution. L'ensemble $\Gamma = \{P(A) \mid P \in \mathbb{R}[X]\}$ est un s.e.v de $\mathcal{M}_n(\mathbb{R})$, et $\mathcal{M}_n(\mathbb{R})$ étant de dimension finie, Γ est fermé.

Pour tout $k \in \mathbb{N}$, on pose $P_k = \sum_{m=0}^{k} a_m X^m$ de sorte que $B = \lim_{k\to+\infty} P_k(A)$. En d'autres termes, B est limite d'une suite de points de Γ. Comme Γ est fermé, on en déduit $B \in \Gamma$, donc il existe $P \in \mathbb{R}[X]$ tel que $B = P(A)$.

Remarque. En particulier, l'exponentielle d'une matrice M est un polynôme en M. La formule de Rodrigues (voir l'exercice 5 page 277) est un exemple de calcul explicite de l'exponentielle d'une matrice sous forme d'un polynôme de cette matrice.

Exercice 7. Soit E un $\mathbb{K}$-e.v.n (avec $\mathbb{K} = \mathbb{R}$ ou $\mathbb{C}$). On note $\mathcal{L}_c(E)$ l'algèbre des endomorphismes continus de E. Soit $f \in \mathcal{L}_c(E)$.

a) Montrer que

$$\lim_{n\to+\infty} \left(\mathrm{Id}_E + \frac{1}{n}f\right)^n = \exp(f).$$

b) Plus généralement, si (f_n) est une suite de $\mathcal{L}_c(E)$ qui tend vers f, montrer

$$\lim_{n\to+\infty} \left(\mathrm{Id}_E + \frac{1}{n}f_n\right)^n = \exp(f).$$

c) Soient $u, v \in \mathcal{L}_c(E)$. Montrer

$$\lim_{n\to+\infty} \left(\exp\left(\frac{u}{n}\right)\exp\left(\frac{v}{n}\right)\right)^n = \exp(u+v).$$

Solution. **a)** Le résultat suivant nous sera utile.

$$\forall g \in \mathcal{L}_c(E), \qquad \left\|\left\| \exp(g) - \left(\mathrm{Id} + \frac{1}{n}g\right)^n \right\|\right\| \leq \exp(\|\|g\|\|) - \left(1 + \frac{\|\|g\|\|}{n}\right)^n. \qquad (*)$$

En effet. On a

$$\exp(g) - \left(\mathrm{Id} + \frac{1}{n}g\right)^n = \sum_{k=0}^{+\infty} \frac{1}{k!}g^k - \sum_{k=0}^{n} \binom{n}{k}\frac{1}{n^k}\, g^k.$$

Or

$$\forall k, 1 \leq k \leq n, \qquad \binom{n}{k}\frac{1}{n^k} = \frac{n}{n}\cdot\frac{n-1}{n}\cdots\frac{n-k+1}{n}\cdot\frac{1}{k!} \leq \frac{1}{k!},$$

donc

$$\left\|\left\| \exp(g) - \left(\mathrm{Id} + \frac{g}{n}\right)^n \right\|\right\| \leq \sum_{k=1}^{n}\left(\frac{1}{k!} - \frac{1}{n^k}\binom{n}{k}\right)\|\|g\|\|^k + \sum_{k>n}\frac{\|\|g\|\|^k}{k!} = \exp(\|\|g\|\|) - \left(1 + \frac{\|\|g\|\|}{n}\right)^n.$$

En appliquant $(*)$ à f, on en déduit le résultat demandé car $\lim_{n\to+\infty}(1 + \|\|f\|\|/n)^n = \exp(\|\|f\|\|)$.

b) On remarque déjà que

$$\lim_{n\to\infty} \exp(f_n) - \left(\mathrm{Id} + \frac{1}{n}f_n\right)^n = 0. \qquad (**)$$

En effet, en posant $M_n = \|\|f_n\|\|$, on a d'après $(*)$

$$\left\|\left\| \exp(f_n) - \left(\mathrm{Id} + \frac{f_n}{n}\right)^n \right\|\right\| \leq \exp(M_n) - \left(1 + \frac{M_n}{n}\right)^n. \qquad (***)$$

Or $\lim_{n\to\infty} M_n = \|\|f\|\| = M$, donc $\lim_{n\to\infty}\exp(M_n) = \exp(M)$ et comme

$$\left(1 + \frac{M_n}{n}\right)^n = \exp\left(n\log\left(1 + \frac{M_n}{n}\right)\right) = \exp\left(n\left(\frac{M_n}{n} + o\left(\frac{1}{n}\right)\right)\right) = \exp\left(M_n + o(1)\right),$$

on a aussi $\lim_{n\to\infty}(1 + M_n/n)^n = \exp(M)$. D'où $(**)$ avec $(***)$.

Par ailleurs, la continuité de l'application $g \mapsto \exp(g)$ (voir la proposition 3) entraîne que $\lim_{n\to\infty}\exp(f_n) - \exp(f) = 0$. On en déduit avec $(**)$ le résultat car

$$\left(\mathrm{Id} + \frac{1}{n}f_n\right)^n = \left(\left(\mathrm{Id} + \frac{1}{n}f_n\right)^n - \exp(f_n)\right) + \Big(\exp(f_n) - \exp(f)\Big) + \exp(f).$$

c) Lorsque n tend vers $+\infty$, on a

$$\exp\left(\frac{u}{n}\right) = \mathrm{Id} + \frac{u}{n} + o\left(\frac{1}{n}\right) \quad \text{et} \quad \exp\left(\frac{v}{n}\right) = \mathrm{Id} + \frac{v}{n} + o\left(\frac{1}{n}\right),$$

donc

$$f_n = n\left(\exp\left(\frac{u}{n}\right)\exp\left(\frac{v}{n}\right) - \mathrm{Id}\right) \quad \text{vérifie} \quad f_n = u + v + o(1).$$

Autrement dit $\lim_{n\to\infty} f_n = u + v$, donc d'après la question précédente, $\lim_{n\to\infty}(\mathrm{Id} + f_n/n)^n = \exp(u+v)$, d'où le résultat car $(\mathrm{Id} + f_n/n) = \exp(u/n)\exp(v/n)$.

Remarque. La proposition 5 (page 194) peut se déduire facilement du résultat de la question a).

EXERCICE 8. Soit E un $\mathbb{C}$-e.v de dimension finie $n \in \mathbb{N}^*$. Soit $g \in \mathcal{L}(E)$. Montrer que g est diagonalisable si et seulement si l'ensemble $\Phi = \{\varphi^{-1} g \varphi \mid \varphi \in \mathcal{G}\ell(E)\}$ est fermé.

Solution. Condition nécessaire. Soit Π le polynôme minimal de g. Comme g est diagonalisable, Π n'a que des racines simples. Pour tout $\varphi \in \mathcal{G}\ell(E)$, on a $\Pi(\varphi^{-1}g\varphi) = \varphi^{-1}\Pi(g)\varphi = 0$, donc pour tout $h \in \Phi$, $\Pi(h) = 0$.

Soit $h \in \overline{\Phi}$. L'endomorphisme h est limite d'une suite (h_p) de points de Φ. Comme pour tout p, $\Pi(h_p) = 0$, on a $\Pi(h) = \lim_{p\to\infty} \Pi(h_p) = 0$. L'endomorphisme h étant annulé par un polynôme n'ayant que des racines simples, on en déduit que h est diagonalisable. Or le polynôme caractéristique P_h de h vérifie $P_h = \lim_{p\to+\infty} P_{h_p} = P_g$ car pour tout p, $P_{h_p} = P_g$. Les endomorphismes g et h ont donc même liste de valeurs propres ; comme ils sont de plus diagonalisables, on en déduit que g et h sont semblables, donc que $h \in \Phi$.
Condition suffisante. Supposons Φ fermé. Le corps $\mathbb{C}$ étant algébriquement clos, g est trigonalisable. Il existe donc une base $B = (e_1, \ldots, e_n)$ de E dans laquelle la matrice de g ait la forme

$$[g]_B = \begin{pmatrix} \lambda_1 & t_{1,2} & \cdots & t_{1,n} \\ 0 & \lambda_2 & \ddots & \vdots \\ \vdots & \ddots & \ddots & t_{n-1,n} \\ 0 & \cdots & 0 & \lambda_n \end{pmatrix}.$$

Pour tout $p \in \mathbb{N}^*$, on définit $\varphi_p \in \mathcal{L}(E)$ sur la base B par $\varphi_p(e_i) = \dfrac{1}{p^i} e_i$ pour tout i. On a

$$[\varphi_p^{-1} g \varphi_p]_B = \begin{pmatrix} \lambda_1 & \frac{t_{1,2}}{p} & \frac{t_{1,3}}{p^2} & \cdots & \frac{t_{1,n}}{p^{n-1}} \\ & \lambda_2 & \frac{t_{2,3}}{p} & & \frac{t_{2,n}}{p^{n-2}} \\ & & \lambda_3 & \ddots & \vdots \\ & 0 & & \ddots & \frac{t_{n-1,n}}{p} \\ & & & & \lambda_n \end{pmatrix},$$

donc lorsque p tend vers $+\infty$, $\varphi_p^{-1} g \varphi_p$ tend vers un endomorphisme diagonalisable h. Comme Φ est fermé, on a $h \in \Phi$ donc g est semblable à h, donc g est diagonalisable.

Remarque. La condition suffisante fait appel au résultat de la question a) de l'exercice 5 page 198, redémontré ici.

4. sous-espaces caractéristiques - Réduction de Jordan

Dans toute cette partie, E désigne un $\mathbb{K}$-e.v de dimension finie $n \in \mathbb{N}^*$. On utilisera la notation $A \subsetneq B$ lorsque $A \subset B$ et $A \neq B$.

4.1. sous-espaces caractéristiques

DÉFINITION 1. Soit $f \in \mathcal{L}(E)$ tel que le polynôme caractéristique P_f de f soit scindé sur $\mathbb{K}$: $P_f = (-1)^n (X - \lambda_1)^{\alpha_1} \cdots (X - \lambda_s)^{\alpha_s}$. Pour tout i, le s.e.v $N_i = \mathrm{Ker}(f - \lambda_i \mathrm{Id})^{\alpha_i}$ s'appelle le *sous-espace caractéristique* de f associé à la valeur propre λ_i.

— Pour tout i, N_i est stable par f.
— On a $E = N_1 \oplus \cdots \oplus N_s$,
— Pour tout i, $\dim N_i = \alpha_i$.

Démonstration. Le s.e.v N_i est bien stable par f car si $x \in N_i$,

$$(f - \lambda_i \operatorname{Id})^{\alpha_i}(f(x)) = f \circ (f - \lambda_i \operatorname{Id})^{\alpha_i}(x) = 0.$$

– Le fait que $E = N_1 \oplus \cdots \oplus N_s$ résulte du théorème de décomposition des noyaux (voir 2.1, théorème 1).

– Pour tout i, la restriction f_i de f à N_i vérifie $(f_i - \lambda_i \operatorname{Id}_{N_i})^{\alpha_i} = 0$. En d'autres termes, $f_i - \lambda_i \operatorname{Id}_{N_i}$ est nilpotente, donc d'après 1.2 proposition 3, le polynôme caractéristique de $f_i - \lambda_i \operatorname{Id}_{N_i}$ est $(-X)^{\dim N_i}$, donc celui de f_i est $(\lambda_i - X)^{\dim N_i}$. Or P_{f_i} divise P_f d'après la proposition 2 de la page 173, et donc $\dim N_i \leq \alpha_i \quad (*)$.

Comme $E = N_1 \oplus \cdots \oplus N_s$, on a $n = \sum_{i=1}^{s} \dim N_i$. De plus $\sum_{i=1}^{s} \alpha_i = n$, et on en déduit avec $(*)$ que $\dim N_i = \alpha_i$ pour tout i. □

DÉFINITION 2 (INDICE D'UN ENDOMORPHISME). Soit $f \in \mathcal{L}(E)$. Il existe un unique entier naturel r tel que

$$\{0\} = \operatorname{Ker} f^0 \subsetneq \operatorname{Ker} f \subsetneq \cdots \subsetneq \operatorname{Ker} f^r = \operatorname{Ker} f^{r+1} = \operatorname{Ker} f^{r+2} = \cdots = \operatorname{Ker} f^q = \cdots.$$

L'entier r s'appelle l'*indice* de f. C'est aussi le plus petit entier naturel tel que $\operatorname{Ker} f^r = \operatorname{Ker} f^{r+1}$.

Démonstration. On part du fait que

$$\forall p \in \mathbb{N}, \operatorname{Ker} f^p \subset \operatorname{Ker} f^{p+1} \qquad (*)$$

(en effet, si $x \in \operatorname{Ker} f^p$, alors $f^p(x) = 0$ donc $f^{p+1}(x) = f(f^p(x)) = 0$). On en déduit en particulier que pour tout p, $\dim(\operatorname{Ker} f^p) \leq \dim(\operatorname{Ker} f^{p+1})$. Autrement dit, la suite $(u_p)_{p \in \mathbb{N}}$ définie par $u_p = \dim(\operatorname{Ker} f^p)$ est croissante. Cette suite est à valeurs dans $I = \{0, 1 \ldots, n\}$. L'ensemble I étant fini, (u_p) étant croissante, l'entier $r = \inf\{p \in \mathbb{N} \mid u_p = u_{p+1}\}$ existe. On a alors

— Pour tout $p < r$, $\operatorname{Ker} f^p \subsetneq \operatorname{Ker} f^{p+1}$ (d'après $(*)$ et parce que $u_p < u_{p+1}$).
— $\operatorname{Ker} f^r = \operatorname{Ker} f^{r+1}$ (d'après $(*)$ et parce que $u_r = u_{r+1}$).
— Pour tout $p \geq r$, $\operatorname{Ker} f^p = \operatorname{Ker} f^{p+1}$ car

$$\begin{aligned}\operatorname{Ker} f^{p+1} &= \{x \in E \mid f^{r+1}(f^{p-r}(x)) = 0\} \\ &= \{x \in E \mid f^{p-r}(x) \in \operatorname{Ker} f^{r+1}\} = \{x \in E \mid f^{p-r}(x) \in \operatorname{Ker} f^r\} = \operatorname{Ker} f^p.\end{aligned}$$

L'unicité est évidente. □

Remarque 1. — Les propriétés vérifiées par r montrent que l'indice r de f est aussi l'unique entier naturel vérifiant

$$\forall q < r, \quad \dim \operatorname{Ker} f^q < \dim \operatorname{Ker} f^r \quad \text{et} \quad \forall q \geq r, \quad \dim \operatorname{Ker} f^q = \dim \operatorname{Ker} f^r.$$

— Si f est nilpotente, l'indice r de f n'est autre que $\inf\{p \mid f^p = 0\}$, c'est-à-dire l'indice de nilpotence de f.
— On peut montrer que si r est l'indice de f, alors

$$\operatorname{Ker} f^r \oplus \operatorname{Im} f^r = E.$$

— L'indice r de f vérifie aussi la propriété

$$E = \operatorname{Im} f^0 \supsetneq \operatorname{Im} f \supsetneq \cdots \supsetneq \operatorname{Im} f^r = \operatorname{Im} f^{r+1} = \operatorname{Im} f^{r+2} = \cdots = \operatorname{Im} f^q = \cdots.$$

— Ces résultats sont à rapprocher de celui de la question 1/ a) du problème 2 page 155.

THÉORÈME 1. *Soit $f \in \mathcal{L}(E)$ tel que son polynôme caractéristique P_f soit scindé sur $\mathbb{K}$: $P_f = (-1)^n \prod_{i=1}^{s} (X - \lambda_i)^{\alpha_i}$. Alors*

(i) Le polynôme minimal Π_f *de* f *est de la forme*

$$\Pi_f(X) = \prod_{i=1}^{s}(X - \lambda_i)^{r_i} \quad avec \quad \forall i, 1 \leq r_i \leq \alpha_i.$$

(ii) L'ordre de multiplicité r_i *de* λ_i *dans* Π_f *est l'indice de l'endomorphisme* $(f - \lambda_i \operatorname{Id}_E)$.

Démonstration. (i) est démontré à la remarque 6 page 187.
(ii) Pour alléger les notations, nous allons montrer (ii) pour $i = 1$. On pose $Q = \prod_{i=2}^{s}(X - \lambda_i)^{r_i}$, de sorte que $\Pi_f = (X - \lambda_1)^{r_1}Q$. Comme $(X - \lambda_1)^{r_1}$ et Q sont premiers entre eux, on a, en appliquant le théorème de décomposition des noyaux (voir le théorème 1 page 185),

$$E = \operatorname{Ker}(f - \lambda_1 \operatorname{Id})^{r_1} \oplus M \quad \text{avec} \quad M = \operatorname{Ker} Q(f).$$

On en déduit $\dim \operatorname{Ker}(f - \lambda_1 \operatorname{Id})^{r_1} + \dim M = n \quad (*)$.

Soit q un entier naturel. On pose $P = (X - \lambda_1)^q Q$. En appliquant le théorème de décomposition des noyaux, on a

$$\operatorname{Ker} P(f) = \operatorname{Ker}(f - \lambda_1 \operatorname{Id})^q \oplus \operatorname{Ker} Q(f) = \operatorname{Ker}(f - \lambda_1 \operatorname{Id})^q \oplus M.$$

On en déduit $\dim \operatorname{Ker}(f - \lambda_1 \operatorname{Id})^q + \dim M = \dim \operatorname{Ker} P(f) \quad (**)$.

— Si $q \geq r_1$, alors Π_f divise P donc $P(f) = 0$, i.e $\operatorname{Ker} P(f) = E$, donc avec $(*)$ et $(**)$, on tire $\dim \operatorname{Ker}(f - \lambda_1 \operatorname{Id})^q = \dim \operatorname{Ker}(f - \lambda_1 \operatorname{Id})^{r_1}$.
— Si maintenant $q < r_1$, alors Π_f ne divise pas P, donc $P(f) \neq 0$, i.e $\operatorname{Ker} P(f) \neq E$, et d'après $(*)$ et $(**)$, on tire $\dim \operatorname{Ker}(f - \lambda_1 \operatorname{Id})^q < \dim \operatorname{Ker}(f - \lambda_1 \operatorname{Id})^{r_1}$.

On en déduit que l'indice de l'endomorphisme $f - \lambda_1 \operatorname{Id}_E$ est r_1 (voir la remarque 1). □

Remarque 2. — En conséquence, les sous-espaces caractéristiques N_i de f sont égaux à $\operatorname{Ker}(f - \lambda_i)^{r_i}$.
— Pour tout i, r_i est aussi l'indice de nilpotence de l'endomorphisme $f_{|N_i} - \lambda_i \operatorname{Id}_{N_i}$.
— Ce théorème permet de calculer le polynôme minimal de f : on commence par calculer le polynôme caractéristique de f, puis on calcule ensuite pour tout i l'indice de $f - \lambda_i \operatorname{Id}$ (dans la pratique, les calculs peuvent être longs).

4.2. Décomposition de Dunford

Nous allons maintenant donner une nouvelle réduction plus poussée que la simple trigonalisation (mais moins que la réduction de Jordan), appelée *décomposition de Dunford*. Nous donnerons deux moyens d'y parvenir.

→ THÉORÈME 2 (DÉCOMPOSITION DE DUNFORD). *Soit* $f \in \mathcal{L}(E)$ *tel que le polynôme caractéristique* P_f *de* f *est scindé sur* $\mathbb{K}$. *Il existe un unique couple* $(d, n) \in (\mathcal{L}(E))^2$ *avec* d *diagonalisable et* n *nilpotente, tel que*

$$(i) \quad f = d + n \qquad (ii) \quad n \circ d = d \circ n.$$

Démonstration. On écrit $P_f = (-1)^n \prod_{i=1}^{s}(X - \lambda_i)^{\alpha_i}$, et pour tout i, on note $N_i = \operatorname{Ker}(f - \lambda_i \operatorname{Id})^{\alpha_i}$ les sous-espaces caractéristiques de f.
Existence. Comme $E = N_1 \oplus \cdots \oplus N_s$, il suffit de définir d et n sur chaque N_i. On les définit comme suit :

$$\forall i, \forall x \in N_i, \quad d(x) = \lambda_i x \quad \text{et} \quad n(x) = f(x) - \lambda_i x.$$

Autrement dit, pour tout i on a $d_i = d_{|N_i} = \lambda_i \operatorname{Id}_{N_i}$ et $n_i = n_{|N_i} = f_{|N_i} - \lambda_i \operatorname{Id}_{N_i}$. Les d_i et n_i sont des endomorphismes de N_i car N_i est stable par f donc par d et n.

Ainsi définie, d est diagonalisable. Pour tout i, on a $n_i^{\alpha_i} = 0$ (puisque par définition de N_i, pour tout $x \in N_i$, $(f - \lambda_i \operatorname{Id})^{\alpha_i}(x) = 0$). Si $\alpha = \sup_i \alpha_i$, n^α s'annule donc sur chaque N_i donc sur $E = \oplus_{i=1}^{s} N_i$, c'est-à-dire $n^\alpha = 0$.

Il reste à montrer que d et n commutent. Pour tout i, on a $d_i = \lambda_i \operatorname{Id}_{N_i}$ donc $n_i \circ d_i = d_i \circ n_i$, c'est-à-dire que d et n commutent sur chaque N_i, donc sur $E = \oplus_{i=1}^{s} N_i$.

Unicité. Soit (d', n') un autre couple vérifiant les conditions. On remarque d'abord que $f \circ d' = d' \circ f$, donc pour tout i, N_i est stable par d' (pour tout $x \in N_i$, $(f - \lambda_i \operatorname{Id})^{\alpha_i}[d'(x)] = d' \circ (f - \lambda_i \operatorname{Id})^{\alpha_i}(x) = 0$). Comme $d_{|N_i} = \lambda_i \operatorname{Id}_{N_i}$, on en déduit que $d \circ d' = d' \circ d$ sur N_i. Ceci étant vrai pour tout i, comme $E = \oplus_{i=1}^s N_i$, on en déduit que d et d' commutent. De plus d et d' sont diagonalisables, on peut donc les diagonaliser dans une même base, ce qui prouve que $d' - d$ est diagonalisable.

Comme $n = f - d$, $n' = f - d'$ et que $d \circ d' = d' \circ d$, n et n' commutent. Si on choisit p et q tels que $n^p = n'^q = 0$, on a donc

$$(n - n')^{p+q} = \sum_{i+j=p+q} \binom{p+q}{i} n^i (-1)^j n'^j = 0$$

(dans chaque terme de la somme, on a soit $i \geq p$, soit $j \geq q$). Donc $n - n' = d' - d$ est nilpotent. Or nous avions montré que $d' - d$ est diagonalisable, donc $d' - d = 0$. Autrement dit, $d = d'$ et donc $n = n'$. □

Conséquence. Soit $f \in \mathcal{L}(E)$ avec $P_f = (-1)^n \prod_{i=1}^s (X - \lambda_i)^{\alpha_i}$ scindé sur $\mathbb{K}$. Reprenons les notations utilisées dans la démonstration. Pour tout i, $f_i = f_{|N_i} \in \mathcal{L}(N_i)$ est trigonalisable et λ_i est sa seule valeur propre (car $f_i - \lambda_i \operatorname{Id}_{N_i} = n_i$ est nilpotente) et donc il existe une base B_i de N_i dans laquelle la matrice de f_i a la forme

$$[f_i]_{B_i} = A_i = \begin{pmatrix} \lambda_i & & (\times) \\ & \ddots & \\ (0) & & \lambda_i \end{pmatrix}.$$

Comme $E = \oplus_{i=1}^s N_i$, on voit que $B = (B_1, \dots, B_s)$ est une base de E dans laquelle la matrice de f a la forme

$$[f]_B = \begin{pmatrix} A_1 & & (0) \\ & \ddots & \\ (0) & & A_s \end{pmatrix}.$$

Cette réduction est plus poussée que la simple trigonalisation que nous avions vue au théorème 3 page 174.

Un autre moyen d'aboutir à la décomposition de Dunford. Nous présentons une autre technique pour aboutir à la décomposition de Dunford, qui présente l'avantage de montrer que les endomorphismes d et n sont des polynômes en f. Nous aurons besoin pour cela d'un résultat préliminaire qui fait l'objet de la proposition ci dessous.

PROPOSITION 1. *Soit $f \in \mathcal{L}(E)$ et $F \in \mathbb{K}[X]$ un polynôme annulateur de f. Soit $F = \beta M_1^{\alpha_1} \cdots M_s^{\alpha_s}$ la décomposition en facteurs irréductibles de $\mathbb{K}[X]$ du polynôme F. Pour tout i, on note $N_i = \operatorname{Ker} M_i^{\alpha_i}(f)$. On a alors $E = N_1 \oplus \cdots \oplus N_s$ et pour tout i, la projection sur N_i parallèlement à $\oplus_{j \neq i} N_j$ est un polynôme en f.*

Démonstration. La propriété $E = N_1 \oplus \cdots \oplus N_s$ résulte du théorème de décomposition des noyaux.

Pour tout i, notons $Q_i = \prod_{j \neq i} M_j^{\alpha_j}$. Aucun facteur n'est commun à tous les Q_i, c'est-à-dire que les Q_i sont premiers entre eux dans leur ensemble. En appliquant l'égalité de Bezout, on voit qu'il existe $U_1, \dots, U_s \in \mathbb{K}[X]$ tels que $U_1 Q_1 + \cdots + U_s Q_s = 1$, de sorte que

$$\operatorname{Id}_E = U_1(f) \circ Q_1(f) + \cdots + U_s(f) \circ Q_s(f).$$

Pour tout i, on note $P_i = U_i Q_i$ et $p_i = P_i(f)$. On a $\operatorname{Id} = \sum_{i=1}^s p_i \quad (*)$. Par ailleurs, pour tout $j \neq i$, F divise $Q_i Q_j$ donc

$$\forall j \neq i, \qquad p_i \circ p_j = Q_i Q_j(f) \circ U_i U_j(f) = 0. \qquad (**)$$

On déduit de $(*)$ que pour tout i, $p_i = \sum_{i=1}^s p_i \circ p_j$ et donc d'après $(**)$, $p_i = p_i^2$. Les p_i sont donc des projecteurs.

– Montrons que pour tout i, $\operatorname{Im} p_i = N_i$.

Soit $y = p_i(x) \in \operatorname{Im} p_i$. On a

$$M_i^{\alpha_i}(f)(y) = M_i^{\alpha_i}(f) \circ P_i(f)(x) = U_i(f) \circ F(f)(x) = 0,$$

ce qui prouve que $\operatorname{Im} p_i \subset \operatorname{Ker} M_i^{\alpha_i}(f) = N_i$.

Il reste à montrer l'inclusion réciproque. Soit $x \in N_i = \operatorname{Ker} M_i^{\alpha_i}(f)$. D'après $(*)$, $x = p_1(x) + \cdots + p_s(x)$. Or pour tout $j \neq i$, $p_j(x) = U_j(f) \circ Q_j(f)(x) = 0$ car $M_i^{\alpha_i}$ divise Q_j, donc finalement $x = p_i(x) \in \operatorname{Im} p_i$. Donc $\operatorname{Im} p_i = N_i$.

– Il ne reste plus qu'à montrer que pour tout i, $\operatorname{Ker} p_i = \oplus_{j\neq i} N_j$.

Pour tout $j \neq i$, on a $N_j \subset \operatorname{Ker} p_i$ car si $x \in N_j$, alors $p_i(x) = U_i(f) \circ Q_i(f)(x) = 0$ car $M_j^{\alpha_j}$ divise Q_j. On en déduit que $\oplus_{j\neq i} N_j \subset \operatorname{Ker} p_i$.

Soit maintenant $x \in \operatorname{Ker} p_i$. D'après $(*)$, $x = \sum_{j\neq i} p_j(x)$ donc $x \in \oplus_{j\neq i} N_j$. Finalement, $\operatorname{Ker} p_i = \oplus_{j\neq i} N_j$.

La démonstration est terminée puisque par construction, les projecteurs p_i sont des polynômes en f. □

→ THÉORÈME 3 (DÉCOMPOSITION DE DUNFORD, BIS). *Soit un endomorphisme $f \in \mathcal{L}(E)$ tel que son polynôme caractéristique P_f soit scindé sur $\mathbb{K}$. Il existe un unique couple (d, n) d'endomorphismes tel que*

(i) d est diagonalisable, n est nilpotente.

(ii) $f = d + n$ et $d \circ n = n \circ d$.

De plus, d et n sont des polynômes en f.

Démonstration. Existence. Écrivons $P_f = (-1)^n \prod_{i=1}^s (X - \lambda_i)^{\alpha_i}$ et pour tout i, notons $N_i = \operatorname{Ker}(f - \lambda_i)^{\alpha_i}$. La proposition précédente s'applique avec $F = P_f$ et pour tout i, $M_i = (X - \lambda_i)$. En utilisant les notations précédentes, pour tout i, $p_i = P_i(f)$ est le projecteur sur N_i parallèlement à $\oplus_{j\neq i} N_j$. Posons $d = \sum_{i=1}^s \lambda_i p_i$ (ainsi construit, d est diagonalisable) et $n = f - d = \sum_{i=1}^s (f - \lambda_i \operatorname{Id}) p_i$. En utilisant le fait que les p_i sont des projecteurs, que $p_i \circ p_j = 0$ si $i \neq j$, et que les p_i commutent avec f (ce sont des polynômes en f), on obtient facilement par récurrence sur q

$$\forall q \in \mathbb{N}^*, \qquad n^q = \sum_{i=1}^s (f - \lambda_i \operatorname{Id})^q p_i.$$

Or si $q = \sup_i \alpha_i$, on a $(f - \lambda_i \operatorname{Id})^q p_i = [(X - \lambda_i)^q P_i](f) = 0$ pour tout i car P_f divise $(X - \lambda_i)^q P_i$, donc $n^q = 0$.

Ainsi construits, d et n sont des polynômes en f vérifiant (i) et (ii).

Unicité. Soit (d', n') un autre couple vérifiant (i) et (ii). Les endomorphismes d' et n' commutent avec $d' + n' = f$ donc avec d et n qui sont des polynômes en f. Ainsi, d et d' sont diagonalisables dans une même base, ce qui entraîne que $d - d'$ est diagonalisable. Comme $d - d' = n' - n$ est nilpotente (on montre ceci comme dans la démonstration du théorème 2), on en déduit que $d - d' = n' - n = 0$. □

Calcul pratique de la décomposition de Dunford. Nous allons donner un moyen pratique de calculer les endomorphismes d et n donnés par la décomposition de Dunford. Nous allons pour cela calculer les projecteurs p_i, et il suffira ensuite d'écrire que

$$d = \sum_{i=1}^s \lambda_i p_i \quad \text{et} \quad n = f - d.$$

Commençons par remarquer que dans la démonstration du théorème précédent (partie *existence*), on aurait pu remplacer P_f par n'importe quel polynôme F annulant f et ayant les mêmes facteurs premiers que P_f, en particulier par le polynôme minimal Π_f de f. Si $F = \prod_{i=1}^s (X - \lambda_i)^{r_i}$ est un tel polynôme, on commence par décomposer $1/F$ en éléments simples dans $\mathbb{K}(X)$:

$$\frac{1}{F}=\sum_{i=1}^{s}\left[\sum_{j=1}^{r_i}\frac{x_{i,j}}{(X-\lambda_i)^j}\right].$$

Pour tout i, on pose ensuite $U_i=\sum_{j=1}^{r_i}x_{i,j}(X-\lambda_i)^{r_i-j}$, de sorte que

$$\frac{1}{F}=\sum_{i=1}^{s}\frac{U_i}{(X-\lambda_i)^{r_i}}\quad\text{ou encore}\quad 1=\sum_{i=1}^{s}U_iQ_i,$$

où $Q_i=\prod_{j\neq i}(X-\lambda_j)^{r_j}$. Les projecteurs p_i sont alors donnés par $p_i=P_i(f)$ où $P_i=U_iQ_i$ (voir la démonstration de la proposition 1).

Il est en général préférable de prendre pour le polynôme F le polynôme minimal Π_f de f (les degrés des polynômes intermédiaires sont moins élevés). Mais le calcul de Π_f peut être assez long, c'est pourquoi on choisit parfois de prendre $F=P_f$.

Application au calcul d'exponentielle. L'écriture $f=d+n$ donnée par la décomposition de Dunford est intéressante car d et n commutant, on peut utiliser la formule du binôme pour calculer f^p :

$$f^p=(d+n)^p=\sum_{k=0}^{p}\binom{p}{k}d^k\circ n^{p-k}.$$

Dans l'expression ci dessus, on peut retirer les termes de la somme pour lesquels $p-k$ est plus grand que l'indice de nilpotence de n.

Un autre intérêt est le calcul d'exponentielle. En effet, d et n commutant, on a $\exp(f)=\exp(d+n)=\exp(d)\exp(n)$. Le calcul de $\exp(d)$ est simple si une base B de diagonalisation de d est connue :

$$\text{si } [d]_B=\begin{pmatrix}\lambda_1 & & (0)\\ & \ddots & \\ (0) & & \lambda_n\end{pmatrix},\quad [\exp(d)]_B=\exp([d]_B)=\begin{pmatrix}e^{\lambda_1} & & (0)\\ & \ddots & \\ (0) & & e^{\lambda_n}\end{pmatrix}.$$

Quant à $\exp(n)$, il suffit d'écrire $\exp(n)=\sum_{p=0}^{q-1}\frac{1}{p!}n^p$ où q est l'indice de nilpotence de n.

Dans la pratique, on calcule d et n grâce à la méthode décrite plus haut. Avec les notations précédentes, rappelons que

$$d=\sum_{i=1}^{s}\lambda_ip_i\quad\text{et}\quad n=\sum_{i=1}^{s}(f-\lambda_i\,\mathrm{Id})\,p_i.$$

On peut alors calculer $\exp(f)$ sans diagonaliser d, à partir des projecteurs p_i. En effet, les relations sur les p_i entraînent que pour tout p, $d^p=\sum_{i=1}^{s}\lambda_i^p\,p_i$ donc

$$\exp(d)=\sum_{p=0}^{+\infty}\frac{d^p}{p!}=\sum_{p=0}^{+\infty}\left[\sum_{i=1}^{s}\frac{\lambda_i^p}{p!}p_i\right]=\sum_{i=1}^{s}\left[\sum_{p=0}^{+\infty}\frac{\lambda_i^p}{p!}\right]p_i=\sum_{i=1}^{s}e^{\lambda_i}p_i.$$

Par ailleurs,

$$\exp(n)=\sum_{p=0}^{+\infty}\frac{n^p}{p!}=\sum_{p=0}^{+\infty}\left[\sum_{i=1}^{s}\frac{(f-\lambda_i\,\mathrm{Id})^p}{p!}p_i\right]=\sum_{i=1}^{s}\left[\sum_{p=0}^{r_i-1}\frac{(f-\lambda_i\,\mathrm{Id})^p}{p!}\right]p_i.$$

Finalement, on en déduit

$$\exp(f) = \exp(d)\exp(n) = \sum_{i=1}^{s} e^{\lambda_i} \left[\sum_{p=0}^{r_i - 1} \frac{(f - \lambda_i \operatorname{Id})^p}{p!} \right] p_i.$$

(Un calcul d'exponentielle de matrice est traité à l'exercice 1 page 209).

4.3. Réduction de Jordan

Nous allons maintenant donner une réduction encore plus poussée que la précédente, appelée *réduction de Jordan*. En un certain sens, la réduction de Jordan est la plus poussée que l'on puisse obtenir. Il existe cependant d'autres types de réduction qui ont aussi leurs avantages et qui s'utilisent dans des circonstances différentes (voir l'annexe B).

La réduction de Jordan ne figure pas au programme des classes de mathématiques spéciales. Cependant, les techniques utilisées dans sa démonstration sont très classiques et leurs connaissances permettent de répondre à beaucoup de problèmes.

Réduction de Jordan d'un endomorphisme nilpotent. Nous allons commencer par donner la réduite de Jordan d'un endomorphisme nilpotent. Nous verrons par la suite que la réduction d'un endomorphisme quelconque s'en déduit facilement.

THÉORÈME 4 (RÉDUCTION DE JORDAN D'UN ENDOMORPHISME NILPOTENT). *Soit $u \in \mathcal{L}(E)$ un endomorphisme nilpotent. Alors il existe une base B de E dans laquelle la matrice de u a la forme*

$$[u]_B = \begin{pmatrix} 0 & v_1 & & (0) \\ \vdots & \ddots & \ddots & \\ \vdots & & \ddots & v_{n-1} \\ 0 & \cdots & \cdots & 0 \end{pmatrix} \qquad \textit{avec} \quad \forall i,\ v_i \in \{0, 1\}.$$

Démonstration. Soit $r \in \mathbb{N}^*$ l'indice de nilpotence de u, de sorte que $u^{r-1} \neq 0$ et $u^r = 0$. Pour tout $i \in \mathbb{N}$, on note $F_i = \operatorname{Ker}(u^i)$.

1) Montrons que

(i) $\{0\} = F_0 \subsetneq F_1 \subsetneq \cdots \subsetneq F_{r-1} \subsetneq F_r = E$.

(ii) Pour tout $i \in \mathbb{N}$, $1 \leq i \leq r$, $u(F_i) \subset F_{i-1}$.

La partie (i) résulte de la définition 2, car r n'est autre que l'indice de u (voir la remarque 1).

Montrons (ii). Soit $i \in \mathbb{N}$, $1 \leq i \leq r$. Pour tout $x \in F_i$, $u^{i-1}[u(x)] = u^i(x) = 0$ donc $u(x) \in F_{i-1}$. Donc $u(F_i) \subset F_{i-1}$.

2) Nous allons maintenant montrer l'existence de s.e.v $G_1, \ldots, G_r$ et $H_1, \ldots, H_{r-1}$ de E tels que

(i) $\forall i$, $1 \leq i \leq r$, $F_i = G_i \oplus F_{i-1}$.

(ii) $\forall i$, $1 \leq i \leq r-1$, u applique injectivement G_{i+1} dans G_i.

(iii) $\forall i, 1 \leq i \leq r-1$, $G_i = u(G_{i+1}) \oplus H_i$.

Soit G_r un supplémentaire de F_{r-1} dans F_r, de sorte que $F_r = G_r \oplus F_{r-1}$. On a

$$\begin{cases} (\operatorname{Ker} u) \cap G_r = F_1 \cap G_r \subset F_{r-1} \cap G_r = \{0\} \\ u(G_r) \subset u(F_r) \subset F_{r-1} \end{cases}$$

donc u applique injectivement G_r dans F_{r-1}.

$u(G_r) \cap F_{r-2} = \{0\}$. En effet, soit $x \in u(G_r) \cap F_{r-2}$. Il existe $y \in G_r$ tel que $u(y) = x$, et on a $0 = u^{r-2}(x) = u^{r-1}(y)$, donc $y \in F_{r-1} \cap G_r = \{0\}$, donc $y = 0$, donc $x = u(y) = 0$.

On a donc $u(G_r) \oplus F_{r-2} \subset F_{r-1}$. Il existe donc un s.e.v H_{r-1} tel que $u(G_r) \oplus F_{r-2} \oplus H_{r-1} = F_{r-1}$. Si on pose $G_{r-1} = u(G_r) \oplus H_{r-1}$, on a donc $F_{r-1} = G_{r-1} \oplus F_{r-2}$, et u applique injectivement G_r dans G_{r-1}.

Ainsi (i), (ii) et (iii) sont démontrés pour $i = r - 1$. Pour montrer (i), (ii) et (iii) pour $i \in \{1, \dots, r-2\}$, nous allons utiliser une récurrence descendante. Supposons le résultat prouvé pour $i + 1 \in \{2, \dots, r - 1\}$ et montrons le pour i.

On s'intéresse au comportement de u sur G_{i+1}. On a

$$\begin{cases} (\operatorname{Ker} u) \cap G_{i+1} = F_1 \cap G_{i+1} \subset F_i \cap G_{i+1} = \{0\} \\ u(G_{i+1}) \subset u(F_{i+1}) \subset F_i \end{cases}$$

donc u applique injectivement G_{i+1} dans F_i.

$u(G_{i+1}) \cap F_{i-1} = \{0\}$. En effet, soit $x \in u(G_{i+1}) \cap F_{i-1}$. Il existe $y \in G_{i+1}$ tel que $x = u(y)$. Or $x \in F_{i-1}$ donc $0 = u^{i-1}(x) = u^i(y)$, d'où $y \in F_i \cap G_{i+1} = \{0\}$, c'est-à-dire $y = 0$, donc $x = u(y) = 0$.

On a donc $u(G_{i+1}) \oplus F_{i-1} \subset F_i$. On peut donc trouver un s.e.v H_i tel que $u(G_{i+1}) \oplus F_{i-1} \oplus H_i = F_i$. On pose alors $G_i = u(G_{i+1}) \oplus H_i$, de sorte que $F_i = G_i \oplus F_{i-1}$ et u applique injectivement G_{i+1} dans G_i.

Les s.e.v $G_r, \dots, G_1$ et $H_{r-1}, \dots, H_1$ sont ainsi construits de proche en proche. Les propriétés (i) et (iii) à l'ordre 1 sont

$$\begin{cases} \operatorname{Ker} u = F_1 = G_1 \oplus F_0 = G_1 \oplus \{0\} = G_1 \\ G_1 = u(G_2) \oplus H_1 \end{cases}.$$

En résumé, la suite $G_1, \dots, G_r$ vérifie

$$\begin{cases} E = G_r \oplus G_{r-1} \oplus \cdots \oplus G_1 \\ G_1 = F_1 = \operatorname{Ker} u \\ \forall i, 2 \leq i \leq r,\ u \text{ applique injectivement } G_i \text{ dans } G_{i-1} \end{cases}.$$

3) Partant d'une base $\varepsilon_{i,1}, \dots, \varepsilon_{i,s_i}$ de G_i, $u(\varepsilon_{i,1}), \dots, u(\varepsilon_{i,s_i})$ est une famille libre de G_{i-1} que l'on peut compléter par $\varepsilon_{i-1,1}, \dots, \varepsilon_{i-1,s_{i-1}}$ pour obtenir une base de G_{i-1}. Nous obtenons en réunissant toutes ces bases une base de E que nous pouvons écrire sous la forme du tableau à double entrée suivant.

G_r	$e_{r,1}$	$\cdots$	e_{r,s_r}								
G_{r-1}	$u(e_{r,1})$	$\cdots$	$u(e_{r,s_r})$	$e_{r-1,1}$	$\cdots$	$e_{r-1,s_{r-1}}$					
G_{r-2}	$u^2(e_{r,1})$	$\cdots$	$u^2(e_{r,s_r})$	$u(e_{r-1,1})$	$\cdots$	$u(e_{r-1,s_{r-1}})$	$e_{r-2,1}$	$\cdots$			
$\cdots$	$\cdots$	$\cdots$	$\cdots$	$\cdots$	$\cdots$	$\cdots$	$\cdots$	$\cdots$			
G_1	$u^{r-1}(e_{r,1})$	$\cdots$	$u^{r-1}(e_{r,s_r})$	$u^{r-2}(e_{r-1,1})$	$\cdots$	$u^{r-2}(e_{r-1,s_{r-1}})$	$u^{r-3}(e_{r-2,1})$	$\cdots$	$e_{1,1}$	$\cdots$	e_{1,s_1}

4) En lisant le tableau précédent colonne par colonne, de bas en haut puis de gauche à droite, nous obtenons un nouvel ordre $(e_1, \dots, e_n)$ des vecteurs de cette base. On voit alors que $u(e_j) = e_{j-1}$ si e_j n'est pas situé sur la dernière ligne, $u(e_j) = 0$ si e_j est situé sur la dernière ligne. La base $B = (e_1, \dots, e_n)$ convient donc pour le théorème. □

Remarque 3. Une autre manière de voir les choses est de remarquer que $[u]_B$ est constituée de blocs nuls et de blocs de la forme

$$\begin{pmatrix} 0 & 1 & & (0) \\ \vdots & \ddots & \ddots & \\ \vdots & & \ddots & 1 \\ 0 & \cdots & \cdots & 0 \end{pmatrix}$$

centrés sur sa diagonale principale.

– On peut aussi obtenir la réduction de Jordan d'un endomorphisme nilpotent dans le cadre de la théorie des invariants de similitude (voir l'annexe B page 400).

THÉORÈME 5 (RÉDUCTION DE JORDAN D'UN ENDOMORPHISME). *Soit $f \in \mathcal{L}(E)$ tel que son polynôme caractéristique P_f soit scindé sur $\mathbb{K}$:*

$$P_f = (-1)^n \prod_{i=1}^{s} (X - \lambda_i)^{\alpha_i}, \qquad (\lambda_i \neq \lambda_j \text{ si } i \neq j).$$

Alors il existe une base B de E dans laquelle la matrice de f ait la forme

$$[f]_B = \begin{pmatrix} A_1 & & 0 \\ & A_2 & \\ 0 & & \ddots \\ & & & A_s \end{pmatrix}, \quad \text{où} \quad \forall i, A_i = \begin{pmatrix} \lambda_i & v_{i,1} & & (0) \\ 0 & \lambda_i & \ddots & \\ \vdots & \ddots & \ddots & v_{i,\alpha_i-1} \\ 0 & \cdots & 0 & \lambda_i \end{pmatrix} \in \mathcal{M}_{\alpha_i}(\mathbb{K})$$

avec pour tout (i,j), $v_{i,j} \in \{0,1\}$.

Démonstration. Pour tout i, on note $N_i = \operatorname{Ker}(f - \lambda_i \operatorname{Id})^{\alpha_i}$ les sous-espaces caractéristiques de f. On a $E = N_1 \oplus \cdots \oplus N_s$ et les N_i sont stables par f. Pour tout i, on pose $f_i = f_{|N_i}$. On a $f_i \in \mathcal{L}(N_i)$ et $(f_i - \lambda_i \operatorname{Id})^{\alpha_i} = 0$, donc $n_i = f_i - \lambda_i \operatorname{Id}$ est nilpotent. D'après le théorème précédent, il existe donc une base B_i de N_i telle que

$$[n_i]_{B_i} = \begin{pmatrix} 0 & v_{i,1} & & (0) \\ \vdots & \ddots & \ddots & \\ \vdots & & \ddots & v_{i,\alpha_i-1} \\ 0 & \cdots & \cdots & 0 \end{pmatrix} \quad \text{donc} \quad [f_i]_{B_i} = [\lambda_i \operatorname{Id}_{N_i} + n_i]_{B_i} = \begin{pmatrix} \lambda_i & v_{i,1} & & (0) \\ 0 & \lambda_i & \ddots & \\ \vdots & \ddots & \ddots & v_{i,\alpha_i-1} \\ 0 & \cdots & 0 & \lambda_i \end{pmatrix}$$

avec pour tout j, $1 \leq j \leq \alpha_i - 1$, $v_{i,j} \in \{0,1\}$. Comme $E = N_1 \oplus \cdots \oplus N_s$, on voit que $B = (B_1, \ldots, B_s)$ est une base de E et que

$$[f]_B = \begin{pmatrix} [f_1]_{B_1} & & (0) \\ & \ddots & \\ (0) & & [f_s]_{B_s} \end{pmatrix}$$

d'où le résultat en posant, pour tout i, $A_i = [f_i]_{B_i}$. □

Remarque 4. Ce théorème peut aussi s'interpréter comme suit : $[f]_B$ est constituée de blocs de taille 1 du type (λ_i) ou de taille > 1 du type

$$\begin{pmatrix} \lambda_i & 1 & & (0) \\ 0 & \lambda_i & \ddots & \\ \vdots & \ddots & \ddots & 1 \\ 0 & \cdots & 0 & \lambda_i \end{pmatrix}$$

centrés sur sa diagonale principale.

4.4. Exercices

EXERCICE 1. Calculer l'exponentielle de la matrice

$$M = \begin{pmatrix} 1 & 4 & -2 \\ 0 & 6 & -3 \\ -1 & 4 & 0 \end{pmatrix} \in \mathcal{M}_3(\mathbb{R}).$$

Solution. Le polynôme caractéristique de M est $P_M = -(X-2)^2(X-3)$. Les valeurs propres de M sont donc $\lambda_1 = 2$ et $\lambda_2 = 3$. Pour calculer l'exponentielle de M, nous allons utiliser la méthode décrite page 206, en employant les mêmes notations. On part ici du polynôme annulateur $F = (X-2)^2(X-3)$. On a ici $Q_1 = (X-3)$ et $Q_2 = (X-2)^2$. On recherche maintenant

$U_1, U_2 \in \mathbb{R}[X]$ tels que $U_1Q_1 + U_2Q_2 = 1$. On effectue pour cela la décomposition de $1/F$ en éléments simples. Après calculs, on trouve

$$\frac{1}{F} = \frac{1}{(X-2)^2(X-3)} = -\frac{1}{X-2} - \frac{1}{(X-2)^2} + \frac{1}{X-3} = \frac{1}{X-3} - \frac{X-1}{(X-2)^2}$$

donc $(X-2)^2 - (X-1)(X-3) = 1$, et donc $U_1 = -(X-1)$ et $U_2 = 1$ conviennent. Si maintenant $P_1 = U_1Q_1 = -(X-1)(X-3)$ et $P_2 = U_2Q_2 = (X-2)^2$, les projecteurs p_1 et p_2 sont donnés par $p_1 = P_1(M)$ et $p_2 = P_2(M)$. On sait alors que

$$\exp(M) = e^{\lambda_1}\left(I_3 + \frac{1}{1!}(M - 2I_3)\right)p_1 + e^{\lambda_2}p_2 = e^2(M - I_3)p_1 + e^3p_2.$$

Un calcul donne

$$p_1 = P_1(M) = -(M - I_3)(M - 3I_3) = \begin{pmatrix} -2 & -4 & 6 \\ -3 & -3 & 6 \\ -3 & -4 & 7 \end{pmatrix}$$

et

$$p_2 = P_2(M) = (M - 2I_3)^2 = \begin{pmatrix} 3 & 4 & -6 \\ 3 & 4 & -6 \\ 3 & 4 & -6 \end{pmatrix},$$

(au passage, on vérifie que $p_1 + p_2 = I_3$), donc

$$\exp(M) = \begin{pmatrix} -6e^2 + 3e^3 & -4e^2 + 4e^3 & 10e^2 - 6e^3 \\ -6e^2 + 3e^3 & -3e^2 + 4e^3 & 9e^2 - 6e^3 \\ -7e^2 + 3e^3 & -4e^2 + 4e^3 & 11e^2 - 6e^3 \end{pmatrix}.$$

EXERCICE 2. Soit $M \in \mathcal{M}_n(\mathbb{C})$. Donner une condition nécessaire et suffisante sur la matrice M pour que $\lim_{t\to+\infty} e^{tM} = 0$.

Solution. Nous allons montrer que $\lim_{t\to+\infty} e^{tM} = 0$ si et seulement si pour toute valeur propre λ de M, la partie réelle $\Re(\lambda)$ de λ vérifie $\Re(\lambda) < 0$.

Condition nécessaire. Supposons que $\lim_{t\to+\infty} e^{tM} = 0$. Soit λ une valeur propre de M, et X un vecteur propre associé. On a facilement

$$\forall p \in \mathbb{N}, \qquad M^pX = \lambda^pX$$

donc

$$\forall t \in \mathbb{R}, \qquad e^{tM}X = \sum_{p=0}^{+\infty} \frac{t^p}{p!}M^pX = \sum_{p=0}^{+\infty} \frac{t^p}{p!}\lambda^pX = e^{t\lambda}X.$$

Ainsi, $\lim_{t\to\infty} e^{t\lambda} = 0$, ce qui entraîne $\Re(\lambda) < 0$.

Condition suffisante. Supposons que pour toute valeur propre λ de M, on ait $\Re(\lambda) < 0$. Si $A = (a_{i,j})_{1\le i,j\le n} \in \mathcal{M}_n(\mathbb{C})$, on pose $\|A\| = \sum_{i,j} |a_{i,j}|$. La norme $\|\cdot\|$ est une norme d'algèbre sur $\mathcal{M}_n(\mathbb{C})$.

D'après le théorème 2, on peut écrire $M = D + N$ avec D diagonalisable, N nilpotente et $DN = ND$. Comme D et N commutent, on a $\exp(M) = \exp(D)\exp(N)$. Soit $P \in \mathcal{G}\ell_n(\mathbb{C})$ tel que

$$P^{-1}DP = \begin{pmatrix} \lambda_1 & & (0) \\ & \ddots & \\ (0) & & \lambda_n \end{pmatrix} = D'.$$

Les λ_i sont les valeurs propres de M, et par hypothèse $\mu = \sup_i \Re(\lambda_i) < 0$. On a

$$\forall t \in \mathbb{R}, \quad \exp(tD') = \begin{pmatrix} e^{t\lambda_1} & & (0) \\ & \ddots & \\ (0) & & e^{t\lambda_n} \end{pmatrix} \quad \text{donc} \quad \|\exp(tD')\| = \sum_{i=1}^{n} |e^{t\lambda_i}| \le ne^{t\mu}.$$

Comme $\exp(tD) = P^{-1}\exp(tD')P$, ceci entraîne

$$\|\exp(tD)\| \leq \|P^{-1}\| \cdot ne^{t\mu} \cdot \|P\| = Ke^{t\mu}, \qquad K = n\,\|P^{-1}\| \cdot \|P\| \qquad (*)$$

Maintenant, N étant nilpotente, on a

$$\forall t \geq 0, \quad \exp(tN) = \sum_{k=0}^{n-1} \frac{t^k}{k!} N^k \qquad \text{donc} \qquad \|\exp(tN)\| \leq \sum_{k=0}^{n-1} \frac{t^k}{k!} \|N\|^k = f(t).$$

Avec $(*)$, on peut maintenant écrire

$$\|\exp(tM)\| = \|\exp(tD)\exp(tN)\| \leq \|\exp(tD)\| \cdot \|\exp(tN)\| \leq Ke^{t\mu} f(t).$$

Comme $t \mapsto f(t)$ est polynomiale et $\mu < 0$, on en déduit que $\lim_{t\to+\infty} e^{tM} = 0$.

EXERCICE 3. Soit $M \in \mathcal{M}_n(\mathbb{C})$. Donner une condition nécessaire et suffisante sur M pour que M et $2M$ soient semblables.

Solution. Supposons M et $2M$ semblables. Alors si λ est valeur propre de M, 2λ est valeur propre de $2M$, donc de M (car M est semblable à $2M$). De même, $2(2\lambda)$ est valeur propre de M. On itérant le procédé, on voit ainsi que pour tout $p \in \mathbb{N}$, $2^p\lambda$ est valeur propre de M. M n'ayant qu'un nombre fini de valeurs propres, on doit donc avoir $\lambda = 0$ pour toute valeur propre λ de M. Le corps de base $\mathbb{C}$ étant algébriquement clos, on en déduit que la seule racine du polynôme caractéristique P_M de M est 0, donc $P_M = (-1)^n X^n$, et donc M est nilpotente d'après le théorème de Cayley-Hamilton.

Réciproquement, supposons M nilpotente. Soit f l'endomorphisme de $\mathbb{C}^n$ dont la matrice dans la base canonique B de $\mathbb{C}^n$ est M. On sait (théorème 4) qu'il existe une base $B_1 = (e_1, \ldots, e_n)$ de $\mathbb{C}^n$ telle que

$$[f]_{B_1} = \begin{pmatrix} 0 & v_1 & & (0) \\ 0 & 0 & \ddots & \\ \vdots & & \ddots & v_{n-1} \\ 0 & \cdots & \cdots & 0 \end{pmatrix} \qquad \text{avec} \quad \forall i, v_i \in \{0, 1\}.$$

On note maintenant B_2 la base $B_2 = (e_1, 2e_2, \ldots, 2^{n-1}e_n)$. Pour tout $i \in \{1, \ldots, n-1\}$, on a $f(e_{i+1}) = v_i e_i$ donc $f(2^i e_{i+1}) = (2v_i)(2^{i-1}e_i)$, et donc

$$[f]_{B_2} = \begin{pmatrix} 0 & 2v_1 & & (0) \\ 0 & 0 & \ddots & \\ \vdots & & \ddots & 2v_{n-1} \\ 0 & \cdots & \cdots & 0 \end{pmatrix} = 2[f]_{B_1}$$

donc $2[f]_{B_1}$ et $[f]_{B_1}$ sont semblables, donc $2M$ et M sont semblables.

En résumé, M et $2M$ sont semblables si et seulement si M est nilpotente.

EXERCICE 4 (TOUTE MATRICE EST SEMBLABLE À SA TRANSPOSÉE). **a)** Soit une matrice $M \in \mathcal{M}_n(\mathbb{C})$. Montrer que M et ${}^{\mathrm{t}}M$ sont semblables (on pensera à la réduction de Jordan). **b)** Que dire dans $\mathcal{M}_n(\mathbb{R})$?

Solution. **a)** D'après le théorème 5 et la remarque 4, il existe $Q \in \mathcal{G}\ell_n(\mathbb{C})$ et des nombres complexes α_i tels que

$$M' = Q^{-1}MQ = \begin{pmatrix} M_1 & & (0) \\ & \ddots & \\ (0) & & M_q \end{pmatrix} \qquad \text{avec} \qquad M_i = \begin{pmatrix} \alpha_i & 1 & & (0) \\ 0 & \alpha_i & \ddots & \\ \vdots & \ddots & \ddots & 1 \\ 0 & \cdots & 0 & \alpha_i \end{pmatrix} \text{ ou } (\alpha_i).$$

Pour tout i, on va montrer que M_i et ${}^{\mathrm{t}}M_i$ sont semblables. Soit n_i la taille de la matrice M_i. Si $n_i = 1$ on a $M_i = (\alpha_i)$ donc $M_i = {}^{\mathrm{t}}M_i$ donc M_i et ${}^{\mathrm{t}}M_i$ sont semblables. Si $n_i > 1$, on considère l'endomorphisme f_i de $\mathbb{C}^{n_i}$ dont M_i est la matrice dans la base canonique $B = (e_1, \dots, e_{n_i})$ de $\mathbb{C}^{n_i}$. Soit B' la base $(e_{n_i}, \dots, e_2, e_1)$ de $\mathbb{C}^{n_i}$. On a facilement

$$[f_i]_{B'} = \begin{pmatrix} \alpha_i & 0 & \cdots & 0 \\ 1 & \ddots & \ddots & \vdots \\ & \ddots & \alpha_i & 0 \\ (0) & & 1 & \alpha_i \end{pmatrix} = {}^{\mathrm{t}}[f_i]_B$$

donc ${}^{\mathrm{t}}M_i = [f_i]_{B'}$ est semblable à $M_i = [f_i]_B$.

Pour tout i, on peut donc trouver une matrice P_i inversible telle que ${}^{\mathrm{t}}M_i = P_i^{-1}M_iP_i$. La matrice $P = \begin{pmatrix} P_1 & & 0 \\ & \ddots & \\ 0 & & P_q \end{pmatrix} \in \mathcal{M}_n(\mathbb{C})$ est inversible, son inverse est $P^{-1} = \begin{pmatrix} P_1^{-1} & & 0 \\ & \ddots & \\ 0 & & P_q^{-1} \end{pmatrix}$ et on a

$$P^{-1}M'P = \begin{pmatrix} P_1^{-1}M_1P_1 & & 0 \\ & \ddots & \\ 0 & & P_q^{-1}M_qP_q \end{pmatrix} = \begin{pmatrix} {}^{\mathrm{t}}M_1 & & 0 \\ & \ddots & \\ 0 & & {}^{\mathrm{t}}M_q \end{pmatrix} = {}^{\mathrm{t}}M'$$

ce qui entraîne ${}^{\mathrm{t}}(Q^{-1}MQ) = P^{-1}(Q^{-1}MQ)P$ donc ${}^{\mathrm{t}}M = R^{-1}MR$ avec $R = QP\,{}^{\mathrm{t}}Q$.

b) Dans $\mathcal{M}_n(\mathbb{R})$, on ne peut plus procéder comme plus haut car le corps de base $\mathbb{R}$ n'est pas algébriquement clos et donc on n'est pas assuré de la réduction de Jordan de M.

On s'en tire autrement. Si $M \in \mathcal{M}_n(\mathbb{R}) \subset \mathcal{M}_n(\mathbb{C})$ alors d'après a), il existe $P \in \mathcal{G}\ell_n(\mathbb{C})$ tel que ${}^{\mathrm{t}}M = P^{-1}MP$. On a vu au problème 14 page 167 que deux matrices réelles semblables dans $\mathcal{M}_n(\mathbb{C})$ sont semblables sur $\mathcal{M}_n(\mathbb{R})$, autrement dit, il existe $Q \in \mathcal{G}\ell_n(\mathbb{R})$ tel que ${}^{\mathrm{t}}M = Q^{-1}MQ$.

Remarque. Le résultat de a) reste vrai sur tout corps $\mathbb{K}$ dès que P_M est scindé sur $\mathbb{K}$. On en déduit que pour tout corps $\mathbb{K}$, $M \in \mathcal{M}_n(\mathbb{K})$ est semblable dans $\mathcal{M}_n(\mathbb{L})$ à ${}^{\mathrm{t}}M$ où $\mathbb{L}$ désigne le corps des racines de P_M. Si $\mathbb{K}$ est infini, on en déduit (toujours grâce au résultat du problème 14 page 167) que M et ${}^{\mathrm{t}}M$ sont semblables dans $\mathcal{M}_n(\mathbb{K})$. (En fait, ceci est vrai même si $\mathbb{K}$ est un corps fini — voir l'annexe B, partie 3.2.)

EXERCICE 5 (LOGARITHME D'UNE MATRICE INVERSIBLE). **1/ a)** Soit $M \in \mathcal{G}\ell_n(\mathbb{C})$. Montrer qu'il existe $A \in \mathcal{M}_n(\mathbb{C})$ telle que $\exp(A) = M$.
b) Déterminer l'ensemble des matrices $B \in \mathcal{M}_n(\mathbb{C})$ telles que $\exp(B) = I_n$.

2/ (*Application*). On se donne un entier $p \geq 2$.
a) Soit $A \in \mathcal{G}\ell_n(\mathbb{C})$. Montrer l'existence d'une matrice B telle que $B^p = A$.
b) Lorsque $A \in \mathcal{M}_n(\mathbb{C})$ n'est pas inversible, existe-t-il toujours une matrice B telle que $A = B^p$?

3/ (*Seconde application*). Montrer que $\mathcal{G}\ell_n(\mathbb{C})$ est connexe.

Solution. **1/ a)** D'après la conséquence du théorème 2, M est semblable à une matrice de la forme

$$M' = \begin{pmatrix} B_1 & & & 0 \\ & B_2 & & \\ & & \ddots & \\ 0 & & & B_p \end{pmatrix}, \quad \text{les blocs } B_i \text{ étant de la forme} \quad \begin{pmatrix} \lambda & \times & \cdots & \times \\ 0 & \lambda & \ddots & \vdots \\ \vdots & \ddots & \ddots & \times \\ 0 & \cdots & 0 & \lambda \end{pmatrix}.$$

Soit $B \in \mathcal{M}_m(\mathbb{C})$ un tel bloc. On a $\lambda \neq 0$ puisque M est inversible. On peut écrire $B = \lambda(I_m + N)$ où N est une matrice nilpotente. Posons $C = I_m + N$. Par analogie avec le fait que pour $|t| < 1$, $\log(1+t) = t - \frac{t^2}{2} + \frac{t^3}{3} + \cdots$, on pose

$$D = N - \frac{N^2}{2} + \cdots + (-1)^m \frac{N^{m-1}}{m-1}.$$

Comme on s'y attend, nous allons montrer que $\exp(D) = I_m + N = C$. Ceci peut se déduire d'un calcul formel analogue au cas des séries entières sur $\mathbb{C}$. Pour le lecteur non convaincu, nous allons donner une autre démonstration. Pour tout $t \in \mathbb{R}$, on pose

$$D(t) = tN - \frac{t^2}{2}N^2 + \cdots + (-1)^m \frac{t^{m-1}}{m-1} N^{m-1}.$$

Par dérivation, on obtient $D'(t) = N - tN^2 + \cdots + (-1)^m t^{m-2} N^{m-1}$, et comme $N^m = 0$ (car N est nilpotente), on a $(I_m + tN)D'(t) = N$. Si $S(t) = \exp[D(t)]$, comme D et D' commutent on a donc $(I_m + tN)S'(t) = NS(t)$ $(*)$, et en dérivant une nouvelle fois $(I_m + tN)S''(t) = 0$, d'où on tire $S''(t) = 0$ car $(I_m + tN)$ est toujours inversible (son inverse est $I_m - tN + t^2N^2 + \cdots + (-1)^{m-1}M^{m-1}$). Pour tout t, $S'(t)$ est donc une fonction constante, égale à $S'(0) = N$ d'après $(*)$. Or $S(0) = I_m$ donc pour tout t, $S(t) = I_m + tN$. En particulier, $C = S(1) = \exp[D(1)] = \exp(D)$.

Ceci étant, soit $\mu \in \mathbb{C}$ tel que $e^\mu = \lambda$ (si $\lambda = |\lambda|e^{i\theta}$, il suffit de prendre $\mu = \log|\lambda| + i\theta$). Alors $\exp(\mu I_m + D) = \exp(\mu I_m)\exp(D) = (\lambda I_m)C = B$.

Ainsi, pour tout i, il existe une matrice A_i telle que $\exp(A_i) = B_i$. Si on note

$$A' = \begin{pmatrix} A_1 & & (0) \\ & \ddots & \\ (0) & & A_p \end{pmatrix} \quad \text{on a} \quad \exp(A') = \begin{pmatrix} \exp(A_1) & & (0) \\ & \ddots & \\ (0) & & \exp(A_p) \end{pmatrix} = M'.$$

Si P est une matrice inversible telle que $P^{-1}M'P = M$, on voit que la matrice $A = P^{-1}A'P$ vérifie $\exp(A) = P^{-1}\exp(A')P = M$.

b) Considérons une matrice $B \in \mathcal{M}_n(\mathbb{C})$ telle que $\exp(B) = I_n$. On peut écrire $B = D + N$ où D est une matrice diagonalisable, N une matrice nilpotente, avec $DN = ND$.

Nous allons montrer que $N = 0$. On a $I_n = \exp(B) = \exp(D)\exp(N)$ donc $\exp(N) = \exp(D)^{-1} = \exp(-D)$. L'exponentielle d'une matrice diagonalisable étant diagonalisable (pour s'en convaincre, se placer dans une base de diagonalisation et remarquer que l'exponentielle d'une matrice diagonale est diagonale), $\exp(N) = I + N + \cdots + N^{n-1}/(n-1)! = \exp(-D)$ est donc diagonalisable. Si on pose $Q = 1 + X + \cdots + X^{n-1}/(n-1)! \in \mathbb{R}[X]$, on a $\exp(N) = Q(N)$. Comme N est nilpotente, sa seule valeur propre est 0 donc la seule valeur propre de $Q(N)$ est $Q(0) = 1$ (voir la remarque 1 page 184). De plus, on a vu que $Q(N) = \exp(N)$ est diagonalisable ; elle est donc semblable à l'identité, donc égale à I, et donc $N + \cdots + N^{n-1}/(n-1)! = 0$. Autrement dit, le polynôme $R = X + \cdots + X^{n-1}/(n-1)!$ annule N. Le polynôme minimal Π_N de N est de la forme $\Pi_N = X^\alpha$ puisque N est nilpotente. Comme $R(N) = 0$, on a $\Pi_N = X^\alpha \mid R$, ce qui entraîne que $\alpha = 1$. Finalement, $0 = \Pi_N(N) = N$.

En résumé, on a montré que $B = D$ est diagonalisable. Soit $P \in \mathcal{G}\ell_n(\mathbb{C})$ tel que

$$P^{-1}BP = \begin{pmatrix} \lambda_1 & & (0) \\ & \ddots & \\ (0) & & \lambda_n \end{pmatrix}.$$

On a

$$I_n = P^{-1}\exp(B)P = \exp(P^{-1}BP) = \begin{pmatrix} e^{\lambda_1} & & (0) \\ & \ddots & \\ (0) & & e^{\lambda_n} \end{pmatrix}$$

donc pour tout j, $e^{\lambda_j} = 1$, c'est-à-dire $\lambda_j \in 2i\pi\mathbb{Z}$. Réciproquement, si B est diagonalisable à valeurs propres dans $2i\pi\mathbb{Z}$, on a facilement $\exp(B) = I_n$. Les matrices B telles que $\exp(B) = I_n$ sont donc les matrices diagonalisables à valeurs propres dans $2i\pi\mathbb{Z}$.

2/ a) Le résultat de la question 1/a) nous assure l'existence d'une matrice M telle que $A = \exp(M)$. En posant $B = \exp(M/p)$, on a $B^p = \exp(M) = A$.

b) Non ! Considérons une matrice nilpotente A dont l'indice de nilpotence est n, *i. e.* vérifiant $A^n = 0 \neq A^{n-1}$. Une telle matrice existe, par exemple le bloc de Jordan

$$A = \begin{pmatrix} 0 & 1 & & (0) \\ \vdots & \ddots & \ddots & \\ \vdots & & \ddots & 1 \\ 0 & \cdots & \cdots & 0 \end{pmatrix}.$$

Si $A = B^p$, alors $A^n = B^{np} = 0$ donc B est une matrice nilpotente, donc $B^n = 0$ (en effet, d'après la remarque 6 page 187, $P_B = (-1)^n X^n$ donc $B^n = 0$ d'après le théorème de Cayley-Hamilton). Or $0 \neq A^{n-1} = B^{p(n-1)}$, donc forcément $p(n-1) < n$, ce qui est impossible dès que $n \geq 2$.

3/ Il suffit de montrer que $\mathcal{G}\ell_n(\mathbb{C})$ est connexe par arcs. Soient $P, Q \in \mathcal{G}\ell_n(\mathbb{C})$. Il existe deux matrices A et B telles que $P = \exp(A)$ et $Q = \exp(B)$. Le chemin $\varphi : [0,1] \to \mathcal{M}_n(\mathbb{C})$ $t \mapsto \exp(tA + (1-t)B)$ relie continûment $Q = \exp(B)$ à $P = \exp(A)$. De plus, pour tout $t \in [0,1]$, $\varphi(t)$ est l'exponentielle d'une matrice, donc inversible. Finalement, φ relie continûment P et Q dans $\mathcal{G}\ell_n(\mathbb{C})$, d'où le résultat.

Remarque. Une matrice réelle inversible, même de déterminant positif, n'est pas forcément l'exponentielle d'une matrice réelle (voir l'exercice 2 page 196).

5. Problèmes

PROBLÈME 1. Soit un entier $n \geq 2$ et

$$M = \begin{pmatrix} a & b & \cdots & b \\ b & a & \ddots & \vdots \\ \vdots & \ddots & \ddots & b \\ b & \cdots & b & a \end{pmatrix} \in \mathcal{M}_n(\mathbb{R}), \quad \text{avec} \quad b \neq 0.$$

a) Déterminer les valeurs propres de M et montrer que M est diagonalisable.
b) Lorsque M est inversible, calculer l'inverse de M.
c) Pour tout $p \in \mathbb{N}$, calculer M^p.

Solution. **a)** La matrice $M-(a-b)I_n$ n'est constituée que de b, elle est donc de rang 1. Autrement dit $\dim \operatorname{Ker}[M-(a-b)I_n] = n-1$, ce qui montre que $a-b$ est valeur propre de M et que le sous-espace propre correspondant est de dimension $n-1$. Le polynôme caractéristique P_M de M s'écrit donc sous la forme

$$P_M = (-1)^n[X-(a-b)]^{n-1}(X-\alpha), \qquad \alpha \in \mathbb{R}.$$

On sait que $(n-1)(a-b)+\alpha = \operatorname{tr} M = na$, donc $\alpha = a+(n-1)b \neq a-b$, et α est valeur propre de M. La somme des dimensions des sous-espaces propres trouvés est égal à n, ce qui prouve que

M est diagonalisable, semblable à

$$\begin{pmatrix} a-b & & & 0 \\ & \ddots & & \\ & & a-b & \\ 0 & & & a+(n-1)b \end{pmatrix}.$$

Au passage, si $b \neq 0$, le polynôme minimal de M est $\Pi_M = [X-(a-b)][X-(a+(n-1)b)]$.

b) La matrice M est inversible si et seulement si il n'a aucune valeur propre nulle, autrement dit si et seulement si $a-b \neq 0$ et $a+(n-1)b \neq 0$. Dans ce cas, la relation

$$\Pi_M(M) = 0 = M^2 - (2a+(n-2)b)M + (a-b)(a+(n-1)b)I_n$$

entraîne

$$M[M-(2a+(n-2)b)I_n] = (b-a)(a+(n-1)b)I_n,$$

donc

$$M^{-1} = \frac{1}{(a-b)(a+(n-1)b)}\left[(2a+(n-2)b)I_n - M\right].$$

c) On commence par effectuer la division euclidienne de X^p par Π_M. On sait que

$$(\exists D \in \mathbb{R}[X], \exists \alpha_p, \beta_p \in \mathbb{R}), \qquad X^p = \Pi_M(X)D(X) + (\alpha_p X + \beta_p).$$

Dans cette dernière relation, en donnant à X les valeurs $a-b$ et $a+(n-1)b$, on obtient

$$(a-b)^p = 0 + \alpha_p(a-b) + \beta_p \quad \text{et} \quad (a+(n-1)b)^p = \alpha_p(a+(n-1)b) + \beta_p,$$

d'où

$$\alpha_p = \frac{(a+(n-1)b)^p - (a-b)^p}{nb} \quad \text{et} \quad \beta_p = \frac{(a+(n-1)b)(a-b)^p - (a-b)(a+(n-1)b)^p}{nb}.$$

Finalement, on a

$$M^p = D(M)\Pi_M(M) + \alpha_p M + \beta_p I_n = \alpha_p M + \beta_p I_n.$$

PROBLÈME 2. Soit $n \in \mathbb{N}^*$. Déterminer les matrices A de $\mathcal{M}_n(\mathbb{C})$ telles que A commute avec toutes ses matrices semblables.

Solution. Soit $A \in \mathcal{M}_n(\mathbb{C})$ une matrice qui commute avec toutes ses matrices semblables. Soit $\lambda \in \mathbb{C}$ une valeur propre de A et E_λ l'espace propre associé. Pour toute matrice $P \in \mathcal{G}\ell_n(\mathbb{C})$, A commute avec $P^{-1}AP$, donc E_λ est stable par $P^{-1}AP$. Autrement dit, $P^{-1}APE_\lambda \subset E_\lambda$, donc $APE_\lambda \subset PE_\lambda$. Ainsi, PE_λ est stable par A, et ceci pour toute matrice $P \in \mathcal{G}\ell_n(\mathbb{C})$. En notant $k = \dim E_\lambda$, on en déduit que tout sous-espace vectoriel F de dimension k est stable par A (en effet, on peut toujours trouver $P \in \mathcal{G}\ell_n(\mathbb{C})$ tel que $PE_\lambda = F$). Si $k = n$ on a $E_\lambda = \mathbb{C}^n$ donc A est une matrice scalaire. Si $k < n$ on conclut avec le lemme suivant :

> LEMME. Soit E un $\mathbb{K}$-espace vectoriel de dimension finie n et $f \in \mathcal{L}(E)$, et supposons qu'il existe $k \in \mathbb{N}^*$, $k \leq n-1$ tel que f stabilise tout sous-espace vectoriel de dimension k. Alors f est une homothétie.

On prouve ce lemme par récurrence sur $k \geq 1$. Pour $k = 1$, c'est la proposition 3 page 121. Soit k tel que $2 \leq k \leq n-1$ et supposons le résultat vrai au rang $k-1$. Soit H un sous-espace vectoriel de dimension $k-1$. Soient u et v deux vecteurs tels que $u, v \notin H$ et u et v forment une famille libre (c'est possible car $\dim H \leq n-2$). Alors $F = H \oplus \mathbb{C}u$ et $G = H \oplus \mathbb{C}v$ sont des sous-espaces vectoriels de dimension k, donc stables par f. Donc $F \cap G$ est stable par f, et comme $F \cap G = H$ est un sous-espace vectoriel de dimension $k-1$, l'hypothèse de récurrence nous assure que f est une homothétie.

En conclusion, les matrices répondant au problème sont les matrices scalaires.

PROBLÈME 3. **a)** Soit $M \in \mathcal{M}_2(\mathbb{Z})$ telle qu'il existe un entier $m \in \mathbb{N}^*$ vérifiant $M^m = I_n$. Montrer que $M^{12} = I_2$.
b) (*Cas général*). Soit $n \in \mathbb{N}^*$. On note $\Gamma = \{M \in \mathcal{M}_n(\mathbb{Z}) \mid \exists m \in \mathbb{N}^*, M^m = I_n\}$. Montrer l'existence de $r \in \mathbb{N}^*$ tel que $M^r = I_n$ pour tout $M \in \Gamma$.

Solution. **a)** Regardons M comme une matrice de $\mathcal{M}_2(\mathbb{C})$. Le polynôme $X^m - 1$ annule M et comme il n'a que des racines simples dans $\mathbb{C}$, M est diagonalisable dans $\mathcal{M}_2(\mathbb{C})$:

$$\exists P \in \mathcal{G}\ell_2(\mathbb{C}), \quad P^{-1}MP = \begin{pmatrix} \alpha & 0 \\ 0 & \beta \end{pmatrix} = D \quad \text{avec} \quad \alpha, \beta \in \mathbb{C}.$$

Comme $M^m = I_2$, on a $D^m = I_2$, donc $\alpha^m = \beta^m = 1$. En particulier, $|\alpha| = |\beta| = 1 \quad (*)$.

On a $\alpha + \beta = \operatorname{tr} D = \operatorname{tr} M \in \mathbb{Z}$. De (*), on tire $\alpha + \beta \in \{-2, -1, 0, 1, 2\} \quad (**)$. Par ailleurs $\det M \in \mathbb{Z}$ donc d'après (*) on a $\det M = \alpha\beta \in \{-1, 1\}$. Si $\alpha\beta = -1$ on a $\beta = -1/\alpha = -\overline{\alpha}$ donc $\alpha + \beta = \alpha - \overline{\alpha} \in i\mathbb{R}$, donc forcément $\alpha + \beta = 0$ d'après (**). En résumé α et β sont solution de l'équation du second degré $z^2 - az + b = 0$, avec $a = \alpha + \beta \in \{-2, -1, 0, 1, 2\}$ et $b = \alpha\beta = 1$ si $a \neq 0$, $b \in \{-1, 1\}$ si $a = 0$. Listant ces équations, on détermine les valeurs possibles de α, β :

$$\begin{aligned}
z^2 + 2z + 1 = 0 &\implies (\alpha, \beta) = (-1, -1) \\
z^2 + z + 1 = 0 &\implies (\alpha, \beta) \in \{(e^{-2i\pi/3}, e^{2i\pi/3}), (e^{2i\pi/3}, e^{-2i\pi/3})\} \\
z^2 + 1 = 0 &\implies (\alpha, \beta) \in \{(i, -i), (-i, i)\} \\
z^2 - 1 = 0 &\implies (\alpha, \beta) \in \{(-1, 1), (1, -1)\} \\
z^2 - z + 1 = 0 &\implies (\alpha, \beta) \in \{(e^{-i\pi/3}, e^{i\pi/3}), (e^{i\pi/3}, e^{-i\pi/3})\} \\
z^2 - 2z + 1 = 0 &\implies (\alpha, \beta) = (1, 1)
\end{aligned}$$

Dans tous les cas, on a $\alpha^{12} = \beta^{12} = 1$, ce qui prouve que $D^{12} = I_2$ et donc $M^{12} = I_2$.

b) On procède comme dans le cas $n = 2$. Si $M \in \mathcal{M}_n(\mathbb{Z})$ vérifie $M^m = I_n$, alors le polynôme $X^m - 1$ annule M et comme il n'a que des racines simples dans $\mathbb{C}$, M est diagonalisable dans $\mathcal{M}_n(\mathbb{C})$. Ses valeurs propres $\alpha_1, \dots, \alpha_n$ vérifient toutes $\alpha_1^m = \dots = \alpha_n^m = 1$, donc $|\alpha_1| = \dots = |\alpha_n| = 1$. Notons $P_M = (-1)^m(X^n + a_1X^{n-1} + \dots + a_{n-1}X + a_n)$ le polynôme caractéristique de M. L'expression des coefficients d'un polynôme en fonction de ses racines entraîne

$$\forall k \in \{1, \dots, n\}, \qquad |a_k| = \left| \sum_{\substack{J \subset \{1,\dots,n\} \\ |J| = k}} \prod_{j \in J} \alpha_j \right| \leq \sum_{\substack{J \subset \{1,\dots,n\} \\ |J| = k}} 1 = \binom{n}{k}.$$

Ainsi les coefficients de P_M sont bornés indépendamment de m. Comme M est à coefficients entiers, on a $P_M = \det(M - XI_n) \in \mathbb{Z}[X]$, donc il n'y a qu'un nombre fini de polynômes caractéristiques possibles des matrices $M \in \Gamma$. Donc il n'y a qu'un nombre fini de valeurs propres possibles associées aux matrices $M \in \Gamma$, qui sont toutes des racines de l'unité. Notons r le ppcm des ordres de toutes les valeurs propres α des matrices $M \in \Gamma$ (l'ordre de α étant le plus petit entier $p > 0$ tel que $\alpha^p = 1$). Pour $M \in \Gamma$, toute valeur propre α de M vérifie $\alpha^r = 1$, et comme M est diagonalisable on en déduit $M^r = I_n$.

PROBLÈME 4. Soit E un $\mathbb{C}$-e.v de dimension finie $n \in \mathbb{N}^*$.
1/ a) Soit $f \in \mathcal{L}(E)$ tel que $\forall p, 1 \leq p \leq n$, $\operatorname{tr}(f^p) = 0$. Montrer que f est nilpotente.
b) Pour tout $u, v \in \mathcal{L}(E)$, on note $[u, v] = uv - vu$ (*crochet de Lie* de u et v). Soient $f, g \in \mathcal{L}(E)$ tels que $[[f, g], f] = 0$. Montrer que $[f, g]$ est nilpotente.
2/ Soient $f, g \in \mathcal{L}(E)$ tels que pour tout $p \in \{1, \dots, n\}$, $\operatorname{tr}(f^p) = \operatorname{tr}(g^p)$. Montrer que f et g ont même polynôme caractéristique. (On pourra utiliser le résultat de la remarque de l'exercice 3 page 86.)

Solution. **1/ a)** Il suffit de montrer que toutes les valeurs propres de M sont nulles (voir la remarque 6 page 187).

Comme le corps $\mathbb{C}$ est algébriquement clos, il existe une base B qui trigonalise f. Notons $\lambda_1, \ldots, \lambda_q$ les valeurs propres de f (distinctes deux à deux), et $\alpha_1, \ldots, \alpha_q$ leur ordre de multiplicité dans le polynôme caractéristique de f. Les termes de la diagonale principale de $[f]_B^p$ sont les puissances p-ièmes des termes de la diagonale principale de $[f]_B$ et on en déduit

$$\forall p, 1 \leq p \leq n, \qquad \sum_{i=1}^{q} \alpha_i \lambda_i^p = \mathrm{tr}(f^p) = 0.$$

Raisonnons par l'absurde et supposons que f ait au moins une valeur propre non nulle. Quitte à renuméroter les λ_i, on peut supposer que les λ_i non nuls sont $\lambda_1, \ldots, \lambda_r$ (avec $1 \leq r \leq q$) ce qui donne

$$\forall p, 1 \leq p \leq r, \qquad \sum_{i=1}^{r} \alpha_i \lambda_i^p = 0.$$

Ceci s'écrit matriciellement sous la forme

$$M \begin{pmatrix} \alpha_1 \\ \vdots \\ \alpha_r \end{pmatrix} = 0 \quad \text{avec} \quad M = \begin{pmatrix} \lambda_1 & \lambda_2 & \cdots & \lambda_r \\ \lambda_1^2 & \lambda_2^2 & \cdots & \lambda_r^2 \\ \vdots & \vdots & & \vdots \\ \lambda_1^r & \lambda_2^r & \cdots & \lambda_r^r \end{pmatrix} \in \mathcal{M}_r(\mathbb{C}).$$

Ceci entraîne que M n'est pas injective et donc que $\det M = 0$. Or

$$\det M = \lambda_1 \cdots \lambda_r \begin{vmatrix} 1 & 1 & & 1 \\ \lambda_1 & \lambda_2 & \cdots & \lambda_r \\ \vdots & \vdots & & \vdots \\ \lambda_1^{r-1} & \lambda_2^{r-1} & \cdots & \lambda_r^{r-1} \end{vmatrix} = \lambda_1 \cdots \lambda_r \prod_{1 \leq i < j \leq r} (\lambda_j - \lambda_i)$$

(on a affaire à un déterminant de Vandermonde). Comme $\det M = 0$ et que les λ_i $(1 \leq i \leq r)$ sont distincts deux à deux, on en déduit qu'il existe $i \leq r$ tels que $\lambda_i = 0$, ce qui est absurde car nous avions choisit les $(\lambda_i)_{1 \leq i \leq r}$ non nuls. Les valeurs propres de f sont donc toutes nulles, et donc f est nilpotente.

b) La trace d'un crochet de Lie est toujours nulle car si $u, v \in \mathcal{L}(E)$, $\mathrm{tr}[u, v] = \mathrm{tr}(uv - vu) = \mathrm{tr}(uv) - \mathrm{tr}(vu) = 0$.

Ceci étant, d'après la question précédente, pour montrer le résultat il suffit de montrer que pour tout p, $1 \leq p \leq n$, $\mathrm{tr}([f, g]^p) = \mathrm{tr}[(fg - gf)^p] = 0$. Fixons un tel entier p. On a

$$(fg - gf)^p = (fg - gf)^{p-1}(fg - gf) = (fg - gf)^{p-1} fg - (fg - gf)^{p-1} gf,$$

et comme f et $(fg - gf)$ commutent par hypothèse,

$$(fg - gf)^p = f(fg - gf)^{p-1} g - (fg - gf)^{p-1} gf = [f, (fg - gf)^{p-1} g].$$

D'après la remarque précédente, on a donc $\mathrm{tr}[(fg - gf)^p] = 0$, et ceci pour tout p, $1 \leq p \leq n$, d'où le résultat.

2/ Notons $\lambda_1, \ldots, \lambda_n$ les valeurs propres de f (répétées avec leur ordre de multiplicité). Comme plus haut, on obtient, en trigonalisant f, que $\mathrm{tr}(f^p) = \lambda_1^p + \cdots + \lambda_n^p$. D'après les formules de Newton (voir l'exercice 3 page 86), les $\sigma_p = \sum X_1 \cdots X_p$, polynômes symétriques élémentaires de $\mathbb{C}[X_1, \ldots, X_n]$, s'expriment en fonction des sommes de Newton $S_p = \sum_{i=1}^n X_i^p$ $(1 \leq p \leq n)$. On peut donc exprimer les coefficients du polynôme $\prod_{i=1}^n (X - X_i)$ en fonction des S_p $(1 \leq p \leq n)$. On en déduit que les coefficients du polynôme caractéristique $\prod_{i=1}^n (X - \lambda_i)$ de f s'expriment en fonction des $\mathrm{tr}(f^p) = \sum_{i=1}^n \lambda_i^p$ $(1 \leq p \leq n)$. Il en est de même pour g, et comme $\mathrm{tr}(f^p) = \mathrm{tr}(g^p)$ pour $1 \leq p \leq n$, on a $P_f = P_g$.

Problème 5 (Endomorphismes de $\mathcal{L}(E)$). Soit E un $\mathbb{K}$-e.v de dimension finie n. Si $u, v \in \mathcal{L}(E)$, on note $L_u \in \mathcal{L}(\mathcal{L}(E))$ l'endomorphisme défini sur $\mathcal{L}(E)$ par $L_u(f) = u \circ f$, et on note $R_v \in \mathcal{L}(\mathcal{L}(E))$ celui défini par $R_v(f) = f \circ v$.

1/ a) Calculer $\dim(\operatorname{Ker} L_u)$ et $\dim(\operatorname{Ker} R_v)$ en fonction de $\dim(\operatorname{Ker} u)$ et de $\dim(\operatorname{Ker} v)$.
b) Montrer que u (resp. v) est diagonalisable si et seulement si L_u (resp. R_v) est diagonalisable.
c) Donner les matrices de L_u et R_v dans des bases commodes.

2/ On note $A_{u,v} = L_u - R_v \in \mathcal{L}(\mathcal{L}(E))$.
a) Si u et v sont diagonalisables, montrer que $A_{u,v}$ est diagonalisable.
b) On suppose que P_u, le polynôme caractéristique de u, est scindé sur $\mathbb{K}$. Si $A_{u,u}$ est diagonalisable, montrer que u est diagonalisable.

Solution. **1/ a)** On a

$$f \in \operatorname{Ker}(L_u) \iff u \circ f = 0 \iff \operatorname{Im} f \subset \operatorname{Ker} u,$$

on en déduit $\operatorname{Ker}(L_u) = \mathcal{L}(E, \operatorname{Ker} u)$, d'où $\dim(\operatorname{Ker} L_u) = n \dim(\operatorname{Ker} u)$.

Pour R_v, on a

$$f \in \operatorname{Ker}(R_v) \iff f \circ v = 0 \iff \operatorname{Im} v \subset \operatorname{Ker} f.$$

Si S désigne un supplémentaire de $\operatorname{Im} v$ dans E, $\operatorname{Ker} R_v$ est donc isomorphe à $\mathcal{L}(S, E)$, d'où $\dim(\operatorname{Ker} R_v) = n \dim S = n(n - \dim(\operatorname{Im} v)) = n \dim(\operatorname{Ker} v)$.

b) Si $P \in \mathbb{K}[X]$, on vérifie facilement que $P(L_u) = L_{P(u)}$. On a donc l'équivalence

$$P(u) = 0 \iff \forall f, P(u) \circ f = 0 \iff L_{P(u)} = 0 \iff P(L_u) = 0.$$

On en déduit que u et L_u ont même polynôme minimal. Donc d'après le théorème 2 page 185, u est diagonalisable si et seulement si L_u est diagonalisable.

On procède de même pour R_v.

c) Soit $B = (e_1, \dots, e_n)$ une base de E. On définit la base $(e_{i,j})_{1 \le i,j \le n}$ de $\mathcal{L}(E)$ par

$$e_{i,j}(e_k) = \delta_{j,k} e_i \quad \text{avec} \quad \delta_{j,k} = \begin{cases} 1 & \text{si } j = k, \\ 0 & \text{sinon.} \end{cases}$$

Notons $[u]_B = (a_{i,j})_{1 \le i,j \le n}$ la matrice de u dans la base B. On a

$$u \circ e_{i_0,j_0}(e_k) = \delta_{j_0,k}\, u(e_{i_0}) = \delta_{j_0,k} \sum_{i=1}^{n} a_{i,i_0}\, e_i = \sum_{i=1}^{n} a_{i,i_0}\, e_{i,j_0}(e_k),$$

donc $L_u(e_{i,j}) = \sum_{k=1}^{n} a_{k,i}\, e_{k,j}$. Dans la base

$$B_1 = (e_{1,1}, \dots, e_{n,1};\, e_{1,2}, \dots, e_{n,2}; \dots;\, e_{1,n}, \dots, e_{n,n}),$$

la matrice de L_u s'écrit donc par blocs sous la forme

$$[L_u]_{B_1} = \begin{pmatrix} M & & (0) \\ & \ddots & \\ (0) & & M \end{pmatrix}, \quad \text{où} \quad M = [u]_B.$$

Si on écrit $[v]_B = (b_{i,j})_{1 \le i,j \le n}$, un calcul analogue donne $R_v(e_{i,j}) = \sum_{k=1}^{n} b_{j,k}\, e_{i,k}$. Ceci entraîne que dans la base

$$B_2 = (e_{1,1}, \dots, e_{1,n}; e_{2,1}, \dots, e_{2,n}; \dots; e_{n,1}, \dots, e_{n,n}),$$

la matrice de R_v s'écrit

$$[R_v]_{B_2} = \begin{pmatrix} {}^{t}N & & (0) \\ & \ddots & \\ (0) & & {}^{t}N \end{pmatrix}, \quad \text{où} \quad N = [v]_B.$$

2/ a) On sait déjà que L_u et R_v sont diagonalisables d'après 1/b). Or

$$\forall f \in \mathcal{L}(E), \qquad L_u \circ R_v(f) = u \circ f \circ v = R_v(u \circ f) = R_v \circ L_u(f),$$

c'est-à-dire que L_u et R_v commutent. On peut donc les diagonaliser dans une même base, et cette base diagonalise $A_{u,v} = L_u - R_v$.

b) Comme P_u est scindé sur $\mathbb{K}$, on peut écrire (décomposition de Dunford, voir la partie 4.2 page 203) $u = d + n$, d diagonalisable, n nilpotente, avec $n \circ d = d \circ n$. Pour alléger les notations, on note, pour $f \in \mathcal{L}(E)$, $A_f = A_{f,f}$.

On a $A_u = A_d + A_n$. Or il existe $p \in \mathbb{N}^*$ tel que $n^p = 0$, ce qui entraîne $(A_n)^p = A_{n^p} = 0$, c'est-à-dire que A_n est nilpotent. D'après 2/ a), A_d est diagonalisable. Les endomorphismes d et n commutant, L_d, R_d, L_n et R_n commutent, donc A_d et A_n commutent.

$A_u = A_d + A_n$ est donc l'*unique* décomposition de Dunford de A_u. Comme A_u est diagonalisable, on a donc $A_n = 0$, c'est-à-dire que pour tout $f \in \mathcal{L}(E)$, $n \circ f - f \circ n = 0$. En d'autres termes, n commute avec tous les éléments de $\mathcal{L}(E)$; c'est donc une homothétie. Or n est nilpotente, donc $n = 0$, et donc $u = d$ est diagonalisable.

Remarque. Une conséquence de 1/ a) est que pour tout λ, $\dim(\operatorname{Ker}(L_u - \lambda \operatorname{Id})) = n \dim(\operatorname{Ker}(u - \lambda \operatorname{Id}))$. Cette égalité permet également de montrer 1/b).

Avec 1/c), on aurait pu démontrer directement 1/a) et 1/b).

PROBLÈME 6 (RÉSULTANT DE DEUX POLYNÔMES ET APPLICATION).

1/ *Résultant de deux polynômes.* **a)** Soient P et Q deux polynômes non constants de $\mathbb{C}[X]$. Montrer que P et Q ont un facteur commun non constant si et seulement si

$$(\exists A, B \in \mathbb{C}[X], A \neq 0, B \neq 0), \quad AP = BQ \quad \text{avec} \quad \deg(A) < \deg(Q), \deg(B) < \deg(P).$$

b) Pour tout $r \in \mathbb{R}$, on note $\Gamma_r = \{P \in \mathbb{C}[X] \mid \deg P = r\}$. Pour tout $m, n \in \mathbb{N}^*$, déterminer une fonction continue

$$R : \Gamma_m \times \Gamma_n \to \mathbb{C} \qquad (P, Q) \mapsto R[P, Q]$$

vérifiant

$$(P \text{ et } Q \text{ sont premiers entre eux}) \iff (R[P, Q] \neq 0).$$

2/ Soit $n \in \mathbb{N}$, $n \geq 2$. On note D l'ensemble des matrices diagonalisables de $\mathcal{M}_n(\mathbb{C})$. Quel est $\overset{\circ}{D}$, l'intérieur de D ?

Solution. **1/ a)** *Condition nécessaire.* Supposons l'existence de $R \in \mathbb{C}[X]$, $\deg(R) \geq 1$, divisant P et Q. Soient P_1 et $R_1 \in \mathbb{C}[X]$ tels que $P = RP_1$ et $Q = RQ_1$. Si $A = Q_1$ et $B = P_1$, on a $AP = RP_1Q_1 = BQ$ avec $\deg(A) = \deg(Q_1) < \deg(Q)$ et $\deg(B) = \deg(P_1) < \deg(P)$.
Condition suffisante. Supposons que P et Q n'aient aucun facteur commun non constant, c'est-à-dire que P et Q sont premiers entre eux. Si $AP = BQ$, d'après le théorème de Gauss, on a $P \mid B$. Comme $B \neq 0$, ceci entraîne $\deg(B) \geq \deg(P)$, ce qui est absurde.

b) Soit $P = a_0 + a_1 X + \cdots + a_m X^m \in \Gamma_m$ et $Q = b_0 + b_1 X + \cdots + b_n X^n \in \Gamma_n$. D'après la question précédente, P et Q ont un facteur premier non constant si et seulement il existe $A, B \in \mathbb{C}[X]$ non nuls, $\deg(A) < \deg(Q)$ et $\deg(B) < \deg(P)$ tels que $AP = BQ$, autrement dit si et seulement si les vecteurs $P, XP, \ldots, X^{n-1}P$ et $Q, XQ, \ldots, X^{m-1}Q$ forment une famille liée de $\mathbb{C}[X]$, c'est-à-dire si et seulement si

$$\det_{\mathcal{B}}(P, XP, \ldots, X^{n-1}P, Q, XQ, \ldots, X^{m-1}Q) = 0,$$

où $\mathcal{B}$ désigne la base $(1, X, \ldots, X^{m+n-1})$ de $\mathbb{C}_{m+n-1}[X]$. En d'autres termes, P et Q ne sont pas premiers entre eux si et seulement si le déterminant

$$R[P,Q] = \begin{vmatrix} a_0 & a_1 & \cdots & a_m & 0 & \cdots & 0 \\ 0 & a_0 & a_1 & \cdots & a_m & \ddots & \vdots \\ \vdots & \ddots & \ddots & \ddots & & \ddots & 0 \\ 0 & \cdots & 0 & a_0 & a_1 & \cdots & a_m \\ b_0 & \cdots & b_{n-1} & b_n & 0 & \cdots & 0 \\ 0 & b_0 & \cdots & b_{n-1} & b_n & \ddots & \vdots \\ \vdots & \ddots & \ddots & & \ddots & \ddots & 0 \\ 0 & \cdots & 0 & b_0 & \cdots & b_{n-1} & b_n \end{vmatrix}$$

est nul (ce déterminant est appelé ***résultant de P et Q***). Ainsi définie sur $\Gamma_m \times \Gamma_n$, R est une fonction continue de P et Q (car polynomiale en les coefficients de P et Q), et vérifie : P et Q sont premiers entre eux si et seulement si $R[P,Q] \neq 0$.

2/ Un peu d'intuition nous guide. Nous allons montrer que $\mathring{D} = \Gamma$, où Γ désigne l'ensemble des matrices diagonalisables dont les valeurs propres sont toutes distinctes.

Montrons $\Gamma \subset \mathring{D}$. Soit $M \in \Gamma$. Dire que $M \in \Gamma$ équivaut à dire que le polynôme caractéristique P_M de M n'a que des racines simples, ou encore que P_M et P'_M sont premiers entre eux, ou encore $R[P_M, P'_M] \neq 0$. L'application

$$\varphi : \mathcal{M}_n(\mathbb{C}) \to \mathbb{C} \quad M \mapsto R[P_M, P'_M]$$

est continue. On vient de voir que $\Gamma = \varphi^{-1}(\mathbb{C}^*)$, et donc Γ est ouvert (image réciproque d'un ouvert par une fonction continue). Or $\Gamma \subset D$, donc $\Gamma \subset \mathring{D}$.

Montrons $\mathring{D} \subset \Gamma$. Soit $M \in \mathring{D}$ et supposons $M \notin \Gamma$. La matrice M est diagonalisable et admet une valeur propre multiple λ, de sorte qu'il existe $P \in \mathcal{G}\ell_n(\mathbb{C})$ telle que

$$P^{-1}MP = \begin{pmatrix} X & (0) \\ (0) & Y \end{pmatrix} \quad \text{où} \quad X = \begin{pmatrix} \lambda & 0 \\ 0 & \lambda \end{pmatrix} \quad \text{et } Y \text{ est une matrice diagonale.}$$

Pour tout entier $p > 0$, on pose

$$N_p = \begin{pmatrix} X_p & (0) \\ (0) & Y \end{pmatrix} \quad \text{où} \quad X_p = \begin{pmatrix} \lambda & 1/p \\ 0 & \lambda \end{pmatrix}.$$

Pour tout p, N_p n'est pas diagonalisable, sinon la restriction X_p de M_p aux deux premiers vecteurs de la base canonique de $\mathbb{C}^n$ serait diagonalisable, absurde car alors X_p serait semblable à λI_2, donc égale à λI_2. Or $M = \lim_{p \to +\infty} P N_p P^{-1}$, donc M est limite d'une suite de matrices n'appartenant pas à D, donc $M \notin \mathring{D}$. Ceci est absurde, et on a donc avoir $M \in \Gamma$. D'où le résultat.

Remarque. On peut montrer (voir la démonstration de l'exercice 1 page 195) que Γ est dense dans $\mathcal{M}_n(\mathbb{C})$.

PROBLÈME 7. Soit $n \in \mathbb{N}$, $n \geq 2$. **1/** Montrer qu'il n'existe pas de norme $\|\cdot\|$ sur $\mathcal{M}_n(\mathbb{R})$ qui soit invariante par similitude, c'est-à-dire telle que

$$\forall (A, P) \in \mathcal{M}_n(\mathbb{R}) \times \mathcal{G}\ell_n(\mathbb{R}), \qquad \|P^{-1}AP\| = \|A\|. \qquad (*)$$

2/ Déterminer les semi-normes sur $\mathcal{M}_n(\mathbb{R})$ invariantes par similitude.

Solution. **1/** Raisonnons par l'absurde en supposant qu'une telle norme existe. Donnons nous i, j quelconques tels que $1 \leq i, j \leq n$ avec $i \neq j$. Choisissons la matrice $A = E_{i,j}$ de la base canonique de $\mathcal{M}_n(\mathbb{R})$ (tous les coefficients de $E_{i,j}$ sont nuls sauf celui d'indice (i,j) qui vaut 1) et P la matrice diagonale dont le coefficient d'indice (i,i) est 2^i. On a $P^{-1}E_{i,j}P = 2^{j-i}E_{i,j}$, donc

$\|P^{-1}E_{i,j}P\| = \|2^{i-j}E_{i,j}\| = 2^{j-i}\|E_{i,j}\|$. Si (*) est vérifié ceci entraine $\|E_{i,j}\| = \|P^{-1}E_{i,j}P\| = 2^{j-i}\|E_{i,j}\|$ et comme $i \neq j$ on a forcément $\|E_{i,j}\| = 0$ ce qui est impossible puisque $E_{i,j} \neq 0$.

2/ Soit N une semi-norme sur $\mathcal{M}_n(\mathbb{R})$ invariante par similitude. On reprend le raisonnement précédent qui donne $N(E_{i,j}) = 0$ dès que $i \neq j$. Ainsi pour toute matrice $A = (a_{i,j})_{1\leq i,j\leq n} \in \mathcal{M}_n(\mathbb{R})$, l'écriture $A = \sum_{1\leq i,j\leq n} a_{i,j}E_{i,j}$ entraîne, grâce à l'inégalité triangulaire,

$$N(A) \leq \sum_{1\leq i,j\leq n} N(a_{i,j}E_{i,j}) = \sum_{1\leq i,j\leq n} |a_{i,j}|N(E_{i,j}) = \sum_{i=1}^{n} |a_{i,i}|N(E_{i,i}).$$

Ainsi si A a ses coefficients diagonaux nuls, on a $N(A) = 0$. Il est classique que toute matrice de $\mathcal{M}_n(\mathbb{R})$ de trace nulle est similaire à une matrice dont tous les coefficients diagonaux sont nuls (voir l'exercice 6 page 131), ainsi pour toute matrice A de trace nulle on a $N(A) = 0$. Si $M \in \mathcal{M}_n(\mathbb{R})$ est une matrice quelconque, la matrice $A = M - \alpha I_n$, avec $\alpha = \operatorname{tr}(M)/n$, est de trace nulle, donc $N(M) = N(A + \alpha I_n) \leq N(A) + N(\alpha I_n) = N(\alpha I_n)$. On a aussi $N(\alpha I_n) = N(M - A) \leq N(M) + N(A) = N(M)$, donc $N(M) = N(\alpha I_n) = |\alpha| N(I_n) = \beta|\operatorname{tr}(M)|$, avec $\beta = N(I_n)/n$. Réciproquement, on vérifie facilement que $M \mapsto \beta\,|\operatorname{tr} M|$ est une semi-norme invariante par similitude sur $\mathcal{M}_n(\mathbb{R})$ dès que $\beta \in \mathbb{R}^+$. En synthèse, les semi-normes sur $\mathcal{M}_n(\mathbb{R})$ invariantes par similitude sont de la forme $N(M) = \beta\,|\operatorname{tr}(M)|$ avec $\beta \in \mathbb{R}^+$.

Problème 8 (Rayon spectral d'un endomorphisme continu). Soit E une algèbre de Banach sur $\mathbb{C}$, munie d'une norme d'algèbre $\|\cdot\|$.

1/ Soit $u \in E$, $u \neq 0$. Pour tout $n \in \mathbb{N}^*$, on note $U_n = \|u^n\|^{1/n}$.
a) Soit $m \in \mathbb{N}^*$ fixé. Prouver que

$$\forall \varepsilon > 0,\ \exists N \in \mathbb{N},\ \forall n \geq N, U_n \leq U_m(1+\varepsilon).$$

b) Soit $\rho(u) = \inf\{U_n \mid n \in \mathbb{N}^*\}$. Montrer que $\lim_{n\to+\infty} U_n = \rho(u)$.
c) Pour tout $u, v \in E$, montrer que $\rho(uv) = \rho(vu)$.

2/ Soit $\sum a_n z^n$ une série entière de rayon de convergence $R \in\ ]0,+\infty]$. Soit $u \in E$. Si $\rho(u) < R$, montrer que $\sum a_n u^n$ converge dans E. Si $\rho(u) > R$, montrer que $\sum a_n u^n$ diverge.

3/ On considère ici le cas particulier où $E = \mathcal{M}_n(\mathbb{C})$. Soit $A \in \mathcal{M}_n(\mathbb{C})$. Montrer que $\rho(A) = \sup\{|\lambda| \mid \lambda \text{ valeur propre de } A\}$. (Indication. On pourra utiliser le résultat a) de l'exercice 5 page 198.)

Solution. **1/ a)** Pour tout $n \in \mathbb{N}^*$, on considère $n = q(n)m + r(n)$, $0 \leq r(n) < m$, la division euclidienne de n par m. On a

$$\forall n \in \mathbb{N}^*,\quad U_n = \|u^n\|^{1/n} = \|u^{q(n)m} \cdot u^{r(n)}\|^{1/n} \leq \|u^m\|^{q(n)/n} \cdot \|u\|^{r(n)/n}. \qquad (*)$$

Pour tout n, $|r(n)| < m$ donc $\lim_{n\to+\infty} r(n)/n = 0$ et $\lim_{n\to+\infty} q(n)/n = 1/m$. Le terme de droite de $(*)$ tend donc vers U_m lorsque n tend vers l'infini, d'où a).

b) Soit $\varepsilon > 0$. Par définition de $\rho(u)$, il existe $m \in \mathbb{N}^*$ tel que $U_m \leq \rho(u) + \varepsilon$. D'après a),

$$\exists N \in \mathbb{N}, \forall n \geq N, \quad U_n \leq U_m(1+\varepsilon) \leq (\rho(u)+\varepsilon)(1+\varepsilon)$$

donc

$$\forall n \geq N, \qquad \rho(u) \leq U_n \leq (\rho(u)+\varepsilon)(1+\varepsilon).$$

On en déduit que $\lim_{n\to+\infty} U_n = \rho(u)$.

c) Si $u = 0$ ou $v = 0$, c'est évident. Sinon, l'égalité $(uv)^n = u(vu)^{n-1}v$ entraîne

$$\|(uv)^n\|^{1/n} = \|u(vu)^{n-1}v\|^{1/n} \leq \|u\|^{1/n}\|(vu)^{n-1}\|^{1/n}\|v\|^{1/n}. \qquad (**)$$

Or $\lim_{n\to+\infty} \|u\|^{1/n} = \lim_{n\to+\infty} \|v\|^{1/n} = 1$ et $\lim_{n\to+\infty} \|(vu)^{n-1}\|^{1/n} = \lim_{n\to+\infty} (\|(vu)^{n-1}\|^{1/(n-1)})^{(n-1)/n} = \rho(vu)$. En faisant tendre n vers l'infini dans $(**)$, on obtient donc $\rho(uv) \leq \rho(vu)$. Par symétrie, on a de même $\rho(vu) \leq \rho(uv)$, d'ou l'égalité recherchée.

2/ Supposons $\rho(u) < R$. Nous allons montrer que $\sum |a_n| \cdot \|u^n\|$ converge, ce qui entraînera que la suite $(\sum_{k=0}^{n} a_k\, u^k)_{n\in\mathbb{N}^*}$ est de Cauchy donc converge.

Soit $\mu \in \mathbb{R}$ tel que $\rho(u) < \mu < R$. Comme R est le rayon de convergence de la série entière $\sum_n a_n\, z^n$, $\sum |a_n|\, \mu^n$ converge (voir le tome d'analyse sur les séries entières). Or il existe $N \in \mathbb{N}^*$, tel que pour tout $n \geq N$, $\|u^n\|^{1/n} < \mu$, et donc $\|u^n\| < \mu^n$. On en déduit que $\sum_{n\geq N} |a_n|\, \|u^n\|$ converge et donc $\sum_{n\in\mathbb{N}} |a_n|\, \|u^n\|$ converge.

Supposons maintenant $\rho(u) > R$. Alors la suite $(|a_n|\, \rho(u)^n)$ n'est pas bornée. Comme $\rho(u) = \inf\{\|u^n\|^{1/n}\}$ on a pour tout n, $\|u^n\| \geq \rho(u)^n$ et donc la suite $(|a_n|\, \|u^n\|)$ n'est pas bornée, ce qui entraîne la divergence de la série $\sum a_n\, u^n$.

3/ Notons $\mu(A) = \sup\{|\lambda| \mid \lambda \text{ valeur propre de } A\}$. Remarquons ici que $\rho(A)$ ne dépend pas de la norme d'algèbre choisie sur $\mathcal{M}_n(\mathbb{C})$ (en effet, en dimension finie, les normes sont équivalentes et pour tout $x > 0$, $\lim_{p\to+\infty} x^{1/p} = 1$). Toute l'astuce va consister en le choix d'une bonne norme d'algèbre pour montrer notre résultat.

Soit $\varepsilon > 0$. Montrons qu'il existe une norme d'algèbre $\|\cdot\|$ sur $\mathcal{M}_n(\mathbb{C})$ telle que $\|A\| \leq \mu(A)+\varepsilon$. Munissons $\mathbb{C}^n$ de la norme $\|(x_1, \ldots, x_n)\|_\infty = \sup_i |x_i|$. Pour tout $M = (m_{i,j})_{1\leq i,j\leq n} \in \mathcal{M}_n(\mathbb{C})$, $\|M\|_\infty = \sup_{\|X\|_\infty=1} \|MX\|_\infty$ définit une norme d'algèbre sur $\mathcal{M}_n(\mathbb{C})$. Un petit calcul donne d'ailleurs facilement

$$\|M\|_\infty = \sup_i \left(\sum_j |m_{i,j}| \right). \qquad (***)$$

D'après la question a) de l'exercice 5 page 198, il existe $P \in \mathcal{G}\ell_n(\mathbb{C})$ telle que $P^{-1}AP = T = (t_{i,j})$ soit triangulaire supérieure et vérifie $\forall i < j, |t_{i,j}| < \varepsilon/n$. Munissons $\mathcal{M}_n(\mathbb{C})$ de la norme d'algèbre $\|M\| = \|P^{-1}MP\|_\infty$. De $(***)$, on tire facilement $\|A\| = \|T\|_\infty < \sup_i |t_{i,i}| + \varepsilon$. Les $t_{i,i}$ étant les valeurs propres de T donc de A, ceci s'écrit aussi $\|A\| < \mu(A) + \varepsilon$. Donc

$$\rho(A) = \{\inf \|A^p\|^{1/p},\ p \in \mathbb{N}^*\} \leq \|A\| < \mu(A) + \varepsilon.$$

La matrice $T = (t_{i,j})$ étant triangulaire supérieure, les coefficients de la diagonale principale de la matrice T^p sont les $t_{i,i}^p$ et donc d'après $(***)$, pour tout p,

$$\|A^p\| = \|T^p\|_\infty \geq \sup_i |t_{i,i}|^p = \mu(A)^p,$$

ce qui s'écrit aussi $\|A^p\|^{1/p} \geq \mu(A)$. En faisant tendre p vers l'infini. on obtient $\rho(A) \geq \mu(A)$.

Finalement, on a montré que $\mu(A) \leq \rho(A) \leq \mu(A) + \varepsilon$, et ceci pour tout $\varepsilon > 0$, d'où l'égalité recherchée.

Remarque. Les résultats de 1/ et 2/ restent vrais sur l'algèbre des endomorphismes continus $\mathcal{L}_c(E)$ sur un espace de Banach E (on sait en effet que $\mathcal{L}_c(E)$ est une algèbre de Banach). On a ainsi généralisé le résultat de la proposition 3 page 193.

PROBLÈME 9. **1**/ Soit A une $\mathbb{K}$-algèbre de dimension finie. Montrer qu'il existe $d \in \mathbb{N}^*$ tel que A est isomorphe à une sous-algèbre de $\mathcal{M}_d(\mathbb{K})$.
2/ Soit $n \in \mathbb{N}^*$ et $M \in \mathcal{M}_n(\mathbb{C})$ possédant n valeurs propres distinctes. Montrer qu'il n'existe qu'un nombre fini de sous-algèbres de $\mathcal{M}_n(\mathbb{C})$ contenant M.

Solution. **1**/ A tout élément $a \in A$, on associe l'application $\varphi(a) :\ A \to A,\quad x \mapsto ax$. On a $\varphi(a) \in \mathcal{L}(A)$, et l'application φ ainsi définie est linéaire de A vers $\mathcal{L}(A)$. De plus, pour tout $a, b \in A$ on a

$$\forall x \in A, \varphi(ab)(x) = (ab)x = a\varphi(b)(x) = \varphi(a)\varphi(b)(x)$$

donc $\varphi(ab) = \varphi(a)\varphi(b)$. Ainsi φ est un morphisme d'algèbre. Il est injectif car si $\varphi(a) = 0$, on a nécéssairement $0 = \varphi(a)(1_A) = a$. Choisissons une base $B = (e_1, \ldots, e_d)$ de A, où d est la dimension de A. L'application $\psi : A \to \mathcal{M}_d(\mathbb{K})$ définie par $\psi(a) = [\varphi(a)]_B$ (matrice de $\varphi(a)$ dans la base B) est un morphisme d'algèbre, injectif, et $C = \mathrm{Im}(\psi) = \psi(A)$ est une sous-algèbre de $\mathcal{M}_d(\mathbb{K})$. Ainsi ψ est un isomorphisme d'algèbre de A vers C.

2/ Les n valeurs propres de M étant distinctes, M est diagonalisable. Soit $P \in \mathcal{G}\ell_n(\mathbb{C})$ telle que $M = P^{-1}DP$, où $D \in \mathcal{M}_n(\mathbb{C})$ est une matrice diagonale, dont nous notons $\lambda_1, \ldots, \lambda_n$ ses termes diagonaux. Nous allons montrer qu'il n'y a qu'un nombre fini de sous-algèbres de $\mathcal{M}_n(\mathbb{C})$ contenant D, on conclura facilement pour M. Soit A une sous-algèbre de $\mathcal{M}_n(\mathbb{C})$ contenant D. Notons $(E_{i,j})_{1\le i,j\le n}$ la base canonique de $\mathcal{M}_n(\mathbb{C})$ ($E_{i,j}$ est la matrice $n \times n$ dont tous les coefficients sont nuls sauf celui d'indice (i,j) qui vaut 1). Comme $D \in A$ et que A est une algèbre, tout polynôme en D est dans A. Choisissons en particulier les polynômes d'interpolation de Lagrange définis par $L_i(X) = \prod_{j\neq i}(X - \lambda_j)/(\lambda_i - \lambda_j)$ et qui vérifient $L_i(\lambda_j) = 0$ si $j \neq i$, $= 1$ si $j = i$. On a $L_i(D) = E_{i,i}$, dont $E_{i,i} \in A$ pour $1 \le i \le n$. Pour toute matrice $N \in \mathcal{M}_n(\mathbb{C})$, notons $N(i,j)$ son coefficient d'indice (i,j). Supposons maintenant $i \neq j$ et qu'il existe une matrice $N \in A$ tel que $N(i,j) \neq 0$. Alors $E_{i,j} = (1/N(i,j))E_{i,i}NE_{j,j} \in A$. Ainsi, l'ensemble d'indices $\Gamma = \{(i,j) \mid \exists N \in A, N(i,j) \neq 0\}$ vérifie la propriété $(i,j) \in \Gamma \iff E_{i,j} \in A$ (c'est vrai aussi si $i = j$ car on a vu plus haut que les $E_{i,i}$ sont dans A). Comme A est une algèbre on en déduit $A = \mathrm{Vect}(E_{i,j})_{(i,j)\in\Gamma}$. Comme il n'y a qu'un nombre fini de parties Γ de $\{1, \ldots, n\}^2$, on en déduit qu'il n'y a qu'un nombre fini de sous-algèbres A de $\mathcal{M}_n(\mathbb{C})$ qui contiennent D.

Revenons maintenant à la question initiale. Comme l'application $\theta : N \mapsto PNP^{-1}$ est un automorphisme d'algèbre de $\mathcal{M}_n(\mathbb{C})$, B est une sous-algèbre de $\mathcal{M}_n(\mathbb{C})$ contenant M si et seulement si $A = PBP^{-1} = \theta(B)$ est une sous-algèbre contenant D, donc il n'y a qu'un nombre fini de sous-algèbres B de $\mathcal{M}_n(\mathbb{C})$ contenant M.

PROBLÈME 10. Soit E un $\mathbb{C}$-e.v de dimension finie $n \ge 2$. Soit A une sous-algèbre de $\mathcal{L}(E)$, unitaire, (*i. e.* $\mathrm{Id}_E \in A$) et transitive (*i. e.* les seuls s.e.v de E stables par tous les éléments de A sont $\{0\}$ et E).

a) Soit $x \in E$, $x \neq 0$. Montrer que $\{u(x) \mid u \in A\} = E$.

b) Soit $u \in A$, $\mathrm{rg}\, u \ge 2$. Montrer qu'il existe $v \in A$ tel que uvu et u forment une famille libre.

c) Montrer qu'il existe $\lambda \in \mathbb{C}$ et $z \in \mathrm{Im}\, u$, $z \neq 0$, tels que $uv(z) = \lambda z$.

d) Montrer que A contient au moins un élément de rang 1.

e) Conclure.

Solution. **a)** On pose $F_x = \{u(x) \mid u \in A\}$. Une sous-algèbre est un s.e.v de $\mathcal{L}(E)$, donc A est un s.e.v de $\mathcal{L}(E)$. On en déduit que F_x est un s.e.v de E.

Pour tout $v \in A$, $v(F_x) = \{vu(x) \mid u \in A\} \subset F_x$. En d'autres termes, F_x est stable par tous les éléments de A. Or $F_x \neq \{0\}$ puisque $x \in F_x$ (l'algèbre A est unitaire), et donc $F_x = E$.

b) Comme $\mathrm{rg}\, u \ge 2$, il existe deux vecteurs e_1, e_2 de E tels que $u(e_1)$ et $u(e_2)$ forment une famille libre. En particulier, $u(e_1) \neq 0$ donc d'après a), il existe $v \in A$ tel que $v[u(e_1)] = e_2$. La famille formée par uvu et u est donc libre car l'égalité $\lambda(uvu) + \mu u = 0$ entraîne $\lambda(uvu)(e_1) + \mu u(e_1) = 0 = \lambda u(e_2) + \mu u(e_1)$, et donc $\lambda = \mu = 0$ puisque par construction, la famille $u(e_1), u(e_2)$ est libre.

c) Le corps $\mathbb{C}$ est algébriquement clos et E est de dimension finie, l'endomorphisme uv admet donc au moins une valeur propre λ. On traite deux cas.

Premier cas : l'endomorphisme uv admet au moins une valeur propre $\lambda \neq 0$ associé à un vecteur propre $z \neq 0$. Alors $z = \frac{1}{\lambda}uv(z) \in \mathrm{Im}\, u$ et le résultat est montré.

Second cas : toutes les valeurs propres de uv sont nulles. Dans ce cas, uv est nilpotent. Soit $r \in \mathbb{N}^*$ tel que $(uv)^r = 0$ et $(uv)^{r-1} \neq 0$. Soit $z \in \mathrm{Im}(uv)^{r-1}$, $z \neq 0$. Alors $uv(z) = 0$ car $uv(z) \in \mathrm{Im}(uv)^r = \{0\}$. Or $r \ge 2$ car d'après b), $uv \neq 0$. Donc $z \in \mathrm{Im}(uv)^{r-1} \subset \mathrm{Im}\, u$. En résumé, on a trouvé $z \in \mathrm{Im}\, u$, $z \neq 0$, tel que $uv(z) = 0$.

d) L'algèbre A étant unitaire, il existe $u \in A$ tel que $\operatorname{rg} u \geq 2$. On a alors trouvé $v \in A$, $v \neq 0$ tel que uvu et u forment une famille libre, et tel que $(\exists z \in \operatorname{Im} u, z \neq 0, \exists \lambda \in \mathbb{C})$, $uv(z) = \lambda z$. Posons $w = uvu - \lambda u$. On a $w \in A$ car A est une algèbre, et $w \neq 0$ d'après b).

On a $\operatorname{Ker} u \subset \operatorname{Ker} w$ car $w = (uv - \lambda \operatorname{Id}) \circ u$. Par ailleurs si $y \in E$ est tel que $z = u(y)$, on a $w(y) = uv(z) - \lambda z = 0$. L'inclusion $\operatorname{Ker} u \subset \operatorname{Ker} w$ est donc stricte, car $y \notin \operatorname{Ker} u$ et $y \in \operatorname{Ker} w$. Donc $\dim(\operatorname{Ker} u) < \dim(\operatorname{Ker} w)$, et on conclue avec le théorème du rang que $\operatorname{rg} w < \operatorname{rg} u$.

Autrement dit, pour tout $u \in A$, $\operatorname{rg} u \geq 2$, il existe $w \in A$, $1 \leq \operatorname{rg} w \leq \operatorname{rg} u - 1$. Ceci suffit pour conclure que A contient au moins un élément de rang 1.

e) On va montrer que $A = \mathcal{L}(E)$. Pour cela, il suffit de montrer que A contient tous les éléments de $\mathcal{L}(E)$ de rang 1. Le lemme suivant nous sera utile.

> LEMME *Soit $u \in \mathcal{L}(E)$, $\operatorname{rg} u = 1$. Alors il existe $a \in E$, $a \neq 0$, et il existe $\varphi \in E^*$ (dual de E), $\varphi \neq 0$, tels que $\forall x \in E$, $u(x) = \varphi(x) \cdot a$.*

En effet. Soit $a \in E$ tel que $\operatorname{Im} u = \operatorname{Vect} a$. Pour tout $x \in E$, $u(x) \in \operatorname{Im} u$ donc il existe $\varphi(x) \in \mathbb{C}$ tel que $u(x) = \varphi(x) \cdot a$. La linéarité de u entraîne la linéarité de $x \mapsto \varphi(x)$. Autrement dit, φ est une application linéaire de E dans $\mathbb{C}$, c'est-à-dire $\varphi \in E^*$.

Ceci étant, la question précédente assure l'existence de $u_0 \in A$ tel que $\operatorname{rg} u_0 = 1$. D'après notre lemme, il existe $a \in E$, $a \neq 0$ et $\varphi \in E^*$, $\varphi \neq 0$, tels que $u_0 = \varphi \cdot a$. Soit $v \in \mathcal{L}(E)$ un autre élément de rang 1. On veut montrer $v \in A$. Écrivons $v = \psi \cdot b$, où $b \in E$ et $\psi \in E^*$.

On a $a \neq 0$ donc d'après a), il existe $w \in A$ tel que $w(a) = b$.

Considérons $G = \{\varphi \circ u \mid u \in A\}$, s.e.v de E^*. Soit x appartenant à l'orthogonal G° de G. Pour tout $u \in A$, $(\varphi \circ u)(x) = 0$ donc pour tout $u \in A$, $u(x) \in \operatorname{Ker} \varphi$. En d'autres termes, $F_x = \{u(x) \mid u \in A\} \subset \operatorname{Ker} \varphi \neq E$. D'après a), on doit donc avoir $x = 0$. Finalement, $G^\circ = \{0\}$ et donc $G = E^*$.

Il existe donc $t \in A$ tel que $\varphi \circ t = \psi$. Alors pour tout $x \in E$, $(wu_0t)(x) = w[(\varphi \circ t)(x)a] = \psi(x)w(a) = \psi(x)b = v(x)$, donc $v = wu_0t \in A$. L'ensemble A contient donc tous les éléments de rang 1. Ceci suffit pour conclure que $A = \mathcal{L}(E)$ (on montre en effet facilement que tout endomorphisme est somme d'endomorphismes de rang 1).

PROBLÈME 11. Soit E un $\mathbb{C}$-e.v de dimension finie, G un sous-groupe fini de $\mathcal{G}\ell(E)$. Soit $F = \{x \in E \mid \forall g \in G, g(x) = x\}$. Si $q = \operatorname{Card}(G)$, montrer

$$q \cdot \dim F = \sum_{g \in G} \operatorname{tr}(g).$$

Solution. Comme G est un groupe, pour tout $h \in G$, l'application $G \to G \quad g \mapsto h \circ g$ est bijective. Ceci entraîne

$$\forall h \in G, \qquad \sum_{g \in G} g = \sum_{g \in G} h \circ g,$$

ce qui en posant $f = \sum_{g \in G} g$ s'écrit $f = h \circ f$, et ceci pour tout $h \in G$. On a donc

$$qf = \sum_{h \in G} f = \sum_{h \in G} h \circ f = (\sum_{h \in G} h) \circ f = f^2.$$

Le polynôme $X(X-q)$ annule donc l'endomorphisme f. On en déduit que f est diagonalisable et que ses valeurs propres sont éléments de $\{0, q\}$. Si E_q désigne le sous-espace propre de f associé à la valeur propre q, on a alors $q \dim E_q = \operatorname{tr} f = \sum_{g \in G} \operatorname{tr} g$.

L'exercice sera donc résolu si on prouve $E_q = F$. On a déjà $F \subset E_q$. En effet,

$$\forall x \in F, \forall g \in G, g(x) = x \quad \text{donc} \quad f(x) = \sum_{g \in G} g(x) = \sum_{g \in G} x = qx.$$

On conclut avec l'inclusion réciproque : si $x \in E_q$ et $g \in G$, $g \circ f(x) = g(qx) = qg(x)$. Or $g \circ f = f$, donc $(g \circ f)(x) = f(x) = qx$, ce qui entraîne $qg(x) = qx$, et donc $x \in F$.

PROBLÈME 12. Soit E un $\mathbb{C}$-e.v de dimension quelconque, et $u, v \in \mathcal{L}(E)$ vérifiant

$$uv - vu = \alpha \operatorname{Id}_E, \qquad \alpha \in \mathbb{C}.$$

1/a) Si E est de dimension finie, montrer $\alpha = 0$.
b) Si E est normé et u et v continus, montrer $\alpha = 0$.
c) Si v admet un polynôme minimal, montrer $\alpha = 0$.

2/a) Exhiber deux endomorphismes u et v vérifiant $uv - vu = \operatorname{Id}_E$.
b) Soit p un nombre premier. On suppose ici que E est $\mathbb{K}$-e.v de dimension p, avec $\mathbb{K} = \mathbb{Z}/p\mathbb{Z}$. Soit $v \in \mathcal{L}(E)$ défini sur une base $(e_1, \dots, e_p)$ de E par $v(e_k) = e_{k+1}$ pour $1 \leq k \leq p-1$ et $v(e_p) = e_1$. Montrer que l'ensemble $\Gamma_v = \{u \in \mathcal{L}(E) \mid uv - vu = \operatorname{Id}_E\}$ est non vide et déterminer Γ_v.

Solution. **1/a)** Si $uv - vu = \alpha \operatorname{Id}_E$, alors $\operatorname{tr}(uv - vu) = \alpha \operatorname{tr}(\operatorname{Id}_E) = \alpha \dim E$. Or $\operatorname{tr}(uv - vu) = \operatorname{tr}(uv) - \operatorname{tr}(vu) = 0$, donc $\alpha \dim E = 0$, ce qui entraîne $\alpha = 0$.

b) Une récurrence facile donne la propriété

$$\forall k \in \mathbb{N}^*, \quad uv^k - v^k u = k\alpha v^{k-1}. \tag{$*$}$$

Ceci étant, soit $\|\cdot\|$ la norme d'algèbre sur $\mathcal{L}_c(E)$ issue de la norme sur E ($\|u\| = \sup_{\|x\|=1} \|u(x)\|$). D'après $(*)$, on a

$$\forall k \in \mathbb{N}^*, \quad k|\alpha| \cdot \|v^{k-1}\| \leq \|uv^k\| + \|v^k u\| \leq 2\|u\| \cdot \|v^k\| \leq 2\|u\| \cdot \|v\| \cdot \|v^{k-1}\|. \tag{$**$}$$

Si pour tout k, $v^k \neq 0$ alors $(**)$ entraîne $k|\alpha| \leq 2\|u\| \cdot \|v\|$ pour tout k, donc $\alpha = 0$. Sinon, il existe $k \in \mathbb{N}^*$ tel que $v^k = 0$ et $v^{k-1} \neq 0$. L'identité $(*)$ entraîne alors $k\alpha = 0$, donc $\alpha = 0$.

c) Soit P le polynôme minimal de v. Par linéarité, l'identité $(*)$ entraîne

$$0 = uP(v) - P(v)u = \alpha P'(v).$$

Or $P'(v) \neq 0$ car P est le polynôme minimal de v. Donc $\alpha = 0$.

2/a) Les questions précédentes montrent déjà que l'on doit se placer en dimension infinie, considérer des endomorphismes non continus et n'admettant pas de polynôme minimal.

On choisit u et $v \in \mathcal{L}(\mathbb{C}[X])$ définis par $u(P) = P'$ et $v(P) = XP$. Alors pour tout $P \in \mathbb{C}[X]$,

$$(uv - vu)(P) = u(XP) - v(P') = (P + XP') - XP' = P,$$

donc $uv - vu = \operatorname{Id}_{\mathbb{C}[X]}$.

b) L'endomorphisme v étant fixé, l'équation $uv - vu = \operatorname{Id}_E$ est une équation linéaire d'inconnue $u \in \mathcal{L}(E)$. On en cherche une solution particulière u_0, et on obtiendra les autres solutions en additionnant à u_0 les solutions de l'équation homogène $uv = vu$, qui est le *commutant* de v (voir l'exercice 6 page 191). Par commodité notons $e_0 = e_p$, de sorte que $v(e_k) = e_{k+1}$ pour $0 \leq k < p$. Pour avoir $u_0 v - v u_0 = \operatorname{Id}_E$, on a nécessairement

$$\forall k \in \{0, \dots, p-1\}, \qquad u_0(e_{k+1}) = (u_0 v)(e_k) = v(u_0(e_k)) + e_k.$$

Il est naturel de chercher $u_0(e_{k+1})$ de la forme $\lambda_k e_k$. Si ce choix convient, l'égalité précédente entraîne, pour $0 < k < p$, $\lambda_k e_k = u_0(e_{k+1}) = \lambda_{k-1} v(e_{k-1}) + e_k = (\lambda_{k-1} + 1)e_k$, ce qui impose $\lambda_k = \lambda_{k-1} + 1$. On choisit $\lambda_k = k$, donc $u_0(e_{k+1}) = k e_k$ pour $0 \leq k < p$. Réciproquement soit u_0 défini sur la base $(e_1, \dots, e_p)$ par $u_0(e_k) = (k-1)e_{k-1}$, pour $1 \leq k \leq p$. On a

$$\begin{aligned} \forall k \in \{1, \dots, p-1\}, \qquad & (u_0 v - v u_0)(e_k) = u_0(e_{k+1}) - v((k-1)e_{k-1}) = k e_k - (k-1)e_k = e_k, \\ \text{et} \qquad & (u_0 v - v u_0)(e_p) = u_0(e_1) - v((p-1)e_{p-1}) = 0 - (p-1)e_p = e_p, \end{aligned}$$

la dernière égalité découlant du fait que $\mathbb{K}$ est de caractéristique p. On a donc bien $u_0 \in \Gamma_v$. Il nous reste à définir les solutions u de l'équation homogène $uv = vu$. Remarquons que la matrice de v dans la base $(e_1, \dots, e_p)$ est une matrice circulante, de polynôme minimal $X^p - 1$, de degré $p = \dim E$. La dernière question de l'exercice 6 page 191 affirme que le commutant de v est formé des polynômes en v, nous allons redémontrer ce résultat dans notre cas particulier. Soit u commutant avec v. Comme $v^k(e_1) = e_{k+1}$ pour $0 \leq k < p$, la famille $(v^k(e_1))_{0 \leq k < p}$ est une base de E donc il existe $P \in \mathbb{K}[X]$, $\deg P < p$, tel que $u(e_1) = P(v)(e_1)$. On en déduit, pour tout $k \in \{1, \dots, p\}$,

$$u(e_k) = u(v^{k-1}(e_1)) = v^{k-1}u(e_1) = v^{k-1}P(v)(e_1) = P(v)(v^{k-1}(e_1)) = P(v)(e_k).$$

Donc u et $P(v)$ sont égaux sur chaque vecteur de la base $(e_1, \dots, e_p)$ donc $u = P(v)$. Réciproquement tout polynôme en v commute avec v. Donc le commutant de u est $\{P(v) \mid P \in \mathbb{K}[X]\}$, et finalement $\Gamma_v = u_0 + \{P(v) \mid P \in \mathbb{K}[X]\}$.

Remarque. Il n'y a aucun lien entre la continuité et le fait d'admettre un polynôme minimal. Munissons par exemple $\mathbb{R}[X]$ de la norme $\|\sum_{k=0}^n a_k\, x^k\| = \sup_k |a_k|$.

L'endomorphisme v de $\mathbb{R}[X]$ défini sur la base canonique de $\mathbb{R}[X]$ par $v(X^n) = X^n/(n+1)$ est continu mais il admet une infinité de valeurs propres, donc pas de polynôme minimal. L'endomorphisme v de $\mathbb{R}[X]$ défini par $v(X^{2n}) = nX^{2n+1}$ et $v(X^{2n+1}) = 0$ n'est pas continu mais admet un polynôme minimal car $v^2 = 0$.

PROBLÈME 13. Soit $\mathbb{K}$ un corps commutatif et E un $\mathbb{K}$ e.v de dimension $n \geq 2$. Soient $u, v \in \mathcal{L}(E)$ et $w = uv - vu$ tel que $\mathrm{rg}(w) = 1$.
a) Soit $x \in \mathrm{Im}\, w$. Montrer que pour tout $k \in \mathbb{N}$, $u^k(x) \in \mathrm{Ker}\, w$.
b) En déduire que le polynôme caractéristique P_u de u n'est pas irréductible dans $\mathbb{K}[X]$.

Solution. **a)** Commençons par remarquer que w est nilpotent (ceci découle de l'exercice 2 page 180, car $\mathrm{rg}(w) = 1$ et $\mathrm{tr}(w) = \mathrm{tr}(uv) - tr(vu) = 0$). Ceci étant, soit $k \in \mathbb{N}$. On a $wu^k = u(vu^k) - (vu^k)u$ donc $\mathrm{tr}(wu^k) = 0$.

Si $wu^k = 0$, alors $wu^k(x) = 0$, c'est-à-dire $u^k(x) \in \mathrm{Ker}\, w$.

Sinon, $\mathrm{rg}(wu^k) \geq 1$. Or $\mathrm{Im}(wu^k) \subset \mathrm{Im}\, w$, donc $\mathrm{rg}(wu^k) \leq 1$. On a donc $\mathrm{rg}(wu^k) = 1$, de sorte que comme $\mathrm{tr}(wu^k) = 0$, wu^k est nilpotente. Comme $x \in \mathrm{Im}\, w$, que $wu^k(x) \in \mathrm{Im}\, w$ et que $\dim(\mathrm{Im}\, w) = 1$, on voit que x est vecteur propre de wu^k. L'endomorphisme wu^k étant nilpotent, on en déduit que $wu^k(x) = 0$, *i. e.* $u^k(x) \in \mathrm{Ker}\, w$.

b) L'idée est de trouver un s.e.v strict de E stable par u. Fixons $x \in \mathrm{Im}\, w$, $x \neq 0$. Soit $F = \{u^k(x) \mid k \in \mathbb{N}\}$. Le s.e.v $G = \mathrm{Vect}\, F$ est stable par u. Comme $x \neq 0$, on a même $G \neq \{0\}$. Par ailleurs, d'après a), on a $G \subset \mathrm{Ker}\, w$. En notant $p = \dim G$, on en déduit

$$1 \leq p \leq \dim \mathrm{Ker}\, w = n - \mathrm{rg}\, w = n - 1.$$

Soit $(e_1, \dots, e_p)$ une base de G complétée en une base $(e_1, \dots, e_n)$ de E. On a

$$[u]_B = \begin{pmatrix} A & B \\ 0 & C \end{pmatrix}, \quad A \in \mathcal{M}_p(\mathbb{K}),\ C \in \mathcal{M}_{n-p}(\mathbb{K}),$$

donc $P_u = P_A \cdot P_C$ n'est pas irréductible dans $\mathbb{K}[X]$.

PROBLÈME 14. Soient A et $B \in \mathcal{M}_n(\mathbb{C})$. **a)** Montrer que

$$(\exists P \in \mathcal{M}_n(\mathbb{C}), P \neq 0), \qquad AP = PB$$

si et seulement si A et B ont au moins une valeur propre commune.
b) Soit $r \in \mathbb{N}$, $0 < r \leq n$. Montrer que s'il existe $P \in \mathcal{M}_n(\mathbb{C})$ avec $\mathrm{rg}\, P = r$ tel que $AP = PB$, alors les polynômes caractéristiques P_A et P_B de A et B vérifient $\deg(\mathrm{pgcd}\,(P_A, P_B)) \geq r$. La réciproque est elle vraie ?

Solution. **a)** Remarquons déjà que si P est inversible, $AP = PB$ s'écrit $P^{-1}AP = B$, donc A et B sont semblables et le résultat est évident. Le cas général est plus délicat.
Condition nécessaire. Donnons deux méthodes.

Première méthode. Par récurrence sur $k \in \mathbb{N}$, on a facilement $A^k P = PB^k$, donc pour tout polynôme $F \in \mathbb{C}[X]$, $F(A)P = PF(B)$. $(*)$

Ceci étant, supposons que A et B n'ont aucune valeur propre commune. Alors les polynômes caractéristiques P_A et P_B de A et B n'ont aucune racine commune dans $\mathbb{C}$ et sont donc premiers entre eux. D'après le théorème de Bezout, il existe donc $U, V \in \mathbb{C}[X]$ tels que $UP_A + VP_B = 1$. On a alors $U(B)P_A(B) = I_n$, et donc $P_A(B)$ est inversible. Or $P_A(A)P = P\,P_A(B)$ d'après $(*)$, donc $P\,P_A(B) = 0$, et comme $P_A(B)$ est inversible, ceci entraîne $P = 0$. Ceci est absurde, d'où la condition nécessaire.

Seconde méthode. Soit $(e_1, \dots, e_n)$ une base de $\mathbb{C}^n$ qui triangularise la matrice B. Pour tout j, on a $Be_j = \lambda_j e_j + \sum_{i<j} b_{i,j} e_i$. Soit j le plus petit indice tel que $Pe_j \neq 0$ (j existe, sinon $P = 0$). Alors

$$APe_j = PBe_j = P\left(\lambda_j e_j + \sum_{i<j} b_{i,j} e_i\right) = \lambda_j Pe_j,$$

donc λ_j est valeur propre de A (un vecteur propre associé est Pe_j), donc valeur propre commune à A et B.

Condition suffisante. Trigonalisons A supérieurement et B inférieurement, en supposant que $\lambda \in \mathbb{C}$ est valeur propre commune à A et B : il existe $P_1, P_2 \in \mathcal{G}\ell_n(\mathbb{C})$ tels que

$$T = P_1^{-1}AP_1 = \begin{pmatrix} \lambda & \times & \cdots & \times \\ 0 & \times & \ddots & \vdots \\ \vdots & \ddots & \ddots & \times \\ 0 & \cdots & 0 & \times \end{pmatrix} \quad \text{et} \quad S = P_2^{-1}BP_2 = \begin{pmatrix} \lambda & 0 & \cdots & 0 \\ \times & \times & \ddots & \vdots \\ \vdots & \ddots & \ddots & 0 \\ \times & \cdots & \times & \times \end{pmatrix}.$$

En désignant par Y la matrice dont tous les coefficients sont nuls sauf celui d'indice $(1, 1)$ qui vaut 1, on a $TY = \lambda Y$ et $YS = \lambda Y$. Ainsi, $(P_1^{-1}AP_1)Y = Y(P_2^{-1}BP_2)$, et en multipliant à gauche par P_1 et à droite par P_2^{-1} on obtient $AP = PB$ avec $P = P_1 Y P_2^{-1} \neq 0$.

b) Le cas $r = 1$ est une conséquence du résultat de la question précédente, et lorsque $r = n$ c'est immédiat car les matrices A et B sont alors semblables, donc ont même polynôme caractéristique. Pour traiter le cas général, on se ramène au cas plus simple où la matrice P est de la forme $J_r = \left(\begin{smallmatrix} I_r & 0 \\ 0 & 0 \end{smallmatrix}\right)$. Comme la matrice P est de rang r, elle est équivalente à la matrice J_r ce qui s'écrit $P = QJ_rR$ avec $Q, R \in \mathcal{G}\ell_n(\mathbb{C})$. On a donc

$$A(QJ_rR) = (QJ_rR)B \quad \text{donc} \quad A'J_r = J_rB', \quad \text{avec } A' = Q^{-1}AQ \text{ et } B' = RBR^{-1}.$$

La matrice A' est semblable à A donc $P_{A'} = P_A$, de même $P_{B'} = P_B$. En écrivant les matrices A' et B' par blocs sous la forme $A' = \left(\begin{smallmatrix} A'_0 & A'_1 \\ A'_2 & A'_3 \end{smallmatrix}\right)$ et $B' = \left(\begin{smallmatrix} B'_0 & B'_1 \\ B'_2 & B'_3 \end{smallmatrix}\right)$ (avec A'_0 et B'_0 dans $\mathcal{M}_r(\mathbb{C})$) l'égalité $A'J_r = J_rB'$ s'écrit

$$\begin{pmatrix} A'_0 & A'_1 \\ A'_2 & A'_3 \end{pmatrix}\begin{pmatrix} I_r & 0 \\ 0 & 0 \end{pmatrix} = \begin{pmatrix} I_r & 0 \\ 0 & 0 \end{pmatrix}\begin{pmatrix} B'_0 & B'_1 \\ B'_2 & B'_3 \end{pmatrix} \quad \text{donc} \quad \begin{pmatrix} A'_0 & 0 \\ A'_2 & 0 \end{pmatrix} = \begin{pmatrix} B'_0 & B'_1 \\ 0 & 0 \end{pmatrix}$$

ce qui entraîne $A'_0 = B'_0$, $A'_2 = 0$ et $B'_1 = 0$. En notant $S = A'_0 = B'_0$, on a donc

$$A' = \begin{pmatrix} S & A'_1 \\ 0 & A'_3 \end{pmatrix} \quad \text{et} \quad B' = \begin{pmatrix} S & 0 \\ B'_2 & B'_3 \end{pmatrix}.$$

Ceci montre que $P_{A'} = P_S P_{A'_3}$ et $P_{B'} = P_S P_{B'_3}$, donc le polynôme P_S divise $P_A = P_{A'}$ et $P_B = P_{B'}$, et comme $\deg(P_S) = r$ ceci entraîne bien $\deg(\text{pgcd}\,(P_A, P_B)) \geq r$.

La réciproque est vraie lorsque $r = 1$ (on a exhibé une matrice P de rang 1 vérifiant $AP = PB$ dans la solution de la question précédente), mais fausse dans le cas général. Par exemple, lorsque $r = n$ avec $n \geq 2$, on peut avoir $P_A = P_B$ sans que A et B vérifient $AP = PB$ avec $\text{rg}(P) = n$, car ceci impliquerait que P est inversible, donc A et B seraient semblables. Or deux matrices ayant même polynôme caractéristique ne sont pas forcément semblables, comme le montre le contre-exemple où $A = 0$ et B une matrice nilpotente non nulle.

PROBLÈME 15. Soit $A \in \mathcal{M}_n(\mathbb{C})$. Montrer que $\det(I + A\overline{A}) \subset \mathbb{R}^+$. (Indication : si U est un vecteur propre de $A\overline{A}$ associé à une valeur propre $\lambda \notin \mathbb{R}^+$, montrer que $V = A\overline{U}$ est aussi un vecteur propre de $A\overline{A}$, et que la famille (U, V) est libre).

Solution. Nous procédons par récurrence sur n. Si $n = 1$ le résultat est immédiat. Supposons maintenant $n \geq 2$. Si toutes les valeurs propres (λ_i) de $A\overline{A}$ sont des nombres réels positifs, alors en trigonalisant $A\overline{A}$ on s'aperçoit que $\det(I + A\overline{A}) = \prod_i (1 + \lambda_i)$, donc a bien $\det(I + A\overline{A}) \in \mathbb{R}^+$. Sinon, la matrice $A\overline{A}$ a au moins une valeur propre $\lambda \notin \mathbb{R}^+$. Soit U un vecteur propre associé. Le vecteur $V = A\overline{U}$ vérifie

$$A\overline{A}V = A\overline{A}A\overline{U} = A(\overline{\overline{A}AU}) = A\overline{\lambda U} = \overline{\lambda}V.$$

La famille (U, V) est bien libre, car si on avait $V = \mu U$ avec $\mu \in \mathbb{C}$, alors on aurait

$$\lambda U = A\overline{A}U = A\overline{V} = \overline{\mu}A\overline{U} = \overline{\mu}V = |\mu|^2 U$$

donc $\lambda = |\mu|^2$ ce qui est impossible puisque $\lambda \notin \mathbb{R}^+$. Si $n = 2$, la famille (U, V) est une base de vecteurs propres de $A\overline{A}$ associés aux valeurs propres λ et $\overline{\lambda}$, et en diagonalisant $A\overline{A}$ on obtient $\det(I + A\overline{A}) = (1+\lambda)(1+\overline{\lambda}) = |1+\lambda|^2 \in \mathbb{R}^+$. Sinon $n > 2$, et on complète la famille (U, V) en une base $\mathcal{B}$ de $\mathbb{C}^n$. Notons P la matrice de passage de la base canonique $(E_1, \ldots, E_n)$ de $\mathbb{C}^n$ à la base $\mathcal{B}$. On a la forme par blocs $P^{-1}A\overline{A}P = \begin{pmatrix} \lambda\ 0 & \times \\ 0\ \overline{\lambda} & \\ (0) & \times \end{pmatrix}$ mais pour appliquer l'hypothèse de récurrence, il faut montrer que le bloc inférieur droit est de la forme $M\overline{M}$, ce qui n'est pas immédiat *a priori*. Afin de montrer ce résultat, on remarque que $P^{-1}A\overline{A}P = B\overline{B}$ où $B = P^{-1}A\overline{P}$. Les matrices $B\overline{B}$ et $A\overline{A}$ sont semblables, donc $I + B\overline{B}$ et $I + A\overline{A}$ également, d'où $\det(I + B\overline{B}) = \det(I + A\overline{A})$. Comme $PE_1 = U$ et $PE_2 = V$ et que les vecteurs E_1 et E_2 ont leurs coordonnées réelles, on a

$$BE_1 = P^{-1}A\overline{P}E_1 = P^{-1}A\overline{U} = P^{-1}V = E_2,$$
$$BE_2 = P^{-1}A\overline{P}E_2 = P^{-1}A\overline{V} = P^{-1}A\overline{A}U = \lambda P^{-1}U = \lambda E_1.$$

Ceci montre que la matrice B a la forme par blocs

$$B = \left(\begin{array}{cc|c} 0 & \lambda & C \\ 1 & 0 & \\ \hline \multicolumn{2}{c|}{0} & D \end{array}\right) \qquad \text{donc} \qquad B\overline{B} = \left(\begin{array}{cc|c} \lambda & 0 & E \\ 0 & \overline{\lambda} & \\ \hline \multicolumn{2}{c|}{0} & D\overline{D} \end{array}\right).$$

Cette écriture entraîne $\det(I + B\overline{B}) = |1 + \lambda|^2 \det(I + D\overline{D})$, et ceci est bien un nombre réel positif d'après l'hypothèse de récurrence appliquée à la matrice $D\overline{D}$.

Remarque. D'après l'exercice 3 page 197, le polynôme caractéristique de $A\overline{A}$ est égal à celui de $\overline{A}A$. Ceci entraîne $P_{A\overline{A}} = P_{\overline{A}A} = \overline{P_{A\overline{A}}}$, donc $P_{A\overline{A}}$ a ses coefficients réels. En particulier, $\det(I + A\overline{A}) = P_{A\overline{A}}(-1) \in \mathbb{R}$, mais ceci est un résultat moins fort que $\det(I + A\overline{A}) \in \mathbb{R}^+$.

PROBLÈME 16. Soit p un nombre premier. On considère la matrice

$$A = \begin{pmatrix} a_0 & a_1 & \cdots & a_{p-2} & a_{p-1} \\ a_{p-1} & a_0 & a_1 & & a_{p-2} \\ \vdots & a_{p-1} & a_0 & \ddots & \vdots \\ \vdots & & \ddots & \ddots & a_1 \\ a_1 & \cdots & \cdots & a_{p-1} & a_0 \end{pmatrix}$$

avec pour tout i, $a_i \in \mathbb{Z}$. Montrer que $\det A \equiv a_0 + a_1 + \cdots + a_{p-1} \pmod{p}$.

Solution. Cela ressemble à l'exercice 4 page 190. On commence de la même manière. Soit

$$J = \begin{pmatrix} 0 & 1 & & (0) \\ \vdots & \ddots & \ddots & \\ 0 & & \ddots & 1 \\ 1 & 0 & \cdots & 0 \end{pmatrix} \in \mathcal{M}_n(\mathbb{R}).$$

On avait montré à l'exercice 4 page 190 que le polynôme caractéristique de J est $P_J = (-1)^p(X^p - 1)$, et que $A = Q(J)$, où $Q = a_0 + a_1 X + \cdots + a_{p-1}X^{p-1} \in \mathbb{Z}[X]$. Regardons A et J comme des matrices à valeurs dans $\mathbb{Z}/p\mathbb{Z}$. Dans $\mathbb{Z}/p\mathbb{Z}$, $P_J = (-1)^p(X^p - \dot{1}) = (-1)^p(X - \dot{1})^p$. Comme $A = Q(J)$, on a alors $P_A = (-1)^p[X - Q(\dot{1})]^p$ (pour s'en rendre compte, trigonaliser J dans $\mathcal{M}_n(\mathbb{Z}/p\mathbb{Z})$ — voir la remarque 1 page 184), donc $\det A \equiv P_A(0) \equiv Q(1)^p \equiv Q(1) \equiv a_0 + \cdots + a_{p-1} \pmod p$.

Problème 17. Le polynôme caractéristique P_A d'une matrice $A \in \mathcal{M}_n(\mathbb{C})$ peut s'écrire

$$P_A = (-1)^n \left(X^n + f_1(A)X^{n-1} + \cdots + f_{n-1}(A)X + f_n(A)\right),$$

où les $f_i(A)$ sont des polynômes en les coefficients de A.

a) Montrer que pour toutes matrices $A, B \in \mathcal{M}_n(\mathbb{C})$, on a $f_i(AB) = f_i(BA)$ pour tout i.

b) Réciproquement, soit $Q : \mathcal{M}_n(\mathbb{C}) \to \mathbb{C} \quad A = (a_{i,j})_{1 \le i,j \le n} \mapsto Q(A)$ une fonction polynôme en les coefficients $a_{i,j}$ de A. Si pour toutes matrices $A, B \in \mathcal{M}_n(\mathbb{C})$, on a $Q(AB) = Q(BA)$, montrer qu'il existe un polynôme $F \in \mathbb{C}[X_1, \ldots, X_n]$ tel que

$$\forall A \in \mathcal{M}_n(\mathbb{C}), \qquad Q(A) = F(f_1(A), \ldots, f_n(A)).$$

Solution. **a)** Il s'agit de prouver que $P_{AB} = P_{BA}$ pour tous $A, B \in \mathcal{M}_n(\mathbb{C})$, ce qui est précisément le résultat démontré dans l'exercice 3 page 197.

b) C'est plus délicat. Commençons par noter que deux matrices semblables prennent la même valeur par Q (si $B = P^{-1}AP$ avec $P \in \mathcal{G}\ell_n(\mathbb{C})$, on a $Q(B) = Q((P^{-1}A)P) = Q(P(P^{-1}A)) = Q(A)$). Cette remarque va nous permettre de traiter aisément le cas des matrices diagonalisables, puis de toutes les matrices par densité (les matrices diagonalisables forment un ensemble dense dans $\mathcal{M}_n(\mathbb{C})$, voir l'exercice 1 page 195).

Pour tout n-uplet $(\lambda_1, \ldots, \lambda_n)$ de $\mathbb{C}^n$, on note $D(\lambda_1, \ldots, \lambda_n)$ la matrice diagonale dont le coefficient d'indice (i,i) est λ_i. L'application $\mathbb{C}^n \to \mathbb{C} \quad (\lambda_1, \ldots, \lambda_n) \mapsto Q(D(\lambda_1, \ldots, \lambda_n))$ est une fonction polynôme en les λ_i que l'on note Π.

Supposons maintenant A diagonalisable et notons $\lambda_1, \ldots, \lambda_n$ ses valeurs propres. Pour toute permutation $\sigma \in \mathcal{S}_n$, A est semblable à la matrice diagonale $A_\sigma = D(\lambda_{\sigma(1)}, \ldots, \lambda_{\sigma(n)})$, ce qui prouve que

$$Q(A) = Q(A_\sigma) = \Pi(\lambda_{\sigma(1)}, \ldots, \lambda_{\sigma(n)}).$$

Ceci étant vrai pour tout $\sigma \in \mathcal{S}_n$ et pour toute matrice diagonalisable A, on en déduit que Π est un polynôme symétrique en ses n variables. On peut donc l'écrire comme un polynôme F en les polynômes symétriques élémentaires $\Sigma_1, \ldots, \Sigma_n$ (voir le théorème 1 page 84). On sait que la valeur σ_i prise par Σ_i au point $(\lambda_1, \ldots, \lambda_n)$ est $(-1)^i \alpha_i$ où α_i est le coefficient de X^i dans le polynôme $\prod_{i=1}^n (X - \lambda_i)$. Ce dernier polynôme étant égal à $(-1)^n P_A$, on en déduit que $\sigma_i = (-1)^i f_i(A)$. Finalement,

$$Q(A) = F(\sigma_1, \ldots, \sigma_n) = F(-f_1(A), \ldots, (-1)^n f_n(A)). \qquad (*)$$

Cette égalité est vraie pour toute matrice diagonalisable A. Les matrices diagonalisables formant un ensemble dense dans $\mathcal{M}_n(\mathbb{C})$, les applications de l'égalité $(*)$ étant des fonctions continues de A (ce sont des fonctions polynômes), on en déduit que $(*)$ est vrai pour toute matrice A de $\mathcal{M}_n(\mathbb{C})$.

PROBLÈME 18 (DÉRIVÉE D'UN DÉTERMINANT, ALGORITHME DE FADDÉEV). Le but du problème est de proposer une méthode pratique efficace pour calculer le polynôme caractéristique d'une matrice.

1/ (*Dérivée d'un déterminant*). On considère

$$A: \mathbb{R} \to \mathcal{M}_n(\mathbb{R}) \quad t \mapsto A(t) = (a_{i,j}(t))_{1\leq i,j\leq n}$$

une application dérivable sur $\mathbb{R}$. Montrer que l'application $\varphi: t \mapsto \det(A(t))$ est dérivable sur $\mathbb{R}$ et que

$$\varphi'(t) = \sum_{i=1}^{n} \det(C_1(t), \dots, C_{i-1}(t), C_i'(t), C_{i+1}(t), \dots, C_n(t)),$$

où $C_1(t), \dots, C_n(t)$ désignent les vecteurs colonnes de la matrice $A(t)$.

2/ (*Méthode de Faddéev pour le calcul du polynôme caractéristique*). Soient $\mathbb{K}$ un corps commutatif et une matrice $A \in \mathcal{M}_n(\mathbb{K})$. On note $\chi_A = \det(XI_n - A)$.

a) Montrer que $\chi_A' = \operatorname{tr}(\operatorname{com}(XI_n - A))$ où $\operatorname{com}(XI_n - A)$ désigne la comatrice de $XI_n - A$.

b) On définit des matrices $B_0, \dots, B_{n-1} \in \mathcal{M}_n(\mathbb{K})$ par

$$B_0 = I_n \quad \text{et} \quad \forall k, 1 \leq k \leq n-1, \quad B_k = AB_{k-1} - \frac{\operatorname{tr}(AB_{k-1})}{k} I_n.$$

Montrer

$$\chi_A(X) = X^n - \operatorname{tr}(AB_0)X^{n-1} - \frac{\operatorname{tr}(AB_1)}{2}X^{n-2} - \cdots - \frac{\operatorname{tr}(AB_{n-1})}{n},$$

et si A est inversible,

$$A^{-1} = \frac{n}{\operatorname{tr}(AB_{n-1})} B_{n-1}.$$

Solution. **1/** L'expression

$$\varphi(t) = \det A(t) = \sum_{\sigma \in \mathcal{S}_n} \varepsilon(\sigma)\, a_{\sigma(1),1}(t) \cdots a_{\sigma(n),n}(t)$$

montre que φ est dérivable et permet d'obtenir, par dérivation,

$$\varphi'(t) = \sum_{\sigma \in \mathcal{S}_n} \varepsilon(\sigma) \left[\sum_{k=1}^{n} a_{\sigma(1),1}(t) \cdots a_{\sigma(k-1),k-1}(t)\, a'_{\sigma(k),k}(t)\, a_{\sigma(k+1),k+1}(t) \cdots a_{\sigma(n),n}(t) \right]$$

ce qui, en échangeant l'ordre des signes sommes, est précisément le résultat demandé.

2/a) Le résultat de la question 1/ reste valable pour les polynômes dérivés (la démonstration peut être reprise telle quelle). En l'appliquant au polynôme dérivé de $\chi_A(X) = \det(XI_n - A)$, on s'aperçoit que $\chi_A'(X)$ est la somme des cofacteurs des éléments diagonaux de $XI_n - A$, autrement dit $\chi_A'(X) = \operatorname{tr}(\operatorname{com}(XI_n - A))$.

b) Écrivons $\chi_A = X^n + a_1 X^{n-1} + \cdots + a_{n-1} X + a_n$. Chaque cofacteur de la matrice $XI_n - A$ est un polynôme en X de degré au plus $n-1$, ce qui montre l'existence de matrices $B_0, \dots, B_{n-1}$ telles que

$${}^{\mathrm{t}}\operatorname{com}(XI_n - A) = B_0 X^{n-1} + B_1 X^{n-2} + \cdots + B_{n-1}.$$

L'égalité $\chi_A' = \operatorname{tr}(\operatorname{com}(XI_n - A)) = \operatorname{tr}({}^{\mathrm{t}}\operatorname{com}(XI_n - A))$ entraîne

$$(n-1)a_1 = \operatorname{tr}(B_1), \quad \dots, \quad 1 \cdot a_{n-1} = \operatorname{tr}(B_{n-1}). \qquad (*)$$

Ceci étant, la relation $(XI_n - A)\, {}^{\mathrm{t}}\operatorname{com}(XI_n - A) = \det(XI_n - A)\, I_n$ s'écrit

$$B_0 X^n + (B_1 - AB_0)X^{n-1} + \cdots + (B_{n-1} - AB_{n-2})X - AB_{n-1} = \chi_A(X)\, I_n,$$

ce qui en identifiant les coefficients donne

$$B_0 = I_n, \quad B_1 - AB_0 = a_1 I_n, \quad \dots, \quad B_{n-1} - AB_{n-2} = a_{n-1} I_n, \quad -AB_{n-1} = a_n I_n, \qquad (**)$$

donc en prenant la trace

$$na_1 = \mathrm{tr}(B_1) - \mathrm{tr}(AB_0), \quad \ldots, \quad na_{n-1} = \mathrm{tr}(B_{n-1} - AB_{n-2}), \quad na_n = -\,\mathrm{tr}(AB_{n-1}).$$

En retranchant à chacune de ces égalités celles de $(*)$, on obtient

$$1 \cdot a_1 = -\,\mathrm{tr}(AB_0), \quad \ldots, \quad (n-1)a_{n-1} = -\,\mathrm{tr}(AB_{n-2}), \quad na_n = -\,\mathrm{tr}(AB_{n-1}). \qquad (***)$$

Ainsi, on a $a_k = -\,\mathrm{tr}(AB_{k-1})/k$, et en reportant ceci dans $(**)$ on obtient

$$B_0 = I_n, \quad B_1 = AB_0 - \frac{\mathrm{tr}(AB_0)}{1} I_n, \quad \ldots, \quad B_{n-1} = AB_{n-2} - \frac{\mathrm{tr}(AB_{n-2})}{n-1} I_n.$$

relations qui permettent de définir les matrices B_k par récurrence, et on obtient avec $(***)$ la première partie du résultat.

Lorsque A est inversible, la dernière égalité de $(**)$ entraîne

$$A^{-1} = -\frac{1}{a_n} B_{n-1} = \frac{n}{\mathrm{tr}(AB_{n-1})} B_{n-1}.$$

Remarque. Cet algorithme permet en particulier d'obtenir le déterminant $(-1)^n a_n$ de A. C'est une méthode beaucoup plus rapide que celle consistant à calculer $\det A$ en développant récursivement les déterminants par rapport à une ligne ou une colonne, technique qui demande d'effectuer $n!$ opérations (ce qui est très coûteux lorsque n est grand).

PROBLÈME 19. **1/** Soit $n \in \mathbb{N}^*$ et Ω le sous-ensemble de $\mathcal{M}_n(\mathbb{R})$ des matrices M telles que Π_M (polynôme minimal de M) égale, au signe près, P_M (le polynôme caractéristique de M). Montrer que Ω est ouvert dans $\mathcal{M}_n(\mathbb{R})$.

2/ Soit $M \in \Omega$ et $(M_m)_{m\in\mathbb{N}}$ une suite de matrices de $\mathcal{M}_n(\mathbb{R})$ tendant vers M et telle que pour tout m, M_m est diagonalisable dans $\mathcal{M}_n(\mathbb{R})$.

a) Montrer qu'il existe $\ell \in \mathbb{N}$ tel que pour tout $m \geq \ell$, M_m a n valeurs propres distinctes deux à deux.

b) Montrer qu'il existe $K > 0$ tel que pour tout m et pour toute valeur propre λ de M_m, $|\lambda| \leq K$.

c) Pour tout $m \geq \ell$, on note $\lambda_1(m) < \cdots < \lambda_n(m)$ les n valeurs propres de M_m. Pour tout $i \in \{1, \ldots, n\}$ montrer que $\lambda_i = \lim_{m\to\infty} \lambda_i(m)$ existe. Montrer également que $\lambda_1 \leq \cdots \leq \lambda_n$ et que $P_M = (-1)^n (X - \lambda_1) \cdots (X - \lambda_n)$.

Solution. **1/** Dire que $\Pi_M = (-1)^n P_M$ équivaut à dire que $\deg \Pi_M = n$ (car Π_M divise P_M), ou encore que $(I_n, M, \ldots, M^{n-1})$ forme une famille libre de $\mathcal{M}_n(\mathbb{R})$.

Soit $M \in \Omega$. La famille $(I_n, M, \ldots, M^{n-1})$ étant libre, on peut la compléter en une base $B_0 = (I_n, M, \ldots, M^{n-1}, E_{n+1}, \ldots, E_{n^2})$ de $\mathcal{M}_n(\mathbb{R})$. Fixons une base B de $\mathcal{M}_n(\mathbb{R})$. On définit l'application

$$\varphi : \mathcal{M}_n(\mathbb{R}) \to \mathbb{R} \qquad N \mapsto \det_B(I_n, N, \ldots, N^{n-1}, E_{n+1}, \ldots, E_{n^2}).$$

L'application φ est continue et par construction, $\varphi(M) \neq 0$. Il existe donc un voisinage V de M dans $\mathcal{M}_n(\mathbb{R})$ tel que pour tout $N \in V$, $\varphi(N) \neq 0$. Ceci entraîne que pour tout $N \in V$, $(I_n, N, \ldots, N^{n-1})$ forme une famille libre de $\mathcal{M}_n(\mathbb{R})$, et donc $V \subset \Omega$. L'ensemble Ω est donc ouvert.

2/a) On a $M \in \Omega$ et M est la limite de la suite (M_m). Comme Ω est ouvert, il existe $\ell \in \mathbb{N}$ tel que pour tout $m \geq \ell$, $M_m \in \Omega$. Pour tout m, M_m est diagonalisable dans $\mathcal{M}_n(\mathbb{R})$ et Π_{M_m} est donc scindé sur $\mathbb{R}$, à racines toutes simples. Or pour $m \geq \ell$, $\deg \Pi_{M_m} = n$, Π_{M_m} a donc n racines distinctes qui sont les valeurs propres de M_m, d'où le résultat.

b) Soit $\|\,.\,\|$ une norme d'algèbre sur $\mathcal{M}_n(\mathbb{R})$. La suite $(M_m)_{m\in\mathbb{N}}$ converge donc est bornée, *i. e.* il existe $K > 0$ tel que pour tout $m \in \mathbb{N}$, $\|M_m\| \leq K$. D'après la proposition 1 page 193, pour tout $m \in \mathbb{N}$ et pour toute valeur propre λ de M_m, on a $|\lambda| \leq \|M_m\| \leq K$.

c) Montrons d'abord que P_M est scindé sur $\mathbb{R}$. La suite

$$(\lambda(m))_{m\geq\ell} = [(\lambda_1(m), \dots, \lambda_n(m))]_{m\geq\ell}$$

prend ses valeurs dans le compact $[-K, K]^n$. On peut donc en extraire une sous-suite convergente $\lambda(\varphi(m))_{m\in\mathbb{N}}$. Soit $\lambda = (\lambda_1, \dots, \lambda_n) = \lim_{n\to\infty} \lambda(\varphi(n))$. Pour tout m,

$$P_{M_{\varphi(m)}} = (-1)^n \prod_{i=1}^{n} [X - \lambda_i(\varphi(m))]$$

donc $P_M = \lim_{m\to\infty} P_{M_{\varphi(m)}} = (-1)^n \prod_{i=1}^{n}(X - \lambda_i)$ est scindé sur $\mathbb{R}$. Comme pour tout m, $\lambda_1(\varphi(m)) < \cdots < \lambda_n(\varphi(m))$, on obtient en passant à la limite $\lambda_1 \leq \cdots \leq \lambda_n$.

Montrons maintenant que la suite $(\lambda(m))_{m\geq\ell}$ converge. Cette suite étant à valeur dans un compact, il suffit de montrer qu'elle n'admet qu'une seule valeur d'adhérence. Soit $\mu = (\mu_1, \dots, \mu_n)$ une valeur d'adhérence de $(\lambda(m))_{m\geq\ell}$. Il existe une sous-suite $(\lambda(\psi(m))$ convergeant vers μ. On a $\mu_1 \leq \cdots \leq \mu_n$ et

$$P_M = \lim_{m\to\infty} P_{M_{\psi(m)}} = (-1)^n \prod_{i=1}^{n} (X - \mu_i).$$

Des relations

$$\prod_{i=1}^{n}(X - \lambda_i) = \prod_{i=1}^{n}(X - \mu_i), \quad \lambda_1 \leq \cdots \leq \lambda_n \text{ et } \mu_1 \leq \cdots \leq \mu_n,$$

on tire $\mu_1 = \lambda_1, \dots, \mu_n = \lambda_n$, *i. e.* $\lambda = \mu$. L'élément λ est donc la seule valeur d'adhérence de $(\lambda(m))_{m\geq\ell}$, donc cette suite étant à valeur dans un compact, elle converge vers λ. Pour tout i, on a donc $\lambda_i = \lim_{n\to\infty} \lambda_i(m)$ et on a vu que $P_M = (-1)^n \prod_{i=1}^{n}(X - \lambda_i)$, d'où le résultat.

Remarque. La méthode utilisée tout au long de 2/ est à retenir. On procède souvent ainsi lorsqu'un polynôme est limite d'une suite de polynômes.

PROBLÈME 20. Soit $n \in \mathbb{N}^*$ et $\Gamma = \{M \in \mathcal{M}_n(\mathbb{C}) \mid \exists p \in \mathbb{N}^*, M^p = I_n\}$. Déterminer l'adhérence $\overline{\Gamma}$ de Γ dans $\mathcal{M}_n(\mathbb{C})$.

Solution. Notons $\gamma = \{M \in \mathcal{M}_n(\mathbb{C}) \mid \text{pour toute valeur propre } \lambda \text{ de } M, |\lambda| = 1\}$. Nous allons montrer que $\overline{\Gamma} = \gamma$.

Montrons d'abord $\overline{\Gamma} \subset \gamma$. Soit $M \in \overline{\Gamma}$. On peut trouver une suite $(M_p)_{p\in\mathbb{N}}$ de Γ telle que $\lim_{p\to\infty} M_p = M$. Pour tout p, il existe $q \in \mathbb{N}^*$ tel que $M_p^q = I_n$, *i. e.* le polynôme $X^q - 1$ annule M_p. Toute valeur propre de M_p est donc racine de ce polynôme, donc de module 1. Pour tout p, on note $\lambda_1(p), \dots, \lambda_n(p)$ les racines de P_{M_p} (polynôme caractéristique de M_p). Pour tout i, on a vu que $|\lambda_i(p)| = 1$, la suite $\lambda(p) = (\lambda_1(p), \dots, \lambda_n(p))$ est donc à valeurs dans le compact C^n, où C désigne le cercle unité complexe. On peut donc en extraire une sous-suite convergente $\lambda(\varphi(p))$ convergeant vers $\lambda = (\lambda_1, \dots, \lambda_n) \in C^n$. Pour tout i, on a $|\lambda_i| = \lim_{p\to\infty} |\lambda_i(p)| = 1$, et comme $M = \lim_{p\to\infty} M_{\varphi(p)}$,

$$P_M = \lim_{p\to\infty} P_{M_{\varphi(p)}} = \lim_{p\to\infty} \prod_{i=1}^{n}[X - \lambda_i(\varphi(p))] = (-1)^n \prod_{i=1}^{n}(X - \lambda_i).$$

Les valeurs propres de M sont donc les λ_i et ont leur module égal à 1. Donc $M \in \gamma$.

Montrons maintenant l'inclusion réciproque $\gamma \subset \overline{\Gamma}$. Soit $M \in \gamma$. Il existe une matrice $Q \in \mathcal{G}\ell_n(\mathbb{C})$ telle que

$$Q^{-1}MQ = \begin{pmatrix} \lambda_1 & \times & \cdots & \times \\ 0 & \lambda_2 & \ddots & \vdots \\ \vdots & \ddots & \ddots & \times \\ 0 & \cdots & 0 & \lambda_n \end{pmatrix}.$$

Pour tout i, λ_i est valeur propre de M donc $|\lambda_i| = 1$ car $M \in \gamma$. En réfléchissant un peu, on voit qu'il existe une suite $\mu_p = (\mu_1(p), \ldots, \mu_n(p))$ de $\mathbb{C}^n$ vérifiant, pour tout $p \in \mathbb{N}$:

— Pour tout j et pour tout p, il existe $r \in \mathbb{Q}$ tel que $\mu_j(p) = \exp(2i\pi r)$.

— Les $(\mu_i(p))_{1\le i\le n}$ sont distincts deux à deux.

— Pour tout i, $\lim_{p\to\infty} \mu_i(p) = \lambda_i$.

Pour tout p, on pose

$$M_p = \begin{pmatrix} \mu_1(p) & \times & \cdots & \times \\ 0 & \mu_2(p) & \ddots & \vdots \\ \vdots & \ddots & \ddots & \times \\ 0 & \cdots & 0 & \mu_n(p) \end{pmatrix}$$

(où la partie triangulaire supérieure est celle de $Q^{-1}MQ$). Les $\mu_i(p)_{1\le i\le n}$ étant distincts, M_p est diagonalisable, donc semblable à la matrice diagonale D_p dont les éléments diagonaux sont ceux de M_p. Pour une valeur de p donnée, pour tout j, $1 \le j \le n$, on peut écrire $\mu_j(p) = \exp(2i\pi a_j/b_j)$ où $(a_j, b_j) \in \mathbb{Z} \times \mathbb{N}^*$. Si $q = \mathrm{ppcm}\,(b_1, \ldots, b_n)$, on a $\mu_j(p)^q = 1$ pour tout j, donc $D_p^q = I_n$, donc $M_p^q = I_n$, c'est-à-dire pour tout p, $M_p \in \Gamma$. Or par construction, $M = \lim_{p\to\infty} QM_pQ^{-1}$. Comme pour tout p, $QM_pQ^{-1} \in \Gamma$, on en déduit $M \in \overline{\Gamma}$.

Problème 21 (Théorème de Perron, matrices stochastiques). Si $A = (a_{i,j}) \in \mathcal{M}_n(\mathbb{R})$ est une matrice, on note $A \ge 0$ si $a_{i,j} \ge 0$ pour tout (i,j), et on note $A > 0$ si $a_{i,j} > 0$ pour tout (i,j). Pour un vecteur $X \in \mathbb{R}^n$, on définit de la même manière les notations $X \ge 0$ et $X > 0$. Si X, Y sont deux vecteurs de $\mathbb{R}^n$, on note $X \ge Y$ (resp. $X > Y$) lorsque $X - Y \ge 0$ (resp. $X - Y > 0$).

1/ (*Théorème de Perron*). Soit une matrice $A \in \mathcal{M}_n(\mathbb{R})$ telle que $A > 0$.
a) On note $\mathcal{S}$ l'ensemble des vecteurs $X = (x_i) \in \mathbb{R}^n$ tels que $X \ge 0$ et $\sum_{i=1}^n x_i = 1$ (de tels vecteurs sont appelés *vecteurs de probabilité*). Montrer que l'ensemble

$$\Lambda = \{\lambda \in \mathbb{R} \mid (\exists X \in \mathcal{S}), AX \ge \lambda X\}$$

est majoré et que sa borne supérieure λ_0 est une valeur propre de A strictement positive associée à un vecteur propre $X > 0$.
b) Montrer que pour toute valeur propre complexe $\lambda \ne \lambda_0$ de A, on a $|\lambda| < \lambda_0$ (on dit alors que λ_0 est valeur propre *dominante* de A).
c) Montrer que le sous-espace propre E_{λ_0} de A associé à la valeur propre λ_0 est de dimension 1.
d) Montrer que λ_0 est racine simple du polynôme caractéristique de A (on dit alors que λ_0 est *valeur propre simple* de A). (Indication : raisonner par l'absurde en considérant deux vecteurs indépendants X et Y tels que $X > 0$ avec $AX = \lambda_0 X$ et $AY = \lambda_0 Y + \alpha X$, puis considérer $A^k Y$).

2/ (*Matrices stochastiques*) Soit $A = (a_{i,j}) \in \mathcal{M}_n(\mathbb{R})$ une matrice vérifiant $A \ge 0$ et telle que pour tout i, on a $\sum_{j=1}^n a_{i,j} = 1$ (on dit que A est une matrice *stochastique*).
a) Si $A > 0$, montrer que 1 est valeur propre simple et dominante de A.
b) S'il existe $k \in \mathbb{N}^*$ tel que $A^k > 0$ (on dit alors que A est *régulière*), montrer que 1 est valeur propre simple et dominante de A.
c) Si A est régulière, montrer que la suite de matrices (A^k) converge, et que sa limite est un projecteur de rang 1.

Solution. **1/ a)** L'ensemble Λ est non vide (car $0 \in \Lambda$) et évidemment majoré (par exemple par la somme des éléments de A).

Par définition de λ_0, il existe une suite (X_n) de $\mathcal{S}$ et (γ_n) de Λ telle que

$$\lim_{n\to\infty} \gamma_n = \lambda_0 \quad \text{et} \quad \forall n,\ AX_n \geq \gamma_n X_n.$$

L'ensemble $\mathcal{S}$ est un fermé borné de $\mathbb{R}^n$, donc compact, de sorte que l'on peut extraire de la suite (X_n) une sous-suite convergente $(X_{\varphi(n)})$. Notons $X \in \mathcal{S}$ sa limite. Comme $AX_{\varphi(n)} \geq \gamma_{\varphi(n)} X_{\varphi(n)}$ pour tout n, on obtient en passant à la limite sur chaque composante la relation $AX \geq \lambda_0 X$. Si $AX \neq \lambda_0 X$, en composant par A à gauche, on obtient, du fait que $A > 0$, l'inégalité $AY > \lambda_0 Y$, où $Y = AX$. Il existe donc $\varepsilon > 0$ suffisamment petit tel que $AY > (\lambda_0 + \varepsilon)Y$, ce qui contredit la définition de λ_0 car quitte à multiplier Y par une constante positive non nulle, on peut supposer $Y \in \mathcal{S}$.

Ainsi, $AX = \lambda_0 X$ avec $X \in \mathcal{S}$. Le fait que $A > 0$ entraîne $AX > 0$, donc $\lambda_0 X > 0$ et on en déduit $X > 0$ et $\lambda_0 > 0$.

b) Soit λ une valeur propre de A, et notons Z un vecteur propre associé. Les (z_i) désignant les composantes de Z, on a

$$\forall i, \quad \sum_{j=1}^{n} a_{i,j}\, z_j = \lambda z_i \quad \text{donc} \quad \forall i, \quad \sum_{j=1}^{n} a_{i,j}\, |z_j| \geq |\lambda| \cdot |z_i|.$$

En d'autres termes, $A|Z| \geq |\lambda|\,|Z|$ où $|Z|$ désigne le vecteur dont les composantes sont les $|z_i|$, ce qui prouve que $|\lambda| \in \Lambda$ (car quitte à multiplier $|Z|$ par une constante non nulle, on peut supposer $|Z| \in \mathcal{S}$), et donc $|\lambda| \leq \lambda_0$ par définition de λ_0.

Il nous reste à prouver que si $\lambda \neq \lambda_0$, alors $|\lambda| < \lambda_0$. Supposons $|\lambda| = \lambda_0$. Comme $A > 0$, il existe $\delta > 0$ suffisamment petit tel que $A_\delta = A - \delta I_n > 0$. Comme λ_0 est la plus grande valeur propre réelle positive de A, $\lambda_0 - \delta$ est la plus grande valeur propre réelle positive de A_δ. En répétant l'argument précédent à la matrice A_δ et à la valeur propre $\lambda - \delta$, on obtient $|\lambda - \delta| \leq \lambda_0 - \delta$. Mais

$$\lambda_0 = |\lambda| = |\lambda - \delta + \delta| \leq |\lambda - \delta| + \delta \leq \lambda_0,$$

de sorte que $|\lambda| = |\lambda - \delta| + \delta$, ce qui n'est possible que si λ est un réel positif. Donc $\lambda = |\lambda| = \lambda_0$, ce qui contredit le fait que $\lambda \neq \lambda_0$. Donc $|\lambda| < \lambda_0$.

c) D'après a), il existe $X > 0$ tel que $X \in E_{\lambda_0}$. Supposons $\dim E_{\lambda_0} \geq 2$, de sorte qu'il existe un vecteur réel $Y \in E_{\lambda_0}$ tel que la famille (X, Y) soit libre. Choisissons μ tel que $X - \mu Y \geq 0$ et $X - \mu Y \not> 0$ (on a $\mu = \inf\{x_i/y_i \mid y_i \neq 0\}$). Comme (X, Y) est une famille libre, $X - \mu Y$ n'est pas nul, et comme $A > 0$ et $X - \mu Y \geq 0$, on a facilement $A(X - \mu Y) > 0$, c'est-à-dire $\lambda_0(X - \mu Y) > 0$ (c'est le même argument que dans a)), donc $X - \mu Y > 0$. Ceci est en contradiction avec le choix de μ. Ainsi, $\dim E_{\lambda_0} = 1$.

d) Supposons que λ_0 est racine d'ordre ≥ 2 de P_A. D'après 1/a), il existe un vecteur propre $X \geq 0$ de A vérifiant $AX = \lambda_0 X$. Complétons X en une base $\mathcal{B} = (X, X_2, \ldots, X_n)$ de $\mathbb{R}^n$ et notons P la matrice dont les vecteurs colonnes sont ceux de $\mathcal{B}$. On a

$$P^{-1}AP = \left(\begin{array}{c|ccc} \lambda_0 & \times & \cdots & \times \\ \hline 0 & & & \\ \vdots & & B & \\ 0 & & & \end{array}\right) \quad \text{avec} \quad B \in \mathcal{M}_{n-1}(\mathbb{R}).$$

L'égalité $P_A = (\lambda_0 - X)P_B$ montre que λ_0 est racine du polynôme caractéristique P_B de B (car λ_0 est racine d'ordre ≥ 2 de P_A par hypothèse), donc valeur propre de B. Ainsi, il existe $Z \in \mathbb{R}^{n-1}$ non nul tel que $BZ = \lambda_0 Z$, donc le vecteur $Y = P\left(\begin{smallmatrix} 0 \\ Z \end{smallmatrix}\right)$ vérifie $AY = \lambda_0 Y + \alpha X$ avec $\alpha \in \mathbb{R}$ (en d'autres termes, on a commencé à triangulariser la matrice A à partir de la valeur propre λ_0, et on a considéré les deux premiers vecteurs X et Y de la base correspondante). On a forcément $\alpha \neq 0$ sinon Y serait un vecteur propre de A, et comme la famille (X, Y) est libre, ceci est impossible compte tenu du résultat obtenu précédemment. Maintenant, l'égalité $AY = \lambda_0 Y + \alpha X$ donne facilement $A^k Y = \lambda_0^k Y + k\alpha\lambda_0^{k-1} X$ pour tout $k \in \mathbb{N}^*$. Comme $A^k \geq 0$, on en déduit

$$A^k|Y| \geq |A^k Y| = |\lambda_0^k Y + k\alpha\lambda_0^{k-1} X| \geq |k\alpha\lambda_0^{k-1} X| - |\lambda_0^k Y| = \lambda_0^{k-1}(k|\alpha X| - \lambda_0 |Y|).$$

Comme $\alpha \neq 0$ et $X > 0$, il existe $k \in \mathbb{N}^*$ tel que $k|\alpha X| - \lambda_0|Y| > \lambda_0|Y|$, ce qui entraîne $A^k|Y| > \lambda_0^k|Y|$. Comme $A^k > 0$, ceci entraîne, d'après le résultat de la question 1/a), que A^k a une valeur propre $> \lambda_0^k$. Or les valeurs propres de A^k sont les puissances k-ièmes des valeurs propres de A, et ces dernières sont de module $\leq \lambda_0$ d'après 1/b), ce qui est absurde. Ainsi, λ_0 est bien racine simple de P_A.

2/a) La matrice A vérifiant $A > 0$, on peut lui appliquer les résultats précédents. Soit $X = (x_i)_{1\leq i\leq n} \in \mathcal{S}$ un vecteur de probabilité. Soit k tel que $x_k = \sup_i x_i$. Soit $Y = (y_i)$ le vecteur $Y = AX$. On a $y_k = \sum_{j=1}^n a_{k,j}x_j \leq \sum_{j=1}^n a_{k,j}x_k = x_k$. Ainsi, si $AX \geq \lambda X$ avec $\lambda \in \mathbb{R}$, alors en extrayant la k-ième composante on en déduit $y_k \geq \lambda x_k$, donc $\lambda \leq 1$ car $y_k \leq x_k$. En reprenant les notations de la question 1/a), nous avons montré que $\sup \Lambda \leq 1$, donc la valeur propre λ_0 vérifie $\lambda_0 \leq 1$. Maintenant on remarque que le vecteur X_0 dont toutes les coordonnées sont égales à 1 vérifie $AX_0 = X_0$, donc 1 est valeur propre de A, donc on a forcément $\lambda_0 \geq 1$. Ainsi, on a $\lambda_0 = 1$, D'après le résultat de la question 1/b), on en déduit que 1 est valeur propre dominante de A, et d'après 1/c), que cette valeur propre est simple.

b) Remarquons qu'une matrice $A \geq 0$ est stochastique si et seulement si elle vérifie $AX_0 = X_0$, où X_0 est le vecteur dont toutes les coordonnées sont égales à 1. Ainsi, si A et B sont deux matrices stochastiques, le produit AB vérifie $AB \geq 0$ (c'est immédiat) et de plus $ABX_0 = AX_0 = X_0$ donc AB est stochastique. On en déduit que A^k est une matrice stochastique. Comme de plus $A^k > 0$ par hypothèse, le résultat de la question précédente entraîne que 1 est valeur propre simple et dominante de A^k.

L'égalité $AX_0 = X_0$ montre que 1 est valeur propre de A. Si $\lambda \neq 1$ est une autre valeur propre de A associée à un vecteur propre X_1, alors λ^k est valeur propre de A^k associée au même vecteur propre, donc $|\lambda^k| < 1$ ou $\lambda^k = 1$. Si $\lambda^k = 1$ alors $A^kX_1 = X_1$, donc 1 serait valeur propre non simple de A^k (on a également $A^kX_0 = X_0$ et les vecteurs X_0 et X_1 sont bien indépendants car associés à des valeurs propres distinctes de A), ce qui est absurde. Donc $|\lambda^k| < 1$, ce qui montre que 1 est bien valeur propre dominante de A.

Enfin, 1 est bien valeur propre simple de A, car en triangularisant A, on s'aperçoit que les valeurs propres de A^k (en comptant leur multiplicité dans le polynôme caractéristique) sont les puissances k-ièmes de celles de A. Ainsi, si 1 n'était pas valeur propre simple de A, 1 ne serait pas valeur propre simple de A^k.

c) Comme 1 est valeur propre simple de A, la décomposition de Dunford assure l'existence d'une matrice $P \in \mathcal{G}\ell_n(\mathbb{C})$ telle que

$$T = P^{-1}AP = \left(\begin{array}{c|ccc} 1 & 0 & \cdots & 0 \\ \hline 0 & & & \\ \vdots & & B & \\ 0 & & & \end{array}\right) \qquad \text{avec} \quad B \in \mathcal{M}_{n-1}(\mathbb{R}),$$

où $B = D + N$, avec D une matrice diagonale et N une matrice nilpotente, telles que $DN = ND$. Comme 1 est valeur propre dominante de A, les valeurs diagonales $(\lambda_i)_{1\leq i\leq n-1}$ de D vérifient $|\lambda_i| < 1$. Comme les matrices D et N commutent, on a

$$\forall k \geq n, \qquad B^k = (D+N)^k = \sum_{j=0}^{k} \binom{k}{j} D^{k-j}N^j = \sum_{j=0}^{n} \binom{k}{j} D^{k-j}N^j,$$

car $N^j = 0$ pour $j > n$. Choisissons une norme quelconque de l'espace des vecteurs, et normons l'espace des matrices par la norme d'algèbre $\|M\| = \sup_{\|X\|=1} \|MX\|$. On a $\|D\| < 1$ car $\|D\|$ est le maximum des modules $|\lambda_i|$ de ses termes diagonaux. L'égalité précédente entraîne

$$\|B^k\| \leq \sum_{j=0}^{n} \binom{k}{j} \|D\|^{k-j}\|N\|^j \leq \|D\|^{k-n} \sum_{j=0}^{n} \binom{k}{j} \|N\|^j \leq \|D\|^{k-n} \sum_{j=0}^{n} k^j\, \|N\|^j.$$

Ainsi, $\|B^k\|$ est majoré par $\|D\|^{k-n}F(k)$ où F est une fonction polynôme. Comme $\|D\| < 1$ ceci entraîne $\lim_{k\to\infty} B^k = 0$. On a

$$A^k = P \left(\begin{array}{c|ccc} 1 & 0 & \cdots & 0 \\ \hline 0 & & & \\ \vdots & & B^k & \\ 0 & & & \end{array}\right) P^{-1} \quad \text{donc} \quad \lim_{k\to\infty} A^k = \pi, \quad \pi = P \left(\begin{array}{c|ccc} 1 & 0 & \cdots & 0 \\ \hline 0 & & & \\ \vdots & & 0 & \\ 0 & & & \end{array}\right) P^{-1}.$$

La matrice π est de rang 1 et vérifie $\pi^2 = \pi$, c'est donc bien un projecteur.

Remarque. Le théorème de Perron s'étend au cas où $A \geq 0$, avec des résultats plus faibles. Il est également vrai sous des hypothèses différentes (théorème de Frobenius sur les matrices *irréductibles*). Les matrices stochastiques apparaissent dans l'étude des chaînes de Markov à espace d'états finis.

PROBLÈME 22 (ENDOMORPHISMES SEMI-SIMPLES). Soit E un $\mathbb{K}$-e.v de dimension finie. On dit que $f \in \mathcal{L}(E)$ est *semi-simple* si pour tout s.e.v F de E stable par f, il existe un supplémentaire S de F stable par f. Une matrice $M \in \mathcal{M}_n(\mathbb{K})$ est dite semi-simple si l'endomorphisme f de $\mathbb{K}^n$ dont M est la matrice dans la base canonique de $\mathbb{K}^n$ est semi-simple.

1/ Soit $f \in \mathcal{L}(E)$. On note Π_f son polynôme minimal. Soit $\Pi_f = M_1^{\alpha_1} \cdots M_r^{\alpha_r}$ la décomposition de Π_f en facteurs irréductibles de $\mathbb{K}[X]$.
a) Soit F un s.e.v stable par f. Montrer que

$$F = \bigoplus_{i=1}^{r} \left[\operatorname{Ker} M_i^{\alpha_i}(f) \cap F\right].$$

b) Si Π_f est irréductible, montrer que f est semi-simple.
c) Dans le cas général, montrer que f est semi-simple si et seulement si $\Pi_f = M_1 M_2 \cdots M_r$ est produit de polynômes irréductibles unitaires distincts deux à deux.
d) Que dire si $\mathbb{K}$ est algébriquement clos ?

2/ Soit $M \in \mathcal{M}_n(\mathbb{R})$. **a)** Montrer que M est semi-simple (dans $\mathcal{M}_n(\mathbb{R})$) si et seulement si M est diagonalisable dans $\mathcal{M}_n(\mathbb{C})$.
b) On suppose M semi-simple. Montrer que M est semblable dans $\mathcal{M}_n(\mathbb{R})$ à une matrice de la forme $\left(\begin{smallmatrix} D & 0 \\ 0 & B \end{smallmatrix}\right)$, avec D diagonale et B constituée de blocs de la forme $\left(\begin{smallmatrix} \alpha & -\beta \\ \beta & \alpha \end{smallmatrix}\right)$ centrés sur sa diagonale principale.

Solution. **1/ a)** Pour tout i, on note $F_i = \operatorname{Ker} M_i^{\alpha_i}(f)$. On sait que $E = F_1 \oplus \cdots \oplus F_r$. Pour tout $i \in \{1, \ldots, r\}$, on note p_i la projection sur F_i parallèlement à $\oplus_{j\neq i} F_j$. On a vu à la proposition 1 page 204 que pour tout i, p_i est un polynôme en f. Comme F est stable par f, F est donc stable par p_i, ce qui s'écrit $p_i(F) \subset F$. On a aussi $p_i(F) \subset p_i(E) = F_i$. Finalement, on a $p_i(F) \subset F_i \cap F$, et comme $\mathrm{Id}_E = p_1 + \cdots + p_r$,

$$F \subset p_1(F) + \cdots + p_r(F) = p_1(F) \oplus \cdots \oplus p_r(F) \subset (F_1 \cap F) \oplus \cdots \oplus (F_r \cap F).$$

L'inclusion réciproque est facile puisque pour tout i, $F_i \cap F \subset F$ donc $(F_1 \cap F) \oplus \cdots \oplus (F_r \cap F) \subset F$.

b) Soit F un s.e.v stable par f. Il s'agit de montrer l'existence d'un supplémentaire S de F dans E stable par f.

Si $F = E$, c'est terminé avec $S = \{0\}$.

Sinon, soit $x_1 \in E \setminus F$. On considère $E_{x_1} = \{P(f)(x_1) \mid P \in \mathbb{K}[X]\}$. Le s.e.v E_{x_1} est stable par f. Nous allons montrer que $E_{x_1} \cap F = \{0\}$.

Soit $I_{x_1} = \{P \in \mathbb{K}[X] \mid P(f)(x_1) = 0\}$. C'est un idéal de $\mathbb{K}[X]$, non réduit à $\{0\}$ car $\Pi_f \in I_{x_1}$, donc il existe un polynôme unitaire Π_{x_1} tel que $I_{x_1} = (\Pi_{x_1}) = \Pi_{x_1}\mathbb{K}[X]$. Comme

$\Pi_f \in I_{x_1}$, le polynôme Π_{x_1} divise Π_f, et Π_f étant irréductible, $\Pi_{x_1} = \Pi_f$. Le polynôme Π_{x_1} est donc irréductible.

Soit $y \in E_{x_1} \cap F$. Il existe un polynôme $P \in \mathbb{K}[X]$ tel que $y = P(f)(x_1)$. Si $y \neq 0$, alors $P \notin I_{x_1} = (\Pi_{x_1})$, donc Π_{x_1} ne divise pas P, et Π_{x_1} étant irréductible, Π_{x_1} et P sont premiers entre eux. D'après le théorème de Bezout, il existe donc $U, V \in \mathbb{K}[X]$ tels que $UP + V\Pi_{x_1} = 1$, donc

$$x_1 = U(f) \circ P(f)(x_1) + V(f) \circ \Pi_{x_1}(f)(x_1) = U(f)(y).$$

Or $y \in F$ et F est stable par f, donc $x_1 = U(f)(y) \in F$. Ceci est absurde par construction de x_1. On a donc $y = 0$ et $E_{x_1} \cap F = \{0\}$.

On vient de montrer que E_{x_1} et F sont en somme directe et E_{x_1} stable par f. Si $F \oplus E_{x_1} = E$, on choisit $S = E_{x_1}$ et c'est terminé. Sinon, on choisit $x_2 \in E \setminus (F \oplus E_{x_1})$ et on recommence en remplaçant cette fois ci F par $F \oplus E_{x_1}$. Itérant ainsi le procédé, on voit qu'au bout d'un nombre fini d'itérations (E est de dimension fini), on aura trouvé des vecteurs $x_1, \dots, x_k$ tels que $E = F \oplus E_{x_1} \oplus \cdots \oplus E_{x_k}$ et pour tout i, E_{x_i} stable par f. Le s.e.v $S = E_{x_1} \oplus \cdots \oplus E_{x_k}$ est donc stable par f et vérifie $F \oplus S = E$.

c) *Condition nécessaire.* Supposons f semi-simple. Soit $\Pi_f = M_1^{\alpha_1} \cdots M_r^{\alpha_r}$ la décomposition de Π_f en facteurs irréductibles unitaires de $\mathbb{K}[X]$. Il s'agit de montrer que pour tout i, $\alpha_i = 1$. Supposons au contraire qu'il existe i tel que $\alpha_i \geq 2$. Notons $M = M_i$, de sorte qu'il existe $N \in \mathbb{K}[X]$ tel que $\Pi_f = M^2 N$.

Soit $F = \operatorname{Ker} M(f)$. Le s.e.v F est stable par f semi-simple donc il existe un supplémentaire S de F stable par f.

Montrons que $MN(f)$ s'annule sur S. Si $x \in S$, alors $MN(f)(x) \in F$ car $M(f)[MN(f)(x)] = \Pi_f(f)(x) = 0$, et $MN(f)(x) \in S$ car S est stable par f. Donc $MN(f)(x) \in F \cap S = \{0\}$, et donc $MN(f)(x) = 0$.

L'endomorphisme $MN(f)$ s'annule donc sur S. Il s'annule aussi sur F car si $y \in F = \operatorname{Ker} M(f)$, alors $MN(f)(y) = N[M(f)(y)] = 0$. Comme $F \oplus S = E$, $MN(f)$ s'annule sur E tout entier, *i. e.* $MN(f) = 0$. Ceci contredit la minimalité du degré du polynôme minimal $\Pi_f = M^2 N$. D'où la condition nécessaire.

Condition suffisante. Supposons $\Pi_f = M_1 \cdots M_r$ avec les M_i irréductibles unitaires et distincts deux à deux. Soit F un s.e.v de E stable par f. Pour tout i, notons $F_i = \operatorname{Ker} M_i(f)$. On a $E = F_1 \oplus \cdots \oplus F_r$, et on a vu à la question a) que $F = \oplus_{i=1}^r [F \cap F_i]$.

Pour tout i, F_i est stable par f. Notons $f_i \in \mathcal{L}(F_i)$ la restriction de f à F_i. On a $M_i(f_i) = 0$ et M_i est irréductible, ce qui prouve que le polynôme minimal de f_i est M_i. D'après b), f_i est donc semi-simple. Or $F \cap F_i$ est stable par f_i, donc il existe un s.e.v S_i stable par f_i (donc par f) tel que $(F_i \cap F) \oplus S_i = F_i$. Si maintenant on pose $S = S_1 \oplus \cdots \oplus S_r$, on a

$$E = F_1 \oplus \cdots \oplus F_r = \bigoplus_{i=1}^r [(F_i \cap F) \oplus S_i] = [\bigoplus_{i=1}^r (F_i \cap F)] \oplus [\bigoplus_{i=1}^r S_i] = F \oplus S,$$

et S est stable par f. L'endomorphisme f est donc semi-simple.

d) Si $\mathbb{K}$ est algébriquement clos, les polynômes irréductibles de $\mathbb{K}[X]$ sont les polynômes de degré 1. D'après c), f est donc semi-simple si et seulement si Π_f n'a que des racines simples dans $\mathbb{K}$, *i. e.* si et seulement si f est diagonalisable.

2/a) *Condition nécessaire.* Supposons M semi-simple. D'après 1/c), Π_M peut s'écrire $\Pi_M = M_1 \cdots M_r$ où les M_i sont irréductibles dans $\mathbb{R}[X]$, unitaires et distincts deux à deux. Montrons que Π_M n'a que des racines simples dans $\mathbb{C}$. Soit $\alpha \in \mathbb{C}$ une racine de Π_M. Il existe i tel que $M_i(\alpha) = 0$, par exemple $M_1(\alpha) = 0$. Comme M_1 est irréductible dans $\mathbb{R}[X]$, α est racine simple de M_1 (en effet, M_1 étant irréductible dans $\mathbb{R}[X]$, M_1 et M_1' sont premiers entre eux dans $\mathbb{R}[X]$ donc il existe $U, V \in \mathbb{R}[X]$ tels que $UM_1 + VM_1' = 1$. Cette relation appliquée à α montre que $M_1'(\alpha) \neq 0$). Par ailleurs, si $i \neq 1$, $M_i(\alpha) \neq 0$ (en effet, M_1 et M_i sont irréductibles dans $\mathbb{R}[X]$, unitaires et distincts, donc premiers entre eux dans $\mathbb{R}[X]$, donc il existe $U, V \in \mathbb{R}[X]$ tels que $UM_1 + VM_i = 1$. Cette relation appliquée à α montre que $M_i(\alpha) \neq 0$). En définitive, on a montré que α est racine simple de Π_M.

Condition suffisante. Soit $\Pi_M = M_1^{\alpha_1} \cdots M_r^{\alpha_r}$ la décomposition de Π_M en facteurs irréductibles unitaires de $\mathbb{R}[X]$. D'après 1/c), il suffit de montrer que pour tout i, $\alpha_i = 1$. Comme M est diagonalisable dans $\mathcal{M}_n(\mathbb{C})$, Π_M n'a que des racines simples dans $\mathbb{C}$ (le polynôme minimal de M dans $\mathbb{C}[X]$ est le même que dans $\mathbb{R}[X]$ car si $M^p + a_1 M^{p-1} + \cdots + a_p I_n = 0$ avec les $a_i \in \mathbb{C}$, alors $M^p + \Re(a_1) M^{p-1} + \cdots + \Re(a_p) I_n = 0$). Ceci suffit à montrer que pour tout i, $\alpha_i = 1$.

b) On regarde M comme un endomorphisme de $\mathbb{R}^n$. Démontrons le résultat par récurrence sur $n \in \mathbb{N}^*$. Pour $n = 1$, c'est évident. Supposons le résultat vrai jusqu'au rang $n-1$ et montrons le au rang n. Si Π_M est scindé sur $\mathbb{R}$, c'est immédiat car alors Π_M est à racines simples d'après 1/c) et donc M est diagonalisable dans $\mathcal{M}_n(\mathbb{R})$.

Sinon Π_M a au moins un facteur irréductible dans $\mathbb{R}[X]$ de degré 2 de la forme $[(X-\alpha)^2+\beta^2]$, $\alpha \in \mathbb{R}$ et $\beta > 0$. On peut écrire $\Pi_M = [(X-\alpha)^2 + \beta^2]\, Q$ avec $Q \in \mathbb{R}[X]$. Posons $E = \operatorname{Ker}[(M - \alpha I_n)^2 + \beta^2 I_n]$. On a $E \neq \{0\}$, sinon $(M - \alpha I_n)^2 + \beta^2 I_n$ est inversible et donc $Q(M) = 0$, ce qui contredit la minimalité du degré de Π_M.

Soit $e_1 \in E$, $e_1 \neq 0$. Les vecteurs e_1 et Me_1 sont linéairement indépendants. En effet, s'il existe $\lambda \in \mathbb{R}$ tel que $Me_1 = \lambda e_1$, alors

$$0 = (M - \alpha I_n)^2(e_1) + \beta^2 e_1 = (\lambda - \alpha)^2 e_1 + \beta^2 e_1 = [(\lambda-\alpha)^2 + \beta^2]\, e_1 \neq 0,$$

ce qui est impossible.

Si on pose $e_2 = \frac{1}{\beta}[Me_1 - \alpha e_1]$, la famille (e_1, e_2) est donc libre. Remarquons que $Me_1 = \alpha e_1 + \beta e_2$ et comme $e_1 \in \operatorname{Ker}[(M - \alpha I_n)^2 + \beta^2 I_n]$, on a

$$Me_2 = (M - \alpha I_n)(e_2) + \alpha e_2 = \frac{1}{\beta}(M - \alpha I_n)^2(e_1) + \alpha e_2 = -\beta e_1 + \alpha e_2.$$

En résumé, $F = \operatorname{Vect}(e_1, e_2)$ est stable par M et

$$Me_1 = \alpha e_1 + \beta e_2, \qquad Me_2 = -\beta e_1 + \alpha e_2. \qquad (*)$$

La matrice M étant semi-simple, on peut trouver un s.e.v G de $\mathbb{R}^n$ stable par M tel que $F \oplus G = \mathbb{R}^n$. Le restriction $M_{|G}$ de M à G est semi-simple (son polynôme minimal vérifie 1/c) car il divise Π_M). Or $\dim G = n - \dim F = n - 2$, donc d'après l'hypothèse de récurrence il existe une base $\mathcal{B} = (f_1, \ldots, f_{n-2})$ de G dans laquelle la matrice de $M_{|G}$ ait la forme $\left(\begin{smallmatrix} D & 0 \\ 0 & B \end{smallmatrix}\right)$ avec D diagonale et B constituée de blocs de la forme $\left(\begin{smallmatrix} a & -b \\ b & a \end{smallmatrix}\right)$ centrés sur sa diagonale principale. Dans la base $\mathcal{B}' = (\mathcal{B}, e_1, e_2)$, la matrice de M a donc la forme $\begin{pmatrix} D & & (0) \\ & B & \\ (0) & & C \end{pmatrix}$, où $C = \begin{pmatrix} \alpha & -\beta \\ \beta & \alpha \end{pmatrix}$ d'après $(*)$. D'où le résultat.

Remarque. - On peut montrer facilement que la réciproque de 2/b) est vraie.

- On aurait pu montrer 2/b) en diagonalisant M dans $\mathcal{M}_n(\mathbb{C})$ et en travaillant sur les parties réelles et imaginaires de ses vecteurs propres.

- La semi-simplicité peut être vue comme une généralisation de la diagonalisabilité, dans le cas des corps non algébriquement clos. Dans cette idée, on peut montrer que si $\mathbb{K}$ est un corps commutatif quelconque, toute matrice $M \in \mathcal{M}_n(\mathbb{K})$ peut s'écrire $M = S + N$ avec $SN = NS$, $S \in \mathcal{M}_n(\mathbb{K})$ semi-simple et $N \in \mathcal{M}_n(\mathbb{K})$ nilpotente (résultat à rapprocher de la décomposition de Dunford, voir la partie 4.2 page 203).

Chapitre 5

Espaces euclidiens

La notion de forme quadratique naît avec l'étude des coniques par Fermat au dix-septième siècle puis celle des quadriques par Euler au dix-huitième siècle. C'est Cauchy qui en 1826, en vue de son enseignement à l'École Polytechnique, unifie les résultats concernant la réduction des formes quadratiques. C'est d'ailleurs sans doute à cette occasion qu'il se pose le problème de la recherche des valeurs propres d'une matrice symétrique (en langage moderne) et démontre la réalité des racines du polynôme obtenu.

Ainsi est née la théorie des espaces euclidiens. Le passage à la dimension infinie s'effectue à la fin du dix-neuvième siècle notamment grâce à Hilbert, puis par Schmidt et Fréchet en 1908.

Les espaces euclidiens et hermitiens ont beaucoup de propriétés communes, et pour cette raison, nous les étudierons parallèlement.

1. Formes quadratiques - Formes hermitiennes

Dans toute cette section, $\mathbb{K}$ désigne un corps commutatif.

1.1. Généralités

On définit d'abord les formes bilinéaires.

Définition 1 (Forme bilinéaire). Soient E et F deux $\mathbb{K}$-e.v et une application

$$\varphi: \ E \times F \to \mathbb{K} \qquad (x, y) \mapsto \varphi(x, y).$$

On dit que φ est une *forme bilinéaire* si pour tout $x \in E$, l'application $\varphi(x, \cdot) : \ y \mapsto \varphi(x, y)$ est linéaire et si pour tout $y \in F$, l'application $\varphi(\cdot, y) : \ x \mapsto \varphi(x, y)$ est linéaire.

Les formes sesquilinéaires sont définies lorsque le corps de base est $\mathbb{C}$.

Définition 2 (Forme sesquilinéaire). Soient E et F deux $\mathbb{C}$-e.v et une application

$$\varphi: \ E \times F \to \mathbb{C} \qquad (x, y) \mapsto \varphi(x, y).$$

On dit que φ est une forme *sesquilinéaire* si pour tout $x \in E$, l'application $\varphi(x, \cdot)$ est linéaire et si pour tout $y \in F$, l'application $\varphi(\cdot, y)$ est antilinéaire (*i.e.* pour tout $x_1, x_2 \in E$, $\varphi(x_1 + x_2, y) = \varphi(x_1, y) + \varphi(x_2, y)$ et pour tout $\lambda \in \mathbb{C}$, pour tout $x \in E$, $\varphi(\lambda x, y) = \overline{\lambda}\, \varphi(x, y)$).

Remarque 1.
- Dans toute la suite, les espaces E et F seront les mêmes.
- Toute forme sesquilinéaire sur $E \times F$ est une forme bilinéaire lorsque les e.v E et F sont considérés comme des $\mathbb{R}$-e.v.

Exemple 1. Si E désigne le $\mathbb{C}$-e.v des fonctions continues de $[0, 1]$ dans $\mathbb{C}$, l'application

$$\varphi: \ E^2 \to \mathbb{C} \qquad (f, g) \mapsto \int_0^1 \overline{f(t)} g(t)\, dt$$

définit une forme sesquilinéaire sur E^2.

Dans toute la suite de cette section, E désigne un $\mathbb{K}$-e.v

Écriture en dimension finie. Supposons E de dimension finie n et fixons une base $B = (e_1, \ldots, e_n)$ de E. Alors pour tout $x = \sum_{i=1}^n x_i e_i$ et $y = \sum_{j=1}^n y_j e_j$ dans E, la bilinéarité de φ entraîne

$$\varphi(x, y) = \sum_{1 \leq i,j \leq n} x_i y_j \, \varphi(e_i, e_j) = {}^{\mathrm{t}}XMY$$

où M est la matrice de $\mathcal{M}_n(\mathbb{K})$ définie par $M = (\varphi(e_i, e_j))_{1 \leq i,j \leq n}$ et où X et Y sont les vecteurs colonne $X = \begin{pmatrix} x_1 \\ \vdots \\ x_n \end{pmatrix}$, $Y = \begin{pmatrix} y_1 \\ \vdots \\ y_n \end{pmatrix}$. La matrice M est appelée matrice de φ dans la base B.

Avec les mêmes notations, si E est un $\mathbb{C}$-e.v et φ une forme sesquilinéaire sur E, on a

$$\varphi(x, y) = \sum_{1 \leq i,j \leq n} \overline{x_i} y_j \, \varphi(e_i, e_j) = {}^{\mathrm{t}}\overline{X}MY,$$

où $\overline{X}$ désigne le vecteur conjugué de X (*i.e* les composantes de $\overline{X}$ sont les conjuguées de celles de X). On dit que M est la matrice de φ dans la base B.

L'application qui à φ associe sa matrice dans une base fixée de E est un isomorphisme. En particulier, l'ensemble des formes bilinéaires (ou sesquilinéaires) sur E est un $\mathbb{K}$-espace vectoriel de dimension n^2 (où $n = \dim E$).

Lorsque $\mathbb{K} = \mathbb{R}$ ou $\mathbb{K} = \mathbb{C}$, l'écriture précédente entraîne qu'en dimension finie, les formes quadratiques et sesquilinéaires (pour $\mathbb{K} = \mathbb{C}$) sont des fonctions continues.

Changement de base. On suppose toujours que E est de dimension finie. Soient B et B' deux bases de E, P la matrice de passage de B à B'. Si φ est une forme bilinéaire (resp. sesquilinéaire) sur E, et si M désigne sa matrice dans la base B, M' dans la base B', alors

$$M' = {}^{\mathrm{t}}PMP \qquad (\text{resp. } M' = {}^{\mathrm{t}}\overline{P}MP).$$

On dit que les matrices M et M' sont *congrues*. Les matrices M et M' sont alors équivalentes, donc de même rang. Ce rang s'appelle le rang de φ. Le rang de φ est aussi la dimension du s.e.v des formes linéaires $\{\varphi(x, \cdot) \mid x \in E\}$ dans le dual de E.

Symétries dans les formes bilinéaires et sesquilinéaires.

DÉFINITION 3. Soit φ une forme bilinéaire sur E. On dit que
- φ est *symétrique* si pour tout $(x, y) \in E^2$, $\varphi(x, y) = \varphi(y, x)$,
- φ est *antisymétrique* si pour tout $(x, y) \in E^2$, $\varphi(x, y) = -\varphi(y, x)$.

Remarque 2.
- Si $\mathbb{K}$ est de caractéristique 2, l'antisymétrie équivaut à la symétrie.
- Si E est de dimension finie et si B est une base de E, une forme bilinéaire φ sur E est symétrique (resp. antisymétrique) si et seulement si sa matrice dans la base B est symétrique (resp. antisymétrique).
- Si la caractéristique de $\mathbb{K}$ est différente de 2, une forme bilinéaire φ est antisymétrique si et seulement si $\varphi(x, x) = 0$ pour tout $x \in E$ (cas particulier du théorème 1 page 141 dans le cas bilinéaire).
- Si la caractéristique de $\mathbb{K}$ est différente de 2, si on désigne par $\mathcal{S}_n$ (resp. $\mathcal{A}_n$) le s.e.v des matrices symétriques (resp. antisymétriques) de $\mathcal{M}_n(\mathbb{K})$, on a $\mathcal{S}_n \oplus \mathcal{A}_n = \mathcal{M}_n(\mathbb{K})$. En effet,

$$\mathcal{S}_n \cap \mathcal{A}_n = \{0\} \quad \text{car si} \quad A = {}^{\mathrm{t}}A = -\,{}^{\mathrm{t}}A, \quad \text{alors} \quad {}^{\mathrm{t}}A = 0 \text{ donc } A = 0.$$

$$\mathcal{S}_n + \mathcal{A}_n = \mathcal{M}_n(\mathbb{K}) \quad \text{car} \quad \forall A \in \mathcal{M}_n(\mathbb{K}), \quad A = \underbrace{\frac{1}{2}(A + {}^{\mathrm{t}}A)}_{\in \mathcal{S}_n} + \underbrace{\frac{1}{2}(A - {}^{\mathrm{t}}A)}_{\in \mathcal{A}_n}.$$

De plus, $\dim \mathcal{S}_n = n(n+1)/2$ et $\dim \mathcal{A}_n = n(n-1)/2$ (si $E_{i,j}$ désigne la matrice dont tous les coefficients sont nuls sauf celui d'indice (i,j) qui vaut 1, la famille $((E_{i,i})_{1\leq i\leq n}, (E_{i,j}+E_{j,i})_{1\leq i<j\leq n})$ est une base de $\mathcal{S}_n$, la famille $(E_{i,j}-E_{j,i})_{1\leq i<j\leq n}$ est une base de $\mathcal{A}_n$).

— En conséquence, si la caractéristique de $\mathbb{K}$ est différente de 2, l'ensemble $\mathcal{S}$ (resp. $\mathcal{A}$) des formes bilinéaires symétriques (resp. antisymétriques) sur E (avec $\dim E = n$) est un $\mathbb{K}$-e.v de dimension $n(n+1)/2$ (resp. $n(n-1)/2$). De plus, si $\mathcal{B}$ désigne le $\mathbb{K}$-e.v des formes bilinéaires sur E, on a $\mathcal{S}\oplus\mathcal{A}=\mathcal{B}$.

DÉFINITION 4. Soit φ une forme sesquilinéaire sur un $\mathbb{C}$-e.v E. On dit que φ est à *symétrie hermitienne* si pour tout $(x,y)\in E^2$, $\varphi(x,y)=\overline{\varphi(y,x)}$.

Remarque 3. — Si φ est à symétrie hermitienne, alors pour tout $x\in E$, $\varphi(x,x)\in\mathbb{R}$ (ceci car $\varphi(x,x)=\overline{\varphi(x,x)}$).

— Si E est de dimension finie sur $\mathbb{C}$ et si B est une base de E, alors une forme sesquilinéaire φ sur E est à symétrie hermitienne si et seulement si sa matrice M dans la base B vérifie ${}^{\mathrm{t}}\overline{M}=M$. On dit alors que M est une matrice *hermitienne*. Toute matrice hermitienne $M\in\mathcal{M}_n(\mathbb{C})$ peut s'écrire de manière unique sous la forme $M=S+iA$, où $S,A\in\mathcal{M}_n(\mathbb{R})$ avec S symétrique et A antisymétrique. L'ensemble des matrices hermitiennes de $\mathcal{M}_n(\mathbb{C})$ forme un $\mathbb{R}$-e.v de dimension n^2 (mais attention, ce n'est pas un $\mathbb{C}$-e.v).

Formes quadratiques. On suppose ici que la caractéristique de $\mathbb{K}$ est différente de 2.

DÉFINITION 5. On appelle *forme quadratique* sur E toute application q de la forme

$$q:\ E\to\mathbb{K}\qquad x\mapsto\varphi(x,x)$$

où φ est une forme bilinéaire symétrique sur E.

PROPOSITION 1. *Soit q une forme quadratique sur E. Il existe une unique forme bilinéaire symétrique φ telle que pour tout $x\in E$, $q(x)=\varphi(x,x)$. La forme bilinéaire φ s'appelle la* forme polaire *de q et on a*

$$\forall(x,y)\in E^2,\qquad \varphi(x,y)=\frac{1}{2}\left[q(x+y)-q(x)-q(y)\right]=\frac{1}{4}[q(x+y)-q(x-y)].$$

Exemple 2. — Si $\varphi(x,y)=\sum_{i,j}a_{i,j}x_iy_j$, la forme quadratique associée à φ est

$$q(x)=\sum_i a_{i,i}\,x_i^2+\sum_{i<j}(a_{i,j}+a_{j,i})\,x_ix_j.$$

— Réciproquement, si $q(x)=\sum_i a_{i,i}\,x_i^2+\sum_{i<j}a_{i,j}\,x_ix_j$, alors q est une forme quadratique et sa forme polaire est

$$\varphi(x,y)=\sum_i a_{i,i}\,x_iy_i+\frac{1}{2}\sum_{i<j}a_{i,j}\,(x_iy_j+x_jy_i).$$

DÉFINITION 6. Soit q une forme quadratique sur E, où E est de dimension finie, et B une base de E. On appelle matrice de q dans la base B la matrice de la forme polaire φ de q dans la base B, et rang de q le rang de cette matrice. Le rang de q est aussi le rang de sa forme polaire.

Exemple 3. On se place dans $\mathbb{R}^3$ et on y définit la forme quadratique q par

$$u=(x,y,z)\mapsto q(u)=3x^2+y^2+2xy-3xz.$$

Alors la matrice de q dans la base canonique de $\mathbb{R}^3$ est

$$A=\begin{pmatrix}3 & 1 & -\frac{3}{2}\\ 1 & 1 & 0\\ -\frac{3}{2} & 0 & 0\end{pmatrix}.$$

Formes hermitiennes.

DÉFINITION 7. On appelle *forme hermitienne* sur un $\mathbb{C}$-e.v E toute application de la forme

$$\Phi : E \to \mathbb{R} \qquad x \mapsto \varphi(x,x)$$

où φ est une forme sesquilinéaire à symétrie hermitienne.

PROPOSITION 2. *Soit Φ une forme hermitienne. Il existe une unique forme sesquilinéaire à symétrie hermitienne φ telle que pour tout $x \in E$, $\Phi(x) = \varphi(x,x)$. La forme φ s'appelle la forme* polaire *de Φ, et on a*

$$\forall (x,y) \in E^2, \qquad \varphi(x,y) = \frac{1}{4}[\Phi(x+y) - \Phi(x-y) + i\Phi(x-iy) - i\Phi(x+iy)].$$

DÉFINITION 8. Soit Φ une forme hermitienne sur un $\mathbb{C}$-e.v E de dimension finie et B une base de E. On appelle matrice de Φ dans la base B la matrice de sa forme polaire φ dans B, et rang de Φ le rang de cette matrice. Le rang de Φ est aussi le rang de sa forme polaire.

Exemple 4. Sur $\mathbb{C}^2$, si $\Phi : u = (x,y) \mapsto \bar{x}x - 2\bar{y}y + \frac{3}{2}\bar{y}x + \frac{3}{2}y\bar{x}$, alors Φ est une forme hermitienne de forme polaire

$$\varphi(u_1,u_2) = \overline{x_1}x_2 - 2\overline{y_1}y_2 + \frac{3}{2}\overline{y_1}x_2 + \frac{3}{2}\overline{x_1}y_2,$$

et la matrice de Φ dans la base canonique de $\mathbb{R}^2$ est $\begin{pmatrix} 1 & \frac{3}{2} \\ \frac{3}{2} & -2 \end{pmatrix}$, son rang est 2.

1.2. Orthogonalité

E désigne toujours un $\mathbb{K}$-e.v (ou un $\mathbb{C}$-e.v lorsque l'on parle de forme hermitienne). On se fixe une forme quadratique (resp. hermitienne) Φ sur E, de forme polaire φ.

DÉFINITION 9. On appelle *cône isotrope* de Φ l'ensemble $C_\Phi = \{x \in E \mid \Phi(x) = 0\}$. On dit que Φ est *définie* si $C_\Phi = \{0\}$. Un vecteur $x \in E$ est dit *isotrope* (pour Φ) si $\Phi(x) = 0$, *i.e.* $x \in C_\Phi$.

DÉFINITION 10. Deux vecteurs x et y de E sont dit orthogonaux selon Φ (ou selon φ) si $\varphi(x,y) = 0$ (ce qui équivaut à $\varphi(y,x) = 0$).

Soit $A \subset E$. On appelle orthogonal de A selon Φ (ou φ) l'ensemble

$$A^\perp = \{y \in E \mid \forall x \in A, \varphi(x,y) = 0\}.$$

Deux sous-ensembles A et B de E sont dit orthogonaux selon Φ (ou selon φ) si pour tout $x \in A$ et pour tout $y \in B$, $\varphi(x,y) = 0$. On note alors $A \perp B$.

Remarque 4. — Si $A \subset E$, $A^\perp$ est un s.e.v de E et on a $A^\perp = (\mathrm{Vect}\, A)^\perp$.
— Si B désigne le sous-ensemble de E^* (dual de E) défini par $B = \{\varphi(x,\cdot) \mid x \in A\}$, $A^\perp$ est l'orthogonal (au sens dual) de B, *i. e.* $A^\perp = B^\circ$ (voir la partie 4.3 page 134).

PROPOSITION 3. *On parle d'orthogonalité au sens de Φ.*

(i) Si $F \subset E$, $F \subset F^{\perp\perp}$ (ii) Si $A \subset B \subset E$, $B^\perp \subset A^\perp$.

DÉFINITION 11. On appelle *noyau* de Φ le s.e.v de E noté $\mathrm{Ker}\,\Phi$ défini par

$$\mathrm{Ker}\,\Phi = E^\perp = \{x \in E \mid \forall y \in E, \varphi(x,y) = 0\}.$$

La forme Φ est dite *non dégénérée* si $\mathrm{Ker}\,\Phi = \{0\}$, *dégénérée* si $\mathrm{Ker}\,\Phi \neq \{0\}$.

PROPOSITION 4. *On a $\mathrm{Ker}\,\Phi \subset C_\Phi$. En particulier, si Φ est définie, alors Φ est non dégénérée.*

Remarque 5. La réciproque est fausse. Par exemple, si $\Phi(u) = \Phi(x, y) = x^2 - y^2$, Φ est non dégénérée mais n'est pas définie puisque pour tout x, $\Phi(x, x) = \Phi(x, -x) = 0$.

Notation. Pour unifier les notations, pour toute matrice M à coefficients dans $\mathbb{K}$, on note M^* la transposée de M. Lorsque le corps de base est $\mathbb{C}$ et que l'on parle de forme hermitienne, la notation M^* désigne la *transconjuguée* de M (*i.e.* $M^* = {}^{\mathrm{t}}\overline{M}$). Ainsi en dimension finie, si A désigne la matrice de φ dans une base B de E, on a $A^* = A$ et pour tout x, y, $\varphi(x, y) = X^* AY$. Cette notation est avantageuse puisqu'elle permet de traiter en même temps le cas des formes quadratiques et des formes hermitiennes.

PROPOSITION 5. *Supposons E de dimension finie. Soit B une base de E. En identifiant les vecteurs de E et leur représentation en vecteurs colonne dans la base B, on a* $\operatorname{Ker} \Phi = \operatorname{Ker} A$, *où A désigne la matrice de Φ dans la base B.*

Démonstration. On a $x \in \operatorname{Ker} \Phi \iff \forall y \in E, \varphi(x, y) = 0 \iff \forall Y, X^* AY = 0 \iff X^* A = 0$ $\iff (X^* A)^* = A^* X = AX = 0 \iff X \in \operatorname{Ker} A$. □

Bases Φ-orthogonales.

DÉFINITION 12. Une base B de E est dite Φ-*orthogonale* si pour tout couple d'éléments distincts (e, e') de B, on a $\varphi(e, e') = 0$.

Remarque 6. En dimension finie, si $B = (e_1, \ldots, e_n)$ est une base Φ-orthogonale, alors

$$\forall (x_i) \in \mathbb{K}^n, \quad \Phi\left(\sum_{i=1}^{n} x_i e_i\right) = \sum_{i=1}^{n} x_i^2 \Phi(e_i).$$

Autrement dit, la matrice de Φ dans la base B est diagonale.

THÉORÈME 1. *Si E est de dimension finie, il existe une base Φ-orthogonale de E.*

Démonstration. On procède par récurrence sur la dimension n de E. Pour $n = 1$, il n'y a rien à montrer. Supposons le résultat vrai au rang $n-1$ et montrons le au rang n. Si Φ est identiquement nulle, alors toute base de E est Φ-orthogonale. Sinon, il existe $v \in E$ tel que $\Phi(v) \neq 0$. Dans ce cas, l'application $f = \varphi(v, \cdot)$ définie par $f(x) = \varphi(v, x)$ est une forme linéaire non nulle sur E. Son noyau H est un hyperplan de E, et comme $v \notin H$, on a $E = H \oplus \operatorname{Vect}(v)$. Comme $\dim H = n-1$, d'après l'hypothèse de récurrence, il existe une base $(e_1, \ldots, e_{n-1})$ de H orthogonale pour $\Phi_{|H}$. On voit alors facilement que $(e_1, \ldots, e_{n-1}, v)$ est une base Φ-orthogonale. □

COROLLAIRE 1. *Soit $A \in \mathcal{M}_n(\mathbb{K})$ telle que $A^* = A$. Il existe une matrice inversible $P \in \mathcal{G}\ell_n(\mathbb{K})$ telle que $P^* AP$ soit une matrice diagonale.*

Démonstration. L'application Φ définie sur $\mathbb{K}^n$ par $\Phi(X) = X^* AX$ est une forme quadratique (resp. hermitienne) dont la forme polaire est $\varphi : (X, Y) \mapsto X^* AY$. D'après le théorème précédent, il existe une base B de $\mathbb{K}^n$ qui est Φ-orthogonale. La matrice M de Φ dans B est diagonale, et si P désigne la matrice de passage de la base canonique de $\mathbb{K}^n$ à B, on a $M = P^* AP$, d'où le résultat. □

Remarque 7. Lorsque $\mathbb{K} = \mathbb{R}$ (où $\mathbb{K} = \mathbb{C}$ dans le cas hermitien), un résultat plus fort fait l'objet du corollaire 1 page 256, qui affirme que l'on peut choisir pour P une matrice orthogonale (ou unitaire dans le cas hermitien). L'intérêt du résultat précédent est qu'il est valable pour n'importe quel corps $\mathbb{K}$.

Si Φ est une forme quadratique, le théorème 1 assure en dimension finie l'existence d'une base $(e_1, \ldots, e_n)$ Φ-orthogonale. En posant $\lambda_i = \Phi(e_i)$, on a

$$\forall x \in E, \qquad \Phi(x) = \Phi\left(\sum_{i=1}^{n} e_i^*(x)\, e_i\right) = \sum_{i=1}^{n} \lambda_i \,(e_i^*(x))^2.$$

En d'autres termes, on a écrit Φ comme combinaison linéaire de carrés de formes linéaires indépendantes. Dans la pratique, ces formes linéaires peuvent être calculées grâce à la méthode qui suit.

Méthode de Gauss. Donnons nous une forme quadratique

$$\Phi(x_1, \dots, x_n) = \sum_{i=1}^{n} a_{i,i}\, x_i^2 + \sum_{1 \leq i < j \leq n} a_{i,j}\, x_i x_j.$$

En procédant par récurrence, nous allons écrire Φ comme combinaison linéaire de carrés de formes linéaires indépendantes. Il y a deux cas.

Premier cas. Il existe au moins un indice i tel que $a_{i,i} \neq 0$, par exemple $a = a_{1,1} \neq 0$. On peut écrire Φ sous la forme

$$\Phi(x_1, \dots, x_n) = a\, x_1^2 + x_1 B(x_2, \dots, x_n) + C(x_2, \dots, x_n),$$

où B est une forme linéaire en $(x_2, \dots, x_n)$ et C une forme quadratique en $(x_2, \dots, x_n)$. On réécrit Φ comme

$$\Phi(x_1, \dots, x_n) = a \left(x_1 + \frac{B(x_2, \dots, x_n)}{2a} \right)^2 + \left[C(x_2, \dots, x_n) - \frac{B(x_2, \dots, x_n)^2}{4a} \right].$$

En d'autres termes, on a écrit Φ comme la somme d'une constante multipliée par le carré d'une forme linéaire (ici $a[x_1 + B/(2a)]^2$) et d'une forme quadratique en $x_2, \dots, x_n$ (ici, $C - B^2/(4a)$). On itère alors la méthode de Gauss en partant cette fois de $C - B^2/(4a)$, et on obtient finalement la réduction souhaitée.

Second cas. Pour tous les indices i, $a_{i,i} = 0$. Si Φ est nulle, c'est terminé, sinon il existe au moins un $a_{i,j}$ non nul (avec $i < j$), par exemple $a = a_{1,2} \neq 0$. On peut écrire Φ sous la forme

$$\Phi(x_1, \dots, x_n) = a\, x_1 x_2 + x_1\, B(x_3, \dots, x_n) + x_2\, C(x_3, \dots, x_n) + D(x_3, \dots, x_n),$$

où B et C sont des formes linéaires et D une forme quadratique en $(x_3, \dots, x_n)$. On réécrit Φ comme

$$\begin{aligned}\Phi(x_1, \dots, x_n) &= a \left(x_1 + \frac{C}{a} \right) \left(x_2 + \frac{B}{a} \right) + \left(D - \frac{BC}{a} \right) \\ &= \frac{a}{4} \left[\left(x_1 + x_2 + \frac{B+C}{a} \right)^2 - \left(x_1 - x_2 + \frac{C-B}{a} \right)^2 \right] + \left[D - \frac{BC}{a} \right].\end{aligned}$$

Les deux premiers termes du dernier membre de cette égalité sont les carrés de formes linéaires, et on itère la méthode de Gauss en partant cette fois de $D - BC/a$, forme quadratique en $(x_3, \dots, x_n)$.

Remarque 8. — Il existe bien sûr d'autres moyens d'écrire une forme quadratique comme combinaison linéaire de carrés de formes linéaires. L'avantage de la méthode de Gauss est qu'elle assure l'indépendance des formes linéaires obtenues (résultat non démontré ici, mais facile à obtenir).

— Le cas des formes hermitiennes se traite de manière analogue, en remplaçant les carrés par les carrés des modules. Par exemple la forme hermitienne

$$\Phi(x, y) = x\bar{y} + \bar{x}y \quad \text{se réduit en} \quad \Phi(x, y) = \frac{1}{2}(|x+y|^2 - |x-y|^2).$$

La forme hermitienne

$\Phi(x,y,z) = x\bar{x} + y\bar{y} - 2i\bar{x}y + 2ix\bar{y} + 2y\bar{z} + 2\bar{y}z$ se réduit en

$$\Phi(x,y,z) = (x-2iy)(\bar{x}+2i\bar{y}) - 3y\bar{y} + 2\bar{y}z + 2y\bar{z} = |x-2iy|^2 - 3\left|y - \frac{2z}{3}\right|^2 + \frac{4}{3}|z|^2.$$

***Propriétés des orthogonaux selon* Φ.** La lettre Φ désigne toujours une forme quadratique (resp. hermitienne) sur E et lorsque l'on parlera d'orthogonal, ce sera par rapport à Φ.

PROPOSITION 6. *Supposons E de dimension finie. Tout s.e.v F de E vérifie*

(i) $\dim F + \dim F^\perp = \dim E + \dim(F \cap \operatorname{Ker}\Phi)$.

(ii) $F^{\perp\perp} = F + \operatorname{Ker}\Phi$.

Démonstration. (i). On considère l'application $\psi : F \to E^* \quad x \mapsto \varphi(x,\cdot)$. Cette application est linéaire, donc $\dim(\operatorname{Ker}\psi) + \dim(\operatorname{Im}\psi) = \dim F$. Or $\operatorname{Ker}\psi = F \cap \operatorname{Ker}\Phi$ et $(\operatorname{Im}\psi)^\circ = F^\perp$ (voir la remarque 4). Comme d'après le théorème 3 page 134, on a $\dim(\operatorname{Im}\psi)^\circ = \dim E - \dim(\operatorname{Im}\psi)$, on en déduit

$$\dim F^\perp = \dim E - (\dim F - \dim(\operatorname{Ker}\psi)) = \dim E - \dim F + \dim(F \cap \operatorname{Ker}\Phi),$$

d'où (i).

(ii). On a $F \subset F^{\perp\perp}$ et $\operatorname{Ker}\Phi \subset F^{\perp\perp}$, donc $F + \operatorname{Ker}\Phi \subset F^{\perp\perp}$. Pour prouver l'égalité, nous allons prouver l'égalité des dimensions. En appliquant (i) à $F^\perp$, on a

$$\dim F^\perp + \dim F^{\perp\perp} = \dim E + \dim \operatorname{Ker}(F^\perp \cap \operatorname{Ker}\Phi) = \dim E + \dim(\operatorname{Ker}\Phi)$$

(comme $\operatorname{Ker}\Phi \subset F^\perp$, $F^\perp \cap \operatorname{Ker}\Phi = \operatorname{Ker}\Phi$). En retranchant (i) à cette égalité, on obtient

$$\dim F^{\perp\perp} - \dim F = \dim(\operatorname{Ker}\Phi) - \dim(F \cap \operatorname{Ker}\Phi)$$

donc $\dim F^{\perp\perp} = \dim(F + \operatorname{Ker}\Phi)$ et le résultat. □

PROPOSITION 7. *Soit F un s.e.v* de dimension finie *de E (mais E de dimension quelconque). Alors*

(i) Si la restriction $\Phi_{|F}$ de Φ à F est définie, on a $F \oplus F^\perp = E$.

(ii) Si Φ est définie, on a $F = F^{\perp\perp}$.

Démonstration. (i). Si $x \in F \cap F^\perp$, alors $\varphi(x,x) = 0$ et comme la restriction de Φ à F est définie par hypothèse, on a forcément $x = 0$. Autrement dit, $F \cap F^\perp = \{0\}$ $(*)$.

D'après le théorème 1, il existe une base $(e_1, \ldots, e_p)$ de F, orthogonale pour la restriction de Φ à F. Soit $x \in E$. On cherche à écrire $x = y + z$ avec $y \in F$ et $z \in F^\perp$. Écrivons $y = \sum_{i=1}^p \lambda_i e_i$. Alors $z = x - y \in F^\perp$ si et seulement si pour tout $j \in \{1, \ldots, p\}$, $\varphi(e_j, z) = 0$, *i.e.* si pour tout j, $\varphi(e_j, x) - \lambda_j \varphi(e_j, e_j) = 0$. En choisissant $\lambda_i = \dfrac{\varphi(e_i, x)}{\varphi(e_i, e_i)}$, on voit donc que $x = y + z$, avec $y \in F$ et $z \in F^\perp$. Donc $F + F^\perp = E$ d'où (i) avec $(*)$.

(ii). On sait (voir proposition 3) que $F \subset F^{\perp\perp}$. Montrons l'inclusion réciproque. Soit $x \in F^{\perp\perp}$. D'après (i), il existe $y \in F$ et $z \in F^\perp$ tels que $x = y+z$. Or $\varphi(x,z) = 0 = \varphi(y,z) + \varphi(z,z) = \varphi(z,z)$, donc $z \in C_\Phi$ et Φ étant définie, $z = 0$. Donc $x = y \in F$, d'où $F^{\perp\perp} \subset F$. □

Loi d'inertie de Sylvester. Dans toute la suite, Φ représente soit une forme quadratique sur un $\mathbb{R}$-e.v E, soit une forme hermitienne sur un $\mathbb{C}$-e.v E.

Supposons E de dimension finie n. D'après le théorème 1, il existe une base $(e_1, \ldots, e_n)$ qui est Φ-orthogonale. Ceci entraîne que pour tout $x = \sum_{i=1}^n x_i e_i$,

$$\Phi(x) = \sum_{i=1}^n |x_i|^2 \Phi(e_i) = \sum_{i=1}^n \lambda_i \, |e_i^*(x)|^2, \quad \text{où} \quad \lambda_i = \Phi(e_i) \in \mathbb{R}.$$

Chaque λ_i est soit positif, soit négatif, soit nul. Supposons par exemple

$$\lambda_1, \dots, \lambda_p > 0, \quad \lambda_{p+1}, \dots, \lambda_{p+q} < 0 \quad \text{et} \quad \lambda_{p+q+1} = \dots = \lambda_n = 0.$$

Pour i, $1 \le i \le p$, on peut écrire $\lambda_i = \omega_i^2$ et pour i, $p+1 \le i \le p+q$, on peut écrire $\lambda_i = -\omega_i^2$, où les ω_i sont réels non nuls. En posant $f_i = \omega_i e_i^*$, on a

$$\Phi(x) = |f_1(x)|^2 + \dots + |f_p(x)|^2 - |f_{p+1}(x)|^2 - \dots - |f_{p+q}(x)|^2, \qquad (*)$$

et $f_1, \dots, f_{p+q}$ sont des formes linéaires linéairement indépendantes.

→ Théorème 2 (Sylvester). *Quelle que soit la décomposition de Φ du type $(*)$*

$$\Phi(x) = |g_1(x)|^2 + \dots + |g_{p'}(x)|^2 - |g_{p'+1}(x)|^2 - \dots - |g_{p'+q'}(x)|^2, \qquad (**)$$

où $g_1, \dots, g_{p'+q'}$ sont des formes linéaires linéairement indépendantes, on a $p' = p$ et $q' = q$. Le couple (p, q) s'appelle la signature *de Φ, et le rang de Φ est égal à $p+q$.*

Démonstration. Supposons $p' \neq p$, par exemple $p' > p$. Complétons $g_1, \dots, g_{p'+q'}$ en une base $g_1, \dots, g_n$ de E^*. Les formes linéaires $f_1, \dots, f_p, g_{p'+1}, \dots, g_n$ sont au nombre de $p + n - p' < n$, et donc

$$\exists x \neq 0, \qquad f_1(x) = \dots = f_p(x) = g_{p'+1}(x) = \dots = g_n(x) = 0.$$

Ceci entraîne $\Phi(x) \le 0$ d'après l'expression $(*)$ de Φ. Au moins l'un des $g_i(x)$ pour $1 \le i \le p'$ est non nul, car sinon on aurait $g_1(x) = \dots = g_{p'}(x) = g_{p'+1}(x) = \dots = g_n(x) = 0$ et donc $x = 0$ car $(g_i)_{1 \le i \le n}$ est une base de E^*. Donc $\Phi(x) > 0$ d'après l'expression $(**)$ de Φ, ce qui est contradictoire. Ainsi $p = p'$. On montrerait de même que $q = q'$.

Quant au rang de Φ, il suffit de remarquer que la matrice de Φ dans la base Φ-orthogonale $(e_1, \dots, e_n)$ est $\begin{pmatrix} I_p & 0 & 0 \\ 0 & -I_q & 0 \\ 0 & 0 & 0 \end{pmatrix}$, donc de rang $p+q$. □

Remarque 9. Si on trouve trois s.e.v F^+, F^-, F^0 de E qui sont Φ-orthogonaux deux à deux, tels que $F^+ \oplus F^- \oplus F^0 = E$, $\Phi(x) > 0$ sur $F^+ \setminus \{0\}$, $\Phi(x) < 0$ sur $F^- \setminus \{0\}$ et $\Phi(x) = 0$ sur F^0, alors la signature de Φ est $(\dim F^+, \dim F^-)$. En effet, si $(e_1, \dots, e_p)$ (resp. $(e_{p+1}, \dots, e_{p+q})$, $(e_{p+q+1}, \dots, e_n)$) est une base orthogonale pour la restriction de Φ à F^+ (resp. à F^-, à F^0), alors $(e_1, \dots, e_n)$ est une base de E, et on peut écrire

$$\Phi(x) = \sum_{i=1}^{p} \Phi(e_i)\, |e_i^*(x)|^2 + \sum_{i=p+1}^{p+q} \Phi(e_i)\, |e_i^*(x)|^2$$

avec $\Phi(e_i) > 0$ pour $1 \le i \le p$ et $\Phi(e_i) < 0$ pour $p+1 \le i \le p+q$.

1.3. Formes quadratiques et hermitiennes positives

Ici aussi, Φ désigne une forme quadratique sur un $\mathbb{R}$-e.v E ou une forme hermitienne sur un $\mathbb{C}$-e.v E, associé à la forme polaire φ. On dira que Φ est positive si pour tout $x \in E$, $\Phi(x) \ge 0$. En dimension finie, la signature d'une forme positive est de la forme $(p, 0)$.

→ Théorème 3 (Inégalité de Schwarz). *Si Φ est positive, alors*

$$\forall (x, y) \in E^2, \qquad |\varphi(x, y)|^2 \le \Phi(x)\Phi(y). \qquad (*)$$

Si de plus Φ est définie, il y a égalité si et seulement si x et y forment une famille liée.

Démonstration. Même si Φ est une forme hermitienne, on peut supposer $\varphi(x, y) \in \mathbb{R}$, quitte à multiplier x par $e^{i\theta}$ avec $\theta \in \mathbb{R}$ bien choisi. On a

$$\forall \lambda \in \mathbb{R}, \quad \Phi(\lambda x + y) = \lambda^2 \Phi(x) + 2\lambda \varphi(x, y) + \Phi(y) \ge 0. \qquad (**)$$

Si $\Phi(x) = 0$, pour tout $\lambda \in \mathbb{R}$, $(**)$ s'écrit $2\lambda\varphi(x, y) + \Phi(y) \ge 0$, ce qui entraîne $\varphi(x, y) = 0$.

Sinon $\Phi(x) \neq 0$, et le trinôme du second degré $(**)$ en λ a un discriminant négatif, ce qui s'écrit $\varphi(x, y)^2 - \Phi(x)\Phi(y) \le 0$, d'où l'inégalité.

Supposons Φ définie et $x \neq 0$ (le cas $x = 0$ est trivial). Alors $\Phi(x) \neq 0$, de sorte que $(*)$ est une égalité si et seulement si le discriminant de $(**)$ est nul, c'est à dire si et seulement s'il existe $\lambda_0 \in \mathbb{R}$ tel que $\Phi(\lambda_0 x + y) = 0$, ce qui équivaut à $\lambda_0 x + y = 0$ puisque Φ est définie, c'est-à-dire que la famille (x, y) est liée. □

Conséquence. Si Φ est positive, alors $C_\Phi = \operatorname{Ker} \Phi$, C_Φ désignant le cône isotrope de Φ. En particulier, une forme positive Φ est définie si et seulement si elle est non dégénérée.

COROLLAIRE 2 (Inégalité de Minkowsky). *Si Φ est positive, alors*

$$\forall (x, y) \in E^2, \qquad \sqrt{\Phi(x+y)} \leq \sqrt{\Phi(x)} + \sqrt{\Phi(y)}.$$

L'inégalité de Minkowsky est une conséquence immédiate de l'inégalité de Schwarz. Elle exprime que si Φ est positive, $S(x) = \sqrt{\Phi(x)}$ définit une semi-norme. Si de plus Φ est définie, S est une norme (on dit alors que φ est un produit scalaire, voir la section 2).

1.4. Exercices

EXERCICE 1. Décomposer sous forme de somme de carrés les formes quadratiques ou hermitiennes suivantes ; en déduire leur signature et leur rang.

a) $\Phi(x, y, z, t) = xy + yz + zt + tx$, $(x, y, z, t) \in \mathbb{R}^4$.

b) $\Phi(x, y, z) = x^2 - 2y^2 + xz + yz$, $(x, y, z) \in \mathbb{R}^3$.

c) $\Phi(x, y, z) = \bar{x}x + \bar{y}y + \bar{z}z + \bar{x}y + x\bar{y} - \bar{y}z - y\bar{z}$, $(x, y, z) \in \mathbb{C}^3$.

Solution. On va appliquer la méthode de Gauss, garantissant ainsi l'indépendance linéaire des formes linéaires obtenues, ce qui nous permettra de calculer la signature de la forme correspondante.

a) Il suffit d'écrire

$$\Phi(x, y, z, t) = (x + z)(y + t) = \frac{1}{4}[(x + z + y + t)^2 - (x + z - y - t)^2].$$

La signature de Φ est donc (1,1), son rang $1 + 1 = 2$.

b) On a

$$\begin{aligned}\Phi(x, y, z) = \left(x + \frac{z}{2}\right)^2 - \frac{z^2}{4} - 2y^2 + yz &= \left(x + \frac{z}{2}\right)^2 - 2\left(y - \frac{z}{4}\right)^2 + \frac{z^2}{8} - \frac{z^2}{4} \\ &= \left(x + \frac{z}{2}\right)^2 - 2\left(y - \frac{z}{4}\right)^2 - \frac{z^2}{8}.\end{aligned}$$

La signature de Φ est donc $(1, 2)$, son rang est 3.

c) On a

$$\begin{aligned}\Phi(x, y, z) &= (x + y)(\bar{x} + \bar{y}) + z\bar{z} - \bar{y}z - y\bar{z} \\ &= (x + y)(\bar{x} + \bar{y}) + (z - y)(\bar{z} - \bar{y}) - y\bar{y} = |x + y|^2 + |z - y|^2 - |y|^2.\end{aligned}$$

La signature de Φ est donc $(2, 1)$ et son rang est 3.

EXERCICE 2. Soit $n \in \mathbb{N}^*$. On note $\mathbb{C}_n[X] = \{P \in \mathbb{C}[X] \mid \deg(P) \leq n\}$. Démontrer que l'application

$$\Phi : \mathbb{C}_n[X] \to \mathbb{C} \quad P \mapsto \int_{-1}^{1} \overline{P(x)} P(-x)\, dx$$

est une forme hermitienne et calculer sa signature.

Solution. La forme sesquilinéaire

$$\varphi: \mathbb{C}_n[X]^2 \to \mathbb{C} \quad (P,Q) \mapsto \int_{-1}^{1} \overline{P(x)}Q(-x)\,dx$$

est à symétrie hermitienne (on le vérifie facilement en effectuant le changement de variable $x \to -x$ dans l'intégrale), et Φ est sa forme hermitienne associée.

Notons $\mathcal{P}$ (resp. $\mathcal{I}$) le s.e.v des fonctions paires (resp. impaires) de $\mathbb{C}_n[X]$. On a $\mathcal{P}\oplus\mathcal{I} = \mathbb{C}_n[X]$ puisque

$$\text{si} \quad P \in \mathcal{P}\cap\mathcal{I},\ P(-X) = P(X) = -P(X) \quad \text{donc} \quad P = 0, \qquad \text{ainsi} \quad \mathcal{P}\cap\mathcal{I} = \{0\}$$

et

$$\forall P \in \mathbb{C}_n[X], \quad P(X) = \underbrace{\frac{P(X)+P(-X)}{2}}_{\in\mathcal{P}} + \underbrace{\frac{P(X)-P(-X)}{2}}_{\in\mathcal{I}}, \quad \text{donc} \quad \mathcal{P}+\mathcal{I} = \mathbb{C}_n[X].$$

Si $P \in \mathcal{P}$, $P \neq 0$, est une fonction paire, alors

$$\Phi(P) = \int_{-1}^{1} \overline{P(x)}P(x)\,dx = \int_{-1}^{1} |P(x)|^2\,dx > 0,$$

et si $P \in \mathcal{I}$, $P \neq 0$, est impaire,

$$\Phi(P) = \int_{-1}^{1} \overline{P(x)}(-P(x))\,dx = -\int_{-1}^{1} |P(x)|^2\,dx < 0.$$

De plus, $\mathcal{P}$ et $\mathcal{I}$ sont Φ-orthogonaux car

$$\forall (P,Q) \in \mathcal{P}\times\mathcal{I}, \qquad \int_{-1}^{1} \overline{P(x)}Q(-x)\,dx = \int_{-1}^{1} \overline{P(-x)}(-Q(x))\,dx = -\int_{-1}^{1} \overline{P(x)}Q(-x)\,dx,$$

donc $\varphi(P,Q) = 0$. Avec la remarque 9 page 246, on en conclue que la signature de Φ est $(\dim\mathcal{P}, \dim\mathcal{I}) = ([n/2]+1, [(n+1)/2])$ (où la notation $[x]$ désigne la partie entière de x).

Exercice 3 (Quelques formes quadratiques sur $\mathcal{M}_n(\mathbb{R})$). Montrer que les applications suivantes sont des formes quadratiques et calculer leur signature.

a) $q_1 : \mathcal{M}_n(\mathbb{R}) \to \mathbb{R} \quad A \mapsto (\operatorname{tr} A)^2$.

b) $q_2 : \mathcal{M}_n(\mathbb{R}) \to \mathbb{R} \quad A \mapsto \operatorname{tr}({}^{\mathrm{t}}AA)$.

c) $q_3 : \mathcal{M}_n(\mathbb{R}) \to \mathbb{R} \quad A \mapsto \operatorname{tr}(A^2)$.

d) $q_4 : \mathcal{M}_n(\mathbb{R}) \to \mathbb{R} \quad A \mapsto \operatorname{tr}(SA\,{}^{\mathrm{t}}A)$, où $S \in \mathcal{M}_n(\mathbb{R})$ est une matrice symétrique fixée.

Solution. Tout au long de l'exercice, nous aurons besoin du résultat suivant :

$$\text{Si} \quad P = (p_{i,j})_{1\le i,j\le n} \quad \text{et} \quad Q = (q_{i,j})_{1\le i,j\le n} \in \mathcal{M}_n(\mathbb{R}), \quad \text{on a} \quad \operatorname{tr}(PQ) = \sum_{1\le i,j\le n} p_{i,j}\,q_{j,i}. \quad (*)$$

La preuve est simple, il suffit de remarquer que l'élément d'indice (i,i) dans la produit PQ est égal à $\sum_{j=1}^{n} p_{i,j}\,q_{j,i}$.

a) L'application q_1 est bien une forme quadratique, sa forme polaire étant $\varphi_1 : (A,B) \mapsto \operatorname{tr}(A)\operatorname{tr}(B)$.

L'application trace est une forme linéaire sur $\mathcal{M}_n(\mathbb{R})$. Son noyau H est donc un hyperplan de $\mathcal{M}_n(\mathbb{R})$. Soit S un supplémentaire de H dans $\mathcal{M}_n(\mathbb{R})$, de sorte que $\dim S = 1$ et $\forall A \in S\setminus\{0\}$, $\operatorname{tr} A \neq 0$. Ainsi,

$$\forall A \in H, \quad q_1(A) = 0 \quad \text{et} \quad \forall B \in S\setminus\{0\}, \quad q_1(B) > 0. \qquad (**)$$

De plus, pour tout couple $(A,B) \in H\times S$, $\varphi_1(A,B) = \operatorname{tr}(A)\operatorname{tr}(B) = 0$, donc H et S sont q_1-orthogonaux. Avec $(**)$ et d'après la remarque 9 page 246, ceci suffit pour conclure que la signature de q_1 est $(1,0)$.

b) On a bien affaire à une forme quadratique, la forme polaire associée étant $\varphi_2 : (A,B) \mapsto \operatorname{tr}({}^{\mathrm{t}}AB)$. Maintenant, en appliquant le principe $(*)$, on voit que toute matrice $A = (a_{i,j})_{1\le i,j\le n} \in \mathcal{M}_n(\mathbb{R})$ vérifie $q_2(A) = \sum_{i,j} a_{i,j}^2$, ce qui suffit à prouver que q_2 est une forme définie positive, donc de signature $(n^2, 0)$ (en d'autres termes, c'est un produit scalaire sur $\mathcal{M}_n(\mathbb{R})$).

c) La forme polaire associée à q_3 est $\varphi_3 : (A,B) \mapsto \operatorname{tr}(AB)$.

La relation $(*)$ prouve que si $A \in \mathcal{S}$ (s.e.v des matrices symétriques de $\mathcal{M}_n(\mathbb{R})$), $q_3(A) = \sum_{i,j} a_{i,j}^2$ donc la restriction $q_{3|\mathcal{S}}$ de q_3 à $\mathcal{S}$ est définie positive. Si $A \in \mathcal{A}$ (s.e.v des matrices antisymétriques), $(*)$ montre que $q_3(A) = -\sum_{i,j} a_{i,j}^2$, ce qui prouve que $q_{3|\mathcal{A}}$ est définie négative. De plus, $\mathcal{S} \oplus \mathcal{A} = \mathcal{M}_n(\mathbb{R})$ (voir la remarque 2) et $\mathcal{S}$ et $\mathcal{A}$ sont φ_3-orthogonaux puisque si $S \in \mathcal{S}$ et $A \in \mathcal{A}$,

$$\varphi_3(S,A) = \operatorname{tr}(SA) = \operatorname{tr}({}^{\mathrm{t}}(SA)) = \operatorname{tr}({}^{\mathrm{t}}A\,{}^{\mathrm{t}}S) = \operatorname{tr}(-AS) = -\operatorname{tr}(SA) = -\varphi_3(S,A),$$

donc $\varphi_3(S,A) = 0$. D'après la remarque 9, ceci suffit pour conclure que la signature de q_3 est $(\dim \mathcal{S}, \dim \mathcal{A}) = (n(n+1)/2, n(n-1)/2)$.

d) Remarquons tout d'abord que $q_4(A) = \operatorname{tr}(SA\,{}^{\mathrm{t}}A) = \operatorname{tr}({}^{\mathrm{t}}ASA)$. La forme polaire de q_4 est $\varphi_4 : (A,B) \mapsto \operatorname{tr}({}^{\mathrm{t}}ASB)$.

La matrice S est symétrique. L'application $\mathbb{R}^n \to \mathbb{R} \quad X \mapsto {}^{\mathrm{t}}XSX$ est une forme quadratique. Si on note (p,q) sa signature, on s'aperçoit que S est congrue à la matrice $J = \begin{pmatrix} I_p & 0 & 0 \\ 0 & -I_q & 0 \\ 0 & 0 & 0 \end{pmatrix}$, autrement dit

$$\exists P \in \mathcal{G}\ell_n(\mathbb{R}), \qquad {}^{\mathrm{t}}PSP = J = \begin{pmatrix} I_p & 0 & 0 \\ 0 & -I_q & 0 \\ 0 & 0 & 0 \end{pmatrix}.$$

Maintenant, on se donne $B \in \mathcal{M}_n(\mathbb{R})$ et on écrit $B = PA$ avec $A = (a_{i,j})_{1\le i,j,\le n} \in \mathcal{M}_n(\mathbb{R})$. Un peu d'attention montre que

$$q_4(B) = q_4(PA) = \operatorname{tr}({}^{\mathrm{t}}A\,{}^{\mathrm{t}}PSPA) = \operatorname{tr}({}^{\mathrm{t}}AJA) = \sum_{j=1}^{p}\sum_{i=1}^{n} a_{i,j}^2 - \sum_{j=p+1}^{p+q}\sum_{i=1}^{n} a_{i,j}^2. \qquad (***)$$

Les applications $f_{i,j} : B \mapsto a_{i,j}$ où $a_{i,j}$ est le coefficient d'indice (i,j) dans $A = P^{-1}B$ formant une famille libre de formes linéaires de $\mathcal{M}_n(\mathbb{R})^*$, l'expression $(***)$ montre que la signature de q_4 est (np, nq).

EXERCICE 4. Soit E un $\mathbb{R}$-e.v de dimension finie et Φ une forme quadratique sur E. Si Φ est définie, montrer que Φ est soit positive soit négative.

Solution. Soit (p,q) la signature de Φ (au passage, on a $p+q = \dim E$ car Φ étant définie, Φ est non dégénérée, c'est à dire $\operatorname{rg}\Phi = p+q = \dim E$). Il s'agit de montrer que $p = 0$ ou $q = 0$. Nous allons raisonner par l'absurde en supposant $p \neq 0$ et $q \neq 0$. On peut écrire

$$\Phi(x) = \sum_{i=1}^{p} \varphi_i(x)^2 - \sum_{i=1}^{q} \psi_i(x)^2,$$

où $\varphi_1, \dots, \varphi_p, \psi_1, \dots, \psi_q$ sont des formes linéaires (on peut même les supposer linéairement indépendantes, mais nous n'en aurons pas besoin).

Les formes linéaires $\varphi_1 - \psi_1, \varphi_2, \dots, \varphi_p, \psi_2, \dots, \psi_q$ sont au nombre de $p+q-1 < \dim E$, donc si F désigne le sous-espace de E^* (dual de E) engendré par ces formes linéaires, on a $\dim F < n$, et donc l'orthogonal F° de F (au sens dual) est différent de $\{0\}$. En particulier, il existe $x \in E$, $x \neq 0$, tel que

$$\varphi_1(x) - \psi_1(x) = \varphi_2(x) = \cdots = \varphi_p(x) = \psi_2(x) = \cdots = \psi_q(x) = 0,$$

ce qui entraîne $\varphi_1(x) = \psi_1(x)$ et

$$\Phi(x) = \varphi_1(x)^2 - \psi_1(x)^2 = 0,$$

ce qui est contraire aux hypothèses puisque Φ est définie.

Remarque. Une autre approche consiste à passer par un argument topologique de continuité. Si Φ n'est ni positive ni négative, il existe $x \neq 0$ et $y \neq 0$ tels que $\Phi(x) > 0$ et $\Phi(y) < 0$. On considère alors l'application

$$f : [0,1] \to \mathbb{R} \quad \lambda \mapsto \Phi(\lambda x + (1-\lambda)y).$$

Comme Φ est quadratique, f est une fonction polynôme de degré ≤ 2 donc est continue. Or $f(0) = \Phi(y) < 0$, $f(1) = \Phi(x) > 0$ donc d'après le théorème des valeurs intermédiaires, il existe $\lambda \in]0,1[$ tel que $f(\lambda) = 0 = \Phi(\lambda x+(1-\lambda)y)$, et Φ étant définie, on a $\lambda x+(1-\lambda)y = 0$, donc $y = \beta x$ avec $\beta = -\lambda/(1-\lambda)$. Ceci entraîne $\Phi(y) = \Phi(\beta x) = \beta^2\Phi(x) > 0$, ce qui est absurde, donc notre résultat est prouvé. Cette dernière démonstration montre que le résultat de l'exercice est vrai en dimension infinie.

– Le même type de résultats vaut pour les formes hermitiennes.

EXERCICE 5 (SOUS-ESPACES TOTALEMENT ISOTROPES). Soit Φ une forme quadratique sur un $\mathbb{K}$-e.v E de dimension finie $n \in \mathbb{N}^*$. On appelle sous-espace totalement isotrope (en abrégé SETI) un s.e.v F de E tel que pour tout $x \in F$, $\Phi(x) = 0$, ce qui équivaut à $F \subset F^\perp$. On appelle SETI maximal (en abrégé SETIM) un SETI F tel que pour tout SETI G vérifiant $F \subset G$, on a $G = F$.

1/ a) Soit F un SETI. Montrer que $\dim F \leq n - r/2$, où r est le rang de Φ.
b) Montrer que tout SETI est inclus dans un SETIM.

2/ On suppose dorénavant que Φ est non dégénérée.
a) Soient F_1 et F_2 deux SETIM. On pose $F = F_1 \cap F_2$, S_1 un supplémentaire de F dans F_1, S_2 un supplémentaire de F dans F_2, de sorte que $F \oplus S_1 = F_1$ et $F \oplus S_2 = F_2$. Montrer que $S_1 \cap S_2^\perp = S_1^\perp \cap S_2 = \{0\}$. En déduire $\dim F_1 = \dim F_2$.

Les SETIM ont donc tous même dimension ; cette dimension est appelée indice de Φ.
b) On suppose ici $\mathbb{K} = \mathbb{R}$ et Φ de signature (p,q). Quel est l'indice de Φ ?

Solution. **1/ a)** On a $F \subset F^\perp$, donc $\dim F \leq \dim F^\perp$, et avec la proposition 6 page 245,

$$2\dim F \leq \dim F + \dim F^\perp = n + \dim(F \cap \operatorname{Ker}\Phi) \leq n + \dim(\operatorname{Ker}\Phi) = 2n - r,$$

d'où le résultat.

b) Soit F un SETI et Γ l'ensemble des SETI contenant F. On pose $m = \sup\{\dim G, G \in \Gamma\}$. Par construction, il existe un SETI G tel que $F \subset G$ et $\dim G = m$. Le s.e.v G est alors un SETIM (si H est un SETI et si $G \subset H$, alors $F \subset H$ de sorte que $H \in \Gamma$ et donc $\dim H \leq m$, ce qui entraîne $\dim H = m = \dim G$ et $G = H$).

2/a) Soit $x \in S_1 \cap S_2^\perp$.

On a déjà $x \in F_2^\perp$. En effet, comme $F_2 = F \oplus S_2$, on a $F_2^\perp = F^\perp \cap S_2^\perp$, et il suffit de montrer que $x \in F^\perp$. Ceci est vrai car $x \in F_1 \subset F_1^\perp \subset F^\perp$ (la première inclusion provient du fait que F_1 est un SETI et la seconde est une conséquence de ce que $F \subset F_1$).

Poursuivons. On a $x \in S_1 \subset F_1$ donc x est isotrope. Considérons le s.e.v $G = F_2 + \mathbb{K}x$. Soit $z = y + kx \in G$ ($y \in F_2$, $k \in \mathbb{K}$). En notant φ la forme polaire de Φ, on a

$$\Phi(z) = \Phi(y) + k^2\Phi(x) + 2k\varphi(x,y). \qquad (*)$$

On a $y \in F_2$ donc $\Phi(y) = 0$; on a vu que $\Phi(x) = 0$, et on a montré plus haut que $x \in F_2^\perp$, de sorte que $\varphi(x,y) = 0$, et donc $(*)$ entraîne $\Phi(z) = 0$. Ceci étant vrai pour tout $z \in G$, on en déduit que G est un SETI. Comme $F_2 \subset G$ et que F_2 est un SETIM, ceci entraîne $G = F_2$ et donc $x \in F_2$. Or $x \in S_1 \subset F_1$, donc $x \in F_1 \cap F_2 = F$, donc $x \in S_1 \cap F = \{0\}$, ce qui entraîne $x = 0$.

– Nous venons de montrer $S_1 \cap S_2^\perp = \{0\}$, c'est à dire que S_1 et $S_2^\perp$ sont en somme directe, ce qui entraîne $\dim S_1 + \dim S_2^\perp \leq \dim E = n$. La forme quadratique Φ étant non dégénérée, la proposition 6 entraîne $\dim S_2^\perp = n - \dim S_2$, donc finalement $\dim S_1 + n - \dim S_2 \leq n$, *i.e* $\dim S_1 \leq \dim S_2$. Par symétrie, on a également $\dim S_2 \leq \dim S_1$, d'où $\dim S_1 = \dim S_2$ et

$$\dim F_1 = \dim(F \oplus S_1) = \dim F + \dim S_1 = \dim F + \dim S_2 = \dim(F \oplus S_2) = \dim F_2.$$

b) La non dégénérescence de Φ entraîne $p + q = n$. Notons $k = \inf\{p, q\}$. Il existe une base $(e_1, \dots, e_n)$ de E dans laquelle la matrice de Φ a la forme $\begin{pmatrix} I_p & 0 \\ 0 & -I_q \end{pmatrix}$. Posons $F = \mathrm{Vect}(e_1 + e_{p+1}, \dots, e_k + e_{p+k})$. Pour tout i, $1 \leq i \leq k$, $\Phi(e_i + e_{p+i}) = \Phi(e_i) + \Phi(e_{p+i}) = 1 - 1 = 0$. Les vecteurs e_i étant de plus deux à deux orthogonaux, on en déduit que F est un SETI.

Soit G un SETI tel que $F \subset G$. Donnons nous $x \in G$, et écrivons $x = \sum_i \lambda_i e_i$. On a

$$\Phi(x) = 0 = \sum_{i=1}^{p} \lambda_i^2 - \sum_{i=p+1}^{n} \lambda_i^2. \tag{$**$}$$

En désignant toujours par φ la forme polaire de Φ, on a

$$\forall i, 1 \leq i \leq k, \quad \varphi(x, e_i + e_{p+i}) = \frac{1}{2}\left[\Phi(x + e_i + e_{p+i}) - \Phi(x) - \Phi(e_i + e_{i+p})\right] = 0 = \lambda_i - \lambda_{i+p},$$

ce qui entraîne $\lambda_i = \lambda_{p+i}$ pour $1 \leq i \leq k$. Avec $(**)$ on a donc $x = \sum_{i=1}^k \lambda_i(e_i + e_{p+i}) \in F$, et ceci pour tout SETI G contenant F. Le s.e.v F est donc un SETIM et l'indice de Φ est $\dim F = k = \inf\{p, q\}$.

EXERCICE 6. Soit E un $\mathbb{K}$-e.v de dimension finie, soit $\varphi : E \times E \to \mathbb{K}$ une forme bilinéaire vérifiant la propriété suivante : $\forall (x, y) \in E^2$ tel que $\varphi(x, y) = 0$, on a $\varphi(y, x) = 0$. Montrer que φ est symétrique ou antisymétrique.

Solution. Supposons dans un premier temps φ non dégénérée (*i.e* pour tout $x \neq 0$, $\varphi(x, \cdot) \neq 0$). L'hypothèse sur φ entraîne que pour tout $x \in E$, les formes linéaires

$$\varphi(x, \cdot) : \ y \mapsto \varphi(x, y) \quad \text{et} \quad \varphi(\cdot, x) : \ y \mapsto \varphi(y, x)$$

ont même noyau. Comme elles sont non nulles, il existe $\lambda_x \in \mathbb{K}$ tel que $\varphi(x, \cdot) = \lambda_x \varphi(\cdot, x)$ (voir la proposition 5 page 135).

On considère maintenant les applications

$$f : \ E \to E^* \quad x \mapsto \varphi(x, \cdot) \quad \text{et} \quad g : \ E \to E^* \quad x \mapsto \varphi(\cdot, x).$$

Ces applications sont linéaires, injectives (car φ est non dégénérée), donc bijectives (car $\dim E = \dim E^*$). Or, comme on a vu plus haut, pour tout $x \in E$, $f(x) = \lambda_x g(x)$, ou encore $f \circ g^{-1}(x) = \lambda_x x$ avec $\lambda_x \in \mathbb{K}$. D'après la proposition 3 page 121, $f \circ g^{-1}$ est donc une homothétie, autrement dit il existe $\lambda \in \mathbb{K}$ tel que $f \circ g^{-1} = \lambda\,\mathrm{Id}$ ou encore $f = \lambda g$. Ceci s'écrit aussi

$$\forall x \in E, \quad \varphi(x, \cdot) = \lambda \varphi(\cdot, x)$$

et donc

$$\forall x, y \in E, \quad \varphi(x, y) = \lambda \varphi(y, x) = \lambda^2 \varphi(x, y).$$

On en déduit que $\lambda^2 = 1$, donc que $\lambda \in \{-1, 1\}$. La forme bilinéaire φ est donc symétrique ou antisymétrique.

– Traitons maintenant le cas général. On considère $\mathrm{Ker}\,\varphi = \{x \in E \mid \varphi(x, \cdot) = 0\}$. Soit F un s.e.v de E tel que $\mathrm{Ker}\,\varphi \oplus F = E$. Comme $F \cap \mathrm{Ker}\,\varphi = \{0\}$, la restriction de φ à F est non dégénérée, de sorte que l'on peut appliquer ce que l'on vient de montrer :

$$(\exists \varepsilon \in \{-1, 1\}), \qquad \forall (x, y) \in F^2, \varphi(x, y) = \varepsilon \varphi(y, x).$$

Ceci étant, on se donne $(x,y) \in E^2$ et on écrit $x = x_1 + x_2$, $y = y_1 + y_2$ ($x_1, y_1 \in \operatorname{Ker}\varphi$, $x_2, y_2 \in F$). On a

$$\varphi(x,y) = \varphi(x_1, y_1 + y_2) + \varphi(x_2, y_1 + y_2) = \varphi(x_2, y_1 + y_2) = \varphi(x_2, y_2) = \varepsilon\varphi(y_2, x_2) = \varepsilon\varphi(y, x),$$

d'où le résultat.

2. Espaces préhilbertiens

2.1. Généralités

Soit Φ une forme quadratique (resp. hermitienne) sur un $\mathbb{R}$-e.v (resp. un $\mathbb{C}$-e.v) E. On rappelle que Φ est positive si pour tout $x \in E$, $\Phi(x) \geq 0$.

Supposons Φ définie positive. Sa forme polaire φ s'appelle un *produit scalaire* (resp. un *produit scalaire hermitien*). On note souvent $\varphi(x,y) = x \cdot y$ (ou $(x|y)$, ou encore $\langle x, y\rangle$). On a $x \cdot y = y \cdot x$ (resp. $x \cdot y = \overline{y \cdot x}$). On écrit souvent x^2 pour $x \cdot x$.

Dans ce cas, l'inégalité de Minkowsky (voir le corollaire 2 de la partie précédente) montre que $\|x\| = \sqrt{\Phi(x)} = \sqrt{x \cdot x}$ définit une norme sur E. Cette norme s'appelle norme *euclidienne* (resp. norme *hermitienne*) et fait de E un e.v normé.

Un $\mathbb{R}$-e.v muni d'un produit scalaire s'appelle un espace *préhilbertien* réel (s'il est de plus complet — pour la norme issue du produit scalaire — on dit que c'est un espace *hilbertien* réel). S'il est de dimension finie, on l'appelle également *espace euclidien*. Sauf mention explicite, la norme utilisée sur un espace préhilbertien est la norme euclidienne.

Un $\mathbb{C}$-e.v muni d'un produit scalaire hermitien s'appelle un espace préhilbertien complexe. S'il est de dimension finie, on l'appelle également *espace hermitien*.

L'inégalité de Schwarz

$$\forall x, y \in E, \qquad |x \cdot y| \leq \|x\| \cdot \|y\|$$

entraîne la continuité du produit scalaire dans l'espace préhibertien E. Si E est un espace préhilbertien réel, cette inégalité entraîne

$$\forall x, y \in E, x \neq 0, y \neq 0, \exists! \theta \in [0, \pi], \qquad \cos\theta = \frac{x \cdot y}{\|x\| \cdot \|y\|}.$$

Le nombre réel θ s'appelle l'*écart angulaire* de x et y.

Remarque 1. On ne définit pas l'écart angulaire dans un espace préhilbertien complexe.

Dans toute la suite, nous utiliserons ces notations.

2.2. Orthogonalité

L'orthogonalité définie pour une forme quadratique ou hermitienne s'applique en particulier pour un produit scalaire. Ainsi, deux vecteurs x et y sont dit orthogonaux si et seulement si $x \cdot y = 0$ (ou encore si et seulement si $y \cdot x = 0$).

Une famille de vecteurs non nuls $(e_i)_{i \in I}$ est dite *orthogonale* si elle vérifie $e_i \cdot e_j = 0$ dès que $i \neq j$ (et c'est alors une famille libre). Si de plus on a $\|e_i\| = 1$ pour tout $i \in I$, la famille est dite *orthonormale* (ou *orthonormée*).

On peut ainsi parler de base *orthogonale* ou *orthonormale*. Si E est un espace euclidien (resp. hermitien) et si $(e_1, \ldots, e_n)$ est une base orthonormée de E, alors

$$\forall x = \sum_{i=1}^n x_i e_i \in E, \quad \forall y = \sum_{i=1}^n y_i e_i \in E, \qquad x \cdot y = \sum_{i=1}^n x_i y_i \quad (\text{resp. } x \cdot y = \sum_{i=1}^n \overline{x_i} y_i).$$

Les coordonnées (x_i) de x dans la base orthonormale (e_i) de E vérifient $x_i = e_i \cdot x$.

PROPOSITION 1. *Si $(e_i)_{i\in I}$ est une famille finie orthogonale de vecteurs de E, on a l'égalité $\|\sum_{i\in I} e_i\|^2 = \sum_{i\in I}\|e_i\|^2$.*

Remarque 2. Dans un espace préhilbertien réel, si $\|x+y\|^2 = \|x\|^2 + \|y\|^2$, alors x et y sont orthogonaux. Ceci est faux dans un espace préhilbertien complexe (par exemple, si $x \neq 0$, $\|x+ix\|^2 = |1+i|^2\|x\|^2 = 2\|x\|^2 = \|x\|^2 + \|ix\|^2$ et pourtant x et ix ne sont pas orthogonaux).

THÉORÈME 1 (DE LA MÉDIANE). *Pour tout couple $(x,y)\in E^2$, on a*

$$\|x+y\|^2 + \|x-y\|^2 = 2(\|x\|^2 + \|y\|^2).$$

Remarque 3. — On peut montrer réciproquement que si une norme vérifie cette relation, c'est une norme euclidienne (resp. hermitienne) — voir l'exercice 9 page 263.
— Le théorème de la médiane est encore appelé *identité du parallélogramme.*

Procédé d'orthogonalisation de Schmidt. Nous allons construire, en partant d'une famille libre finie $(e_1,\dots,e_n)$ de vecteurs de E, une base orthogonale $(u_1,\dots,u_n)$ de $\mathrm{Vect}(e_1,\dots,e_n)$ telle que pour tout k, $u_k\in\mathrm{Vect}(e_1,\dots,e_k)$. On procède par récurrence.

- On prend $u_1 = e_1$.
- On cherche u_2 sous la forme $e_2 + \lambda_{1,2}u_1$. On veut que $u_1\cdot u_2 = 0$, ce qui sera réalisé si et seulement si
$$\lambda_{1,2} = -\frac{u_1\cdot e_2}{\|u_1\|^2}.$$
- Les vecteurs $u_1,\dots,u_{k-1}$ étant construits, on cherche u_k sous la forme $e_k+\lambda_{1,k}u_1+\cdots+\lambda_{k-1,k}u_{k-1}$. On veut que $u_i\cdot u_k = 0$ pour $1\le i\le k-1$, ce qui sera réalisé si et seulement si on prend
$$\lambda_{i,k} = -\frac{u_i\cdot e_k}{\|u_i\|^2}.$$

En normant les vecteurs u_i, on obtient même une base orthonormée.

Remarque 4. La matrice de passage de la famille (e_i) à la famille (u_j) est de la forme

$$P = \begin{pmatrix} 1 & \times & \cdots & \times \\ 0 & 1 & \ddots & \vdots \\ \vdots & \ddots & \ddots & \times \\ 0 & \cdots & 0 & 1 \end{pmatrix}.$$

THÉORÈME 2. *Soit E un espace préhilbertien (réel ou complexe) et F un s.e.v de E. Alors*
(i) $F\subset F^{\perp\perp}$
(ii) Si F est de dimension finie, on a $E = F\oplus F^\perp$ et $F = F^{\perp\perp}$.

Démonstration. L'assertion (i) résulte de la proposition 3 de la section 1 et la (ii) est une application de la proposition 7 page 245. □

Remarque 5. L'assertion (ii) reste vraie en dimension infinie si F est complet mais est fausse dans le cas général (voir l'exercice 11 page 265).

Projection et symétrie orthogonale.

DÉFINITION 1. Soit E un espace préhilbertien et F un s.e.v de E de dimension finie. Le théorème précédent dit que $F\oplus F^\perp = E$.
— On appelle *projection orthogonale* sur F la projection sur F parallèlement à $F^\perp$.
— On appelle *symétrie orthogonale* par rapport à F la symétrie par rapport à F parallèlement à $F^\perp$.

Remarque 6. Si $(e_1,\dots,e_n)$ est une base orthonormale de F, alors la projection orthogonale de x sur F est égale à $y=\sum_{i=1}^n \lambda_i e_i$ avec $\lambda_i = e_i\cdot x$.

PROPOSITION 2. *Soit E un espace préhilbertien et F un s.e.v de E de dimension finie. Soit $x\in E$ et p la projection orthogonale sur F. Alors la distance de x à F vérifie $d(x,F)=\|x-p(x)\|$.*

Démonstration. Soit $y\in F$. On a $x-y=(x-p(x))+(p(x)-y)$. Or $x-p(x)\in F^\perp$ et $p(x)-y\in F$, donc $\|x-y\|^2=\|x-p(x)\|^2+\|p(x)-y\|^2$, donc $\inf_{y\in F}\|x-y\|^2=\|x-p(x)\|^2$, d'où le résultat. □

Remarque 7. Comme $x-p(x)$ est orthogonal à $p(x)$, la relation $x=(x-p(x))+p(x)$ entraîne $\|x\|^2=\|x-p(x)\|^2+\|p(x)\|^2$, donc $d(x,F)^2=\|x\|^2-\|p(x)\|^2$. Si $(e_1,\dots,e_n)$ est une base orthonormale de F, on a donc $d(x,F)^2=\|x\|^2-\sum_{i=1}^n|\lambda_i|^2$, où $\lambda_i=e_i\cdot x$.

2.3. Isométries et endomorphismes unitaires

DÉFINITION 2. Soit E un espace préhilbertien et $f\in\mathcal{L}(E)$ telle que pour tout $x\in E$, $\|f(x)\|=\|x\|$.
- Si E est préhilbertien réel, f est appelé *isométrie* (on dit aussi *endomorphisme orthogonal*).
- Si E est préhilbertien complexe, f est appelé *endomorphisme unitaire*.

PROPOSITION 3. *Soit E un espace préhilbertien et f une application de E dans E. Alors f est une isométrie (resp. un endomorphisme unitaire) si et seulement si*

$$\forall (x,y)\in E^2,\qquad f(x)\cdot f(y)=x\cdot y. \qquad (*)$$

Remarque 8. Noter que la propriété $(*)$ implique la linéarité de f.

PROPOSITION 4. *Si $f\in\mathcal{L}(E)$ est une isométrie (resp. un endomorphisme unitaire) alors f est injective. Si de plus E est de dimension finie alors f est bijective.*

PROPOSITION 5.
- *L'ensemble des isométries d'un espace euclidien E est un groupe (muni de la loi $\circ$ de composition), appelé* groupe orthogonal *de E et noté $\mathcal{O}(E)$.*
- *L'ensemble des endomorphismes unitaires d'un espace hermitien E est un groupe appelé* groupe unitaire *de E et noté $\mathcal{U}(E)$.*

Propriétés matricielles des isométries et des endomorphismes unitaires.

PROPOSITION 6. *Soit E un espace euclidien (resp. hermitien) et $f\in\mathcal{L}(E)$. Alors f est une isométrie (ou un endomorphisme unitaire) si et seulement si l'image d'une base orthonormale de E par f est une base orthonormale de E.*

Conséquence. Soit B une base orthonormale de E et $f\in\mathcal{L}(E)$. Soit A la matrice de f dans B. Alors f une isométrie (resp. un endomorphisme unitaire) si et seulement si

$${}^t\!AA=A\,{}^t\!A=I_n \text{ (resp. } {}^t\!\overline{A}A=A\,{}^t\!\overline{A}=I_n).$$

On en déduit que $\det {}^t\!A\cdot\det A=1=(\det A)^2$ (resp. $\det {}^t\!\overline{A}\cdot\det(A)=1=|\det A|^2$).
- Si f est une isométrie, on a donc $(\det f)^2=1$, ou encore $\det f\in\{-1,1\}$.
- Si f est un endomorphisme unitaire, on a $|\det f|^2=1$, donc $|\det f|=1$.

DÉFINITION 3.
- Si $A\in\mathcal{M}_n(\mathbb{R})$ vérifie ${}^t\!AA=I_n$, A s'appelle une matrice *orthogonale*.
- Si $A\in\mathcal{M}_n(\mathbb{C})$ vérifie ${}^t\!\overline{A}A=I_n$, A s'appelle une matrice *unitaire*.
- L'ensemble des matrices orthogonales de $\mathcal{M}_n(\mathbb{R})$ constitue un groupe noté $\mathcal{O}_n$, celui des matrices unitaires de $\mathcal{M}_n(\mathbb{C})$ est un groupe noté $\mathcal{U}_n$.

DÉFINITION 4. — Soit f une isométrie d'un espace euclidien E. On dit que f est une isométrie *directe* si $\det f = 1$, une isométrie *indirecte* si $\det f = -1$.
— L'ensemble $\{f \in \mathcal{O}(E) \mid \det f = 1\}$ est un sous-groupe distingué de $\mathcal{O}(E)$ appelé *groupe spécial orthogonal* de E et noté $\mathcal{O}^+(E)$ (on le note encore $\mathcal{SO}(E)$).
— Si E est hermitien, l'ensemble $\{f \in \mathcal{U}(E) \mid \det f = 1\}$ est un sous-groupe distingué de $\mathcal{U}(E)$ noté $\mathcal{SU}(E)$.
— Pour les matrices, on note également

$$\mathcal{SO}_n = \mathcal{O}_n^+ = \{A \in \mathcal{O}_n \mid \det A = 1\} \quad \text{et} \quad \mathcal{SU}_n = \{A \in \mathcal{U}_n \mid \det A = 1\}.$$

L'ensemble $\mathcal{SO}_n$ est un sous-groupe distingué de $\mathcal{O}_n$, $\mathcal{SU}_n$ un sous-groupe distingué de $\mathcal{U}_n$.

Remarque 9. La réduction des endomorphismes orthogonaux ou unitaires fait l'objet de la partie 3.1. Dans le cas particulier du plan ou de l'espace, on trouve les résultats classiques suivant :
— La matrice d'une isométrie directe du plan s'écrit dans toute base orthonormale B sous la forme $R(\theta) = \left(\begin{smallmatrix} \cos\theta & -\sin\theta \\ \sin\theta & \cos\theta \end{smallmatrix}\right)$ avec $\theta \in \mathbb{R}$ (rotation d'angle θ).
— La matrice d'une isométrie directe de l'espace s'écrit sous la forme $\left(\begin{smallmatrix} \cos\theta & -\sin\theta & 0 \\ \sin\theta & \cos\theta & 0 \\ 0 & 0 & 1 \end{smallmatrix}\right)$ dans une base orthonormale B bien choisie (rotation d'angle θ autour du dernier vecteur de la base B).

2.4. Endomorphismes adjoints

DÉFINITION 5 (ADJOINT). Soit E un espace euclidien (resp. hermitien) et f et $g \in \mathcal{L}(E)$. Les endomorphismes f et g sont dits *adjoints* si

$$\forall (x, y) \in E^2, \qquad f(x) \cdot y = x \cdot g(y). \qquad (*)$$

L'endomorphisme f étant donné, il existe au plus un endomorphisme g vérifiant $(*)$. Lorsqu'il existe, on l'appelle *adjoint* de f et on le note f^*. Lorsque $f = f^*$, f est dit *autoadjoint*.

Remarque 10. — L'adjoint f^* d'un endomorphisme f n'existe pas toujours (nous verrons cependant qu'en dimension finie, et plus généralement dans un espace hilbertien lorsque f est continu, l'adjoint de f existe).
— Lorsque f^* existe, $(f^*)^* = f^{**}$ existe et on a $f^{**} = f$.

Étude en dimension finie. *Notation.* Nous utiliserons la notation introduite dans la partie 1.2 : si M désigne une matrice complexe, on note $M^* = {}^t\overline{M}$ sa transconjuguée. Ainsi, lorsque M est une matrice réelle, M^* désignera simplement la transposée de M.

Soit E un espace euclidien ou hermitien, B une base *orthonormée* de E. Soit $f \in \mathcal{L}(E)$, M la matrice de f dans la base B : $M = [f]_B$. On cherche un endomorphisme g qui soit l'adjoint de f. En notant $N = [g]_B$, on voit que $(*)$ est vérifiée si et seulement si

$$\text{pour tous vecteurs } X, Y, \quad (MX)^*Y = X^*(NY) \quad \text{ou encore} \quad X^*M^*Y = X^*NY.$$

L'endomorphisme g est donc l'adjoint de f si et seulement sa matrice N dans la base B vérifie $N = M^*$. En résumé, pour tout $f \in \mathcal{L}(E)$, f^* existe et $[f^*]_B = [f]_B^*$.

Remarque 11. — Attention, $[f^*]_B = [f]_B^*$ seulement si la base B est *orthonormée*.
— Si E est euclidien, un endomorphisme $f \in \mathcal{L}(E)$ est autoadjoint (on dit encore *symétrique*) si et seulement si la matrice de f dans une base orthonormée quelconque de E est symétrique.
— Si E est hermitien, f est autoadjoint si et seulement si sa matrice M dans une base orthonormée de E est hermitienne (*i.e* si elle vérifie ${}^t\overline{M} = M$).

Réduction des endomorphismes autoadjoints. Nous aurons besoin de la proposition suivante.

PROPOSITION 7. *Soit E un espace euclidien ou hermitien, et $f \in \mathcal{L}(E)$ un endomorphisme autoadjoint. Si F est un s.e.v de E stable par f, alors $F^\perp$ est stable par f.*

Démonstration. Il suffit d'écrire que

$$\forall x \in F, \forall y \in F^\perp, \quad x \cdot f(y) = f(x) \cdot y = 0.$$

□

→ THÉORÈME 3. *Soit E un espace euclidien (resp. hermitien) et $f \in \mathcal{L}(E)$ un endomorphisme autoadjoint. Alors il existe une base orthonormée de vecteurs propres pour f, et de plus ses valeurs propres sont réelles.*

Démonstration. On procède par récurrence sur la dimension n de E. Pour $n = 1$, c'est évident. Supposons le résultat vrai jusqu'au rang $n-1$ et montrons le au rang n. On considère l'application $\Phi : \ E \to \mathbb{R} \quad x \mapsto x \cdot f(x)$. C'est une forme quadratique (resp. hermitienne), de forme polaire $\varphi(x, y) = x \cdot f(y)$. Comme on est en dimension finie, la sphère unité $S = \{x \in E, \|x\| = 1\}$ de E est compacte, et Φ étant continue (toujours parce que l'on est en dimension finie), il existe $x_0 \in S$ tel que $\Phi(x_0) = \sup_{x \in S} \Phi(x) = \lambda$.

Ceci étant, on considère la forme quadratique (resp. hermitienne) définie par $\Phi_1(x) = \lambda\|x\|^2 - \Phi(x)$. La forme Φ_1 est positive par construction de λ. Or $\Phi_1(x_0) = 0$, *i.e* Φ_1 n'est pas définie, et donc Φ_1 est dégénérée (rappelons qu'une forme positive est définie si et seulement si elle est non dégénérée, voir la conséquence de l'inégalité de Schwarz, partie 1.3). La forme polaire de Φ_1 étant $\varphi_1(x, y) = x \cdot g(y)$ avec $g = \lambda \operatorname{Id}_E - f$, la dégénérescence de Φ_1 entraîne l'existence de $x \neq 0$ tel que pour tout $y \in E$, $\varphi_1(x, y) = 0 = x \cdot g(y)$. L'application g n'est donc pas surjective (x n'est pas atteint), donc non injective (g est un endomorphisme en dimension finie), ce qui entraîne l'existence d'un vecteur normé e_1 tel que $g(e_1) = 0 = \lambda e_1 - f(e_1)$. Autrement dit, $\lambda \in \mathbb{R}$ est valeur propre de f associée au vecteur propre e_1. Posons $H = (\operatorname{Vect} e_1)^\perp$. D'après la proposition précédente, H est stable par f. La restriction de f à H étant autoadjointe, l'hypothèse de récurrence assure l'existence d'une base orthonormée $(e_2, \ldots, e_n)$ de H qui diagonalise $f_{|H}$ (à valeurs propres réelles). La base $(e_1, \ldots, e_n)$ est alors une base orthonormée qui diagonalise f, et les valeurs propres de f sont toutes réelles. □

La version matricielle de ce théorème est la suivante.

→ COROLLAIRE 1. *Soit $M \in \mathcal{M}_n(\mathbb{R})$ (resp. $M \in \mathcal{M}_n(\mathbb{C})$) une matrice symétrique (resp. hermitienne). Alors il existe une matrice C orthogonale (resp. unitaire) telle que*

$$C^{-1}MC = C^*MC = D,$$

D étant une matrice diagonale réelle.

Démonstration. On note $E = \mathbb{R}^n$ (resp. $E = \mathbb{C}^n$). Munissons E du produit scalaire (resp. du produit scalaire hermitien) usuel :

$$(x_1, \ldots, x_n) \cdot (y_1, \ldots, y_n) = \sum_{i=1}^n x_i y_i \qquad (\text{resp. } = \sum_{i=1}^n \overline{x_i} y_i).$$

Soit $f \in \mathcal{L}(E)$ dont la matrice dans la base canonique B de E est M : $[f]_B = M$. Comme f est autoadjoint (car M est symétrique, resp. hermitienne), il existe d'après le théorème précédent une base B' orthonormée de E telle que $[f]_{B'} = D$ soit diagonale réelle. Si on désigne par C la matrice de passage de la base B à la base B', C est une matrice orthogonale (resp. unitaire) et $C^{-1}MC = C^*MC = D$. □

Remarque 12. On rappelle qu'une matrice symétrique (resp. hermitienne) M est positive si la forme quadratique (resp. hermitienne) $X \mapsto X^*MX$ est positive. Elle est dite définie positive si cette forme quadratique est définie positive. Le corollaire montre que M est positive (resp. définie positive) si et seulement si toutes ses valeurs propres sont positives (resp. strictement positives).

COROLLAIRE 2. *Soit Φ une forme quadratique (resp. hermitienne) sur un espace euclidien (resp. hermitien) E. Alors il existe une base orthonormée de E dans laquelle la matrice de Φ est diagonale réelle.*

Démonstration. Soit B une base orthonormée de E et soit M la matrice de Φ dans la base B. La matrice M est symétrique (resp. hermitienne), et d'après le corollaire précédent, il existe une matrice C orthogonale (resp. unitaire) telle que $C^*MC = D$ est diagonale réelle. La matrice C défini un changement de base orthogonal qui fait passer de la base B à une base orthonormée B', et la matrice de Φ dans la base B' est D, d'où le résultat. □

Remarque 13. Notez bien la différence entre ce dernier corollaire et le théorème 1 de la page 243. Ici, la base qui diagonalise Φ a en plus la propriété d'être orthonormée *pour le produit scalaire de l'espace E.*

→ COROLLAIRE 3. *Soient M, N deux matrices symétriques (resp. hermitiennes), telles que la matrice M soit définie positive. Alors il existe une matrice C inversible telle que*

$$C^*MC = I_n \quad \textit{et} \quad C^*NC = D,$$

où D est une matrice diagonale réelle.

Démonstration. Sur $E = \mathbb{R}^n$ (resp. sur $E = \mathbb{C}^n$), l'application $\Phi : (X, Y) \mapsto X^*MY$ défini un produit scalaire, et $\Psi : X \mapsto X^*NX$ une forme quadratique (resp. hermitienne). D'après le corollaire précédent, il existe une base B orthonormée (pour le produit scalaire Φ) telle que la matrice D de Ψ dans B soit diagonale réelle. En désignant par C la matrice de passage de la base canonique de E à la base B, on a $C^*MC = I_n$ et $C^*NC = D$, d'où le résultat. □

Remarque 14. Ce dernier corollaire rend parfois de précieux services. On peut le voir comme un résultat de pseudo-réduction simultanée. Prenez garde au fait que la matrice C n'est en général pas orthogonale (ou unitaire).

2.5. Exercices

→ EXERCICE 1 (RACINE CARRÉE D'UNE MATRICE HERMITIENNE POSITIVE). Soit $H \in \mathcal{M}_n(\mathbb{C})$ une matrice hermitienne positive. Montrer qu'il existe une unique matrice R hermitienne positive telle que $H = R^2$.

Solution. Existence. La matrice H étant hermitienne, il existe une matrice unitaire C telle que

$${}^t\overline{C}HC = C^{-1}HC = \begin{pmatrix} \lambda_1 & & (0) \\ & \ddots & \\ (0) & & \lambda_n \end{pmatrix} = D,$$

D étant diagonale réelle. Comme H est positive, tous les λ_i sont positifs donc pour tout i, il existe $\mu_i \geq 0$ tel que $\lambda_i = \mu_i^2$. En posant

$$D' = \begin{pmatrix} \mu_1 & & (0) \\ & \ddots & \\ (0) & & \mu_n \end{pmatrix},$$

on a ${D'}^2 = D$ de sorte que $R = CD'C^{-1} = CD'\,{}^t\overline{C}$ est hermitienne positive et vérifie

$$R^2 = CD'^2C^{-1} = CDC^{-1} = H.$$

Unicité. Soit R hermitienne positive telle que $R^2 = H$. Soient h et r les endomorphismes de $\mathbb{C}^n$ dont H et R sont les matrices dans la base canonique de $\mathbb{C}^n$. Comme H est hermitienne, h est autoadjoint. Ses valeurs propres $\lambda_1, \dots, \lambda_p$ sont positives car H est positive. Notons $E_{\lambda_1}, \dots, E_{\lambda_p}$ les sous-espaces propres correspondants. Comme r commute avec $r^2 = h$, chaque E_{λ_i} est stable par r (voir la proposition 7 page 175). On note $r_i = r_{|E_{\lambda_i}}$. On a $r_i^2 = \lambda_i \operatorname{Id}_{E_{\lambda_i}}$, et r_i est autoadjoint positif ; toute valeur propre μ de r_i vérifie $\mu^2 = \lambda_i$, donc $\mu = \sqrt{\lambda_i}$ est la seule valeur propre possible de r_i (car les valeurs propres de r_i, qui sont des valeurs propres de r donc de R, sont positives). Comme r_i est de plus diagonalisable (car autoadjoint), on en déduit $r_i = \sqrt{\lambda_i} \operatorname{Id}_{E_{\lambda_i}}$.

Résumons. Si $r^2 = h$, alors forcément pour tout i, $r_{|E_{\lambda_i}} = \sqrt{\lambda_i} \operatorname{Id}_{|E_{\lambda_i}}$, ce qui définit r de manière unique, d'où l'unicité de R.

Exercice 2. Soit E un espace hermitien et f et g deux endomorphismes autoadjoints de $\mathcal{L}(E)$ tels que $fg = gf$. Montrer que f et g sont diagonalisables dans une base commune de vecteurs propres orthonormés.

Solution. Les endomorphismes f et g étant autoadjoints, on sait déjà qu'ils se diagonalisent chacun dans une base orthonormée. Il nous reste à montrer que l'on peut prendre la *même* base pour les deux.

Notons $\lambda_1, \dots, \lambda_r$ les valeurs propres (distinctes) de f, $E_{\lambda_1}, \dots, E_{\lambda_r}$ les sous-espaces propres correspondants. Les E_{λ_i} sont deux à deux orthogonaux (pour s'en persuader, diagonaliser f dans une base orthonormée). Comme f et g commutent, les E_{λ_i} sont stables par g. La restriction de g à E_{λ_i} étant autoadjointe, il existe une base *orthonormée* B_i de E_{λ_i} diagonalisant $g_{|E_{\lambda_i}}$. Les E_{λ_i} étant deux à deux orthogonaux, on en déduit que $B = (B_1, \dots, B_r)$ est une base orthonormée. Cette base diagonalise g par construction ainsi que f puisque chaque vecteur e de B_i vérifie $f(e) = \lambda_i e$.

Remarque. De la même manière que dans l'exercice 4 page 181, ce résultat se généralise à toute famille $(f_i)_{i \in I}$ d'endomorphismes autoadjoints commutant deux à deux.

Exercice 3. Soit E un espace hermitien et $f \in \mathcal{L}(E)$.
a) Montrer que f est trigonalisable dans une base orthonormée de E.
b) Si f et $g \in \mathcal{L}(E)$ commutent, montrer qu'il existe une base orthonormée de E trigonalisant à la fois f et g.

Solution. **a)** Nous allons donner deux moyens de procéder.
Première méthode. Le corps $\mathbb{C}$ étant algébriquement clos, f est trigonalisable dans une base $B = (e_1, \dots, e_n)$ de E, et donc pour tout k, $f(e_k) \in \operatorname{Vect}(e_1, \dots, e_k)$. Soit $(u_1, \dots, u_n)$ la base orthonormée de Schmidt associée à B (voir page 253). Pour tout k, on a $\operatorname{Vect}(u_1, \dots, u_k) = \operatorname{Vect}(e_1, \dots, e_k)$, et donc

$$\forall k, 1 \le k \le n, \quad f(u_k) \in f(\operatorname{Vect}(e_1, \dots, e_k)) \subset \operatorname{Vect}(e_1, \dots, e_k) = \operatorname{Vect}(u_1, \dots, u_k).$$

Ceci prouve que la matrice de f dans la base orthonormée $(u_1, \dots, u_n)$ est triangulaire supérieure.
Seconde méthode. On procède par récurrence sur la dimension n de E. Si $n = 1$, c'est évident. Supposons maintenant le résultat vrai au rang $n - 1$ et montrons le au rang n. Soit $\lambda \in \mathbb{C}$ une valeur propre de f^* et e un vecteur propre normé associé. Alors

$$\forall x \in (\operatorname{Vect} e)^\perp, \quad f(x) \cdot e = x \cdot f^*(e) = x \cdot \lambda e = \lambda(x \cdot e) = 0,$$

autrement dit l'hyperplan $H = (\operatorname{Vect} e)^\perp$ est stable par f. On peut donc appliquer l'hypothèse de récurrence à $f_{|H}$, ce qui montre l'existence d'une base orthonormée $(e_1, \dots, e_{n-1})$ de H qui trigonalise $f_{|H}$. La matrice de f dans la base orthonormée $(e_1, \dots, e_{n-1}, e)$ (elle est orthonormée car e est orthogonal à H) de E est donc de la forme

$$\left(\begin{array}{ccc|c} \times & \cdots & \times & \times \\ 0 & \ddots & \vdots & \vdots \\ \vdots & \ddots & \times & \times \\ \hline 0 & \cdots & 0 & \times \end{array}\right),$$

donc triangulaire supérieure, d'où le résultat.

b) Nous allons ici aussi donner deux méthodes.
Première méthode. D'après le théorème 5 page 176, il existe une base $B = (e_1, \dots, e_n)$ de E trigonalisant f et g. Pour les mêmes raisons que dans la première solution de la question a), la base de Schmidt orthonormée associée à B trigonalise f, ainsi que g, d'où le résultat.
Seconde méthode. Procédons par récurrence sur la dimension n de E. Pour $n = 1$, c'est évident. Supposons le résultat vrai au rang $n - 1$ et montrons le au rang n. Dans une base orthonormée de E, les matrices de f^* et g^* sont les transposées de celles de f et g donc elles commutent, ce qui entraîne que f^* et g^* commutent. Il existe donc un vecteur propre e normé commun à f^* et g^* (c'est classique, voir le préliminaire de la preuve du théorème de trigonalisation simultanée page 176). Pour les mêmes raisons que dans la deuxième solution de la question a), $H = (\operatorname{Vect} e)^\perp$ est un hyperplan de E stable par f et g. Comme $f_{|H}$ et $g_{|H}$ commutent, l'hypothèse de récurrence entraîne l'existence d'une base orthonormée $(e_1, \dots, e_{n-1})$ de H trigonalisant $f_{|H}$ et $g_{|H}$. La base $(e_1, \dots, e_{n-1}, e)$ est orthonormée et on voit facilement qu'elle trigonalise f et g.

Remarque. De la même manière qu'à l'exercice 4 page 181, le résultat b) se généralise à une famille quelconque $(f_i)_{i \in I}$ d'endomorphismes commutant deux à deux.

→ EXERCICE 4 (CARACTÉRISATION DES MATRICES POSITIVES). Soit $M = (a_{i,j})_{1 \le i,j \le n} \in \mathcal{M}_n(\mathbb{R})$ une matrice symétrique.
a) (Critère de Sylvester). Pour tout $k \in \{1, \dots, n\}$, on note $M_k = (a_{i,j})_{1 \le i,j \le k} \in \mathcal{M}_k(\mathbb{R})$. Montrer que M est définie positive si et seulement si pour tout $k \in \{1, \dots, n\}$, $\det M_k > 0$.
b) Pour tout $I \subset \{1, \dots, n\}$, on note $M_I = (a_{i,j})_{(i,j) \in I^2}$. Montrer que M est une matrice positive si et seulement si pour tout I, $\det M_I \ge 0$.

Solution. **a)** *Condition nécessaire.* Notons q la forme quadratique dont M est la matrice dans la base canonique $(e_1, \dots, e_n)$ de $\mathbb{R}^n$. Pour tout k, M_k est la matrice de la restriction de q à $\operatorname{Vect}(e_1, \dots, e_k)$. Cette restriction est, comme q, définie positive, donc M_k est une matrice définie positive, d'où on tire $\det M_k > 0$, et ceci pour tout k.
Condition suffisante. Raisonnons par récurrence sur $n \in \mathbb{N}^*$. Pour $n = 1$, c'est évident. Supposons le résultat vrai jusqu'au rang $n - 1$ et montrons le au rang n. Notons H l'hyperplan défini par $H = \operatorname{Vect}(e_1, \dots, e_{n-1})$. D'après l'hypothèse de récurrence, la restriction $q_{|H}$ de q à H est définie positive. Désignons par $(e'_1, \dots, e'_{n-1})$ une base orthonormée pour $q_{|H}$. D'après la proposition 7 page 245, l'orthogonal $H^\perp$ de H (l'orthogonal est ici par rapport à la forme quadratique q) vérifie $H \oplus H^\perp = \mathbb{R}^n$. Ainsi, si e'_n désigne un vecteur non nul de $H^\perp$, la famille $B = (e'_1, \dots, e'_{n-1}, e'_n)$ est une base de $\mathbb{R}^n$ et la matrice de q dans cette base s'écrit sous la forme

$$N = \begin{pmatrix} 1 & 0 & \cdots & 0 \\ 0 & \ddots & \ddots & \vdots \\ \vdots & \ddots & 1 & 0 \\ 0 & \cdots & 0 & \alpha \end{pmatrix},$$

Si P désigne la matrice de passage de la base canonique de $\mathbb{R}^n$ à la base B, on a $N = {}^tPMP$, donc $\det N = (\det P)^2 \det M > 0$. Ainsi, $\alpha = \det N > 0$, ce qui prouve que q est définie positive. La matrice M est donc définie positive.

b) *Condition nécessaire.* On désigne toujours par q la forme quadratique de $\mathbb{R}^n$ dont M est la matrice dans la base canonique $(e_1, \ldots, e_n)$ de $\mathbb{R}^n$. Pour tout I, M_I est la matrice de la restriction de q à $\mathrm{Vect}(e_i)_{i \in I}$, qui est positive. La matrice M_I est donc positive, ce qui entraîne $\det M_I \geq 0$.
Condition suffisante. Commençons par montrer

$$\forall x > 0, \quad \det(M + xI_n) > 0. \tag{$*$}$$

On sait que l'on a (voir page 172)

$$\det(M + xI_n) = x^n + \beta_1 x^{n-1} + \cdots + \beta_{n-1} x + \beta_n,$$

où pour tout i, β_i est la somme des mineurs principaux d'ordre i. D'après les hypothèses, on a donc $\beta_i = \sum_{\mathrm{Card}\, I = i} \det M_I \geq 0$. La positivité des β_i entraîne alors $(*)$.

On applique maintenant le résultat $(*)$ à chacune des matrices M_k (on peut, les hypothèses sont vérifiées car tout mineur principal de M_k est un mineur principal de M), ce qui donne

$$\forall x > 0, \forall k \in \{1, \ldots, n\}, \quad \det(M_k + xI_k) > 0.$$

En appliquant le résultat de la question a), On en déduit que pour tout $x > 0$, la matrice $M + xI_n$ est définie positive. Autrement dit, pour tout $x > 0$, on a

$$\forall X \in \mathbb{R}^n, \quad {}^t X(M + xI_n)X \geq 0.$$

En fixant X et en faisant tendre x vers 0, cette inégalité entraîne ${}^t XMX \geq 0$, et ceci pour tout $X \in \mathbb{R}^n$, donc M est positive.

Remarque. Le critère de Sylvester peut s'avérer utile ; il est donc souhaitable de le connaître et de savoir le redémontrer.

Exercice 5. **a)** Soit une application continue

$$M : [0,1] \to \mathcal{M}_n(\mathbb{R}) \quad t \mapsto M(t) = [a_{i,j}(t)]_{1 \leq i,j \leq n},$$

telle que pour tout $t \in \,]0,1[$, $M(t)$ est symétrique définie positive. Montrer que la matrice

$$A = \int_0^1 M(t)\, dt = \left(\int_0^1 a_{i,j}(t)\, dt \right)_{1 \leq i,j \leq n}$$

est symétrique définie positive.
b) *Application.* Montrer que la matrice

$$A = \left(\frac{1}{1 + |i - j|} \right)_{1 \leq i,j \leq n}$$

est définie positive (on pourra utiliser le critère de Sylvester, voir l'exercice précédent).

Solution. **a)** Il est clair que la matrice A est symétrique. Maintenant, remarquons qu'une somme finie de matrices $(M_i)_{1 \leq i \leq p}$ symétriques définies positives est définie positive. En effet, il suffit de remarquer que pour tout vecteur colonne $X \neq 0$ de $\mathbb{R}^n$, on a

$$\forall i, {}^t XM_iX > 0 \quad \text{donc} \quad \sum_{i=1}^{p} {}^t XM_iX = {}^t X \left(\sum_{i=1}^{p} M_i \right) X > 0.$$

Ceci étant vrai pour tout $X \neq 0$, on a prouvé que $\sum_i M_i$ est définie positive.

Ici, on a affaire non pas à une somme finie, mais une somme continue. On procède de la même manière. Fixons un vecteur colonne X de $\mathbb{R}^n$, $X \neq 0$. Pour tout $t \in \,]0,1[$, on a ${}^t XM(t)X > 0$, donc par continuité de $t \mapsto {}^t XM(t)X$

$$\int_0^1 {}^t XM(t)X\, dt > 0 \quad \text{ou encore} \quad {}^t X \left(\int_0^1 M(t)\, dt \right) X = {}^t XAX > 0.$$

Ceci étant vrai pour tout $X \neq 0$, A est définie positive.

b) On remarque que
$$\frac{1}{1+|i-j|}=\int_0^1 t^{|i-j|}\,dt.$$
D'après a), le résultat sera prouvé si on montre que pour tout $t \in]0,1[$, la matrice symétrique $M(t)=(t^{|i-j|})_{1\leq i,j\leq n}$ est définie positive.

Pour tout r, $1 \leq r \leq n$, on pose $D_r(t)=\det(t^{|i-j|})_{1\leq i,j\leq r}$. Nous allons prouver que $D_r(t)=(1-t^2)^{r-1}$ ce qui prouvera, en vertu du critère de Sylvester, que $M(t)$ est définie positive pour $t\in]0,1[$.

On procède par récurrence sur r. Pour $r=1$, c'est évident car $D_1(t)=1$. Supposons le résultat vrai au rang r et montrons le au rang $r+1$. En retranchant à la dernière colonne t fois l'avant dernière, on obtient
$$D_{r+1}(t)=\begin{vmatrix} 1 & t & \cdots & t^{r-1} & t^r \\ t & 1 & \ddots & \ddots & t^{r-1} \\ \vdots & \ddots & \ddots & \ddots & \vdots \\ t^{r-1} & \ddots & \ddots & 1 & t \\ t^r & t^{r-1} & \cdots & t & 1 \end{vmatrix} = \begin{vmatrix} 1 & t & \cdots & t^{r-1} & 0 \\ t & 1 & \ddots & \ddots & 0 \\ \vdots & \ddots & \ddots & \ddots & \vdots \\ t^{r-1} & \ddots & \ddots & 1 & 0 \\ t^r & t^{r-1} & \cdots & t & 1-t^2 \end{vmatrix} = (1-t^2)D_r(t),$$
d'où le résultat.

→ EXERCICE 6 (DÉCOMPOSITION POLAIRE). Soit $A \in \mathcal{M}_n(\mathbb{C})$. Montrer qu'il existe un couple de matrices (U,H), U étant unitaire et H hermitienne positive, tel que $A=UH$. Si A est inversible, montrer que le couple (U,H) ainsi défini est unique.

Solution. C'est très classique.
Existence. Si $A=UH$, alors $A^*=HU^{-1}$ donc $A^*A=H^2$ (on rappelle que la notation A^* désigne la matrice ${}^t\overline{A}$). Nous allons par conséquent commencer par chercher une matrice hermitienne H vérifiant $A^*A=H^2$.

La matrice A^*A est hermitienne car $(A^*A)^*=A^*A^{**}=A^*A$. Par ailleurs, pour tout vecteur colonne X, on a
$$X^*(A^*A)X=(AX)^*AX=\|AX\|^2\geq 0$$
($\|\,.\,\|$ désignant la norme hermitienne standard sur $\mathbb{C}^n$), ce qui prouve que A^*A est positive. D'après l'exercice 1 page 257, il existe donc une matrice hermitienne H positive telle que $A^*A=H^2$.

Supposons maintenant A inversible. Alors H est inversible, et en posant $U=AH^{-1}$, on a $U^*U=H^{-1}A^*AH^{-1}=I_n$, donc U est unitaire et $A=UH$, d'où l'existence.

Si A n'est pas inversible, c'est un peu plus délicat. Nous allons donner deux méthodes, la première étant de nature constructive, la seconde de nature topologique.

Première méthode. Notons a et h les endomorphismes de $\mathbb{C}^n$ dont les matrices dans la base canonique de $\mathbb{C}^n$ sont A et H. Comme $a^*a=h^2$ avec h autoadjoint, on a
$$\forall x\in\mathbb{C}^n,\qquad \|a(x)\|^2=a(x)\cdot a(x)=x\cdot a^*a(x)=x\cdot h^2(x)=h(x)\cdot h(x)=\|h(x)\|^2, \qquad (*)$$
donc $\operatorname{Ker} h=\operatorname{Ker} a$. En diagonalisant h dans une base orthonormée on s'aperçoit que $\operatorname{Im} h=(\operatorname{Ker} h)^\perp$ et $\mathbb{C}^n=\operatorname{Im} h\oplus\operatorname{Ker} h$, et que la restriction de h à $\operatorname{Im} h$ est un automorphisme de $\operatorname{Im} h$.

Pour que $a=u\circ h$ sur $\mathbb{C}^n=\operatorname{Im} h\oplus\operatorname{Ker} h$, il suffit que cette égalité soit vraie sur $\operatorname{Im} h$ puisque si $x\in\operatorname{Ker} h=\operatorname{Ker} a$, l'égalité $a(x)=u\circ h(x)$ est toujours vraie (les termes sont nuls dans ce cas). Pour cette raison, nous définissons u par $u(x)=a\circ h_{|\operatorname{Im} h}^{-1}(x)$ lorsque $x\in\operatorname{Im} h$. Pour que u soit unitaire, il faut que lorsque $x\in\operatorname{Ker} h$ le vecteur $u(x)$ soit orthogonal à $\operatorname{Im} a$. Si u_0 désigne un isomorphisme unitaire fixé qui envoie $\operatorname{Ker} h$ sur $(\operatorname{Im} a)^\perp$ (c'est possible puisque $\dim\operatorname{Ker} h=\dim\operatorname{Ker} a=\dim(\operatorname{Im} a)^\perp$), on pose donc $u(x)=u_0(x)$ lorsque $x\in\operatorname{Ker} h$. En résumé, on a définit u sur $\mathbb{C}^n = \operatorname{Im} h \oplus \operatorname{Ker} h$ par

$$\begin{cases} \forall x \in \operatorname{Im} h, & u(x) = a \circ h^{-1}_{|\operatorname{Im} h}(x) \\ \forall x \in \operatorname{Ker} h, & u(x) = u_0(x) \end{cases}.$$

Par construction, on a bien $a = u \circ h$. Il reste à vérifier que u est bien unitaire. Pour cela, donnons nous un vecteur $z \in \mathbb{C}^n$. Comme $\mathbb{C}^n = \operatorname{Im} h \oplus \operatorname{Ker} h$, il existe $x \in \mathbb{C}^n$ et $y \in \operatorname{Ker} h$ tels que $z = h(x) + y$. On a alors $u(z) = u(h(x)) + u(y) = a(x) + u_0(y)$, et comme $u_0(y) \in (\operatorname{Im} a)^\perp$

$$\|u(z)\|^2 = \|a(x)\|^2 + \|u_0(y)\|^2.$$

Par construction de u_0, on a $\|u_0(y)\| = \|y\|$. Comme de plus $\|a(x)\| = \|h(x)\|$ d'après l'identité $(*)$, l'orthogonalité de $h(x) \in \operatorname{Im} h$ et $y \in \operatorname{Ker} h$ entraîne finalement

$$\|u(z)\|^2 = \|h(x)\|^2 + \|y\|^2 = \|z\|^2.$$

Notons U la matrice de u dans la base canonique de $\mathbb{C}^n$. On a $a = u \circ h$ donc $A = UH$, avec U unitaire, d'où le résultat.

Seconde méthode. L'ensemble des matrices inversibles étant dense dans $\mathcal{M}_n(\mathbb{C})$ (voir la proposition 2, page 193), on peut écrire A comme une limite de matrices inversibles $(A_p)_{p\in\mathbb{N}}$. Le cas A inversible nous permet d'affirmer que pour tout $p \in \mathbb{N}$, il existe deux matrices U_p unitaire et H_p hermitienne positive telles que $A_p = U_p H_p$. L'ensemble des matrices unitaires étant compact (c'est un fermé borné de $\mathcal{M}_n(\mathbb{C})$, fermé comme image réciproque de $\{I_n\}$ par l'application continue $U \mapsto U^*U$, borné car tous les vecteurs colonnes d'une matrice unitaire sont de norme 1), il existe une sous-suite $(U_{\varphi(p)})$ de (U_p) qui converge. Notons U sa limite (U est unitaire). L'égalité $H_{\varphi(p)} = U^*_{\varphi(p)} A_{\varphi(p)}$ entraîne la convergence de la suite $(H_{\varphi(p)})$ vers $H = UA$, et comme $H_{\varphi(p)}$ est hermitienne positive pour tout p, H est hermitienne positive (en effet, H est clairement hermitienne, et positive car pour tout $X \in \mathbb{C}^n$ fixé, on a $X^* H_{\varphi(p)} X \geq 0$, donc en faisant tendre p vers l'infini on obtient $X^*HX \geq 0$, et ceci est vrai pour tout X). Finalement, on a $A = UH$ avec U unitaire et H hermitienne positive.

Unicité (lorsque A est inversible). D'après l'exercice 1 page 257, il existe une *unique* matrice H hermitienne positive telle que $A^*A = H^2$ (rappelons que A^*A est hermitienne positive), ce qui prouve l'unicité de H, donc de U car $U = AH^{-1}$.

Exercice 7 (Décomposition d'Iwasawa). **a)** Soit $A \in \mathcal{M}_n(\mathbb{C})$ une matrice hermitienne définie positive. Montrer qu'il existe une unique matrice triangulaire supérieure T à coefficients diagonaux positifs, telle que $A = T^*T$.
b) Soit $A \in \mathcal{M}_n(\mathbb{C})$ une matrice inversible. Montrer qu'il existe un unique couple de matrices (U, T), avec U unitaire et T triangulaire supérieure à coefficients diagonaux positifs, tel que $A = UT$.

Solution. **a)** Comme A est hermitienne définie positive, A est la matrice d'un produit scalaire hermitien dans la base canonique $B = (e_1, \ldots, e_n)$ de $\mathbb{C}^n$. Écrire $A = P^*P$, c'est dire que P est la matrice de passage d'une base B' orthonormée pour ce produit scalaire à la base B.

Il s'agit par conséquent de déterminer les bases $B' = (e'_1, \ldots, e'_n)$ orthonormées pour ce produit scalaire telles que la matrice de passage P de B' à B soit triangulaire supérieure et à coefficients diagonaux positifs, ce qui s'écrit

$$\forall k \in \{1, \ldots, n\}, \quad \begin{cases} \operatorname{Vect}(e'_1, \ldots, e'_k) = \operatorname{Vect}(e_1, \ldots, e_k), \\ e'_k \cdot e_k > 0. \end{cases}$$

Le procédé d'orthonormalisation de Schmidt assure l'existence et l'unicité d'une telle base, d'où l'existence et l'unicité de T.

b) Comme on l'a vu à l'exercice précédent, la matrice A^*A est hermitienne positive. Comme A est inversible, A^*A est inversible, et c'est donc une matrice hermitienne définie positive. D'après la question a), il existe une matrice T triangulaire supérieure à coefficients diagonaux positifs

telle que $A^*A = T^*T$. Soit $U = AT^{-1}$. Alors $U^*U = (T^*)^{-1}A^*AT^{-1} = I$. Donc U est unitaire et $A = UT$, d'où l'existence du couple (U, T).
Unicité. Si $A = UT$, alors $A^*A = T^*T$, donc d'après a), T est déterminée de façon unique ; il en est de même pour $U = AT^{-1}$.

Remarque. On peut montrer que le résultat reste vrai lorsque A n'est pas supposée inversible, mais il n'y a plus unicité du couple (U, T). (On peut par exemple procéder en utilisant des critères de nature topologique comme dans la seconde méthode de la preuve de l'existence dans l'exercice précédent).

EXERCICE 8. À partir de la norme euclidienne standard $\|\cdot\|_2$ sur $\mathbb{R}^n$

$$\forall X = \begin{pmatrix} x_1 \\ \vdots \\ x_n \end{pmatrix} \in \mathbb{R}^n, \qquad \|X\|_2 = \sqrt{x_1^2 + \cdots + x_n^2},$$

on norme $\mathcal{M}_n(\mathbb{R})$ en posant, pour tout $A \in \mathcal{M}_n(\mathbb{R})$, $\|A\|_2 = \sup_{\|X\|_2=1} \|AX\|_2$.

Montrer que $\|A\|_2 = \sqrt{\rho(A^*A)}$, où $\rho(A^*A) = \sup\{|\lambda| \mid \lambda \text{ valeur propre de } A^*A\}$.

Solution. On remarque déjà que pour tout $X \in \mathbb{R}^n$, $\|X\|_2 = \sqrt{X^*X}$, de sorte que

$$\|A\|_2^2 = \sup_{\|X\|_2=1} (AX)^*AX = \sup_{\|X\|_2=1} X^*(A^*A)X.$$

La matrice A^*A est symétrique positive (c'est hyper-classique, elle est symétrique car $(A^*A)^* = A^*A^{**} = A^*A$, positive car $\forall X \in \mathbb{R}^n$, $X^*(A^*A)X = (AX)^*AX = \|AX\|_2^2 \geq 0$). Il existe donc une matrice orthogonale P telle que $A^*A = P^{-1}DP = P^*DP$ où D est une matrice diagonale. On a

$$\|A\|_2^2 = \sup_{\|X\|_2=1} X^*(P^*DP)X = \sup_{\|X\|_2=1} (PX)^*D(PX).$$

L'application $X \mapsto PX$ étant une isométrie de $\mathbb{R}^n$, ceci s'écrit aussi

$$\|A\|_2^2 = \sup_{\|Y\|_2=1} Y^*DY. \qquad (*)$$

En notant $\lambda_1, \ldots, \lambda_n$ les coefficients diagonaux de D (ce sont les valeurs propres de la matrice définie positive A^*A, donc positives, et vérifient $\sup_i \lambda_i = \rho(A^*A)$), on a

$$\forall Y = \begin{pmatrix} y_1 \\ \vdots \\ y_n \end{pmatrix} \in \mathbb{R}^n \text{ tel que } \|Y\|_2 = 1, \qquad Y^*DY = \sum_{i=1}^{n} \lambda_i y_i^2 \leq \rho(A^*A) \sum_{i=1}^{n} y_i^2 = \rho(A^*A),$$

donc d'après $(*)$, $\|A\|_2^2 \leq \rho(A^*A)$. En choisissant k tel que $\lambda_k = \rho(A^*A)$ et par E_k le k-ième vecteur de la base canonique de $\mathbb{R}^n$, on a $\|E_k\|_2 = 1$ et $E_k^*DE_k = \lambda_k = \rho(A^*A)$, donc d'après $(*)$ on a $\|A\|_2^2 \geq \rho(A^*A)$. Finalement, on a montré $\|A\|_2^2 = \rho(A^*A)$.

EXERCICE 9. Soit E un $\mathbb{R}$-espace vectoriel normé et vérifiant

$$\forall (x, y) \in E^2, \qquad \|x + y\|^2 + \|x - y\|^2 = 2\|x\|^2 + 2\|y\|^2. \qquad (*)$$

Montrer que E est préhilbertien réel (*i.e* la norme est issue d'un produit scalaire).

Solution. Il s'agit de montrer qu'il existe un produit scalaire $(x, y) \mapsto \varphi(x, y)$ sur E tel que pour tout $x \in E$, $\varphi(x, x) = \|x\|^2$.

On raisonne par conditions nécessaires. Si un tel produit scalaire existe, alors

$$\forall x, y \in E, \qquad 4\,\varphi(x, y) = \varphi(x + y, x + y) - \varphi(x - y, x - y) = \|x + y\|^2 - \|x - y\|^2.$$

On définit donc φ par

$$\varphi\colon\ E\times E\to\mathbb{R}\quad (x,y)\mapsto \frac{1}{4}\|x+y\|^2-\frac{1}{4}\|x-y\|^2.$$

Nous allons montrer que $\psi=4\varphi$ est un produit scalaire, ce qui montrera le résultat pour φ.

Montrons que ψ est bilinéaire. Comme ψ est symétrique en ses arguments, il suffit de démontrer la linéarité pour l'un d'entre eux, par exemple le premier.

– Montrons que ψ est additive par rapport à son premier argument. Pour tout $x,y,z\in E$, on a

$$\begin{aligned}2(\psi(x,z)+\psi(y,z)) &= (2\|x+z\|^2+2\|y+z\|^2)-(2\|x-z\|^2+2\|y-z\|^2),\\ &= (\|x+y+2z\|^2+\|x-y\|^2)-(\|x+y-2z\|^2+\|x-y\|^2)=\psi(x+y,2z),\end{aligned}$$

où nous avons utilisé l'identité $(*)$. Posons alors $x_0=x+y$:

$$\begin{aligned}\psi(x_0,2z) &= \|x_0+2z\|^2-\|x_0-2z\|^2=(\|x_0+2z\|^2+\|x_0\|^2)-(\|x_0-2z\|^2+\|x_0\|^2)\\ &= (2\|x_0+z\|^2+2\|z\|^2)-(2\|x_0-z\|^2+2\|z\|^2)=2\psi(x_0,z).\end{aligned}$$

Finalement, on a

$$2(\psi(x,z)+\psi(y,z))=\psi(x_0,2z)=2\psi(x_0,z)=2\psi(x+y,z)$$

donc $\psi(x,z)+\psi(y,z)=\psi(x+y,z)$. $(**)$

Il nous reste à montrer que pour $x,z\in E$ et $\lambda\in\mathbb{R}$, $\psi(\lambda x,z)=\lambda\psi(x,z)$. C'est classique !

— Si $p\in\mathbb{N}^*$, alors $\psi(px,z)=\psi(x+\cdots+x,z)=p\,\psi(x,z)$ d'après $(**)$. Or $\psi(0,z)=0=\psi(x-x,z)=\psi(x,z)+\psi(-x,z)$, donc $\psi(-x,z)=-\psi(x,z)$. Finalement, pour tout $p\in\mathbb{Z}$, $\psi(px,z)=p\,\psi(x,z)$.

— Soit $q\in\mathbb{N}^*$. Alors

$$\psi(x,z)=\psi(q\cdot\frac{1}{q}x,z)=q\,\psi(\frac{1}{q}x,z)\quad\text{donc}\quad \psi(\frac{1}{q}x,z)=\frac{1}{q}\,\psi(x,z).$$

— Pour tout $r\in\mathbb{Q}$, $r=\frac{p}{q}$, on a

$$\psi(rx,z)=\psi(p\cdot\frac{1}{q}x,z)=p\,\psi(\frac{1}{q}x,z)=p\,\frac{1}{q}\,\psi(x,z)=r\,\psi(x,z).\tag{$***$}$$

Par construction, ψ est continue, et comme $\mathbb{Q}$ est dense dans $\mathbb{R}$, $(***)$ entraîne

$$\forall\lambda\in\mathbb{R},\quad \psi(\lambda x,z)=\lambda\psi(x,z).\tag{$****$}$$

Les relations $(**)$ et $(****)$ assurent la bilinéarité de ψ. Comme ψ est symétrique et définie positive (on a $\psi(x,x)=4\|x\|^2$), ψ définit bien un produit scalaire. Il en est donc de même de $\varphi=\frac{1}{4}\psi$, et comme $\|x\|^2=\varphi(x,x)$, $\|\cdot\|$ est bien une norme euclidienne.

Exercice 10. Soit A et B deux matrices symétriques de $\mathcal{M}_n(\mathbb{R})$. On note $a_1\geq\ldots\geq a_n$ les valeurs propres de A, $b_1\geq\ldots\geq b_n$ celles de B, et $c_1\geq\ldots\geq c_n$ celles de la matrice $C=A+B$. Montrer que pour tout k, on a $c_k\geq a_k+b_n$.

Solution. Quitte à remplacer la matrice B par $B-b_nI_n$, on peut supposer $b_n=0$. Il s'agit donc de montrer $c_k\geq a_k$. Comme toutes les valeurs propres de B sont positives, B est une matrice positive.

En notant $(E_1,\ldots,E_n)$ une base orthonormée de vecteurs propres de A associés aux valeurs propres $a_1\geq\ldots\geq a_n$, on a

$$\forall X\in\operatorname{Vect}(E_1,\ldots,E_k),\quad {}^{\mathrm{t}}X(A+B)X={}^{\mathrm{t}}XAX+{}^{\mathrm{t}}XBX\geq{}^{\mathrm{t}}XAX\geq a_k\|X\|^2\tag{$*$}$$

car si $X=\sum_{i=1}^k\lambda_iE_i$, on a ${}^{\mathrm{t}}XAX=\sum_{i=1}^k a_i\lambda_i^2\geq a_k\sum_{i=1}^k\lambda_i^2=a_k\|X\|^2$. Si $(F_1,\ldots,F_n)$ désigne une base orthonormée de vecteurs propres de C associés aux valeurs propres $c_1\geq\ldots\geq c_n$, on obtient de manière similaire l'inégalité

$$\forall X\in\operatorname{Vect}(F_k,\ldots,F_n),\quad {}^{\mathrm{t}}XCX\leq c_k\|X\|^2.\tag{$**$}$$

Comme $\dim \text{Vect}(E_1, \ldots, E_k) + \dim \text{Vect}(F_k, \ldots, F_n) = k + (n - k + 1) = n + 1$, les deux sous-espaces vectoriels $\text{Vect}(E_1, \ldots, E_k)$ et $\text{Vect}(F_k, \ldots, F_n)$ ont une intersection non réduite à $\{0\}$, donc il existe un vecteur X non nul appartenant à ces deux sous-espaces. Pour ce vecteur X, les inégalités $(*)$ et $(**)$ entraînent $a_k\|X\|^2 \leq {}^tX(A+B)X = {}^tXCX \leq c_k\|X\|^2$, donc $a_k \leq c_k$.

→ Exercice 11 (Projection orthogonale dans un espace préhilbertien réel). Soit E un espace préhilbertien réel et F un s.e.v de E.

1/ Pour tout $x \in E$, on note

$$F_x = \{y \in F \mid \|x - y\| = d(x, F) = \inf_{z \in F} \|x - z\|\}.$$

a) Montrer que $y \in F_x$ si et seulement si $x - y \in F^\perp$.
b) Montrer que F_x a au plus un élément.

2/ On suppose ici que F est complet.
a) Pour tout $x \in E$, montrer que F_x a exactement un élément. On le note x_F.
b) Montrer que $E = F \oplus F^\perp$ et que $x \mapsto P_F(x) = x_F$ s'identifie à la projection orthogonale sur F.
c) Montrer que $F = F^{\perp\perp}$.

3/ On considère ici $E = \mathcal{C}([0,1], \mathbb{R})$ (fonctions à valeurs réelles continues sur $[0,1]$), muni du produit scalaire

$$(f|g) = \int_0^1 f(t)g(t)\,dt.$$

Soit $F = \{f \in E \mid f(0) = 0\}$. Que représente $F^\perp$? Conclure.

Solution. **1/ a)** *Condition nécessaire.* Soit $y \in F_x$. Posons $z = x - y$ et considérons $w \in F$. Pour tout $\rho \in \mathbb{R}$, on a $\|z + \rho w\| \geq \|z\|$ car $z + \rho w = x - (y - \rho w)$ et $y - \rho w \in F$. On réécrit ceci en

$$\forall \rho \in \mathbb{R}, \qquad \|z + \rho w\|^2 = \|z\|^2 + 2\rho(z \cdot w) + \rho^2\|w\|^2 \geq \|z\|^2.$$

Cette inégalité exprime que la fonction $\rho \mapsto \|z\|^2 + 2\rho(z \cdot w) + \rho^2\|w\|^2$ atteint son minimum en $\rho = 0$, donc sa dérivée par rapport à ρ en 0 est nulle, ce qui s'écrit $z \cdot w = 0$. Ceci étant vrai pour tout $w \in F$, on en déduit que $z = x - y \in F^\perp$.
Condition suffisante. Soit $y \in F$ tel que $x - y \in F^\perp$. On a

$$\forall z \in F, \quad \|x - z\|^2 = \|(x - y) + (y - z)\|^2 = \|x - y\|^2 + \|z - y\|^2 \qquad (*)$$

(car $x - y \in F^\perp$ et $z - y \in F$). La relation $(*)$ entraîne $\|x - y\| = \inf_{z \in F} \|x - z\|$, donc $y \in F_x$.

b) Supposons que F_x ait deux éléments y et z. Alors $x - y$ et $x - z \in F^\perp$ d'après a), et donc $y - z = (x - z) - (x - y) \in F^\perp$. Or $y - z \in F$. Comme $F \cap F^\perp = \{0\}$, on en déduit $y - z = 0$, d'où le résultat.

2/a) L'idée est d'utiliser le fait que F soit complet. Nous allons construire une suite de Cauchy, et montrer que sa limite vérifie la condition requise.

Soit $\delta = \inf_{z \in F} \|x - z\|$. Par définition de δ, il existe une suite $(y_n)_{n \in \mathbb{N}}$ de points de F telle que $\lim_{n \to \infty} \|x - y_n\| = \delta$, et donc $\lim_{n \to \infty} \|x - y_n\|^2 = \delta^2$.

Dans un e.v.n général, cette relation n'entraîne pas la convergence de (y_n). C'est le caractère préhilbertien de E qui va nous permettre de montrer qu'elle converge (comme le montre un dessin). Nous allons pour cela montrer que (y_n) est une suite de Cauchy. La clé est d'utiliser le théorème de la médiane (voir le théorème 1 page 253), qui entraîne

$$\forall p, q \in \mathbb{N}, \quad \|y_p - y_q\|^2 + \|(x - y_p) + (x - y_q)\|^2 = 2\|x - y_p\|^2 + 2\|x - y_q\|^2,$$

donc

$$\|y_p - y_q\|^2 = 2\|x - y_p\|^2 + 2\|x - y_q\|^2 - 4\left\|x - \frac{y_p + y_q}{2}\right\|^2.$$

Soit $\varepsilon > 0$. Il existe $N \in \mathbb{N}$ tel que pour tout $n \geq N$, $\|x - y_n\|^2 \leq \delta^2 + \varepsilon$, donc

$$\forall p, q \geq N, \qquad \|y_p - y_q\|^2 \leq 2(\delta^2 + \varepsilon) + 2(\delta^2 + \varepsilon) - 4\left\|x - \frac{y_p + y_q}{2}\right\|^2.$$

Or $\frac{y_p+y_q}{2} \in F$, donc $\|x - \frac{y_p+y_q}{2}\| \geq \delta$, d'où

$$\forall p, q \geq N, \quad \|y_p - y_q\|^2 \leq 2(\delta^2 + \varepsilon) + 2(\delta^2 + \varepsilon) - 4\delta^2 = 4\varepsilon.$$

Ceci suffit à prouver que (y_n) est une suite de Cauchy. Comme F est complet, cette suite converge vers une valeur $y \in F$. La continuité de la norme assure le fait que $\|x - y\| = \lim_{n\to\infty} \|x - y_n\| = \delta$, donc $y \in F_x$. L'ensemble F_x est donc non vide, et a donc un seul élément d'après 1/ b).

b) On sait que $F \cap F^\perp = \{0\}$. Il reste à montrer $E = F + F^\perp$, ce qui découle du fait que pour tout $x \in E$, $x = x_F + (x - x_F)$ avec $x_F \in F_x \subset F$ et $x - x_F \in F^\perp$ d'après 1/ a).

Pour tout $x \in E$, la décomposition de x selon $F \oplus F^\perp$ est $x = x_F + (x - x_F)$, ce qui prouve que $x \mapsto x_F$ est la projection orthogonale sur F.

c) On sait que $F \subset F^{\perp\perp}$. Il reste à montrer $F^{\perp\perp} \subset F$. Soit $x \in F^{\perp\perp}$. Comme $F \oplus F^\perp = E$, il existe $(y, z) \in F \times F^\perp$ tels que $x = y + z$. Or $z \in F^\perp$ donc $0 = x \cdot z = y \cdot z + \|z\|^2 = \|z\|^2$, donc $z = 0$, donc $x = y \in F$. Finalement, on a montré $F = F^{\perp\perp}$.

3/ Nous allons montrer que $F^\perp = \{0\}$. Soit $f \in F^\perp$. Soit $g : x \mapsto xf(x)$. On a $g \in F$, donc

$$(f|g) = \int_0^1 xf^2(x)\,dx = 0.$$

Comme $x \mapsto xf^2(x)$ est continue et positive, ceci entraîne que pour tout $x \in [0,1]$, $xf^2(x) = 0$, donc pour tout $x \in]0,1]$, $f(x) = 0$, donc $f = 0$ car f est continue.

On a donc $F \oplus F^\perp \neq E$, ce qui montre que le résultat 2/ b) est faux lorsque F n'est pas supposé complet.

Remarque. Ces résultats font des espaces hilbertiens (espaces préhilbertiens complets) des espaces vectoriels très maniables, même en dimension infinie. Une étude plus approfondie de ces espaces fait l'objet d'une annexe dans le tome d'analyse.

EXERCICE 12 (PRODUIT DE SCHUR DE DEUX MATRICES). Soient $A = (a_{i,j})_{1\leq i,j\leq n}$ et $B = (b_{i,j})_{1\leq i,j\leq n} \in \mathcal{M}_n(\mathbb{R})$ deux matrices symétriques. Le *produit de Schur* de A et B est défini par la matrice symétrique $A \circ B = (a_{i,j}b_{i,j})_{1\leq i,j\leq n}$.
a) Si A et B sont positives, montrer que la matrice $A \circ B$ est positive.
b) Si de plus A et B sont définies, montrer que $A \circ B$ est définie.
c) Si A est positive, montrer que la matrice $E = (e^{a_{i,j}})_{1\leq i,j\leq n}$ est positive, et qu'elle est définie si A est définie.

Solution. **a)** On montre d'abord le résultat lorsque $\operatorname{rg} A = \operatorname{rg} B = 1$. La signature des formes quadratiques $X \mapsto X^*AX$ et $X \mapsto X^*BX$ est $(1,0)$, donc il existe deux formes linéaires $f(X) = \sum_{i=1}^n \lambda_i x_i$ et $g(X) = \sum_{i=1}^n \mu_i x_i$ telles que

$$X^*AX = f^2(X) \quad \text{et} \quad X^*BX = g^2(X).$$

En développant f^2 et g^2, on s'aperçoit alors que $A = (\lambda_i\lambda_j)_{1\leq i,j\leq n}$ et $B = (\mu_i\mu_j)_{1\leq i,j\leq n}$. Donc $A \circ B = [(\lambda_i\mu_i)(\lambda_j\mu_j)]_{1\leq i,j\leq n}$, donc cette matrice est positive car

$$X^*(A \circ B)X = h^2(X) \geq 0 \quad \text{avec} \quad h(X) = \sum_{i=1}^n (\lambda_i\mu_i)x_i.$$

Traitons maintenant le cas général. L'entier r désignant le rang de A, on peut écrire

$$X^*AX = \sum_{i=1}^r f_i(X)^2,$$

où $f_1, \dots, f_r$ sont des formes linéaires indépendantes (ceci parce que la signature de A est $(r,0)$). Pour tout i, $1 \leq i \leq r$, notons A_i la matrice de la forme quadratique f_i^2, de sorte que $X^*A_iX = f_i^2(X)$. Les matrices A_i sont symétriques positives et de rang 1 (leur signature est $(1,0)$) et $A = \sum_{i=1}^r A_i$. On écrirait de même B sous la forme $B = \sum_{j=1}^s B_j$ où $s = \operatorname{rg} B$ et où les B_j sont des matrices symétriques positives de rang 1. Donc $A \circ B = \sum_{i,j} A_i \circ B_j$, somme de matrices positives, est positive.

b) Les matrices A et B étant définies positives, on peut écrire

$$X^*AX = \sum_{i=1}^n f_i^2(X) \quad \text{et} \quad X^*BX = \sum_{j=1}^n g_j^2(X),$$

où les formes linéaires $(f_i)_{1 \leq i \leq n}$ sont linéairement indépendantes, ainsi que les $(g_j)_{1 \leq j \leq n}$. Notons $(\lambda_{k,i})_i$ les coefficients de f_k, $(\mu_{\ell,j})_j$ ceux de g_ℓ, de sorte que

$$f_k(X) = \sum_{i=1}^n \lambda_{k,i} x_i \quad \text{et} \quad g_\ell(X) = \sum_{j=1}^n \mu_{\ell,j} x_j.$$

Les matrices des formes quadratiques f_k^2 et g_ℓ^2 sont $A_k = (\lambda_{k,i}\lambda_{k,j})_{i,j}$ et $B_\ell = (\mu_{\ell,i}\mu_{\ell,j})_{i,j}$, et on a $A = \sum_{k=1}^n A_k$ et $B = \sum_{\ell=1}^n B_\ell$. Ainsi, $A \circ B = \sum_{k,\ell} A_k \circ B_\ell$. Maintenant, l'égalité $X^*(A \circ B)X = 0$ entraîne $\sum_{k,\ell} X^*(A_k \circ B_\ell)X = 0$, et les matrices $A_k \circ B_\ell$ étant positives,

$$\forall k, \ell, \quad X^*(A_k \circ B_\ell)X = 0 = \left(\sum_{i=1}^n \lambda_{k,i}\mu_{\ell,i}x_i \right)^2. \tag{$*$}$$

Fixons ℓ. L'égalité $(*)$ entraîne

$$\forall k, \quad \sum_{i=1}^n \lambda_{k,i}(\mu_{\ell,i}x_i) = 0 \quad \text{ou encore} \quad f_k(Y_\ell) = 0 \quad \text{avec} \quad Y_\ell = \begin{pmatrix} \mu_{\ell,1}x_1 \\ \vdots \\ \mu_{\ell,n}x_n \end{pmatrix}.$$

Les n formes linéaires $(f_k)_{1 \leq k \leq n}$ étant linéairement indépendantes, ceci entraîne $Y_\ell = 0$, donc $\mu_{\ell,i}x_i = 0$ pour tout i, et par sommation $g_\ell(X) = 0$. Ceci étant vrai pour tout ℓ, comme les formes linéaires $(g_\ell)_{1 \leq \ell \leq n}$ sont linéairement indépendantes, on a nécessairement $X = 0$, ce qui prouve que $A \circ B$ est définie.

c) En utilisant le résultat de la question a), on a facilement par récurrence sur $m \in \mathbb{N}$ que la matrice $A_m = (a_{i,j}^m)_{1 \leq i,j \leq n}$ est positive. Maintenant, pour tout entier M positif, on a

$$\forall X \in \mathbb{R}^n, \quad X^* \left(\sum_{m=0}^M \frac{1}{m!} A_m \right) X = \sum_{m=0}^M \frac{1}{m!} X^* A_m X \geq 0.$$

En passant à la limite lorsque M tend vers l'infini, on obtient $X^*EX \geq 0$, et ceci pour tout X, ce qui prouve que E est positive.

Si de plus A est définie, alors E est définie car

$$\forall X \neq 0, \quad X^*EX \geq X^*AX > 0.$$

3. Compléments de cours

Cette section propose quelques études complémentaires très classiques, et souvent utiles dans les exercices ou les problèmes.

3.1. Réduction des isométries et des endomorphismes unitaires

Les isométries et les endomorphismes unitaires, bien que n'étant pas autoadjoints, peuvent se réduire de manière intéressante dans une base orthonormale.

PROPOSITION 1. *Soit E un espace euclidien (resp. hermitien) et $u \in \mathcal{L}(E)$ une isométrie (resp un endomorphisme unitaire). Si F est un s.e.v de E stable par u, alors $F^\perp$ est stable par u.*

Démonstration. Il s'agit de montrer que pour tout $x \in F^\perp$ et pour tout $y \in F$, $u(x) \cdot y = 0$. Comme $u_{|F}$ est une isométrie, $u_{|F}$ est bijective (on est en dimension finie), donc il existe $y' \in F$ tel que $y = u(y')$. On a maintenant

$$u(x) \cdot y = u(x) \cdot u(y') = x \cdot y' = 0.$$

Ceci étant vrai pour tout $x \in F^\perp$ et pour tout $y \in F$, $F^\perp$ est bien stable par u. □

Réduction des isométries.

→ THÉORÈME 1. *Soit E un espace euclidien et $u \in \mathcal{L}(E)$ une isométrie. Alors il existe une base orthonormale B de E dans laquelle la matrice de u a la forme par blocs*

$$[u]_B = \begin{pmatrix} R(\theta_1) & & & & & 0 \\ & \ddots & & & & \\ & & R(\theta_r) & & & \\ & & & \varepsilon_1 & & \\ & 0 & & & \ddots & \\ & & & & & \varepsilon_s \end{pmatrix}, \qquad (*)$$

où pour tout j, $\varepsilon_j \in \{-1, 1\}$ et pour tout i,

$$R(\theta_i) = \begin{pmatrix} \cos\theta_i & -\sin\theta_i \\ \sin\theta_i & \cos\theta_i \end{pmatrix} \in \mathcal{M}_2(\mathbb{R}), \quad \textit{avec} \quad \theta_i \in \mathbb{R},\ \theta_i \not\equiv 0 \pmod{\pi}.$$

Démonstration. On procède par récurrence sur $n = \dim E$. Pour $n = 1$, c'est évident. Supposons le résultat vrai jusqu'au rang $n-1$ et montrons le au rang n. Nous traitons deux cas.

Premier cas. L'isométrie u admet au moins une valeur propre réelle ε. Soit x un vecteur propre normé associé. Comme $\|u(x)\| = \|\varepsilon x\| = |\varepsilon|\,\|x\|$ et $\|u(x)\| = \|x\|$, on a $|\varepsilon| = 1$. De plus $\varepsilon \in \mathbb{R}$, on en déduit $\varepsilon \in \{-1, 1\}$. Maintenant, comme $F = \mathrm{Vect}(x)$ est stable par u, $F^\perp$ est stable par u d'après la proposition 1. En appliquant l'hypothèse de récurrence à $u_{|F^\perp}$, on trouve une base orthonormale B_0 de $F^\perp$ dans laquelle la matrice de $u_{|F^\perp}$ a la forme $(*)$. En ajoutant x a la base B_0, on obtient une base orthonormale B de E dans laquelle la matrice de u a la forme $(*)$.

Second cas. L'isométrie u n'a aucune valeur propre réelle. On considère l'endomorphisme $v = u + u^*$. Comme v est symétrique, v admet une valeur propre réelle λ associée à un vecteur propre x. On a $(u+u^*)(x) = \lambda x$ donc $u(u+u^*)(x) = u^2(x) + x = \lambda u(x)$, d'où $u^2(x) = \lambda u(x) - x \quad (**)$. Par ailleurs, la famille $(x, u(x))$ est libre puisque u n'admet pas de valeur propre réelle. En posant $F = \mathrm{Vect}(x, u(x))$, on voit que $\dim F = 2$ et que F est stable par u (d'après $(**)$). Soit $N = \left(\begin{smallmatrix} a & c \\ b & d \end{smallmatrix}\right)$ la matrice de $u_{|F}$ dans une base orthonormale B_0 de F. Comme $u_{|F}$ est une isométrie, $N^*N = I_n = NN^*$. Parmi les équations issues de ces égalités, on trouve

$$a^2 + b^2 = a^2 + c^2 = 1 \quad \text{et} \quad ab + cd = 0. \qquad (***)$$

La première assertion de $(***)$ entraîne $c = \pm b$. On ne peut pas avoir $c = b$ car N serait symétrique ce qui est impossible car u n'admet pas de valeur propre réelle. Donc $c = -b \neq 0$, et d'après la deuxième assertion de $(***)$, $d = a$. Comme de plus $a^2 + b^2 = 1$, il existe $\theta \in \mathbb{R}$ tel que $a = \cos\theta$ et $b = \sin\theta$ (et $\theta \not\equiv 0 \pmod{\pi}$ car $b \neq 0$). Finalement, la matrice N est de la forme

$$R(\theta) = \begin{pmatrix} \cos\theta & -\sin\theta \\ \sin\theta & \cos\theta \end{pmatrix}, \quad \theta \in \mathbb{R} \setminus \pi\mathbb{Z}.$$

Maintenant, d'après la proposition 1 le s.e.v $F^\perp$ est stable par u, et $u_{|F^\perp}$ est une isométrie donc il existe d'après l'hypothèse de récurrence une base orthonormale B_1 de $F^\perp$ qui diagonalise $u_{|F^\perp}$. La base B obtenue en concaténant B_0 et B_1 est orthonormale et dans cette base, la matrice de u a la forme voulue, d'où le théorème. □

Remarque 1. On retrouve ainsi la forme des isométries du plan et de l'espace :

— Les isométries directes du plan sont des *rotations* d'angle θ (elles ont pour matrice $R(\theta) = \begin{pmatrix} \cos\theta & -\sin\theta \\ \sin\theta & \cos\theta \end{pmatrix}$), les isométries indirectes des symétries par rapport a des droites (matrice $\begin{pmatrix} 1 & 0 \\ 0 & -1 \end{pmatrix}$). Notez d'ailleurs la relation $R(\theta)R(\theta') = R(\theta + \theta')$, qui entraîne la commutativité des rotations dans le plan.

— Les isométries directes de l'espace sont des *rotations* d'angle θ autour d'un axe (matrice $\begin{pmatrix} \cos\theta & -\sin\theta & 0 \\ \sin\theta & \cos\theta & 0 \\ 0 & 0 & 1 \end{pmatrix}$, le dernier vecteur de la base étant l'axe de rotation). Lorsque $\theta = \pi$, on parle de *retournement*.

Les isométries indirectes de l'espace ont pour matrice $\begin{pmatrix} \cos\theta & -\sin\theta & 0 \\ \sin\theta & \cos\theta & 0 \\ 0 & 0 & -1 \end{pmatrix}$. Lorsque $\theta = 0$, on a affaire à une symétrie par rapport à un plan et on parle alors de *réflexion*.

Remarque 2. La version matricielle de ce théorème est la suivante. Soit $M \in \mathcal{M}_n(\mathbb{R})$ une matrice orthogonale. Alors il existe une matrice orthogonale P telle que $P^{-1}MP = P^*MP$ ait la forme $(*)$.

Réduction des endomorphismes unitaires.

→ THÉORÈME 2. *Soit E un espace hermitien et $u \in \mathcal{L}(E)$ un endomorphisme unitaire. Alors il existe une base orthonormale qui diagonalise u, et toutes les valeurs propres de u ont leur module égal à 1.*

Démonstration. La preuve est plus simple que la précédente. Il est d'abord clair que toute valeur propre λ de u vérifie $|\lambda| = 1$, car si $u(x) = \lambda x$ avec $x \neq 0$, on a $\|x\| = \|u(x)\| = |\lambda|\,\|x\|$. On procède ensuite par récurrence sur $n = \dim E$. Le cas $n = 1$ est immédiat, et le passage du rang $n-1$ au rang n se fait comme suit.

Le corps de base $\mathbb{C}$ étant algébriquement clos, u admet au moins une valeur propre complexe λ. Soit x un vecteur propre associé, $\|x\| = 1$. La droite $F = \mathrm{Vect}(x)$ est stable par u, donc d'après la proposition 1, l'hyperplan $F^\perp$ est également stable par u. L'endomorphisme $u_{|F^\perp}$ est unitaire, et d'après l'hypothèse de récurrence, il existe une base orthonormale B_0 de $F^\perp$ qui diagonalise $u_{|F^\perp}$. En ajoutant x à B_0, on obtient une base orthonormale de E qui diagonalise u et le théorème est prouvé. □

COROLLAIRE 1 (Version matricielle). *Soit $U \in \mathcal{M}_n(\mathbb{C})$ une matrice unitaire. Alors il existe une matrice unitaire P telle que*

$$P^{-1}UP = P^*UP = \begin{pmatrix} e^{i\theta_1} & & & 0 \\ & e^{i\theta_2} & & \\ & & \ddots & \\ 0 & & & e^{i\theta_n} \end{pmatrix},$$

où les θ_i sont des nombres réels.

3.2. Endomorphismes normaux

Les endomorphismes normaux généralisent les endomorphismes autoadjoints. Comme nous allons le voir, ils sont caractérisés par la propriété de diagonalisation dans une base orthonormée.

Dans cette section, sauf mention explicite, E désigne un espace hermitien (on rappelle qu'un espace hermitien est nécessairement de dimension finie).

DÉFINITION 1. Soit $u \in \mathcal{L}(E)$. On dit que u est *normal* si u et u^* commutent.
Une matrice $M \in \mathcal{M}_n(\mathbb{C})$ est dite normale si M et M^* commutent.

PROPOSITION 2. *Soit $u \in \mathcal{L}(E)$ un endomorphisme normal. Alors pour tout $x \in E$, $\|u(x)\| = \|u^*(x)\|$.*

Démonstration. Il suffit d'écrire que

$$\forall x \in E, \quad \|u(x)\|^2 = u(x) \cdot u(x) = x \cdot u^*[u(x)] = x \cdot u[u^*(x)] = u^*(x) \cdot u^*(x) = \|u^*(x)\|^2.$$

□

Nous allons montrer qu'un endomorphisme est normal si et seulement s'il se diagonalise dans une base orthonormée. Les quelques résultats qui suivent nous serviront de préliminaires à la démonstration de ce théorème.

LEMME 1. *Soit $u \in \mathcal{L}(E)$ et F un s.e.v de E stable par u. Alors $F^\perp$ est stable par u^*.*

Démonstration. Soit $x \in F$. Par hypothèse, $u(x) \in F$ donc

$$\forall y \in F^\perp, \quad 0 = u(x) \cdot y = x \cdot u^*(y).$$

Ceci étant vrai pour tout $x \in F$, on a $u^*(y) \in F^\perp$. Or on peut choisir y comme l'on veut dans $F^\perp$, et donc $F^\perp$ est stable par u^*. □

Remarque 3. Notez que ce résultat n'est pas spécifique aux endomorphismes normaux.

LEMME 2. *Soit $u \in \mathcal{L}(E)$ un endomorphisme normal. Si E_λ est un sous-espace propre de u (associé à une valeur propre λ), alors $E_\lambda^\perp$ est stable par u.*

Démonstration. Comme u et u^* commutent, E_λ est stable par u^* (voir la proposition 7 page 175), donc d'après le lemme 1, $E_\lambda^\perp$ est stable par $(u^*)^* = u$. □

Nous pouvons maintenant énoncer et démontrer notre résultat principal.

→ THÉORÈME 3. *Soit $u \in \mathcal{L}(E)$. Les assertions (i), (ii) et (iii) sont équivalentes.*

(i) u est normal.

(ii) u se diagonalise dans une base orthonormale de E.

(iii) u et u^* se diagonalisent dans une base orthonormale commune.

Démonstration. Nous montrerons (i) $\Longrightarrow$ (ii), (ii) $\Longrightarrow$ (iii) et (iii) $\Longrightarrow$ (i).

– (i) $\Longrightarrow$ (ii). On procède par récurrence sur $n = \dim E$. Pour $n = 1$, c'est évident. Sinon, supposons le résultat vrai jusqu'au rang $n-1$ et montrons le au rang n. Le corps de base de E est $\mathbb{C}$, donc u admet au moins une valeur propre λ. Soit E_λ le sous-espace propre correspondant. Le sous-espace $F = E_\lambda^\perp$ est stable par u (lemme 2) et par u^* (lemme 1). Comme $u_{|F}$ et $(u_{|F})^* = (u^*)_{|F}$ commutent et que $\dim F \leq n-1$, il existe d'après l'hypothèse de récurrence une base orthonormale B_1 de F qui diagonalise $u_{|F}$. Si maintenant B_2 désigne une base orthonormale de E_λ, on voit que $B = (B_1, B_2)$ est une base orthonormale de E diagonalisant u.

– (ii) $\Longrightarrow$ (iii). Soit B une base orthonormale diagonalisant u, M la matrice de u dans B. La matrice de u^* dans B est M^*. La matrice M est diagonale donc M^* est diagonale, ce qui entraîne que la base B diagonalise u et u^*.

– (iii) $\Longrightarrow$ (i). Soit B une base orthonormale diagonalisant u et u^*. Les matrice $M = [u]_B$ et $M^* = [u^*]_B$ étant diagonales, elles commutent, donc u et u^* commutent. □

COROLLAIRE 2 (VERSION MATRICIELLE). *Soit $M \in \mathcal{M}_n(\mathbb{C})$ une matrice. Alors M est normale si et seulement s'il existe $P \in \mathcal{M}_n(\mathbb{C})$, P unitaire, telle que $P^*MP = P^{-1}MP$ est diagonale.*

Démonstration. Notons B la base canonique de $\mathbb{C}^n$. On munit $\mathbb{C}^n$ du produit scalaire hermitien usuel, et on désigne par u l'endomorphisme de $\mathbb{C}^n$ tel que $[u]_B = M$.

On montre la condition nécessaire. Si M est normale, alors u est normal donc il existe une base B' orthonormale qui diagonalise u. Si P désigne la matrice de passage de B à B', P est unitaire et $P^{-1}MP$ est diagonale.

La réciproque est immédiate, car si $D = P^*MP$, D est diagonale, donc D et D^* commutent, d'où

$$(P^*M^*P)(P^*MP) = (P^*MP)(P^*M^*P) \quad \text{donc} \quad P^*M^*MP = P^*MM^*P,$$

ce qui entraîne que M et M^* commutent. □

Remarque 4. Attention, à la différence du cas autoadjoint, la matrice diagonale obtenue n'est pas forcément à coefficients réels.

Cas des matrices réelles. Lorsque M est une matrice normale *à coefficients réels*, il est intéressant d'avoir une réduction de M dans $\mathcal{M}_n(\mathbb{R})$. C'est le but de ce qui suit. Nous commençons par un petit lemme.

LEMME 3. *Soit E un espace euclidien de dimension 2. Soit $u \in \mathcal{L}(E)$ un endomorphisme normal n'admettant pas de valeurs propres réelles. Dans toute base B orthonormale de E, la matrice de u a la forme*

$$[u]_B = \begin{pmatrix} a & -b \\ b & a \end{pmatrix}, \quad \textit{avec} \quad b \neq 0.$$

Démonstration. Écrivons

$$M = [u]_B = \begin{pmatrix} a & c \\ b & d \end{pmatrix}.$$

On a $b \neq 0$ puisque u est sans valeur propre réelle. Comme u est normal, $M^*M = MM^*$. Parmi les équations découlant de cette égalité, on trouve

$$a^2 + c^2 = a^2 + b^2 \quad \text{et} \quad ab + cd = ac + bd. \tag{$*$}$$

La première assertion de $(*)$ entraîne $b = c$ ou $b = -c$.

Si $b = c$, alors M est symétrique, ce qui est impossible puisque u est sans valeur propre réelle.

Donc $b = -c$. Maintenant, la deuxième assertion de $(*)$ s'écrit $2(a-d)b = 0$, et comme $b \neq 0$, on a $a = d$. Finalement, on a $c = -b$ et $d = a$, on en déduit que la matrice de u dans la base B a bien la forme annoncée. □

THÉORÈME 4. *Soit E un espace euclidien, et $u \in \mathcal{L}(E)$ un endomorphisme normal. Alors il existe une base orthogonale B de E telle que*

$$[u]_B = \begin{pmatrix} \lambda_1 & & & & & 0 \\ & \ddots & & & & \\ & & \lambda_r & & & \\ & & & \tau_1 & & \\ & & & & \ddots & \\ 0 & & & & & \tau_s \end{pmatrix}, \tag{$*$}$$

où pour tout i, $\lambda_i \in \mathbb{R}$ et pour tout j, $\tau_j = \begin{pmatrix} a_j & -b_j \\ b_j & a_j \end{pmatrix} \in \mathcal{M}_2(\mathbb{R})$.

Démonstration. On procède par récurrence sur $n = \dim E$. Pour $n = 1$, c'est évident. Supposons le résultat vrai jusqu'au rang $n-1$ et montrons le au rang n. Nous nous servirons des lemmes 1 et 2 qui restent vrais lorsque E est euclidien.

Si u admet au moins une valeur propre réelle λ, on pose $E_\lambda = \mathrm{Ker}(u - \lambda\,\mathrm{Id}_E)$. Le s.e.v $F = E_\lambda^\perp$ est stable par u (lemme 1) et par u^* (lemme 2). Comme $u_{|F}$ et $u_{|F}^*$ commutent et que $\dim F \leq n-1$, il existe d'après l'hypothèse de récurrence une base orthonormale B_1 de F

telle que $[u_{|F}]_{B_1}$ a la forme $(*)$. Si B_2 désigne une base orthonormale de E_λ, on voit alors que $B = (B_1, B_2)$ est une base orthonormale de E dans laquelle $[u]_B$ a la forme $(*)$.

Sinon u est sans valeur propre réelle. Soit $Q = X^2 - 2\alpha X + \beta$ un facteur irréductible dans $\mathbb{R}[X]$ (on a donc $\alpha^2 - \beta < 0$) du polynôme minimal π_u de u, et $N = \operatorname{Ker} Q(u)$.

On a $N \neq \{0\}$. En effet, si $N = 0$ alors $Q(u)$ est inversible. En notant R le polynôme tel que $\pi_u = QR$, on a donc $Q(u)R(u) = 0$ donc $R(u) = 0$ par inversibilité de $Q(u)$, ce qui est absurde compte tenu de la définition du polynôme minimal de u.

Il est clair que N est stable par u. Le s.e.v N est également stable par u^* car la commutativité de u et u^* entraîne $u^*Q(u) = Q(u)u^*$. Posons $v = u_{|N}$. On a $v^* = u^*_{|N}$, de sorte que l'endomorphisme $v^*v = (u^*u)_{|N}$ est symétrique et admet donc une valeur propre $\mu \in \mathbb{R}$. Soit $x \in N$, $x \neq 0$, tel que $v^*v(x) = \mu x$. Posons $F = \operatorname{Vect}(x, u(x))$. Comme u n'admet pas de valeur propre réelle, x et $u(x)$ forment une famille libre donc $\dim F = 2$. Le s.e.v F est stable par u puisque comme $x \in N$, on a $u^2(x) = 2\alpha u(x) - \beta x \quad (**)$.

Nous allons montrer que F est également stable par u^*. Remarquons tout d'abord que l'égalité $(**)$ entraîne $F = \operatorname{Vect}(u(x), u^2(x))$ (ceci car $\beta \neq 0$, Q étant irréductible sur $\mathbb{R}[X]$). On écrit maintenant

$$u^*[u(x)] = v^*v(x) = \mu x \in F$$

et comme u et u^* commutent,

$$u^*[u^2(x)] = u \circ u^*[u(x)] = u(\mu x) = \mu u(x) \in F,$$

ce qui achève de montrer que F est stable par u^*.

Comme $(u_{|F})^* = (u^*)_{|F}$, $u_{|F}$ est un endomorphisme normal. D'après le lemme 3, dans une base orthonormée B_2 de F, la matrice de $u_{|F}$ est de la forme

$$\tau = \begin{pmatrix} a & -b \\ b & a \end{pmatrix}.$$

Maintenant, on a vu que F est stable par u^*, donc $F^\perp$ est stable par $u^{**} = u$ d'après le lemme 1. Le même lemme montre que, F étant stable par u, $F^\perp$ est stable par u^*. Donc $(u_{|F^\perp})^* = (u^*)_{|F^\perp}$, ce qui prouve que $u_{|F^\perp}$ est normal. Comme $\dim F^\perp = n-2 < n$, l'hypothèse de récurrence assure l'existence d'une base B_1 orthonormale de $F^\perp$ dans laquelle la matrice de u a la forme $(*)$.

La base $B = (B_1, B_2)$ est alors une base orthonormale dans laquelle la matrice de u a la forme $(*)$. □

Remarque 5. En termes de matrice, ce théorème s'exprime comme suit. Soit $M \in \mathcal{M}_n(\mathbb{R})$ une matrice normale. Alors il existe une matrice orthogonale $P \in \mathcal{M}_n(\mathbb{R})$ telle que $P^{-1}MP$ ait la forme $(*)$.

Réduction des matrices antisymétriques. Les matrices réelles antisymétriques sont normales. Il est donc possible de leur appliquer les résultats précédents. Plus précisément, nous avons le théorème suivant.

THÉORÈME 5. *Soit $M \in \mathcal{M}_n(\mathbb{C})$ une matrice vérifiant $M^* + M = 0$. Alors il existe une matrice unitaire U telle que $U^{-1}MU = U^*MU = D$ soit diagonale, et les coefficients de D sont imaginaires purs.*

Démonstration. Comme $M^* = -M$, M est une matrice normale, et d'après le corollaire du théorème 3, il existe une matrice unitaire U telle que

$$D = U^{-1}MU = U^*MU = \begin{pmatrix} \lambda_1 & & 0 \\ & \ddots & \\ 0 & & \lambda_n \end{pmatrix},$$

avec pour tout i, $\lambda_i \in \mathbb{C}$. Comme

$$D^* + D = \begin{pmatrix} \lambda_1 + \overline{\lambda_1} & & 0 \\ & \ddots & \\ 0 & & \lambda_n + \overline{\lambda_n} \end{pmatrix} = U^*M^*U + U^*MU = U^*(M^* + M)U = 0,$$

on a $\lambda_i + \overline{\lambda_i} = 0$ pour tout i, ce qui prouve que les λ_i sont imaginaires purs, d'où le résultat. □

Remarque 6. Ce résultat est vrai en particulier pour les matrices réelles antisymétriques. Si on veut rester dans $\mathbb{R}$, on utilise le résultat qui suit.

THÉORÈME 6 (Version réelle). *Soit $M \in \mathcal{M}_n(\mathbb{R})$ une matrice antisymétrique. Alors il existe une matrice orthogonale P telle que*

$$P^{-1}MP = P^*MP = \begin{pmatrix} 0 & & & & & \\ & \ddots & & & 0 & \\ & & 0 & & & \\ & & & \tau_1 & & \\ & 0 & & & \ddots & \\ & & & & & \tau_s \end{pmatrix}$$

où les τ_i sont des matrices de $\mathcal{M}_2(\mathbb{R})$ de la forme $\begin{pmatrix} 0 & b \\ -b & 0 \end{pmatrix}$, *où $b \in \mathbb{R}$.*

Démonstration. Comme $M^* = -M$, M est une matrice normale. On peut donc utiliser le théorème 4 qui assure l'existence d'une matrice orthogonale P telle que

$$P^{-1}MP = P^*MP = \begin{pmatrix} \lambda_1 & & & & & \\ & \ddots & & & 0 & \\ & & \lambda_r & & & \\ & & & \tau_1 & & \\ & 0 & & & \ddots & \\ & & & & & \tau_s \end{pmatrix},$$

où les $\lambda_i \in \mathbb{R}$ et où $\tau_j = \begin{pmatrix} a_j & b_j \\ -b_j & a_j \end{pmatrix} \in \mathcal{M}_2(\mathbb{R})$. Comme $D^* = P^*M^*P = -P^*MP = -D$, D est antisymétrique. Ses termes diagonaux sont donc nuls, c'est-à-dire $\lambda_i = 0$ pour tout i et $a_j = 0$ pour tout j, d'où le résultat. □

Remarque 7. Lorsqu'on applique le théorème pour $M \in \mathcal{M}_n(\mathbb{R})$ antisymétrique avec n impair, on voit qu'il doit y avoir au moins un zéro sur la diagonale de $P^{-1}MP$. La matrice M n'est donc pas inversible. On peut retrouver directement ce résultat en écrivant que $\det M = \det({}^tM) = \det(-M) = (-1)^n \det(M) = -\det M$, ce qui entraîne $\det M = 0$.

Les endomorphismes unitaires et les isométries sont aussi des endomorphismes normaux. En appliquant les théorèmes 3 et 4, on retrouve facilement les réductions obtenues dans la partie 3.1.

Il est possible d'obtenir la réduction des matrices antisymétriques par des moyens plus directs, en utilisant des méthodes du même type que celles de la partie 3.1 (cela constitue un excellent exercice).

3.3. Inégalité d'Hadamard

Nous nous proposons de montrer le théorème suivant.

THÉORÈME 7. *Les vecteurs colonnes $X_1, \ldots, X_n$ d'une matrice $M \in \mathcal{M}_n(\mathbb{C})$ vérifient*

$$|\det M| \leq \|X_1\| \cdots \|X_n\|, \qquad (*)$$

où pour tout i, $\|X_i\| = \sqrt{X_i^* X_i}$ *désigne la norme hermitienne standard.*

Si pour tout i, $X_i \neq 0$, *l'inégalité* $(*)$ *est une égalité si et seulement si la famille* (X_i) *est orthogonale.*

Démonstration. Si $\det M = 0$, l'inégalité est évidemment vérifiée. Sinon, $(X_1, \ldots, X_n)$ forme une base de $\mathbb{C}^n$. En utilisant le procédé d'orthonormalisation de Schmidt (voir la partie 2.2 de ce chapitre), on construit une base orthogonale $(Y_1, \ldots, Y_n)$ de $\mathbb{C}^n$ telle que

$$\forall k, Y_k = X_k + \lambda_{1,k} Y_1 + \cdots + \lambda_{k-1,k} Y_{k-1}, \quad \lambda_{i,k} \in \mathbb{C}.$$

On ne change pas un déterminant en retranchant à une colonne une combinaison linéaire des autres, ce qui prouve $\det M = \det N$, où $N = (Y_1 | \cdots | Y_n)$ est la matrice dont les vecteurs colonnes sont les Y_i. Posons $D = N^* N = (d_{i,j})_{1 \leq i,j \leq n}$. On voit facilement que $d_{i,j} = Y_i^* Y_j$. Les Y_i étant orthogonaux deux à deux, on a $d_{i,j} = 0$ dès que $i \neq j$. Par ailleurs, $d_{i,i} = Y_i^* Y_i = \|Y_i\|^2$, d'où

$$N^* N = \begin{pmatrix} \|Y_1\|^2 & & 0 \\ & \ddots & \\ 0 & & \|Y_n\|^2 \end{pmatrix},$$

et donc

$$\det(N^* N) = \det(N^*) \det(N) = |\det(N)|^2 = \prod_{i=1}^{n} \|Y_i\|^2,$$

ce qui entraîne $|\det N| = \prod_{i=1}^n \|Y_i\|$. Or pour tout k, $X_k = Y_k - \lambda_{1,k} Y_1 - \cdots - \lambda_{k-1,k} Y_{k-1}$, donc

$$\|X_k\|^2 = \|Y_k\|^2 + |\lambda_{1,k}|^2 \|Y_1\|^2 + \cdots + |\lambda_{k-1,k}|^2 \|Y_{k-1}\|^2. \qquad (*)$$

Cette égalité entraîne $\|Y_k\| \leq \|X_k\|$, donc

$$|\det M| = |\det N| = \prod_{i=1}^{n} \|Y_i\| \leq \prod_{i=1}^{n} \|X_i\|. \qquad (**)$$

Cas d'égalité. Si les X_i sont orthogonaux entre eux deux à deux, on a $X_i = Y_i$ pour tout i, et d'après ce que l'on a vu plus haut, $|\det M| = |\det N| = \|Y_1\| \cdots \|Y_n\| = \|X_1\| \cdots \|X_n\|$.

Réciproquement, supposons qu'il y ait égalité et que pour tout i, $X_i \neq 0$. Alors $\det M \neq 0$. Il faut alors que $(**)$ soit une égalité, c'est à dire $\|Y_1\| \cdots \|Y_n\| = \|X_1\| \cdots \|X_n\| \neq 0$. Or, pour tout i, $\|Y_i\| \leq \|X_i\|$, on doit donc avoir $\|X_i\| = \|Y_i\|$ pour tout i. Ceci entraîne avec $(*)$ que tous les $\lambda_{j,k}$ sont nuls, donc que $Y_k = X_k$ pour tout k. Les X_i sont donc deux à deux orthogonaux. □

Remarque 8. Le théorème reste vrai dans $\mathcal{M}_n(\mathbb{R}) \subset \mathcal{M}_n(\mathbb{C})$.

3.4. Matrices de Gram

DÉFINITION 2. Soit E un espace préhilbertien (réel ou complexe) et $x_1, \cdots x_n$ n vecteurs de E. On appelle *matrice de Gram* de $x_1, \ldots, x_n$ la matrice $[(x_i \cdot x_j)]_{1 \leq i,j \leq n}$ et *déterminant de Gram* le déterminant de cette matrice, noté $G(x_1, \ldots, x_n)$.

PROPOSITION 3. *Toute matrice de Gram est hermitienne positive. Réciproquement, toute matrice hermitienne positive est une matrice de Gram.*

De plus, la matrice de Gram de n vecteurs $x_1, \ldots, x_n$ *est définie si et seulement si la famille* $(x_i)_{1 \leq i \leq n}$ *est libre.*

Démonstration. Soient $x_1, \ldots, x_n$ des vecteurs d'un espace préhilbertien E et M leur matrice de Gram. Soit $F = \mathrm{Vect}(x_1, \ldots, x_n)$ et $m = \dim F$. Fixons nous une base orthonormée $\mathcal{B}$ de F, et pour tout i notons X_i le vecteur colonne des coordonnées de x_i dans $\mathcal{B}$. On a $x_i \cdot x_j = X_i^* X_j$, de sorte que $M = N^* N$ où N désigne la matrice $m \times n$ dont les colonnes sont les X_i. Ceci montre que la matrice carrée M de taille n est hermitienne ($M^* = N^* N^{**} = N^* N = M$) et positive (car pour tout vecteur colonne X, $X^* M X = (X^* N^*)(NX) = (NX)^*(NX) = \|NX\|^2$, $\|\cdot\|$ désignant la norme euclidienne (resp. hermitienne) standard).

Réciproquement, si $M = (a_{i,j})_{1 \leq i,j \leq n}$ est une matrice hermitienne positive, d'après l'exercice 1 page 257, il existe une matrice $n \times n$ hermitienne H telle que $M = H^2 = H^* H$. Si on désigne les vecteurs colonne de H par $X_1, \ldots, X_n$, on voit facilement que la relation $M = H^*H$ entraîne $a_{i,j} = X_i^* X_j = X_i \cdot X_j$. La matrice M est bien une matrice de Gram.

Cas défini. Une matrice de Gram M est définie si et seulement si $(X^*MX = 0 \Longrightarrow X = 0)$. En réutilisant les notations précédentes, on a $X^*MX = \|NX\|^2$. Donc M est définie si et seulement si $(\|NX\|^2 = 0 \Longrightarrow X = 0)$. Ceci équivaut à dire que $\operatorname{Ker} N = \{0\}$, ou encore que les vecteurs x_i forment une famille libre. □

Les déterminants de Gram permettent de calculer la distance d'un point à un s.e.v, avec le théorème suivant.

→ THÉORÈME 8. *Soit E un espace préhilbertien, V un sous-espace de E muni d'une base $(e_1, \ldots, e_n)$ (pas forcément orthonormale). Soit $x \in E$. Alors la distance d de x à V ($d = \inf_{y \in V} \|x - y\|$) vérifie*

$$d^2 = \frac{G(e_1, \ldots, e_n, x)}{G(e_1, \ldots, e_n)}.$$

Démonstration. D'après la proposition 2 de la partie 2.2 (page 254), on a $d = \|z\|$ où $z = x - y$, y étant la projection orthogonale de x sur V. On a alors

$$\forall i, \qquad e_i \cdot y = e_i \cdot x \quad \text{et} \quad \|x\|^2 = \|y\|^2 + \|z\|^2,$$

ce qui entraîne

$$M = \left(\begin{array}{ccc|c} e_1 \cdot e_1 & \cdots & e_1 \cdot e_n & e_1 \cdot x \\ \vdots & & \vdots & \vdots \\ e_n \cdot e_1 & \cdots & e_n \cdot e_n & e_n \cdot x \\ \hline x \cdot e_1 & \cdots & x \cdot e_n & x \cdot x \end{array}\right) = \left(\begin{array}{ccc|c} e_1 \cdot e_1 & \cdots & e_1 \cdot e_n & e_1 \cdot y \\ \vdots & & \vdots & \vdots \\ e_n \cdot e_1 & \cdots & e_n \cdot e_n & e_n \cdot y \\ \hline y \cdot e_1 & \cdots & y \cdot e_n & \|y\|^2 + \|z\|^2 \end{array}\right).$$

La linéarité de $\det M$ par rapport à sa dernière colonne entraîne $\det M = \det P + \det Q$, où

$$P = \left(\begin{array}{ccc|c} e_1 \cdot e_1 & \cdots & e_1 \cdot e_n & e_1 \cdot y \\ \vdots & & \vdots & \vdots \\ e_n \cdot e_1 & \cdots & e_n \cdot e_n & e_n \cdot y \\ \hline y \cdot e_1 & \cdots & y \cdot e_n & \|y\|^2 \end{array}\right) \quad \text{et} \quad Q = \left(\begin{array}{ccc|c} e_1 \cdot e_1 & \cdots & e_1 \cdot e_n & 0 \\ \vdots & & \vdots & \vdots \\ e_n \cdot e_1 & \cdots & e_n \cdot e_n & 0 \\ \hline y \cdot e_1 & \cdots & y \cdot e_n & \|z\|^2 \end{array}\right).$$

Or $\det P = G(e_1, \ldots, e_n, y) = 0$ car $y \in \operatorname{Vect}(e_1, \ldots, e_n)$ et $\det Q = \|z\|^2 G(e_1, \ldots, e_n)$. Finalement

$$G(e_1, \ldots, e_n, x) = \det M = \det Q = \|z\|^2 G(e_1, \ldots, e_n) = d^2 G(e_1, \ldots, e_n).$$

□

3.5. Exercices

EXERCICE 1. Soit $A = (a_{i,j})_{1 \le i,j \le n} \in \mathcal{M}_n(\mathbb{R})$ telle que

$$\exists c > 0, \forall (i,j), \quad |a_{i,j}| \le c.$$

Montrer que $|\det M| \le c^n n^{n/2}$.

Solution. Il suffit d'utiliser l'inégalité d'Hadamard (qu'il faut, au besoin, savoir redémontrer). Notons $A_1, \ldots, A_n$ les vecteurs colonnes de A. D'après le théorème 7, on a $|\det M| \le \|A_1\| \cdots \|A_n\|$ où pour tout j,

$$\|A_j\| = \sqrt{A_j^* A_j} = \sqrt{\sum_{i=1}^n a_{i,j}^2} \le \sqrt{nc^2} = \sqrt{n}\, c.$$

On en déduit $|\det M| \le (\sqrt{n}\, c)^n = c^n n^{n/2}$.

EXERCICE 2. Soit E un espace euclidien de dimension $n \in \mathbb{N}^*$.
a) On suppose qu'il existe $n+1$ vecteurs $u_1, \dots, u_{n+1}$ de E de norme 1, vérifiant

$$\exists \alpha \in \mathbb{R}, \alpha \neq 1, \quad \text{tel que} \quad \forall i \neq j, u_i \cdot u_j = \alpha.$$

Déterminer α. (*Indication.* On pourra utiliser les matrices de Gram.)
b) Démontrer qu'il existe effectivement de tels vecteurs dans E.

Solution. **a)** Notons M la matrice de Gram des vecteurs $u_1, \dots, u_{n+1}$ (voir la partie 3.4). On a

$$M = \begin{pmatrix} 1 & \alpha & \cdots & \alpha \\ \alpha & 1 & \ddots & \vdots \\ \vdots & \ddots & \ddots & \alpha \\ \alpha & \cdots & \alpha & 1 \end{pmatrix} \in \mathcal{M}_{n+1}(\mathbb{R}). \qquad (*)$$

Par ailleurs, la famille $(u_1, \dots, u_{n+1})$ est liée ($n+1$ vecteurs en dimension n), donc d'après la proposition 3, $\det M = G(u_1, \dots, u_{n+1}) = 0$.

Calculons $\det M$. En additionnant les n premières colonnes à la dernière, on obtient

$$\det M = \begin{vmatrix} 1 & \alpha & \cdots & 1+n\alpha \\ \alpha & \ddots & \ddots & \vdots \\ \vdots & \ddots & 1 & 1+n\alpha \\ \alpha & \cdots & \alpha & 1+n\alpha \end{vmatrix} = (1+n\alpha) \begin{vmatrix} 1 & \alpha & \cdots & 1 \\ \alpha & \ddots & \ddots & \vdots \\ \vdots & \ddots & 1 & 1 \\ \alpha & \cdots & \alpha & 1 \end{vmatrix}.$$

En retranchant ensuite α fois la dernière colonne aux n premières, on en déduit

$$\det M = (1-\alpha)^n (1+n\alpha). \qquad (**)$$

(Ce résultat peut s'obtenir également à partir du résultat décrit dans le problème 1 page 214 donnant la liste des valeurs propres de M).

Comme $\det M = 0$, l'égalité $(**)$ montre $\alpha = -1/n$ car $\alpha \neq 1$ par hypothèse.

b) Notons M la matrice symétrique $(*)$ dans laquelle on choisit $\alpha = -1/n$. D'après le problème 1 page 214, les valeurs propres de M sont 0 et $1 - \alpha = 1 + \frac{1}{n}$. Elles sont positives, donc M est une matrice positive. D'après la proposition 3, M est une matrice de Gram, c'est-à-dire qu'il existe $n+1$ vecteurs $U_1, \dots, U_{n+1}$ de $\mathbb{R}^{n+1}$ tels que M soit la matrice de Gram des U_i. Ainsi, les vecteurs U_i vérifient la condition de a) avec $\alpha = -\frac{1}{n}$. Comme $\det M = 0 = G(U_1, \dots, U_{n+1})$, la famille $(U_i)_{1 \leq i \leq n+1}$ est liée. Ainsi, il existe un s.e.v F de $\mathbb{R}^{n+1}$ de dimension n contenant les U_i.

Résumons. Nous avons trouvé un espace euclidien de dimension n (ici F) et $n+1$ vecteurs de cet espace vérifiant la condition de la question a). Par isomorphisme d'espace euclidien, on peut donc trouver $n+1$ vecteurs $u_1, \dots, u_{n+1}$ dans E vérifiant cette condition.

EXERCICE 3. Soit E un espace hermitien et $u \in \mathcal{L}(E)$. Montrer que l'endomorphisme u est normal si et seulement s'il existe $P \in \mathbb{C}[X]$ tel que $u^* = P(u)$.

Solution. Tout polynôme en u commutant avec u, la condition suffisante est immédiate. Montrons maintenant la condition nécessaire. Supposons u normal. D'après le théorème 3, u se diagonalise dans une base B orthonormée de E. Autrement dit, il existe des nombres complexes distincts $\lambda_1, \dots, \lambda_r$ tels que

$$[u]_B = \begin{pmatrix} \lambda_1 I_{\alpha_1} & & 0 \\ & \ddots & \\ 0 & & \lambda_r I_{\alpha_r} \end{pmatrix},$$

où les α_i sont des entiers naturels non nuls. La base B étant orthonormée, on a

$$[u^*]_B = {}^{\mathrm{t}}\overline{[u]}_B = \begin{pmatrix} \overline{\lambda_1} I_{\alpha_1} & & 0 \\ & \ddots & \\ 0 & & \overline{\lambda_r} I_{\alpha_r} \end{pmatrix}.$$

Notons $P \in \mathbb{C}[X]$ le polynôme de Lagrange (voir la partie 2.4 page 65) tel que $P(\lambda_i) = \overline{\lambda_i}$ pour tout i (on peut car les $(\lambda_i)_{1\leq i\leq r}$ sont deux à deux distincts). On voit alors que $P([u]_B) = [u^*]_B$, donc $P(u) = u^*$.

Exercice 4. **a)** Soit $A = (a_{i,j})_{1\leq i,j\leq n} \in \mathcal{M}_n(\mathbb{C})$ une matrice hermitienne définie positive. Démontrer que $\det A \leq a_{1,1} \cdots a_{n,n}$. Donner une condition nécessaire et suffisante pour que cette inégalité soit une égalité.
b) Soit $p \in \mathbb{N}$ tel que $0 < p < n$ et $q = n - p$. On écrit A sous la forme

$$A = \begin{pmatrix} A_1 & B \\ B^* & A_2 \end{pmatrix} \quad \text{avec} \quad A_1 \in \mathcal{M}_p(\mathbb{C}) \text{ et } A_2 \in \mathcal{M}_q(\mathbb{C}).$$

Montrer que $\det A \leq \det A_1 \cdot \det A_2$.

Solution. **a)** D'après la proposition 3, on peut voir A comme la matrice de Gram de n vecteurs $U_1, \ldots, U_n$ de $\mathbb{C}^n$. Si M désigne la matrice dont les vecteurs colonnes sont $U_1, \ldots, U_n$, on a $A = M^*M$. D'après l'inégalité d'Hadamard (théorème 7), on a $|\det M| \leq \prod_{i=1}^n \|U_i\|$, où pour tout i, $\|U_i\|^2 = U_i^* U_i = a_{i,i}$. Finalement, on peut écrire

$$\det A = |\det M|^2 \leq \prod_{i=1}^n \|U_i\|^2 = \prod_{i=1}^n a_{i,i}.$$

L'égalité se produit lorsque la matrice M vérifie $|\det M| = \prod_{i=1}^n \|U_i\|$, c'est à dire lorsque les U_i sont orthogonaux entre eux deux à deux (voir le théorème 7), ce qui équivaut à dire que $\forall i \neq j, U_i \cdot U_j = a_{i,j} = 0$, ou encore que A est diagonale.
b) Nous nous ramenons d'abord au cas plus simple où A_1 et A_2 sont des matrices diagonales. Les matrices A_1 et A_2 sont symétriques, il existe donc deux matrices unitaires $P \in \mathcal{M}_p(\mathbb{C})$ et $Q \in \mathcal{M}_q(\mathbb{C})$ telles que $P^*A_1P = D_1$ et $Q^*A_2Q = D_2$, où D_1 et D_2 sont deux matrices diagonales réelles. En définissant la matrice par blocs $M = \left(\begin{smallmatrix} P & 0 \\ 0 & Q \end{smallmatrix}\right) \in \mathcal{M}_n(\mathbb{C})$, un calcul simple donne

$$M^*AM = \begin{pmatrix} P^*A_1P & P^*BQ \\ Q^*B^*P & Q^*A_2Q \end{pmatrix} = C \quad \text{avec} \quad C = \begin{pmatrix} D_1 & P^*BQ \\ Q^*B^*P & D_2 \end{pmatrix}.$$

La matrice C est congrue à A, donc hermitienne définie positive, donc d'après le résultat de la question précédente, le déterminant de C est inférieur au produit de ses coefficients diagonaux. Comme D_1 et D_2 sont des matrices diagonales, ceci s'écrit $\det C \leq \det D_1 \cdot \det D_2$. Comme $\det M = \det P \cdot \det Q = 1$ (M est même une matrice unitaire), on en déduit

$$\det A = \det(M^*AM) = \det C \leq \det D_1 \cdot \det D_2 = \det A_1 \cdot \det A_2.$$

Exercice 5 (Exponentielle d'une matrice antisymétrique). **1/** Soit $\theta \in \mathbb{R}$. Montrer l'égalité

$$\exp\begin{pmatrix} 0 & -\theta \\ \theta & 0 \end{pmatrix} = \begin{pmatrix} \cos\theta & -\sin\theta \\ \sin\theta & \cos\theta \end{pmatrix}.$$

2/a) Soit $n \in \mathbb{N}^*$. Montrer que $P \in \mathcal{M}_n(\mathbb{R})$ est une matrice orthogonale directe si et seulement s'il existe une matrice antisymétrique $A \in \mathcal{M}_n(\mathbb{R})$ telle que $P = \exp(A)$.
b) En déduire que le groupe spécial orthogonal $\mathcal{SO}_n$ est connexe par arcs.

3/ (Cas de $\mathbb{R}^3$) Soit $v = (a, b, c)$ un vecteur non nul de l'espace euclidien $\mathbb{R}^3$.
a) Montrer que l'exponentielle de la matrice antisymétrique

$$\hat{v} = \begin{pmatrix} 0 & -c & b \\ c & 0 & -a \\ -b & a & 0 \end{pmatrix}$$

est la matrice de la rotation d'axe $e = v/\|v\|$, d'angle $\theta = \|v\|$, où $\|\cdot\|$ désigne la norme euclidienne (indication : remarquer que $\hat{v}$ est la matrice de l'endomorphisme $X \mapsto v \wedge X$, où $\wedge$ désigne le produit vectoriel).
b) Montrer la *formule de Rodrigues*

$$\exp(\hat{v}) = I_3 + \frac{\sin\theta}{\theta}\hat{v} + \frac{1-\cos\theta}{\theta^2}\hat{v}^2.$$

Solution. **1/** Notons $J = \left(\begin{smallmatrix} 0 & -1 \\ 1 & 0 \end{smallmatrix}\right)$. Un calcul facile donne $J^2 = -I_2$, ce qui entraîne pour tout $n \in \mathbb{N}$ les égalités $J^{2n} = (-1)^n I_2$ et $J^{2n+1} = (-1)^n J$. On en déduit

$$\exp(\theta J) = \sum_{n=0}^{+\infty} \frac{\theta^n}{n!} J^n = \sum_{n=0}^{+\infty} \frac{(-1)^n \theta^{2n}}{(2n)!} I_2 + \sum_{n=0}^{+\infty} \frac{(-1)^n \theta^{2n+1}}{(2n+1)!} J = (\cos\theta) I_2 + (\sin\theta) J,$$

ce qui est précisément le résultat demandé.

2/a) La condition suffisante est immédiate : si $A \in \mathcal{M}_n(\mathbb{R})$ est une matrice antisymétrique, alors la matrice $P = \exp(A)$ vérifie ${}^tPP = \exp({}^tA)\exp(A) = \exp(-A)\exp(A) = I_n$. Enfin, on a $\det(P) = \det(\exp(A)) = \exp(\operatorname{tr} A) = 1$ (voir l'exercice 2, page 196).

Montrons maintenant la condition nécessaire. Soit $P \in \mathcal{M}_n(\mathbb{R})$ une matrice orthogonale directe, soit $u \in \mathcal{L}(\mathbb{R}^n)$ son isométrie associée. D'après le théorème 1 page 268, il existe une base orthonormale B de $\mathbb{R}^n$ dans laquelle la matrice de u a la forme

$$[u]_B = \begin{pmatrix} R(\theta_1) & & & & & \\ & \ddots & & & 0 & \\ & & R(\theta_r) & & & \\ & & & \varepsilon_1 & & \\ & 0 & & & \ddots & \\ & & & & & \varepsilon_s \end{pmatrix},$$

où pour tout i, $R(\theta_i)$ est la matrice de rotation 2×2 d'angle θ_i, et où $\varepsilon_j \in \{-1, 1\}$ pour tout j. Par hypothèse, u est une isométrie directe donc $\det u = 1$. Le calcul de déterminant par blocs donne

$$\det u = \det R(\theta_1) \cdots \det R(\theta_r)\, \varepsilon_1 \cdots \varepsilon_s = \varepsilon_1 \cdots \varepsilon_s.$$

Ainsi, le produit des ε_i vaut 1, donc il y en a un nombre pair $2p$ (avec $p \in \mathbb{N}$) qui valent -1, et les q autres valent 1 (avec $2p + q = s$). Quitte à permuter les s derniers vecteurs de la base B, on peut même supposer que les $2p$ premiers ε_j valent -1, et les q derniers valent 1. Comme la matrice $\left(\begin{smallmatrix} -1 & 0 \\ 0 & -1 \end{smallmatrix}\right)$ est une matrice de rotation d'angle π, il revient au même de dire que la matrice de u dans B a la forme

$$[u]_B = \begin{pmatrix} R(\theta_1) & & & \\ & \ddots & & 0 \\ 0 & & R(\theta_m) & \\ & & & I_q \end{pmatrix},$$

avec $\theta_i = \pi$ pour $r < i \leq m = r + p$. Le résultat de la question 1/ nous permet maintenant de remarquer que

$$[u]_B = \exp(M) \qquad \text{où} \qquad M = \begin{pmatrix} \theta_1 J & & & \\ & \ddots & 0 & \\ 0 & & \theta_m J & \\ & & & 0 \end{pmatrix},$$

avec $J = \begin{pmatrix} 0 & -1 \\ 1 & 0 \end{pmatrix}$. La matrice par blocs M est antisymétrique car J est antisymétrique.

En notant Q la matrice de passage de la base canonique de $\mathbb{R}^n$ à la base B (c'est une matrice orthogonale), on a donc montré que $P = {}^t\!Q \exp(M) Q$. En posant $A = {}^t\!QMQ$, on a donc $P = \exp(A)$ et la matrice A est antisymétrique car ${}^t\!A = {}^t\!Q\, {}^t\!MQ = {}^t\!Q(-M)Q = -A$.

b) Soient deux matrices P et Q dans $\mathcal{SO}_n$. On peut écrire $P = \exp(A)$ et $Q = \exp(B)$ avec A et B antisymétriques d'après la question précédente. La question précédente nous assure également que le chemin continu $[0,1] \to \mathcal{M}_n(\mathbb{R})$ $\quad t \mapsto \exp((1-t)A + tB)$ est à valeur dans $\mathcal{SO}_n$ (la matrice $(1-t)A + tB$ est antisymétrique), donc le groupe spécial orthogonal est bien connexe par arcs.

3/a) Suivons l'indication et considérons l'endomorphisme $u : \mathbb{R}^3 \to \mathbb{R}^3 \quad X \mapsto v \wedge X$. On remarque aisément que la matrice de u dans la base canonique de $\mathbb{R}^3$ est la matrice $\hat{v}$. Partant du vecteur $e = v/\|v\| = \frac{1}{\theta} v$, on le complète avec deux vecteurs e_1 et e_2 de sorte que (e_1, e_2, e) soit une base orthonormale directe de $\mathbb{R}^3$. Comme $v = \theta e$, on a

$$u(e_1) = \theta e \wedge e_1 = \theta e_2, \quad u(e_2) = \theta e \wedge e_2 = -\theta e_1, \quad u(e) = \theta e \wedge e = 0,$$

autrement dit la matrice de u dans la base B a la forme par blocs

$$[u]_B = \begin{pmatrix} \theta J & 0 \\ 0 & 0 \end{pmatrix} \tag{$*$}$$

où $J = \begin{pmatrix} 0 & -1 \\ 1 & 0 \end{pmatrix}$. Nous avons vu que $\exp(\theta J)$ est la matrice 2×2 de rotation d'angle θ, donc

$$\exp([u]_B) = \begin{pmatrix} \cos\theta & -\sin\theta & 0 \\ \sin\theta & \cos\theta & 0 \\ 0 & 0 & 1 \end{pmatrix}. \tag{$**$}$$

Comme $\exp([u]_B)$ est aussi la matrice de $\exp(u)$ dans la base B, ceci entraîne que $\exp(u)$ est la rotation autour du vecteur e d'angle θ, d'où le résultat.

b) En utilisant la forme par bloc $(*)$ de la matrice de u dans la base B, on obtient

$$I_3 + \frac{\sin\theta}{\theta}[u]_B + \frac{1-\cos\theta}{\theta^2}([u]_B)^2 = I_3 + \sin\theta \begin{pmatrix} J & 0 \\ 0 & 0 \end{pmatrix} + (1-\cos\theta)\begin{pmatrix} -I_2 & 0 \\ 0 & 0 \end{pmatrix}$$

ce qui s'écrit encore

$$I_3 + \frac{\sin\theta}{\theta}[u]_B + \frac{1-\cos\theta}{\theta^2}([u]_B)^2 = \begin{pmatrix} \cos\theta & -\sin\theta & 0 \\ \sin\theta & \cos\theta & 0 \\ 0 & 0 & 1 \end{pmatrix}.$$

D'après la forme $(**)$, ceci est précisément l'exponentielle de la matrice u dans la base B. D'où le résultat par changement de base.

Exercice 6. **1/** Soit n un entier naturel non nul. Montrer que l'application

$$\varphi : \mathbb{R}^n \to \mathbb{R} \qquad (a_1, \ldots, a_n) \mapsto \int_0^1 (1 + a_1 x + \cdots + a_n x^n)^2 \, dx.$$

admet un minimum μ, atteint en un point unique de $\mathbb{R}^n$, et calculer μ en utilisant l'expression de la distance d'un point à un s.e.v en fonction des déterminants de Gram.

2/ Retrouver la valeur de μ directement, sans utiliser les déterminant de Gram.

Solution. **1**/ Munissons le $\mathbb{R}$-e.v $E = \mathcal{C}([0,1],\mathbb{R})$ des fonctions continues de $[0,1]$ dans $\mathbb{R}$ du produit scalaire

$$\forall f,g \in E, \qquad \langle f,g\rangle = \int_0^1 f(t)g(t)\,dt.$$

Par commodité de notation, pour tout entier i on désigne par x^i la fonction $[0,1] \to \mathbb{R} \quad x \mapsto x^i$. En notant $E_n = \mathrm{Vect}(x,\dots,x^n)$, on remarque que

$$\varphi(a_1,\dots,a_n) = \|1-P\|^2, \quad \text{où} \quad P = -\sum_{i=1}^n a_i x^i \in E_n,$$

et où $\|\,.\,\|$ désigne la norme issue du produit scalaire $\langle\,,\,\rangle$. Déterminer $\mu = \inf_{a\in\mathbb{R}^n}\varphi(a)$, c'est donc rechercher $d(1,E_n)^2 = \inf_{P\in E_n}\|1-P\|^2 = \mu$.

La proposition 2 de la page 254 assure l'existence et l'unicité d'un point P_0 de E_n tel que $\|1-P_0\| = d(1,E_n)$ (de plus, P_0 est la projection orthogonale de 1 sur E_n). Le minimum de φ est donc atteint en un point unique de $\mathbb{R}^n$. D'après le théorème 8 sa valeur μ est donnée par

$$\mu = d(1,E_n)^2 = \frac{G(1,x,\dots,x^n)}{G(x,\dots,x^n)}. \tag{$*$}$$

Comme $\langle x^i,x^j\rangle = 1/(i+j+1)$, on a

$$G(1,x,\dots,x^n) = \det\left(\frac{1}{i+j-1}\right)_{1\le i,j\le n+1} \quad \text{et} \quad G(x,\dots,x^n) = \det\left(\frac{1}{i+j+1}\right)_{1\le i,j\le n}.$$

Ces déterminants sont des déterminants de Cauchy (voir l'exercice 7, page 150) que l'on sait calculer. Ils valent respectivement

$$G(1,x,\dots,x^n) = \frac{\prod_{1\le i<j\le n+1}(i-j)^2}{\prod_{1\le i,j\le n+1}(i+j-1)} \quad \text{et} \quad G(x,\dots,x^n) = \frac{\prod_{1\le i<j\le n}(i-j)^2}{\prod_{1\le i,j\le n}(i+j+1)}.$$

En utilisant l'égalité $(*)$ et l'identité $\prod_{1\le i,j\le n+1}(i+j-1) = \prod_{0\le i,j\le n}(i+j+1)$, on a donc

$$\mu = \frac{\prod_{1\le i\le n}[i-(n+1)]^2}{(n+1)!^2} = \frac{n!^2}{(n+1)!^2} = \frac{1}{(n+1)^2}.$$

2/ Calculons μ sans utiliser (*). Notons $a = (a_1,\dots,a_n) \in \mathbb{R}^n$ le point en lequel est atteint le minimum de φ. Nous avons vu que $P_0 = -\sum_{i=1}^n a_i x^i$ est la projection orthogonale de 1 sur E_n. Donc $\langle 1-P_0, x^k\rangle = 0$ pour $1\le k\le n$, et $\mu = \langle 1-P_0, 1-P_0\rangle = \langle 1-P_0, 1\rangle$. Autrement dit

$$\forall k\in\{1,\dots,n\}, \qquad \frac{1}{k+1} + \sum_{i=1}^n \frac{a_i}{i+k+1} = 0 \qquad \text{et} \qquad \mu = 1 + \sum_{i=1}^n \frac{a_i}{i+1}.$$

En considérant la fraction rationnelle $F(X) = 1/(X+1) + \sum_{i=1}^n a_i/(X+i+1)$, ceci s'écrit aussi $F(k) = 0$ pour $k = 1,\dots,n$ et $\mu = F(0)$. La forme réduite de F a donc la forme

$$F(X) = \alpha\frac{\prod_{i=1}^n (X-i)}{\prod_{i=0}^n (X+i+1)}. \tag{$**$}$$

Pour déterminer α, on multiplie F par $X+1$ et on fait $X=-1$, ce qui fournit $1 = \alpha\prod_{i=1}^n \frac{-(1+i)}{i} = (-1)^n(n+1)$ donc $\alpha = (-1)^n/(n+1)$. On conclut avec l'expression (**), en écrivant

$$\mu = F(0) = \alpha\frac{\prod_{i=1}^n(-i)}{\prod_{i=0}^n(i+1)} = \alpha\frac{(-1)^n}{n+1} = \frac{1}{(n+1)^2}.$$

Remarque. On pourrait de même calculer

$$\inf_{(a_1,\dots,a_n)\in\mathbb{R}^n} \int_0^{+\infty} e^{-x}(1+a_1\,x+\cdots+a_n\,x^n)^2\,dx.$$

– Cet exercice est à rapprocher du problème du tome d'analyse portant sur le théorème de Müntz.

4. Problèmes

PROBLÈME 1 (THÉORÈME DE FISHER-COCHRAN). Soit E un espace euclidien de dimension n et $u_1, \dots, u_p$ des endomorphismes symétriques de E. On suppose que

(i) $\operatorname{rg} u_1 + \cdots + \operatorname{rg} u_p = n$.

(ii) $q_1(x) + \cdots + q_p(x) = x \cdot x$, où q_i désigne la forme quadratique $q_i(x) = u_i(x) \cdot x$ pour tout i.

Montrer que $E = \operatorname{Im} u_1 \oplus \cdots \oplus \operatorname{Im} u_p$, que les $\operatorname{Im} u_i$ sont orthogonaux entre eux deux à deux, et que pour tout i, u_i est le projecteur orthogonal sur $\operatorname{Im} u_i$.

Solution. La relation (ii) s'écrit aussi

$$\forall x \in E, \qquad (u_1 + \cdots + u_p - \operatorname{Id}_E)(x) \cdot x = 0. \tag{$*$}$$

L'endomorphisme $v = u_1 + \cdots + u_p - \operatorname{Id}_E$ étant symétrique, $(*)$ entraîne $v = 0$ (en effet, v est diagonalisable et $(*)$ montre que la seule valeur propre de v est 0). Donc $u_1 + \cdots + u_p = \operatorname{Id}_E$, d'où on tire $E = \operatorname{Im} u_1 + \cdots + \operatorname{Im} u_p$. Comme de plus $\sum_{i=1}^p \dim(\operatorname{Im} u_i) = \dim E$ d'après (i), on a

$$E = \operatorname{Im} u_1 \oplus \cdots \oplus \operatorname{Im} u_p \tag{$**$}$$

(voir la proposition 6 page 117).

En appliquant maintenant l'égalité $\operatorname{Id}_E = u_1 + \cdots + u_p$ au vecteur $u_k(x)$, on obtient

$$\forall k, \forall x \in E, \qquad u_k(x) = u_1 u_k(x) + \cdots + u_p u_k(x). \tag{$***$}$$

D'après $(**)$, la décomposition d'un élément de $\operatorname{Im} u_k$ se fait de manière unique dans $\oplus_{i=1}^p \operatorname{Im} u_i$, d'où on déduit, avec $(***)$ que $u_k(x) = u_k^2(x)$ et $\forall \ell \neq k$, $u_k u_\ell(x) = 0$. Ceci étant vrai pour tout $x \in E$, on en tire $u_k = u_k^2$ et $\forall \ell \neq k$, $u_k u_\ell = 0$. Les endomorphismes u_k sont donc des projecteurs, orthogonaux puisqu'ils sont symétriques (ses sous-espaces propres sont orthogonaux, et ce sont ici $\operatorname{Ker} u_k$ et $\operatorname{Im} u_k$).

Il nous reste à montrer que les $\operatorname{Im} u_k$ sont orthogonaux entre eux deux à deux. Pour $k \neq \ell$, on a vu $u_k u_\ell = 0$, ce qui entraîne $\operatorname{Im} u_\ell \subset \operatorname{Ker} u_k$. L'endomorphisme u_k étant un projecteur orthogonal, on a $\operatorname{Ker} u_k = (\operatorname{Im} u_k)^\perp$, donc $\operatorname{Im} u_\ell \subset (\operatorname{Im} u_k)^\perp$, ce qui prouve que $\operatorname{Im} u_\ell$ et $\operatorname{Im} u_k$ sont orthogonaux. Ceci est vrai dès que le couple (k, ℓ) vérifie $k \neq \ell$, d'où le résultat.

PROBLÈME 2. Soit $n \in \mathbb{N}^*$. On note $\mathcal{S}$ le s.e.v des matrices symétriques de $\mathcal{M}_n(\mathbb{R})$. Pour tout $A \in \mathcal{M}_n(\mathbb{R})$, on définit l'endomorphisme de $\mathcal{S}$

$$\varphi_A : \mathcal{S} \to \mathcal{S} \quad M \mapsto {}^{\mathrm{t}}AMA.$$

Montrer que $|\det \varphi_A| = |\det A|^{n+1}$.

Solution. Commençons par traiter le cas où A est diagonale (cas qui semble intuitivement simple). Notons $\lambda_1, \dots, \lambda_n$ les coefficients diagonaux de A. Considérons la base B de $\mathcal{S}$ constituée des matrices de la forme $(E_{i,i})_{1 \le i \le n}$ et $(E_{i,j} + E_{j,i})_{1 \le i < j \le n}$, où $E_{i,j}$ désigne la matrice dont tous les coefficients sont nuls sauf celui d'indice (i,j) qui vaut 1. Un calcul rapide montre que

$$\forall i, \quad \varphi_A(E_{i,i}) = \lambda_i^2 E_{i,i} \quad \text{et} \quad \forall i < j, \quad \varphi_A(E_{i,j} + E_{j,i}) = \lambda_i \lambda_j (E_{i,j} + E_{j,i}).$$

La base B diagonalise donc φ_A, les valeurs propres correspondantes étant $\lambda_i \lambda_j$ $(1 \le i \le j \le n)$, ce qui montre que

$$\det \varphi_A = \prod_{1 \le i \le j \le n} \lambda_i \lambda_j = \left(\prod_{i=1}^n \lambda_i \right)^{n+1} = (\det A)^{n+1}. \tag{$*$}$$

Traitons maintenant le cas général. Commençons par munir $\mathcal{S}$ d'un produit scalaire. Si $S, T \in \mathcal{S}$, on définit le produit scalaire de (S, T) par $(S \mid T) = \operatorname{tr}(ST)$. Il s'agit bien d'un produit scalaire puisque c'est une forme bilinéaire symétrique, et la forme quadratique associée est définie positive car

$$\forall S = (s_{i,j})_{1\leq i,j\leq n} \in \mathcal{S}, \qquad \mathrm{tr}(S^2) = \sum_{i,j} s_{i,j}s_{j,i} = \sum_{i,j} s_{i,j}^2.$$

L'introduction de la structure euclidienne sur $\mathcal{S}$ va nous permettre de définir l'adjoint de φ_A. Comme

$$\forall S, T \in \mathcal{S}, \qquad (\varphi_A(S) \mid T) = \mathrm{tr}({}^{\mathrm{t}}ASAT) = \mathrm{tr}(AT\,{}^{\mathrm{t}}AS) = (\varphi_{{}^{\mathrm{t}}A}(T) \mid S),$$

l'adjoint φ_A^* de φ_A est $\varphi_{{}^{\mathrm{t}}A}$. Maintenant, on remarque que $\varphi_A^* \circ \varphi_A = \varphi_{{}^{\mathrm{t}}A} \circ \varphi_A = \varphi_{A\,{}^{\mathrm{t}}A}$. La formule

$$(\det \varphi_A)^2 = \det \varphi_A^* \det \varphi_A = \det(\varphi_A^* \varphi_A) = \det \varphi_{A\,{}^{\mathrm{t}}A}$$

va nous permettre de trouver la valeur de $|\det \varphi_A|$. Posons $M = A^{\mathrm{t}}A$. C'est une matrice symétrique, donc diagonalisable, de sorte qu'il existe une matrice orthogonale P telle que $M = {}^{\mathrm{t}}PDP$, où D est une matrice diagonale. On vérifie facilement que $\varphi_M = \varphi_P \circ \varphi_D \circ \varphi_{{}^{\mathrm{t}}P}$. Comme $\varphi_P \circ \varphi_{{}^{\mathrm{t}}P} = \varphi_{{}^{\mathrm{t}}PP} = \mathrm{Id}_{\mathcal{S}}$, φ_M est semblable à φ_D donc $\det \varphi_M = \det \varphi_D = (\det D)^{n+1}$ d'après $(*)$. Comme $\det D = \det M = (\det A)^2$, ceci s'écrit aussi

$$(\det \varphi_A)^2 = \det \varphi_M = (\det A)^{2(n+1)},$$

d'où le résultat.

Problème 3. **a)** Soit $H \in \mathcal{M}_n(\mathbb{C})$ une matrice hermitienne positive. On note Γ l'ensemble des matrices hermitiennes positives A telles que $\det A \geq 1$. Montrer

$$\inf_{A\in\Gamma} \mathrm{tr}(AH) = n(\det H)^{1/n}.$$

(On pourra utiliser l'inégalité de la question a) de l'exercice 4 page 277).
b) En déduire que pour deux matrices hermitiennes positives A et B, on a

$$[\det(A+B)]^{1/n} \geq (\det A)^{1/n} + (\det B)^{1/n}.$$

Retrouver ce résultat sans utiliser la question a).

Solution. **a)** Commençons par montrer que pour toute matrice $A \in \Gamma$, $\mathrm{tr}(AH) \geq n(\det H)^{1/n}$. Le problème étant invariant par changement de base orthonormale, on peut supposer H diagonale. Notons $\lambda_1, \dots, \lambda_n$ les coefficients diagonaux de H et considérons $A = (a_{i,j})_{1\leq i,j\leq n} \in \Gamma$. On a $\mathrm{tr}(AH) = \sum_{i=1}^n \lambda_i a_{i,i}$. Le logarithme étant une fonction concave, on peut écrire

$$\frac{1}{n}\left[\sum_{i=1}^n (\lambda_i a_{i,i})\right] \geq \left[\prod_{i=1}^n (\lambda_i a_{i,i})\right]^{1/n} = (\det H)^{1/n}\left(\prod_{i=1}^n a_{i,i}\right)^{1/n},$$

et comme $1 \leq \det A \leq \prod_{i=1}^n a_{i,i}$ d'après la question a) de l'exercice 4 page 277, ceci implique $\mathrm{tr}(AH) \geq n(\det H)^{1/n}$.

Achevons notre raisonnement. Nous venons de montrer que $\inf_{A\in\Gamma} \mathrm{tr}(AH) \geq n(\det H)^{1/n}$. Il s'agit maintenant de prouver l'inégalité réciproque. Il y a deux cas.

Premier cas. Si H est définie, alors pour tout i, $\lambda_i > 0$. Soit A la matrice définie par

$$A = (\det H)^{1/n}\begin{pmatrix} \lambda_1^{-1} & & 0 \\ & \ddots & \\ 0 & & \lambda_n^{-1} \end{pmatrix}.$$

On a $A \in \Gamma$, et $\mathrm{tr}(AH) = \mathrm{tr}[(\det H)^{1/n} I_n] = n(\det H)^{1/n}$, d'où le résultat.

Second cas. Si la matrice H n'est pas définie, l'une au moins des valeurs propres λ_i est nulle, par exemple $\lambda_n = 0$. Pour tout $p \in \mathbb{N}^*$, on définit

$$A_p = \begin{pmatrix} p^{-1} & & & 0 \\ & \ddots & & \\ & & p^{-1} & \\ 0 & & & p^{n-1} \end{pmatrix} \in \Gamma.$$

On a $\mathrm{tr}(A_p H) = \dfrac{\sum_{i=1}^{n-1} \lambda_i}{p}$, donc $\lim\limits_{p\to\infty} \mathrm{tr}(A_p H) = 0 = n(\det H)^{1/n}$, ce qui prouve le résultat.

b) Pour toute matrice $M \in \Gamma$, on a

$$\mathrm{tr}[(A+B)M] = \mathrm{tr}(AM) + \mathrm{tr}(BM) \geq \inf_{M\in\Gamma} \mathrm{tr}(AM) + \inf_{M\in\Gamma} \mathrm{tr}(BM),$$

donc

$$\inf_{M\in\Gamma} \mathrm{tr}[(A+B)M] \geq \inf_{M\in\Gamma} \mathrm{tr}(AM) + \inf_{M\in\Gamma} \mathrm{tr}(BM),$$

ce qui prouve le résultat en vertu de la question a).

– Résolvons la question sans l'aide de a). Si A et B ne sont pas définies, c'est évident car $\det A = \det B = 0$ et comme $A + B$ est positive, $\det(A + B) \geq 0$. Sinon, l'une des matrices A ou B est définie. Supposons par exemple A définie. Le corollaire 3 page 257 assure l'existence d'une matrice inversible P telle que $A = P^*P$ et $B = P^*DP$, où D est une matrice diagonale. Ainsi, on se ramène à montrer que

$$[\det(I_n + D)]^{1/n} \geq (\det I_n)^{1/n} + (\det D)^{1/n}.$$

En notant $\lambda_i \geq 0$ les termes de la diagonale principale de D, cette inégalité s'écrit

$$\left[\prod_{i=1}^{n}(1+\lambda_i)\right]^{1/n} \geq 1 + \left(\prod_{i=1}^{n}\lambda_i\right)^{1/n}. \qquad (*)$$

Nous allons prouver $(*)$ en utilisant des critères de convexité. Considérons l'application

$$\varphi : [0,1] \to \mathbb{R} \quad t \mapsto \left[\prod_{i=1}^{n}(t+\lambda_i)\right]^{1/n}.$$

Il s'agit de montrer $\varphi(1) - \varphi(0) \geq 1$, ce qui sera vrai si on prouve $\varphi'(t) \geq 1$ pour $t \in]0,1]$. On a

$$\forall t \in]0,1], \qquad \varphi'(t) = \frac{1}{n}\left[\prod_{i=1}^{n}(t+\lambda_i)\right]^{1/n} \left(\sum_{i=1}^{n} \frac{1}{t+\lambda_i}\right),$$

ou encore

$$\forall t \in]0,1], \qquad \log \varphi'(t) = \log\left(\frac{1}{n}\sum_{i=1}^{n}\frac{1}{t+\lambda_i}\right) - \frac{1}{n}\sum_{i=1}^{n}\log\frac{1}{t+\lambda_i},$$

donc, en vertu de la concavité du logarithme, $\log \varphi'(t) \geq 0$, c'est à dire $\varphi'(t) \geq 1$ pour $t \in]0,1]$, d'où le résultat.

Remarque. Notez l'utilisation fructueuse du corollaire 3 page 257 dans la preuve directe de la question b).

PROBLÈME 4. Soit $(E, \|\,.\,\|)$ un espace euclidien et u un projecteur de E tel que $\|u\| \leq 1$ (en notant $\|u\| = \sup_{\|x\|=1} \|u(x)\|$, norme d'algèbre sur $\mathcal{L}(E)$). Montrer que u est un projecteur *orthogonal.*

Solution. Il s'agit de montrer que $\operatorname{Ker} u$ et $\operatorname{Im} u$ sont orthogonaux. Soit $x \in \operatorname{Ker} u$ et $y \in \operatorname{Im} u$. Pour tout $t \in \mathbb{R}$, on a $u(y+tx) = u(y) = y$, et comme par hypothèse $\|u(y+tx)\| \leq \|y+tx\|$, on a

$$\forall t \in \mathbb{R}, \qquad \|y\|^2 = \|u(y+tx)\|^2 \leq \|y+tx\|^2 = \|y\|^2 + 2t(x \cdot y) + t^2\|x\|^2.$$

Cette inégalité exprime que la fonction $t \mapsto \|y\|^2 + 2t(x \cdot y) + t^2\|x\|^2$ atteint son minimum pour $t = 0$. Sa dérivée en 0 est donc nulle, ce qui s'écrit $x \cdot y = 0$. Ceci étant vrai pour tout $x \in \operatorname{Ker} u$ et pour tout $y \in \operatorname{Im} u$, on en déduit que $\operatorname{Ker} u$ et $\operatorname{Im} u$ sont orthogonaux.

Remarque. Tout projecteur non nul u vérifie $|||u||| \geq 1$. En effet, on a $u^2 = u$ donc $|||u||| = |||u^2||| \leq |||u|||^2$, et le résultat car $|||u||| \neq 0$. Un projecteur orthogonal non nul u vérifie $|||u||| = 1$.

PROBLÈME 5. Déterminer les matrices hermitiennes positives $A = (a_{i,j})_{1 \leq i,j \leq n} \in \mathcal{M}_n(\mathbb{C})$ à coefficients $a_{i,j}$ tous non nuls, telles que la matrice $B = (1/a_{i,j})_{1 \leq i,j \leq n}$ est aussi hermitienne positive.

Solution. Soit $A = (a_{i,j})_{1 \leq i,j \leq n}$ une telle matrice. D'après la proposition 3 page 274, A est une matrice de Gram, c'est-à-dire qu'il existe n vecteurs $u_1, \ldots, u_n$ de $\mathbb{C}^n$ tels que $\forall i, j$, $a_{i,j} = u_i \cdot u_j$. D'après, l'inégalité de Schwarz, on a donc

$$\forall i, j, \qquad |a_{i,j}|^2 = |u_i \cdot u_j|^2 \leq \|u_i\|^2 \|u_j\|^2 = a_{i,i} a_{j,j}.$$

Cette inégalité, vraie pour toute matrice positive, l'est également pour la matrice B, ce qui s'écrit

$$\forall i, j, \qquad \frac{1}{|a_{i,j}|^2} \leq \frac{1}{a_{i,i}} \frac{1}{a_{j,j}}.$$

On en déduit que $|a_{i,j}|^2 = a_{i,i}a_{j,j}$ pour tout i, j. Il y a donc égalité de Schwarz $|u_i \cdot u_j| = \|u_i\| \cdot \|u_j\|$, donc u_i et u_j sont liés. Ceci étant vrai pour tout i, j, le rang des vecteurs $u_1, \ldots, u_n$ est 1 (ces vecteurs sont non nuls car $A \neq 0$). Ceci suffit pour affirmer $\operatorname{rg} A = 1$.

Réciproquement supposons $A = (a_{i,j})_{1 \leq i,j \leq n}$ hermitienne positive, de rang 1 et telle que $a_{i,j} \neq 0$ pour tout i, j. La signature de la forme quadratique $X \mapsto X^*AX$ est $(1, 0)$, il existe donc une forme linéaire $f(X) = \sum_{i=1}^n \lambda_i x_i$ telle que

$$\forall X, \qquad \sum_{i,j} a_{i,j}\, \overline{x_i} x_j = X^*AX = |f(X)|^2 = \sum_{i,j} (\overline{\lambda_i} \lambda_j)\, \overline{x_i} x_j.$$

Ceci prouve que $a_{i,j} = \overline{\lambda_i}\lambda_j$ pour tout i, j. On en déduit

$$B = \left(\frac{1}{a_{i,j}}\right)_{\substack{1 \leq i \leq n \\ 1 \leq j \leq n}} = \left[\left(\frac{1}{\overline{\lambda_i}}\right)\left(\frac{1}{\lambda_j}\right)\right]_{\substack{1 \leq i \leq n \\ 1 \leq j \leq n}} \qquad \text{et} \qquad \forall X, \quad X^*BX = \left|\sum_{i=1}^n \frac{1}{\lambda_i} x_i\right|^2 \geq 0.$$

Ainsi, la matrice B est positive.

En conclusion, les matrices positives cherchées sont celles à coefficients tous non nuls et de rang 1.

PROBLÈME 6. **a)** Montrer que si le coefficient diagonal d'indice (i, i) d'une matrice symétrique positive $A \in \mathcal{M}_n(\mathbb{R})$ est nul, alors la i-ième ligne de A est nulle.
b) Soit $M \in \mathcal{M}_n(\mathbb{R})$ une matrice symétrique positive. On écrit la matrice M sous la forme $M = \begin{pmatrix} A & B \\ {}^{\mathrm{t}}B & C \end{pmatrix}$ avec $A \in \mathcal{M}_p(\mathbb{R})$ $(1 \leq p < n)$. Montrer que $N = \begin{pmatrix} A & B \\ 0 & 0 \end{pmatrix} \in \mathcal{M}_n(\mathbb{R})$ est diagonalisable.

Solution. **a)** Comme A est symétrique positive, A s'écrit comme la matrice de Gram de n vecteurs $u_1, \dots, u_n$ de $\mathbb{R}^n$. Le coefficient d'indice (i,j) de A vérifie donc $a_{i,j} = u_i \cdot u_j$ pour tout (i,j). Ainsi, si $a_{i,i} = 0$ on a $\|u_i\|^2 = a_{i,i} = 0$ donc $u_i = 0$, donc $a_{i,j} = u_i \cdot u_j = 0$ pour tout j.

b) Nous nous ramenons d'abord au cas où A est diagonale. Comme M est symétrique positive, A l'est également donc il existe une matrice orthogonale $P \in \mathcal{M}_p(\mathbb{R})$ telle que $D = {}^{\mathrm{t}}PAP$ soit une matrice diagonale. Quitte à changer l'ordre des vecteurs colonnes de P, on peut même supposer que les éventuels termes nuls de la diagonale de D sont les derniers (ce choix sera utile par la suite). Notons $q = n - p$ et $U = \left(\begin{smallmatrix} P & 0 \\ 0 & I_q \end{smallmatrix}\right)$. La matrice U est orthogonale et un produit par blocs donne

$$ {}^{\mathrm{t}}UMU = \begin{pmatrix} D & {}^{\mathrm{t}}PB \\ {}^{\mathrm{t}}BP & C \end{pmatrix} \quad \text{et} \quad {}^{\mathrm{t}}UNU = \begin{pmatrix} D & {}^{\mathrm{t}}PB \\ 0 & 0 \end{pmatrix}. $$

La matrice ${}^{\mathrm{t}}UMU$ est congrue à M, donc positive. Donc d'après la question a), pour chaque indice i tel que le i-ième coefficient diagonal de D est nul, toute la i-ième ligne de ${}^{\mathrm{t}}UMU$ est nulle, en particulier la i-ième ligne de ${}^{\mathrm{t}}PB$ est nulle. Par construction, les éventuels termes nuls de la diagonale de D sont les derniers. En désignant par r le nombre de coefficients non nuls de la diagonale de D, on voit donc que seules les r premières lignes de ${}^{\mathrm{t}}UNU$ sont non nulles. En notant $D' \in \mathcal{M}_r(\mathbb{R})$ la matrice formée des r premières lignes et colonnes de D, on voit donc que ${}^{\mathrm{t}}UNU$ a la forme

$$ {}^{\mathrm{t}}UNU = \begin{pmatrix} D' & E \\ 0 & 0 \end{pmatrix} \qquad (*) $$

où E est une matrice à r lignes et $n - r$ colonnes. Les r premiers vecteurs $e_1, \dots, e_r$ de la base canonique de $\mathbb{R}^n$ sont des vecteurs propres de ${}^{\mathrm{t}}UNU$ associés à des valeurs propres non nulles, et la forme de cette matrice montre que le rang de ses vecteurs lignes est r, donc son noyau est de dimension $n - r$. En désignant par $f_1, \dots, f_{n-r}$ une base de $\mathrm{Ker}({}^{\mathrm{t}}UNU)$ on voit facilement que $(e_1, \dots, e_r, f_1, \dots, f_{n-r})$ est une base de vecteurs propres de ${}^{\mathrm{t}}UNU$. Ainsi ${}^{\mathrm{t}}UNU$ est diagonalisable, et comme U est une matrice orthogonale ceci entraîne que N est diagonalisable.

Remarque. On peut aussi montrer directement que la matrice de droite dans $(*)$ est diagonalisable grâce à la formule $\left(\begin{smallmatrix} I & D'^{-1}E \\ 0 & I \end{smallmatrix}\right)\left(\begin{smallmatrix} D' & E \\ 0 & 0 \end{smallmatrix}\right)\left(\begin{smallmatrix} I & D'^{-1}E \\ 0 & I \end{smallmatrix}\right)^{-1} = \left(\begin{smallmatrix} D' & 0 \\ 0 & 0 \end{smallmatrix}\right)$.

– Le résultat de la question b) est aussi une conséquence du résultat b) du problème 10 page 289 dans le cas particulier où $A = \left(\begin{smallmatrix} I_p & 0 \\ 0 & 0 \end{smallmatrix}\right)$.

PROBLÈME 7 (RÉDUCTION DES MATRICES ANTISYMÉTRIQUES). **1/** Soit $\mathbb{K}$ un corps commutatif de caractéristique différente de 2. **a)** Soit E un $\mathbb{K}$-espace vectoriel de dimension finie n et φ une forme bilinéaire antisymétrique sur E. Montrer qu'il existe une base $B = (e_i)_{1 \le i \le n}$ de E et un entier $r \le n/2$ tels que

$$ \forall (x_i), (y_i) \in \mathbb{K}^n, \quad \varphi\left(\sum_{i=1}^n x_i e_i, \sum_{j=1}^n y_j e_j\right) = \sum_{k=1}^r (x_{2k-1} y_{2k} - x_{2k} y_{2k-1}). \qquad (*) $$

b) Soit $A \in \mathcal{M}_n(\mathbb{K})$ une matrice antisymétrique. Montrer qu'il existe $P \in \mathcal{G}\ell_n(\mathbb{K})$ tel que

$$ {}^{\mathrm{t}}PAP = \begin{pmatrix} J & & & & (0) \\ & \ddots & & & \\ & & J & & \\ & & & 0 & \\ & (0) & & & \ddots \\ & & & & & 0 \end{pmatrix} \quad \text{avec} \quad J = \begin{pmatrix} 0 & 1 \\ -1 & 0 \end{pmatrix} \in \mathcal{M}_2(\mathbb{K}). $$

2/ Montrer que le déterminant d'une matrice antisymétrique A à coefficients entiers est le carré d'un entier.

Solution. **1/a)** On procède par récurrence sur $n = \dim E$. Pour $n = 1$, φ est nulle et si $n = 2$, le résultat est immédiat. Supposons donc $n \geq 3$. Si $\varphi = 0$ le résultat est évident (dans ce cas $r = 0$), sinon il existe deux vecteurs e_1 et e_2 de E tels que $\varphi(e_1, e_2) \neq 0$. Quitte à multiplier e_1 par $1/\varphi(e_1, e_2)$ on peut supposer $\varphi(e_1, e_2) = 1$. Ces vecteurs sont forcément non nuls, et ils forment une famille libre car si $e_2 = \lambda e_1$ avec $\lambda \in \mathbb{K}$, on aurait $\varphi(e_1, e_2) = \lambda\varphi(e_1, e_1) = 0$. Les formes linéaires $L_1 = \varphi(e_1, \cdot)$ et $L_2 = \varphi(e_2, \cdot)$ forment une famille libre car si $\lambda_1 L_1 + \lambda_2 L_2 = 0$, alors $0 = (\lambda_1 L_1 + \lambda_2 L_2)(e_1) = -\lambda_2$, de même $0 = (\lambda_1 L_1 + \lambda_2 L_2)(e_2) = \lambda_1$. Donc le s.e.v $F = \operatorname{Ker} L_1 \cap \operatorname{Ker} L_2$ est de dimension $n - 2$. D'après l'hypothèse de récurrence, on peut trouver une base $(e_3, \ldots, e_n)$ de F et $r \leq n/2$ telle que la restriction ψ de φ à $F \times F$ s'écrive

$$\psi\left(\sum_{i=3}^{n} x_i e_i, \sum_{j=3}^{n} y_i e_i\right) = \sum_{i=2}^{r}(x_{2k-1}y_{2k} - x_{2k}y_{2k-1}). \qquad (**)$$

Par ailleurs $\operatorname{Vect}(e_1, e_2)$ est en somme directe avec F (si $e = \lambda_1 e_1 + \lambda_2 e_2 \in F$ alors $0 = L_2(e) = \lambda_1\varphi(e_2, e_1) + \lambda_2\varphi(e_2, e_2) = -\lambda_1$ donc $\lambda_1 = 0$ et de même $0 = L_1(e) = \lambda_2$), donc $(e_1, e_2, e_3, \ldots, e_n)$ est une base de E. Par construction de F, on a $\varphi(x, y) = \varphi(y, x) = 0$ dès que $x \in \operatorname{Vect}(e_1, e_2)$ et $y \in F$, donc

$$\varphi\left(\sum_{i=1}^{n} x_i e_i, \sum_{j=1}^{n} y_j e_j\right) = \varphi(x_1 e_1 + x_2 e_2, y_1 e_1 + y_2 e_2) + \psi\left(\sum_{i=3}^{n} x_i e_i, \sum_{j=3}^{n} y_j e_j\right).$$

Comme $\varphi(x_1 e_1 + x_2 e_2, y_1 e_1 + y_2 e_2) = x_1 y_2 \varphi(e_1, e_2) + x_2 y_1 \varphi(e_2, e_1) = x_1 y_2 - x_2 y_1$, on en déduit avec $(**)$ le résultat au rang n.

b) Soit φ la forme bilinéaire sur $\mathbb{K}^n$ dont A est la matrice dans la base canonique $\mathcal{B}$ de $\mathbb{K}^n$. La question précédente assure l'existence d'une base $\mathcal{B}' = (e_1, \ldots, e_n)$ et de $r \leq n/2$ dans laquelle φ s'écrive sous la forme $(*)$. En d'autres termes, la matrice M de φ dans la base $\mathcal{B}'$ est formée de r matrices J sur sa diagonale et de zéros partout ailleurs. En désignant par $P \in \mathcal{G}\ell_n(\mathbb{K})$ la matrice de passage de la base $\mathcal{B}$ à la base $\mathcal{B}'$, on a donc ${}^{t}PAP = M$, d'où le résultat.

2/ Les coefficients de A sont dans le corps $\mathbb{K} = \mathbb{Q}$, donc la question précédente assure l'existence de $P \in \mathcal{G}\ell_n(\mathbb{Q})$ telle que ${}^{t}PAP = M$ où M est constituée de r matrices J sur sa diagonale et de zéros partout ailleurs. Si M a au moins un zéro sur la diagonale, alors $\det M = 0$ donc $\det A = 0$ est bien le carré d'un entier. Sinon, $\det M = (\det J)^r = 1$ donc $\det A = 1/(\det P)^2$. Comme $P \in \mathcal{G}\ell_n(\mathbb{Q})$ on a $\det P \in \mathbb{Q}$, donc $\det A$ est le carré d'un nombre rationnel. Comme A a des coefficients entiers, $\det A$ est un entier. Un entier qui est le carré d'un rationnel est forcément le carré d'un entier, donc $\det A$ est bien le carré d'un entier.

Remarque. Lorsque $\mathbb{K} = \mathbb{R}$, ce résultat (bien que légèrement différent) est plus faible que le théorème 6 page 273, mais il présente l'intérêt d'être vrai sur d'autres corps $\mathbb{K}$.

PROBLÈME 8 (PFAFFIEN). Soit $\mathbb{K}$ un corps commutatif de caractéristique différente de 2. On désigne par $\mathcal{A}_n(\mathbb{K})$ l'e.v des matrices antisymétriques de $\mathcal{M}_n(\mathbb{K})$.
a) Si $A \in \mathcal{A}_n(\mathbb{K})$ et si n est un entier impair, montrer que $\det A = 0$.
b) Soit E un $\mathbb{K}$-espace vectoriel. Pour toute forme bilinéaire antisymétrique φ sur E, on définit une suite $\varphi^{(p)}$ pour $p \in \mathbb{N}^*$ par la récurrence suivante : $\varphi^{(1)} = \varphi$ et pour $p \geq 2$ et $(x_1, \ldots, x_{2p}) \in E^{2p}$,

$$\varphi^{(p)}(x_1, \ldots, x_{2p}) = \sum_{i=2}^{2p}(-1)^i \varphi(x_1, x_i)\, \varphi^{(p-1)}(x_2, \ldots, x_{i-1}, x_{i+1}, \ldots, x_{2p}). \qquad (*)$$

Montrer que $\varphi^{(p)}$ est une forme $2p$-linéaire alternée. (Indication : traiter d'abord le cas $p = 2$, puis montrer $\varphi^{(p)}(x_1, \ldots, x_{2p}) = 0$ si $x_k = x_{k+1}$ — voir l'exercice 9 page 151.)
c) Si $A \in \mathcal{A}_{2m}(\mathbb{K})$, on désigne par φ_A la forme bilinéaire sur $E = \mathbb{K}^{2m}$ dont A est la matrice

dans la base canonique $\mathcal{B} = (e_1, \dots, e_{2m})$ de E, et on note $\mathrm{Pf}(A) = \varphi_A^{(m)}(e_1, \dots, e_{2m})$ (Pfaffien de A). Montrer que

$$\forall (x_1, \dots, x_{2m}) \in E^{2m}, \quad \varphi_A^{(m)}(x_1, \dots, x_{2m}) = \mathrm{Pf}(A) \det_{\mathcal{B}}(x_1, \dots, x_{2m}),$$

où $\det_{\mathcal{B}}$ désigne le déterminant dans la base $\mathcal{B}$.

d) Calculer $\mathrm{Pf}(A)$ pour $A \in \mathcal{A}_4(\mathbb{K})$, et montrer que $\mathrm{Pf}(A)$ est un polynôme en les coefficients de $A \in \mathcal{A}_{2m}(\mathbb{K})$.

e) Montrer que pour tout $A \in \mathcal{A}_{2m}(\mathbb{K})$ et $P \in \mathcal{M}_{2m}(\mathbb{K})$, on a $\mathrm{Pf}({}^{t}PAP) = \det(P)\,\mathrm{Pf}(A)$.

f) Montrer que pour tout $A \in \mathcal{A}_{2m}(\mathbb{K})$, on a $\det(A) = \mathrm{Pf}(A)^2$ (on pourra utiliser le résultat de la question 1/b) du problème précédent).

Solution. **a)** Comme $A = -{}^{t}A$, on a $\det A = (-1)^n \det {}^{t}A = (-1)^n \det A = -\det A$, donc $\det A = 0$. Ce résultat est aussi une conséquence du résultat du problème précédent qui entraîne que le rang d'une matrice antisymétrique est pair.

b) La propriété de $2p$-linéarité de $\varphi^{(p)}$ est immédiate par récurrence sur p. Montrons maintenant que $\varphi^{(p)}$ est alternée. Il suffit pour cela de montrer par récurrence sur p que $\varphi^{(p)}(x_1, \dots, x_{2p}) = 0$ dès que $x_k = x_{k+1}$ (voir l'exercice 9 page 151). Pour $p = 1$ le résultat est immédiat car $\varphi^{(1)} = \varphi$ est antisymétrique. Pour $p = 2$, on écrit

$$\varphi^{(2)}(x_1, x_2, x_3, x_4) = \varphi(x_1, x_2)\varphi(x_3, x_4) - \varphi(x_1, x_3)\varphi(x_2, x_4) + \varphi(x_1, x_4)\varphi(x_2, x_3). \qquad (**)$$

Dans chacun des cas $x_1 = x_2$, $x_2 = x_3$ et $x_3 = x_4$, on remarque que l'un des termes de la somme est nulle et les deux autres opposés, donc $\varphi^{(2)}$ s'annule bien dans ces cas.

Supposons maintenant $p \geq 3$. Si $x_k = x_{k+1}$ avec $2 \leq k \leq p-1$, les termes d'indices $i \notin \{k, k+1\}$ et de la somme $(*)$ s'annulent d'après l'hypothèse de récurrence, et les termes d'indices $i = k$ et $i = k+1$ sont opposés, donc $\varphi^{(p)}$ est bien nul dans ce cas. Il nous reste à traiter le cas $x_1 = x_2$. L'idée est d'exprimer $\varphi^{(p)}$ en fonction de $\varphi^{(p-2)}$. Par commodité, nous noterons $x = (x_1, \dots, x_{2p})$ et si $i_1, \dots, i_k$ sont des indices distincts, on note $x^*_{i_1,\dots,i_k}$ le $(p-k)$-uplet obtenu à partir de x en retirant les termes d'indices i_1, …, i_k. Avec cette notation, $(*)$ s'écrit

$$\varphi^{(p)}(x) = \sum_{i=2}^{2p} (-1)^i \varphi(x_1, x_i)\varphi^{(p-1)}(x^*_{1,i}).$$

Si $i \geq 3$, la récurrence définissant $\varphi^{(p-1)}$ donne

$$\varphi^{(p-1)}(x^*_{1,i}) = \sum_{3 \leq j < i} (-1)^{j-1}\varphi(x_2, x_j)\varphi^{(p-2)}(x^*_{1,2,j,i}) + \sum_{i < j \leq 2p} (-1)^{j-2}\varphi(x_2, x_j)\varphi^{(p-2)}(x^*_{1,2,i,j})$$

(on a pris en compte le fait que x_j est la $(j-1)$-ième coordonnée de $x^*_{1,i}$ si $3 \leq j < i$, la $(j-2)$-ième coordonnée si $j > i$) donc

$$\begin{aligned}
\varphi^{(p)}(x) &= \varphi(x_1, x_2)\varphi^{(p-1)}(x_3, \dots, x_{2p}) \\
&\quad + \sum_{\substack{3 \leq i \leq 2p \\ 3 \leq j < i}} (-1)^{i+j-1}\varphi(x_1, x_i)\varphi(x_2, x_j)\varphi^{(p-2)}(x^*_{1,2,j,i}) \\
&\quad + \sum_{\substack{3 \leq i \leq 2p \\ i < j \leq 2p}} (-1)^{i+j-2}\varphi(x_1, x_i)\varphi(x_2, x_j)\varphi^{(p-2)}(x^*_{1,2,i,j}).
\end{aligned}$$

Supposons $x_1 = x_2$. Le premier terme de cette somme est nul, on peut donc écrire

$$\begin{aligned}
\varphi^{(p)}(x) &= \sum_{3 \leq j < i \leq 2p} (-1)^{i+j-1}\varphi(x_1, x_i)\varphi(x_1, x_j)\varphi^{(p-2)}(x^*_{1,2,j,i}) \\
&\quad + \sum_{3 \leq i < j \leq 2p} (-1)^{i+j-2}\varphi(x_1, x_i)\varphi(x_1, x_j)\varphi^{(p-2)}(x^*_{1,2,i,j}).
\end{aligned}$$

Chaque terme d'indice (j, i) de la première somme est l'opposé du terme d'indice (i, j) de la seconde, on en déduit $\varphi^{(p)}(x) = 0$.

c) L'ensemble des formes $2m$-linéaires alternées sur l'e.v E de dimension $2m$ est un e.v de dimension 1 (voir le théorème 2 page 141). Comme $\varphi_A^{(m)}$ et $\det_{\mathcal{B}}$ sont des formes $2m$-linéaires alternées et que $\det_{\mathcal{B}}$ est non nul, on en déduit l'existence de $\lambda \in \mathbb{K}$ tel que

$$\forall (x_1, \dots, x_{2m}) \in \mathrm{E}^{2m}, \quad \varphi_A^{(m)}(x_1, \dots, x_{2m}) = \lambda \det_{\mathcal{B}}(x_1, \dots, x_{2m}).$$

En appliquant cette égalité pour $x_i = e_i$ $(1 \leq i \leq 2m)$, on obtient $\lambda = \mathrm{Pf}(A)$, d'où le résultat.

d) Lorsque $A = (a_{i,j}) \in \mathcal{A}_4(\mathbb{K})$, on a $m = 2$ et l'expression $(**)$ entraîne $\mathrm{Pf}(A) = a_{1,2}a_{3,4} - a_{1,3}a_{2,4} + a_{1,4}a_{2,3}$.

Lorsque $A = (a_{i,j}) \in \mathcal{A}_{2m}(\mathbb{K})$, montrons maintenant que $\mathrm{Pf}(A)$ est un polynôme en les coefficients $(a_{i,j})_{1 \leq i < j \leq 2m}$ de A. Pour cela, nous allons prouver, en procédant par récurrence sur p, que si $1 \leq p \leq m$ et $1 \leq k_1 < \dots < k_{2p} \leq 2m$, alors $\varphi_A^{(p)}(e_{k_1}, \dots, e_{k_{2p}}) = P_{k_1,\dots,k_{2p}}(A)$ où $P_{k_1,\dots,k_{2p}}(A)$ est un polynôme en les coefficients $(a_{i,j})_{1 \leq i < j \leq 2m}$ de A. Cette propriété est vraie pour $p = 1$ car $\varphi_A^{(1)}(e_{k_1}, e_{k_2}) = a_{k_1,k_2}$. Si elle est vraie pour $p - 1$, alors l'écriture $(*)$ entraîne

$$\begin{aligned}\varphi_A^{(p)}(e_{k_1}, \dots, e_{k_{2p}}) &= \sum_{i=2}^{2p} (-1)^i \varphi_A(e_{k_1}, e_{k_i}) \varphi_A^{(p-1)}(e_{k_2}, \dots, e_{k_{i-1}}, e_{k_{i+1}}, \dots, e_{k_{2p}}) \\ &= \sum_{i=2}^{2p} (-1)^i a_{k_1,k_i} P_{k_2,\dots,k_{i-1},k_{i+1},\dots,k_{2p}}(A),\end{aligned}$$

donc $\varphi_A^{(p)}(e_{k_1}, \dots, e_{k_{2p}})$ est bien un polynôme en les coefficients $(a_{i,j})_{1 \leq i < j \leq 2m}$ de A. La propriété souhaitée est donc démontrée pour tout p, $1 \leq p \leq m$. En particulier, elle est vraie pour $p = m$ donc $\mathrm{Pf}(A) = \varphi_A^{(m)}(e_1, \dots, e_{2m})$ est un polynôme en les coefficients de A.

e) Pour tout $x, y \in E = \mathbb{K}^{2m}$ on a $\varphi_{{}^tPAP}(x, y) = {}^tx\, {}^tPAPy = {}^t(Px)A(Py) = \varphi_A(Px, Py)$. Une récurrence immédiate sur p entraîne alors

$$\forall (x_1, \dots, x_{2p}) \in E^{2p}, \quad \varphi_{{}^tPAP}^{(p)}(x_1, \dots, x_{2p}) = \varphi_A^{(p)}(Px_1, \dots, Px_{2p}).$$

Ainsi, si $\mathcal{B} = (e_1, \dots, e_{2m})$ désigne la base canonique de $\mathbb{K}^{2m}$, on a

$$\mathrm{Pf}({}^tPAP) = \varphi_{{}^tPAP}^{(m)}(e_1, \dots, e_{2m}) = \varphi_A^{(m)}(Pe_1, \dots, Pe_{2m}) = \mathrm{Pf}(A) \det_{\mathcal{B}}(Pe_1, \dots, Pe_{2m}).$$

On conclut en remarquant que $\det_{\mathcal{B}}(Pe_1, \dots, Pe_{2m}) = \det P$.

f) Si A n'est pas inversible, alors il existe un vecteur $x_1 \neq 0$ tel que $Ax_1 = 0$ donc $\varphi_A(x_1, y) = 0$ pour tout vecteur y. Complétons x_1 en une base $(x_1, \dots, x_{2m})$ de $\mathbb{K}^{2m}$. Comme $\varphi_A(x_1, x_i) = 0$ pour tout $i \geq 2$, l'égalité $(*)$ donne $\varphi_A^{(m)}(x_1, \dots, x_{2m}) = 0$. D'après c), on a donc

$$0 = \varphi_A^{(m)}(x_1, \dots, x_{2m}) = \mathrm{Pf}(A) \det_{\mathcal{B}}(x_1, \dots, x_{2m}).$$

Comme $(x_1, \dots, x_{2m})$ est une base, on a $\det_{\mathcal{B}}(x_1, \dots, x_{2m}) \neq 0$ donc l'égalité précédente entraîne $\mathrm{Pf}(A) = 0$. Ainsi, on a bien $\det A = \mathrm{Pf}(A)^2$ si A n'est pas inversible.

Si A est inversible, le résultat de la question b) du problème précédent nous assure l'existence de $P \in \mathcal{G}\ell_{2m}(\mathbb{K})$ tel que $B = {}^tPAP$ soit constituée de m matrices $J = \left(\begin{smallmatrix} 0 & 1 \\ -1 & 0 \end{smallmatrix}\right)$ sur sa diagonale et de 0 partout ailleurs. Le Pfaffien de B se calcule facilement. En effet, comme $\varphi_B(e_1, e_2) = 1$ et $\varphi_B(e_1, e_i) = 0$ si $i \geq 3$, la relation $(*)$ donne

$$\varphi_B^{(m)}(e_1, \dots, e_{2m}) = \varphi_B^{(m-1)}(e_3, \dots, e_{2m}).$$

En poursuivant, on en déduit ainsi $\varphi_B^{(m)}(e_1, \dots, e_{2m}) = \varphi_B^{(1)}(e_{2m-1}, e_{2m}) = 1$. Donc $\mathrm{Pf}(B) = 1$ et le résultat de la question précédente entraîne donc $1 = \mathrm{Pf}(B) = \mathrm{Pf}({}^tPAP) = \mathrm{Pf}(A) \det P$. Par ailleurs, un calcul de déterminant par blocs donne $\det B = (\det J)^m = 1$, et comme $B = {}^tPAP$ on en déduit $\det(A) \det(P)^2 = 1$, donc $\det A = 1/\det(P)^2 = \mathrm{Pf}(A)^2$.

Remarque. Ainsi, le déterminant d'une matrice antisymétrique A d'ordre pair est le carré d'un polynôme en les coefficients de A (le Pfaffien). Ce résultat remarquable a été établi par Cayley au milieu du XIX-ième siècle.

PROBLÈME 9. Soit $(E, \|\,.\,\|)$ un $\mathbb{R}$-e.v normé de dimension $n \in \mathbb{N}^*$. On note $B_{p,q}$ l'ensemble des formes bilinéaires symétriques sur E de signature (p, q). Si $p + q = n$, montrer que $B_{p,q}$ est un ouvert de l'espace vectoriel $\mathcal{B}$ des formes bilinéaires symétriques sur E.

Solution. Munissons $\mathcal{B}$ de la norme $|\!|\!|\,.\,|\!|\!|$ définie par $\forall \varphi \in \mathcal{B}$, $|\!|\!|\varphi|\!|\!| = \sup_{\|x\|=1} \|\varphi(x, x)\|$ ($\mathcal{B}$ étant de dimension finie, toutes les normes y sont équivalentes).

Donnons nous $\varphi_0 \in B_{p,q}$, où $p + q = n$. La signature de φ_0 étant (p, q), il existe deux s.e.v F^+ et F^- de E tels que

$$\dim F^+ = p, \ \dim F^- = q \quad \text{et} \quad \begin{cases} \forall x \in F^+, & x \neq 0 \quad \varphi_0(x, x) > 0 \\ \forall x \in F^-, & x \neq 0 \quad \varphi_0(x, x) < 0 \end{cases}.$$

Comme $p + q = n$, on a ici $F^+ \oplus F^- = E$.

L'ensemble $S^+ = \{x \in F^+ \mid \|x\| = 1\}$ est compact, donc φ_0 étant continue

$$\exists x \in S^+, \qquad \varphi_0(x, x) = \inf_{y \in S^+} \varphi_0(y, y).$$

En notant $\alpha = \varphi_0(x, x) > 0$, on voit que pour tout $y \in S^+$, $\varphi_0(y, y) \geq \alpha$, donc pour tout $y \in F^+$, $\varphi_0(y, y) \geq \alpha\|y\|^2$. On montrerait de même l'existence de $\beta > 0$ tel que tout $y \in F^-$ vérifie $\varphi_0(y, y) \leq -\beta\|y\|^2$.

Soit $\gamma = \inf(\alpha, \beta)$ et $\psi \in \mathcal{B}$ tel que $|\!|\!|\psi|\!|\!| \leq \gamma/2$. Alors $\varphi = \varphi_0 + \psi$ vérifie

$$\forall x \in F^+, \qquad \varphi(x, x) = \varphi_0(x, x) + \psi(x, x) \geq \gamma\|x\|^2 - \frac{\gamma}{2}\|x\|^2 = \frac{\gamma}{2}\|x\|^2$$

$$\forall x \in F^-, \qquad \varphi(x, x) = \varphi_0(x, x) + \psi(x, x) \leq -\gamma\|x\|^2 + \frac{\gamma}{2}\|x\|^2 = -\frac{\gamma}{2}\|x\|^2$$

On a donc $\varphi(x, x) > 0$ sur $F^+ \setminus \{0\}$ et $\varphi(x, x) < 0$ sur $F^- \setminus \{0\}$. Ceci suffit pour conclure que φ est de signature (p, q) (voir la remarque 9 page 246). La boule de centre φ_0 de rayon $\gamma/2$ est donc incluse dans $B_{p,q}$, d'où le résultat.

PROBLÈME 10. Soient A et $B \in \mathcal{M}_n(\mathbb{C})$ deux matrices hermitiennes positives.

a) Si A est définie, montrer que la matrice AB est diagonalisable, à valeurs propres réelles positives.

b) Montrer que le résultat de la question précédente subsiste lorsque A n'est pas supposée définie.

c) Soient $0 \leq \lambda_1 \leq \cdots \leq \lambda_n$ les valeurs propres de A, $0 \leq \mu_1 \leq \cdots \leq \mu_n$ celles de B. Si λ est une valeur propre de AB, montrer $\lambda_1\mu_1 \leq \lambda \leq \lambda_n\mu_n$.

Solution. **a)** La matrice A étant hermitienne positive, il existe une matrice $a \in \mathcal{M}_n(\mathbb{C})$ hermitienne positive telle que $A = a^2$ (c'est très classique, voir l'exercice 1 page 257). Comme A est définie, a est inversible. L'égalité $AB = a^2B = a(aBa)a^{-1}$ montre que AB est semblable à aBa. Cette dernière matrice est hermitienne, et positive car la matrice B étant positive,

$$\forall X, \qquad X^*(aBa)X = (aX)^*B(aX) \geq 0.$$

Finalement, on a montré que AB est semblable à une matrice hermitienne positive, ce qui suffit à montrer que AB est diagonalisable à valeurs propres réelles positives.

b) C'est plus délicat. Comme à la question précédente, nous allons passer par la matrice aBa.

Soit $k = \mathrm{rg}(aBa)$. La matrice aBa étant hermitienne positive, on est assuré de l'existence d'une famille libre de k vecteurs propres $e_1, \ldots, e_k$ associés à des valeurs propres strictement positives $\lambda_1, \ldots, \lambda_k$. Pour tout $i \in \{1, \ldots, k\}$, l'égalité $(aBa)e_i = \lambda_i e_i$ entraîne

$$(a^2Ba)e_i = \lambda_i\, ae_i \quad \text{donc} \quad (AB)f_i = \lambda_i f_i, \quad \text{avec} \quad f_i = ae_i.$$

La famille $(f_i)_{1\leq i\leq k}$ est libre car

$$\sum_{i=1}^{k}\mu_i f_i = 0 \Longrightarrow 0=\sum_{i=1}^{k}\mu_i(aB)(f_i)=\sum_{i=1}^{k}\mu_i\lambda_i e_i \Longrightarrow \forall i\in\{1,\ldots,k\}, \mu_i\lambda_i=0,$$

ce qui entraîne $\mu_i = 0$ lorsque $1 \leq i \leq k$ puisque $\lambda_i \neq 0$. Finalement, on vient d'exhiber une famille libre $(f_i)_{1\leq i\leq k}$ à k éléments de vecteurs propres de AB associés à des valeurs propres non nulles.

Nous allons prouver que toutes les autres valeurs propres sont nulles. Pour cela, nous commençons par montrer $\mathrm{rg}(AB) = \mathrm{rg}(aBa) = k$. La matrice aBa est hermitienne positive (voir plus haut), donc $X \in \mathrm{Ker}(aBa)$ si et seulement si $X^*(aBa)X = 0$. Comme B est positive, on en déduit

$$X\in \mathrm{Ker}(aBa) \iff 0 = X^*(aBa)X = (aX)^*B(aX) \iff aX \in \mathrm{Ker}(B) \iff X\in\mathrm{Ker}(Ba).$$

Ainsi, $\mathrm{Ker}(aBa) = \mathrm{Ker}(Ba)$, donc $\mathrm{rg}(aBa) = \mathrm{rg}(Ba)$. La matrice a est hermitienne donc $\mathrm{Im}\, a = \mathrm{Im}\, a^2 = \mathrm{Im}\, A$ (pour s'en convaincre, diagonaliser a dans une base orthonormale), donc $\mathrm{Im}(Ba) = B(\mathrm{Im}\, a) = B(\mathrm{Im}\, A) = \mathrm{Im}(BA)$, d'où $\mathrm{rg}(Ba) = \mathrm{rg}(BA)$. Finalement, on a montré $\mathrm{rg}(aBa) = \mathrm{rg}(BA)$. Le rang d'une matrice est égal à celui de sa transconjuguée, donc $\mathrm{rg}(BA) = \mathrm{rg}[(BA)^*] = \mathrm{rg}(A^*B^*) = \mathrm{rg}(AB)$, et finalement on a bien $\mathrm{rg}(aBa) = \mathrm{rg}(AB) = k$.

Le fait que $\dim(\mathrm{Ker}(AB)) = n - k$ nous permet de prendre une base $(f_{k+1},\ldots,f_n)$ de $\mathrm{Ker}(AB)$. Ces $n-k$ vecteurs correspondent à des vecteurs propres de AB associés à la valeur propre 0. Ainsi, les vecteurs $f_1,\ldots,f_k,f_{k+1},\ldots,f_n$ forment une famille libre à n éléments de vecteurs propres de AB, donc une base de vecteurs propres de AB. La matrice AB est donc diagonalisable, ses valeurs propres étant $\lambda_1,\ldots,\lambda_k > 0$ et 0.

c) En désignant par $\|\cdot\|$ la norme euclidienne usuelle sur $\mathbb{C}^n$, tout vecteur colonne X de $\mathbb{C}^n$ vérifie

$$\lambda_1^2\,\|X\|^2 \leq \|AX\|^2 \leq \lambda_n^2\,\|X\|^2 \quad \text{et} \quad \mu_1^2\,\|X\|^2 \leq \|BX\|^2 \leq \mu_n^2\,\|X\|^2$$

donc

$$\lambda_1^2\mu_1^2\,\|X\|^2 \leq \lambda_1^2\,\|BX\|^2 \leq \|ABX\|^2 \leq \lambda_n^2\,\|BX\|^2 \leq \lambda_n^2\mu_n^2\,\|X\|^2. \qquad (*)$$

Si λ est une valeur propre de AB, on a $\|ABX\|^2 = |\lambda|^2\,\|X\|^2$ (où $X \neq 0$ est un vecteur propre associé), ce qui entraîne avec $(*)$ la relation $\lambda_1\mu_1 \leq |\lambda| \leq \lambda_n\mu_n$, d'où le résultat puisque l'on a vu que λ était réelle positive.

Problème 11. Soient $R,S,T \in \mathcal{M}_n(\mathbb{C})$ trois matrices hermitiennes positives telles que la matrice $M = RST$ est hermitienne. Montrer que M est positive.

Solution. Il y a certainement beaucoup de façons de procéder. Celle que nous décrivons se décompose en trois étapes, selon les propriétés vérifiées par la matrice T.

Première étape. Supposons T définie. Alors T est la matrice d'un produit scalaire, de sorte qu'il existe $P \in \mathcal{G}\ell_n(\mathbb{C})$ telle que $T = P^*P$. Comme RST est hermitienne, on a facilement $RST = TSR$ donc

$$RSP^*P = P^*PSR \quad \text{d'où} \quad (P^*)^{-1}RSP^* = PSRP^{-1} \quad \text{ou encore} \quad R'S' = S'R'$$

avec $R' = (P^*)^{-1}RP^{-1}$ et $S' = PSP^*$. Ainsi, les matrices R' et S' commutent. Comme elles sont diagonalisables (car hermitiennes), on peut les diagonaliser dans une même base. De plus, leurs valeurs propres sont positives (R' et S' sont hermitiennes positives) donc les valeurs propres de $R'S'$ sont positives. Ainsi, la matrice hermitienne $R'S'$ est positive. Comme $RST = P^*(R'S')P$ est congrue à $R'S'$, c'est aussi une matrice hermitienne positive.

Deuxième étape. Supposons $\mathrm{Ker}\, T \cap \mathrm{Ker}\, R = \{0\}$. Pour tout $\varepsilon > 0$, la matrice $T + \varepsilon R$ est définie positive. En effet, elle est positive comme somme de matrices positives, et elle est définie car si $X^*(T + \varepsilon R)X = 0$, le fait que $X^*TX \geq 0$ et $X^*RX \geq 0$ entraîne $X^*TX = X^*RX = 0$, donc $X \in \mathrm{Ker}\, T \cap \mathrm{Ker}\, R = \{0\}$.

On peut donc appliquer le résultat de la première étape à la matrice hermitienne $RS(T+\varepsilon R) = RST + \varepsilon RSR$. Ainsi, pour tout $X \in \mathbb{C}^n$, pour tout $\varepsilon > 0$, $X^* RS(T+\varepsilon R)X \geq 0$ donc en passant à la limite lorsque $\varepsilon \to 0$ on obtient $X^* RSTX \geq 0$. Ceci est vrai pour tout $X \in \mathbb{C}^n$, donc RST est positive.

Troisième étape. Il ne reste plus qu'à traiter le cas où $F = \operatorname{Ker} T \cap \operatorname{Ker} R \neq \{0\}$. Soit r tel que $n - r = \dim F$. Soit $(e_1, \ldots, e_n)$ une base orthonormale de $\mathbb{C}^n$ telle que $F = \operatorname{Vect}(e_{r+1}, \ldots, e_n)$. Quitte à faire un changement de base orthonormale pour se ramener dans cette base, on voit que

$$R = \left(\begin{array}{c|c} R_1 & 0 \\ \hline 0 & 0 \end{array}\right), \quad S = \left(\begin{array}{c|c} S_1 & S_2^* \\ \hline S_2 & S_3 \end{array}\right), \quad \text{et} \quad T = \left(\begin{array}{c|c} T_1 & 0 \\ \hline 0 & 0 \end{array}\right),$$

avec $R_1, S_1, T_1 \in \mathcal{M}_r(\mathbb{C})$ et $\operatorname{Ker} R_1 \cap \operatorname{Ker} T_1 = \{0\}$. La matrice $M = RST$ étant hermitienne, on a facilement

$$M = \left(\begin{array}{c|c} R_1 S_1 T_1 & 0 \\ \hline 0 & 0 \end{array}\right), \qquad (*)$$

où R_1, S_1, T_1 vérifient les mêmes propriétés que R, S, T dans la deuxième étape. La matrice $R_1 S_1 T_1$ est donc positive, donc d'après $(*)$ M est positive.

PROBLÈME 12. Soit $n \in \mathbb{N}$, $n \geq 2$. Pour toute matrice symétrique $A \in \mathcal{M}_n(\mathbb{R})$, on note $\lambda_1(A), \ldots, \lambda_n(A)$ les valeurs propres de A numérotées telles que $\lambda_1(A) \geq \cdots \geq \lambda_n(A)$.

1/a) Soit $A = (a_{i,j})_{1 \leq i,j \leq n} \in \mathcal{M}_n(\mathbb{R})$ une matrice symétrique. Montrer

$$\forall k \in \{1, \ldots, n\}, \qquad \sum_{i=1}^{k} a_{i,i} \leq \sum_{i=1}^{k} \lambda_i(A). \qquad (*)$$

b) Lorsque $k < n$ et $\lambda_k(A) > \lambda_{k+1}(A)$, donner une condition nécessaire et suffisante sur la matrice A pour que l'inégalité $(*)$ soit une égalité.

2/ Soient A et $B \in \mathcal{M}_n(\mathbb{R})$ deux matrices symétriques et $C = A + B$. Montrer

$$\forall k \in \{1, \ldots, n\}, \qquad \sum_{i=1}^{k} \lambda_i(C) \leq \sum_{i=1}^{k} \lambda_i(A) + \sum_{i=1}^{k} \lambda_i(B).$$

Solution. **1/a)** Pour simplifier on note $\lambda_i = \lambda_i(A)$ dans la solution de la question 1/.

Lorsque $k = n$, $(*)$ est une égalité car $\sum_{i=1}^n a_{i,i} = \operatorname{tr}(A) = \sum_{i=1}^n \lambda_i$.

Sinon on a $k < n$. Notons Φ la forme quadratique sur $\mathbb{R}^n$ dont A est la matrice dans la base canonique $(e_1, \ldots, e_n)$ de $\mathbb{R}^n$. Pour tout $i \in \{1, \ldots, n\}$, on a $a_{i,i} = \Phi(e_i)$. Soit $(f_1, \ldots, f_n)$ une base orthonormale de $\mathbb{R}^n$, orthogonale pour la forme quadratique Φ, et telle que

$$\forall i \in \{1, \ldots, n\}, \qquad \lambda_i = \Phi(f_i).$$

On note $P = (p_{i,j})_{1 \leq i,j \leq n} \in \mathcal{M}_n(\mathbb{R})$ la matrice (orthogonale) de passage de la base $(f_1, \ldots, f_n)$ à la base $(e_1, \ldots, e_n)$, de sorte que $e_j = \sum_{i=1}^n p_{i,j} f_i$ pour tout j.

Pour donner l'idée de l'approche nous commençons par le cas $k = 1$. Il suffit d'écrire

$$a_{1,1} = \Phi(e_1) = \sum_{i=1}^{n} p_{i,1}^2 \Phi(f_i) = \sum_{i=1}^{n} \lambda_i p_{i,1}^2 \leq \lambda_1 \left(\sum_{i=1}^{n} p_{i,1}^2 \right) = \lambda_1 \|e_1\|^2 = \lambda_1.$$

Le cas général est plus délicat. On écrit

$$\sum_{j=1}^{k} a_{j,j} = \sum_{j=1}^{k} \Phi(e_j) = \sum_{j=1}^{k} \left(\sum_{i=1}^{n} \lambda_i p_{i,j}^2 \right) = \sum_{i=1}^{n} \lambda_i \left(\sum_{j=1}^{k} p_{i,j}^2 \right). \qquad (**)$$

Notons $\mu_i = \sum_{j=1}^k p_{i,j}^2$. Les μ_i vérifient les propriétés suivantes

$$\text{(i)}\quad \sum_{i=1}^n \mu_i = \sum_{j=1}^k \left(\sum_{i=1}^n p_{i,j}^2\right) = \sum_{j=1}^k \|e_j\|^2 = k, \qquad \text{(ii)}\quad \mu_i = \sum_{j=1}^k p_{i,j}^2 \leq \sum_{j=1}^n p_{i,j}^2 = 1$$

(la dernière égalité résulte du fait que les vecteurs lignes de la matrice P forment également une base orthonormale). Ainsi, (**) apparaît comme une pondération des $(\lambda_i)_{1\leq i\leq n}$ à coefficients positifs et ≤ 1, dont la somme des poids vaut k. La valeur maximale de cette pondération se produit lorsque les poids sont les plus grands possibles pour les plus grandes valeurs possibles de λ_i, ce qui est précisément le résultat attendu. On démontre ceci en partant de l'égalité (**) qui entraîne

$$\sum_{j=1}^k a_{j,j} = \sum_{i=1}^n \lambda_i\mu_i \leq \sum_{i=1}^k \lambda_i\mu_i + \lambda_{k+1}\left(\sum_{i=k+1}^n \mu_i\right).$$

L'assertion (ii) permet d'écrire chaque μ_i sous la forme $\mu_i = 1 - \gamma_i$ avec $\gamma_i \geq 0$ pour $1 \leq i \leq k$, et d'après (i), $\displaystyle\sum_{i=k+1}^n \mu_i = k - \left(\sum_{i=1}^k \mu_i\right) = \sum_{i=1}^k \gamma_i$. Finalement,

$$\sum_{j=1}^k a_{j,j} \leq \sum_{i=1}^k \lambda_i(1-\gamma_i) + \lambda_{k+1}\left(\sum_{i=1}^k \gamma_i\right) = \sum_{i=1}^k \lambda_i + \sum_{i=1}^k (\lambda_{k+1}-\lambda_i)\gamma_i \leq \sum_{i=1}^k \lambda_i. \qquad (***)$$

b) Si (*) est une égalité, alors la dernière inégalité de (***) est une égalité, et compte tenu des hypothèses, ceci entraîne $\gamma_i = 0$ pour $1 \leq i \leq k$. Autrement dit, $\mu_1 = \ldots = \mu_k = 1$ ce qui en vertu de l'assertion (ii) entraîne $p_{i,j} = 0$ pour $1 \leq i \leq k$ et $k+1 \leq j \leq n$. Ainsi, $e_j = \sum_{i=1}^k p_{i,j} f_i \in \mathrm{Vect}(f_1,\ldots,f_k)$ pour $1 \leq j \leq k$, donc $\mathrm{Vect}(e_1,\ldots,e_k) = \mathrm{Vect}(f_1,\ldots,f_k)$. Les bases $(e_1,\ldots,e_n)$ et $(f_1,\ldots,f_n)$ étant orthogonales, on a alors $\mathrm{Vect}(e_{k+1},\ldots,e_n) = \mathrm{Vect}(f_{k+1},\ldots,f_n)$. Il n'en faut pas plus pour conclure que A, matrice de Φ dans la base $(e_1,\ldots,e_n)$, se met sous la forme

$$A = \left(\begin{array}{c|c} A_1 & 0 \\ \hline 0 & A_2 \end{array}\right)$$

où les valeurs propres de $A_1 \in \mathcal{M}_k(\mathbb{R})$ sont $\lambda_1,\ldots,\lambda_k$.

Réciproquement, si la matrice A possède cette propriété, alors $\displaystyle\sum_{i=1}^k a_{i,i} = \mathrm{tr}(A_1) = \sum_{i=1}^k \lambda_i$.

2/ Soit $P \in \mathcal{G}\ell_n(\mathbb{R})$ une matrice orthogonale telle que $D = P^{-1}CP$ est diagonale, ses coefficients diagonaux étant égaux à $\lambda_1(C),\ldots,\lambda_n(C)$. Notons $A' = P^{-1}AP$ et $B' = P^{-1}BP$. On a $D = A' + B'$ et les matrices A' et B' sont semblables à A et B, on a donc $\lambda_i(A') = \lambda_i(A)$ et $\lambda_i(B') = \lambda_i(B)$ pour $1 \leq i \leq n$. Pour simplifier les notations, pour toute matrice $M = (m_{i,j})_{1\leq i,j\leq n}$ on note $\mathrm{tr}_k(M) = \sum_{i=1}^k m_{i,i}$. On conclut à partir du résultat de la question 1/a), en écrivant

$$\forall k \in \{1,\ldots,n\}, \qquad \sum_{i=1}^k \lambda_i(C) = \mathrm{tr}_k(D) = \mathrm{tr}_k(A') + \mathrm{tr}_k(B') \leq \sum_{i=1}^k \lambda_i(A) + \sum_{i=1}^k \lambda_i(B).$$

PROBLÈME 13. Soit $n \in \mathbb{N}$, $n \geq 2$, et $A, B \in \mathcal{M}_n(\mathbb{R})$ deux matrices symétriques. On suppose que pour tout $k \in \mathbb{N}^*$, $\mathrm{tr}(A+B)^k = \mathrm{tr}\,A^k + \mathrm{tr}\,B^k$. Montrer que $AB = 0$.

Solution. Notons $\lambda_1,\ldots,\lambda_p$ les valeurs propres non nulles de A comptées avec multiplicité, $\mu_1,\ldots,\mu_q$ celles de B et $\nu_1,\ldots,\nu_r$ celles de $C = A+B$. L'hypothèse de l'énoncé s'écrit

$$\forall k \in \mathbb{N}^*, \qquad \sum_{i=1}^r \nu_i^k = \sum_{i=1}^p \lambda_i^k + \sum_{i=1}^q \mu_i^k.$$

Autrement dit, les sommes de Newton de la r-liste $(\nu_1, \ldots, \nu_r)$ sont égales à celles de la $p+q$-liste $(\lambda_1, \ldots, \lambda_p, \mu_1, \ldots, \mu_q)$. Le lemme suivant nous permet de conclure que $p+q = r$ et que ces listes sont égales à une permutation prés.

LEMME. Soit $s, t \in \mathbb{N}$ et $(x_1, \ldots, x_s)$, $(y_1, \ldots, y_t)$ deux listes de nombres réels non nuls, telles que

$$\forall k \in \mathbb{N}^*, \qquad \sum_{i=1}^{s} x_i^k = \sum_{i=1}^{t} y_i^k. \qquad (*).$$

Alors $t = s$ et les deux listes sont égales à une permutation près.

Montrons ce lemme par récurrence sur $s \in \mathbb{N}$. Si $s = 0$, alors $t = 0$ sinon l'égalité (*) appliquée avec $k = 2$ entraînerait $0 = \sum_{i=1}^{t} y_i^2$, donc les y_i seraient nuls, ce qui est contraire aux hypothèses. Supposons maintenant le lemme vrai jusqu'au rang $s - 1$. Notons $X = \max_i |x_i|$, $Y = \max_i |y_i|$, puis $I = \{i \mid |x_i| = X\}$, $J = \{i \mid |y_i| = Y\}$. Les ensembles I et J sont non vides, et dans l'égalité (*) appliquée aux indices pairs $k = 2\ell$ lorsque $\ell \to +\infty$, le terme de gauche est équivalent à $|I|\, X^{2\ell}$ et celui de droite à $|J|\, Y^{2\ell}$. On en déduit $X = Y$ puis $|I| = |J|$. En notant $I' = \{i \mid x_i = X\}$ et $J' = \{i \mid y_i = X\}$, l'égalité (*) appliquée aux indices impairs $k = 2\ell + 1$ lorsque $\ell \to +\infty$ donne $|I'|X^{2\ell+1} - (|I| - |I'|)X^{2\ell+1} = |J'|X^{2\ell+1} - (|J| - |J'|)X^{2\ell+1} + o(X^{2\ell})$ donc $2|I'| - |I| = 2|J'| - |J|$, donc $|I'| = |J'|$. Ainsi, les listes $(x_i)_{i\in I}$ et $(y_i)_{i\in J}$ sont égales à une permutation prés. On conclut avec l'hypothèse de récurrence appliquée à $(x_i)_{i\notin I}$ et $(y_i)_{i\notin J}$. (Une autre preuve de ce lemme, purement algébrique, consiste à utiliser l'expression des coefficients symétriques en fonction des sommes de Newton — voir l'exercice 3 page 86 —, en complétant préalablement l'une des deux listes avec des termes nuls pour qu'elles aient la même taille).

Considérons maintenant les endomorphismes a et b de $\mathbb{R}^n$ dont A et B sont les matrices dans la base canonique de $\mathbb{R}^n$. On a $\operatorname{rg} a = p$, $\operatorname{rg} b = q$, $\operatorname{rg}(a+b) = r = p + q$ donc

$$\dim(\operatorname{Im} a \cap \operatorname{Im} b) = \operatorname{rg} a + \operatorname{rg} b - \dim(\operatorname{Im} a + \operatorname{Im} b) \leq p + q - \operatorname{rg}(a+b) = 0.$$

Donc $\operatorname{Im} a \cap \operatorname{Im} b = \{0\}$. Soit $(e_1, \ldots, e_p)$ une base orthonormée de $\operatorname{Im} a$, et $(f_1, \ldots, f_q)$ une base orthonormée de $\operatorname{Im} b$, de sorte que $\mathcal{B} = (e_1, \ldots, e_p, f_1, \ldots, f_q)$ est une base de $E = \operatorname{Im} a \oplus \operatorname{Im} b$. Le sous-espace $F = E^\perp = \operatorname{Im} a^\perp \cap \operatorname{Im} b^\perp = \operatorname{Ker} a \cap \operatorname{Ker} b$ est stable par a et b (car a et b s'annulent sur F), donc $E = F^\perp$ est stable par a et b. Ainsi si on monte que $a' = a_{|E}$ et $b' = b_{|E}$ vérifient $a'b' = 0$, on aura prouvé le résultat puisque $ab = 0$ sur F et que $E \oplus F = \mathbb{R}^n$. Déterminons les coefficients des matrices de a' et b' dans la base $\mathcal{B}$. Comme $a(f_i) \in \operatorname{Im} a$ et $a(e_j) = \lambda_j e_j$, puis $b(e_i) \in \operatorname{Im} b$ et $b(f_j) = \mu_j f_j$, compte tenu du caractère auto-adjoint de a et b on a

$$a(f_i) = \sum_{j=1}^{p} \langle e_j, a(f_i)\rangle\, e_j = \sum_{j=1}^{p} \langle a(e_j), f_i\rangle\, e_j = \sum_{j=1}^{p} \lambda_j \langle e_j, f_i\rangle\, e_j,$$

$$b(e_i) = \sum_{j=1}^{q} \langle f_j, b(e_i)\rangle\, f_j = \sum_{j=1}^{q} \langle b(f_j), e_i\rangle\, f_j = \sum_{j=1}^{q} \mu_j \langle f_j, e_i\rangle\, f_j.$$

Notons $D_\lambda \in \mathcal{M}_p(\mathbb{R})$ et $D_\mu \in \mathcal{M}_q(\mathbb{R})$ les matrices diagonales dont les coefficients diagonaux sont $\lambda_1, \ldots, \lambda_p$ et $\mu_1, \ldots, \mu_q$, puis $M = (\langle e_i, f_j\rangle)_{\substack{1\leq i\leq p\\ 1\leq j\leq q}} \in \mathcal{M}_{p,q}(\mathbb{R})$. Les matrices de a', b' et $c' = a' + b'$ dans la base $\mathcal{B}$ sont alors

$$[a']_{\mathcal{B}} = \begin{pmatrix} D_\lambda & D_\lambda M \\ 0 & 0 \end{pmatrix}, \qquad [b']_{\mathcal{B}} = \begin{pmatrix} 0 & 0 \\ D_\mu {}^{\mathrm{t}}M & D_\mu \end{pmatrix}, \qquad [c']_{\mathcal{B}} = \begin{pmatrix} D_\lambda & D_\lambda M \\ D_\mu {}^{\mathrm{t}}M & D_\mu \end{pmatrix}.$$

On va montrer $M = 0$ ce qui prouvera $[a']_{\mathcal{B}}[b']_{\mathcal{B}} = 0$, donc $a'b' = 0$. On remarque que

$$[c']_{\mathcal{B}} = \begin{pmatrix} D_\lambda & 0 \\ 0 & D_\mu \end{pmatrix} N \qquad \text{où} \qquad N = \begin{pmatrix} I_p & M \\ {}^{\mathrm{t}}M & I_q \end{pmatrix},$$

d'où on déduit $\det c' = \det D_\lambda \cdot \det D_\mu \cdot \det N$. Or $c' = c_{|E}$ où $c = a + b$ a pour matrice C dans la base canonique de $\mathbb{R}^n$, donc c' a les mêmes valeurs propres non nulles $\lambda_1, \ldots, \lambda_p, \mu_1, \ldots, \mu_q$ que la matrice C, donc

$$\det c' = \prod_{i=1}^{p} \lambda_i \prod_{i=1}^{q} \mu_i = \det D_\lambda \cdot \det D_\mu,$$

d'où on déduit $\det N = 1$ car les λ_i et μ_i sont non nuls. Compte tenu de l'égalité

$$N\begin{pmatrix} I_p & -M \\ 0 & I_q \end{pmatrix} = \begin{pmatrix} I_p & 0 \\ {}^{\mathrm{t}}M & -{}^{\mathrm{t}}MM + I_q \end{pmatrix},$$

on obtient $1 = \det N = \det(I_q - {}^{\mathrm{t}}MM)$. La matrice $S = {}^{\mathrm{t}}MM \in \mathcal{M}_q(\mathbb{R})$ est symétrique, et positive car pour tout vecteur colonne X on a ${}^{\mathrm{t}}XSX = {}^{\mathrm{t}}(MX)MX = \|MX\|_2 \geq 0$. Les valeurs propres $\alpha_1, \dots, \alpha_q$ de S sont donc positives. Par ailleurs, pour tout vecteur colonne $X = (x_i)_{1\leq i\leq q}$, la i-ième coordonnée de $Y = MX$ est égale à

$$y_i = \sum_{j=1}^{q} \langle e_i, f_j\rangle x_j = \langle e_i, Z\rangle \qquad \text{où} \qquad Z = \sum_{j=1}^{q} x_j f_j.$$

Ainsi Y est le vecteur des coordonnées de la projection orthogonale de Z sur $\mathrm{Vect}(e_1, \dots, e_p)$ exprimé dans la base orthonormée $(e_1, \dots, e_p)$, donc $\|Y\|_2^2 \leq \|Z\|_2^2 = x_1^2 + \cdots + x_q^2 = \|X\|_2^2$. On en déduit ${}^{\mathrm{t}}XSX = {}^{\mathrm{t}}(MX)(MX) = \|Y\|_2^2 \leq \|X\|_2^2$, donc on a $\alpha_i \leq 1$ pour tout i. Or $\det N = \det(I_q - S) = \prod_{i=1}^{q}(1 - \alpha_i)$, et comme $\det N = 1$ et que $0 \leq \alpha_i \leq 1$ pour tout i, les α_i sont forcément tous nuls donc $S = 0$, ce qui implique $M = 0$ (si $M \neq 0$ alors il existe un vecteur colonne X vérifiant $MX \neq 0$, donc ${}^{\mathrm{t}}XSX = {}^{\mathrm{t}}(MX)MX > 0$, ce qui est impossible). Compte tenu de la forme des matrices de a' et b' dans la base $\mathcal{B}$, on en déduit que $a'b' = 0$, d'où le résultat.

PROBLÈME 14. Soit $A = (a_{i,j})_{1\leq i,j\leq n} \in \mathcal{M}_n(\mathbb{R})$ une matrice symétrique définie positive. Montrer que la matrice

$$B = \left(\frac{a_{i,j}}{i+j}\right)_{1\leq i,j\leq n}$$

est définie positive.

Solution. On considère l'application

$$A : \ [0,1] \to \mathcal{M}_n(\mathbb{R}) \quad t \mapsto A(t) = \left(a_{i,j} \cdot t^{i+j-1}\right)_{1\leq i,j\leq n}.$$

Si on montre que $A(t)$ est définie positive pour tout $t \in]0,1[$, alors d'après l'exercice 5 page 260, on aura prouvé que la matrice

$$\int_0^1 A(t)\, dt = \left(\int_0^1 a_{i,j}\, t^{i+j-1}\, dt\right)_{1\leq i,j\leq n} = \left(\frac{a_{i,j}}{i+j}\right)_{1\leq i,j\leq n} = B$$

est définie positive.

Or si $t > 0$ on a, pour tout vecteur colonne non nul $X = \begin{pmatrix} x_1 \\ \vdots \\ x_n \end{pmatrix}$ l'égalité

$${}^{\mathrm{t}}XA(t)X = \sum_{i,j} a_{i,j}\, t^{i+j-1} x_i x_j = t\cdot \sum_{i,j} a_{i,j}(x_i t^{i-1})(x_j t^{j-1}) = t\cdot({}^{\mathrm{t}}X_t A X_t), \qquad X_t = \begin{pmatrix} x_1 \\ t x_2 \\ \vdots \\ t^{n-1} x_n \end{pmatrix}$$

et comme A est définie positive, on en déduit ${}^{\mathrm{t}}XA(t)X = t({}^{\mathrm{t}}X_t A X_t) > 0$. Ainsi, $A(t)$ est bien définie positive pour tout $t > 0$, d'où le résultat.

PROBLÈME 15. Soit $P \in \mathbb{R}[X]$ un polynôme de degré $n \geq 1$, dont on note $(\alpha_i)_{1\leq i\leq n}$ les racines complexes. Pour tout $k \in \mathbb{N}$, on note $s_k = \sum_{i=1}^n \alpha_i^k$ et on considère la matrice

$$A = \begin{pmatrix} s_0 & s_1 & \cdots & s_{n-1} \\ s_1 & s_2 & & s_n \\ \vdots & & & \vdots \\ s_{n-1} & s_n & \cdots & s_{2n-2} \end{pmatrix}.$$

On note q la forme quadratique dont A est la matrice dans la base canonique de $\mathbb{R}^n$. Montrer que la signature de q est égale à $(r+s,s)$ où r est le nombre de racines réelles distinctes de P et $2s$ le nombre de racines complexes non réelles distinctes de P.

Solution. Notons $(e_1, \ldots, e_n)$ la base canonique de $\mathbb{R}^n$. On remarque tout d'abord que

$$q\left(\sum_{i=1}^n x_i e_i\right) = \sum_{1\leq i,j\leq n} s_{i+j-2}\, x_i x_j = \sum_{1\leq i,j,k\leq n} \alpha_k^{i+j-2} x_i x_j = \sum_{k=1}^n \left(\sum_{\ell=1}^n \alpha_k^{\ell-1} x_\ell\right)^2.$$

Autrement dit, on peut écrire

$$\forall x \in \mathbb{R}^n, \quad q(x) = \sum_{k=1}^n f_{\alpha_k}(x)^2 \quad \text{où} \quad f_\alpha\left(\sum_{i=1}^n x_i e_i\right) = \sum_{\ell=1}^n \alpha^{\ell-1} x_\ell.$$

Notons $\beta_1, \ldots, \beta_r$ les racines réelles distinctes de P et $m_1, \ldots, m_r$ leur ordre de multiplicité respectives, et $\gamma_1, \overline{\gamma}_1, \ldots, \gamma_s, \overline{\gamma}_s$ les racines complexes non réelles distinctes de P, l'ordre de multiplicité de γ_i étant noté n_i. On peut écrire

$$\forall x \in \mathbb{R}^n, \quad q(x) = \sum_{k=1}^r m_k f_{\beta_k}(x)^2 + \sum_{k=1}^s n_k (f_{\gamma_k}(x)^2 + f_{\overline{\gamma}_k}(x)^2).$$

Pour tout k, $1 \leq k \leq s$, notons u_k et v_k les parties réelles et imaginaires de f_{γ_k}, de sorte que $f_{\gamma_k} = u_k + i v_k$ et $f_{\overline{\gamma}_k} = u_k - i v_k$. On a $f_{\gamma_k}^2 + f_{\overline{\gamma}_k}^2 = 2u_k^2 - 2v_k^2$, donc finalement

$$\forall x \in \mathbb{R}^n, \quad q(x) = \sum_{k=1}^r m_k f_{\beta_k}(x)^2 + \sum_{k=1}^s 2n_k (u_k(x)^2 - v_k(x)^2).$$

Ainsi, q s'écrit sous la forme de la somme de $r+s$ carrés de formes linéaires sur $\mathbb{R}^n$ retranché à la somme de s carrés de formes linéaires sur $\mathbb{R}^n$. Nous allons montrer que les formes linéaires en présence sont linéairement indépendantes, ce qui prouvera que la signature de q est $(r+s,s)$.

Pour prouver que ces formes linéaires forment une famille libre dans $(\mathbb{R}^n)^*$, il revient au même de montrer que les matrices de ces formes linéaires sont linéairement indépendantes. Notons $A_k = (1, \beta_k, \ldots, \beta_k^{n-1})$ la matrice de f_{β_k} dans la base canonique de $\mathbb{R}^n$, U_k celle de u_k et V_k celle de v_k. On a $U_k + iV_k = (1, \gamma_k, \ldots, \gamma_k^{n-1})$. Soit $p = r + 2s$ et considérons la matrice $M \in \mathcal{M}_{p,n}(\mathbb{R})$ dont les lignes sont constituées des matrices A_k, U_k et V_k, ce que nous notons par commodité sous la forme $M = L(A_1, \ldots, A_r, U_1, \ldots, U_s, V_1, \ldots, V_s)$. Soit $M' \in \mathcal{M}_p(\mathbb{R})$ la matrice carrée extraite de M en ne conservant que les p premières colonnes. En notant A'_k, U'_k et V'_k les matrices lignes constituées des p premiers coefficients de A_k, U_k et V_k, on a $M' = L(A'_1, \ldots, A'_r, U'_1, \ldots, U'_s, V'_1, \ldots, V'_s)$. Regardons M' comme une matrice complexe. Son rang est inchangé en ajoutant à une ligne une combinaison linéaire (à coefficients complexes) d'autres lignes, ou en multipliant une ligne par un scalaire non nul. Ainsi, M' a le même rang que la matrice

$$N = L(A'_1, \ldots, A'_r, U'_1 + iV'_1, \ldots, U'_s + iV'_s, U'_1 - iV'_1, \ldots, U'_s - iV'_s).$$

Cette matrice est la matrice de Vandermonde $V(\beta_1, \ldots, \beta_r, \gamma_1, \ldots, \gamma_s, \overline{\gamma}_1, \ldots, \overline{\gamma}_s)$, et comme les β_k, les γ_k et $\overline{\gamma}_k$ sont distincts deux à deux, on en déduit que N est inversible. Donc $\mathrm{rg}(M') = \mathrm{rg}(N) = p$, donc M' est inversible dans $\mathcal{M}_p(\mathbb{C})$. Comme M' est une matrice réelle, son inverse est une matrice réelle, donc le rang de M' vu comme une matrice réelle est aussi égal à p. Ainsi, on en déduit $\mathrm{rg}(M) = p$ donc les formes linéaires f_{β_k}, u_k et v_k forment bien une famille libre, d'où le résultat.

Remarque. Les coefficients s_k sont les sommes de Newton des racines de P, et peuvent se calculer aisément à partir des coefficients de P grâce aux formules de Newton (voir l'exercice 3 page 86).

PROBLÈME 16. Soient $A, B \in \mathcal{M}_n(\mathbb{R})$ deux matrices réelles unitairement semblables, *i.e.*

$$\exists U \in \mathcal{M}_n(\mathbb{C}),\ U \text{ unitaire}, \quad A = {}^t\overline{U}BU.$$

Montrer que A et B sont orthogonalement semblables, c'est-à-dire

$$\exists \Omega \in \mathcal{M}_n(\mathbb{R}),\ \Omega \text{ orthogonale}, \quad A = {}^t\Omega B\Omega.$$

(Indication : montrer l'existence de $P \in \mathcal{G}\ell_n(\mathbb{R})$ telle que $A = P^{-1}BP$ et ${}^tA = P^{-1}\,{}^tBP$, puis considérer la décomposition polaire $P = \Omega S$, avec Ω orthogonale et S symétrique — voir l'exercice 6 page 261.)

Solution. Suivons l'indication et commençons par montrer l'existence d'une matrice réelle inversible P telle que $PA = BP$ et $P\,{}^tA = {}^tBP$. Le principe ressemble à la solution de la question a) du problème 14 page 167 (c'est classique). On écrit la matrice unitaire U sous la forme $U = U_1 + iU_2$, où $U_1, U_2 \in \mathcal{M}_n(\mathbb{R})$. L'égalité $A = {}^t\overline{U}BU$ entraîne $UA = BU$ et $U\,{}^tA = {}^tBU$, donc

$$U_1A = BU_1, \quad U_2A = BU_2 \quad \text{et} \quad U_1\,{}^tA = {}^tBU_1, \quad U_2\,{}^tA = {}^tBU_2. \qquad (*)$$

Le polynôme $\varphi(X) = \det(U_1 + XU_2) \in \mathbb{R}[X]$ ne s'annule pas puisque $\varphi(i) = \det U \neq 0$, donc n'a qu'un nombre fini de racines. En choisissant $x \in \mathbb{R}$ tel que $\varphi(x) \neq 0$, la matrice $P = U_1 + xU_2 \in \mathcal{M}_n(\mathbb{R})$ est inversible et par linéarité, les égalités $(*)$ donnent $PA = BP$ et $P\,{}^tA = {}^tBP$.

Nous considérons maintenant la décomposition polaire de P. Nous la retrouvons ici dans le cas des matrices réelles (l'exercice 6 page 261 traite le cas des matrices complexes). La matrice ${}^tPP$ est symétrique positive (c'est classique, la positivité provient de l'identité ${}^tX({}^tPP)X = {}^t(PX)(PX) = \|PX\|^2$), donc on peut trouver une matrice symétrique positive $S \in \mathcal{M}_n(\mathbb{R})$ telle que ${}^tPP = S^2$ (c'est également classique, il suffit de diagonaliser ${}^tPP$ dans une base orthonormée, voir l'exercice 1 page 257). Comme P est inversible, S l'est également et la matrice $\Omega = PS^{-1}$ vérifie ${}^t\Omega\Omega = S^{-1}\,({}^tPP)S^{-1} = I_n$, donc est orthogonale. Ainsi, on a $P = \Omega S$ avec Ω orthogonale et $S \in \mathcal{M}_n(\mathbb{R})$ symétrique définie positive.

Achevons notre raisonnement. En prenant en compte la forme polaire de P, les égalités $PA = BP$ et $P\,{}^tA = {}^tBP$ entraînent respectivement

$$A = P^{-1}BP = S^{-1}\,{}^t\Omega B\Omega\, S \quad \text{et} \quad A = {}^tPB\,{}^tP^{-1} = S\,{}^t\Omega B\Omega\, S^{-1}.$$

On en déduit $SAS^{-1} = S^{-1}AS$, donc S^2 commute avec A. Nous allons montrer que cela entraîne le fait que S et A commutent. Pour cela, désignons par $0 < \lambda_1 < \ldots < \lambda_r$ les valeurs propres de S et $(E_{\lambda_i}(S))_{1\leq i\leq r}$ les sous-espaces propres associés. En diagonalisant S, on s'aperçoit que S et S^2 ont les mêmes sous-espaces propres : $E_{\lambda_i}(S) = E_{\lambda_i^2}(S^2)$. Maintenant, si $x \in E_{\lambda_i}(S)$, on a $S^2Ax = AS^2x$ ce qui entraîne $S^2(Ax) = \lambda_i^2(Ax)$. On en déduit $Ax \in E_{\lambda_i^2}(S^2)$, donc $Ax \in E_{\lambda_i}(S)$, donc $SAx = \lambda_iAx = ASx$. Ainsi, A et S commutent sur chaque sous-espace propre de S, donc sur $\mathbb{R}^n$ tout entier. En repartant de $A = S^{-1}\,{}^t\Omega B\Omega S$, on en déduit $AS = SA = {}^t\Omega B\Omega S$, donc $A = {}^t\Omega B\Omega$ est orthogonalement semblable à B.

Remarque. On montre de même que deux matrices symétriques réelles semblables sont orthogonalement semblables.

PROBLÈME 17 (HAUSDORFFIEN D'UNE APPLICATION LINÉAIRE EN DIMENSION FINIE). Soit E un espace hermitien de dimension finie $n \in \mathbb{N}^*$.

1/ Soit $f \in \mathcal{L}(E)$. On appelle *Hausdorffien* de f le sous-ensemble de $\mathbb{C}$ défini par

$$H(f) = \left\{ \frac{f(x)\cdot x}{x\cdot x} \mid x \in E \setminus \{0\} \right\} = \{f(x)\cdot x \mid \|x\| = 1\}.$$

a) Montrer que $H(f)$ est convexe et compact. (Indication : pour montrer que $[\xi, \eta] \subset H(f)$ si $\xi, \eta \in H(f)$, on se ramènera à montrer que $[0,1] \subset H(g)$ où $g = \alpha f + \beta \operatorname{Id}$ avec α et β bien choisis. Puis on écrira $g = u + iv$, avec u et v autoadjoints.)
b) Si f se diagonalise dans une base orthonormale, déterminer $H(f)$.

2/ Soit $f \in \mathcal{L}(E)$ telle que $\operatorname{tr} f = 0$. Montrer l'existence d'une base B orthonormale de E dans laquelle la matrice de f ait tout ses termes diagonaux nuls.

Solution. **1/ a)** L'ensemble $H(f)$ est compact car c'est l'image par l'application continue $x \mapsto f(x)\cdot x$ du compact $\{x \in E,\ \|x\| = 1\}$.

Montrons que $H(f)$ est convexe. Donnons nous $x, y \in E$, $\|x\| = \|y\| = 1$ et posons $\xi = f(x)\cdot x$ et $\eta = f(y)\cdot y$. Il s'agit de montrer $[\xi, \eta] \subset H(f)$. Si $\xi = \eta$ c'est terminé. Sinon, $\xi \neq \eta$, et on va se ramener sur $[0, 1]$. Il existe deux nombres complexes α et β tels que

$$\alpha\xi + \beta = 1 \quad \text{et} \quad \alpha\eta + \beta = 0.$$

On pose $g = \alpha f + \beta \operatorname{Id}_E$. On a

$$\begin{aligned}
[\xi, \eta] \subset H(f) &\iff \forall t \in [0,1], \quad t\xi + (1-t)\eta \in H(f) \\
&\iff \forall t \in [0,1], \exists z \in E, \|z\| = 1, \quad t\xi + (1-t)\eta = f(z)\cdot z \\
&\iff \forall t \in [0,1], \exists z \in E, \|z\| = 1, \quad t = \alpha\big(t\xi + (1-t)\eta\big) + \beta = g(z)\cdot z \\
&\iff [0,1] \subset H(g).
\end{aligned}$$

Montrons donc $[0,1] \subset H(g)$. On sait que $g(x)\cdot x = 1$ et $g(y)\cdot y = 0$. Écrivons $g = u + iv$ avec u et v autoadjoints (il suffit de prendre $u = \frac{1}{2}(g + g^*)$ et $v = \frac{i}{2}(g^* - g)$). Quitte à multiplier x par $\lambda \in \mathbb{C}$, $|\lambda| = 1$, on peut supposer $v(x)\cdot y \in i\,\mathbb{R}$. Par ailleurs $g(x)\cdot x = 1 = u(x)\cdot x - iv(x)\cdot x$ donc $v(x)\cdot x = 0$ (ceci car u et v étant autoadjoints, $u(x)\cdot x$ et $v(x)\cdot x$ sont des nombres réels). On a de même $v(y)\cdot y = 0$.

Ceci étant, on pose $h(t) = tx + (1-t)y$ pour $t \in [0,1]$. Comme $\xi = f(x)\cdot x \neq f(y)\cdot y = \eta$, les vecteurs x et y forment une famille libre. Ceci prouve que $h(t) \neq 0$ pour tout $t \in [0,1]$ et

$$v[h(t)]\cdot h(t) = t^2 v(x)\cdot x + t(1-t)[v(x)\cdot y + \overline{v(x)\cdot y}] + (1-t)^2 v(y)\cdot y = 0$$

(car $v(x)\cdot y \in i\mathbb{R}$). La fonction

$$\psi : \ [0,1] \to \mathbb{C} \qquad t \mapsto \frac{g[h(t)]\cdot h(t)}{\|h(t)\|^2}$$

prend donc ses valeurs dans $\mathbb{R}$. De plus ψ est continue, $\psi(0) = 0$ et $\psi(1) = 1$ donc d'après le théorème des valeurs intermédiaires, $[0,1] \subset \psi([0,1]) \subset H(g)$, d'où le résultat.

b) Soit $(e_1, \dots, e_n)$ une base orthonormale de vecteurs propres de f, associés aux valeurs propres $\lambda_1, \dots, \lambda_n$ de f. Pour tout $x = \sum_{i=1}^n x_i e_i \in E$ tel que $\|x\| = 1$, on a

$$f(x)\cdot x = f\left(\sum_i x_i e_i\right)\cdot \sum_i x_i e_i = \sum_i |x_i|^2 \overline{\lambda_i}.$$

Comme $\sum_i |x_i|^2 = 1$, on en conclue que $H(f)$ est l'enveloppe convexe des $\overline{\lambda_i}$. Dans le plan complexe, on peut aussi voir $H(f)$ comme l'intérieur du polygone convexe dont les sommets sont les $\overline{\lambda_i}$.

2/ On procède par récurrence sur $n = \dim E$. Pour $n = 1$, c'est évident. Supposons le résultat vrai au rang $n-1$ et montrons le au rang n.

Montrons déjà que $0 \in H(f)$. Soit $B = (e_1, \dots, e_n)$ une base orthonormée et A la matrice de f dans cette base. Les termes de la diagonale principale $a_{i,i}$ de A vérifient la relation $\overline{a_{i,i}} = f(e_i)\cdot e_i$, ce qui prouve que $\overline{a_{i,i}} \in H(f)$ et $H(f)$ étant convexe,

$$\frac{1}{n}\sum_i \overline{a_{i,i}} = \frac{1}{n}\overline{\operatorname{tr} f} = 0 \in H(f).$$

Il existe donc un vecteur normé f_1 tel que $f(f_1)\cdot f_1 = 0$. Notons F l'hyperplan $\{f_1\}^\perp$ et $g = p_F \circ f_{|F}$, où p_F désigne la projection orthogonale sur F, de sorte que dans toute base B' de F,

$$[f]_{(f_1,B')} = \left(\begin{array}{c|ccc} 0 & \times & \cdots & \times \\ \hline \times & & & \\ \vdots & & [g]_{B'} & \\ \times & & & \end{array}\right).$$

On a donc $\operatorname{tr} g = 0$, donc d'après l'hypothèse de récurrence, il existe une base B' orthonormale de F dans laquelle la matrice de g n'ait que des zéros sur la diagonale principale. Ainsi, la base $B = (f_1, B')$ est une base orthonormale de E (car $f_1 \in F^\perp$) et

$$[f]_B = \left(\begin{array}{c|ccc} 0 & \times & \cdots & \times \\ \hline \times & & & \\ \vdots & & [g]_{B'} & \\ \times & & & \end{array}\right) = \begin{pmatrix} 0 & \times & \cdots & \times \\ \times & 0 & \ddots & \vdots \\ \vdots & \ddots & \ddots & \times \\ \times & \cdots & \times & 0 \end{pmatrix}.$$

Remarque. On peut répondre à la partie 2/ sans utiliser la partie 1/ si on suppose f autoadjoint.

Chapitre 6

Probabilités

MESURER le hasard est un concept abstrait qui mit beaucoup de temps à émerger. Les premiers écrits connus sur les chances de gagner au jeu, datent de Cardan, au XVIe siècle. Au XVIIe siècle, Kepler et Galilée font usage de calculs de probabilités, puis l'engouement pour les jeux de hasard de cette époque accéléra le developpement du calcul combinatoire, notamment avec Pascal et Fermat. Un pas est franchi avec Bernoulli en 1713 lorsqu'il formule une version simple de la loi des grands nombres. Au XVIIIe, Bayes introduisit la notion de probabilité conditionnelle. Une avancée majeure fut réalisée en 1812 par Laplace, permettant aux probabilités de dépasser la combinatoire, lorsque ce dernier énonça une version du théorème de la limite centrale. Kolmogorov, en 1933, a rigoureusement mis en place l'axiomatique des probabilités, qui est à la base de la théorie désormais adoptée.

1. Dénombrement

Le dénombrement trouve naturellement sa place en première partie d'un cours de probabilités, car dans une situation d'équiprobabilité sur un espace fini, la probabilité d'un événement s'obtient comme le rapport entre le nombre d'issues favorables et le nombre total d'issues possibles.

1.1. Cardinal des ensemble finis

DÉFINITION 1 (ENSEMBLE FINI ET CARDINAL). On dit qu'un ensemble E est *fini* s'il est vide ou s'il existe $n \in \mathbb{N}^*$ tel qu'il existe une bijection de $\{1, 2, \cdots, n\}$ dans E. Dans ce cas, l'entier n ne dépend pas de la bijection, on l'appelle *cardinal* de E. Il est noté $|E|$ (ou $\text{Card}(E)$, ou encore $\#E$). Si E est vide son cardinal est égal à 0.

Remarque 1. Un ensemble qui n'est pas fini, est dit *infini*. Les ensembles infinis n'ont pas tous la même "sorte" d'infini. Les ensembles infinis dénombrables sont ceux en bijection avec $\mathbb{N}$. L'ensemble des nombres réels n'est pas dénombrable.

PROPOSITION 1. *Soient E et F deux ensembles.*

- *Si E est fini et s'il existe une bijection de E vers F, alors F est fini et $|F| = |E|$.*
- *Si F est fini et s'il existe un injection de E vers F, alors E est fini et $|E| \leq |F|$, avec égalité si et seulement si f est bijective.*
- *Si E est fini et s'il existe une surjection de E vers F, alors F est fini et $|F| \leq |E|$, avec égalité si et seulement si f est bijective.*

Remarque 2.
- On détermine parfois le cardinal d'un ensemble en construisant une bijection avec un autre ensemble plus simple dont on connait le cardinal (c'est une approche *combinatoire*). Les constructions de telles bijections sont parfois assez astucieuses (voir par exemple la preuve combinatoire de la détermination des nombres de Catalan, question 2/ de l'exercice 10 page 315).
- De manière générale, pour deux ensembles E et F (pas forcément finis), s'il existe une bijection de E vers F on dit que E et F sont *équipotents*. Lorsqu'il existe une

injection de E vers F on dit que E est *subpotent* à F. En quelque sorte, ceci permet de généraliser au cas infini la comparaison de taille entre les ensembles. Par exemple un ensemble fini est subpotent à $\mathbb{N}$, lui même subpotent à $\mathbb{R}$. Un résultat classique (théorème de Cantor-Bernstein) affirme que si deux ensembles sont subpotents l'un à l'autre, alors ils sont équipotents.

COROLLAIRE 1 (PRINCIPE DES TIROIRS). *Soient E et F deux ensembles finis avec $|E| > |F|$. Si φ est une application de E vers F, alors il existe $y \in F$ ayant au moins deux antécédents par φ dans E.*

Remarque 3.

— Ainsi, si on doit ranger $n+1$ chaussettes dans n tiroirs, alors un des tiroirs (au moins) contiendra deux chaussettes ou plus. En anglais on parle de *pigeonhole principle* (qui fait référence à la répartition des pigeons dans les trous d'un pigeonnier).
— Le principe des tiroirs peut entrainer des résultats assez puissants. Par exemple, il permet de montrer que pour tout $x \in \mathbb{R}$ et pour tout $n \in \mathbb{N}^*$, il existe $p/q \in \mathbb{Q}$ avec $1 \leq q \leq n$ tel que $|x - p/q| < 1/(qn)$. On se ramène au principe des tiroirs en considérant les $n+1$ valeurs $\{mx\}$ pour $m = 1, \ldots, n+1$ ($\{y\} = y - [y]$ est la partie fractionnaire de y), toutes dans $[0, 1[$, et les n tiroirs $[r/n, (r+1)/n[$ pour $r = 0, 1, \ldots, n-1$. Au moins deux réels $\{ax\}$ et $\{bx\}$ avec $a < b$ se retrouvent dans le même tiroir, ce qui implique $|\{bx\} - \{ax\}| < 1/n$ et donc $|(b-a)x - [bx] + [ax]| < 1/n$. En notant $p = [bx] - [ax] \in \mathbb{Z}$ et $q = b - a \in \mathbb{N}^*$ on en déduit $|qx - p| < 1/n$ avec $1 \leq q \leq n$ (note : ce résultat fait parti d'un exercice du tome d'analyse).
— Une autre conséquence amusante est la suivante : si on choisit 6 nombres distincts dans $\{1, 2, 3, 4, 5, 6, 7, 8, 9, 10\}$, il en existe deux dont la somme vaut 11. En effet, chacun des 6 nombres est dans l'un des 5 sous-ensembles $\{1, 10\}$, $\{2, 9\}$, $\{3, 8\}$, $\{4, 7\}$, $\{5, 6\}$, donc il y en a deux parmi les 6 qui sont dans le même sous-ensemble, et leur somme vaut donc 11.
— D'autres applications du principe des tiroirs font l'objet de l'exercice 3 page 306.

PROPOSITION 2. *Soit B un ensemble fini et A une partie de B. Alors A est fini et $|A| \leq |B|$. Si $|A| = |B|$ alors $A = B$.*

PROPOSITION 3. *Soient A et B deux ensembles finis.*
— *On a $|A \cup B| = |A| + |B| - |A \cap B|$.*
— *En particulier si A et B sont disjoints, alors $|A \cup B| = |A| + |B|$.*
— *On a $|A \setminus B| = |A| - |A \cap B|$. En particulier si $B \subset A$ on a $|A \setminus B| = |A| - |B|$.*

PROPOSITION 4. *Soient $A_1, \ldots, A_n$ des ensembles finis deux à deux disjoints, c'est-à-dire que pour tout (i, j) tels que $1 \leq i < j \leq n$, on a $A_i \cap A_j = \varnothing$. Alors*

$$\left| \bigcup_{i=1}^{n} A_i \right| = \sum_{i=1}^{n} |A_i|.$$

Remarque 4. Un cas particulier de ce dernier résultat est le suivant : si $A_1, \ldots, A_n$ forment une partition d'un ensemble fini E, (c'est-à-dire si les A_i sont deux à deux disjoints et si $\bigcup_{i=1}^{n} A_i = E$), alors $|E| = \sum_{i=1}^{n} |A_i|$. Lorsque tous les A_i on le même cardinal k, alors $|E| = nk$. Ce dernier résultat est connu sous le nom de *lemme des bergers* et est souvent utilisé (implicitement) dans les problèmes combinatoires. Cette dénomination provient du fait qu'un berger peut compter ses moutons s'il ne voit que leurs pattes, en divisant le nombre de pattes par quatre.

Le théorème suivant généralise le premier résultat de la proposition 3. Il n'est pas au programme des classes préparatoires, néanmoins il est utile et la preuve proposée ci-dessous est à retenir.

PROPOSITION 5 (FORMULE DU CRIBLE DE POINCARÉ). *Soient $A_1, \ldots, A_n$ des ensembles finis. Alors on a*

$$\left|\bigcup_{i=1}^{n} A_i\right| = \sum_{k=1}^{n}(-1)^{k-1} \sum_{1\leq i_1<\ldots<i_k\leq n} |A_{i_1} \cap \ldots \cap A_{i_k}|.$$

Démonstration. Il est possible de procéder par récurrence sur n mais cette approche est peu commode. Une preuve plus naturelle s'obtient en considérant les *fonctions indicatrices* $\mathbf{1}_{A_i}$ définies sur $E = \cup_{i=1}^{n} A_i$ par : $\mathbf{1}_{A_i}(x) = 1$ si $x \in A_i$, $= 0$ sinon. L'indicatrice d'une intersection est le produit des indicatrices, et l'indicatrice du complémentaire $\overline{A}$ d'une partie A de E est $\mathbf{1}_{\overline{A}} = 1 - \mathbf{1}_A$. Ainsi on peut écrire

$$\mathbf{1}_{A_1\cup\ldots\cup A_n} = 1 - \mathbf{1}_{\overline{A_1\cup\ldots\cup A_n}} = 1 - \mathbf{1}_{\overline{A_1}\cap\ldots\cap\overline{A_n}} = 1 - \mathbf{1}_{\overline{A_1}}\cdots\mathbf{1}_{\overline{A_n}} = 1 - \prod_{i=1}^{n}(1 - \mathbf{1}_{A_i}).$$

On en déduit

$$\mathbf{1}_{A_1\cup\ldots\cup A_n} = \sum_{k=1}^{n}(-1)^{k-1} \sum_{1\leq i_1<\ldots<i_k\leq n} \mathbf{1}_{A_{i_1}}\cdots\mathbf{1}_{A_{i_k}} = \sum_{k=1}^{n}(-1)^{k-1} \sum_{1\leq i_1<\ldots<i_k\leq n} \mathbf{1}_{A_{i_1}\cap\ldots\cap A_{i_k}}.$$

et donc

$$\left|\bigcup_{i=1}^{n} A_i\right| = \sum_{x\in E} \mathbf{1}_{A_1\cup\ldots\cup A_n}(x) = \sum_{x\in E}\sum_{k=1}^{n}(-1)^{k-1} \sum_{1\leq i_1<\ldots<i_k\leq n} \mathbf{1}_{A_{i_1}\cap\ldots\cap A_{i_k}}(x)$$
$$= \sum_{k=1}^{n}(-1)^{k-1} \sum_{1\leq i_1<\ldots<i_k\leq n} \sum_{x\in E} \mathbf{1}_{A_{i_1}\cap\ldots\cap A_{i_k}}(x).$$

On conclut en observant que $\sum_{x\in E} \mathbf{1}_{A_{i_1}\cap\ldots\cap A_{i_k}}(x) = |A_{i_1} \cap \ldots A_{i_k}|$. □

1.2. Listes et arrangements

PROPOSITION 6. *Soient n ensembles finis $E_1, \ldots, E_n$. Le produit cartésien $E_1 \times \ldots \times E_n$ est un ensemble fini et vérifie $|E_1 \times \ldots \times E_n| = |E_1| \times \ldots \times |E_n|$. En particulier, pour un ensemble fini E on a $|E^n| = |E|^n$.*

DÉFINITION 2. Soit E un ensemble et $p \in \mathbb{N}^*$. On appelle *p-liste* (ou *p-uplet*) de E tout élément $(x_1, \ldots, x_p)$ de E^p.

Remarque 5. — La proposition précédente indique que lorsque E est un ensemble fini, il y a $|E|^p$ p-listes de E.
— Dans une liste, l'ordre des éléments importe (ce n'est pas un ensemble), et un même élément peut figurer plusieurs fois dans la liste. Ainsi les listes modélisent les tirages successifs avec remise. Par exemple, dans un jeu de 52 cartes, le nombre de façons de tirer 10 cartes avec remise est 52^{10}.

PROPOSITION 7. *Soit E un ensemble. On pose $n = |E|$. Soit $p \in \mathbb{N}^*$, $p \leq n$. On appelle* p-arrangement *de E toute p-liste de E d'éléments distincts. Le nombre de p-arrangements de E est $A_n^p = n(n-1)\cdots(n-p+1) = n!/(n-p)!$. En particulier si $p = n$ le nombre de n-arrangements de E est $n!$.*

Remarque 6. — Construire un p-arrangement de E, c'est donc choisir un premier élément de E (n possibilités), puis un deuxième élément distinct du premier ($n-1$ possibilités), etc, jusqu'à un p-ième élément distinct des $p-1$ précédents ($n-p+1$ possibilités). Le nombre total est donc bien $n(n-1)\cdots(n-p+1)$.
— Dans les arrangements, l'ordre des éléments importe mais ceux ci sont distincts. Ainsi les arrangements modélisent les tirages successifs sans remise. Par exemple, dans un jeu de 52 cartes, le nombre de façons de tirer 10 cartes sans remise est $A_{52}^{10} = 52 \times 51 \times \ldots \times 43$.

PROPOSITION 8 (NOMBRE D'APPLICATIONS ENTRE DEUX ENSEMBLES). *Soient E et F deux ensembles finis.*

(i) L'ensemble des applications de E vers F, noté F^E, est fini, et on a $|F^E| = |F|^{|E|}$.

(ii) En notant $p = |E|$ et $n = |F|$, et lorsque $p \leq n$, l'ensemble des applications injectives de E dans F est fini et de cardinal $A_n^p = n!/(n-p)!$.

(iii) En notant $n = |E|$, l'ensemble des bijections de E vers E, appelées permutations *de E et noté $\mathcal{S}_E$, est fini et de cardinal $n!$.*

Démonstration. Montrons d'abord (i) et (ii). Soit $p = |E|$ et notons $x_1, \dots, x_p$ les élements de E. A tout p-uplet $Y = (y_1, \dots, y_p)$ de F on associe la fonction $\varphi_Y : E \to F$ définie par $\varphi_Y(x_k) = y_k$, pour $1 \leq k \leq p$. L'application $Y \mapsto \varphi_Y$ est une bijection de F^p vers F^E, donc $|F^E| = |F^p| = |F|^p = |F|^{|E|}$ d'après la proposition 6. On en déduit (i)

Restreinte aux p-arrangements, l'application $Y \mapsto \varphi_Y$ est une bijection de l'ensemble des p-arrangements de F vers l'ensemble des applications injectives de F^E. On en déduit (ii).

Pour (iii) on observe que E étant ensemble fini, les bijections de E sur E sont les injections de E sur E, et on conclut avec (ii). □

Remarque 7. — Muni de la loi de composition, l'ensemble $\mathcal{S}_E$ des permutations de E est un groupe, appelé *groupe symétrique* de E. Lorsque $E = \{1, \dots, n\}$, on retrouve le groupe symétrique d'indice n (voir la définition 11 page 22), noté $\mathcal{S}_n$. On le retrouve parfois lorsqu'on souhaite compter le nombre de permutations de $\{1, \dots, n\}$ ayant certaines propriétés (voir par exemple l'exercice 8 page 312).
— Compter le nombre de surjections est plus difficile ; on le retrouve dans le cadre de l'étude des nombres de Stirling de seconde espèce (voir le problème 7 page 379).

PROPOSITION 9. *Soit E est un ensemble fini. Alors l'ensemble $\mathcal{P}(E)$ des parties de E est fini et $|\mathcal{P}(E)| = 2^{|E|}$.*

Démonstration. À chaque partie F de E on associe la fonction $\mathbf{1}_F : E \to \{0,1\}$ indicatrice de F, définie par $\mathbf{1}_F(x) = 1$ si $x \in F$, $= 0$ sinon. L'application $F \mapsto \mathbf{1}_F$ est une bijection de $\mathcal{P}(E)$ sur $\{0,1\}^{|E|}$, donc on a $|\mathcal{P}(E)| = 2^{|E|}$. □

1.3. Combinaisons

DÉFINITION 3. Soit E un ensemble fini, soit $n = |E|$. Soit $p \in \mathbb{N}$. On appelle *p-combinaison* de E tout partie de E de cardinal p. Le nombre de p-combinaisons de E ne dépend que de n et p. On le note $\binom{n}{p}$ ou encore C_n^p.

PROPOSITION 10. *Si $0 \leq p \leq n$, on a* $\binom{n}{p} = \frac{n!}{p!(n-p)!}$. *Lorsque $p > n$ on a* $\binom{n}{p} = 0$.

Remarque 8. — La notation C_n^p est de moins en moins utilisée car peu commode.
— Dans les combinaisons, les éléments sont distincts et leur ordre n'importe pas. Ainsi les combinaisons modélisent les tirages simultanés. Par exemple, dans un jeu de 52 cartes, le nombre de façons de tirer 10 cartes simultanément est $\binom{52}{10}$.
— Il est remarquable que $\frac{n!}{p!(n-p)!}$ soit un entier. Cette propriété est utilisée dans le sujet d'étude 1 page 47 à partir de l'entier $\binom{2n}{n}$ pour prouver qu'il existe toujours au moins un nombre premier p vérifiant $n < p < 2n-2$, dès que $n \geq 4$.
— Pour $1 \leq p \leq n$, on appelle p-liste *strictement croissante* de $\{1, \dots, n\}$ toute famille d'entiers $(i_1, \dots, i_p)$ telle que $1 \leq i_1 < \dots < i_p \leq n$. Il y a $\binom{n}{p}$ p-listes de cette

forme. En effet, à chaque p-combinaison de $\{1,\dots,n\}$ on peut associer une et une seule p-liste strictement croissante en rangeant ses éléments par ordre croissant. De manière équivalente, le nombre de fonctions strictement croissantes de $\{1,\dots,p\}$ dans $\{1,\dots,n\}$ est $\binom{n}{p}$.

— On appelle *p-combinaison avec répétition* les p-listes dans lesquelles on autorise les répétitions mais dans lesquelles l'ordre ne compte pas. Les p-combinaisons avec répétition modélisent les tirages avec remise, dans lesquels l'ordre ne compte pas. Les p-combinaisons avec répétition d'un ensemble E de cardinal n sont au nombre de $\binom{n+p-1}{p}$. Ce résultat est classique et fait l'objet de l'exercice 4 page 306 (trois preuves sont proposées).

PROPOSITION 11. *Soient n et p deux entiers naturels. Alors*

$$\text{si } 0 \leq p \leq n, \quad \binom{n}{p} = \binom{n}{n-p}, \qquad \textit{(formule de symétrie)}$$

$$\text{si } p, n \geq 1, \quad \binom{n}{p} = \binom{n-1}{p-1} + \binom{n-1}{p}, \qquad \textit{(formule de Pascal)}$$

$$\text{si } p, n \geq 1, \quad \binom{n}{p} = \frac{n}{p}\binom{n-1}{p-1} = \frac{n-p+1}{p}\binom{n}{p-1},,$$

$$\text{si } p, n \geq 0, \quad \binom{n+1}{p+1} = \sum_{q=p}^{n} \binom{q}{p}.$$

Démonstration. Remarquons que lorsque $p > n$, il est facile d'obtenir les trois dernières propriétés (les termes sont nuls). On peut donc se placer dans le cas où $p \leq n$.

Les trois premières propriétés sont faciles à montrer avec une approche combinatoire, ou à partir de la proprosition 10.

Pour montrer la dernière propriété on part de l'identité $\binom{q}{p} = \binom{q+1}{p+1} - \binom{q}{p+1}$ (conséquence de la formule de Pascal) que l'on somme sur q. On peut aussi en obtenir une preuve combinatoire en procédant comme suit. Pour tout k, $1 \leq k \leq n-p+1$, on note A_k l'ensemble des parties P de $\{1,\dots,n+1\}$ à $p+1$ éléments tel que le plus petit entier dans P est k. Il y a autant d'éléments dans A_k que dans l'ensemble des parties de $\{k+1,\dots,n+1\}$ à p éléments, donc $|A_k| = \binom{n-k+1}{p}$. Comme toute partie de $\{1,\dots,n+1\}$ à $p+1$ éléments est dans l'un et l'un seulement des A_k avec $1 \leq k \leq n-p+1$, on en déduit

$$\binom{n+1}{p+1} = \sum_{k=1}^{n-p+1} |A_k| = \binom{n}{p} + \binom{n-1}{p} + \cdots + \binom{p}{p}.$$

□

PROPOSITION 12. *Soit $n \in \mathbb{N}$. Alors*

$$\sum_{k=0}^{n} \binom{n}{k} = 2^n.$$

PROPOSITION 13 (FORMULE DU BINÔME). *Soient a et b deux éléments d'une algèbre, qui commutent ($ab=ba$). Alors on a*

$$(a+b)^n = \sum_{k=0}^{n} \binom{n}{k} a^k b^{n-k}.$$

Remarque 9. — Cette formule justifie le nom de *coefficients binomiaux* pour les $\binom{n}{k}$.

— Cette formule peut être utilisée lorsque a et b sont des nombres réels ou complexes, des polynômes, et aussi lorsque a et b sont des matrices qui commutent.

La formule de Vandermonde énoncée ci-dessous n'est pas au programme des classes préparatoires mais elle est classique et il faut savoir la redémontrer.

PROPOSITION 14 (FORMULE DE VANDERMONDE). *Soient m, n et p des entiers naturels. Alors on a*

$$\sum_{k=0}^{p} \binom{n}{k}\binom{m}{p-k} = \binom{n+m}{p}.$$

Démonstration. Une preuve algébrique est immédiate en utilisant la formule du binôme, à partir de l'identité $(1+X)^n(1+X)^m = (1+X)^{m+n}$. Si $p > m+n$ les deux termes de l'expression sont nuls donc l'identité est vraie. Supposons maintenant $p \leq n+m$. Par commodité, on développe $(1+X)^n$ par la formule du binôme en poursuivant jusqu'au degré $n+m$ (on peut le faire car lorsque $k > n$, on a $\binom{n}{k} = 0$), on fait la même chose pour $(1+X)^m$. On obtient

$$\left(\sum_{i=0}^{n+m} \binom{n}{i} X^i\right)\left(\sum_{j=0}^{n+m} \binom{m}{j} X^j\right) = \sum_{p=0}^{n+m} \binom{n+m}{p} X^p.$$

Avec ce tour de passe-passe, on en déduit immédiatement par produit de polynômes, que le coefficient de X^p dans le terme de gauche est égal à

$$\sum_{k=0}^{p} \binom{n}{k}\binom{m}{p-k}$$

et celui de droite est égal à $\binom{n+m}{p}$, d'où le résultat. □

Remarque 10. — La formule de Vandermonde est vérifiée même si $p > n$ ou $p > m$ (rappelons que $\binom{n}{k} = 0$ si $k > n$).

— On peut aussi en donner une preuve combinatoire, en comptant de deux manières différentes le nombre de parties à p éléments d'un ensemble $E \cup F$, ou E et F sont disjoints de cardinal respectifs m et n.

— Dans le cas particulier où $m = p$, on en déduit (en utilisant la formule de symétrie)

$$\sum_{k=0}^{n} \binom{n}{k}\binom{m}{k} = \binom{n+m}{m}.$$

En particulier si $n = m$ on obtient

$$\sum_{k=0}^{n} \binom{n}{k}^2 = \binom{2n}{n}.$$

Coefficient multinomial.

PROPOSITION 15. *Soit E un ensemble fini non vide et soit $n = |E|$. Soit $p \in \mathbb{N}^*$ et $i_1, \ldots, i_p$ des entiers naturels tels que $i_1 + \cdots + i_p = n$. Alors le nombre de partitions ordonnées $(A_1, \ldots, A_p)$ de E, telles que pour tout k, $|A_k| = i_k$ est égal à*

$$\binom{n}{i_1, \ldots, i_p} = \frac{n!}{i_1! \cdots i_p!}.$$

PROPOSITION 16 (FORMULE DU MULTINÔME). *Soient $a_1, \dots, a_p$ des éléments d'une algèbre qui commutent deux à deux. Alors pour tout $n \in \mathbb{N}^*$ on a*

$$(a_1 + \cdots + a_p)^n = \sum_{\substack{i_1,\dots,i_p \in \mathbb{N} \\ i_1+\cdots+i_p=n}} \binom{n}{i_1, \dots, i_p} a_1^{i_1} \cdots a_p^{i_p}.$$

1.4. Exercices

EXERCICE 1. On dispose d'un jeu de 32 cartes. On rappelle que la *couleur* désigne carreau, coeur, pique ou trèfle, et que la *hauteur* désigne (dans l'ordre) : as, roi, dame, valet, 10, 9, 8, 7. On tire 5 cartes dans le paquet de 32 cartes.

1/ Combien y a t-il de mains possibles ?

2/ Combien de mains contiennent :
a) un carré (4 cartes de même hauteur et une autre carte) ?
b) un full (3 cartes de même hauteur et 2 autres de même hauteur) ?
c) une quinte flush (5 cartes de hauteurs consécutives dans une même couleur) ?
d) une quinte (5 cartes de hauteurs consécutives pas toutes de même couleur) ?

Solution. **1/** Une main correspond à un sous-ensemble de 5 cartes parmi les 32 cartes, donc il y en a $\binom{32}{5} = \dfrac{32 \times 31 \times 30 \times 29 \times 28}{1 \times 2 \times 3 \times 4 \times 5} = 201\,376$.

2/a) Il y a 8 possibilités d'avoir 4 cartes de même hauteur (autant que de hauteurs), et la cinquième carte doit être choisie parmi les 28 cartes restantes. On en déduit qu'il y a $8 \times 28 = 224$ carrés possibles.

b) Pour chacune des 8 hauteurs, il y a $\binom{4}{3} = 4$ possibilités d'avoir trois cartes de cette hauteur, ce qui donne $8 \times 4 = 32$ possibilités pour les trois premiers cartes. Les deux autres cartes doivent être de même hauteur parmi les 7 hauteurs restantes, donc au nombre de $7 \times \binom{4}{2} = 7 \times 6 = 42$. En tout on a donc $32 \times 42 = 1344$ fulls possibles.

c) Pour chaque couleur, il y a 4 possibilités d'avoir 5 cartes de hauteurs consécutives, donc $4 \times 4 = 16$ quintes flush en tout.

d) Si on ne tient pas compte de la couleur, il y a 4 possibilités d'avoir 5 cartes de hauteurs consécutives. Chacune peut prendre l'une quelconque des 4 couleurs donc cela fait 4×4^5 possibilités d'avoir 5 cartes de hauteurs consécutives. En retirant les cas où les 5 cartes ont la même couleur (les quintes flush) cela donne $4 \times 4^5 - 16 = 4080$ suites au total.

EXERCICE 2. Soit $n \in \mathbb{N}^*$. **a)** Combien y a t-il de parties de $\{1, 2, \dots, 2n\}$ qui contiennent autant de nombres pairs que impairs ?
b) Combien y a t-il de parties de $\{1, 2, \dots, 3n\}$ qui contiennent autant de nombres divisibles par trois, que non-divisibles par trois ?

Solution. **a)** Notons $\mathcal{A}$ l'ensemble des parties concernées. Une partie P dans $\mathcal{A}$ est constituée de k nombres pairs, choisis parmi les n nombres $\{2, 4, \dots, 2n\}$, et k nombres impairs, choisis parmi les n autres, pour un entier k vérifiant $0 \leq k \leq n$. On en déduit

$$|\mathcal{A}| = \sum_{k=0}^{n} \binom{n}{k}^2 = \binom{2n}{n},$$

où on a utilisé la formule de Vandermonde pour la dernière égalité (voir la remarque qui suit la proposition 14 page 304, dans le cas où $n = m = p$). On peut retrouver ce résultat sans passer par la formule de Vandermonde, en remarquant que $\mathcal{A}$ est en bijection avec l'ensemble $\mathcal{B}$ des parties de $\{1, 2, \dots, 2n\}$ à n éléments : pour tout $P \in \mathcal{A}$, on associe $Q \in \mathcal{B}$ défini par $Q = Q_0 \cup Q_1$, où Q_0 est l'ensemble des entiers pairs de P, et Q_1 l'ensemble des entiers impairs de $\{1, \dots, 2n\}$ qui ne sont pas dans P. On a bien $Q \in \mathcal{B}$ car $|Q| = |Q_1| + |Q_2| = |Q_1| + (n - |Q_1|) = n$.

b) Le même raisonnement implique que le nombre de de parties recherchées est

$$\sum_{k=0}^{n} \binom{n}{k}\binom{2n}{k} = \binom{3n}{n},$$

où on a également utilisé la formule de Vandermonde, dans le cas $m = p = 2n$. Un raisonnement combinatoire similaire au précédent permet aussi de retrouver directement ce résultat.

Exercice 3. Soit $n \in \mathbb{N}^*$. **1/** Supposons $n \geq 2$. Soit $(a_1, a_2, ..., a_{2n})$ une suite de $2n$ entiers naturels non nuls, telle que leur somme est $\leq 3n$. Montrer qu'il existe i et j vérifiant $1 \leq i < j \leq 2n$, tels que $a_{i+1} + a_{i+2} + \cdots + a_j = n - 1$.

2/ Soit A une partie de $\{1, \dots, 2n\}$ d'au moins $n + 1$ éléments. Montrer qu'il existe deux éléments distincts a et b dans A tels que a divise b.

Solution. L'exercice repose sur le principe des tiroirs. **1/** Pour tout k, $1 \leq k \leq 2n$ on note $s_k = a_1 + \cdots + a_k$ et $t_k = s_k + n - 1$. On a $1 \leq s_1 < s_2 < \ldots < s_{2n} \leq 3n$, et $n \leq t_1 < \ldots < t_{2n} \leq 4n - 1$. Ainsi les $4n$ valeurs s_i et t_j sont toutes dans $\{1, \dots, 4n - 1\}$ de cardinal $4n - 1$. D'après le principes des tiroirs, il doit donc y avoir au moins deux valeurs égales parmi les s_j et les t_i, et comme les s_j sont différents deux à deux, et les t_i également, ceci signifie qu'il existe un des s_j égal à un des t_i. Ceci s'écrit $s_j = s_i + n - 1$ ou encore $s_j - s_i = n - 1$, ce qu'il fallait démontrer.

2/ Tout élément m de A s'écrit de manière unique sous la forme $m = 2^e f(m)$ où $e \in \mathbb{N}$ et $f(m)$ est un entier impair. L'application f ainsi construite sur A est à valeurs dans $B = \{1, 3, \dots, 2n - 1\}$. Comme $|B| = n < |A|$, le principe des tiroirs affirme qu'il existe deux valeurs distinctes $a < b$ de A pour lesquelles $f(a) = f(b)$. En notant $q = f(a)$ ceci s'écrit $a = 2^{e_1} q$ et $b = 2^{e_2} q$ avec $e_1, e_2 \in \mathbb{N}$. Comme $a < b$ on a $e_1 < e_2$, donc a divise b.

Exercice 4 (Combinaisons avec répétition). Soit E un ensemble fini, de cardinal $n \in \mathbb{N}^*$. On appelle *p-combinaison avec répétition* de E toute p-liste de E dans laquelle on autorise les répétitions, mais dans laquelle l'ordre ne compte pas. On note $\left\langle {n \atop p} \right\rangle$ le nombre de p-combinaisons avec répétitions de E.

1/a) Montrer que $\left\langle {n \atop p} \right\rangle$ est égal au nombre de n-listes $(i_1, \dots, i_n)$ de $\mathbb{N}$ qui vérifient $i_1 + \cdots + i_n = p$ (de telles n-listes sont appelées *compositions de p en n sommants*).

b) On note $\mathcal{F}_c(p, n)$ l'ensemble des fonctions croissantes (au sens large) de $\{1, \dots, p\}$ dans $\{1, \dots, n\}$. Montrer que $|\mathcal{F}_c(p, n)| = \left\langle {n \atop p} \right\rangle$.

2/ Nous proposons trois méthodes différentes pour obtenir l'identité

$$\left\langle {n \atop p} \right\rangle = \binom{n + p - 1}{p}. \qquad (*)$$

a) Prouver l'égalité (*) en montrant d'abord la relation

$$\forall n \geq 2, \forall p \geq 1, \qquad \left\langle {n \atop p} \right\rangle = \left\langle {n - 1 \atop p} \right\rangle + \left\langle {n \atop p - 1} \right\rangle. \qquad (**)$$

b) Prouver (*) directement, en construisant une bijection de $\mathcal{F}_c(p,n)$ vers l'ensemble des parties à p éléments de $\{1,\dots,n+p-1\}$.
c) Prouver (*) en considérant le coefficient de x^p dans la série entière $1/(1-x)^n$.

Solution. Notons que ceci revient à dire que les p-combinaisons avec répétition de E sont les classes d'équivalence des p-listes de E, pour la relation d'équivalence

$$(a_1,\dots,a_p)\,\mathcal{R}\,(b_1,\dots,b_p) \iff \exists\sigma\in\mathcal{S}_p,\ (a_1,\dots,a_p)=(b_{\sigma(1)},\dots,b_{\sigma(p)}).$$

1/ Notons $x_1,\dots,x_n$ les éléments de E. A toute p-combinaison avec répétition P, on associe la composition $c=(i_1,\dots,i_n)$ de p en n sommants, où i_k est le nombre de fois que x_k apparait dans P. Ainsi construite, φ est une bijection de l'ensemble des p-combinaisons avec répétition de E, vers l'ensemble des compositions de p en n sommants, d'où le résultat.

b) Soit a une p-combinaison avec répétition de E. Parmi les représentants $(x_{i_1},x_{i_2},\dots,x_{i_p})$ de a, il en existe un unique pour lequel $i_1\le i_2\le\dots\le i_p$. On note $f_a(1)\le\dots\le f_a(p)$ les indices correspondants. La fonction f_a est bien dans $\mathcal{F}_c(p,n)$. La fonction $a\mapsto f_a$ est une bijection des p-combinaisons avec répétition de E, vers $\mathcal{F}_c(p,n)$. D'où le résultat.

2/a) Supposons $n\ge 2$ et $p\ge 1$. On partitionne les compositions $(i_1,\dots,i_n)$ de p en n sommants, en deux parties. D'abord celles pour laquelle $i_1=0$. Il y en a $\left\langle {n-1 \atop p} \right\rangle$. Ensuite celles pour lesquelles $i_1\ge 1$. On notant $i_1'=i_1-1\ge 0$, on voit que ces dernières sont en bijection avec les n-listes $(i_1',i_2,\dots,i_n)$ de $\mathbb{N}$, telles que $i_1'+i_2+\dots+i_n=p-1$, donc au nombre de $\left\langle {n \atop p-1} \right\rangle$. On a donc bien démontré la relation (**).

Pour obtenir (*), on va montrer que $A(n,p)=\left\langle {n \atop p} \right\rangle-\binom{n+p-1}{p}$ est nul, ce qui prouvera le résultat demandé. La formule de Pascal entraîne que $A(n,p)=A(n-1,p)+A(n,p-1)$. Pour prouver que $A(n,p)=0$ pour tout $p\in\mathbb{N}$, on procède ensuite par récurrence sur $n\in\mathbb{N}^*$. Pour $n=1$ cette propriété est vraie car $\left\langle {1 \atop p} \right\rangle=1$, donc $A(1,p)=0$. Supposons la propriété vraie pour $n-1$. Comme $A(n-1,p)=0$, la relation obtenue plus haut entraîne $A(n,p)=A(n,p-1)$ pour tout $p\ge 1$. En particulier $A(n,p)=A(n,0)$. Comme $\left\langle {n \atop 0} \right\rangle=1$, on a bien $A(n,0)=0$, donc la propriété est prouvée au rang n.

b) Considérons une fonction f croissante de $\{1,\dots,p\}$ vers $\{1,\dots,n\}$. On construit une partie de $\{1,\dots,n+p-1\}$ par $\varphi(f)=\{f(1),f(2)+1,\dots,f(p)+p-1\}$. Comme f est croissante, les $f(k)+k-1$ sont distincts et donc $\varphi(f)$ est bien une partie à p éléments. φ est injective. Réciproquement, considérons une partie P de $\{1,\dots,n+p-1\}$ à p éléments. On peut écrire $P=\{a_1,\dots,a_p\}$ avec $a_1<\dots<a_p$. La fonction $f(k)=a_k-(k-1)$ est bien une fonction croissante de $\{1,\dots,p\}$ dans $\{1,\dots,n\}$. Ainsi, on a montré que φ est bijective. On en déduit l'égalité (*) d'après le résultat de la question 1/b).

c) Rappelons qu'on a le développement en série entière $1/(1-x)=\sum_{n\ge 0}x^n$, valable lorsque $|x|<1$. Par produit de Cauchy, on a lorsque $|x|<1$

$$\frac{1}{(1-x)^n}=\left(\sum_{i_1\ge 0}x^{i_1}\right)\cdots\left(\sum_{i_n\ge 0}x^{i_n}\right)=\sum_{i_1,\dots i_n\ge 0}x^{i_1+\dots+i_n}=\sum_{p\ge 0}a_px^p,\qquad a_p=\sum_{i_1+\dots+i_n=p}1.$$

On remarque que le coefficient a_p est le nombre de compositions de p en n sommants. Donc d'après 1/a), il suffit de montrer $a_p=\binom{n+p-1}{p}$. Pour cela, on dérive $n-1$ fois la série entière $f(x)=1/(1-x)$. On obtient, pour tout x tel que $|x|<1$

$$f^{(n-1)}(x)=\frac{(n-1)!}{(1-x)^n}=\sum_{k\ge n-1}k(k-1)\cdots(k-n+2)x^{k-(n-1)}.$$

Par identification avec la valeur du coefficient de x^p, on en déduit

$$(n-1)!a_p = (n-1+p)\cdots(p+1) = \frac{(n+p-1)!}{p!}, \qquad \text{d'où} \qquad a_p = \binom{n+p-1}{p}.$$

EXERCICE 5. Soit n et $p \in \mathbb{N}^*$ avec $p \leq n$. **1/** On note $\mathcal{F}_s(p,n)$ l'ensemble des fonctions strictement croissantes de $\{1,\dots,p\}$ dans $\{1,\dots,n\}$. Calculer $|\mathcal{F}_s(p,n)|$.

2/a) Soit $\ell \in \mathbb{N}^*$ tel que $n-p \geq (p-1)\ell$. Compter le nombre de fonctions f de $\{1,\dots,p\}$ dans $\{1,\dots,n\}$ telles que $f(k+1) > f(k)+\ell$, pour $1 \leq k \leq p-1$.
b) Un ensemble de n personnes se répartit entre p adultes et $n-p$ enfants. Compter combien il y a de façon de placer les n personnes sur un banc, de sorte qu'entre deux adultes on ait toujours au moins ℓ enfants (quelle que soit la paire d'adulte).
c) On suppose ici $n \geq p(\ell+1)$. Combien y a t-il de façons de placer les p adultes et $n-p$ enfants autour d'une table ronde, de sorte qu'entre deux adultes (de part et d'autre de la table) il y ait toujours au moins ℓ enfants ? (on précise ici que seul compte le placement relatif des personnes autour de la table).

Solution. **1/** On va montrer que $\mathcal{F}_s(p,n)$ en est bijection avec les parties de $\{1,\dots,n\}$ à p éléments. Considérons une fonction f strictement croissante de $\{1,\dots,p\}$ vers $\{1,\dots,n\}$. On construit une partie de $\{1,\dots,n\}$ par $\varphi(f) = \{f(1), f(2), \dots, f(p)\}$. Comme f est strictement croissante, les $f(k)$ sont distincts et donc $\varphi(f)$ est bien une partie à p éléments. φ est injective. Réciproquement, considérons une partie P de $\{1,\dots,n\}$ à p éléments. On peut écrire $P = \{a_1,\dots,a_p\}$ avec $a_1 < \dots < a_p$. La fonction $f(k) = a_k$ est bien une fonction strictement croissante de $\{1,\dots,p\}$ dans $\{1,\dots,n\}$. Ainsi, on a montré que φ est bijective. On en déduit $|\mathcal{F}_s(p,n)| = \binom{n}{p}$.

2/a) Notons $\mathcal{F}_\ell(p,n)$ l'ensemble des fonctions en question. Pour toute fonction f de $\mathcal{F}_\ell(p,n)$, on construit la fonction $g = \varphi(f)$ de $\mathcal{F}_s(p, n-(p-1)\ell)$ par : $g(k) = f(k) - (k-1)\ell$. Il est clair que les conditions sur f sont équivalentes à dire que g est strictement croissante. Donc φ est bijective, et $|\mathcal{F}_\ell(p,n)| = |\mathcal{F}_s(p, n-(p-1)\ell| = \binom{n-(p-1)\ell}{p}$.

b) On compte d'abord les façons de placer les adultes. Notons $i_1 < \dots < i_p$ leur emplacement sur le banc. Avoir au moins ℓ enfants entre chaque adulte, revient à avoir $i_{k+1} - i_k > \ell$ pour $1 \leq k \leq p-1$. Ainsi il y a autant de façons d'avoir des emplacements d'adultes que de fonctions dans $\mathcal{F}_\ell(p,n)$, donc $\binom{n-(p-1)\ell}{p}$ façons. Pour chacun, il y a $p!$ placements d'adultes, et il y a ensuite $(n-p)!$ façons de placer les $n-p$ enfants sur les $n-p$ places restantes. Le nombre de façons de placer les n personnes sur le banc pour avoir toujours au moins ℓ enfants entre deux adultes est donc égal à $p!(n-p)!\binom{n-(p-1)\ell}{p}$.

c) On numérote les emplacements de la table de 1 à n. Les places prises par les adultes autour de la table correspondent à une partie P de $\{1,\dots,n\}$ à p éléments (pour le moment on ne considère que les placements absolus autour de la table, *i.e.* on différencie les placements relatifs, et on ne prend en compte que les places prises par les adultes). Les placements possibles sont plus restreints que sur un banc car entre l'adulte d'emplacement de plus petit indice et celui du plus grand indice, on doit avoir au moins ℓ enfants (du coté où on passe de l'emplacement n à l'emplacement 1). Désignons par $\mathcal{A}$ l'ensemble des façons d'avoir des places d'adultes autour de la table. On a $P \in \mathcal{A}$ si et seulement si les éléments $i_1,\dots,i_p$ de P, rangés en ordre croissants, vérifient $i_{k+1} - i_k > \ell$ pour $1 \leq k \leq p-1$, et $i_1 + n - i_p > \ell$. On partitionne les placements de $\mathcal{A}$ en fonction du fait que le plus petit élément i_1 de P vérifie $1 \leq i_1 \leq \ell$ ou $i_1 > \ell$. Ceci revient à considérer les ensembles suivant :

$$\mathcal{A}_k = \{P \in \mathcal{A} \mid P \cap \{1, \dots, \ell\} = \{k\}\}, \qquad (1 \leq k \leq \ell),$$
$$\mathcal{A}^* = \{P \in \mathcal{A} \mid P \cap \{1, \dots, \ell\} = \varnothing\}.$$

— Choisir $P \in \mathcal{A}_k$ revient à placer les $p-1$ autres adultes, sur le banc constitué des emplacements $k+\ell+1, k+\ell+2, \dots, k+n-\ell-1$, de sorte qu'entre deux adultes il y a toujours au moins ℓ enfants. Il y a $n-2\ell-1$ places sur ce banc, d'après ce qui a été vu dans la solution de la question précédente, on déduit $|\mathcal{A}_k| = \binom{n-2\ell-1-(p-2)\ell}{p-1}$.

— Choisir $P \in \mathcal{A}^*$ revient à placer sur le banc constitué des emplacements $\ell+1, \dots, n$ les p adultes, de sorte qu'entre deux adultes il y ait toujours au moins ℓ enfants. Comme vu précédemment, on a donc $|\mathcal{A}^*| = \binom{n-\ell-(p-1)\ell}{p}$.

Comme les $(\mathcal{A}_k)_{1 \leq k \leq \ell}$ et $\mathcal{A}^*$ forment une partition de $\mathcal{A}$, on en déduit

$$|\mathcal{A}| = \sum_{k=1}^{\ell} |\mathcal{A}_k| + |\mathcal{A}^*| = \ell\binom{n-p\ell-1}{p-1} + \binom{n-p\ell}{p} = \frac{n}{n-p\ell}\binom{n-p\ell}{p}.$$

Pour chaque possibilité d'emplacements d'adultes dans $\mathcal{A}$, on a $p!$ placements possibles d'adultes, et $(n-p)!$ placements possibles pour les enfants sur les $n-p$ places restantes. Ainsi il y a en tout $p!(n-p)!\frac{n}{n-p\ell}\binom{n-p\ell}{p}$ placements possibles des n personnes. Rappelons nous qu'on ne tient compte que des placements relatifs autour de la table, il faut diviser ce nombre par n (à chaque placement relatif des n personnes autour de la table correspond n placements absolus possibles, en les faisant tourner autour de la table), donc le résultat demandé est $\frac{p!(n-p)!}{n-p\ell}\binom{n-p\ell}{p}$.

Remarque. La formule obtenue dans 2/a) lorsque $\ell = -1$ est compatible avec le résultat de la question 2/b) de l'exercice 4 page 306 sur les combinaisons avec répétition.

Exercice 6. **1/** Soit $n \in \mathbb{N}^*$. Donner une forme close des expressions suivantes :

$$\sum_{k=0}^{[n/2]}\binom{n}{2k}, \quad \sum_{k=0}^{[n/3]}\binom{n}{3k}, \quad \sum_{k=0}^{n}\frac{1}{k+1}\binom{n}{k}, \quad \sum_{k=0}^{n}k^2\binom{n}{k}, \quad \sum_{k=0}^{n}k\binom{n}{k}^2.$$

2/ Prouver les identités suivantes, pour $n \in \mathbb{N}^*$:

$$\textbf{a)} \quad \sum_{k=0}^{n}(-1)^k\binom{n}{k}\binom{2n-k}{n} = 1, \qquad \textbf{b)} \quad \sum_{k=0}^{n}(-1)^k\binom{n}{k}^2\binom{2n}{k}^{-1} = \binom{2n}{n}^{-1}.$$

Solution. **1/** Notons E_k la k-ième expression.

(1) Pour déterminer E_1, on utilise la formule du binôme qui permet d'écrire

$$2^n = (1+1)^n = \sum_{k=0}^{n}\binom{n}{k} \qquad \text{et} \qquad 0 = (1-1)^n = \sum_{k=0}^{n}\binom{n}{k}(-1)^k.$$

Par sommation de ces deux sommes, on déduit $2^n = 2E_1$, donc $E_1 = 2^{n-1}$.

(2) On procède de manière similaire pour la deuxième expression E_2, à partir de la formule du binôme. Ici on écrit, en notant $j = \exp(2i\pi/3)$:

$$\forall m \in \{0,1,2\}, \qquad B_m = (1+j^m)^n = \sum_{k=0}^{n}(j^m)^n\binom{n}{k}.$$

Par sommation on obtient

$$B_0 + B_1 + B_2 = \sum_{k=0}^{n} (1 + j^n + j^{2n}) \binom{n}{k}. \qquad (*)$$

Or $1 + j^n + j^{2n} = 1 + j^r + j^{2r}$ où r est le reste de la division par 3 de n, donc $1 + j^n + j^{2n} = 3$ si 3 divise n, et $1 + j^n + j^{2n} = 0$ sinon. L'expression (*) entraîne donc

$$B_0 + B_1 + B_2 = 3E_2, \qquad \text{donc} \qquad E_2 = \frac{1}{3}\left((1+1)^n + (1+j)^n + (1+j^2)^n\right).$$

Comme $1 + j = -j^2$ et $1 + j^2 = -j$, on a $(1+j)^n + (1+j^2)^n = 2\cos(n\pi/3)$. Finalement on a $E_2 = (2^n + 2\cos(n\pi/3))/3$.

(3) On reconnait que $\dfrac{1}{k+1}\dbinom{n}{k}$ est le coefficient de x^{k+1} dans la primitive de $\dbinom{n}{k}x^k$. Ceci nous invite à intégrer la formule du binôme, appliquée à $(1+x)^n$. On écrit

$$\int_0^1 (1+x)^n \, dx = \int_0^1 \left(\sum_{k=0}^{n} \binom{n}{k} x^k \right) dx = \sum_{k=0}^{n} \binom{n}{k} \int_0^1 x^k \, dx = \sum_{k=0}^{n} \frac{1}{k+1} \binom{n}{k}.$$

En calculant la valeur de la première intégrale, on en déduit $E_3 = (2^{n+1} - 1)/(n+1)$.

(4) Au lieu d'intégrer, comme dans l'expression précédente, on va dériver plusieurs fois l'expression $f(x) = (1+x)^n$ appliquée à la formule du binôme, sur la base de l'observation que pour $f_k(x) = x^k$, on a $xf_k'(x) + x^2 f_k''(x) = k^2 x^k$. On écrit

$$xf'(x) + x^2 f''(x) = \sum_{k=0}^{n} \binom{n}{k} kx^k + \sum_{k=0}^{n} \binom{n}{k} k(k-1)x^k = \sum_{k=0}^{n} \binom{n}{k} k^2 x^k.$$

En donnant à x la valeur 1 dans la dernière expression on trouve l'expression E_4. En faisant $x = 1$ dans le membre de gauche on en déduit $E_4 = f'(1) + f''(1) = n2^{n-1} + n(n-1)2^{n-2} = n(n+1)2^{n-2}$.

(5) L'idée est de repartir du principe de la preuve de la formule de Vandermonde, mais en considérant la dérivée de $f(x) = (1+x)^n$ pour le premier terme du produit. L'expression E_5 s'écrit $E_5 = \displaystyle\sum_{k=0}^{n} k \binom{n}{k} \times \binom{n}{n-k}$, c'est donc le coefficient de x^n dans le produit $A(x)B(x)$, où

$$A(x) = \sum_{k=0}^{n} k \binom{n}{k} x^k, \qquad B(x) = \sum_{k=0}^{n} \binom{n}{k} x^k.$$

La formule du binôme donne $B(x) = (1+x)^n$, et $A(x) = xB'(x) = nx(1+x)^{n-1}$, on a donc $A(x)B(x) = nx(1+x)^{2n-1}$. La formule du binôme appliquée à $(1+x)^{2n-1}$ montre que le coefficient de x^n dans $A(x)B(x)$ est $n\dbinom{2n-1}{n-1}$. On en déduit donc $E_5 = n\dbinom{2n-1}{n-1}$.

2/a) L'idée est de calculer le coefficient de x^n dans $p(x) = (1+x)^n(-1 + (1+x))^n$ de deux manières différentes. Comme $p(x) = (1+x)^n x^n$, le coefficient de x^n dans $p(x)$ est égal à 1. Par ailleurs, l'application de la formule du binôme à $(-1 + (1+x))^n$, donne

$$(-1 + (1+x))^n = \sum_{k=0}^{n} \binom{n}{k} (-1)^k (1+x)^{n-k} \quad \text{donc} \quad p(x) = \sum_{k=0}^{n} \binom{n}{k} (-1)^k (1+x)^{2n-k}. \quad (**)$$

La formule du binôme montre que le coefficient de x^n dans $(1+x)^{2n-k}$ est égal à $\dbinom{2n-k}{n}$. Par linéarité à partir de la dernière égalité de (**), on en déduit que le coefficient de x^n dans $p(x)$ est égal à $\displaystyle\sum_{k=0}^{n} (-1)^k \binom{n}{k} \binom{2n-k}{n}$. Nous avons montré plus haut que le coefficient de x^n dans $p(x)$ est aussi égal à 1, on en déduit le résultat.

b) Notons E la somme à gauche dans l'identité de la question 2/b). On va montrer $\binom{2n}{n}E = 1$.
Pour cela, on remarque que pour tout k on a

$$\binom{n}{k}\binom{2n}{k}^{-1}\binom{2n}{n} = \frac{n!}{k!(n-k)!}\,\frac{k!(2n-k)!}{(2n)!}\,\frac{(2n)!}{(n!)^2} = \frac{(2n-k)!}{(n-k)!n!} = \binom{2n-k}{n}.$$

On a donc

$$\binom{2n}{n}E = \sum_{k=0}^{n}(-1)^k\binom{n}{k} \times \binom{n}{k}\binom{2n}{k}^{-1}\binom{2n}{n} = \sum_{k=0}^{n}(-1)^k\binom{n}{k}\binom{2n-k}{n} = 1,$$

où la dernière égalité provient de l'identité de la question précédente.

Exercice 7 (Combinatoire et nombres de Fibonacci). **1/** Donner une forme explicite des termes de la *suite de Fibonacci* $(F_n)_{n\in\mathbb{N}}$ définie par

$$F_0 = F_1 = 1; \qquad \forall n \geq 2, \quad F_n = F_{n-1} + F_{n-2}.$$

2/ Soit $n \in \mathbb{N}^*$. **a)** On note $\mathcal{A}_n$ l'ensemble des listes de $\{1,2\}$ dont la somme des termes vaut n (de manière équivalente, c'est l'ensemble des manières d'écrire n comme la somme de 1 et de 2). Montrer que $|\mathcal{A}_n| = F_n$.
b) On note $\mathcal{B}_n$ l'ensemble des parties de $\{1,\dots,n\}$ sans entiers consécutifs. Montrer $|\mathcal{B}_n| = F_{n+1}$, en établissant une bijection entre $\mathcal{B}_n$ et $\mathcal{A}_{n+1}$.
c) Montrer que

$$\sum_{k=0}^{[n/2]}\binom{n-k}{k} = F_n. \qquad (*)$$

Solution. **1/** C'est hyper classique. On a affaire à une récurrence linéaire d'ordre 2 (voir le tome analyse, dans la section sur les suites), dont l'équation caractéristique est $x^2 - x - 1$. Elle a deux racines, $\varphi = (1+\sqrt{5})/2$ et $\psi = (1-\sqrt{5})/2$ (notons que $\psi = -1/\varphi$). Ainsi on sait qu'il existe deux coefficients a et b tels que $F_n = a\varphi^n + b\psi^n$. Les cas $n = 0$ et $n = 1$ donnent $1 = a + b$ et $1 = a\varphi + b\psi$ d'où on déduit $a = \varphi/\sqrt{5}$ et $b = -\psi/\sqrt{5}$. On a donc

$$\forall n \in \mathbb{N}, \qquad F_n = \frac{\varphi^{n+1} - \psi^{n+1}}{\sqrt{5}} = \frac{1}{\sqrt{5}}\left(\left(\frac{1+\sqrt{5}}{2}\right)^{n+1} - \left(\frac{1-\sqrt{5}}{2}\right)^{n+1}\right)$$

2/ a) On vérifie facilement $|\mathcal{A}_1| = 1$ et $|\mathcal{A}_2| = 2$, donc la propriété est vraie pour $n \leq 2$. Supposons maintenant $n \geq 3$. L'ensemble $\mathcal{A}_n$ se partitionne en deux ensemble E_1 et E_2, où E_k est l'ensemble des listes de $\mathcal{A}_n$ dont le dernier terme est k (pour $k = 1, 2$). Les éléments de E_k sont de la forme $x = (y,k)$ où y est une liste dans $\mathcal{A}_{n-k}$. Donc $|E_k| = |\mathcal{A}_{n-k}|$. On en déduit

$$|\mathcal{A}_n| = |E_1| + |E_2| = |\mathcal{A}_{n-1}| + |\mathcal{A}_{n-2}|.$$

Ainsi $|\mathcal{A}_n|$ vérifie la même récurrence que la suite de Fibonacci. En procédant par récurrence sur n, on va montrer que $|\mathcal{A}_n| = F_n$. Comme on l'a vu plus haut c'est déjà vrai pour $n = 1$ et $n = 2$. Si $n \geq 3$, l'hypothèse de récurrence entraîne $|\mathcal{A}_n| = |\mathcal{A}_{n-1}| + |\mathcal{A}_{n-2}| = F_{n-1} + F_{n-2} = F_n$.

b) À toute liste $x = (x_1,\dots,x_p)$ de $\mathcal{A}_{n+1}$, on associe la partie $\varphi(x) = \{s_k - 1 \mid x_k = 2\}$ de $\{1,\dots,n\}$, où $s_k = x_1 + \cdots + x_k$. Autrement dit, en regardant la liste x comme un pavage du rectangle $(n+1)\times 1$ par des rectangles 1×1 ou 2×1, $\varphi(x)$ est constitué des entiers qui correspondent aux premières cases des rectangles 2×1 (voir la figure ci-dessous). Il est clair que $\varphi(x)$ est une partie de $\{1,\dots,n\}$, elle ne contient pas d'entiers consécutifs car pour deux entiers distincts $a = s_k - 1$ et $b = s_\ell - 1$ (avec $k < \ell$), on a $b - a \geq x_\ell \geq 2$. L'application φ est bien injective. Elle est surjective. En effet, considérons une partie $y = \{y_1,\dots,y_p\}$ dans $\mathcal{B}_n$ avec $y_1 < \ldots < y_p$. Comme $y \in \mathcal{B}_n$ on a $\delta_k = y_{k+1} - y_k \geq 2$ pour $k = 1,\dots,p-1$. On crée un pavage

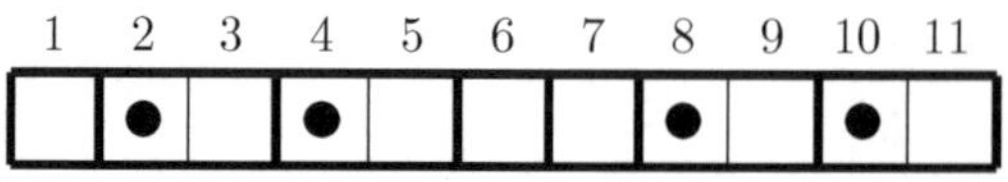

FIGURE 1. Illustration dans le cas $n = 10$, d'un pavage du rectangle 11×1 par des rectangles 1×1 et 2×1. Les premières cases des rectangles 2×1 forment une partie de $\{1, \ldots, 10\}$ sans entiers consécutifs.

du rectangle $(n+1) \times 1$ du type de celui discuté plus haut, en mettant un rectangle 2×1 sur chaque couple de cases $(y_k, y_k + 1)$, puis des carrés 1×1 sur les cases restantes. Autrement dit, on considère la liste $x = (1^{y_1 - 1}, 2, 1^{\delta_1 - 2}, 2, \ldots, 2, 1^{\delta_{p-1} - 2}, 2, 1^{n - y_p})$ où la notation 1^k désigne une suite de k “1” consécutifs (vide si $k = 0$). On a bien $x \in \mathcal{A}_{n+1}$ car la somme de ses termes est

$$(y_1 - 1) + 2 + (\delta_1 - 2) + 2 + \cdots + (\delta_{p-1} - 2) + 2 + n - y_p = y_1 + 1 + \delta_1 + \cdots + \delta_{p-1} + n - y_p = n + 1.$$

On a bien $\varphi(x) = y$ car lorsque $x_k = 2$, la valeur $s_k - 1$ vaut $(y_1 - 1) + 2 + (\delta_1 - 2) + 2 + \cdots + (\delta_{k-1} - 2) + 2 = y_k$. Ainsi φ est bien une bijection de $\mathcal{A}_{n+1}$ vers $\mathcal{B}_n$, donc $|\mathcal{B}_n| = F_{n+1}$.

c) On peut montrer directement que la somme des binomiaux de (*) vérifie la relation de récurrence de F_n (à partir de la formule de Pascal), mais on va proposer ici une preuve combinatoire. Fixons $n \in \mathbb{N}^*$. Pour tout $k \in \mathbb{N}$, on note E_k l'ensemble des listes de $\mathcal{A}_n$ dont le nombre de 2 est égal à k. Comme la somme des termes des listes dans E_k est égal à n, on a $2k \leq n$. Ainsi, les $(E_k)_{0 \leq k \leq [n/2]}$ forment une partition de $\mathcal{A}_n$. Dans chaque liste de E_k, le 2 est utilisé k fois et le 1 est utilisé $n - 2k$ fois. Ainsi les listes dans E_k ont $n - k$ termes. Il y a autant de listes dans E_k que de manière de placer les 2 parmi les $n - k$ termes, donc $|E_k| = \binom{n-k}{k}$. On en déduit l'identité (*) car les $(E_k)_{0 \leq k \leq [n/2]}$ forment une partition de $\mathcal{A}_n$

Remarque. Les entiers F_n s'appellent les *nombres de Fibonacci*. Ils possèdent de nombreuses propriétés. Lorsque $n \to \infty$, le ratio F_{n+1}/F_n converge vers $\varphi = \frac{1+\sqrt{5}}{2}$, qu'on appelle *nombre d'or*.

– Les termes de la somme dans (*) forment une diagonale dans le triangle de Pascal.

EXERCICE 8 (DÉRANGEMENTS). Soit $n \in \mathbb{N}^*$. On note $\mathcal{D}_n$ l'ensemble des permutations de $\{1, \ldots, n\}$ sans point fixe (une permutation sans point fixe s'appelle un *dérangement*).
1/ Calculer directement $d_n = |\mathcal{D}_n|$.
2/ On propose un autre moyen de calculer d_n. Etablir l'égalité

$$\forall n \in \mathbb{N}^*, \qquad n! = \sum_{p=0}^{n} \binom{n}{p} d_p,$$

et en déduire d_n, en utilisant la *série génératrice exponentielle* $D(z) = \sum_{n \geq 1} \frac{d_n}{n!} z^n$.
3/ Montrer que $d_n = [n!/e + 1/2]$ (où $[x]$ désigne la partie entière de x).

Solution. **1/** Fixons $n \in \mathbb{N}^*$ et désignons par A_k l'ensemble des permutations de $\{1, \ldots, n\}$ qui laisse k invariant. L'ensemble des dérangements est le complémentaire de $\cup_{1 \leq i \leq n} A_i$. Pour calculer le cardinal de ce dernier ensemble, on utilise la formule du crible de Poincaré, qui donne

$$\left| \bigcup_{i=1}^{n} A_i \right| = \sum_{k=1}^{n} (-1)^{k-1} S_k, \qquad S_k = \sum_{1 \leq i_1 < \ldots < i_k \leq n} |A_{i_1} \cap \ldots \cap A_{i_k}|.$$

Or pour $1 \leq i_1 < \ldots < i_k \leq n$, $A_{i_1} \cap \ldots \cap A_{i_k}$ est l'ensemble des permutations qui laissent $i_1, \ldots, i_k$ invariants, il y a donc $(n-k)!$ permutations de ce type. Donc $|A_{i_1} \cap \ldots \cap A_{i_k}| = (n-k)!$. Par ailleurs, il y a $\binom{n}{k}$ façons d'avoir des indices $i_1, \dots, i_k$ tels que $1 \leq i_1 < \dots < i_k \leq n$. Donc $S_k = \binom{n}{k}(n-k)! = \frac{n!}{k!}$. D'après la formule précédente on en déduit

$$d_n = |\mathcal{D}_n| = n! - \left|\bigcup_{i=1}^{n} A_i\right| = n! \sum_{k=0}^{n} \frac{(-1)^k}{k!}. \qquad (*)$$

2/ Fixons $n \in \mathbb{N}^*$ et désignons par $\mathcal{F}_k$ l'ensemble des permutations de $\{1, \dots, n\}$ qui ont k points fixes. Les $(\mathcal{F}_k)_{0 \leq k \leq n}$ forment une partition de l'ensemble des permutations de $\{1, \dots, n\}$. Choisir une permutation dans $\mathcal{F}_k$ revient à choisir une partie P de $n-k$ entiers parmi $\{1, \dots, n\}$ puis à choisir une permutation sans point fixe de P (et laisser les k autres points fixes). On en déduit $|\mathcal{F}_k| = \binom{n}{n-k} d_{n-k}$. On a donc

$$n! = |\mathcal{S}_n| = \sum_{k=0}^{n} |\mathcal{F}_k| = \sum_{k=0}^{n} \binom{n}{n-k} d_{n-k} = \sum_{k=0}^{n} \binom{n}{k} d_k.$$

Ceci s'écrit aussi

$$1 = \sum_{k=0}^{n} \frac{d_k}{k!} \frac{1}{(n-k)!}.$$

La série génératrice exponentielle $D(z) = \sum_{n \geq 1} \frac{d_n}{n!} z^n$ a un rayon de convergence ≥ 1 puisque $|d_n/n!| < 1$. L'égalité précédente entraîne, par produit de Cauchy, pour $|z| < 1$

$$D(z)\exp(z) = \left(\sum_{n=0}^{+\infty} \frac{d_n}{n!} z^n\right)\left(\sum_{n=0}^{+\infty} \frac{1}{n!} z^n\right) = \sum_{n=0}^{+\infty} \left(\sum_{k=0}^{n} \frac{d_k}{k!} \frac{1}{(n-k)!}\right) z^n = \sum_{n=0}^{+\infty} z^n.$$

Donc

$$D(z) = \exp(-z)\left(\sum_{n=0}^{+\infty} z^n\right) = \left(\sum_{n=0}^{+\infty} \frac{(-1)^n}{n!} z^n\right)\left(\sum_{n=0}^{+\infty} z^n\right) = \sum_{n=0}^{+\infty} \left(\sum_{k=0}^{n} \frac{(-1)^k}{k!}\right) z^n.$$

Par identification des coefficients de $D(z)$, on retrouve l'expression (*) de d_n.

3/ L'expression (*) permet d'écrire

$$\frac{d_n}{n!} = \exp(-1) - \sum_{k=n+1}^{+\infty} \frac{(-1)^k}{k!}$$

donc

$$\left|d_n - \frac{n!}{e}\right| \leq \sum_{k=n+1}^{+\infty} \frac{n!}{k!} = \frac{1}{n+1} + \frac{1}{(n+1)(n+2)} + \cdots < \sum_{p=1}^{+\infty} \frac{1}{(n+1)^p} = \frac{1}{n}.$$

Lorsque $n \geq 2$ on en déduit $d_n \leq d_n + 1/2 - 1/n < n!/e + 1/2 < d_n + 1/2 + 1/n \leq d_n + 1$ donc $d_n < n!/e + 1/2 < d_n + 1$ et on a bien $d_n = [n!/e + 1/2]$. Cette formule est également vraie lorsque $n = 1$, d'où le résultat.

Remarque. On a ici répondu au célèbre problème des chapeaux : n personnes laissent leur chapeau à un vestiaire. En repartant, chaque personne reprend un chapeau au hasard. Quelle est la probabilité qu'aucune personne ne reprenne son propre chapeau ? Cette probabilité est égale à $1/e$ (à une erreur $< 1/n!$ près).

– Les dérangements sont un cas particulier des permutations dont les cycles sont tous de longueur $> k$, étudiés dans le problème 3 page 369.

EXERCICE 9 (NOMBRES DE BELL). Pour tout $n \in \mathbb{N}^*$, on note B_n le nombre de partitions de l'ensemble $\{1, \dots, n\}$. Par convention on pose $B_0 = 1$.
1/ Déterminer B_1, puis une relation de récurrence sur les B_n.
2/ On définit la *série génératrice exponentielle* des B_n par $B(z) = \sum_{n=0}^{+\infty} \frac{B_n}{n!} z^n$. Montrer que le rayon de convergence de $B(z)$ n'est pas nul, puis calculer $B(z)$.
3/ En déduire une expression de B_n comme la somme d'une série.

Solution. **1/** On a $B_1 = 1$. Supposons $n \in \mathbb{N}^*$ et exprimons B_{n+1} en fonction des $(B_k)_{0 \le k \le n}$. Pour tout $k \le n$, on note E_k l'ensemble des partitions P de $\{1, \dots, n+1\}$ tel que la partie de P qui contient $n+1$ est de taille $k+1$. Choisir $P \in E_k$, c'est choisir k entiers de $\{1, \dots, n\}$ (ceux de la partition de P qui contient $n+1$) puis construire une partition des $n-k$ éléments restants. Donc $|E_k| = \binom{n}{k} B_{n-k}$. Comme les $(E_k)_{0 \le k \le n}$ forment une partition de l'ensemble des partitions de $\{1, \dots, n+1\}$, on en déduit

$$B_{n+1} = \sum_{k=0}^{n} \binom{n}{k} B_{n-k} = \sum_{k=0}^{n} \binom{n}{k} B_k.$$

2/ A toute partition P de $\{1, \dots, n\}$, on peut associer une permutation $\varphi(P)$ de $\{1, \dots, n\}$ qui est le produit des cycles de chaque partition de P. Ainsi construite, φ est une application injective vers le groupe symétrique $\mathcal{S}_n$, donc $B_n \le n!$ (on peut aussi retrouver ce résultat par récurrence sur n avec la formule de récurrence précédente). On en déduit que le rayon de convergence de $B(z)$ est ≥ 1. La relation de récurrence établie précédemment s'interprète en produit de Cauchy, en remarquant que

$$\frac{B_{n+1}}{n!} = \sum_{k=0}^{n} \frac{B_k}{k!} \frac{1}{(n-k)!}$$

qui entraîne, lorsque $|x| < 1$

$$B'(x) = \sum_{n=0}^{+\infty} \frac{B_{n+1}}{n!} x^n = \left(\sum_{n=0}^{+\infty} \frac{B_n}{n!} x^n \right) \left(\sum_{n=0}^{+\infty} \frac{x^n}{n!} \right) = B(x) \exp(x).$$

Ainsi, la fonction B vérifie l'équation différentielle $B'(x) = B(x)e^x$ sur $]0, 1[$. On en déduit l'existence de $\lambda \in \mathbb{R}$ tel que $B(x) = \lambda \exp(\exp(x))$. En faisant $x = 0$ on a $1 = B_0 = B(0) = \lambda \exp(1)$ donc $\lambda = 1/e$. Donc finalement $B(x) = \exp(\exp(x))/e$.

3/ La série entière définissant l'exponentielle a un rayon de convergence infini. On peut donc écrire, pour tout $z \in \mathbb{C}$

$$\exp(\exp(z)) = \sum_{m=0}^{+\infty} \frac{e^{mz}}{m!} = \sum_{m=0}^{+\infty} \sum_{n=0}^{+\infty} \frac{(mz)^n}{m!n!}.$$

La série double $\sum_{m,n} u_{m,n}$ définie par $u_{m,n} = (mz)^n/(m!n!)$ est sommable, car

$$\forall (M, N) \in \mathbb{N}^2, \qquad \sum_{m=0}^{M} \sum_{n=0}^{N} |u_{m,n}| \le \sum_{m=0}^{M} \sum_{n=0}^{N} \frac{(m|z|)^n}{m!n!} \le \sum_{m=0}^{M} \frac{\exp(m|z|)}{m!} \le \exp(\exp(|z|)).$$

On peut donc intervertir les signes de sommations, ce qui donne

$$B(z) = \frac{1}{e} \exp(\exp(z)) = \frac{1}{e} \sum_{n=0}^{+\infty} \left(\sum_{m=0}^{+\infty} \frac{m^n}{m!} \right) \frac{z^n}{n!}.$$

Par identification, avec le coefficient $B_n/n!$ de z^n dans $B(z)$, on en déduit

$$B_n = \frac{1}{e} \sum_{m=0}^{+\infty} \frac{m^n}{m!}.$$

Remarque. On a $B_n = \sum_{k=1}^{n} S(n,k)$, où $S(n,k)$ est le nombre de Stirling de seconde espèce, qui compte le nombre de partitions de $\{1,\ldots,n\}$ de k sous-ensembles (voir la remarque du problème 7 page 379).

EXERCICE 10 (NOMBRES DE CATALAN). On appelle *mot binaire* une liste de $\{0,1\}$. Le mot $w = (a_1, a_2, \ldots, a_p)$ est noté $w = a_1 a_2 \ldots a_p$, la *longueur* de w est p. La concaténation de deux mots u et v est le mot noté uv, obtenu en mettant bout à bout u et v. Un *préfixe* d'un mot $w = a_1 \ldots a_p$ est tout mot de la forme $w' = a_1 \ldots a_q$ avec $1 \leq q \leq p$. Une représentation graphique d'un mot binaire $w = a_1 \ldots a_p$, est obtenue à partir la fonction

$$f_w \ : \{0,1,\ldots,p\} \to \mathbb{Z} \qquad f_w(0) = 0, \qquad f_w(k) - f_w(k-1) = \begin{cases} 1 \text{ si } a_k = 1 \\ -1 \text{ si } a_k = 0 \end{cases}$$

puis en construisant la ligne brisée qui relie les points $(k, f_w(k))$ (voir la figure ci dessous). Un mot binaire w est un *mot de Dyck* s'il contient autant de "0" que de "1", et si dans tous

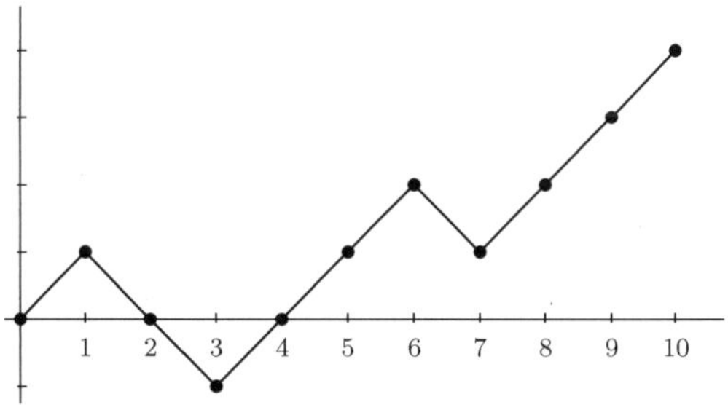

FIGURE 2. Exemple de représentation graphique du mot binaire $w = 1001110111$.

les préfixes de w il y a toujours moins de "0" que de "1". On note $\mathcal{D}_n$ l'ensemble des mots de Dyck de longueur $2n$. Par convention, le mot vide est un mot de Dyck (cas $n = 0$).
1/ Interpréter les mots de Dyck à partir de leur représentation graphique. Déterminer une relation de récurrence sur $C_n = |\mathcal{D}_n|$, puis calculer explicitement C_n.
2/ Pour tout mot $w = a_1 \ldots a_p$ et pour $k \in \mathbb{N}$ $(k < p)$, on note $c^k(w)$ la permutation circulaire $c^k(w) = a_{k+1} \ldots a_p a_1 \ldots a_k$ (de même longueur p que w). Montrer que parmi les permutations circulaires de tout mot binaire w constitué de $n+1$ "1" et n "0", il y en a une et une seule qui s'écrit sous la forme $w = 1w'$, où w' est un mot de Dyck. Retrouver ensuite directement l'expression de C_n.

Solution. **1/** Avoir autant de "0" que de "1" dans un mot binaire équivaut à ce que la ligne brisée de sa représentation graphique revient sur l'axe des abscisses. Avoir tout préfixe de ce mot avec plus de "1" que de "0" revient à avoir cette ligne brisée toujours au dessus de l'axe des abscisses. Ainsi les mots de Dyck sont ceux dont la représentation graphique est une ligne brisée toujours au dessus de l'axe des abscisses, qui termine sur l'axe des abscisses (voir la figure ci-dessous). Soit $n \in \mathbb{N}^*$. Pour obtenir une récurrence sur les C_n, on remarque que tout mot $w \in \mathcal{D}_n$ s'écrit

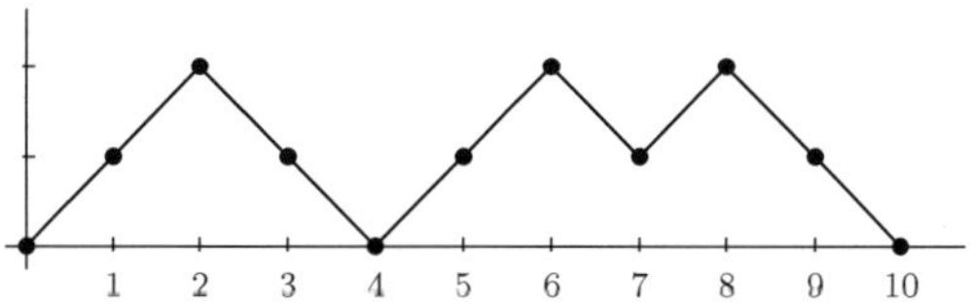

FIGURE 3. Représentation graphique du mot de Dyck $w = 1100110100$.

de manière unique sous la forme $w = 1u0v$, où $u \in \mathcal{D}_k$ et $v \in \mathcal{D}_{n-1-k}$, avec $k \in \{0,\ldots,n-1\}$.

On en déduit

$$C_n = \sum_{k=0}^{n-1} C_k C_{n-1-k}.$$

On reconnait l'expression de coefficients d'un produit de Cauchy. Ceci nous invite à considérer la *série génératrice ordinaire* des (C_n), définie par $C(z) = \sum_{n=0}^{+\infty} C_n z^n$. Il y a moins de mots dans $\mathcal{D}_n$ que de mots binaires de longueur $2n$, donc $C_n \leq 2^{2n}$, donc $C(z)$ est une série entière de rayon de convergence $\geq 1/4$. Lorsque $x \in \mathbb{R}$, avec $|x| < 1/4$ et $x \neq 0$, la relation de récurrence obtenue plus haut permet d'écrire

$$C^2(x) = \sum_{n=0}^{+\infty} \left(\sum_{k=0}^{n} C_k C_{n-k} \right) x^n = \sum_{n=0}^{+\infty} C_{n+1} x^n = \frac{C(x) - 1}{x}.$$

Ainsi $C(x)$ est solution de l'équation du second degré $xC^2(x) - C(x) + 1 = 0$, dont les solutions sont $f_\varepsilon(x) = \dfrac{1 + \varepsilon\sqrt{1-4x}}{2x}$ avec $\varepsilon \in \{-1, 1\}$. On note que $\lim\limits_{\substack{x \to 0 \\ x > 0}} f_1(x) = +\infty$ alors que $C(x)$ est continue en 0, donc $C(x) \neq f_1(x)$. On en déduit $C(x) = f_{-1}(x) = \dfrac{1 - \sqrt{1-4x}}{2x}$. Le developpement en série entière de $\sqrt{1+u} = (1+u)^{1/2}$ entraîne

$$\sqrt{1-4x} = \sum_{n=0}^{+\infty} a_n(-4x)^n, \qquad \text{avec} \qquad a_n = \frac{1}{n!} \prod_{k=0}^{n-1} \left(\frac{1}{2} - k \right) = \frac{(-1)^{n-1}}{2 \cdot n!} \prod_{k=1}^{n-1} \left(\frac{2k-1}{2} \right).$$

On a

$$a_n = \frac{(-1)^{n-1}}{2^n n!} \frac{(2n-2)!}{2 \times 4 \times \cdots \times (2n-2)} = \frac{(-1)^{n-1}}{2^n n!} \frac{(2n-2)!}{2^{n-1}(n-1)!} = \frac{(-1)^{n-1}}{2^{2n-1}} \frac{1}{n} \binom{2n-2}{n-1}.$$

On en déduit que le coefficient de x^n dans $\sqrt{1-4x}$ est $-\dfrac{2}{n}\dbinom{2n-2}{n-1}$. Compte tenu de l'expression $C(z) = f_{-1}(x)$, l'identification de coefficients fournit $C_n = \dfrac{1}{n+1}\dbinom{2n}{n}$.

2/ Considérons un mot w formé de $n+1$ "1" et n "0". On s'aide de la représentation graphique de w. On obtient les permutations cycliques de w à partir d'une fenêtre glissante de longueur $2n+1$ dans le mot w concaténé avec lui-même (sans la derniere lettre). Trouver un sous-mot de Dyck de longueur $2n$, juste après un "1", revient à pouvoir placer sous le graphe une règle horizontale de longueur $2n$, au dessus de laquelle est posée la représentation de ce sous-mot de Dyck. Comme le suggère la figure ci-dessous, on trouve un mot de Dyck un pas après le dernier minimum atteint par la courbe.

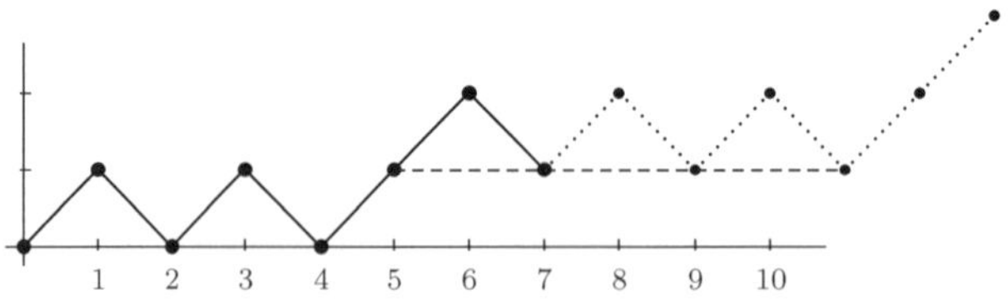

FIGURE 4. Représentation de $w = 1010110$, concaténé avec lui-même (en pointillé) sans la dernière lettre. Un sous-mot de Dyck de longueur 6 (souligné) précédé d'un pas croissant, se trouve un pas après le dernier moment où la courbe atteint son minimum.

Cette constatation graphique nous invite à considérer l'indice

$$\ell = \max\{k \leq 2n \mid f_w(k) = m\}, \qquad \text{où} \qquad m = \min\{f_w(0), f_w(1), \ldots, f_w(2n)\}.$$

Nous allons montrer que $c^\ell(w) = 1y$, où y est un mot de Dyck, et que $\ell \in \mathbb{N}$ est le seul indice $\leq 2n$ vérifiant cette propriété. Notons $w = a_1 \ldots a_{2n+1}$.

— La première lettre de $c^\ell(w)$ est "1" . En effet, par définition ℓ, on a $f_w(k) > m = f_w(\ell)$ pour $k > \ell$, en particulier $a_{\ell+1} = f_w(\ell+1) - f_w(\ell) > 0$ donc $a_{\ell+1} = 1$. Le mot $x = c^\ell(w)$ s'écrit donc sous la forme $x = 1y$ où y est un mot qui a forcément n "1" et n "0". Il reste à montrer que dans tous les préfixes de y, il y a moins de "0" que de "1". On remarque que la fonction f_x vérifie

$$f_x(k) = \begin{cases} f_w(k+\ell) - f_w(\ell) & \text{pour } 0 \leq k \leq 2n+1-\ell \\ f_w(k+\ell-(2n+1)) + 1 - f_w(\ell) & \text{pour } 2n+1-\ell < k \leq 2n+1 \end{cases}$$

Par définition de ℓ, si $1 \leq k \leq 2n+1-\ell$ on a $f_x(k) > 0$. Lorsque $2n+1-\ell < k \leq 2n+1$, on a $f_x(k) \geq 1$ car $f_w(k+\ell-(2n+1)) \geq f_w(\ell)$. Ainsi $f_x(k) \geq 1$ pour $1 \leq k \leq 2n+1$, donc $f_x(k) - f_x(1) \geq 0$ pour $1 \leq k \leq 2n+1$, ce qui signifie que dans tous les préfixes de y, il y a moins de "0" que de "1". Donc y est un mot de Dyck.

— Il reste à montrer que ℓ est le seul indice $\leq 2n$ ayant cette propriété. Raisonnons par l'absurde et supposons l'existence de deux indices ℓ et m ($\ell < m$) ayant cette propriété. Soit u le mot $u = c^\ell(w)$ et notons $p = m - \ell$. Compte tenu des propriétés de ℓ et m, on a $f_u(k) \geq 1$ pour $1 \leq k \leq 2n$ et $f_u(k) \geq 1 + f_u(p)$ pour $p < k \leq 2n+1$. En particulier $f_u(2n+1) \geq 1 + f_u(p) \geq 2$, ce qui est impossible puisque $f_u(2n+1) = 1$. On a donc démontré l'unicité recherchée.

Notons $\mathcal{A}_n$ les mots formés de $n+1$ "1" et n "0", et $\mathcal{B}_n$ les classes d'équivalence des mots de $\mathcal{A}_n$ égaux à une permutation circulaire près. Le résultat montré précédemment montre que l'application $\varphi\ :\ \mathcal{D}_n \to \mathcal{B}_n\ w \mapsto \overline{1w}$ (où $\overline{x}$ désigne la classe d'équivalence dans $\mathcal{B}_n$ d'un mot x de $\mathcal{A}_n$) est bijective. On en déduit $|\mathcal{D}_n| = |\mathcal{B}_n|$. Or les $2n+1$ permutations circulaires $c^k(w)$ de n'importe quel mot $w \in \mathcal{A}_n$ sont distinctes : en effet, soit ℓ l'unique entier de $\{0, 1, \ldots, 2n\}$ vérifiant $c^\ell(w) = 1y$ avec $y \in \mathcal{D}_n$. Si $c^p(w) = c^q(w)$ alors $w = c^{q-p}(w)$, donc $c^\ell(w) = c^{\ell+q-p}(w) = 1y$, et par unicité de ℓ on en déduit $\ell + p - q \equiv \ell \pmod{2n+1}$ donc $p = q \pmod{2n+1}$. Donc $|\mathcal{B}_n| = |\mathcal{A}_n|/(2n+1)$. Il y a autant de mots w dans $\mathcal{A}_n$ que de façon de répartir les n "0" parmi les $2n+1$ lettres de w, donc $|\mathcal{A}_n| = \binom{2n+1}{n}$. On en déduit $|\mathcal{D}_n| = \frac{1}{2n+1}\binom{2n+1}{n}$. On vérifie facilement que $\frac{1}{2n+1}\binom{2n+1}{n} = \frac{1}{n+1}\binom{2n}{n}$, retrouvant ainsi le résultat obtenu à la question précédente.

Remarque. Ainsi $\frac{1}{n+1}\binom{2n}{n}$ est un nombre entier, résultat non évident *a priori.*

– Les nombres de Catalan sont des nombres classiques qu'on retrouve dans le comptage de nombreuses structures. Par exemple le nombre C_n est :

— le nombre de façons de calculer le produit de $n+1$ facteurs (avec parenthésages complets). Par exemple pour $n = 4$: $(a(bc))d$, $a((bc)d)$, $(ab)(cd)$, $a(b(cd))$ et $((ab)c)d$,

— le nombre d'arbres binaires avec $n+1$ feuilles,

— le nombre de façons de tracer des diagonales entre les sommets d'un polygone convexe de $n+2$ cotés, sans qu'elles ne se coupent.

EXERCICE 11. Soit $m \geq 2$ un entier. On suppose qu'il existe $a \in \mathbb{N}$ et $n \in \mathbb{N}^*$ parties non vides et distinctes deux a deux $A_1, \ldots, A_n$ de $\{1, 2, \ldots, m\}$ telles que $|A_i \cap A_j| = a$ pour $i \neq j$. Montrer que $n \leq m$ (indication : considérer la matrice $A = (a_{i,j})_{i,j}$ définie par $a_{i,j} = 1$ si $i \in A_j$, $a_{i,j} = 0$ si $i \notin A_j$, et montrer que son rang est $> n$).

Solution. Considérons la matrice $A \in \mathcal{M}_{m,n}(\mathbb{R})$ de l'indication. On remarque que les coefficients $(b_{i,j})$ de la matrice $B = {}^{\mathrm{t}}AA \in \mathcal{M}_n(\mathbb{R})$ vérifient $b_{i,j} = \sum_{k=1}^m a_{k,j}a_{k,i} = |A_i \cap A_j|$. Ainsi, en notant

$c_i = |A_i|$, la matrice B a la forme

$$B = \begin{pmatrix} c_1 & a & \dots & a \\ a & c_2 & \dots & a \\ \vdots & & \ddots & \vdots \\ a & \dots & a & c_n \end{pmatrix}.$$

On va montrer qu'elle est inversible. C'est évident si $a = 0$ car les A_i sont non vides. Supposons maintenant $a > 0$. On va montrer que les vecteurs colonnes V_i de la matrice B forment une famille libre. Notons W le vecteur dont toutes coordonnées sont égales à a. On a

$$\sum_{i=1}^{n} \lambda_i V_i = 0 \quad \Rightarrow \quad \sum_{i=1}^{n} \lambda_i (V_i - W) = -\mu W, \qquad \mu = \sum_{i=1}^{n} \lambda_i.$$

Comme le vecteur $V_i - W$ a toutes ses coordonnées nulles, sauf la i-ième qui vaut $c_i - a$ on en déduit

$$\lambda_1(c_1 - a) = -\mu a, \qquad \dots, \qquad \lambda_n(c_n - a) = -\mu a. \qquad (*)$$

Pour tout i, on a $c_i = |A_i| \geq |A_i \cap A_j| = a$ (en choisissant un $j \neq i$). Au plus l'un des c_i est égal à a (si $c_i = c_j = a$ on a $|A_i \cap A_j| = |A_i|$ donc $A_i \cap A_j = A_i$, de même $A_i \cap A_j = A_j$ donc $A_i = A_j$, ce qui entraîne $i = j$ d'après les hypothèses). Maintenant on traite deux cas.

— Premier cas : $c_i > a$ pour tout i. Alors d'après (*) tous les λ_i ont le même signe, donc du signe de $\mu = \lambda_1 + \dots + \lambda_n$, et comme $\lambda_i(c_i - a) = -\mu a$ la seule possibilité est $\lambda_i = \mu = 0$.
— Deuxième cas : l'un des c_i est égal à a, par exemple $c_n = a$, et $c_i > a$ pour $i < n$. Dans ce cas $\mu a = 0$ (d'après la dernière égalité de (*)) donc $\mu = 0$. Donc les $n - 1$ premières égalités de (*) entraînent $\lambda_i = 0$ pour $i < n$, puis $\lambda_n = \mu - \sum_{i<n} \lambda_i = 0$.

Ainsi la famille $(V_i)_{1 \leq i \leq n}$ est libre, donc B est inversible. On en déduit $\operatorname{rg} {}^t\! AA = n$, donc $\operatorname{rg} A \geq n$, et comme A a m lignes ceci n'est possible que si $m \geq n$, ce qu'il fallait démontrer.

Remarque. On aurait pu également montrer l'inversibilité de B à partir du calcul de son déterminant qui est classique (voir la question c) de l'exercice 2 page 145).

2. Espaces probabilisés

2.1. Le langage des probabilités

La théorie des probabilités modélise les phénomènes dans lesquels le hasard intervient. Elle a des applications dans de nombreux domaines (physique, médecine, météorologie, marchés boursiers, etc) et dans ce contexte, a son vocabulaire propre.

Les *expériences aléatoires* sont les expériences $\mathcal{E}$ dont le résultat est soumis au hasard. L'espace des résultats possibles associés à l'expérience s'appelle l' *univers*, il est souvent noté Ω (on l'appelle parfois *espace d'états*). Voici quelques exemples d'expériences aléatoires avec l'univers associé :

— Lancement de dé : l'expérience aléatoire est celle du résultat d'un lancement de dé à 6 faces, et l'univers est $\Omega = \{1, 2, 3, 4, 5, 6\}$.
— On tire successivement deux boules dans une urne contenant n boules noires et blanches, puis on observe leurs couleurs. Ici $\Omega = \{(B, B), (B, N), (N, B), (N, N)\}$.
— Un colis doit arriver entre 15h et 18h, on observe le temps d'attente. On a $\Omega = [0, 3]$.
— On observe le prix d'une action en bourse, sur tout l'intervalle de temps $[t_0, t_1]$. Ici $\Omega = \mathcal{C}([t_0, t_1], \mathbb{R}^+)$, l'ensemble des fonctions continues de $[t_0, t_1]$ dans $\mathbb{R}^+$.

Les *événements* (la définition rigoureuse sera donnée plus bas) associés à l'expérience aléatoire $\mathcal{E}$, d'univers Ω, sont les sous-ensembles de Ω dont on peut dire s'ils sont réalisés ou non. Des exemples d'événements sont les suivants :

— Dans l'expérience de lancement de dé, l'événement "le dé montre une valeur paire" est le sous-ensemble $A = \{2, 4, 6\}$ de Ω.
— Dans l'attente du colis entre 15h et 18h, $A =]2, 3]$ est l'événement "l'attente a duré plus de 2 heures".
— L'événement "le prix d'une action en bourse ne varie pas plus de 10% entre t_0 et t_1" est $A = \{f \in \mathcal{C}([t_0, t_1], \mathbb{R}^+) \mid \sup_{t_0 \leq t \leq t_1} |f(t) - f(t_0)| \leq f(t_0)/10\}$.

Ici aussi, plutôt que d'utiliser des termes ensemblistes, le langage utilisé sur les événements est propre aux probabilités :
— L'ensemble $\varnothing$ est l'événement *impossible*.
— L'ensemble Ω est l'événement *certain*.
— Deux événements A et B tels que $A \cap B = \varnothing$ sont dit *incompatibles*.
— Si $A \subset B$ on dit que A *implique* B.

2.2. Probabilités

Intuitivement, la probabilité d'un événement est la vraisemblance qu'il se produise. C'est un nombre réel dans $[0, 1]$. Pour définir les probabilités sur l'ensemble des événements $\mathcal{A}$, il faut (pour des raisons techniques) que $\mathcal{A}$ vérifie certaines propriétés. Lorsque Ω est fini ou dénombrable, on verra qu'on peut choisir $\mathcal{A} = \mathcal{P}(\Omega)$, mais dans le cas général (par exemple si $\Omega = \mathbb{R}$) , on ne sait pas toujours définir une probabilité sur n'importe quelle partie de Ω. La notion de tribu, définie plus bas, permet de se limiter à des parties de Ω dont on sait définir leur probabilité de réalisation.

Tribus.

DÉFINITION 1. Soit Ω un ensemble. On appelle *tribu* sur Ω une famille $\mathcal{T}$ de parties de Ω, vérifiant les propriétés
(i) $\varnothing \in \mathcal{T}$ et $\Omega \in \mathcal{T}$.
(ii) Pour tout $A \in \mathcal{T}$, on a $A^C \in \mathcal{T}$ (A^C désigne le complémentaire $\Omega \setminus A$ de A).
(iii) Si $(A_n)_{n \in \mathbb{N}}$ est une suite d'éléments de $\mathcal{T}$, alors $\cup_{n \in \mathbb{N}} A_n \in \mathcal{T}$.
Le couple $(\Omega, \mathcal{T})$ est alors appelé *espace probabilisable*, l'ensemble Ω l'univers, et les éléments de $\mathcal{T}$ s'appellent des *événements*.

Remarque 1. — (iii) et (ii) entraînent que l'intersection dénombrable d'éléments de $\mathcal{T}$ est dans $\mathcal{T}$.
— La réunion (ou l'intersection) finie d'éléments de $\mathcal{T}$ est dans $\mathcal{T}$ (prendre $A_k = \varnothing$ à partir d'un certain rang dans la propriété (iii)).
— Notons que (iii) n'entraîne pas que $\mathcal{T}$ soit stable par réunion (ou intersection) infinie non dénombrable.

Exemple 1. — $\mathcal{T} = \{\varnothing, \Omega\}$ est une tribu, appelée tribu grossière (ou triviale) sur Ω.
— L'ensemble $\mathcal{T} = \mathcal{P}(\Omega)$ est une tribu sur Ω. C'est cette tribu que l'on choisira pour l'ensemble $\mathcal{A}$ des événements dont on mesure la probabilité, chaque fois que Ω est fini ou dénombrable. Dans le cas général, pour des raisons fondamentales discutées rapidement plus bas, cette tribu sera trop grande dès que Ω est infini non dénombrable, pour que l'on puisse définir la probabilité de tous ses éléments.

PROPOSITION 1. *Soit $(\mathcal{T}_\lambda)_{\lambda \in \Lambda}$ une famille de tribu sur Ω. Alors $\cap_{\lambda \in \Lambda} \mathcal{T}_\lambda$ est une tribu sur Ω. Ainsi, si X est une partie de $\mathcal{P}(\Omega)$, l'intersection des tribus contenant X est la plus petite tribu contenant X, on l'appelle* tribu engendrée par X.

Exemple 2. Si $A \subset \Omega$, la tribu engendré par $\{A\}$ est $\mathcal{T} = \{\varnothing, A, A^C, \Omega\}$.
— Si $(A_i)_{i \in I}$ est une partition finie ou dénombrable de Ω, la tribu engendrée par $\{A_i, i \in I\}$ est l'ensemble des réunions $B_J = \sum_{j \in J} A_j$ où J parcourt l'ensemble des parties de I.

DÉFINITION 2. Lorsque $\Omega = \mathbb{R}$, la tribu $\mathcal{B}$ engendrée par les intervalles ouverts de $\mathbb{R}$ s'appelle la *tribu borélienne* de $\mathbb{R}$.

Remarque 2. La tribu borélienne est aussi la tribu engendrée par la classe des intervalles $I_a =]-\infty, a]$ avec $a \in \mathbb{R}$. C'est également la tribu engendrée par $\{I_a, a \in \mathbb{Q}\}$.

Probabilités.

DÉFINITION 3. Soit Ω un ensemble et $\mathcal{A}$ une tribu sur Ω. On appelle *probabilité* sur l'espace $(\Omega, \mathcal{A})$ une application $P : \mathcal{A} \to [0,1]$ vérifiant

(i) $P(\Omega) = 1$,

(ii) Pour toute suite (dénombrable) $(A_n)_{n\in\mathbb{N}}$ d'éléments de $\mathcal{A}$, disjoints deux à deux,

$$P(\cup_{n\in\mathbb{N}} A_n) = \sum_{n\in\mathbb{N}} P(A_n).$$

On dit alors que $(\Omega, \mathcal{A}, P)$ est un *espace probabilisé*, et P sa *mesure de probabilité* (ou *loi de probabilité*).

PROPOSITION 2. *Soit $(\Omega, \mathcal{A}, P)$ un espace probabilisé. On a les propriétés suivantes :*

(i) Pour tout événement A dans $\mathcal{A}$, on a $P(A^C) = 1 - P(A)$.

(ii) Pour tout $n \in \mathbb{N}^*$ et $A_0, \dots, A_n$ des événements dans $\mathcal{A}$,

(a) si les $(A_k)_{0\le k\le n}$ sont deux à deux disjoints alors $P(\cup_{k=0}^n A_k) = \displaystyle\sum_{k=0}^n P(A_k)$,

(b) dans tous les cas $P(\cup_{k=0}^n A_k) \le \displaystyle\sum_{k=0}^n P(A_k)$.

(iii) Si A et B sont deux événements dans $\mathcal{A}$ et si $A \subset B$, alors $P(A) \le P(B)$.

(iv) Si A et B sont deux événements dans $\mathcal{A}$ alors $P(A\cup B) = P(A)+P(B)-P(A\cap B)$.

(v) Si $(A_n)_{n\in\mathbb{N}}$ est une suite croissante (au sens de l'inclusion, i.e *pour tout $n \in \mathbb{N}$, $A_n \subset A_{n+1}$) de $\mathcal{A}$, alors* $P(\cup_{n\in\mathbb{N}} A_n) = \displaystyle\lim_{n\to\infty} P(A_n)$.

(vi) Si $(A_n)_{n\in\mathbb{N}}$ est une suite décroissante (au sens de l'inclusion, i.e *pour tout $n \in \mathbb{N}$, $A_{n+1} \subset A_n$) de $\mathcal{A}$, alors $P(\cap_{n\in\mathbb{N}} A_n) = \lim_{n\to\infty} P(A_n)$.*

(vii) Si $(A_n)_{n\in\mathbb{N}}$ est une suite d'événéments de $\mathcal{A}$, alors $P(\cup_{n\in\mathbb{N}} A_n) \le \displaystyle\sum_{n=0}^{+\infty} P(A_k)$ *(la dernière somme étant éventuellement infinie).*

Démonstration.

– Le résultat (ii) (a) est une conséquence de l'assertion (ii) de la définition précédente en choisissant $A_k = \varnothing$ pour $k > n$.

– La résultat (i) est une conséquence de (ii)(a) appliqué à la partition de Ω formée de A et A^C.

– On montre (iii) en considérant l'ensemble $C = B \setminus A$, de sorte que A et C forment une partition de B, donc d'après (ii)(a) on a $P(A) + P(C) = P(B)$, d'où le résultat car $P(C) \ge 0$.

– Pour montrer (iv) on note $C = A \cap B$ de sorte que les trois ensembles $A \setminus C$, $B \setminus C$ et C forment une partition de $A \cup B$. Ainsi, d'après la propriété (ii)(a), on a $P(A \setminus C) + P(B \setminus C) + P(C) = P(A\cup B)$. Comme $A\setminus C$ et C forment une partition de A, on a $P(A\setminus C)+P(C) = P(A)$. De même $P(B \setminus C) + P(C) = P(B)$. On en déduit $(P(A) - P(C)) + (P(A) - P(C)) + P(C) = P(A \cup B)$, ce qui prouve (iv) vu que $C = A \cap B$.

– La propriété (ii)(b) découle directement de (iv) qui entraîne $P(A \cup B) \le P(A) + P(B)$, puis en procédant par récurrence sur n.

– Pour montrer (v), on considère la suite d'événements $(B_n)_{n\in\mathbb{N}}$ définie par $B_0 = A_0$ et $B_n = A_n \setminus A_{n-1}$ pour $n \in \mathbb{N}^*$. On a $P(B_n) = P(A_n) - P(A_{n-1})$ pour $n \in \mathbb{N}^*$ et les B_n sont deux à deux disjoints. On peut donc appliquer l'assertion (ii) de la définition précédente à $(B_n)_{n\in\mathbb{N}}$:

$$P(\cup_{n\in\mathbb{N}} B_n) = \sum_{n=0}^{+\infty} P(B_n) = P(A_0) + \sum_{n=1}^{+\infty}(P(A_n) - P(A_{n-1})) = \lim_{n\to\infty} P(A_n).$$

On en déduit (iv) car $\cup_{n\in\mathbb{N}} B_n = \cup_{n\in\mathbb{N}} A_n$.

– On prouve (vi) en appliquant (v) à la suite croissante (B_n) définie par $B_n = A_n^C$, de sorte que

$$P(\cap_{n\in\mathbb{N}} A_n) = 1 - P((\cap_{n\in\mathbb{N}} A_n)^C) = 1 - P(\cup_{n\in\mathbb{N}} B_n) = 1 - \lim_{n\to\infty} P(B_n) = \lim_{n\to\infty} P(A_n).$$

– Pour démontrer (vii), on pose $B_n = \cup_{k=0}^n A_k$. D'après (ii)(b) on a $P(B_n) \leq \sum_{k=0}^n P(A_k)$ donc $P(B_n) \leq \sum_{k=0}^{+\infty} P(A_k)$. La suite (B_n) est croissante donc on peut lui appliquer (v), qui donne $\lim_{n\to\infty} P(B_n) = P(\cup_{n\in\mathbb{N}} B_n)$. On en déduit le résultat car $\cup_{n\in\mathbb{N}} B_n = \cup_{n\in\mathbb{N}} A_n$. □

Remarque 3. Les propriétés (v) et (vi) sont parfois appelées *théorème de la limite monotone*. En corollaire, elles entraînent, pour une suite quelconque $(A_n)_{n\in\mathbb{N}}$ d'"événements,

$$P(\cup_{n\in\mathbb{N}} A_n) = \lim_{n\to\infty} P(\cup_{k=0}^n A_k), \qquad P(\cap_{n\in\mathbb{N}} A_n) = \lim_{n\to\infty} P(\cap_{k=0}^n A_k)$$

(il suffit d'appliquer (v) à $B_n = \cup_{k=0}^n A_k$ et (vi) à $B_n = \cap_{k=0}^n A_k$).

Le résultat suivant généralise la propriété (iv) de la proposition précédente, il n'est pas au programme des classes préparatoires, mais il est utile de le connaitre et de savoir le démontrer. Il s'agit de la version probabiliste de la formule du crible portant sur le cardinal de l'union de n ensembles finis (voir la proposition 5 page 301).

PROPOSITION 2 (FORMULE DU CRIBLE DE POINCARÉ). *Soient $A_1, \ldots, A_n$ n événements d'un espace probabilisé $(\Omega, \mathcal{A}, P)$. Alors on a*

$$P\left(\bigcup_{i=1}^n A_i\right) = \sum_{k=1}^n (-1)^{k-1} \sum_{1\leq i_1<\ldots<i_k\leq n} P\left(A_{i_1} \cap \ldots \cap A_{i_k}\right).$$

Démonstration. On procède par récurrence (une approche du type de la démonstration de la proposition 5 page 301 est possible en utilisant les espérances des fonctions indicatrices des A_i lorsqu'elles peuvent être définies, en particulier dans le cas discret, mais nous ne disposons pas de ces outils à ce stade du cours). Remarquons déjà que la formule du crible de Poincaré s'écrit de manière équivalente sous la forme

$$P\left(\bigcup_{i=1}^n A_i\right) = \sum_{\substack{J\subset\{1,\ldots,n\}\\ J\neq\varnothing}} (-1)^{|J|-1} P\left(\cap_{j\in J} A_j\right). \qquad (*)$$

L'usage de cette forme sera plus commode pour la démonstration. Prouvons donc (*) par récurrence sur n. Pour $n = 1$ le résultat est immédiat, pour $n = 2$ il s'agit du résultat (iv) de la proposition précédente. Supposons (*) vrai pour $n-1$ et montrons le pour n. On note $B = A_1 \cup \ldots \cup A_{n-1}$. Nous utiliserons l'égalité $P(B \cup A_n) = P(B) + P(A_n) - P(B \cap A_n)$, pour ce faire on calcule $P(B)$ et $P(B \cap A_n)$. L'hypothèse de récurrence appliquée à B s'écrit

$$P(B) = \sum_{\substack{J\subset\{1,\ldots,n-1\}\\ J\neq\varnothing}} (-1)^{|J|-1} P\left(\cap_{j\in J} A_j\right).$$

On a $B \cap A_n = \cup_{i=1}^{n-1} B_i$ où $B_i = A_i \cap A_n$ donc l'hypothèse de récurrence appliquée à $B \cap A_n$ entraîne

$$P(B \cap A_n) = \sum_{\substack{J\subset\{1,\ldots,n-1\}\\ J\neq\varnothing}} (-1)^{|J|-1} P(\cap_{j\in J} B_j) = \sum_{\substack{J\subset\{1,\ldots,n\}\\ n\in J, J\neq\{n\}}} (-1)^{|J|} P(\cap_{j\in J} A_j)$$

où la dernière égalité provient de l'identité $\cap_{j\in J}B_j = (\cap_{j\in J}A_j)\cap A_n = \cap_{j\in J\cup\{n\}}A_j$ lorsque $J\subset\{1,\dots,n-1\}$. En écrivant $P(B\cup A_n) = P(B) - P(B\cap A_n) + P(A_n)$ on en déduit

$$P(B\cup A_n) = \sum_{\substack{J\subset\{1,\dots,n-1\}\\ J\neq\varnothing}} (-1)^{|J|-1}P\left(\cap_{j\in J}A_j\right) + \sum_{\substack{J\subset\{1,\dots,n\}\\ n\in J, J\neq\{n\}}} (-1)^{|J|-1}P(\cap_{j\in J}A_j) + P(A_n),$$

ce qui entraîne (*), achèvant ainsi la preuve par récurrence. □

Remarque 4. Il est intéressant de retenir la forme équivalente (*) (dans la démonstration), car elle fournit parfois un moyen commode d'utilisation de la formule du crible.

Evénements négligeables, presques sûrs.

DÉFINITION 4. Soit $(\Omega, \mathcal{A}, P)$ un espace probabilisé. Un événement $A\in\mathcal{A}$ est dit *négligeable* si $P(A) = 0$, il est dit *presque sûr* si $P(A) = 1$. Une propriété vraie sur tous les éléments d'un événement presque sûr est dite *presque sure*.

Remarque 5.
- Une union dénombrable d'événements négligeable est négligeable, une intersection dénombrable d'événements presque sûrs est presque sure.
- Lorsque Ω est fini ou dénombrable (avec $\forall x\in\Omega, P(\{x\}) > 0$, ce qu'on rencontre en pratique), un événement négligeable est forcément impossible. Un exemple d'événement négligeable non vide, dans le cas des suites infinies de *pile ou face*, $(\Omega = \{\mathrm{P,F}\}^{\mathbb{N}})$ est l'événement $\{\mathrm{P}_{\mathbb{N}}\}$ où $\mathrm{P}_{\mathbb{N}}$ désigne la suite ne contenant que des piles. Cet exemple n'est qu'intuitif car nous n'avons pas probabilisé l'espace $\Omega = \{\mathrm{P,F}\}^{\mathbb{N}}$ (ceci est abordé dans l'exemple 4 page 326). Un événement négligeable peut même être infini non dénombrable (voir l'exercice 6 page 331).

Probabilités sur les espaces finis ou dénombrables. On considère ici que Ω est fini ou dénombrable. On peut numéroter ses élements de sorte que $\Omega = \{w_k, k\in I\}$ avec $I = \{0,\dots,n-1\}$ si Ω est fini de cardinal n, ou $I = \mathbb{N}$ si Ω est dénombrable. La tribu considérée est ici l'ensemble $\mathcal{P}(\Omega)$ des parties de Ω.

PROPOSITION 3. *Une probabilité sur un univers $\Omega = \{w_k, k\in I\}$ fini ou dénombrable est entièrement caractérisée par ses valeurs sur les singletons $P(\{w_k\})$ pour $w_k\in\Omega$. Étant donnée une suite de nombres réels positifs $(p_k)_{k\in I}$ telle que $\sum_{k\in I}p_k = 1$, il lui correspond une unique probabilité P telle que*

$$\forall A\in\mathcal{P}(\Omega),\qquad P(A) = \sum_{\omega_k\in A} P(\{\omega_k\}) = \sum_{\omega_k\in A} p_k.$$

Ainsi, la connaissance des $P(\{\omega_k\})$ suffit pour connaitre celle de tout événement.

Exemples. Espaces probabilisés finis ou dénombrables classiques.

- **Espaces finis**
  - LOI UNIFORME. La loi définie par $P(A) = \dfrac{|A|}{|\Omega|}$ pour tout $A\in\mathcal{P}(\Omega)$ est la *loi uniforme*. Dans ce cas le calcul des probabilités se ramène à des problèmes combinatoires.
  - LOI DE BERNOULLI. Sur $\Omega = \{0,1\}$, la *loi de Bernoulli* de paramètre $p\in]0,1[$ est définie par $P(\{1\}) = p$ et $P(\{0\}) = 1-p$. On peut aussi définir cette loi pour un jeu de pile ou face $(\Omega = \{\mathrm{P},\mathrm{F}\})$, elle modélise alors la chance que la pièce tombe sur pile ou sur face. Lorsque la pièce est *équilibrée* on a $p = 1/2$, dans le cas général la pièce est dite *biaisée*.

- **Espaces dénombrables**
  - LOI GÉOMÉTRIQUE. Sur $\Omega = \mathbb{N}$, la *loi géométrique* de paramètre $p\in]0,1[$ est définie par $P(\{n\}) = p(1-p)^n$.

— LOI DE POISSON. Sur $\Omega = \mathbb{N}$, la *loi de Poisson* de paramètre $\lambda > 0$ est définie par $P(\{n\}) = \frac{\lambda^n}{n!}e^{-\lambda}$. Elle modélise le nombre d'événements qui se produisent dans un intervalle de temps fixé.

— LOI ZÉTA. Sur $\Omega = \mathbb{N}^*$ la *loi zéta* de paramètre $s > 1$ est définie par $P(\{n\}) = \frac{1}{n^s}\frac{1}{\zeta(s)}$, où $\zeta(s) = \sum_{n=1}^{+\infty} \frac{1}{n^s}$.

2.3. Conditionnement, indépendance

Conditionnement. La notion de conditionnement est particulièrement fructueuse en probabilité. A partir de la probabilité d'un événement connaissant des informations supplémentaires, elle permet d'en déduire la probabilité de l'événement.

DÉFINITION 5 (PROBABILITÉ CONDITIONNELLE). Soit A un événement d'un espace probabilisé $(\Omega, \mathcal{A}, P)$, avec $P(A) > 0$. Soit $B \in \mathcal{A}$ un événement. La *probabilité conditionnelle de B sachant A* est définie par

$$P(B \mid A) = \frac{P(A \cap B)}{P(A)}.$$

L'application $P_A : \mathcal{A} \to [0,1] \quad B \mapsto P(A \cap B)/P(A)$ définit une nouvelle probabilité sur Ω, appelée *probabilité conditionnelle sachant A*.

PROPOSITION 4. *Soient $A_1, \ldots, A_n$ un nombre fini d'événements d'un espace probabilisé $(\Omega, \mathcal{A}, P)$ tel que $P(A_1 \cap \ldots \cap A_{n-1}) > 0$. Alors*

$$P(A_1 \cap \ldots \cap A_n) = P(A_1)\, P(A_2 \mid A_1)\, P(A_3 \mid A_1 \cap A_2) \cdots P(A_n \mid A_1 \cap \ldots \cap A_{n-1}).$$

PROPOSITION 5 (FORMULE DES PROBABILITÉS TOTALES). *Soit un espace probabilisé $(\Omega, \mathcal{A}, P)$ et $(A_i)_{i \in I}$ une famille finie ou dénombrable d'événements, qui forment une partition de Ω, et telle que $P(A_i) > 0$ pour tout $i \in I$. Alors pour tout $B \in \mathcal{A}$*

$$P(B) = \sum_{i \in I} P(B \mid A_i) P(A_i).$$

PROPOSITION 6 (FORMULE DE BAYES). *Sous les hypothèses de la propriété précédente, on a, si $P(B) > 0$*

$$\forall i \in I, \qquad P(A_i \mid B) = \frac{P(B \mid A_i)P(A_i)}{\sum_{i \in I} P(B \mid A_i)P(A_i)}.$$

Démonstration. On a $P(A_i \cap B) = P(A_i \mid B)P(B) = P(B \mid A_i)P(A_i)$, donc

$$P(A_i \mid B) = \frac{P(B \mid A_i)P(A_i)}{P(B)}$$

et on conclut avec la formule des probabilités totales. □

Remarque 6. — Il n'est pas nécéssaire de retenir par cœur la formule de Bayes, on la redémontre facilement.

— Un cas particulier souvent rencontré est celui où on considère la partition A, A^C de Ω. Dans ce cas on a $P(B) = P(B \mid A)P(A) + P(B \mid A^C)P(A^C)$, et la formule de Bayes devient

$$P(A \mid B) = \frac{P(B \mid A)P(A)}{P(B \mid A)P(A) + P(B \mid A^C)P(A^C)}.$$

Exemple 3. Un test de détection d'une maladie rare est positif à 99% lorsqu'un individu est atteint de cette maladie, et il est positif à 0,1% lorsqu'il n'est pas atteint. Supposons que 0,01% de la population soit atteint de cette maladie. On considère un individu pris au hasard dans la population. Sachant qu'il est positif au test de detection, calculons la probabilité qu'il soit atteint par la maladie. On considère l'événement A des individus atteints de la maladie, et A^C ceux qui ne le sont pas. Soit B l'événement "le test est positif". Il s'agit de calculer $P(A \mid B)$. La formule de Bayes donne

$$P(A \mid B) = \frac{P(B \mid A)P(A)}{P(B \mid A)P(A) + P(B \mid A^C)P(A^C)} = \frac{0,99 \times 0,0001}{0,99 \times 0,0001 + 0,001 \times 0.9999},$$

et un calcul donne $P(A \mid B) \simeq 0,09$. La probabilité est petite, ce qui peut sembler contraire à l'intuition.

Indépendance. Étant donnés deux événéments A et B avec $P(A) > 0$, si le fait de savoir A ne donne aucune information sur B, on a $P(B \mid A) = P(B)$, donc $P(A \cap B)/P(A) = P(B)$ ce qui entraîne $P(A \cap B) = P(A)P(B)$. Ceci introduit la notion d'événements indépendants, dont la définition ci-dessous reste valide lorque $P(A) = 0$.

DÉFINITION 6. Deux événements A et B d'un espace probabilisé $(\Omega, \mathcal{A}, P)$ sont dit *indépendants* si

$$P(A \cap B) = P(A)P(B).$$

Remarque 7. — Lorsque $P(A) > 0$, les événements A et B sont indépendants si et seulement si $P(B \mid A) = P(B)$.
— Un événement presque sûr est indépendant de tout autre.
— Un événement négligeable est indépendant de tout autre.

PROPOSITION 7. *Soir A et B deux événements indépendants d'un espace probabilisé $(\Omega, \mathcal{A}, P)$. Alors il en est de même de A^C et B, de A et B^C, de A^C et B^C.*

On étend la définition de l'indépendance à une famille quelconque d'événements.

DÉFINITION 7. Soit $(A_i)_{i\in I}$ une famille (éventuellement infinie) d'événements d'un espace probabilisé $(\Omega, \mathcal{A}, P)$. On dit que les $(A_i)_{i\in I}$ sont *mutuellement indépendants* si pour toute partie finie $J \subset I$, on a

$$P(\cap_{j\in J} A_j) = \prod_{j\in J} P(A_j).$$

Remarque 8. On se contente parfois de dire que les $(A_i)_{i\in I}$ sont *indépendants*. Si les $(A_i)_{i\in I}$ sont indépendants alors ils sont indépendants deux à deux mais la réciproque est fausse. Par exemple, on tire deux fois à pile ou face et on considère les événements $A =$"pile au premier lancer", $B =$"pile au deuxième lancer", $C =$"même résultat aux deux lancers". Ils sont indépendants deux à deux mais pas mutuellement indépendants.

PROPOSITION 8. *Soit $(A_i)_{i\in I}$ une famille d'événements indépendants d'un espace probabilisé $(\Omega, \mathcal{A}, P)$. Pour toute famille $(\varepsilon_i)_{i\in I}$ d'éléments de $\{-1, 1\}$, $(A_i^{\varepsilon_i})_{i\in I}$ est une famille d'événements indépendants (où pour tout événement B on a noté $B^1 = B$ et $B^{-1} = B^C$).*

Espaces de probabilité produit. Nous étudions ici comment construire un espace probabilisé rendant compte de plusieurs expériences indépendantes les unes des autres.

CAS FINI. Considérons $n \geq 2$ espaces probabilisés $(\Omega_k, \mathcal{A}_k, P_k)$ avec $1 \leq k \leq n$ et $\Omega = \Omega_1 \times \ldots \times \Omega_n$. On muni Ω de la tribu $\mathcal{A}$ engendrée par les pavés $A_1 \times \ldots \times A_n$ avec $A_k \in \mathcal{A}_k$. Un résultat de la théorie des probabilités que nous admettrons, affirme qu'il existe une unique probabilité P (appelée *probabilité produit*) sur l'espace probabilisable $(\Omega, \mathcal{A})$ tel que sur les pavés de $\mathcal{A}$ on ait $P(A_1 \times \ldots \times A_n) = P_1(A_1) \cdots P_n(A_n)$. La probabilité

P rend ainsi indépendantes les expériences aléatoires correspondantes à chaque espace $(\Omega_k, \mathcal{A}_k, P_k)$. Nous énonçons et prouvons ce résultat dans le cas où les Ω_k sont finis ou dénombrables, lorsque $\mathcal{A}_k = \mathcal{P}(\Omega_k)$. Dans ce cas, Ω est fini ou dénombrable et il suffit de définir P sur ses singletons d'après la proposition 3.

PROPOSITION 9. *Considérons n espaces probabilisés $(\Omega_k, \mathcal{P}(\Omega_k), P_k)_{1 \leq k \leq n}$, chacun étant fini ou dénombrable. Alors $\Omega = \Omega_1 \times \ldots \times \Omega_n$ est fini ou dénombrable, et la probabilité P définie sur les singletons de Ω par*

$$P(\{(x_1, \ldots, x_n)\}) = P_1(\{x_1\}) \cdots P_n(\{x_n\}) \qquad (*)$$

est l'unique probabilité sur $(\Omega, \mathcal{P}(\Omega))$ telle que pour tout $A_1 \in \mathcal{P}(\Omega_1), \ldots, A_n \in \mathcal{P}(\Omega_n)$,

$$P(A_1 \times \ldots \times A_n) = P_1(A_1) \times \cdots \times P_n(A_n). \qquad (**)$$

Démonstration. Le fait que Ω est fini ou dénombrable est un résultat classique sur les ensembles au plus dénombrables.

– Montrons d'abord que P défini par (*) est bien une probabilité sur Ω. Par commodité notons $p_k(x_k) = P_k(\{x_k\})$. Lorsque $A_1, \ldots, A_n$ sont des parties finies de $\Omega_1, \ldots, \Omega_n$ on a

$$\sum_{x_1 \in A_1, \ldots, x_n \in A_n} p_1(x_1) \cdots p_n(x_n) = \left(\sum_{x_1 \in A_1} p_1(x_1) \right) \cdots \left(\sum_{x_n \in A_n} p_n(x_n) \right) = P_1(A_1) \cdots P_n(A_n) \qquad (***)$$

donc la première somme est majorée par 1. Ainsi la famille de réels positifs $p_1(x_1) \cdots p_n(x_n)$ avec $(x_1, \ldots, x_n) \in \Omega$ est sommable. On peut donc écrire

$$\sum_{x_1 \in \Omega_1, \ldots, x_n \in \Omega_n} p_1(x_1) \cdots p_n(x_n) = \left(\sum_{x_1 \in \Omega_1} p_1(x_1) \right) \cdots \left(\sum_{x_n \in \Omega_n} p_n(x_n) \right) = 1,$$

donc les hypothèses de la proposition 3 sont vérifiées, et (*) définit bien une probabilité P sur Ω. Pour prouver la propriété (**) on part de l'égalité

$$P(A_1 \times \cdots \times A_n) = \sum_{x_1 \in A_1, \ldots, x_n \in A_n} p_1(x_1) \cdots p_n(x_n)$$

puis on remarque que l'égalité (***) reste vraie même lorsque les A_k ne sont pas forcément finis, étant en présence d'une famille sommable.

– L'unicité de P vérifiant (**) est une conséquence de la même égalité (**) lorsqu'on l'applique à tous les singletons $\{x_1\} \times \ldots \times \{x_n\} = \{(x_1, \ldots, x_n)\}$. □

Remarque 9. Un cas particulier courant est celui de n expériences aléatoires indépendantes modélisées par le même espace $(E, \mathcal{T}, P)$. Dans ce cas $\Omega = E^n$, muni de la probabilité produit P^*, et comme on s'y attend, la probabilité que la k-ième expérience ait ses résultats dans l'événement $A_k \in \mathcal{A}$, est égal à $P^*(E^{k-1} \times A_k \times E^{n-k}) = P(A_k)$. Lorsque $E = \{0, 1\}$ avec $P(\{1\}) = p \in]0, 1[$, la probabilité du singleton $\{(w_1, \ldots, w_n)\}$ avec $w_j \in \{0, 1\}$ est $p^k(1-p)^{n-k}$, où k est le nombre de w_j égaux à 1.

CAS DÉNOMBRABLE. Ici nous nous plaçons dans le cas où on souhaite probabiliser un espace $\Omega = E^{\mathbb{N}^*}$, modélisant une infinité (dénombrable) de fois la même expérience aléatoire. Partant d'un espace probabilisé $(E, \mathcal{T}, P)$, on définit pour tout $n \in \mathbb{N}^*$ et pour tout $(A_1, \ldots, A_n) \in \mathcal{T}^n$ le cylindre

$$A_1 \times \ldots \times A_n \times E \times E \times \ldots = \{w = (w_i)_{i \in \mathbb{N}^*} \in E^{\mathbb{N}^*} \mid \forall k \in \{1, \ldots, n\},\ w_k \in A_k\}$$

et on définit la tribu $\mathcal{A}$ engendrée par tous les cylindres de cette forme. Ici aussi, nous admettrons un résultat dû à Kolmogorov, qui affirme l'existence et l'unicité d'une probabilité P^* sur $(\Omega, \mathcal{A})$ tel que pour tout cylindre, on ait

$$P^*(A_1 \times \ldots \times A_n \times E \times E \times \ldots) = P(A_1) \cdots P(A_n).$$

C'est l'existence et l'unicité de cette probabilité qui permet par exemple de considérer des probabilités sur des suites infinies de tirage à pile ou face (voir par exemple l'exemple ci-dessous, ou les exercices 5 et 6 pages 330 et 331), et c'est indispensable pour avoir le droit de définir une probabilité sur ces espaces. Dans la même veine, la proposition 17 page 344, assure l'existence d'une suite de variables aléatoires indépendantes qui suivent une suite de lois donnée.

Exemple 4. On lance successivement et de manière indépendante une pièce, dont la probabilité de tomber sur pile est $p \in]0,1[$. On calcule la probabilité pour que pile apparaisse pour la première fois au n-ième lancer. Ici la probabilité P est celle sur les suites $(w_n)_{n\in\mathbb{N}^*} \in \Omega = \{\mathrm{P},\mathrm{F}\}^{\mathbb{N}^*}$, dont l'existence et l'unicité est garantie par le résultat que nous avons présenté plus haut. Notons A_n l'événement "Pile apparait pour la première fois au lancer numéro n", qui correspond au cylindre $\{\mathrm{F}\}\times\ldots\times\{\mathrm{F}\}\times\{\mathrm{P}\}\times E\times\ldots$, où il y a $n-1$ fois $\{\mathrm{F}\}$. La probabilité P de A_n est donc $P(A_n) = (1-p)^{n-1}p$. Les événements $(A_n)_{n\in\mathbb{N}^*}$ forment une partition de $\Omega \setminus \{\mathrm{P}_{\mathbb{N}^*}\}$, où $\mathrm{P}_{\mathbb{N}^*}$ désigne la suite dont tous les éléments sont des "piles". On en déduit

$$P(\Omega \setminus \{\mathrm{P}_{\mathbb{N}^*}\}) = \sum_{n=1}^{+\infty} P(A_n) = \sum_{n=1}^{+\infty}(1-p)^{n-1}p = 1.$$

Donc $P(\{\mathrm{P}_{\mathbb{N}^*}\}) = 0$, c'est-à-dire que le singleton $\{\mathrm{P}_{\mathbb{N}^*}\}$ est un événement négligeable, comme déjà discuté dans la remarque 5 page 322.

Lemme de Borel-Cantelli. Considérons une suite $(A_n)_{n\in\mathbb{N}}$ d'événements. On définit

$$\limsup_n A_n = \cap_{p\in\mathbb{N}}(\cup_{n\geq p} A_n).$$

Il n'est pas difficile de voir que

$$w \in \limsup_n A_n \quad \Longleftrightarrow \quad w \text{ appartient à une infinité de } A_n.$$

Notons également que

$$w \notin \limsup_n A_n \quad \Longleftrightarrow \quad w \text{ appartient à au plus un nombre fini de } A_n.$$

Mentionnons également la notation $\liminf_n A_n = \cup_{p\in\mathbb{N}}(\cap_{n\geq p} A_n)$, qui désigne l'ensemble des $w \in \Omega$ qui appartiennent à tous les A_n sauf éventuellement un nombre fini.

Muni de cette définition, nous pouvons maintenant énoncer le lemme de Borel-Cantelli, qui n'est pas au programme des classes préparatoires mais qu'il est très utile de connaitre et de savoir démontrer (la preuve est assez simple). Il est presque systématiquement utilisé chaque fois qu'on veut prouver qu'une propriété est vraie presque partout.

→ THÉORÈME 1 (LEMME DE BOREL-CANTELLI). *Soit $(A_n)_{n\in\mathbb{N}}$ une suite d'événements d'un espace probabilisé $(\Omega, \mathcal{A}, P)$. Alors*

(i) Si $\sum_{n\in\mathbb{N}} P(A_n)$ converge, on a $P(\limsup_n A_n) = 0$.

(ii) Si les $(A_n)_{n\in\mathbb{N}}$ sont mutuellements indépendants, et si $\sum_{n\in\mathbb{N}} P(A_n)$ diverge, alors $P(\limsup_n A_n) = 1$.

Démonstration. (i) Notons $B_p = \cup_{n\geq p} A_n$. On a $P(B_p) \leq \sum_{n\geq p} P(A_n)$ donc $\lim_{p\to+\infty} P(B_p) = 0$. Comme $(B_p)_{p\in\mathbb{N}}$ est une suite décroissante (au sens de l'inclusion), on en déduit d'après (vi) de la proposition 2 page 320, que $P(\limsup_n A_n) = P(\cap_{p\in\mathbb{N}} B_p) = \lim_{p\to\infty} P(B_p) = 0$.

(ii) Soit $p \in \mathbb{N}$. Les (A_n) sont indépendants, donc les (A_n^C) également, donc pour tout $m > p$,

$$P\left(\bigcup_{i=p}^{m} A_i\right) = 1 - P\left(\bigcap_{i=p}^{m} A_i^C\right) = 1 - \prod_{i=p}^{m} P\left(A_i^C\right) = 1 - \prod_{i=p}^{m}(1 - P(A_i)).$$

Lorsque $x > 0$, on a $1 - x < \exp(-x)$, on en déduit $\prod_{i=p}^{m}(1 - P(A_i)) \leq \exp(-\sum_{i=p}^{m} P(A_i))$, donc $\lim_{m\to\infty} \prod_{i=p}^{m}(1 - P(A_i)) = 0$, donc $\lim_{m\to+\infty} P\left(\cup_{i=p}^{m} A_i\right) = 1$. On en déduit $P(B_p) = P(\cup_{m\geq p} A_i) = 1$. Donc $P(\limsup_n A_n) = P(\cap_{p\in\mathbb{N}} B_p) = \lim_{p\to\infty} P(B_p) = 1$. □

Remarque 10. Une autre façon d'exprimer l'assertion (i) est d'affirmer que si $\sum_{n\in\mathbb{N}} P(A_n)$ converge, alors presque surement, si $\omega \in \Omega$, il n'y a qu'un nombre fini de n pour lequel $\omega \in A_n$.

– Voyons une conséquence typique de ce lemme. On considère l'espace $\Omega = \{\mathrm{P}, \mathrm{F}\}^{\mathbb{N}^*}$ des suites infinies de tirages à pile ou face d'une pièce équilibrée. Pour tout $n \in \mathbb{N}^*$, considérons l'événement "la suite contient n piles consécutifs à partir de la position n", c'est-à-dire

$$A_n = \{w = (w_i)_{i\in\mathbb{N}^*} \in \Omega \mid w_n = w_{n+1} = \ldots = w_{2n-1} = \mathrm{P}\}.$$

On a $P(A_n) = 1/2^n$, donc $\sum_n P(A_n)$ converge et d'après le lemme de Borel-Cantelli, on en déduit que l'ensemble des suites qui contiennent pour une infinité de valeurs de n, une série de n "piles" consécutifs à partir de la position n, est négligeable. De manière équivalente, une suite dans Ω ne contient presque surement qu'un nombre fini (éventuellement vide) de valeurs de n, pour lesquels il y a n "piles" consécutifs à partir de la position n.

2.4. Exercices

Exercice 1. Le gène de l'hémophilie est porté par le chromosome X, les hommes le révèlent systématiquement s'ils le portent, et les femmes ne le révèlent pas (nous considérons ici qu'il n'y a pas d'exception à cette règle). Ce gène est transmis aux enfants avec une probabilité 1/2 par la mère. Une femme a un cousin germain hémophile (le fils de la soeur de sa mère), ni son grand-père, ni son père ni son beau-frère ne sont hémophiles. De plus elle a deux fils non hémophiles.
1/ Quelle est sa probabilité de porter le gène de l'hémophilie ?
2/ Quelle est cette probabilité, si on sait de plus qu'elle a un frère non-hémophile ?

Solution.
1/ La soeur de sa mère porte le gène de l'hémophilie, donc sa grand-mère est porteuse (aucun homme de la famille ne porte le gène). Donc sa mère a une probabilité 1/2 de porter le gène, donc elle même a une probabilité 1/4 de le porter.

Ainsi l'événement A "la femme porte le gène de l'hémophilie" vérifie $P(A) = 1/4$. En notant B l'événement "aucun de ses deux fils n'est hémophile", il s'agit de calculer $P(A \mid B)$. La formule de Bayes appliqué à la partition A, A^C de l'ensemble des cas possibles, donne

$$P(A \mid B) = \frac{P(A\cap B)}{P(B)} = \frac{P(B \mid A)P(A)}{P(B \mid A)P(A) + P(B \mid A^C)P(A^C)} = \frac{(1/4)(1/4)}{(1/4)(1/4) + 1\cdot(3/4)} = \frac{1}{13}.$$

2/ La probabilité que sa mère soit porteuse est modifiée, ce qui modifie $P(A)$. Notons M l'événement "sa mère est porteuse" et F l'événement "son frère est non-hémophile", de sorte que $P(A) = \frac{1}{2}P(M \mid F)$. Comme précédemment on applique la formule de Bayes qui donne

$$P(M \mid F) = \frac{P(M\cap F)}{P(F)} = \frac{P(F \mid M)P(M)}{P(F \mid M)P(M) + P(F \mid M^C)P(M^C)} = \frac{(1/2)(1/2)}{(1/2)(1/2) + 1\cdot(1/2)} = \frac{1}{3}.$$

Donc $P(A) = 1/6$. La même formule que celle utilisée dans 1/ avec cette nouvelle valeur de $P(A)$ donne

$$P(A \mid B) = \frac{P(B \mid A)P(A)}{P(B \mid A)P(A) + P(B \mid A^C)P(A^C)} = \frac{(1/4)(1/6)}{(1/4)(1/6) + 1\cdot(5/6)} = \frac{1}{21}.$$

EXERCICE 2. Une chaine de fabrication produit des pièces dont le nombre suit une loi de Poisson : la probabilité d'avoir n pièces fabriquées en une journée est $p_n = e^{-\lambda}\lambda^n/n!$ avec $\lambda = 1000$. Une pièce a une probabilité $p = 1/250$ d'avoir un défault.
1/ Quelle est la plus grande valeur de $k \in \mathbb{N}$ pour laquelle la probabilité d_k d'avoir moins de k pièces avec défaut la même journée, vérifie $d_k < 1/2$?
2/ Un automate effectue un test de contrôle automatique de chaque pièce en sortie de la chaîne et rejette les pièces lorsque celui ci est positif.

— Si la pièce a un défaut, le test de contrôle est positif avec une probabilité $q = 0,98$.
— Si la pièce n'a pas de défaut, l'automate la rejette avec une probabilité $r = 10^{-4}$.

a) Quelle est la probabilité d'avoir 5 pièces rejetées en une seule journée ?
b) Quelle est la probabilité qu'en une journée, aucune pièce sans défaut n'ait été rejetée, sachant que 5 pièces ont été rejetées ?

Solution. **1/** Notons A_n l'événement "il y a n pièces fabriquées en une journée" et B_k l'événement "il y a k pièces avec défaut en une journée". Lorsqu'on a $n \geq k$ pièces produites en une journée, il y a parmi celles-ci $\binom{n}{k}$ combinaisons possibles de k pièces avec défaut et $n-k$ sans défaut, chacune ayant une probabilité $p^k(1-p)^{n-k}$ de se produire, donc $P(B_k|A_n) = \binom{n}{k}p^k(1-p)^{n-k}$. La formule des probabilités totale donne

$$P(B_k) = \sum_{n=k}^{+\infty} P(B_k|A_n)P(A_n) = \sum_{n=k}^{+\infty} \binom{n}{k} p^k(1-p)^{n-k} e^{-\lambda}\frac{\lambda^n}{n!}$$
$$= \sum_{n=k}^{+\infty} e^{-\lambda}\frac{(p\lambda)^k}{k!}\frac{((1-p)\lambda)^{n-k}}{(n-k)!} = \frac{(p\lambda)^k}{k!}e^{-p\lambda}.$$

Donc la probabilité d'avoir moins de k pièces avec défaut dans la même journée est

$$d_k = \sum_{j=0}^{k} P(B_j) = e^{-p\lambda}\sum_{j=0}^{k}\frac{(p\lambda)^j}{j!}.$$

On trouve $d_3 \simeq 0,43$, $d_4 \simeq 0,63$ et (d_k) est croisssante, donc la valeur recherchée est $k = 3$.

2/a) Commençons par calculer la probabilité de l'événement R ="une pièce produite est rejetée". Soit D l'événement "une pièce produite a un défaut". On a $P(R) = P(R|D)P(D) + P(R|D^C)P(D^C) = s$ avec $s = qp + r(1-p)$. Soit B l'événement "il y a 5 pièces rejetées en une seule journée". La même approche que précédemment donne

$$P(B) = \sum_{n\geq 5} P(B|A_n)P(A_n) = \sum_{n\geq 5}\binom{n}{5}s^5 \times (1-s)^{n-5}e^{-\lambda}\frac{\lambda^n}{n!} = \frac{(s\lambda)^5}{5!}e^{-s\lambda}.$$

Un calcul numérique donne $P(B) \simeq 0,16$.

b) On utilise la formule de Bayes pour calculer la probabilité qu'une pièce ait un défaut sachant qu'elle est rejetée :

$$P(D|R) = \frac{P(D\cap R)}{P(R)} = \frac{P(R|D)P(D)}{P(R|D)P(D) + P(R|D^C)P(D^C)} = \frac{qp}{qp + r(1-p)}$$

La probabilité recherchée est celle que les 5 pièces rejetées aient toutes un défaut, donc égale à $\left(\frac{qp}{qp+r(1-p)}\right)^5 \simeq 0,88$.

EXERCICE 3. Soit $(\Omega, \mathcal{A}, P)$ un espace probabilisé. **1/** Si $(A_n)_{n\in\mathbb{N}}$ est une suite d'événements deux à deux disjoints. Montrer que $\lim_{n\to+\infty} P(A_n) = 0$.
2/ Soit $n \in \mathbb{N}^*$. Soient $A_1, \ldots, A_n$ des événements tels que $P(A_k) > 1 - 1/n$ pour

$1 \leq k \leq n$. Montrer qu'il existe un résultat $\omega \in \Omega$ qui appartient à tous les A_k.
3/ Soient $(A_n)_{n\in\mathbb{N}}$ est une suite d'événements tels que $P(A_n)$ ne converge pas vers 0. Montrer qu'il existe un résultat $\omega \in \Omega$ qui appartient à une infinité de A_k.

Solution. **1**/ La définition d'une probabilité nous assure que $\sum_{n=0}^{+\infty} P(A_n) = P(\cup_{n\in\mathbb{N}} A_n)$, en particulier la série $\sum_{n=0}^{+\infty} P(A_n)$ converge, ce qui entraîne $\lim_{n\to+\infty} P(A_n) = 0$.

2/ Le cas $n = 1$ est évident car dans ce cas, $P(A_1) > 0$ donc $A_1 \neq \varnothing$. Pour traiter le cas $n = 2$, on écrit $P(A_1 \cap A_2) = P(A_1) + P(A_2) - P(A_1 \cup A_2) > (1 - 1/2) + (1 - 1/2) - 1 = 0$, donc $A_1 \cap A_2 \neq \varnothing$.

Le cas $n = 2$ nous invite à traiter le cas général en prouvant par récurrence sur k la propriété :

$$\forall k \in \{1, \ldots, n\}, \qquad P(A_1 \cap \ldots \cap A_k) > 1 - \frac{k}{n}. \qquad (*)$$

C'est vrai pour $k = 1$. Supposons le résultat vérifié pour $k < n$. Par commodité on note $B = A_1 \cap \ldots \cap A_k$. On a $P(B) > 1 - k/n$ d'après l'hypothèse de récurrence, donc

$$\begin{aligned} P(A_1 \cap \ldots \cap A_k \cap A_{k+1}) &= P(B \cap A_{k+1}) = P(B) + P(A_{k+1}) - P(B \cup A_{k+1}) \\ &> \left(1 - \frac{k}{n}\right) + \left(1 - \frac{1}{n}\right) - 1 = 1 - \frac{k+1}{n}. \end{aligned}$$

Ainsi la propriété (*) est vraie pour tout $k \leq n$, en particulier pour $k = n$, ce qui entraîne $P(A_1 \cap \ldots \cap A_n) > 1 - n/n = 0$, donc $A_1 \cap \ldots \cap A_n \neq \varnothing$.

3/ Si les $(A_n)_{n\in\mathbb{N}}$ sont mutuellement indépendants, le résultat est une conséquence du lemme de Borel-Cantelli (voir (ii) du théorème 1 page 326). Ici on n'a pas l'indépendance donc on procède autrement. Comme la suite $(P(A_n))_{n\in\mathbb{N}}$ ne converge pas vers 0, il existe $\varepsilon > 0$ tel que

$$\forall p \in \mathbb{N}, \exists n \geq p, \qquad P(A_n) \geq \varepsilon. \qquad (**)$$

Ainsi, en notant $B_p = \cup_{n\geq p} A_n$, on a $P(B_p) \geq \varepsilon$ pour tout $p \in \mathbb{N}$ (pour tout p, (**) nous assure l'existence d'un $n \geq p$ tel que $P(A_n) \geq \varepsilon$, et comme $A_n \subset B_p$ on a bien $P(B_p) \geq P(A_n) \geq \varepsilon$). Comme $(B_p)_{p\in\mathbb{N}}$ est une suite décroissante d'événements, on a $\lim_{p\to+\infty} P(B_p) = P(\cap_{p\in\mathbb{N}} B_p)$, on en déduit $P(\cap_{p\in\mathbb{N}} B_p) \geq \varepsilon$. En particulier $\cap_{p\in\mathbb{N}} B_p$ n'est pas vide. En choisissant un $\omega \in \cap_{p\in\mathbb{N}} B_p$, la définition des B_p entraîne que ω se trouve dans une infinité de A_n, on a donc prouvé le résultat.

EXERCICE 4. Soient A et B deux événements quelconques d'un espace probabilisé. Démontrer que $|P(A \cap B) - P(A)P(B)| \leq 1/4$ et caractériser le cas d'égalité.

Solution. Notons $C = A \cap B$, $A' = A \setminus C$ et $B' = B \setminus C$. Notons $a = P(A')$, $b = P(B')$ et $c = P(C)$. On a $P(A) = a + c$ et $P(B) = b + c$, donc $|P(A \cap B) - P(A)P(B)| = |c - (c+a)(c+b)|$. Traitons deux cas :

— *Cas 1.* Si $(c + a)(c + b) \geq c$, alors comme A', B' et C sont disjoints on a $a + b + c \leq 1$, donc $c + b \leq 1 - a$, donc

$$|c - (c+a)(c+b)| = (c+a)(c+b) - c \leq (c+a)(1-a) - c = a - a^2 - ac \leq a - a^2. \qquad (*)$$

On a $a - a^2 = 1/4 - (a - 1/2)^2 \leq 1/4$, l'inégalité est donc prouvée dans ce premier cas. Dans le cas 1, l'égalité a lieu si et seulement si $a = 1/2$, et compte tenu de (*), $ac = 0$ et $c + b = 1 - a$, ce qui revient à avoir $c = 0$ et $b = 1/2$. Autrement dit, l'égalité a lieu lorsque $A \cap B$ est négligeable et $P(A) = P(B) = 1/2$ (notons que dans le cas d'égalité, $P(A \cup B) = P(A) + P(B) - P(A \cap B) = 1$, *i.e.* $A \cup B$ est presque sûr).

— *Cas 2.* Si $c > (c + a)(c + b)$, alors l'inégalité souhaitée est bien vraie car

$$|c - (c+a)(c+b)| = c - (c+a)(c+b) \leq c - c^2. \qquad (**)$$

Le cas d'égalité se produit lorsque $c = 1/2$ et $(c + a)(c + b) = c^2$, donc $a = b = 0$. Autrement dit, l'égalité se produit lorsque $P(A) = P(B) = 1/2$ et lorsque A' et B' sont négligeables (c'est-à-dire lorsque $A = B$ à un ensemble négligeable près).

EXERCICE 5. Alice et Zoé jouent à pile ou face en lançant indéfiniment une pièce non équilibrée, dont la probabilité de tomber sur pile est $p \in]0,1[$. Alice gagne dès que la séquence "FFP" (face-face-pile) est apparue, alors que la séquence "FPP" n'est pas encore apparue. Bernard gagne dès que la séquence "FPP" est apparue, alors que la séquence "FFP" n'est pas encore apparue. Déterminer la probabilité de gain de Alice, et de Bernard. Peut-on trouver une valeur de p telle qu'Alice et Bernard aient la même probabilité de gain ? (indication : on pourra considérer la série génératrice $\sum_n a_n z^n$ où a_n est la probabilité de gain au n-ième lancer.)

Solution. Supposons que Alice ou Zoé gagne au n-ième lancer. Soit $w = (w_1, \ldots, w_n)$ la n-liste de {P,F} (pile ou face) correspondante. On a $n \geq 3$. Notons w' la $(n-3)$-liste des $n-3$ premières lettres de w. En étudiant les enchaînements possibles de "P" et de "F", on s'aperçoit que w' a la forme d'une séquence de "P", suivi d'une séquence de "FP", suivi d'une séquence de "F" (ces séquences pouvant chacune être vide), ce qu'on note sous la forme $w' = \mathrm{P}^q(\mathrm{FP})^r\mathrm{F}^s$. Pour prouver ce résultat on traite plusieurs cas :

— w' ne contient pas la lettre "F". Alors w' ne contient que la lettre "P" : $w' = \mathrm{P}^{n-3}$.

— Sinon il existe un plus petit entier $q \in \mathbb{N}$ tel que $w_{q+1} = \mathrm{F}$. On a deux cas :

- soit il n'y a que des "F" dans w' après la position q. Alors $w' = \mathrm{P}^q\mathrm{F}^s$ avec $p+s = n-3$.
- sinon le premier "F" est immédiatement suivi d'un "P" (sinon, comme on a un "P" entre ce "F" et la fin de w', la séquence "FFP" arriverait avant la position n). On note r le nombre de "FP" consécutifs (à partir de la position $q+1$). Si $q+2r < n-3$, après le "FP" se terminant à la position $q+2r$, on a forcément un "F" (sinon la séquence "FPP" arriverait avant la position n). Si $q+2r+1 < n-3$ on doit encore avoir un "F" (par définition de r ce ne peut pas être un "P"), puis uniquement des "F" (sinon "FFP" arriverait avant la position n). En résumé, on ne peut avoir qu'une séquence de "F" commençant à la position $q+2r+1$, jusque la fin de w', et donc $w' = \mathrm{P}^q(\mathrm{FP})^r\mathrm{F}^s$.

En résumé, nous venons de montrer que w' est forcément de la forme $\mathrm{P}^q(\mathrm{FP})^r\mathrm{F}^s$ où $(q,r,s) \in \mathbb{N}^3$ sont tels que $q+2r+s = n-3$. On en déduit que les séquences de gain w ont la forme suivante :

(i) Si Alice gagne, $w = \mathrm{P}^q(\mathrm{FP})^r\mathrm{F}^s\mathrm{FFP}$, avec $q,r,s \in \mathbb{N}$, $q+2r+s = n-3$.

(ii) Si Zoé gagne, $w = \mathrm{P}^q(\mathrm{FP})^r\mathrm{FPP}$, avec $q,r \in \mathbb{N}$, $q+2r = n-3$.

Réciproquement il est clair que ces séquences sont bien associées à celles où Alice ou Zoé gagnent au n-ième lancer.

Calculons maintenant a_n la probabilité de gain d'Alice au n-ième lancer. D'après (i) et sa réciproque, on a

$$a_n = \left(\sum_{\substack{q,r,s \in \mathbb{N} \\ q+2r+s=n-3}} p^q(p(1-p))^r(1-p)^s \right)(1-p)^2 p.$$

En considérant les trois séries entières

$$Q(z) = \sum_{q=0}^{+\infty} p^q z^q, \qquad R(z) = \sum_{r=0}^{+\infty} p^r(1-p)^r z^{2r}, \qquad S(z) = \sum_{s=0}^{+\infty}(1-p)^s z^s,$$

dont le rayon de convergence est ≥ 1, un produit de Cauchy nous assure que la série génératrice $A(z) = \sum_{n=0}^{+\infty} a_n z^n$ (de rayon de convergence ≥ 1) vérifie, pour $|z| < 1$

$$z^3 A(z) = Q(z)R(z)S(z)(1-p)^2 p = \frac{1}{1-pz} \cdot \frac{1}{1-p(1-p)z^2} \cdot \frac{1}{1-(1-p)z}(1-p)^2 p.$$

Les séries de fonctions en jeu convergent absolument pour $z \in [-1,1]$, donc sont définies et continues sur ce domaine et on en déduit que la probabilité de gain de Alice est

$$a = \sum_{n=0}^{+\infty} a_n = A(1) = Q(1)R(1)S(1)(1-p)^2 p = \frac{(1-p)^2 p}{(1-p)(1-p(1-p))p} = \frac{1-p}{1-p(1-p)}.$$

En notant b_n la probabilité de gain de Zoé au n-ième lancer, la même approche permet de montrer, d'après (ii) et sa réciproque, que la série entière $B(z) = \sum_{n=0}^{+\infty} b_n z^n$ vérifie $z^3 B(z) =$

$Q(z)R(z)(1-p)p^2$ puis que la probabilité de gain de Zoé est

$$b = \sum_{n=0}^{+\infty} b_n = B(1) = Q(1)R(1)(1-p)p^2 = \frac{(1-p)p^2}{(1-p)(1-p(1-p))} = \frac{p^2}{1-p(1-p)}.$$

On remarque que $a + b = 1$, donc presque surement, Alice ou Zoé gagne.

Pour avoir $a = b$, compte tenu des valeurs obtenues plus haut, il suffit de choisir p tel que $1 - p = p^2$, dont il existe une unique solution dans $[0, 1]$ qui est $p = (\sqrt{5} - 1)/2 \simeq 0,618$.

EXERCICE 6. On lance indéfiniment une pièce de monnaie non équilibrée, dont la probabilité de tomber sur pile est $p \in]0,1[$. On note $\Omega = \{\text{P,F}\}^{\mathbb{N}^*}$ l'ensemble des suites possibles de "pile" ou "face" correspondantes.

1/ a) Soit $N \in \mathbb{N}^*$ et $a = (a_1, \dots, a_N)$ une N-liste de $\{\text{P,F}\}$. Montrer que l'ensemble

$$A = \{w = (w_i)_{i\in\mathbb{N}^*} \in \Omega \mid \exists n \in \mathbb{N}^*, w_{n+1} = a_1, \dots, w_{n+N} = a_N\}$$

est presque sûr.

b) Montrer l'existence d'événement négligeable et infini non dénombrable.

2/ Soit $\alpha > 0$. Pour tout n on note A_n l'événement "la suite a au moins $\alpha \log n$ piles consécutifs à partir de la position n", c'est-à-dire

$$A_n = \{w = (w_i)_{i\in\mathbb{N}^*} \in \Omega \mid w_{n+1} = \dots = w_{n+\ell(n)} = \text{P}\}, \qquad \ell(n) = \lceil \alpha \log n \rceil,$$

(où $\lceil x \rceil$ désigne le plus petit entier $\geq x$).

a) Lorsque $\alpha > 1/\log(1/p)$, montrer que presque surement, les suites de Ω ont au plus un nombre fini de n tels qu'il y a au moins $\alpha \log n$ piles consécutifs à partir de la position n.

b) Lorsque $\alpha \leq 1/\log(1/p)$, montrer que presque surement, les suites de Ω ont un nombre infini de n tels qu'il y a au moins $\alpha \log n$ piles consécutifs à partir de la position n.

Solution. **1/a)** On va construire un événement plus petit, presque sûr, ce qui montrera que A est presque sûr. Pour tout $p \in \mathbb{N}$, notons $A_p = \{w = (w_i)_{i\in\mathbb{N}^*} \in \Omega \mid w_{pN+1} = a_1, \dots, w_{pN+N} = a_N\}$. Les événements $(A_p)_{p\in\mathbb{N}}$ sont mutuellement indépendants, la probabilité de chacun est $P(A_p) = P(A_0) > 0$, donc la série $\sum_p P(A_p)$ diverge. On peut donc appliquer le lemme de Borel-Cantelli (assertion (ii), voir le théorème 1 page 326), qui entraîne que $B = \cap_{n\in\mathbb{N}} \cup_{p\geq n} A_p$ est presque sûr. Toute suite w dans B appartient à une infinité de A_p, donc vérifie en particulier $w_{n+1} = a_1, \dots, w_{n+N} = a_N$ pour une infinité de valeurs de n. Donc $B \subset A$, donc $P(A) \geq P(B) = 1$ ce qui prouve que A est presque sûr.

b) On choisit un cas particulier de la question précédente : $N = 2$ et $a = (\text{P,P})$. D'après la question précédente, l'événement $A = \{w = (w_i)_{i\in\mathbb{N}^*} \in \Omega \mid \exists n \in \mathbb{N}^*, w_{n+1} = w_{n+2} = \text{P}\}$ est presque sûr. Donc son complémentaire C, qui est l'ensemble des suites n'ayant jamais deux "pile" consécutifs, est négligeable. On va montrer que C est infini non dénombrable. Pour cela on considère l'ensemble des suites

$$D = \{w = (w_i)_{i\in\mathbb{N}^*} \in \Omega \mid \forall n \in \mathbb{N}, (w_{2n+1}, w_{2n+2}) \in \{(\text{F,F}), (\text{F,P})\}\}.$$

On a $D \subset C$. On va montrer que D est infini non dénombrable, en utilisanr un procédé diagonal, similaire à celui utilisé pour la preuve de la non-dénombrabilité de $\mathbb{R}$. Raisonnons par l'absurde et supposons D dénombrable, de sorte qu'il existe une bijection $\varphi : \mathbb{N} \to D$. On note $x_{n,i} \in \{\text{P,F}\}$ le i-ième terme de la suite $\varphi(n)$. On construit la suite $w = (w_i)_{i\in\mathbb{N}^*} \in \Omega$ comme suit : pour tout $i \in \mathbb{N}$, on choisit $(w_{2i+1}, w_{2i+2}) \in \{(\text{F,F}), (\text{F,P})\} \setminus \{(x_{i,2i+1}, x_{i,2i+2})\}$ (il n'y a qu'un seul élément possible). Comme $w \in D$, il existe $n \in \mathbb{N}$ tel que $w = \varphi(n)$, ce qui entraîne $(w_{2n+1}, w_{2n+2}) = (x_{n,2n+1}, x_{n,2n+2})$, et ceci est absurde étant donnée la définition de w. Donc D est infini non dénombrable, donc c'est aussi le cas pour C car $D \subset C$.

2/a) La probabilité de A_n est $p^{\ell(n)} \leq p^{\alpha \log n} = n^{\alpha \log p}$. Ainsi on a $P(A_n) \leq n^{-\beta}$ avec $\beta = \alpha \log(1/p) > 1$. Donc la série $\sum_n P(A_n)$ converge, et d'après le lemme de Borel-Cantelli (assertion (i)), on en déduit que $\bigcap_{n\in\mathbb{N}^*}\bigcup_{p\geq n} A_p$ est négligeable. Donc, presque surement toute suite w n'appartient qu'à un nombre fini de A_n, ce qu'il fallait démontrer.

b) Ici on ne peut pas appliquer directement l'assertion (ii) du lemme de Borel-Cantelli car les (A_n) ne sont pas mutuellement indépendants. On s'en sort en se restreignant à une sous-suite de (A_n) tels que les indices des suites impliqués dans la définition des A_n ne se chevauchent pas. On choisit $B_n = A_{m_n}$ avec $m_n = 2n\ell(n)$. Il existe $N \in \mathbb{N}$ tel que pour tout $n \geq N$,

$$\ell(m_n) \leq 1 + \alpha \log(2n\ell(n)) = 1 + \alpha \log n + \alpha \log(2\ell(n)) < 2\alpha \log n \leq 2\ell(n).$$

Lorsque $n \geq N$, on a donc $m_{n+1} = 2(n+1)\ell(n+1) \geq 2(n+1)\ell(n) = m_n + 2\ell(n) > m_n + \ell(m_n)$. Ainsi les ensembles d'indices $\{m_n + 1, \ldots, m_n + \ell(m_n)\}$ impliqués dans la définition de B_n sont disjoints lorsque $n \geq N$, ce qui entraîne que les $(B_n)_{n\geq N}$ sont mutuellement indépendants. La probabilité de B_n vérifie

$$P(B_n) = p^{\ell(m_n)} \geq p^{\alpha \log m_n + 1} = p\, m_n^{\alpha \log p} = \frac{p}{(2n\ell(n))^{\alpha \log(1/p)}} \geq \frac{p}{2n\ell(n)}.$$

Comme $\dfrac{p}{2n\ell(n)} \sim \dfrac{p/(2\alpha)}{n \log n}$, on en déduit que la série $\sum_{n\geq N} P(B_n)$ diverge. On peut appliquer l'assertion (ii) du lemme de Borel-Cantelli, qui entraîne que $\bigcap_{n\geq N}\bigcup_{p\geq n} B_n$ est presque sûr. Donc presque surement, toute suite de Ω appartient à une infinité de B_n, donc à une infinité de A_m, ce qu'il fallait démontrer.

EXERCICE 7. On note $\mathcal{P}$ l'ensemble des nombres premiers.

1/ Soit $s > 1$. On note $\zeta(s) = \sum_{n=1}^{+\infty} \frac{1}{n^s}$ (fonction zêta de Riemann), et on définit une probabilité P sur $\mathbb{N}^*$ par

$$\forall n \in \mathbb{N}^*, \qquad P(\{n\}) = \frac{1}{\zeta(s)} \frac{1}{n^s}.$$

a) Pour tout $q \in \mathbb{N}^*$, on note $A_q = q\mathbb{N}^*$. Montrer que les événements $(A_p)_{p\in\mathcal{P}}$ sont mutuellement indépendants.

b) En notant $p_1 < p_2 < \ldots$ les nombres premiers dans l'ordre croissant, en déduire que

$$\frac{1}{\zeta(s)} = \prod_{k=1}^{+\infty} \left(1 - \frac{1}{p_k^s}\right).$$

c) Déterminer la nature de la série $\sum_{k\geq 1} 1/p_k$.

2/a) Montrer qu'il n'existe pas de probabilité P sur $\mathbb{N}^*$ telle que $P(A_q) = 1/q$ pour tout $q \in \mathbb{N}^*$.

b) Soit $\sum_{n\in\mathbb{N}^*} u(n)$ une série à termes positifs et convergente. Montrer qu'il n'existe pas de probabilité P sur $\mathbb{N}^*$ telle que $|P(A_q) - 1/q| < u(q)$ pour tout $q \in \mathbb{N}^*$.

Solution. **1/a)** On commence par remarquer que pour tout $q \in \mathbb{N}^*$, on a

$$P(A_q) = \sum_{n=1}^{+\infty} \frac{1}{\zeta(s)} \frac{1}{(qn)^s} = \frac{1}{q^s}.$$

Par ailleurs, lorsque q, r sont premiers entre eux, A_{qr} est l'ensemble des nombres entiers divisibles par q et par r, donc $A_{qr} = A_q \cap A_r$. Considérons maintenant k nombres premiers distincts $p_1, \ldots, p_k$. L'observation précédente entraîne $A_{p_1\cdots p_k} = A_{p_1} \cap \ldots \cap A_{p_k}$ donc on a

$$P(A_{p_1} \cap \ldots \cap A_{p_k}) = P(A_{p_1\cdots p_k}) = \frac{1}{(p_1 \cdots p_k)^s} = \frac{1}{p_1^s} \cdots \frac{1}{p_k^s} = P(A_1) \cdots P(A_k),$$

ce qui prouve bien l'indépendance des $(A_p)_{p\in\mathcal{P}}$.

b) Comme les $(A_p)_{p\in\mathcal{P}}$ sont indépendants, les $(\overline{A_p})_{p\in\mathcal{P}}$ également (où $\overline{A}$ désigne le complémentaire de A). Ainsi pour tout $K \in \mathbb{N}^*$, l'événement $B_K = \cap_{k=1}^K \overline{A_{p_k}}$, qui est l'ensemble des entiers divisibles par aucun des $(p_k)_{1\leq k\leq K}$, vérifie

$$P(B_K) = \prod_{k=1}^K P(\overline{A_{p_k}}) = \prod_{k=1}^K (1 - P(A_{p_k})) = \prod_{k=1}^K \left(1 - \frac{1}{p_k^s}\right). \qquad (*)$$

Or $\{1\} \subset B_K \subset \{1\} \cup \{n \in \mathbb{N}^*, n > p_K\}$ donc

$$P(\{1\}) \leq P(B_K) \leq P(\{1\}) + \sum_{n>p_K} P(\{n\})$$

donc

$$\frac{1}{\zeta(s)} \leq P(B_K) \leq \frac{1}{\zeta(s)} + \sum_{n>p_K} \frac{1}{\zeta(s)}\frac{1}{n^s} \leq \frac{1}{\zeta(s)}\left(1 + \int_{p_K}^{+\infty} \frac{dt}{t^s}\right).$$

Il y a une infinité de nombres premiers donc p_K tend vers $+\infty$ et comme l'intégrale $\int_1^{+\infty} dt/t^s$ converge, on en déduit $\lim_{K\to+\infty} P(B_K) = 1/\zeta(s)$, d'où le résultat en faisant tendre K vers $+\infty$ dans (*).

c) Nous allons montrer que la série diverge. Raisonnons par l'absurde et supposons qu'elle converge. Alors comme $|\log(1 - 1/p_k)| \sim 1/p_k$, la série $\sum_{k\geq 1} |\log(1 - 1/p_k)|$ converge. Soit M sa somme. Lorsque $s > 1$, on a $|\log(1 - 1/p_k^s)| \leq |\log(1 - 1/p_k)|$ et avec le résultat de la question précédente, on en déduit

$$\forall s > 1, \qquad |\log\zeta(s)| = \left|\sum_{k=1}^{+\infty} \log\left(1 - \frac{1}{p_k^s}\right)\right| \leq M. \qquad (**)$$

Or on a la minoration

$$\forall s > 1, \qquad \zeta(s) = \sum_{n=1}^{+\infty} \frac{1}{n^s} \geq \sum_{n=1}^{+\infty} \int_n^{n+1} \frac{dt}{t^s} = \int_1^{+\infty} \frac{dt}{t^s} = \frac{1}{s-1}.$$

ce qui est incompatible avec (**). La série $\sum_{k\geq 1} 1/p_k$ diverge donc.

2/a) Supposons qu'une telle probabilité existe. Le même raisonnement que dans 1/a) , montre que les $(A_p)_{p\in\mathcal{P}}$ sont mutuellement indépendants. D'après 1/c), la série $\sum_{k\geq 1} P(A_{p_k})$ diverge, on peut donc appliquer le lemme du Borel-Cantelli (assertion (ii)) qui nous assure que presque surement, tout entier est dans une infinité de A_{p_k}, autrement dit que presque surement, tout entier est divisible par une infinité de nombres premiers, ce qui est absurde. On en déduit qu'une telle probabilité n'existe pas.

b) On va également raisonner par l'absurde en supposant qu'une telle probabilité existe. Ici l'utilisation du lemme de Borel-Cantelli n'est pas possible car les $(A_p)_{p\in\mathcal{P}}$ ne sont pas indépendants. On s'en sort en s'inspirant de la preuve de l'assertion (ii) du lemme de Borel-Cantelli, en commençant par déterminer une minoration de $P(\cup_{m\leq k\leq n} A_{p_k})$. En l'absence d'indépendance des événements en présence, on utilise la formule du crible, qui s'écrit

$$P(\cup_{m\leq k\leq n} A_{p_k}) = \sum_{J\subset\{m,\ldots,n\},|J|\geq 1} (-1)^{|J|-1} P(\cap_{j\in J} A_{p_j}).$$

Or $\cap_{j\in J} A_{p_j} = A_q$ avec $q = \prod_{j\in J} p_j$ donc

$$\left|P(\cap_{j\in J} A_{p_j}) - \frac{1}{\prod_{j\in J} p_j}\right| \leq u\left(\prod_{j\in J} p_j\right).$$

On a donc

$$\left|P(\cup_{m\leq k\leq n} A_{p_k}) - \sum_{J\subset\{m,\ldots,n\},|J|\geq 1} \frac{(-1)^{|J|-1}}{\prod_{j\in J} p_j}\right| \leq \sum_{J\subset\{m,\ldots,n\},|J|\geq 1} u\left(\prod_{j\in J} p_j\right) \leq \sum_{k=p_m}^{+\infty} u(k). \quad (***)$$

La dernière majoration est une conséquence du fait que, lorsque J parcourt les parties non vides de $\{m, \dots, n\}$, les entiers $\prod_{j \in J} p_j$ sont tous distincts (d'après l'unicité de la décomposition en facteurs premiers) et supérieurs à p_m. On minore maintenant le terme de droite dans la valeur absolue :

$$\sum_{J \subset \{m,\dots,n\}, |J| \geq 1} \frac{(-1)^{|J|-1}}{\prod_{j \in J} p_j} = 1 - \prod_{k=m}^{n} \left(1 - \frac{1}{p_k}\right) \geq 1 - \prod_{k=m}^{n} \exp(-1/p_k) = 1 - \exp\left(-\sum_{k=m}^{n} \frac{1}{p_k}\right).$$

Avec (***) on en déduit

$$P(\cup_{m \leq k \leq n} A_{p_k}) \geq 1 - \exp\left(-\sum_{k=m}^{n} \frac{1}{p_k}\right) - \sum_{k=p_m}^{+\infty} u(k).$$

En faisant tendre n vers $+\infty$, on obtient, compte tenu du fait que $\sum 1/p_k$ diverge

$$P(\cup_{k \geq m} A_{p_k}) \geq 1 - \sum_{k=p_m}^{+\infty} u(k).$$

Comme $\sum_k u(k)$ converge, ceci entraîne

$$P(\cap_{m \in \mathbb{N}^*} \cup_{k \geq m} A_{p_k}) \geq 1,$$

donc $\cap_{m \in \mathbb{N}^*} \cup_{k \geq m} A_{p_k}$ est presque sûr. Comme précédemment, on en déduit que presque surement, tout entier est dans une infinité de A_{p_k}, donc divisible par une infinité de p_k, ce qui est absurde.

Remarque. Nous avons ainsi démontré par des moyens probabilistes l'expression de $\zeta(s)$ comme produit eulérien (question 1/b)). Cette formidable identité est également démontrée par des moyens analytiques dans le tome Analyse, c'est notamment l'un des résultats utilisés pour la preuve du théorème des nombres premiers (qui affirme que $\pi(x) = |\{p \in \mathcal{P}, p \leq x\}| \sim x/\log x$).

– On peut montrer que $\sum_{p \in \mathcal{P}, p \leq n} 1/p = \log\log n + O(1)$. La divergence de la série est donc très lente.

3. Variables aléatoires discrètes

Nous nous limiterons ici au cas des variables aléatoires discrètes, conformément au programme des classes préparatoires. Nous donnons néanmoins la définition générale d'une variable aléatoire, et nous discuterons un peu plus loin des variables aléatoires réelles. Sauf mention expresse, Ω désigne dans cette section un ensemble associé à un espace probabilisé $(\Omega, \mathcal{A}, P)$.

3.1. Généralités

DÉFINITION 1. Soient $(\Omega, \mathcal{A}, P)$ un espace probabilisé et $(E, \mathcal{F})$ un espace probabilisable. On appelle *variable aléatoire* de Ω vers E une application $X : \Omega \to E$ telle que $\forall F \in \mathcal{F}, X^{-1}(F) \in \mathcal{A}$. La fonction $P_X : \mathcal{F} \to [0, 1]$, $F \mapsto P(X^{-1}(F))$ est alors une probabilité sur $(E, \mathcal{F})$, appelée *loi de probabilité de X*.

En pratique, on peut avoir $(E, \mathcal{F}) = (E, \mathcal{P}(E))$ avec E un ensemble fini ou dénombrable (cas des variables aléatoires discrètes, qui est le cadre de cette section), soit $(E, \mathcal{F}) = (\mathbb{R}, \mathcal{B})$ (on parle alors de variable aléatoire *réelle*, $\mathcal{B}$ étant la tribu borélienne), soit $E = \mathbb{R}^d$, soit un espace plus sophistiqué (comme par exemple l'espace des fonctions continues de $[0, 1]$ dans $\mathbb{R}$).

NOTATION. On utilise en général la notation $\{X \in B\}$ pour désigner l'ensemble $X^{-1}(B)$. On écrira donc $P(X \in B)$ pour désigner $P(X^{-1}(B))$. On utilisera également la notation

$P(X = x) = P(X^{-1}(\{x\}))$ pour $x \in E$. Pour les variables aléatoires réelles, on écrira $P(X \leq a) = P(X^{-1}(]-\infty, a]))$, $P(X \geq b) = P(X^{-1}([b, +\infty[))$, $P(a \leq X < b) = P(X^{-1}([a, b[))$, etc.

Cas des variables aléatoires réelles. Même si ces dernières ne sont pas au programme des classes préparatoires, il est bon de connaitre les définitions et propriétés suivantes.

— La loi P_X d'une variable aléatoire réelle X est entièrement déterminée par les probabilités $P(X \leq x)$, $x \in \mathbb{R}$.

— La fonction $F_X : \mathbb{R} \to [0, 1] \quad x \mapsto P(X \leq x)$ est appelée *fonction de répartition* de X. Elle est croissante. Elle est continue à droite en tout point de $\mathbb{R}$, car pour toute suite réelle (x_n) convergeant vers x et décroissante on a

$$\begin{aligned}\lim_{n \to +\infty} F_X(x_n) = \lim_{n \to +\infty} P(X^{-1}(]-\infty, x_n])) &= P(\cap_{n \in \mathbb{N}} X^{-1}(]-\infty, x_n])) \\ &= P(X^{-1}(\cap_{n \in \mathbb{N}}]-\infty, x_n])) = P(X^{-1}(]-\infty, x])) = F_X(x).\end{aligned}$$

Elle vérifie $\lim_{x \to -\infty} F_X(x) = 0$ et $\lim_{x \to +\infty} F_X(x) = 1$.

— On a $P(X < b) = \lim_{x \to b^-} F(x)$ et $P(X \geq a) = 1 - \lim_{x \to a^-} F(x)$.

— Les sauts de discontinuité de F_X correspondent aux probabilités ponctuelles non nulles : $P(X = x) = F_X(x) - \lim_{t \to x^-} F_X(t)$.

— On dit que X *possède une densité* s'il existe une fonction $f : \mathbb{R} \to \mathbb{R}^+$, continue sur $\mathbb{R}$ sauf éventuellement en un nombre fini de points, intégrable sur $\mathbb{R}$, telle que pour tout $x \in \mathbb{R}$, $F_X(x) = \int_{-\infty}^{x} f(t)\, dt$. Dans ce cas, F_X est continue et pour tout $x \in \mathbb{R}$ on a $P(X = x) = 0$.

Variables aléatoires discrètes.

DÉFINITION 2. On dit qu'une variable aléatoire $X : \Omega \to E$ est *discrète* si $X(\Omega)$ est fini ou dénombrable.

Remarque 1. — Lorsque $X(\Omega)$ est fini, on dit que la variable aléatoire est *finie*.

— Dans le cas des variables aléatoires discrètes, la tribu considérée pour l'espace d'arrivée est en général $\mathcal{P}(X(\Omega))$.

— L'espace Ω n'est pas forcément fini ou dénombrable. Par exemple l'espace Ω des suites $w = (w_n)_{n \in \mathbb{N}}$ à valeur dans $\{0, 1\}$ est infini non dénombrable (c'est classique), et la variable aléatoire X définie par $X(w) = \inf\{n \in \mathbb{N} \mid w_n = 0\}$ est discrète, à valeur dans $\mathbb{N} \cup \{+\infty\}$ (la valeur $+\infty$ est l'image de la suite constante égale à 1).

— D'après la proposition 3 page 322, une variable aléatoire discrète X est caractérisée par les valeurs $P(X = x)$, avec $x \in X(\Omega)$. Ainsi, pour tout $A \subset X(\Omega)$, on a

$$P(X \in A) = \sum_{x \in A} P(X = x).$$

Vecteurs aléatoires discrets.

DÉFINITION 3. Soit $n \in \mathbb{N}^*$ et $X_1, \ldots, X_n$ des variables aléatoires discrètes de Ω vers E. L'application $X = (X_1, \ldots, X_n)$ est une variable aléatoire discrète de Ω vers E^n, appelée *vecteur aléatoire discret*. La loi du n-uplet $(X_1, \ldots, X_n)$ est appelée *loi conjointe* des variables aléatoires $X_1, \ldots, X_n$. Les lois des variables aléatoires $X_1, \ldots, X_n$ sont appelées les *lois marginales* du n-uplet $(X_1, \ldots, X_n)$.

NOTATION. On généralise l'usage de la notation $P(X \in A)$ aux vecteurs aléatoires : $P(X_1 \in A_1, \ldots, X_n \in A_n)$ désigne la valeur $P(X^{-1}(A_1 \times \ldots \times A_n))$ (on la note parfois $P(\{X_1 \in A_1\} \cap \ldots \cap \{X_n \in A_n\})$). On utilise aussi la notation $P(X_1 = a_1, \ldots, X_n = a_n)$, ou toute expression de cette forme où les égalités sont remplacées par des inégalités.

Remarque 2. — Un vecteur aléatoire discret $X = (X_1, \dots, X_n)$ est caractérisé par les valeurs $P(X_1 = x_1, \dots, X_n = x_n)$, avec $(x_1, \dots, x_n) \in (X_1(\Omega), \dots, X_n(\Omega))$.
— On déduit les lois marginales à partir de la loi conjointe à partir de l'égalité

$$\forall a \in X_k(\Omega), \qquad P(X_k = a) = \sum_{x_j \in X_j(\Omega), j \neq k} P(\cup_{j\neq k}\{X_j = x_j\} \cup \{X_k = a\}).$$

Réciproquement on ne peut pas déduire la loi conjointe à partir des lois marginales.

PROPOSITION 1. *Soit* $n \in \mathbb{N}^*$ *et* $X = (X_1, \dots, X_n) : \Omega \to E^n$ *un vecteur aléatoire discret. Soit* $f : E^n \to F$ *une fonction. Alors* $f(X) : \Omega \to F$ *est une variable aléatoire discrète, dont la loi de probabilité vérifie, pour tout* $y \in f(X(\Omega))$

$$P(f(X) = y) = \sum_{\substack{x \in X(\Omega)\\ f(x)=y}} P(X = x) = \sum_{\substack{x_1 \in X_1(\Omega), \dots, x_n \in X_n(\Omega)\\ f(x_1, \dots, x_n)=y}} P(X_1 = x_1, \dots, X_n = x_n).$$

Exemple 1. Une conséquence typique de ce résultat, est que la somme $X + Y$ de deux variables aléatoires discrètes réelles X et Y, est une variable aléatoire discrète réelle, dont la valeur sur les singletons est donnée par

$$P(X + Y = z) = \sum_{\substack{x \in X(\Omega),\ y \in Y(\Omega)\\ x+y=z}} P(X = x, Y = y).$$

(Une somme de cette forme est appelée *convolution*). De même $\min(X, Y)$ est une variable aléatoire discrète réelle, pour laquelle

$$P(\min(X, Y) = z) = \sum_{\substack{x \in X(\Omega),\ y \in Y(\Omega)\\ y \geq z}} P(X = z, Y = y) + \sum_{\substack{x \in X(\Omega),\ y \in Y(\Omega)\\ x > z}} P(X = x, Y = z).$$

Lois conditionnelles, indépendance.

DÉFINITION 4. Soient X et Y deux variables aléatoires discrètes de Ω vers E. Soit $y \in E$ tel que $P(Y = y) \neq 0$. On appelle *loi conditionnelle de* X *sachant* $(Y = y)$ la probabilité P_y définie sur $X(\Omega)$ par

$$\forall x \in X(\Omega), \qquad P_y(\{x\}) = \frac{P(X = x, Y = y)}{P(Y = y)}.$$

DÉFINITION 5. Deux variables aléatoires discrètes X et Y de Ω vers E sont dites *indépendantes* si pour toutes parties $A \subset X(\Omega)$ et $B \subset Y(\Omega)$, on a

$$P(X \in A, Y \in B) = P(X \in A)P(Y \in B).$$

Plus généralement, étant donnée une famille $(X_i)_{i\in I}$ (éventuellement infinie) de variables aléatoires discrètes de Ω vers E, on dit que les variables $(X_i)_{i\in I}$ sont *mutuellement indépendantes* (ou plus simplement *indépendantes*) si pour toute partie *finie* $J \subset I$ et pour toutes parties $(A_j)_{j\in J}$ avec $A_j \subset X_j(\Omega)$ pour tout $j \in J$, on a

$$P(\cap_{j\in J}\{X_j \in A_j\}) = \prod_{j \in J} P(X_j \in A_j).$$

Remarque 3. La définition ci dessous est générale et peut s'appliquer aux variables aléatoires non discrètes. Dans le cas discret, il suffit d'avoir l'indépendance sur les singletons, comme l'affirme la propostion suivante.

PROPOSITION 2. *Avec les notations de la définition précédente, les variables aléatoires discrètes* X *et* Y *sont indépendantes si et seulement si*

$$\forall (x, y) \in X(\Omega) \times Y(\Omega), \qquad P(X = x, Y = y) = P(X = x)P(Y = y).$$

Les variables aléatoires discrètes $(X_i)_{i\in I}$ *sont* mutuellement indépendantes *si et seulement si pour toute partie finie* $J \subset I$, *on a*

$$\forall (x_j)_{j\in J} \in \prod_{j\in J} X_j(\Omega), \qquad P(\cap_{j\in J}\{X_j = x_j\}) = \prod_{j\in J} P(X_j = x_j).$$

PROPOSITION 3. *Soit* $m, n \in \mathbb{N}$ *avec* $1 \leq m < n$. *Soient* $X_1, \ldots, X_n$ *des variables aléatoires discrètes sur un espace probabilisé* $(\Omega, \mathcal{A}, P)$, *et* $f : X_1(\Omega) \times \ldots \times X_m(\Omega) \to F$, $g : X_{m+1}(\Omega) \times \ldots \times X_n(\Omega) \to F'$ *deux fonctions. Si les variables* $X_1, \ldots, X_n$ *sont indépendantes, il en est de même des variables* $f(X_1, \ldots, X_m)$ *et* $g(X_{m+1}, \ldots, X_n)$.

Remarque 4. Dans le cas particulier $m = 1$ et $n = 2$, cette proposition s'écrit : si X et Y sont deux variables aléatoires indépendantes et f et g deux fonctions définies sur $X(\Omega)$ et $Y(\Omega)$, alors $f(X)$ et $g(Y)$ sont indépendantes.

3.2. Espérance, variance, covariance

Espérance. La notion intuitive de moyenne (ou celle de centre de gravité), trouve une définition mathématique rigoureuse dans la notion d'espérance, dans la définition suivante.

DÉFINITION 6 (ESPÉRANCE). Soit X une variable aléatoire discrète réelle sur Ω. On dit que X *admet une espérance* (ou que X est *d'espérance finie*) si la famille $(xP(X = x))_{x\in X(\Omega)}$ est sommable. Dans ce cas on appelle *espérance* de X la valeur notée $E(X)$ définie par

$$E(X) = \sum_{x\in X(\Omega)} xP(X = x).$$

Remarque 5. — Une variable aléatoire finie admet toujours une espérance.
- Une variable aléatoire bornée admet toujours une espérance.
- La semi-convergence n'est pas suffisante pour admettre une espérance. En effet, l'ensemble $X(\Omega)$ n'est pas ordonné, et la somme définissant l'espérance doit être indépendante de l'ordre de sommation.
- X admet une espérance si et seulement si $|X|$ admet une espérance.
- Si $A \subset X(\Omega)$, on a $E(\mathbf{1}_A) = P(A)$ en notant $\mathbf{1}_A$ la fonction caractéristique de A.
- X est dite *centrée* si $E(X) = 0$. Si X admet une espérance, alors la variable aléatoire $X - E(X)$ également et $X - E(X)$ est centrée.
- On définit de même l'espérance d'un vecteur aléatoire discret $X = (X_1, \ldots, X_n)$, il vérifie $E(X) = (E(X_1), \ldots, E(X_n))$. En particulier on peut définir l'espérance d'une variable aléatoire discrète à valeurs dans $\mathbb{C}$ (ceci permettra plus tard de définir la fonction caractéristique de X, voir la définition 13 page 348).

PROPOSITION 4. *Supposons* Ω *fini ou dénombrable et soit* X *une variable aléatoire discrète réelle sur* Ω. *Alors* X *admet une espérance si et seulement si la famille* $(P(\{\omega\})X(\omega))_{\omega\in\Omega}$ *est sommable, et on a alors*

$$E(X) = \sum_{\omega\in\Omega} P(\{\omega\})X(\omega).$$

Remarque 6. — Le résultat se généralise comme suit : si $(A_n)_{n\in I}$ est une partition finie ou dénombrable de Ω (où Ω n'est pas supposé fini ou dénombrable) telle que X est constante sur chaque A_n, égale à x_n, alors X admet une espérance si et seulement si $(P(A_n)x_n)_{n\in I}$ est sommable, et on a

$$E(X) = \sum_{n\in I} x_n P(A_n).$$

La proposition précédente est un cas particulier de ce résultat lorsque Ω est fini ou dénombrable, en choisissant $I = \Omega$ et $A_n = \{n\}$ pour $n \in \Omega$.

— Dans le cas d'une variable aléatoire réelle X admettant une densité $f(x)$, de sorte que $P(X \leq x) = \int_{-\infty}^{x} f(t)\,dt$ (avec f continue sur $\mathbb{R}$ sauf éventuellement en un nombre fini de points), si $x \mapsto xf(x)$ est intégrable sur $\mathbb{R}$, alors X admet une espérance définie par $E(X) = \int_{-\infty}^{+\infty} xf(x)\,dx$. Ce résultat peut être vu comme une version continue de la formule de la proposition précédente.

PROPOSITION 5. *Soient X et Y deux variables aléatoires discrètes réelles sur Ω admettant une espérance. Alors*

(i) $X + Y$ admet une espérance qui vérifie $E(X + Y) = E(X) + E(Y)$,
(ii) pour tout $\lambda \in \mathbb{R}$, λX admet une espérance qui vérifie $E(\lambda X) = \lambda E(X)$,
(iii) si $X \geq 0$ on a $E(X) \geq 0$,
(iv) si $X \leq Y$ on a $E(X) \leq E(Y)$,
(v) on a $|E(X)| \leq E(|X|)$.
(vi) Si X et Y sont indépendantes, XY admet une espérance et $E(XY) = E(X)E(Y)$.

Remarque 7. — L'ensemble noté $\mathcal{L}^1(\Omega, \mathbb{R})$ des variables aléatoires discrètes réelles sur Ω est donc un espace vectoriel. L'espérance est une forme linéaire sur $\mathcal{L}^1(\Omega, \mathbb{R})$.

— Si X et Y ne sont pas indépendantes, l'existence de $E(XY)$ n'est pas garantie et le résultat (vi) est faux. La proposition 9 page 340 donne une condition suffisante d'existence de $E(XY)$ et fournit une majoration de cette dernière.

— Les résultats (i), (ii) et (v) restent vrais sur les vecteurs aléatoires discrets (en remplaçant la valeur absolue par la norme pour (v)). La propriété (vi) reste vraie pour les variables aléatoires discrètes à valeur dans $\mathbb{C}$.

PROPOSITION 6 (THÉORÈME DE TRANSFERT). *Soit X une variable aléatoire discrète de Ω sur E et $f : E \to \mathbb{R}$ une fonction. La variable aléatoire discrète réelle $f(X)$ admet une espérance si et seulement la famille $(f(x)P(X = x))_{x \in X(\Omega)}$ est sommable, et dans ce cas :*

$$E(f(X)) = \sum_{x \in X(\Omega)} f(x)P(X = x).$$

Les résultats portant sur l'espérance qui suivent sont des compléments hors programme qu'il est utile de connaître.

PROPOSITION 7. *Soit $X : \Omega \to \mathbb{N}$ une variable aléatoire discrète. Alors X admet une espérance si et seulement si la famille $(P(X > n))_{n \in \mathbb{N}}$ est sommable, et on a*

$$E(X) = \sum_{n=0}^{+\infty} P(X > n).$$

Démonstration. D'après le théorème de Fubini (cas particulier des résultats sur les familles sommables), la somme double $\sum_{n \in \mathbb{N}}(\sum_{k>n} P(X = k))$ converge absolument si et seulement si la somme double (obtenue par intervertion de sommation) $\sum_{k>0}(\sum_{n \in \mathbb{N}, n<k} P(X = k))$ converge absolument, et alors les deux sommes sont égales. Comme $\sum_{k>n} P(X = k) = P(X > n)$ et $\sum_{n \in \mathbb{N}, n<k} P(X = k) = kP(k)$, on en déduit que $\sum_{n \in \mathbb{N}} P(X > n)$ converge absolument si et seulement si $\sum_{k>0} kP(k)$ converge absolument, et dans ce cas on a l'égalité des sommes, ce qui s'écrit $\sum_{n \in \mathbb{N}} P(X > n) = E(X)$. □

Exemple 2. Soit $m, n \in \mathbb{N}^*$, $m \leq n$, et Y une variable aléatoire sur $\Omega = \mathcal{P}_m(\{1, \ldots, n\})$ (ensemble des parties de $\{1, \ldots, n\}$ à m éléments), muni d'une loi équiprobable, définie par $Y = \min \omega$. Nous souhaitons calculer $E(Y)$. La proposition précédente entraîne

$$E(Y) = \sum_{k=0}^{n} P(Y > k) = \sum_{k=0}^{n} \binom{n-k}{m}\binom{n}{m}^{-1} = \binom{n+1}{m+1}\binom{n}{m}^{-1} = \frac{n+1}{m+1}$$

(où nous avons utilisé la dernière assertion de la proposition 11 page 303).

DÉFINITION 7. Soit A un événement non négligeable et X une variable aléatoire discrète réelle sur Ω. On dit que X admet une *espérance conditionnelle sachant* A si X admet une espérance pour la loi de probabilité P_A, c'est-à-dire si la série

$$\sum_{x \in X(\Omega)} x P_A(X = x) = \sum_{x \in X(\Omega)} x P(X = x \mid A),$$

est absolument convergente, et on note alors sa somme $E(X \mid A)$, appelée *espérance conditionnelle de X sachant A*.

PROPOSITION 8. *Soit $(A_n)_{n \in I}$ une partition finie ou dénombrable d'événements non négligeables de Ω, et X une variable aléatoire discrète réelle sur Ω admettant une espérance. Alors pour tout $n \in I$, X admet une espérance conditionnelle sachant A_n et on a*

$$E(X) = \sum_{n \in I} E(X \mid A_n) P(A_n).$$

Démonstration. Pour tout $n \in I$, la famille $(xP(X = x \mid A_n)P(A_n))_{x \in X(\Omega)}$ est sommable car $P(X = x \mid A_n)P(A_n) = P(\{X = x\} \cap A_n) \leq P(X = x)$, donc $(xP(X = x \mid A_n))_{x \in X(\Omega)}$ est sommable ce qui assure l'existence de l'espérance conditionnelle de X sachant A_n. Or

$$\forall x \in X(\Omega), \qquad \sum_{n \in I} P(X = x \mid A_n)P(A_n) = \sum_{n \in I} P(\{X = x\} \cap A_n) = P(X = x),$$

et comme X admet une espérance on en déduit que $(xP(X = x \mid A_n)P(A_n))_{x \in X(\Omega), n \in I}$ est sommable. Le théorème de Fubini permet d'intervertir les signe de sommation, ce qui donne

$$\sum_{x \in X(\Omega)} xP(X = x) = \sum_{x \in X(\Omega)} \sum_{n \in I} xP(X = x \mid A_n)P(A_n) = \sum_{n \in I} \sum_{x \in X(\Omega)} xP(X = x \mid A_n)P(A_n).$$

Le terme de gauche est égal à $E(X)$, celui de droite à $\sum_{n \in I} E(X \mid A_n)P(A_n)$, d'où le résultat. □

Moment. Avant d'introduire la variance, il est commode d'introduire les moments d'une variable aléatoire, et de montrer que l'ensemble $\mathcal{L}^2(\Omega, \mathbb{R})$ des variables aléatoires de carré sommable est un espace vectoriel.

DÉFINITION 8 (MOMENT). Soit $p \in \mathbb{N}^*$ et X une variable aléatoire discrète réelle sur Ω. On dit que X admet un *moment d'ordre p* lorsque X^p est sommable (c'est-à-dire lorsque la famille $(x^p P(X = x))_{x \in X(\Omega)}$ est sommable), ce qui équivaut à dire que X^p admet une espérance. On appelle alors *moment d'ordre p* de X la valeur

$$E(X^p) = \sum_{x \in X(\Omega)} x^p P(X = x).$$

Remarque 8. — L'équivalence entre "X^p sommable" et "X^p admet une espérance" est une conséquence du théorème de transfert, ainsi que la formule de $E(X^p)$.
— Si X admet un moment d'ordre $p \in \mathbb{N}^*$, alors X admet un moment d'ordre q pour tout $q \leq p$ (ceci est une conséquence de l'inégalité $|X|^q \leq 1 + |X|^p$ dès que $q \leq p$.)
— Ainsi, si X admet un moment d'ordre $p \in \mathbb{N}^*$, X admet un moment *factoriel* $E(X(X-1)\cdots(X-p+1))$.

PROPOSITION 9. *Soient X et Y deux variables aléatoires discrètes réelles sur Ω, possédant un moment d'ordre 2. Alors XY admet une espérance, et on a*

$$|E(XY)| \leq E(X^2)^{1/2} E(Y^2)^{1/2}.$$

Démonstration. On peut démontrer l'inégalité directement à partir de l'expression de $E(XY)$ sous forme d'une série mais nous proposons une preuve plus élégante qui s'appuie sur l'inégalité de Schwarz des formes quadratiques positives.

L'inégalité $|XY| \leq (X^2 + Y^2)/2$ assure que XY admet bien une espérance. En particulier si X, Y admettent un moment d'ordre 2, l'égalité $(X+Y)^2 = X^2 + 2XY + Y^2$ montre que $X+Y$ admet également un moment d'ordre 2. Si X admet un moment d'ordre 2, λX également, pour $\lambda \in \mathbb{R}$. Ainsi l'ensemble $\mathcal{L}^2(\Omega, \mathbb{R})$ des variables aléatoires discrètes réelles est un espace vectoriel.

L'application $\varphi : \ (\mathcal{L}^2(\Omega, \mathbb{R}))^2 \to \mathbb{R} \quad (A, B) \mapsto E(AB)$ est bilinéaire et la forme quadratique associée $\Phi(A) = E(A^2)$ est positive. On peut donc appliquer l'inégalité de Schwarz (voir le théorème 3 page 246) qui s'écrit $\varphi(X, Y)^2 \leq \Phi(X)\Phi(Y)$, d'où le résultat. □

Remarque 9. Comme démontré dans la preuve de cette proposition, l'ensemble $\mathcal{L}^2(\Omega, \mathbb{R})$ des variables aléatoires discrètes réelles sur Ω qui admettent un moment d'ordre 2, est un espace vectoriel. De plus, cette proposition entraîne que $X \mapsto E(X^2)^{1/2}$ est une semi-norme sur $\mathcal{L}^2(\Omega, \mathbb{R})$ (on a $E(X^2) = 0$ si et seulement si $X = 0$ presque surement).

Variance. L'espérance donne la valeur moyenne d'une variable aléatoire, mais ne mesure pas sa dispersion autour de celle ci. Pour celà, on introduit la notion de variance, qui est la moyenne du carré de l'écart de la variable par rapport à sa moyenne.

DÉFINITION 9 (VARIANCE, ÉCART TYPE). Soit X une variable aléatoire discrète réelle sur Ω, admettant un moment d'ordre 2. On appelle *variance* de X la valeur notée $V(X)$ ou encore $\mathrm{Var}(X)$ définie par

$$V(X) = E\left((X - E(X))^2\right),$$

et on appelle *écart type* de X la valeur $\sigma(X) = \sqrt{V(X)}$.

Remarque 10.
- Une variable aléatoire admet une variance si elle admet un moment d'ordre 2. D'après la remarque 8, si X admet une variance alors elle admet une espérance.
- On dit qu'une variable aléatoire discrète réelle X est *centrée* si $E(X) = 0$, *réduite* si $V(X) = 1$. Pour toute variable aléatoire discrète réelle X de variance non nulle, la variable aléatoire $X^* = (X - E(X))/\sigma(X)$ est centrée réduite.

PROPOSITION 10. *Soit X une variable aléatoire discrète réelle, admettant un moment d'ordre 2. Alors*

(i) On a $V(X^2) = E(X^2) - E(X)^2$ (Théorème de Köenig-Huygens).

(ii) Pour tout $a, b \in \mathbb{R}$, $V(aX + b) = a^2 V(X)$.

Covariance.

DÉFINITION 10. Soient X et Y deux variables aléatoires discrètes réelles, admettant un moment d'ordre 2. On appelle *covariance* de X et Y la valeur notée $\mathrm{Cov}(XY)$ définie par

$$\mathrm{Cov}(X, Y) = E\big((X - E(X))(Y - E(Y))\big).$$

Remarque 11.
- On a $\mathrm{Cov}(X, X) = V(X)$.
- Si $\mathrm{Cov}(X, Y) > 0$, X et Y ont "tendance" à être du même coté de leur espérance respective. Lorsque $\mathrm{Cov}(X, Y) = 0$ on dit que les variables X et Y sont *décorrélées*. Le résultat plus bas affirme que les variables X et Y sont décorrélées si elles sont indépendantes, mais la réciproque est fausse.

PROPOSITION 11. *Soient X et Y deux variables aléatoires discrètes réelles, admettant un moment d'ordre 2. Alors*

(i) *On a* $\mathrm{Cov}(X,Y) = E(XY) - E(X)E(Y)$.

(ii) *L'application* $(X,Y) \mapsto \mathrm{Cov}(X,Y)$ *est bilinéaire symétrique sur* $\mathcal{L}^2(\Omega,\mathbb{R})$.

(iii) *Si X et Y sont indépendantes, on a* $\mathrm{Cov}(X,Y) = 0$.

(iv) *On a* $|\mathrm{Cov}(X,Y)| \leq \sigma(X)\sigma(Y)$. *Si* $\sigma(X)\sigma(Y) \neq 0$, *le* coefficient de corrélation *de X et Y, défini par* $\rho(X,Y) = \dfrac{\mathrm{Cov}(X,Y)}{\sigma(X)\sigma(Y)}$, *vérifie* $-1 \leq \rho(X,Y) \leq 1$.

(v) *On a* $V(X+Y) = V(X) + V(Y) + 2\,\mathrm{Cov}(X,Y)$. *En particulier si X et Y sont indépendantes, on a* $V(X+Y) = V(X) + V(Y)$.

PROPOSITION 12. *Soit $n \in \mathbb{N}^*$ et $X = (X_1, \ldots, X_n)$ un vecteur aléatoire discret à valeurs dans $\mathbb{R}^n$. On appelle* matrice de covariance *de $X_1, \ldots, X_n$ la matrice symétrique $n \times n$ définie par*

$$V(X) = \left(\mathrm{Cov}(X_i, X_j)\right)_{1 \leq i,j \leq n}.$$

Alors

— *Pour tout $(\lambda_1, \ldots, \lambda_n) \in \mathbb{R}^n$ et $(\mu_1, \ldots, \mu_n) \in \mathbb{R}^n$ on a*

$$\mathrm{Cov}(\lambda_1 X_1 + \cdots + \lambda_n X_n, \mu_1 X_1 + \cdots + \mu_n X_n) = (\lambda_1, \ldots, \lambda_n)\, V(X) \begin{pmatrix} \mu_1 \\ \vdots \\ \mu_n \end{pmatrix}.$$

— *Pour tout $(\lambda_1, \ldots, \lambda_n) \in \mathbb{R}^n$ on a*

$$\begin{aligned} V(\lambda_1 X_1 + \cdots + \lambda_n X_n) &= \sum_{i=1}^{n} \lambda_i^2 V(X_i) + 2 \sum_{1 \leq i < j \leq n} \lambda_i \lambda_j \,\mathrm{Cov}(X_i, X_j) \\ &= (\lambda_1, \ldots, \lambda_n)\, V(X) \begin{pmatrix} \lambda_1 \\ \vdots \\ \lambda_n \end{pmatrix}. \end{aligned}$$

— *Si les variables $X_1, \ldots, X_n$ sont indépendantes deux à deux, on a*

$$V(X_1 + \cdots + X_n) = V(X_1) + \cdots + V(X_n).$$

3.3. Lois discrètes usuelles

Dans cette partie, X désigne une variable aléatoire discrète réelle sur Ω.

Loi uniforme. On dit que X suit une loi *uniforme* lorsque $X(\Omega)$ est fini, de cardinal $n \in \mathbb{N}^*$, et lorsque pour tout $x \in X(\Omega)$ on a $P(X = x) = 1/n$. Cette loi correspond à la probabilité de tirer une boule donnée dans une urne de n boules différenciées, lors d'un tirage équiprobable.

Loi de Bernoulli. Soit $p \in]0,1[$. On dit que X suit une *loi de Bernoulli* de paramètre p, (et on note $X \hookrightarrow \mathcal{B}(p)$), si

$$X(\Omega) = \{0,1\} \qquad \text{et} \qquad P(X=0) = 1-p, \quad P(X=1) = p.$$

On a $E(X) = p$ et $V(X) = p(1-p)$.

Il s'agit de la loi qui modélise un tirage à pile ou face avec une pièce déséquilibrée, associé à la valeur aléatoire X définie par $X = 1$ si on tombe sur pile (succés), $X = 0$ si on tombe sur face (une telle expérience s'appelle *expérience de Bernoulli*).

Remarque 12. Une loi qui ressemble à celle de Bernoulli dans le cas $p = 1/2$ est la *loi de Rademacher*. La variable X suit une loi de Rademacher si $X(\Omega) = \{-1, 1\}$ et si $P(X = -1) = P(X = 1) = 1/2$.

Loi binomiale. Soit $p \in]0,1[$ et $n \in \mathbb{N}^*$. On dit que X suit une *loi binomiale* de paramètre (n,p) (et on note $X \hookrightarrow \mathcal{B}(n,p)$) si

$$X(\Omega) = \{0, \dots, n\}, \qquad \text{et} \qquad \forall k \in \{0, \dots, n\}, \quad P(X = k) = \binom{n}{k} p^k (1-p)^{n-k}.$$

On a $E(X) = np$ et $V(X) = np(1-p)$.

La loi binomiale est celle d'une variable aléatoire X qui est la somme de n variables indépendantes $X_1, \dots, X_n$ qui suivent chacune une loi de Bernoulli de paramètre p, on l'appelle parfois *loi du nombre du succés*.

Si $X \hookrightarrow \mathcal{B}(n,p)$ et $Y \hookrightarrow \mathcal{B}(m,p)$ sont indépendantes, alors $X + Y \hookrightarrow \mathcal{B}(n+m,p)$.

Loi géométrique. Soit $p \in]0,1[$ et $n \in \mathbb{N}^*$. On dit que X suit une *loi géométrique* de paramètre p (et on note $X \hookrightarrow \mathcal{G}(p)$) si

$$X(\Omega) = \mathbb{N}^*, \qquad \text{et} \qquad \forall n \in \mathbb{N}^*, \quad P(X = n) = p(1-p)^{n-1}.$$

On a $E(X) = 1/p$ et $V(X) = (1-p)/p^2$.

Lors d'une succession infinie d'expériences de Bernoulli, cette loi est celle de la variable X définie par le rang du premier succés rencontré. Les lois géométriques sont caractérisées par des lois dans mémoire, comme l'exprime la proposition suivante.

PROPOSITION 13. *Soit X une variable aléatoire à valeurs dans $\mathbb{N}^*$. Alors X suit une loi géométrique si et seulement si $P(X = 1) \in]0,1[$ et X est* sans mémoire*, c'est-à-dire*

$$\forall (n,k) \in (\mathbb{N}^*)^2, \qquad P(X > n + k \mid X > n) = P(X > k). \tag{$*$}$$

Démonstration. Si X suit une loi géométrique de paramètre $p \in]0,1[$, on a pour tout $\ell \in \mathbb{N}$

$$P(X > \ell) = \sum_{k=\ell+1}^{+\infty} P(X = k) = \sum_{k=\ell+1}^{+\infty} p(1-p)^{k-1} = (1-p)^{\ell}.$$

Donc

$$P(X > n + k \mid X > n) = \frac{P(X > n + k, X > n)}{P(X > n)} = \frac{P(X > n + k)}{P(X > n)} = (1-p)^k = P(X > k).$$

Réciproquement supposons X sans mémoire, et notons $p = P(X = 1) \in]0,1[$. Comme X est à valeurs dans $\mathbb{N}^*$, on a $P(X > 1) = 1 - P(X = 1) = 1 - p$. En appliquant (*) avec $k = 1$ on obtient

$$1 - p = P(X > 1) = P(X > n + 1 \mid X > n) = \frac{P(X > n + 1, X > n)}{P(X > n)} = \frac{P(X > n + 1)}{P(X > n)}$$

donc $P(X > n+1) = (1-p)P(X > n)$, ce qui par récurrence sur n entraîne $P(X > n) = (1-p)^n$. La variable aléatoire X suit donc bien une loi géométrique, de paramètre $p \in]0,1[$ puisque $P(X = 1) = p$ et si $n > 1$, $P(X = n) = P(X > n - 1) - P(X > n) = (1-p)^{n-1}p$. □

Loi de Poisson. Soit $\lambda > 0$. On dit que X suit une *loi de Poisson* de paramètre λ (et on note $X \hookrightarrow \mathcal{P}(\lambda)$) si

$$X(\Omega) = \mathbb{N}, \qquad \text{et} \qquad \forall n \in \mathbb{N}, \qquad P(X = n) = e^{-\lambda}\frac{\lambda^n}{n!}.$$

On a $E(X) = \lambda$ et $V(X) = \lambda$.

La loi de Poisson est celle d'une variable aléatoire X qui compte le nombre d'événements indépendants qui se produisent dans un intervalle de temps donné (par exemple : le nombre de clients rentrant dans un magasin, dans un intervalle de temps donné). Elle est la limite de la loi binomiale de paramètre $(n, \lambda/n)$ lorsque $n \to +\infty$. En effet, si (X_n) est une suite de variables aléatoires discrètes suivant chacune un loi binomiale de paramètre $(n, \lambda/n)$, on a, pour tout k fixé, lorsque $n \to +\infty$,

$$P(X_n = k) = \binom{n}{k}\left(\frac{\lambda}{n}\right)^k\left(1-\frac{\lambda}{n}\right)^{n-k} \sim \frac{n^k}{k!}\left(\frac{\lambda}{n}\right)^k\left(1-\frac{\lambda}{n}\right)^n \sim \frac{\lambda^k}{k!}e^{-\lambda},$$

où on a utilisé l'équivalent $\binom{n}{k} = \dfrac{n(n-1)\cdots(n-k+1)}{k!} \sim \dfrac{n^k}{k!}$. Par exemple, si chaque seconde, il y a une probabilité $p = 1/600$ qu'un client entre dans un magasin, le nombre de clients qui entrent sur un intervalle d'une heure suit approximativement une loi de poisson de paramètre $\lambda = 3600p = 6$. Pour cette raison, on appelle parfois cette loi la *loi des événements rares.*

Si $X \hookrightarrow \mathcal{P}(\lambda)$ et $Y \hookrightarrow \mathcal{P}(\mu)$ sont indépendantes, alors $X + Y \hookrightarrow \mathcal{P}(\lambda + \mu)$.

Si à chaque événement comptabilisé par une loi de Poisson de paramètre λ, on associe une expérience de Bernoulli de paramètre p, le nombre d'événements à succés suit une loi de Poisson de paramètre $p\lambda$. Par exemple, si le nombre de clients X entrant dans un magasin suit une loi de Poisson de paramètre λ et si chaque client a une probabilité p d'être un enfant, le nombre d'enfants Y qui entrent dans le magasin suit une loi de Poisson de paramètre $p\lambda$. En effet, on a, pour tout $k \in \mathbb{N}$

$$\begin{aligned}P(Y = k) &= \sum_{n=k}^{+\infty} P(Y = k \mid X = n)\, P(X = n)\\ &= \sum_{n=k}^{+\infty}\binom{n}{k}p^k(1-p)^{n-k}e^{-\lambda}\frac{\lambda^n}{n!} = \frac{\lambda^k p^k}{k!}\sum_{n=k}^{+\infty}\frac{(1-p)^{n-k}}{(n-k)!}e^{-\lambda}\lambda^{n-k} = \frac{(\lambda p)^k}{k!}e^{-\lambda p}.\end{aligned}$$

3.4. Estimations et convergence

Proposition 14 (Inégalité de Markov). *Soit X une variable aléatoire discrète réelle, admettant une espérance. Alors*

$$\forall a > 0, \qquad P(|X| \geq a) \leq \frac{E(|X|)}{a}.$$

Si X admet une variance, on a

$$\forall a > 0, \qquad P(|X| \geq a) \leq \frac{E(X^2)}{a^2}.$$

En appliquant cette proposition à $\varphi(X)$ où φ est une fonction croissante positive, on obtient le corollaire suivant :

Corollaire 1. *Soit φ une fonction positive croissante sur un intervalle réel I. Soit X une variable aléatoire discrète à valeurs dans I. Si $\varphi(X)$ admet une espérance, on a*

$$\forall a > 0, \qquad P(X \geq a) \leq \frac{E(\varphi(X))}{\varphi(a)}.$$

Démonstration. La preuve est immédiate (à refaire à chaque fois) : la croissance de φ implique $\{X \geq a\} \subset \{\varphi(X) \geq \varphi(a)\}$, donc l'inégalité de Markov appliquée à $\varphi(X)$ permet d'écrire

$$P(X \geq a) \leq P(\varphi(X) \geq \varphi(a)) \leq \frac{E(\varphi(X))}{\varphi(a)}.$$

□

Remarque 13. — La deuxième inégalité de la proposition 15 est la conséquence de ce corollaire, appliqué à la variable aléatoire $|X|$ et à $\varphi(x) = x^2$.

— En appliquant ce corollaire à $\varphi(x) = e^{\lambda x}$ avec $\lambda > 0$, on aboutit à l'inégalité
$$P(X \leq a) = P(e^{\lambda X} \geq e^{\lambda a}) \leq \frac{E(e^{\lambda X})}{e^{\lambda a}},$$
valide si $e^{\lambda X}$ admet une espérance. Cette inégalité est la première étape de la preuve de l'inégalité de Hoeffding (voir l'exercice 7 page 352).
— En appliquant ce corollaire à la fonction $\varphi(X) = (X - E(X))^2$ on obtient l'inégalité de Bienaymé-Tchébycheff ci-dessous.

PROPOSITION 15 (INÉGALITÉ DE BIENAYMÉ-TCHÉBYCHEFF). *Soit X une variable aléatoire discrète réelle, admettant une variance. Alors X admet une espérance et on a*
$$\forall a > 0, \qquad P(|X - E(X)| \geq a) \leq \frac{V(X)}{a^2}.$$

PROPOSITION 16 (INÉGALITÉ DE JENSEN). *Soit X une variable aléatoire discrète, prenant ses valeurs dans un intervalle réel I et $\varphi : I \to \mathbb{R}$ une fonction convexe. Alors si X et $\varphi(X)$ admettent une espérance, on a*
$$E(\varphi(X)) \geq \varphi(E(X)).$$

Démonstration. Comme φ est une fonction convexe, on peut écrire
$$\forall a \in \mathbb{R}, \exists \lambda_a \in \mathbb{R}; \qquad \forall x \in I, \varphi(x) \geq \varphi(a) + \lambda_a(x - \varphi(a)).$$
(φ étant convexe elle admet une dérivée à gauche $\varphi'_{\mathrm{g}}(a)$ et à droite $\varphi'_{\mathrm{d}}(a)$ pour tout $a \in I$. On choisit $\lambda_a = \varphi'_{\mathrm{g}}(a)$, ou $\lambda_a = \varphi'_{\mathrm{d}}(a)$ dans le cas où I est fermé à gauche d'extrémité a). L'inégalité précédente appliquée à $a = E(X)$ entraîne $\varphi(x) \geq \varphi(E(X)) + \lambda_a(x - E(X))$, donc en prenant les espérances de chaque membre on obtient
$$E(\varphi(X)) \geq \varphi(E(X)) + \lambda_a E(X - E(X)) = \varphi(E(X)).$$
□

Remarque 14. L'inégalité de Jensen n'est pas au programme des classes préparatoires mais se prouve facilement en reprenant la démonstration proposée ci-dessus. En l'appliquant à la fonction convexe $\varphi(x) = x^2$, on obtient l'inégalité $E(X^2) \geq E(X)^2$ (qu'on obtient aussi à partir du théorème de Koënig-Huygens, car $E(X^2) - E(X)^2 = V(X^2) \geq 0$). Plus généralement, pour tout $p > q > 1$, l'inégalité de Jensen appliquée à $\varphi(x) = x^{p/q}$ entraîne $E(X^p) \geq E(X^q)^{p/q}$, en particulier $E(X^p) \geq E(X)^p$.

Suites de variables aléatoires. Avant de présenter la loi faible des grands nombres, il convient de s'intéresser aux suites de variables aléatoires indépendantes. L'existence de telles suites *indépendantes* n'est pas évident *a priori* (de fait, l'espace Ω doit être assez grand et en général infini non dénombrable, voir l'exercice 5 page 351). Elle est garantie par le résultat suivant que nous admettrons (ceci est à rapprocher du résultat sur l'existence d'une probabilité sur $E^{\mathbb{N}^*}$ discutée page 326 dans le cas dénombrable des espaces de probabilités produits).

PROPOSITION 17. *Soit (P_n) une suite de probabilités sur $\mathbb{R}$, telles que pour tout n, il existe $S_n \subset \mathbb{R}$, au plus dénombrable, tel que $P_n(S_n) = 1$. Alors il existe un espace probabilisé $(\Omega, \mathcal{A}, P)$ et une suite de variables aléatoires discrètes (X_n) définies sur Ω et mutuellement indépendantes, tels que chaque variable aléatoire X_n suit la loi P_n.*

Remarque 15. Un exemple classique est celui de l'existence d'une suite de variables aléatoires *indépendantes* (X_n) suivant chacune une loi de Bernoulli de paramètre p. Dans ce cas, on peut prendre pour Ω l'espace des suites $\omega = (\omega_n)_{n\in\mathbb{N}^*} \in \{0,1\}^{\mathbb{N}^*}$, et X_n définie par $X_n(\omega) = \omega_n \in \{0,1\}$ (correspondant à l'expérience aléatoire du résultat du n-ième tirage à pile ou face).

Loi faible des grands nombres. Nous nous limitons ici à la loi faible des grands nombres dans le cas des variables aléatoires admettant une variance, conformément au programme des classes préparatoires. Diverses généralisations, incluant la loi forte des grands nombres, sont discutées dans la remarque 16 plus bas.

DÉFINITION 11 (CONVERGENCE EN PROBABILITÉ). On dit qu'une suite (X_n) de variables aléatoires discrètes réelles sur Ω converge *en probabilité* vers une variable aléatoire discrète réelle X si

$$\forall \varepsilon > 0, \qquad \lim_{n \to +\infty} P(|X_n - X| \geq \varepsilon) = 0.$$

→ THÉORÈME 1 (LOI FAIBLE DES GRANDS NOMBRES). *Soit $(X_n)_{n \in \mathbb{N}^*}$ une suite de variables aléatoires discrètes réelles, mutuellement indépendantes, suivant une même loi (on dit alors que les X_n sont* identiquement distribuées*) admettant une espérance m et une variance σ^2. Alors la variable aléatoire S_n/n, où $S_n = X_1 + \ldots + X_n$, converge en probabilité vers m, et plus précisément*

$$\forall \varepsilon > 0, \forall n \in \mathbb{N}^*, \qquad P\left(\left|\frac{S_n}{n} - m\right| \geq \varepsilon\right) \leq \frac{\sigma^2}{n\varepsilon^2}. \qquad (*)$$

Démonstration. L'inégalité (*) entraîne la convergence en probabilité de S_n/n vers m. En appliquant l'inégalité de Bienaymé-Tchébycheff à S_n on a $P(|S_n/n - E(S_n/n)| \geq \varepsilon) \leq (V(S_n)/n^2)/\varepsilon^2$, d'où (*) car $E(S_n/n) = m$ et l'indépendance de $X_1, \ldots, X_n$ entraîne $V(S_n) = \sum_{k=1}^{n} V(X_i) = n\sigma^2$. □

Remarque 16. — Ce résultat exprime que l'erreur entre S_n/n et m a l'ordre de grandeur de $1/\sqrt{n}$. L'estimation plus précise de la distribution de $\sqrt{n}(S_n/n - m)$ fait l'objet du *théorème central limite*, qui exprime que cette distribution se rapproche d'une Gaussienne. Le théorème central limite n'est pas au programme des classes préparatoires, il fait l'objet du problème 9 page 386 dans le cas des variables aléatoires entières.
- L'estimation (*) est en général très grossière lorsque ε est beaucoup plus grand que $n^{-1/2}$. L'inégalité de Hoeffding donne sous certaines conditions une estimation beaucoup plus fine des queues de probabilité (voir l'exercice 7 page 352).
- La loi faible des grands nombres reste vraie même sans supposer que la loi commune des (X_n) admet un moment d'ordre 2 (voir l'exercice 12 page 362).
- La *loi forte des grands nombres* exprime que S_n/n converge vers m presque surement. Elle n'est pas au programme des classes préparatoires. Une démonstration dans des cas particuliers fait l'objet de l'exercice 7 page 352 (voir la remarque), ou de l'exercice 13 page 363. Une preuve dans le cas général est donnée dans le problème 10 page 389.
- Il existe plusieurs modes de convergence des suites de variables aléatoires (en probabilité, convergence presque sure, en loi, $\mathcal{L}^1$, ...). Ceci fait l'objet du problème 5 page 375.

3.5. Fonctions génératrices

Séries génératrices.

DÉFINITION 12. Soit $X : \Omega \to \mathbb{N}$ une variable aléatoire. On appelle *série génératrice* de X la série entière notée $G_X(z)$ et définie par $G_X(z) = \sum_{n=0}^{+\infty} P(X = n) z^n$, de rayon de convergence ≥ 1.

PROPOSITION 18. *Soit $X : \Omega \to \mathbb{N}$ une variable aléatoire. La série génératrice de X converge normalement pour $|z| \leq 1$, elle vérifie les propriétés suivantes :*

(i) $z \mapsto G_X(z)$ *est définie et continue sur* $|z| \leq 1$, *en particulier sur* $[0,1]$.
(ii) Lorsque $t \in [0,1]$, *on a* $G_X(t) = E(t^X)$. *On a* $G_X(1) = 1$.
(iii) X *admet une espérance si et seulement si* G_X *est de classe* $\mathcal{C}^1$ *sur* $[0,1]$, *et dans ce cas* $E(X) = G'_X(1)$.
(iv) X *admet une variance si et seulement si* G_X *est de classe* $\mathcal{C}^2$ *sur* $[0,1]$, *et dans ce cas* $V(X) = G''_X(1) + G'_X(1) - G'_X(1)^2$.
(v) Soit $Y : \Omega \to \mathbb{N}$ *une variable aléatoire. Alors* $G_X = G_Y$ *sur* $[0,1]$ *si et seulement si* X *et* Y *ont même loi.*
(vi) Soit $Y : \Omega \to \mathbb{N}$ *une variable aléatoire indépendante de* X. *Alors* $G_{X+Y} = G_X G_Y$.

Démonstration. (i) Pour $|z| \leq 1$, on a $|P(X = n)z^n| \leq P(X = n)$ donc la série converge normalement sur $|z| \leq 1$, elle est donc définie et continue sur le disque fermé $|z| \leq 1$.

(ii) Lorsque $t \in [0,1]$, l'égalité $E(t^X) = G_X(t)$ est une conséquence du théorème de transfert (voir la proposition 6 page 338). L'égalité $G_X(1) = 1$ est immédiate.

(iii) Notons $p_n = P(X = n)$. Si X admet une espérance, alors $\sum np_n$ converge donc la série des termes dérivés $\sum np_n t^{n-1}$ converge normalement sur $t \in [0,1]$, donc est bien $\mathcal{C}^1$ sur $[0,1]$, et de plus $G'_X(t) = \sum_{n=1}^{+\infty} np_n t^{n-1}$ sur $[0,1]$, en particulier pour $t = 1$ ce qui donne $G'_X(1) = E(X)$. Réciproquement supposons G_X de classe $\mathcal{C}^1$ sur $[0,1]$. La série des termes dérivés $\sum np_n t^{n-1}$ converge normalement sur tout segment inclus dans $[0,1[$, donc pour tout $t \in [0,1[$ on a $G'_X(t) = \sum_{n=1}^{+\infty} np_n t^{n-1}$. Ainsi G'_X est croissante sur $[0,1[$, et comme G'_X est continue en 1 on en déduit

$$\forall N \in \mathbb{N}^*, \qquad \sum_{n=1}^{N} np_n = \lim_{t \to 1^-} \sum_{n=1}^{N} np_n t^{n-1} \leq \lim_{t \to 1^-} \sum_{n=1}^{+\infty} np_n t^{n-1} = G'_X(1).$$

Donc la série à termes positifs $\sum_{n \in \mathbb{N}^*} np_n$ est majorée, donc elle converge.

(iv) Le même raisonnement que pour (iii) montre que G_X est $\mathcal{C}^2$ sur $[0,1]$ si et seulement si $\sum n(n-1)p_n$ converge, et comme $n(n-1)p_n = n^2 p_n(1 + o(1))$ ceci équivaut à dire que X admet une variance. On obtient facilement $E(X^2) = \sum_{n \geq 1} n^2 p_n = \sum_{n \geq 1} n(n-1)p_n + \sum_{n \geq 1} np_n = G''_X(1) + G'_X(1)$, et on conclut avec la formule de Koênig-Huygens $V(X) = E(X^2) - E(X)^2$.

(v) est une conséquence du principe des zéros isolés, qui entraîne que les coefficients de G_X et G_Y sont identiques.

(vi) Si X et Y sont indépendants, alors t^X et t^Y aussi, donc $G_X(t)G_Y(t) = E(t^X)E(t^Y) = E(t^{X+Y}) = G_{X+Y}(t)$. □

Séries génératrices des lois usuelles. Les séries génératrices fournissent un moyen commode de calculer l'espérance et la variance d'une variable aléatoire à partir de leur forme close. Les séries génératrices des lois usuelles d'une variable aléatoire X sont les suivantes :

- **Loi de Bernoulli** de paramètre p : $G_X(t) = 1 - p + pt$.
- **Loi binomiale** de paramètre (n, p) : $G_X(t) = (1 - p + pt)^n$. Ce résultat est aussi une conséquence de de la propriété (vi) ci dessus, appliquée à une somme de n variables aléatoires indépendantes suivant chacune une loi de Bernoulli de paramètre p. Cette formule permet de calculer $E(X)$ et $V(X)$ par les formules

$$E(X) = G'_X(1) = np,$$
$$V(X) = G''_X(1) + G'_X(1) - G'_X(1)^2 = n(n-1)p^2 + np - (np)^2 = np(1-p).$$

Remarquons également que les propriétés (vi) et (v) ci dessus permettent de montrer que si $X \hookrightarrow \mathcal{B}(n,p)$ et $Y \hookrightarrow \mathcal{B}(m,p)$ sont indépendantes, alors $X + Y \hookrightarrow \mathcal{B}(n+m,p)$.

– **Loi géométrique** de paramètre p :

$$G_X(t) = \sum_{n=1}^{+\infty}(1-p)^{n-1}p\,t^n = \frac{pt}{1-(1-p)t} = \frac{p}{1-p}\left(-1+\frac{1}{1-(1-p)t}\right),$$

d'où on déduit

$$E(X) = G'_X(1) = \frac{p}{1-p}\frac{1-p}{p^2} = \frac{1}{p}$$
$$V(X) = G''_X(1) + G'_X(1) - G'_X(1)^2 = \frac{2p(1-p)}{p^3} + \frac{1}{p} - \frac{1}{p^2} = \frac{1-p}{p^2}.$$

– **Loi de Poisson** de paramètre p : $G_X(t) = \sum_{n=0}^{+\infty} e^{-\lambda}\frac{\lambda^n}{n!}\cdot t^n = e^{\lambda(t-1)}$, donc

$$E(X) = G'_X(1) = \lambda$$
$$V(X) = G''_X(1) + G'_X(1) - G'_X(1)^2 = \lambda^2 + \lambda - \lambda^2 = \lambda.$$

Nous terminons par un résultat sur les séries génératrices qui n'est pas au programme des classes préparatoires mais qui est facile à retenir et à redémontrer.

PROPOSITION 19 (FORMULE DE WALD). *Soit $(X_n)_{n\in\mathbb{N}^*}$ une suite de variables aléatoires et indépendantes de Ω sur $\mathbb{N}$, identiquement distribuées, et $N : \Omega \to \mathbb{N}^*$ une variable aléatoire indépendante des X_n. On note S_N la variable aléatoire définie sur Ω par $S_N(\omega) = \sum_{n=1}^{N(\omega)} X_n(\omega)$. Alors la série génératrice de S_N s'exprime en fonction de celle de N et X_1 sous la forme $G_{S_N} = G_N \circ G_{X_1}$. Si N et les X_n admettent une espérance, S_N également et on a $E(S_N) = E(N)E(X_1)$.*

Démonstration. Comme N et les X_n sont indépendants on peut écrire

$$P(S_N = n) = \sum_{k=1}^{+\infty} P(N=k, X_1+\cdots+X_k = n) = \sum_{k=1}^{+\infty} P(N=k)P(X_1+\cdots+X_k=n).$$

On peut donc écrire, pour $|z| \leq 1$,

$$G_{S_N}(z) = \sum_{n=0}^{+\infty} P(S_N=n)z^n = \sum_{n=0}^{+\infty}\left(\sum_{k=1}^{+\infty} P(N=k)P(X_1+\cdots+X_k=n)z^n\right)$$
$$= \sum_{k=1}^{+\infty} P(N=k)\left(\sum_{n=0}^{+\infty} P(X_1+\cdots+X_k=n)z^n\right).$$

(par définition d'une série génératrice d'une variable aléatoire, les séries en présence sont à termes positifs et sommables, on peut donc bien intervertir les signes de sommation). Remarquons que $\sum_{n=0}^{+\infty} P(X_1+\cdots+X_k=n)z^n = G_{X_1+\cdots+X_k}(z)$, et que les X_k étant indépendants, ceci est égal à $G_{X_1}(z)\cdots G_{X_k}(z) = G_{X_1}(z)^k$. On a donc

$$G_{S_N}(z) = \sum_{k=1}^{+\infty} P(N=k)\,G_{X_1}(z)^k = G_N(G_{X_1}(z)).$$

Si N et X_1 admettent une espérance, alors G_N et G_{X_1} sont de classe $\mathcal{C}^1$ sur $[0,1]$, et comme $G_{X_1}([0,1]) \subset [0,1]$, on en déduit que $G_{S_N} = G_N \circ G_{X_1}$ est de classe $\mathcal{C}^1$ sur $[0,1]$. Donc S_N admet une espérance (voir la proposition 18, assertion (iii)), et on a $E(S_N) = G'_{S_N}(1) = G'_N(G_{X_1}(1))\,G'_{X_1}(1) = G'_N(1)\,G'_{X_1}(1) = E(N)\,E(X_1)$. □

Fonctions caractéristiques. Les fonctions caractéristiques ne sont pas au programme des classes préparatoires mais outre le fait qu'elles fournissent un outil très utilisé en probabilité, on tombe parfois sur des exercices qui s'appuie sur ces dernières. Elles sont la transformée de Fourier de la loi d'une variable aléatoire. La notion d'espérance, définie sur les variables aléatoires réelles, se généralise facilement au cas complexe, permettant l'usage de $E(e^{iuX})$.

DÉFINITION 13 (FONCTION CARACTÉRISTIQUE). Soit X une variable aléatoire discrète réelle sur Ω. On appelle *fonction caractéristique* de X la fonction notée φ_X et définie par

$$\varphi_X : \mathbb{R} \to \mathbb{C} \qquad u \mapsto E(e^{iuX}) = \sum_{x \in X(\Omega)} P(X = x)e^{iux}.$$

Remarque 17. Un cas courant est celui où X prend ses valeurs dans $\mathbb{Z}$, et dans ce cas $\varphi_X(u) = \sum_{n\in\mathbb{Z}} P(X = n)e^{inu}$ est 2π-périodique. Lorsque X prend ses valeurs dans $\mathbb{N}$, on a $\varphi_X(u) = G_X(e^{iu})$ où G_X est la série génératrice de X.

Dans la suite on suppose que X est à valeur dans $\mathbb{Z}$, mais les résultats restent vrais pour toute variable aléatoire discrète réelle X. Comme pour les séries de Fourier, on utilisera la convention suivante pour les séries dont les termes sont indexés sur $\mathbb{Z}$: la série $\sum_{n\in\mathbb{Z}} a_n e^{inu}$ désigne la série $a_0 + \sum_{n\in\mathbb{N}^*}(a_n e^{inu} + a_{-n}e^{-inu})$ (ici nous serons dans le cas où $\sum_{n\in\mathbb{Z}} |a_n|$ est sommable, donc l'ordre des indices n'importe pas, néanmoins cette convention sera une commodité pour nous permettre d'utiliser les théorèmes sur les séries de fonction).

PROPOSITION 20. *La fonction caractéristique φ_X d'une variable aléatoire discrète X à valeurs dans $\mathbb{Z}$ vérifie les propriétés suivantes :*

(i) φ_X est définie, continue et 2π-périodique sur $\mathbb{R}$, et vérifie $|\varphi_X(u)| \leq 1$ sur $\mathbb{R}$.
(ii) Si X admet une espérance, φ_X est de classe $\mathcal{C}^1$ sur $\mathbb{R}$ et on a $\varphi'_X(0) = iE(X)$.
(iii) Si X admet un moment d'ordre p, φ_X est de classe $\mathcal{C}^p$ et $\varphi_X^{(p)}(0) = i^p E(X^p)$.
(iv) Soit Y une variable aléatoire sur Ω. Alors $\varphi_X = \varphi_Y$ si et seulement si X et Y ont même loi.
(v) Soit Y une variable aléatoire sur Ω indépendante de X. Alors $\varphi_{X+Y} = \varphi_X\varphi_Y$.

Démonstration. (i) Pour simplifier nous notons $p_n = P(X = n)$. L'inégalité $|p_n e^{inu}| \leq p_n$ entraîne la convergence normale de la série de fonctions $\sum_{n\in\mathbb{N}^*}(p_n e^{inu} + p_{-n}e^{-inu})$ sur $\mathbb{R}$, donc φ_X est bien définie et continue sur $\mathbb{R}$. De plus $|\varphi_X(u)| \leq \sum_{n\in\mathbb{Z}} |p_n e^{inu}| = \sum_{n\in\mathbb{Z}} p_n = 1$.

(ii) Si X admet une espérance alors $\sum_{n\in\mathbb{N}^*}(np_n + np_{-n})$ converge, donc la série des termes dérivés $\sum_{n\in\mathbb{N}^*}(inp_n e^{inu} - inp_{-n}e^{-inu})$ converge normalement sur $\mathbb{R}$, donc φ_X est bien de classe $\mathcal{C}^1$ sur $\mathbb{R}$ et $\varphi'_X(u) = \sum_{n\in\mathbb{Z}} inp_n e^{inu}$, en particulier $\varphi'_X(0) = iE(X)$.

(iii) La dérivée p-ième de $p_n e^{inu}$ est $i^p n^p p_n e^{inu}$, donc la série des dérivées p-ièmes converge normalement, donc φ_X est de classe $\mathcal{C}^p$ et $\varphi_X^{(p)}(u) = \sum_{n\in\mathbb{Z}} i^p n^p p_n e^{inu}$, d'où le résultat.

(iv) Si X et Y ont même loi il est immédiat que $\varphi_X = \varphi_Y$. La réciproque est une conséquence du fait qu'une série de Fourier convergeant normalement est égale à sa série de Fourier, donc $P(X = n) = P(Y = n)$ pour tout $n \in \mathbb{Z}$ (cette égalité est aussi une conséquence de la formule (*) de la remarque 18 plus bas).

(v) Si X et Y sont indépendants, e^{iuX} et e^{iuY} également donc $\varphi_X(u)\varphi_Y(u) = E(e^{iuX})E(e^{iuY}) = E(e^{iu(X+Y)}) = \varphi_{X+Y}(u)$. □

→ *Remarque 18.* Pour toute variable aléatoire X à valeurs dans $\mathbb{Z}$ on a l'égalité

$$\forall n \in \mathbb{Z}, \qquad P(X = n) = \frac{1}{2\pi}\int_{-\pi}^{\pi} e^{-int}\varphi_X(e^{it})\, dt. \qquad (*)$$

Cette identité est très utile, elle permet de connaître la loi de X à partir de φ_X. En particulier, elle entraîne le résultat suivant : si (X_n) est une suite de variables aléatoires sur Ω à valeurs dans $\mathbb{Z}$, et $X : \Omega \to \mathbb{Z}$ une variable aléatoire, telle que (φ_{X_n}) converge simplement vers φ_X sur $\mathbb{R}$, alors pour tout $p \in \mathbb{Z}$, on a $\lim_{n\to+\infty} P(X_n = p) = P(X = p)$ (on dit alors que (X_n) *converge en loi* vers X). Cette propriété est une conséquence du théorème de convergence dominée appliqué à l'intégrale de (*). Dans sa forme plus générale, ce résultat est appelé *théorème de convergence de Lévy*, il permet notamment de démontrer le théorème central limite (qui n'est pas au programme des classes préparatoires, une preuve est néanmoins proposée dans le cas des variables aléatoires entières dans le problème 9 page 386) par critère de convergence simple des fonctions caractéristiques.

3.6. Exercices

EXERCICE 1. Soit $(X_n)_{n\in\mathbb{N}^*}$ une suite de variables aléatoires à valeurs dans $\mathbb{N}^*$, indépendantes et identiquement distribuées. On note $C_n = \mathrm{Card}\{X_1, \dots, X_n\}$.
1/ Montrer que $E(C_n) = o(n)$.
2/ On suppose que les X_n admettent une espérance. Montrer que $E(C_n) = o(\sqrt{n})$.

Solution. **1/** Lorsque n est grand, les X_i ont tendances à rester "petits" car la probabilité que X_i soit grand est faible, donc beaucoup d'entre eux sont égaux, et C_n est petit. Pour quantifier ceci, on fixe $a > 0$, et on partitionne les X_k entre ceux $\leq a$ et les autres. On obtient

$$\begin{aligned} C_n &= \mathrm{Card}\{X_k \mid 1 \leq k \leq n, X_k \leq a\} + \mathrm{Card}\{X_k \mid 1 \leq k \leq n, X_k > a\} \\ &\leq a + \mathrm{Card}\{k \leq n \mid X_k > a\} = a + \sum_{k=1}^{n} \mathbf{1}_{\{X_k > a\}}, \end{aligned}$$

(où $\mathbf{1}_A$ désigne la fonction indicatrice de A, définie par $\mathbf{1}_A(x) = 1$ si $x \in A$, $= 0$ sinon) donc

$$E(C_n) \leq a + \sum_{k=1}^{n} P(X_k > a) = a + nP(X_1 > a). \qquad (*)$$

En choisissant $a = \sqrt{n}$, on en déduit en particulier $E(C_n) \leq \sqrt{n} + nP(X_1 > \sqrt{n})$, et comme $\lim_{n\to+\infty} P(X_1 > \sqrt{n}) = 0$ (et $E(C_n) \geq 0$), ceci entraîne bien $E(C_n) = o(n)$.

2/ On va réutiliser (*), en choisissant correctement a. L'inégalité de Markov entraîne $P(X_1 > a) \leq E(X_1)/a$, ce qui n'est pas suffisant pour conclure (on en déduit $E(C_n) = O(\sqrt{n})$ mais on n'a pas le petit o). Une amélioration de cette borne lorsque a est grand s'obtient en écrivant

$$aP(X_1 > a) = \sum_{k>a} aP(X_1 = k) \leq \sum_{k>a} kP(X_1 = k) = o(1),$$

car l'existence de l'espérance de X_1 entraîne la convergence de la série $\sum_k kP(X_1 = k)$. On en déduit $aP(X_1 \geq a) = o(1)$. Donnons maintenant $\varepsilon > 0$. Choisissons $a = \varepsilon\sqrt{n}$. Comme $\varepsilon\sqrt{n} \to +\infty$, il existe $N \in \mathbb{N}$ tel que $\varepsilon\sqrt{n}P(X_1 > \varepsilon\sqrt{n}) \leq \varepsilon^2$, donc

$$\forall n \geq N, \qquad E(C_n) \leq \varepsilon\sqrt{n} + nP(X_1 > \varepsilon\sqrt{n}) \leq \varepsilon\sqrt{n} + n\frac{\varepsilon^2}{\varepsilon\sqrt{n}} = 2\varepsilon\sqrt{n}.$$

EXERCICE 2. Soit $(X_n)_{n\in\mathbb{N}^*}$ une suite de variables aléatoires discrètes réelles, admettant un moment d'ordre 2. On suppose que les X_n ont la même espérance $\mu = E(X_1)$ et qu'il existe $\sigma > 0$ tel que $V(X_n) \leq \sigma^2$ pour tout $n \in \mathbb{N}^*$. On pose $S_n = X_1 + \cdots + X_n$.
1/ On suppose que pour tout $(i, j) \in (\mathbb{N}^*)^2$ tels que $i + 1 < j$, les variables aléatoires X_i et X_j sont indépendantes. Montrer que (S_n/n) converge vers μ en probabilité, c'est-à-dire

$$\forall \varepsilon > 0, \qquad \lim_{n\to+\infty} P(|S_n/n - \mu| > \varepsilon) = 0.$$

2/ On suppose que pour tout $(i,j) \in (\mathbb{N}^*)^2$ tels que $i < j$, $\mathrm{Cov}(X_i, X_j) \leq \sigma^2/(j-i)$. Montrer que (S_n/n) converge vers μ en probabilité.

Solution. **1/** On procède comme dans la démonstration de la loi faible des grands nombres (voir la preuve du théorème 1 page 345). On majore la variance de S_n, en écrivant

$$V(S_n) = \sum_{i=1}^{n} V(X_i) + 2\sum_{i<j} \mathrm{Cov}(X_i, X_j) = \sum_{i=1}^{n} V(X_i) + 2\sum_{i=1}^{n-1} \mathrm{Cov}(X_i, X_{i+1})$$

$$\leq n\sigma^2 + 2\sum_{i=1}^{n-1} V(X_i)^{1/2} V(X_{i+1})^{1/2} \leq (3n-2)\sigma^2 \leq 3n\sigma^2.$$

En appliquant l'inégalité de Bienaymé-Tchébycheff à S_n on en déduit, compte tenu du fait que $E(S_n/n) = \mu$,

$$P(|S_n/n - \mu| \geq \varepsilon) \leq \frac{V(S_n/n)}{\varepsilon^2} = \frac{V(S_n)/n^2}{\varepsilon^2} \leq \frac{3\sigma^2}{n\varepsilon^2},$$

d'où le résultat.

2/ On utilise la même approche. Une borne supérieure sur $V(S_n)$ est fournie par

$$V(S_n) = \sum_{i=1}^{n} V(X_i) + 2 \sum_{1 \leq i < j \leq n} \mathrm{Cov}(X_i, X_j) \leq n\sigma^2 + 2 \sum_{1 \leq i < j \leq n} \frac{\sigma^2}{j-i}$$

$$= n\sigma^2 + \sum_{k=1}^{n-1} \left(\sum_{\substack{1 \leq i < j \leq n \\ j-i=k}} \frac{\sigma^2}{j-i} \right) = n\sigma^2 + \sum_{k=1}^{n-1} (n-k)\frac{\sigma^2}{k} = \sigma^2 + n\sigma^2 H_{n-1},$$

où intervient le nombre harmonique $H_n = 1 + \frac{1}{2} + \cdots + \frac{1}{n}$. On a $H_n \leq 1 + \sum_{k=2}^{n} \int_{k-1}^{k} dt/t = 1 + \int_1^n dt/t = 1 + \log n$, et le résultat souhaité s'obtient à partir de l'inégalité de Bienaymé-Tchébycheff appliquée à S_n, en écrivant

$$P(|S_n/n - \mu| \geq \varepsilon) \leq \frac{V(S_n)/n^2}{\varepsilon^2} \leq \sigma^2 \frac{1/n + H_n}{n\varepsilon^2} \leq \frac{\sigma^2}{\varepsilon^2} \frac{2 + \log n}{n}.$$

Exercice 3. Montrer qu'il est impossible de piper deux dés pour que la somme de leurs points suive la loi uniforme sur $\{2, \ldots, 12\}$.

Solution. Nous allons utiliser les séries génératrices φ_X et φ_Y des variables aléatoires X et Y des points de chaque dé, qui ici sont des polynômes de degré ≤ 6. Comme $P(X=0) = P(Y=0) = 0$, on peut écrire $\varphi_X(z) = z\,\psi_X(z)$ et $\varphi_Y(z) = z\,\psi_Y(z)$ où $\psi_X(z)$ et $\psi_Y(z)$ sont des polynômes de degré ≤ 5. Raisonnons par l'absurde et supposons que les deux dés soient pipés de sorte que la somme des points des deux dés suive la loi uniforme sur $\{2, \ldots, 12\}$. On aurait alors

$$\varphi_X(z)\varphi_Y(z) = \varphi_{X+Y}(z) = \frac{z^2 + z^3 + \cdots + z^{12}}{11} \qquad \text{donc} \qquad \psi_X(z)\psi_Y(z) = \frac{1 - z^{11}}{11(1-z)}. \qquad (*)$$

Comme ψ_X et ψ_Y ont un degré ≤ 5, on en déduit $\deg \psi_X = \deg \psi_Y = 5$. Par ailleurs, le terme de droite de $(*)$ s'annule lorsque $z = z_k = \exp(2ik\pi/11)$ pour $1 \leq k \leq 10$. Ces dix valeurs distinctes z_k forment donc l'ensemble des racines de de ψ_X et ψ_Y, et aucune n'est réelle. Or ψ_X et ψ_Y sont des polynômes à coefficients réels de degré impair, donc ils ont chacun au moins une racine réelle, ce qui est absurde.

Exercice 4 (Convergence dominée $\mathcal{L}^2$). Soit $(\Omega, \mathcal{A}, P)$ un espace probabilisé. On note $\mathcal{L}^1(\Omega)$ (resp. $\mathcal{L}^2(\Omega)$) l'espace vectoriel des variables aléatoires discrètes réelles sur Ω

qui admettent une espérance (resp. qui admettent un moment d'ordre 2). Soit $(X_n)_{n\in\mathbb{N}}$ une suite de $\mathcal{L}^1(\Omega)$. On suppose que

(i) $(X_n)_{n\in\mathbb{N}}$ converge *en probabilité* vers une variable aléatoire discrète réelle X sur Ω, c'est-à-dire

$$\forall\varepsilon > 0, \qquad \lim_{n\to+\infty} P(|X_n - X| \geq \varepsilon) = 0.$$

(ii) Il existe $Y \in \mathcal{L}^2(\Omega)$, telle que $|X| \leq Y$ et $\forall n \in \mathbb{N}$, $|X_n| \leq Y$.

Démontrer que $X \in \mathcal{L}^1(\Omega)$ et que $\lim_{n\to+\infty} E(X_n) = E(X)$.

Solution. Remarquons déja qu'on a bien $X \in \mathcal{L}^1(\Omega)$, car l'inégalité $|X| \leq Y$ avec $Y \in \mathcal{L}^2(\Omega)$, entraîne $|X| \leq 1 + Y^2$, donc X admet une espérance.

Montrons maintenant la limite recherchée. Soit $\varepsilon > 0$. Pour tout $n \in \mathbb{N}$ on note $A_n = \{|X - X_n| \geq \varepsilon\}$ et $\mathbf{1}_{A_n}$ la fonction indicatrice de A_n (définie par $\mathbf{1}_{A_n}(x) = 1$ si $x \in A_n$, $= 0$ sinon). On a $\mathbf{1}_{A_n} + \mathbf{1}_{\overline{A}_n} = 1$ donc

$$E(|X_n - X|) = E(\mathbf{1}_{A_n}|X_n - X|) + E(\mathbf{1}_{\overline{A}_n}|X_n - X|). \qquad (*)$$

Lorsque $x \in \overline{A}_n$ on a $|X_n - X|(x) \leq \varepsilon$ donc $\mathbf{1}_{\overline{A}_n}|X_n - X| \leq \varepsilon$, ce qui entraîne $E(\mathbf{1}_{\overline{A}_n}|X_n - X|) \leq \varepsilon$. Quant au premier terme de la somme de (*), on a

$$E(\mathbf{1}_{A_n}|X_n - X|) \leq 2E(\mathbf{1}_{A_n}Y) \leq 2E(\mathbf{1}_{A_n})^{1/2}E(Y^2)^{1/2}.$$

Comme $E(\mathbf{1}_{A_n}) = P(A_n)$ l'hypothèse (i) assure l'existence de $N \in \mathbb{N}$ tel que $\forall n \geq N$, $E(\mathbf{1}_{A_n}) \leq \varepsilon^2$. Ainsi, (*) entraîne

$$\forall n \geq N, \qquad |E(X_n) - E(X)| \leq E(|X_n - X|) \leq \varepsilon + 2\varepsilon E(Y^2)^{1/2}.$$

On en déduit $\lim_{n\to+\infty} E(X_n) = E(X)$.

Exercice 5. Soit $(\Omega, \mathcal{A}, P)$ un espace probabilisé tel qu'il existe une suite de variables aléatoires discrètes réelles indépendantes $(X_n)_{n\in\mathbb{N}^*}$, suivant chacune une loi non triviale, c'est-à-dire que pour tout $n \in \mathbb{N}^*$ et pour tout $x \in \mathbb{R}$, $P(X_n = x) < 1$.

1/ Si les X_n sont identiquement distribuées, montrer que Ω est infini non dénombrable.

2/ Montrer que le résultat précédent est faux si on ne suppose pas les X_n non identiquement distribuées (on pourra s'inspirer de l'exercice 7 page 332).

Solution. **1**/ Comme X_1 est une loi discrète, il existe $x \in X_1(\Omega)$ tel que $p = P(X_1 = x) > 0$. D'après les hypothèses, $p < 1$. Pour tout $y \in X_1(\Omega)$, $y \neq x$, $P(X_1 = y) \leq 1 - P(X_1 = x) = 1 - p$. En notant $q = \max\{p, 1-p\}$, on a donc

$$0 < q < 1 \qquad \text{et} \qquad \forall t \in X_1(\Omega),\ P(X_1 = t) \leq q.$$

On en déduit, pour tout $\omega \in \Omega$, les X_n étant indépendantes et identiquement distribuées,

$$\forall n \in \mathbb{N}^*, \qquad P(\{\omega\}) \leq P(X_1 = X_1(\omega), \ldots, X_n = X_n(\omega)) = \prod_{k=1}^{n} P(X_k = X_k(\omega)) \leq q^n.$$

Comme $q < 1$ on en déduit que forcément, $P(\{\omega\}) = 0$. Si Ω était fini ou dénombrable, on aurait $P(\Omega) = \sum_{\omega\in\Omega} P(\{\omega\}) = 0$, ce qui est absurde. Donc Ω est infini non dénombrable.

2/ En procédant comme dans la solution de 1/, on montre facilement que même si les X_n ne sont pas identifiquement distribuées, sous l'hypothèse plus générale que $\forall x \in \mathbb{R}$, $\forall n \in \mathbb{N}^*$, $\prod_{n=1}^{+\infty} P(X_n = x) = 0$ alors Ω est forcément infini non dénombrable. Pour trouver un contre-exemple, on doit donc avoir $\prod_{n=1}^{+\infty} P(X_n = x) > 0$ pour au moins une valeur de x.

Un tel contre-exemple est fourni en choisissant $\Omega = \mathbb{N}^*$, muni de la loi zéta

$$P(\{n\}) = \frac{1}{\zeta(2)}\frac{1}{n^2}$$

(on pourrait choisir $P(\{n\}) = \zeta(s)^{-1}/n^s$ pour n'importe quel $s > 1$), puis en choisissant pour tout n la variable aléatoire X_n définie sur $\mathbb{N}^*$ par : $X_n(k) = 1$ si $k > 1$ est divisible par le n-ième nombre premier p_n, $X_n(k) = 0$ sinon.

Montrons que les variables aléatoires X_n sont bien indépendantes. On note $A_q = q\mathbb{N}^*$ pour $q \in \mathbb{N}^*$. On a $\{X_n = 1\} = A_{p_n}$ et $\{X_n = 0\} = A_{p_n}^C$. Comme on l'a vu dans l'exercice 7 page 332, les $(A_{p_n})_{n\in\mathbb{N}^*}$ sont indépendants. D'après la proposition 8 page 324, pour toute suite (ε_n) d'éléments de $\{0, 1\}$, les événements $(P(X_n = \varepsilon_n))_{n\in\mathbb{N}^*}$ sont indépendants. On en déduit avec la proposition 2 page 336 que les X_n sont indépendants. On a donc construit un espace probabilisé dénombrable et une suite de variables aléatoires indépendantes et non triviales sur cet espace.

EXERCICE 6. Soient $(X_n)_{n\in\mathbb{N}^*}$ une suite de variables aléatoires à valeurs dans $\mathbb{N}$, avec les X_n mutuellement indépendantes et identiquement distribuées. On note $S_n = X_1 + \cdots + X_n$. On suppose que, presque surement, $(S_n/n)_{n\in\mathbb{N}^*}$ converge. Montrer que les X_n admettent une espérance. (Indication : raisonner par l'absurde en supposant $E(X_1) = +\infty$, montrer que pour tout $K \in \mathbb{N}^*$, on a $\sum_n P(X_n \geq Kn) = +\infty$, puis que presque surement, $\limsup X_n/n = +\infty$).

Solution. On suit l'indication en supposant que X_1 n'admet pas d'espérance, ce qui implique que la série $\sum_{n\in\mathbb{N}} P(X_1 > n)$ diverge (voir la proposition 7 page 338). Or pour $K \in \mathbb{N}^*$, on a

$$\sum_{j=Kn}^{K(n+1)-1} P(X_1 > j) \leq \sum_{j=Kn}^{K(n+1)-1} P(X_1 > Kn) = KP(X_1 > Kn) = KP(X_n > Kn).$$

Comme la série $\sum_{n\in\mathbb{N}} P(X_1 > n)$ diverge, on en déduit que $\sum_n P(X_n > Kn)$ diverge. Les événements $\{X_n > Kn\}_{n\in\mathbb{N}^*}$ étant indépendants, l'assertion (ii) du lemme de Borel-Cantelli (voir le théorème 1 page 326) permet de déduire que l'événement $A_K = \cap_{p\in\mathbb{N}}\cup_{n>p}\{X_n > Kn\}$ est presque sûr. Sur A_K on a $\lim_{p\to+\infty} \sup_{n>p} X_n/n \geq K$. On en déduit que sur $B = \cap_{K\in\mathbb{N}^*} A_K$, événement presque sûr (intersection dénombrable d'événements presque sûrs) on a $\lim_{p\to+\infty} \sup_{n>p} X_n/n = +\infty$. La minoration $S_n/n \geq X_n/n$ entraîne donc que presque surement, $\lim_{p\to+\infty} \sup_{n>p} S_n/n = +\infty$. Ceci est incompatible avec l'hypothèse que $(S_n/n)_{n\in\mathbb{N}^*}$ converge presque surement. Donc X_1 admet une espérance, donc tous les X_n puisque ces variables aléatoires sont identiquement distribuées.

Remarque. Ce résultat peut être vu comme une réciproque de la loi forte des grands nombres.

EXERCICE 7 (INÉGALITÉ DE HOEFFDING). Soit $(X_n)_{n\in\mathbb{N}^*}$ une suite de variables aléatoires discrètes, indépendantes et centrées, à valeurs dans $[-\alpha, \alpha]$ avec $\alpha > 0$.

1/ a) Soit Y une variable aléatoire discrète centrée, à valeurs dans $[-1, 1]$. Montrer que pour tout $t \in \mathbb{R}$, on a $E(e^{tY}) \leq \operatorname{ch}(t) \leq e^{t^2/2}$.

b) On note $S_n = X_1 + \cdots + X_n$. Montrer l'*inégalité de Hoeffding* :

$$\forall \varepsilon > 0, \forall n \in \mathbb{N}^*, \qquad P(|S_n| \geq \varepsilon) \leq 2\exp\left(-\frac{\varepsilon^2}{2n\alpha^2}\right).$$

2/ Montrer que presque surement, $\lim_{n\to+\infty} S_n/n = 0$.

3/ On suppose ici que les variables aléatoires indépendantes X_n suivent une loi de Rademacher $P(X_n = -1) = 1/2$, et $P(X_n = 1) = 1/2$. Montrer que presque surement, on a $\limsup_n |S_n|/\sqrt{2n\log n} \leq 1$ (on rappelle que $\limsup_n f(n) = \lim_{n\to+\infty} \sup_{p\geq n} f(p)$).

Solution. **1/a)** La convexité de la fonction exponentielle entraîne

$$\forall y \in [-1,1], \qquad e^{ty} \leq \frac{1-y}{2}e^{-t} + \frac{1+y}{2}e^{t}.$$

On en déduit

$$E(e^{tY}) \leq \frac{E(1-Y)}{2}e^{-t} + \frac{E(1+Y)}{2}e^{t} = \operatorname{ch} t = \sum_{n=0}^{+\infty} \frac{t^{2n}}{(2n)!} \leq \sum_{n=0}^{+\infty} \frac{t^{2n}}{n!2^n} = e^{t^2/2}.$$

b) Le résultat précédent appliqué à la variable aléatoire X_n/α entraîne $E(e^{tX_n/\alpha}) \leq e^{t^2/2}$ pour tout $t \in \mathbb{R}$, et l'inégalité est vraie lorsqu'on remplace t par αt ce qui donne $E(e^{tX_n}) \leq e^{t^2\alpha^2/2}$. Les X_i étant indépendants, les e^{tX_i} également et ceci entraîne

$$E(e^{tS_n}) = E(e^{tX_1}\cdots e^{tX_n}) = E(e^{tX_1})\cdots E(e^{tX_n}) \leq e^{t^2 n\alpha^2/2}.$$

L'inégalité de Markov permet d'en déduire

$$P(S_n > \varepsilon) = P(e^{tS_n} > e^{t\varepsilon}) \leq \frac{E(e^{tS_n})}{e^{t\varepsilon}} \leq e^{t^2 n\alpha^2/2 - t\varepsilon}.$$

En choisissant $t = \varepsilon/(n\alpha^2)$ (valeur qui minimise $t^2 n\alpha^2/2 - t\varepsilon$), on en déduit $P(S_n > \varepsilon) \leq e^{-\varepsilon^2/(2n\alpha^2)}$. La même inégalité appliquée à la suite $(-X_n)$ entraine $P(S_n < -\varepsilon) \leq e^{-\varepsilon^2/(2n\alpha^2)}$, on en déduit l'inégalité souhaitée pour $P(|S_n| < \varepsilon)$.

2/ En choisissant $\varepsilon = n^{3/4}$, l'inégalité obtenue à la question précédente s'écrit $P(|S_n/n| \geq n^{-1/4}) \leq \exp(-n^{1/2}/(2\alpha^2))$. On en déduit que la série $\sum_n P(|S_n/n| \geq n^{-1/4})$ converge, donc d'après l'assertion (i) du lemme de Borel-Cantelli (voir le théorème 1 page 326), $\limsup_n\{|S_n/n| \geq n^{-1/4})\}$ est négligeable. En passant au complémentaire on a donc montré que presque surement, on a $|S_n/n| < n^{-1/4}$ sauf eventuellement pour un nombre fini de valeurs de n. On en déduit que presque surement, $\lim_{n\to+\infty} S_n/n = 0$.

3/ Soit $c > 1$. On peut appliquer l'inégalité de Hoeffding à (X_n), avec $\alpha = 1$, ce qui donne

$$P(|S_n| \geq \sqrt{2cn\log n}) \leq 2\exp\left(-\frac{2cn\log n}{2n}\right) = \frac{2}{n^c}.$$

Donc la série $\sum_n P(|S_n| \geq \sqrt{2cn\log n})$ converge, et avec le lemme de Borel-Cantelli on en déduit l'existence d'un événement $A(c)$ presque sûr tel que sur $A(c)$, $|S_n| < \sqrt{2cn\log n}$ sauf eventuellement pour un nombre fini d'entiers n. Sur $A(c)$ on a donc $\limsup_n |S_n|/\sqrt{2n\log n} \leq \sqrt{c}$. En donnant à c les valeurs $c = e^{1/p}$ avec $p \in \mathbb{N}^*$, on en déduit que sur l'événement presque sûr $A = \cap_{p\in\mathbb{N}^*} A(e^{1/p})$ (intersection dénombrable d'événements presque sûrs), on a $\limsup_n |S_n|/\sqrt{2n\log n} \leq e^{1/(2p)}$ pour tout $p \in \mathbb{N}^*$, donc que $\limsup_n |S_n|/\sqrt{2n\log n} \leq 1$ sur A.

Remarque. On déduit facilement du résultat 2/ que pour toute suite de variables aléatoires discrètes (X_n) indépendantes, identiquement distribuées, et uniformément bornées, on a presque surement $\lim_{n\to+\infty}(X_1+\cdots+X_n)/n = E(X_1)$ (il suffit d'appliquer 2/ aux variables $Y_i = X_i - E(X_1)$). On vient donc de démontrer la loi forte des grands nombres dans le cas des variables aléatoires bornées. Une preuve dans le cas plus général $\mathcal{L}^1$ fait l'objet de l'exercice 13 page 363, et dans le cas général, du problème 10 page 389.

– Lorsque ε est beaucoup plus grand que $1/\sqrt{n}$ (on parle de *grandes déviations*), l'inégalité de Hoeffding est bien plus fine que l'inégalité (*) du théorème 1 page 345. Une approximation des déviations par rapport à la moyenne est obtenue avec le théorème central limite, qui fait l'objet du problème 9 page 386.

EXERCICE 8. On considère une famille $(X_{i,j})_{(i,j)\in(\mathbb{N}^*)^2}$ de variables aléatoires discrètes réelles, indépendantes, admettant une même variance $V(X_{i,j}) = b^2$ avec $b > 0$. Pour tout $n \in \mathbb{N}^*$ on note M_n la matrice aléatoire $(X_{i,j})_{1\leq i,j\leq n} \in \mathcal{M}_n(\mathbb{R})$.

1/a) On suppose que les $X_{i,j}$ sont centrées. Calculer l'espérance et la variance de $\operatorname{tr} M_n$ et $\det M_n$.
b) Si (u_n) est une suite vérifiant $b^n = o(u_n)$, montrer $\lim_{n\to+\infty} P(|\det M_n| \geq u_n\sqrt{n!}) = 0$.

2/ On suppose ici que les $X_{i,j}$ admettent toutes une même espérance $a \in \mathbb{R}$.
a) Calculer l'espérance et la variance de $\operatorname{tr} M_n$, et l'espérance de $\det M_n$.
b) Pour tout $n \in \mathbb{N}^*$, on note $\mathcal{F}_n$ l'ensemble des permutations de $\mathcal{S}_n$ sans point fixe, et $f_n = \sum_{\sigma\in\mathcal{F}_n} \varepsilon(\sigma)$ (où $\varepsilon(\sigma)$ désigne la signature de la permutation σ). Montrer que

$$E((\det M_n)^2) = n!(a^2+b^2)^n \sum_{k=0}^{n} \binom{n}{k} f_k\, \rho^k, \qquad \rho = \frac{a^2}{a^2+b^2}.$$

c) Établir une relation de récurrence vérifiée par f_n puis calculer la série génératrice exponentielle $F(z) = \sum_{n=0}^{+\infty} f_n/n!$. En déduire une expression simplifiée de $V(\det M_n)$.
d) Retrouver la variance de $\det M_n$ en centrant les $X_{i,j}$, en complétant M_n par une matrice A_n de taille $n+1$ bordée par des 1 sur la dernière ligne et des 0 sur sa dernière colonne (le coefficient d'indice $(n+1, n+1)$ étant égal à 1).

Solution. **1/a)** Pour $\operatorname{tr} M_n$ le résultat est immédiat car l'indépendance des $X_{i,j}$ entraîne

$$E(\operatorname{tr} M_n) = \sum_{i=1}^{n} E(X_{i,i}) = 0 \qquad \text{et} \qquad V(\operatorname{tr} M_n) = \sum_{i=1}^{n} V(X_{i,i}) = nb^2.$$

Pour le déterminant, l'indépendance des $X_{i,j}$ entraîne

$$E(\det M_n) = E\left(\sum_{\sigma\in\mathcal{S}_n} \varepsilon(\sigma)\prod_{i=1}^{n} X_{i,\sigma(i)}\right) = \sum_{\sigma\in\mathcal{S}_n} \varepsilon(\sigma) E\left(\prod_{i=1}^{n} X_{i,\sigma(i)}\right) = \sum_{\sigma\in\mathcal{S}_n} \varepsilon(\sigma)\prod_{i=1}^{n} E\left(X_{i,\sigma(i)}\right)$$

et comme les $X_{i,j}$ sont centrées on en déduit $E(\det M_n) = 0$. Pour la variance on écrit

$$E((\det M_n)^2) = \sum_{(\sigma,\mu)\in\mathcal{S}_n^2} \varepsilon(\sigma)\varepsilon(\mu) E\left(\prod_{i=1}^{n} X_{i,\sigma(i)}X_{i,\mu(i)}\right) = \sum_{(\sigma,\mu)\in\mathcal{S}_n^2} \varepsilon(\sigma)\varepsilon(\mu)\prod_{i=1}^{n} E\left(X_{i,\sigma(i)}X_{i,\mu(i)}\right). \tag{$*$}$$

Si $\sigma \neq \mu$, il existe i tel que $\sigma(i) \neq \mu(i)$ donc $E\left(X_{i,\sigma(i)}X_{i,\mu(i)}\right) = E\left(X_{i,\sigma(i)}\right)E\left(X_{i,\mu(i)}\right) = 0$. Dans la somme de (*), on ne doit donc considérer que les cas où $\sigma = \mu$, ce qui donne,

$$E((\det M_n)^2) = \sum_{\sigma\in\mathcal{S}_n} \varepsilon(\sigma)^2 \prod_{i=1}^{n} E\left(X_{i,\sigma(i)}^2\right) = \sum_{\sigma\in\mathcal{S}_n}\prod_{i=1}^{n} b^2 = n!\, b^{2n}.$$

On conclut avec le théorème de Koënig-Huygens qui donne $V(\det M_n) = E((\det M_n)^2) = n!\, b^{2n}$.
b) Il suffit d'appliquer l'inégalité de Bienaymé-Tchébycheff qui entraîne

$$P(|\det M_n| > u_n\sqrt{n!}) \leq \frac{V(M_n)}{u_n^2\, n!} = \left(\frac{b^n}{u_n}\right)^2.$$

2/a) En procédant comme dans 1/a) on obtient $E(\operatorname{tr} M_n) = na$ et $V(\operatorname{tr} M_n) = nb^2$, et

$$E(\det M_n) = \sum_{\sigma\in\mathcal{S}_n} \varepsilon(\sigma)\prod_{i=1}^{n} E\left(X_{i,\sigma(i)}\right) = \sum_{\sigma\in\mathcal{S}_n} \varepsilon(\sigma)\prod_{i=1}^{n} a = a^n \sum_{\sigma\in\mathcal{S}_n} \varepsilon(\sigma).$$

On en déduit $E(\det M_n) = a$ si $n = 1$, $E(\det M_n) = 0$ si $n > 1$.
b) On récrit la formule (*) en posant $\mu = \sigma\nu$, ce qui donne

$$E((\det M_n)^2) = \sum_{(\sigma,\nu)\in\mathcal{S}_n^2} \varepsilon(\sigma)\varepsilon(\sigma\nu)\prod_{i=1}^{n} E\left(X_{i,\sigma(i)}X_{i,\sigma(\nu(i))}\right).$$

On a $\varepsilon(\sigma)\varepsilon(\sigma\nu) = \varepsilon(\sigma)^2\varepsilon(\nu) = \varepsilon(\nu)$. Par ailleurs,

$$E\left(X_{i,\sigma(i)}X_{i,\sigma(\nu(i))}\right) = \begin{cases} E\left(X_{i,\sigma(i)}\right)E\left(X_{i,\sigma(\nu(i))}\right) = a^2 & \text{si } \nu(i) \neq i, \\ E\left(X_{i,\sigma(i)}^2\right) = a^2 + b^2 & \text{si } \nu(i) = i. \end{cases}$$

En notant $D(\nu) = \{i \in \{1, \ldots, n\} \mid \nu(i) \neq i\}$ on a donc

$$E((\det M_n)^2) = \sum_{\sigma\in\mathcal{S}_n}\sum_{\nu\in\mathcal{S}_n} \varepsilon(\nu)a^{2|D(\nu)|}(a^2+b^2)^{n-|D(\nu)|} = n!(a^2+b^2)^n \sum_{\nu\in\mathcal{S}_n} \varepsilon(\nu)\rho^{|D(\nu)|}.$$

Soit $k \in \{0, \ldots, n\}$. Notons $\mathcal{P}_k = \{I \subset \{1, \ldots, n\}, |I| = k\}$. Fixons $I \in \mathcal{P}_k$ et $q \in \mathcal{S}_n$ telle que $q(\{1, \ldots, k\}) = I$. Pour tout $\nu \in \mathcal{S}_n$ telle que $D(\nu) = I$, la permutation $\tau_\nu = q^{-1}\nu q$ vérifie $\tau_\nu(i) = i$ pour $k < i \leq n$, et la restriction τ'_ν de τ_ν à $\{1, \ldots, k\}$ est dans $\mathcal{F}_k$. On a par ailleurs $\varepsilon(\nu) = \varepsilon(\tau_\nu) = \varepsilon(\tau'_\nu)$. L'application $\nu \to \tau'_\nu$ est une bijection de $\{\nu \in \mathcal{S}_n \mid D(\nu) = I\}$ vers $\mathcal{F}_k$, on a donc $\sum_{\nu:\, D(\nu)=I} \varepsilon(\nu) = \sum_{\tau\in\mathcal{F}_k} \varepsilon(\tau) = f_k$ (notons qu'on doit avoir $f_0 = 1$ pour que cette égalité reste vraie). On en déduit le résultat demandé en écrivant

$$\sum_{\nu\in\mathcal{S}_n} \varepsilon(\nu)\rho^{|D(\nu)|} = \sum_{k=0}^{n}\sum_{I\in\mathcal{P}_k}\sum_{\substack{\nu\in\mathcal{S}_n \\ D(\nu)=I}} \varepsilon(\nu)\rho^k = \sum_{k=0}^{n}\sum_{I\in\mathcal{P}_k} f_k\rho^k = \sum_{k=0}^{n}\binom{n}{k} f_k\rho^k.$$

c) L'égalité précédente appliquée avec $\rho = 1$ entraîne

$$\forall n \in \mathbb{N}^*, \qquad \sum_{k=0}^{n} \frac{f_k}{k!}\frac{1}{(n-k)!} = \frac{1}{n!}\sum_{k=0}^{n}\binom{n}{k} f_k = \sum_{\sigma\in\mathcal{S}_n} \varepsilon(\sigma) = \begin{cases} 1 \text{ si } n = 1 \\ 0 \text{ si } n > 1. \end{cases}$$

Notons que $|f_k| \leq |\mathcal{F}_k| \leq k!$, donc $F(z)$ a un rayon de convergence ≥ 1. On reconnait dans l'égalité précédente un produit de Cauchy, qui montre que pour tout z tel que $|z| < 1$,

$$F(z)\, e^z = \left(\sum_{k=0}^{+\infty} \frac{f_k}{k!} z^k\right)\left(\sum_{n=0}^{+\infty} \frac{1}{n!} z^n\right) = f_0 + z = 1 + z.$$

On en déduit $F(z) = e^{-z}(1+z) = 1 + \sum_{k=1}^{+\infty}\left(\frac{(-1)^k}{k!} + \frac{(-1)^{k-1}}{(k-1)!}\right) z^k$ et par identification de coefficient on en tire $f_k = (-1)^k(1-k)$. On en déduit, en posant $\varphi(x) = (1+x)^n$,

$$\sum_{k=0}^{n}\binom{n}{k} f_k\,\rho^k = \sum_{k=0}^{n}\binom{n}{k}\left((-\rho)^k + \rho k(-\rho)^{k-1}\right) = \varphi(-\rho) + \rho\varphi'(-\rho) = (1-\rho)^{n-1}(1-\rho+n\rho).$$

En remplaçant dans l'expression obtenue dans la question précédente, on en déduit, lorsque $n \geq 2$, compte tenu du fait que $\det M_n$ soit centré et de la valeur de ρ,

$$V(\det M_n) = n!(a^2+b^2)^n \left(\frac{b^2}{a^2+b^2}\right)^{n-1}\left(1 + (n-1)\frac{a^2}{a^2+b^2}\right) = n!b^{2n-2}(b^2+na^2).$$

Il reste à traiter le cas $n = 1$, immédiat car $\det M_1 = X_{1,1}$ donc $V(\det M_1) = b^2$.

d) Notons que A_n s'écrit par blocs sous la forme $A_n = \begin{pmatrix} M_n & 0 \\ 1 & 1 \end{pmatrix}$ et que $\det A_n = \det M_n$. Notons B_n la matrice obtenue à partir de A_n en retranchant à chacune des n premières lignes a fois la dernière. On a $\det B_n = \det A_n = \det M_n$. Notons $X_{i,j}^* = X_{i,j} - a$ les variables aléatoires $X_{i,j}$ centrées. Les coefficients de B_n sont $B_n = (Y_{i,j})_{1\leq i,j\leq n+1}$, avec $Y_{i,j} = X_{i,j}^*$ pour $1 \leq i, j \leq n$, $Y_{i,n+1} = -a$ pour $1 \leq i \leq n$, et $Y_{n+1,j} = 1$ pour $1 \leq j \leq n+1$. Les variables aléatoires $Y_{i,j}$ sont indépendantes donc on peut appliquer la formule (*) à $E((\det B_n)^2)$, ce qui donne

$$E((\det B_n)^2) = \sum_{(\sigma,\mu)\in(\mathcal{S}_{n+1})^2} \varepsilon(\sigma)\varepsilon(\mu)P_{\sigma,\mu}, \qquad P_{\sigma,\mu} = \prod_{i=1}^{n+1} E\left(Y_{i,\sigma(i)}Y_{i,\mu(i)}\right).$$

Si $\sigma \neq \mu$, on a au moins deux indices distincts i et j tels que $\sigma(i) \neq \mu(i)$ et $\sigma(j) \neq \mu(j)$. L'un de ces deux indices est $\leq n$, par exemple i. Comme $\sigma(i) \neq \mu(i)$, l'un de ces deux indices est $\leq n$, par exemple $\sigma(i) \le n$. On a alors $E(Y_{i,\sigma(i)}Y_{i,\mu(i)}) = E(X^*_{i,\sigma(i)})E(Y_{i,\mu(i)}) = 0$. Donc les seuls $P_{\sigma,\mu}$ non nuls sont ceux pour lesquels $\sigma = \mu$. On traite maintenant deux cas. Si $\sigma(n+1) = n+1$, alors $P_{\sigma,\sigma} = \prod_{i=1}^n E((X^*_{i,\sigma(i)})^2) = b^{2n}$. Si $\sigma(n+1) \neq n+1$, alors en notant $j = \sigma^{-1}(n+1)$ on a

$$P_{\sigma,\sigma} = E\left(Y_{j,n+1}^2\right) E\left(Y_{n+1,\sigma(n+1)}^2\right) \prod_{i\le n, i\neq j} E\left((X^*_{i,\sigma(i)})^2\right) = a^2 b^{2n-2}.$$

On en déduit

$$E((\det B_n)^2) = \sum_{\sigma\in\mathcal{S}_{n+1}} P_{\sigma,\sigma} = \sum_{\substack{\sigma\in\mathcal{S}_{n+1}\\ \sigma(n+1)=n+1}} P_{\sigma,\sigma} + \sum_{\substack{\sigma\in\mathcal{S}_{n+1}\\ \sigma(n+1)\neq n+1}} P_{\sigma,\sigma} = n!b^{2n} + n\,n!\,a^2 b^{2n-2}.$$

Comme $\det M_n = \det B_n$, on retrouve ainsi le résultat de la question 1/c).

Exercice 9 (Problème du collectionneur). Soit $r \in \mathbb{N}^*$ et (X_n) une suite de variables aléatoires à valeurs dans $\{1,\dots,r\}$, indépendantes. qui suivent une loi uniforme sur $\{1,\dots,r\}$. Les X_n modélisent des vignettes réunies par un collectionneur, qui les achète une par une sans savoir à l'avance laquelle il va avoir. On note t_k le nombre d'achats effectués par le collectionneur pour avoir k vignettes différentes, c'est-à-dire

$$t_0 = 0 \qquad \text{et} \qquad \forall k\in\mathbb{N}^*, k\le r, \quad t_k = \min\{n\ge 1 \mid \mathrm{Card}\{X_1,\dots,X_n\} = k\}.$$

On s'interesse au temps $T_r = t_r$ nécessaire pour compléter l'ensemble de la collection.
1/ Montrer que l'espérance de T_r est égale à

$$E(T_r) = rH_r, \qquad \text{où} \qquad H_r = \sum_{k=1}^r \frac{1}{k}.$$

(indication : montrer que les $\tau_k = t_k - t_{k-1}$ suivent une loi géométrique).
2/a) Calculer la variance de T_r.
b) Montrer que

$$\forall\varepsilon > 0, \qquad \lim_{r\to+\infty} P\left(\left|\frac{T_r}{r\log r} - 1\right| > \varepsilon\right) = 0.$$

3/a) Montrer que

$$\forall n\in\mathbb{N}, \qquad P(T_r > n) = \sum_{k=1}^r (-1)^{k-1}\binom{r}{k}\left(1-\frac{k}{r}\right)^n.$$

b) Pour tout $a > 0$, montrer que

$$\lim_{r\to+\infty} P\left(\left|\frac{T_r - r\log r}{r}\right| < a\right) = e^{-e^{-a}} - e^{-e^{a}}.$$

c) En déduire, dans le cas $r = 100$, un encadrement du nombre de vignettes T_r à acheter pour avoir 95% de chance de compléter la collection.

Solution. **1/** Lorsque $1 \le k \le r$, la variable aléatoire $\tau_k = t_k - t_{k-1}$ est le nombre d'achats nécéssaires pour passer d'une collection de $k-1$ vignettes différentes à k vignettes différentes, autrement dit

$$\tau_k = \min\{m\ge 1 \mid X_{t_{k-1}+m} \notin \{X_1,\dots,X_{t_{k-1}}\}\}.$$

La variable aléatoire τ_k est le temps d'apparition du premier gain dans un jeu de pile ou face, pour lequel la probabilité de gain est $(r-k+1)/r$ (probabilité que $X_{t_{k-1}+m}$ soit l'une des $r-k+1$

vignettes différentes des $k-1$ déjà obtenues). Elle suit donc une loi géométrique de paramètre $(r-k+1)/r$, en particulier on a $E(\tau_k)=r/(r-k+1)$. Comme $T_r=\tau_1+\cdots+\tau_r$, on en déduit

$$E(T_r)=\sum_{k=1}^{r}E(\tau_k)=\sum_{k=1}^{r}\frac{r}{r-k+1}=rH_r.$$

2/a) On va d'abord prouver que les τ_k sont indépendants. La valeur de τ_k ne dépend que des des vignettes obtenues après le moment où on a $k-1$ vignettes différentes, et de celles obtenues à ce moment (pour savoir si une vignette est nouvelle). Or les tirages sont indépendants, donc les vignettes obtenues après en avoir eu $k-1$ différentes sont indépendantes des précédentes, et donc de $\tau_1,\ldots,\tau_{k-1}$. Par ailleurs, l'ensemble des $k-1$ premières vignettes différentes obtenues est indépendant du temps $\tau_1,\ldots,\tau_{k-1}$ mis à les obtenir, puisque chaque type de vignette est équiprobable. Ainsi, τ_k est indépendant de $\tau_1,\ldots,\tau_{k-1}$. Ceci étant vrai pour tout k, on en déduit l'indépendances de $\tau_1,\ldots,\tau_r$.

L'indépendance des τ_k permet de calculer la variance de $T_r=\tau_1+\cdots+\tau_r$ comme somme des variances des τ_k. Comme la variance d'une loi géométrique de paramètre p est $(1-p)/p^2$, on en déduit

$$V(T_r)=\sum_{k=1}^{r}V(\tau_r)=\sum_{k=1}^{r}\frac{1-(r-k+1)/r}{(r-k+1)^2/r^2}=\sum_{k=1}^{r}\frac{1-k/r}{k^2/r^2}=r\sum_{k=1}^{r}\frac{r-k}{k^2}=r^2\sum_{k=1}^{r}\frac{1}{k^2}-rH_r.$$

b) Notons que l'expression ci-dessus entraîne $V(T_r)\le r^2S$ avec $S=\sum_{k=1}^{+\infty}1/k^2$. L'inégalité de Bienaymé-Tchébycheff entraîne ensuite

$$P(|T_r-E(T_r)|\ge a)\le\frac{V(T_r)}{a^2}\le\frac{r^2S}{a^2}. \qquad (*)$$

Le nombre harmonique H_r est proche de $\log r$ (on a même $H_r=\log r+\gamma+o(1)$ où γ est la constante d'Euler, ici nous nous contenterons d'une majoration simple), ce qui permet d'approcher $E(T_r)$ par $r\log r$. Plus précisément on a

$$|E(T_r)-r\log r|=r|H_r-\log r|\le r\left(1+\sum_{n=2}^{r}\int_{n-1}^{n}\left(\frac{1}{t}-\frac{1}{n}\right)dt\right)\le r\left(1+\int_1^r\frac{dt}{t^2}\right)\le 2r.$$

On en déduit

$$|T_r-r\log r|\le|T_r-E(T_r)|+|E(T_r)-r\log r|\le|T_r-E(T_r)|+2r.$$

Donc si $|T_r-r\log r|\ge\varepsilon r\log r$, alors $|T_r-E(T_r)|\ge\varepsilon r\log r-2r$. En remplaçant dans (*) on obtient, lorsque r est assez grand pour que $\varepsilon\log r-2>0$,

$$P\left(\left|\frac{T_r}{r\log r}-1\right|\ge\varepsilon\right)\le P(|T_r-E(T_r)|\ge\varepsilon r\log r-2r)\le\frac{S}{(\varepsilon\log r-2)^2}.$$

On en déduit le résultat souhaité.

3/a) La forme de l'expression suggère l'utilisation de la formule du crible de Poincaré (voir la proposition 2.2 page 321). On a $\{T_r>n\}=\cup_{k=1}^{r}A_k$, avec $A_k=\{X_1\ne k,\ldots,X_n\ne k\}$. La formule du crible entraîne donc

$$P(T_r>n)=P\left(\bigcup_{i=1}^{r}A_i\right)=\sum_{\substack{J\subset\{1,\ldots,r\}\\ J\ne\varnothing}}(-1)^{|J|-1}P\left(\cap_{j\in J}A_j\right).$$

Lorsque $J\subset\{1,\ldots,r\}$, on a $\cap_{j\in J}A_j=\{X_1\notin J,\ldots,X_n\notin J\}$, et comme les X_i sont indépendants on a $P(\cap_{j\in J}A_j)=\prod_{i=1}^{n}P(X_i\notin J)=\left(1-\frac{|J|}{r}\right)^n$, d'où

$$P(T_r>n)=\sum_{k=1}^{r}\sum_{\substack{J\subset\{1,\ldots,r\}\\ |J|=k}}(-1)^{k-1}\left(1-\frac{k}{r}\right)^n.$$

Comme il y a $\binom{r}{k}$ parties de $\{1,\ldots,r\}$ à k éléments, on en déduit le résultat.

b) Donnons l'idée de l'approche. Lorsqu'on remplace n par $r\log r + ar$ dans l'expression précédente, chaque terme de la somme converge vers

$$(-1)^{k-1}\binom{r}{k}e^{-nk/r} \approx (-1)^{k-1}\frac{r(r-1)\cdots(r-k+1)}{k!}r^{-k}e^{-ak} \approx (-1)^{k-1}\frac{e^{-ak}}{k!},$$

donc on s'attend à ce que $P(T_r > r\log r + ar)$ converge vers $\sum_{k>0}(-1)^{k-1}e^{-ak}/k! = 1-e^{-e^{-a}}$. Cette observation nous amène à montrer que

$$\forall a \in \mathbb{R}, \qquad \lim_{r\to+\infty} P\left(\frac{T_r - r\log r}{r} > a\right) = G(a), \qquad G(a) = 1 - e^{-e^{-a}}. \qquad (**)$$

Par commodité on note $T_r^* = (T_r - r\log r)/r$. Si on montre (**), on aura prouvé le résultat demandé compte tenu de l'égalité

$$P\left(|T_r^*| < a\right) = P\left(T_r^* > -a\right) - P\left(T_r^* \geq a\right) = P\left(T_r^* > -a\right) - P\left(T_r^* > a\right) - P(T_r^* = a)$$

et du fait que $\lim_{r\to+\infty} P(T_r^* = a) = 0$. On prouve cette dernière assertion. Soit $\varepsilon > 0$; choisissons $\alpha > 0$ tel que $G(a-\alpha) - G(a) < \varepsilon/2$. l'inégalité $P(T_r^* = a) \leq P(T_r^* > a - \alpha) - P(T_r^* > a)$ et la limite

$$\lim_{r\to+\infty} \left(P(T_r^* > a-\alpha) - P(T_r^* > a)\right) = G(a-\alpha) - G(a) < \varepsilon/2,$$

entraînent que pour r assez grand, $P(T_r^* = a) < \varepsilon$, on a donc bien $\lim_{r\to+\infty} P(T_r^* = a) = 0$.

Montrons maintenant (**). Fixons $a \in \mathbb{R}$. Soit $\varepsilon > 0$. On a $T_r^* > a$ si et seulement si $T_r > n_r$ où $n_r = [r\log r + ar]$ (où $[x]$ désigne la partie entière de x). Supposons r assez grand pour que $n_r \geq 0$. Soit $k \in \mathbb{N}$, $k \leq r$. La convexité de la fonction $t \mapsto e^{-t}$ entraîne $1 - k/r \leq e^{-k/r}$ donc

$$0 \leq \binom{r}{k}\left(1-\frac{k}{r}\right)^{n_r} \leq \binom{r}{k}e^{-n_r k/r} \leq \binom{r}{k}e^{-(r\log r + ar - 1)k/r} = \binom{r}{k}r^{-k}e^{-ak}e^{k/r} \leq \frac{e^{-ak}}{k!}e^{k/r},$$

où nous avons utilisé l'inégalité $\binom{r}{k} = r(r-1)\cdots(r-k+1)/k! \leq r^k/k!$. Soit $N \in \mathbb{N}^*$ tel que $\sum_{k>N} e^{-ak}/k! < \varepsilon$. Lorsque $r > N$, l'inégalité précédente entraîne

$$\left|\sum_{k=N+1}^{r}(-1)^{k-1}\binom{r}{k}\left(1-\frac{k}{r}\right)^{n_r} - \sum_{k=N+1}^{+\infty}(-1)^{k-1}\frac{e^{-ak}}{k!}\right| \leq \sum_{k=N+1}^{r}\frac{e^{-ak}}{k!}e^{k/r} + \varepsilon \leq \varepsilon e + \varepsilon. \qquad (***)$$

Fixons maintenant N, et $k \leq N$. On a $n_r\log(1-k/r) = (r\log r + ar + O(1))(-k/r + O(1/r^2)) = -k\log r - ak + O(\log r/r)$ donc

$$\binom{r}{k}\left(1-\frac{k}{r}\right)^{n_r} = e^{-ak+o(1)}\binom{r}{k}r^{-k} = \frac{e^{ak+o(1)}}{k!}\frac{r}{r}\frac{r-1}{r}\cdots\frac{r-k+1}{r} = \frac{e^{ak+o(1)}}{k!}\prod_{j=0}^{k-1}\left(1-\frac{j}{r}\right).$$

Donc lorsque $r \to +\infty$, le terme de gauche converge vers $e^{-ak}/k!$. Ainsi, comme N est fixé, on a

$$\exists N_1 > N, \forall r > N_1, \qquad \left|\sum_{k=1}^{N}(-1)^{k-1}\binom{r}{k}\left(1-\frac{k}{r}\right)^{n_r} - \sum_{k=1}^{N}(-1)^{k-1}\frac{e^{-ak}}{k!}\right| < \varepsilon.$$

Avec (***) on en déduit

$$\forall r > N_1, \quad |P(T_r^* > a) - G(a)| = \left|\sum_{k=1}^{r}(-1)^{k-1}\binom{r}{k}\left(1-\frac{k}{r}\right)^{n_r} - \sum_{k=1}^{+\infty}(-1)^{k-1}\frac{e^{-ak}}{k!}\right| < (2+e)\varepsilon.$$

On a donc bien démontré l'assertion (**).

c) On a $e^{-e^{-a}} - e^{-e^{a}} = 0.95$ pour $a \simeq 2.97$, on en déduit, d'après la question précédente, que $P(r\log r - ar < T_r < r\log r + ar) \simeq 0.95$, donc avec $r = 100$ ceci fournit l'encadrement $163 < T_r < 758$, vérifié environ 95% du temps.

Remarque. - On peut montrer que $P(T_r \leq n) = S_{n,r} r!/r^n$, où $S_{n,r}$ est le nombre de Stirling de deuxième espèce (voir le problème 7 page 379).

– La majoration obtenue en 2/b) fournit l'encadrement $-\varepsilon r \log r < T_r - r \log r < \varepsilon r \log r$ avec probabilité $> 1 - S/(\varepsilon \log r - 2)$. En choisissant $r = 100$ et $\varepsilon = 1{,}7$ on trouve que $-323 < T_r < 1244$ au moins 95% du temps. La borne inférieure n'apporte rien, et cet encadrement est beaucoup moins bon que celui obtenu à la question 2/b).

– La loi définie par $P(\,]-\infty, x]) = e^{-e^{-x}}$ est appelée *loi de Gumbel*. Nous avons montré dans la question 3/b) la convergence en loi de $(T_r - r \log r)/r$ vers la loi de Gumbel.

EXERCICE 10 (RUINE DU JOUEUR). Soit $(X_n)_{n \in \mathbb{N}^*}$ une suite de variables de Bernoulli indépendantes et identiquement distribuées, centrées, de paramètre $p \in]0,1[$, c'est-à-dire $P(X_n = 1) = p$ et $P(X_n = -1) = 1-p$. On pose $S_n = S_0 + X_1 + \cdots + X_n$. On interprète S_n comme la fortune d'un joueur qui gagne 1 euro si $X_n = 1$, et qui perd 1 euro si $X_n = -1$. Le joueur part d'une fortune initiale $S_0 = k > 0$, et joue jusqu'à atteindre une fortune de N ou jusqu'à ce qu'il soit ruiné. On note T le plus petit entier n tel que $S_n = 0$ ("le joueur est ruiné") ou $S_n = N$ ("le joueur a atteint son objectif"), $T = +\infty$ si un tel entier n'existe pas. On note $q = 1 - p$.

1/ Montrer que presque surement, T est fini, et que T admet une espérance.

2/ Montrer que la probabilité $p_k = P((T < +\infty,\ S_T = 0) \mid S_0 = k)$ de ruine du joueur, partant d'une fortune initiale k, vérifie

$$\text{Si } p = 1/2 : \ p_k = 1 - \frac{k}{N}, \qquad \text{si } p \neq 1/2 : \ p_k = \frac{(q/p)^k - (q/p)^N}{1 - (q/p)^N}.$$

3/ Montrer que l'espérance E_k du temps de jeu T, lorsque le joueur part d'une fortune initiale k, vérifie

$$\text{Si } p = 1/2 : \ E_k = k(N-k), \qquad \text{si } p \neq 1/2 : \ E_k = \frac{1}{q-p}\left(k - N\frac{1-(q/p)^k}{1-(q/p)^N}\right).$$

Solution. **1**/ On va montrer que S_n a une faible probabilité de rester entre 0 et N lorsque n devient grand. Soit $m \in \mathbb{N}^*$. Pour que $T > mN$ il faut que $0 < S_{jN} < N$ pour tout $j \leq m$, en particulier on doit avoir $|S_{(j+1)N} - S_{jN}| < N$ pour tout $j < m$. Or l'événement $A_j = \{|S_{(j+1)N} - S_{jN}| < N\}$ ne contient pas l'événement $\{X_{jN+1} = 1, \ldots, X_{(j+1)N} = 1\}$ de probabilité p^N, donc $P(A_j) \leq r$ avec $r = 1 - p^N < 1$. Par ailleurs les événements $A_1, \ldots, A_{m-1}$ sont indépendants, car $A_j = \{|X_{jN+1} + \cdots + X_{(j+1)N}| < N\}$ et les X_i sont indépendants. On en déduit

$$P(T > mN) \leq P(A_1 \cap \ldots \cap A_{m-1}) = P(A_1) \cdots P(A_{m-1}) \leq r^{m-1}.$$

Soit $n \in \mathbb{N}$, $n > M$. On a $n > aM$ avec $a = [(n-1)/M]$ donc $P(T = n) \leq P(T > aM) \leq r^{a-1}$. Comme $a \geq n/M - 1$, on a donc $P(T = n) \leq \alpha\beta^n$ avec $\alpha = 1/r^2$ et $\beta = r^{1/M} < 1$. On en déduit $P(T = +\infty) = P(\cap_{n \in \mathbb{N}}\{T > n\}) = \lim_{n \to +\infty} P(T > n) = 0$, donc T est presque surement fini. On en déduit aussi que la série $\sum_{n \in \mathbb{N}^*} nP(T = n)$ est sommable, donc T admet une espérance.

2/ Notons A_k l'événement correspondant à la ruine du joueur, partant d'une fortune initiale k, c'est-à-dire

$$A_k = \{\exists n \mid k + X_1 + \cdots + X_n = 0 \text{ et } \forall m < n, 0 < k + X_1 + \cdots + X_m < N\}$$

de sorte que $p_k = P(A_k)$. Supposons $0 < k < N$. On a

$$(A_k \mid X_1 = 1) = \{\exists n \mid k + 1 + X_2 + \cdots + X_n = 0 \text{ et } \forall m < n, 0 < k + 1 + X_2 + \cdots + X_m < N\}$$

et comme les X_i suivent tous une même loi et sont indépendants, $X_2+\cdots+X_k$ suit la même loi que $X_1+\cdots+X_{k-1}$, donc : $P(A_k \mid X_1=1)=P(A_{k+1})$. Un raisonnement du même type fournit $P(A_k \mid X_1=-1)=P(A_{k-1})$. On en déduit, pour tout $k\in\mathbb{N}$ tel que $0<k<N$, l'égalité

$$p_k=P(A_k)=P(A_k \mid X_1=1)P(X_1=1)+P(A_k \mid X_1=-1)P(X_1=-1)=p\,p_{k+1}+q\,p_{k-1}.$$

Par ailleurs on a les conditions aux limites $p_0=1$ et $p_N=0$. La relation obtenue est une relation de récurrence linéaire d'ordre 2, dont les solutions sont de la forme $p_k=ar_1^k+br_2^k$ lorsque l'équation caractéristique $pr^2-r+q=0$ a deux racines distinctes $r=r_1$ ou $r=r_2$, de la forme $p_k=(a+kb)r_1^n$ si cette équation a une racine double $r=r_1$.

Si $p=1/2$, l'équation caractéristique a une racine double $r_1=1$, donc p_k a la forme $a+bk$. Comme $p_0=1$ et $p_N=0$, on en déduit $a=1$ et $b=-1/N$, donc dans ce cas, $p_k=1-k/N$. Si $p\neq 1/2$, les racines de pr^2-r+q sont 1 et q/p, donc p_k a la forme $a+b(q/p)^k$. Les conditions aux limites $p_0=1$ et $p_N=0$ fournissent $a=-q^N/(p^N-q^N)$ et $b=p^N/(p^N-q^N)$, et on en déduit la formule souhaitée.

3/ Comme pour la question 2/, on va déterminer une relation de récurrence sur E_k. Notons T_k la variable aléatoire T lorsque la fortune initiale du joueur est égale à k, de sorte que $E_k=E(T_k)$. La proposition 8 page 339 sur les espérances conditionnelles donne

$$E_k=E(T_k)=E(T_k \mid X_1=1)P(X_1=1)+E(T_k \mid X_1=-1)P(X_1=-1). \qquad (*)$$

Supposons $0<k<N$. On a

$$\{T_k=n \mid X_1=1\}=\{\inf\{j \mid k+1+X_2+\cdots+X_j\in\{0,N\}\}=n\}$$

et comme $X_2+\cdots+X_j$ suit la même loi que $X_1+\cdots+X_{j-1}$, on en déduit

$$P(T_k=n \mid X_1=1)=P(\inf\{j \mid k+1+X_1+\cdots+X_j\in\{0,N\}\}=n-1)=P(T_{k+1}=n-1).$$

On a donc

$$E(T_k \mid X_1=1)=\sum_{n\in\mathbb{N}^*} nP(T_k=n \mid X_1=1)=\sum_{n\in\mathbb{N}^*} nP(T_{k+1}=n-1)=1+E(T_{k+1}).$$

Un raisonnement similaire donne $E(T_k \mid X_1=-1)=1+E(T_{k-1})$. Avec (*), on en déduit

$$\forall k\in\mathbb{N}, 0<k<N, \qquad E_k=p(1+E_{k+1})+q(1+E_{k-1}). \qquad (**)$$

Les conditions aux limites sont $E_0=E_N=0$. Pour abaisser l'ordre de la récurrence, on écrit l'égalité (**) sous la forme $1+p(E_{k+1}-E_k)+q(E_{k-1}-E_k)=0$, on a donc $1+p\Delta_k-q\Delta_{k-1}=0$ où $\Delta_k=E_{k+1}-E_k$.

Lorsque $p=1/2$, la récurrence s'écrit $1+(\Delta_k-\Delta_{k-1})/2=0$, donc $\Delta_k-\Delta_{k-1}=-2$, ce qui entraîne $\Delta_k=\Delta_0-2k$. On en déduit

$$E_k=E_0+\sum_{j=0}^{k-1}\Delta_j=k\Delta_0-k(k-1).$$

Comme $E_N=0$, on trouve $\Delta_0=N-1$. Finalement on a $E_k=k(N-k)$ pour $0\le k\le N$.

Lorsque $p\neq 1/2$, on linéarise en recherchant α tel que $p(\Delta_k-\alpha)-q(\Delta_{k-1}-\alpha)=0$. Ceci est vrai pour $(-p+q)\alpha=1$, c'est-à-dire $\alpha=1/(q-p)$. Donc pour $0<k<N$, on a $\Delta_k-\alpha=(q/p)(\Delta_{k-1}-\alpha)$. Donc $\Delta_k-\alpha=(\Delta_0-\alpha)(q/p)^k$. On en déduit

$$E_k=E_0+\sum_{j=0}^{k-1}\Delta_j=\sum_{j=0}^{k-1}\left(\alpha+(\Delta_0-\alpha)\left(\frac{q}{p}\right)^j\right)=k\alpha+(\Delta_0-\alpha)\frac{1-(q/p)^k}{1-q/p}.$$

Comme $E_N=0$, on en déduit $\Delta_0-\alpha=-N\alpha(1-q/p)/(1-(q/p)^N)$. On a donc

$$\forall k\in\mathbb{N}, 0\le k\le N, \qquad E_k=k\alpha-N\alpha\frac{1-(q/p)^k}{1-(q/p)^N}=\frac{1}{q-p}\left(k-N\frac{1-(q/p)^k}{1-(q/p)^N}\right).$$

Remarque. Cet exercice modélise un joueur au casino avec une fortune initiale k, le casino ayant une fortune N. La fortune du casino est bien plus grande que celle du joueur, donc même si $p=1/2$, le joueur est ruiné avec la probabilité $1-k/N$, proche de 1. En jouant à la roulette, on a en fait $p = 18/37 < 1/2$ (lorsque la bille atterrit sur le "0", la banque empoche toutes les mises), donc la probabilité de ruine du joueur, donnée par la deuxième formule de 2/, est encore plus importante.

EXERCICE 11. **1/** Soit $(X_n)_{n\in\mathbb{N}^*}$ une suite de variables aléatoires indépendantes à valeurs dans $\mathbb{Z}$, suivant toutes une loi de Rademacher :

$$P(X_n = -1) = \frac{1}{2}, \qquad P(X_n = 1) = \frac{1}{2}.$$

On note S_n la variable définie par $S_n = X_1 + \cdots + X_n$. Donner un équivalent, lorsque $n \to +\infty$, de $P(S_{2n} = 0)$.
2/ (Généralisation) Soit $K \in \mathbb{N}^*$. Donner un équivalent de $P(S_{2n} = 0)$ lorsque les variables aléatoires X_n sont indépendantes, à valeurs dans $\{2k+1-2K,\ 0 \le k < 2K\} = \{1-2K, 3-2K, \cdots, 2K-1\}$ et équidistribuées, c'est-à-dire

$$\forall k \in 0, \dots, 2K-1, \qquad P(X_n = 2k+1-2K) = \frac{1}{2K}.$$

Solution. **1/** On a $S_{2n} = 0$ si et seulement si il y a exactement n valeurs parmi les $(X_k)_{1\le k\le 2n}$ qui sont égales à 1 (et les n autres forcément égales à -1), donc $P(S_{2n} = 0) = 2^{-2n}\binom{2n}{n}$. On obtient un équivalent de cette expression en utilisant la formule de Stirling $m! \sim \sqrt{2\pi m}(m/e)^m$, ce qui donne

$$P(S_{2n} = 0) \sim \frac{1}{2^{2n}}\sqrt{2\pi 2n}\left(\frac{2n}{e}\right)^{2n} \cdot \left(\frac{1}{\sqrt{2\pi n}}\left(\frac{e}{n}\right)^n\right)^2 = \frac{1}{\sqrt{\pi n}}.$$

2/ Lorsque $K > 1$, l'expression explicite de $P(S_{2n} = 0)$ est une somme multiple et n'est pas adaptée au calcul d'un équivalent. On s'en sort en utilisant les fonctions caractéristiques (voir la définition 13 page 348). Puisque les X_k sont indépendantes et de même loi, la fonction caractéristique $\varphi_{S_{2n}}$ de S_{2n} s'exprime sous la forme

$$\varphi_{S_{2n}}(\theta) = \varphi_{X_1}(\theta)^{2n}, \qquad \text{avec} \qquad \varphi_{X_1}(\theta) = \frac{1}{2K}\sum_{k=0}^{2K-1} e^{((2k+1)-2K)i\theta}, \tag{*}$$

et la formule (*) de la remarque 18 page 348 fournit l'identité

$$P(S_{2n} = 0) = \frac{1}{2\pi}\int_{-\pi}^{\pi} \varphi_{S_{2n}}(\theta)\,d\theta = \frac{1}{\pi}\int_0^{\pi} \varphi_{X_1}(\theta)^{2n}\,d\theta = \frac{2}{\pi}\int_0^{\pi/2} \varphi_{X_1}(\theta)^{2n}\,d\theta. \tag{**}$$

où on a utilisé la parité de la fonction 2π-périodique φ_{X_1} et l'identité $\varphi_{X_1}(\pi-\theta) = \varphi_{X_1}(\theta)$. Pour calculer un équivalent à partir de cette dernière expression, on va utiliser la méthode de Laplace (voir le tome Analyse), que nous redémontrons ici dans notre contexte. L'approche consiste à remarquer que $\varphi_{X_1}(\theta)$ admet son module maximum lorsque $\theta = 0$, dictant ainsi la valeur de l'intégrale. Au voisinage de $\theta = 0$ ($\theta \neq 0$) on a

$$\varphi_{X_1}(\theta) = \frac{e^{(1-2K)i\theta}}{2K}\,\frac{e^{4Ki\theta}-1}{e^{2i\theta}-1} = \frac{\sin(2K\theta)}{2K\sin(\theta)} = \frac{2K\theta - (2K\theta)^3/6 + o(\theta^3)}{2K(\theta - \theta^3/6 + o(\theta^3))} = 1 - \alpha\theta^2 + o(\theta^2), \tag{***}$$

où $\alpha = (4K^2-1)/6$, on a donc $\varphi_{X_1}(\theta)^{2n} \approx e^{-2\alpha n\theta^2}$ et donc la dernière intégrale de (**) est approximée par $\int_0^{\pi/2} e^{-2\alpha n\,\theta^2}\,d\theta \sim (2\alpha n)^{-1/2}\int_0^{+\infty} e^{-t^2}\,dt$ (par le changement de variable $t = (2\alpha n)^{1/2}\theta$).

Procédons maintenant rigoureusement. Soit $\varepsilon > 0$. L'estimation (***) entraîne $\varphi_{X_1}(\theta) = e^{-\alpha\theta^2(1+o(1))}$ donc il existe $a \in]0, \pi/2[$ tel que

$$\forall \theta \in [0, a], \qquad \exp(-\alpha(1+\varepsilon)\theta^2) \le \varphi_{X_1}(\theta) \le \exp(-\alpha(1-\varepsilon)\theta^2)$$

donc
$$\int_0^a e^{-2n\alpha(1+\varepsilon)\theta^2}d\theta \le \int_0^a \varphi_{X_1}(\theta)^{2n}d\theta \le \int_0^a e^{-2n\alpha(1-\varepsilon)\theta^2}d\theta.$$
Un équivalent des deux intégrales qui encadrent celle du milieu est obtenu avec le résultat suivant :
$$\forall\beta>0,\qquad \int_0^a e^{-n\beta\theta^2}d\theta=(n\beta)^{-1/2}\int_0^{a(n\beta)^{1/2}} e^{-t^2}\,dt\sim\frac{I}{(n\beta)^{1/2}},\qquad I=\int_0^{+\infty}e^{-t^2}\,dt.$$
En appliquant ce résultat avec $\beta=2\alpha(1+\varepsilon)$ puis $\beta=2\alpha(1-\varepsilon)$, on en déduit l'existence de $N\in\mathbb{N}^*$ tel que pour tout $n\ge N$
$$\frac{I}{(2n\alpha(1+\varepsilon))^{1/2}}(1-\varepsilon)\le\int_0^a\varphi_{X_1}(\theta)^{2n}\,d\theta\le\frac{I}{(2n\alpha(1-\varepsilon))^{1/2}}(1+\varepsilon).$$
On majore ensuite $|\varphi_{X_1}(\theta)|$ sur $[a,\pi/2]$ à partir de son expression sous forme de somme dans (*) dont les termes d'indice $K-1$ et K valent respectivement $e^{-i\theta}$ et $e^{i\theta}$, et les autres ont leur module majorés par 1. Ceci permet d'écrire
$$\forall\theta\in[a,\pi/2],\qquad |\varphi_{X_1}(\theta)|\le\frac{2K-2+2\cos\theta}{2K}\le q,\quad\text{avec}\quad q=\frac{2K+2(\cos a-1)}{2K}<1.$$
Donc $|\int_a^{\pi/2}\varphi_{X_1}(\theta)^{2n}\,d\theta|\le(\pi/2)q^{2n}$, et pour tout $n\ge N$
$$\frac{I}{(2n\alpha)^{1/2}}\frac{1-\varepsilon}{(1+\varepsilon)^{1/2}}-\frac{\pi}{2}q^{2n}\le\int_0^{\pi/2}\varphi_{X_1}(\theta)^{2n}\,d\theta\le\frac{I}{(2n\alpha)^{1/2}}\frac{1+\varepsilon}{(1-\varepsilon)^{1/2}}+\frac{\pi}{2}q^{2n}.$$
Comme $0<q<1$, on a $q^{2n}=o(n^{-1/2})$ donc ceci entraîne l'existence de $N_1\ge N$ tel que
$$\forall n\ge N_1,\qquad \frac{I}{(2n\alpha)^{1/2}}\frac{(1-\varepsilon)^2}{(1+\varepsilon)^{1/2}}\le\int_0^{\pi/2}\varphi_{X_1}(\theta)^{2n}\,d\theta\le\frac{I}{(2n\alpha)^{1/2}}\frac{(1+\varepsilon)^2}{(1-\varepsilon)^{1/2}}.$$
L'existence de N_1 étant assurée pour tout $\varepsilon>0$, les deux fonctions de ε en présence étant continues en $\varepsilon=0$, on en déduit que $\int_0^{\pi/2}\varphi_{X_1}(\theta)^{2n}d\theta\sim I/(2n\alpha)^{1/2}$. Compte tenu de la valeur de $\alpha=(4K^2-1)/6$ et avec (**) on en déduit
$$P(S_{2n}=0)\sim\frac{2}{\pi}\frac{I}{((4K^2-1)n/3)^{1/2}}.$$
La valeur de I est classique (voir le tome Analyse), ici on peut la retrouver à partir de l'équivalent obtenu dans la question précédente, qui correspond au cas $K=1$, ce qui fournit $2I/\pi=1/\sqrt{\pi}$, donc $I=\sqrt{\pi}/2$. En conclusion on a donc
$$P(S_{2n}=0)\sim\frac{1}{((4K^2-1)\pi n/3)^{1/2}}.$$

Exercice 12 (Loi faible des grands nombres, cas $\mathcal{L}^1$). Soit $(X_n)_{n\in\mathbb{N}^*}$ une suite de variables aléatoires discrètes réelles, indépendantes, identiquement distribuées, et admettant une espérance (on ne suppose pas que les X_n admettent une variance).
1/ Montrer que $(X_n)_{n\in\mathbb{N}^*}$ converge en probabilité vers $m=E(X_1)$, c'est-à-dire
$$\forall\varepsilon>0,\qquad\lim_{n\to+\infty}P(|(X_1+\cdots+X_n)/n-m|>\varepsilon)=0.$$
(indication : considérer la variable aléatoire *tronquée* $Y_n=X_n\times\mathbf{1}_{|X_n|\le M}$ (où $\mathbf{1}_A$ est la fonction indicatrice de A définie par $\mathbf{1}_A(\omega)=1$ si $\omega\in A$, $=0$ sinon), avec M bien choisi).
2/ Montrer que même si les X_n admettent tous une espérance, égale à m, ce résultat est faux si on ne suppose pas les X_n identiquement distribuées.

Solution. **1/** Quitte à considérer la suite (X_n-m), on peut supposer $m=0$. Par commodité, pour toute suite $(A_n)_{n\in\mathbb{N}^*}$ de variables aléatoires réelles, on note $(\overline{A}_n)_{n\in\mathbb{N}^*}$ la suite de variables aléatoires des moyennes, définie par $\overline{A}_n=(A_1+\cdots+A_n)/n$.

Soit $\varepsilon > 0$. On suit l'indication en considérant la variable aléatoire tronquée $Y_n = X_n \mathbf{1}_{|X_n| \leq M}$, où la valeur de $M > 0$ sera choisie plus tard. On note $Z_n = X_n - Y_n = X_n \mathbf{1}_{|X_n| > M}$. On a

$$\overline{X}_n = \overline{X}_n - E(\overline{X}_n) = (\overline{Y}_n - E(\overline{Y}_n)) + (\overline{Z}_n - E(\overline{Z}_n)).$$

Donc si $|\overline{X}_n| \geq 2\varepsilon$ alors $|\overline{Y}_n - E(\overline{Y}_n)| \geq \varepsilon$ ou $|\overline{Z}_n - E(\overline{Z}_n)| \geq \varepsilon$, ce qui entraîne

$$P(|\overline{X}_n| \geq 2\varepsilon) \leq P(|\overline{Y}_n - E(\overline{Y}_n)| \geq \varepsilon) + P(|\overline{Z}_n - E(\overline{Z}_n)| \geq \varepsilon).$$

Comme Y_k est bornée, à valeur dans $[-M, M]$, elle admet un moment d'ordre 2 et sa variance vérifie $V(Y_k) \leq E(Y_k^2) \leq M^2$. En appliquant l'inégalité de Bienaymé-Tchébycheff on a donc

$$P(|\overline{Y}_n - E(\overline{Y}_n)| \geq \varepsilon) \leq \frac{V(\overline{Y}_n)}{\varepsilon^2} = \sum_{k=1}^{n} \frac{V(Y_k)}{n^2\varepsilon^2} \leq \frac{M^2}{n\varepsilon^2}.$$

Par ailleurs, l'inégalité de Markov fournit

$$P(|\overline{Z}_n - E(\overline{Z}_n)| \geq \varepsilon) \leq \frac{E(|\overline{Z}_n - E(\overline{Z}_n)|)}{\varepsilon} \leq \frac{2E(|\overline{Z}_n|)}{\varepsilon} \leq \frac{2}{\varepsilon}\sum_{k=1}^{n} \frac{E(|Z_k|)}{n} = \frac{2E(|X_1| \mathbf{1}_{|X_1| \geq M})}{\varepsilon}.$$

On a $E(|X_1| \mathbf{1}_{|X_1| \geq M}) = \sum_{x \in X_1(\Omega), |x| \geq M} |x| P(X_1 = x)$ donc $E(|X_1| \mathbf{1}_{|X_1| \geq M})$ tend vers 0 lorsque $M \to +\infty$. Choisissons M de sorte que $E(|X_1| \mathbf{1}_{|X_1| \geq M}) \leq \varepsilon^2$. On a alors $P(|\overline{Z}_n - E(\overline{Z}_n)| \geq \varepsilon) \leq 2\varepsilon$. On a donc finalement montré

$$P(|\overline{X}_n| \geq 2\varepsilon) \leq \frac{M^2}{n\varepsilon^2} + 2\varepsilon,$$

donc lorsque $n \geq M^2/\varepsilon^3$, on a $P(|\overline{X}_n| \geq 2\varepsilon) \leq 3\varepsilon$.

Fixons nous maintenant $\delta > 0$. Soit $\varepsilon > 0$, $\varepsilon \leq \delta/2$. D'après ce que nous venons de montrer, il existe $N \in \mathbb{N}^*$ tel que pour tout $n \geq N$, on a $P(|\overline{X}_n| \geq 2\varepsilon) \leq 3\varepsilon$. On en déduit que pour $n \geq N$, $P(|\overline{X}_n| \geq \delta) \leq P(|\overline{X}_n| \geq 2\varepsilon) \leq 3\varepsilon$. On a donc bien $\lim_{n \to +\infty} P(|\overline{X}_n| \geq \delta) = 0$.

2/ Considérons une suite de variables aléatoires $(X_n)_{n \in \mathbb{N}^*}$ indépendantes vérifiant $P(X_n = -1) = 1 - 1/n^2$ et $P(X_n = n^2 - 1) = 1/n^2$. Pour tout n on a $E(X_n) = 0$ et

$$P(X_1 = 0, X_2 = -1, \ldots, X_n = -1) = \prod_{k=2}^{n}\left(1 - \frac{1}{k^2}\right) = e^{-(u_2 + \cdots + u_n)}, \quad u_k = \log\left(\frac{1}{1 - 1/k^2}\right).$$

La série à termes positifs $\sum u_k$ converge car $u_k \sim 1/k^2$. En notant S sa somme on a donc

$$\forall n \in \mathbb{N}^*, \qquad P(X_1 + \cdots + X_n = 1 - n) \geq P(X_1 = 0, X_2 = -1, \ldots, X_n = -1) \geq e^{-S}.$$

Donc $P(|(X_1 + \cdots + X_n)/n)| \geq 1/2) \geq P(X_1 + \cdots + X_n = 1 - n) \geq e^{-S}$ ne tend pas vers 0. Le résultat 1/ est donc faux avec $\varepsilon = 1/2$.

Remarque. Même si les X_n ne sont pas identiquement distribuées, le résultat 1/ reste vrai si on suppose que les X_n ont la même espérance, et sont equi-sommables, c'est-à-dire si $\forall \varepsilon > 0, \exists M > 0, \forall n \in \mathbb{N}^*,\ E(|X_n| \mathbf{1}_{|X_n| \geq M}) < \varepsilon$.

EXERCICE 13 (LOI FORTE DES GRANDS NOMBRES, CAS $\mathcal{L}^4$). Soit $(X_n)_{n \in \mathbb{N}^*}$ une suite de variables aléatoires discrètes réelles, indépendantes. On suppose que les X_n admettent toutes un moment d'ordre 4 et sont centrées, et qu'il existe $K > 0$ tel que $E(X_n^4) \leq K$ pour tout $n \in \mathbb{N}^*$.

1/ Montrer que chaque X_k admet des moments d'ordre 1, 2 et 3. Pour tout $n \in \mathbb{N}^*$, on note $S_n = X_1 + \cdots + X_n$, montrer que

$$E(S_n^4) = \sum_{i=1}^{n} E(X_i^4) + 3 \sum_{1 \leq i,j \leq n, i \neq j} E(X_i^2 X_j^2),$$

puis montrer que $E(S_n^4) \leq 3n^2K$.
2/ En déduire que pour tout $\varepsilon > 0$, $\sum_n P(|S_n/n| > \varepsilon)$ converge, puis que presque surement, $\lim_{n\to+\infty} S_n/n = 0$.

Solution. **1/** Comme vu dans la remarque 8 page 339, l'inégalité $|X_k|^m \leq 1 + |X_k|^4$ pour $1 \leq m \leq 3$ montre que X_k admet bien un moment d'ordre 1, 2 et 3. Montrons maintenant l'identité demandée. On a

$$E(S_n^4) = \sum_{1\leq i_1,i_2,i_3,i_4\leq n} E(X_{i_1}X_{i_2}X_{i_3}X_{i_4}). \qquad (*)$$

S'il existe $k \in \{1, 2, 3, 4\}$ tel que i_k n'apparait qu'une fois parmi i_1, i_2, i_3, i_4, alors X_{i_k} est indépendant de $\prod_{j\neq k} X_{i_j}$, donc $E(X_{i_1}X_{i_2}X_{i_3}X_{i_4}) = E(X_{i_k})E(\prod_{j\neq k} X_{i_j}) = 0$. On peut donc retirer dans la somme (*) tous les termes dont un (au moins) des indices i_k n'apparait qu'une fois parmi i_1, i_2, i_3, i_4. Il ne reste donc que les termes pour lesquels chaque indice i_k apparait au moins deux fois parmi i_1, i_2, i_3, i_4. Ces indices sont soit de la forme $(i_1, i_2, i_3, i_4) = (i, i, i, i)$ avec $1 \leq i \leq n$, soit de la forme $(i_1, i_2, i_3, i_4) = (i, i, j, j)$ avec $i \neq j$, soit $(i_1, i_2, i_3, i_4) = (i, j, i, j)$ avec $i \neq j$, soit $(i_1, i_2, i_3, i_4) = (i, j, j, i)$ avec $i \neq j$. En résumé on a donc

$$E(S_n^4) = \sum_{i=1}^n E(X_i^4) + 3 \sum_{1\leq i,j\leq n, i\neq j} E(X_i^2X_j^2). \qquad (**)$$

Lorsque $i \neq j$, l'indépendance de X_i et X_j entraîne $E(X_i^2X_j^2) = E(X_i^2)E(X_j^2)$. Comme $E(X_i^2)^2 \leq E(X_i^4)$ (car $E(X_i^4) - E(X_i^2)^2 = V(X_i^2) \geq 0$), on en déduit $E(X_i^2X_j^2) \leq E(X_i^4)^{1/2}E(X_j^4)^{1/2} \leq K$. Finalement (**) donne $E(S_n^4) \leq nK + 3n(n-1)K \leq 3n^2K$.

2/ L'inégalité de Markov et le résultat de la question précédente permet d'écrire, pour tout $\varepsilon > 0$

$$P\left(\left|\frac{S_n}{n}\right| > \varepsilon\right) = P\left(\left(\frac{S_n}{n}\right)^4 > \varepsilon^4\right) \leq \frac{E((S_n/n)^4)}{\varepsilon^4} \leq \frac{3K}{n^2\varepsilon^4},$$

donc la série $\sum P(|S_n/n| > \varepsilon)$ converge. Le lemme de Borel Cantelli nous assure donc l'existence d'un événement presque sûr $A(\varepsilon)$ sur lequel il n'y a qu'un nombre fini de n tel que $|S_n/n| > \varepsilon$. L'événement $A = \cap_{p\in\mathbb{N}^*} A(1/p)$, intersection dénombrable d'événements presque sûrs, est presque sûr, et sur A on a $\lim_{n\to+\infty} S_n/n = 0$ (pour tout $\varepsilon > 0$, choisissons $p \in \mathbb{N}^*$ tel que $1/p < \varepsilon$; l'inclusion $A_p \subset A$ entraîne qu'il n'y a qu'un nombre fini de n tel que $|S_n/n| > 1/p$, donc il existe $N \in \mathbb{N}^*$ tel que pour $n \geq N$, $|S_n/n| \leq 1/p < \varepsilon$).

Remarque. Ce résultat est plus fort que celui obtenu à la question 2/ de l'exercice 7 page 352 dans le cas des variables aléatoires bornées (toute variable aléatoire bornée admet un moment d'ordre 4).

4. Problèmes

PROBLÈME 1. **1/** Soit $n \in \mathbb{N}$, $n \geq 2$. On place n boules de manière aléatoire, équiprobable, et indépendante, dans n urnes. Pour tout i on note N_i la variable aléatoire qui compte le nombre de boules dans l'urne numéro i, et $M_n = \max_{1\leq i\leq n} N_i$.
a) Quelle est la proportion moyenne d'urnes vides, et sa limite lorsque $n \to +\infty$?
b) Calculer les lois de N_i, puis montrer que pour tout $k \in \mathbb{N}^*$, $P(M_n = k) \leq n/k!$. Les N_i sont elles indépendantes ?
c) Montrer que pour tout $\varepsilon > 0$, on a $\lim_{n\to+\infty} P(M_n > (1 + \varepsilon) \log n/ \log\log n) = 0$.

2/ Dans 1/, la non-indépendance des N_i rend difficile l'obtention d'une borne minimum en probabilité pour M_n. Pour ce faire, on modifie l'expérience aléatoire, en se plaçant dans le cas où le nombre de boules placées aléatoirement dans les n urnes est une variable

aléatoire K qui suit une loi de Poisson de paramètre $n\alpha$, où $\alpha > 0$ est fixé. Par simplicité, on note toujours N_i le nombre de boules dans l'urne numéro i et $M_{n,\alpha} = \max_{1\leq i\leq n} N_i$.
a) Montrer que les N_i sont indépendantes et suivent une loi de Poisson de paramètre α.
b) Montrer que $M_{n,\alpha} \log\log n / \log n$ converge vers 1 en probabilité, c'est-à-dire

$$\forall \varepsilon > 0, \qquad \lim_{n\to+\infty} P\left(\left|\frac{M_{n,\alpha}}{\log n/\log\log n} - 1\right| > \varepsilon\right) = 0.$$

c) En déduire que $M_n \log\log n/\log n$ converge vers 1 en probabilité (où M_n est la variable aléatoire définie dans la question 1/).

Solution. **1/a)** Une urne donnée est vide si chacun des n placements se fait dans les $n-1$ autres urnes, elle a donc une probabilité $p_n = (1-1/n)^n$ d'être vide. Notons X_i la variable aléatoire qui vaut 1 sur l'urne numéro i est vide, 0 sinon. Elle suit une loi de Bernoulli de paramètre p_n, et le nombre d'urnes vides est $\sum_{i=1}^n X_i$, et le nombre moyen égal à $\sum_{i=1}^n E(X_i) = np_n$. La proportion moyenne d'urnes vides est donc $p_n = (1-1/n)^n$, et sa limite est $1/e$ lorsque $n \to +\infty$.

b) Soit $k \in \{0, \ldots, n\}$. On a $N_i = k$ si et seulement si on choisit k boules parmi les n, chacune de ces k boules se trouvant dans l'urne numéro i (avec probabilité $1/n$), et les $n-k$ autres se trouvant dans les autres urnes (avec probabilité $1-1/n$). Donc

$$P(N_i = k) = \binom{n}{k}\left(\frac{1}{n}\right)^k\left(\frac{n-1}{n}\right)^{n-k}.$$

On en déduit l'inégalité

$$P(N_i = k) = \frac{n(n-1)\cdots(n-k+1)}{n^k}\frac{1}{k!}\left(\frac{n-1}{n}\right)^{n-k} \leq \frac{1}{k!}.$$

Or $\{M_n = k\} \subset \cup_{i=1}^n \{N_i = k\}$ donc

$$P(M_n = k) \leq \sum_{i=1}^n P(N_i = k) \leq \frac{n}{k!}.$$

Les N_i ne sont pas indépendantes car $P(N_1 = n, N_2 = 1) = 0$ et $P(N_1 = n)P(N_2 = 1) \neq 0$.

c) D'après la question précédente on a

$$\forall m \in \mathbb{N}^*, \qquad P(M_n > m) \leq \sum_{k=m+1}^{n} \frac{n}{k!} = \frac{n}{m!}\left(\frac{1}{m+1} + \frac{1}{(m+1)(m+2)} + \cdots\right) \leq \frac{n}{m!}.$$

Notons m_n est le plus petit entier $m > 0$ vérifiant $n \leq m!$, de sorte que $(m_n - 1)! < n \leq m_n!$. On a $\log((m_n-1)!) \leq \log n < \log(m_n!)$. La formule de Stirling entraîne $\log m! \sim m\log m$, donc on a $m_n \log m_n \sim \log n$. En considérant le logarithme des deux membres, ceci entraîne $\log m_n \sim \log\log n$, et en reinjectant, on obtient $m_n \sim \log n/\log m_n \sim \log n/\log\log n$. Notons que $P(M_n > m_n + 1) \leq 1/(m_n+1) \to 0$. Soit $\varepsilon > 0$. Il existe $n_0 \in \mathbb{N}$ tel que pour tout $n \geq n_0$, $m_n + 1 < (1+\varepsilon)\log n/\log\log n$, donc pour tout $n \geq n_0$ on a $P(M_n > (1+\varepsilon)\log n/\log\log n) \leq P(M_n > m_n+1) \leq 1/(m_n+1)$, d'où le résultat.

2/a) Nous sommes dans le cas équiprobable. Ainsi, la probabilité d'avoir i_k boules dans l'urne k pour $1 \leq k \leq n$, lorsque $i_1 + \cdots + i_n = m$, est égale à

$$P(N_1 = i_1, \ldots, N_n = i_n \mid K = m) = \binom{m}{i_1, \ldots, i_n}\frac{1}{n^m} = \frac{m!}{i_1!\cdots i_n!}\frac{1}{n^m},$$

donc

$$\begin{aligned} P(N_1 = i_1, \ldots, N_n = i_n) &= P(N_1 = i_1, \ldots, N_n = i_n \mid K = i_1 + \cdots + i_n)P(K = i_1 + \cdots + i_n) \\ &= \frac{(i_1+\cdots+i_n)!}{i_1!\cdots i_n!}\frac{1}{n^{i_1+\cdots+i_n}}e^{-n\alpha}\frac{(n\alpha)^{i_1+\cdots+i_n}}{(i_1+\cdots+i_n)!} = \prod_{k=1}^n e^{-\alpha}\frac{\alpha^{i_k}}{i_k!}, \end{aligned}$$

qui s'exprime comme le produit de n lois de Poisson de paramètre α. Ceci démontre le résultat souhaité.

b) Notons $M^*_{n,\alpha} = M_{n,\alpha} \log\log n / \log n$. Pour démontrer la convergence en probabilité de $M^*_{n,\alpha}$ vers 1, il suffit de montrer que la fonction de répartition $F_n(x) = P(M^*_{n,\alpha} \leq x)$ vérifie : $\forall \varepsilon > 0$, $F_n(1-\varepsilon) \to 0$ et $F_n(1+\varepsilon) \to 1$. Pour tout $x > 0$ on a

$$F_n(x) = P\left(N_1 \leq x\frac{\log n}{\log\log n}, \dots, N_n \leq x\frac{\log n}{\log\log n}\right) = P\left(N_1 \leq x\frac{\log n}{\log\log n}\right)^n.$$

Soit $x > 0$ et notons $u_n = 1 + [x \log n / \log\log n]$. On a

$$P\left(N_1 \leq x\frac{\log n}{\log\log n}\right) = 1 - P(N_1 \geq u_n), \qquad P(N_1 \geq u_n) = \sum_{k=u_n}^{+\infty} e^{-\alpha}\frac{\alpha^k}{k!}.$$

Or

$$P(N_1 \geq u_n) = e^{-\alpha}\frac{\alpha^{u_n}}{u_n!}\left(1 + \frac{1}{u_n+1} + \frac{1}{(u_n+1)(u_n+2)} + \cdots\right) = e^{-\alpha}\frac{\alpha^{u_n}}{u_n!}(1+o(1)).$$

Comme $u_n \to +\infty$, on en déduit $P(N_1 \geq u_n) \to 0$ et de plus

$$\log P\left(N_1 \leq x\frac{\log n}{\log\log n}\right) \sim -P(N_1 \geq u_n) \sim -e^{-\alpha}\frac{\alpha^{u_n}}{u_n!}.$$

Or

$$e^{-\alpha}\frac{\alpha^{u_n}}{u_n!} = \exp\left(-\alpha + u_n \log\alpha - \log(u_n!)\right) = \exp\left(-u_n \log(u_n)(1+o(1))\right),$$

ou nous avons encore une fois utilisé l'équivalent $\log u_n! \sim u_n \log u_n$. La définition de u_n entraîne $u_n \log u_n \sim x \log n$, donc $e^{-\alpha}\alpha^{u_n}/u_n! = \exp(-x\log n(1+o(1))) = n^{-x+o(1)}$. On en déduit

$$F_n(x) = \exp\left(n \log P\left(N_1 \leq x\frac{\log n}{\log\log n}\right)\right) = \exp\left(-n\, n^{-x+o(1)}(1+o(1))\right) = \exp\left(-n^{1-x+o(1)}\right)$$

donc si $x < 1$, $F_n(x) \to 0$ et si $x > 1$, $F_n(x) \to 1$, ce qu'il fallait démontrer.

c) L'idée est de comparer K à n, et comparer M_n à $M_{n,\alpha}$. Pour ce faire, on commence par fixer un nombre $\alpha \in]0,1[$ quelconque (par exemple $\alpha = 1/2$) et noter $K_{n,\alpha}$ la variable aléatoire K (elle dépend de n et α). La variable $K_{n,\alpha}$ suit une loi de Poisson de paramètre αn, sa moyenne et sa variance est αn, donc l'inégalité de Bienaymé-Tchébycheff fournit

$$P(|K_{n,\alpha} - n\alpha| > (1-\alpha)n) \leq \frac{V(K_{n,\alpha})}{(1-\alpha)^2 n^2} = \frac{\alpha}{(1-\alpha)^2 n}. \qquad (*)$$

Pour pouvoir comparer M_n et $M_{n,\alpha}$, il faut que ces variables aléatoires soient associées à une même expérience aléatoire. Pour ce faire, on considère une suite de variables aléatoires indépendantes (X_k) et suivant toutes la loi uniforme sur $\{1, \dots, n\}$, et une variable aléatoire $K_{n,\alpha}$ indépendante des (X_k) et suivant une loi de Poisson de paramètre $n\alpha$. On définit alors les variables aléatoires

$$N_k(n,\alpha) = \sum_{i=1}^{K_{n,\alpha}} \mathbf{1}_{\{X_i = k\}} \qquad \text{et} \qquad N_k = \sum_{i=1}^{n} \mathbf{1}_{\{X_i = k\}}$$

puis

$$M_{n,\alpha} = \max\{N_1(n,\alpha), \dots, N_n(n,\alpha)\} \qquad \text{et} \qquad M_n = \max\{N_1, \dots, N_n\}.$$

Ainsi définie, M_n (respectivement $M_{n,\alpha}$) est bien le nombre maximum de boules dans une même urne, lorsqu'on place n boules (respectivement $K_{n,\alpha}$ boules). On peut maintenant comparer ces variables aléatoires, de sorte que lorsque $K(n,\alpha) \leq n$, on a $M_{n,\alpha} \leq M_n$. Ainsi pour tout $m > 0$ on peut écrire

$$\{M_n < m\} = \{M_n < m, K_{n,\alpha} \leq n\} \cup \{M_n < m, K_{n,\alpha} > n\} \subset \{M_{n,\alpha} < m\} \cup \{K_{n,\alpha} > n\}$$

donc en l'appliquant avec $m = (1-\varepsilon)\log n / \log\log n$ on obtient

$$P\left(M_n < (1-\varepsilon)\frac{\log n}{\log\log n}\right) \leq P\left(M_{n,\alpha} < (1-\varepsilon)\frac{\log n}{\log\log n}\right) + P(K_{n,\alpha} > n).$$

D'après la question précédente et d'après (*), le terme de droite tend vers 0, donc le terme de gauche tend vers 0. Avec le résultat établi en 1/c), on en déduit que $M_n \log\log n/\log n$ converge vers 1 en probabilité (nous aurions pu prouver que $P(M_n > (1+\varepsilon)\log n/\log\log n) \to 0$ sans 1/c), en utilisant une approche similaire à utilisée ici mais en choisissant $\alpha > 1$).

PROBLÈME 2. Soit $p, n \in \mathbb{N}^*$ avec $p < n$. On veut déterminer le nombre $T(n,p)$ de façons de placer p chaises blanches et $q = n - p$ chaises noires autour d'une table ronde de n places (on ne compte que le placement relatif des chaises).

1/ Calculer $T(n,p)$ dans le cas où p et q sont premiers entre eux.

2/ (Cas général) **a)** Soit $m \in \mathbb{N}^*$ et f, g deux fonctions réelles définies (au moins) sur l'ensemble D_m des diviseurs de m. On définit la *convolution de Dirichlet* de f et g, et on note $f * g$, la fonction définie sur D_m par

$$\forall k \in D_m, \qquad (f*g)(k) = \sum_{d|k} f(d)g(k/d). \qquad (*)$$

Montrer que la loi $*$ ainsi définie sur les fonctions de D_m vers $\mathbb{R}$, est commutative et associative.

b) On considère la *fonction de Möbius* μ définie sur $\mathbb{N}^*$ par $\mu(1) = 1$ et

$$\mu(m) = \begin{cases} (-1)^k & \text{si } m \text{ est le produit de } k \text{ nombres premiers distincts,} \\ 0 & \text{si } m \text{ est divisible par un carré d'un nombre premier.} \end{cases}$$

Montrer que $\sum_{d|m} \mu(d) = 0$ si $m > 1$, $= 1$ si $m = 1$.

c) (*formule d'inversion de Möbius*) : Soit $m \in \mathbb{N}^*$. Si f et g sont deux fonctions définies sur D_m et si pour tout diviseur ℓ de m on a $g(\ell) = \sum_{d|\ell} f(d)$, alors montrer que

$$\forall k \in \mathbb{N}^*, k \mid m, \qquad f(k) = \sum_{d|k} \mu(d) g(k/d).$$

d) En notant $\varphi(k)$ l'indicateur d'Euler de l'entier k, montrer que

$$\forall k \in \mathbb{N}^*, \qquad \varphi(k) = \sum_{d|k} d \cdot \mu(k/d).$$

e) En notant $\alpha = \operatorname{pgcd}(p,q)$, montrer que

$$T(n,p) = \frac{1}{n} \sum_{d|\alpha} \varphi(d) \binom{n/d}{p/d}$$

(pour tout entier r, on utilisera l'inversion de Möbius pour calculer le nombre $C_r(n,p)$ de placements relatifs x de p chaises blanches et $q = n - p$ noires, tels que $r(x) = r$, où $r(x)$ désigne le plus petit entier $k > 0$ tel que x est invariant à une rotation de k chaises).

Solution. **1/** On note $E = \{\mathrm{B}, \mathrm{N}\}$ l'ensemble des couleurs de chaises possibles (blanche ou noire). Chaque placement absolu (ici on ne compte pas les placements relatifs) de p chaises blanches et q chaises noires autour de la table est représenté par l'ensemble P_p des n-listes $x = (x_1, \ldots, x_n)$ de E, contenant p fois l'élément B (et forcément $q = n - p$ fois l'élément N). On a donc $\binom{n}{p}$ placements absolus possibles.

On regroupe ensuite les emplacements égaux à une permutation prés. Pour cela, on considère les permutations circulaires $G = \{\gamma^k, 0 \le k < n\}$ de $\{1, \ldots, n\}$, où γ est le cycle $(1, 2, \ldots, n)$. On fait opérer G (sous-groupe de $\mathcal{S}_n$) sur P_p, en définissant, pour tout $k \in \mathbb{N}$, $k < n$

$$\forall x = (x_1, \ldots, x_n) \in P_p, \qquad \gamma^k(x) = (x_{\gamma^k(1)}, \ldots, x_{\gamma^k(n)}) = (x_{k+1}, \ldots, x_n, x_1, \ldots, x_k),$$

le placement x après une rotation de k chaises. On considère la relation d'intransitivité sur P_p, définie par : $x \mathcal{R} y$ si et seulement s'il existe $k \in \{0, \dots, n-1\}$ tel que $y = \gamma^k(x)$ (voir la définition 17 page 23). La classe d'équivalence de x est l'orbite $G_x = \{\gamma^k(x), k \in \mathbb{N}\}$.

Soit $x = (x_1, \dots, x_n) \in P_p$. Prouvons que $|G_x| = n$. Notons m le plus petit entier > 0 tel que $\gamma^m(x) = x$. On a $G_x = \{x, \gamma(x), \dots, \gamma^{m-1}(x)\}$ et $|G_x| = m$ (si $0 \leq i < j < m$ alors $\gamma^i(x) \neq \gamma^j(x)$, sinon on aurait $\gamma^{j-i}(x) = x$, ce qui contredit la définition de m). Comme $\gamma^n(x) = x$, on a forcément $m \mid n$ (il suffit d'écrire $n = am + b$, avec $a, b \in \mathbb{N}$ et $0 \leq b < m$, qui entraîne $\gamma^b(x) = x$ donc $b = 0$ par minimalité de m). Soit $c \in \mathbb{N}^*$ tel que $n = mc$. Pour tout $k \in \{1, \dots, m\}$, l'ensemble des indices $I_k = \{k, k+m, \dots, k+(c-1)m\}$ vérifie $x_\ell = x_k$ pour tout $\ell \in I_k$. En notant $R_{\mathrm{B}} = \{k \in \{1, \dots, m\} \mid x_k = \mathrm{B}\}$ et $R_{\mathrm{N}} = \{k \in \{1, \dots, m\} \mid x_k = \mathrm{N}\}$, on en déduit que les $(I_k)_{k \in R_{\mathrm{B}}}$ (resp. les $(I_k)_{k \in R_{\mathrm{N}}}$) forment une partition des indices correspondants aux chaises blanches (resp. noires). Comme les I_k ont tous cardinal c, on en déduit $p = c\,|R_{\mathrm{B}}|$ et $q = c\,|R_{\mathrm{N}}|$. Donc $c \mid p$ et $c \mid q$. On vient donc de prouver le résultat suivant :

$$\forall x \in P_p, \qquad |G_x| \mid n \text{ et } c = n/|G_x| \text{ vérifie } c \mid p \text{ et } c \mid q. \qquad (**)$$

Ici p et q sont supposés premiers entre eux, on a donc $c = 1$ et $|G_x| = n$. Ainsi, à chaque placement relatif des chaises, correspond n placements absolus distincts, on a donc $T(n,p) = \frac{1}{n}\binom{n}{p}$.

2/a) La commutativité de la loi est immédiate en remarquant que

$$(f * g)(k) = \sum_{(a,b) \in \mathbb{N}^2, ab=k} f(a) g(b).$$

Démontrons l'associativité. Soient f, g, h trois fonctions réelles définies sur D_m. Si $k \in D_m$ on a

$$((f*g)*h)(k) = \sum_{\substack{(a,b) \in \mathbb{N}^2 \\ ab=k}} (f*g)(a)\, h(b) = \sum_{\substack{(a,b) \in \mathbb{N}^2 \\ ab=k}} \sum_{\substack{(c,d) \in \mathbb{N}^2 \\ cd=a}} f(c) g(d) h(b) = \sum_{\substack{(b,c,d) \in \mathbb{N}^3 \\ bcd=k}} f(c) g(d) h(b),$$

et

$$(f*(g*h))(k) = \sum_{\substack{(a,b) \in \mathbb{N}^2 \\ ab=k}} f(a)(g*h)(b) = \sum_{\substack{(a,b) \in \mathbb{N}^2 \\ ab=k}} \sum_{\substack{(c,d) \in \mathbb{N}^2 \\ cd=b}} f(a) g(c) h(d) = \sum_{\substack{(a,c,d) \in \mathbb{N}^3 \\ acd=k}} f(a) g(c) h(d).$$

On en déduit $((f*g)*h)(k) = (f*(g*h))(k)$, donc la loi $*$ est bien associative.

b) Pour $m = 1$ le résultat est évident. Supposons $m > 1$ et considérons sa décomposition en facteurs premiers $m = p_1^{\alpha_1} \cdots p_k^{\alpha_k}$. Notons $\mathcal{P} = \{p_1, \dots, p_k\}$. Il suffit d'écrire

$$\sum_{d \mid m} \mu(d) = \sum_{Q \subset \mathcal{P}} \mu\left(\prod_{p \in Q} p\right) = \sum_{Q \subset \mathcal{P}} (-1)^{|Q|} = \sum_{j=0}^{k} \binom{k}{j} (-1)^j = (1-1)^k = 0.$$

c) En notant $\mathbf{1}$ la fonction égale à 1 sur D_m, et δ celle définie par $\delta(k) = 1$ si $k = 1$, $= 0$ sinon, le résultat de la question précédente s'écrit $\mathbf{1} * \mu = \delta$. Or ici, par hypothèse, on a $g = \mathbf{1} * f$, donc $\mu * g = \mu * (\mathbf{1} * f) = (\mu * \mathbf{1}) * f = \delta * f = f$, ce qui montre le résultat.

d) L'indicateur d'Euler vérifie la relation classique $\sum_{d \mid k} \varphi(d) = k$ (voir la proposition 6 page 34). Autrement dit $\varphi * \mathbf{1} = \mathrm{Id}$, où Id est la fonction identité. Donc $\varphi * \mathbf{1} * \mu = \mathrm{Id} * \mu$, et comme $\mathbf{1} * \mu = \delta$ on en déduit $\varphi = \mathrm{Id} * \mu$, d'où le résultat.

e) On utilise les notations introduites à la solution de la question 1/. On suit l'indication, et on remarque que $r(x) = |G_x|$. D'après le résultat (**), on a forcément $n = r(x)c$ où c est un entier vérifiant $c \mid p$ et $c \mid q$, donc $c \mid \mathrm{pgcd}(p,q) = \alpha$. Notons $p' = p/\alpha$, $q' = q/\alpha$ et $n' = n/\alpha$. On a donc $r(x) = dn'$ avec $d \mid \alpha$. Notons Θ une partie de P_p contenant exactement un représentant de chaque classe G_x, et $\Theta_r = \{x \in \Theta \mid r(x) = r\}$. On a

$$\binom{n}{p} = |P_p| = \sum_{x \in \Theta} |G_x| = \sum_{d \mid \alpha} \sum_{x \in \Theta_{dn'}} |G_x| = \sum_{d \mid \alpha} (dn')\, C_{dn'}(n,p) \qquad (***)$$

où on a noté $C_r(n,p) = |\Theta_r|$. On rapproche ceci de la question 2/b), en remarquant que cette expression s'écrit aussi

$$g(\alpha) = \sum_{d|\alpha} f(d), \qquad \text{avec} \qquad g(\ell) = \binom{\ell n'}{\ell p'} \quad \text{et} \quad f(k) = kn' C_{kn'}(n,p).$$

Lorsque $\beta \mid \alpha$, la formule (***) appliquée en remplaçant n par $\beta n'$ et p par $\beta p'$ fournit

$$g(\beta) = \sum_{d|\beta} (dn')\, C_{dn'}(\beta n', \beta p').$$

Or lorsque $\beta \mid \alpha$ et $d \mid \beta$, on a $C_{dn'}(\beta n', \beta p') = C_{dn'}(n,p)$ puisque les placements x invariants à une rotation de $r = dn'$ chaises sont uniquement déterminés par les r premières valeurs $(x_1, \ldots, x_r)$, qui doivent contenir dp' fois B et dq' fois N, et ne dépendent donc pas du nombre total de chaises de la table (qui est un multiple de r). Ainsi on peut écrire $g(\beta) = \sum_{d|\beta} f(d)$ pour tout diviseur β de α. Nous sommes donc dans les conditions d'application de la question 2/c) avec $m = \alpha$, ce qui entraîne $f = \mu * g$. Or on a

$$T(n,p) = |\Theta| = \sum_{\beta|\alpha} |\Theta_{\beta n'}| = \sum_{\beta|\alpha} C_{\beta n'}(n,p) = \sum_{\beta|\alpha} \frac{1}{\beta n'} f(\beta),$$

on en déduit

$$nT(n,p) = \sum_{\beta|\alpha} (\alpha/\beta) f(\beta) = (\mathrm{Id} * f)(\alpha).$$

Or $\mathrm{Id} * f = \mathrm{Id} * (\mu * g) = (\mathrm{Id} * \mu) * g = \varphi * g$, et on conclut en écrivant

$$nT(n,p) = (\varphi * g)(\alpha) = \sum_{d|\alpha} \varphi(d) g(\alpha/d) = \sum_{d|\alpha} \varphi(d) \binom{n/d}{p/d}.$$

PROBLÈME 3. **1/** Pour toute famille d'ensembles de permutations $\mathcal{P} = (\mathcal{P}_n)_{n \in \mathbb{N}^*}$, avec $\mathcal{P}_n \subset \mathcal{S}_n$ (où $\mathcal{S}_n$ désigne le groupe symétrique d'indice n), on note $\Phi_{\mathcal{P}}(z)$ la *série génératrice exponentielle* de $\mathcal{P}$ définie par

$$\Phi_{\mathcal{P}}(z) = \sum_{n=1}^{+\infty} \frac{|\mathcal{P}_n|}{n!} z^n.$$

a) Montrer que $\Phi_{\mathcal{P}}$ a toujours un rayon de convergence ≥ 1.
b) Soit N une partie de $\mathbb{N}^*$. Pour tout $n \in \mathbb{N}^*$, on note $\mathcal{P}_n(N)$ les permutations s de $\mathcal{S}_n$ dont la longueur des cycles (dans la décomposition de s en produit de cycles) est dans l'ensemble N, et pour $k \in \mathbb{N}^*$ on note $\mathcal{P}_n(N,k)$ l'ensemble des permutations de $\mathcal{P}_n(N)$ qui s'écrivent comme le produit de k cycles. Montrer que la série génératrice exponentielle de $\mathcal{P}(N,k) = (\mathcal{P}_n(N,k))_{n \in \mathbb{N}^*}$ est égale à $C_N(z)^k/k!$, où $C_N(z) = \sum_{n \in N} z^n/n$.
c) En déduire que la série génératrice exponentielle de $\mathcal{P}(N) = (\mathcal{P}_n(N))_{n \in \mathbb{N}^*}$ est égale à $\Phi_{\mathcal{P}(N)}(z) = \exp(C_N(z)) - 1$.

2/a) Expliciter la série génératrice exponentielle des familles d'ensembles de permutations sans point fixe, et montrer que la probabilité qu'une permutation de $\{1, \ldots, n\}$ n'ait aucun point fixe converge vers $1/e$ lorsque $n \to +\infty$.
b) Donner l'expression puis un comportement asymptotique, lorsque $n \to +\infty$, de la probabilité qu'une permutation de $\{1, \ldots, n\}$ n'ait que des cycles de longueur paire.

3/ Soit $m \in \mathbb{N}^*$, désormais fixé. On note $H_m = 1 + 1/2 + \cdots + 1/m$.
a) Montrer que la fonction

$$\varphi_m : D^* = \{z \mid |z| \leq 1, z \neq 1\}, z \mapsto \frac{e^{-z-z^2/2-\cdots-z^m/m}}{1-z} - \frac{e^{-H_m}}{1-z}$$

est continue, et prolongeable par continuité sur $D = \{z \mid |z| \leq 1\} = D^* \cup \{1\}$.
b) Montrer que pour tout $n \in \mathbb{N}^*$, la probabilité $p_n(m)$ qu'une permutation de $\{1, \dots, n\}$ ait tout ses cycles de longueur $> m$ vérifie

$$p_n(m) = e^{-H_m} + \frac{1}{2\pi} \int_0^{2\pi} \varphi_m(e^{it}) e^{-int}\, dt.$$

c) En déduire que lorsque $n \to +\infty$, la probabilité qu'une permutation de $\{1, \dots, n\}$ ait tout ses cycles de longueur $> m$, converge vers e^{-H_m}.

Solution. **1/a)** Pour tout $n \in \mathbb{N}^*$, on a $0 \leq |\mathcal{P}_n| \leq |\mathcal{S}_n| = n!$, donc $0 \leq |\mathcal{P}_n|/n! \leq 1$. On en déduit que la série entière $\sum |\mathcal{P}_n|/n!\, z^n$ a un rayon de convergence ≥ 1.

b) On prouve le résultat par récurrence sur $k \in \mathbb{N}^*$. Pour $k = 1$ c'est immédiat, car on a $(n-1)!$ cycles de longueur n dans $\mathcal{S}_n$ (pour construire un cycle c de longueur n dans $\mathcal{S}_n$, il y a $n - 1$ valeurs possibles pour $c(1)$, puis $n - 2$ pour $c^2(1)$, ..., 1 valeur possible pour $c^{n-1}(1)$, donc un total de $(n-1)!$ cycles possibles en tout), donc $|\mathcal{P}_n(N, 1)|/n! = 1/n$ si $n \in N$, $= 0$ sinon. Supposons le résultat vérifié pour $k - 1$ et montrons le pour k. Une permutation s de $\mathcal{P}_n(N, k)$ s'écrit comme le produit d'un cycle c_1 de longueur $m \in N$, portant sur m entiers choisis parmi $\{1, \dots, n\}$, et d'une permutation des $n - m$ autres entiers, qui s'écrit comme le produit de $k - 1$ cycles de longueur dans N. Il y a k manières différentes d'écrire s sous cette forme, car c_1 peut être l'un des k cycles de s. On a donc

$$k|\mathcal{P}_n(N, k)| = \sum_{m \in N} \binom{n}{m} (m-1)!\, |\mathcal{P}_{n-m}(N, k-1)|,$$

ce qui s'écrit aussi

$$k\frac{|\mathcal{P}_n(N, k)|}{n!} = \sum_{m \in N} \frac{1}{m} \frac{|\mathcal{P}_{n-m}(N, k-1)|}{(n-m)!}.$$

On reconnait dans cette expression un produit de Cauchy ; on en déduit, pour $|z| < 1$,

$$k\sum_{n=1}^{+\infty} \frac{|\mathcal{P}_n(N, k)|}{n!} z^n = \left(\sum_{m \in N} \frac{z^m}{m}\right) \left(\sum_{\ell=1}^{+\infty} \frac{|\mathcal{P}_\ell(N, k-1)|}{\ell!} z^\ell\right).$$

On a donc $k\Phi_{\mathcal{P}(N,k)}(z) = C_N(z)\Phi_{\mathcal{P}(N,k-1)}(z) = C_N(z)^k/(k-1)!$. Ceci démontre le résultat souhaité.

c) Soit $n \in \mathbb{N}^*$. Chaque permutation dans $\mathcal{P}_n(N)$ a au plus n cycles, donc $|\mathcal{P}_n(N)|/n! = \sum_{k=1}^n |\mathcal{P}_n(N, k)|/n!$ est le coefficient de z^n dans $\sum_{k=1}^n \Phi_{\mathcal{P}(N,k)}(z) = \sum_{k=1}^n C_N(z)^k/k!$. Or pour $k > n$, le coefficient de z^n dans $C_N(z)^k$ est nul (car le coefficient constant de $C_N(z)$ est nul). On en déduit que $|\mathcal{P}_n(N)|/n!$ est le coefficient de z^n dans $\sum_{k=1}^n C_N(z)^k/k! + \sum_{k>n} C_N(z)^k/k! = \exp(C_N(z)) - 1$.

2/a) Une permutation $s \in \mathcal{S}_n$ est sans point fixe si et seulement si aucun de ses cycles a une longueur de 1 dans sa décomposition en produits de cycles, ce qui revient à écrire $s \in \mathcal{P}_n(N)$ avec $N = \{k \in \mathbb{N}, k \geq 2\}$. D'après la question précédente, la série génératrice exponentielle des permutations sans point fixe est donc $\Phi(z) = \exp(C_N(z)) - 1$ avec $C_N(z) = \sum_{k=2}^{+\infty} z^k/k$. Or lorsque $z \in]-1, 1[$, la forme du développement en série entière de $\log(1 - z)$ entraîne $C_N(z) = -z - \log(1 - z)$ donc

$$\forall z \in]-1, 1[\qquad \Phi(z) = \frac{\exp(-z)}{1 - z} - 1 = \left(\sum_{k=0}^{+\infty} \frac{(-1)^k}{k!} z^k\right) \left(\sum_{\ell=0}^{+\infty} z^\ell\right) - 1 = \sum_{n=1}^{+\infty} \left(\sum_{k=0}^{n} \frac{(-1)^k}{k!}\right) z^n.$$

Le nombre D_n de permutations sans point fixes dans $\mathcal{S}_n$ vérifie donc $D_n/n! = \sum_{k=0}^n (-1)^k/k!$. Comme $1/e = \exp(-1) = \sum_{k=0}^{+\infty} (-1)^k/k!$, on a bien $\lim_{n \to +\infty} D_n/n! = 1/e$, ce qu'il fallait démontrer.

b) Le cas des permutations n'ayant que des cycles de longueur paire correspond au cas où $N = \{2k \mid k \in \mathbb{N}\}$, donc

$$\forall z \in]-1,1[\qquad C_N(z) = \sum_{k=1}^{+\infty} \frac{z^{2k}}{2k} = \frac{1}{2}\log\left(\frac{1}{1-z^2}\right).$$

On en déduit que la série génératrice expoentielle des permutations correspondantes vérifie, pour tout $z \in]-1,1[$,

$$\Phi(z) = \left(\frac{1}{1-z^2}\right)^{1/2} - 1 = \sum_{m=1}^{+\infty} a_m\, z^{2m}, \qquad \text{avec} \qquad a_m = \frac{1}{m!}\cdot\frac{1}{2}\cdot\frac{3}{2}\cdots\frac{2m-1}{2} = \frac{(2m)!}{2^{2m}(m!)^2}.$$

Ainsi, lorsque n est impair, il n'y a pas de permutation dans $\mathcal{S}_n$ qui s'écrit comme produit de cycles de longueur paire, et lorsque $n = 2m$ est pair, il y en a $n!a_m = 2^{-2m}((2m)!)^2/(m!)^2$. La probabilité qu'une permutation dans $\mathcal{S}_{2m}$ ait tout ses cycles de longueur paire est égal à a_m, dont on calcule le comportement asymptotique avec la formule de Stirling

$$a_m \sim \frac{1}{2^{2m}}\frac{\sqrt{4\pi m}(2m/e)^{2m}}{(\sqrt{2\pi m}(m/e)^m)^2} = \frac{1}{\sqrt{\pi m}}.$$

3/a) La continuité de φ_m par rapport à la variable complexe z sur D^* est immédiate d'après la forme de $\varphi_m(z)$. Lorsque $z \in D^*$, on peut écrire

$$\varphi_m(z) = \frac{e^{-H_m}}{1-z}(e^{\psi_m(z)} - 1), \quad \text{avec} \quad \psi_m(z) = H_m - \sum_{k=1}^{m}\frac{z^k}{k} = \sum_{k=1}^{m}\frac{1-z^k}{k} = (1-z)\theta_m(z)$$

où

$$\theta_m(z) = \sum_{k=1}^{m}\frac{1+z+\cdots+z^{k-1}}{k}.$$

La fonction $\theta_m(z)$ est polynomiale, donc continue sur $\mathbb{C}$, en particulier, lorsque $z \in D^*$ tend vers 1 on a $\theta_m(z) = \theta_m(1) + o(1) = m + o(1)$. Lorsque $z \in D^*$ converge vers 1 on peut donc écrire

$$\varphi_m(z) = \frac{e^{-H_m}}{1-z}(e^{(1-z)(m+o(1))} - 1) = \frac{e^{-H_m}}{1-z}((1-z)(m+o(1)) + o(1-z)) = e^{-H_m}m + o(1).$$

En posant $\varphi_m(1) = e^{-H_m}m$, on a donc prolongé par continuité φ_m sur D tout entier.

b) Les permutations avec cycles de longueur $> m$ correspond au cas où $N = \{k \in \mathbb{N} \mid k > m\}$, pour lequel $C_N(z) = \sum_{k>m} z^k/k = -\log(1-z) - \sum_{k=1}^{m} z^k/k$ pour $z \in]-1,1[$. Donc la série génératrice exponentielle correspondante $\Phi_m(z) = \sum_{n=1}^{+\infty} p_n(m)\, z^n$ vérifie

$$\forall z \in]-1,1[\qquad \Phi_m(z) = \exp(C_N(z)) - 1 = \frac{e^{-z-z^2/2-\cdots-z^m/m}}{1-z} - 1. \qquad (*)$$

La fonction $z \mapsto e^{-z-z^2/2-\cdots-z^m/m}/(1-z)$ est la somme d'une série entière de rayon de convergence ≥ 1, car c'est le produit des fonctions $e^{-z^k/k}$ pour $1 \leq k \leq m$ et $1/(1-z)$ qui sont toutes des sommes de séries entières de rayon de convergence ≥ 1. Ainsi l'identité (*), vraie sur $]-1,1[$ l'est aussi sur $\{z \in \mathbb{C} \mid |z| < 1\}$ d'après le principe des zéros isolés. Or pour toute série entière $f(z) = \sum_{n=0}^{+\infty} a_n\, z^n$ de rayon de convergence ≥ 1, on a l'identité classique

$$\forall \rho \in]0,1[, \forall n \in \mathbb{N}, \qquad a_n = \frac{1}{2\pi}\int_0^{2\pi} f(\rho e^{it})\frac{e^{-int}}{\rho^n}\, dt \qquad (**)$$

que l'on démontre en écrivant

$$\frac{1}{2\pi}\int_0^{2\pi} f(\rho e^{it})\frac{e^{-int}}{\rho^n}\, dt = \frac{1}{2\pi}\int_0^{2\pi}\left(\sum_{k=0}^{+\infty} a_k\rho^{k-n}e^{i(k-n)t}\right) dt = \frac{1}{2\pi}\sum_{k=0}^{+\infty}\int_0^{2\pi} a_k\rho^{k-n}e^{i(k-n)t}\, dt$$

où l'intervertion des signes de sommation est possible car la série de fonction intégrée converge normalement, et en remarquant que $\int_0^{2\pi} e^{i(k-n)t}\,dt = 0$ si $k \neq n$, $= 2\pi$ si $k = n$. Or

$$1 - e^{-H_m} + \sum_{n=1}^{+\infty} \left(p_n(m) - e^{-H_m}\right) z^n = 1 + \Phi_m(z) - \frac{e^{-H_m}}{1-z} = \varphi_m(z),$$

les séries entières en présence ayant rayon de convergence ≥ 1, on a donc, compte tenu de l'identité (**) appliquée à cette série entière

$$\forall \rho \in]0,1[\,, \forall n \in \mathbb{N}^*, \qquad p_n(m) - e^{-H_m} = \frac{1}{2\pi}\int_0^{2\pi} \varphi_m(\rho e^{it}) \frac{e^{-int}}{\rho^n}\,dt.$$

Notons $I(\rho)$ cette dernière intégrale. La question précédente entraîne la continuité de la fonction intégrée sur $(\rho, t) \in]0,1] \times [0, 2\pi]$. Ainsi, $I(1)$ existe et le théorème de continuité sous le signe intégral entraîne que I est continue sur $]0,1]$, en particulier en $\rho = 1$. Comme $I(\rho)/(2\pi) = p_n(m) - e^{-H_m}$ pour tout $\rho \in]0,1[$, on en déduit le résultat demandé car

$$p_n(m) - e^{-H_m} = \lim_{\rho \to 1, \rho < 1} \frac{I(\rho)}{2\pi} = \frac{I(1)}{2\pi}.$$

c) Lorsque $n \to +\infty$, il est classique que l'intégrale de la question précédente converge vers 0 (c'est le lemme de Lebesgue, voir le tome Analyse). La preuve du lemme de Lebesgue est facile lorsque la fonction intégré est de classe $\mathcal{C}^1$, en procédant par intégration par parties. Lorsque l'intégrande est uniquement supposée continue, on le démontre en approchant la fonction continue $t \mapsto \varphi_m(e^{it})$ par une fonction en escalier, sur $[0, 2\pi]$ (cette approche est décrite dans le tome Analyse). Ici, pour faciliter la preuve, on va procéder de manière hybride. Soit $\varepsilon > 0$ (et $\varepsilon < \pi$). La forme de φ_m montre que $f(t) = \varphi_m(e^{it})$ est de classe $\mathcal{C}^1$ sur $[\varepsilon, 2\pi - \varepsilon]$, on pourra donc intégrer par parties sur cet intervalle. On écrit $p_n(m) - e^{-H_m} = (A_n + B_n)/(2\pi)$ avec

$$A_n = \int_0^{\varepsilon} f(t)e^{-int}\,dt + \int_{2\pi-\varepsilon}^{2\pi} f(t)e^{-int}\,dt \qquad \text{et} \qquad B_n = \int_{\varepsilon}^{2\pi-\varepsilon} f(t)e^{-int}\,dt.$$

Une intégration par partie permet d'écrire

$$B_n = \left[-f(t)\frac{e^{-int}}{in}\right]_{\varepsilon}^{2\pi-\varepsilon} + \frac{1}{in}\int_{\varepsilon}^{2\pi-\varepsilon} f'(t)e^{-int}\,dt.$$

On a donc

$$|A_n| \leq 2\varepsilon \sup_{t\in[0,2\pi]} |f(t)| \qquad \text{et} \qquad |B_n| \leq \frac{2}{n} \sup_{t\in[0,2\pi]} |f(t)| + \frac{2\pi}{n} \sup_{t\in[\varepsilon, 2\pi-\varepsilon]} |f'(t)|.$$

On en déduit qu'il existe $N_0 \in \mathbb{N}$ tel que pour tout $n > N_0$, on ait $|B_n| < \varepsilon$. Donc lorsque $n > N_0$, on a $|p_n(m) - e^{-H_m}| < 2\varepsilon \sup_{t\in[0,2\pi]} |f(t)|/(2\pi) + \varepsilon/(2\pi)$, d'où le résultat.

Remarque. On a ainsi retrouvé dans la question 2/a) le résultat de l'exercice 8 page 312.

– Le résultat de la question 3/c) est un cas particulier d'un théorème plus général, qui exprime que sous certaines conditions (dont la formulation dépasse le cadre du programme des classes préparatoires) le comportement asymptotique du n-ième coefficient d'une série entière est dicté par le comportement de cette dernière en ses singularités les plus proches de 0 (ici en $z = 1$). Dans notre cas, l'équivalent $\Phi_m(z) \sim e^{-H_m}/(1-z)$ entraîne que le n-ième coefficient de $\Phi_m(z)$ est équivalent à celui de $e^{-H_m}/(1-z)$.

– La fonction $f(t) = \varphi_m(e^{it})$ de la partie 3/ est aussi de classe $\mathcal{C}^1$ (elle est même $\mathcal{C}^\infty$) et nous aurions pu procéder plus rapidement pour démontrer la convergence vers 0 de l'intégrale de 3/b) si nous avions utilisé cette propriété (en intégrant par parties), mais la preuve de la regularité $\mathcal{C}^1$ de f est assez pénible avec les outils dont nous disposons.

Problème 4 (Problème du scrutin). Pour $(m, n) \in \mathbb{N}^2$ tels que $m \leq n$ et $(a, b) \in \mathbb{Z}^2$, on appelle chemin de (m, a) à (n, b) toute suite de la forme $(k, c_k)_{m \leq k \leq n}$, telle que $c_m = a$, $c_n = b$, et $c_{k+1} - c_k \in \{-1, 1\}$ pour $m \leq k < n$. On dit que le chemin passe par 0 s'il existe k tel que $c_k = 0$. On représente graphiquement un chemin par une ligne brisée qui relie les points (k, c_k) pour les valeurs consécutives de k.

1/a) Soit $(m, n) \in (\mathbb{N}^*)^2$, $m < n$, et $(a, b) \in \mathbb{Z}^2$. Montrer que le nombre de chemins de (m, a) à (n, b) ne dépend que de $\Delta = n - m$ et $\delta = b - a$, et calculer le nombre $N(\Delta, \delta)$ correspondant.

b) (*Principe de reflexion*). On suppose $(a, b) \in (\mathbb{N}^*)^2$. En s'appuyant sur une représentation graphique, montrer que le nombre de chemins de (m, a) à (n, b) passant par 0, est égal au nombre total de chemins de $(m, -a)$ à (n, b). En déduire le nombre de chemins correspondants.

2/ Soit $(X_n)_{n \in \mathbb{N}^*}$ une liste de variable aléatoires indépendantes, suivant toutes une loi de Rademacher $P(X_n = 1) = 1/2$, $P(X_n = -1) = 1/2$. On définit la suite $(S_n)_{n \in \mathbb{N}}$ par $S_0 = 0$ et $S_n = X_1 + \cdots + X_n$ pour $n \in \mathbb{N}^*$. On peut associer la suite $(S_k)_{0 \leq k \leq n}$ au chemin $(k, S_k)_{0 \leq k \leq n}$.

a) (*Problème du scrutin*). Soit $(b, n) \in (\mathbb{N}^*)^2$. Montrer que la probabilité que $S_n = b$, sachant que S_k reste toujours > 0 pour $k < n$ vérifie

$$P(S_1 > 0, \ldots, S_{n-1} > 0, S_n = b) = \frac{b}{n} P(S_n = b).$$

b) Soit $n \in \mathbb{N}^*$. Montrer que

$$P(S_1 \neq 0, S_2 \neq 0, \ldots, S_{2n} \neq 0) = P(S_{2n} = 0).$$

c) Montrer que presque surement, il existe $n \in \mathbb{N}^*$ tel que $S_{2n} = 0$.

d) On définit $T = \min\{2n, n \in \mathbb{N}^* \mid S_{2n} = 0\}$. Montrer que T n'admet pas d'espérance.

Solution. **1/a** Soit $c = (k, c_k)$ un chemin de (m, a) à (n, b). Une récurrence immédiate sur k montre que pour tout $k \in \{m, \ldots, n\}$, $c_k - a$ et $k - m$ ont même parité. En particulier $\Delta = n - m$ et $\delta = b - a$ ont même parité. Réciproquement, si ces conditions sont vérifiées, on peut construire autant de chemins de (m, a) à (n, b), que de choix de α indices k parmi $\{m, \ldots, n-1\}$ tels que $c_{k+1} - c_k = 1$, et β indices tels que $c_{k+1} - c_k = -1$, avec $\alpha - \beta = \delta$ et $\alpha + \beta = \Delta$, c'est-à-dire $\alpha = (\Delta + \delta)/2$, $\beta = (\Delta - \delta)/2$, donc un total de $\binom{\Delta}{(\Delta + \delta)/2}$ chemins (avec $\binom{\Delta}{\gamma} = 0$ si $\gamma < 0$ ou $\gamma > \Delta$). En résumé, le nombre de chemins de (m, a) à (n, b) est égal à $N(n - m, b - a)$, où

$$N(\Delta, \delta) = \binom{\Delta}{(\Delta + \delta)/2} \quad \text{si } \Delta - \delta \text{ est pair}, \qquad N(\Delta, \delta) = 0 \quad \text{sinon.}$$

b) Pour tout chemin c de (m, a) à (n, b) passant par zéro, on considère le plus petit entier $k > m$ tel que $c_k = 0$, et on construit le chemin c' dont la représentation jusqu'à l'abscisse k est la symétrique de celle de c par rapport à l'axes des abscisses, puis égal à c après cette abscisse. Comme on le voit sur la figure ci-contre, il est facile de vérifier qu'on obtient ainsi une bjiection de l'ensemble des chemins de (m, a) à (n, b) passant par zéro, vers celui des chemins de $(m, -a)$ vers (n, b). On en déduit que le nombre de chemins de (m, a) à (n, b) passant par zéro est égal à $N(n - m, b + a)$.

2/a) Si $n - b$ est impair, toute les probabilités sont nulles donc la relation est vraie. Supposons maintenant n et b de même parité. Il y a autant de valeurs de $(X_k)_{1 \leq k \leq n}$ vérifiant $S_n = b$ que de chemins de $(0, 0)$ à (n, b), donc comme nous sommes ici dans le cas équiprobable, on a $P(S_n = b) = 2^{-n} N(n, b)$. Comme $S_1 = X_1$, pour avoir $S_1 > 0$ on doit avoir $S_1 = 1$. Ainsi, on a $(S_1 > 0, \ldots, S_{n-1} > 0, S_n = b)$ si et seulement si le chemin $(k, S_k)_{1 \leq k \leq n}$ va de $(1, 1)$ à (n, b),

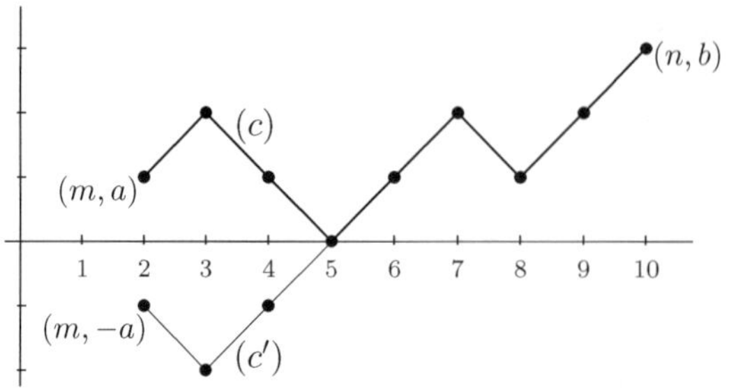

FIGURE 5. Représentation graphique d'un chemin c de $(2,1)$ à $(10,3)$ passant par 0, et du chemin c' de $(2,-1)$ à $(10,3)$ obtenu par reflexion de la première partie de c (en trait fin).

sans jamais passer par 0. D'après la question 1/b), il y a $C^* = N(n-1, b-1) - N(n-1, b+1)$ chemins de cette forme. En notant $\gamma = (n+b)/2$ on trouve

$$C^* = \binom{n-1}{\gamma-1} - \binom{n-1}{\gamma} = \frac{\gamma}{n}\binom{n}{\gamma} - \frac{n-\gamma}{n}\binom{n}{\gamma} = \frac{2\gamma - n}{n}\binom{n}{\gamma} = \frac{b}{n}N(n,b). \qquad (*)$$

On en déduit $P(S_1 > 0, \dots, S_{n-1} > 0, S_n = b) = 2^{-n}(b/n)N(n,b) = (b/n)P(S_n = b)$.

b) On a $\{S_1 \neq 0, \dots, S_{2n} \neq 0\} = \{S_1 > 0, \dots, S_{2n} > 0\} \cup \{S_1 < 0, \dots, S_{2n} < 0\}$, ces deux ensembles étant disjoints, donc par symétrie on a

$$P(S_1 \neq 0, \dots, S_{2n} \neq 0) = 2\,P(S_1 > 0, \dots, S_{2n} > 0). \qquad (**).$$

Or, d'après la question précédente, on a

$$P(S_1 > 0, \dots, S_{2n} > 0) = \sum_{b>0} P(S_1 > 0, \dots, S_{2n-1} > 0, S_{2n} = 2b) = \sum_{b>0} 2^{-2n}\frac{2b}{2n}N(2n, 2b).$$

Les égalités de (*) montrent que $\frac{2b}{2n}N(2n,2b) = \binom{2n-1}{n+b-1} - \binom{2n-1}{n+b}$. Donc

$$P(S_1 > 0, \dots, S_{2n} > 0) = 2^{-2n}\sum_{b>0}\left[\binom{2n-1}{n+b-1} - \binom{2n-1}{n+b}\right] = 2^{-2n}\binom{2n-1}{n}.$$

Il y a autant de valeurs de $(X_k)_{1\le k\le 2n}$ vérifiant $S_{2n} = 0$ que de chemins allant de $(0,0)$ à $(2n, 0)$, donc

$$P(S_{2n} = 0) = 2^{-2n}N(2n, 0) = 2^{-2n}\binom{2n}{n} = 2^{-2n}\frac{2n}{n}\binom{2n-1}{n-1} = 2^{1-2n}\binom{2n-1}{n}.$$

On en déduit le résultat avec (**).

c) Notons $A_n = \{S_1 \neq 0, \dots, S_{2n} \neq 0\}$. La formule de Stirling appliquée à la question précédente entraîne

$$P(A_n) = 2^{-2n}\binom{2n}{n} = 2^{-2n}\frac{(2n)!}{(n!)^2} \sim 2^{-2n}\frac{\sqrt{4\pi n}(2n/e)^{2n}}{(\sqrt{2\pi n}(n/e)^n)^2} = \frac{1}{\sqrt{\pi n}}.$$

La suite (A_n) est décroissante, donc $P(\cap_{n\in\mathbb{N}^*} A_n) = \lim_{n\to+\infty} P(A_n) = 0$. Donc $A = \cap_{n\in\mathbb{N}^*} A_n$ est négligeable, et comme A est l'événement $S_{2n} \neq 0$ pour tout $n \in \mathbb{N}$, on en déduit que presque surement, il existe $n \in \mathbb{N}^*$ tel que $S_{2n} = 0$.

d) On a $T > 2n$ si et seulement si $S_1 \neq 0, \dots, S_{2n} \neq 0$. Donc d'après 2/b), on a $P(T > 2n) = P(S_{2n} = 0) \sim (\pi n)^{-1/2}$. Donc la série $\sum_n P(T > n)$ diverge, donc T n'admet pas d'espèrance d'après la proposition 7 page 338.

Remarque. Une conséquence du résultat de la question 2/a), est que si un scrutin entre deux candidats A et B se termine avec a voix pour le candidat A, et b voix pour le candidat B, avec $a > b$, alors la probabilité que le nombre de voix pour A soit toujours strictement supérieur au nombre de voix pour B pendant le dépouillement du scrutin, est égale à $(a-b)/(a+b)$ (d'où la dénomination *problème du scrutin*).

PROBLÈME 5 (MODES DE CONVERGENCE). Soit (X_n) une suite de variables aléatoires discrètes réelles sur Ω, et $X\ :\Omega \to \mathbb{R}$ une variable aléatoire discrète.
(*Convergence en probabilité*). On dit que (X_n) converge *en probabilité* vers X si pour tout $\varepsilon > 0$, $\lim_{n\to+\infty} P(|X_n - X| \geq \varepsilon) = 0$.
1/ (*Convergence presque sure*). On dit que (X_n) converge *presque surement* vers X s'il existe un événement A presque sûr tel que (X_n) converge simplement vers X sur A.
a) Si $(X_n)_{n\in\mathbb{N}}$ converge presque surement vers X, montrer que (X_n) converge en probabilité vers X
b) Si pour tout $\varepsilon > 0$, la série $\sum_n P(|X_n - X| > \varepsilon)$ converge, montrer que (X_n) converge presque surement vers X.
c) Si (X_n) converge en probabilité vers X, montrer qu'il existe une sous-suite de (X_n) qui converge presque surement vers X.
d) Montrer que la réciproque de a) est fausse (Indication : choisir les X_n indépendants et suivant une loi de Bernoulli de paramètre p_n, avec $p_n \to 0$ et $\sum_n p_n = +\infty$).

2/ (*Convergence $\mathcal{L}^1$*). Si les X_n et X admettent une espérance, on dit que (X_n) converge *dans $\mathcal{L}^1$* vers X si la suite $(E(|X_n - X|))_n$ converge vers 0. Montrer que la convergence dans $\mathcal{L}^1$ entraîne la convergence en probabilité, mais que la réciproque est fausse.

3/ (*Convergence en loi*). On suppose ici que les X_n et X sont à valeurs dans $\mathbb{Z}$. On dit que (X_n) converge *en loi* vers X si pour tout $k \in \mathbb{Z}$, $\lim_{n\to+\infty} P(X_n = k) = P(X = k)$. Montrer que si (X_n) converge en probabilité vers X, alors (X_n) converge en loi vers X, mais que la réciproque est fausse.

Solution. **1/ a)** Par hypothèse, il existe un événement presque sûr A tel que (X_n) converge simplement vers X sur A. Soit $\varepsilon > 0$. Pour tout $n \in \mathbb{N}$, on note $A_n(\varepsilon) = \cap_{m\geq n}\{|X_m - X| < \varepsilon\}$. La convergence simple de (X_n) vers X sur A entraîne $A \subset B = \cup_{n\in\mathbb{N}} A_n(\varepsilon)$. Comme $(A_n(\varepsilon))_n$ est une suite croissante, on en déduit $\lim_{n\to+\infty} P(A_n(\varepsilon)) = P(B) = 1$. Donc pour tout $\delta > 0$, il existe $N \in \mathbb{N}$ tel que $P(A_n(\varepsilon)) \geq 1 - \delta$ pour $n \geq N$. On en déduit

$$\forall n \geq N, \qquad P(|X_n - X| > \varepsilon) = 1 - P(|X_n - X| \leq \varepsilon) \leq 1 - P(A_n(\varepsilon)) \leq \delta.$$

On a donc démontré que la suite $(P(|X_n - X| > \varepsilon))_n$ tend vers 0, d'où le résultat.

b) C'est un classique, rencontré par exemple dans la dernière question de l'exercice 13 page 363. Soit $p \in \mathbb{N}^*$. D'après le lemme de Borel-Cantelli (voir le théorème 1, page 326, assertion (i)), la convergence de la série $\sum_n P(|X_n - X| > 1/p)$ entraîne l'existence d'un événement presque sûr B_p tel que sur B_p, au plus un nombre fini de valeurs de $n \in \mathbb{N}$ vérifient $|X_n - X| > 1/p$. L'événement $B = \cap_{p\in\mathbb{N}^*} B_p$, intersection dénombrable d'ensembles presques sûrs, est presque sûr. La suite (X_n) converge simplement vers X sur B. En effet, soit $\omega \in B$, soit $\varepsilon > 0$. On choisit $p \in \mathbb{N}^*$ tel que $1/p < \varepsilon$. Alors $\omega \in B_p$ donc il y a au plus un nombre fini de valeurs de n telles que $|X_n(\omega) - X(\omega)| > 1/p$. Donc il existe $N \in \mathbb{N}$ tel que $|X_n(\omega) - X(\omega)| \leq 1/p$ pour tout $n \geq N$, et donc lorsque $n \geq N$ on a $|X_n(\omega) - X(\omega)| < \varepsilon$.

c) On construit une suite strictement croissante d'entiers $(n_p)_{p\in\mathbb{N}}$ par récurrence, comme suit. On pose $n_0 = 0$, et pour $p \in \mathbb{N}^*$, $n_0, \ldots, n_{p-1}$ étant construits, on choisit $n_p > n_{p-1}$ tel que $P(|X_{n_p} - X| \geq 1/p) < 2^{-p}$ (c'est possible car la suite $(P(|X_n - X| \geq 1/p))_n$ converge vers 0). Montrons maintenant que pour tout $\varepsilon > 0$, la série $\sum_k P(|X_{n_k} - X| > \varepsilon)$ converge. Le résultat de la question précédente nous assurera alors que la sous-suite $(X_{n_k})_{k\in\mathbb{N}}$ converge presque surement vers X. Fixons donc $\varepsilon > 0$. Soit $p \in \mathbb{N}^*$ tel que $1/p < \varepsilon$. Lorsque $k > p$, on a $1/k < \varepsilon$ donc

$$\forall k > p, \qquad P(|X_{n_k} - X| > \varepsilon) \leq P(|X_{n_k} - X| > 1/k) < 2^{-k}.$$

et donc $\sum_k P(|X_{n_k} - X| > \varepsilon)$ converge. On a bien prouvé le résultat souhaité.

d) On suit l'indication. Soit $(p_n)_{n\in\mathbb{N}^*}$ une suite à valeurs dans $]0,1[$ convergeant vers 0, telle que $\sum p_n$ diverge (par exemple $p_n = 1/(n+1)$). D'après la proposition 17 page 344, il existe un espace probabilisé $(\Omega, \mathcal{A}, P)$ et une suite de variables aléatoires (X_n) discrètes indépendantes, telles que X_n suive une loi de Bernoulli de paramètre p_n, c'est-à-dire $P(X_n = 1) = p_n$ et $P(X_n = 0) = 1 - p_n$. La suite (X_n) converge en probabilité vers 0 car pour tout $\varepsilon \in]0,1[$, on a $P(|X_n| > \varepsilon) = P(X_n = 1) = p_n$. En revanche, d'après le lemme de Borel-Cantelli (assertion (ii)), $A = \limsup_n \{X_n = 1\}$ est presque sûr, et pour tout $\omega \in A$, il existe une infinité d'entiers n tels que $X_n(w) = 1$, donc $(X_n(\omega))_{n\in\mathbb{N}}$ ne converge pas simplement vers 0 sur A.

2/ Supposons que (X_n) converge dans $\mathcal{L}^1$ vers X. Soit $\varepsilon > 0$. L'inégalité de Markov entraîne

$$P(|X_n - X| \geq \varepsilon) \leq \frac{E(|X - X_n|)}{\varepsilon},$$

et comme $(E(|X - X_n|))_n \to 0$, on en déduit que $(P(|X_n - X| \geq \varepsilon))_n$ converge vers 0.

La réciproque est fausse, comme le montre le contre-exemple suivant : pour tout $n \in \mathbb{N}^*$, on choisit X_n vérifiant $P(X_n = 0) = 1 - 1/n$ et $P(X_n = n) = 1/n$. Pour tout $\varepsilon \in]0,1[$, on a $P(|X_n| > \varepsilon) = P(X_n = n) = 1/n$, donc $(P(|X_n| > \varepsilon))$ converge vers 0, c'est-à-dire que X_n converge en probabilité vers 0, alors que $E(|X_n|) = 1$ pour tout $n \in \mathbb{N}^*$.

3/ Supposons que (X_n) converge en probabilité vers X. Alors $(P(|X_n - X| > 1/2))$ converge vers 0. Fixons $k \in \mathbb{Z}$. Comme les variables aléatoires sont à valeurs dans $\mathbb{Z}$, on a

$$\{X_n = k\} \subset \{X = k\} \cup \{|X - X_n| > 1/2\} \quad \text{et} \quad \{X = k\} \subset \{X_n = k\} \cup \{|X - X_n| > 1/2\}.$$

On en déduit $P(X_n = k) \leq P(X = k) + P(|X_n - X| > 1/2)$ et $P(X = k) \leq P(X_n = k) + P(|X_n - X| > 1/2)$, donc $|P(X_n = k) - P(X = k)| \leq P(|X_n - X| > 1/2)$, ce qui montre que $|P(X_n = k) - P(X = k)|$ tend vers 0 lorsque $n \to +\infty$.

La réciproque est fausse. Considérons par exemple une variable aléatoire B qui suit une loi de Bernoulli de paramètre $1/2$, et $X_n = B$ pour tout n. Alors (X_n) converge en loi vers $X = 1 - B$ (X suit aussi une loi de Bernoulli de paramètre $1/2$, donc elle suit la même loi que chaque X_n), alors qu'on a toujours $X - X_n = 1$.

PROBLÈME 6 (PROCESSUS DE GALTON-WATSON). Soit X une variable aléatoire à valeurs dans $\mathbb{N}$, admettant une espérance, notée m. On note, pour tout $k \in \mathbb{N}$, $p_k = P(X = k)$ et on suppose $p_0 \in]0,1[$. Soit $(X_{n,i})_{(n,i)\in\mathbb{N}\times\mathbb{N}^*}$ une famille de variables aléatoires indépendantes, suivant toutes la loi de X. On définit la suite (Z_n) de la manière suivante :

$$Z_0 = 1 \qquad \text{et} \qquad \forall n \in \mathbb{N},\ Z_{n+1} = \sum_{i=1}^{Z_n} X_{n,i} \qquad (Z_{n+1} = 0 \text{ si } Z_n = 0).$$

La variable aléatoire Z_n représente le nombre d'individus à la génération n. On note $\pi_n = P(Z_n = 0)$ la probabilité d'extinction à la génération n, et $P_{\text{ext}} = P(\exists n \in \mathbb{N}, Z_n = 0)$ la probabilité d'extinction de la population. On suppose $p_0 \in]0,1[$.

1/a) Montrer que la série génératrice G_n de Z_n vérifie : $G_{n+1} = G \circ G_n$, où G est la série génératrice de X.
b) En déduire que pour tout $n \in \mathbb{N}$, $\pi_{n+1} = G(\pi_n)$.
c) Pour tout $n \in \mathbb{N}$, montrer que Z_n admet une espérance et calculer $E(Z_n)$.

2/a) Montrer que G n'a aucun point fixe sur $[0,1[$ si $m \leq 1$, et un seul point fixe sur $[0,1[$ si $m > 1$.
b) Montrer que si $m \leq 1$, $P_{\text{ext}} = 1$, et si $m > 1$, P_{ext} est l'unique point fixe de G sur $[0,1[$. Le cas $m < 1$ est dit *sous-critique*, le cas $m = 1$ est dit *critique* et le cas $m > 1$ est dit *super-critique*.

3) Soient $a, b \in]0,1[$. On se place ici dans le cas *linéaire-fractionnaire* où X suit la loi

$$P(X=0)=a, \qquad \text{et} \qquad \forall k \geq 1,\ P(X=k)=(1-a)b(1-b)^{k-1}$$

a) Calculer explicitement $G(x)$ et vérifier

$$\text{si } m \neq 1 \qquad \frac{G(x)-\alpha}{G(x)-1}=\frac{1}{m}\cdot\frac{x-\alpha}{x-1} \qquad \text{avec} \quad \alpha=\frac{a}{1-b},$$

$$\text{si } m = 1 \qquad \frac{1}{G(x)-1}=\frac{1}{x-1}+\beta \qquad \text{avec} \quad \beta=\frac{b-1}{b}.$$

b) En déduire les probabilités d'extinction π_n et P_{ext} dans le cas linéaire-fractionnaire.

Solution. **1/a)** La formule de Wald (voir la proposition 19 page 347), appliquée avec $N=Z_n$, fournit l'identité $G_{n+1}=G_n\circ G$. La loi de composition est associative on donc bien $G_{n+1}=G\circ G_n$.

b) C'est une conséquence du fait que pour tout $n\in\mathbb{N}$ on a $\pi_n=G_n(0)$, donc $\pi_{n+1}=G_{n+1}(0)=G\circ G_n(0)=G(G_n(0))=G(\pi_n)$.

c) Pour tout $n\in\mathbb{N}$, Z_n admet une espérance si et seulement si sa série génératrice G_n est de classe $\mathcal{C}^1$ sur $[0,1]$, et on a alors $E(Z_n)=G_n'(1)$. On a $G_0(x)=x$, donc Z_0 admet une espérance et $E(Z_0)=1$. La relation $G_{n+1}=G\circ G_n$ entraîne avec une récurrence immédiate que les G_n sont de classe $\mathcal{C}^1$ sur $[0,1]$ et que $G_{n+1}'(1)=G_n'(1)\cdot G'(G_n(1))=G_n'(1)\cdot G'(1)=m\,G_n'(1)$. On en déduit que pour tout $n\in\mathbb{N}$, Z_n admet une espérance, et que $E(Z_n)=G_n'(1)=m^n$.

2/a) Commençons par le cas $m\leq 1$. Si $p_n=0$ pour tout $n>1$, alors $p_0+p_1=1$ et $G(x)=p_0+p_1x$. On a donc $G(x)-x=p_0+(p_1-1)x=p_0(1-x)$, donc si $0\leq x<1$, on a $G(x)-x>0$ et donc G n'admet pas de point fixe sur $[0,1[$. Supposons maintenant qu'il existe $n>1$ avec $p_n>0$. Comme X admet une espérance, G est de classe $\mathcal{C}^1$ sur $[0,1]$. Sa dérivée $G'(x)=\sum_{n\geq 1} np_n\,x^{n-1}$ est strictement croissante sur $[0,1]$. Pour tout $x\in[0,1[$, l'égalité des accroissements finis assure l'existence de $c_x\in]x,1[$ tel que $G(1)-G(x)=(1-x)G'(c_x)$, et on en déduit $G(1)-G(x)<(1-x)G'(1)=m(1-x)\leq(1-x)$ (on vient de redémontrer que la fonction strictement convexe G est strictement au dessus de sa tangente en 1 sur $[0,1[$) Donc $G(x)>G(1)-(1-x)=x$, donc G n'a pas de points fixe sur $[0,1[$.

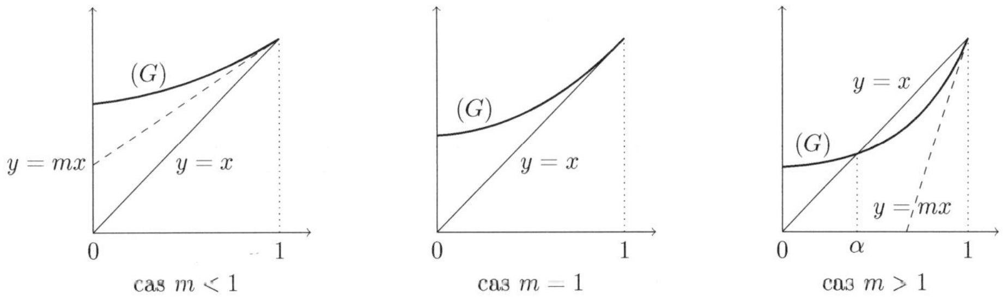

FIGURE 6. Représentation graphique de la série génératrice G de X, dans le cas sous-critique ($m<1$), puis critique ($m=1$) et super-critique ($m>1$).

Traîtons maintenant le cas $m>1$. Il existe forcément $n>1$ tel que $p_n>0$ (sinon $G(x)=p_0+p_1x$ donc $m=G'(1)=p_1<1$, ce qui est impossible). Donc $G'-1$ est strictement croissante sur $[0,1]$. Or $G'(1)-1=m-1>0$ et $G'(0)-1=p_1-1<0$, donc la fonction continue $G'-1$ s'annule en un point $\beta\in]0,1[$. Comme $G'-1$ est strictement croissante, on en déduit $G'(x)-1<0$ sur $[0,\beta[$ et $G'(x)-1>0$ sur $]\beta,1]$. Donc $H(x)=G(x)-x$ est strictement décroissante sur $[0,\beta]$ et strictement croissante sur $[\beta,1]$. On a donc $H(\beta)=G(\beta)-\beta<G(1)-1=0$ et comme $H(0)=G(0)=p_0>0$ on en déduit que $H(x)$ s'annule une et une seule fois sur $[0,\beta]$, et ne s'annule pas sur $[\beta,1[$, ce qui démontre le résultat souhaité.

b) Remarquons que $Z_n = 0$ entraîne $Z_{n+1} = 0$, donc la suite des événements $\{Z_n = 0\}_{n\in\mathbb{N}}$ est croissante. Donc la suite $(\pi_n)_{n\in\mathbb{N}}$ est croissante et elle converge. En notant $\ell = \lim_{n\to+\infty} \pi_n$ on a

$$P_{\text{ext}} = P(\{\exists n \in \mathbb{N}, Z_n = 0\}) = P(\cup_{n\in\mathbb{N}}\{Z_n = 0\})) = \lim_{n\to+\infty} P(Z_n = 0) = \ell. \qquad (*)$$

Comme $\pi_{n+1} = G(\pi_n)$, par continuité de G on a $\ell = G(\ell)$. Si $m \leq 1$, la question précédente assure qu'on a forcément $\ell = 1$, donc d'après (*) $P_{\text{ext}} = 1$. Si $m > 1$, l'unique point fixe α de G sur $[0, 1[$ vérifie $\pi_n \leq \alpha$ (c'est immédiat par récurrence sur n : vrai pour $n = 0$ car $\pi_0 = 0$, et si le résultat est vrai pour n, alors $0 \leq \pi_n \leq \alpha$ et la croissance de G sur $[0, 1]$ entraîne $\pi_{n+1} = G(\pi_n) \leq G(\alpha) = \alpha$ donc le résultat est vrai pour $n + 1$). Donc $\ell \leq \alpha$, et l'unicité du point fixe de G sur $[0, 1[$ permet d'en déduire $\ell = \alpha$. Donc d'après (*), $P_{\text{ext}} = \alpha$.

3/a) On calcule d'abord la série génératrice $G(x)$ de X

$$\forall x \in [0, 1], \qquad G(x) = a + \sum_{k=1}^{+\infty} (1 - a)b(1 - b)^{k-1}x^k = a + (1 - a)bx\frac{1}{1 - (1 - b)x}.$$

En particulier on trouve $m = G'(1) = (1 - a) + (1 - a)(1 - b)/b = (1 - a)/b$. L'égalité $G_{n+1}(x) = G(G_n(x))$ est celle d'une *récurrence homographique* (voir le tome analyse), et les identités demandées sont un cas particulier de la résolution explicite de ces récurrences. Dans le cas $m \neq 1$, les solutions de $G(x) = x$ sont $x = 1$ et $x = \alpha = a/(1 - b)$. En posant $c = 1 - b$ on a

$$G(x) - G(y) = (1 - a)b\left(\frac{x}{1 - cx} - \frac{y}{1 - cy}\right) = (1 - a)b\frac{x - y}{(1 - cx)(1 - cy)}, \qquad (**)$$

égalité qui reste vraie pour tout $x, y \in D = \mathbb{R} \setminus \{1/c\}$ lorsqu'on étend la définition de $G(x)$ à D tout entier. Comme $G(\alpha) = \alpha$ et $G(1) = 1$ on en déduit

$$\frac{G(x) - \alpha}{G(x) - 1} = \frac{G(x) - G(\alpha)}{G(x) - G(1)} = \frac{x - \alpha}{(1 - cx)(1 - a)} \frac{(1 - cx)b}{x - 1} = \frac{1}{m}\frac{x - \alpha}{x - 1}.$$

Lorsque $m = 1$, on a $1 - a = b$ et $c = 1 - b = a$. En utilisant (**) avec $y = 1$ pour calculer $G(x) - 1 = G(x) - G(1)$ on obtient

$$\frac{1}{G(x) - 1} - \frac{1}{x - 1} = \frac{(1 - ax)b}{b^2(x - 1)} - \frac{1}{x - 1} = \frac{1 - ax - b}{b(x - 1)} = -\frac{a}{b} = \frac{b - 1}{b}.$$

b) Les identités obtenues précédemment permettent facilement de déduire, pour tout $n \in \mathbb{N}^*$

$$\text{si } m \neq 1 \quad \frac{G_n(x) - \alpha}{G_n(x) - 1} = \frac{1}{m^n}\frac{x - \alpha}{x - 1}, \qquad \text{et si } m = 1 \quad \frac{1}{G_n(x) - 1} = \frac{1}{x - 1} + n\beta.$$

Ceci permet d'obtenir une forme explicite pour $G_n(x)$, mais nous n'en n'aurons pas besoin directement. En remplaçant x par 0 dans les relations précédentes on obtient, pour tout $n \in \mathbb{N}^*$

$$\text{si } m \neq 1 \quad \frac{\pi_n - \alpha}{\pi_n - 1} = \frac{\alpha}{m^n} \qquad \text{donc} \quad \pi_n = \alpha\frac{m^n - 1}{m^n - \alpha}$$

$$\text{si } m = 1 \quad \frac{1}{\pi_n - 1} = n\beta - 1 \quad \text{donc} \quad \pi_n = 1 + \frac{1}{n\beta - 1} = \frac{n(1 - b)}{n(1 - b) + b}.$$

En faisant $n \to +\infty$, on obtient $P_{\text{ext}} = 1$ si $m \leq 1$, $P_{\text{ext}} = \alpha = a/(1 - b)$ si $m > 1$. On retrouve en particulier le résultat de la question 2/b).

Remarque. Ce modèle a été introduit par Watson en 1874 pour étudier la survivance des patronymes dans l'Angleterre victorienne, en réponse à un problème posé par Galton. On l'appelle aussi *processus de branchement*. Il peut aussi modéliser la reproduction de population de bactéries, de neutrons, d'individus porteurs d'une maladie, etc.

PROBLÈME 7 (NOMBRES DE STIRLING). Pour tout $x \in \mathbb{R}$, on définit la *factorielle décroissante* et la *factorielle croissante* par $x^{\underline{0}} = x^{\overline{0}} = 1$, et pour $n \in \mathbb{N}^*$

$$x^{\underline{n}} = x(x-1)\cdots(x-n+1) \qquad \text{et} \qquad x^{\overline{n}} = x(x+1)\cdots(x+n-1).$$

1/ (*Nombres de Stirling de première espèce*). Pour tout $n \in \mathbb{N}$, on note $(s(n,k))_{0\leq k\leq n}$ et on appelle *nombres de Stirling de première espèce* les nombres réels définis par

$$\forall x \in \mathbb{R}, \qquad x^{\underline{n}} = \sum_{k=0}^{n} s(n,k)\, x^k.$$

a) Montrer que $s(n,k)$ a le signe de $(-1)^{n-k}$ et que les *nombres de Stirling de première espèce non signés* $|s(n,k)|$ vérifient

$$\forall x \in \mathbb{R}, \qquad x^{\overline{n}} = \sum_{k=0}^{n} |s(n,k)|\, x^k.$$

b) Montrer que les nombres de Stirling de première espèce vérifient

$$s(0,0) = 1 \quad \text{et} \quad \forall n \in \mathbb{N}^* \ \begin{cases} s(n,0) = 0, \quad s(n,n) = 1, \\ \forall k \in \{1,\ldots,n\}, \quad s(n+1,k) = s(n,k-1) - n\, s(n,k). \end{cases}$$

c) Soit $n \in \mathbb{N}^*$. Montrer que $|s(n,k)|$ est le nombre de permutations de $\{1,\ldots,n\}$ qui s'écrivent comme le produit de k cycles à supports disjoints.
d) Calculer le nombre moyen de cycles dans une permutation de $\{1,\ldots,n\}$.

2/ (*Nombres de Stirling de seconde espèce*). Pour tout $n \in \mathbb{N}$, on note $(S(n,k))_{0\leq k\leq n}$ et on appelle *nombres de Stirling de seconde espèce* les nombres réels définis par

$$\forall x \in \mathbb{R}, \qquad x^n = \sum_{k=0}^{n} S(n,k)\, x^{\underline{k}}. \qquad (*)$$

a) Montrer que les $S(n,k)$ sont bien définis.
b) Montrer que les nombres de Stirling de seconde espèce vérifient

$$S(0,0) = 1 \quad \text{et} \quad \forall n \in \mathbb{N}^* \ \begin{cases} S(n,0) = 0, \quad S(n,n) = 1, \\ \forall k \in \{1,\ldots,n\}, \quad S(n+1,k) = S(n,k-1) + k\, S(n,k). \end{cases}$$

c) Soit $n \in \mathbb{N}^*$ et $k \in \{1,\ldots,n\}$. Montrer que $S(n,k)$ est le nombre de façon de partitionner $\{1,\ldots,n\}$ en k sous-ensembles. Exprimer en fonction de $S(n,k)$ le nombre de surjections possibles entre $\{1,\ldots,n\}$ et $\{1,\ldots,k\}$.
d) En procédant par récurrence sur $k \in \mathbb{N}$, montrer que la série génératrice exponentielle des $(S(n,k))_{n\in\mathbb{N}}$, définie par $\Phi_k(x) = \displaystyle\sum_{n=k}^{+\infty} \frac{S(n,k)}{n!}\, x^n$, est bien définie sur $\mathbb{R}$ et qu'elle vérifie

$$\forall x \in \mathbb{R} \qquad \Phi_k(x) = \frac{1}{k!}(e^x - 1)^k. \qquad (**)$$

e) Montrer que

$$\forall n \in \mathbb{N}^*, \quad \forall k \in \{1,\ldots,n\}, \qquad S(n,k) = \frac{1}{k!}\sum_{j=0}^{k} (-1)^{k-j}\binom{k}{j} j^n.$$

f) Lorsque k est fixé, donner un équivalent lorsque $n \to +\infty$ de $S(n,k)$.

Solution. **1/a)** L'identité $(-1)^n(-x)^{\underline{n}} = x^{\overline{n}}$ entraîne

$$\sum_{k=0}^{n} (-1)^{n-k} s(n,k)\, x^k = (-1)^n(-x)^{\underline{n}} = x^{\overline{n}}$$

et compte tenu du fait que les coefficients de $x^{\overline{n}}$ sont positifs, ceci entraîne que $(-1)^{n-k}s(n,k)$ est positif, donc égal à $|s(n,k)|$, ce qui montre le résultat demandé.

b) Comme $x^{\underline{0}} = 1$, on a bien $s(0,0) = 1$. Lorsque $n \geq 1$, le coefficient dominant de $x^{\underline{n}}$ est 1, donc $s(n,n) = 1$; le coefficient constant est 0 donc $s(n,0) = 0$. Maintenant si $k \in \{1,\ldots,n\}$ on a $x^{\underline{n+1}} = (x-n)x^{\underline{n}}$, donc

$$\sum_{k=0}^{n+1} s(n+1,k)\,x^k = -n\,s(n,0) + \sum_{k=1}^{n}(s(n,k-1) - n\,s(n,k))\,x^k + s(n,n)x^{n+1}$$

et par identification des coefficients de x^k pour $1 \leq k \leq n$, on en déduit $s(n+1,k) = s(n,k-1) - n\,s(n,k)$ pour $k \in \{1,\ldots,n\}$.

c) On note $\mathcal{S}_{n,k}$ l'ensemble des permutations de $\{1,\ldots,n\}$ qui s'écrivent comme le produit de k cycles à supports disjoints, et $C(n,k) = |\mathcal{S}_{n,k}|$. On va montrer que $C(n,k)$ suit la même récurrence et les mêmes conditions initiales que $|s(n,k)|$. Lorsque $n \in \mathbb{N}^*$, on a $C(n,0) = 0$ (il y a au moins un cycle dans l'écriture de toute permutation comme produits de cycles), et $C(n,n) = 1$ car l'identité est la seule permutation qui s'écrit comme le produit de n cycles de supports disjoints (les n cycles de supports disjoints ont forcément longueur 1). On a la partition

$$\mathcal{S}_{n+1,k} = \bigcup_{1\leq m\leq n+1} \mathcal{S}_{n+1,k}(m), \qquad \text{où} \qquad \mathcal{S}_{n+1,k}(m) = \{s \in \mathcal{S}_{n+1,k} \mid s(n+1) = m\}. \qquad (***)$$

— (Cas $m = n+1$). Soit $s \in \mathcal{S}_{n+1,k}(n+1)$. On a $s(n+1) = n+1$, donc $(n+1)$ est un cycle de longueur 1 qui est un des cycles de la décomposition de s en k cycles disjoints, donc sa restriction $s_{|\{1,\ldots,n\}}$ à $\{1,\ldots,n\}$ est une permutation de $\mathcal{S}_{n,k-1}$. On vérifie facilement que l'application ainsi construite $\mathcal{S}_{n+1,k}(n+1) \to \mathcal{S}_{n,k-1} \quad s \mapsto s_{|\{1,\ldots,n\}}$ est une bijection. Donc $|\mathcal{S}_{n+1,k}(n+1)| = |\mathcal{S}_{n,k-1}| = C(n,k-1)$.

— (Cas $m \leq n$). Soit $s \in \mathcal{S}_{n+1,k}(m)$. On a $s(n+1) = m$, donc la permutation $s' = (n+1,m)\cdot s$, obtenue en multipliant s à gauche par la transposition $(n+1,m)$, vérifie $s'(n+1) = n+1$, et sa restriction à $\{1,\ldots,n\}$ définit donc une permutation de $\{1,\ldots,n\}$ que nous notons $f(s)$. Soit $c = (n+1,m,n_3,\ldots,n_r)$ le cycle dans la décomposition de s en produits de cycles, qui contient $n+1$. On a $c' = (n+1,m)\cdot c = (m,n_3,\ldots,n_r)$, donc $f(s)$ a les même cycles que s sauf le cycle c qui devient c'. En particulier $f(s)$ contient k cycles, et f est une bijection de $\mathcal{S}_{n+1,k}(m)$ vers $\mathcal{S}_{n,k}$. Donc $|\mathcal{S}_{n+1,k}(m)| = |\mathcal{S}_{n,k}| = C(n,k)$.

De la partition (***), on en déduit

$$C(n+1,k) = |\mathcal{S}_{n+1,k}(n+1)| + \sum_{k=1}^{n} |\mathcal{S}_{n+1,k}(m)| = C(n,k-1) + nC(n,k).$$

Or $|s(n,k)|$ vérifie la même récurrence, car d'après la question précédente,

$$|s(n+1,k)| = (-1)^{n+1-k}s(n+1,k) = (-1)^{n+1-k}(s(n,k-1) - ns(n,k)) = |s(n,k-1)| + n|s(n,k)|.$$

On en déduit que $D(n,k) = |s_{n,k}| - C(n,k)$ vérifie $D(n,0) = D(n,n) = 0$ pour tout $n \in \mathbb{N}^*$, et $D(n+1,k) = D(n,k-1) + n\,D(n,k)$ pour $1 \leq k \leq n$. En procédant par récurrence sur $n \in \mathbb{N}^*$, on en déduit que $D(n,k) = 0$ pour tout $k \in \{0,\ldots,n\}$. On a donc bien $C(n,k) = |s(n,k)|$ pour tout $n \in \mathbb{N}^*$ et $0 \leq k \leq n$.

d) Soit M_n le nombre moyen de cycles dans les permutations de $\mathcal{S}_n$. D'après la question précédente, on a

$$M_n = \frac{1}{n!}\sum_{k=1}^{n} k|s(n,k)| = \frac{F_n'(1)}{n!}, \quad \text{où} \quad F_n(x) = \sum_{k=1}^{n} |s(n,k)|\,x^k = x^{\overline{n}} = x(x+1)\cdots(x+n-1).$$

Or

$$\frac{F_n'(x)}{F_n(x)} = \frac{1}{x} + \frac{1}{x+1} + \cdots + \frac{1}{x+n-1} \quad \text{donc} \quad M_n = \frac{F_n'(1)}{F_n(1)} = H_n = 1 + \frac{1}{2} + \cdots + \frac{1}{n}.$$

2/a) La matrice carrée M de taille $n+1$, dans laquelle on exprime les coefficients des $(x^{\underline{k}})_{0\leq k\leq n}$, en fonction des $(x^k)_{0\leq k\leq n}$, est une matrice triangulaire dans laquelle les coefficients diagonaux, qui correspondent au coefficient dominant de chaque $x^{\underline{k}}$, sont tous égaux à 1. Donc cette matrice est inversible, donc les $(x^{\underline{k}})_{0\le k\le n}$ forment une base des polynômes de degré $\le n$, en particulier on peut exprimer x^n comme combinaison linéaire des $(x^{\underline{k}})_{0\le k\le n}$, d'où le résultat.

b) En faisant $n=0$ dans (*) on trouve $1 = S(0,0)\,x^{\underline{0}} = S(0,0)$. Si $n\in\mathbb{N}^*$, en faisant $x=0$ dans (*), on trouve $0 = S(n,0)$, et lorsque $x\to+\infty$ le terme de droite a pour équivalent $S(n,n)x^n$ donc $S(n,n)=1$. Comme $x\cdot x^{\underline{k}} = (x-k)x^{\underline{k}} + kx^{\underline{k}} = x^{\underline{k+1}} + kx^{\underline{k}}$, on a

$$x^{n+1} = x\cdot x^n = \sum_{k=0}^{n} S(n,k)(x^{\underline{k+1}} + kx^{\underline{k}}) = \sum_{k=1}^{n}(S(n,k-1)+kS(n,k))x^{\underline{k}} + S(n,n)x^{\underline{n+1}}.$$

Ceci est égal à $x^{n+1} = \sum_{k=0}^{n+1} S(n+1,k)x^{\underline{k}}$. Or nous avons vu précédemment que les $(x^{\underline{k}})_{0\le k\le n+1}$ forment une base des polynômes de degré $\le n+1$, on peut donc procéder par identification ce qui donne $S(n+1,k) = S(n,k-1)+kS(n,k)$ pour $1\le k\le n$.

c) Notons $\mathcal{P}_{n,k}$ l'ensemble des partitions de $\{1,\ldots,n\}$ en k parties. Soit $P\in\mathcal{P}_{n+1,k}$ une partition. On numérote les sous-ensembles $p_1,\ldots,p_k$ de P dans l'ordre de leur plus petit élément, de sorte que $\min p_1 < \ldots < \min p_k$, on note $m(P)$ l'indice m tel que $n+1\in p_m$, et on note $p'(P) = p_{m(P)}\setminus\{n+1\}$. On a donc la partition

$$\mathcal{P}_{n+1,k} = \mathcal{P}^*_{n+1,k}\cup\bigcup_{m=1}^{k}\mathcal{P}_{n+1,k}(m),\qquad \begin{cases}\mathcal{P}^*_{n+1,k} = \{P\in\mathcal{P}_{n+1,k}\mid p'(P)=\varnothing\},\\ \mathcal{P}_{n+1,k}(m) = \{P\in\mathcal{P}_{n+1,k}\mid m(P)=m, p'(P)\neq\varnothing\}\end{cases}$$

L'application $\mathcal{P}^*_{n+1,k}\to\mathcal{P}_{n,k-1}\quad P\mapsto\{p_\ell,\ell\neq m(p)\}$ est une bijection, donc $|\mathcal{P}^*_{n+1,k}| = |\mathcal{P}_{n,k-1}|$, et pour $1\le m\le k$ l'application $\mathcal{P}_{n+1,k}(m)\to\mathcal{P}_{n,k}\quad P\mapsto\{p_k, k\neq m\}\cup\{p'(P)\}$ est aussi une bijection, donc $|\mathcal{P}_{n+1,k}(m)| = |\mathcal{P}_{n,k}|$. On en déduit $|\mathcal{P}_{n+1,k}| = |\mathcal{P}_{n,k-1}| + k|\mathcal{P}_{n,k}|$, autrement dit $P(n,k) = |\mathcal{P}_{n,k}|$ satisfait la même récurrence que $S(n,k)$. Par ailleurs, il est immédiat que $P(n,0)=0$ et $P(n,n)=1$, donc $P(n,k)$ satisfait les même conditions initiales que $S(n,k)$. On procède ensuite comme dans 1/c), en montrant par récurrence sur $n\in\mathbb{N}^*$ que $P(n,k)-S(n,k) = 0$ pour $0\le k\le n$. On en déduit que $P(n,k) = S(n,k)$.

A toute partition $p_1\cup\ldots\cup p_k$ de $\{1,\ldots,,n\}$ et pour toute permutation σ de $\{1,\ldots,k\}$ on peut associer une et une seule surjection f de $\{1,\ldots,n\}\to\{1,\ldots,k\}$ par $f(i) = \sigma\circ g(i)$, où $g(i)$ est l'indice tel que $i\in p_{g(i)}$. On a donc $S(n,k)\cdot k!$ surjections possibles de $\{1,\ldots,n\}\to\{1,\ldots,k\}$.

d) Si $k,\ell\in\mathbb{N}$ vérifient $k>\ell$ on a $\ell^{\underline{k}}=0$, et si $k\le\ell$ on a $\ell^{\underline{k}}\ge 0$. La définition (*), appliquée avec $x=\ell\le n$ et $\ell\in\mathbb{N}$, implique donc $\ell^n = \sum_{k=0}^{\ell} S(n,k)\ell^{\underline{k}} \ge S(n,\ell)\ell^{\underline{\ell}} = S(n,\ell)\ell!$ (la question précédente assure que les $S(n,k)$ sont positifs). Donc $0\le S(n,k)\le k^n/k!$, ce qui implique $|S(n,k)/n!|\le(1/k!)k^n/n!$, donc la série définissant $\Phi_k(x)$ converge bien pour tout $x\in\mathbb{R}$.

Montrons maintenant l'identité (**) par récurrence sur $k\in\mathbb{N}$. Pour $k=0$ c'est immédiat. Soit $k\in\mathbb{N}^*$ et supposons la propriété vraie pour $k-1$. Les relations de récurrence vérifiée par $S(n,k)$ entraînent

$$\Phi'_k(x) = \sum_{n=k-1}^{+\infty}\frac{S(n+1,k)}{n!}x^n = \frac{x^{k-1}}{(k-1)!} + \sum_{n=k}^{+\infty}\frac{S(n,k-1)+kS(n,k)}{n!}x^n = \Phi_{k-1}(x) + k\Phi_k(x).$$

D'après l'hypothèse de récurrence, $\Phi_{k-1}(x) = (e^x-1)^{k-1}/(k-1)!$. On a donc $\Phi'_k(x) - k\Phi_k(x) = (e^x-1)^{k-1}/(k-1)!$. En notant $\Delta_k(x) = \Phi_k(x) - (e^x-1)^k/k!$, ceci entraîne $\Delta'_k = k\Delta_k$ sur $\mathbb{R}$. Donc il existe $\lambda\in\mathbb{R}$ tel que $\Delta_k(x) = \lambda e^{kx}$. Lorsque $x=0$, on a $\Delta_k(0) = \Phi_k(0) = 0$, donc $\lambda = 0$, donc $\Phi_k(x) = (e^x-1)^k/k!$ pour tout $x\in\mathbb{R}$.

e) En développant la formule (**), on trouve pour tout $k\in\mathbb{N}$

$$\sum_{n=k}^{+\infty}\frac{S(n,k)}{n!}x^n = \frac{1}{k!}\sum_{j=0}^{k}(-1)^{k-j}\binom{k}{j}e^{jx} = \frac{1}{k!}\sum_{j=0}^{k}(-1)^{k-j}\binom{k}{j}\left(\sum_{n=0}^{+\infty}\frac{j^n}{n!}x^n\right).$$

En identifiant les coefficients de x^n on en déduit

$$\forall n\ge k,\qquad \frac{S(n,k)}{n!} = \frac{1}{k!}\sum_{j=0}^{k}(-1)^{k-j}\binom{k}{j}\frac{j^n}{n!},$$

et en multipliant cette égalité par $n!$ on obtient le résultat souhaité.

f) La formule précédente entraîne, lorsque $n \to +\infty$, l'équivalent $S(n,k) \sim k^n/k!$.

Remarque. On a $\sum_{k=0}^{n} S(n,k) = B_n$ où B_n est le nombre de Bell, rencontré dans l'exercice 8 page 314. En sommant sur k les séries génératrices exponentielles des $(S(n,k))_n$ on retrouve l'expression de la série génératrice exponentielle de B_n.

PROBLÈME 8 (THÉORÈME DE PÓLYA). Soit $d \in \mathbb{N}^*$ et $(e_1, \ldots, e_d)$ la base canonique de $\mathbb{R}^d$. Soit $(X_n)_{n \in \mathbb{N}^*}$ une suite de variables aléatoires indépendantes et identiquement distribuées, à valeurs dans $\{-e_1, e_1, -e_2, e_2, \ldots, -e_d, e_d\}$. On considère la *marche aléatoire* sur $\mathbb{Z}^d$ définie par $S_0 = 0$ et $S_n = X_1 + \cdots + X_n$ pour $n \in \mathbb{N}^*$. On dit que (S_n) est *récurrente*, si presque surement, il existe une infinité d'entiers $n \in \mathbb{N}^*$ tels que $S_n = 0$; on dit que (S_n) est *transitoire* si presque surement, il n'existe qu'un nombre fini d'entiers $n \in \mathbb{N}^*$ tels que $S_n = 0$.

1/ Montrer que si la série $\sum_{n \in \mathbb{N}^*} P(S_n = 0)$ diverge, alors (S_n) est récurrente, et que si $\sum_{n \in \mathbb{N}^*} P(S_n = 0)$ converge, alors (S_n) est transitoire.

2/ On se place désormais dans le cas *isotrope*, où les (X_n) suivent toutes la loi

$$\forall i \in \{1, \ldots, d\}, \qquad P(X_n = e_i) = P(X_n = -e_i) = \frac{1}{2d}.$$

a) Calculer explicitement $P(S_n = 0)$ lorsque $d = 1$ ou $d = 2$, et en déduire que lorsque $d \in \{1, 2\}$, alors la marche aléatoire (S_n) est récurrente.

b) Dans le cas $d = 3$, exprimer sous forme de somme multiple la valeur de $P(S_n = 0)$, et montrer que la marche aléatoire (S_n) est transitoire.

3/ On appelle *chemin* de $\mathbb{Z}^d$ de longueur $n \in \mathbb{N}$, toute famille $(C_k)_{0 \le k \le n}$ de $\mathbb{Z}^d$ vérifiant $C_0 = 0$ et $\forall k \in \{0, \ldots, n-1\}$, $C_{k+1} - C_k \in \{-e_1, e_1, \ldots, -e_d, e_d\}$; si $C_n = 0$ on dit que le chemin (C_k) est une *boucle*. On note $c_n^{(d)}$ le nombre de boucles de $\mathbb{Z}^d$ de longueur n.

a) Montrer que la série génératrice exponentielle $\Phi_d(z) = \sum_{n=0}^{+\infty} \frac{c_n^{(d)}}{n!} z^n$ a un rayon de convergence infini, puis montrer

$$\forall z \in \mathbb{C}, \qquad \Phi_1(z) = \sum_{n=0}^{+\infty} \frac{z^{2n}}{(n!)^2}, \qquad \text{et} \qquad \forall d \in \mathbb{N}^*, \qquad \Phi_d(z) = \Phi_1(z)^d.$$

b) Montrer que $\Phi_1(z)$ vérifie l'identité

$$\forall t \in \mathbb{R}, \qquad \Phi_1(t) = I_0(2t), \qquad \text{où} \qquad I_0(t) = \frac{1}{\pi} \int_0^{\pi} e^{t \cos \theta} \, d\theta,$$

puis déterminer un équivalent de $I_0(t)$ lorsque $t \to +\infty$.

c) Montrer que la série génératrice $\varphi(x) = \sum_{n=0}^{+\infty} P(S_n = 0) \, x^n$ vérifie

$$\forall x \in]-1, 1[, \qquad \varphi(x) = \int_0^{+\infty} I_0\left(\frac{tx}{d}\right)^d e^{-t} \, dt.$$

En déduire le *théorème de Pólya* : (S_n) est récurrente si $d \in \{1, 2\}$, transitoire si $d \geq 3$.

Solution. **1/** Si $\sum_n P(S_n = 0)$ converge, le lemme de Borel-Cantelli nous assure que presque surement, il n'y a qu'un nombre fini d'entiers n tel que $S_n = 0$, *i.e.* que (S_n) est transitoire.

Supposons maintenant que $\sum_n P(S_n = 0)$ diverge. Ici on ne peut pas appliquer le lemme de Borel-Cantelli car les événements $\{S_{2n} = 0\}$ ne sont pas indépendants. Pour prouver que presque surement, la marche aléatoire passe une infinité de fois par 0, il est équivalent de prouver que l'événement B "la marche aléatoire ne passe qu'un nombre fini de fois par 0" est négligeable. On partitionne B sous la forme $B = \cup_{n\in\mathbb{N}} B_n$, où B_n désigne l'événement des marches aléatoires qui passe en 0 la dernière fois à l'indice n. On a donc $P(B) = \sum_{n\in\mathbb{N}} P(B_n)$. Par ailleurs, on a

$$B_n = \{S_n = 0\} \cap \{\forall k > n, S_k \neq 0\} = \{S_n = 0\} \cap \{\forall j > 0, X_{n+1} + \cdots + X_{n+j} \neq 0\}.$$

car si $S_n = 0$ et $k > n$, avoir $S_k = 0$ équivaut à avoir $0 = S_k - S_n = X_{n+1} + \cdots + X_k$. Or les (X_k) sont indépendants, donc $S_n = X_1 + \cdots + X_n$ est indépendant de $X_{n+1} + \cdots + X_{n+j}$. On peut donc écrire

$$P(B_n) = P(S_n = 0)P(\forall j > 0, X_{n+1} + \cdots + X_{n+j} \neq 0).$$

Les (X_k) étant indépendants et identiquement distribuées, $P(\forall j > 0, X_{n+1} + \cdots + X_{n+j} \neq 0)$ ne dépend pas de n. Notons q cette probabilité. On a donc $P(B_n) = qP(S_n = 0)$. Or la série $\sum P(B_n)$ converge (vers $P(B)$), et comme $\sum_n P(S_n = 0)$ diverge, la seule possibilité est d'avoir $q = 0$. Donc $P(B_n) = 0$ pour tout $n \in \mathbb{N}$, donc $P(B) = 0$.

2/a) Remarquons déja que, quelque soit la valeur de d, la somme des coordonnées de S_n a la même parité que n. Donc on ne peut avoir $S_n = 0$ que si n est pair. Ainsi, $P(S_{2n+1} = 0)$ pour tout $n \in \mathbb{N}$, et on se bornera dans la suite à estimer $P(S_{2n} = 0)$.

Traitons maintenant le cas $d = 1$. Pour avoir $S_{2n} = 0$, il faut et il suffit d'avoir exactement n indices k parmi $\{1, \ldots, 2n\}$ tels que $X_k = 1$, et chaque $2n$-liste possible (X_k) correspondante a une probabilité 2^{-2n} de se produire. On en déduit, en utilisant la formule de Stirling, que

$$P(S_{2n} = 0) = 2^{-2n}\binom{2n}{n} = 2^{-2n}\frac{(2n)!}{(n!)^2} \sim 2^{-2n}\frac{\sqrt{4\pi n}(2n/e)^{2n}}{(\sqrt{2\pi n}(n/e)^n)^2} = \frac{1}{\sqrt{\pi n}}.$$

Donc $\sum_n P(S_{2n} = 0)$ diverge, donc d'après la question 1/, (S_n) est récurrente.

Lorsque $d = 2$, pour avoir $S_{2n} = 0$ il faut et il suffit que la partition ordonnée de $\{1, \ldots, 2n\}$ formée des 4 sous-ensembles d'indices (A_1, A'_1, A_2, A'_2) définis pour $\ell \in \{1, 2\}$ par

$$A_\ell = \{m \in \{1, \ldots, 2n\} \mid X_m = e_\ell\} \qquad \text{et} \qquad A'_\ell = \{m \in \{1, \ldots, 2n\} \mid X_m = -e_\ell\}, \qquad (*)$$

vérifie $|A_1| = |A'_1| = i$ et $|A_2| = |A'_2| = j$ avec $i + j = n$. Lorsque $i + j = n$, la proposition 15 page 304 nous assure que le nombre de $2n$-listes (X_m) de cette forme est $\binom{2n}{i, i, j, j}$. Chacune a une probabilité 4^{-2n} de se produire, on en déduit

$$P(S_{2n} = 0) = 4^{-2n}\sum_{i+j=n}\binom{2n}{i, i, j, j} = 4^{-2n}\sum_{i=0}^{n}\frac{(2n)!}{i!\,i!\,(n-i)!\,(n-i)!} = 4^{-2n}\binom{2n}{n}\sum_{i=0}^{n}\binom{n}{i}^2.$$

En utilisant la formule de Vandermonde puis à nouveau la formule de Stirling, on en déduit

$$P(S_{2n} = 0) = 4^{-2n}\binom{2n}{n}^2 = \left(2^{-2n}\binom{2n}{n}\right)^2 \sim \left(\frac{1}{\sqrt{\pi n}}\right)^2 = \frac{1}{\pi n}.$$

Donc $\sum_n P(S_{2n} = 0)$ diverge, donc (S_n) est récurrente.

b) Pour le cas $d = 3$, on procéde en généralisant l'approche utilisée dans le cas $d = 2$. Ici il s'agit de compter le nombre de partitions ordonnées de $\{1, \ldots, 2n\}$ formée des 6 sous-ensembles $(A_1, A'_1, A_2, A'_2, A_3, A'_3)$ définis par (*), tels que $|A_\ell| = |A'_\ell| = i_\ell$, avec $i_1 + i_2 + i_3 = n$. A chacune de ces partitions il y a un chemin possible avec une probabilité 6^{-2n} de se réaliser, donc

$$P(S_{2n} = 0) = 6^{-2n}\sum_{i+j+k=n}\binom{2n}{i, i, j, j, k, k} = 6^{-2n}\binom{2n}{n}\sum_{i+j+k=n}\binom{n}{i, j, k}^2.$$

Or on a

$$\sum_{i+j+k=n}\binom{n}{i, j, k}^2 \leq M_n\sum_{i+j+k=n}\binom{n}{i, j, k} = 3^n M_n, \qquad \text{où} \qquad M_n = \max_{i+j+k=n}\binom{n}{i, j, k}.$$

On va estimer M_n. Supposons d'abord que n soit divisible par 3, de sorte que $n = 3q$ avec $q \in \mathbb{N}^*$. Si $i+j+k = n = 3q$ et $(i,j,k) \neq (q,q,q)$, l'un des indices i, j, k est $< q$ et un autre est $> q$, par exemple $i < q < j$ (notons que i, j et k jouent un role symétrique), donc

$$\binom{n}{i,j,k} = \frac{i+1}{j}\binom{n}{i+1,j-1,k} < \binom{n}{i+1,j-1,k} \leq M_n.$$

Ainsi le maximum recherché est atteint lorsque $(i,j,k) = (q,q,q)$. Donc on a, en utilisant la formule de Stirling

$$M_n = \binom{3q}{q,q,q} = \frac{(3q)!}{(q!)^3} \sim \sqrt{6q\pi}\left(\frac{3q}{e}\right)^{3q}\left[\left(\frac{1}{\sqrt{2q\pi}}\frac{e}{q}\right)^q\right]^3 = \frac{3^{n+3/2}}{2n\pi} = O\left(\frac{3^n}{n}\right).$$

Pour traiter le cas où $n > 3$ n'est pas divisible par 3, on écrit $n = 3q + r$ avec $r \in \{1, 2\}$. Lorsque $i \leq j \leq k$, on a $k \geq q+1$ et l'inégalité

$$\binom{3q+r}{i,j,k} = \left(\prod_{i=1}^{r}\frac{3q+i}{k-i+1}\right)\binom{3q}{i,j,k-r} \leq \left(\prod_{i=1}^{r}\frac{3q+i}{q}\right)M_{3q} \leq 20M_{3q}$$

montre que $M_n = O(3^n/n)$ dans tous les cas. On en déduit

$$P(S_{2n}=0) \leq 6^{-2n}\binom{2n}{n}3^n M_n = O\left(6^{-2n}\binom{2n}{n}\frac{3^{2n}}{n}\right) = O\left(2^{-2n}\binom{2n}{n}\frac{1}{n}\right) = O\left(\frac{1}{n^{3/2}}\right).$$

Donc $\sum P(S_{2n} = 0)$ converge, et d'après la question précédente, (S_n) est transitoire.

3/a) Le nombre total de chemins de longueur n est $(2d)^n$, donc $0 \leq c_n^{(d)}/n! \leq (2d)^n/n!$, donc $\Phi_d(z)$ a un rayon de convergence infini. Lorsque $d = 1$, on a vu plus haut que le nombre de boucles de longueur n est égal à $\binom{2m}{m}$ si $n = 2m$ est pair, égal à 0 si n est impair. Donc

$$\Phi_1(z) = \sum_{n=0}^{+\infty}\binom{2n}{n}\frac{z^{2n}}{(2n)!} = \sum_{n=0}^{+\infty}\frac{z^{2n}}{(n!)^2}.$$

Prouvons maintenant $\Phi_d = \Phi_1^d$. Pour cela il suffit de prouver $\Phi_d = \Phi_1\Phi_{d-1}$ pour tout $d \geq 2$. Notons $\mathcal{B}_n^{(d)}$ l'ensemble des boucles de longueur n dans $\mathbb{Z}^d$. Soit $C = (C_k) \in \mathcal{B}_n^{(d)}$. Soit $A = \{k \in \{1,\ldots,n\} \mid C_k - C_{k-1} \in \{-e_d, e_d\}\}$ et $m = |A|$. Notons $\{1,\ldots,n\} \smallsetminus A = \{k_1,\ldots,k_{n-m}\}$ avec $k_1 < \ldots < k_{n-m}$ et $A = \{\ell_1,\ldots,\ell_m\}$ avec $\ell_1 < \ldots < \ell_m$. Pour tout k notons $C_k = (C'_k, C''_k)$ avec $C'_k \in \mathbb{Z}^{d-1}$ les $d-1$ premières coordonnées de C_k, et $C''_k \in \mathbb{Z}$ la dernière coordonnée de C_k. Les chemins $C' = (C'_{k_i})_{1\leq i\leq n-m}$ et $C'' = (C''_{\ell_j})_{1\leq j\leq m}$ vérifient $C' \in \mathcal{B}_{n-m}^{(d-1)}$ et $C'' \in \mathcal{B}_m^{(1)}$. L'application $C \mapsto (A, C', C'')$ définit ainsi une bijection de $\mathcal{B}_n^{(d)}$ vers $\cup_{A\subset\{1,\ldots,n\}}\{A\} \times \mathcal{B}_{n-|A|}^{(d-1)} \times \mathcal{B}_{|A|}^{(1)}$. Donc

$$c_n^{(d)} = \sum_{m=0}^{n}\sum_{A\subset\{1,\ldots,n\},\,|A|=m} c_{n-m}^{(d-1)}c_m^{(1)} = \sum_{m=0}^{n}\binom{n}{m}c_{n-m}^{(d-1)}c_m^{(1)}.$$

On récrit cette identité sous la forme $\dfrac{c_n^{(d)}}{n!} = \displaystyle\sum_{m=0}^{n}\frac{c_m^{(1)}}{m!}\frac{c_{n-m}^{(d-1)}}{(n-m)!}$. On reconnaît un produit de Cauchy, qui montre que $\Phi_d(z) = \Phi_1(z)\Phi_{d-1}(z)$, et le résultat est prouvé.

b) La convergence normale du développement en série de $e^{t\cos\theta}$ sur $\theta \in [0, \pi]$, entraîne

$$I_0(t) = \frac{1}{\pi}\int_0^\pi\left(\sum_{n=0}^{+\infty}\frac{t^n\cos^n\theta}{n!}\right)d\theta = \sum_{n=0}^{+\infty}\frac{J_n}{n!}t^n, \qquad J_n = \frac{1}{\pi}\int_0^\pi\cos^n\theta\,d\theta. \qquad (**)$$

Le changement de variable $u = \pi - \theta$ donne

$$\int_{\pi/2}^{\pi}\cos^n\theta\,d\theta = (-1)^n\int_0^{\pi/2}\cos^n u\,du \quad \text{donc} \quad J_n = \frac{1+(-1)^n}{\pi}\int_0^{\pi/2}\cos^n\theta\,d\theta.$$

Donc $J_n = 0$ si n est impair. Si n est pair, on reconnait, à un facteur de normalisation près, une intégrale de Wallis (c'est classique, voir le tome Analyse). Supposons n pair et $n \geq 2$. En écrivant $\cos^n \theta = \cos^{n-2}\theta(1-\sin^2\theta)$ puis en intégrant par parties, on trouve

$$J_n = J_{n-2} - \frac{2}{\pi}\int_0^{\pi/2} \cos^{n-2}\theta \sin^2\theta \, d\theta = J_{n-2} + \frac{2}{\pi}\left[\frac{\cos^{n-1}\theta}{n-1}\sin\theta\right]_0^{\pi/2} - \frac{2}{\pi}\int_0^{\pi/2}\frac{\cos^n\theta}{n-1}d\theta.$$

Ainsi, on a $J_n = J_{n-2} - J_n/(n-1)$, donc $J_n = ((n-1)/n)J_{n-2}$. Comme $J_0 = 1$, on en déduit

$$\forall n \in \mathbb{N}, \qquad J_{2n} = \frac{(2n-1)(2n-3)\cdots 1}{(2n)(2n-2)\cdots 2} = \frac{(2n)!}{(2n)^2(2n-2)^2\cdots 2^2} = \frac{(2n)!}{2^{2n}(n!)^2}.$$

On en déduit l'identité $I_0(t) = \Phi_1(t/2)$ grâce à (**). Pour trouver un équivalent de $I_0(t)$ lorsque $t \to +\infty$, on utilise la méthode de Laplace (voir le tome analyse), que nous instancions ici dans notre cas particulier. Soit $\varepsilon > 0$ (suffisamment petit pour que $\varepsilon < 1$), et $\delta \in]0, \pi/2[$ tel que $1 - \theta^2(1+\varepsilon)^2/2 \leq \cos\theta \leq 1 - \theta^2(1-\varepsilon)^2/2$ sur $[0, \delta]$, de sorte que

$$\int_0^\delta e^{t-t\theta^2(1+\varepsilon)^2/2}\, d\theta \leq \int_0^\delta e^{t\cos\theta}\, d\theta \leq \int_0^\delta e^{t-t\theta^2(1-\varepsilon)^2/2}\, d\theta. \qquad (***)$$

Le changement de variable $u = \sqrt{t}\,\theta(1+\varepsilon)$ donne, pour la première intégrale

$$\int_0^\delta e^{t-t\theta^2(1+\varepsilon)^2/2}\, d\theta = \frac{e^t}{\sqrt{t}(1+\varepsilon)}\int_0^{\delta\sqrt{t}(1+\varepsilon)} e^{-u^2/2}\, du \sim \frac{I\, e^t}{\sqrt{t}(1+\varepsilon)}, \qquad I = \int_0^{+\infty} e^{-u^2/2}\, du.$$

De même, la dernière intégrale de (***) est équivalente à $I\, e^t/(\sqrt{t}(1-\varepsilon))$ lorsque $t \to +\infty$. Donc

$$\exists T_0 > 0, \forall t > T_0, \qquad \frac{Ie^t}{\sqrt{t}}\frac{1}{(1+\varepsilon)^2} \leq \int_0^\delta e^{t\cos\theta}\, d\theta \leq \frac{Ie^t}{\sqrt{t}}\frac{1}{(1-\varepsilon)^2}.$$

Comme $|\int_\delta^\pi e^{t\cos\theta}\, d\theta| \leq \pi e^{\alpha t}$ avec $\alpha = \cos\delta < 1$, on en déduit l'existence de $T_1 > T_0$ tel que $|\int_\delta^\pi e^{t\cos\theta}\, d\theta| \leq \varepsilon e^t/\sqrt{t}$ pour $t > T_1$. On a donc

$$\forall t > T_1, \qquad \frac{1}{\pi}\frac{e^t}{\sqrt{t}}\frac{I-\varepsilon}{(1+\varepsilon)^2} \leq I_0(t) \leq \frac{1}{\pi}\frac{e^t}{\sqrt{t}}\frac{I+\varepsilon}{(1-\varepsilon)^2}.$$

Comme ceci est possible pour tout $\varepsilon > 0$, on en déduit $I_0(t) \sim (I/\pi)e^t/\sqrt{t}$.

c) Le comportement de $I_0(t)$ obtenu précédemment entraîne $I_0(tx/d)^d = O(e^{tx})$, donc donc si $|x| < 1$ l'intégrale $\int_0^{+\infty} I_0(tx/d)^d e^{-t}\, dt$ converge bien. Par ailleurs, si $|x| < 1$, on a

$$\int_0^{+\infty} I_0\left(\frac{tx}{d}\right)^d e^{-t}\, dt = \int_0^{+\infty} \Phi_d\left(\frac{tx}{2d}\right) e^{-t}\, dt = \int_0^{+\infty}\left(\sum_{n=0}^{+\infty}\frac{c_n^{(d)}}{(2d)^n n!}t^n x^n\right) e^{-t}\, dt.$$

Comme $|x| < 1$, et que $0 \leq c_n^{(d)} \leq (2d)^n$, on a

$$\forall N \in \mathbb{N}, \forall t \in \mathbb{R}^+, \qquad \left|\sum_{n=0}^N \frac{c_n^{(d)}}{(2d)^n n!}t^n x^n\right| e^{-t} \leq \left|\sum_{n=0}^N \frac{x^n}{n!}t^n\right| e^{-t} \leq e^{|x|t}e^{-t} = e^{(|x|-1)t},$$

on peut donc appliquer le théorème de convergence dominée qui nous autorise à intervertir les signes de sommations, ce qui fournit

$$\int_0^{+\infty} I_0\left(\frac{tx}{d}\right)^d e^{-t}\, dt = \sum_{n=0}^{+\infty}\frac{c_n^{(d)}}{(2d)^n n!}x^n K_n, \qquad K_n = \int_0^{+\infty} t^n e^{-t}\, dt.$$

Une intégration par partie fournit facilement $K_n/n = K_{n-1}$ lorsque $n \in \mathbb{N}^*$, donc $K_n = n!$. Par ailleurs, comme nous sommes dans le cas isotrope, on a $P(S_n = 0) = c_n^{(d)}/(2d)^n$. On en déduit bien $\int_0^{+\infty} I_0(tx/d)^d e^{-t}\, dt = \varphi(x)$.

Supposons maintenant $d \geq 3$. D'après la question précédente, il existe $C > 0$ tel que $I_0(u) \leq Ce^u/u^{1/2}$ pour tout $u > 0$. Donc pour tout $x \in [1/2, 1[$ on a $I_0(tx/d)^d e^{-t} \leq De^{t(x-1)}t^{-d/2} \leq Dt^{-d/2}$ avec $D = C^d(2d)^{d/2}$. Comme $d \geq 3$, $M = \int_0^{+\infty} Dt^{-d/2}\, dt$ existe bien et on a $\varphi(x) \leq M$ sur $[1/2, 1[$. Pour tout $N \in \mathbb{N}^*$, on a donc $\sum_{n=0}^N P(S_n = 0)\, x^n \leq \varphi(x) \leq M$ donc en faisant

$x \to 1$ on en déduit $\sum_{n=0}^{N} P(S_n = 0) \leq M$. Ceci est vrai pour tout N, donc $\sum_n P(S_n = 0)$ converge. Ainsi, lorsque $d \geq 3$, (S_n) est transitoire d'après la question 1/.

Lorsque $d \leq 2$, montrons que $\sum_n P(S_n = 0)$ diverge. On raisonne par l'absurde en supposant que $M = \sum_{n\in\mathbb{N}} P(S_n = 0)$ existe. L'intégrande étant positive, on en déduit, pour tout $T > 0$

$$\forall x \in [0, 1[\qquad \int_0^T I_0\left(\frac{tx}{d}\right)^d e^{-t}\, dt \leq \varphi(x) \leq M.$$

En faisant $x \to 1$, on en déduit $\int_0^T I_0\left(\frac{t}{d}\right)^d e^{-t}\, dt \leq M$. Ainsi $\int_0^{+\infty} I_0\left(\frac{t}{d}\right)^d e^{-t}\, dt$ converge, ce qui est impossible puisque $I_0(t/d)^d e^{-t} \sim \alpha t^{-d/2}$ (avec $\alpha = (Id^{1/2}/\pi)^d$) et $d \leq 2$. Donc $\sum_n P(S_n = 0)$ diverge et (S_n) est récurrente.

Remarque. Ainsi, une personne ivre revient une infinité de fois en son lieu d'origine, mais un oiseau ivre n'y revient au plus qu'un nombre fini de fois.

– On peut démontrer le théorème de Pólya en généralisant l'approche (dite *combinatoire*) du 2/b) au cas $d > 3$, mais la technique est fastidieuse. Une approche plus élégante (dite *analytique*) consiste à estimer $P(S_{2n} = 0)$ à partir de l'expression intégrale (*) de la remarque 18 page 348, et en utilisant des transformations d'intégrales multiples.

– La fonction $I_0(x)$ définie dans 3/b) est un cas particulier des *fonctions de Bessel modifiées de première espèce* I_α, définies par $I_\alpha(t) = \sum_{n\in\mathbb{N}} \frac{1}{n!(n+\alpha)!}\left(\frac{x}{2}\right)^{2n+\alpha}$.

– La formule de 3/c), permet de passer d'une série génératrice *exponentielle* à une série génératrice *ordinaire*. On l'appelle *transformation de Borel*.

Problème 9 (Théorème local limite et central limite). Soit $(X_n)_{n\in\mathbb{N}^*}$ une suite de variables aléatoires à valeurs dans $\mathbb{Z}$, indépendantes, identiquement distribuées, admettant un moment d'ordre 2. On note $S_n = X_1 + \cdots + X_n$, $E(X_1) = \mu$ et $V(X_1) = \sigma^2$ (avec $\sigma > 0$). On suppose que la fonction caractéristique $\varphi_{X_1} : t \mapsto E(e^{itX_1})$ de X_1 vérifie

$$\forall t \in [-\pi, \pi] \setminus \{0\}, \quad |\varphi_{X_1}(t)| < 1. \qquad (*)$$

1/ Montrer que X_1 ne satisfait pas l'hypothèse (*) si et seulement si il existe $a \in \mathbb{Z}$ et $b \in \mathbb{N}$, $b \geq 2$, tels que presque surement, X_1 prend ses valeurs dans $a + b\mathbb{Z}$.

2/ a) Montrer que pour $a \in \mathbb{R}$, l'intégrale $I(a) = \int_{-\infty}^{+\infty} e^{-(t+ia)^2/2}\, dt$ existe et ne dépend pas de a, puis calculer $J(a) = \int_{-\infty}^{+\infty} e^{iat-t^2/2}\, dt$ (on rappelle la valeur classique $I(0) = \sqrt{2\pi}$).
b) Montrer que

$$\forall x \in \mathbb{Z}, \qquad P(S_n = x) = \frac{1}{2\pi}\int_{-\pi}^{\pi} \varphi_{X_1}(t)^n e^{-ixt}\, dt. \qquad (**)$$

c) Montrer qu'il existe une fonction $\delta(t)$ vérifiant $\lim_{t\to 0} \delta(t) = 0$, et telle que

$$\forall t \in \mathbb{R}, \forall n \in \mathbb{N}^*, \qquad \left|\varphi_{X_1}(t)^n - e^{in\mu t} e^{-n\sigma^2 t^2/2}\right| \leq e^{-n\sigma^2 t^2/2}\left(e^{nt^2\delta(t)} - 1\right).$$

d) (*Théorème local limite*). Montrer que lorsque $n \to +\infty$, on a pour tout $x \in \mathbb{Z}$

$$P(S_n = x) = \frac{1}{\sqrt{2\pi\sigma^2 n}} \exp\left(-\frac{(x - n\mu)^2}{2\sigma^2 n}\right) + o\left(\frac{1}{\sqrt{n}}\right),$$

où le $o(1/\sqrt{n})$ ne dépend que de n (indication : remarquer que l'intégrale de 2/b) est dictée par son comportement en $t = 0$, sur un intervalle de la forme $[-A/\sqrt{n}, A/\sqrt{n}]$).

3/ (*Théorème central limite*). Soit $a, b \in \mathbb{R}$, $a < b$. Montrer que

$$\lim_{n\to+\infty} P\left(a \leq \frac{S_n - n\mu}{\sigma\sqrt{n}} \leq b\right) = \frac{1}{\sqrt{2\pi}}\int_a^b e^{-t^2/2}\,dt.$$

Solution. **1/** S'il existe $a \in \mathbb{Z}$ et $b \in \mathbb{N}$, $b \geq 2$, tels que presque surement X_1 prend ses valeurs dans $a + b\mathbb{Z}$, ceci signifie que $P(X = k) = 0$ si $k \notin a + b\mathbb{Z}$. Donc on peut écrire

$$\varphi_{X_1}(2\pi/b) = \sum_{k\in\mathbb{Z}} P(X = a + bk)e^{i(2\pi/b)(a+bk)} = e^{2i\pi a/b}\sum_{k\in\mathbb{Z}} P(X = a + bk) = e^{2i\pi a/b}\varphi_{X_1}(0)$$

donc $|\varphi_{X_1}(2\pi/b)| = |\varphi_{X_1}(0)| = 1$, et comme $b \geq 2$ on a démontré la condition suffisante.

Réciproquement supposons qu'il existe $\beta \in [-\pi, \pi] \setminus \{0\}$ tel que $|\varphi_{X_1}(\beta)| = 1$. On peut supposer $\beta > 0$ car $\varphi_{X_1}(\beta)$ et $\varphi_{X_1}(-\beta)$ sont conjugués. Soit $\alpha \in \mathbb{R}$ tel que $\varphi_{X_1}(\beta) = e^{i\alpha}$. On a

$$1 = e^{-i\alpha}\varphi_{X_1}(\beta) = \sum_{k\in\mathbb{Z}} P(X_1 = k)e^{i(k\beta-\alpha)} = \sum_{k\in\mathbb{Z}} P(X_1 = k)\cos(\beta k - \alpha).$$

Comme $\sum_{k\in\mathbb{Z}} P(X_1 = k) = 1$, on doit forcément avoir $\cos(\beta k - \alpha) = 1$ pour tout k tel que $P(X_1 = k) > 0$. Pour ces valeurs de k on a donc $\beta k - \alpha \in 2\pi\mathbb{Z}$, ou encore $k \in c + d\mathbb{Z}$ avec $c = \alpha/\beta$ et $d = 2\pi/\beta$. Fixons $k_0 \in \mathbb{Z}$ tel que $P(X_1 = k_0) > 0$. Pour $k \in \mathbb{Z}$, $k \neq k_0$ tel que $P(X_1 = k) > 0$ on a $k - k_0 \in d\mathbb{Z}$ donc $d = p/q \in \mathbb{Q}$, avec $p, q \in \mathbb{N}^*$ et $p \wedge q = 1$. Comme $k - k_0 \in d\mathbb{Z}$, il existe $\ell \in \mathbb{Z}$ tel que $k - k_0 = (p/q)\ell$, donc $q(k - k_0) = p\ell$, et comme $p \wedge q = 1$ ceci implique $q \mid \ell$. Finalement on a donc $k - k_0 = p(\ell/q) \in p\mathbb{Z}$. Donc $k \in k_0 + p\mathbb{Z}$. On en déduit le résultat avec $a = k_0$ et $b = p$. On a bien $b \geq 2$ car $p \geq d = 2\pi/\beta \geq 2$.

2/a) Pour tout $a \in \mathbb{R}$, l'intégrale $I(a)$ est bien définie car $|e^{-(t+ia)^2/2}| = e^{a^2/2}e^{-t^2/2}$. La suite de fonctions $I_n : a \mapsto \int_{-n}^{n} e^{-(t+ia)^2/2}\,dt$ converge simplement vers I, et la théorème de dérivation sous le signe intégral nous permet d'assurer la dérivabilité de I_n et la formule

$$I_n'(a) = -i\int_{-n}^{n}(t + ia)e^{-(t+ia)^2/2}\,dt = i\left[e^{-(t+ia)^2/2}\right]_{-n}^{n} = ie^{a^2/2}e^{-n^2/2}\cos(na).$$

Sur tout segment $[-K, K]$ de $\mathbb{R}$ ceci entraîne $|I_n'(a)| \leq 2e^{K^2/2}e^{-n^2/2}$, donc la suite de fonctions $(I_n'(a))$ converge uniformément vers 0 sur ce segment. Donc $I(a)$ est dérivable sur tout segment $[-K, K]$ de $\mathbb{R}$, donc sur $\mathbb{R}$ tout entier, et $I'(a) = 0$. Ainsi $I(a) = I(0)$ ce qui entraîne

$$J(a) = \int_{-\infty}^{+\infty} e^{-t^2/2+iat}\,dt = e^{-a^2/2}\int_{-\infty}^{+\infty} e^{-(t+ia)^2/2}\,dt = e^{-a^2/2}I(a) = \sqrt{2\pi}e^{-a^2/2}.$$

b) Compte tenu de l'indépendance des X_k, la fonction caractéristique de S_n vérifie $\varphi_{S_n}(t) = \varphi_{X_1}(t)\cdots\varphi_{X_n}(t) = (\varphi_{X_1}(t))^n$. On conclut avec la formule de la remarque 18 page 348.

c) Comme X_1 admet un moment d'ordre 2, φ_{X_1} est de classe $\mathcal{C}^2$ et on a, lorsque $t \to 0$

$$\varphi_{X_1}(t) = \varphi_{X_1}(0) + \varphi_{X_1}'(0)t + \frac{\varphi_{X_1}''(0)}{2}t^2 + o(t^2) = 1 + i\mu t - \frac{\sigma^2 + \mu^2}{2}t^2 + o(t^2).$$

On a donc

$$e^{-i\mu t+\sigma^2t^2/2}\varphi_{X_1}(t) = \left(1 - i\mu t + \frac{\sigma^2 - \mu^2}{2}t^2 + o(t^2)\right)\varphi_{X_1}(t) = 1 + o(t^2) = 1 + t^2 f(t),$$

avec $\lim_{t\to+\infty} f(t) = 0$, et on a alors

$$\varphi_{X_1}(t)^n = e^{in\mu t}e^{-n\sigma^2t^2/2}(1 + t^2 f(t))^n,$$

ce qui entraîne, en posant $\delta(t) = |f(t)|$,

$$|\varphi_{X_1}(t)^n - e^{in\mu t}e^{-n\sigma^2t^2/2}| = e^{-n\sigma^2t^2/2}\left|(1 + t^2 f(t))^n - 1\right| \leq e^{-n\sigma^2t^2/2}\left(e^{nt^2\delta(t)} - 1\right).$$

d) Considérons maintenant $\varepsilon > 0$. Soit $\alpha \in]0, \pi[$ tel que pour $t \in [-\alpha, \alpha]$, on ait $\delta(t) < \sigma^2/4$. Soit $A > 0$ (on verra plus tard comment choisir A), et n suffisamment grand pour que $A/\sqrt{n} < \alpha$. Nous allons découper l'intégrale de 2/b) sur les domaines d'intégration

$$D_n = \left[-\frac{A}{\sqrt{n}}, \frac{A}{\sqrt{n}}\right], \qquad E_{n,\alpha} = \left[-\alpha, -\frac{A}{\sqrt{n}}\right] \cup \left[\frac{A}{\sqrt{n}}, \alpha\right], \qquad F_\alpha = [-\pi, -\alpha] \cup [\alpha, \pi].$$

L'inégalité précédente implique

$$\left| \int_{D_n} \varphi_{X_1}(t)^n e^{-ixt}\, dt - \int_{D_n} e^{i(n\mu - x)t} e^{-n\sigma^2 t^2/2}\, dt \right| \leq \int_{D_n} e^{-n\sigma^2 t^2/2} \left(e^{A^2 \delta(t)} - 1 \right) dt.$$

Comme $\lim_{t \to 0} \delta(t) = 0$, il existe $N_0 \in \mathbb{N}$, tel que pour $n \geq N_0$, $\sup_{t \in D_n} e^{A^2\delta(t)} - 1 < \varepsilon$, donc pour $n \geq N_0$, on en déduit, après avoir fait le changement de variable $t = u/(\sigma\sqrt{n})$ dans ces deux dernières intégrales,

$$\left| \int_{D_n} \varphi_{X_1}(t)^n e^{-ixt}\, dt - \frac{1}{\sigma\sqrt{n}} \int_{-A\sigma}^{A\sigma} e^{i(n\mu - x)u/(\sigma\sqrt{n})} e^{-u^2/2}\, du \right| \leq \frac{\varepsilon}{\sigma\sqrt{n}} \int_{-A\sigma}^{A\sigma} e^{-u^2/2}\, du$$

ce qui entraîne

$$\left| \int_{D_n} \varphi_{X_1}(t)^n e^{-ixt}\, dt - \frac{1}{\sigma\sqrt{n}} J\left(\frac{n\mu - x}{\sigma\sqrt{n}}\right) \right| \leq \frac{\varepsilon}{\sigma\sqrt{n}} \int_{-A\sigma}^{A\sigma} e^{-u^2/2}\, du + \frac{1}{\sigma\sqrt{n}} \int_{|u| \geq A\sigma} e^{-u^2/2}\, du.$$

La dernière intégrale est majorée par $2\int_{u \geq A\sigma} (u/(A\sigma)) e^{-u^2/2}\, du = 2e^{-A^2\sigma^2/2}/(A\sigma)$, on en déduit

$$\left| \int_{D_n} \varphi_{X_1}(t)^n e^{-ixt}\, dt - \frac{1}{\sigma\sqrt{n}} J\left(\frac{n\mu - x}{\sigma\sqrt{n}}\right) \right| \leq \frac{\varepsilon\sqrt{2\pi}}{\sigma\sqrt{n}} + 2\frac{e^{-A^2\sigma^2/2}}{A\sigma^2\sqrt{n}}. \tag{I}$$

Sur le domaine $E_{n,\alpha}$, il suffit d'utiliser encore une fois la majoration obtenue à la question précédente, qui entraîne $|\varphi_{X_1}(t)^n| \leq e^{-n\sigma^2 t^2/2} e^{nt^2\sigma^2/4} = e^{-n\sigma^2 t^2/4}$ sur ce domaine, donc

$$\left| \int_{E_{n,\alpha}} \varphi_{X_1}(t)^n e^{-ixt}\, dt \right| \leq \int_{E_{n,\alpha}} e^{-n\sigma^2 t^2/4}\, dt = \frac{1}{\sigma\sqrt{n}} \int_{A\sigma \leq |u| \leq \alpha\sigma\sqrt{n}} e^{-u^2/4}\, du \leq 4\frac{e^{-A^2\sigma^2/4}}{A\sigma^2\sqrt{n}}. \tag{II}$$

Enfin, les hypothèses vérifiées par φ_{X_1} entraînent que $q = \sup_{t \in F_\alpha} |\varphi_{X_1}(t)| < 1$, et on a

$$\left| \int_{F_\alpha} \varphi_{X_1}(t)^n e^{-ixt}\, dt \right| \leq 2\pi q^n. \tag{III}$$

Résumons. Pour tout $\varepsilon > 0$, pour tout $A > 0$, il existe $N_0 \in \mathbb{N}$ et $q \in]0, 1[$ tels que pour $n \geq N_0$, (I), (II) et (III) sont vérifiées. En choisissant A tel que $4e^{-A^2\sigma^2/4}/(A\sigma^2) < \varepsilon$, on en déduit l'existence de $N_0 \in \mathbb{N}$ tel que les termes de droites de (I) et (II) sont respectivement $< \varepsilon(\sqrt{2\pi} + 1)/(\sigma\sqrt{n})$ et $< \varepsilon/(\sigma\sqrt{n})$, et si on choisit $N_1 \geq N_0$ tel que $2\pi q^n \leq \varepsilon/(\sigma\sqrt{n})$ pour $n \geq N_1$. On en déduit, compte tenu de la formule établie en 2/b),

$$\forall n \geq N_1, \forall x \in \mathbb{Z}, \qquad \left| P(S_n = x) - \frac{1}{2\pi} \frac{1}{\sigma\sqrt{n}} J\left(\frac{n\mu - x}{\sigma\sqrt{n}}\right) \right| \leq (\sqrt{2\pi} + 3)\frac{\varepsilon}{\sigma\sqrt{n}}.$$

On en déduit le résultat compte tenu de l'expression de $J(a)$ obtenue en 2/a).

3/ Notons $Z_n = \{x \in \mathbb{Z} \mid a\sigma\sqrt{n} + n\mu \leq x \leq b\sigma\sqrt{n} + n\mu\}$. D'après le résultat de la question précédente, on a

$$P\left(a \leq \frac{S_n - n\mu}{\sigma\sqrt{n}} \leq b\right) = \sum_{x \in Z_n} P(S_n = x) = \frac{1}{\sqrt{2\pi\sigma^2 n}} \sum_{x \in Z_n} g\left(\frac{x - n\mu}{\sigma\sqrt{n}}\right) + \sum_{x \in Z_n} o\left(\frac{1}{\sqrt{n}}\right) \tag{***}$$

avec $g(u) = e^{-u^2/2}$, et où les $o(1/\sqrt{n})$ ne dépendent que de n. Comme $|Z_n| \leq (b - a)\sqrt{n} + 1 = O(\sqrt{n})$, la dernière somme est un $o(1)$. Soit $x_0 = \min Z_n$, et $K = |Z_n|$. On a $|K - (b-a)\sigma\sqrt{n}| < 1$. On note $a_0 = (x_0 - n\mu)/(\sigma\sqrt{n})$, et $h = 1/(\sigma\sqrt{n})$, de sorte que $a \leq a_0 < a + h$, et on a

$$\frac{1}{\sigma\sqrt{n}} \sum_{x \in Z_n} g\left(\frac{x - n\mu}{\sigma\sqrt{n}}\right) = h \sum_{k=0}^{K-1} g(a_0 + kh). \tag{****}$$

Or la dernière somme est, à un terme $(b-a-(K-1)h)g(b_0)$ près (avec $a_0+(K-1)h \leq b_0 \leq b$), une somme de Riemann de g sur l'intervalle $[a,b]$, pour la subdivision $\sigma\ : a < a+h < \ldots < a+(K-1)h < b$ dont le pas est h. Comme h tend vers 0 et $(b-a-(K-1)h)g(b_0)$ aussi, on en déduit, lorsque $n \to +\infty$, que la somme de (****) converge vers $\int_a^b g(u)\,du$ lorsque $n \to +\infty$. L'estimation (***) permet donc d'écrire

$$P\left(a \leq \frac{S_n - n\mu}{\sigma\sqrt{n}} \leq b\right) = \frac{1}{\sqrt{2\pi}}\frac{1}{\sigma\sqrt{n}}\sum_{x\in Z_n} g\left(\frac{x-n\mu}{\sigma\sqrt{n}}\right) + o(1) = \frac{1}{\sqrt{2\pi}}\int_a^b e^{-u^2/2}\,du + o(1).$$

Remarque. La condition (*) permet d'éviter les cas comme celui où les X_k suivent une loi de Rademacher, pour lequel S_{2n} prend ses valeurs dans $2\mathbb{Z}$ et la forme 2/d) du théorème local limite serait fausse. Néanmoins on peut facilement démontrer, compte tenu du résultat 1/, que le théorème central limite reste vrai sans la condition (*).

– Le théorème central limite reste vrai pour toute suite de variables aléatoires discrètes, sous les conditions décrites au début du problème, sans la condition (*). Mais il ne permet pas de conclure lorsque a et b dans 3/, varient en fonction de n. Pour ces cas, on peut utiliser des versions du théorème local limite qui précisent le comportement de $P(S_n = x)$ lorsque $(x-n\mu)/\sqrt{n}$ est grand (on parle de *grandes déviations*). Par exemple, si X_1 admet un moment d'ordre 3, on peut remplacer le $o\left(\frac{1}{\sqrt{n}}\right)$ dans 2/d) par $O\left(\frac{1}{n(1+|x|)^3}\right)$.

– Nous avons prouvé, sous certaines conditions, la convergence en loi de $(S_n - n\mu)/(\sigma\sqrt{n})$ vers la *loi normale centrée réduite* (parfois appelée *loi gaussienne*), définie par $x \mapsto (1/\sqrt{2\pi})\int_{-\infty}^x e^{-t^2/2}\,dt$. Le domaine d'application de ce résultat est assez large et explique pourquoi on rencontre souvent la gaussienne dans les modélisations statistiques.

PROBLÈME 10 (LOI FORTE DES GRANDS NOMBRES). **1/a)** Soit $n \in \mathbb{N}^*$ et $X_1, \ldots, X_n$ des variables aléatoires discrètes réelles, centrées, indépendantes, et admettant une variance. Pour $1 \leq k \leq n$, on note $S_k = X_1 + \cdots + X_k$. Montrer l'*inégalité de Kolmogorov* :

$$\forall x > 0, \qquad P\left(\max_{1\leq k\leq n} |S_k| > x\right) \leq \frac{V(S_n)}{x^2}.$$

(indication : considérer les événements $A_k = \{(S_j \leq x)_{j<k}, S_k > x\}$ du plus petit indice k tel que $S_k > x$, et minorer $E(S_n^2 \mathbf{1}_{A_k})$, où $\mathbf{1}_{A_k}$ désigne la fonction indicatrice de A_k).
b) Soit $(X_n)_{n\in\mathbb{N}^*}$ une suite de variables aléatoires discrètes réelles, centrées, indépendantes, admettant une variance, et telles que $\sum_{n\in\mathbb{N}^*} V(X_n)$ converge. Montrer que $\sum_{n\in\mathbb{N}^*} X_n$ converge presque surement.

2/ (*Loi forte des grands nombres, cas $\mathcal{L}^2$*).
a) Soit $(a_n)_{n\in\mathbb{N}^*}$ une suite croissante de $\mathbb{R}^{+*}$ tendant vers $+\infty$ et $(x_n)_{n\in\mathbb{N}^*}$ une suite réelle. Si $\sum_{n\in\mathbb{N}^*} x_n/a_n$ converge, montrer le *lemme de Kronecker* :

$$\lim_{n\to+\infty} \frac{1}{a_n}\sum_{k=1}^n x_k = 0.$$

b) Soit $(X_n)_{n\in\mathbb{N}^*}$ une suite de variables aléatoires discrètes réelles, centrées, indépendantes, admettant une variance, et $(a_n)_{n\in\mathbb{N}^*}$ une suite croissante de $\mathbb{R}^{+*}$ tendant vers $+\infty$. Si $\sum_{n\in\mathbb{N}^*} V(X_n)/a_n^2$ converge, montrer que presque surement, $\lim_{n\to+\infty} \frac{1}{a_n}(X_1+\cdots+X_n) = 0$.

3/ (*Loi forte des grands nombres*). Soit $(X_n)_{n\in\mathbb{N}^*}$ une suite de variables aléatoires discrètes réelles, indépendantes, admettant une espérance, centrées et identiquement distribuées.
a) On considère les variables aléatoires *tronquées* $Y_n = X_n \mathbf{1}_{|X_n|\leq n}$ et $Z_n = Y_n - E(Y_n)$.

Montrer que presque surement, $(Z_1 + \cdots + Z_n)/n$ converge vers 0.
b) Montrer que presque surement, $(Y_1 + \cdots + Y_n)/n$ converge vers 0.
c) Montrer que presque surement $(X_n - Y_n)$ converge vers 0, puis que presque surement, $\lim_{n\to+\infty} \frac{1}{n}(X_1 + \cdots + X_n) = 0$,

---

Solution. **1/a)** Remarquons que l'inégalité de Markov appliquée à S_n^2 fournit $P(|S_n| > x) \leq V(S_n)/x^2$, mais ceci est moins fort que l'inégalité demandée. On suit l'indication, en considérant les événements

$$A = \left\{ \max_{1\leq k\leq n} |S_k| > x \right\} \qquad \text{et} \qquad \forall k \in \{1, \ldots, n\} \quad A_k = \{S_1 \leq x, \ldots, S_{k-1} \leq x, S_k > x\}.$$

Les événements $A_1, \ldots, A_n$ forment une partition de A. Pour tout k, l'événement A_k est déterminé par $X_1, \ldots, X_k$, indépendants de $X_{k+1}, \ldots, X_n$, donc la fonction indicatrice $\mathbf{1}_{A_k}$ (définie par $\mathbf{1}_{A_k}(\omega) = 1$ si $\omega \in A_k$, $= 0$ sinon) est indépendante de $X_{k+1}, \ldots, X_n$, donc $S_n - S_k$ est indépendante de $S_k \mathbf{1}_{A_k}$. On en déduit

$$E(S_n^2 \mathbf{1}_{A_k}) = E((S_n - S_k)^2 \mathbf{1}_{A_k}) + 2E((S_n - S_k)S_k \mathbf{1}_{A_k}) + E(S_k^2 \mathbf{1}_{A_k}) \geq x^2 P(A_k)$$

(nous avons utilisé l'indépendance de $S_n - S_k$ et $S_k \mathbf{1}_{A_k}$, qui entraîne $E((S_n - S_k)S_k \mathbf{1}_{A_k}) = E(S_n - S_k)E(S_k \mathbf{1}_{A_k}) = 0$). Comme les $(A_k)_{1\leq k\leq n}$ forment une partition de A, on en déduit le résultat car

$$V(S_n) = E(S_n^2) \geq E(S_n^2 \sum_{k=1}^{n} \mathbf{1}_{A_k}) = \sum_{k=1}^{n} E(S_n^2 \mathbf{1}_{A_k}) \geq x^2 \sum_{k=1}^{n} P(A_k) = x^2 P(A).$$

b) L'idée est d'utiliser le critère de Cauchy, à partir de l'inégalité précédente. Soit $\varepsilon > 0$ et $M \in \mathbb{N}^*$. Pour tout $m > M$, l'inégalité précédente appliquée à $X_{M+1}, \ldots, X_m$ permet d'écrire

$$P\left(\max_{M<k\leq m} |X_{M+1} + \cdots + X_k| > \varepsilon \right) < \frac{\sum_{k=M+1}^{m} V(X_k)}{\varepsilon^2}.$$

En notant $S_n = X_1 + \cdots + X_n$, on en déduit

$$\forall m > M, \qquad P\left(\max_{M<k\leq m} |S_k - S_M| > \varepsilon \right) < \frac{\sum_{k=N+1}^{+\infty} V(X_k)}{\varepsilon^2}.$$

La suite des ensembles $(\{\max_{M<k\leq m} |S_k - S_M| > \varepsilon\})_m$ est croissante avec m, on en déduit

$$P(B_M) \leq \frac{\sum_{k=N+1}^{+\infty} V(X_k)}{\varepsilon^2}, \qquad \text{où} \qquad B_M = \left\{ \max_{k>M} |S_k - S_M| > \varepsilon \right\}.$$

Notons $C_M = \{\max_{k,\ell\geq M} |S_k - S_\ell| > 2\varepsilon\}$. L'inégalité $|S_k - S_\ell|(\omega) \leq |S_k - S_M|(\omega) + |S_\ell - S_M|(\omega)$ entraîne $B_M^C \subset C_M^C$, donc par passage au complémentaire $C_M \subset B_M$, donc $P(C_M) \leq \sum_{k=N+1}^{+\infty} V(X_k)/\varepsilon^2$. Donc $\lim_{M\to+\infty} P(C_M) = 0$. Comme (C_M) est décroissante, on en déduit $P(\cap_{M\in\mathbb{N}^*} C_M) = 0$. Ainsi, le complémentaire $D(\varepsilon)$ de $\cap_{M\in\mathbb{N}^*} C_M$ est presque sûr. Remarquons que

$$D(\varepsilon) = \{\omega \mid \exists M \in \mathbb{N}^*, \forall k, \ell \geq M, \ |S_k - S_\ell|(\omega) \leq 2\varepsilon\}.$$

L'ensemble $D = \cap_{n\in\mathbb{N}^*} D(1/n)$, intersection dénombrable d'ensembles presque sûrs, est presque sûr, et pour tout $\omega \in D$, la suite réelle $(S_n(\omega))_{n\in\mathbb{N}^*}$ est de Cauchy, donc converge.

2/a) On note $b_n = a_n - a_{n-1}$ (pour $n \geq 2$), $b_1 = a_1$, et $s_n = \sum_{k=1}^{n} x_k/a_k$ (pour $n \in \mathbb{N}^*$), $s_0 = 0$. Une transformation d'Abel fournit

$$\sum_{k=1}^{n} x_k = \sum_{k=1}^{n} a_k \frac{x_k}{a_k} = \sum_{k=1}^{n} a_k(s_k - s_{k-1}) = a_n s_n - \sum_{k=1}^{n} b_k s_{k-1} = \sum_{k=1}^{n} b_k(s_n - s_{k-1}).$$

Soit $\varepsilon > 0$. Comme la suite (s_n) converge, elle est de Cauchy, donc : $\exists N \in \mathbb{N}^*, \forall k, n \geq N$ $(k < n)$, $|s_n - s_{k-1}| < \varepsilon$. On en déduit que pour tout $n > N$

$$\left|\sum_{k=1}^{n} x_k\right| \leq \left|\sum_{k=1}^{N} b_k(s_n - s_{k-1})\right| + \sum_{k=N+1}^{n} b_k\varepsilon \leq \sum_{k=1}^{N} b_k|s_n| + \left|\sum_{k=1}^{N} b_k s_{k-1}\right| + a_n\varepsilon = A|s_n| + B + a_n\varepsilon$$

avec $A = a_N$ et $B = |\sum_{k=1}^{N} b_k s_{k-1}|$. Comme (s_n) converge et que a_n tend vers $+\infty$, il existe $N_1 \geq N$ tel que pour tout $n \geq N_1$, $A|s_n| + B \leq a_n\varepsilon$. On en déduit que pour tout $n \geq N_1$, $|\sum_{k=1}^{n} x_k| \leq 2a_n\varepsilon$, d'où le résultat.

b) Il suffit d'appliquer le résultat de 1/b) à la suite de variables aléatoires (X_n/a_n), qui entraîne presque surement la convergence de $\sum X_n/a_n$, et d'après le lemme de Kronecker, ceci entraîne presque surement $\lim_{n\to+\infty}(X_1 + \cdots + X_n)/a_n = 0$.

3/a) Quitte à considérer les variables aléatoires $X_n - E(X_1)$, on peut supposer $m = 0$. Les variables aléatoires Y_n et Z_n sont bornées, donc admettent un moment d'ordre 2. On a $V(Z_n) = V(Y_n) \leq E(Y_n^2)$ donc pour tout $N \in \mathbb{N}^*$

$$\sum_{n=1}^{N} \frac{V(Z_n)}{n^2} \leq \sum_{n=1}^{N} \frac{E(Y_n^2)}{n^2} = \sum_{n=1}^{N} \frac{1}{n^2} \sum_{\substack{x\in X_1(\Omega)\\ |x|\leq n}} x^2 P(X_1 = x) = \sum_{x\in X_1(\Omega)} x^2 P(X_1 = x) \sum_{\substack{1\leq n\leq N\\ n\geq |x|}} \frac{1}{n^2}$$

$$\leq \sum_{x\in X_1(\Omega), x\neq 0} x^2 P(X_1 = x)\left(\frac{1}{x^2} + \frac{1}{|x|}\right) \leq 1 + \sum_{x\in X_1(\Omega)} |x| P(X_1 = x),$$

où nous avons utilisé la majoration, pour $x \neq 0$,

$$\sum_{1\leq n\leq N, n\geq |x|} \frac{1}{n^2} \leq \frac{1}{x^2} + \sum_{n\geq |x|+1} \frac{1}{n^2} \leq \frac{1}{x^2} + \int_{|x|}^{+\infty} \frac{dt}{t^2} = \frac{1}{x^2} + \frac{1}{|x|}.$$

Comme X_1 admet une espérance, on en déduit que la série $\sum V(Z_n)/n^2$ converge. D'après le résultat de la question précédente (appliqué avec $a_n = n$), on en déduit que presque surement, $(Z_1 + \cdots + Z_n)/n$ converge vers 0.

b) On a

$$\lim_{n\to+\infty} E(Y_n) = \lim_{n\to\infty} \sum_{x\in X(\Omega), |x|\leq n} xP(X_1 = x) = E(X_1) = 0.$$

Il est classique que ceci implique la convergence de $(E(Y_1) + \cdots + E(Y_n))/n$ vers 0. En effet c'est la conséquence du résultat suivant, appliqué à $u_n = E(Y_n)$ (voir aussi le tome Analyse sur la moyenne de Césaro)

Soit $(u_n)_{n\in\mathbb{N}^*}$ une suite réelle convergeant vers 0. Alors $(u_1 + \cdots + u_n)/n$ converge vers 0. $(*)$

La preuve de (*) est facile : pour tout $\varepsilon > 0$, soit $N \in \mathbb{N}$ tel que $|u_n| < \varepsilon$ pour $n \geq N$. Alors pour $n > N$ on a $|u_1 + \cdots + u_n| < A + \sum_{k=N+1}^{n} |u_k| < A + (n - N)\varepsilon$ avec $A = |u_1 + \cdots + u_n|$, donc $|u_1 + \cdots + u_n| < 2n\varepsilon$ pour n assez grand.

On en déduit que $(Y_1 + \cdots + Y_n)/n = (Z_1 + \cdots + Z_n)/n + (E(Y_1) + \cdots + E(Y_n))/n$ converge presque surement vers 0.

c) On remarque pour tout $N \in \mathbb{N}^*$,

$$\sum_{n=1}^{N} P(X_n \neq Y_n) = \sum_{n=1}^{N} P(|X_n| > n) = \sum_{n=1}^{N} P(|X_1| > n) = \sum_{n=1}^{N} \sum_{x\in X_1(\Omega), |x|>n} P(X_1 = x)$$

$$= \sum_{x\in X_1(\Omega)} \sum_{1\leq n\leq N, n<|x|} P(X_1 = x) \leq \sum_{x\in X_1(\Omega)} |x| P(X_1 = x)$$

et comme X_1 admet une espérance, on en déduit que $\sum_n P(X_n \neq Y_n)$ converge, donc d'après le lemme de Borel-Cantelli, $P(\limsup_n \{X_n \neq Y_n\}) = 0$. Donc presque surement, on a $X_n = Y_n$ sauf pour un nombre fini de valeurs de n, donc presque surement, $\lim_{n\to+\infty} X_n - Y_n = 0$.

On en déduit, en appliquant une fois encore le résultat (*), que la moyenne de Césaro $M_n = ((X_1 - Y_1) + \cdots + (X_n - Y_n))/n$ converge presque surement vers 0, donc $(X_1 + \cdots + X_n)/n = (Y_1 + \cdots + Y_n)/n + M_n$ converge presque surement vers 0.

Remarque. - Sous les hypothèses de la question 3/, mais sans supposer les X_n centrées, on obtient que $(X_1 + \cdots + X_n)/n$ converge presque surement vers $E(X_1)$ (il suffit d'appliquer

3/c) à $X_n^* = X_n - E(X_1)$), ce qui est la formulation générale de la loi forte des grands nombres.

– Soit $\alpha > 1/2$. Sous les hypothèses de la question 3/ et si X_1 est centré et admet une variance, le résultat 2/b) affirme que presque surement, on a

$$\lim_{n\to+\infty} \frac{X_1 + \cdots + X_n}{\sqrt{n}(\log n)^\alpha} = 0.$$

Ainsi, presque surement, $X_1 + \cdots + X_n = o(\sqrt{n}(\log n)^\alpha)$. Ce résultat est moins fort que celui obtenu à l'exercice 7 page 352 dans le cas particulier de la loi de Rademacher, ou il est montré que presque surement, $|X_1 + \cdots + X_n| \leq \sqrt{2n \log n}(1 + o(1))$. Un résultat optimal de ce type, appelé *loi du logarithme itéré* a été obtenu par Kolmogorov en 1929, qui a montré que si les (X_n) sont identiquement distribuées, centrées, admettant un moment d'ordre 2, alors presque surement, $|X_1 + \cdots + X_n| \leq (\sigma\sqrt{2} + o(1))\sqrt{n \log\log n}$, où σ est l'écart type de X_1, et que la constante $\sigma\sqrt{2}$ est optimale (ce résultat a été raffiné en 1941 par Hattman et Wintner qui ont montré que presque surement, l'ensemble des valeurs d'adhérence de $(X_1 + \cdots + X_n)/\sqrt{n \log\log n}$ est égal à tout l'intervalle $[-\sigma\sqrt{2}, \sigma\sqrt{2}]$).

Annexe A

Résolution des équations du troisième et du quatrième degré

Cette annexe propose la résolution des équations du troisième et du quatrième degré. Deux techniques sont exposées, d'abord celles dues à Cardan (troisième degré) et Ferrari (quatrième degré), découvertes historiquement en premier, puis la méthode de Lagrange qui en un certain sens, est plus générale que les précédentes et offre un point de vue intéressant.

1. Introduction

On se donne un polynôme $F = a_0 X^n + a_1 X^{n-1} + \cdots + a_n \in \mathbb{K}[X]$ (où $\mathbb{K}$ est un corps commutatif quelconque), tel que $a_0 \neq 0$ et $n \geq 1$. On se propose de résoudre l'équation $F(x) = 0$. Quitte à diviser le polynôme F par a_0, on peut supposer $a_0 = 1$. Enfin, en effectuant le changement de variable $x = z - a_1/n$, on se ramène au cas où le coefficient de X^{n-1} est nul. Finalement, on est amené à résoudre une équation de la forme

$$z^n + a_2 z^{n-2} + \cdots + a_{n-1} z + a_n = 0.$$

Dans la suite, le corps de base $\mathbb{K}$ est le corps des nombres complexes $\mathbb{C}$.

2. Techniques historiques

2.1. Méthode de Cardan pour la résolution de l'équation du troisième degré

On veut résoudre l'équation $z^3 + pz + q = 0$. Si on pose $z = u + v$, l'équation sera vérifiée si

$$u^3 + v^3 + 3u^2 v + 3uv^2 + pu + pv + q = 0 = u^3 + v^3 + (u+v)(3uv + p) + q = 0.$$

Ceci sera vérifié si on a

$$\begin{cases} u^3 + v^3 = -q \\ uv = -p/3 \end{cases}$$

c'est-à-dire si $u^3 + v^3 = -q$ et $u^3 v^3 = -p^3/27$, les déterminations des racines cubiques de u et v étant choisies telles que $uv = -p/3$. En d'autres termes, il suffit que u^3 et v^3 soient racines de

$$z^2 + qz - \frac{p^3}{27} = 0 \quad \text{avec} \quad uv = -p/3. \tag{$*$}$$

Si on note z_1, z_2 les racines de cette équation du second degré, si u et v sont des racines cubiques de z_1 et z_2 telles que $uv = -p/3$, les racines recherchées sont alors

$$u + v, \quad uj + vj^2, \quad uj^2 + vj \quad \text{où} \quad j = e^{2i\pi/3}.$$

Lorsque $(p, q) \in \mathbb{R}^2$, le nombre de racines réelles de l'équation $z^3 + pz + q = 0$ peut être discuté. Celui-ci dépend du signe du discriminant de l'équation du second degré $(*)$, qui est du signe de $4p^3 + 27q^2$. On montre facilement que

(i) Si $4p^3 + 27q^2 > 0$, il y a une racine réelle et deux racines complexes conjuguées.

(ii) Si $4p^3 + 27q^2 = 0$, il y a une racine triple 0 si $q = 0$, une racine réelle double et une réelle simple si $q \neq 0$.

(iii) Si $4p^3 + 27q^2 < 0$, il y a trois racines réelles.

Ce dernier résultat est à rapprocher de celui de l'exercice 2 de la page 85.

2.2. Méthode de Ferrari pour la résolution de l'équation du quatrième degré

On se donne $F = z^4 + az^2 + bz + c$ et on veut résoudre $F(z) = 0$. Pour cela, on recherche λ, p et q tels que $F(z) = (z^2 + \lambda)^2 - (pz + q)^2$. Ceci sera réalisé si et seulement si le polynôme

$$(z^2 + \lambda)^2 - F(z) = (2\lambda - a)\, z^2 - bz + (\lambda^2 - c) \qquad (**)$$

est un carré parfait, autrement dit si et seulement si le discriminant de $(**)$ est nul, ce qui s'écrit

$$\Delta = b^2 - 4(\lambda^2 - c)(2\lambda - a) = -8\lambda^3 + 4a\lambda^2 + 8\lambda c + b^2 - 4ac = 0.$$

Cette dernière équation peut être résolue grâce à la méthode de Cardan. Si λ désigne l'une quelconque de ses solutions, il est maintenant facile de trouver p et q puis de résoudre $(z^2 + \lambda)^2 - (pz + q)^2 = 0$.

3. Méthode de Lagrange

On doit à Lagrange une ingénieuse idée de résolution des équations. Pour résoudre $F(z) = 0$ où F est de degré d, l'idée de Lagrange est la suivante. Notons $\alpha_1, \ldots, \alpha_d$ les racines de F. Si on trouve un polynôme P en les α_i qui ne prend que $d - 1$ valeurs par toute permutation sur les α_i, on saura (grâce aux formules donnant les coefficients d'un polynôme en fonction de ses racines, et compte tenu du fait que tout polynôme symétrique peut s'exprimer au moyen seulement des polynômes symétriques élémentaires) trouver un polynôme de degré $d - 1$ qui annule les $d - 1$ valeurs prises par P sur les α_i. On est ainsi ramené à un polynôme de degré inférieur.

Ce principe encore un peu vague va prendre tout son sens dans les parties qui suivent.

3.1. L'équation du troisième degré

Notons α, β, γ les racines de $F = z^3 + pz + q$. Le polynôme $(X + jY + j^2 Z)^3$ ne prend que deux valeurs par toutes les permutations effectuées sur α, β, γ, qui sont

$$A = (\alpha + j\beta + j^2\gamma)^3 \quad \text{et} \quad B = (\alpha + j\gamma + j^2\beta)^3.$$

Compte tenu du théorème 1 de la page 64, on a

$$\sigma_1 = \alpha + \beta + \gamma = 0, \quad \sigma_2 = \alpha\beta + \beta\gamma + \gamma\alpha = p, \quad \sigma_3 = \alpha\beta\gamma = -q.$$

Un calcul donne

$$\begin{aligned} A + B &= 2(\alpha^3 + \beta^3 + \gamma^3) - 3(\alpha^2\beta + \beta^2\gamma + \gamma^2\alpha + \alpha^2\gamma + \beta^2\alpha + \gamma^2\beta) + 12\alpha\beta\gamma \\ &= 2(\sigma_1 - 3\sigma_1\sigma_2 + 3\sigma_3) - 3(\sigma_1\sigma_2 - 3\sigma_3) + 12\sigma_3 = -27q \end{aligned}$$

et

$$AB = (\alpha^2 + \beta^2 + \gamma^2 - \alpha\beta - \beta\gamma - \gamma\alpha)^3 = (\sigma_1^2 - 2\sigma_2 - \sigma_2)^3 = -27p^3.$$

Ainsi, A et B sont trouvées simplement comme solutions de

$$z^2 + 27q\, z - 27p^3 = 0. \qquad (***)$$

Si on note u (resp. v) une racine cubique de A (resp. de B), les déterminations étant choisies telles que $uv = (\alpha + j\beta + j^2\gamma)(\alpha + j\gamma + j^2\beta) = -3p$, on s'est ramené à résoudre le système

$$\begin{cases} \alpha + \beta + \gamma = 0 \\ \alpha + j\beta + j^2\gamma = u \\ \alpha + j\gamma + j^2\beta = v \end{cases} \quad \text{dont les solutions sont} \quad \begin{cases} \alpha = \frac{1}{3}\,(u + v) \\ \beta = \frac{1}{3}\,(uj^2 + vj) \\ \gamma = \frac{1}{3}\,(uj + vj^2) \end{cases}.$$

Noter que le test du nombre de racines réelles s'effectue simplement grâce au discriminant de l'équation (∗∗∗) qui est $27(4p^3 + 27q^2)$.

3.2. L'équation du quatrième degré

On note $\alpha, \beta, \gamma, \delta$ les racines de $F = z^4 + az^2 + bz + c$. Le polynôme $XY + ZT$ ne prend que trois valeurs par toutes les permutations effectuées sur $\alpha, \beta, \gamma, \delta$, qui sont

$$A = \alpha\beta + \gamma\delta, \quad B = \alpha\gamma + \beta\delta, \quad C = \alpha\delta + \beta\gamma.$$

Ici, les fonctions symétriques des racines de F valent respectivement $\sigma_1 = 0$, $\sigma_2 = a$, $\sigma_3 = -b$ et $\sigma_4 = c$. Les calculs qui suivent sont légèrement plus simples que ceux de la partie précédente.

$$A + B + C = \sigma_2 = a,$$

$$AB + BC + CA = \sigma_1\sigma_3 - 4\sigma_4 = -4c$$

et

$$ABC = (\sigma_1^2 - 2\sigma_2)\sigma_4 + \sigma_3^2 - 2\sigma_2\sigma_4 = b^2 - 4ac.$$

Ainsi A, B et C sont obtenus comme solutions de l'équation

$$z^3 - az^2 - 4cz - b^2 + 4ac = 0,$$

que l'on sait désormais résoudre. Si on note u, v, w ses racines, on est ramené à résoudre le système

$$\left\{\begin{array}{lcl} \alpha+\beta+\gamma+\delta & = & 0 \\ \alpha\beta+\gamma\delta & = & u \\ \alpha\gamma+\beta\delta & = & v \\ \alpha\delta+\beta\gamma & = & w \end{array}\right. \quad \text{qui équivaut à} \quad \left\{\begin{array}{lcl} \alpha+\beta+\gamma+\delta & = & 0 \\ (\alpha+\beta)(\gamma+\delta) & = & v+w \\ (\alpha+\delta)(\beta+\gamma) & = & u+v \\ (\alpha+\gamma)(\beta+\delta) & = & u+w \end{array}\right. .$$

à l'aide de deux premières équations de ce dernier système, on trouve

$$\alpha + \beta = \rho_1 \quad \text{et} \quad \gamma + \delta = -\rho_1, \quad \text{où} \quad \rho_1 = \sqrt{-v-w},$$

de même avec la première et la troisième équation

$$\alpha + \delta = \rho_2 \quad \text{et} \quad \beta + \gamma = -\rho_2, \quad \text{où} \quad \rho_2 = \sqrt{-u-v}$$

et avec la première et la dernière équation,

$$\alpha + \gamma = \rho_3 \quad \text{et} \quad \beta + \delta = -\rho_3, \quad \text{où} \quad \rho_3 = \sqrt{-u-w}.$$

Pour qu'il y ait équivalence entre ces trois dernières assertions et le système précédent, il faut et il suffit que les déterminations des racines carrées ρ_1, ρ_2, ρ_3 soient choisies de sorte que $\rho_1\rho_2\rho_3 = -b$, compte tenu du fait que

$$(\alpha+\beta)(\alpha+\gamma)(\alpha+\delta) = \alpha^2(\alpha+\beta+\gamma+\delta) + \sigma_3 = -b.$$

Maintenant, on en déduit facilement que les solutions sont

$$\alpha = \frac{1}{2}(\rho_1+\rho_2+\rho_3), \quad \beta = \frac{1}{2}(\rho_1-\rho_2-\rho_3), \quad \gamma = \frac{1}{2}(-\rho_1-\rho_2+\rho_3), \quad \delta = \frac{1}{2}(-\rho_1+\rho_2-\rho_3).$$

3.3. L'équation du cinquième degré ?

L'approche de Lagrange est une technique très efficace pour abaisser le degré d'une équation. Il est naturel de chercher à l'appliquer sur l'équation générale de degré cinq. La difficulté est ici de trouver un polynôme de cinq variables qui ne prend que quatre valeurs par toute permutation de ses variables.

En fait, un tel polynôme n'existe pas. Nous allons prouver ce résultat. Pour tout polynôme $P \in \mathbb{C}[X_1, X_2, X_3, X_4, X_5]$, pour toute permutation $\sigma \in \mathcal{S}_5$, on note

$$P_\sigma = P(X_{\sigma(1)}, X_{\sigma(2)}, X_{\sigma(3)}, X_{\sigma(4)}, X_{\sigma(5)})$$

Supposons que $P \in \mathbb{C}[X_1, X_2, X_3, X_4, X_5]$ soit tel que l'ensemble $\Gamma = \{P_\sigma \mid \sigma \in \mathcal{S}_5\}$ vérifie $\mathrm{Card}(\Gamma) = 4$. Le groupe des permutations $\mathcal{S}_5$ opère sur Γ par le biais de la fonction

$$\mathcal{S}_5 \times \Gamma \to \Gamma \quad (\sigma, Q) \mapsto Q_\sigma.$$

D'après le théorème 7 de la page 24, le stabilisateur $H = \{\sigma \in \mathcal{S}_5 \mid P_\sigma = P\}$ de P est un sous groupe de $\mathcal{S}_5$ d'indice 4 dans $\mathcal{S}_5$ (puisque par construction, l'orbite de P est Γ tout entier, de cardinal 4). D'après l'exercice 8 de la page 27 ceci est impossible, d'où le résultat.

Cette démonstration ne prouve pas qu'il est impossible de “résoudre” par des formules générales l'équation de degré cinq, mais elle montre simplement que la méthode de Lagrange ne s'applique pas. C'est Abel qui le premier montra que des formules générales pour les solutions de l'équation de degré cinq n'existent pas. Galois compléta quelques années plus tard ce résultat en donnant une condition nécessaire et suffisante sur un polynôme pour qu'il soit *résoluble par radicaux* (en termes intuitifs, on dit qu'une équation est résoluble par radicaux si ses solutions peuvent s'exprimer au moyen de “radicaux emboités les uns dans les autres”).

Annexe B

Invariants de similitude d'un endomorphisme et réduction de Frobenius

Cette annexe présente la théorie des invariants de similitude des endomorphismes en dimension finie. Cette notion est assez éloignée de l'esprit du programme de mathématiques spéciales, et c'est plus à titre de curiosité qu'elle est présentée. Comme nous allons le voir, elle propose un cadre agréable de réduction des endomorphismes qui permet une caractérisation simple de la classe des matrices semblables à une matrice donnée. En première lecture, les démonstrations des résultats énoncés peuvent être sautées.

Dans toute l'annexe, E désigne un espace vectoriel sur un corps commutatif $\mathbb{K}$ de dimension finie n.

1. Introduction

On se donne un endomorphisme $f \in \mathcal{L}(E)$. Nous commençons par donner quelques rappels des résultats de l'exercice 3 de la page 188.

Notation. On note Π_f le polynôme minimal de f, et $\mathcal{L}_f$ l'ensemble $\{P(f) \mid P \in \mathbb{K}[X]\}$.

Si $x \in E$, on note P_x le polynôme unitaire engendrant l'idéal $\{P \in \mathbb{K}[X] \mid P(f)(x) = 0\}$ et E_x l'ensemble $\{P(f)(x) \mid P \in \mathbb{K}[X]\}$.

Proposition 1. *Si $k = \deg(\Pi_f)$, l'ensemble $\mathcal{L}_f$ est un s.e.v de $\mathcal{L}(E)$ de dimension k, dont une base est $(\mathrm{Id}_E, f, \dots, f^{k-1})$.*

Si $\ell = \deg(P_x)$, l'ensemble E_x est un s.e.v de E de dimension ℓ, dont une base est $(x, \dots, f^{\ell-1}(x))$.

Démonstration. L'application $\mathbb{K}[X] \to \mathcal{L}(E)$ $P \mapsto P(f)$ est linéaire. Son image est $\mathcal{L}_f$, c'est donc un s.e.v, et son noyau est $\{P \in \mathbb{K}[X] \mid P(f) = 0\} = (\Pi_f)$. Ainsi, $\mathcal{L}_f$ est isomorphe à $\mathbb{K}[X]/(\Pi_f)$. Ce dernier étant de dimension k dont une base est $(1, \overline{X}, \dots, \overline{X}^{k-1})$ (voir le théorème 4 de la page 65) on en déduit par isomorphisme la première partie de la proposition.

La seconde partie se traite de manière analogue en considérant l'application $\mathbb{K}[X] \to E$ $P \mapsto P(f)(x)$. □

La propriété qui suit est cruciale dans la suite de cette annexe (elle est prouvée dans l'exercice 3 page 188).

Proposition 2. *Il existe $x \in E$ tel que $P_x = \Pi_f$.*

Endomorphismes cycliques.

Définition 1. On dit que f est cyclique s'il existe $x \in E$ tel que $E_x = E$. D'après les propositions précédentes, ceci équivaut à dire que $\deg(\Pi_f) = n$ (ou encore que $\Pi_f = (-1)^n P_f$ où P_f désigne le polynôme caractéristique de f).

DÉFINITION 2. Soit $P = X^p + a_{p-1}X^{p-1} + \cdots + a_0 \in \mathbb{K}[X]$. On appelle *matrice compagnon* de P la matrice

$$\mathcal{C}(P) = \begin{pmatrix} 0 & \cdots & \cdots & 0 & -a_0 \\ 1 & 0 & & \vdots & -a_1 \\ 0 & 1 & \ddots & \vdots & \vdots \\ \vdots & \ddots & \ddots & 0 & -a_{p-2} \\ 0 & \cdots & 0 & 1 & -a_{p-1} \end{pmatrix} \in \mathcal{M}_p(\mathbb{K}).$$

Nous avons déjà rencontré les matrices compagnons lors de la seconde démonstration du théorème de Cayley-Hamilton, et nous avions montré que le polynôme caractéristique de $\mathcal{C}(P)$ est $(-1)^p P$.

PROPOSITION 3. *Soit $f \in \mathcal{L}(E)$ un endomorphisme cyclique. Il existe une base de E dans laquelle la matrice de f soit égale à $\mathcal{C}(\Pi_f)$.*

Démonstration. Comme f est cyclique, il existe $x \in E$ tel que $E_x = E$. On sait alors que $(x, f(x), \dots, f^{n-1}(x))$ est une base de E, et dans cette base, la matrice de f est $\mathcal{C}(\Pi_f)$ (si $\Pi_f = X^n + a_{n-1}X^{n-1} + \cdots + a_0$, l'image du dernier vecteur $f^{n-1}(x)$ de la base par f vaut $f^n(x) = -a_{n-1}f^{n-1}(x) - \cdots - a_0 x$ car $\Pi_f(f)(x) = 0$). □

2. Invariants de similitude

Le théorème qui suit est le point central de notre discussion.

THÉORÈME 1. *Soit $f \in \mathcal{L}(E)$. Il existe une suite $F_1, F_2, \dots, F_r$ de s.e.v de E, tous stables par f, telle que*

(i) $E = F_1 \oplus F_2 \oplus \cdots \oplus F_r$,

(ii) pour tout $i \in \{1, \dots, r\}$, la restriction $f_i = f_{|F_i}$ de l'endomorphisme f au s.e.v F_i est un endomorphisme de F_i cyclique,

(iii) si P_i désigne le polynôme minimal de f_i, on a $P_{i+1} \mid P_i$ pour tout $i \in \{1, \dots, r-1\}$.

La suite de polynômes $P_1, \dots, P_r$ ne dépend que de f et non du choix de la décomposition. On l'appelle suite des invariants de similitude *de f.*

Démonstration. Existence. Soit $k = \deg(\Pi_f)$ et soit $x \in E$ tel que $P_x = \Pi_f$. Le s.e.v $F = E_x$ est de dimension k et il est stable par f. Comme $\deg(P_x) = k$, la famille de vecteurs

$$e_1 = x, \quad e_2 = f(x), \cdots, \quad e_k = f^{k-1}(x)$$

forme une base de $F = E_x$. Complétons cette base en une base $(e_1, \dots, e_n)$ de E. En désignant par $(e_1^*, \dots, e_n^*)$ la base duale associée, on note

$$G = \Gamma^\circ \quad \text{où} \quad \Gamma = \{{}^t f^i(e_k^*) \mid i \in \mathbb{N}\} = \{e_k^* \circ f^i,\ i \in \mathbb{N}\}$$

(orthogonal vis-à-vis du dual). En d'autres termes, G est l'ensemble des $x \in E$ tels que la k-ième coordonnée de $f^i(x)$ (dans la base $(e_1, \dots, e_n)$) soit nulle pour tout i. L'ensemble G est un s.e.v de E, et il est stable par f comme on le vérifie facilement.

Nous allons montrer $F \oplus G = E$, et pour cela, nous prouvons successivement $F \cap G = \{0\}$ et $\dim F + \dim G = n$.

Soit $y \in F \cap G$. Si $y \neq 0$, on peut écrire $y = a_1 e_1 + \cdots + a_p e_p$ avec $a_p \neq 0$ et $p \leq k$. En composant par ${}^t f^{k-p}(e_k^*) = e_k^* \circ f^{k-p}$, on obtient

$$0 = e_k^*(a_1 e_{k-p+1} + \cdots + a_p e_k) = a_p,$$

ce qui est absurde. Donc $F \cap G = \{0\}$.

Comme $G = (\operatorname{Vect}\Gamma)^\circ$, pour montrer $\dim G = n - \dim F = n - k$, il suffit de prouver $\dim(\operatorname{Vect}\Gamma) = k$. Pour cela, on considère l'application linéaire

$$\varphi\colon\ \mathcal{L}_f = \{P(f) \mid P \in \mathbb{K}[X]\} \to \operatorname{Vect}\Gamma \quad g \mapsto e_k^* \circ g.$$

Par définition de $\operatorname{Vect}\Gamma$, φ est surjective. De plus, φ est injective. En effet, si $e_k^* \circ g = 0$ avec $g \neq 0$, on peut écrire $g = a_1 \operatorname{Id}_E + \cdots + a_p f^{p-1} \in \mathcal{L}_f$ (avec $p \leq k$ et $a_p \neq 0$) et

$$0 = e_k^* \circ g(f^{k-p}(x)) = e_k^*(a_1 f^{k-p}(x) + \cdots + a_p f^{k-1}(x)) = e_k^*(a_1 e_{k-p+1} + \cdots + a_p e_k) = a_p,$$

ce qui est absurde. Finalement, φ est un isomorphisme donc $\dim(\operatorname{Vect}\Gamma) = \dim \mathcal{L}_f = k$.

Résumons. Nous avons trouvé un sous espace G stable par f tel que $F \oplus G = E$. Notons P_1 le polynôme minimal de $f_{|F}$, (qui est le polynôme minimal de f car $P_1 = P_x = \Pi_f$), et P_2 le polynôme minimal de $f_{|G}$. Comme G est stable par f, $P_2 \mid P_1$. On applique ce qui précède à $f_{|G}$, et au bout d'un nombre fini d'étapes, on obtient la décomposition voulue.

Unicité. Supposons l'existence de deux suites de sous espaces $F_1, \ldots, F_r$ et $G_1, \ldots, G_s$ tous stables par f et vérifiant les conditions (i), (ii) et (iii). Notons $P_i = \Pi_{f_{|F_i}}$ et $Q_j = \Pi_{f_{|G_j}}$.

On voit que $P_1 = \Pi_f = Q_1$. Supposons la liste $(P_1, \ldots, P_r)$ différente de $(Q_1, \ldots, Q_s)$ et notons j le premier indice tel que $P_j \neq Q_j$ (un tel indice existe toujours même si $r \neq s$, car $\sum_i \deg(P_i) = n = \sum_j \deg(Q_j)$). L'égalité $E = F_1 \oplus \cdots \oplus F_r$ avec les F_i stables par f, et la propriété $P_j(f)(F_k) = 0$ pour $k \geq j$, entraînent

$$P_j(f)(E) = P_j(f)(F_1) \oplus \cdots \oplus P_j(f)(F_{j-1}) \qquad (*)$$

et par ailleurs l'égalité $E = G_1 \oplus \cdots \oplus G_s$ avec les G_j stables par f entraîne

$$P_j(f)(E) = P_j(f)(G_1) \oplus \cdots \oplus P_j(f)(G_{j-1}) \oplus P_j(f)(G_j) \oplus \cdots \oplus P_j(f)(G_s) \qquad (**)$$

On a $\dim P_j(f)(F_i) = \dim P_j(f)(G_i)$ pour $1 \leq i \leq j-1$ (en effet, d'après la proposition 3, on peut trouver une base B_i de F_i et une base B_i' de G_i telles que la matrice de $f_{|F_i}$ dans B_i coïncide avec la matrice de $f_{|G_i}$ dans B_i'). En prenant les dimensions dans $(*)$ et $(**)$, on en déduit

$$0 = \dim P_j(f)(G_j) = \cdots = \dim P_j(f)(G_s),$$

ce qui prouve que $Q_j \mid P_j$. Par symétrie de rôle , on a aussi $P_j \mid Q_j$, donc $P_j = Q_j$ ce qui est absurde. Finalement, on doit avoir $r = s$ et $P_i = Q_i$ pour tout i. □

THÉORÈME 2 (RÉDUCTION DE FROBENIUS). *Si $P_1, \ldots, P_r$ désigne la suite des invariants de similitude de $f \in \mathcal{L}(E)$, il existe une base B de E telle que*

$$[f]_B = \begin{pmatrix} \mathcal{C}(P_1) & & 0 \\ & \ddots & \\ 0 & & \mathcal{C}(P_r) \end{pmatrix}.$$

On a d'ailleurs $P_1 = \Pi_f$ et $P_1 \cdots P_r$ est le polynôme caractéristique de f (au facteur $(-1)^n$ près).

Démonstration. Il suffit pour tout i de considérer une base B_i de F_i dans laquelle la matrice de $f_i = f_{|F_i}$ est $\mathcal{C}(P_i)$ (ce qui est possible d'après la proposition 3), puis d'écrire la matrice de f dans la base $B = (B_1, \ldots, B_r)$. □

Comme pour les matrices, on dit que deux endomorphismes $f, g \in \mathcal{L}(E)$ sont semblables s'il existe $h \in \mathcal{G}\ell(E)$ tel que $f = h^{-1}gh$. Muni de cette définition, on a le résultat suivant.

COROLLAIRE 1. *Deux endomorphismes f et $g \in \mathcal{L}(E)$ sont semblables si et seulement s'ils ont les mêmes invariants de similitude.*

Démonstration. Si f et g sont semblables, on montre facilement en reprenant la preuve de l'unicité dans le théorème 1 que f et g ont les mêmes invariants de similitude.

Réciproquement, si f et g ont les mêmes invariants de similitude, le théorème précédent assure l'existence de deux bases B et B' de E telles que $[f]_B = [g]_{B'}$ ce qui signifie que f et g sont semblables. □

3. Applications

3.1. Réduction de Jordan

Une fois que l'on sait réduire un endomorphisme nilpotent sous forme de Jordan, il n'est pas difficile de trouver la réduction de Jordan d'un endomorphisme quelconque (voir le théorème 5, page 209). Comme nous allons le voir, cette première tâche peut être réalisée au moyen de la théorie des invariants de similitude.

Soit $f \in \mathcal{L}(E)$ un endomorphisme nilpotent. Désignons par $P_1, \ldots, P_r$ la suite des invariants de similitude de f. Le produit $P_1 \cdots P_r$ est au signe près le polynôme caractéristique de f, qui est $(-1)^n X^n$, ce qui montre que P_i est de la forme X^{n_i} pour tout i. Ainsi, $\mathcal{C}(P_i)$ est la transposée d'un bloc de Jordan pour tout i, et on en déduit avec le théorème 2 l'existence d'une base $B = (e_1, \ldots, e_n)$ de E dans laquelle la matrice de f est de la forme

$$\begin{pmatrix} 0 & \cdots & \cdots & 0 \\ v_1 & \ddots & & \vdots \\ & \ddots & \ddots & \vdots \\ 0 & & v_{n-1} & 0 \end{pmatrix} \quad \text{où} \quad \forall i \in \{1, \ldots, n-1\},\ v_i \in \{0, 1\}.$$

La matrice de f dans la base $B' = (e_n, \ldots, e_1)$ est

$$\begin{pmatrix} 0 & v_{n-1} & & 0 \\ \vdots & \ddots & \ddots & \\ \vdots & & \ddots & v_1 \\ 0 & \cdots & \cdots & 0 \end{pmatrix}$$

qui a bien la forme voulue.

3.2. Autres applications

Il existe une multitude de résultats qui peuvent être prouvés grâce à la théorie des invariants de similitude. Par exemple :

- Dans $\mathcal{M}_n(\mathbb{R})$ ($n = 2$ ou $n = 3$), deux matrices sont semblables si et seulement si elles ont même polynôme minimal et même polynôme caractéristique (ce résultat est faux dès que $n \geq 4$).
- Si $\mathbb{L}$ est un surcorps commutatif de $\mathbb{K}$, si $A, B \in \mathcal{M}_n(\mathbb{K})$ sont semblables sur $\mathcal{M}_n(\mathbb{L})$, alors A et B sont semblables sur $\mathcal{M}_n(\mathbb{K})$. En effet, en vertu de l'unicité, les invariants de similitude dans $\mathcal{M}_n(\mathbb{K})$ sont les invariants de similitude dans $\mathcal{M}_n(\mathbb{L})$ (car de plus, le polynôme minimal d'une matrice de $\mathcal{M}_n(\mathbb{K})$ est le même dans $\mathbb{K}[X]$ ou dans $\mathbb{L}[X]$). Ce résultat généralise celui de l'exercice 14 de la page 167.
- Si $f \in \mathcal{L}(E)$ et si les seuls endomorphismes commutant avec f sont des polynômes en f, alors f est cyclique. En effet, si tel n'est pas le cas, on a $\deg(\Pi_f) < n$ donc le nombre r d'invariants de similitude de f vérifie $r \geq 2$. Avec les notations du théorème 1, on peut écrire $E = F_1 \oplus G$ où $G = F_2 \oplus \cdots \oplus F_r \neq \{0\}$. Si on note p la projection sur G parallèlement à F_1, p et f commutent (car F_1 et G sont stables par f). Si on avait $p = Q(f)$ avec $Q \in \mathbb{K}[X]$, comme $p_{|F_1} = 0$ on en déduirait $Q(f_{|F_1}) = 0$, donc $\Pi_f = \Pi_{f_{|F_1}}$ divise Q, et donc $p = Q(f) = 0$, ce qui est absurde. Ceci constitue la réciproque de la question 2/ de l'exercice 6 de la page 191.

Annexe C

Fractions continues

Nous proposons ici une introduction aux fractions continues, qui décrivent un moyen simple de générer les meilleurs approximants fractionnaires d'un nombre réel irrationnel. Dans une deuxième partie, nous caractérisons les fractions continues périodiques.

PROBLÈME 1 (FRACTIONS CONTINUES). Étant donnée une suite réelle (a_n), avec $a_n > 0$ pour $n > 0$, on appelle *fraction continue* l'expression

$$[a_0, a_1, \dots, a_n] = a_0 + \cfrac{1}{a_1 + \cfrac{1}{a_2 + \cfrac{\ddots}{\quad + \cfrac{1}{a_{n-1} + \cfrac{1}{a_n}}}}}.$$

De manière équivalente, on définit les fractions continues par $[a_0] = a_0$, $[a_0, a_1] = a_0 + 1/a_1$ et par la récurrence

$$\forall n \geq 2, \quad [a_0, \dots, a_n] = \left[a_0, \dots, a_{n-2}, a_{n-1} + \frac{1}{a_n}\right]. \qquad (*)$$

1/ (Développement en fraction continue d'un nombre irrationnel). Soit ξ un nombre réel irrationnel. Partant de $\xi_0 = \xi$, on définit les suites (a_n) et (ξ_n) par la relation de récurrence

$$\forall n \in \mathbb{N}, \qquad a_n = [\xi_n], \quad \xi_{n+1} = \frac{1}{\xi_n - a_n},$$

où pour tout $x \in \mathbb{R}$, $[x]$ désigne la partie entière de x. La valeur a_n s'appelle *quotient incomplet* d'indice n, et ξ_n le *quotient complet* d'indice n.

a) Montrer que les suites (a_n) et (ξ_n) sont bien définies, que $a_n > 0$ et $\xi_n > 0$ pour tout $n \in \mathbb{N}^*$ et que de plus

$$\forall n \in \mathbb{N}^*, \quad \xi = [a_0, \dots, a_{n-1}, \xi_n].$$

b) On définit les suites (p_n) et (q_n) par

$$\begin{aligned} p_0 &= a_0, & p_1 &= a_1 a_0 + 1, & p_n &= a_n p_{n-1} + p_{n-2}, \\ q_0 &= 1, & q_1 &= a_1, & q_n &= a_n q_{n-1} + q_{n-2}. \end{aligned}$$

Montrer que

$$\forall n \geq 2, \forall x > 0, \quad [a_0, \dots, a_{n-1}, x] = \frac{p_{n-1} x + p_{n-2}}{q_{n-1} x + q_{n-2}}.$$

c) Montrer que les valeurs $[a_0, \dots, a_n]$ (appelées *réduites* de ξ) vérifient

$$\forall n \in \mathbb{N}, \quad [a_0, \dots, a_n] = \frac{p_n}{q_n}.$$

d) Montrer que pour tout $n \in \mathbb{N}^*$, on a la relation $p_n q_{n-1} - p_{n-1} q_n = (-1)^{n-1}$.

e) Montrer que pour tout $n \in \mathbb{N}$, p_n / q_n est une fraction irréductible.

f) Montrer

$$\forall n \in \mathbb{N}^*, \quad \xi - \frac{p_n}{q_n} = \frac{(-1)^n}{q_n(q_{n-1} + q_n\xi_{n+1})}.$$

En déduire que les réduites p_n/q_n sont des approximations fractionnaires de ξ qui vérifient

$$\left|\xi - \frac{p_n}{q_n}\right| < \frac{1}{q_n^2}.$$

g) Montrer que sur deux réduites consécutives, il en existe une qui vérifie

$$\left|\xi - \frac{p_n}{q_n}\right| < \frac{1}{2q_n^2}.$$

h) Montrer que pour tout $n \in \mathbb{N}^*$ on a

$$\forall (p,q) \in \mathbb{Z}^2, 0 < q \leq q_n, \quad |q\xi - p| \geq |q_n\xi - p_n|.$$

On dit alors que la réduite p_n/q_n est une *meilleure approximation fractionnaire* de ξ.

2/ (Fractions continues périodiques). On rappelle qu'un nombre $\xi \in \mathbb{R}$ est quadratique s'il est racine d'un polynôme de degré 2 à coefficients entiers et irréductible dans $\mathbb{Q}[X]$.
a) Montrer qu'un nombre quadratique est irrationnel.
b) Soit $\xi \in \mathbb{R}$ un nombre irrationnel et (a_n) et (ξ_n) les suites de quotients incomplets et complets associés au développement en fraction continue de ξ. Montrer que le développement en fractions continues de ξ est périodique à partir d'un certain rang (c'est-à-dire qu'il existe $T \in \mathbb{N}^*$ et $r \in \mathbb{N}$ tel que $a_{k+T} = a_k$ pour tout $k \geq r$) si et seulement s'il existe $T \in \mathbb{N}^*$ et $r \in \mathbb{N}$ tels que $\xi_r = \xi_{r+T}$.
c) Montrer que si le développement en fraction continue d'un nombre irrationnel $\xi \in \mathbb{R}$ est périodique à partir d'un certain rang, alors ξ est quadratique.
d) Soit $\xi \in \mathbb{R}$ quadratique et $Q = \alpha X^2 + \beta X + \gamma \in \mathbb{Z}[X]$ $(\alpha \neq 0)$ tel que $Q(\xi) = 0$.
(i) Montrer que le quotient partiel ξ_n d'indice n est racine du polynôme

$$Q_n(X) = (q_{n-1}X + q_{n-2})^2 Q\left(\frac{p_{n-1}X + p_{n-2}}{q_{n-1}X + q_{n-2}}\right),$$

(où p_n et q_n sont les entiers définis en 1/b) associés au développement en fraction continue de ξ). Montrer que Q_n et Q ont même discriminant, puis montrer que les polynômes Q_n sont en nombre fini.
(ii) Montrer que le développement en fraction continue de ξ est périodique à partir d'un certain rang.

Solution. **1/ a)** L'existence des suites (a_n) et (ξ_n) revient à montrer que $\xi_n - a_n$ ne s'annule jamais. Ceci découle du fait que ξ_n est un nombre irrationnel, propriété que l'on obtient immédiatement par récurrence sur n.

On a bien $a_n > 0$ et $\xi_n > 0$ pour tout $n \in \mathbb{N}^*$ car comme a_{n-1} est la partie entière du nombre irrationnel ξ_{n-1}, on a $0 < \xi_{n-1} - a_{n-1} < 1$ donc $\xi_n = 1/(\xi_{n-1} - a_{n-1}) > 1$ et donc $a_n = [\xi_n] \geq 1$.

Il reste à démontrer l'égalité $\xi = [a_0, \dots, a_{n-1}, \xi_n]$. Nous procédons par récurrence sur n. Pour $n = 1$, c'est vrai car

$$[a_0, \xi_1] = a_0 + \frac{1}{\xi_1} = a_0 + (\xi_0 - a_0) = \xi_0 = \xi.$$

Supposons maintenant le résultat vrai au rang n, de sorte que $\xi = [a_0, \dots, a_{n-1}, \xi_n]$. Comme $\xi_{n+1} = 1/(\xi_n - a_n)$, on a $\xi_n = a_n + 1/\xi_{n+1}$, et en appliquant (*), on obtient

$$\xi = [a_0, \dots, a_{n-1}, a_n + 1/\xi_{n+1}] = [a_0, \dots, a_{n-1}, a_n, \xi_{n+1}]$$

ce qui est précisément le résultat souhaité au rang $n + 1$.

b) On procède par récurrence sur $n \geq 2$. Pour $n = 2$ le résultat est vrai car

$$\forall x > 0, \quad [a_0, a_1, x] = a_0 + \frac{1}{a_1 + 1/x} = a_0 + \frac{x}{a_1 x + 1} = \frac{a_0 a_1 x + a_0 + x}{a_1 x + 1} = \frac{p_1 x + p_0}{q_1 x + q_0}.$$

Supposons maintenant le résultat vrai au rang n et montrons le au rang $n+1$. En appliquant la propriété au rang n on obtient pour tout $x > 0$

$$\left[a_0, \ldots, a_{n-1}, a_n + \frac{1}{x}\right] = \frac{(a_n + 1/x)p_{n-1} + p_{n-2}}{(a_n + 1/x)q_{n-1} + q_{n-2}} = \frac{(a_n x + 1)p_{n-1} + p_{n-2}x}{(a_n x + 1)q_{n-1} + q_{n-2}x} = \frac{p_n x + p_{n-1}}{q_n x + q_{n-1}}.$$

Le premier membre de cette expression est égal à $[a_0, \ldots, a_n, x]$, le résultat est donc bien démontré au rang $n+1$.

c) Le résultat pour $n = 0$ et $n = 1$ est immédiat compte tenu de la définition de p_0, q_0 et p_1, q_1. Pour $n \geq 2$, il suffit d'appliquer le résultat de la question précédente à $x = a_n$.

d) Lorsque $n = 1$, le résultat découle de l'égalité $p_1 q_0 - p_0 q_1 = (a_0 a_1 + 1) - a_0 a_1 = 1$ et lorsque $n \geq 2$ c'est une conséquence de la relation

$$p_n q_{n-1} - p_{n-1} q_n = (a_n p_{n-1} + p_{n-2})q_{n-1} - p_{n-1}(a_n q_{n-1} + q_{n-2}) = -(p_{n-1}q_{n-2} - p_{n-2}q_{n-1}).$$

e) Les valeurs a_n sont entières (ce sont des parties entières), donc p_n et q_n sont des entiers. Pour $n = 0$, $q_0 = 1$ donc p_0/q_0 est bien une fraction irréductible et pour $n \geq 1$, la relation $p_n q_{n-1} - q_n p_{n-1} = (-1)^{n-1}$ montre que p_n et q_n sont premiers entre eux (théorème de Bezout), d'où le résultat.

f) Les résultats des questions 1/a) et b) entraînent

$$\xi - \frac{p_n}{q_n} = [a_0, \ldots, a_n, \xi_{n+1}] - \frac{p_n}{q_n} = \frac{p_n \xi_{n+1} + p_{n-1}}{q_n \xi_{n+1} + q_{n-1}} - \frac{p_n}{q_n}$$

donc d'après le résultat de la question d)

$$\xi - \frac{p_n}{q_n} = \frac{q_n(p_n\xi_{n+1} + p_{n-1}) - p_n(q_n\xi_{n+1} + q_{n-1})}{q_n(q_n\xi_{n+1} + q_{n-1})} = \frac{q_n p_{n-1} - p_n q_{n-1}}{q_n(q_n\xi_{n+1} + q_{n-1})} = \frac{(-1)^n}{q_n(q_n\xi_{n+1} + q_{n-1})}.$$

Comme $\xi_{n+1} > 1$ (on l'a vu dans la solution de la question 1/a)), ceci entraîne $|\xi - p_n/q_n| < 1/q_n^2$.

g) Soit $n \in \mathbb{N}$. Le résultat de la question précédente montre que $\xi - p_n/q_n$ et $\xi - p_{n+1}/q_{n+1}$ sont de signe contraire, donc

$$\left|\xi - \frac{p_n}{q_n}\right| + \left|\xi - \frac{p_{n+1}}{q_{n+1}}\right| = \left|\frac{p_n}{q_n} - \frac{p_{n+1}}{q_{n+1}}\right| = \frac{1}{q_n q_{n+1}} < \frac{1}{2q_n^2} + \frac{1}{2q_{n+1}^2}$$

(la dernière inégalité est une conséquence de l'inégalité $2xy = x^2 + y^2 - (x-y)^2 < x^2 + y^2$ lorsque $x \neq y$, appliquée à $x = 1/q_n$ et $y = 1/q_{n+1}$) ce qui entraîne le résultat voulu.

h) Raisonnons par l'absurde, en supposant $|q\xi - p| < |q_n\xi - p_n|$ avec $0 < q \leq q_n$ et $n > 0$. Comme $p_{n+1}q_n - p_n q_{n+1} = (-1)^n$ (d'après 1/d)), il existe deux nombres entiers x et y tels que

$$p = xp_n + yp_{n+1}, \qquad q = xq_n + yq_{n+1}.$$

On a forcément $x \neq 0$ (sinon $q = yq_{n+1} > q_n$ car $n > 0$, ce qui est contraire aux hypothèses), et $y \neq 0$ (sinon $|q\xi - p| = |x| \cdot |q_n\xi - p_n| \geq |q_n\xi - p_n|$, ce qui est contraire aux hypothèses). On doit également avoir x et y de signe opposé, sinon on aurait $|q| \geq |q_n| + |q_{n+1}| \geq q_n$. De plus d'après 1/f), les valeurs $q_n\xi - p_n$ et $q_{n+1}\xi - p_{n+1}$ ont des signes opposés, donc $x(q_n\xi - p_n)$ et $y(q_{n+1}\xi - p_{n+1})$ sont de même signe. Comme

$$q\xi - p = x(q_n\xi - p_n) + y(q_{n+1}\xi - p_{n+1})$$

ceci entraîne

$$|q\xi - p| = |x(q_n\xi - p_n)| + |y(q_{n+1}\xi - p_{n+1})| > |x(q_n\xi - p_n)| \geq |q_n\xi - p_n|.$$

Cette inégalité est une contradiction, ce qui prouve le résultat.

2/a) Soit $\xi \in \mathbb{R}$ un nombre quadratique et un polynôme $Q \in \mathbb{Z}[X]$ de degré 2, irréductible dans $\mathbb{Q}[X]$, tel que $Q(\xi) = 0$. Si $\xi \in \mathbb{R}$ était rationnel, alors Q ne serait pas irréductible dans $\mathbb{Q}[X]$ (il serait divisible par $X - \xi$), ce qui est absurde. (De manière équivalente, on montre facilement que les nombres quadratiques sont ceux de la forme $\frac{A+\sqrt{D}}{B}$ où $A, B, D \in \mathbb{Z}$, avec $B \neq 0$ et D un entier naturel qui n'est pas un carré.)

b) Compte tenu des formules permettant d'obtenir les quotients incomplets et complets d'un nombre irrationnel, il est immédiat que le quotient incomplet de ξ_k d'indice n est égal à a_{n+k}. Ainsi, si $\xi_r = \xi_{r+T}$, l'égalité des quotients incomplets d'indice n de ces deux nombres entraîne $a_{n+r} = a_{n+r+T}$ pour tout $n \in \mathbb{N}$, c'est-à-dire $a_k = a_{k+T}$ pour tout $k \geq r$. Réciproquement, si $a_k = a_{k+T}$ pour tout $k \geq r$, alors tous les quotients incomplets de ξ_r et ξ_{r+T} sont égaux, donc les réduites de ξ_r et ξ_{r+T} sont égales. Comme un nombre irrationnel est égal à la limite de ses réduites (conséquence du résultat de la question 1/f)), ceci entraîne $\xi_r = \xi_{r+T}$.

c) Soit $r \in \mathbb{N}$ et $T \in \mathbb{N}^*$ tels que les quotients incomplets ξ_r et ξ_{r+T} de ξ soient égaux. Posons $s = r + T$. Les quotients complets et incomplets d'indice n de ξ_r sont ceux de ξ d'indice $n + r$, donc d'après 1/a) on peut écrire $\xi_r = [a_r, \ldots, a_{s-1}, \xi_s]$. Par ailleurs, le résultat de la question 1/b) appliqué au développement en fraction continue de ξ_r permet d'écrire

$$\xi_r = [a_r, \ldots, a_{s-1}, \xi_s] = \frac{k_{T-1}\xi_s + k_{T-2}}{\ell_{T-1}\xi_s + \ell_{T-2}}, \qquad k_{T-1}, k_{T-2}, \ell_{T-1}, \ell_{T-2} \in \mathbb{N}^*$$

(où k_n/ℓ_n désigne la n-ième réduite de ξ_r). Comme $\xi_r = \xi_s$ cette égalité entraîne

$$\ell_{T-1}\xi_r^2 + (\ell_{T-2} - k_{T-1})\xi_r - k_{T-2} = Q(\xi_r) = 0, \quad Q = \ell_{T-1}X^2 + (\ell_{T-2} - k_{T-1})X - k_{T-2}.$$

Le polynôme Q est à coefficients entiers et de degré 2, il est forcément irréductible car ξ_r est irrationnel. Ainsi, ξ_r est un nombre quadratique.

Maintenant, la question 1/b) nous assure qu'à partir des réduites p_n/q_n de ξ, on peut écrire

$$\xi = \frac{p_{r-1}\xi_r + p_{r-2}}{q_{r-1}\xi_r + q_{r-2}} \quad \text{donc} \quad \xi_r = \frac{-q_{r-2}\xi + p_{r-2}}{q_{r-1}\xi - p_{r-1}}.$$

Ceci entraîne que

$$R = (q_{r-1}X - p_{r-1})^2 Q\left(\frac{-q_{r-2}X + p_{r-2}}{q_{r-1}X - p_{r-1}}\right)$$

annule ξ. Or R est un polynôme à coefficients entiers de degré 2 (son coefficient dominant $q_{r-1}^2 Q(q_{r-2}/q_{r-1})$ est non nul car Q n'a pas de racine rationnelle), et comme ξ est irrationnel, R est forcément irréductible. Ainsi, ξ est bien quadratique.

d) (i) Un calcul montre que l'on peut écrire

$$Q_n = \alpha(p_{n-1}X+p_{n-2})^2+\beta(p_{n-1}X+p_{n-2})(q_{n-1}X+q_{n-2})+\gamma(q_{n-1}X+q_{n-2})^2 = \alpha_n X^2+\beta_n X+\gamma_n$$

où α_n, β_n et γ_n sont trois entiers, avec $\alpha_n = q_{n-1}^2 Q(p_{n-1}/q_{n-1})$. Comme Q n'a pas de racine rationnelle, ceci entraîne $\alpha_n \neq 0$ donc Q_n est bien un polynôme de degré 2 à coefficients entiers. Comme $Q(\xi) = 0$, la formule $\xi = \frac{p_{n-1}\xi_n + p_{n-2}}{q_{n-1}\xi_n + q_{n-2}}$ (voir 1/b)) montre que ξ_n est bien racine de Q_n.

Montrons que le discriminant Δ_n de Q_n est égal au discriminant Δ de Q. Plutôt que de calculer explicitement α_n, β_n et γ_n et de développer directement l'expression $\beta_n^2 - 4\alpha_n\gamma_n$ (les calculs sont lourds), on va utiliser le fait que le discriminant d'un polynôme de degré 2 est égal au carré de la différence de ses racines, multiplié par le carré de son coefficient dominant. Ainsi, si ξ' désigne la deuxième racine de Q de sorte que $Q = \alpha(X - \xi)(X - \xi')$, on a $\Delta = \alpha^2(\xi - \xi')^2$. Les deux racines de Q_n étant $\xi_n = \frac{-q_{n-2}\xi + p_{n-2}}{q_{n-1}\xi - p_{n-1}}$ et $\xi_n' = \frac{-q_{n-2}\xi' + p_{n-2}}{q_{n-1}\xi' - p_{n-1}}$, et comme de plus $\alpha_n = q_{n-1}^2 Q(p_{n-1}/q_{n-1}) = \alpha(p_{n-1} - q_{n-1}\xi)(p_{n-1} - q_{n-1}\xi')$, on a

$$\begin{aligned}
\Delta_n &= \alpha_n^2(\xi_n - \xi_n')^2 = \alpha^2(p_{n-1} - q_{n-1}\xi)^2(p_{n-1} - q_{n-1}\xi')^2\left(\frac{-q_{n-2}\xi + p_{n-2}}{q_{n-1}\xi - p_{n-1}} - \frac{-q_{n-2}\xi' + p_{n-2}}{q_{n-1}\xi' - p_{n-1}}\right)^2 \\
&= \alpha^2\left((q_{n-2}\xi - p_{n-2})(q_{n-1}\xi' - p_{n-1}) - (q_{n-2}\xi' - p_{n-2})(q_{n-1}\xi - p_{n-1})\right)^2 \\
&= \alpha^2\left((-q_{n-2}p_{n-1} + p_{n-2}q_{n-1})\xi - (-q_{n-2}p_{n-1} + p_{n-2}q_{n-1})\xi'\right)^2 \\
&= \alpha^2(p_{n-1}q_{n-2} - p_{n-2}q_{n-1})^2(\xi - \xi')^2
\end{aligned}$$

et comme $p_{n-1}q_{n-2} - p_{n-2}q_{n-1} = (-1)^{n-2}$ (voir 1/d)), ceci entraîne bien $\Delta_n = \alpha^2(\xi - \xi')^2 = \Delta$.

Montrons maintenant que les polynômes Q_n sont en nombre fini. Il suffit pour cela de montrer que les coefficients α_n, β_n et γ_n de Q_n sont bornés, ce qui prouvera le résultat compte tenu du fait que ces coefficients sont entiers. Pour le coefficient dominant α_n, on part de la relation $\alpha_n = q_{n-1}^2 Q(p_{n-1}/q_{n-1})$ ce qui entraîne, en appliquant l'inégalité des accroissements finis à la fonction polynôme $x \mapsto Q(x)$

$$|\alpha_n| = q_{n-1}^2 \left| Q\left(\frac{p_{n-1}}{q_{n-1}}\right) - Q(\xi) \right| \leq q_{n-1}^2 M \left| \frac{p_{n-1}}{q_{n-1}} - \xi \right|, \qquad M = \sup_{|x-\xi|\leq 1} |Q'(x)|$$

car $|p_{n-1}/q_{n-1} - \xi| < 1$ d'après 1/f). D'après 1/f) encore une fois, ceci entraîne $|\alpha_n| \leq M$. Pour le terme constant de Q_n, on remarque que $\gamma_n = q_{n-2}^2 Q(p_{n-2}/q_{n-2}) = \alpha_{n-1}$ donc $|\gamma_{n-1}| \leq M$. Il ne reste plus qu'à remarquer que $\beta_n^2 = \Delta_n + 4\alpha_n\gamma_n = \Delta + 4\alpha_n\gamma_n$ donc $\beta_n^2 \leq \Delta + 4M^2$, donc β_n est borné également.

(ii) Comme il n'y a qu'un nombre fini de valeurs prises par la suite de polynômes (Q_n), il y a au moins trois indices distincts n_1, n_2, n_3 tels que $Q_{n_1} = Q_{n_2} = Q_{n_3}$. Or chacun de ces polynômes n'a que deux racines et ξ_{n_k} est racine de Q_{n_k}, cela entraîne que parmi ξ_{n_1}, ξ_{n_2}, ξ_{n_3}, deux valeurs au moins sont identiques. Ainsi, nous avons montré l'existence de deux indices distincts r et s tels que $\xi_r = \xi_s$, donc le développement en fraction continue de ξ est bien périodique à partir d'un certain rang d'après 2/b).

Remarque. On peut également développer en fraction continue tout nombre rationnel $\xi = a/b$, mais la fraction continue est finie et s'arrête dès que ξ_n est un entier. On montre alors que l'algorithme permettant d'obtenir la fraction continue de ξ est l'algorithme d'Euclide.

Le résultat 1/f) entraîne que tout nombre irrationnel ξ est développable en fraction continue infinie. Réciproquement, on peut montrer que toute fraction continue infinie converge vers un nombre irrationnel. Par ailleurs, l'égalité des limites de deux fractions continues infinies n'est possible que si les quotients incomplets de l'une sont égaux à ceux de l'autre.

On peut montrer que si un nombre rationnel p/q vérifie $|\xi - p/q| < 1/(2q^2)$, alors p/q est forcément une réduite de ξ.

Une application classique des fractions continues est la résolution de l' *équation de Pell-Fermat* (recherche des solutions entières x et y telles que $x^2 - ny^2 = \pm 1$, lorsque n est un entier qui n'est pas un carré).

Index des notations

$v_p(n)$	valuation p-adique de n, page 47
$x \equiv y \pmod n$	x est congru à y modulo n, page 9, 65
$\mathcal{A}_n$	groupe alterné d'indice n, page 23
$\mathcal{L}(E, F)$	e.v des applications linéaires de E dans F, page 119
$\mathcal{L}(E_1, \ldots, E_p, F)$, $\mathcal{L}_p(E, \mathbb{K})$	formes p-linéaires, page 140
$\mathcal{L}^2(\Omega, \mathbb{R})$	e.v. des variables aléatoires de carré sommable, page 339
$\mathcal{L}_c(E)$	endomorphismes de E continus, page 192
$\mathcal{M}_{p,q}(\mathbb{K})$	matrices de type (p, q) à coefficients dans $\mathbb{K}$, page 125
$\mathcal{O}(E)$	groupe orthogonal de E, page 254
$\mathcal{O}_n$, $\mathcal{U}_n$	groupe des matrices orthogonales ou unitaires, page 254
$\mathcal{P}(E)$	ensemble des parties de E, page 302
$\mathcal{S}_n$	groupe symétrique d'indice n, page 22
$\mathcal{SO}(E)$, $\mathcal{O}^+(E)$, $\mathcal{SU}(E)$	groupe spécial orthogonal de E, page 255
$\mathcal{SO}_n$, $\mathcal{O}_n^+$, $\mathcal{SU}_n$	groupe spécial orthogonal, cas matriciel, page 255
$\mathcal{U}(E)$	groupe unitaire de E, page 254
$\mathrm{com}(A)$, $\widetilde{A}$	comatrice de A, page 143
pgcd	plus grand diviseur commun, page 9, 59
ppcm	plus petit multiple commun, page 10
$\mathcal{Z}(G)$	centre du groupe G, page 19

Index